최신판
2022

공조냉동기계 기사 필기

과년도 문제풀이 10개년

권오수

예문사

공조냉동기계기사 1차 필기시험을 준비할 때 일반 책자를 열심히 보는 것도 중요하지만 시험의 흐름을 아는 것도 중요하다. 따라서 필자는 지난 10개년간의 과년도 출제문제를 모아서 「공조냉동기계기사 필기 과년도 문제풀이(10개년)」이라는 책을 독자들에게 선보이게 되었다.

시험에 응시하시는 수험자에게는 실력 쌓기도 중요하지만 시험에 앞서 그간에 출제된 문제들을 전부 풀어봄으로써 출제경향을 파악하고 문제풀이의 요령을 터득하는 것이 매우 중요할 것이다. 이러한 과정을 통하여 수험준비의 마지막 정리를 할 수 있을 뿐더러 합격에 이르는 요긴한 방법이 될 수 있다.

그간 여러 가지 국가기술자격증 취득을 위한 수험서적을 저술하여 독자 여러분에게 큰 호응을 받아 온 필자는 다년간 기술학원에서 수강생들에게 강의를 해 온 터라 자격증 취득에 필요한 노하우를 이 책을 통해 또 한 번 독자들에게 선보일 수 있게 되어 기쁘게 생각한다.

혹시 부족하거나 미진한 부분에 대해서는 추후 개정을 통하여 수정·보완할 것을 약속하며 독자들의 많은 관심과 격려를 기대한다.

권오수

최신 출제기준

직무 분야	기계	중직무 분야	기계장비설비 · 설치	자격 종목	공조냉동기계기사	적용 기간	2022. 1. 1. ~ 2024. 12. 31.

직무내용 : 산업현장, 건축물의 실내 환경을 최적으로 조성하고, 냉동냉장설비 및 기타공작물을 주어진 조건으로 유지하기 위해 공학적 이론을 바탕으로 공조냉동, 유틸리티 등 필요한 설비를 계획, 설계, 시공관리 하는 직무이다.

필기검정방법	객관식	문제수	80	시험시간	2시간

필기과목명	문제수	주요항목	세부항목	세세항목
에너지관리	20	1. 공기조화의 이론	1. 공기조화의 기초	1. 공기조화의 개요 2. 보건공조 및 산업공조 3. 환경 및 설계조건
			2. 공기의 성질	1. 공기의 성질 2. 습공기 선도 및 상태변화
		2. 공기조화 계획	1. 공기조화 방식	1. 공기조화방식의 개요 2. 공기조화방식 3. 열원방식
			2. 공기조화 부하	1. 부하의 개요 2. 난방부하 3. 냉방부하
			3. 난방	1. 중앙난방 2. 개별난방
			4.클린룸	1. 클린룸 방식 2. 클린룸 구성 3. 클린룸 장치
		3. 공조기기 및 덕트	1. 공조기기	1. 공기조화기 장치 2. 송풍기 및 공기정화장치 3. 공기냉각 및 가열코일 4. 가습 · 감습장치 5. 열교환기
			2. 열원기기	1. 온열원기기 2. 냉열원기기
			3. 덕트 및 부속설비	1. 덕트 2. 급 · 환기설비 3. 부속설비
		4. T.A.B	1. T.A.B 계획	1. 측정 및 계측기기
			2. T.A.B 수행	1. 유량 2. 온도 3. 압력 측정 · 조정 4. 전압 5. 전류 측정 · 조정

필기과목명	문제수	주요항목	세부항목	세세항목
		5. 보일러설비 시운전	1. 보일러설비 시운전	1. 보일러설비 구성 2. 급탕설비 3. 난방설비 4. 가스설비 5. 보일러설비 시운전 및 안전대책
		6. 공조설비 시운전	1. 공조설비 시운전	1. 공조설비 시운전 준비 및 안전대책
		7. 급배수설비 시운전	1. 급배수설비 시운전	1. 급배수설비 시운전 준비 및 안전 대책
공조냉동 설계	20	1. 냉동이론	1. 냉동의 기초 및 원리	1. 단위 및 용어 2. 냉동의 원리 3. 냉매 4. 신냉매 및 천연냉매 5. 브라인 및 냉동유 6. 전열과 방열
			2. 냉매선도와 냉동사이클	1. 모리엘선도와 상변화 2. 역 카르노 및 실제 사이클 3. 증기압축 냉동사이클 4. 흡수식 냉동사이클
		2. 냉동장치의 구조	1. 냉동장치 구성 기기	1. 압축기 2. 응축기 3. 증발기 4. 팽창밸브 5. 장치 부속기기 6. 제어기기
		3. 냉동장치의 응용과 안전관리	1. 냉동장치의 응용	1. 제빙 및 동결장치 2. 열펌프 및 축열장치 3. 흡수식 냉동장치 4. 신·재생에너지(지열, 태양열 이용 히트펌프 등) 5. 에너지절약 및 효율개선 6. 기타 냉동의 응용
		4. 냉동냉장 부하계산	1. 냉동냉장부하 계산	1. 냉동냉장부하 계산
		5. 냉동설비 시운전	1. 냉동설비 시운전	1. 냉동설비 시운전 및 안전대책
		6. 열역학의 기본사항	1. 기본개념	1. 열역학시스템과 검사체적 2. 물질의 상태와 상태량 3. 과정과 사이클 등
			2. 용어와 단위계	1. 질량, 길이, 시간 및 힘의 단위계 등
		7. 순수물질의 성질	1. 물질의 성질과 상태	1. 순수물질 2. 순수물질의 상평형 3. 순수물질의 독립상태량

필기과목명	문제수	주요항목	세부항목	세세항목
			2. 이상기체	1. 이상기체와 실제기체 2. 이상기체의 상태방정식 3. 이상기체의 성질 및 상태변화 등
		8. 일과 열	1. 일과 동력	1. 일과 열의 정의 및 단위 2. 일이 있는 몇 가지 시스템 3. 일과 열의 비교
			2. 열전달	1. 전도, 대류, 복사의 기초
		9. 열역학의 법칙	1. 열역학 제 1법칙	1. 열역학 제0법칙 2. 밀폐계 3. 개방계
			2. 열역학 제2법칙	1. 비가역과정 2. 엔트로피
		10. 각종 사이클	1. 동력 사이클	1. 동력시스템 개요 2. 랭킨사이클 3. 공기표준 동력 사이클 4. 오토, 디젤, 사바테 사이클 5. 기타 동력 사이클
		11. 열역학의 응용	1. 열역학의 적용사례	1. 압축기 2. 엔진 3. 냉동기 4. 보일러 5. 증기 터빈 등
시운전 및 안전관리	20	1. 교류회로	1. 교류회로의 기초	1. 정현파 및 비정현파 교류의 전압, 전류, 전력 2. 각속도 3. 위상의 시간표현 4. 교류회로(저항, 유도, 용량)
			2. 3상 교류회로	1. 성형결선, 환상결선 및 V결선 2. 전력, 전류, 기전력 3. 대칭좌표법 및 Y-△ 변환
		2. 전기기기	1. 직류기	1. 직류전동기 및 발전기의 구조 및 원리 2. 전기자 권선법과 유도기전력 3. 전기자반작용과 정류 및 전압변동 4. 직류발전기의 병렬운전 및 효율 5. 직류전동기의 특성 및 속도제어
			2. 유도기	1. 구조 및 원리 2. 전력과 역률, 토크 및 원선도 3. 기동법과 속도제어 및 제동

필기과목명	문제수	주요항목	세부항목	세세항목
			3. 동기기	1. 구조와 원리 2. 특성 및 용도 3. 손실, 효율, 정격 등 4. 동기전동기의 설치와 보수
			4. 정류기	1. 회전변류기 2. 반도체 정류기 3. 수은 정류기 4. 교류 정류자기
		3. 전기계측	1. 전류, 전압, 저항의 측정	1. 직류 및 교류전압측정 2. 저전압 및 고전압측정 3. 충격전압 및 전류 측정 4. 미소전류 및 대전류 측정 5. 고주파 전류측정 6. 저저항, 중저항, 고저항, 특수저항 측정
			2. 전력 및 전력량 측정	1. 전력과 기기의 정격 2. 직류 및 교류 전력 측정 3. 역률 측정
			3. 절연저항 측정	1. 전기기기의 절연저항 측정 2. 배선의 절연저항 측정 3. 스위치 및 콘센트 등의 절연저항 측정
		4. 시퀀스제어	1. 제어요소의 동작과 표현	1. 입력기구 2. 출력기구 3. 보조기구
			2. 부울 대수의 기본정리	1. 부울 대수의 기본 2. 드모르간의 법칙
			3. 논리회로	1. AND회로 2. OR회로(EX-OR) 3. NOT회로 4. NOR회로 5. NAND회로 6. 논리연산
			4. 무접점회로	1. 로직시퀀스 2. PLC
			5. 유접점회로	1. 접점 2. 수동스위치 3. 검출스위치 4. 전자계전기

필기과목명	문제수	주요항목	세부항목	세세항목
		5. 제어기기 및 회로	1. 제어의 개념	1. 제어계의 기초 2. 자동제어계의 기본적인 용어
			2. 조작용 기기	1. 전자밸브 2. 전동밸브 3. 2상 서보전동기 4. 직류서보전동기 5. 펄스전동기 6. 클러치 7. 다이어프렘 8. 밸브 포지셔너 9. 유압식조작기
			3. 검출용기기	1. 전압검출기　　2. 속도검출기 3. 전위차계　　4. 차동변압기 5. 싱크로　　6. 압력계 7. 유량계　　8. 액면계 9. 온도계　　10. 습도계 11. 액체성분계　　12. 가스성분계
			4. 제어용 기기	1. 컨버터 2. 센서용 검출변환기 3. 조절계 및 조절계의 기본 동작 4. 비례 동작 기구 5. 비례 미분 동작 기구 6. 비례 적분 미분 동작 기구
		6. 설치검사	1. 관련법규 파악	1. 냉동공조기 제작 및 설치 관련법규
		7. 설치안전관리	1. 안전관리	1. 근로자 안전관리교육 2. 안전사고 예방 3. 안전보호구
			2. 환경관리	1. 환경요소 특성 및 대처방법 2. 폐기물 특성 및 대처방법
		8. 운영안전관리	1. 분야별 안전관리	1. 고압가스 안전관리법에 의한 냉동기 관리 2. 기계설비법 3. 산업안전보건법
		9. 제어밸브 점검관리	1. 관련법규 파악	1. 냉동공조설비 유지보수 관련 관계법규
유지보수공사 관리	20	1. 배관재료 및 공작	1. 배관재료	1. 관의 종류와 용도 2. 관이음 부속 및 재료 등 3. 관지지장치 4. 보온·보냉 재료 및 기타 배관용 재료

필기과목명	문제수	주요항목	세부항목	세세항목
			2. 배관공작	1. 배관용 공구 및 시공 2. 관 이음방법
		2. 배관관련설비	1. 급수설비	1. 급수설비의 개요 2. 급수설비 배관
			2. 급탕설비	1. 급탕설비의 개요 2. 급탕설비 배관
			3. 배수통기설비	1. 배수통기설비의 개요 2. 배수통기설비 배관
			4. 난방설비	1. 난방설비의 개요 2. 난방설비 배관
			5. 공기조화설비	1. 공기조화설비의 개요 2. 공기조화설비 배관
			6. 가스설비	1. 가스설비의 개요 2. 가스설비 배관
			7. 냉동 및 냉각설비	1. 냉동설비의 배관 및 개요 2. 냉각설비의 배관 및 개요
			8. 압축공기 설비	1. 압축공기설비 및 유틸리티 개요
		3. 유지보수공사 및 검사 계획수립	1. 유지보수공사 관리	1. 유지보수공사 계획 수립
			2. 냉동기 정비 · 세관작업 관리	1. 냉동기 오버홀 정비 및 세관공사 2. 냉동기 정비 계획수립
			3. 보일러 정비 · 세관작업 관리	1. 보일러 오버홀 정비 및 세관공사 2. 보일러 정비 계획수립
			4. 검사 관리	1. 냉동기 냉수 · 냉각수 수질관리 2. 보일러 수질관리 3. 응축기 수질관리 4. 공기질 기준
		4. 덕트설비 유지보수 공사	1. 덕트설비 유지보수공사 검토	1. 덕트설비 보수공사 기준, 공사 매뉴 얼, 절차서 검토 2. 덕트관경 및 장방형 덕트의 상당 직경
		5. 냉동냉장설비 설계 도면작성	1. 냉동냉장설비 설계도면 작성	1. 냉동냉장 계통도 2. 장비도면 3. 배관도면(배관표시법) 4. 배관구경 산출 5. 덕트도면 6. 산업표준에 규정한 도면 작성법

CBT PREVIEW

💻 수험자 정보 확인

시험장 감독위원이 컴퓨터에 나온 수험자 정보와 신분증이 일치하는지를 확인하는 단계입니다.
수험번호, 성명, 주민등록번호, 응시종목, 좌석번호를 확인합니다.

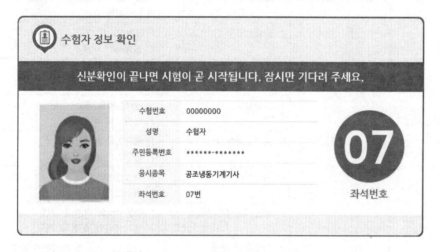

💻 안내사항

시험에 관련된 안내사항이므로 꼼꼼히 읽어보시기 바랍니다.

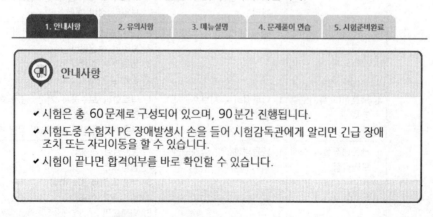

유의사항

부정행위는 절대 안 된다는 점, 잊지 마세요!

> 📢 유의사항 - [1/3]
>
> - 다음과 같은 부정행위가 발각될 경우 감독관의 지시에 따라 퇴실 조치되고, 시험은 무효로 처리되며, 3년간 국가기술자격검정에 응시할 자격이 정지됩니다.
>
>   - ✔ 시험 중 다른 수험자와 시험에 관련한 대화를 하는 행위
>   - ✔ 시험 중에 다른 수험자의 문제 및 답안을 엿보고 답안지를 작성하는 행위
>   - ✔ 다른 수험자를 위하여 답안을 알려주거나, 엿보게 하는 행위
>   - ✔ 시험 중 시험문제 내용과 관련된 물건을 휴대하여 사용하거나 이를 주고받는 행위

다음 유의사항 보기 ▶

문제풀이 메뉴 설명

문제풀이 메뉴에 대한 주요 설명입니다. CBT에 익숙하지 않다면 꼼꼼한 확인이 필요합니다.
(글자크기/화면배치, 전체/안 푼 문제 수 조회, 남은 시간 표시, 답안 표기 영역, 계산기 도구,
페이지 이동, 안 푼 문제 번호 보기/답안 제출)

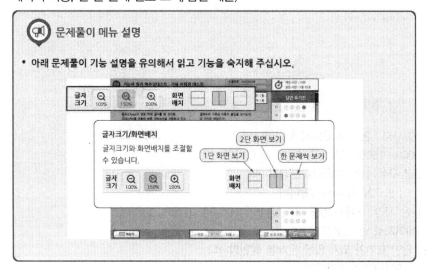

CBT PREVIEW

💻 시험준비 완료!

이제 시험에 응시할 준비를 완료합니다.

| 1. 안내사항 | 2. 유의사항 | 3. 메뉴설명 | 4. 문제풀이 연습 | **5. 시험준비완료** |

📣 **시험 준비 완료**

✔ 아래의 시험 준비 완료 버튼을 클릭해주세요.
✔ 잠시 후 시험감독관의 지시에 따라 시험이 자동으로 시작됩니다.

시험 준비 완료

💻 시험화면

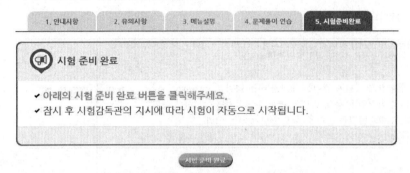
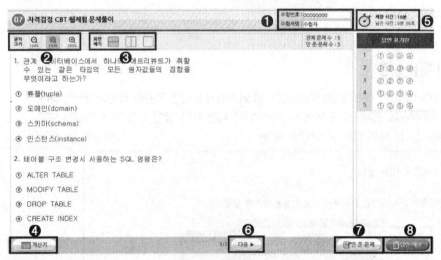

❶ 수험번호, 수험자명 : 본인이 맞는지 확인합니다.
❷ 글자크기 : 100%, 150%, 200%로 조정 가능합니다.
❸ 화면배치 : 2단 구성, 1단 구성으로 변경합니다.
❹ 계산기 : 계산이 필요할 경우 사용합니다.
❺ 제한 시간, 남은 시간 : 시험시간을 표시합니다.
❻ 다음 : 다음 페이지로 넘어갑니다.
❼ 안 푼 문제 : 답안 표기가 되지 않은 문제를 확인합니다.
❽ 답안 제출 : 최종답안을 제출합니다.

🖥 답안 제출

문제를 다 푼 후 답안 제출을 클릭하면 다음과 같은 메시지가 출력됩니다.
여기서 '예'를 누르면 답안 제출이 완료되며 시험을 마칩니다.

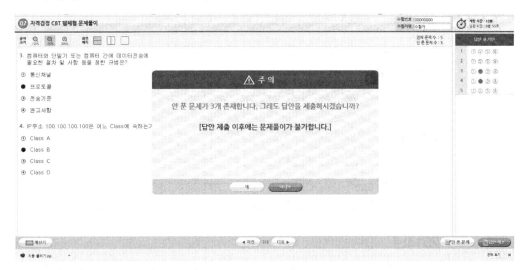

🖥 알고 가면 쉬운 CBT 4가지 팁

1. 시험에 집중하자.
기존 시험과 달리 CBT 시험에서는 같은 고사장이라도 각기 다른 시험에 응시할 수 있습니다. 옆 사람은 다른 시험을 응시하고 있으니, 자신의 시험에 집중하면 됩니다.

2. 필요하면 연습지를 요청하자.
응시자의 요청에 한해 시험장에서는 연습지를 제공하고 있습니다. 연습지는 시험이 종료되면 회수되므로 필요에 따라 요청하시기 바랍니다.

3. 이상이 있으면 주저하지 말고 손을 들자.
갑작스럽게 프로그램 문제가 발생할 수 있습니다. 이때는 주저하며 시간을 허비하지 말고, 즉시 손을 들어 감독관에게 문제점을 알려주시기 바랍니다.

4. 제출 전에 한 번 더 확인하자.
시험 종료 이전에는 언제든지 제출할 수 있지만, 한 번 제출하고 나면 수정할 수 없습니다. 맞게 표기하였는지 다시 확인해보시기 바랍니다.

제2편

최근 기출문제

| 제3편 | **CBT 실전모의고사** |

공조냉동기계기사 필기시험은 2022년 1회부터 총 80문항이 출제됩니다.

MEMO

공조냉동기계기사 필기 과년도 문제풀이 10개년
ENGINEER AIR-CONDITIONING REFRIGERATING MACHINERY

과년도 기출문제

SECTION 01 기계열역학

01 실린더 안에 0.8kg의 기체를 넣고 이것을 압축하기 위해서는 13kJ의 일이 필요하며, 또 이때 실린더를 냉각하기 위해서 10kJ의 열을 빼앗아야 한다면 이 기체의 비내부에너지 변화량은?

① 3.75kJ/kg의 증가   ② 28.8kJ/kg의 증가

③ 3.75kJ/kg의 감소   ④ 28.8kJ/kg의 감소

해설 비에너지 변화량

$$\frac{13-10}{0.8}=3.75\text{kJ/kg}$$

02 에어컨을 이용하여 실내의 열을 외부로 방출하려 한다. 실외 35℃, 실내 20℃인 조건에서 실내로부터 3kW의 열을 방출하려 할 때 필요한 에어컨의 동력은 얼마인가(단, Carnot Cycle을 가정한다.)

① 0.154kW   ② 1.54kW

③ 15.4kW   ④ 154kW

해설 $\frac{293}{308}=0.951$

$$\therefore \frac{3}{0.951}-3=0.154\text{kW}$$

03 29℃와 227℃ 사이에 작동하는 카르노(Carnot) 사이클 열기관의 열효율은?

① 60.4%   ② 39.6%

③ 0.604%   ④ 0.396%

해설 29+273=302K

227+273=500K

$$\therefore \eta = 1-\frac{T_2}{T_1}=1-\frac{302}{500}=0.396(39.6\%)$$

04 두께 1cm, 면적 0.5m²의 석고판의 뒤에 가열 판이 부착되어 1,000W의 열을 전달한다. 가열 판의 뒤는 완전히 단열되어 열은 앞면으로만 전달된다. 석고판 앞면의 온도는 100℃이다. 석고의 열전도율이 $k = 0.79$W/m · K일 때 가열 판에 접하는 석고 면의 온도는 약 몇 ℃인가?

① 110   ② 125

③ 150   ④ 212

해설

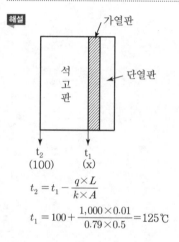

$$t_2 = t_1 - \frac{q \times L}{k \times A}$$

$$t_1 = 100 + \frac{1,000 \times 0.01}{0.79 \times 0.5} = 125℃$$

05 다음 냉동시스템의 설명 중 틀린 것은?

① 왕복동 압축기는 냉매가 낮은 비체적과 높은 압력일 때 적합하며 원심 압축기는 높은 비체적과 낮은 압력일 때 적합하다.

② R-22와 같이 수소를 포함하는 HCFC는 대기 중의 수명이 비교적 짧으므로 성층권에 도달하여 분해되는 양이 적다.

③ 냉동사이클은 동력사이클의 터빈을 밸브나 긴 모세관 등의 스로틀 기기로 대치하여 작동유체가 고압에서 저압으로 스로틀 팽창하도록 한다.

④ 흡수식 시스템은 액체를 가압하므로 소요되는 입력 일이 매우 크다.

해설 흡수식은 용액을 가열하므로 진공상태에서 운전이 가능하다(용액 : LiBr).

---

06 다음 중 열역학적 상태량이 아닌 것은?

① 기체상수　　　　② 정압비열
③ 엔트로피　　　　④ 압력

해설 열역학적 상태량(종량성, 강도성)
　　㉠ 정압비열
　　㉡ 엔트로피
　　㉢ 압력

---

07 고속주행 시 타이어의 온도는 매우 많이 상승한다. 온도 20℃에서 계기압력 0.183MPa의 타이어가 고속주행으로 온도 80℃로 상승할 때 압력 상승한 양(kPa)은?(단, 타이어의 체적은 변하지 않고, 타이어 내의 공기는 이상기체로 가정한다. 대기압은 101.3kPa이다.)

① 약 37kPa　　　　② 약 58kPa
③ 약 286kPa　　　④ 약 345kPa

해설 정적 과정=0.183×1,000=183kPa
20+273=293K, 80+273=353K
$$P_2 = P_1 \times \frac{T_2}{T_1} = 284.3 \times \frac{353}{293} = 342.518\text{kPa}$$
압력 상승값=342.518−284.3=58kPa
※ (0.183MPa)+101.3=284.3kPa

---

08 어떤 냉장고에서 질량유량 80kg/hr의 냉매가 17kJ/kg의 엔탈피로 증발기에 들어가 엔탈피 36kJ/kg이 되어 나온다. 이 냉장고의 냉동능력은?

① 1,220kJ/hr　　　② 1,800kJ/hr
③ 1,520kJ/hr　　　④ 2,000kJ/hr

해설 36−17=19kJ/kg(증발열)
∴ RT=19×80=1,520kJ/hr

---

09 오토사이클(Otto Cycle)의 이론적 열효율 η_{th} 를 나타내는 식은?(단, ε는 압축비, k는 비열비이다.)

① $\eta_{th} = 1 - \left(\dfrac{1}{\varepsilon}\right)^{\frac{k}{k-1}}$

② $\eta_{th} = 1 - \left(\dfrac{k-1}{k}\right)^{\varepsilon}$

③ $\eta_{th} = 1 - \left(\dfrac{1}{\varepsilon}\right)^{k-1}$

④ $\eta_{th} = 1 - \left(\dfrac{1}{k}\right)^{\varepsilon}$

해설 $\eta_{th} = 1 - \left(\dfrac{1}{\varepsilon}\right)^{k-1}$: 오토사이클

---

10 다음 사항 중 옳은 것은?

① 엔트로피는 상태량이 아니다.
② 엔트로피를 구하는 적분 경로는 반드시 가역변화라야 한다.
③ 비가역 사이클에서 클라우지우스(Clausius) 적분은 영이다.
④ 가역, 비가역을 포함하는 모든 이상기체의 등온변화에서 압력이 저하하면 엔트로피도 저하한다.

해설 ㉠ 가역단열과정 : 등엔트로피 변화, 비가역 : 엔트로피 증가
㉡ 엔트로피 : 종량성질
㉢ 가역사이클인 경우 클라우지우스 적분은 항상 0이다.
㉣ 비가역사이클의 방열량이 가역사이클의 방열량보다 커져서 전체 사이클에 대한 적분값은 항상 0보다 작다.

---

11 성능계수(COP)가 0.8인 냉동기로서 7,200kJ/h로 냉동하려면, 이에 필요한 동력은?

① 약 0.9kW
② 약 1.6kW
③ 약 2.5kW
④ 약 2.0kW

해설 1kW−h=3,600kJ
∴ 동력 $= \dfrac{7,200}{3,600} \times \dfrac{1}{0.8} = 2.5\text{kW}$

---

12 물질의 상태에 관한 설명으로 옳은 것은?

① 압력이 포화압력보다 높으면 과열증기 상태이다.
② 온도가 포화온도보다 높으면 압축액체이다.
③ 임계압력 이하의 액체를 가열하면 증발현상을 거치지 않는다.
④ 포화상태에서 압력과 온도는 종속관계에 있다.

해설 ㉠ 온도가 포화온도보다 높으면 과열증기이다.
ㄴ 온도가 포화온도보다 낮으면 압축액체이다.
ㄷ 임계압력 이하 액체를 가열하면 증발이 일어난다.
ㄹ 포화상태에서 압력과 온도는 종속관계이다.

13 다음 열기관 사이클의 에너지 전달량으로 적절한 것은?

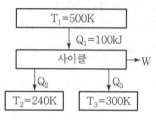

① $Q_2 = 20\text{kJ}$, $Q_3 = 30\text{kJ}$, $W = 50\text{kJ}$
② $Q_2 = 20\text{kJ}$, $Q_3 = 50\text{kJ}$, $W = 30\text{kJ}$
③ $Q_2 = 30\text{kJ}$, $Q_3 = 30\text{kJ}$, $W = 50\text{kJ}$
④ $Q_2 = 30\text{kJ}$, $Q_3 = 20\text{kJ}$, $W = 50\text{kJ}$

해설 $Q_2 = 100 - \left(100 \times \dfrac{240}{300}\right) = 20\text{kJ}$

$Q_3 = 20 \times \left(\dfrac{500 + 240}{300}\right) = 50\text{kJ}$

$W = 100 - (20 + 50) = 30\text{kJ}$

열기관
$W(일) = Q_1 - Q_2 \,(\text{SI})$

$\eta = \dfrac{유효일}{공급열량} = \dfrac{Q_1 - Q_2}{Q_1} = 1 - \dfrac{Q_2}{Q_1}$

14 질량 $m = 100\text{kg}$인 물체에 $a = 2.5\text{m/s}^2$의 가속도를 주기 위해 가해야 할 힘(F)은 약 몇 N인가?

① 102
② 205
③ 225
④ 250

해설 힘(N)
$1\text{N} = 1\text{kg} \times 1\text{m/s}^2 = 1\text{kg} \cdot \text{m/s}^2$
∴ $F = 100 \times 2.5 = 250\text{N}$

15 100kPa, 20℃의 물을 매시간 3,000kg씩 500kPa로 공급하기 위하여 소요되는 펌프의 동력은 약 몇 kW인가?(단, 펌프의 효율은 70%로 물의 비체적은 $0.001\text{m}^3/\text{kg}$으로 본다.)

① 0.33
② 0.48
③ 1.32
④ 2.48

해설 $1\text{kW} - \text{h} = 3,600\text{kJ}$
펌프일 $= 3,000 \times 0.001 \times (500 - 100) = 1,200\text{kJ}$
∴ 동력 $= \dfrac{1,200}{3,600 \times 0.7} = 0.48\text{kW}$

16 그림과 같은 증기압축 냉동사이클이 있다. 1, 2, 3상태의 엔탈피가 다음과 같을 때 냉매의 단위 질량당 소요 동력과 냉각량은 얼마인가?(단, $h_1 = 178.16$, $h_2 = 210.38$, $h_3 = 74.53$, 단위 : kJ/kg)

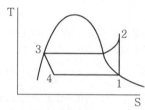

① 32.22kJ/kg, 103.63kJ/kg
② 32.22kJ/kg, 136.85kJ/kg
③ 103.63kJ/kg, 32.22kJ/kg
④ 136.85kJ/kg, 32.22kJ/kg

해설 소요동력 $= h_2 - h_1 = 210.38 - 178.16 = 32.22\text{kJ/kg}$
냉각량 $= h_1 - h_3 = 178.16 - 74.53 = 103.63\text{kJ/kg}$
㉠ 1 → 2 : 단열압축(압축기)
ㄴ 2 → 3 : 등온방열(응축기)
ㄷ 3 → 4 : 단열팽창(팽창밸브)
ㄹ 4 → 1 : 등온팽창(증발기)

17 대기압하에서 20℃의 물 1kg을 가열하여 같은 압력의 150℃의 과열 증기로 만들었다면, 이때 물이 흡수한 열량은 20℃와 150℃에서 어떠한 양의 차이로 표시되겠는가?

① 내부에너지　　　　② 엔탈피
③ 엔트로피　　　　　④ 일

해설 과열증기엔탈피
(포화수엔탈피 + 물의 증발잠열) × 증기의 비열 × (과열증기온도 − 포화증기온도)kcal/kg

18 두 정지 계가 서로 열교환을 하는 경우에 한쪽 계는 수열에 의한 엔트로피 증가가 있고, 다른 계는 방열에 의한 엔트로피 감소가 있다. 이들 두 계를 합하여 한 계로 생각하면 단열된 계가 된다. 이 합성계가 비가역 단열변화를 하면 이 합성계의 엔트로피 변화 dS는?

① $dS < 0$　　　　② $dS > 0$
③ $dS = 0$　　　　④ $dS \neq 0$

해설 비가역 단열변화(합성계)
엔트로피 변화(dS) = $dS > 0$

19 질량 4kg의 액체를 15℃에서 100℃까지 가열하기 위해 714kJ의 열을 공급하였다면 액체의 비열(Specific Heat)은 몇 J/kg · K인가?

① 1,100　　　　② 2,100
③ 3,100　　　　④ 4,100

해설 $714 = 4 \times C_p \times (100 - 15)$

$C_p = \dfrac{714}{4 \times (100 - 15)} = 2.1\text{kJ/kg} \cdot \text{K} = 2,100\text{J/kg} \cdot \text{K}$

20 800kPa, 350℃의 수증기를 200kPa로 교축한다. 이 과정에 대하여 운동 에너지의 변화를 무시할 수 있다고 할 때 이 수증기의 Joule − Thomson계수는? (단, 교축 후의 온도는 344℃이다.)

① 0.005K/kPa　　　　② 0.01K/kPa
③ 0.02K/kPa　　　　④ 0.03K/kPa

해설 350℃ − 344℃ = 6℃

∴ 계수 = $\dfrac{6}{350}$ = 0.01k/kPa

SECTION 02 냉동공학

21 냉장고 내 유지온도에 따라 저압압력이 낮아지는 원인이 아닌 것은?

① 고내 공기가 냉각되므로 증발기에 서리가 두껍게 부착한다.
② 냉매가 장치에 과충전되어 있다.
③ 냉장고의 부하가 작다.
④ 냉매 액관 중에 플래시 가스(Flash Gas)가 발생하고 있다.

해설 냉매 과충전
액압축(리퀴드 해머)의 원인이 된다.

22 냉동사이클의 냉매 상태변화와 관계가 없는 것은?

① 등엔트로피 변화　　　　② 등압 변화
③ 등엔탈피 변화　　　　　④ 등적 변화

해설 냉동사이클의 냉매 상태변화
㉠ 등엔트로피 변화
㉡ 등엔탈피 변화
㉢ 등압 변화

23 초저온 동결에 액체질소를 사용할 때의 장점이라 할 수 없는 것은?

① 동결시간이 단축되어 연속작업이 가능하다.
② 급속동결이 가능하므로 품질이 우수하다.
③ 동결건조가 일어나지 않는다.
④ 발생되는 질소가스를 다시 사용할 수 있다.

해설 액체질소가 기화하면 액화하기 전에는 재사용이 불가능하다.

24 빙축열 방식이 수축열 방식에 비해 유리하다고 할 수 없는 것은?

① 축열조를 소형화할 수 있다.
② 낮은 온도를 이용할 수 있다.
③ 난방시의 축열대응에도 적합하다.
④ 축열조의 설치장소가 자유롭다.

해설 빙축열 방식은 냉방에 적합하다.

25 다음 중 증기 이젝터(Ejector)가 필요하며 물의 냉각 목적에 사용하는 냉동기는?

① 전자 냉동기
② 흡수식 냉동기
③ 증기압축식 냉동기
④ 증기분사식 냉동기

해설 증기분사식 냉동기
대량의 증기분사시 증발기 내의 압력이 저하되어 물의 일부가 증발하며 동시에 잔류물이 냉각되는데, 이 냉각수는 냉동목적에 사용된다(보일러가 가동되는 곳에서만 사용됨).

26 흡수식 냉동기용 흡수제의 구비조건 중 잘못된 것은?

① 용액의 증기압이 낮을 것
② 농도 변화에 의한 증기압의 변화가 작을 것
③ 재생에 많은 열량을 필요로 하지 않을 것
④ 동일압력에서 증발 시 증발온도가 냉매의 증발온도와 차이가 없을 것

해설 흡수식 냉동기용 흡수제(LiBr)는 동일 압력에서 냉매와 각기 증발온도가 다르다.

27 냉매 R－22는 $2.5kgf/cm^2$의 압력에서 포화액 및 건포화증기의 엔탈피 값이 각각 94.58kcal/kg, 147.03kcal/kg이다. 그러면 압력 $2.5kgf/cm^2$에서 건도(x)가 0.75인 습증기의 엔탈피(h)는 약 얼마인가?

① 120kcal/kg ② 134kcal/kg
③ 140kcal/kg ④ 145kcal/kg

해설 잠열＝147.03－94.58＝52.45kcal/kg
습증기엔탈피＝포화액엔탈피＋(잠열×건도)
＝94.58＋(52.45×0.75)＝134kcal/kg

28 다음은 냉동장치에 사용되는 자동제어기기에 대하여 설명한 것이다. 이 중 옳은 것은?

① 고압차단스위치는 토출압력이 이상 저압이 되었을 때 작동하는 스위치이다.
② 온도조절스위치는 냉장고 등의 온도가 일정범위가 되도록 작용하는 스위치이다.
③ 저압차단스위치(정지용)는 냉동기의 고압측 압력이 너무 저하하였을 때 차단하는 스위치이다.
④ 유압보호스위치는 유압이 올라간 경우에 유압을 내리기 위한 스위치이다.

해설 ㉠ 고압차단스위치 : 고압초과 시 작동
㉡ 저압차단스위치 : 저압이 지나치게 하강 시 작동
㉢ 유압보호스위치 : 압축기 기동 시 60~90초 사이에 유압이 정상적으로 오르지 못하면 차단

29 아이스머신 중 칩 아이스머신(Chip Ice Machine)은 어느 식과 어느 식의 개량형인가?

① 팩 아이스머신식과 플레이트 아이스머신식
② 플레이트 아이스머신식과 튜브 아이스머신식
③ 팩 아이스머신식과 튜브 아이스머신식
④ 튜브 아이스머신식과 코일 아이스머신식

해설 칩 아이스머신
팩 아이스머신식＋플레이트 아이스머신식

30 다음 브라인에 대한 설명 중 틀린 것은?

① 브라인은 농도가 진하게 될수록 부식성이 크다.
② 염화칼슘 브라인은 동결점이 매우 낮으며 부식성도 염화나트륨 브라인보다 작다.
③ 염화마그네슘 브라인은 염화나트륨 브라인보다 동결점이 낮으며 부식성도 작다.
④ 브라인에 대한 부식 방지를 위해서는 밀폐 순환식을 채택하여 공기에 접촉하지 않게 해야 한다.

해설 브라인은 농도가 진하면 동결온도가 낮아진다(농도가 낮으면 부식성이 커진다).

---

31 어떤 냉장실 온도를 −20℃로 유지하기 위해 25A관을 사용하였을 때 필요한 관 길이는 약 얼마인가?(단, 관의 열통과율은 6kcal/m²h℃이고, 냉동부하는 2RT, 냉매온도는 −32℃이다.)

① 1.175m   ② 11.75m

③ 117.5m   ④ 1,175m

해설 25A관=25mm, 표면적(πDLN)

표면적$=3.14 \times 0.025 \times L$

$2RT=3,320 \times 2=6,640$ kca/h

$(-20)-(-32)=12℃$

$6,640=6 \times 12 \times (3.14 \times 0.025 \times L)$

$L=\dfrac{6,640}{6 \times 12 \times (3.14 \times 0.025)}=1,175$ m

---

32 다음 응축기 중 열통과율이 가장 작은 형식은?

① 7통로식 응축기   ② 입형 셸 튜브식 응축기

③ 공랭식 응축기   ④ 2중관식 응축기

해설 열통과율(kcal/m²h℃)

① 7통로식 : 1,000

② 입형 셸 튜브식 : 750

③ 공랭식 : 20~25

④ 2중관식 : 900

---

33 팽창밸브에 사용하는 감온통의 배관상 설치위치에 대한 설명이 잘못된 것은?

① 증발기 출구측 흡입관의 수평부에 설치한다.

② 흡입관 관경이 20mm 이상일 때는 중심부 수평에서 45° 상부에 설치한다.

③ 흡입관 관경이 20mm 이하일 때는 배관 상부에 설치한다.

④ 트랩부분에는 설치하지 않는다.

해설 감온통 부착위치

㉠ 20mm 이상 : 관의 중앙에서 45° 하부에 설치

㉡ 20mm 이하 : 관의 상부에 설치

---

34 $H_2O-LiBr$ 흡수식 냉동기에서 냉매의 순환과정을 올바르게 표시한 것은?(단, ① 냉각기(증발기), ② 흡수기, ③ 응축기, ④ 발생기이다.)

① ④ → ③ → ① → ②

② ④ → ① → ③ → ②

③ ③ → ④ → ① → ②

④ ③ → ② → ④ → ①

해설 흡수식 냉동기 냉매순환

발생기 → 응축기 → 증발기 → 흡수기 → 발생기

---

35 증발식 응축기에 대한 설명 중 옳은 것은?

① 냉각수의 감열(현열)로 냉매가스를 응축

② 외기의 습구온도가 높아야 응축능력 증가

③ 응축온도가 낮아야 응축능력 증가

④ 냉각탑과 응축기의 기능을 하나로 합한 것

해설 증발식 응축기

㉠ 냉각수 증발에 의해 냉매가 응축된다.

㉡ 수냉식 응축기 중 냉각수량이 제일 적게 든다.

㉢ 엘리미네이터는 냉각수 일부가 배기와 함께 비산되는 것을 방지한다.

㉣ 냉각탑과 응축기의 기능을 하나로 합한 것

---

36 카르노 사이클 기관이 0℃와 100℃ 사이에서 작용할 때와 400℃와 500℃ 사이에서 작용할 때와의 열효율을 비교하면 전자는 후자의 약 몇 배가 되겠는가?

① 1.2배   ② 2배

③ 4배   ④ 3배

해설 $0+273=273$K, $100+273=373$K

$400+273=673$K, $500+273=773$K

$\eta_3=1-\dfrac{Q_2}{Q_1}=1-\dfrac{T_2}{T_1}$

$\therefore \left(1-\dfrac{273}{373}\right) \bigg/ \left(1-\dfrac{673}{773}\right) ≒ 2$배

---

37 냉동사이클에서 습압축으로 일어나는 현상에 맞지 않는 것은?

① 응축잠열 감소
② 냉동능력 감소
③ 압축기의 체적효율 감소
④ 성적계수 감소

해설 습압축 현상
㉠ 냉동능력 감소
㉡ 압축기 체적효율 감소
㉢ 성적계수 감소

38 다음과 같은 상태에서 운전되는 암모니아 냉동기에 있어서 압축기가 흡입하는 가스 $1m^3/h$의 냉동효과는 약 얼마인가?

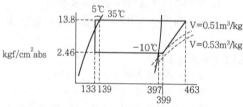

① 490kcal/h
② 502kcal/h
③ 611kcal/h
④ 735kcal/h

해설 $399 - 397 = 2kcal/kg$

$W = \dfrac{1}{0.53} = 1.887 kg/m^3$

$399 - 133 = 266 kcal/kg$(증발잠열)

$\therefore 1.887 \times 266 = 502 kcal/h$

39 냉각탑(Cooling Tower)에 관한 설명 중 맞는 것은?

① 오염된 공기를 깨끗하게 하며 동시에 공기를 냉각하는 장치이다.
② 냉매를 통과시켜 공기를 냉각시키는 장치이다.
③ 찬 우물물을 냉각시켜 공기를 냉각하는 장치이다.
④ 냉동기의 냉각수가 흡수한 열을 외기에 방사하고 온도가 내려간 물을 재순환시키는 장치이다.

해설 냉각탑(쿨링타워)
냉각수가 응축기에서 흡수한 열을 방사하고 온도가 내려간 물을 응축기에 재순환시킨다(1RT=3,900kcal/h).

40 암모니아 및 프레온 냉매와의 비교 중 틀린 것은?

① 암모니아 냉동장치에서 수분 1% 함유에 따라 증발온도는 0.5℃ 상승한다.
② R-22는 암모니아보다 냉동효과(kcal/kg)가 크고 안전하다.
③ R-13는 R-22에 비하여 저온용에 적합하다.
④ 암모니아는 R-22에 비하여 유분리가 용이하다.

해설 -15℃에서 냉매증발열
㉠ R-22 : 52kcal/kg
㉡ 암모니아 : 313.5kcal/kg

SECTION **03** 공기조화

41 공기조절기의 공기냉각 코일에서 공기와 냉수의 온도변화가 그림과 같았다. 이 코일의 대수평균 온도차(LMTD)는 약 얼마인가?

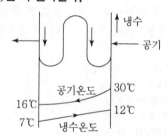

① 9.6℃
② 14.5℃
③ 13℃
④ 5℃

해설 $16 - 7 = 9℃$, $30 - 12 = 18$

(향류) $LMDT = \dfrac{t_2 - t_1}{\ln\left(\dfrac{t_2}{t_1}\right)} = \dfrac{18 - 9}{\ln\left(\dfrac{18}{9}\right)} = \dfrac{9}{0.693} = 13℃$

42 팬코일 유닛의 구성과 관계없는 것은?

① 송풍기
② 여과기
③ 냉온수 코일
④ 가습기

해설 팬코일 유닛(FCU) 구성
㉠ 송풍기
㉡ 여과기
㉢ 코일

43 공기 중의 수증기가 응축하기 시작할 때의 온도 즉, 공기가 포화상태로 될 때의 온도는 어느 것인가?
① 건구온도   ② 노점온도
③ 습구온도   ④ 상당외기온도

해설 노점온도
공기 중의 수증기가 응축하기 시작할 때의 온도(공기가 포화 상태로 될 때 온도)

44 공기 – 수 방식에 의한 공기조화의 설명으로 옳지 않은 것은?
① 유닛 1대로서 구획(Zone)을 구성하므로 개별제어가 가능하다.
② 장치 내 필터의 성능이 나빠 정기적으로 청소할 필요가 있다.
③ 전공기 방식에 비해 반송동력이 크다.
④ 부하가 큰 구획(Zone)에 대해서도 덕트 스페이스가 작다.

해설 공기 – 수 방식은 전공기방식에 비해 반송동력이 작다(냉·온풍의 운반에 필요한 팬의 소요동력이 냉 – 온수를 운반하는 펌프동력보다 크다).

45 수관보일러의 분류가 잘못된 것은?
① 동(드럼)의 유무에 따라 무동식과 7동식으로 분류
② 순환방식에 따라 자연순환식과 강제순환식으로 분류
③ 수관의 경사도에 따라 수평관식, 경사관식, 수직 관식으로 분류
④ 수관의 형태에 따라 직관식과 곡관식으로 분류

해설 수관보일러
드럼이 있는 수관식과 드럼이 없는 무동식인 관류보일러로 구분된다.

46 각 공조방식과 열 운반 매체의 연결이 잘못된 것은?
① 단일덕트방식 – 공기
② 이중덕트방식 – 물, 공기
③ 2관식 팬코일 유닛방식 – 물
④ 패키지 유닛방식 – 냉매

해설 ㉠ 물 – 공기방식 : 공기수방식(배관방식)
㉡ 이중덕트방식 : 전공기방식

47 제3종 환기에 대한 설명으로 틀린 것은?
① 기계배기를 한다.
② 실내압력이 대기압 이하로 된다.
③ 오염공기가 발생하는 실내에 적합하다.
④ 급기만 송풍기에 의해 한다.

해설 제3종 환기
㉠ 급기(자연)
㉡ 배기(기계이용)

48 난방설비에서 온수헤더 또는 증기헤더를 사용하는 주된 이유로 적합한 것은?
① 온수 및 증기의 온도차가 커지는 것을 방지하기 위해서
② 워터 해머(Water Hammer)를 방지하기 위해서
③ 미관을 좋게 하기 위해서
④ 온수 및 증기를 각 계통별로 공급하기 위해서

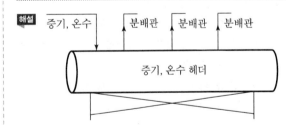

49 기후에 따른 불쾌감을 표시하는 불쾌지수는 무엇을 고려한 지수인가?
① 기온과 기류   ② 기온과 노점
③ 기온과 복사열   ④ 기온과 습도

불쾌지수

기온과 습도의 지수(UI ; Uncomfort Index)

UI $= 0.72$(건구온도$+$습구온도)$+40.6$

UI가 75 이상이면 불쾌감이 나타난다.

50 실내 냉방 전부하가 $33,000$kcal/h(현열 $28,800$kcal/h, 잠열 $4,200$kcal/h)일 때 실내 급기풍량은 얼마인가?(단, 공기의 비열 0.24kcal/kg·℃, 비중량 1.2kg/m^3, 취출온도차는 10℃로 한다.)

① $11,460$m^3/h ② $12,000$m^3/h

③ $10,000$m^3/h ④ $14,520$m^3/h

해설 $33,000 = V \times 0.24(10) \times 1.2$

$V = \dfrac{28,800}{0.24 \times 10 \times 1.2} = 10,000$m^3/h

※ 냉방부하에서는 현열만 제거하는 급기풍량이 필요하다.

51 공기세정기의 주요부는 세정실과 무엇으로 구분되는가?

① 배수관 ② 유닛 히트

③ 유량조절밸브 ④ 엘리미네이트

해설 공기세정기 구성

㉠ 세정실

㉡ 엘리미네이트

52 내벽의 열전달률 5kcal/m^{2}h℃, 외벽의 열전달률 10kcal/m^{2}h℃, 벽의 열전도율 4kcal/m^{2}h℃, 벽두께 20cm, 외기온도 0℃, 실내온도 20℃일 때 열통과율은 약 얼마인가?

① 2.86kcal/m^{2}h℃ ② 3.75kcal/m^{2}h℃

③ 4.52kcal/m^{2}h℃ ④ 5.35kcal/m^{2}h℃

해설 열통과율(k)$= \dfrac{1}{\dfrac{1}{a_1}+\dfrac{b_1}{\lambda_1}+\dfrac{b_2}{\lambda_2}+\dfrac{1}{a_2}} = $(kcal/m^{2}h℃)

$\dfrac{1}{\dfrac{1}{5}+\dfrac{0.2}{4}+\dfrac{1}{10}} = \dfrac{1}{0.35} = 2.86$

53 공기여과기(Air Filter)의 여과효율을 측정하는 방법이 아닌 것은?

① 비색법 ② DOP법

③ 중량법 ④ 정전기법

해설 여과효율

㉠ 비색법 ㉡ DOP법 ㉢ 중량법

54 난방부하가 $3,520$kcal/h인 사무실을 약 $85 \sim 90$℃ 정도의 온수를 이용하여 온수난방을 하려고 한다. 온수방열기의 필요 방열면적(m^2)은 약 얼마인가?

① 5.4 ② 6.6

③ 7.8 ④ 8.9

해설 온수방열기 표준방열량 : 450kcal/m^{2}h

방열면적 $= \dfrac{3,520}{450} = 7.8$m^2

55 공조설비에 사용되는 보일러에 대한 설명으로 적당하지 않은 것은?

① 증기보일러의 보급수는 연수장치로 처리할 필요가 있다.

② 보일러효율은 연료가 보유하는 고위 발열량을 기준으로 하고, 보일러에서 발생한 열량과의 비를 나타낸 것이다.

③ 관류보일러는 소요압력의 증기를 비교적 짧은 시간에 발생시킬 수 있다.

④ 증기보일러 및 수온이 120℃를 초과하는 온수보일러에는 안전장치로서 본체에 안전밸브를 설치할 필요가 있다.

해설 보일러 효율$= \dfrac{\text{열효율}}{\text{공급열}} \times 100$(%)

56 증기 난방배관에서 증기트랩을 사용하는 이유로서 가장 적당한 것은?

① 관내의 공기를 배출하기 위하여

② 배관의 신축을 흡수하기 위하여

③ 관내의 압력을 조절하기 위하여

④ 증기관에 발생된 응축수를 제거하기 위하여

해설 증기트랩의 설치목적
증기관 내 응축수 및 공기제거

57 다음 중 일사를 받은 벽의 전열계산과 관계있는 것은?

① 대수평균 온도차
② 벽면 양쪽 온도차
③ 상당외기 온도차
④ 유효온도차

해설 ETD(상당외기 온도차)=(상당외기온도−실내온도)
상당외기온도(t_e)

$$t_e = \frac{(벽체표면일사흡수율)}{표면열전달률} \times 벽체표면이\ 받는\ 전일사량 + 외기온도$$

58 덕트의 설계법 중에서 모든 덕트 계통에서 동일한 단위마찰저항으로 하여 각부의 덕트 치수를 결정하는 방법은?

① 등속법
② 정압법
③ 등분기법
④ 정압재취득법

해설 정압법
덕트의 설계법 중에서 모든 덕트 계통에서 동일한 단위마찰저항으로 하여 각부의 덕트 치수를 결정하는 방법이다.

59 다음 중 공기의 조성에 대한 설명으로 틀린 것은?

① 질소는 대기의 최다 성분으로서 대기에 약 78% 정도 존재한다.
② 산소는 무색 및 무취의 기체로서 대기에 약 21% 정도 존재한다.
③ 이산화탄소는 무색 및 무취의 기체로서 대기에 약 0.035% 정도 존재하지만 최근 증가하는 경향이 있다.
④ 아르곤은 무색 및 무취의 활성기체로서 대기에 약 0.39% 정도 존재한다.

해설 아르곤(희가스)
상온에서 무색, 무미, 무취의 기체로서 불연성, 불활성 가스이다(공기 중 0.93% 함유).

60 특정한 곳에 열원을 두고 열 수송 및 분배망을 이용하여 한정된 지역으로 열매를 공급하는 난방법은?

① 간접난방법
② 지역난방법
③ 단독난방법
④ 개별난방법

해설 지역난방법
특정한 곳에 열원을 두고 열 수송 및 분배배관을 이용하여 한정된 지역으로 열매를 공급하여 (난방수+급탕수)난방한다.

SECTION 04 전기제어공학

61 그림과 같은 제어계에서 ⓐ부분에 해당하는 것은?

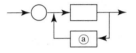

① 조절부
② 조작부
③ 검출부
④ 비교부

해설 ⓐ부 : 검출부(비교부로 보낸다.)

62 물리적인 제량이 전기적인 신호로 처리되는 변환장치의 정적 특성이 아닌 것은?

① 정밀도
② 분해능
③ 반복성
④ 시정수

해설 물리적 전기적인 신호로 처리되는 변환장치의 정적 특성
㉠ 정밀도 ㉡ 분해능 ㉢ 반복성

63 그림과 같은 연산증폭기를 사용한 회로의 기능은?

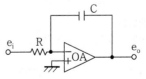

① 적분기
② 미분기
③ 가산기
④ 제한기

해설 ㉠ 아날로그에서 둘 이상의 대수적 합은 연산증폭기로 구할 수 있다.

㉡ 적분기 : 아날로그 회로의 연산회로 즉, 주어진 전압의 적분값을 출력하는 것(컴퓨터 연산회로)

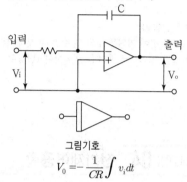

그림기호

$$V_0 = -\frac{1}{CR}\int v_i dt$$

64 3대의 단상변압기를 결선하여 사용 중 1대가 고장이 났을 경우 2대의 단상변압기로 V－V결선을 하여 사용할 수 있는 변압기 결선방법은?

① $\Delta - Y$
② $Y - \Delta$
③ $\Delta - \Delta$
④ $Y - Y$

해설 $\Delta - \Delta$ 2대의 단상변압기 결선 특징

㉠ $\Delta - \Delta$와 $\Delta - \Delta$ 병렬운전가능

㉡ 변압기 3대 중 1대가 고장이 나도 나머지 그대로 V결선이 가능하다.

㉢ 선로전압과 권선전압이 같으므로 60kV 이하의 배전용 변압기에 사용된다.

65 동기전동기의 특징이 아닌 것은?

① 정속도 전동기이다.
② 저속도에서 효율이 좋다.
③ 난조가 일어나기 쉽다.
④ 기동 토크가 크다.

해설 동기전동기

교류전동기 일종(동기발전기와 같은 구조) 대용량 전동기이다.

㉠ 기동토크가 큰 전동기 : 반발기동형, 반발유도형, 콘덴서 기동

㉡ 토크(회전력) : 구동토크(회전모멘트)

66 논리식 $X + \overline{X} + Y$를 불대수의 정리를 이용하여 간단히 하면?

① $X + Y$
② Y
③ 1
④ 0

해설 $X + \overline{X} = 1$, $X \cdot \overline{X} = 0$

67 목표값이 다른 양과 일정한 비율 관계를 가지고 변화하는 제어는?

① 추종제어
② 프로그램제어
③ 비율제어
④ 정치제어

해설 비율제어

목표값이 다른 양과 일정한 비율관계를 가지고 변화하는 제어이다.

68 피드백 제어의 장점이 아닌 것은?

① 제어기 부품들의 성능이 나쁘면 큰 영향을 받는다.
② 외부조건의 변화에 대한 영향을 줄일 수 있다.
③ 제어계의 특성을 향상시킬 수 있다.
④ 목표값을 정확히 달성할 수 있다.

해설 피드백 제어는 제어기 부품들의 성능이 나쁘면 위험성이 적으나 시퀀스 제어는 위험성이 크다.

69 다음 전지에서 2차 전지에 속하는 것은?

① 망간건전지
② 공기전지
③ 수은전지
④ 납축전지

해설 납축전기

2차 전지(외부에서 에너지를 주면 반응이 가역적이 되는 전지)

㉠ 양극 : PbO_2(이산화납)

㉡ 음극 : Pb(납)

㉢ 전해액 : 묽은 황산(H_2SO_4)

70 회로에서 i_2가 0이 되기 위한 C의 값은?(단, L은 합성인덕턴스, M은 상호인덕턴스이다.)

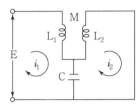

① $\dfrac{1}{\omega L}$ 　 ② $\dfrac{1}{\omega^2 L}$

③ $\dfrac{1}{\omega M}$ 　 ④ $\dfrac{1}{\omega^2 M}$

해설 캠벨 브리지 회로
2차 회로의 전압방정식

$$-j\omega MI_1 - \frac{1}{j\omega c}I_1 + \left(j\omega L_2 + \frac{1}{j\omega c}\right)I_2 = 0$$

$I_2 = 0$이 되려면 I_1의 계수가 0이어야 하므로

$$-j\omega M + j\frac{1}{\omega c} = 0$$

$$\therefore c = \frac{1}{\omega^2 M}$$

71 비행기 및 선박의 방향제어에 사용되는 것은?

① 프로세스 제어 　 ② 자동조정
③ 서보 제어 　 ④ 시퀀스 제어

해설 서보제어 : 방향제어용 제어

72 그림과 같은 신호 – 흐름선도에서 전달함수 G를 구하면?

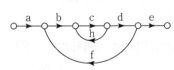

① $G = \dfrac{abcde}{1+ch+bcdf}$

② $G = \dfrac{1+ch-bcdf}{abcde}$

③ $G = \dfrac{abcde}{1-ch+bcdf}$

④ $G = \dfrac{abcde}{1-ch-bcdf}$

해설 $G_1 = abcde, \quad \Delta_1 = 1$
$L_{11} = ch, \ L_{21} = bcdf$
$\Delta = 1 - (L_{11} + L_{21}) = 1 - ch - bcdf$

$$\therefore \ G = \frac{C}{R} = \frac{G_1 \Delta_1}{\Delta} = \frac{abcde}{1 - ch - bcdf}$$

73 교류에서 똑같은 변화가 반복해서 나타날 때 표현되는 용어로 1회의 변화를 하는 데 걸리는 시간을 무엇이라 하는가?

① 주파수 　 ② 각속도
③ 주기 　 ④ 각주파수

해설 주기
교류에서 같은 변화가 반복해서 나타날 때 표현되는 용어로서 1회의 변화를 하는 데 걸리는 시간

74 변압기 내부의 저항과 누설리액턴스의 %강하는 3% 및 4%이다. 부하역률이 지상 60%일 때 이 변압기의 전압변동률은 몇 %인가?

① 1.4 　 ② 4
③ 4.8 　 ④ 5

해설 전압변동률(ε)

$$\varepsilon = \frac{V_{2o} - V_{2n}}{V_{2n}} \times 100 (\%)$$

$$\therefore \ \varepsilon_{\max} = \sqrt{p^2 + q^2} = \sqrt{3^2 + 4^2} = 5\%$$

75 다음 중 파고율이 가장 큰 파형은?

① 삼각파 　 ② 정현파
③ 반원파 　 ④ 구형파

해설 파고율
교류주기 파형의 최대값과 실효값과의 비정현파에 대해서는 파고율은 1.414이다$\left(\dfrac{\text{최대값}}{\text{실효값}}\right)$.

직사각형파 (1)	삼각파 (1.732)	톱니파 (1.732)	반파 정류파 (2)	전파정류파 (1.414)

76 그림에서 3개의 입력단자에 각각 1을 입력하면 출력 단자 A와 B의 출력은?

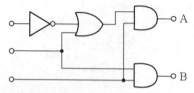

① $A = 0$, $B = 0$　　② $A = 1$, $B = 0$
③ $A = 1$, $B = 1$　　④ $A = 0$, $B = 1$

해설 A와 B의 출력
$A = 1$, $B = 1$

77 지멘스(Siemens)는 무엇의 단위인가?
① 도전율　　　　② 자기저항
③ 리액턴스　　　④ 컨덕턴스

해설 ㉠ 지멘스 : 컨덕턴스, 서셉턴스, 어드미턴스의 단위기호는 S이다.
㉡ 컨덕턴스 : 전류가 얼마만큼 잘 흐르느냐 하는 것을 나타 낸다.
어드미턴스 Y=G−jB, G : 컨덕턴스

78 그림과 같은 펄스를 라플라스 변환하면 그 값은?

① $\dfrac{1}{T}\left(\dfrac{1-e^{Ts}}{s}\right)$　　② $\dfrac{1}{T}\left(\dfrac{1+e^{Ts}}{s}\right)$

③ $\dfrac{1}{s}(1-e^{-Ts})$　　④ $\dfrac{1}{s}(1+e^{Ts})$

해설 $f(t) = u(t) = u(t-T)$
$F(s) = \mathcal{L}(f(t)) = \mathcal{L}(u(t)-u(t-T)$
$\dfrac{1}{s} - \dfrac{1}{s}e^{-bs} = \dfrac{1}{s}(1-e^{-Ts})$

79 다음 회로는 무접점 논리회로 중 어떤 회로인가?

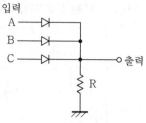

① AND회로　　　　② OR회로
③ NAND회로　　　④ NOR회로

해설 OR회로
입력신호 A, B, C 중 어느 한 값이 1이면 출력신호 Z의 값이 1이 되는 회로로 논리식은 A+B+C=출력으로 표시한다.

80 150[kVA] 단상변압기의 철손이 1[kW], 전 부하동 손이 4[kW]이다. 이 변압기의 최대 효율은 몇 [kVA] 의 부하에서 나타나는가?
① 25　　　　　② 75
③ 100　　　　④ 125

해설 최대효율조건 : $\dfrac{1}{m}$ 부하시

$\dfrac{1}{m} = \sqrt{\dfrac{P_i}{P_c}}$

$\therefore \ \dfrac{1}{m} = \sqrt{\dfrac{1}{4}} \times 150 = 75\text{kVA}$

SECTION 05 배관일반

81 강관의 이음법에 속하지 않는 것은?
① 나사 이음　　　② 플랜지 이음
③ 용접 이음　　　④ 코킹 이음

해설 코킹 : 틈새 다지기

82 급수배관에서 공기실의 설치목적으로 가장 적당한 것은?

① 유량조절　　　　② 유속조절
③ 부식방지　　　　④ 수격작용방지

해설 급수배관의 공기실 설치목적 : 수격작용방지

83 공기조화 설비에서 에어워셔(Air Washer)의 플러딩 노즐이 하는 역할은?

① 공기 중에 포함된 수분을 제거한다.
② 입구공기의 난류를 정류로 만든다.
③ 엘리미네이터에 부착된 먼지를 제거한다.
④ 출구에 섞여 나가는 비산수를 제거한다.

해설 에어워셔 플러딩 노즐
엘리미네이터(냉매누출 방지기)의 먼지 부착 제거

84 다음 도시기호의 이음은?

① 나사식 이음　　　② 용접식 이음
③ 소켓식 이음　　　④ 플랜지식 이음

해설
① ——┼—— ; 나사이음
② ——●—— ; 용접이음
③ ——⟩—— ; 소켓식 이음
④ ——┤├—— ; 플랜지식 이음

85 유기질 보온재가 아닌 것은?

① 펠트
② 코르크
③ 기포성수지
④ 탄산마그네슘

해설 탄산마그네슘 보온재
탄산마그네슘 85%＋석면 15% 혼합물의 (안전사용온도 250℃ 이하) 무기질 보온재이다.

86 증기배관의 수평 환수관에서 관경을 축소할 때 사용하는 이음쇠로 가장 적합한 것은?

① 소켓　　　　　② 부싱
③ 동심 리듀서　　④ 편심 리듀서

해설 리듀서

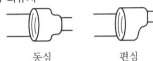

동심　　　　편심　　(수평환수관용)

87 방열기 주위배관 설명으로 옳지 않은 것은?

① 방열기 주위는 스위블 이음으로 배관한다.
② 공급관은 앞쪽 올림의 역구배로 한다.
③ 환수관은 앞쪽 내림의 순구배로 한다.
④ 구배를 취할 수 없거나 수평주관이 2.5m 이상일 때는 한 치수 작은 지름으로 한다.

해설 방열기 주위배관은 ①, ②, ③이며 주형은 벽에서 50～60mm씩 떼어서 설치하고 벽걸이형은 바닥에서 150mm씩 높게 사용하며 베이스보드히터는 바닥면에서 최대 90mm 정도의 높이로 한다.

88 도시가스 배관에서 고압이라 함은 얼마 이상의 압력(게이지압력)을 말하는가?

① 0.1MPa 이상　　② 0.2MPa 이상
③ 0.5MPa 이상　　④ 1MPa 이상

해설 ㉠ 저압 : 0.1MPa 미만
㉡ 중압 : 0.1MPa 이상～1MPa 미만
㉢ 고압 : 1MPa(10kg/cm²) 이상

89 대·소변기 및 이와 유사한 용도를 갖는 기구로부터 배출되는 물과 이것을 함유하는 배수를 무엇이라 하는가?

① 우수　　　　　② 오수
③ 잡배수　　　　④ 특수배수

해설 오수
기구로부터 배출되는 물＋대·소변기 등의 물과 혼합물

90 같은 지름의 관을 직선으로 연결할 때 사용하는 배관 이음쇠가 아닌 것은?

① 소켓(Socket) ② 유니언(Union)
③ 벤드(Bend) ④ 플랜지(Flange)

 벤드

91 통기관을 접속하여도 장시간 위생기기를 사용하지 않을 때 봉수파괴가 될 수 있는 원인으로 가장 적당한 것은?

① 자기사이펀 작용 ② 흡인작용
③ 분출작용 ④ 증발작용

해설 통기관을 접속하여도 장시간 위생기기를 사용하지 않으면 봉수가 파괴될 수 있다. 그 이유는 위생기구 내 물이 증발하기 때문이다.

92 온수온도 90℃의 온수난방 배관의 보온재로 부적합한 것은?

① 규산칼슘 ② 펄라이트
③ 암면 ④ 경질포옴라버

해설 경질포옴라버
안전사용온도는 80℃ 이하이다.

93 지역난방의 특징에 대하여 잘못 설명된 것은?

① 대규모 열원기기를 이용한 에너지의 효율적 이용이 가능하다.
② 대기 오염물질이 증가한다.
③ 도시의 방재수준 향상이 가능하다.
④ 사용자에게는 화재에 대한 우려가 적다.

해설 지역난방은 중앙식이나 개별식에 비하여 대기오염물질이 감소한다(보일러가 한 곳에서만 가동하기 때문에).

94 스테인리스강 커플링과 고무링만으로 이음할 수 있는 방법으로 쉽게 이음할 수 있고, 시공이 간편하며, 경제성이 있어 건물의 배수관 등에 많이 사용되는 주철관 이음은?

① 기계식 이음 ② 노–허브 이음
③ 빅토릭 이음 ④ 플랜지 이음

해설 노–허브이음
스테인리스강의 커플링과 고무링만으로 시공하는 주철관 이음

95 증기난방을 응축수환수법에 의해 분류하였을 때 그 종류가 아닌 것은?

① 기계환수식 ② 하트포드환수식
③ 중력환수식 ④ 진공환수식

해설 증기난방 응축수환수법
㉠ 기계환수식
㉡ 중력환수식
㉢ 진공환수식

96 소형, 경량으로 설치면적이 적고 효율이 좋으므로 가장 많이 사용되고 있는 냉각탑은?

① 대기식 냉각탑 ② 대향류식 냉각탑
③ 직교류식 냉각탑 ④ 밀폐식 냉각탑

해설 냉각탑(쿨링타워) 중 효율이 가장 좋은 것은 대향류식 냉각탑이다.

97 베이퍼록 현상은 액의 끓음에 의한 동요를 말하며 이를 방지하는 방지법이 아닌 것은?

① 실린더 라이너의 외부를 가열한다.
② 흡입배관을 크게 하고 단열 처리한다.
③ 펌프의 설치위치를 낮춘다.
④ 흡입관로를 깨끗이 청소한다.

해설 실린더 라이너의 외부를 가열하면 실린더 라이너 내부의 유체온도가 상승하여 액의 끓음에 의한 베이퍼록 발생이 오히려 심해진다.

98 가스배관 시공에 대한 설명으로 틀린 것은?

① 건물 내 배관은 안전을 고려, 벽, 바닥 등에 매설하여 시공한다.
② 건축물의 벽을 관통하는 부분의 배관에는 보호관 및 부식방지 피복을 한다.
③ 배관의 경로와 위치는 장래의 계획, 다른 설비와의 조화 등을 고려하여 정한다.
④ 부식의 우려가 있는 장소에 배관하는 경우에는 방식, 절연조치를 한다.

해설 건물 내 가스배관은 누설위치의 확인을 위해 노출배관이 우선이다.

99 복사난방을 대류난방과 비교할 때 복사난방의 장단점을 열거한 것 중 틀린 것은?

① 실의 높이에 따른 온도편차가 비교적 균일하며 쾌감도가 좋다.
② 방열기가 없으므로 공간의 이용도가 좋다.
③ 배관의 수리가 곤란하고, 외기의 급변화에 따른 온도조절이 곤란하다.
④ 공기의 대류가 많아 실내의 먼지가 상승한다.

해설 복사난방은 온도편차가 적고 균일하여 공기의 대류가 적고 실내 먼지 유동이 적어진다.

100 장치 내 전수량 20,000L이며, 수온을 20℃에서 80℃로 상승시킬 경우 물의 팽창수량은 약 얼마인가? (단, 20℃일 때 비중량 0.99823kg/L, 80℃일 때 0.97183kg/L이다.)

① 54.3L
② 400L
③ 543L
④ 5,430L

해설 $V' = V_1 \left(\dfrac{1}{\rho_1} - \dfrac{1}{\rho_2} \right)$

$20,000 \times \left(\dfrac{1}{0.97183} - \dfrac{1}{0.99823} \right) = 544\text{L}$

SECTION 01 기계열역학

01 랭킨사이클(Rankine Cycle)에 관한 설명 중 틀린 것은?

① 보일러에서 수증기를 과열하면 열효율이 증가한다.
② 응축기 압력이 낮아지면 열효율이 증가한다.
③ 보일러에서 수증기를 과열하면 터빈 출구에서 건도가 감소한다.
④ 응축기 압력이 낮아지면 터빈 날개가 부식될 가능성이 높아진다.

해설 랭킨사이클의 효율을 높이려면 터빈 입구에서의 증기온도와 증기압력을 높이거나 복수기의 배압을 낮추면 된다.
※ 수증기 과열 : 터빈 출구의 건조도 증가

02 증기를 가역 단열과정을 거쳐 팽창시키면 증기의 엔트로피는?

① 증가한다.
② 감소한다.
③ 변하지 않는다.
④ 경우에 따라 증가도 하고, 감소도 한다.

해설 증기의 단열변화(열량 변화 dq=0, 엔트로피 변화 ds=0)
증기의 엔트로피 변화는 없다(등엔트로피 변화).

03 초기 온도와 압력이 50℃, 600kPa인 질소가 100 kPa까지 가역 단열팽창하였다. 이때 온도는 약 몇 K 인가?(단, 비열비 k = 1.4이다.)

① 194
② 294
③ 467
④ 539

해설 단열변화(온도변화)

$$T_2 = T_1 \times \left(\frac{P_1}{P_2}\right)^{\frac{K-1}{K}} = (50+273) \times \left(\frac{100}{600}\right)^{\frac{1.4-1}{1.4}}$$
$$= 194\,K = (-79.4℃)$$

04 카르노사이클로 작동되는 열기관이 600K에서 800 kJ의 열을 받아 300K에서 방출한다면 일은 약 몇 kJ 인가?

① 200
② 400
③ 500
④ 900

해설 효율$(\eta_c) = \dfrac{W}{Q_1} = 1 - \dfrac{Q_2}{Q_1} = 1 - \dfrac{T_2}{T_1} = 1 - \left(\dfrac{300}{600}\right) = 0.5$
$\therefore 800 \times 0.5 = 400\,kJ$

05 체적이 일정하고 단열된 용기 내에 80℃, 320kPa의 헬륨 2kg이 들어 있다. 용기 내에 있는 회전날개가 20W의 동력으로 30분 동안 회전한다. 최종 온도는?(단, 헬륨의 정적비열(Cv) = 3.12kJ/kg · K이다.)

① 76.2℃
② 80.3℃
③ 82.9℃
④ 85.8℃

해설 1W=0.86kcal, 1kW−h=860kcal
$20 \times 0.86 \times \left(\dfrac{30}{60}\right) = 8.6\,kcal$

1kW−h=3,600kJ, $3,600 \times \dfrac{20\,W}{1,000\,W} \times 0.5$시간$=36\,kJ$

$\therefore T_2 = \dfrac{Q}{m \cdot C_v} + T_1 = \left\{\dfrac{36}{2 \times 3.12} + (80+273)\right\} - 273$
$= 85.8℃$(정적변화)
※ 1시간=60분, 1kW=1,000W

06 증기압축 냉동기에서 냉매가 순환되는 경로를 올바르게 나타낸 것은?

① 증발기 → 압축기 → 응축기 → 수액기 → 팽창밸브
② 증발기 → 응축기 → 수액기 → 팽창밸브 → 압축기
③ 압축기 → 수액기 → 응축기 → 증발기 → 팽창밸브
④ 압축기 → 증발기 → 팽창밸브 → 수액기 → 응축기

해설 증기압축식 냉동기(왕복동, 터보형, 스크르형)
냉매순환경로=증발기 → 압축기 → 응축기 → 수액기 → 팽창밸브

07 밀폐계(Closed System)의 가역정압과정에서 열전달량은?

① 내부에너지의 변화와 같다.
② 엔탈피의 변화와 같다.
③ 엔트로피의 변화와 같다.
④ 일과 같다.

해설 밀폐계에서 가역정압과정 열전달량＝엔탈피의 변화와 같다.
$\delta Q = du + \delta w = du + PdV$

08 열펌프를 난방에 이용하려 한다. 실내 온도는 18℃이고, 실외 온도는 −15℃이며, 벽을 통한 열손실은 12kW이다. 열펌프를 구동하기 위해 필요한 최소 일률(동력)은?

① 0.65kW   ② 0.74kW
③ 1.36kW   ④ 1.53kW

해설 $18+273=291K$, $273-15=258K$
효율$(\eta)=1-\dfrac{258}{291}=0.113(11.3\%)$
∴ 일률(W)＝$12\times0.113=1.36kW$

09 523℃의 고열원으로부터 1MW의 열을 받아서 300K의 대기로 600kW의 열을 방출하는 열기관이 있다. 이 열기관의 효율은 약 %인가?

① 40   ② 45
③ 60   ④ 65

해설 $1MW=1,000kW(10^6W)$
효율$(\eta)=\left(1-\dfrac{600}{1,000}\right)=0.4(40\%)$

10 압력 200kPa, 체적 0.4m³인 공기가 정압하에서 체적이 0.6m³로 팽창하였다. 이 팽창 중에 내부에너지가 100kJ만큼 증가하였으면 팽창에 필요한 열량은?

① 40kJ   ② 60kJ
③ 140kJ   ④ 160kJ

해설 정압변화에서
일량(W)＝$mP(V_2-V_1)=1\times200(0.6-0.4)$
$=40kJ$
∴ $40+100=140kJ$(팽창에 필요한 열량)

11 대기압하에서 물질의 질량이 같을 때 엔탈피의 변화가 가장 큰 경우는?

① 100℃ 물이 100℃ 수증기로 변화
② 100℃ 공기가 200℃ 공기로 변화
③ 90℃의 물이 91℃ 물로 변화
④ 80℃의 공기가 82℃ 공기로 변화

해설 ①은 잠열변화(잠열이 현열보다 같은 질량에서는 가장 크다. 물의잠열＝539kcal/kg)
②, ③, ④는 현열변화

12 압력 1,000kPa, 온도 300℃ 상태의 수증기[엔탈피(h)=3,051.15kJ/kg, 엔트로피(s)는 7.1228kJ/kg·K가 증기 터빈으로 들어가서 100kPa 상태로 나온다. 터빈의 출력 일은 370kJ/kg이다. 수증기표를 이용하여 터빈 효율을 구하면 약 얼마인가?

수증기의 포화 상태표(압력 100kPa/온도 99.62℃)

엔탈피(kJ/kg)		엔트로피(kJ/kg·K)	
포화액체	포화증기	포화액체	포화증기
417.44	2,675.46	1.3025	7.3593

① 0.156   ② 0.332
③ 0.668   ④ 0.798

해설 터빈효율＝$\dfrac{h_1-h_2{}'}{h_1-h_2}=\dfrac{h_1-h_3{}'}{h_1-h_3}$

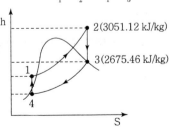

13 해수면 아래 20m에 있는 수중다이버에게 작용하는 절대압력은 약 얼마인가?(단, 대기압은 101kPa이고, 해수의 비중은 1.03이다.)

① 202kPa ② 303kPa
③ 101kPa ④ 504kPa

해설 $20mH_2O = 2kg/cm^2$

$1atm = 1.0332kg/cm^2$

∴ 절대압력 = 게이지압 + 대기압 $= 2 \times \dfrac{101}{1.0332} + 101$

$= 296kPa$

∴ $296 \times 1.03 = 304kPa$

---

14 난방용 열펌프가 저온 물체에서 1,500kJ/h로 열을 흡수하여 고온 물체에 2,100kJ/h로 방출한다. 이 열펌프의 성능계수는?

① 2.0 ② 2.5
③ 3.0 ④ 3.5

해설 $2,100 - 1,500 = 600kJ/h$

∴ 성능계수(COP) $= \dfrac{2,100}{600} = 3.5$

---

15 어느 내연기관에서 피스톤의 흡기과정으로 실린더 속에 0.2kg의 기체가 들어 왔다. 이것을 압축할 때 15kJ의 일이 필요하고, 10kJ의 열을 방출하였다면, 이 기체 1kg당 내부에너지의 증가량은?

① 10kJ ② 25kJ
③ 35kJ ④ 50kJ

해설 내부에너지

내부에 저장된 에너지

총에너지 = 내부에너지 + 외부에너지

내부에너지 = 총에너지 − 역학적 에너지(외부에너지)

내부에너지 증가량 $= 15 - 10 = 5kJ/0.2kg$

∴ $5 \times \dfrac{1}{0.2} = 25kJ/kg$

---

16 A, B 두 종류의 기체가 한 용기 안에서 박막으로 분리되어 있다. A의 체적은 $0.1m^3$사, 질량은 2kg이고, B의 체적은 $0.4m^3$, 밀도는 $1kg/m^3$이다. 박막이 파열되고 난 후에 평형에 도달하였을 때 기체 혼합물의 밀도는?

① $4.8kg/m^3$ ② $6.0kg/m^3$
③ $7.2kg/m^3$ ④ $8.4kg/m^3$

해설 $A = \dfrac{2}{0.1} = 20kg/m^3$, $B = 1 \times 0.4 = 0.4kg/0.4m^3$

$20 \times 0.1 = 2kg/0.1m^3$, $2 + 0.4 = 2.4kg/0.5m^3$

∴ 밀도$(\rho) = 2.4kg/0.5m^3 + 2.4kg/0.5m^3 = 4.8kg/m^3$

---

17 실린더 내의 이상기체 1kg이 온도를 27℃로 일정하게 유지하면서 200kPa에서 100kPa까지 팽창하였다. 기체가 한 일은?(단, 이 기체의 기체상수는 1kJ/kg · K이다.)

① 27kJ ② 208kJ
③ 300kJ ④ 433kJ

해설 등온변화$(_1W_2) = RTln\left(\dfrac{P_1}{P_2}\right)$

∴ 일량$(_1W_2) = (27 + 273)ln\left(\dfrac{200}{100}\right) = 208kJ$

---

18 출력이 50kW인 동력 기관이 한 시간에 13kg의 연료를 소모한다. 연료의 발열량이 45,000kJ/kg이라면, 이 기관이 열효율은 약 얼마인가?

① 25% ② 28%
③ 31% ④ 36%

해설 $1kW - h = 3,600kJ$

$50 \times 3,600 = 180,000kJ$

$13 \times 45,000 = 585,000kJ$

∴ 효율$(\eta) = \dfrac{180,000}{585,000} \times 100 = 31\%$

---

19 정압비열이 209.5J/kg · K이고, 정적비열이 159.6 J/kg · K인 이상기체의 기체상수는?

① 11.7J/kg · K ② 27.4J/kg · K
③ 32.6J/kg · K ④ 49.4J/kg · K

해설 SI 단위

$Cp = Cv + R$, $Cp = Cv + AR$(공학단위)

$Cv = \dfrac{AR}{K-1}$, $Cp = \dfrac{K}{K-1}AR$

∴ 기체상수 (R) = Cp − Cv = 209.5 − 159.6

　　　　　　　　= 49.9J/kg · K

20 어떤 발명가가 태양열 집열판에서 나오는 77℃의 온수에서 1kW의 열을 받아 동력을 생성하는 열기관을 고안하였다고 주장한다. 이러한 열기관이 생성할 수 있는 최대 출력은?(단, 주위 공기의 온도는 27℃라고 가정한다.)

① 1,000W　　　　　② 649W

③ 333W　　　　　　④ 143W

해설 1kW = 1,000W

27 + 273 = 300k, 77 + 273 = 350K

∴ 출력 = $1,000 \times \left(1 - \dfrac{300}{350}\right) = 143W$

SECTION 02 냉동공학

21 압축기에 사용되는 냉매의 이상적인 구비조건으로 맞는 것은?

① 임계온도가 낮을 것

② 비열비가 클 것

③ 토출가스의 온도가 낮을 것

④ 가스의 비체적이 클 것

해설 ㉠ 압축기에서 토출가스온도가 높으면 압축기가 과열된다. 토출가스의 온도가 높은 왕복동식 압축기는 냉각수를 이용하여 압축기를 냉각시킨다(워터자켓 활용).

㉡ 냉매는 임계온도가 높고, 비열비(K)가 작으며, 가스의 비체적이 작아야 한다.

22 두께 20cm의 벽돌 벽이 있다. 벽 외측의 온도 15℃, 벽내측의 온도가 25℃일 때 이 벽을 통하여 흐르는 열량은 몇 kcal/m²h인가?(단, 벽돌의 열전도율(λ)은 0.8kcal/mh℃이다.)

① 20　　　　　　　② 40

③ 100　　　　　　④ 200

해설 열량(Q) = $\lambda \times \dfrac{A(t_2 - t_1)}{b} = 0.8 \times \dfrac{1 \times (25 - 15)}{0.2}$

　　　　= 40kcal/m²h

※ b = 두께 = 20cm = 0.2m

23 다음 그림은 2단 압축 암모니아 사이클을 선도로 나타낸 것이다. 냉동능력 1RT에 대해 저단압축기 냉매순환량(G)은 약 몇 kg/h인가?

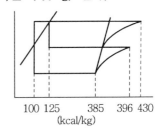

① 10.7kg/h　　　　② 11.6kg/h

③ 12.5kg/h　　　　④ 13.2kg/h

해설 2단압축 저단압축기 냉매순환량(G)

$G = \dfrac{3,320(1\,RT)}{i_1 - i_8} = \dfrac{3,320}{385 - 100} = 11.6kg/h$

24 냉동기, 열기관, 발전소, 화학플랜트 등에서의 뜨거운 배수를 주위의 공기와 직접 열 교환시켜 냉각시키는 방식의 냉각탑은?

① 밀폐식 냉각탑

② 증발식 냉각탑

③ 원심식 냉각탑

④ 개방식 냉각탑

해설 개방식 냉각탑

냉동기, 열기관, 발전소, 화학플랜트에서 뜨거운 배수를 주위의 공기와 직접 열교환시켜 냉각시키는 방식의 냉각탑

25 압축식 냉동기와 흡수식 냉동기에 대한 설명 중 잘못된 것은?

① 증기를 저렴하게 얻을 수 있는 장소에서는 흡수식 냉동기가 경제적으로 유리하다.

② 흡수식 냉동기에 비해 압축식 냉동기의 열효율이 높다.

③ 냉매 압축방식은 압축식에서는 기계적 에너지, 흡수식은 화학적 에너지를 이용한다.

④ 동일한 냉동능력을 갖기 위해서 흡수식은 압축식에 비해 냉동장치가 커진다.

해설 흡수식 냉동기의 냉매는 물(水)이며 냉매는, 증발기 → 흡수기 → 재생기 → 응축기 → 증발기 상부 트레이(상자)로 공급된다.

26 흡수식 냉동기의 용량제어 방법으로 옳지 않은 것은?

① 흡수기 공급흡수제 조절

② 재생기 공급용액량 조절

③ 재생기 공급증기 조절

④ 응축수량 조절

해설 흡수제(LiBr, 리튬브로마이드)는 증발기의 냉매(물)의 증발 잠열을 흡수한다.

27 전자변(Solenoid Valve) 설치 시 주의 사항이 아닌 것은?

① 코일 부분이 상부로 오도록 수직으로 설치한다.

② 전자변 직전에 스트레이너를 장치한다.

③ 배관 시 전자변에 부당한 하중이 걸리지 않아야 한다.

④ 전자변 본체의 유체 방향성에 무관하게 설치한다.

해설 전자변은 입출구의 유체 방향성에 맞추어 설치하여 (ON−OFF) 동작을 작동시킨다.

28 냉동장치의 전자식 팽창밸브에 대한 설명 중 틀린 것은?

① 응축압력 변화에 따른 영향을 받지 않는다.

② 응축기 출구 과냉각의 변화를 보상할 수 있다.

③ 높은 과열도를 유지하여 시스템의 효율을 높일 수 있다.

④ 센서를 사용하여 감지하고 제어함으로써 설치 위치 선정이 용이하다.

해설 팽창밸브로 유입되는 냉매는 플래시가스를 방지하기 위하여 5℃ 정도의 온도를 하강시켜야 시스템의 효율을 높인다.

29 증발기의 착상이 냉동장치에 미치는 영향에 대한 설명 중 틀린 것은?

① 냉동능력 저하에 따른 냉장(동)실 내 온도 상승

② 증발온도 및 증발압력의 상승

③ 냉동능력당 소요동력의 증대

④ 액압축 가능성의 증대

해설 증발기의 착상(적상 : 서리)이 발생되면
㉠ 토출가스 온도 상승
㉡ 증발압력 저하
㉢ 리퀴드 백 우려 등 외 ①, ③, ④ 영향 발생

30 냉동장치의 운전에 관한 일반사항 중 옳지 못한 것은?

① 펌프다운 시 저압축 압력은 대기압 정도로 한다.

② 압축기 가동 전에 냉각수 펌프를 기동시킨다.

③ 장시간 정지시키는 경우에는 재가동을 위하여 배관 및 기기에 압력을 걸어둔 상태로 둔다.

④ 장시간 정지 후 시동 시에는 누설 여부를 점검한 후에 기동시킨다.

해설 냉동장치의 장시간 정지 시에는 압력을 완전히 제거시키고 정지시킨다.

31 흡수식 냉동기에 사용하는 흡수제의 구비조건이 아닌 것은?

① 용액의 증기압이 낮을 것
② 점도가 높지 않을 것
③ 농도 변화에 의한 증기압의 변화가 클 것
④ 부식성이 없을 것

해설 흡수식 냉동기는 농도변화가(64~59%) 일정하여야 하고 증기압력(6.5mmHg)이 일정하여서 포화온도 5℃를 맞춘다.

32 열원에 따른 열펌프의 종류가 잘못된 것은?

① 공기-공기 열펌프
② 잠열 이용 열펌프
③ 태양열 이용 열펌프
④ 물-공기 열펌프

해설 잠열을 이용하는 열펌프는 냉동기 등에서만 사용이 가능하다.

33 흡수식 냉동장치에서의 흡수제 유동방향으로 적당하지 않은 것은?

① 흡수기 → 재생기 → 흡수기
② 흡수기 → 용액열교환기 → 재생기 → 용액열교환기 → 흡수기
③ 흡수기 → 고온재생기 → 저온재생기 → 흡수기
④ 흡수기 → 재생기 → 증발기 → 응축기 → 흡수기

해설 ㉠ 흡수식 냉동장치는 흡수기 흡수제는 흡수기 → 재생기 → 흡수기 등의 사이클 경로가 일어난다.
④의 사이클은 맞지 않다(증발기에는 흡수제가 유입되지 않는다).
㉡ 흡수식 1RT : 6,640kcal/h

34 흡수식 냉동기에서 냉동시스템을 구성하는 기기들 중 냉각수가 필요한 기기의 구성으로 올바른 것은?

① 재생기와 증발기
② 흡수기와 응축기
③ 재생기와 응축기
④ 증발기와 흡수기

해설 흡수식
㉠ 냉수(7℃) : 증발기 안 전열관 → FCU(팬코일유닛)
㉡ 냉매(5℃) : 증발기 안에서 냉매가 5℃에서 증발
㉢ 냉각수(32℃) : 냉각탑 → 흡수기 → 응축기 → 냉각탑

35 냉동장치의 제어에 관한 설명 중 올바른 것은?

① 온도식 자동팽창밸브는 증발기 입구의 냉매가스 온도가 일정한 과열도로 유지되도록 냉매유량을 조절하는 팽창밸브이다.
② 증발온도가 다른 2대의 증발기를 1대의 압축기로 운전할 때 증발압력조정밸브는 증발온도가 높은 쪽의 증발기 출구 측에 설치한다.
③ 흡입압력조정밸브는 증발기 입구 측에 설치하여 기동 시 과부하 등으로 인해 압축기용 전동기가 손상되기 쉬운 것을 방지한다.
④ 저압 측 플로트식 팽창밸브는 주로 건식증발기의 액면 높이에 따라 냉매의 유량을 조절하는 것이다.

해설 증발압력조정밸브(E.P.R)
한대의 압축기로 유지온도가 다른 여러 대의 증발실을 운용할 때 가장 온도가 낮은 냉장실의 압력기준으로 운전되기 때문이다. 고로 고온측의 증발기에 E.P.R을 설치한다.

36 냉동능력이 10kW인 냉동기에서 수냉식 응축기의 냉각수 입·출구 온도차가 8℃이다. 냉각수 유량은 약 얼마인가?(단, 압축기 소요동력은 3kW이며, 물의 비열은 1kcal/kg·℃이다.)

① 1,397kg/h
② 2,392kg/h
③ 1,852kg/h
④ 2,500kg/h

해설 1kW-h=860kcal

$$냉각수(G) = \frac{(10 \times 860 + 3 \times 860)}{1 \times 8} = 1,397kg/h$$

37 다음 그림과 같은 특성을 갖고 독립적으로 작동하는 고 · 저온 측 냉동사이클로 구성되며, 저온 측 응축기 방열량이 고온 측의 증발기에 의해 냉각되도록 설계한 냉동기의 명칭(사이클)은 어느 것인가?

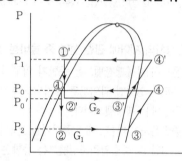

① 2원 냉동사이클
② 2단압축 냉동사이클
③ 다효압축 냉도사이클
④ 표준 냉동사이클

<hr>

해설 2원 냉동사이클
독립적으로 작동하는 고 · 저온 측 냉동사이클로 구성되며, 저온 측 응축기 방열량이 고온측의 증발기에 의해 냉각된다.
사용냉매 : R-13, R-12, R-22 등

38 스크루(Screw) 냉동기의 특징을 설명한 것이다. 잘못된 것은?

① 경부하 시에는 동력 소모가 아주 적다.
② 압축기의 용량을 10~100%까지 연속적으로 제어가 가능하다.
③ 체적효율 및 압축효율이 높아 고성능이고 경제적이다.
④ 흡입, 토출 밸브가 없어 밸브의 마모, 운전 소음이 적다.

<hr>

해설 스크루 압축기는 소형이며 대용량가스 처리가 가능하고 암, 수 등의 두 개의 로터에 의해 압축되므로 동력소모가 크다.

39 20℃의 물 50L 중에 −10℃의 얼음 2kg을 넣어 완전히 용해시켰다. 외부와 완전히 단열되어 있을 때 물의 온도는 약 몇 ℃가 되는가?(단, 물의 비열은 1kcal/kg℃, 얼음의 비열은 0.5kcal/kg℃로 하며, 융해열은 79.7kcal/kg이다.)

① 13.75   ② 15.97
③ 17.62   ④ 20.35

<hr>

해설 물의 현열 : $50 \times 1 \times (20-0) = 1,000$kcal
얼음의 현열 : $2 \times 0.5 \times (0-(-10)) = 10$kcal
얼음의 용해잠열 : $2 \times 79.7 = 159.4$kcal
총무게 50L(kg)+2kg=52kg
$\therefore$ 물의 온도 $= \dfrac{1,000-(159.4+10)}{52 \times 1} = 15.97$℃

40 불응축 가스분리기의 작용에 대한 설명으로 가장 적합한 것은?

① 불응축가스와 냉매가스를 가열 분리한다.
② 불응축가스와 냉매가스를 압축하여 분리한다.
③ 불응축가스를 냉매와 분리하여 대기 중에 방출한다.
④ 방출된 가스에는 냉매가스는 전혀 혼입되어 있지 않다.

<hr>

해설 불응축가스(공기, 수소 등)는 냉매와 분리하여 대기 중에 방출한다.

SECTION **03** 공기조화

41 유인 유닛방식에 관한 설명 중 틀린 것은?

① 유인비는 보통 3~4 정도로 한다.
② 호텔 연회장의 내부 존에 적합한 공조방식이다.
③ 덕트 스페이스를 작게 할 수 있다.
④ 외기냉방의 효과가 적다.

<hr>

해설 유인 유닛방식은 그 장점으로 ①, ③, ④ 외에도 각 유닛마다 개별 제어가 가능하다.

42 엔탈피 변화가 없는 경우의 열수분비는 얼마인가?

① 0

② 1

③ −1

④ ∞

> **해설** 열수분비(u) $= \dfrac{\text{엔탈피 변화량}}{\text{수분의 변화량}}$
>
> 습공기의 상태변화량 중 수분의 변화량과 엔탈피변화량의 비율을 열수분비(수분비)라 한다.

43 인체의 열감각에 영향을 미치는 요소로서 인체 주변, 즉 환경적 요소에 해당하는 것은?

① 온도, 습도, 복사열, 기류속도

② 온도, 습도, 청정도, 기류속도

③ 온도, 습도, 기압, 복사열

④ 온도, 청정도, 복사열, 기류속도

> **해설** 인체 주변 환경적 요소
>
> 온도, 습도, 복사열, 기류속도

44 그림과 같은 지면에 접해 있는 바닥 구조체의 열관류율 K[kcal/m²h℃]의 값은 약 얼마인가?(단, 내표면 열전달률 a_1=8kcal/m²h℃, 외표면 열전달률 a_0=30kcal/m²h℃이다.)

구조	재료	두께 (m)	열전도율 [kcal/mh℃]
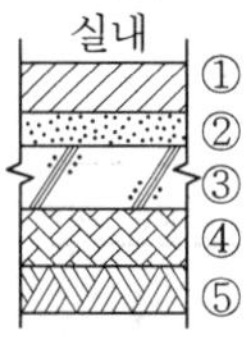 실내 ① ② ③ ④ ⑤	① 메타조	0.03	1.55
	② 몰탈	0.02	1.2
	③ 콘크리트	0.15	1.4
	④ 잡석	0.2	1.6
	⑤ 지반	–	1.6

① 0.491

② 0.632

③ 0.982

④ 1.018

> **해설** 열관류율(K)
>
> $$\dfrac{1}{\dfrac{1}{a_1}+\dfrac{b_1}{\lambda_1}+\dfrac{b_2}{\lambda_2}+\dfrac{b_3}{\lambda_3}+\dfrac{b_4}{\lambda_4}+\dfrac{1}{a^2}}$$
>
> $$K=\dfrac{1}{R}=\dfrac{1}{8}+\dfrac{0.03}{1.55}+\dfrac{0.15}{1.4}+\dfrac{0.2}{1.6}=0.982$$

45 개별 공조 방식에 대한 내용 중 옳지 않은 것은?

① 송풍량이 많으므로 실내공기의 오염이 적다.

② 개별 제어가 가능하며, 국소운전이 가능하여 에너지가 절약된다.

③ 유닛마다 냉동기를 갖추고 있어서 소음과 진동이 크다.

④ 외기냉방을 할 수 없다.

> **해설** 2중덕트(전공기방식 등) 방식 등이 송풍량이 많아서 실내공기의 오염이 적다.

46 표준대기압(101.325kPa)에서 25℃인 포화공기의 절대습도 x_s(kg/kg(DA))는 약 얼마인가?(단, 25℃의 포화수증기 분압 P_{ws}는 3.1660kPa이다.)

① 0.0188

② 0.0201

③ 0.6522

④ 0.6543

> **해설** 절대습도(x) $= 0.622 \times \dfrac{P_w}{P-P_w}$
>
> $$= 0.622 \times \dfrac{3.1660}{101.325-3.1660}$$
>
> $$= 0.0201 \text{kg/kg}''$$

47 난방 설비에 관한 설명 중 적당한 것은?

① 증기난방은 실내 상·하 온도차가 적은 특징이 있다.

② 복사난방의 설비비는 온수나 증기난방에 비해 저렴하다.

③ 방열기 트랩은 증기의 유량을 조절하는 작용을 한다.

④ 온풍난방은 신속한 난방 효과를 얻을 수 있는 특징이 있다.

> **해설** ① 증기난방은 실내 상·하 온도차가 크다.
>
> ② 복사난방 설비비는 가격이 비싸다.
>
> ③ 방열기 트랩은 응축수를 배출한다.

48 염화리튬(LiCl)을 사용하는 흡수식 감습장치가 냉각 코일을 사용하는 냉각식 감습장치보다 유리한 경우가 아닌 것은?

① 공조기 출구의 노점이 5℃ 이하일 때
② 공조되어 있는 실내의 현열비가 0.6 이하일 때
③ 실내 현열부하의 변동이 작을 때 실내온도를 일정하게 유지할 경우
④ 온도가 32℃ 이상 또는 10℃ 이하에서 저습도로 할 때

해설 흡수식 감습장치

화학적 감습장치이며 LiCl이나 트리에틸렌글리콜과 같이 흡수성이 큰 액체를 이용하는 방법으로서 공기 중의 수분을 제거하는 제습기와 수분을 흡수한 액을 가열하여 수분을 대기중에 방출하는 재생기로 구성된다.

49 외기에 접하고 있는 벽이나 지붕으로부터의 취득 열량은 건물 내외의 온도차에 의해 전도의 형식으로 전달된다. 그런데 외벽의 온도는 일사에 의한 복사열의 흡수로 외기온도보다 높게 되는데, 이 온도를 무엇이라 하는가?

① 건구온도　　　　② 노점온도
③ 상당외기온도　　④ 습구온도

해설 상당외기온도

외벽의 온도는 건물·내외의 온도차보다 일사에 의한 복사열의 흡수로 외기온도보다 높다. 이 온도가 상당외기온도이다.

50 덕트의 굴곡부 등에서 덕트 내를 흐르는 기류를 안정시키기 위하여 사용하는 기구는?

① 스플릿 댐퍼
② 가이드 베인
③ 릴리프 댐퍼
④ 버터플라이 댐퍼

해설 가이드 베인

덕트의 굴곡부 등에서 덕트 내를 흐르는 기류를 안정시키는 기구

51 보일러 능력의 표시법에 대한 설명 중 맞는 것은?

① 과부하 출력 : 운전시간 24시간 이후에는 정격출력의 10~20%가 더 많이 출력되는데 이것을 과부하 출력이라 한다.
② 정격 출력 : 정미 출력의 2배이다.
③ 상용 출력 : 배관 손실을 고려하여 정미 출력의 1.05~1.10배 정도이다.
④ 정미 출력 : 연속해서 운전할 수 있는 보일러의 최대능력이다.

해설 상용출력＝난방부하＋급탕부하＋배관열손실부하
　　　＝(난방부하＋급탕부하)×(1.05~1.10)

52 다음 용어의 설명이 잘못된 것은?

① 자유면적 : 취출구 혹은 흡입구 구멍면적의 합계
② 도달거리 : 취출구에서 취출기류의 풍속이 0.25 m/s로 되는 위치까지의 거리
③ 유인비 : 유인 공기에 대한 실내 공기의 비
④ 강하도 : 취출구에서 도달거리에 도달할 때까지 생긴 기류의 강하량

해설 $K(유인비) = \dfrac{T_A}{P_A} = \dfrac{1차공기 + 2차공기}{1차공기}$

53 다음 그림과 같이 송풍기의 흡입 측에만 덕트가 연결되어 있을 경우 동압은 얼마인가?

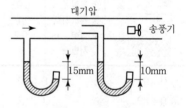

① 5mmAq　　　　② 10mmAq
③ 15mmAq　　　　④ 25mmAq

해설 동압＝전압－정압＝15－10＝5mmAq

54 압력 $10kgf/cm^2$, 건조도 0.89인 습증기 100kg을 일정 압력의 조건에서 300℃의 과열증기로 하는 데 필요한 열량은 약 얼마인가?(단, $10kgf/cm^2$에서 포화액의 엔탈피는 181.19kcal/kg, 증발잠열은 482 kcal/kg, 그리고 300℃에서의 과열증기 엔탈피는 729kcal/kg이다.)

① 8,573kcal
② 11,900kcal
③ 61,000kcal
④ 66,950kcal

해설 ㉠ 과열증기엔탈피＝포화증기엔탈피＋(과열증기온도
－포화증기온도)
㉡ 발생증기엔탈피＝포화수엔탈피＋건조도×증발잠열
＝181.19＋0.89×482
＝610.17kcal/kg
∴ 필요열량＝100×(729－610.17)
＝11,883(11,900)kcal

55 건물의 지하실, 대규모 조리장 등에 적합한 기계환기법(강제급기＋강제배기)은?

① 제1종 환기
② 제2종 환기
③ 제3종 환기
④ 제4종 환기

해설 제1종 환기법
건물의 지하실, 대규모 조리장에서 적합한 기계환기법(강제급기팬＋강제배기팬 겸용)

56 히트펌프 방식(열원 대 열매)에 속하지 않는 것은?

① 공기－공기 방식
② 냉매－공기 방식
③ 물－물 방식
④ 물－공기 방식

해설 히트펌프 방식
㉠ 공기－공기 방식
㉡ 물－공기 방식
㉢ 공기－물 방식
㉣ 물－물 방식

57 심야전력을 이용하여 냉동기를 가동 후 주간 냉방에 이용하는 빙축열시스템의 일반적인 구성장치로 옳은 것은?

① 축열조, 판형열교환기, 냉동기, 냉각탑
② 펌프, 보일러, 냉동기, 증기축열조
③ 판형열교환기, 증기트랩, 냉동기, 냉각탑
④ 냉동기, 축열기, 브라인펌프, 에어프리히터

해설 심야 빙축열시스템 구성 장치
㉠ 축열조
㉡ 판형열교환기
㉢ 냉동기
㉣ 냉각탑 등

58 유효 온도차(상당 외기 온도차)에 대한 설명 중 틀린 것은?

① 태양 일사량을 고려한 온도차이다.
② 계절, 시각 및 방위에 따라 변화한다.
③ 실내온도와는 무관하다.
④ 냉방부하 시에 적용된다.

해설 상당 외기 온도차＝(외벽의 복사 온도－실내온도)

59 다음 그림과 같은 단열된 덕트 내에 공기를 통하고 이 것에 열량 Q(kcal/h)와 수분 L(kg/h)을 가하여 열 평형이 이루어졌을 때, 공기에 가해진 열량은 얼마인가?(단, 공기의 유량은 G(kg/h), 가열코일 입·출구의 엔탈피, 절대습도를 각각 h_1, h_2(kcal/kg), x_1, x_2(kg/kg)로 하고, 수분이 엔탈피를 h_L(kcal/kg)로 한다.)

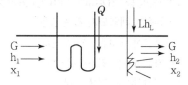

① $G(h_2-h_1)+Lh_L$ ② $G(x_2-x_1)+Lh_L$
③ $G(h_2-h_1)-Lh_L$ ④ $G(x_2-x_1)-Lh_L$

해설 공기에 가해진 열량(Q)
$Q=G(h_2-h_1)-Lh_L$

60 대규모 건물에서는 외벽으로부터 떨어진 중앙부는 외기 조건의 영향을 적게 받으며, 인체와 조명등 및 실내기구의 발열로 인해 경우에 따라서는 동절기 및 중간기에 냉방이 필요한 때가 있다. 이와 같은 건물의 회의실, 식당과 같이 일반 사무실에 비해 현열비가 크게 다른 경우 계통별로 구분하여 조닝하는 방법은?

① 방위별 조닝   ② 사용시간별 조닝
③ 부하 특성별 조닝   ④ 공조 조건별 조닝

해설 부하특성별 조닝
일반 사무실에 비해 현열비가 크게 다른 경우 계통별로 구분하는 조닝방법

SECTION **04** 전기제어공학

61 그림과 같은 논리회로의 출력은?

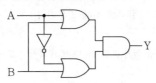

① AB   ② A+B
③ A   ④ B

해설 $Y = (A+B)(\overline{A}+B) = A \cdot \overline{A} + \overline{A} \cdot B + A \cdot B + B \cdot B$
$= B(\overline{A}-A) + B = B + B = B$

62 제어동작 중 PID(비례적분미분) 동작을 이용했을 때의 특징에 해당되지 않는 것은?

① 응답의 오버슈트를 감소시킨다.
② 잔류편차를 최소화시킨다.
③ 정정시간을 적게 한다.
④ 응답의 안정성이 작다.

해설 연속동작 중 복합동작 PID 동작을 이용하면 응답의 안정성이 크다.

63 다음과 같은 회로에 전압계 3대와 저항 10[Ω]을 설치하여 $V_1 = 80[V]$, $V_2 = 20[V]$, $V_3=100[V]$의 실효치 전압을 계측하였다. 이때 부하에서 나타나는 유효전력[W]은?

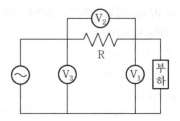

① 160   ② 320
③ 640   ④ 460

해설 유효전력
교류회로에서 순시전력을 1주기 평균한 값(평균전력)
유효전력$(P) = VI\cos\theta = VIp(W)$, 부하전류$(I) = \dfrac{20}{10} = 2A$
∴ 전력$(P) = 2 \times 80 = 160W$

64 신호흐름선도에서 $\dfrac{C}{R}$의 값은?

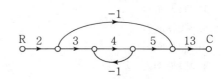

① 24   ② 26.2
③ 54   ④ 88

해설 $G = \dfrac{C}{R} = \dfrac{G_1\Delta_1 + G_2\Delta_2}{\Delta} = \dfrac{G_1 + G_2(1 - G_1H_1)}{1 - G_1H_1}$
$= \dfrac{2 \times 3 \times 4 \times 5 \times 13}{1 - \{-(1\times4) - (1\times3\times4\times5)\}} = 24$

65 피드백 제어계에서 제어요소에 대한 설명으로 옳은 것은?

① 동작신호를 조작량으로 변화시키는 요소이다.
② 조절부와 검출부로 구성되어 있다.
③ 조작부와 검출부로 구성되어 있다.
④ 목표값에 비례하는 신호를 발생하는 요소이다.

해설 제어요소
동작신호를 조작량으로 변화시키는 요소

---

66 100Ω의 저항 3개를 Y결선한 것을 △결선으로 환산 했을 때 각 저항의 크기는 몇 [Ω]인가?

① 33 ② 100
③ 300 ④ 600

해설 평형부하에서 Y결선을 △결선으로 환산하려면 Z△는 Z_Y의 3배이다

∴ $R = R \times e_a = 100 \times 3 = 300Ω$

△결선 부하를 Y결선으로 바꾸면 소비전력은 $\frac{1}{3}$배가 된다.

---

67 변위를 전압으로 변환하는 장치는?

① 차동 변압기 ② 서미스터
③ 노즐 플래퍼 ④ 벨로우즈

해설 차동변압기 : 변위를 전압으로 변화하는 장치 100mm 정도 의 변위까지 널리 사용된다.

---

68 선간 전압이 200[V]인 10[kW]의 3상 대칭 부하를 갖는 3상 유도전동기에 전력을 공급하는 선로 임피던 스가 4+j3[Ω]이고 부하가 뒤진 역률이 80[%]이면 선전류는 몇 [A]인가?

① 18.8+j21.6 ② 28.8−j21.6
③ 35.7+j4.3 ④ 14.1+j33.1

해설 $Ip = \dfrac{V_p}{Z} = \dfrac{200}{\sqrt{4^2+3^2}} = 40A$

∴ 선전류(IL) $= \sqrt{3} \, Ip = \sqrt{3} \, 40 = 69.28A$

전동기 3대 중, $\dfrac{69.28}{6.8} \times \dfrac{1}{3} = 28.8$,

$\sqrt{21.6^2 \times 21.6^2} ≒ \sqrt{400} = j21.6$

또는 $p = \sqrt{3} \, VIcos\theta$, $I = \dfrac{P}{\sqrt{3} \, Vcos\theta}$

$= \dfrac{10 \times 10^3}{\sqrt{3} \times 200 \times 0.8} = 36.08$

$I = I(cos\theta - jsin\theta) = 36.08(0.8 - j0.6) = 28.8 - j21.6$

또는

$p = \sqrt{3} \, VIcos\theta$, $I = \dfrac{P}{\sqrt{3} \, Vcos\theta}$

$= \dfrac{10 \times 10^3}{\sqrt{3} \times 200 \times 0.8} = 36.08$

$I = I(cos\theta - jsin\theta) = 36.08(0.8 - j0.6) = 28.8 - j21.6$

---

69 다음 설명은 어느 자성체를 표현한 것인가?

"N극을 가까이 하면 N극으로, S극을 가까이 하면 S극 으로 자화되는 물질로 구리, 금, 은 등이 있다."

① 강 자성체 ② 상 자성체
③ 반 자성체 ④ 초강 자성체

해설 금, 구리, 은은 N극을 가까이 하면 N극으로, S극을 가까이 하면 S극으로 자화되는 반 자성체이다.

---

70 변압기유로 사용되는 절연유에 요구되는 특성이 아 닌 것은?

① 응고점이 낮을 것 ② 인화점이 높을 것
③ 점도가 클 것 ④ 절연내력이 클 것

해설 변압기의 절연유는 점도가 적거나 적당하여야 사용하기 편리하다.

---

71 제어량을 원하는 상태로 하기 위한 입력신호는?

① 제어명령 ② 작업명령
③ 명령처리 ④ 신호처리

해설 제어명령
제어량을 원하는 상태로 하기 위한 입력신호이다.

---

72 직류전압 E[V]가 인가된 R−L 직렬회로에서 스위치 S를 개방한 시점으로부터 $\dfrac{L}{R}$[s] 후의 전류값은 몇 [A]인가?

① $\dfrac{0.368 \, E}{R}$ ② $\dfrac{0.5 \, E}{R}$
③ $\dfrac{0.632 \, E}{R}$ ④ $\dfrac{E}{R}$

ANSWER | 66. ③ 67. ① 68. ② 69. ③ 70. ③ 71. ① 72. ③

해설 전류값 : $\dfrac{0.632\,E}{R}$

R–L 직렬회로

㉠ 전류 : Imsia$(\omega t-\theta)$

㉡ 위상차 : $t_{an}^{-1}\dfrac{\omega}{R}$

㉢ 전압과 전류관계(I) $=\dfrac{V}{Z}$

73 정성적 제어에서 전열기의 제어 명령이 되는 신호는 전열기에 흐르는 전류를 흐르게 한다든가 아니면 차단하면 된다. 이와 같은 신호를 무엇이라 하는가?

① 제어 신호   ② 목표값 신호

③ 2진 신호   ④ 3진 신호

해설 신호의 개방, 차단 신호 : 2진 신호 (정성적 제어 : 시퀀스 제어)

74 전기력선에 관한 성질로 옳은 것은?

① 음전하에서 시작하여 양전하로 끝나는 연속선이다.

② 상호 교차한다.

③ 도체 표면에서 수직으로 나온다.

④ 같은 (+)전하일 경우 흡입한다.

해설 전기력선

전계의 상태를 생각하기 위하여 가상해서 그려지는 선

75 그림과 같은 유접점 논리회로를 간단히 하면?

① ⟶o̅A̅o⟶   ② ⟶oAo⟶

③ ⟶oBo⟶   ④ ⟶oB̅o⟶

76 벨트 운전이나 무부하 운전을 해서는 안 되는 직류전동기는?

① 분권   ② 가동복권

③ 직권   ④ 차동복권

해설 ㉠ 직류전동기

전기자에 직류를 공급함으로써 회전하는 전동기(분권전동기, 직권전동기, 타려전동기, 복권전동기 등)

㉡ 직권전동기

계자권선과 전기자 권선이 직렬로 접속된 전동기(무부하상태의 운전시에는 크게 고속하기 때문에 파괴될 염려가 있다.)

77 목표값이 미리 정해진 시간적 변화를 하는 경우 제어량을 그것에 추종시키기 위한 제어는?

① 시퀀스제어   ② 정치제어

③ 비율제어   ④ 프로그램제어

해설 프로그램제어

추종제어로서 목표값이 미리 정해진 시간적 변화를 하는 제어량 제어

78 직류 분권전동기의 계자저항을 운전 중에 증가시키면?

① 전류는 일정하게 된다.

② 속도는 일정하게 된다.

③ 속도가 감소하게 된다.

④ 속도가 증가하게 된다.

해설 직류 분권전동기의 계자저항을 운전중에 증가시키면 속도가 증가한다.

79 제어기기의 변환요소에서 온도를 전압으로 변환시키는 요소는?

① 벨로우즈
② 열전대
③ 가변 저항기
④ 광전지

[해설] 열전대
온도를 전압으로 변환시킨다.

80 역률에 관한 다음 설명 중 옳지 않은 것은?

① 교류회로의 전압과 전류의 위상차에 코사인(cos)을 취한 값이다.
② 역률을 이용하여 교류전력의 효율을 알 수 있다.
③ 역률이 클수록 유효전력보다 무효전력이 커진다.
④ 역률은 $\sqrt{1-(\text{무효율})^2}$ 로 계산할 수 있다.

[해설] 역률$(\cos\theta) = \dfrac{P}{VI} = \dfrac{\text{유효전력}}{\text{피상전력}}$

㉠ 0~100% 값으로 나타난다.
㉡ 역률이 클수록 유효전력이 커진다.

SECTION 05 배관일반

81 관의 결합방식 표시방법 중 용접식의 그림기호로 맞는 것은?

① ——┤— 　　② ——●—
③ ——╫— 　　④ ——➤

[해설] ① ——┤— : 나사이음
② ——●— : 용접이음
③ ——╫— : 플랜지이음
④ ——➤ : 턱걸이이음

82 온수난방 배관 설치 시 주의 사항으로 틀린 것은?

① 온수 방열기마다 수동식 에어벤트를 설치한다.
② 수평배관에서 관경을 바꿀 때는 편심 리듀서를 사용한다.
③ 팽창관에는 스톱밸브를 부착하여 긴급 시 차단하도록 한다.
④ 수리나 난방 휴지 시 배수를 위한 드레인 밸브를 설치한다.

[해설] 팽창관(보충수관)에는 어떠한 경우에도 스톱밸브를 설치하지 않는다.

83 가스 누설 시 쉽게 발견할 수 있도록 부취제를 첨가한다. 부취제의 종류에 따른 냄새 특성이 잘못된 것은?

① TBM : 양파썩는 냄새
② THT : 석탄가스 냄새
③ DMS : 마늘 냄새
④ MES : 계란 썩는 냄새

[해설] 부취제 종류
㉠ THT
㉡ DMS
㉢ TBM

84 배관의 부식에 관한 사항이다. 옳은 것은?

① 온수온도가 낮아짐에 따라 부식의 정도는 심하게 된다.
② 온수의 유속이 늦어질수록 부식의 정도는 심하다.
③ 동일한 금속의 배관은 매설환경에 따른 이온화 정도의 차이가 없다.
④ 흙속에 매설된 배관은 흙속의 수분, 공기, 박테리아 등의 함유량에 따라 부식성이 다르다.

[해설] ① 온수온도가 높으면 부식이 심해진다.
② 온수의 유속이 심할수록 부식의 정도가 심하다.
③ 동일금속배관은 매설환경에 따른 이온화 정도에 따라 차이가 많이 난다.

85 다음 중 1시간당 최대 급탕량 Q_h(L/h)를 구하는 식은?(단, F : 기구 1개 1회당 급탕량(L), P : 기구의 사용 횟수(회/h), A : 기구 동시 사용률(%)이다.)

① $Q_h = F \times P \times A$ ② $Q_h = (F/P) \times A$
③ $Q_h = (F \times P)/A$ ④ $Q_h = F + (P/A)$

해설 시간당 최대 급탕량(Q_h)
Q_h =기구 1개당 1회 급탕사용량×기구의 시간당 사용횟수
×기구 동시 사용률(L/h)

86 펌프 주위의 배관 시 주의할 사항을 설명한 것으로 틀린 것은?

① 흡입관의 수평배관은 펌프를 향해 위로 올라가도록 설계한다.
② 토출부에 설치한 체크 밸브는 서징현상 방지를 위해 펌프에서 먼 곳에 설치한다.
③ 흡입구(풋밸브)는 동수위면에서 관경의 2배 이상 물 속으로 들어가게 한다.
④ 흡입관의 길이는 되도록 짧게 하는 것이 좋다.

해설 펌프 토출부에 설치한 체크밸브(역류 방지 밸브 : 스윙식, 리프트식)는 펌프 가까이에 설치하여 수격작용을 방지 또는 예방한다.

87 가스 사용시설에서 배관설비기준에 대한 설명으로 틀린 것은?

① 배관의 재료와 두께는 사용하는 도시가스의 종류, 온도, 압력에 적절한 것일 것
② 배관을 하천부지를 제외한 지하에 매설하는 경우에는 지면으로부터 0.6m 이상의 거리를 유지할 것
③ 배관은 환기가 잘 되지 아니하는 천정, 벽 등에는 설치하지 아니할 것
④ 배관은 움직이지 않도록 고정하되 호칭지름이 13mm 미만의 것에는 2m마다, 33m 이상의 것에는 5m마다 고정장치를 할 것

해설 가스배관 관경의 고정 길이
㉠ 13mm 미만 : 1m
㉡ 13mm 이상 33mm 이하 : 2m
㉢ 33mm 이상 : 3m

88 다음 냉매액관 중에 플래시가스 발생 원인이 아닌 것은?

① 열교환기를 사용하여 과냉각도가 클 때
② 관경이 매우 작거나 현저히 입상할 경우
③ 여과망이나 드라이어가 막혔을 때
④ 온도가 높은 장소를 통과 시

해설 플래시가스(증발기로 들어가기 전 냉매액이 기화한 가스)를 방지하려면 열교환기를 사용하여 과냉각도가 크면 방지효과가 크다.

89 유압벤더(Bender)에 의한 작업 중에 관이 파손되는 원인이 아닌 것은?

① 굽힘형이 홈이 관지름보다 작다.
② 굽힘 반지름이 너무 작다.
③ 압력의 조정이 세고 저항이 크다.
④ 받침쇠가 너무 나와 있다.

해설 ①은 로터리벤더의 주름이 발생하는 원인이 된다.

90 증기난방배관의 시공법에 대한 설명으로 적당하지 못한 것은?

① 증기주관에서 지관을 분기하는 경우 관의 팽창을 고려하여 스위블 이음법으로 한다.
② 진공환수식 배관의 증기주관은 1/100~1/200 선상향 구배로 한다.
③ 주형방열기는 일반적으로 벽에서 50~60mm 정도 떨어지게 설치한다.
④ 보일러 주변의 배관방법에서는 증기관과 환수관 사이에 밸런스관을 달고, 하아트포드(Hartford) 접속법을 사용한다.

해설 진공환수식 증기난방 증기주관구배 : $\dfrac{1}{200} \sim \dfrac{1}{300}$ 끝내림 구배(하향구배)

91 보온재의 구비조건으로 부적당한 것은?

① 부피와 비중이 커야 한다.
② 흡수성이 없어야 한다.
③ 안전사용 온도가 높아야 한다.
④ 열전도율이 낮아야 한다.

해설 보온재는 비중(밀도 등)이 적어야 효과가 크다.

92 배수 및 통기배관에 대한 설명으로 틀린 것은?

① 회로 통기식은 여러 개의 기구군에 1개의 통기 지관을 빼내어 통기주관에 연결하는 방식이다.
② 도피 통기관의 관경은 배수관의 $\frac{1}{4}$ 이상이 되어야 하며, 최소한 40mm 이하가 되어서는 안 된다.
③ 루프 통기식 배관에 의해 통기할 수 있는 기구의 수는 8개 이내이다.
④ 한랭지의 배수관은 동결되지 않도록 피복을 한다.

해설 통기관의 관경
배수관의 관경 $\frac{1}{2}$ 이상, 최소관경은 32m$\left(1\frac{1}{2}\right)$ 이상

93 주철관 이음 중 기계식이음에 대한 설명이다. 틀린 것은?

① 가요성이 풍부하여 다소 굴곡이 있어도 누수되지 않는다.
② 수중작업이 불가능하다.
③ 간단한 공구로 신속하게 이음이 되며 숙련공이 필요치 않다.
④ 소켓접합과 플랜지 이음의 장점을 채택한 방법이다.

해설 주철관 기계식이음(Mechanical Joint)
수중작업이 가능하다(주철제 압륜과 고무링을 차례로 끼운 다음 소켓에 삽입구를 끼워넣는 방식).

94 다음 장치 중 일반적으로 보온, 보냉이 필요한 것은?

① 방열기 주변 배관
② 공조기용의 냉각수 배관
③ 환기용 덕트
④ 급탕배관

해설 난방·급탕배관은 보온, 보냉이 필요하다.

95 냉동기 용량제어의 목적이 아닌 것은?

① 부하변동에 대응한 용량제어로 경제적인 운전을 한다.
② 고내온도를 일정하게 할 수 있다.
③ 중부하기동으로 기동이 용이하다.
④ 압축기를 보호하여 수명을 연장한다.

해설 냉동기 용량을 제어하면 부하변동에 대응이 순조로워서 저부하 기동으로 기동이 용이하다.

96 압력 배관용 탄소강 강관의 기호는?

① SPP   ② SPPS
③ SPPH   ④ STBH

해설 ① SPP : 일반배관용 강관
③ SPPH : 고압배관용 강관
④ STBH : 보일러 열교환기용 탄소강 강관

97 다음 그림과 같은 방열기 표시 중 "5"의 의미는?

① 방열기의 섹션 수   ② 방열기 사용 압력
③ 방열기의 종별과 형   ④ 유입관의 관경

해설 ① : 5(섹션 수)
③ : W-H(벽걸이-수평형)
④ : 20×15(유입-유출관경)

98 배관 관련 설비 중 공기조화 설비의 구성요소가 아닌 것은?

① 열원장치   ② 공기조화기
③ 환기장치   ④ 트랩장치

해설 트랩

증기트랩, 배수트랩 2가지가 있다.

99 배수트랩의 형상에 따른 종류가 아닌 것은?

① S트랩　　　　② P트랩
③ U트랩　　　　④ H트랩

해설 배수트랩 중 관트랩

① S트랩 : 위생기구용
② P트랩 : 배수 수직관용
③ U트랩 : 배수 수평주관용

100 급탕설비에서 급탕온도가 70℃, 복귀탕 온도가 60℃일 때 온수 순환 펌프의 수량(L/min)은 얼마인가? (단, 배관계의 총 손실 열량은 3,000kcal/h로 한다.)

① 50L/min　　　　② 5L/min
③ 45L/min　　　　④ 4.5L/min

해설 순환펌프 수량 $= \dfrac{\text{배관손실열량}}{\text{비열} \times \text{온수온도차} \times 60}$ (L/min)

$$= \frac{3,000}{1 \times (70 - 60) \times 60} = 5\text{(L/min)}$$

SECTION 01 기계열역학

01 보일러 입구의 압력이 $9,800kN/m^2$이고, 응축기의 압력이 $4,900N/m^2$일 때 펌프일은 약 몇 kJ/kg인가?(단, 물의 비체적은 $0.001m^3/kg$이다.)

① −9.79

② −15.17

③ −87.25

④ −180.52

해설 펌프일 : 공업일, $_1W_2 = -\int_1^2 VdP$

$= 0.001 \times ((4,900 \div 1,000) - 9,800)$

$= -9.79kJ/kg$

02 피스턴 − 실린더 장치 내에 있는 공기가 $0.3m^3$에서 $0.1m^3$으로 압축되었다. 압축되는 동안 압력과 체적 사이에 $P=aV^{-2}$의 관계가 성립하며, 계수 $a=6kPa \cdot m^2$이다. 이 과정 동안 공기가 한 일은 얼마인가?

① −53.3kJ ② −1.1kJ

③ 253kJ ④ −40kJ

해설 $dw = P_1V_1 - P_2V_2, \ P_V = a \times \dfrac{1}{V}$

$\therefore \ dw = \left(6 \times \dfrac{1}{0.3}\right) - \left(6 \times \dfrac{1}{0.1}\right) = -40kJ$

03 어떤 유체의 밀도가 $741kg/m^3$이다. 이 유체의 비체적은 약 몇 m^3/kg인가?

① 0.78×10^{-3}

② 1.35×10^{-3}

③ 2.35×10^{-3}

④ 2.98×10^{-3}

해설 비체적(m^3/kg)

$\therefore \ \dfrac{1\,m^3}{741\,kg} = 0.00135(1.35 \times 10^{-3})$

04 1kg의 기체가 압력 50kPa, 체적 $2.5m^3$의 상태에서 압력 1.2MPa, 체적 $0.2m^3$의 상태로 변하였다. 엔탈피의 변화량은 약 몇 kJ인가?(단, 내부에너지의 증가 $U_2-U_1=0$이다.)

① 306 ② 206

③ 155 ④ 115

해설 $1.2MPa \times 1,000 = 1,200kPa$

엔탈피 변화(내부에너지 증가 0 = 등온변화)

$1.2MPa = 1,200kPa$

$h = u + APV$

엔탈피 변화량(ΔH) $= \Delta u + A(P^2V^2 - P^1V^1)$

$= (1,200 \times 0.2 - 50 \times 2.5)$

$= 115kJ$

05 주위의 온도가 27℃일 때, −73℃에서 1kJ의 냉동효과를 얻으려 한다. 냉동 사이클을 구동하는 데 필요한 최소일은 얼마인가?

① 2kJ

② 1.5kJ

③ 1kJ

④ 0.5kJ

해설 $27 + 273 = 300K, \ -73 + 273 = 200K$

$\therefore \ 최소일(w) = 1 \times \dfrac{300-200}{200} = 0.5kJ$

06 열교환기의 1차 측에서 100kPa의 공기가 50℃로 들어가서 30℃로 나온다. 공기의 질량유량은 0.1kg/s이고, 정압비열은 1kJ/kg · K로 가정한다. 2차 측에서 물은 10℃로 들어가서 20℃로 나온다. 물의 정압비열은 4kJ/kg · K로 가정한다. 물의 질량유량은?

① 0.005kg/s

② 0.01kg/s

③ 0.05kg/s

④ 0.10kg/s

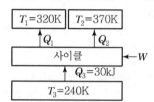

물$=G\times4(20-10)=$ □ kJ

공기$=0.1\times1\times(50-30)=2$kJ

$\therefore$ G$=\dfrac{0.1\times1\times(50-30)}{4\times(20-10)}=0.05$kg/s

07 다음 냉동사이클의 에너지 전달량으로 적절한 것은?

$$\boxed{T_1=320\text{K}} \quad \boxed{T_2=370\text{K}}$$

$\uparrow Q_1 \qquad \uparrow Q_2$

$\boxed{\text{사이클}} \longleftarrow W$

$\uparrow Q_3=30\text{kJ}$

$\boxed{T_3=240\text{K}}$

① $Q_1=20$kJ, $Q_2=20$kJ, $W=20$kJ

② $Q_1=20$kJ, $Q_2=30$kJ, $W=20$kJ

③ $Q_1=20$kJ, $Q_2=20$kJ, $W=10$kJ

④ $Q_1=20$kJ, $Q_2=15$kJ, $W=5$kJ

해설 $Q_3=30$kJ

일량(w)$=30\times\left(1-\dfrac{(320-240)}{240}\right)=20$kJ

$T_1=20$kJ(온도차 240K, 320K)

$T_2=30$kJ(370K, 240K : 온도차가 크다.)

$\therefore$ 총일량$=20+30=50$kJ

$\therefore$ 에너지전달량, $Q_1=50-30=20$kJ

$\qquad\qquad\qquad\quad Q_2=50-20=30$kJ

08 실린더 지름이 7.5cm이고, 피스톤 행정이 10cm인 압축기의 지압선도로부터 구한 평균 유효압력이 200kPa일 때, 한 사이클당 압축일은 약 몇 J인가?

① 12.4　　　　② 22.4

③ 88.4　　　　④ 128.4

해설 단면적(A)$=\dfrac{\pi}{4}d^2=\dfrac{3.14}{4}\times(7.5)^2=44.15625$cm^2

용적(V)$=44.15625\times10=441.5625$cm^3

$\therefore$ 압축일(w)$=\dfrac{441.5625\times200}{1,000}\fallingdotseq88.4$J

※ 1kJ$=1,000$J

09 공기를 300K에서 800K로 가열하면서 압력은 500 kPa에서 400kPa로 떨어뜨린다. 단위질량당 엔트로피 변화량은 약 얼마인가?(단, 비열은 일정하다고 가정하며, 300K에서 공기비열 Cp=1.004kJ/kg · K 이다.)

① 0.15kJ/kg · K

② 1.5kJ/kg · K

③ 1.05kJ/kg · K

④ 0.105kJ/kg · K

해설 엔트로피 변화량(Δs)$=S_2-S_1=Cp\ln\dfrac{T_2}{T_1}+R\ln\left(\dfrac{P_1}{P_2}\right)$

공기기체상수(R)$=0.287$kJ/kgK

$\therefore 1.004\ln\left(\dfrac{800}{300}\right)+0.287\ln\left(\dfrac{500}{400}\right)=1.05$kJ/kgK

10 냉동용량이 35kW인 어느 냉동기의 성능계수가 4.8 이라면 이 냉동기를 작동하는 데 필요한 동력은?

① 약 9.2kW　　　　② 약 8.3kW

③ 약 7.3kW　　　　④ 약 6.5kW

해설 동력$=\dfrac{\text{냉동용량}}{\text{성능계수}}=\dfrac{35}{4.8}\fallingdotseq7.3$kW

11 이상적인 냉동사이클의 기본 사이클은?

① 브레이튼 사이클　　② 사바테 사이클

③ 오토 사이클　　　　④ 역카르노 사이클

해설 역카르노 사이클 : 냉동사이클의 기본사이클

12 밀폐계에서 기체의 압력이 500kPa로 일정하게 유지되면서 체적이 0.2m^{3}에서 0.7m^{3}로 팽창하였다. 이 과정 동안에 내부에너지가 60kJ 증가하였다면 계(系)가 한 일은 얼마인가?

① 450kJ　　　　② 350kJ

③ 250kJ　　　　④ 150kJ

해설 절대일(팽창일) w $=\displaystyle\int pdV$

$\qquad\qquad\qquad=500\times(0.7-0.2)=250$kJ

13 다음 중 이상기체의 정적비열(Cv)과 정압비열(Cp)에 관한 관계식으로 옳은 것은?(단, R은 기체상수이다.)

① $Cv - Cp = 0$

② $Cv + Cp = R$

③ $Cp - Cv = R$

④ $Cv - Cp = R$

해설 ㉠ $AR = Cp - Cv$ (SI = Cp - Cv = R)

ㄴ $Cp = kCv = \dfrac{kAR}{k-1}$

ㄷ $Cv = \dfrac{AR}{k-1}$

ㄹ $k = \dfrac{C_p}{Cv}$

14 체적이 150m³인 방 안에 질량이 200kg이고 온도가 20℃인 공기(이상기체상수 = 0.287kJ/kg · K)가 들어 있을 때 이 공기의 압력은 약 몇 kPa인가?

① 112

② 124

③ 162

④ 184

해설 압력(P) = $\dfrac{200 \times 0.287 \times (20+273)}{150} = 112\text{kPa}$

$\dfrac{T_1}{P_1} = \dfrac{T_2}{P_2}$, $\dfrac{P}{T} = C$(정적 변화)

∴ 압력(P) = $\dfrac{GRT}{V}$, $PV = GRT$

15 상온의 실내에 있는 수은기압계의 수은주가 730mm 높이에 있다면, 이때 대기압은 얼마인가?(단, 25℃ 기준, 수은 밀도 = 13,534kg/m³)

① 9.68kPa

② 96.8kPa

③ 4.34kPa

④ 43.4kPa

해설 1atm = 760mmHg = 101.325kPa

∴ atm = $101.325 \times \dfrac{730}{760} = 97\text{kPa}$

16 증기압축식 냉동사이클용 냉매의 성질로 적당하지 않은 것은?

① 증발잠열이 크다.

② 임계온도가 상온보다 충분히 높다.

③ 증발압력이 대기압 이상이다.

④ 응고온도가 상온 이상이다.

해설 냉매는 응고점이 낮아야 한다.

17 대류 열전달계수와 관계가 없는 것은?

① 유체의 열전도율   ② 유체의 속도

③ 고체의 형상   ④ 고체의 열전도율

해설 ㉠ 열의 이동 : 전도, 대류, 복사

ㄴ 고체의 열전도율(kcal/mh℃) : 열전도

ㄷ 대류 : 액체, 기체의 열 이동

18 다음 중 엔트로피에 대한 설명으로 맞는 것은?

① 엔트로피의 생성항은 열전달의 방향에 따라 양수 또는 음수일 수 있다.

② 비가역성이 존재하면 동일한 압력하에 동일한 체적의 변화를 갖는 가역과정에 비해 시스템이 외부에 하는 일이 증가한다.

③ 열역학 과정에서 시스템과 주위를 포함한 전체에 대한 순 엔트로피는 절대 감소하지 않는다.

④ 엔트로피는 가역과정에 대해서 경로함수이다.

해설 ㉠ 엔트로피 : 열역학 과정에서 시스템과 주위를 포함한 전체에 대한 순 엔트로피는 절대 감소하지 않는다.

ㄴ 가역사이클(엔트로피 불변), 비가역사이클(엔트로피 항상 증가)

19 반데르발스(Van Der Waals)의 상태 방정식은 $\left(P + \dfrac{a}{v^2}\right)(v - b) = RT$ 로 된다. 이 식에서 $\dfrac{a}{v^2}$, b는 각각 무엇을 고려하는 상수인가?

① 분자 간의 작용 인력, 분자 간의 거리

② 분자 간의 작용 인력, 분자 자체의 부피

③ 분자 자체의 중량, 분자간의 거리

④ 분자 자체의 중량, 분자 자체의 부피

해설 $\dfrac{a}{v^2}$: 기체 분자 간 인력

(a : 반데르발스 상수, V : 기체부피(l))

b : 기체자체의 부피(l/mol)

20 최고온도 1,300K와 최저온도 300K 사이에서 작동하는 공기표준 Brayton 사이클의 열효율은 약 얼마인가?(단, 압력비는 9, 공기의 비열비는 1.4이다.)

① 30%　　　　　② 36%

③ 42%　　　　　④ 47%

해설 브레이톤 효율(η_b) $= 1 - \dfrac{T_4 - T_1}{T_3 - T_2} = 1 - \left(\dfrac{1}{r}\right)^{\frac{K-1}{K}}$

압력비(r) $= \dfrac{P_2}{P_1} = \dfrac{P_3}{P_4} = 9$

$\therefore \ \eta_b = 1 - \left(\dfrac{1}{9}\right)^{\frac{1.4-1}{1.4}} = 0.47(47\%)$

SECTION 02 냉동공학

21 공기를 냉각시키는 증발기의 증발관 표면에 착상된 서리(Frost)를 제상하는 방법으로 틀린 것은?

① 고압가스 제상(Hot Gas Defrost)

② 살수 제상(Water Spray Defrost)

③ 전열식 제상(Electric Defrost)

④ 질소 제상(N₂ Spray Defrost)

해설 서리 제상방법

㉠ 고압가스 제상

㉡ 살수 제상

㉢ 전열식 제상

22 운전 중인 냉동장치의 저압측 진공게이지가 50cmHg를 나타내고 있다. 이때의 진공도는 약 얼마인가?

① 65.8%　　　　　② 40.8%

③ 26.5%　　　　　④ 3.4%

해설 • 진공압력 : 50cmHg

• 대기압력 : 76cmHg

$\therefore$ 진공도 $= \dfrac{50}{76} \times 100 ≒ 65.8\%$

23 식품을 동결하고자 할 때 사용되는 최대빙결정생성대의 일반적인 온도범위는 얼마인가?

① 5～−1℃　　　　② −1～−5℃

③ −8～−18℃　　　④ −10～−25℃

해설 식품동결에서 최대빙결정 생성대의 일반적인 온도범위는 (−1℃)～(−5℃) 사이이다.

24 윤활유의 구비 조건이 아닌 것은?

① 응고점이 높을 것

② 인화점이 높을 것

③ 점도가 알맞을 것

④ 고온에서 탄화하지 않을 것

해설 압축기용 윤활유는 응고점이 낮아야 한다.

25 흡수식 냉동기에서 냉매의 순환경로는?

① 증발기 → 흡수기 → 재생기 → 열교환기

② 증발기 → 흡수기 → 열교환기 → 재생기

③ 증발기 → 재생기 → 흡수기 → 열교환기

④ 증발기 → 열교환기 → 재생기 → 흡수기

해설 흡수식 냉동기의 냉매 순환경로

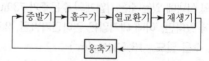

26 두께 30cm의 벽돌벽이 있다. 내면의 온도가 21℃, 외면의 온도가 35℃일 때 이 벽을 통해 흐르는 열량은 약 몇 kcal/m²h인가?(단, 벽돌의 열전도율 λ = 0.8kcal/mh℃이다.)

① 32　　　　　② 37

③ 40　　　　　④ 43

해설 손실열량$(Q) = \lambda \times \dfrac{A(t_1 - t_2)}{b}$

$= 0.8 \times \dfrac{1 \times (35 - 21)}{0.3} = 37\text{kcal/m}^2\text{h}$

27 냉동장치에 이용되는 응축기에 관한 설명 중 틀린 것은?

① 증발식 응축기는 주로 물의 증발로 인해 냉각하므로 잠열을 이용하는 방식이다.

② 이중관식 응축기는 좁은 공간에서도 설치가 가능하므로 설치면적이 작고, 또 냉각수량도 적기 때문에 과냉각 냉매를 얻을 수 있는 장점이 있다.

③ 입형 셸 튜브 응축기는 설치면적이 작고 전열이 양호하며 운전 중에도 냉각관의 청소가 가능하다.

④ 공랭식 응축기는 응축압력이 수냉식보다 일반적으로 낮기 때문에 같은 냉동기일 경우 형상이 작아진다.

해설 공랭식 응축기는 수냉식에 비하여 높고(응축온도가 높다.) 응축기 형상이 커야 한다.

28 다음 중 증발하기 쉬운 액체를 이용한 냉동방법이 아닌 것은?

① 증기분사식 냉동법   ② 열전냉동법

③ 흡수식 냉동법   ④ 증기압축식 냉동법

해설 증발하기 쉬운 액체를 이용한 냉동방법
㉠ 증기분사식 냉동법
㉡ 흡수식 냉동법
㉢ 증기 압축식 냉동법

29 다음 중 빙축열시스템의 분류에 대한 조합으로 적당하지 않은 것은?

① 정적 제빙형 – 관내 착빙형

② 정적 제빙형 – 캡슐형

③ 동적 제빙형 – 관외 착빙형

④ 동적 제빙형 – 과냉각아이스형

해설 빙축열시스템(氷蓄熱, Ice Thermal Storage System) 주로 얼음의 융해열(79.68kcal/kg)을 이용한다. 값싼 심야전력을 이용하여 전기에너지를 얼음 형태로 저장 후 주간에 냉방용으로 사용한다.
※ 빙축열 시스템 분류 : ①, ②, ④ 빙축열 시스템

30 독성이 거의 없고 금속에 대한 부식성이 적어 식품냉동에 사용되는 유기질 브라인(Brine)은 어느 것인가?

① 프로필렌글리콜   ② 식염수

③ 염화칼슘   ④ 염화마그네슘

해설 프로필렌글리콜
독성이 거의 없고 금속에 대한 부식성이 적어 식품냉동에 사용되는 유기질 브라인이다.

31 암모니아 냉동기에서 압축기의 흡입 포화온도 −20℃, 응축온도 30℃, 팽창변 직전온도 25℃, 피스톤 압출량 288m³/h일 때 냉동능력은 약 몇 냉동톤인가? (단, 압축기의 체적효율 $\eta_v = 0.8$, 흡입냉매엔탈피 h_1 =396kcal/kg, 냉매흡입 비체적 v=0.62m³/kg, 팽창변 직전의 냉매의 엔탈피 h_3=128kcal/kg이다.)

① 25RT   ② 30RT

③ 35RT   ④ 40RT

해설 냉매의 증발열 $= 396 - 128 = 268\text{kcal/kg}$

냉매사용량 $= \dfrac{288}{0.62} = 464.52\text{kg/h}$

냉동톤(RT) $= \dfrac{464.52 \times 268}{3,320} ≒ 30$

※ 1RT $= 3,320\text{kcal/h}$

32 냉동부하가 15RT인 냉동장치의 증발기에서 열 통과율이 6kcal/m²h℃, 유체의 입출구 평균온도와 냉매의 증발온도와의 차가 14℃일 때 전열면적은 약 얼마인가?

① 592.9m²   ② 1,383.3m²

③ 526.5m²   ④ 782.4m²

해설 $15 \times 3,320 = 49,800\text{kcal/h}$

전열면적(sb) $= \dfrac{49,800}{6 \times 14} = 592.9\text{m}^2$

33 R22 수냉식 응축기에서 최초 설치 시에는 냉매 응축온도가 25℃이며, 입출구 수온이 20℃, 23℃이었던 것이 장기간 사용 후에는 출구 수온이 22℃가 되었다. 최초 설치 시보다 열통과율이 약 몇 %나 저하하였는가?

① 7%   ② 17%

③ 73%   ④ 83%

34 냉동장치 내에 수분이 혼입된 경우에 대한 설명으로 적합하지 않은 것은?

① 프레온 냉동장치에서는 프레온과 수분이 상호 작용하여 내부에 부식을 일으킨다.

② 암모니아 냉동장치의 경우 팽창밸브가 막히는 현상이 프레온 냉매의 경우보다 더 많이 발생한다.

③ 암모니아 냉매의 경우 유탁액현상(Emulsion)이 한다.

④ 프레온 냉매의 경우 동부착현상(Copper Plating)이 발생한다.

해설 프레온 냉매는 수분의 용해능력이 없어서 팽창밸브가 막히는 현상이 암모니아 냉매보다 더 심하다.

35 흡수식 냉동사이클 선도와 설명이 잘못된 것은?

① 듀링선도는 수용액의 농도, 온도, 압력 관계를 나타낸다.

② 엔탈피−농도(h−X) 선도는 흡수식 냉동기 설계 시 증발잠열, 엔탈피, 농도 등을 나타낸다.

③ 듀링선도에서는 각 열교환기 내의 열교환량을 표현할 수 없다.

④ 모리엘(P−h) 선도는 냉동사이클의 압력, 온도, 비체적 등을 이용 각종 계산을 할 수 있다.

해설 흡수식 냉동사이클 : 듀링선도만 이용한다.
(흡수용액 : LiBr 리듐브로마이드)

36 시간당 2,000kg의 30℃ 물을 −10℃의 얼음으로 만드는 능력을 가진 냉동장치가 있다. 아래 조건에서 운전될 때 이 냉동장치의 압축기 소요동력(kW)은 약 얼마인가?(단, 열손실은 무시하고, 응축기 냉각수 입구온도 : 32℃, 냉각수 출구온도 : 37℃, 냉각수의 유량 : 60m³/h, 물의 비열 : 1kcal/kg℃, 얼음의 응고잠열 : 80kcal/kg℃, 얼음의 비열 : 0.5kcal/kg℃이다.)

① 71kW   ② 76kW

③ 78kW   ④ 81kW

37 냉동장치에서 가스 퍼지(Gas Purger)를 설치하는 이유로서 옳지 않은 것은?

① 냉동능력 감소를 방지한다.

② 응축압력 상승으로 소요동력이 증대하는 것을 방지한다.

③ 응축기 전열작용의 저하를 방지한다.

④ 불응축 가스의 배제를 가능한 한 억제한다.

해설 가스퍼지는 불응축 가스의 배제가 가능하여야 한다.

38 고속다기통 왕복동식 압축기의 특징으로 틀린 것은?

① 언로우더기구에 의한 자동제어와 자동운전이 용이하다.

② 강제급유 방식이므로 윤활유의 소비량이 비교적 많다.

③ 실린더 수가 많아 정적·동적 평형이 양호하여 진동이 비교적 적다.

④ 회전수는 암모니아 냉동장치보다 프레온 냉동장치가 작다.

해설 고속다기통 압축기는 증발잠열이 큰 암모니아 냉매가 프레온 냉동장치보다 회전수가 적다.

39 다음 그림과 같이 수냉식과 공랭식 응축기의 작용을 혼합한 형태의 응축기는?

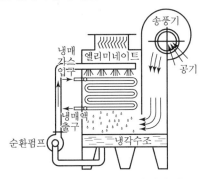

① 증발식 응축기　　② 셀코일 응축기
③ 공냉식 응축기　　④ 7통로식 응축기

해설 증발식 응축기
냉각수의 증발에 의해 냉매가 응축된다.

40 공기열원 수가열 R – 22 열펌프 장치를 가열운전(시운전)하는 상태에서 압축기 토출밸브 부근에서 토출 가스온도를 측정하였더니 130~140℃로 나타났다. 이러한 운전상태로 나타난 원인이나 상황 등과 관계가 없는 설명은?
① 냉매 분해가 일어날 가능성이 있다.
② 팽창밸브를 지나치게 교축하였을 가능성이 있다.
③ 공기 측 열교환기(증발기)에서 눈에 띄게 착상이 일어나면 이것도 원인이 된다.
④ 가열 측 순환온수의 유량을 설계값보다 많게 하는 것도 원인이 된다.

해설 토출 측 가스온도가 130~140℃라면 가열 측 순환온수의 유량을 설계값보다 적게 하는 것도 원인이 된다.

SECTION 03 공기조화

41 감습장치에 대한 설명 중 틀린 것은?
① 냉각 감습장치는 냉각코일 또는 공기세정기를 사용하는 방법이다.
② 압축성 감습장치는 공기를 압축해서 여분의 수분을 응축시키는 방법이며, 소요동력이 적기 때문에 일반적으로 널리 사용된다.
③ 흡수식 감습장치는 염화리튬, 트리에틸렌글리콜 등의 액체 흡수제를 사용하는 것이다.
④ 흡착식 감습장치는 실리카겔, 활성알루미나 등의 고체 흡착제를 사용한다.

해설 압축성 감습장치는 공기의 압축에 의한 소요동력이 크기 때문에 일반적으로 널리 사용되지 못한다.

42 팬코일유닛(FCU) 방식과 유인유닛(IDU) 방식은 실내에 설치하는 유닛 외에도 1차 공조기를 사용하여 덕트방식을 채용할 수도 있다. 이 방식들을 비교한 설명 중 올바르지 못한 것은?
① FCU는 IDU에 비해 운전 중의 소음이 적고, 동일 능력일 때에는 단가가 싸다.
② IDU에는 전용의 덕트계통이 필요하다.
③ FCU에는 내부에 팬(Fan)을 가지고 있어 보수할 필요가 있다.
④ IDU는 내부 존(Zone)을 합하더라도 하나의 덕트계통만으로 처리가 가능하다.

해설 IDU
1차 공기조화기로써 조정한 1차 공기를 고속 덕트로 각 실에 설치된 유인유닛으로 보내고 노즐로부터 분출하는 1차 공기의 유인작용에 의해 실내로 공기를 순환시킨다.

43 침입 외기량을 산정하는 방법으로 잘못된 것은?

① 환기회수법은 방의 체적에 비례하여 시간당 환기량을 체적비율로 환기량을 산정한다.

② 틈새길이법은 침입외기가 창이나 문의 틈새를 통해 들어오므로 이들의 틈새길이를 구하여 산정한다.

③ 창의 면적법은 창의 총 면적 및 형식에 따라 산정한다.

④ 사용 빈도수에 의한 침입외기량은 실내에 사용인원 1인당 필요한 최소 도입 외기량에 의해 산정한다.

> **해설** 침입 외기량 산출선정방법
> ①, ②, ③항의 내용이 적용된다(침입외기량은 실내 사용인원 전체에 필요한 외기량을 산정한다).

44 온풍난방의 특징 중 옳지 않은 것은?

① 송풍동력이 크며, 설계가 나쁘면 실내로 소음이 전달되기 쉽다.

② 실온과 함께 실내습도, 실내기류를 제어할 수 있다.

③ 외기를 적극적으로 보급할 수 있으므로 실내공기의 오염도가 적다.

④ 예열부하가 크므로 예열시간이 길다.

> **해설** 공기는 비열이(kcal/kg℃)이 작아서 예열부화가 매우 작기 때문에 시간이 단축된다.

45 증기난방과 온수난방을 비교한 것이다. 맞지 않는 것은?

① 주 이용열량은 증기난방은 잠열이고, 온수난방은 현열이다.

② 증기난방에 비하여 온수난방은 방열량을 쉽게 조절할 수 있다.

③ 장거리 수송은 증기난방은 발생증기압에 의하여, 온수난방은 자연순환력 또는 펌프 등의 기계력에 의한다.

④ 온수난방에 비하여 증기난방은 예열부하와 시간이 많이 소요된다.

> **해설** 증기는 온수보다 비열이 작아서 예열부하 시간이 온수난방에 비해 단축된다.

46 다음 그림과 같은 냉수 코일을 설계하고자 한다. 이때 대수평균 온도차 MTD는 얼마인가?

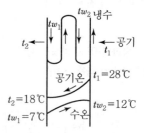

① 10.24℃   ② 13.36℃
③ 14.28℃   ④ 15.14℃

> **해설** $t_1 = 18 - 7 = 11℃$, $t_2 = 28 - 12 = 16℃$
>
> $$\therefore \text{대수평균 온도차}(MTD) = \frac{t_1 - t_2}{\ln\left(\frac{t_1}{t_2}\right)} = \frac{16 - 11}{\ln\left(\frac{16}{11}\right)}$$
>
> $$= 13.36℃$$

47 열회수 방식의 특징에 대한 설명이다. 옳은 것은?

① 공기 대 공기의 전열 교환을 직접 이용하는 방식으로 전열교환기가 가장 일반적이다.

② 전열교환기 방식은 외기도입량이 많고 운전시간이 짧은 시설에서 효과적이다.

③ 열펌프에 의한 승온이용 방식은 중·대규모의 건물에서는 부적합하다.

④ 전열교환기 및 열펌프이용 방식은 회수열의 축열이 불가능하다.

> **해설** 전열열교환기
> 공기 대 공기의 열교환기로서 현열은 물론 잠열(전열교환)까지도 교환된다(엔탈피 교환장치).

48 실내취득 감열량이 30,000kca/h일 때 실내온도를 26℃로 유지하기 위하여 15℃의 공기를 송풍하면 송풍량은 약 몇(m³/min)인가?(단, 공기의 비열 0.24 kcal/kg℃, 공기의 비중량 1.2kg/m³이다.)

① 158   ② 9,470
③ 6,944   ④ 947

해설 공기현열량 $= 0.24 \times 1.2 \times (26 - 15) = 3.168 \text{kca/m}^3$

$\therefore$ 분당 송풍량 $= \dfrac{30,000}{3.168 \times 60} 158 \text{m}^3/\text{min}$

※ 1시간 = 60분(min)

---

49 냉난방 공기조화설비에 관한 기술 중 틀린 것은?

① 패키지 유닛 방식을 이용하면 센트럴 방식에 비해 공기조화용 기계실의 면적이 적게 소요된다.

② 이중 덕트 방식은 개별제어를 할 수 있는 이점은 있지만 일반적으로 설비비 및 운전비가 많아진다.

③ 냉방부하를 산출하는 경우 형광등의 발열량은 1kW당 약 1,000kcal/h(바라스트 발열 포함)로 산정한다.

④ 지역냉난방은 개별냉난방에 비해 일반적으로 공사비는 현저하게 감소한다.

해설 지역냉난방은 개별난방에 비해 일반적으로 공사비는 현저하게 증가한다.

---

50 공조용 열원장치에서 개방식 축열수조의 특징과 거리가 먼 것은?

① 축열조의 열손실분만큼 열원의 에너지 소비량이 증가한다.

② 공조기용 2차 펌프의 양정이 대단히 작아 동력 소비량을 감소킬 수 있다.

③ 열회수식에 있어서 열 회수의 피크 시와 난방부하의 피크 시가 어긋날 때 이것을 조정할 수 있다.

④ 호텔 또는 병원 등에서 발생하는 심야의 부하에 열원의 가동 없이 펌프 운전만으로 대응할 수 있다.

해설 개방식 축열수조에서 펌프 가동 시 양정이 건물에 따라 높은 경우 동력 소비량이 크게 된다.

---

51 개별 공기조화방식에 사용되는 공기조화기와 관련이 없는 것은?

① 사용하는 공기조화기의 냉각코일로는 간접팽창 코일을 사용한다.

② 설치가 간편하고 운전 및 조작이 용이하다.

③ 제어대상에 맞는 개별 공조기를 설치하여 최적의 운전이 가능하다.

④ 소음이 크고 국소운전이 가능하여 에너지 절약적이다.

해설 개별 공기조화방식
냉각코일로는 직접팽창코일을 사용한다.

---

52 온도 32℃, 상대습도 60%인 습공기 150kg과 온도 15℃, 상대습도 80%인 습공기 50kg를 혼합했을 때 혼합공기의 상태를 나타낸 것은 어느 것인가?

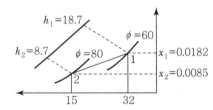

① 온도 23.5℃, 절대습도 0.0134인 공기

② 온도 20.05℃, 절대습도 0.0158인 공기

③ 온도 20.05℃, 절대습도 0.0134인 공기

④ 온도 27.75℃, 절대습도 0.0158인 공기

해설 혼합공기(t_3) $= \dfrac{(32 \times 150) + (15 \times 50)}{150 + 50} = 27.75℃$

혼합공기 절대습도(x_n) $= \dfrac{(0.0182 \times 150) + (0.0085 \times 50)}{150 + 50}$

$= 0.0158 \text{kg/kg}'$

---

53 펌프의 공동현상에 관한 설명이다. 적당하지 않은 것은?

① 흡입 배관경이 클 경우 발생한다.

② 소음 및 진동이 발생한다.

③ 임펠러 침식이 생길 수 있다.

④ 펌프의 회전수를 낮추어 운전하면 이 현상을 줄일 수 있다.

---

54 환기의 종류와 방법이 잘못 연결된 것은?

① 제1종 환기 : 급기팬(급기기)과 배기팬(배기기)의 조합

② 제2종 환기 : 급기팬(급기기)과 강제배기팬(배기기)의 조합

③ 제3종 환기 : 자연급기와 배기팬(배기기)의 조합

④ 자연환기(중력환기) : 자연급기와 자연배기의 조합

해설 제2종 환기(급기 : 기계, 배기 : 자연)

55 덕트에 관한 설명 중 올바르지 못한 것은?

① 덕트의 아스팩트비는 일반적으로 4 : 1 이하로 하는 것이 좋다.

② 곡부의 저항은 이와 동일한 마찰저항이 생기는 직선덕트의 길이로 표현된다. 이를 국부저항의 상당길이라 한다.

③ 덕트의 국부저항은 국부 및 분기부 등에서 생기는 와류의 에너지 소비에 따르는 압력손실과 마찰에 의한 압력손실을 합한 것이다.

④ 원형덕트와 동일한 풍량, 동일한 단위길이당 마찰저항에서 구한 장방형 덕트의 단면적은 원형덕트의 단면적과 같다.

해설 원형덕트의 직경 또는 상당직경(d)

$$d = 1.3 \left[\frac{(a \times b)^5}{(a+b)^2} \right]^{\frac{1}{8}}$$

56 다음의 습공기 선도에서 ①−⑤의 상태변화를 바르게 설명한 것은?(단, 그림에서 ①은 외기, ②는 실내공기, ③은 혼합공기이다.)

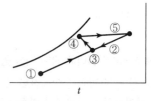

① 가습, 냉각과정이다. ② 감습, 가열과정이다.

③ 가습, 가열과정이다. ④ 감습, 냉각과정이다.

해설 ①→⑤ 변화
㉠ 가습(절대습도 증가)
㉡ 가열(건구온도 증가)

57 에어워셔 내에서 물을 가열하지도 냉각하지도 않고 연속적으로 순환 분무시키면서 공기를 통과시켰을 때 공기의 상태변화는?

① 건구온도가 상승하고, 습구온도는 내려간다.

② 절대온도가 높아지고, 습구온도는 높아진다.

③ 상대습도가 상승하면서 건구온도는 낮아진다.

④ 건구온도는 상승하나 상대습도는 낮아진다.

해설 에어워셔 내에서 물을 가열, 냉각하지도 않고 연속적으로 순환 분무 시에는 상대습도 증가, 건구온도 하강 발생

58 단관식 중력 환수 증기난방의 상향 공급식에서 증기와 응축수가 같은 방향으로 흐르는 관의 기울기로 적당한 것은?

① 1/10~1/30   ② 1/50~1/100

③ 1/100~1/200 ④ 1/250~1/300

해설 단관 중력 환수식

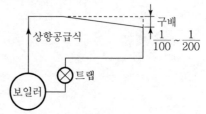

54. ② 55. ④ 56. ③ 57. ③ 58. ③ | ANSWER

59 습공기를 가습하는 방법으로 타당하지 않는 것은?

① 순환수를 분무하는 방법
② 온수를 분무하는 방법
③ 수증기를 분무하는 방법
④ 외부공기를 가열하는 방법

해설 습한 외부공기를 가열하면 가습이 줄어든다.

60 공기조화설비의 덕트계에서 발생되는 소음의 방음대책으로 틀린 것은?

① 발생 소음 자체를 줄인다.
② 음의 투과량을 크게 한다.
③ 소음발생원 등을 방음이 필요한 주요 실과 떨어뜨린다.
④ 덕트, 배관 등의 관통부를 차음 처리한다.

해설 덕트에서 소음의 방음대책은 음의 투과량을 적게 하는 것이다.

SECTION **04** 전기제어공학

61 그림과 같은 계전기 접점회로의 논리식은?

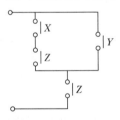

① $(X+Y)Z$　　　　② $X+Y+Z$
③ $(X+Z)Y$　　　　④ $XZ+Y$

해설 계전기 접점회로 논리 $=(X+Y)Z$

62 철심을 가진 변압기 모양의 코일에 교류와 직류를 중첩하여 흘리면 교류임피던스는 중첩된 직류의 크기에 따라 변하는데 이 현상을 이용하여 전력을 증폭하는 장치는?

① 회전증폭기　　　② 자기증폭기
③ 사이리스터　　　④ 차동변압기

해설 자기증폭기
철심을 가진 변압기 모양의 코일에 교류와 직류를 중첩하여 흘리면 교류임피던스는 중첩된 직류의 크기에 따라 변하는데 이 현상을 이용하여 전력을 증폭하는 장치를 말한다.

63 정현파 교류의 실효값은 최대값보다 어떻게 되는가?

① π배로 된다.　　　② $\dfrac{1}{\pi}$로 된다.

③ $\sqrt{2}$ 배로 된다.　　④ $\dfrac{1}{\sqrt{2}}$로 된다.

해설 정현파 교류의 실효값 : 최대값보다 $\dfrac{1}{\sqrt{2}}$로 된다.

64 그림과 같은 전자릴레이회로는 어떤 게이트 회로인가?

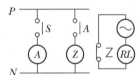

① AND　　　　② OR
③ NOR　　　　④ NOT

해설 NOT 회로 게이트
Inverter, 입력의 반대, 입력의 부정이 출력이 되므로 부정회로라고도 하며 입력이 1″일 때 출력이 0, 입력이 0″일 때 출력이 1이 된다.

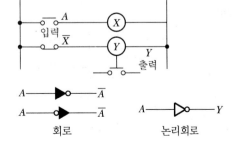

회로　　　　　　논리회로

65 전력에 대한 설명으로 옳지 않은 것은?

① 단위는 J/S이다.
② 단위시간의 전기 에너지이다.
③ 공률(일률)과 같은 단위를 갖는다.
④ 열량으로 환산할 수 있다.

해설 ㉠ 전력량(kW−h)은 열량 환산가능
1kW−h=860kcal(3,600kJ)
㉡ 전력 : 전기에너지에 의한 일의 속도를 1초 동안의 전기 에너지로 표시한다(단위 : W).

66 선형 시불변 회로의 임펄스 응답은 어떻게 구하는가?

① 스텝응답을 미분하여 구한다.
② 스텝응답을 적분하여 구한다.
③ 램프응답을 미분하여 구한다.
④ 출력응답을 적분하여 구한다.

해설 선형 시불변 회로의 임펄스 응답 : 스텝응답을 미분하여 구한다.
※ 스텝응답 : 계측장치 등에서 입력값이 어느 값에서 다른 값으로 그 레벨을 계단형으로 변화했을 때 출력 측에 생기는 응답

67 전류계와 전압계를 읽었을 때 110[V], 12[A]이면 몇 [kW]의 전력이 소비되는가?

① 1.32 　　　　② 3.21
③ 120 　　　　④ 12,000

해설 전력$(P)=\dfrac{VQ}{t}=VI(W)$, $P=VI=I^2R=\dfrac{V^2}{R}(W)$
$w=VIt$, ∴ 110×12=1,320w(1.32kW)

68 블록선도에서 신호의 흐름을 반대로 할 때, (a)에 해당하는 것은?

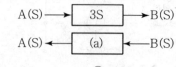

① S 　　　　② −3S
③ $\dfrac{1}{3}$S 　　　　④ $\dfrac{1}{3S}$

해설 $(a)=\dfrac{1}{3S}$

69 다음 전달함수에 대한 설명으로 옳지 않은 것은?

① 전달함수는 선형 제어계에서만 정의되고, 비선형 시스템에서는 정의되지 않는다.
② 계 전달함수의 분모를 0으로 놓으면 이것이 곧 특성방정식이 된다.
③ 어떤 계의 전달함수는 그 계에 대한 임펄스 응답의 라플라스 변환과 같다.
④ 입력과 출력에 대한 과도응답의 라플라스 변환과 같다.

해설 ㉠ 전달함수 초기값 : 0으로 한다.
㉡ 전달함수(R) : 각기 다른 두 양이 있고 서로 관계하고 있을 때 최초의 양에서 다음의 다른 양으로 변환하기 위한 함수 i가 주어지면 $V=iR$로 정해진다.

70 다음 중 피드백 제어계의 특징이 아닌 것은?

① 감대폭의 증가
② 비선형과 왜형에 대한 효과의 증가
③ 계의 특성 변화에 대한 입력 대 출력비의 감도 감소
④ 비선형과 왜형에 대한 효과의 감소

해설 피드백 제어에서 비선형과 왜형에 대한 효과가 감소한다.
※ 비선형 : 선형에 대응하여 사용되며 회로에서 전압과 전류가 비례하지 않는 경우를 나타낸다.

71 단상유도전동기를 기동할 때 기동토크가 가장 큰 것은?

① 분상기동형 　　　　② 콘덴서기동형
③ 반발기동형 　　　　④ 반발유도형

해설 ㉠ 유도전동기 : 교류전류를 가하면 회전자기장에 의해 회전력이 발생하여 회전하는 전동기
㉡ 단상 : 가정이나 농어촌 등에서 교류 전원에 접속하여 소용량을 동력원으로 사용
㉢ 반발기동형 단상유도전동기 : 기동 토크가 매우 크다.

72 콘덴서의 정전용량을 변화시켜서 발진기의 주파수를 1[kHz]로 하고자 한다. 이때 발진기는 자동제어 용어 중 어느 것에 해당 되는가?

① 목표값　　　　② 조작량
③ 제어량　　　　④ 제어대상

해설 주파수 발진기 : 제어대상

73 그림과 같이 C에 Q[C]의 전하가 충전되어 있다. t=0에서 스위치를 닫으면 R에서 소모되는 에너지[W]는?

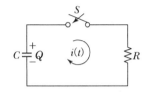

① $\dfrac{Q}{RC}$　　　　② $\dfrac{Q^2}{2C}$
③ $\dfrac{QC}{2}$　　　　④ $\dfrac{QC}{R}$

해설 ㉠ t=0에서 스위치를 닫으면 R(저항)에서 소모되는 에너지(w)= $\dfrac{Q^2}{2C}$
㉡ 전하량의 단위 : C(쿨롱)

74 오버슈트를 감소시키고, 정정 시간을 적게 하는 효과가 있으며 잔류편차를 제거하는 작용을 하는 제어방식은?

① PI 제어　　　　② PD 제어
③ PID 제어　　　　④ P 제어

해설 PID(비례, 적분, 미분) 동작
오버슈트를 감소시키고 정정시간을 적게 하는 효과가 있고 잔류 편차를 제거하는 제어 연속동작

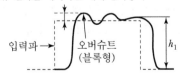

75 적분시간이 2분, 비례감도가 5[mA/mV]인 PI 조절계의 전달함수는?

① $\dfrac{1+2S}{5S}$　　　　② $\dfrac{1+5S}{2S}$
③ $\dfrac{1+2S}{0.4S}$　　　　④ $\dfrac{1+0.4S}{2S}$

해설 비례적분제어(PI)
$$x_0(t)=K_p\left[x_i(t)+\dfrac{1}{T_1}\int x_i(t)dt\right]$$
$$X_0(s)=K_p\left(1+\dfrac{1}{T_1 s}\right)X_i(s)$$
$$\therefore G(s)=\dfrac{X_0(s)}{X_i(s)}=K_p\left(1+\dfrac{1}{T_1 s}\right)=5\left(1+\dfrac{1}{2s}\right)=\dfrac{1+2s}{0.4s}$$

76 반지름 3[cm], 권수 2회인 원형 코일에 1[A]의 전류가 흐를 때 원형 코일 중심에서 축상 4[cm]인 점의 자계의 세기는 몇 [AT/m]인가?

① 1.8　　　　② 3.6
③ 7.2　　　　④ 14.4

해설 자계
자장, 즉 자기력이 작용하는 장소, 즉 전류 상호, 자석 상호 혹은 전류와 자석 사이에 작용하고 있는 장소(자기장의 세기 단위 : AT/m, N/Wb)
$$H=\dfrac{N\cdot a^2\cdot I}{2(a^2+r^2)^{\frac{3}{2}}\times 10^{-2}}=\dfrac{2\cdot 3^2\cdot 1}{2(3^2+4^2)^{\frac{3}{2}}\times 10^{-2}}$$
$$=7.2(\text{AT/m})$$

77 회로에서 A와 B간의 합성저항은 몇 [Ω]인가?(단, 각 저항의 단위는 모두 [Ω]이다.)

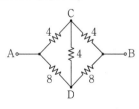

① 2.66　　　　② 3.2
③ 5.33　　　　④ 6.4

해설 A, B의 합성저항은 평형회로이므로 C · D 간은 단락이 가능하다.

$$합성저항(R_{ac}) = \frac{(4+4)\times(8+8)}{(4+4)+(8+8)} = 5.33$$

78 전자석의 흡인력은 자속밀도 B[Wb/m²]와 어떤 관계에 있는가?

① $B^{1.6}$에 비례   ② B에 비례
③ B^2에 비례   ④ B^3에 비례

해설 ⊙ 전자석의 흡인력은 자속밀도 B^2에 비례한다.
ⓛ 자속밀도 : 단위면적 내를 통과하는 자력선의 수(자속수)
단위를 테슬라(T), 1T는 1m²당 1wb의 자속밀도
ⓒ 전자석 : 철심과 코일로 구성된 자석

79 기전력에 고조파를 포함하고 있으며, 중성점이 접지되어 있을 때에는 선로에 제3고조파의 충전전류가 흐르고 통신장해를 주는 변압기 결선법은?

① Δ − Δ결선   ② Y − Y결선
③ V − V결선   ④ Δ − Y결선

해설 단상변압기 3상결선
⊙ Δ − Δ결선
ⓛ Y − Y결선(선로에 제3고조파를 포함한 전류가 흘러 통신장애를 일으킨다.)
ⓒ Δ − Y결선
ⓔ Y − Δ결선
ⓜ V − V결선

80 자동제어기기의 조작용 기기가 아닌 것은?

① 전자밸브
② 서보전동기
③ 클러치
④ 앰플리다인

해설 앰플리다인(Amplidyne)
직류발전기의 일종으로, 전기자 반작용에 의한 여자작용을 이용한 것이다.

SECTION 05 배관일반

81 공조용 덕트의 부속장치로 분기되는 지점에 설치하며 스플릿 댐퍼(Split Damper)라고도 하는 것은?

① 풍량조절 댐퍼(Volume Damper)
② 캔버스 이음(Canvas Connection)
③ 방화 댐퍼(Fire Damper)
④ 가이드 베인(Guide Vane)

해설 스플릿 댐퍼
분기지점(덕트용)에 설치하는 공조용 풍량조절 댐퍼

82 급수량 산정에 있어서 시간 평균 예상급수량(Qh)이 3,000l/h였다면, 순간 최대 예상 급수량(Qp)은 몇 l/min인가?

① 75~100   ② 100~125
③ 125~150   ④ 150~200

해설 순간최대 예상 급수량(l/min)
$$= \frac{(3\sim4시간)\times시간\ 평균\ 예상급수량}{60}$$
$$= \frac{3,000\times(3\sim4)}{60} = 150\sim200 l/min$$

83 급수배관의 시공에 관한 설명으로 틀린 것은?

① 수리와 기타 필요시 관속의 물을 완전히 뺄 수 있도록 기울기를 주어야 한다.
② 공기가 모여 있는 곳이 없도록 하여야 하며 공기빼기 밸브를 부착한다.
③ 급수관을 지하 매설시 외부로부터 충격이나 겨울에 동파방지를 위해 일반적으로 평지에서는 750mm 이상 깊이로 묻어야 한다.
④ 급수배관 공사가 끝나면 탱크 및 금속관의 경우에는 1.05MPa(10.5kgf/cm²)의 수압시험에 합격하여야 한다.

해설 급수관의 매설 깊이(mm)
⊙ 평지 : 450mm 이상
ⓛ 차량 통행 지방 : 750mm 이상

84 냉동장치의 배관공사가 완료된 후 방열공사의 시공 및 냉매를 충전하기 전에 전 계통에 걸쳐 실시하며, 진공시험으로 최종적인 기밀 유무를 확인하기 전에 하는 시험은?

① 내압시험　　　② 기밀시험
③ 누설시험　　　④ 수압시험

해설 냉동배관 누설시험
기밀시험을 하기 전에 실시한다.

85 급탕설비에 관한 설명으로 틀린 것은?

① 저탕탱크의 설계에 있어서 저탕량을 적게 하려면 가열 능력을 크게 하면 된다.
② 온수보일러에 의한 간접가열방식이 직접가열방식보다 저탕조 내부에 스케일이 생기지 않는다.
③ 코일 모양으로 배관된 가열관을 통과하는 동안에 가스불꽃에 의해 가열되어 급탕하는 장치를 순간 온수기라 한다.
④ 열효율은 양호하지만 소음이 심해 S형, Y형 사일렌서를 부착, 사용증기압력은 1~4MPa인 급탕법을 기수혼합식이라 한다.

해설 기수혼합식 급탕설비
㉠ 사이렌서 : S형, F형
㉡ 사용 증기 압력 : 0.1~0.4MPa 정도

86 증기난방의 장점이 아닌 것은?

① 온수와 비교해서 열매온도가 높기 때문에 방열면적이 작아진다.
② 실내온도의 상승이 느리고 예열 손실이 많다.
③ 배관 내에 거의 물이 없으므로 한랭지에서도 동결의 위험이 적다.
④ 열의 운반능력이 커서 시설비가 적어진다.

해설 증기는 비열이 적고 예열부하가 적으며 엔탈피가 커서 실내 온도 상승이 단축된다.

87 배수의 성질에 의한 구분에서 수세식 변기의 대·소변에서 나오는 배수는?

① 오수　　　　　② 잡배수
③ 특수배수　　　④ 우수배수

해설 오수(汚水) : 수세식 변기의 배수

88 쿨링레그(Cooling Leg)에 대한 설명으로 틀린 것은?

① 쿨링레그와 환수관 사이에는 트랩을 설치하여야 한다.
② 응축수를 냉각하여 재증발을 방지하기 위한 배관이다.
③ 관경은 증기 주관보다 한 치수 크게 한다.
④ 보온피복을 할 필요가 없다.

해설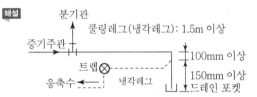

89 LP가스 공급, 소비 설비의 압력손실 요인으로 틀린 것은?

① 배관의 직관부에서 일어나는 압력손실
② 배관의 입하에 의한 압력손실
③ 엘보, 티 등에 의한 압력손실
④ 가스미터, 콕, 밸브 등에 의한 압력손실

해설 LP가스는 배관의 입상관에 의해 압력손실이 생긴다(LP가스 비중은 1.53~2 정도로 공기보다 무겁다).

90 가스배관에 관한 설명으로 틀린 것은?

① 옥내배관은 매설배관을 원칙으로 한다.
② 부득이 콘크리트 주요 구조부를 통과할 경우에는 슬리브를 사용한다.
③ 가스배관에는 적당한 구배를 두어야 한다.
④ 열에 의한 신축, 진동 등의 영향을 고려하여 적절한 간격으로 지지하여야 한다.

해설 가스배관은 누설검사를 용이하게 할 수 있도록 옥내에서는 노출배관이 원칙이다.

91 수격현상(Water Hammer) 방지법이 아닌 것은?

① 관 내의 유속을 낮게 한다.
② 밸브는 펌프 송출구에서 멀리 설치하고 밸브는 적당히 제어한다.
③ 펌프의 플라이 휠을 설치하여 펌프의 속도가 급격히 변하는 것을 막는다.
④ 조압수조(Surge Tank)를 관선에 설치한다.

해설 수격현상 방지를 위하여 밸브는 펌프의 송출구 가까이에 설치한다.

92 급탕 배관 시공법에 관하여 옳게 설명한 것은?

① 급수관보다 부식이 심하지 않아 가급적 은폐배관을 한다.
② 배관 구배는 중력 순환식은 1/200, 강제 순환식은 1/150이 표준이다.
③ 벽, 바닥 등을 관통할 때에는 강관제 슬리브를 사용한다.
④ 복귀탕의 역류 방지를 위하여 복귀관에 체크밸브를 설치하되 탕의 저항을 적게 하기 위해 2개 이상 설치한다.

해설 급탕 배관 시공 시 벽이나 바닥을 관통할 때는 관의 파손을 방지하기 위해 강관제 슬리브를 사용하여야 한다.

93 난방 또는 급탕설비의 보온재료로서 부적합한 것은?

① 유리 섬유
② 발포폴리스틸렌폼
③ 암면
④ 규산칼슘

해설 발포폴리스틸렌폼은 80℃ 이하의 온도에서만 사용이 가능하다.

94 수직배관에서의 역류 방지를 위한 적당한 밸브는?

① 안전밸브
② 스윙식 체크밸브
③ 리프트식 체크밸브
④ 콕밸브

해설 역류방지 밸브
㉠ 리프트식(수평배관용)
㉡ 스윙식(수직·수평배관용)

95 하향 공급식 급탕배관법의 구배는?

① 급탕관은 끝올림, 복귀관은 끝내림 구배를 준다.
② 급탕관은 끝내림, 복귀관은 끝올림 구배를 준다.
③ 급탕관, 복귀관 모두 끝올림 구배를 준다.
④ 급탕관, 복귀관 모두 끝내림 구배를 준다.

해설 하향 공급식 급탕배관 구배
㉠ 급탕관 : 끝내림 구배
㉡ 복귀관 : 끝내림 구배

96 배수 배관의 시공상 주의점으로 맞지 않는 것은?

① 배수를 가능한 한 천천히 옥외 하수관으로 유출할 수 있을 것
② 옥외 하수관에서 하수 가스나 쥐 또는 각종 벌레 등이 건물 안으로 침입하는 것을 방지할 수 있는 방법으로 시공할 것
③ 배수관 및 통기관은 내구성이 풍부하여야 하며, 가스나 물이 새지 않도록 기구 상호 간의 접합을 완벽하게 할 것
④ 한랭지에서는 배수관이 동결되지 않도록 피복을 할 것

해설 배수관에서는 배수를 가능한 한 신속히 옥외 하수관으로 배출이 가능하도록 한다.

97 덕트 단면이 축소되거나 확대될 경우 가급적 그 각도를 작게 하여 압력손실이 적게 발생되도록 각도를 지키고자 할 때 바람직한 각도는?

① 축소부 20° 이하 확대부 30° 이하
② 축소부 15° 이하 확대부 30° 이하
③ 축소부 30° 이하 확대부 15° 이하
④ 축소부 10° 이하 확대부 20° 이하

해설

98 LPG 기화장치의 가열방법에 의한 종류이다. 해당하지 않는 것은?

① 대기의 열 이용방식
② 온수열매체 전기가열방식
③ 금속열매체 전기가열방식
④ 직화 순간 증발 방식

해설 LPG 기화기 가열방법
㉠ 대기의 열 이용방식
㉡ 온수 열 매체 전기가열방식
㉢ 금속 열 매체 전기가열방식

99 강관 이음쇠 중 분기관을 낼 때 사용되는 것이 아닌 것은?

① 티
② 크로스
③ 와이
④ 엘보

해설 엘보(방향 전환용)

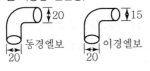

100 증기난방 진공 환수 시에 리프트 이음까지 하향구배에 따라 응축수가 고이면 진공펌프는 이 환수를 끌어올린다. 이때 1단의 흡상높이는 얼마인가?

① 1.0m 이내 ② 1.3m 이내
③ 1.5m 이내 ④ 1.8m 이내

해설 증기난방 리프트 이음

SECTION 01 기계열역학

01 이상기체의 가역단열 변화에서는 압력 P, 체적 V, 절대온도 T 사이에 어떤 관계가 성립하는가?(단, 비열비 k = Cp/Cv이다.)

① PV=일정
② PV^{k-1}=일정
③ PT^k=일정
④ TV^{k-1}=일정

해설 이상기체 등엔트로피 과정(가역단열변화)
$P \cdot V \cdot T = PV^k = C, \; TV^{k-1}C$에서
$$\frac{T_2}{T_1} = \left(\frac{V_1}{V_2}\right)^{k-1} = \left(\frac{P_2}{P_1}\right)^{\frac{k-1}{k}}, \; k : 비열비$$

02 400K의 물 1.0kg/s와 350K의 물 0.5kg/s가 정상과정으로 혼합되어 나온다. 이 과정 중에 300kJ/s의 열손실이 있다. 출구에서 물의 온도는 약 얼마인가? (단, 물의 비열은 4.18kJ/kg · K이다.)

① 369.2K
② 350.1K
③ 335.5K
④ 320.3K

해설 $400 \times 1.0 \times 4.18 = 1,672$kJ/s(물의 현열)
$350 \times 0.5 \times 4.18 = 731.5$kJ/s(물의 현열)
$Q = 1,672 + 731.5 = 2,403.5$kJ/s
$2,403.5 - 300 = 2,103.5$
출구에서 물의 온도(T) $= \dfrac{2,103.5}{(1+0.5) \times 4.18} = 335.5$K

03 이상기체 1kg이 가역등온 과정에 따라 P_1 = 2kPa, V_1 = 0.1m³로부터 V_2 = 0.3m³로 변화했을 때 기체가 한 일은 몇 줄(J)인가?

① 9,540
② 2,200
③ 954
④ 220

해설 등온$(_1W_2) = \int_1^2 PdV, = P = \dfrac{RT}{V} = RT\int_1^2 \dfrac{dV}{V}$
$\quad = RT\ln\dfrac{V_2}{V_1} = RT\ln\dfrac{P_1}{P_2} = P_1 V_1\ln\dfrac{V_2}{V_1}$
$\quad = 2 \times 0.1 \times \ln\dfrac{0.3}{0.1} = 0.22$kJ $= 220$J

04 어떤 냉장고의 소비전력이 200W이다. 이 냉장고가 부엌으로 배출하는 열이 500W라면, 이때 냉장고의 성능계수는 얼마인가?

① 1
② 2
③ 0.5
④ 1.5

해설 COP(성능계수) $= \dfrac{증발열(효과열)}{소비전력} = \dfrac{500-200}{200} = 1.5$

05 기체가 0.3MPa로 일정한 압력하에서 8m³에서 4m³까지 마찰 없이 압축되면서 동시에 500kJ의 열을 외부에 방출하였다면, 내부에너지(kJ)의 변화는 얼마나 되겠는가?

① 약 700
② 약 1,700
③ 약 1,200
④ 약 1,300

해설 등압변화 내부에너지 변화
$du = C_v dT, \; \Delta u = u_2 - u_1 = C_v (T_2 - T_1)$
$_1W_2 = \int_1^2 PdV = P(V_2 - V_1) = R(T_2 - T_1)$
0.3MPa = 300kPa
$\therefore \; 300 \times (8-4) = 1,200$kJ
내부에너지 변화 $= 1,200 - 500 = 700$kJ

06 227℃의 증기가 500kJ/kg의 열을 받으면서 가역등온 팽창한다. 이때 증기의 엔트로피 변화는 약 얼마인가?

① 1.0kJ/kg · K
② 1.5kJ/kg · K
③ 2.5kJ/kg · K
④ 2.8kJ/kg · K

해설 가역등온 변화

$$\Delta S = S_2 - S_1 = AR\ln\frac{V_2}{V_1} = -AR\ln\frac{P_2}{P_1}$$
$$= C_P\ln\frac{V_2}{V_1} + C_V\ln\frac{P_2}{P_1}$$

$227 + 273 = 500\text{K},$

$$\Delta S = \frac{dQ}{T} = \frac{500}{500} = 1.0\text{kJ/kg} \cdot \text{K}$$

07 공기 10kg이 압력 200kPa, 체적 5m³인 상태에서 압력 400kPa, 온도 300℃인 상태로 변했다면 체적의 변화는?(단, 공기의 기체상수 R = 0.287kJ/kg · K 이다.)

① 약 +0.6m³　　② 약 +0.9m³
③ 약 −0.6m³　　④ 약 −0.9m³

해설 처음 비체적(V) = 5m³/10kg = 0.5m³/kg

$P_1 = 200\text{kPa}, \; P_2 = 400\text{KPa},$

$$T_1 = \frac{P_1 V_1}{R} = \frac{200 \times 0.5}{0.287} = 348\text{K}$$

비체적$(V_2) = \frac{RT_2}{P_2} = \frac{0.287 \times 573}{400} = 0.4111\text{m}^3/\text{kg}$

∴ 체적변화(V) = 10 × (0.4111 − 0.5) = −0.9m³

08 공기표준 Carnot 열기관 사이클에서 최저 온도는 280K이고, 열효율은 60%이다. 압축 전 압력과 열을 방출한 압력은 100kPa이다. 열을 공급하기 전의 온도와 압력은?(단, 공기의 비열비는 1.4이다.)

① 700K, 2,470kPa　　② 700K, 2,200kPa
③ 600K, 2,470kPa　　④ 700K, 2,200kPa

해설 열을 공급하기 전 온도 = 280K

㉠ $\eta_c = \frac{AW}{Q_1} = 1 - \frac{Q_2}{Q_1} = 1 - \frac{T_{II}}{T_1} = 0.6$

$1 - \frac{280}{T_{II}} = 0.6$

∴ $T_{II} = \frac{280}{1 - 0.6} = 700\text{K}$(온도)

㉡ $P_2 = P_3\left(\frac{T_2}{T_1}\right)^{\frac{k}{k-1}} = 100 \times \left(\frac{700}{280}\right)^{\frac{1.4}{1.4-1}}$

$\quad = 2,470\text{kPa}$(압력)

09 잘 단열된 노즐에서 공기가 0.45Mpa에서 0.15Mpa 로 팽창한다. 노즐 입구에서 공기의 속도는 50m/s, 온도는 150℃이며 출구에서의 온도는 45℃이다. 출구에서의 공기 속도는?(단, 공기의 정압비열과 정적 비열은 1.0035kJ/kg · K, 0.7165kJ/kg · K이다.)

① 약 350m/s　　② 약 363m/s
③ 약 445m/s　　④ 약 462m/s

해설 비열비(K) = $\frac{1.0035}{0.7165}$ = 1.4, J = 427kg · m/sec

압력비 = $\frac{0.45}{0.15}$ = 3,

공기비열 : 1.0035 ÷ 4.2 = 0.241kcal/kg℃
출구공기속도

$(W_2) = \sqrt{2gJ(h_1 - h_2)} = \sqrt{2gJC_p(T_1 - T_2)}$
$\quad = \sqrt{2 \times 9.8 \times 427 \times 0.241 \times (150 - 45)} = 461\text{m/s}$

10 시스템의 온도가 가열과정에서 10℃에서 30℃로 상승하였다. 이 과정에서 절대온도는 얼마나 상승하였는가?

① 11K　　② 20K
③ 293K　　④ 303K

해설 10 + 273 = 283K
30 + 273 = 303K
∴ 303 − 283 = 20K

11 다음 그림은 오토사이클의 P − V 선도이다. 그림에서 3 − 4가 나타내는 과정은?

① 단열압축 과정　　② 단열팽창 과정
③ 정적가열 과정　　④ 정적방열 과정

해설 오토사이클(내연기관사이클) : 불꽃점화기관
①→②: 단열압축(압력 상승)
②→③: 정적가열
③→④: 단열팽창(체적 팽창)
④→①: 정적방열

12 10kg의 증기가 온도 50℃, 압력 38kPa, 체적 7.5m³일 때 총 내부에너지는 6,700kJ이다. 이와 같은 상태의 증기가 가지고 있는 엔탈피(Enthalpy)는 몇 kJ인가?

① 1,606 　　　　② 1,794
③ 2,305 　　　　④ 6,985

해설 H(엔탈피)＝내부에너지＋외부에너지(유동에너지)
∴ H＝6,700＋APV＝6,700＋38×7.5＝6,985kJ
※ SI＝PV만 계산(SI에서는 A＝1)

13 증기터빈 발전소에서 터빈 출입구의 엔탈피 차이는 130kJ/kg이고, 터빈에서의 열손실은 10kJ/kg이었다. 이 터빈에서 얻을 수 있는 최대 일은 얼마인가?

① 10kJ/kg 　　　　② 120kJ/kg
③ 130kJ/kg 　　　　④ 140kJ/kg

해설 터빈에서 얻을 수 있는 최대 일＝130kJ/kg－10kJ/kg
　　　　　　　　　　　　　＝120kJ/kg

14 열펌프의 성능계수를 높이는 방법이 아닌 것은?

① 응축온도를 낮춘다.
② 증발온도를 낮춘다.
③ 손실 열을 줄인다.
④ 생성엔트로피를 줄인다.

해설 열펌프(히트펌프)의 성능계수(ε_h)
$$\varepsilon_h = \frac{\text{고온체로의 방출열량}}{\text{공급열량}} = \frac{Q_1}{AW} = \frac{Q_1}{Q_1 - Q_2} = \frac{T_1}{T_1 - T_2}$$
∴ ε_h＝냉동기 성능계수＋1
※ 보일러에서는 증발온도가 낮으면 잠열의 효과를 본다(냉동기는 반대이다).

15 압력 5kPa, 체적이 0.3m³인 기체가 일정한 압력하에서 압축되어 0.2m³로 되었을 때 이 기체가 한 일은?(단, ＋는 외부로 기체가 일을 한 경우이고, －는 기체가 외부로부터 일을 받은 경우)

① 500J 　　　　② －500J
③ 1,000J 　　　　④ －1,000J

해설 $_1W_2 = P(V_2 - V_1) = \int_1^2 PdV$(공업일)
∴ $_1W_2 = 5 \times (0.2 - 0.3) = -0.5kJ(-500J)$
※ 열은 외부에 열을 방출하면 (－)이고, 외부에서 열을 받으면 (＋)이다. 일과는 정반대이다.

16 증기동력 사이클에 대한 다음의 언급 중 옳은 것은?

① 이상적인 보일러에서는 등온가열 과정이 진행된다.
② 재열 사이클은 주로 사이클의 효율을 낮추기 위해 적용한다.
③ 터빈의 토출 압력을 낮추면 사이클 효율도 낮아진다.
④ 최고 압력을 높이면 사이클 효율이 높아진다.

해설 ㉠ 증기동력 사이클(랭킨사이클)의 열효율 증가방법
　　• 보일러의 최고 압력을 높이고 복수기 압력을 낮춘다.
　　• 터빈의 초온, 초압을 높인다.
　　• 터빈 출구 압력은 낮춘다.
㉡ 재열사이클을 이용하면 통상 열효율이 증대한다.
㉢ 랭킨사이클 : 단열압축(급수펌프) → 정압가열(보일러) → 단열팽창(터빈) → 응축정압 방열

17 매시간 20kg의 연료를 소비하는 100PS인 가솔린 기관의 열효율은 약 얼마인가?(단, 1PS=750W이고, 가솔린의 저위발열량은 43,470kJ/kg이다.)

① 18% 　　　　② 22%
③ 31% 　　　　④ 43%

해설 ㉠ 1W－h＝0.86kcal, 1PS＝750W라 하므로
　　100PS＝750×0.86＝645kcal×100PS
　　　　　＝64,500kcal
　　64,500×4.186kJ＝269,997kJ
㉡ 20kg/h×43,470kJ/kg＝869,400kJ/h
∴ 열효율(η)＝$\frac{269,997}{869,400} \times 100 = 31\%$

18 가역단열펌프에 100kPa, 50℃의 물이 2kg/s로 들어가 4MPa로 압축된다. 이 펌프의 소요 동력은?(단, 50℃에서 포화액체(Saturated Liquid)의 비체적은 0.001m³/kg이다.)

① 3.9kW 　　　　② 4.0kW
③ 7.8kW 　　　　④ 8.0kW

해설 $2\text{kg/s} \times 1\text{시간} \times (3,600\text{초/시간}) = 7,200\text{kg/h}$
(120kg/min)
$1\text{MPa} = 10\text{kg/cm}^2$
$1\text{kW} = 102\text{kg} \cdot \text{m/sec}$
$1\text{kg/cm}^2 = 10\text{mH}_2\text{O}$
펌프의 소요동력$(H') = \dfrac{F \cdot V}{102} = \dfrac{\Delta P \cdot G}{102 \cdot r}$
$\qquad = \dfrac{4 \times 10 \times 10 \times 2}{102} = 7.8\text{kW}$

19 다음 사항은 기계열역학에서 일과 열(熱)에 대한 설명이다. 이 중 틀린 것은?

① 일과 열은 전달되는 에너지이지 열역학적 상태량은 아니다.
② 일의 단위는 J(Joule)이다.
③ 일(Work)의 크기는 힘과 그 힘이 작용하여 이동한 거리를 곱한 값이다.
④ 일과 열은 정함수이다.

해설 열량(Q), 일량(W) : 과정(=경로=도정)함수

20 어떤 가스의 비내부에너지 u(kJ/kg), 온도 t(℃), 압력 P(kPa), 비체적 v(m³/kg) 사이에는 다음의 관계식이 성립한다. 가스의 정압비열은 얼마 정도이겠는가?

- u=0.28t+532
- Pv=0.560(t+380)

① 0.84kJ/kg℃
② 0.68kJ/kg℃
③ 0.50kJ/kg℃
④ 0.28kJ/kg℃

해설 비엔탈피(h)=u(내부에너지)+PV(kJ/kg)
㉠ 엔탈피의 미소변화(dh) $= C_p dT$
㉡ 미소 내부에너지 변화(du) $= C_v dT$
∴ 정압비열$(C_p) = 0.28+0.560 = 0.84\text{kJ/kg℃}$

SECTION 02 냉동공학

21 응축기에서 두께 3mm의 냉각관에 두께 0.1mm의 물때와 0.02mm의 유막이 있다. 열전도도는 냉각관 40kcal/mh℃, 물때 0.8kcal/mh℃, 유막 0.1kcal/mh℃이고 열전달률은 냉매측 2,500kcal/m²h℃, 냉각수측 1,500kcal/m²h℃일 때 열통과율은 약 얼마인가?

① 681.8kca/m²h℃
② 618.7kca/m²h℃
③ 714.7kca/m²h℃
④ 741.8kca/m²h℃

해설 열통과율$(K) = \dfrac{1}{\dfrac{1}{a_1} + \dfrac{b_1}{\lambda_1} + \dfrac{b_2}{\lambda_2} + \dfrac{b_3}{\lambda_3} + \dfrac{1}{a_2}}$

$K = \dfrac{1}{\dfrac{1}{2,500} + \dfrac{0.003}{40} + \dfrac{0.0001}{0.8} + \dfrac{0.00002}{0.1} + \dfrac{1}{1,500}}$

$\quad = \dfrac{1}{0.0004 + 0.000075 + 0.000125 + 0.0002 + 0.000666}$

$\quad = \dfrac{1}{0.00146} = 682\text{kcal/m}^2\text{h℃}$

22 스테판-볼츠만(Stefan-Boltzmann)의 법칙과 관계 있는 열이동 현상은 무엇인가?

① 열전도
② 열대류
③ 열복사
④ 열통과

해설 열복사(열방사) : 스테판-볼츠만의 법칙
$E_b = \sigma \cdot T^4 = C_b\left(\dfrac{T}{100}\right)^4$, $\sigma = 5.669 \times 10^{-8}\text{W/m}^2\text{K}^4$
$C_b = 5.669\text{W/m}^2\text{K}^4$ (흑체복사정수)
$Q_r = \varepsilon \cdot C_b\left(\left(\dfrac{T_1}{100}\right)^4 - \left(\dfrac{T_2}{100}\right)^4\right) = \text{W/m}^2$

23 냉매와 브라인에 관한 설명 중 틀린 것은?

① 프레온 냉매에서 동부착 현상은 수소원자가 적을수록 크다.

② 유기브라인은 무기브라인에 비해 금속을 부식시키는 경향이 적다.

③ 염화칼슘 브라인에 의한 부식을 방지하기 위해 방식제를 첨가한다.

④ 프레온 냉매와 냉동기유의 용해 정도는 온도가 낮을수록 많아진다.

해설 ㉠ 암모니아 냉매는 동 및 동합금을 부식시킨다.
ㄴ 프레온 냉매는 마그네슘 및 2% 이상의 알루미늄합금을 부식시킨다.

24 압축 냉동 사이클에서 응축온도가 일정할 때 증발온도가 낮아지면 일어나는 현상 중 틀린 것은?

① 압축일의 열당량 증가

② 압축기 토출가스 온도 상승

③ 성적계수 감소

④ 냉매순환량 증가

해설 증기압축식 냉동기 사이클
응축온도가 일정할 때 증발온도가 낮아지면 증발압력이 낮아지면 냉매충전량이 부족한 경우이다.

25 팽창밸브 중에서 과열도를 검출하여 냉매유량을 제어하는 것은?

① 정압식 자동팽창밸브

② 수동팽창밸브

③ 온도식 자동팽창밸브

④ 모세관

해설 온도식 자동팽창밸브
㉠ 벨로우즈식
ㄴ 다이어프램식(감온통 사용)
※ 과열도=흡입가스 냉매온도-증발온도

26 압축기의 체적효율에 대한 설명으로 옳은 것은?

① 톱 클리어런스(Top Clearance)가 작을수록 체적효율은 작다.

② 같은 흡입압력, 같은 증기 과열도에서 압축비가 클수록 체적효율은 작다.

③ 피스톤 링(Piston Ring) 및 흡입 변의 시트(Sheet)에서 누설이 작을수록 체적효율이 작다.

④ 흡입증기의 밀도가 클수록 체적효율은 크다.

해설 압축기의 체적효율
같은 흡입압력, 같은 증기 과열도에서 압축비가 클수록 체적효율은 작다.

$$체적효율 = \frac{이론적인\ 피스톤\ 압출량(m^3/h)}{실제적인\ 피스톤\ 압출량(m^3/h)}$$

27 일반적으로 사용되고 있는 제상방법이라고 할 수 없는 것은?

① 핫 가스에 의한 방법

② 전기가열기에 의한 방법

③ 운전 정지에 의한 방법

④ 액 냉매 분사에 의한 방법

해설 증발기 제상방법
㉠ 전열 제상
ㄴ 고압가스 제상
ㄷ 온 브라인 제상
ㄹ 살수식 제상
ㅁ 온-공기 제상
ㅂ 재 증발기를 사용한 고압가스 제상

28 냉장고 방열재의 두께가 200mm이었는데, 냉동효과를 좋게 하기 위해서 300mm로 보강시켰다. 이 경우 열손실은 약 몇 % 감소하는가?(단, 외기와 외벽면 사이의 열전달률은 20kcal/m²h℃, 창고 내 공기와 내벽면 사이의 열전달률은 10kcal/m²h℃, 방열재의 열전도율은 0.035kcal/mh℃이다.)

① 30

② 33

③ 38

④ 40

해설 두께 200mm(0.2m)의 전열저항

$$= \frac{1}{20} + \frac{0.2}{0.035} + \frac{1}{10} = 5.8642 \text{m}^2\text{h}℃/\text{kcal}$$

두께 300mm(0.3m)의 전열저항

$$= \frac{1}{20} + \frac{0.3}{0.035} + \frac{1}{10} = 8.7214$$

$$\therefore \frac{8.7214 - 5.8642}{8.7214} \times 100 = 33\%$$

29 수냉식 응축기와 공랭식 응축기의 구조와 전열특성 상 초기 설치비용 및 유지보수 과정에 따른 경제성을 비교한 것 중에서 옳지 않은 것은?

① 공랭식 응축기의 경우 수냉식에 비하여 일반적으로 큰 압축기가 사용되므로 전력비용이 커진다.

② 저렴한 용수가 공급되는 곳에서는 수냉식 응축기가 관리 유지비용면에서 유리하다.

③ 경제성 비교에서는 수냉식이나 공랭식 응축기 모두 관 내부 또는 외벽 핀 사이의 오염물질 제거 등에 소요되는 제반 비용을 고려할 필요가 없다.

④ 냉각탑 설치가 필요한 경우에는 초기비용과 운전비가 추가되므로 경제성 분석을 할 필요가 있다.

해설 수냉식, 공랭식 응축기 모두 관 내부 또는 외벽 핀 사이의 오염물질 제거 등에 소요되는 비용은 경제성 비교에서는 제반 비용을 고려하여야 한다.

30 유량 100L/min의 물을 15℃에서 5℃로 냉각하는 수 냉각기가 있다. 이 냉동장치의 냉동효과(냉매단위 질량당)가 40kcal/kg일 경우 냉매 순환량은 얼마인가?

① 25kg/h

② 1,000kg/h

③ 1,500kg/h

④ 500kg/h

해설 물의 현열 = 100L/min × 1kcal/kg℃ × (15−5)℃

$$= 1,000\text{kcal/min} = 1,000 \times 60$$

$$= 60,000\text{kcal/h}$$

냉매순환량 $= \dfrac{60,000}{40} = 1,500\text{kg/h}$

31 응축기에 관한 설명 중 옳은 것은?

① 횡형 셀앤튜브식 증축기의 관 내 유속은 5m/s가 적당하다.

② 공랭식 응축기는 기온의 변동에 따라 응축능력이 변하지 않는다.

③ 입형 셀 튜브식 응축기는 운전 중에 냉각관을 청소할 수 있다.

④ 주로 물의 감열로서 냉각하는 것이 증발식 응축기이다.

해설 ① 횡형 응축기 냉각수 유속은 0.6~2.0m/s 정도이다.

② 공랭식은 기온의 변동에 따라 응축능력이 변화하고 주로 증발식은 물의 증발열을 이용한다.

③ 입형 셀 튜브식 응축기는 운전 중에 냉각관 청소가 가능하다.

32 다음 그림의 사이클과 같이 운전되고 있는 R−22 냉동장치가 있다. 이때 압축기의 압축효율 80%, 기계효율 85%로 운전된다고 하면 성적계수는 약 얼마인가?

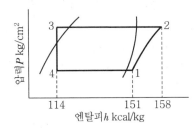

① 3.2

② 3.4

③ 3.6

④ 3.8

해설 158−151 = 7kca/kg(압축기)

151−114 = 37kca/kg(증발기)

※ 1RT = 3,320kca/h

성적계수 $= \dfrac{37}{7} \times (0.8 \times 0.85) = 3.6\text{Cop}$

33 프레온 냉매의 경우 흡입배관에 이중 입상관을 설치하는 목적으로 적합한 것은?

① 오일의 회수를 용이하게 하기 위하여

② 흡입가스의 과열을 방지하기 위하여

③ 냉매액의 흡입을 방지하기 위하여

④ 흡입관에서의 압력강하를 줄이기 위하여

해설 프레온 냉매 흡입관을 이중 입상관을 설치하는 목적은 오일의 회수를 용이하게 하기 위함이다.

34 냉동장치에서 압력용기의 안전장치로 사용되는 가용전 및 파열판에 대한 설명으로 옳지 않은 것은?

① 파열판의 파열압력은 내압시험 압력 이상의 압력으로 한다.
② 응축기에 부착하는 가용전의 용융온도는 보통 75℃ 이하로 한다.
③ 안전밸브와 파열판을 부착한 경우 파열판의 파열압력은 안전밸브의 작동 압력 이상으로 해도 좋다.
④ 파열판은 터보 냉동기에 주로 사용된다.

해설 파열판 안전장치
주로 터보형 냉동기의 저압 측에 사용한다(사용 시는 내압시험 압력 이하에서 사용된다).

35 스크루 압축기에 관한 설명으로 틀린 것은?

① 흡입밸브와 피스톤을 사용하지 않아 장시간의 연속운전이 가능하다.
② 압축기의 행정은 흡입, 압축, 토출행정의 3행정이다.
③ 회전수가 3,500rpm 정도의 고속회전임에도 소음이 적으며, 유지보수에 특별한 기술이 없어도 된다.
④ 10~100%의 무단계 용량제어가 가능하다.

해설 스크루 압축기(Screw Compressor)
㉠ 고속회전(3,500rpm)으로 인하여 소음이 크다.
㉡ 암(Femle) 및 수(Male)의 치형을 갖는 두 개의 로터(Rotor)의 맞물림에 의하여 가스를 압축한다.

36 냉각수 입구 온도가 32℃, 출구온도가 37℃, 냉각수량이 100L/min인 수냉식 응축기가 있다. 압축기에 사용되는 동력이 8kW라면 이 장치의 냉동능력은 약 몇 냉동톤인가?

① 7RT   ② 8RT
③ 9RT   ④ 10RT

해설 물의 현열$=100 \times 1 \times (37-32) = 500$kca/min
500×60초/시간$=30,000$kcal/h
1kW-h$=860$kcal, $860 \times 8 = 6,880$kcal/h
1RT$=3,320$kcal/h, 냉동능력$=\dfrac{30,000-6,880}{3,320}=7$RT

37 압축기 과열의 원인으로 가장 적합한 것은?

① 냉각수 과대   ② 수온저하
③ 냉매 과충전   ④ 압축기 흡입밸브 누설

해설 압축기의 흡입밸브 누설 시 압축기가 과열된다.

38 암모니아 냉매를 사용하고 있는 과일 보관용 냉장창고에서 암모니아가 누설되었을 때 보관 물품의 손상을 방지하기 위한 방법으로 옳지 않은 것은?

① SO_2로 중화시킨다.   ② CO_2로 중화시킨다.
③ 환기시킨다.   ④ 물로 씻는다.

해설 SO_2(아황산가스)
허용농도 5ppm의 맹독성 가스로 보관물품의 손상 방지로는 사용불가

39 다음 그림에서와 같이 어떤 사이클에서 응축온도만 변화하였을 때 틀린 것은?(단, 사이클 A : (A-B-C-D-A), 사이클 B : (A-B′-C′-D′-A), 사이클 C : (A-B″-C″-D″-A)이다.)

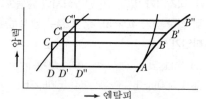

(응축온도만 변했을 경우)

① 압축비 : 사이클 C>사이클 B>사이클 A
② 압축일량 : 사이클 C>사이클 B>사이클 A
③ 냉동효과 : 사이클 C>사이클 B>사이클 A
④ 성적계수 : 사이클 C<사이클 B<사이클 A

해설 응축온도만 변화하면,
냉동효과=사이클 C″>사이클 B″>사이클 A

40 냉동장치의 고압부에 대한 안전장치가 아닌 것은?

① 안전밸브
② 고압압력스위치
③ 가용전
④ 방폭문

해설 방폭문(폭발구)
보일러 화실 후부에 설치하여 가스폭발 시 폭발가스를 안전한 외부로 방출시키는 안전장치

SECTION **03** 공기조화

41 다음 중 열회수 방식에 속하지 않는 것은?

① 직접이용 방식
② 전열교환기 방식
③ VAV공조기 방식
④ 승온이용 방식

해설 2중덕트 공조기방식
㉠ 변풍량 방식(VAV 방식)
㉡ 정풍량 방식
㉢ 멀티존 유닛방식

42 다음 중 예상온열감(PMV)의 일반적인 열적 쾌적범위에 속하는 것은?

① $-0.2 <$ PMV $< +0.2$
② $-0.3 <$ PMV $< +0.3$
③ $-0.4 <$ PMV $< +0.4$
④ $-0.5 <$ PMV $< +0.5$

해설 예상온열감(FMV)의 일반적인 열적 쾌적범위
$-0.5 <$ PMV $< +0.5$

43 팬 코일 유닛방식은 배관방식에 따라 2관식, 3관식, 4관식이 있다. 아래의 설명 중 적당치 못한 것은?

① 4관식은 냉수배관, 온수배관을 설치하여 각 계통마다 동시에 냉난방을 자유롭게 할 수 있다.
② 4관식 중 2코일식은 냉온수 간의 밸런스 문제가 복잡하고 열손실이 많다.
③ 3관식은 환수관에서 냉수와 온수가 혼합되므로 열손실이 생긴다.
④ 환경 제어성능이나 열손실 면에서 4관식이 가장 좋으나 설비비나 설치면적이 큰 것이 단점이다.

해설 팬코일 유닛방식(FCU방식)
㉠ 2관식
㉡ 3관식
㉢ 4관식(시퀀스 밸브 및 3방 밸브 사용, 스크릿코일을 사용하며 2코일식은 냉온수코일로서 밸런스의 문제가 없다.)

44 공기의 온도에 따른 밀도 특성을 이용한 방식으로 실내보다 낮은 온도의 신선공기를 해당 구역에 공급함으로써 오염물질을 대류효과에 의해 실내 상부에 설치된 배기구를 통해 배출시켜 환기 목적을 달성하는 방식은?

① 기계식 환기법 ② 전반 환기법
③ 치환 환기법 ④ 국소 환기법

해설 치환 환기법
실내보다 낮은 온도의 신선공기를 해당 구역에 공급하여 오염물질을 대류효과에 의해 실내 상부에 설치된 배기구를 통해 배출하는 환기법

45 200kVA 변압기 5대를 수용할 수 있는 건물 변전실이 있다. 변압기 최대 시의 효율을 98%로 하고, 전력이 피크일 때의 전 건물의 변압기 역률이 94%라면, 이때의 변압기 발열량은 얼마인가?

① 67,680kJ/h ② 211,720kJ/h
③ 216,040kJ/h ④ 331,730kJ/h

해설 변압기 정격출력단위 : VA(KVA, MVA 등 표시)

46 아네모스텟(Anemostat)형 취출구에서 유인비의 정의로 옳은 것은?(단, 취출구로부터 공급된 조화공기를 1차 공기(PA), 실내공기가 유인되어 1차공기와 혼합한 공기를 2차 공기(SA), 1차와 2차 공기를 모두 합한 것을 전공기(TA)라 한다.)

① $\dfrac{TA}{PA}$ ② $\dfrac{TA}{SA}$

③ $\dfrac{PA}{TA}$ ④ $\dfrac{SA}{TA}$

해설 천장형 아네모스탯형 취출구 유인비

유인비$= \dfrac{TA}{PA}$

※ 아네모스탯형 외형상 : 원형(RD형), 각형(SD형)

47 건구온도 30℃, 절대습도 0.017kg/kg인 습공기 1kg의 엔탈피는 약 몇 kJ/kg인가?

① 33 ② 50

③ 60 ④ 74

해설 습공기 엔탈피

$(h_w) = C_p \cdot t + x(r + C_{vp} \cdot t) = 0.24t + x(597.5 + 0.44t)$
$= \{0.24 \times 30 + 0.017(597.5 + 0.44 \times 30)\} \times 4.18$
$= 74\text{kJ/kg}$

※ 1kcal = 4.18kJ

48 증기난방 방식을 분류한 것으로 잘못된 것은?

① 증기온도에 따른 분류
② 배관방법에 따른 분류
③ 증기압력에 따른 분류
④ 응축수 환수법에 따른 분류

해설 증기난방 방식
㉠ 배관방법에 따른 분류
㉡ 증기압력에 따른 분류
㉢ 증기공급방식에 따른 분류
㉣ 응축수 환수방법에 따른 분류

49 보일러에서 급수내관(Feed Water Injection Pipe)을 설치하는 목적으로 가장 적합한 것은?

① 보일러수 역류 방지 ② 슬러지 생성 방지
③ 부동팽창 방지 ④ 과열 방지

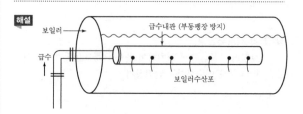

50 송풍량 600m³/min을 공급하여 다음의 공기선도와 같이 난방하는 실의 가습열량(kcal/h)은 약 얼마인가? (단, 공기의 비중은 1.2kg/m³, 비열은 0.24kcal/kg℃이다.)

상태점	온도(℃)	엔탈피(kcal/kg)
①	0	0.5
②	20	9.0
③	15	8.0
④	28	10.0
⑤	29	13.0

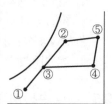

① 31,100 ② 86,400
③ 129,600 ④ 172,800

해설 ㉠ 현열 $= 600 \times (0.24 \times 1.2) \times 60$분 $= 10,368\text{kcal}$
㉡ 가습열량 $= 600 \times 1.2 \times 60 \times (13 - 10)$
$= 129,600\text{kcal/h}$
※ 가습 $= ④ - ⑤$로 하면 증가하므로
13kcal/kg − 10kcal/kg = 3kcal/kg

51 다음 중 중앙식 공기조화방식이 아닌 것은?

① 유인유닛 방식
② 팬코일 유닛 방식
③ 변풍량 단일덕트 방식
④ 패키지 유닛 방식

해설 개별공조방식
㉠ 패키지 방식
㉡ 룸 쿨러 방식
㉢ 멀티유닛 방식

52 열교환기의 입구 측 공기 및 물의 온도가 각각 30℃, 10℃, 출구 측 공기 및 물의 온도가 각각 15℃, 13℃일 때, 대항류의 대수평균 온도차(LMTD)는 약 얼마인가?

① 6.8℃   ② 7.8℃

③ 8.8℃   ④ 9.8℃

해설 $17℃ \begin{pmatrix} 30 \to 15 \\ 13 \gets 10 \end{pmatrix} 5℃$

$$\text{LMTD} = \frac{17-5}{L_n \left(\frac{17}{5} \right)} = \frac{12}{1.2237} = 9.8℃$$

53 에어워셔에 대한 내용으로 옳지 않은 것은?

① 세정실(Spray Chamber)은 엘리미네이터 뒤에 있어 공기를 세정한다.

② 분무노즐(Spray Nozzle)은 스탠드파이프에 부착되어 스프레이 헤더에 연결된다.

③ 플러딩 노즐(Flooding Nozzle)은 먼지를 세정한다.

④ 다공판 또는 루버(Louver)는 기류를 정류해서 세정실 내를 통과시키기 위한 것이다.

해설 에어워셔(습도조절기)
엘리미네이터 앞에서 공기를 세정한다.

54 원심송풍기 번호가 No.2일 때 회전날개(깃)의 직경 (mm)은 얼마인가?

① 150   ② 200

③ 250   ④ 300

해설 원심송풍기 No.1 깃의 직경 : 150mm
∴ $150 \times 2 = 300$mm

55 습공기를 노점온도까지 냉각시킬 때 변하지 않는 것은?

① 엔탈피   ② 상대습도

③ 비체적   ④ 수증기 분압

해설 수증기분압
습공기를 노점온도까지 냉각시킬 때 변하지 않는다.

56 매시 1,500m³의 공기(건구온도 12℃, 상대습도 60%)를 20℃까지 가열하는 데 필요로 하는 열량은 약 얼마인가?(단, 처음 공기의 비체적은 $v = 0.815$m³/kg, 가열 전후의 엔탈피 $h_1 = 6.0$kcal/kg, $h_2 = 8.0$kcal/kg이다.)

① 25,767kcal/h   ② 4,890kcal/h

③ 3,680kcal/h   ④ 24,000kcal/h

해설 ㉠ 공기질량 = $1,500 \times 0.815 = 1,222.5$kg/h
엔탈피차 : $8.0 - 6.0 = 2$kcal/kg

㉡ 가열필요열량 = $\frac{1,500 \times 2}{0.815} = 3,680$kcal/h

57 정압의 상승분을 다음 구간 덕트의 압력손실에 이용하도록 한 덕트 설계법으로 옳은 것은?

① 정압법   ② 등속법

③ 등온법   ④ 정압 재취득법

해설 정압 재취득법
정압의 상승분을 다음 구간 덕트의 압력손실에 이용하도록 한 덕트 설계법

58 어떤 공기조화 장치에 있어서, 실내로부터의 환기의 일부를 외기와 혼합한 후 냉각코일을 통과시키고, 이 냉각코일 출구의 공기와 환기의 나머지를 혼합하여 송풍기로 실내에 재순환시키는 장치의 흐름도는 어느 것인가?

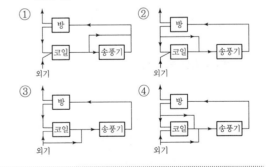

해설 ② 흐름도
실내 환기의 일부를 외기와 혼합한 후 냉각 코일을 통과시키고 이 냉각코일 출구의 공기와 환기의 나머지를 혼합하여 송풍기로 실내에 재순환시킨다.

59 주철제 보일러의 특징을 설명한 것으로 틀린 것은?

① 섹션을 분할하여 반입하므로 현장설치의 제한이 적다.

② 강제 보일러보다 내식성이 우수하며 수명이 길다.

③ 강제 보일러보다 급격한 온도변화에 강하여 고온·고압의 대용량으로 사용된다.

④ 섹션을 증가시켜 간단하게 출력을 증가시킬 수 있다.

[해설] **주철제 보일러**
급격한 온도 변화에 적응이 부적당하고 저온·저압의 소용량 보일러에 사용된다.

60 다음 난방방식의 표준방열량에 대한 것으로 옳은 것은?

① 증기난방 : $450\text{kcal/m}^2 \cdot \text{h}$

② 온수난방 : $650\text{kcal/m}^2 \cdot \text{h}$

③ 복사난방 : $860\text{kcal/m}^2 \cdot \text{h}$

④ 온풍난방 : 표준방열량이 없다.

[해설] **표준난방**
㉠ 증기난방 : $650\text{kcal/m}^2 \cdot \text{h}$
㉡ 온수난방 : $450\text{kcal/m}^2 \cdot \text{h}$
※ 복사난방, 온풍난방은 표준방열량이 없다.

SECTION 04 전기제어공학

61 그림과 같은 논리회로는?

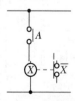

① AND회로
② OR회로
③ NOT회로
④ NOR회로

[해설] NOT회로 : 논리부정

논리기호 : 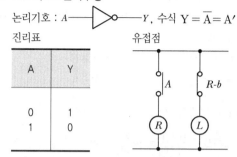, 수식 $Y = \overline{A} = A'$

① AND회로 가 함, 급구 수식 Y = A = A'

진리표

A	Y
0	1
1	0

유접점

62 3상 유도전동기에서 일정 토크 제어를 위하여 인버터를 사용하여 속도제어를 하고자 할 때 공급전압과 주파수의 관계수는 어떻게 해야 하는가?

① 공급전압과 주파수는 비례되어야 한다.

② 공급전압과 주파수는 반비례되어야 한다.

③ 공급전압이 항상 일정하여야 한다.

④ 공급전압의 제곱에 비례하여야 한다.

[해설] 3상 유도전동기에서 일정 토크(Torgue : 회전력) 제어를 위하여 인버터(Inverter : 속도제어기)를 사용하여 속도제어를 하고자 할 때 공급전압과 주파수는 비례되어야 한다.

63 여러 가지 전해액을 이용한 전기분해에서 동일 양의 전기로 석출되는 물질의 양은 각각의 화학당량에 비례한다고 하는 법칙은?

① 패러데이의 법칙
② 줄의 법칙
③ 렌츠의 법칙
④ 쿨롱의 법칙

[해설] **패러데이의 법칙**
여러 가지 전해액을 이용한 전기분해에서 동일 양의 전기로 석출되는 물질의 양은 각각의 화학당량에 비례한다는 법칙

64 예비전원으로 사용되는 축전지의 내부 저항을 측정하려고 한다. 가장 적합한 브리지는?

① 휘트스톤 브리지
② 캠벨 브리지
③ 콜라우시 브리지
④ 맥스웰 브리지

해설 콜라우시 브리지

예비전원으로 사용되는 축전지의 내부 저항을 측정할 때 사용되는 브리지

65 60[Hz], 4극, 슬립 6%의 유도전동기를 어느 공장에서 운전하고자 할 때 예상되는 회전수는 약 몇 [rpm]인가?

① 1,300 ② 1,400
③ 1,700 ④ 1,800

해설 회전자속도(N)

N=(1−S)Ns

동기속도(Ns) $= \dfrac{120f}{P} = \dfrac{120 \times 60}{4} = 1,800 \text{rpm}$

$\therefore$ N$=(1-0.06) \times 1,800 \fallingdotseq 1,700\text{rpm}$

※ 슬립(s) $= \dfrac{Ns-N}{Ns}$

66 그림과 같은 블록선도에서 등가 합성 전달함수는?

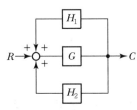

① $\dfrac{G}{1-H_1-H_2}$ ② $\dfrac{G}{1-H_1G-H_2G}$

③ $\dfrac{G-1}{1-H_1G-H_2G}$ ④ $\dfrac{H_1G+H_2G}{1-G}$

해설 $(R+CH_1+CH_2)G=C$

$RG=C(1-H_1G-H_2G)$

$\therefore$ $G(s) = \dfrac{C}{R}$(전달함수)$ = \dfrac{G}{1-H_1G-H_2G}$

67 기준입력신호에서 제어량을 뺀 값으로 제어계의 동작결정의 기초가 되는 것은?

① 기준 입력 ② 제어 편차
③ 제어 입력 ④ 동작 편차

해설 제어 편차

기준입력신호에서 제어량을 뺀 값(제어계 동작 결정의 기초)

68 공기식 조작기기의 장점을 나타낸 것은?

① 신호를 먼 곳까지 보낼 수 있다.
② 선형의 특성에 가깝다.
③ PID 동작을 만들기 쉽다.
④ 큰 출력을 얻을 수 있다.

해설 공기식 조작기의 특징

㉠ PID 동작(비례, 적분, 미분동작)을 만들기 쉽다.
㉡ 100m 이상 장거리에는 어렵다.
㉢ 출력은 크지 않다.
㉣ 안전하다.
㉤ 장거리가 되면 늦음이 크게 된다.

69 제어장치의 에너지에 의한 분류에서 타력제어와 비교한 자력제어의 특징 중 맞지 않는 것은?

① 저비용 ② 단순구조
③ 확실한 동작 ④ 빠른 조작 속도

해설 자력제어

제어장치의 에너지에 의한 분류이며 타력제어에 비하여 조작속도가 느리다.

70 R=100[Ω], L=20[mH], C=47[μF]인 R−L−C 직렬회로에 순시전압 v=141.4sin377t[V]를 인가하면 이 회로의 임피던스는 약 몇 [Ω]인가?

① 97 ② 111
③ 122 ④ 130

해설 임피던스(Impedance)

전기회로에 교류를 흘렸을 때 전류의 흐름을 방해하는 정도를 나타내는 값

임피던스$(Z) = R+jX = R+j(X_L-X_C)$

$= \sqrt{R^2+(X_L-X_C)^2} = R+j\left(\omega L - \dfrac{1}{\omega C}\right)$

절댓값$(Z) = \sqrt{R^2+X^2} = \sqrt{R^2+\left(\omega L - \dfrac{1}{\omega C}\right)^2}$

$$w = 377, \quad X_L = \frac{1}{377 \times 47 \times 10^{-6}} = 56.436(\Omega)$$

$$X_C = 377 \times 20 \times 10^{-3} = 7.54(\Omega)$$

$$\therefore 임피던스(Z) = \sqrt{100^2 + (56.436 - 7.54)^2} = 111(\Omega)$$

71 프로세스 제어용 검출기기는?

① 유량계   ② 전압검출기

③ 속도검출기   ④ 전위차계

해설 검출기기
- ⊙ 자동조정용(전압검출기, 속도검출기)
- ⓛ 서보기구용(전위차계, 차동변압기)
- ⓒ 공정프로세스 제어용(압력계, 유량계)

72 운전자가 배치되어 있지 않는 엘리베이터의 자동제어는?

① 추종제어   ② 프로그램제어

③ 정치제어   ④ 프로세스제어

해설 엘리베이터 자동제어
프로그램제어

73 직류 분권발전기를 운전 중 역회전시키면 일어나는 현상은?

① 단락이 일어난다.   ② 정회전 때와 같다.

③ 발전되지 않는다.   ④ 과대 전압이 유기된다.

해설 직류 분권 발전기 운전 중 역회전시키면 발전이 되지 않는다.

74 서보 전동기의 특징으로 잘못 표현된 것은?

① 기동, 정지, 역전 동작을 자주 반복할 수 있다.

② 발열이 작아 냉각방식이 필요 없다.

③ 속응성이 충분히 높다.

④ 신뢰도가 높다.

해설 서보 전동기(조작부 기능)
발열이 커서 냉각방식이 필요하며 급가속, 급감속이 용이하여야 한다.

75 미리 정해진 순서 또는 일정의 논리에 의해 정해진 순서에 따라 제어의 각 단계를 순차적으로 진행시켜 가는 제어를 무엇이라 하는가?

① 비율차동 제어

② 조건 제어

③ 시퀀스 제어

④ 루프 제어

해설 시퀀스 제어
미리 정해진 순서 또는 일정의 논리에 의해 정해진 순서에 따라 제어의 각 단계를 순차적으로 진행시키는 제어

76 5[kW], 20[rps]인 유도전동기의 토크는 약 몇 [kg·m]인가?

① 39.81   ② 27.09

③ 18.81   ④ 8.12

해설
$$토크(\tau) = \frac{P \times 10^3}{w}(N \cdot m) = \frac{P \times 10^3}{9.8w}(kg \cdot m)$$

$$= 975\frac{P}{N}(kg \cdot m) = 0.975 \times \frac{5 \times 1,000}{20 \times 60} \times 2$$

$$= 8.12kg \cdot m$$

※ 유도전동기는 토크의 경우 입력에 비례하고 동기속도에 반비례한다.

77 측정하고자 하는 양을 표준량과 서로 평형을 이루도록 조절하여 표준량의 값에서 측정량을 구하는 측정 방식은?

① 편위법   ② 보상법

③ 치환법   ④ 영위법

해설 영위법
측정하고자 하는 양을 표준량과 서로 평형을 이루도록 조절하여 표준량의 값에서 측정량을 구하는 측정방식

78 전달함수 $G(s) = \dfrac{1}{s+1}$ 인 제어계의 인디셜 응답은?

① $1 + e^{-1}$

② $1 - e^{-1}$

③ $e^{-t} - 1$

④ e^{-t}

해설 $R(s) = \mathcal{L}\left[r(t)\right] = \mathcal{L}\left[u(t)\right] = \dfrac{1}{s}$

$$G(s) = \frac{C(s)}{R(s)} = \frac{1}{s+1}$$

$$C(s) = \frac{1}{s+1}R(s) = \frac{1}{s+1} \cdot \frac{1}{s} = \frac{1}{s(s+1)} = \frac{1}{s} - \frac{1}{s+1}$$

$$\therefore\ c(t) = \mathcal{L}^{-1}[C(s)] = 1 - e^{-1}$$

79 환상의 슬레노이드 철심에 200회의 코일을 감고 2[A]의 전류를 흘릴 때 발생하는 기자력은 몇 [AT]인가?

① 50
② 100
③ 200
④ 400

해설 기자력 = 200 × 2 = 400(AT)

80 처음에 충전되지 않은 커패시터에 그림과 같은 전류 파형이 가해질 때 커패시터 양단의 전압파형은?

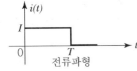

전류파형

①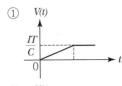
④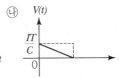
④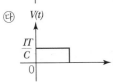
④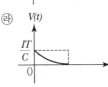

해설 커패시터(Capacitor, 콘덴서) 양단의 전압파형

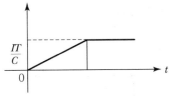

SECTION 05 배관일반

81 급탕배관과 온수난방배관에 사용하는 팽창탱크에 관한 설명이다. 적합하지 않은 것은?

① 고온수난방에는 밀폐형 팽창탱크를 사용한다.
② 물의 체적변화에 대응하기 위한 것이다.
③ 팽창탱크를 통한 열손실은 고려하지 않아도 좋다.
④ 안전밸브의 역할을 겸한다.

해설 급탕배관, 온수난방배관에서 모든 열손실은 차단하여 에너지 낭비를 감소시킨다(팽창탱크도 포함된다).

82 공기조화설비에서 수 배관 시공 시 주요 기기류의 접속배관에는 수리 시에 전계통의 물을 배수하지 않도록 서비스용 밸브를 설치한다. 이때 밸브를 완전히 열었을 때 저항이 적은 밸브가 요구되는 데 가장 적당한 밸브는?

① 나비밸브
② 게이트밸브
③ 니들밸브
④ 글로브밸브

해설 밸브 중 저항이 적게 걸리는 밸브
게이트 밸브(슬루스 밸브)

83 냉매배관의 액관 안에서 증발하는 것을 방지하기 위한 사항이다. 틀린 것은?

① 액관의 마찰 손실 압력은 19.6kPa로 제한하도록 한다.
② 매우 긴 입상 액관의 경우 압력의 감소가 크므로 충분한 과냉각이 필요하다.
③ 액관 내의 유속은 2.5~3.5m/s 정도로 하면 좋다.
④ 배관은 가능한 한 짧게 하여 냉매가 증발하는 것을 방지한다.

해설 냉매 액관은 냉매의 종류에 관계없이 0.5~1m/s 정도 유속이 필요하다.

84 냉매배관 시 흡입관 시공에 대한 설명으로 잘못된 것은?

① 각각의 증발기에서 흡입주관으로 들어가는 관은 주관의 하부에 접속한다.

② 압축기 가까이에 트랩을 설치하면 액이나 오일이 고여 액백(Liquid Back) 발생의 우려가 있으므로 피해야 한다.

③ 흡입관의 입상이 매우 길 경우에는 약 10m마다 중간에 트랩을 설치한다.

④ 2대 이상의 증발기가 다른 위치에 있고 압축기가 그보다 밑에 있는 경우 증발기 출구의 관은 트랩을 만든 후 증발기 상부 이상으로 올리고 나서 압축기로 향한다.

해설 냉매배관 시 흡입관 시공에서 각각의 증발기에서 흡입주관으로 들어가는 관은 주관의 상부에 접속한다.

85 호칭지름 20A의 강관을 곡률반지름 200mm로 120°의 각도로 구부릴 때 강관의 곡선길이는 약 몇 mm인가?

① 390 ② 405
③ 419 ④ 487

해설 $l = 2\pi R \times \dfrac{\theta}{360} = 2 \times 3.14 \times 200 \times \dfrac{120}{360} = 419\text{mm}$

86 옥상탱크식 급수법에 관한 설명이 옳은 것은?

① 옥상탱크의 오버플로관(Over flow Pipe)의 지름은 일반적으로 양수관의 지름보다 2배 정도 큰 것으로 한다.

② 옥상탱크의 용량은 1일간 무제한 급수할 수 있는 용량(크기)이어야 한다.

③ 펌프에서의 양수관은 옥상탱크의 하부에 연결한다.

④ 급수를 위한 급수관은 탱크의 최저 하부에서 빼낸다.

해설 ① 옥상 고가탱크 급수법에서 오버플로관의 크기는 양수관 경의 2배 크기로 한다.
② 옥상탱크방식 설계 : 1일 최대사용수량×(1~2)시간
③ 펌프양수관은 옥상탱크 상부에 설치한다.
④ 옥상탱크방식에서 급수관은 탱크 최저하부보다 약간 높은 곳에서 빼낸다.

87 도시가스 제조사업소의 부지 경계에서 정압기(整壓器)까지 이르는 배관을 말하는 것은?

① 본관 ② 내관
③ 공급관 ④ 사용관

해설 가스본관
도시가스 제조사업소의 부지 경계에서 정압기까지 배관

88 강관의 용접이음에 해당되지 않는 것은?

① 맞대기 용접이음 ② 기계식 용접이음
③ 슬리브 용접이음 ④ 플랜지 용접이음

해설 강강관의 용접이음
㉠ 맞대기 이음 ㉡ 슬리브 이음 ㉢ 플랜지 이음

89 제조소 및 공급소 밖의 도시가스 배관을 시가지 외의 도로 노면 밑에 매설하는 경우에는 노면으로부터 배관의 외면까지 몇 m 이상을 유지해야 하는가?

① 1m ② 1.2m
③ 1.5m ④ 2.0m

해설
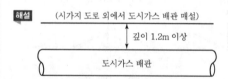

90 방열기나 팬코일 유닛에 가장 적합한 관 이음은?

① 스위블 이음(Swivel Joint)
② 루프 이음(Loop Joint)
③ 슬리브 이음(Sleeve Joint)
④ 벨로우즈 이음(Bellow Joint)

해설 2개 이상 엘보 사용 : 스위블 이음
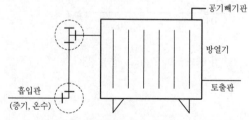

91 팬코일 유닛 방식의 배관방식에서 공급관이 2개이고 환수관이 1개인 방식으로 옳은 것은?

① 1관식
② 2관식
③ 3관식
④ 4관식

해설 팬코일 유닛 배관 3관식 배관방식
㉠ 공급관 2개
㉡ 환수관 1개

92 증기난방의 환수방법 중 증기의 순환이 가장 빠르며 방열기의 설치위치에 제한을 받지 않고 대규모 난방에 주로 채택되는 방식은?

① 단관식 상향 증기난방법
② 단관식 하향 증기난방법
③ 진공환수식 증기난방법
④ 기계환수식 증기난방법

해설 진공환수식 증기난방
㉠ 증기의 순환이 매우 빠르다.
㉡ 관 내부가 진공상태이다.
㉢ 방열기 설치위치에 제한을 받지 않는다.
㉣ 대규모 난방이다.

93 냉동방법의 분류이다. 해당되지 않는 것은?

① 융해열을 이용하는 방법
② 증발열을 이용하는 방법
③ 펠티어(Peltier) 효과를 이용하는 방법
④ 제백(Seebeck) 효과를 이용하는 방법

해설 제백 효과 이용
열전대 온도계 등에서 사용

94 증기난방용 방열기를 열손실이 가장 많은 창문 쪽의 벽면에 설치할 때 벽면과의 거리는 얼마가 가장 적합한가?

① 5~6cm
② 8~10cm
③ 10~15cm
④ 15~20cm

해설

95 보온재의 선정 조건으로 적당하지 않은 것은?

① 열전도율이 작아야 한다.
② 안전 사용온도에 적합해야 한다.
③ 물리적 · 화학적 강도가 커야 한다.
④ 흡수성이 적고, 부피와 비중이 커야 한다.

해설 보온재는 흡수성이 적고 부피비중 또한 적어야 열전달이 감소한다(열전도율 : kcal/mh℃).

96 합성수지류 패킹 중 테프론(Teflon)의 내열범위로 옳은 것은?

① −30℃~140℃
② −100℃~260℃
③ −260℃~260℃
④ −40℃~120℃

해설 테프론(Teflon)은 플랜지 패킹으로 안전사용온도가 (−260~260℃)이며 기름, 약품에는 침식되지 않으나 탄성이 부족하다.

97 배수트랩의 구비조건으로서 옳지 않은 것은?

① 트랩 내면이 거칠고 오물 부착으로 유해가스 유입이 어려울 것
② 배수 자체의 유수에 의하여 배수로를 세정할 것
③ 봉수가 항상 유지될 수 있는 구조일 것
④ 재질은 내식 및 내구성이 있을 것

해설 배수트랩(관트랩, 박스트랩)
트랩 내면이 부드럽고 오물이 부착하여 막히지 않는 트랩이 좋다.

98 동관의 외경 산출공식으로 바르게 표시된 것은?

① 외경=호칭경(인치)+1/8(인치)

② 외경=호칭경(인치)×25.4

③ 외경=호칭경(인치)+1/4(인치)

④ 외경=호칭경(인치)×3/4+1/8(인치)

해설 동관의 외경 산출공식

$$외경 = 호칭경(인치) + \frac{1}{8}(인치)$$

※ 1인치 : 25.4mm

99 펌프를 운전할 때 공동현상(캐비테이션)의 발생 원인이 아닌 것은?

① 토출양정이 높다.

② 유체의 온도가 높다.

③ 날개차의 원주속도가 크다.

④ 흡입관의 마찰저항이 크다.

해설 펌프에서 흡입양정이 높으면 공동현상이 발생된다.

100 배수관의 시공방법에 대한 설명으로 틀린 것은?

① 연관의 굴곡부에 다른 배수지관을 접속해서는 안 된다.

② 오버플로관은 트랩의 유입구측에 연결해서는 안 된다.

③ 우수 수직관에 배수관을 연결하여서는 안 된다.

④ 냉장 상자에서의 배수를 일반 배수관에 연결해서는 안 된다.

해설 오버플로관은 트랩의 유입구 측에 연결하여야 한다.

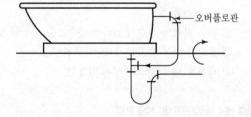
오버플로관

SECTION 01 기계열역학

01 다음의 기본 랭킨 사이클의 보일러에서 가하는 열량을 엔탈피의 값으로 표시하였을 때 올바른 것은?(단, h는 엔탈피이다.)

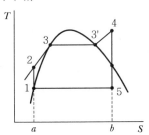

① $h_5 - h_1$　　② $h_4 - h_5$
③ $h_4 - h_2$　　④ $h_2 - h_1$

해설 ㉠ $2 \rightarrow 3 \rightarrow 3' \rightarrow 4$: 보일러에서 가열량
　　 ㉡ $1 \rightarrow 2$: 단열압축(펌프)
　　 ㉢ $4 \rightarrow 5$: 단열팽창
　　　　 (과열기에서 과열증기가 터빈을 돌린다.)
　　 ㉣ $5 \rightarrow 1$: 정압방열(응축수 생산)

02 전류 25A, 전압 13V를 가하여 축전지를 충전하고 있다. 충전하는 동안 축전지로부터 15W의 열손실이 있다. 축전지 내부에너지는 어떤 비율로 변하는가?

① +310J/s　　② −310J/s
③ +340J/s　　④ −340J/s

해설 $1W = 0.86kcal(0.0002777J)$, $1kW - h = 3600kJ$
　　 $H = I^2Rt(J) = 0.24I^2Rt[cal]$
　　 $I(전류) = \dfrac{Q}{t}(A)$, $V(전압) = \dfrac{W}{Q}(V)$
　　 ㉠ 전력(W) $= VI = 13 \times 25 = 325W(279.5kcal/h)$
　　 ㉡ $15W \times 0.86kcal = 12.9kcal/h$
　　 ∴ 축전지 내부 에너지 변화 $= \dfrac{(279.5 - 12.9) \times 4.186}{3,600}$
　　　　　　　 $= 0.3099kJ/s ≒ (+310J/s)$

03 가정용 냉장고를 이용하여 겨울에 난방을 할 수 있다고 주장하였다면 이 주장은 이론적으로 열역학 법칙과 어떠한 관계를 갖겠는가?

① 열역학 1법칙에 위배된다.
② 열역학 2법칙에 위배된다.
③ 열역학 1, 2법칙에 위배된다.
④ 열역학 1, 2법칙에 위배되지 않는다.

해설 ㉠ 제1종 영구기관 : 입력보다 출력이 더 큰 기관(열역학 1법칙 위배)
　　 ㉡ 제2종 영구기관 : 입력과 출력이 같은 기관(열역학 2법칙 위배)
　　 냉장고 압축기로 히트펌프를 사용하면 겨울에 난방이 가능하다.

04 온도 5℃와 35℃ 사이에서 작동되는 냉동기의 최대 성능계수는?

① 10.3　　② 5.3
③ 7.3　　④ 9.3

해설 $T_2 = 5 + 273 = 278K$, $T_1 = 35 + 273 = 308K$
　　 ㉠ 성능계수$(\varepsilon_r) = \dfrac{Q_2}{Aw} = \dfrac{Q_2}{Q_1 - Q_2} = \dfrac{T_2}{T_1 - T_2}$
　　　　　　　　 $= \dfrac{278}{308 - 278} ≒ 9.3$
　　 ㉡ 열 펌프 성능계수$(\varepsilon_r) = 9.3 + 1 = 10.3(COP)$

05 다음 정상유동 기기에 대한 설명으로 맞는 것은?

① 압축기의 가역 단열 공기(이상기체) 유동에서 압력이 증가하면 온도는 감소한다.
② 일차원 정상유동 노즐 내 작동 유체의 출구 속도는 가역 단열과정이 비가역 과정보다 빠르다.
③ 스로틀(Throttle)은 유체의 급격한 압력 증가를 위한 장치이다.
④ 디퓨저(Diffuser)는 저속의 유체를 가속시키는 기기로 압축기 내 과정과 반대이다.

해설 정상유동기기
㉠ 일차원 정상유동 노즐 내 작동 유체의 출구 속도는 가역 단열과정이 비가역 단열 과정보다 빠르다.
㉡ 압력증가 : 온도상승
㉢ 디퓨저 : 유체의 유속 감소
㉣ Throttle : 가속장치

06 1kg의 공기가 압력 P_1=100kPa, 온도 t_1=20℃의 상태로부터 P_2=200kPa, 온도 t_2=100℃의 상태로 변화하였다면 체적은 약 몇 배로 되는가?

① 0.64   ② 1.57
③ 3.64   ④ 4.57

해설 $V_2 = V_1 \times \dfrac{T_2}{T_1} \times \dfrac{P_1}{P_2} = V_1 \times \dfrac{373}{293} \times \dfrac{100}{200} = 0.64$

07 초기에 온도 T, 압력 P 상태의 기체질량 m이 들어 있는 견고한 용기에 같은 기체를 추가로 주입하여 질량 3m이 온도 2T 상태로 들어 있게 되었다. 최종 상태에서 압력은?(단, 기체는 이상기체이다.)

① 6P   ② 3P
③ 2P   ④ 3P/2

해설 $P_2 = P_1 \times \dfrac{V_2}{V_1} = P_1 \times \dfrac{T_2}{T_1}$

$PV = GRT, \quad P = \dfrac{3m \times R \times 2T}{1V} = 6P$

08 온도가 127℃, 압력이 0.5MPa, 비체적이 0.4m³/kg인 이상기체가 같은 압력하에서 비체적이 0.3m³/kg으로 되었다면 온도는 약 몇 ℃인가?

① 16   ② 27
③ 96   ④ 300

해설 $T_2 = T_1 \times \dfrac{V_2}{V_1} = (127+273) \times \dfrac{0.3}{0.4} = 300K$

∴ $300 - 273 = 27℃$

09 표준 대기압, 온도 100℃하에서 포화액체 물 1kg이 포화증기로 변하는 데 열 2,255kJ이 필요하였다. 이 증발과정에서 엔트로피(Entropy)의 증가량은 얼마인가?

① 18.6kJ/kg · K   ② 14.4kJ/kg · K
③ 10.2kJ/kg · K   ④ 6.0kJ/kg · K

해설 $\Delta S(ds) = \dfrac{Q}{T} = \dfrac{2,255}{273+100} = 6.0$ kJ/kg · K

10 25℃, 0.01 MPa 압력의 물 1kg을 5MPa 압력의 보일러로 공급할 때 펌프가 가역단열 과정으로 작용한다면 펌프에 필요한 일의 양에 가장 가까운 값은?(단, 물의 비체적은 0.001m³/kg이다.)

① 2.58kJ   ② 4.99kJ
③ 20.10kJ   ④ 40.20kJ

해설 ㉠ 펌프일(Awp) $= -AV'(P_2-P_1) = AV'(P_1-P_2)$
0.01MPa $= 0.1kg/cm^2$, $1kg/cm^2 = 100kPa$,
5MPa $= 50kg/cm^2$
㉡ 펌프일(Awp) $= (P_2-P_1) = (5-0.01) = 4.99$ kJ/kg
또는 $10^4 \times \dfrac{1}{427} \times 0.001 \times (50-0.1) \times 4.2$
     $= 4.91$ kJ/kg
※ $1m^4 = 10^4 cm^2$, $1kcal = 4.2$

11 밀폐시스템에서 초기 상태가 300K, 0.5m³인 공기를 등온과정으로 150kPa에서 600kPa까지 천천히 압축하였다. 이 과정에서 공기를 압축하는 데 필요한 일은 약 몇 kJ인가?

① 104   ② 208
③ 304   ④ 612

해설 등온과정 압축일(공업일, W_t)

$$W_t = RTL_n \dfrac{P_1}{P_2}$$
$$= P_1 V_1 L_n\left(\dfrac{P_1}{P_2}\right) = RTL_n\left(\dfrac{P_1}{P_2}\right) = P_1 V_1 L_n\left(\dfrac{V_2}{V_1}\right)$$

$V_2 = 0.5 \times \left(\dfrac{150}{600}\right) = 0.125m^3$

∴ $_1W_2 = 150 \times 0.5 \times L_n\left(\dfrac{0.5}{0.125}\right) = 104$ kJ

12 성능계수가 3.2인 냉동기가 시간당 20MJ의 열을 흡수한다. 이 냉동기를 작동하기 위한 동력은 몇 kW 인가?

① 2.25 ② 1.74
③ 2.85 ④ 1.45

해설 $1kW-h=3,600kJ=0.0036MJ=860kcal$

$20MJ \times 1,000 = 20,000kJ$, $\dfrac{20,000}{4.2} = 4,762kcal$

$\dfrac{4,762}{860} = 5.54kW = \dfrac{20,000}{3,600} = 5.55kW$

$\therefore$ 동력 $= \dfrac{5.55}{3.2} = 1.74kW$

※ $1kcal = 4.2kJ$

13 흡수식 냉동기에서 고온의 열을 필요로 하는 곳은?

① 응축기 ② 흡수기
③ 재생기 ④ 증발기

해설 직화식 흡수식 냉동기는 고온재생기(휘용액을 가열하여 리튬브로마이드와 물(H_2O)을 분리시킨다.)에 버너가 장착되거나 증기를 공급한다.

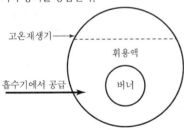

※ 4대 구성요소 : 증발기 → 흡수기 → 재생기 → 응축기

14 포화상태량 표를 참조하여 온도 −42.5℃, 압력 100kPa 상태의 암모니아 엔탈피를 구하면?

암모니아의 포화상태량		
온도(℃)	압력(kPa)	포화액체엔탈피 (kJ/kg)
−45	54.5	−21.94
−40	71.7	0
−35	93.2	22.06
−30	119.5	44.26

① −10.97kJ/kg ② 11.03kJ/kg
③ 27.80kJ/kg ④ 33.16kJ/kg

해설 엔탈피$(h) = -21.94 \times \left(\dfrac{22.06}{44.26} \right) = -10.95kJ/kg$

15 기체가 167kJ의 열을 흡수하고 동시에 외부로 20kJ 의 일을 했을 때, 내부에너지의 변화는?

① 약 187kJ 증가 ② 약 187kJ 감소
③ 약 147kJ 증가 ④ 약 147kJ 감소

해설 내부에너지$(U_2 - U_1) = Q - AW = 167 - 20 = 147kJ$ 증가
열량$(Q) = (U_1 - U_2) + AW$

16 4kg의 공기를 온도 15℃에서 일정 체적으로 가열하여 엔트로피가 3.35kJ/K 증가하였다. 가열 후 온도는 어느 것에 가장 가까운가?(단, 공기의 정적 비열은 0.717kJ/kg℃이다.)

① 927K ② 337K
③ 535K ④ 483K

해설 $S_2 - S_1 = \displaystyle\int_1^2 \dfrac{\delta Q}{T} = GCL_n \dfrac{T_2}{T_1}$, $T_2 = T_1 \cdot e^{\frac{\Delta s}{c}}$

$= (273 + 15) \cdot e^{\frac{3.35}{4 \times 0.717}} = 927(K)$

17 어떤 사람이 만든 열기관을 대기압하에서 물의 빙점 과 비등점 사이에서 운전할 때 열효율이 28.6%였다 고 한다. 다음에서 옳은 것은?

① 이론적으로 판단할 수 없다.
② 경우에 따라 있을 수 있다.
③ 이론적으로 있을 수 있다.
④ 이론적으로 있을 수 없다.

해설 물(H_2O)
㉠ 빙점 : 0℃
㉡ 비점 : 100℃
최대효율 $= 1 - \dfrac{T_2}{T_1} = 1 - \dfrac{273 + 0}{273 + 100} = (26.80\%)$

18 다음 중 이상적인 오토사이클의 효율을 증가시키는 방안으로 맞는 것은?

① 최고온도 증가, 압축비 증가, 비열비 증가
② 최고온도 증가, 압축비 감소, 비열비 증가
③ 최고온도 증가, 압축비 증가, 비열비 감소
④ 최고온도 감소, 압축비 증가, 비열비 감소

> **해설** 내연기관 오토사이클(Otto Cycle)
> 불꽃점화기관, 즉 전기점화기관의 내연기관(가솔린기관의 기본 사이클)이다.
> ⊙ 열효율은 압축비만의 함수(압축비가 커질수록 열효율이 증가한다.)
> ⊙ 열효율을 증가시키려면 최고온도, 압축비, 비열비를 증가시켜야 한다.

19 출력 10,000kW의 터빈 플랜트의 매시 연료소비량이 5,000kg/hr이다. 이 플랜트의 열효율은?(단, 연료의 발열량은 33,440kJ/kg이다.)

① 25%
② 21.5%
③ 10.9%
④ 40%

> **해설** $1kW-h=3,600kJ$
> $10,000 \times 3,600 = 36,000,000 kJ/h$
> $\therefore$ 열효율 $= \dfrac{36,000,000}{5,000 \times 33440} \times 100 = 21.5\%$

20 이상기체를 단열팽창시키면 온도는 어떻게 되는가?

① 내려간다.
② 올라간다.
③ 변화하지 않는다.
④ 알 수 없다.

> **해설** 단열팽창
> 압력강하, 온도하강

SECTION **02** 냉동공학

21 프레온 냉매를 사용하는 냉동장치에 공기가 침입하면 어떤 현상이 일어나는가?

① 고압 압력이 높아지므로 냉매 순환량이 많아지고 냉동 능력도 증가한다.
② 냉동톤당 소요동력이 증가한다.
③ 고압 압력은 공기의 분압만큼 낮아진다.
④ 배출가스의 온도가 상승하므로 응축기의 열통과율이 높아지고 냉동능력도 증가한다.

> **해설** 프레온 냉매 사용 냉동장치에 공기(불응축가스)가 누입되면 응축압력이 높아져서 소요되는 냉동톤당(RT) 모터의 소요동력이 증가한다.

22 냉장고의 방열벽의 열통과율이 $0.131 kcal/m^2 h℃$일 때 방열벽의 두께는 약 몇 cm인가?(단, 외기와 외벽면과의 열전달률 : $20kcal/m^2 h℃$, 고내 공기와 내벽면과의 열전달률 $10kcal/m^2 h℃$, 방열재의 열전도율 : $0.04kcal/m^2 h℃dlek$. 또, 방열재 이외의 열전도 저항은 무시하는 것으로 한다.)

① 0.3   ② 3
③ 30   ④ 300

> **해설** 열통과율$(K) = \dfrac{1}{\dfrac{1}{a_1} + \dfrac{b}{\lambda} + \dfrac{1}{a_2}}$
> $= \dfrac{1}{\dfrac{1}{10} + \dfrac{b}{0.04} + \dfrac{1}{20}} = 0.131$
> $\therefore$ 방열벽의 두께$(b) = 0.3m = 30cm$

23 나선상의 관에 냉매를 통과시키고, 그 나선관을 원형 또는 구형의 수조에 담근 후, 물을 순환시켜서 냉각하는 방식의 응축기는?

① 대기식 응축기   ② 이중관식 응축기
③ 지수식 응축기   ④ 증발식 응축기

> **해설** 지수식 응축기
> 나선상의 관에 냉매를 통과시키고 그 나선관을 원형 또는 구형의 누조에 담근 후 물을 순환시켜서 냉각하는 응축기

24 공기열원 열펌프 장치를 여름철에 냉방 운전할 때 외기의 건구온도가 저하하면 일어나는 현상으로 올바른 것은?

① 응축압력이 상승하고, 장치의 소비전력이 증가한다.
② 응축압력이 상승하고, 장치의 소비전력이 감소한다.
③ 응축압력이 저하하고, 장치의 소비전력이 증가한다.
④ 응축압력이 저하하고, 장치의 소비전력이 감소한다.

해설 공기열원 히트펌프 기기가 하절기 냉방운전 시 외기의 건구온도가 저하하면 응축압력이 저하하고 장치의 소비전력은 감소한다(동절기는 정반대).

25 15℃의 물로부터 0℃의 얼음을 매시 50kg을 만드는 냉동기의 냉동능력은 약 몇 냉동톤인가?

① 1.4 냉동톤 　② 2.2 냉동톤
③ 3.1 냉동톤 　④ 4.3 냉동톤

해설 1RT=3,320kcal/h, 물의 응고잠열=79.68kcal/kg
㉠ 물의 현열=50×1×(15-0)=750kcal
㉡ 물의 응고잠열=50×79.68=3,984kcal
∴ 냉동톤(RT)=$\frac{750+3,984}{3,320}$=1.4

26 암모니아 냉매의 누설검지에 대한 설명으로 잘못된 것은?

① 냄새로써 알 수 있다.
② 리트머스 시험지가 청색으로 변한다.
③ 페놀프탈레인 시험지가 적색으로 변한다.
④ 할로겐 누설검지기를 사용한다.

해설 할로겐 누설검지기
프레온 냉매 누설검지기

27 어떤 냉장고의 증발기가 냉매와 공기의 평균온도차가 8℃로 운전되고 있다. 이때 증발기의 열통과율이 20kcal/m²h℃라고 하면 1냉동톤당 증발기의 소요 외표면적은 몇 m²인가?

① 15.03 　② 17.83
③ 20.75 　④ 23.42

해설 1냉동톤당(3,320kcal/h)=20×F×8
∴ F=$\frac{3,320}{20×8}$=20.75m²(증발기 소요 외표면적)

28 증발식 응축기의 보급수량의 결정요인과 관계가 없는 것은?

① 냉각수 상·하부 온도차
② 냉각할 때 소비한 증발수량
③ 탱크 내 불순물의 농도를 증가시키지 않기 위한 보급수량
④ 냉각공기와 함께 외부로 비산되는 소비수량

해설 냉각수 상·하부의 온도차와 관계되는 것은 수냉식 응축기이다.

29 증발기 내의 압력에 의해 작동하는 팽창밸브는?

① 정압식 자동 팽창밸브
② 열전식 팽창밸브
③ 모세관
④ 수동식 팽창밸브

해설 정압식 자동 팽창밸브
㉠ 벨로우식
㉡ 다이어프램식
※ 증발기 내 압력을 일정하게 유지하도록 냉매의 유량을 조절한다(냉동부하가 일정한 냉동장치에 사용하는 것이며 직접팽창식 건식 증발기에 많이 사용한다).

30 제빙에 필요한 시간을 구하는 식으로 $\tau=(0.53\sim0.6)\frac{a^2}{-b}$ 과 같은 식이 사용된다. 이 식에서 a와 b가 의미하는 것은?

① a : 결빙두께, b : 브라인 온도
② a : 브라인 온도, b : 결빙두께
③ a : 결빙두께, b : 브라인 유량
④ a : 브라인 유량, b : 결빙두께

해설 • a : 결빙두께(cm)
• b : 냉매브라인 온도

31 물(H_2O) – 리튬브로마이드(LiBr) 흡수식 냉동기에 대한 설명으로 잘못된 것은?

① 특수 처리한 순수한 물을 냉매로 사용한다.
② 열교환기의 저항 등으로 인해 보통 7℃ 전후의 냉수를 얻도록 설계되어 있다.
③ LiBr 수용액은 성질이 소금물과 유사하여, 농도가 진하고 온도가 낮을수록 냉매 증기를 잘 흡수한다.
④ 묽게 된 흡수액(희용액)을 연속적으로 사용할 수 있도록 하는 장치가 압축기이다.

해설 흡수식 냉동기에서 희용액을 연속적으로 사용할 수 있도록 하는 장치는 재생기이다.

32 수냉 패키지형 공조기의 냉각수 온도를 측정하였더니 입구온도 32℃, 출구온도 37℃, 수량 70L/min 였다. 이 밀폐형 압축기의 소요동력이 5kW일 때 이 공조기의 냉동능력은 몇 kcal/h 인가?(단, 열손실은 무시한다.)

① 21,300   ② 18,200
③ 16,700   ④ 14,200

해설 냉동능력(RT) = 냉각수현열 – 압축기 소요동력
$70 \times 60 \times 1 \times (37-32) = 21,000$kcal/h
$5 \times 860 = 4,300$kcal/h
∴ 냉동능력 = 21,000 – 4,300 = 16,700kcal/h

33 다음 중 신재생에너지라고 할 수 없는 것은?

① 지열에너지   ② 태양열에너지
③ 풍력에너지   ④ 원자력에너지

해설 원자력에너지 : 특수 상용에너지(발전용 에너지)

34 증기 압축식 냉동장치의 운전 중에 리퀴드백(액백)이 발생되고 있을 때 나타나는 현상 중 옳은 것은?

① 흡입압력이 현저하게 저하한다.
② 토출관이 뜨거워진다.
③ 압축기에 상(霜)이 생긴다.
④ 압축기의 토출압력이 낮아진다.

해설 리퀴드백(액백)이 압축기에서 발생하면 토출압력이 하강하고 온도가 감소한다.

35 유분리기를 반드시 사용하지 않아도 되는 경우는?

① 만액식 증발기를 사용하는 경우
② 토출가스 배관이 길어지는 경우
③ 증발온도가 낮은 경우
④ 프레온 냉매를 건식 증발기에 사용하는 소형 냉동장치의 경우

해설 유분리기를 설치해야 하는 곳
①, ②, ③ 외에 다량의 Oil이 토출가스에 흡입되는 것으로 생각되는 경우 등이다.

36 1RT의 냉방능력을 얻기 위해서는 개략적으로 냉방능력의 20%에 상당하는 압축동력을 필요로 한다. 이 경우 수냉식 응축기를 사용하고 냉각수 입구수온 t_{w1} = 28℃, 출구온도 t_{w2} = 33℃로 하기 위해서는 얼마의 냉각수량을 필요로 하는가?

① 13.28(L/min)   ② 15.45(L/min)
③ 16.53(L/min)   ④ 18.72(L/min)

해설 1RT = 3,320kcal/h
응축부하 = $3,320 + (3,320 \times 0.2) = 3,984$kcal/h
냉각수량 = $\dfrac{3,984}{(33-28) \times 60} = 13.28$L/min
※ 1시간 = 60분

37 다음 중 냉동장치의 액분리기와 유분리기의 설치 위치를 올바르게 나타낸 것은?

① 액분리기 : 증발기와 압축기 사이
   유분리기 : 압축기와 응축기 사이
② 액분리기 : 증발기와 압축기 사이
   유분리기 : 응축기와 팽창밸브 사이
③ 액분리기 : 응축기와 팽창밸브 사이
   유분리기 : 증발기와 압축기 사이
④ 액분리기 : 응축기와 팽창밸브 사이
   유분리기 : 압축기와 응축기 사이

해설 ㉠ 냉매 액분리기 : 증발기와 압축기 사이의 흡입가스 배관
　　에 설치
　　㉡ 오일 유분리기 : 압축기와 응축기 사이

38 이상적 냉동사이클의 상태변화 순서를 표현한 것 중
옳은 것은?

① 단열팽창 → 단열압축 → 단열팽창 → 단열압축
② 단열압축 → 단열팽창 → 단열압축 → 단열팽창
③ 단열팽창 → 등온팽창 → 단열압축 → 등온압축
④ 단열압축 → 등온팽창 → 등온압축 → 단열팽창

해설 냉동사이클
단열팽창 → 등온팽창 → 단열압축 → 등온압축

39 30RT, R-22 냉동기에서 증발기 입구온도 엔탈피
97kcal/kg, 출구 엔탈피 147kcal/kg, 응축기 입구
엔탈피 151kcal/kg이다. 이 냉동기의 냉동효과는
얼마인가?

① 30kcal/kg
② 35kcal/kg
③ 45kcal/kg
④ 50kcal/kg

해설 냉동기효과＝증발기 입구 냉매엔탈피 − 증발기 출구 냉매
엔탈피
∴ 147−97＝50kcal/kg

40 고압가스 제상장치에서 필요 없는 것은?

① 압축기
② 팽창밸브
③ 응축기
④ 열교환기

해설 고압가스 제상(Hot Gas Defrost)에서 필요한 기기
압축기, 응축기, 팽창밸브

SECTION **03** 공기조화

41 지하의 일정 깊이로 내려가면 온도가 거의 일정하다
는 원리를 이용하여 에너지를 절감하는 지열을 이용
한 히트펌프 방식에 대한 특징 중 틀린 것은?

① 시스템을 반영구적으로 사용할 수 있다.
② 가연성 연료 사용으로 인한 폭발이나 화재의 위험
이 없다.
③ 냉난방 비용이 기존 전기나 경유를 이용한 냉난방
에 비하여 절약된다.
④ 연중 냉난방과 온수를 마음대로 사용할 수 없으며
실별 실내온도 조절이 가능한다.

해설 지열히트펌프는 연중 냉난방과 온수를 사용할 수 있고 실별
실내온도는 조절이 가능하다.

42 보일러의 수위를 제어하는 궁극적인 목적이라 할 수
있는 것은?

① 보일러의 급수장치가 동결되지 않도록 하기 위
하여
② 보일러의 연료공급이 잘 이루어지도록 하기 위
하여
③ 보일러가 과열로 인해 손상되지 않도록 하기 위
하여
④ 보일러에서의 출력을 부하에 따라 조절하기 위
하여

해설 보일러 수위제어(보일러 과열 방지)
㉠ 플로트식(맥도널드식)
㉡ 전극식
㉢ 차압식

43 두께 15cm, 열전도율이 1.4kcal/mh℃인 철근 콘
크리트의 외벽체에 대한 열관류율(kcal/m²h℃)은
약 얼마인가?(단, 내측 표면 열전달률은 8kcal/m²
h℃, 외측 표면 열전달률은 20kcal/m²h℃이다.)

① 0.1　　　　　　　② 3.5
③ 5.9　　　　　　　④ 7.6

관류율$(K) = \dfrac{1}{\dfrac{1}{a_1} + \dfrac{b}{\lambda} + \dfrac{1}{a_2}}$, $15cm = 0.15m$

$$= \dfrac{1}{\dfrac{1}{8} + \dfrac{0.15}{0.14} + \dfrac{1}{20}} = 3.5 \text{kcal/m}^2 \text{h} \, ℃$$

44 에어워셔의 입구공기의 건구온도, 습구온도, 노점온도를 각각 t_1, t_1', t_1''라고 하고 출구 수온을 tw_2라 할 때 기능을 잘못 나타낸 것은?

① 공기냉각 : $tw_2 < t_1$

② 공기감습 : $tw_2 < t_1''$

③ 공기가열가습 : $tw_2 > t_1'$

④ 공기냉각감습 : $t_1'' < tw_2 < t_1'$

해설 온도차 = 건구온도 > 습구온도 > 노점온도
$$= t_1 > t_1' > tw_2$$

45 다음 중 분진 포집률의 측정법이 아닌 것은?

① 비색법   ② 계수법

③ 살균법   ④ 중량법

해설 분진 포집률 측정법
㉠ 비색법
㉡ 계수법
㉢ 중량법

46 다음 조건의 외기와 재순환 공기를 혼합하려고 할 때 혼합공기의 건구온도는 약 얼마인가?

① 외기 34℃ DB, 1,000m³/h
② 재순환공기 26℃ DB, 2,000m³/h

① 31.3℃   ② 28.6℃

③ 18.6℃   ④ 10.3℃

해설 혼합공기의 평균건구온도(t)
$$t = \dfrac{(34 \times 1,000) + (26 \times 2,000)}{1,000 + 2,000} = 28.6℃$$

47 환기 및 배연설비에 관한 설명 중 틀린 것은?

① 환기란 실내공기의 정화, 발생열의 제거, 산소의 공급, 수증기 제거 등을 목적으로 한다.

② 환기는 급기 및 배기를 통과하여 이루어진다.

③ 환기는 자연 환기방식과 기계 환기방식으로 구분할 수 있다.

④ 배연설비의 주 목적은 화재 후기에 발생하는 연기만을 제거하기 위한 설비이다.

해설 배연설비
연료의 연소설비에서 발생되는 배기가스나 화재 후기에 발생되는 연기를 제거하는 설비

48 극간풍이 비교적 많고 재실 인원이 적은 실의 중앙공조방식으로 가장 경제적인 방식은?

① 변풍량 2중덕트 방식

② 팬코일 유닛 방식

③ 정풍량 2중덕트 방식

④ 정풍량 단일덕트 방식

해설 팬코일 유닛(수방식) 방식
극간풍이 비교적 많고 재실인원이 적은 실의 중앙공조방식

49 습공기 100kg이 있다. 이때 혼합되어 있는 수증기의 무게를 2kg이라고 한다면 공기의 절대습도는 약 얼마인가?

① 0.02kg/kg

② 0.002kg/kg

③ 0.2kg/kg

④ 0.0002kg/kg

해설 ㉠ 포화도$(\phi_s) = \dfrac{x}{x_s} \times 100$

$$= \dfrac{\text{어떤 공기 절대 습도}}{\text{같은 온도의 포화공기 절대습도}} \times 100$$

㉡ 절대습도 $= \dfrac{2}{100} = 0.02 \text{kg/kg}'$

50 온수난방에 대한 설명으로 틀린 것은?

① 온수의 체적팽창을 고려하여 팽창탱크를 설치한다.
② 보일러가 정지하여도 실내온도의 급격한 강하가 적다.
③ 밀폐식일 경우 배관의 부식이 많아 수명이 짧다.
④ 방열기에 공급되는 온수 온도와 유량 조절이 용이하다.

해설 100℃ 이하 개방식 팽창탱크 사용 시 온수난방은 공기가 누입되어 100℃ 이상의 밀폐식에 비하여 배관의 부식이 촉진되고 수명이 짧다.

51 온도 25℃, 상대습도 60%의 공기를 32℃로 가열하면 상대습도는 약 몇 %가 되는가?(단, 25℃의 포화수증기압은 23.5mmHg이고, 32℃의 포화수증기압은 35.4mmHg이다.)

① 25%   ② 40%
③ 55%   ④ 70%

해설 상대습도$(\phi) = \dfrac{P_v}{P_s} \times 100 = \dfrac{23.5}{35.4} \times 100$
$= 66\%$(같은 온도조건)
25℃의 수증기분압$= 23.5 \times 0.6 = 14.1$mmHg
$\therefore \dfrac{14.1}{35.4} \times 100 = 40\%$

52 공기조화설비의 개방식 축열수조에 대한 설명으로 틀린 것은?

① 태양열 이용식에서 열회수의 피크시와 난방부하의 피크시가 어긋날 때 이것을 조정할 수 있다.
② 값이 비교적 저렴한 심야전력을 이용할 수 있다.
③ 호텔 등에서 생기는 심야의 부하에 열원의 가동 없이 펌프운전만으로 대응할 수 있다.
④ 공조기에 사용되는 냉수는 냉동기 출구 측보다 다소 높게 되어 2차 측의 온도차를 크게 할 수 있다.

해설 개방식 축열수조에서 공조기에 사용되는 냉수는 냉동기 출구 측보다 다소 낮게 되어서 2차 측의 온도차를 크게 할 수 있다.

53 개별 유닛 방식 중의 하나인 열펌프 유닛 방식의 특징을 설명한 것으로 틀린 것은?

① 냉난방부하가 동시에 발생하는 건물에서는 열회수가 가능하다.
② 습도제어가 쉽고 필터 효율이 좋다.
③ 증설, 간벽 변경 등에 대한 대응이 용이하고 공조방식에 융통성이 있다.
④ 난방목적으로 사용할 때의 성적계수는 냉방시의 경우에 비해 1만큼 더 크다.

해설 개별 유닛 방식에서 열펌프 유닛방식은 습도제어가 어려워서 필터 효율이 저감된다(냉방보다 난방용으로 사용하면 성적계수가 1이 더 크다).

54 냉온수가 팬코일유닛에 균등하게 공급할 수 있게 하는 역순환방식을 대신하여 설치하는 것은?

① 체크밸브
② 정유량밸브
③ 앵글밸브
④ 삼방밸브

해설 정유량밸브
냉-온수가 팬코일유닛에 균등하게 공급할 수 있게 역순환방식을 대신하여 설치하는 밸브이다.

55 900W의 형광등 밑에서 20명이 사무를 보고 있는 사무실의 전 발생열량은 얼마인가?(단, 1인당 인체의 발생 열량은 현열 50kcal/h, 잠열 42kcal/h, 형광등의 1kW당 발열량은 1,000kcal/h로 한다.)

① 1,880kcal/h
② 2,150kcal/h
③ 2,740kcal/h
④ 3,780kcal/h

해설 형광등발생열$= \dfrac{900}{1,000} \times 1,000 = 900$kcal/h
인체발생열량$= (50+42) \times 20 = 1,840$kcal/h
$\therefore$ 사무실 전체 발생열량(Q)$= 900 + 1,840 = 2,740$kcal/h

56 증기난방 방식에 대한 설명 중 틀린 것은?

① 배관방법에 따라 단관식과 복관식이 있다.

② 환수방식에 따라 중력환수식과 진공환수식, 기계 환수식으로 구분한다.

③ 제어성이 온수에 비해 양호하다.

④ 부하기기에서 증기를 응축시켜 응축수만을 배출 한다.

해설 증기난방은 외기부하에 대응하는 데 어려움이 있어 제어성은 온수난방에 비해 어렵다.

57 공기세정기에 대한 설명으로 틀린 것은?

① 세정기 단면의 종횡비를 크게 하면 성능이 떨어진다.

② 공기세정기의 성능에 가장 큰 영향을 주는 것은 분무수의 압력이다.

③ 세정기 출구에는 분무된 물방울의 비산을 방지하기 위해 엘리미네이터를 설치한다.

④ 스프레이 헤더의 수를 뱅크(Bank)라 하고 1본은 1뱅크, 2본을 2뱅크라 한다.

해설 에어워셔에 의한 가습(공기세정기)에서 스프레이 노즐이 성능에 큰 영향을 미친다.

58 공기조화기에 걸리는 열부하 요소에 대한 것이다. 적당하지 않은 것은?

① 외기부하

② 재열부하

③ 덕트계통에서의 열부하

④ 배관계통에서의 열부하

해설 ① 외기부하 : 외기도입 취득 부하
② 재열부하 : 재열기의 가열량 부하
③ 덕트계통 부하 : 기기로부터의 취득 부하

59 공기조화방식에서 변풍량 단일덕트 방식의 특징으로 틀린 것은?

① 변풍량 유닛을 실별 또는 존(Zone)별로 배치함으로써 개별 제어 및 존 제어가 가능하다.

② 부하변동에 따라서 실내온도를 유지할 수 없으므로 열원설비용 에너지 낭비가 많다.

③ 송풍기의 풍량제어를 할 수 있으므로 부분 부하 시 반송 에너지 소비량을 경감시킬 수 있다.

④ 동시사용률을 고려하여 기기용량을 결정할 수 있다.

해설 전공기방식
㉠ 단일덕트방식(정풍량, 변풍량 방식)
㉡ 2중덕트방식(변풍량, 정풍량, 멀티존 유닛방식)
※ 변풍량은 부하변동에 따라서 실내온도 유지가 가능하고 에너지 낭비가 적다.

60 공기 중의 악취 제거를 위한 공기정화 에어필터로 가장 적합한 것은?

① 유닛형 필터　　② 롤형 필터

③ 활성탄 필터　　④ 고성능 필터

해설 활성탄 필터
유해가스나 냄새 등을 제거한다. 필터의 모양은 패널형, 지그재그형, 바이-패스형이 있다.

SECTION 04 전기제어공학

61 단상전파 정류로 직류전압 100[V]를 얻으려면 변압기 2차 권선의 상전압은 몇 [V]로 하면 되는가?(단, 부하는 무유도저항이고, 정류회로 및 변압기의 전압강하는 무시한다.)

① 90　　② 111

③ 141　　④ 200

해설 변압기
하나의 회로에서 교류전력을 받아서 전자유도작용에 의해 다른 회로에 전력을 공급하는 정지기기

권수비$(a) = \dfrac{N_1}{N_2} = \dfrac{V_1}{V_2} = \dfrac{I_2}{I_1}$

단상전파정류 $= \dfrac{2\sqrt{2}}{\pi} = 0.90$

$\therefore$ 변압기 2차 권선의 상전압 $= \dfrac{100}{0.9} = 111V$

62 물체의 위치, 방위, 자세 등의 기계적인 변위를 제어량으로 해서 목표값의 임의의 변화에 항상 추종되도록 구성된 제어장치는?

① 프로세스제어 ② 서보기구
③ 자동조정 ④ 정치제어

해설 서보기구
물체의 위치, 방위, 자세 등의 기계적 변위를 제어량으로 해서 목표값의 임의의 변화에 항상 추종되도록 구성된 제어장치

63 다음은 역률이 cos θ인 교류전력의 벡터도이다. 이때 실제로 일을 한 전력은 어느 벡터인가?

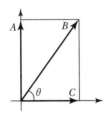

① A ② B
③ C ④ B, C

해설 벡터궤적(Vector locus)
벡터궤적(A) $= a + jb$
벡터궤적(b) $= -\infty, +\infty$

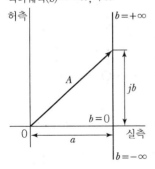

64 서미스터는 온도가 증가할 때 그 저항은 어떻게 되는가?

① 증가한다. ② 감소한다.
③ 임의로 변화한다. ④ 변화가 전혀 없다.

해설 서미스터 저항온도계에서 온도가 증가하면 그 저항값은 감소가 된다.

65 PLC 프로그래밍에서 여러 개의 입력신호 중 하나 또는 그 이상의 신호가 ON 되었을 때 출력이 나오는 회로는?

① AND회로 ② OR회로
③ NOT회로 ④ 자기유지회로

해설 OR회로(논리합 Gate)
입력 A, B 중 어느 한쪽이거나 양자가 1일 때 출력이 1이 되는 회로
㉠ 논리식$(x) = A + B$
㉡ 논리기호
㉢ 진리값 표

A	B	X
0	0	0
0	1	1
1	0	1
1	1	1

66 어떤 단상 변압기의 무부하 시 2차 단자전압이 250[V]이고, 정격 부하 시의 2차 단자전압이 240[V]일 때 전압 변동률은 몇 [%]인가?

① 4.0 ② 4.17
③ 5.65 ④ 6.35

해설 $250V - 240V = 10V$

전압 변동률 $= \dfrac{10}{240} \times 100 = 4.17\%$

67 그림과 같은 계전기 접점회로의 논리식은?

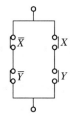

① $X \cdot Y$
② $\overline{X} \cdot \overline{Y} + X \cdot Y$
③ $X + Y$
④ $(\overline{X} + \overline{Y})(X + Y)$

> **해설** ① 계전기 접점회로의 논리식 $= \overline{X} \cdot \overline{Y} + X \cdot Y$
> ② 계전기 보원의 법칙 : 접점회로(좌변)
>
>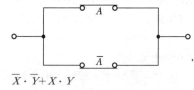
>
> $\overline{X} \cdot \overline{Y} + X \cdot Y$

68 입력신호 $x(t)$와 출력신호 $y(t)$의 관계가 $y(t) = K\dfrac{dx(t)}{dt}$로 표현되는 것은 어떤 요소인가?

① 비례요소
② 미분요소
③ 적분요소
④ 지연요소

> **해설** 미분요소 $y(t) = K\dfrac{dx(t)}{dt}$
>
> K : 미분시간
> ※ 미분시간 : 자동제어에서 동작제어부의 시간에 비례한 동작, 즉 신호를 가했을 때 P 동작에 의한 조작량이 D 동작에 가해짐으로써 빨라지는 시간

69 주파수 50[Hz], 슬립 0.2일 때 회전수가 600[rpm]인 3상 유도전동기의 극수는?

① 4
② 6
③ 8
④ 10

> **해설** 유도전동기 극수(P) $= \dfrac{120f}{Ns}$, Ns : 회전수, f : 헤르츠
>
> $P = \dfrac{120 \times 50}{600} \times (1 - 0.2) = 8$

70 전압, 전류, 주파수 등의 양을 주로 제어하는 것으로 응답속도가 빨라야 하는 것이 특징이며, 정전압장치나 발전기 및 조속기의 제어 등에 활용하는 제어방법은?

① 서보 제어
② 프로세스 제어
③ 자동조정 제어
④ 비율 제어

> **해설** 자동조정 제어
> 전압, 전류, 주파수 등의 양을 주로 제어하는 것으로 응답속도가 빨라야 하는 것이 특징이며 정전압장치나 발전기 및 조속기의 제어 등에 활용하는 제어방법이다.

71 서보기구 제어에 사용되는 검출기기가 아닌 것은?

① 전압검출기
② 전위차계
③ 싱크로
④ 차동변압기

> **해설** 검출기기 서보기구 제어용
> ㉠ 전위차계 : 변위·변각 측정
> ㉡ 차동변압기 : 변위를 자기저항의 불균형으로 변환
> ㉢ 싱크로 : 변각을 검출

72 엘리베이터용 전동기로서 필요한 특성이 아닌 것은?

① 기동 토크가 클 것
② 관성 모멘트가 작을 것
③ 기동 전류가 클 것
④ 속도 제어 범위가 클 것

> **해설** 엘리베이터용 전동기의 특성
> ㉠ 기동 토크가 클 것
> ㉡ 관성 모멘트가 작을 것
> ㉢ 속도 제어 범위가 클 것

73 그림과 같은 병렬공진회로에서 주파수를 f라 할 때, 전압 E가 전류 I보다 앞서는 조건은?

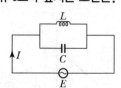

① $f < \dfrac{1}{2\pi\sqrt{LC}}$
② $f > \dfrac{1}{2\pi\sqrt{LC}}$
③ $f = \dfrac{1}{2\pi\sqrt{LC}}$
④ $f \geq \dfrac{1}{2\pi\sqrt{LC}}$

해설 병렬공진

인덕턴스와 정전용량이 병렬로 포함되는 회로에서는 어느 주파수일 때 임피던스가 최대로 되는데, 이 상태를 병렬공진이라 한다(공진주파수 $f = \dfrac{1}{2\pi\sqrt{LC}}$, 여기서 L : 인덕턴스, C : 정전용량).

74 시퀀스 제어에 관한 설명 중 틀린 것은?

① 조합 논리회로도 사용된다.
② 시간 지연요소도 사용된다.
③ 유접점 계전기만 사용된다.
④ 제어결과에 따라 조작이 자동적으로 이행된다.

해설 시퀀스 제어 : 유접점, 무접점, 계전기가 사용된다.

75 r = 2[Ω]인 저항을 그림과 같이 무한히 연결할 때 ab 사이의 합성저항은 몇 [Ω]인가?

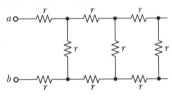

① 0
② ∞
③ 2
④ $2(1+\sqrt{3})$

해설 a – b 사이의 합성저항(Ω)

$\therefore \Omega = \dfrac{2r \pm \sqrt{4r^2 + 8r^2}}{2} = r(1 \pm \sqrt{3}) = 2(1 + \sqrt{3})$

1Ω(1ohm) : 1V(전압)dml 접압을 가했을 때 1A(전류)가 흐르는 저항(전기저항의 역수 : 컨덕턴스(G))

76 다음 중 탄성식 압력계에 해당되는 것은?

① 경사관식
② 환상평형식
③ 압전기식
④ 벨로스식

해설 탄성식 압력계
㉠ 브르동관식
㉡ 벨로스식
㉢ 다이어프램식

77 전동기의 회전방향을 알기 위한 법칙은?

① 플레밍의 오른손법칙
② 플레밍의 왼손법칙
③ 렌츠의 법칙
④ 암페어의 법칙

해설 Fleming의 법칙
㉠ 전자력의 방향을 알기 위한 법칙
㉡ 오른손법칙은 전류방향이 기전력의 방향이 된다.

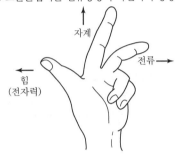

78 제어계의 구성도에서 시퀀스 제어계에는 없고, 피드백 제어계에는 있는 요소는?

① 조작량
② 목표값
③ 검출부
④ 제어대상

해설 검출부

온도계, 압력계, 액면계 등은 피드백 제어계(수정동작 가능 제어)에 있는 요소이다.

79 단위 피드백 계통에서 G(s)가 다음과 같을 때 X = 2 이면 무슨 제동인가?

$$G(s) = \dfrac{X}{s(s+2)}$$

① 과제동
② 임계제동
③ 무제동
④ 부족제동

해설 부족제동

계기 지시의 과도 특성에서 지침이 진동하는 것을 부족제동이라 한다. 계기의 지침은 최종지시 값을 중심으로 진동하고 진동은 서서히 감쇠하면서 최종값에 접근하는데 정지하기까지의 시간이 길어져서 그 지시는 불안정하다.

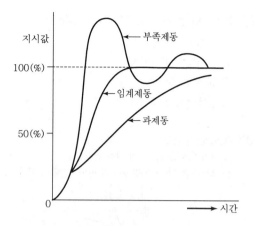

지시값

100(%)

50(%)

0

부족제동

임계제동

과제동

시간

80 전류계와 전압계는 내부저항이 존재한다. 이 내부저항은 전압 또는 전류를 측정하고자 하는 부하의 저항에 비하여 어떤 특성을 가져야 하는가?

① 내부저항이 전류계는 가능한 한 커야 하며, 전압계는 가능한 한 작아야 한다.

② 내부저항이 전류계는 가능한 한 커야 하며, 전압계도 가능한 한 커야 한다.

③ 내부저항이 전류계는 가능한 한 작아야 하며, 전압계는 가능한 한 커야 한다.

④ 내부저항이 전류계는 가능한 한 작아야 하며, 전압계도 가능한 한 작아야 한다.

해설 전류계와 전압계의 내부저항

내부저항이 전류계는 가능한 한 작아야 하고 전압계는 가능한 한 커야 한다.

SECTION **05** 배관일반

81 냉동설비에서 응축기의 냉각용수를 다시 냉각시키는 장치를 무엇이라 하는가?

① 냉각탑   ② 냉동실

③ 증발기   ④ 팽창탱크

해설 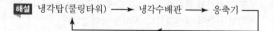 냉각탑(쿨링타워) ⟶ 냉각수배관 ⟶ 응축기

82 일반적인 급탕부하의 계산에서 1시간의 최대급탕량이 2,000L일 때 급탕부하(kcal/h)는 얼마인가?(단, 급탕온도는 60℃를 기준으로 한다.)

① 2,000   ② 72,000

③ 120,000   ④ 240,000

해설 급탕부하 = 급탕량 × 비열 × 온도차
$$= 2,000 \times 1 \times (60-0) = 120,000 \text{kcal/h}$$

83 배관용 패킹재료 선정 시 고려해야 할 사항으로 거리가 먼 것은?

① 유체의 압력   ② 재료의 부식성

③ 진동의 유무   ④ 시트(Seat)면의 형상

해설 배관용 패킹재료 선정 시 고려사항

㉠ 유체의 압력

㉡ 재료의 부식성

㉢ 진동의 유무

84 도시가스의 제조소 및 공급소 밖의 배관 표시기준에 관한 내용으로 틀린 것은?

① 가스배관을 지상에 설치할 경우에는 배관의 표면 색상을 황색으로 표시한다.

② 최고사용압력이 중압인 가스배관을 매설할 경우에는 황색으로 표시한다.

③ 배관을 지하에 매설하는 경우에는 그 배관이 매설되어 있음을 명확하게 알 수 있도록 표시한다.

④ 배관의 외부에 사용가스명, 최고사용압력 및 가스의 흐름방향을 표시하여야 한다. 다만, 지하에 매설하는 경우에는 흐름방향을 표시하지 아니할 수 있다.

해설 도시가스 중압가스배관 매설관은 적색으로 표시한다.

85 진공환수식 증기난방 설비에서 흡상이음(Lift fitting) 시 1단의 흡상높이로 적당한 것은?

① 1.5m 이내   ② 2.5m 이내

③ 3.5m 이내   ④ 4.5m 이내

해설 흡상이음(리프트피팅)은 1단의 흡상높이가 1.5m 이내이다 (진공환수식 증기난방).

86 배관 및 수도용 동관의 표준 치수에서 호칭지름은 관의 어느 지름을 기준으로 하는가?

① 유효지름　　　　② 안지름
③ 중간지름　　　　④ 바깥지름

해설 동관의 지름

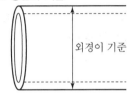

외경이 기준

87 저온 열교환기용 강관의 KS기호로 맞는 것은?

① STBH　　　　② STHA
③ SPLT　　　　④ STLT

해설 ① STBH : 보일러 열교환기용 탄소강 강관
② STHA : 보일러 열교환기용 합금강 강관
③ SPLT : 저온배관용 탄소강 강관
④ STLT : 저온 열교환기용 강관

88 급수방식 중 대규모의 급수 수요에 대응이 용이하고 단수 시에도 일정량의 급수를 계속할 수 있으며 거의 일정한 압력으로 항상 급수되는 방식은?

① 양수 펌프식　　　　② 수도 직결식
③ 고가 탱크식　　　　④ 압력 탱크식

해설 고가 탱크식(옥상탱크식)
㉠ 항상 일정한 압력으로 공급된다.
㉡ 저수량 확보로 단수 대비가 가능하다.
㉢ 과잉수압으로 인한 밸브류 등 배관 부속품의 파손이 방지된다.

89 안전밸브의 그림 기호로 맞는 것은?

① ② ③ ④

해설 ① 지렛대 밸브
② 감압 밸브
③ 스프링식 안전 밸브
④ 다이어프램 밸브

90 배관계통 중 펌프에서의 공동현상(Cavitation)을 방지하기 위한 대책으로 해당되지 않는 것은?

① 펌프의 설치 위치를 낮춘다.
② 회전수를 줄인다.
③ 양흡입을 단흡입으로 바꾼다.
④ 굴곡부를 적게 하여 흡입관의 마찰 손실수두를 작게 한다.

해설 단흡입을 양흡입으로 바꾸면 펌프의 공동현상이 방지된다.

91 배관에서 지름이 다른 관을 연결할 때 사용하는 것은?

① 유니언　　　　② 니플
③ 부싱　　　　④ 소켓

해설 부싱

(15A)　　　　(20A)
20A　　　　25A
(25A)　　　　(32A)

92 다음 중 급탕설비에 관한 설명으로 맞는 것은?

① 급탕배관의 순환방식은 상향 순환식, 하향 순환식, 상하향 혼용순환식으로 구분된다.
② 물에 증기를 직접 분사시켜 가열하는 기수 혼합식의 사용증기압은 $0.01MPa(0.1kgf/cm^2)$ 이하가 적당하다.
③ 가열에 따른 관의 신축을 흡수하기 위하여 팽창탱크를 설치한다.
④ 강제순환식 급탕배관의 구배는 1/200 이상으로 한다.

해설 급탕설비

㉠ 주관 : 급탕주관, 복귀주관

㉡ 기수혼합법 : 압력 0.1~0.4MPa 증기 사용

㉢ 신축을 흡수하기 위해 신축 조인트를 설치한다.

㉣ 중력순환식 : $\frac{1}{150}$ 구배, 강제순환식 : $\frac{1}{200}$ 구배

93 다음 보기에서 설명하는 급수공급 방식은?

> ① 고가탱크를 필요로 하지 않는다.
> ② 일정수압으로 급수할 수 있다.
> ③ 자동제어 설비에 비용이 든다.

① 부스터방식   ② 층별식 급수 조닝방식

③ 고가수조방식   ④ 압력수조방식

94 가스 공급방식인 저압 공급방식의 특징 중 옳지 않은 것은?

① 수요량의 변동과 거리에 따라 공급압력이 변동한다.

② 홀더압력을 이용해 저압배관만으로 공급하므로 공급계통이 비교적 간단하다.

③ 공급구역이 좁고 공급량이 적은 경우에 적합하다.

④ 가스의 공급압력은 0.2~0.5MPa(2~5kgf/cm^2) 정도이다.

해설 가스의 저압 공급방식은 0.1MPa(수주 50~250mm H$_2$O의 압력) 이하로 공급하는 방식이다.

95 냉동장치에서 압축기의 진동이 배관에 전달되는 것을 흡수하기 위하여 압축기 토출, 흡입배관 등에 설치해 주는 것은?

① 팽창밸브   ② 안전밸브

③ 수수탱크   ④ 플렉시블 튜브

해설 압축기(토출-흡입) 배관 사이에는 압축기 진동이 전달되지 않도록 플렉시블 튜브를 설치한다.

96 다음 중 온도계를 설치하지 않아도 되는 것은?

① 열교환기   ② 감압밸브

③ 냉 · 온수 헤더   ④ 냉수코일

해설

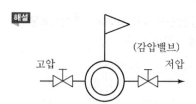

97 급탕배관에서 강관의 신축을 흡수하기 위한 신축이음쇠의 설치간격으로 적합한 것은?

① 10m 이내   ② 20m 이내

③ 30m 이내   ④ 40m 이내

해설 강관용 급탕관은 30m 이내마다 신축이음쇠를 설치한다.

98 공조설비 중 덕트 설계 시 주의사항으로 틀린 것은?

① 덕트 내의 정압손실을 적게 설계할 것

② 덕트의 경로는 될 수 있는 한 최장거리로 할 것

③ 소음 및 진동이 적게 설계할 것

④ 건물의 구조에 맞도록 설계할 것

해설 공조설비 중 덕트 설계 시에 덕트의 경로는 될 수 있는 한 최단거리로 한다.

99 다음 보기에서 설명하는 통기관 설비 방식으로 적합한 것은?

> ① 배수관의 청소구 위치로 인해서 수평관이 구부러지지 않게 시공한다.
> ② 수평주관의 방향전환은 가능한 한 없도록 한다.
> ③ 배수관의 끝부분은 항상 대기 중에 개방되도록 한다.
> ④ 배수 수평 분기관이 수평주관의 수위에 잠기면 안된다.

① 섹스티아(Sextia) 방식

② 소벤트(Sovent) 방식

③ 각개통기 방식

④ 신정통기 방식

100 배수트랩의 봉수파괴 원인 중 트랩 출구 수직배관부
에 머리카락이나 실 등이 걸려서 봉수가 파괴되는 현
상은?

① 사이펀 작용   ② 모세관 작용

③ 흡인 작용   ④ 토출 작용

해설 배수트랩 모세관 작용

봉수파괴는 수직배관부에 머리카락이나 실 등이 걸려서 발
생된다.

SECTION 01 기계열역학

01 초기압력 0.5MPa, 온도 207℃ 상태인 공기 4kg이 정압과정으로 체적이 절반으로 줄었을 때의 열전달량은 약 얼마인가?(단, 공기는 이상기체로 가정하고, 비열비는 1.4, 기체상수는 287J/kg · K 이다.)

① −240kJ   ② −864kJ
③ −482kJ   ④ −964kJ

해설 $T_2 = T_1 \times \left(\dfrac{V_1}{V_2}\right) = (207 + 273) \times \dfrac{0.5}{1} = 240K$

∴ 열전달량(Q) $= 1 \times 1.0045(240 - 480)$
$= -241.08kJ/kg$
$-241.08 \times 4 = -964kJ$

정압비열(Cp) $= \dfrac{K}{K-1}R = \dfrac{1.4}{1.4-1} \times 0.287$
$= 1.0045kJ/kg$

02 온도가 350K인 공기의 압력이 0.3MPa, 체적이 0.3 m^3, 엔탈피가 100kJ이다. 이 공기의 내부에너지는?

① 1kJ   ② 10kJ
③ 15kJ   ④ 100kJ

해설 엔탈피＝내부에너지＋유동에너지＝u＋APV
유동에너지＝$300 \times 0.3 = 90kJ$
∴ 내부에너지＝엔탈피－유동에너지＝$100 - 90 = 10kJ$
(0.3MPa＝300,000Pa＝300kPa)

03 준평형 정적과정을 거치는 시스템에 대한 열전달량은? (단, 운동에너지와 위치에너지의 변화는 무시한다.)

① 0이다.
② 내부에너지 변화량과 같다.
③ 이루어진 일량과 같다.
④ 엔탈피 변화량과 같다.

해설 준평형 정적과정을 거치는 시스템 열전달량＝내부에너지 변화량과 같다.

04 냉동기에서 0℃의 물로 0℃의 얼음 2ton을 만드는 데 50kWh의 일이 소요된다면 이 냉동기의 성능계수는?(단, 얼음의 융해잠열은 334.94kJ/kg이다.)

① 1.05   ② 2.32
③ 2.67   ④ 3.72

해설 1kW−h＝3,600kJ(860kcal)＝$3,600 \times 50 = 180,000kJ$
얼음의 융해잠열＝$2 \times 1,000 \times 334.94 = 669,880kJ$
∴ 냉동기 성능계수(COP)＝$\dfrac{669,880}{180,000} = 3.72$

05 시스템의 열역학적 상태를 기술하는 데 열역학적 상태량(또는 성질)이 사용된다. 다음 중 열역학적 상태량으로 올바르게 짝지어진 것은?

① 열, 일   ② 엔탈피, 엔트로피
③ 열, 엔탈피   ④ 일, 엔트로피

해설 ㉠ 종량성 상태량 : 물질의 질량에 따라 그 크기가 결정되는 상태량(물질의 질량에 관계된다.) : 체적, 내부에너지, 엔탈피, 엔트로피
㉡ 열역학적 상태량 : 엔탈피, 엔트로피

06 체적이 0.5m^3인 밀폐 압력용기 속에 이상기체가 들어 있다. 분자량이 24이고, 질량이 10kg이라면 기체상수는 몇 kN · m/kg · K인가?(단, 일반 기체상수는 8.313kJ/kmol · K이다.)

① 0.3635   ② 0.3464
③ 0.3767   ④ 0.3237

해설 기체상수(R)＝$\dfrac{848}{m}$(kg · m/kg · K)

기체상수(R)＝$\dfrac{8.314}{m}$(kJ/kmol · K)

∴ R＝$\dfrac{8.313}{24} = 0.3464$(kN · m/kg · K)

07 단열과정으로 25℃의 물과 50℃의 물이 혼합되어 열평형을 이루었다면, 다음 사항 중 올바른 것은?

① 열평형에 도달되었으므로 엔트로피의 변화가 없다.
② 전계의 엔트로피는 증가한다.
③ 전계의 엔트로피는 감소한다.
④ 온도가 높은 쪽의 엔트로피가 증가한다.

해설 비가역사이클 : 엔트로피는 항상 증가한다.

엔드로피 변화량$(\Delta S) = GC\mathrm{Ln}\dfrac{T_2}{T_1}$

$1 \times 1 \times \mathrm{Ln}\left(\dfrac{273 + (50-25)}{2373 + 25}\right) + 1 \times 1 \times \mathrm{Ln}\left(\dfrac{273 + 50}{273 + 25}\right)$
$= 0.081\mathrm{kJ/kgK}$ 증가
※ 물의 비열(C) = 1kcal/kg · ℃

08 압력 250kPa, 체적 0.35m³의 공기가 일정 압력하에서 팽창하여, 체적이 0.5m³로 되었다. 이때의 내부에너지의 증가가 93.9kJ이었다면, 팽창에 필요한 열량은 약 몇 kJ인가?

① 43.8
② 56.4
③ 131.4
④ 175.2

해설 정압변화 절대일(W) $= \int PdV = P(V_2 - V_1)$
$250(0.5 - 0.35) = 37.5\mathrm{kJ}$
팽창에 필요한 열량 $= 37.5 + 93.9 = 131.4\mathrm{kJ}$

09 가스터빈 엔진의 열효율에 대한 다음 설명 중 잘못된 것은?

① 압축계 전후의 압력비가 증가할수록 열효율이 증가한다.
② 터빈 입구의 온도가 높을수록 열효율이 증가하나 고온에 견딜 수 있는 터빈 블레이드 개발이 요구된다.
③ 역일비는 터빈 일에 대한 압축 일의 비로 정의되며 이것이 높을수록 열효율이 높아진다.
④ 가스터빈 엔진은 증기터빈 원동소와 결합된 복합시스템을 구성하여 열효율을 높일 수 있다.

해설 가스터빈 브레이톤사이클의 열효율은 압력비만의 함수이며 압력비가 클수록 열효율이 증가한다.

압력비$(r) = \dfrac{P_2}{P_1}$

10 단열 밀폐된 실내에서 [A]의 경우는 냉장고 문을 닫고, [B]의 경우는 냉장고 문을 연 채 냉장고를 작동시켰을 실내온도의 변화는?

① [A]는 실내온도 상승, [B]는 실내온도 변화 없음
② [A]는 실내온도 변화 없음, [B]는 실내온도 하강
③ [A], [B] 모두 실내온도 상승
④ [A]는 실내온도 상승, [B]는 실내온도 하강

해설 단열된 상태에서는 열의 이동이 차단(외부도)되므로 압축기 운전에 의해 실내온도는 상승된다.

11 다음 중 열역학 제1법칙과 관계가 먼 것은?

① 밀폐계가 임의의 사이클을 이룰 때 열전달의 합은 이루어진 일의 총합과 같다.
② 열은 본질적으로 일과 같은 에너지의 일종으로서 일을 열로 변환할 수 있다.
③ 어떤 계가 임의의 사이클을 겪는 동안 그 사이클에 따라 열을 적분한 것이 그 사이클에 따라서 일을 적분한 것에 비례한다.
④ 두 물체가 제3의 물체와 온도의 동등성을 가질 때는 두 물체도 역시 서로 온도의 동등성을 갖는다.

해설 열역학 제1법칙
열은 본질상 에너지의 일종이며, 열과 일은 서로 전환이 가능하다. 즉, 열과 일 사이에는 일정한 비례관계가 성립된다(에너지 보존의 법칙).

12 온도 90℃의 물이 일정 압력하에서 냉각되어 30℃가 되고 이때 25℃의 주위로 500kJ의 열이 전달된다. 주위의 엔트로피 증가량은 얼마인가?

① 1.50kJ/K
② 1.68kJ/K
③ 8.33kJ/℃
④ 20.0kJ/℃

해설 엔트로피$(ds)=\dfrac{\delta Q}{T}=\dfrac{GCdT}{T}(kJ/K)$

$\therefore \ ds=\dfrac{500}{273+25}=1.68kJ/K$

---

13 이상기체의 폴리트로픽 과정을 일반적으로 $Pv^n=C$ 로 표현할 때 n에 따른 과정을 설명한 것으로 맞는 것은?(단, C는 상수이다.)

① $n=0$이면 등온과정
② $n=1$이면 정압과정
③ $n=1.5$이면 등온과정
④ $n=k$(비열비)이면 가역단열과정

해설 폴리트로픽지수(n)
㉠ 등온과정 $n:1$
㉡ 정압과정 $n:0$
㉢ 단열과정 : K
㉣ 등적과정 : ∞

---

14 랭킨 사이클의 각 점에서 작동유체의 엔탈피가 다음과 같다면 열효율은 약 얼마인가?

- 보일러 입구 : h=69.4kJ/kg
- 보일러 출구 : h=830.6kJ/kg
- 응축기 입구 : h=626.4kJ/kg
- 응축기 출구 : h=68.6kJ/kg

① 26.7%
② 28.9%
③ 30.2%
④ 32.4%

해설 열효율$=\dfrac{h_3-h_4}{h_3-h_1}\times100$

$\therefore \ \dfrac{830.6-626.4}{830.6-68.6}\times100=26.7\%$

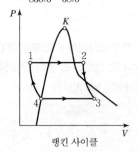

랭킨 사이클

---

15 견고한 단열용기 안에 온도와 압력이 같은 이상기체 산소 1kmol과 이상기체 질소 2kmol이 얇은 막으로 나뉘어져 있다. 막이 터져 두 기체가 혼합될 경우 이 시스템의 엔트로피 변화는?

① 변화가 없다.
② 증가한다.
③ 감소한다.
④ 증가한 후 감소한다.

해설 비가역사이클에서는 엔트로피는 항상 증가한다. 실제로 자연계에서 일어나는 모든 상태는 비가역을 동반하므로 엔트로피는 증가하며 감소하는 일은 없다.

---

16 다음은 증기사이클의 P−V 선도이다. 이는 어떤 종류의 사이클인가?

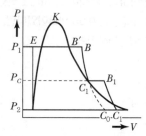

① 재생사이클
② 재생재열사이클
③ 재열사이클
④ 급수가열사이클

해설 재열사이클
팽창일을 증대시키고 터빈 출구 증기의 건도를 떨어뜨리지 않는 수단으로서 평창 도중의 증기를 뽑아내어 가열장치로 보내 재가열한 후 다시 터빈에 보내는 사이클(통상 열효율 증대 효과 발생)

---

17 14.33W의 전등을 매일 7시간 사용하는 집이 있다. 1개월(30일) 동안 몇 kJ의 에너지를 사용하는가?

① 10,830kJ
② 15,020kJ
③ 17.420kJ
④ 10,840kJ

해설 14.33W=0.01433kW
1kW−h=3,600kJ, 0.01433×3,600=51.588kJ
$\therefore \ 51.588kJ\times7시간\times30일=10,833kJ$

18 다음 중 정압연소 가스터빈의 표준 사이클이라 할 수 있는 것은?

① 랭킨 사이클

② 오토 사이클

③ 디젤 사이클

④ 브레이턴 사이클

해설 브레이턴 사이클

ㄱ 가스터빈 사이클(가스터빈의 이상사이클)로 2개의 단열 과정, 2개의 정압과정으로 구성된다(정압연소 사이클 이다).

ㄴ 가스터빈의 표준사이클이다. 일명 줄 사이클, 등압연소 사이클이다.

19 온도 600℃의 고온 열원에서 열을 받고, 온도 150℃의 저온 열원에 방열하면서 5.5kW의 출력을 내는 카르노기관이 있다면 이 기관의 공급 열량은?

① 20.2kW

② 14.3kW

③ 12.5kW

④ 10.7kW

해설 효율 $= \dfrac{(600+273)-(150+273)}{(600+237)} = 0.51546$

∴ 기관공급열량 $= \dfrac{5.5}{0.51546} = 10.7\text{kW}$

20 체적 2,500L인 탱크에 압력 294kPa, 온도 10℃의 공기가 들어 있다. 이 공기를 80℃까지 가열하는 데 필요한 열량은?(단, 공기의 기체상수 R=0.287kJ/kg · K, 정적비열 Cv=0.717kJ/kg · K이다.)

① 약 408kJ

② 약 432kJ

③ 약 454kJ

④ 약 469kJ

해설 질량(G) $= \dfrac{PV}{RT} = \dfrac{294 \times 2.5}{0.287 \times (10+273)} = 9.049\text{kg}$

가열열량$(_1Q_2) = GCv(T_2 - T_1)$

$\quad = 9.049 \times 0.717(353 - 283)$

$\quad = 454\text{kJ}$

※ $PV = GRT$, $G = \dfrac{PV}{RT}$, $80+273=353\text{K}$,

$\quad 10+273=283\text{K}$

SECTION 02 냉동공학

21 흡입, 압축, 토출의 3행정으로 구성되며, 밸브와 피스톤이 없어 장시간의 연속운전에 유리하고 소형으로 큰 냉동능력을 발휘하기 때문에 대형 냉동공장에 적합한 압축기는?

① 왕복식 압축기

② 스크루 압축기

③ 회전식 압축기

④ 원심 압축기

해설 스크루 압축기

흡입, 압축, 토출 3행정으로 구성되며 밸브와 피스톤이 없어 장시간 연속운전이 가능하다. 소형이면서 큰 능력을 발휘한다.

22 다음 그림은 이상적인 냉동 사이클을 나타낸 것이다. 설명이 맞지 않는 것은?

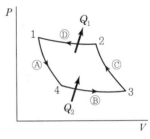

① Ⓐ 과정은 단열팽창이다.

② Ⓑ 과정은 등온압축이다.

③ Ⓒ 과정은 단열압축이다.

④ Ⓓ 과정은 등온압축이다.

해설 Ⓑ 과정 4 → 3 : 등온팽창과정(역카르노사이클)

23 온도식 자동팽창밸브의 감온통 설치방법으로 잘못된 것은?

① 증발기 출구 측 압축기로 흡입되는 곳에 설치할 것

② 흡입 관경이 20A 이하인 경우에는 관 상부에 설치할 것

③ 외기의 영향을 받는 경우에는 보온해 주거나 감온통 포켓을 설치할 것

④ 압축기 흡입관에 트랩이 있는 경우에는 트랩 부분에 부착할 것

해설 온도식 자동팽창밸브(TEV, 주로 프레온 냉매용) 증발기 출구 측 흡입관 수평부에 설치한다.

24 응축기에서 냉매가스의 열이 제거되는 방법은?

① 대류와 전도
② 증발과 복사
③ 승화와 휘발
④ 복사와 액화

해설 응축기에서 냉매가스의 열이 제거되는 방법 : 대류와 전도에 의한 열의 제거(냉각수와 열교환과정)

25 실린더 직경 80mm, 행정 50mm, 실린더 수 6개, 회전수 1,750rpm인 왕복동식 압축기의 피스톤 압출량은 약 얼마인가?

① 158m³/h
② 168m³/h
③ 178m³/h
④ 188m³/h

해설 단면적$(A) = \frac{\pi}{4}d^2 = \frac{3.14}{4} \times (0.08)^2 = 0.005024\text{m}^3$

압축기피스톤 1회전 시 압출량 $= 0.005024 \times 0.05$
$= 0.0002512\text{m}^3$

$\therefore 0.0002512 \times 6 \times 1,750 \times (60분/시간) = 158\text{m}^3/\text{h}$

$V_a = \frac{\pi}{4}D^2 \times L \times N \times n \times 60 (\text{m}^3/\text{h})$,

$80\text{mm} = 0.08\text{m}, \ 50\text{mm} = 0.05\text{m}$

26 냉동장치의 운전에 관한 설명 중 맞는 것은?

① 압축기에 액백(Liquid Back)현상이 일어나면 토출가스 온도가 내려가고 구동 전동기의 전류계 지시 값이 변동한다.
② 수액기내에 냉매액을 충만시키면 증발기에서 열부하 감소에 대응하기 쉽다.
③ 냉매 충전량이 부족하면 증발압력이 높게 되어 냉동능력이 저하한다.
④ 냉동부하에 비해 과대한 용량의 압축기를 사용하면 저압이 높게 되고, 장치의 성적계수는 상승한다.

해설 압축기에서 액백(리퀴드 해머)이 일어나면 토출가스의 온도가 내려가고 구동 전동기의 전류계 지시값이 변동한다(방지용으로 액분리기 설치).

27 용량조절장치가 있는 프레온 냉동장치에서 무부하(Unload) 운전 시 냉매유 반송을 위한 압축기의 흡입관 배관방법은?

① 압축기를 증발기 밑에 설치한다.
② 2중 수직 상승관을 사용한다.
③ 수평관에 트랩을 설치한다.
④ 흡입관을 가능한 한 길게 배관한다.

해설 용량조절장치가 있는 프레온 냉동기에서 무부하 운전 시 냉동유 반송을 위한 압축기의 흡입배관은 2중 수직상승관을 사용한다.

28 어큐뮬레이터(Accumulator)에 대한 설명으로 옳은 것은?

① 건식 증발기에 설치하여 냉매액과 증기를 분리시킨다.
② 냉매액과 증기를 분리시켜 증기만을 압축기에 보낸다.
③ 분리된 증기는 다시 응축하도록 응축기로 보낸다.
④ 냉매 속에 흐르는 냉동유를 분리시키는 장치이다.

해설 어큐뮬레이터
㉠ 냉매액과 냉매증기를 분리시켜 냉매증기만을 압축기로 보내는 역할(일명 액분리기)
㉡ 설치장소 : 증발기와 압축기 사이 흡입배관에 설치하며 압축기 보호장치

29 왕복동식 압축기의 회전수를 n(rpm), 피스톤의 행정을 S(m)라 하면 피스톤의 평균속도 V_n(m/s)을 나타내는 식은?

① $\frac{\pi \cdot S \cdot n}{60}$
② $\frac{S \cdot n}{60}$
③ $\frac{S \cdot n}{30}$
④ $\frac{S \cdot n}{120}$

해설 왕복동식 압축기 피스톤의 평균속도

피스톤 속도$(V) = \frac{S \cdot n}{30}$(m/s)

30 냉동장치에 부착하는 안전장치에 관한 설명이다. 맞는 것은?

① 안전밸브는 압축기의 헤드나 고압 측 수액기 등에 설치한다.

② 안전밸브의 압력이 높은 만큼 가스의 분사량이 증가하므로 규정보다 높은 압력으로 조정하는 것이 안전하다.

③ 압축기가 1대일 때 고압차단장치는 흡입밸브에 부착한다.

④ 유압보호 스위치는 압축기에서 유압이 일정 압력 이상이 되었을 때 압축기를 정지시킨다.

해설 ㉠ 압축기의 헤드나 고압 측 수액기 등에 안전밸브를 설치하고 설정 압력을 지시한다.

㉡ 고압차단 스위치는 응축압력이 일정 압력 이상이면 압축기, 전동기의 전원이 차단된다.

㉢ 유압보호 스위치는 압축기에서 유압이 일정 압력 이하가 되면 전동기 회로를 차단하는 역할을 한다.

31 암모니아(NH₃)냉매의 특성 중 잘못된 것은?

① 기준증발온도(−15℃)와 기준응축온도(30℃)에서 포화압력이 별로 높지 않으므로 냉동기 제작 및 배관에 큰 어려움이 없다.

② 암모니아수는 철 및 강을 부식시키므로 냉동기와 배관 재료로 강관을 사용할 수 없다.

③ 리트머스 시험지와 반응하면 청색을 띠고, 유황 불꽃과 반응하여 흰 연기를 발생시킨다.

④ 오존파괴계수(ODP)와 지구온난화계수(GWP)가 각각 0이므로 누설에 의해 환경을 오염시킬 위험이 없다.

해설 암모니아 냉매는 철에는 거의 부식성이 없다(철 및 강을 사용할 수 있다).

32 일반적으로 급속 동결이라 하면 동결속도가 몇 cm/h 이상인 것을 말하는가?

① 0.01~0.03

② 0.05~0.08

③ 0.1~0.3

④ 0.6~2.5

해설 냉동기의 급속 동결 : 0.6~2.5cm/h

33 소형 냉동기의 브라인 순환량이 10kg/min이고, 출입구 온도차는 10℃이다. 압축기의 실소요 마력은 3ps일 때, 이 냉동기의 실제 성적계수는 약 얼마인가?(단, 브라인의 비열은 0.8kcal/kg℃이다.)

① 1.8

② 2.5

③ 3.2

④ 4.7

해설 ㉠ 1PS=632kcal/h

㉡ 순환열량=10×0.8×10℃×60분=4,800kcal/h

냉동기 실제 성적계수$=\dfrac{4,800}{632\times3}=2.5$COP

34 다음 그림과 같은 냉동실 벽의 통과율(kcal/m²h℃)은 약 얼마인가?(단, 공기막 계수는 실내벽면 8kcal/m²h℃, 외부벽면 29kcal/m²h℃)이며, 벽의 구조에 따른 각 열전도율(σ, kcal/m²h℃), 두께(mm)는 아래 그림과 같다.)

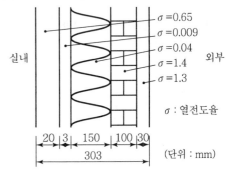

① 0.125

② 0.229

③ 0.035

④ 0.437

해설 $K=\dfrac{1}{\dfrac{1}{a_1}+\dfrac{b}{\lambda}+\dfrac{1}{a_2}}$ (kcal/m²h℃)

$K=\dfrac{1}{\dfrac{1}{8}+\dfrac{0.02}{0.65}+\dfrac{0.003}{0.009}+\dfrac{0.15}{0.04}+\dfrac{0.1}{1.4}+\dfrac{0.03}{1.3}+\dfrac{1}{29}}$

$=0.229$

35 열의 이동에 대한 설명으로 옳지 않은 것은?

① 고체표면과 이에 접하는 유동 유체 간의 열이동을 열전달이라 한다.

② 자연계의 열이동은 비가역 현상이다.

③ 열역학 제1법칙에 따라 고온체에서 저온체로 이동한다.

④ 자연계의 열이동은 엔트로피가 증가하는 방향으로 흐른다.

해설 ③ 열역학 제2법칙에 따라 고온체에서 저온체로 이동한다.

36 냉동기유가 갖추어야 할 조건으로 알맞지 않은 것은?

① 응고점이 낮고, 인화점이 높아야 한다.

② 냉매와 잘 반응하지 않아야 한다.

③ 산화가 되기 쉬운 성질을 가져야 된다.

④ 수분, 산분을 포함하지 않아야 된다.

해설 냉동기 냉동유
산화되기 어려운 물질로 만드는 것이 이상적이다.

37 냉동장치에서 일원 냉동사이클과 이원 냉동사이클의 가장 큰 차이점은?

① 압축기의 대수

② 증발기의 수

③ 냉동장치 내의 냉매 종류

④ 중간냉각기의 유무

해설 이원냉동
1원 냉동, 2단 압축, 다효압축을 하여도 −70℃ 이하의 극 저온을 얻기 어려워 채택하는 방식
㉠ 저온 측 냉매 : R-13, R-14, 에틸렌, 메탄, 에탄, 프로판
㉡ 고온 측 냉매 : R-12, R-22

38 건식 증발기의 일반적인 장점이라 할 수 없는 것은?

① 냉매 사용량이 아주 많아진다.

② 물회로의 유로저항이 작다.

③ 냉매량 조절을 비교적 간단히 할 수 있다.

④ 냉매 증기속도가 빨라 압축기로의 유회수가 좋다.

해설 건식증발기
냉매사용량 중(냉매액은 25%, 냉매증기가 75%) 냉매량이 적어도 되는 증발기이며 주로 프레온 냉동기용으로 사용된다.

39 압력-온도선도(듀링선도)를 이용하여 나타내는 냉동사이클은?

① 증기 압축식 냉동기   ② 원심식 냉동기

③ 스크롤식 냉동기   ④ 흡수식 냉동기

해설 흡수식 냉동기 : 듀링선도 이용
① 증발기   ② 흡수기   ③ 응축기   ④ 재생기

40 냉동기에서 성적계수가 6.84일 때 증발온도가 −15℃이다. 이때 응축온도는 몇 ℃인가?

① 17.5   ② 20.7

③ 22.7   ④ 25.5

해설 $273 - 15 = 258K$

$$성적계수(COP) = \frac{T_1}{T_2 - T_1} = \frac{증발온도}{응축온도 - 증발온도}$$

$$6.84 = \frac{258}{T_2 - 258}$$

$$\frac{258}{6.84} = 37.71$$

$\therefore$ 응축온도$(T_2) = 37.71 - 15 ≒ 22.7$℃

SECTION 03 공기조화

41 다음은 어느 방식에 대한 설명인가?

① 각 실이나 존의 온도를 개별제어하기가 쉽다.
② 일사량 변화가 심한 페리미터 존에 적합하다.
③ 실내부하가 적어지면 송풍량이 적어지므로 실내 공기의 오염도가 높다.

① 정풍량 단일덕트 방식

② 변풍량 단일덕트 방식

③ 패키지 방식

④ 유인유닛 방식

해설 전공기 방식

㉠ 단일덕트 방식(정풍량, 변풍량 방식)
㉡ 2중 덕트 방식(정풍량, 변풍량 방식)
보기는 변풍량 단일덕트 방식의 특징이다.

42 다음 설명 중 옳은 것은?

① 잠열은 0℃의 물을 가열하여 100℃의 증기로 변할 때까지 가하여진 열량이다.
② 잠열은 100℃의 물이 증발하는 데 필요한 열량으로서 증기의 압력과는 관계없이 일정하다.
③ 임계점에서는 물과 증기의 비체적이 같다.
④ 증기의 정적비열은 정압비열보다 항상 크다.

해설 ㉠ 잠열 : 100℃의 물을 100℃의 증기로 변화 시 필요한 열
$(539\text{kcal/kg} = 2,247\text{kJ/kg})$
㉡ 증기압력이 높아지면 잠열은 감소한다.
㉢ 증기의 정압비열이 정적비열보다 크다.

43 덕트의 크기를 결정하는 방법이 아닌 것은?

① 등속법
② 등마찰법
③ 등중량법
④ 정압재채득법

해설 덕트의 크기를 결정하는 방법

㉠ 등속법
㉡ 정압재취득법
㉢ 등마찰법

44 건구온도 $t_1 = 5$℃, 상대습도 $\phi = 80\%$인 습공기를 공기가열기를 사용하여 건구온도 $t_2 = 43$℃가 되는 가열공기 650m^3/h를 얻으려고 한다. 이때 가열에 필요한 열량은 약 얼마인가?(단, 습공기선도를 참고하시오.)

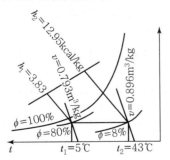

① 7,383kcal/h
② 7,475kcal/h
③ 7,583kcal/h
④ 7,637kcal/h

해설 $12.95 - 3.83 = 9.12\text{kcal/kg}$(가열량)
$650 \div 0.793 = 819.672\text{kg/h}$(질량)
∴ 총 가열량(Q) $= 819.672 \times 9.12 = 7,475\text{kca/h}$

45 극간풍(틈새바람)에 의한 침입 외기량이 3,000L/s일 때, 현열부하와 잠열부하는 얼마인가?(단, 실내온도 25℃, 절대습도 0.0179kg/kgDA, 외기온도 32℃, 절대습도 0.0209kg/kgDA, 건공기 정압비열 1.005kJ/kg · K, 0℃ 물의 증발잠열 2,501kJ/kg, 공기밀도 1.2kg/m^3이다.)

① 현열부하 19.9kW, 잠열부하 20.9kW
② 현열부하 21.1kW, 잠열부하 22.5kW
③ 현열부하 23.3kW, 잠열부하 25.4kW
④ 현열부하 25.3kW, 잠열부하 27kW

해설 $3,000\text{L/S} \times 3,600 \times \dfrac{1}{1,000} = 10,800 \times 1.2\text{m}^3/\text{h}$
$= 12,960\text{kg/h}$(질량)

㉠ 현열부하 $= 12,960 \times 0.24(32 - 25) \times \dfrac{1}{860} = 25.3\text{kW}$

㉡ 잠열부하 $= 2,501 \times 12,960 \times (0.0209 - 0.0179)$
$\times \dfrac{1}{3,600} = 27\text{kW}$

현열부하 $= 0.24 G_1 (t_0 - t_r)\text{kcal/h}$
잠열부하 $= r \cdot G_1 (x_0 - x_r)\text{kcal/h}$, 1kW - h
$= 3,600\text{kJ}(860\text{kcal/h})$

46 열회수방식 중 공조설비의 에너지 절약기법으로 많이 이용되고 있으며, 외기 도입량이 많고 운전시간이 긴 시설에서 효과가 큰 것은?

① 잠열교환기 방식
② 현열교환기 방식
③ 비열교환기 방식
④ 전열교환기 방식

해설 전열교환기 방식

열회수방식 중 공조설비의 에너지 절약기법으로 많이 이용되고 있다. 외기 도입량이 많고 운전시간이 긴 시설에서 효과가 크다.

47 송풍기의 법칙에서 회전속도가 일정하고 직경이 d, 동력이 L인 송풍기의 직경을 d_1으로 크게 했을 때 동력 L_1을 나타내는 식은?

① $L_1 = (d_1/d)^2 L$ ② $L_1 = (d_1/d)^3 L$

③ $L_1 = (d_1/d)^4 L$ ④ $L_1 = (d_1/d)^5 L$

해설 직경 변화에 의한 동력 $L_1 = \left(\dfrac{d_1}{d}\right)^5 L$

48 다음 기기 중 열원설비에 해당하는 것은?

① 히트펌프   ② 송풍기

③ 팬 코일 유닛   ④ 공기조화기

해설 히트펌프
냉·난방 위주의 열원설비

49 단일덕트 재열방식의 특징으로 적합하지 않은 것은?

① 냉각기에 재열부하가 추가된다.

② 송풍공기량이 증가한다.

③ 실별 제어가 가능하다.

④ 현열비가 큰 장소에 적합하다.

해설 단일덕트 재열방식은 현열비(SHF)가 적은 장소에 냉각기 출구공기를 재열기로 재열 후 송풍하므로 덕트 내의 공기를 말단재열기 또는 존별 재열기를 설치하여 취출한다.

50 보일러 출력표시에 대한 내용으로 잘못된 것은?

① 정격출력 : 연속 운전이 가능한 보일러의 능력으로 난방부하, 급탕부하, 배관부하, 예열부하의 합이다.

② 정미출력 : 난방부하, 급탕부하, 예열부하의 합이다.

③ 상용출력 : 정격출력에서 예열부하를 뺀 값이다.

④ 과부하출력 : 운전초기에 과부학 발생했을 때는 정격출력의 $10 \sim 20\%$ 정도 증가해서 운전할 때의 출력으로 한다.

해설 정미출력 : 난방부하 + 급탕부하

51 유리면을 통한 태양복사열량이 달라질 수 있는 요소가 아닌 것은?

① 건물의 높이   ② 차폐의 유무

③ 태양입사각   ④ 계절

해설 태양복사열량의 변화 요건
㉠ 차폐의 유무   ㉡ 태양의 입사각
㉢ 계절   ㉣ 그늘

52 냉방부하의 종류 중 현열부하만을 포함하고 있는 것은?

① 유리로부터의 취득열량

② 극간풍에 의한 열량

③ 인체 발생 부하

④ 외기 도입으로 인한 취득열량

해설 유리로부터의 취득열량(현열부하)
㉠ 유리로부터의 관류열량
㉡ 유리로부터의 일사취득열량

53 공기조화설비는 공기조화기, 열원장치 등 4대 주요장치로 구성되어 있다. 4대 주요장치의 하나인 공기조화기에 해당되는 것이 아닌 것은?

① 에어필터   ② 공기냉각기

③ 공기가열기   ④ 왕복동 압축기

해설 왕복동식 압축기 : 냉동기의 4대 구성요소

54 냉각탑(Cooling Tower)에 대한 설명 중 잘못된 것은?

① 어프로치(Approach)는 $5\,^{\circ}\mathrm{C}$ 정도로 한다.

② 냉각탑은 응축기에서 냉각수가 얻은 열을 공기 중에 방출하는 장치이다.

③ 쿨링레인지란 냉각탑에서의 냉각수 입·출구 수온차이다.

④ 보급수량은 순환수량의 15% 정도이다.

해설 ㉠ 냉각탑에서 회수흡수율은 95%이다(5% 손실).
㉡ 쿨링레인지 : (냉각수입구온도 − 냉각수출구온도)
㉢ 쿨링어프로치 : (냉각수 출구수온 − 입구공기 습구온도)

55 다음 습공기 선도(h–x선도)상에서 공기의 상태가 1에서 2로 변할 때 일어나는 현상이 아닌 것은?

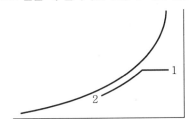

① 건구온도 감소   ② 절대습도 감소

③ 습구온도 감소   ④ 상대습도 감소

해설 1→2 : 상대습도의 증가

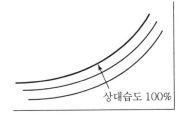

상대습도 100%

56 보일러의 부속장치인 과열기가 하는 역할은?

① 온수를 포화액으로 변화시킨다.

② 포화액을 과열증기로 만든다.

③ 습증기를 포화액으로 만든다.

④ 포화증기를 과열증기로 만든다.

해설 과열기

포화증기를 과열증기로 만든다(포화증기의 온도 상승).

57 냉수코일의 냉각부하 147,000kJ/h이고, 통과풍량은 10,000m³/h, 정면풍속 2m/s이다. 코일 입구 공기온도 28℃, 출구 공기온도 15℃이며, 코일의 입구 냉수온도 7℃, 출구 냉수온도 12℃, 열관류율은 2,346kJ/m²h℃일 때 코일열수는 얼마인가?(단, 습면보정계수는 1.33, 공기와 냉수의 열교환은 대향류형식이다.)

① 2열   ② 3열

③ 5열   ④ 6열

해설 대수 평균온도(Δt_m) $= \dfrac{16-8}{L_n\left(\dfrac{16}{8}\right)} = 11.5℃$

냉수코일열수(N) $= \dfrac{q_s}{k \cdot F_A \cdot \Delta t_m \cdot C_{ws}}$

$= \dfrac{147,000}{2,346 \times 1.38 \times 11.5 \times 1.33} = 3$열

※ $16\begin{pmatrix} 28 & \rightarrow & 15 \\ 12 & \leftarrow & 7 \end{pmatrix}8$

코일의 전면면적(F_A) $= \dfrac{10,000\text{m}^3/\text{h}}{3,600 \times 2} = 1.38\text{m}^2$

58 다음 중 일반적인 덕트의 설계 순서로 옳은 것은? (단, ㉮ 송풍량 결정, ㉯ 취출구 · 흡입구 위치 결정, ㉰ 덕트경로 결정, ㉱ 덕트 치수 결정, ㉲ 송풍기 선정이다.)

① ㉮ → ㉯ → ㉰ → ㉱ → ㉲

② ㉮ → ㉰ → ㉱ → ㉯ → ㉲

③ ㉲ → ㉮ → ㉰ → ㉱ → ㉯

④ ㉲ → ㉮ → ㉯ → ㉰ → ㉱

59 에어워셔(Air Washer)에 의해 단열가습을 하였다. 온도변화가 아래 그림과 같을 때, 포화효율 η_s는 얼마인가?

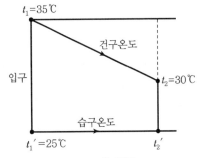

① 50%   ② 60%

③ 70%   ④ 80%

해설 에어워셔 단열가습 포화효율

35 – 30 = 5℃

35 – 25 = 10℃

∴ 포화효율 $= \dfrac{5}{10} \times 100 = 50\%$

60 다음 보온재 중에서 안전 사용온도가 제일 높은 것은?

① 규산칼슘　　　　　② 경질폼라버
③ 탄화코르크　　　　④ 우모펠트

> **해설** 보온재 사용온도
> ① 규산칼슘 : 650℃
> ② 경질폼라버 : 80℃ 이하
> ③ 탄화코르크 : 130℃
> ④ 우모펠트 : 100℃ 이하

SECTION **04** 전기제어공학

61 전기자 전류가 100A일 때 50kg·m의 토크가 발생하는 전동기가 있다. 전동기의 자계의 세기가 80%로 감소되고 전기자 전류가 120A로 되었다면 토크[kg·m]는?

① 39　　　　　② 43
③ 48　　　　　④ 52

> **해설** 토크(T) = $\frac{1}{q} \cdot \frac{60}{2\pi} \cdot \frac{P_0}{N}$ (kg·m)
> $50 : 100 = 120 : x, \ x = 50 \times \frac{120}{100} = 60$
> $\therefore 60 \times 0.8 = 48(\text{kg} \cdot \text{m})$

62 방사성 위험물을 원격으로 조작하는 인공수(人工手, Manipulator)에 사용되는 제어계는?

① 시퀀스 제어　　　② 서보계
③ 자동조정　　　　④ 프로세스 제어

> **해설** 서보계 : 방사성 위험물을 원격으로 조작하는 인공수에 사용되는 제어계

63 논리식 A + BC와 등가인 논리식은?

① AB+AC　　　　② (A+B)(A+C)
③ (A+B)C　　　　④ (A+C)B

> **해설** A+BC=(A+B)(A+C)=A+BC=(A+B)(A+C)=A+B

64 그림에서 스위치 S의 개폐에 관계없이 전전류 I가 항상 30A라면 저항 r_3와 r_4의 값은 몇 [Ω]인가?

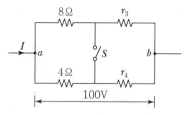

① $r_3 = 1, \ r_4 = 3$　　　② $r_3 = 2, \ r_4 = 1$
③ $r_3 = 3, \ r_4 = 2$　　　④ $r_3 = 4, \ r_4 = 4$

> **해설** 전류(I) = $\frac{V}{R}$, $r_3 = 2$, $r_4 = 1$
> $I_1 = 30 \times \frac{4}{4+8} = 10A$, $I_2 = 30 \times \frac{8}{4+8} = 20A$
> $V_1 = 10 \times 8 = 80V$, $r_3 = \frac{100-80}{10} = 2Ω$,
> $r_4 = \frac{100-80}{20} = 1Ω$

65 60Hz, 15kW, 4극의 3상 유도전동기가 있다. 전부하가 걸렸을 때 슬립이 4%라면, 이때의 2차(회전자)측 동손[kW]은?

① 0.428　　　　　② 0.528
③ 0.625　　　　　④ 0.724

> **해설** f=50Hz, P=4, $N = \frac{120f}{P} = \frac{120 \times 60}{4} = 1,800$rpm
> $P_2 = \frac{P_0}{1-s} = \frac{15}{1-0.04} = 15.625$kW
> 2차 동손 = $15.625 \times 0.04 = 0.625$kW
> ※ 동손 : 전기기기에 생기는 손실 중 권선저항에 의해서 생기는 줄손(Joule Loss)

66 제동계수 중 최대 초과량이 가장 큰 것은?

① $\delta = 0.5$　　　　② $\delta = 1$
③ $\delta = 2$　　　　④ $\delta = 3$

> **해설** 제동계수(DF) : 방향탐지기
> ㉠ Dumping Factor
> ㉡ Direction Finder
> 제동계수는 수치가 적을수록 최대 초과량이 크다.
> ※ 제동계수(감쇠계수)

67 논리식 A = X(X + Y)를 간단히 하면?

① A = X
② A = Y
③ A = X + Y
④ A = X · Y

해설 $A = X(X+Y) = X \cdot X + XY = X + X \cdot Y = X(1+Y) = X$

68 열기전력형 센서에 대한 설명이 아닌 것은?

① 전압 변화용 센서이다.
② 철, 콘스탄탄의 금속을 이용한다.
③ 제벡효과(Seebeck Effect)를 이용한다.
④ 진동 주파수는 $\dfrac{1}{2\pi\sqrt{LC}}$이다.

해설 열기전력(Thermally Generated emf) 센서
Thermoelectric Effect형 센서
특징은 ①, ②, ③항이다.

69 도체가 대전된 경우 도체의 성질과 전하분포에 대한 설명으로 옳지 않은 것은?

① 전하는 도체 표면에만 존재한다.
② 도체는 등전위이고 표면은 등전위면이다.
③ 도체 표면상의 전계는 면에 대하여 수직이다.
④ 도체 내부의 전계는 ∞이다.

해설 ㉠ 도체가 대전된 경우 도체의 성질과 전하분포에 대한 내용은 ①, ②, ③항이다.
㉡ 전하(Charge) : 음 또는 양의 전기 일종
㉢ 전계(Electric Field) : 전기력이 존재하고 있는 공간이며, 그 상황은 전기력선의 분포에 의해서 나타낸다.

70 제어편차가 검출될 때 편차가 변화하는 속도에 비례하여 조작량을 가감하도록 하는 제어로 오차가 커지는 것을 미연에 방지하는 제어동작은?

① ON/OFF 제어 동작
② 미분 제어 동작
③ 적분 제어 동작
④ 비례 제어 동작

해설 미분 제어동작
제어편차가 검출될 때 편차가 변화하는 속도에 비례하여 조작량을 가감하도록 하는 제어로,
㉠ 오차가 커지는 것을 미연에 방지한다.
㉡ P : 비례동작
㉢ I : 적분동작
㉣ D : 미분동작

71 두 대 이상의 변압기를 병렬 운전하고자 할 때 이상적인 조건으로 옳지 않은 것은?

① 용량에 비례해서 전류를 분담할 것
② 각 변압기의 극성이 같을 것
③ 변압기 상호 간 순환전류가 흐르지 않을 것
④ 각 변압기의 손실비가 같을 것

해설 변압기의 병렬운전 이상적인 조건은 ①, ②, ③항이다.
㉠ 단상 변압기로 3상 결선 : $\Delta - \Delta$ 결선, Y−Y 결선, Δ−Y 결선, Y−Δ 결선, V−V 결선
㉡ 변압기 : 전압으로 변환하는 장치
㉢ 3상 변압기도 있다.

72 자동제어계의 응답 중 입력과 출력 사이의 최대 편차량은?

① 오차
② 오버슈트
③ 외란
④ 감쇄비

해설 오버슈트
자동제어계의 응답 중 입력과 출력 사이의 최대 편차량

73 피드백 제어의 특징에 대한 설명으로 틀린 것은?

① 제어계의 특성을 향상시킬 수 있다.
② 외부 조건의 변화에 대한 영향을 줄일 수 있다.
③ 목표값을 정확히 달성할 수 있다.
④ 제어량에 변화를 주는 외란의 영향을 받지 않는다.

해설 피드백 제어는 특성 변화에 대한 입력 대 출력비의 감도 감소가 되며 정확성이 증가한다.

74 절연저항 측정 시 가장 적당한 방법은?

① 메거에 의한 방법
② 전압, 전류계에 의한 방법
③ 전위차계에 의한 방법
④ 더블브리지에 의한 방법

해설 메거(Megger) : 절연저항계(절연저항을 측정하는 계기)
㉠ 발생전압 : 100, 250, 500, 1,000, 2,000V 등
㉡ 10^7MΩ 정도의 절연 저항 측정까지 사용하는 것도 있다.

75 비정현파에서 왜형률(Distortion Factor)을 나타내는 식은?

① $\dfrac{\text{전 고조파의 실효값}}{\text{기본파의 실효값}}$

② $\dfrac{\text{전 고조파의 최대값}}{\text{기본파의 실효값}}$

③ $\dfrac{\text{전 고조파의 실효값}}{\text{기본파의 최대값}}$

④ $\dfrac{\text{전 고조파의 최대값}}{\text{기본파의 최대값}}$

해설 ㉠ 비정현파 왜형률 $= \dfrac{\text{전 고조파의 실효값}}{\text{기본파의 실효값}}$
㉡ 비정현파 교류 : 정현파가 아닌 교류(왜파교류)
㉢ 고조파 : 주기파 또는 주기 변화량에 있어서 기본파 주파수의 정수배 주파수를 가진 성분
㉣ 실효값 : 순시값 제곱의 평균값의 평방근
㉤ 기본파 : 3각파, 구형파 등 모든 비정현파는 주파수가 다른 많은 정현파가 합성된 것이라고 생각된다. 이 정현파 중 가장 낮은 주파수의 정현파가 기본파이다.

76 2개의 SCR로 단상 전파정류하여 $100\sqrt{2}$ [V]의 직류전압을 얻는 데 필요한 1차측 교류전압은 약 몇 [V]인가?

① 120
② 141
③ 157
④ 220

해설 ㉠ 전파정류회로 : 중간 탭이 있는 변압기와 정류소자를 조합시켜 정류하는 회로
㉡ 정류 : 교류를 직류로 변환하는 것
∴ 교류전압(V) $= \dfrac{\text{직류전압}}{0.9} = \dfrac{100\sqrt{2}}{0.9} = 157$V

77 변압기에 대한 설명으로 옳지 않은 것은?

① 변압기의 2차측 권선수가 1차측 권선수보다 적은 경우에는 1차측의 전압보다 2차측의 전압이 낮다.
② 변압기의 1차측 전압이 2차측 전압보다 높을 경우, 2차측에 부하가 연결되면 흐르는 전류는 1차측에서 공급되는 전류값보다 크다.
③ 변압기의 1차측 권선수와 전압, 2차측 권선수와 전압을 이용하여 권수비를 구할 수 있다.
④ 변압기의 1차측과 2차측의 권선수가 다른 경우에는 1차측에 인가한 전압의 주파수와 2차측에 나타나는 전압의 주파수는 다르다.

해설 변압기

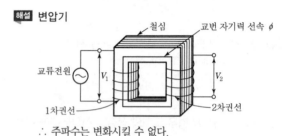

∴ 주파수는 변화시킬 수 없다.

78 제어계의 분류에서 엘리베이터에 적용되는 제어방법은?

① 정치제어
② 추종제어
③ 프로그램제어
④ 비율제어

해설 시퀀스 프로그램제어는 엘리베이터에 적용된다.

79 $G(s) = \dfrac{2_s+1}{s^2+1}$ 에서 특성 방정식의 근은?

① $s = -\dfrac{1}{2}$
② $s = -1$
③ $s = -\dfrac{1}{2}, \ -j$
④ $s = \pm j$

해설 $G(s) = \dfrac{2s+1}{S^2+1}$ 에서 특정 방정식의 근원 = S = ±j

80 다음 중 온도 보상용으로 사용되는 소자는?

① 서미스터
② 바리스터
③ 바랙터다이오드
④ 제너다이오드

해설 ㉠ 서미스터 : 온도 보상용 소자
　　　㉡ 제너다이오드 : 정전압 소자

SECTION 05 배관일반

81 강관의 나사이음 시 관을 절단한 후 관 단면의 안쪽에 생기는 거스러미를 제거할 때 사용하는 공구는?

　① 파이프 바이스
　② 파이프 리머
　③ 파이프 렌치
　④ 파이프 커터

해설 파이프 리머 : 나사이음 시 거스러미 제거

82 배수관에서 자정작용을 위해 필요한 최소유속으로 적당한 것은?

　① 0.1m/s　　　② 0.2m/s
　③ 0.4m/s　　　④ 0.6m/s

해설 배수관의 자정작용 시 최소유속 : 0.6m/s가 적당

83 관경 300mm, 배관길이 500m의 중압 가스수송관에서 A·B점의 게이지 압력이 3kgf/cm², 2kgf/cm²인 경우 가스유량은 약 얼마인가?(단, 가스 비중 0.64, 유량계수 52.31로 한다.)

　① 10,238m³/h
　② 20,583m³/h
　③ 38,315m³/h
　④ 40,153m³/h

해설 가스유량(중·고압 배관)

$$Q = K\sqrt{\frac{D^5(P_1{}^2 - P_2{}^2)}{SL}} = 52.31\sqrt{\frac{30^5(3^2 - 2^2)}{0.64 \times 500}}$$
$$= 38,315\text{m}^3/\text{h}$$

※ 관경 300mm=30cm, 관길이(L)=500m, 가스비중(S)

84 우수배관 시공 시 고려할 사항으로 틀린 것은?

　① 우수배관은 온도에 따른 관의 신축에 대응하기 위해 오프셋 부분을 둔다.
　② 우수 수직관은 건물 내부에 배관하는 경우와 건물 외벽에 배관하는 경우가 있다.
　③ 우수 수직관은 다른 기구의 배수관과 접속시켜 통기관으로 사용할 수 있다.
　④ 우수 수평관을 다른 배수관과 접속할 때에는 우수 배수관을 통해 하수가스가 발생되지 않도록 U자 트랩을 설치한다.

해설 우수 수직관은 다른 기구의 배수관과 접속시켜 사용은 가능하나 통기관 사용은 불가능하다.

85 급탕의 온도는 사용온도에 따라 각각 다르나 계산을 위하여 기준온도로 환산하여 급탕의 양을 표시하고 있다. 이때 환산의 온도로 맞는 것은?

　① 40℃
　② 50℃
　③ 60℃
　④ 70℃

해설 급탕의 표준온도 : 60℃

86 열교환기 입구에 설치하여 탱크 내의 온도에 따라 밸브를 개폐하며, 열매의 유입량을 조절하여 탱크 내의 온도를 설정범위로 유지시키는 밸브는?

　① 감압 밸브
　② 플랩 밸브
　③ 바이패스 밸브
　④ 온도조절 밸브

해설 온도조절 밸브
열교환기 입구에 설치하여 탱크 내의 온도에 따라 밸브 개폐로 열매의 유입량을 조절하여 탱크 내 온도를 설정범위로 유지시키는 밸브

---

87 급수에 사용되는 물은 탄산칼슘의 함유량에 따라 연수와 경수로 구분된다. 경수 사용 시 발생될 수 있는 현상으로 틀린 것은?

① 비누거품의 발생이 좋다.
② 보일러용수로 사용 시 내면에 관석이 많이 발생한다.
③ 전열효율이 저하하고 과열의 원인이 된다.
④ 보일러의 수명이 단축된다.

해설 비누거품 발생(포밍현상)
물이 경수가 되면 비누가 용해하지 못하여 비누거품 발생이 억제된다.

88 급탕 배관에서 설치되는 팽창관의 설치위치로 적당한 것은?

① 순환펌프의 가열장치 사이
② 급탕관과 환수관 사이
③ 가열장치와 고가탱크 사이
④ 반탕관과 순환펌프 사이

해설
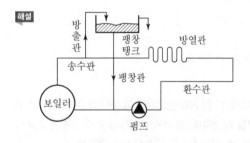

89 댐퍼의 종류에 관련된 내용이다. 서로 그 관련된 내용이 틀린 것은?

① 풍량조절댐퍼(VD) : 버터플라이댐퍼
② 방화댐퍼(FD) : 루버형 댐퍼
③ 방연댐퍼(SD) : 연기감지기
④ 방연 · 방화댐퍼(SFD) : 스플릿댐퍼

해설 ㉠ 방화댐퍼(FD), 방연댐퍼(SD)
㉡ 방연 방화댐퍼(SFD)
㉢ 스플릿댐퍼(Split Damper) : 분기부에 설치하여 풍량 조절용으로 사용

90 고압 배관용 탄소 강관에 대한 설명으로 틀린 것은?

① 100kgf/cm^2 이상에 사용하는 고압용 강관이다.
② KS 규격기호로 SPPH라고 표시한다.
③ 치수는 호칭지름×호칭두께(Sch No)×바깥지름으로 표시하며, 림드강을 사용하여 만든다.
④ 350℃ 이하에서 내연기관용 연료분사관, 화학공업의 고압배관용으로 사용된다.

해설 ㉠ 고압배관용 탄소강 강관 : 킬드강괴 사용
㉡ 저압배관용 탄소강 강관 : 림드강괴 사용 가능

91 냉매배관 재료 중 암모니아를 냉매로 사용하는 냉동설비에 일반적으로 많이 사용하는 것은?

① 동, 동합금
② 아연, 주석
③ 철, 강
④ 크롬, 니켈 합금

해설 ㉠ 암모니아 냉동설비 : 철이나 강의 부식은 없다.
㉡ 프레온계 냉동설비 : 동관 사용

92 가스배관 경로 선정 시 고려하여야 할 내용으로 적당하지 않은 것은?

① 최단거리로 할 것
② 구부러지거나 오르내림을 적게 할 것
③ 가능한 한 은폐매설을 할 것
④ 가능한 한 옥외에 설치할 것

해설 가스배관은 누설 점검이 필요하여 은폐매설 배관의 시공은 자제할 것

93 각 수전에 급수공급이 일반적으로 하향식에 의해 공급되는 급수방식은?

① 수도 직결식   ② 옥상 탱크식
③ 압력 탱크식   ④ 부스터 방식

해설 옥상탱크식
각 수전에 급수공급이 일반적으로 아파트 등 옥상에서 하향식에 의해 급수된다.

94 기계배기와 기계급기의 조합에 의한 환기방법으로 일반적으로 외기를 정화하기 위한 에어필터를 필요로 하는 환기법은?

① 1종 환기   ② 2종 환기

③ 3종 환기   ④ 4종 환기

해설 ① 1종 환기 : 급기팬+배기팬
② 2종 환기 : 급기팬+자연배기
③ 3종 환기 : 급기는 자연급기+배기팬
④ 4종 환기 : 자연환기(급기, 배기 모두)

95 도시가스 배관 시 배관이 움직이지 않도록 관지름 13~33mm 미만은 몇 m마다 고정장치를 설치해야 하는가?

① 1m   ② 2m

③ 3m   ④ 4m

해설 ㉠ 13mm 이하 : 1m
㉡ 13mm 초과~33mm 미만 : 2m
㉢ 33mm 초과 : 3m

96 증기트랩에 관한 설명으로서 맞는 것은?

① 응축수나 공기가 자동적으로 환수관에 배출되며, 실로폰 트랩, 방열기 트랩이라고도 하는 트랩은 플로트 트랩이다.

② 열동식 트랩은 고압·중압의 증기관에 적합하며, 환수관을 트랩보다 위쪽에 배관할 수도 있고, 형식에 따라 상향식과 하향식이 있다.

③ 버킷 트랩은 구조상 공기를 함께 배출하지 못하지만 다량의 응축수를 처리하는 데 적합하며, 다량 트랩이라고 한다.

④ 고압, 중압, 저압에 사용되며 작동 시 구조상 증기가 약간 새는 결점이 있는 것이 충격식 트랩이다.

해설 ㉠ 방열기트랩 : 벨로스 트랩
㉡ 버킷 트랩 : 상향식, 하향식
㉢ 다량트랩 : 플로트 트랩

97 신축 이음쇠의 종류에 해당되지 않는 것은?

① 벨로스형   ② 플랜지형

③ 루프형   ④ 슬리브형

해설 신축이음쇠
㉠ 벨로스형   ㉡ 루프형
㉢ 슬리브형   ㉣ 스위블형

98 보온재의 구비조건 중 틀린 것은?

① 열전도율이 적을 것

② 균열 신축이 적을 것

③ 내식성 및 내열성이 있을 것

④ 비중이 크고 흡습성이 클 것

해설 보온재는 비중이 작고 흡습성이나 흡수성이 작을 것

99 강관 접합법에 해당되지 않는 것은?

① 나사 접합   ② 플랜지 접합

③ 용접 접합   ④ 몰코 접합

해설 일반배관용 스테인리스강관(KSD 3595)은 내식성, 내열 및 고온용의 배관에 사용되며 관 공작은 다소 어려우나 Molco Joint의 개발로 널리 사용되고 있다.

100 온수난방 배관에서 역귀환방식을 채택하는 목적으로 적합한 것은?

① 배관의 신축을 흡수하기 위하여

② 온수가 식지 않게 하기 위하여

③ 온수의 유량분배를 균일하게 하기 위하여

④ 배관길이를 짧게 하기 위하여

해설 강제순환 역귀환방식

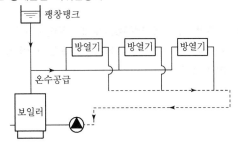

SECTION 01 기계열역학

01 공기 1kg을 1MPa, 250℃의 상태로부터 압력 0.2 MPa까지 등온변화한 경우 외부에 대하여 한 일량은 약 몇 kJ인가?(단, 공기의 기체상수는 0.287kJ/kg · K이다.)

① 157　　　　　② 2,421
③ 313　　　　　④ 465

해설 등온변화일량$(_1W_2) = \int PdV = RT\ln\frac{V_2}{V_1}$

$= RT\ln\frac{P_1}{P_2} = 0.287 \times 1 \times (250+273)\ln\left(\frac{1}{0.2}\right)$

$= 242\text{kJ/kg}$

02 공기는 압력이 일정할 때, 그 정압비열이 $C_p = 1.0053 + 0.000079t \cdot \text{kJ/kg} \cdot ℃$라고 하면 공기 5kg을 0℃에서 100℃까지 일정한 압력하에서 가열하는 데 필요한 열량은 약 얼마인가?(단, t=℃이다.)

① 100.5kJ　　　② 100.9kJ
③ 502.7kJ　　　④ 504.6kJ

해설 $Q = G.C_p(t_2-t_1) = mC_p dt$

$= m\int_{t_1}^{t_2}(1.0053 + 0.000079t)dt$

$= 5[1.0053(t_2-t_1) + \frac{0.000079}{2}(t_1{}^2 - t_2{}^2)]_0^{100}$

$= 5[1.0053 \times (100-0) + \frac{0.000079}{2}(100^2 - 0^2)]$

$= 504.6\text{kJ}$

03 온도가 −23℃인 냉동실로부터 기온이 27℃인 대기 중으로 열을 뽑아내는 가역냉동기가 있다. 이 냉동기의 성능계수는?

① 3　　　　　　② 4
③ 5　　　　　　④ 6

해설 $273 + (-23) = 250\text{K}, \ 273 + 27 = 300\text{K}$
$300 - 250 = 50\text{K}$

$\therefore \ \varepsilon_c = \frac{q_2}{q_1 - q_2} = \frac{T_2}{T_1 - T_2} = \frac{250}{300-250} = 5$

04 냉매 R−124a를 사용하는 증기−압축 냉동사이클에서 냉매의 엔트로피가 감소하는 구간은 어디인가?

① 증발구간　　　② 압축구간
③ 팽창구간　　　④ 응축구간

해설 등엔트로피 : 단열변화(압축기)

$\oint_{rev} \frac{d\theta}{T} = 0, \ \oint$: 1사이클을 적분한다. rev : 가역과정

냉동기 응축구간 : 열의 손실(열교환)이 일어나므로 엔트로피 감소

05 이상기체의 마찰이 없는 정압과정에서 열량 Q는? (단, C_v는 정적비열, C_p는 정압비열, k는 비열비, dT는 임의의 점의 온도변화이다.)

① $Q = C_v dT$　　　② $Q = k^2 C_v dT$
③ $Q = C_p dT$　　　④ $Q = kC_p dT$

해설 이상기체 정압과정
열량$(Q) = du = C_v dT, \ dh = C_p dT$

06 질량(質量) 50kg인 계(系)의 내부에너지(u)가 100 kJ/kg이며, 계의 속도는 100m/s이고, 중력장(重力場)의 기준면으로부터 50m의 위치에 있다고 할 때, 계에 저장된 에너지(E)는?

① 3,254.2kJ　　　② 4,827.7kJ
③ 5,274.5kJ　　　④ 6,251.4kJ

해설 총내부에너지 = 50kg × 100kJ/kg = 5,000kJ
지구의 중력속도 = 0.8m/s², 1kcal = 4.2kJ
위치에너지 = (50m × 50kg × 9.8/1,000) = 24,500N · m
= 24.5kN · m = 24.5kJ

$$속도에너지 = \frac{50 \times 100 \times 50 \times \left(\frac{1}{427}\right) \times 4.2}{9.8} = 250\text{kJ}$$

$$\therefore 저장에너지(E) = 5,000 + 24.5 + 250 = 5,274.5\text{kJ}$$

07 교축과정(Throttling Process)에서 처음 상태와 최종 상태의 엔탈피는 어떻게 되는가?

① 처음 상태가 크다.　② 최종 상태가 크다.
③ 같다.　④ 경우에 따라 다르다.

[해설] 교축과정
등 엔탈피 과정(교축과정에서 속도에너지의 감소는 열에너지로 바뀌어 유체에 회수되므로 엔탈피는 원래의 상태로 복귀되어 엔탈피는 처음과 같이 같아진다.)

08 다음 중 열전달률을 증가시키는 방법이 아닌 것은?

① 2중 유리창을 설치한다.
② 엔진실린더의 표면 면적을 증가시킨다.
③ 팬의 풍량을 증가시킨다.
④ 냉각수 펌프의 유량을 증가시킨다.

[해설] 2중 유리창 설치 시에는 공기에 의해 열전달이 차단된다.

09 절대온도 T_1 및 T_2의 두 물체가 있다. T_1에서 T_2로 열량 Q가 이동할 때 이 물체가 이루는 계의 엔트로피 변화를 나타내는 식은?(단, $T_1 > T_2$이다.)

① $\dfrac{T_1 - T_2}{Q(T_1 \times T_2)}$　② $\dfrac{Q(T_1 \times T_2)}{T_1 \times T_2}$

③ $\dfrac{Q(T_1 - T_2)}{T_1 \times T_2}$　④ $\dfrac{T_1 + T_2}{Q(T_1 \times T_2)}$

[해설] 엔트로피 변화 $= \dfrac{Q(T_1 - T_2)}{T_1 \times T_2}$

10 서로 같은 단위를 사용할 수 없는 것으로 나타낸 것은?

① 열과 일
② 비내부에너지와 비엔탈피
③ 비엔탈피와 비엔트로피
④ 비열과 비엔트로피

[해설] ㉠ 비엔탈피(h)
h = u + APV(kcal/kg)
㉡ 비엔트로피(ds)
$$ds = \frac{\delta q}{T} = \frac{CdT}{T} \text{(kcal/kg · K)}$$

11 두께 10mm, 열전도율 15W/m · ℃인 금속판의 두면의 온도가 각각 70℃와 50℃일 때 전열면 1m²당 1분 동안에 전달되는 열량은 몇 kJ인가?

① 1,800　② 14,000
③ 92,000　④ 162,000

[해설] 단층벽의 열전달량(kcal/m²h, kJ/m²h)
$$Q = \lambda \frac{A(t_2 - t_1)}{b}$$
$$= (15 \times 0.86 \times 42) \times \frac{1 \times [(273 + 70) - (273 + 50)]}{0.01}$$
8,360kJ/m²h = 1,800kJ/m²min
※ 1W = 0.86kcal/hr
1kcal = 4.2kJ
1m = 1,000mm

12 500W의 전열기로 4kg의 물을 20℃에서 90℃까지 가열하는 데 몇 분이 소요되는가?(단, 전열기에서 열은 전부 온도 상승에 사용되고 물의 비열은 4,180J/kg · K이다.)

① 16　② 27
③ 39　④ 45

[해설] $500 \times 0.86\text{kcal} \times 4.2 = 1,806\text{kJ}$
현열 $= G \times G_p \times \Delta t = 4 \times 4.18 \times (90 - 20) = 1,170\text{kJ}$
1시간 = 60분
$$\therefore \frac{1,170}{1,806} = 0.648시간 \times 60 = 39분(\text{min})$$

13 1kg의 공기를 압력 2MPa, 온도 20℃의 상태로부터 4MPa, 온도 100℃의 상태로 변화하였다면 최종체적은 초기체적의 약 몇 배인가?

① 0.125　　　　② 0.637
③ 3.86　　　　④ 5.25

> 해설 $V_2 = V_1 \times \dfrac{P_1}{P_2} \times \dfrac{T_2}{T_1} = 1 \times \dfrac{2}{4} \times \dfrac{273+100}{273+20} = 0.637$

14 그림과 같은 공기표준 브레이튼(Brayton) 사이클에서 작동유체 1kg당 터빈 일은 얼마인가?(단, $T_1=$ 300K, $T_2=475.1$K, $T_3=1,100$K, $T_4=694.5$K이고, 공기의 정압비열과 정적비열은 각각 1.0035kJ/kg·K, 0.7165kJ/kg·K이다.)

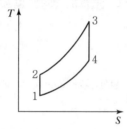

① 406.9kJ/kg　　　② 290.6kJ/kg
③ 627.2kJ/kg　　　④ 448.3kJ/kg

> 해설 Brayton Cycle
> 가스터빈 이상사이클(등압연소사이클)
> ㉠ 압축기일$(A_{W_c}) = C_p(T_2 - T_2)$
> ㉡ 터빈일$(A_{W_t}) = C_p(T_3 - T_4)$
> 　　　$= 1.0035 \times (1,100-694.5)$
> 　　　$= 406$kJ/kg

15 어떤 시스템이 100kJ의 열을 받고, 150kJ의 일을 하였다면 이 시스템의 엔트로피는?

① 증가했다.
② 감소했다.
③ 변하지 않았다.
④ 시스템의 온도에 따라 증가할 수도 있고 감소할 수도 있다.

> 해설 $100 = 150$: 비가역변화이므로 엔트로피는 증가

16 온도 300K, 압력 100kPa 상태의 공기 0.2kg이 완전히 단열된 강체 용기 안에 있다. 패들(Paddle)에 의하여 외부에서 공기에 5kJ의 일이 행해진다. 최종 온도는 얼마인가(단, 공기의 정압비열과 정적비열은 1.0035kJ/kg·K, 0.7165kJ/kg·K이다.)

① 약 325K
② 약 275K
③ 약 335K
④ 약 265K

> 해설 비열비$(K) = \dfrac{CP}{CV} = \dfrac{1.0035}{0.7165} = 1.40$
> $T'' = T_1 + \dfrac{5}{0.2} \times K = 300 + \dfrac{5}{0.2} \times 1.4 = 335K$

17 저온실로부터 46.4kW의 열을 흡수할 때 10kW의 필요로 하는 냉동기가 있다면, 이 냉동기의 성능계수는?

① 4.64　　　　② 5.65
③ 56.5　　　　④ 46.4

> 해설 냉동기성능계수 $= \dfrac{\text{저온실열}}{\text{압축기동력열}}$
> $\therefore \dfrac{46.4}{10} = 4.64\text{COP}$

18 카르노 열기관에서 열공급은 다음 중 어느 가역과정에서 이루어지는가?

① 등온팽창
② 등온압축
③ 열팽창
④ 단열압축

> 해설 카르노사이클

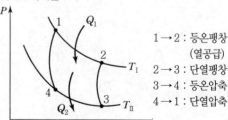

1→2 : 등온팽창
　　　　(열공급)
2→3 : 단열팽창
3→4 : 등온압축
4→1 : 단열압축

19 준평형 과정으로 실린더 안의 공기를 100kPa, 300 K 상태에서 400kPa까지 압축하는 과정 동안 압력과 체적의 관계는 "PV^n=일정(n=1.3)"이며, 공기의 정적비열은 $C_v=0.717$kJ/kg·K, 기체상수(R)= 0.287 kJ/kg·K이다. 단위질량당 일과 열의 전달량은?

① 일 = -108.2kJ/kg

② 일 = -108.2kJ/kg

③ 일 = -125.4kJ/kg

④ 일 = -125.4kJ/kg

해설 PV^n(폴리트로픽 변화)

$C_p = C_v + R = 0.717 + 0.287 = 1.004$kJ/kg·K

비열비(K) $= \dfrac{C_p}{C_v} = \dfrac{1.004}{0.717} = 1.40$

㉠ 방출열 $= \left(\dfrac{n-k}{n-1}\right)C_v(T_2 - T_1)$

• $T_2 = T_1 \times \left(\dfrac{P_2}{P_1}\right)^{\frac{n-1}{n}} = 300K \times \left(\dfrac{400}{100}\right)^{\frac{1.3-1}{1.3}} = 414K$

$\left(\dfrac{1.3-1.40}{1.3-1}\right) \times 0.717(414-300) = -27.11$kJ/kg

㉡ 폴리트로픽 밀폐시스템일

$(_1W_2) = \dfrac{1}{n-1}(P_1V_1 - P_2V_2)$

$= \dfrac{P_1V_1}{n-1}\left\{1 - \left(\dfrac{P_2}{P_1}\right)^{\frac{n-1}{n}}\right\} = \dfrac{RT_1}{n-1}\left\{1 - \left(\dfrac{P_2}{P_1}\right)^{\frac{n-1}{n}}\right\}$

$= \dfrac{R}{n-1}(T_1 - T_2)$

$= \dfrac{0.287 \times 300}{1.3-1} \times \left\{1 - \left(\dfrac{400}{100}\right)^{\frac{1.3-1}{1.3}}\right\}$

$= -108.2$kJ/kg

20 밀폐된 실린더 내의 기체를 피스톤으로 압축하는 동안 300kJ의 열이 방출되었다. 압축일의 양이 400kJ이라면 내부에너지 증가는?

① 100kJ ② 300kJ

③ 400kJ ④ 700kJ

해설 내부에너지 증가=압축일량-방출열=400-300=100kJ

SECTION 02 냉동공학

21 증발식 응축기의 응축능력을 높이기 위한 방법으로 옳은 것은?

① 순환수 온도를 저하시킨다.

② 외기의 습구 온도를 높인다.

③ 순환수 온도를 높인다.

④ 순환수량을 줄인다.

해설 증발식 응축기(암모니아 냉동기용)
냉각수 증발에 의해 냉매가 응축된다(물의 증발잠열 이용).
㉠ 습도가 높으면 능력 저하 발생
㉡ 냉각수가 적게 든다(냉각탑을 별도로 사용하지 않아도 된다).
㉢ 응축능력을 높이기 위하여 순환수의 온도를 저하시킨다.

22 2원 냉동 사이클에 대한 설명으로 옳은 것은?

① $-100℃$ 정도의 저온을 얻고자 할 때 사용되며, 보통 저온측에는 임계점이 높은 냉매를, 고온측에는 임계점이 낮은 냉매를 사용한다.

② 저온부 냉동사이클의 응축기 방열량을 고온부 냉동사이클의 증발기가 흡열하도록 되어있다.

③ 일반적으로 저온측에 사용하는 냉매는 R-12, R-22, 프로판 등이다.

④ 일반적으로 고온측에 사용하는 냉매는 R-13, R-14 등이다.

해설 2원냉동법
2단압축보다 더 저온이 필요할 때 사용하는 방법
㉠ $-70℃$ 정도 저온용(고온측 : R-12, 저온측 : R-22)
㉡ $-70 \sim -100℃$ 정도 저온용(고온측 : R-122, 저온측 : R-13)
㉢ 압축기를 각각 병렬로 연결한다.
㉣ 저온부 냉동사이클의 응축기 방열량은 고온부 냉동사이클의 증발기가 흡열하도록 한다.

23 증기 압축식 냉동 사이클에서 증발온도를 일정하게 유지하고 응축온도를 상승시킬 경우에 나타나는 현상 중 잘못된 것은?

① 성적계수 감소
② 토출가스 온도 상승
③ 소요동력 증대
④ 플래시가스 발생량 감소

증발온도 일정, 응축온도상승 : 플래시가스 발생량 증가

---

24 온도식 자동팽창 밸브에 관한 설명이 잘못된 것은?

① 주로 암모니아 냉동장치에 사용한다.
② 감온통의 설치는 액가스 열교환기가 있을 경우에는 증발기 쪽에 밀착하여 설치한다.
③ 부하변동에 따라 냉매유량 제어가 가능하다.
④ 내부균압형과 외부균압형이 있다.

온도시 자동 팽창밸브(T.E.V) : 주로 프레온 건식증발기용
㉠ 리퀴드 백(Liquid Back) 방지 가능
㉡ 증발기 출구 냉매의 과열도 일정 가능

---

25 왕복동 냉동기에서 −70∼−30℃ 정도의 저온을 얻기 위하여 2단 압축방식을 채용하고 있다. 그 이유를 설명한 것 중 옳은 것은?

① 토출가스 온도를 낮추기 위하여
② 압축기의 효율 향상을 막기 위하여
③ 윤활유의 온도를 상승시키기 위하여
④ 성적계수를 낮추기 위하여

2단 압축 방식 사용목적
토출가스의 온도를 낮추기 위해 채택(1단압축에서 압축비가 6을 넘으면 채택)

---

26 2단 냉동 사이클에서 응축압력을 Pc, 증발압력을 Pe라 할 때 이론적인 최적의 중간압력으로 가장 적당한 것은?

① $Pc,\ Pe$
② $(Pc,\ Pe)^{\frac{1}{2}}$
③ $(Pc,\ Pe)^{\frac{1}{3}}$
④ $(Pc,\ Pe)^{\frac{1}{4}}$

2단 압축 냉동사이클의 이론적인 최적의 중간압력
$(Pc,\ Pe)^{\frac{1}{2}}$ 로 계산

---

27 전열면적이 17m²인 브라인 쿨러(Brine Cooler)가 있다. 브라인 유량이 180L/min, 쿨러의 브라인 입·출구 온도는 −12℃ 및 −16℃이다. 브라인 쿨러의 냉동부하는 약 몇 kcal/h인가?(단, 브라인의 비중량은 1.2kg/L이고, 비열은 0.72kal/kg℃이다.)

① 31,104
② 33,460
③ 37,324
④ 51,840

부라인 중량=180×1.2=216kg/min
1시간=60분, −12−16=4℃
부하=중량×비열×온도차=216×0.72×4×60
  =37,324kcal/h

---

28 냉동기 부속기기의 설치 위치로 옳지 않은 것은?

① 암모니아 냉동기의 유분리기는 압축기와 응축기 사이
② 액 분리기는 증발기와 압축기 사이
③ 건조기는 수액기와 응축기 사이
④ 수액기는 응축기와 팽창변 사이

냉매건조기(Drier) 설치위치

응축기(수액기) → 사이트글라스 →

드라이어 → 전자밸브 → 팽창밸브

---

29 압축기의 토출압력 상승 원인으로 옳지 않은 것은?

① 냉각수 부족 및 냉가수온이 높을 때
② 냉기관 내 물때 및 스케일이 끼었을 때
③ 불응축가스 혼입 시
④ 응축온도가 낮을 때

응축온도가 낮으면 압축기 토출압력이 저하된다.

30 두께 100mm의 콘크리트벽의 내면에 두께 200mm의 발포 스티로폼으로 방열을 하고 또 그 내면을 10mm 두께의 내장판을 설치한 냉장고가 있다. 냉장실 온도가 −30℃이고, 평균외기 온도가 35℃이며 냉장고의 벽면적이 100m²인 경우 전열량은 약 얼마인가?

재료명	열전도율(kcal/mh℃)
콘크리트	0.9
발포스티로폼	0.04
내장판	0.15

벽면	표면열전달율(kcal/m²h℃)
외벽면	20
내벽면	5

① 1,076kcal/h
② 1,196kcal/h
③ 1,296
④ 1,396kcal/h

해설 열관류에 의한 전열량(Q)

Q = 열관류율 × 벽면적 × 온도차

$$열관류율(K) = \frac{1}{\frac{1}{5}+\frac{0.1}{0.9}+\frac{0.2}{0.04}+\frac{0.01}{0.15}+\frac{1}{20}}$$

$$= 0.1842\text{kcal/m}^2\text{h℃}$$

∴ Q = 0.1842 × 100 × (35−(−30)) = 1,196kcal/h

31 일반적으로 냉방 시스템에 물을 냉매로 사용하는 냉동방식은?

① 터보식
② 흡수식
③ 전자식
④ 증기압축식

해설 흡수식냉동기
㉠ 냉매(H_2O)
㉡ 흡수제(LiBr)

32 스크루 압축기의 구성요소가 아닌 것은?

① 스러스트 베어링
② 숫 로터
③ 암 로터
④ 크랭크축

해설 크랭크축(Crank Shaft)
㉠ 종류 : 크랭크형, 편심형, 스카치요크형
㉡ 왕복동시에 모터의 회전운동을 피스톤의 직선왕복운동으로 바꾸어주는 동력전달장치이다.

33 20℃, 500kg의 물을 −10℃의 얼음으로 만들고자 한다. 이때 필요한 냉동능력은 약 몇 RT인가?(단, 물의 비열을 1kcal/kg℃, 얼음의 비열을 0.5kcal/kg℃, 물의 응고잠열을 80kcal/kg, 1RT를 3,320kcal/h로 한다.)

① 9.79
② 13.55
③ 15.81
④ 16.57

해설 ㉠ 얼음의 부하 = 500 × 80 = 40,000kcal/h
㉡ 20℃를 0℃로 만드는 부하 = 500 × 1 × (20−0) = 10,000kcal/h
㉢ 0℃ 얼음을 −10℃ 얼음으로 만드는 부하 = 500 × 0.5 × (0−(−10)) = 2,500kcal/h

$$냉동능력 = \frac{총부하}{3,320} = \frac{40,000+10,000+2,5000}{3,320}\text{RT}$$
$$= 15.81\text{RT}$$

34 냉동기의 압축기에 사용되는 냉동유의 구비조건으로 옳지 않은 것은?

① 저온에서 응고점이 충분히 낮고, 고온에서 열화가 되지 않을 것
② 인화점이 높고, 냉매에 잘 용해될 것
③ 수분 함유량이 적고, 전기절연내력이 클 것
④ 장기간 사용하여도 변질되거나 열화되지 않을 것

해설 냉동유 오일(Oil)은 응고점이 낮고 인화점이 180~200℃로 높을 것(유동성이 좋고 항(抗) 유화성(乳化性)이 있을 것)

35 각종 냉동기의 압축작용에 대한 설명 중 옳지 않은 것은?

① 증기압축식 냉동기 : 증발기에서 증발한 저온저압의 증기를 압축기에서 압축하여 고온고압의 증기로 내보낸다.
② 흡수식 냉동기 : 흡수기 및 발생기가 증기압축식 냉동기의 압축기 역할을 한다고 할 수 있다.
③ 증기분사식 냉동기 : 노즐에서 분사된 증기와 증발기에서 증발한 증기가 혼합되지만 압축작용을 하는 기기는 없다.
④ 열펌프 : 증기압축식 냉동기와 같은 방법으로 증기를 압축한다.

해설 증기분사식 냉동기

증기 이젝터(Steam Ejector)를 이용하여 증기의 분사시 분압작용에 의해 증발기내의 압력이 저하되어 이 저압속에서 냉각된 물을 냉동 목적에 사용하는 냉동기

36 펠티에(Feltier) 효과를 이용하는 냉동방법에 대한 설명으로 옳지 않은 것은?

① 펠티에 효과를 냉동에 이용한 것이 전자냉동 또는 열전기식 냉동법이다.

② 펠티에 효과를 냉동법으로 실용화에 어려운 점이 많았으나 반도체 기술이 발달하면서 실용화되었다.

③ 이 냉동방법을 이용한 것으로는 휴대용 냉장고, 가정용 특수냉장고, 물 냉각기, 핵 잠수함 내의 냉난방장치이다.

④ 이 냉동방법도 증기 압축식 냉동장치와 마찬가지로 압축기, 응축기, 증발기 등을 이용한 것이다.

해설 전자냉동기(펠티어 효과 이용)

열전냉동법으로 성질이 다른 두 금속을 접속하여 직류전기가 통하면 접합부에서 열의 방출과 흡수가 일어나는 현상을 이용하여 저온을 얻는 방법

37 냉동장치의 냉매량이 부족할 때 일어나는 현상 중에서 맞는 것은?

① 흡입압력이 낮아진다.

② 토출압력이 높아진다.

③ 냉동능력이 증가한다.

④ 흡입압력이 높아진다.

해설 냉동기 냉매량이 부족하면 흡입압력이 낮아진다.

38 냉매로서의 갖추어야 할 중요요건에 대한 설명으로 틀린 것은?

① 동일한 냉동능력에 대하여 냉매가스의 용적이 적을 것

② 저온에 있어서도 대기압 이상의 압력에서 증발하고 비교적 저압에서 액화할 것

③ 점도가 크고 열전도율이 좋을 것

④ 증발열이 크며 액체의 비열이 작을 것

해설 냉매는 점도가 적어야 하고 전열작용이 양호해야 한다.

39 냉동장치 내 팽창밸브를 통과한 냉매의 상태로 옳은 것은?

① 엔탈피 감소 및 압력강하

② 온도저하 및 엔탈피 감소

③ 압력강하 및 온도저하

④ 엔탈피 감소 및 비체적 감소

해설 응축기 ───→ 팽창밸브 ───→ 압력강하, 온도저하

40 냉매 R-22를 사용하는 냉동기에서 증발기입구 엔탈피 106kcal/kg, 증발기출구 엔탈피 451kcal/kg, 응축기입구 엔탈피 471kcal/kg이었다. 이 냉동기의 ㉠ 냉동효과(kcal/kg), ㉡ 성적계수는 얼마인가?

① ㉠ 345, ㉡ 17.2   ② ㉠ 365, ㉡ 17.2

③ ㉠ 345, ㉡ 10.2   ④ ㉠ 365, ㉡ 10.2

해설 냉동기 냉매 효과 : $451 - 106 = 345$kcal/kg

성적계수 $= 471 - 451 - 20$kcak/kg

$\dfrac{냉매효과}{압축기일량} = \dfrac{345}{20} = 17.2$COP

SECTION 03 공기조화

41 다음 중 공기조화설비의 계획 시 조닝(Zoning)을 하는 이유와 가장 거리가 먼 것은?

① 효과적인 실내 환경의 유지

② 설비비의 경감

③ 운전 가동면에서의 에너지 절약

④ 부하 특성에 대한 대처

해설 조닝

건물 전체를 몇 개의 구획으로 분할하고 각각의 구획은 덕트나 냉온수에 의해 냉난방을 처리하는 것
㉠ 내부존   ㉡ 외부존

42 공기조화방식 중에서 전공기방식에 속하는 것은?

① 패키지유닛방식   ② 복사냉난방방식

③ 유인유닛방식   ④ 저온공조방식

해설 저온공조(전공기방식)

    ㉠ 단일덕트 방식

    ㉡ 2중덕트 방식

    ㉢ 덕트병용 패키치 방식

    ㉣ 각층 유닛 방식

43 환기방식에 관한 설명으로 옳은 것은?

① 제1종 환기는 자연급기와 자연배기 방식이다.

② 제2종 환기는 기계설비에 의한 급기와 자연배기 방식이다.

③ 제3종 환기는 기계설비에 의한 급기와 기계설비에 의한 배기방식이다

④ 제4종 환기는 자연급기와 기계설비에 의한 배기 방식이다.

해설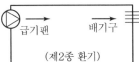

    ① : 자연환기

    ③ : 제1종환기

    ④ : 제3종환기

44 크기 1,000×500mm의 직관 덕트에 35℃의 온풍 18,000m³/h이 흐르고 있다. 이 덕트가 −10℃의 실외부분을 지날 때 길이 20m당의 덕트 표면으로부터의 열손실은?(단, 덕트는암면 25mm로 보온되어 있고 이때 1,000m당 온도차 1℃에 대한 온도강하는 0.9℃이다. 공기의 밀도는 1.2kg/m³, 정압비열은 1.01kJ/kg · K이다.)

① 3.0kW   ② 3.8kW

③ 4.9kW   ④ 6.0kW

해설 온도저하$(t) = \dfrac{20m}{1,000m} \times \{35 - (-10)\} \times 0.9 = 0.81℃$

∴ 덕트표면열손실$(Q) = 18,000 \times 1.2 \times 1.01 \times \dfrac{1}{3,600초}$

    $\times 0.81 = 4.91kW$

45 열펌프에 관한 설명으로 옳은 것은?

① 열펌프는 펌프를 가동하여 열을 내는 기관이다.

② 난방용의 보일러를 냉방에 사용할 때 이를 열펌프라 한다.

③ 열펌프는 증발기에서 내는 열을 이용한다.

④ 열펌프는 응축기에서의 방열을 난방으로 이용하는 것이다.

해설

    증발기 → 압축기 → 응축기 → 팽창밸브

    히트펌프(열펌프)

46 두께 5cm, 면적 10m²인 어떤 콘크리트 벽의 외측이 40℃, 내측이 20℃라 할 때, 10시간 동안 이 벽을 통하여 전도되는 열량은?(단, 콘크리트의 열전도율은 1.3W/m · K로 한다.)

① 5.2kWh   ② 52kWh

③ 7.8kWh   ④ 78kWh

해설 전도열량$(Q) = \lambda \times \dfrac{A(t_2 - t_1)}{b} \times hr$ 시간

    $= 52,000W - h(52kW - h)$

    $= 1.3 \times \dfrac{10(40 - 20)}{0.05m} \times 10$

47 보일러의 성능에 관한 설명으로 옳지 않은 것은?

① 증발계수는 실제증발량를 환산(상당)증발량으로 나눈 값을 말한다.

② 보일러 마력은 매시 100℃의 물 15.65kg을 증기로 변화시킬 수 있는 능력이다.

③ 보일러 효율은 증기에 흡수된 열량과 연료의 발열량과의 비이다.

④ 보일러 마력을 전열면적으로 표시할 때는 수관 보일러의 전열면적 0.929m²를 1보일러마력이라 한다.

해설 증발계수(증발력) $= \dfrac{\text{실제증발량(kg/h)}}{\text{연료소비량(kg/h)}}$

48 1,000명을 수용하는 극장에서 1인당 CO_2 토출량이 15L/h이면 실내 CO_2량을 0.1%로 유지하는 데 필요한 환기량은?(단, 외기의 CO_2량은 0.04%이다.)

① 2,500m³/h   ② 25,000m³/h

③ 3,000m³/h   ④ 30,000m³/h

해설 환기량(Q) $= \dfrac{M}{K - K_0} \cdot A \cdot N$

$\therefore \dfrac{15 \times 10^{-3}}{0.1 - 0.04} \times 1,000 = 250$

$250 \times 100 = 25,000$m³/h

※ (%)=100분율, A(바닥면적)

49 공기 중의 수증기가 응축하기 시작할 때의 온도, 즉 공기가 포화상태로 될 때의 온도를 의미하는 것은?

① 노점온도   ② 건구온도

③ 습구온도   ④ 절대온도

해설 노점온도 : 공기 중의 수증기가 응축하기 시작할 때의 온도이다.

50 각층 유닛방식에 관한 설명으로 옳지 않은 것은?

① 외기용 공조기가 있는 경우에는 습도제어가 곤란하다.

② 장치가 세분화되므로 설비비가 많이 들고 기기를 관리하기가 불편하다.

③ 각 층마다 부하 및 운전시간이 다른 경우에 적합하다.

④ 송풍덕트가 짧게 된다.

해설 각층 유닛방식(전공기방식)

각 건물 층마다 독립된 유닛(2차공조기)을 설치한다. 즉 외기용 중앙공조기가 외기인 1차공기를 가열, 가습, 또는 냉각, 감습하여 각층 유닛으로 보낸다.

51 온수난방용 기기가 아닌 것은?

① 방열기   ② 공기방출기

③ 순환펌프   ④ 증발탱크

해설 증발탱크 : 증기난방용 기기

52 절대습도에 관한 설명으로 옳지 않은 것은?

① 절대습도는 비습도라고도 한다.

② 절대습도는 수증기 분압의 함수이다.

③ 건공기 질량에 대한 수증기 질량에 대한 비로 정의한다.

④ 공기 중의 수분 함량이 변해도 절대습도는 일정하게 유지한다.

해설 ㉠ 공기 중의 수분함량이 변하면 절대습도는 변화한다.

㉡ 절대습도(kg/kg′) : 습공기 중에 함유되어 있는 수증기 중량(x)

53 온열환경 평가지표인 예상불만족감(PPD)의 권장값은 얼마인가?

① 5% 미만

② 10% 미만

③ 20% 미만

④ 25% 미만

해설 온열환경 평가지표인 예상불만족감(PPD)의 권장값 10% 미만

54 다음 중 콜드 드래프트의 발생원인과 가장 거리가 먼 것은?

① 인체 주위의 공기온도가 너무 낮을 때

② 기류의 속도가 낮고 습도가 높을 때

③ 주위 벽면의 온도가 낮을 때

④ 겨울에 창문의 극간풍이 많을 때

해설 콜드 드래프트(Cold Draft) 발생원인 : ①, ③, ④항 외 기류속도가 크고 습도가 낮은 겨울철에 발생(생산된 열량보다 소비되는 열량이 많으면 추위를 느낀다)

55 다음 중 바이패스 팩터(BF)가 작아지는 경우는?

① 코일 통과풍속을 크게 할 때

② 전열면적이 작을 때

③ 코일의 열수가 증가할 때

④ 코일의 간격이 클 때

해설 바이패스 팩터(By-Pass Factor)

공기가 코일을 통과하여도 코일(온수, 냉수)과 접촉하지 못하고 지나가는 공기비율이고 접촉한 공기는 CF이다. 즉 콘텍트 팩터이다.

$$\text{바이패스 팩터(BF)} = \frac{t_2 - t_s}{t_1 - t_s} = \frac{h_2 - h_s}{h_1 - h_s} = \frac{x_2 - x_s}{x_1 - x_s}$$

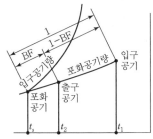

56 공기의 감습장치에 관한 설명으로 옳지 않은 것은?

① 화학적 감습법은 흡착과 흡수 기능을 이용하는 방법이다.

② 압축식 감습법은 감습만을 목적으로 사용하는 경우 비경제적이다.

③ 흡착식 감습법은 실리카겔 등을 사용하며, 흡습재의 재생이 가능하다.

④ 흡수식 감습법은 활성알루미나를 이용하기 때문에 연속적이고 큰 용량의 것에는 적용하기 곤란하다.

해설 흡수식 감습법은 액체제습장치이며 흡수성이 큰

㉠ 염화리튬(LiCl)

㉡ 트리에틸렌글리콘

화학적 감습장치이다.

57 복사난방에 있어서 바닥패널의 온도로 가장 알맞은 것은?

① 95℃ 정도   ② 80℃ 정도

③ 55℃ 정도   ④ 30℃ 정도

해설 복사난방(온수코일바닥난방) : 바닥패널의 온도는 약 30℃ 정도이다.

58 덕트의 부속품에 관한 설명으로 옳지 않은 것은?

① 댐퍼는 통과풍량의 조정 또는 개폐에 사용되는 기구이다.

② 분기덕트 내의 풍량제어용으로는 주로 익형 댐퍼를 사용한다.

③ 덕트의 곡부에 있어서 덕트의 곡률 반지름이 덕트의 긴 변의 1.5배 이내일 때는 가이드 베인을 설치하여 저항을 적게 한다.

④ 가이드 베인은 곡부의 기류를 세분해서 와류의 크기를 작게 하는 것이 목적이다.

해설 덕트의 분기부 댐퍼

스프릿 댐퍼(Split Damper)이며 구조가 간단하여 가격이 싸며 주 덕트의 압력 강하도 적다. 그러나 정밀한 풍량조절은 불가능하며 누설이 많아 폐쇄용으로는 사용하지 않는다.

59 흡수식 냉동기에 관한 설명으로 옳지 않은 것은?

① 비교적 소용량보다는 대용량에 적합하다.

② 발생기에는 증기에 의한 가열이 이루어진다.

③ 냉매는 브롬화리튬(LiBr), 흡수제는 물(H₂O)의 조합으로 이루어진다.

④ 흡수기에서는 냉각수를 사용하여 냉각시킨다.

해설 흡수식 냉동기

㉠ 냉매 : H_2O(물)

㉡ 흡수제 : LiBr(브롬화리튬)

60 정풍량 단일덕트방식에 관한 설명으로 옳은 것은?

① 실내부하가 감소될 경우에 송풍량을 줄여도 실내공기의 오염이 적다.

② 가변풍량방식에 비하여 송풍풍기 동력이 커져서 에너지 소비가 증대한다.

③ 각 실이나 존의 부하변동이 서로 다른 건물에서도 온·습도의 불균형이 생기지 않는다.

④ 송풍량과 환기량을 크게 계획할 수 없으며, 외기도입이 어려워 외기냉방을 할 수 없다.

해설 정풍량은 연간 송풍기 동력이 크고 에너지 소비가 증대한다(각 실마다 부하 변동에 대응하지 않으므로 각 실의 온도차가 크다).

SECTION 04 전기제어공학

61 온 오프(on-off) 동작의 설명으로 옳은 것은?

① 간단한 단속적 제어동작이고 사이클링이 생긴다.

② 사이클링은 제거할 수 있으나 오프셋이 생긴다.

③ 오프셋은 없앨 수 있으나 응답시간이 늦어질 수 있다.

④ 응답속도는 빠르나 오프셋이 생긴다.

> **해설** 온-오프 불연속 동작 : 간단한 단속적 제어동작이고 사이클링이 생긴다.

62 다음 중 직류 전동기의 속도 제어 방식으로 맞는 것은?

① 줄파수 제어   ② 극수 변환 제어

③ 립 제어   ④ 계자 제어

> **해설** ㉠ 직류전동기
> - 타여자 전동기
> - 분권 전동기
> - 직권 전동기
> - 복권 전동기
> ㉡ 직류전동기 속도제어 방식 : 계자제어, 저항제어, 전압제어

63 원뿔주사를 이용한 방식으로서 비행기 등과 같이 움직이는 목표값의 위치를 알아보기 위한 서보용 제어기는?

① 자동조타장치   ② 추적레이더

③ 공작기계의 제어   ④ 자동평형기록계

> **해설** ㉠ 서보용제어기 : 추적레이더 등이 서보용 제어기다.
> ㉡ 서보기구 : 목표값이 임의의 변화에 추종하도록 구성하고 물체의 위치, 방위, 자세 등에 추적활용

64 불연속제어에 속하는 것은?

① 비율제어   ② 비례제어

③ 미분제어   ④ ON-OFF제어

> **해설** 연속동작
> ㉠ 비례제어
> ㉡ 적분제어
> ㉢ 미분제어
> ㉣ 비례, 적분, 미분제어

65 사이클로 컨버터의 작용은?

① 직류-교환 변환

② 직류-직류 변환

③ 교류-직류 변환

④ 교류-교류 변환

> **해설** ㉠ 컨버터(Converter)회로 (AC-AC 교류변환)
> ㉡ 사이클로 컨버터(Cyclo Converter)
> 주파수 및 전압의 크기까지 바꾸는 교류-교류 전력제어장치
> ㉢ 컨버터 회로
> - 교류전력제어장치(주파수 변화는 없다)
> - 사이클로 컨버터(주파수, 전압의 크기까지 바꾼다)

66 5kVA, 3,000/200V의 변압기가 단락시험을 통한 임피던스 전압이 100V, 동손이 100W라 할 때 퍼센트 저항강하는 몇 %인가?

① 2   ② 3

③ 4   ④ 5

> **해설** 저항강하(%)
> $$P(\%) = \frac{I_{1n}r_{21}}{V_1 n} \times 100(\%) = \frac{P_c}{P_n} \times 100 = \frac{100\,W}{5 \times 10^3}$$
> $$= 0.02(2\%)$$

67 다음 전선 중 도전율이 가장 우수한 재질의 전선은?

① 경동선

② 연동선

③ 경알미늄선

④ 아연도금철선

> **해설** 연동선
> 경동선과 대비된다(어닐링에 의해 경동선에 비해 신장이나 도전율이 좋다. 다만 인장강도는 떨어진다).

68 제어기의 설명 중 틀린 것은?

① P 제어기 : 잔류편차 발생

② I 제어기 : 잔류편차 소멸

③ D 제어기 : 오차예측제어

④ PD 제어기 : 응답속도 지연

해설 PD(비례, 미분)제어기

잔류편차 발생, 진상요소에 대응

※ PD제어는 진동을 억제하여 속응성(응답속도)를 개선시킨다.

69 "도선에서 두 점 사이의 전류의 세기는 그 두 점 사이의 전위차에 비례하고 전기저항에 반비례한다." 이것은 무슨 법칙을 설명한 것인가?

① 렌츠의 법칙

② 옴의 법칙

③ 플레밍의 법칙

④ 전압분배의 법칙

해설 옴의 법칙

도선에서 두 점 사이의 전류의 세기는 그 두 점 사이의 전위차에 비례하고 전기저항에 반비례한다.

70 뒤진 역률 80%, 1,000kW의 3상 부하가 있다. 이것에 콘덴서를 설치하여 역률을 95%로 개선하려고 한다. 필요한 콘덴서의 용량은 약 몇 [kVA]인가?

① 422

② 633

③ 844

④ 1,266

해설 콘덴서(Condenser) : 두 도체사이에 유전체를 넣어 절연하여 전하를 축적할 수 있게 한 장치이다.(가변콘덴서, 고정콘덴서가 있고 직렬접속, 병렬접속이 있다)

역률 $\cos\theta_1 = 0.8 \rightarrow$ 위상 $\theta_1 = 36.87$

역률 $\cos\theta_2 = 0.95 \rightarrow$ 위상 $\theta_2 = 18.19$

$\therefore\ Q = P(\tan\theta_1 - \tan\theta_2)$

$\quad = 1,000 \times (\tan 36.87° - \tan 18.19°) = 422\text{kVA}$

71 그림과 같은 논리회로는?

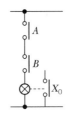

① OR 회로

② AND 회로

③ NOT 회로

④ NOR 회로

해설 AND 게이트 기호

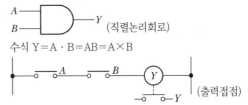

(직렬논리회로)

수식 $Y = A \cdot B = AB = A \times B$

(출력접점)

72 논리식 $L = \overline{x} \cdot \overline{y} \cdot z + \overline{x} \cdot y \cdot z + x \cdot \overline{y} \cdot z$를 간단히 한 식은?

① x

② z

③ $x \cdot \overline{y}$

④ $x \cdot \overline{z}$

해설 $L = \overline{x} \cdot \overline{y} \cdot z + \overline{x} \cdot y \cdot z + x \cdot \overline{y} \cdot z$

$z(\overline{x} \cdot \overline{y} + \overline{x} \cdot y + x \cdot \overline{y}) = z$

73 도체에 전하를 주었을 경우 틀린 것은?

① 전하는 도체 외측의 표면에만 분포한다.

② 전하는 도체 내부에만 존재한다.

③ 도체 표면의 곡률 반경이 작은 곳에 전하가 많이 모인다.

④ 전기력선은 정(+)전하에서 시작하여 부전하(−)에서 끝난다.

해설 ㉠ 전하 : 어떤 물체가 대전되었을 때 이 물체가 가지고 있는 전기

㉡ 대전 : 물질이 전자가 부족하거나, 남게 된 상태에서 양전기나 음전기를 되게 되는 현상

74 목표값에 따른 분류에 따라 열차를 무인운전 하고자 할 때 사용하는 제어방식은?

① 자력제어
② 추종제어
③ 비율제어
④ 프로그램제어

해설 프로그램제어 : 목표값에 따른 분류에 따라 열차를 무인운전 하고자 할 때 사용하는 제어방식

75 200V의 전원에 접속하여 1kW의 전력을 소비하는 부하를 100V의 전원에 접속하면 소비전력은 몇 [W]가 되겠는가?

① 100
② 150
③ 200
④ 250

해설 전력$(P) = \dfrac{W(J)}{t(\sec)}$ (W), W = 1J/s

$$P = VI = I^2 R = \dfrac{V^2}{R} \text{(W)}$$

$$R = \dfrac{V_1{}^2}{P} = \dfrac{200^2}{1 \times 10^3} = 40\Omega$$

$$\therefore \ P' = \dfrac{V_2{}^2}{R} = \dfrac{100^2}{40} = 250 \text{W}$$

76 측정하고자 하는 양을 표준량과 서로 평형을 이루도록 조절하여 측정량을 구하는 측정방식은?

① 편위법
② 보상법
③ 치환법
④ 영위법

해설 영위법
측정하고자 하는 양을 표준량과 서로 평형을 이루도록 조절하여 측정량을 구하는 측정방식이다.

77 그림의 신호흐름선도에서 $\dfrac{C(s)}{R(s)}$ 는?

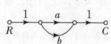

① $\dfrac{1}{ab}$
② $\dfrac{1}{a} + \dfrac{1}{b}$
③ ab
④ $a+b$

해설 $\Delta = 1 + a$, $G_1 = a$, $\Delta_1 = 1$

$$\therefore \ G = \dfrac{C(s)}{R(s)} = \dfrac{G\Delta_1 + G_2\Delta_2}{\Delta} = \dfrac{a+b}{1} = a+b$$

78 A = 6 + j8, B = 20∠60°일 때 A + B를 직각좌표형식으로 표현하면?

① 16 + j18
② 16 + j25.32
③ 23.32 + j18
④ 26 + j28

해설 ㉠ 피상전력$(Pa) = \dfrac{3V^2}{2} (VA) = 3 \times \dfrac{V}{\sqrt{6^2 + 8^2}}$

㉡ 직각좌표 : X축을 실수측, Y측을 허수측(j)으로 하여 복소수 $\dot{Z}$를 표시($\dot{Z} = x + jy$)
직각좌표법$(A) = a + jb$, 크기$(A) = \sqrt{a^2 + b^2}$

$\therefore \ A = 6 + j8$, $B = 20∠60° = A + B$ 직각좌표에서
16 + j25.32

79 다음 중 공정제어(프로세스 제어)에 속하지 않는 제어량은?

① 온도
② 압력
③ 유량
④ 방위

해설 서보기구(Servo Mechanism)
제어량이 물체의 위치, 방향, 자세 및 각도 등 기계적인 변위인 경우의 제어계

80 절연의 종류에서 최고 허용온도가 낮은 것부터 높은 순서로 옳은 것은?

① A종, Y종, E종, B종
② Y종, A종, E종, B종
③ E종, Y종, B종, A종
④ B종, A종, E종, Y종

해설 절연 최고 허용온도가 낮은 것부터 높은 순서
Y < A < E < B

SECTION 05 배관일반

81 도시가스 입상배관의 관지름이 20mm일 때 움직이지 않도록 몇 m마다 고정장치를 부착해야 하는가?

① 1m
② 2m
③ 3m
④ 4m

82 통기관에 관한 설명으로 틀린 것은?

① 통기관경은 접속하는 배수관경의 1/2 이상으로 한다.
② 통기방식에는 신정통기, 각개통기, 화로통기 방식이 있다.
③ 통기관은 트랩내의 봉수를 보호하고 관내 청결을 유지한다.
④ 배수입관에서 통기입관의 접속은 90° T 이음으로 한다.

해설 배수 수평관에서 통기관을 뽑아올릴 때에는 배수관 윗면에서 수직으로 뽑아 올리든가 45° 보다 작게 기울여서 뽑아 올린다.

83 관의 종류와 이용방법 연결이 잘못된 것은?

① 강관 – 나사이음
② 동관 – 압축이음
③ 주철관 – 칼라이음
④ 스테인리스강관 – 몰코이음

해설 석면시멘트관 이음(에터니트관의 접합)
㉠ 기어볼트 접합
㉡ 칼라 이음
㉢ 심플렉스 접합

84 공조배관설비에서 수격작용의 방지책으로 옳지 않은 것은?

① 관 내의 유속을 낮게 한다.
② 밸브는 펌프 출입구 가까이 설치하고 제어한다.
③ 펌프에 플라이휠(Fly Wheel)을 설치한다.
④ 조압수조(Surge Tank)를 관선에 설치한다.

해설 공조배관의 수격작용 방지법은 ①, ③, ④항에 따른다(밸브는 펌프 토출구에 설치한다).

85 진공환수식 증기난방 배관에 대한 설명으로 옳지 않은 것은?

① 배관 도중에 공기 빼기 밸브를 설치한다.
② 배관에는 적당한 구배를 준다.
③ 진공식에서는 리프트 피팅에 의해 응축수를 상부로 배출할 수 있다.
④ 응축수의 유속이 빠르게 되므로 환수관을 가늘게 할 수가 있다.

해설 진공환수식 증기난방은 진공펌프를 이용하여 공기를 배출한다(관내 100~250mmHg 유지).

86 트랩에서 봉수의 파괴원인으로 볼 수 없는 것은?

① 자기사이펀 작용
② 흡인 작용
③ 분출 작용
④ 통기 작용

해설 배수트랩에서 봉수의 파괴원인은 ①, ②, ③항의 작용에서 발생

87 배관용 플랜지 패킹의 종류가 아닌 것은?

① 오일 시트 패킹
② 합성수지 패킹
③ 고무 패킹
④ 몰드 패킹

해설 ㉠ 플랜지패킹 : 오일시트패킹, 합성수지패킹, 고무패킹(네오프렌), 석면조인트시이트, 금속패킹(구리, 납, 연강, 스테인리스 등)
㉡ 그랜드패킹 : 석면각형, 석면얀, 아마존, 몰드 등

88 호칭지름 20A 강관을 곡률반경 150mm로 90° 구부림 할 경우 곡관부 길이는 약 얼마인가?

① 117.8mm
② 235.5mm
③ 471.0mm
④ 942.0mm

해설 곡관부길이$(l) = 2\pi R \times \dfrac{\theta}{360} = 2 \times 3.14 \times 150 \times \dfrac{90°}{360°}$
$= 235.5\text{mm}$

89 캐비테이션(Ccavitation)현상의 발생 조건이 아닌 것은?

① 흡입양정이 지나치게 클 경우
② 흡입관의 저항이 증대될 경우
③ 흡입 유체의 온도가 높은 경우
④ 흡입관의 압력이 양압인 경우

해설 캐비테이션(공동현상)은 흡입관의 압력이 양압(+)이 아닌 부압(−)의 경우 즉 압력저하 시에 H_2O가 기포로 변화한다 (캐비테이션 : 펌프 작동 시 주기적으로 한숨을 쉬는 현상).

90 다음은 관의 부식 방지에 관한 것이다. 틀린 것은?

① 전기 절연을 시킨다.
② 아연도금을 한다.
③ 열처리를 한다.
④ 습기의 접촉을 없게 한다.

해설 열처리 : 금속의 강도나 성질을 개선한다.
㉠ 담금질   ㉡ 풀림   ㉢ 뜨임

91 경질염화비닐관 TS식 조인트 접합법에서 3가지 접착효과에 해당하지 않는 것은?

① 유동삽입   ② 일출접착
③ 소성삽입   ④ 변형삽입

해설 수도용경질 염화비닐관
냉간접합용 : ㉠ TS식(유동삽입, 일출접착, 변형삽입)
㉡ 편수칼라식
㉢ H식

92 롤러 서포트를 사용하여 배관을 지지하는 주된 이유는?

① 신축허용   ② 부식방지
③ 진동방지   ④ 해체용이

해설 ㉠ Support
• 스프링(상하이동 허용)
• 롤러(신축허용)
• 파이프 슈우(고정)
• 리지드(빔사용)
㉡ 리스트레인트 : 앵커, 스톱, 가이드
㉢ 브레이스 : 진동방지

93 도시가스에서 고압이라 함은 얼마 이상의 압력을 뜻하는가?

① 0.1MPa 이상   ② 1MPa 이상
③ 10MPa 이상   ④ 100MPa 이상

해설 도시가스 압력 구별
㉠ 0.1MPa 미만 : 저압
㉡ 0.1~1MPa 미만 : 중압
㉢ 1MPa(10kg/cm²) 이상 : 고압

94 플라스틱 배관재료에 관한 설명 중 틀린 것은?

① 경질염화비닐관은 대부분의 무기산, 알칼리에도 침식되지 않는다.
② 일반적으로 플라스틱 배관재는 고온이 될수록 인장강도는 저하된다.
③ 폴리에틸렌관은 경질염화비닐관 보다 가볍고 충격에도 강하다.
④ 일반적으로 플라스틱 배관재는 마찰손실이 크고 전기 절연성이 작다.

해설 일반적으로 플라스틱 전기절연성이 크다.

95 냉동 장치의 배관설치에 관한 내용으로 틀린 것은?

① 토출가스의 합류 부분 배관은 T이음으로 한다.
② 압축기와 응축기의 수평배관은 하향 구배로 한다.
③ 토출가스 배관에는 역류방지 밸브를 설치한다.
④ 토출관의 입상이 10m 이상일 경우 10m마다 중간 트랩을 설치한다.

해설 냉매배관의 기준은 ②, ③, ④항에 따른다.

96 냉매배관 시 주의사항이다. 틀린 것은?

① 굽힘부의 굽힘반경을 작게 한다.
② 배관 속에 기름이 고이지 않도록 한다.
③ 배관에 큰 응력 발생의 염려가 있는 곳에는 루프형 배관을 해준다.
④ 다른 배관과 달라서 벽 관통 시에는 강관 슬리브를 사용하여 보온 피복한다.

해설 각종 배관에서 굽힘부는 유체의 흐름을 원활하게 하기 위하여 굽힘부의 굽힘반경을 크게 한다.

97 복사난방에서 패널(Panel) 코일의 배관방식이 아닌 것은?

① 그리드코일식　　② 리버스리턴식
③ 벤드코일식　　　④ 벽면그리드코일식

해설 온수난방배관
ㄱ 리버스리턴식(역환수배관)
ㄴ 중력환수식

98 배관의 착색도료 밑칠용으로 사용되며, 녹방지를 위하여 많이 사용되는 도료는?

① 산화철도료　　　② 광명단
③ 에나멜　　　　　④ 조합페인트

해설 광명단 : 배관의 착색도료(밑칠용)로 녹을 방지하는 도료이다.

99 암모니아 냉매를 사용하는 흡수식 냉동기의 배관재료로 가장 좋은 것은?

① 주철관　　　　　② 동관
③ 강관　　　　　　④ 동합금관

해설 ㄱ 암모니아 : 강관 사용
ㄴ 프레온 : 동관 사용

100 관이음 도시기호 중 유니언 이음은?

① 　　②
③ 　　④

해설 ① ─┼─ : 나사이음
② ─╫─ : 플랜지이음
③ ─)⟩─ : 소켓이음
④ ─╫┤─ : 유니언이음

SECTION 01 기계열역학

01 경로함수(Path Function)인 것은?

① 엔탈피 ② 열
③ 압력 ④ 엔트로피

해설 열역학 성질

㉠ 강도성질(계의 질량에 관계없는 성질) : 온도, 압력, 비체적
㉡ 종량성질(질량에 정비례한다.) : 체적, 에너지, 질량
㉢ 경로함수 : 열
㉣ 도정함수 : 일

02 이상기체의 내부에너지 및 엔탈피는?

① 압력만의 함수이다.
② 체적만의 함수이다.
③ 온도만의 함수이다.
④ 온도 및 압력의 함수이다.

해설 ㉠ 이상기체의 내부에너지 및 엔탈피 : 온도만의 함수
㉡ 내부에너지=총에너지－역학적 에너지(기계적 에너지)
㉢ 엔탈피(총에너지)=내부에너지＋외부에너지(역학적 에너지)

03 일반적으로 증기압축식 냉동기에서 사용되지 않는 것은?

① 응축기 ② 압축기
③ 터빈 ④ 팽창밸브

해설 ㉠ 증기 터빈 : 증기원동소에서 전력생산
㉡ 가스 터빈 : 터빈의 회전일로 동력 발생

04 200m의 높이로부터 250kg의 물체가 땅으로 떨어질 경우 일을 열량으로 환산하면 약 몇 kJ인가?(단, 중력가속도는 9.8m/s²이다.)

① 79 ② 117
③ 203 ④ 490

해설 $1\text{kg} \cdot \text{m/s} = \frac{1}{427}\text{kcal} = 0.00978\text{kJ}(9.8\text{J/s})$

열량$=200 \times 250 \times 9.8 \times 10^{-3} = 490\text{kJ}$

※ $1\text{kJ}=10^3\text{J}, \ 1\text{kg} \cdot \text{m/s}=9.8\text{W}$

05 27℃의 물 1kg과 87℃의 물 1kg이 열의 손실 없이 직접 혼합될 때 생기는 엔트로피의 차는 다음 중 어느 것에 가장 가까운가?(단, 물의 비열은 4.18kJ/kg K로 한다.)

① 0.035kJ/K
② 1.36kJ/K
③ 4.22kJ/K
④ 5.02kJ/K

해설 $T_1 = 27+273 = 300\text{K}, \ T_2 = 87+273 = 360\text{K}$

(평균온도) $\frac{87+27}{2} = 57℃, \ T_m = 57+273 = 330\text{K}$

$\Delta S_1 = GCL_n \frac{T_m}{T_1} = 1 \times 4.18 \times L_n \frac{330}{300} = 0.3983\text{kJ/K}$

$\Delta S_2 = GCL_n \frac{T_2}{T_m} = 1 \times 4.18 \times L_n \frac{360}{330} = 0.3637$

엔트로피차$(\Delta S) = \Delta S_1 - \Delta S_2 = 0.3983 - 0.3637$
$= 0.035\text{kJ/K}$

06 이상기체의 비열에 대한 설명으로 옳은 것은?

① 정적비열과 정압비열의 절대값의 차이가 엔탈피이다.
② 비열비는 기체의 종류에 관계없이 일정하다.
③ 정압비열은 정적비열보다 크다.
④ 일반적으로 압력은 비열보다 온도의 변화에 민감하다.

해설 기체의 비열

㉠ 비열비(K)는 항상 1보다 크다.
㉡ 비열비$=\frac{정압비열}{정적비열}$ (정압비열이 정적비열보다 크다.)

07 어떤 가솔린기관의 실린더 내경이 6.8cm, 행정이 8cm일 때 평균유효압력 1,200kPa이다. 이 관의 1 행정당 출력(kJ)은?

① 0.04   ② 0.14

③ 0.35   ④ 0.44

해설 단면적$(A) = \dfrac{\pi}{4}D^2 = \dfrac{3.14}{4} \times (6.8)^2 = 36.2984\text{cm}^2$

용적 $= 36.2984 \times 8 = 290.3872\text{cm}^3$

$= 290.3872 \times 10^{-6} = 0.0002903872\text{m}^3$

$\therefore$ 출력 $= 0.0002903872 \times 1,200 = 0.35\text{kJ}$

08 피스톤이 끼워진 실린더 내에 들어있는 기체가 계로 있다. 이 계에 열이 전달되는 동안 "$PV^{1.3} =$ 일정"하게 압력과 체적의 관계가 유지될 경우 기체의 최초압력 및 체적이 200kPa 및 0.04m³이었다면 체적이 0.1m³로 되었을 때 계가 한 일(kJ)은?

① 약 4.35   ② 약 6.41

③ 약 10.56   ④ 약 12.37

해설 $PV^{1.3} = C$(폴리트로프 과정)

$_1W_2 = \dfrac{R}{n-1}(V_2 - V_1)$

$= \dfrac{1}{1.3-1}(200 \times 0.04 - 60.77 \times 0.1) = 6.41\text{kJ}$

$\divideontimes$ $P_2 = P_1 \left(\dfrac{V_1}{V_2}\right)^n = 200 \times \left(\dfrac{0.04}{0.1}\right)^{1.3} = 60.77\text{kPa}$

09 압력이 일정할 때 공기 5kg을 0℃에서 100℃까지 가열하는데 필요한 열량은 약 몇 kJ인가?(단, 공기 비열 Cp(kJ/kg ℃) = 1.01 + 0.000079t(℃)이다.)

① 102   ② 476

③ 490   ④ 507

해설 열량$(Q) = \displaystyle\int_{mcd} T$(단위질량으로 계산)

$Q = \displaystyle\int_0^{100}(1.01 + 0.000079t)dt$

$= [1.01t]_0^{100}\left[0.000079\dfrac{t^2}{2}\right]_0^{100}$

$= \left\{1.01 \times 100 + 0.000079 \times \dfrac{100^2}{2}\right\} \times 5$

$= 507\text{kJ}$

10 10℃에서 160℃까지의 공기의 평균 정적비열은 0.7315kJ/kg℃이다. 이 온도변화에서 공기 1kg의 내부에너지 변화는?

① 107.1kJ   ② 109.7kJ

③ 120.6kJ   ④ 121.7kJ

해설 $160 - 10 = 150℃$

$Q = G \cdot C \cdot \Delta t = 1 \times 0.7315 \times 150 = 109.7\text{kJ}$

11 실린더 내의 유체가 68kJ/kg의 일을 받고 주위에 36kJ/kg의 열을 방출하였다. 내부에너지의 변화는?

① 32kJ/kg 증가   ② 32kJ/kg 감소

③ 104kJ/kg 증가   ④ 104kJ/kg 감소

해설 내부에너지 = 총에너지 − 기계적 에너지(역학적 에너지)

$= 68 - 36 = 32\text{kJ/kg(증가)}$

12 수은주에 의해 측정된 대기압이 753mmHg일 때 진공도 90%의 절대압력은?(단, 수은의 밀도는 13,600 kg/m³, 중력가속도는 9.8ms²이다.)

① 약 200.08kPa   ② 약 190.08kPa

③ 약 100.04kPa   ④ 약 10.04kPa

해설 절대압력 = 대기압 − 진공게이지압

$= 753 - (753 \times 0.9) = 753\text{mmHg} - 677.7$

$= 75.3\text{mmHg}$

1atm(대기압) $\fallingdotseq 102\text{kPa} = 760\text{mmHg}$

$\therefore$ 절대압력(abs) $= 102 \times \dfrac{75.3}{760} = 10.10\text{kPa}$

13 시간당 380,000kg의 물을 공급하여 수증기를 생산하는 보일러가 있다. 이 보일러에 공급하는 물의 엔탈피는 830kJ/kg이고, 생산되는 수증기의 엔탈피는 3,230kJ/kg이라고 할 때, 발열량이 32,000kJ/kg인 석탄을 시간당 34,000kg씩 보일러에 공급한다면 이 보일러 효율은 얼마인가?

① 22.6%   ② 39.5%

③ 72.3%   ④ 83.8%

해설 보일러 효율(η) $= \dfrac{\text{증기발생열량(유효열)}}{\text{연료공급열량(공급열)}} \times 100$

$$\eta = \dfrac{380,000 \times (3,230 - 830)}{34,000 \times 32,000} \times 100 = 83.8\%$$

14 이상적인 냉동사이클을 따르는 증기압축 냉동장치에서 증발기를 지나는 냉매의 물리적 변화로 옳은 것은?

① 압력이 증가한다.

② 엔트로피가 감소한다.

③ 엔탈피가 증가한다.

④ 비체적이 감소한다.

해설 냉동장치의 냉매액이 증발기를 거치면서 냉매가 기화 증발하여 엔탈피(kJ/kg)가 증가한다.

15 액체상태 물 2kg을 30℃에서 80℃로 가열하였다. 이 과정 동안 물의 엔트로피 변화량을 구하면?(단, 액체상태 물의 비열은 4.184kJ/kg · K로 일정하다.)

① 0.6391kJ/K　　② 1.278kJ/K

③ 4.100kJ/K　　④ 8.208kJ/K

해설 $30 + 273 = 303$K

$80 + 273 = 353$K

엔트로피 변화량(ΔS)

$$\Delta S = \frac{\Delta Q}{T} = \frac{m \cdot C \cdot \Delta t}{T} = m \cdot C \cdot L_n \frac{T_2}{T_1}$$

$$= 2 \times 4.184 \times L_n \frac{353}{303} = 1.278 \text{kJ/K}$$

16 열병합발전시스템에 대한 설명으로 옳은 것은?

① 증기동력시스템에서 전기와 함께 공정용 또는 난방용 스팀을 생산하는 시스템이다.

② 증기동력사이클 상부에 고온에서 작동하는 수은 동력사이클을 결합한 시스템이다.

③ 가스터빈에서 방출되는 폐열을 증기동력사이클의 열원으로 사용하는 시스템이다.

④ 한 단의 재열사이클과 여러 단의 재생사이클의 복합시스템이다.

해설 열병합발전시스템에 대한 설명은 ①항이다(Rankin-Cycle).

보일러 → 과열기 → 터빈 및 발전기 → 복수기 → 급수펌프 → 보일러

㉠ 등압가열 → ㉡ 단열 팽창 → ㉢ 등압방열 → ㉣ 단열압축 과정이 반복된다.

17 아래 보기 중 가장 큰 에너지는?

① 100kW 출력의 엔진이 10시간 동안 한 일

② 발열량 10,000kJ/kg의 연료를 100kg 연소시켜 나오는 열량

③ 대기압 하에서 10℃ 물 10m³를 90℃로 가열하는 데 필요한 열량(물의 비열은 4.2kJ/kg℃이다.)

④ 시속 100km로 주행하는 총 질량 2,000kg인 자동차의 운동에너지

해설 $1\text{kcal} = 4.186\text{kJ}$, $1\text{kW} - \text{h} = 3,600\text{kJ}$,

$1\text{kg} \cdot \text{m/s} = 1/427\text{kcal}$

① $100 \times 3,600 \times 10 = 3,600,000$kJ

② $10,000 \times 100 = 1,000,000$kJ

③ $(10 \times 1,000) \times 4.2 \times (90 - 10) = 3,360,000$kJ

④ $(100 \times 1,000) \times 2,000 \times \dfrac{1}{427} \times 4.186 = 1,960,655$kJ

18 카르노 열기관의 열효율(η) 식으로 옳은 것은?(단, 공급열량은 Q_1, 방열량은 Q_2)

① $\eta = 1 - \dfrac{Q_2}{Q_1}$　　② $\eta = 1 + \dfrac{Q_2}{Q_1}$

③ $\eta = 1 - \dfrac{Q_1}{Q_2}$　　④ $\eta = 1 + \dfrac{Q_1}{Q_2}$

해설 Carnot Cycle(1824년)

사이클 = 단열압축 → 등온팽창 → 단열팽창 → 등온압축

열효율 $= \dfrac{W}{Q_A} = \dfrac{Q_A - Q_R}{Q_A} = 1 - \dfrac{Q_2}{Q_1}$

19 완전히 단열된 실린더 안의 공기가 피스톤을 밀어 외부로 일을 하였다. 이때 일의 양은?(단, 절대량을 기준으로 한다.)

① 공기의 내부에너지 차
② 공기의 엔탈피 차
③ 공기의 엔트로피 차
④ 단열되었으므로 일의 수행은 없다.

해설 단열된 실린더 안의 공기가 피스톤을 밀어 외부로 일을 하는 양은 공기 내부에너지 차에 의해서 이루어진 것이다.

20 과열과 과냉이 없는 증기압축냉동사이클에서 응축온도가 일정할 때 증발온도가 높을수록 성능계수는?

① 증가한다.
② 감소한다.
③ 증가할 수도 있고, 감소할 수도 있다.
④ 증발온도는 성능계수와 관계없다.

해설 응축온도가 일정한 경우 증발온도가 높아지면 압축비(응축압력/증발압력)는 작아지며 성능계수는 증가한다.

SECTION 02 냉동공학

21 다음 압축기 중 압축방식에 의한 분류에 속하지 않는 것은?

① 왕복동식 압축기
② 흡수식 압축기
③ 회전식 압축기
④ 스크루식 압축기

해설 흡수식 냉동기(냉매=H_2O)
ⓐ 증발기
ⓑ 응축기
ⓒ 재생기
ⓓ 흡수기

22 냉동실의 온도를 $-5℃$로 유지하기 위하여 매시 150,000kcal의 열량을 제거해야 한다. 이 제거열량을 냉동기로 제거한다면 이 냉동기의 소요마력은 약 얼마인가?(단, 냉동기의 방열온도는 10℃, 1HP= 632kcal/h로 한다.)

① 16.5HP   ② 15.2HP
③ 14.1HP   ④ 13.3HP

해설 $RT = \dfrac{150,000}{3,320} = 45.18$

1RT = 3,320kcal/h(증기압축식 냉동기 용량)

$T_{II} = 273 - 5 = 268K, \ 273 + 10 = 283K$

성적계수 $= \dfrac{268}{283 - 268} = 17.87$

$\therefore \ PS = \dfrac{150,000}{17.87 \times 632} = 13.3PS$

23 다음 냉동기에 관한 설명 중 옳은 것은?

① 열에너지를 기계적 에너지로 변환시키는 것이다.
② 요구되는 소정의 장소에서 열을 흡수하여 다른 장소에 열을 방출하도록 기계적 에너지를 사용한 것이다.
③ 높은 온도에서 열을 흡수하여 낮은 온도의 장소에 열을 발산하도록 기계적 에너지를 사용한 것이다.
④ 증기 원동기와 비슷한 원리이며 외연기관이다.

해설 냉동기
요구되는 증발기에서 열을 흡수하여 응축기에 열을 방출하는 기계적 에너지를 사용한다.

24 응축열량에 대한 설명 중 틀린 것은?

① 응축기 입구 냉매증기의 엔탈피와 응축기 출구 냉매액의 엔탈피 차로 나타낸다.
② 증발기에서 저온의 물체로부터 흡수한 열량과 압축기의 압축일량을 합한 값이다.
③ 응축열량은 증발온도와 응축온도에 따라 다르다.
④ 증발온도가 낮아져도 응축온도의 변화는 없다.

해설 증발온도가 낮아지면 압축비가 증가하여 응축온도가 높아진다.

25 냉동기에 사용되고 있는 냉매로 대기압에서 비등점이 가장 낮은 냉매는?

① SO_2

② NH_3

③ CO_2

④ CH_3Cl

해설 냉매비등점

① SO_2 : $-75.5℃$

② NH_3 : $-33.3℃$

③ CO_2 : $-78.5℃$

④ CH_3Cl : $-23.8℃$(메틸클로라이드)

26 가역 카르노사이클에서 저온부 $-10℃$, 고온부 $30℃$로 운전되는 열기관의 효율은 약 얼마인가?

① 7.58

② 6.58

③ 0.15

④ 0.13

해설 $T_1 = 273 - 10 = 263℃$, $T_2 = 273 + 30 = 303K$

$\therefore \eta = \dfrac{303 - 263}{303} = 0.13$

27 다음 조건에서 작동되는 냉동장치의 수냉식 응축기에서 냉매와 냉각수의 산술평균온도차는?(단, 냉각수 입구온도 : $16℃$, 냉각수량 : $200l/min$, 냉각수의 출구온도 : $24℃$, 응축기의 냉각면적 : $20m^2$, 응축기의 열통과율 : $800kcal/m^2h℃$)

① $6℃$

② $16℃$

③ $8℃$

④ $18℃$

해설 산술평균온도차$(\Delta t) = $응축온도$- \dfrac{냉각수\ 입구 + 출구\ 수온}{2}$

$24 - 16 = 8℃$, $200 \times 1 \times 8 \times 60분 = 96,000kcal/h$

온도차 $= \dfrac{9,600}{800 \times 20} = 6℃$

※ 응축온도 $= \dfrac{16 + 24}{2} + 6 = 26℃$

28 냉매충전량이 부족하거나 냉매가 누설로 인해 발생할 수 있는 현상이 아닌 것은?

① 토출압력이 너무 낮다.

② 흡입압력이 너무 낮다.

③ 압축기의 정지시간이 길다.

④ 압축기가 시동하지 않는다.

해설 냉매충전량 부족과 압축기 정지시간과는 관련성이 없다.

29 만액식 증발기에 대한 설명 중 틀린 것은?

① 증발기 내에서는 냉매액이 항상 충만되어 있다.

② 증발된 가스는 액 중에서 기포가 되어 상승 분리된다.

③ 피냉각 물체와 전열면적이 거의 냉매액과 접촉하고 있다.

④ 전열작용이 건식증발기에 비해 미흡하지만 냉매액은 거의 사용되지 않는다.

해설 만액식 증발기

㉠ 암모니아용, 프레온용이 있다.

㉡ 셀(통)에는 냉매, 튜브에는 브라인이 흐르며 열전달률이 양호하다.

㉢ 증발기 내 냉매액이 75%, 가스가 25% 존재, 전열 양호 (※ 증발기 건식은 전열이 불량하다.)

30 불응축가스를 제거하는 가스 퍼저(Gas Purger)의 설치 위치로 적당한 곳은?

① 고압 수액기 상부　　② 저압 수액기 상부

③ 유분리기 상부　　　④ 액분리기 상부

해설 불응축가스(공기, 수소가스 등)를 제거하는 가스 퍼저는 고압수액기 상부에서 설치하고 치환한다.

31 냉동장치의 윤활 목적에 해당되지 않는 것은?

① 마모방지　　　　　② 부식방지

③ 냉매 누설방지　　　④ 동력손실 증대

해설 냉동장치 오일의 윤활 목적과 동력손실 증대와는 관련성이 없다.

32 냉동장치에서 증발온도를 일정하게 하고 응축온도를 높일 때 일어나는 현상은?

① 성적계수 증가
② 압축일량 감소
③ 토출가스온도 감소
④ 플래시가스 발생량 증가

> **해설** 증발온도 일정하고 응축온도 상승 시 압축비가 커서 토출가스의 온도가 높아지면 팽창밸브에서 플래시가스(사용불가 냉매)의 발생량이 증가한다.

33 안정적으로 작동되는 냉동시스템에서 팽창밸브를 과도하게 닫았을 때 일어나는 현상이 아닌 것은?

① 흡입압력이 낮아지고 증발기 온도가 저하한다.
② 압축기의 흡입가스가 과열된다.
③ 냉동능력이 감소한다.
④ 압축기의 토출가스온도가 낮아진다.

> **해설** 팽창밸브를 과도하게 닫으면 냉매의 순환이 불량하여 압축기의 토출가스온도가 상승한다.

34 일반 냉동장치의 팽창밸브의 작용에 대한 설명 중 옳은 것은?

① 고압 측의 냉매액은 팽창밸브를 통하면서 기화하여 고온가스로 되어 증발기로 들어간다.
② 냉매액은 팽창밸브를 통하여 액체가 될 때까지 감압되어 증발기로 들어가 열을 얻어 가스로 된다.
③ 냉매액은 팽창밸브에서 교축작용에 의해 저압으로 된다. 그때 일부는 가스로 되어 증발기로 들어간다.
④ 냉매액은 팽창밸브에서 교축작용에 의해 고압으로 된다. 그때 일부가 가스로 되어 증발기로 들어간다.

> **해설** ⑦ 팽창밸브에서는 냉매액이 저온가스가 된다(저압 유지).
> ⓛ 냉매액은 팽창밸브에서 냉매액과 일부는 플래시가스가 되어서 증발기로 들어간다.
> ⓒ 냉매액은 팽창밸브에서 교축작용에 의해 저압으로 되며 그때 일부의 냉매는 가스가 되고 나머지는 액체상태로 증발기에 유입된다.

35 냉매배관의 토출관경 결정 시 주의사항이 아닌 것은?

① 토출관에 의해 발생하는 전 마찰손실은 0.2kgf/cm^2를 넘지 않도록 할 것
② 지나친 압력손실 및 소음이 발생하지 않을 정도로 속도를 억제할 것(25m/s 이하)
③ 압축기와 응축기가 같은 높이에 있을 경우에는 일단 수평관으로 설치하고 상향구배를 할 것
④ 냉매가스 중에 녹아 있는 냉동기유가 확실하게 운반될만한 속도(수평관 3.5m/s 이상, 상승관 6m/s 이상)가 확보될 것

> **해설** 압축기가 응축기와 같은 높이라면 다음과 같이 배관한다.
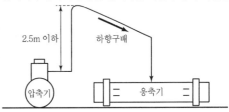

36 격간(Clearance)에 의한 체적효율은?(단, 압축비 : $\dfrac{P_2}{P_1}$, n지수 = 1.25, 격간체적비 : $\dfrac{V_c}{V}=0.05$이다.)

① 75%　　② 80.5%
③ 87%　　④ 92%

> **해설** 체적효율$(\eta_0) = 1+\lambda-\lambda\left(\dfrac{P_2}{P_1}\right)^{\frac{1}{n}}$
> $= 1+0.05-0.05\times(5)^{\frac{1}{1.25}} = 0.87(87\%)$

37 냉동사이클에서 각 지점에서의 냉매 엔탈피값으로 압축기 입구에서는 150kcal/kg, 압축기 출구에서는 166kcal/kg, 팽창밸브 입구에서는 110kcal/kg인 경우 이 냉동장치의 성적계수는?

① 0.4　　② 1.4
③ 2.5　　④ 3.5

> **해설** 압축일량 = 166-150 = 16kcal/kg
> 증발열량 = 150-110 = 40kcal/kg
> 성적계수(COP) = $\dfrac{증발열량}{압축일량} = \dfrac{40}{16} = 2.5$

38 어떤 냉장고 벽의 열통과율이 $0.32\text{kcal/m}^2\text{h}℃$, 벽 면적이 700m^2, 실온이 $-5℃$, 그리고 외기온도가 $30℃$라면 이 벽을 통한 침입 열량은 약 몇 cal/h인가? (단, 열손실은 무시한다.)

① 6,720kcal/h

② 7,840kcal/h

③ 8,200kcal/h

④ 8,750kcal/h

해설 열관류에 의한 열량(Q)
$$Q = A \cdot K \cdot \varDelta t = 700 \times 0.32 \times [30-(-5)]$$
$$= 7,840\text{kcal/h}$$

39 암모니아 냉동장치에서 증발온도 $-30℃$, 응축온도 $30℃$의 운전조건에서 2단 압축과 1단 압축을 비교한 설명 중 옳은 것은?(단, 냉동 부하는 동일하다고 가정한다.)

① 부하에 대한 피스톤 압출량은 같다.

② 냉동효과는 1단 압축의 경우가 크다.

③ 고압 측 토출가스온도는 2단 압축의 경우가 높다.

④ 필요 동력은 2단 압축의 경우가 적다.

해설 2단 압축
한 대의 압축기를 이용하여 저온의 증발온도를 얻는 경우 증발압력 저하로 압축비의 상승 및 실린더 과열, 체적효율 감소, 냉동능력 저하, 성적계수 저하 등의 영향이 우려되어 2대 이상의 압축기를 설치하여 압축비 감소로 효율적인 냉동을 할 수 있다.

40 윤활유가 유동하는 최저온도인 유동점은 응고온도보다 몇 도 정도 높은가?

① 2.5℃

② 5℃

③ 7.5℃

④ 10℃

해설 윤활유 유동점(응고점보다 2.5℃ 높으면 오일이 최초로 움직인다.)

SECTION 03 공기조화

41 일반 공기 냉각용 냉수 코일에서 가장 많이 사용되는 코일의 열수는?

① 0.5~1 　　　② 1.5~2

③ 3~3.5 　　　④ 4~8

해설 냉각용 냉수코일이 가장 많이 사용되는 코일 열수는 보통 4~8이다.

42 습공기의 상태 변화에 관한 설명 중 틀린 것은?

① 습공기를 냉각하면 건구온도와 습구온도가 감소한다.

② 습공기를 냉각·가습하면 상대습도와 절대습도가 증가한다.

③ 습공기를 등온감습하면 노점온도와 비체적이 감소한다.

④ 습공기를 가열하면 습구온도와 상대습도가 증가한다.

해설 습공기 가열
㉠ 습구온도 증가
㉡ 상대습도 감소
㉢ 건구온도 증가

43 다음의 공기조화 부하 중 잠열변화를 포함하는 것은?

① 외벽을 통한 손실열량

② 침입외기에 의한 취득열량

③ 유리창을 통한 관류 취득량

④ 지하층 바닥을 통한 손실열량

해설 외기(공기=대기)는 습공기
㉠ 현열(온도 변화)
㉡ 잠열(H_2O 변화)

44 습공기선도(T-x 선도)상에서 알 수 없는 것은?

① 엔탈피 　　　② 습구온도

③ 풍속 　　　④ 상대습도

해설 습공기 선도
ㄱ h − x 선도(엔탈피−절대습도)
ㄴ t − x 선도(건구온도−절대습도)
수증기분압, 절대습도, 상대습도, 건구온도, 습구온도, 노점온도, 비체적, 엔탈피가 파악된다.

45 인체에 해가 되지 않는 탄산가스의 실내 한계 오염농도는?

① 500PPM(0.05%)
② 1,000PPM(0.1%)
③ 1,500PPM(0.15%)
④ 2,000PPM(0.2%)

해설 탄산가스(CO_2)가 인체에 해가 되지 않는 실내 한계 오염농도 : 1,000PPM

46 덕트 내 풍속을 측정하는 피토관을 이용하여 전압 23.8mmAq, 정압 10mmAq를 측정하였다. 이 경우 풍속은 약 얼마인가?

① 10m/s   ② 15m/s
③ 20m/s   ④ 25m/s

해설 공기밀도 = 1.293kg/m³

$$공기유속 = \sqrt{2g\left(\frac{P_v}{1.293}\right)} = \sqrt{2 \times 9.8 \left(\frac{23.8 - 10}{1.293}\right)} ≒ 15m/s$$

47 다음 습공기의 습도 표시방법에 대한 설명 중 틀린 것은?

① 절대습도는 건공기 중에 포함된 수증기량을 나타낸다.
② 수증기분압은 절대습도와 반비례 관계가 있다.
③ 상대습도는 습공기의 수증기 분압과 포화공기의 수증기 분압과의 비로 나타낸다.
④ 비교습도는 습공기의 절대습도와 포화공기의 절대습도와의 비로 나타낸다.

해설 수증기분압은 절대습도에 비례한다.
※ 절대습도 : 습공기 중에 함유되어 있는 수증기 중량

48 공기조화설비의 구성에서 각종 설비별 기기로 바르게 짝지어진 것은?

① 열원설비 − 냉동기, 보일러, 히트펌프
② 열교환설비 − 열교환기, 가열기
③ 열매수송설비 − 덕트, 배관, 오일펌프
④ 실내유닛 − 토출구, 유인유닛, 자동제어기기

해설 ① 열원설비 : 냉동기, 보일러, 히트펌프
② 열교환설비 : 열교환기
③ 열매수송설비 : 덕트, 배관
④ 실내유닛 : 토출구, 취출구, 흡입구, 유닛 등

49 복사 냉난방방식(Panel Air System)에 대한 설명 중 틀린 것은?

① 건물의 축열을 기대할 수 있다.
② 쾌감도가 전공기식에 비해 떨어진다.
③ 많은 환기량을 요하는 장소에 부적당하다.
④ 냉각패널에 결로 우려가 있다.

해설 복사 냉난방방식은 전공기방식에 비해 쾌감도가 좋다.

50 공조방식에서 가변풍량 덕트방식에 관한 설명 중 틀린 것은?

① 운전비 및 에너지 절약이 가능하다.
② 공조해야 할 공간의 열부하 증감에 따라 송풍량을 조절할 수 있다.
③ 다른 난방방식과 동시에 이용할 수 없다.
④ 실내 칸막이 변경이나 부하의 증감에 대처하기 쉽다.

해설 공조방식 중 가변풍량 덕트방식은 다른 난방방식과 동시에 사용이 가능하다.

51 6인용 입원실이 100실인 병원의 입원실 전체 환기를 위한 최소 신선 공기량은?(단, 외기 중 CO_2 함유량은 0.0003m³/m³이고 실내 CO_2의 허용농도는 0.1%, 재실자의 CO_2 발생량은 개인당 0.015m³/h이다.)

① 약 6,857m³/h   ② 약 8,857m³/h
③ 약 10,857m³/h   ④ 약 12,857m³/h

해설 $0.1\% = (0.1/100 = 0.001)$

환기량$(Q) = \dfrac{M}{K - K_0} A \cdot n$

$\therefore Q = \dfrac{0.015}{0.001 - 0.0003} \times 6 \times 100 = 12{,}857\,\text{m}^3/\text{h}$

52 냉각코일의 장치노점온도(ADP)가 7℃이고, 여기를 통과하는 입구공기의 온도가 27℃라고 한다. 코일의 바이패스 펙터를 0.1이라고 할 때 출구공기의 온도는?

① 8.0℃   ② 8.5℃

③ 9.0℃   ④ 9.5℃

해설 출구공기$(t_2) = t_s + (t_1 - t_s)BF = 7 + (27 - 7) \times 0.1$
$\qquad\qquad = 9.0℃$

53 공기조화에 대한 설명 중 틀린 것은?

① VAV 방식을 가변풍량방식이라고 하며 실내부하 변동에 대해 송풍온도를 변화시키지 않고 송풍량을 변화시키는 방식으로 제어한다.

② 외벽과 지붕 등의 열통과율은 벽체를 구성하는 재료의 두께가 두꺼울수록 열통과율은 작아진다.

③ 냉방 시 유리창을 통한 열부하는 태양복사열과 실내외 공기의 온도차에 의한 관류열 2종류가 있다.

④ 인체로부터의 발열량은 현열 및 잠열이 있으며 주위온도가 상승하면 둘 다 열량이 많아진다.

해설 주위 온도가 상승하면 온도차가 적어서 인체에서 공기로 현열변화가 없어지므로 인체의 현열 및 잠열은 감소한다.

54 노통 보일러는 지름이 큰 원통형 보일러동(Shell)에 큰 노통을 설치한 것이다. 노통이 2개 있는 것은?

① Lancashire 보일러

② Drum 보일러

③ Shell 보일러

④ Cornish 보일러

해설

| 코니시 보일러 | 랭커셔 보일러 |

노통 / 노통 · 노통

55 다음 중 내연식 보일러의 특징이 아닌 것은?

① 설치면적을 적게 차지한다.

② 복사열의 흡수가 크다.

③ 노벽에 의한 열손실이 적다.

④ 완전연소가 가능하다.

해설 외연식 보일러(수관식, 횡연관식)가 연소용 공기량이 풍부하여 완전연소가 가능하다.

56 다음 증기난방의 설명 중 옳은 것은?

① 예열시간이 짧다.

② 실내온도의 조절이 용이하다.

③ 방열기 표면의 온도가 낮아 쾌적한 느낌을 준다.

④ 실내에서 상하온도차가 작으며, 방열량의 제어가 다른 난방에 비해 쉽다.

해설 증기는 비열이 작아서 예열시간이 온수보다 짧다(실내온도 조절이 용이한 것은 온수난방이며 온수난방은 방열기 표면온도가 낮고 실내 상하온도차가 작다).

57 각종 공기조화방식 중에서 개별방식의 특징은?

① 수명은 대형기기에 비하여 짧다.

② 외기냉방이 어느 정도 가능하다.

③ 실 건축구조 변경이 어렵다.

④ 냉동기를 내장하고 있으므로 일반적으로 소음이 작다.

해설 개별식 공조기는 대형 기기에 비하여 수명이 짧다.

58 그림은 각 난방방식에 의한 일반적인 실내 상하의 온도분포를 나타낸 것이다. 이 중 바닥 복사난방방식에 의한 것은 어느 것인가?

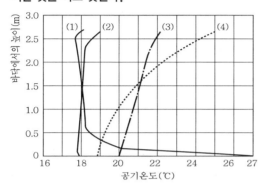

① (1)　　　　　　　② (2)
③ (3)　　　　　　　④ (4)

해설 바닥 복사난방(온수온돌난방)은 고가 낮을수록 온도가 높다.

59 다음 중 온수난방 설비용 기기가 아닌 것은?

① 릴리프 밸브
② 순환펌프
③ 관말트랩
④ 팽창탱크

해설 관말트랩(버킷식 스팀트랩)은 증기난방용 응축수 제거에 사용하는 증기트랩이다.

60 다음 중 보일러 부하로 옳은 것은?

① 난방부하＋급탕부하＋배관부하＋예열부하
② 난방부하＋배관부하＋예열부하－급탕부하
③ 난방부하＋급탕부하＋배관부하－예열부하
④ 난방부하＋급탕부하＋배관부하

해설 보일러정격용량(kcal/h)＝난방부하＋급탕부하＋배관부하＋예열부하

SECTION 04　전기제어공학

61 2개의 입력이 "1"일 때 출력이 "0"이 되는 회로는?

① AND 회로
② OR 회로
③ NOT 회로
④ NOR 회로

해설
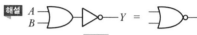

$$NOR = Y = \overline{A + B}$$

A · B	Y
0　0	1
0　1	0
1　0	0
1　1	0

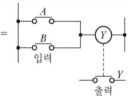

62 그림에 해당하는 구형파의 함수를 라플라스 변환하면?

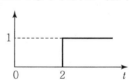

① $\dfrac{1}{s}$　　　　　② $\dfrac{1}{s-2}$

③ $\dfrac{1}{s}[1-e^{-2s}]$　　④ $\dfrac{1}{s}(1-e)$

해설 $f(t) = u(t) - u(t-2)$

$$F(s) = \mathcal{L}[f(t)] = \mathcal{L}[u(t) - u(t-2)] = \frac{1}{s} - \frac{1}{s}e^{-2s}$$

$$= \frac{1}{s}[1 - e^{-2s}]$$

63 입력으로 단위 계단함수 u(t)를 가했을 때, 출력이 그림과 같은 조절계의 기본 동작은?

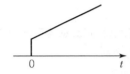

① 2위치 동작 　　② 비례동작
③ 비례적분동작 　② 비례미분동작

해설 비례적분(PI) 동작 $= m = K_p\left(e + \dfrac{1}{T_1}\displaystyle\int_{e dt}\right)$

K_p : 비례감도, T_1 : 적분시간(리셋시간), $\dfrac{1}{T_1}$: 리셋율

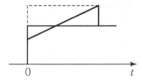

---

64 계단상 입력에 대한 정상오차에서 입력 크기가 R인 계단상 입력 $r(t) = Ru(t)$를 가한 경우 개루프 전달함수가 G(s)일 때 $\lim_{s \to 0} G(s)$는?

① 가속 오차 정수 　② 정속 위치 오차
③ 위치 오차 정수 　④ 속도 오차 정수

해설 자동제어계의 입력 · 출력 관계를 수학적으로 표현한 전달함수(모든 초기값을 0으로 하였을 때 출력신호의 Laplace 변환과 입력신호의 라플라스 변환과의 비 : 전달함수)

전달함수 $G(s) = \dfrac{\mathcal{L}(y(t))}{\mathcal{L}(x(t))} = \dfrac{Y(s)}{X(s)}$

$\therefore\ G(s) = \lim_{s \to 0} G(s)$: 위치오차정수

---

65 피드백 제어시스템의 피드백 효과가 아닌 것은?

① 대역폭 증가
② 정확도 개선
③ 시스템 간소화 및 비용 감소
④ 외부조건의 변화에 대한 영향 감소

해설 피드백 제어는 입력과 출력을 비교하여 수정동작으로 편차를 제거하여야 하므로 시스템이 복잡하고 비용이 증가한다.

66 전기자철심을 규소 강판으로 성층하는 주된 이유는?

① 정류자면의 손상이 적다.
② 가공하기 쉽다.
③ 철손을 적게 할 수 있다.
④ 기계손을 적게 할 수 있다.

해설 전기자철심을 규소강판으로 성층하는 주된 이유는 철손을 적게 할 수 있기 때문이다(철손 : 시간적으로 변화하는 자화력에 의해 생기는 자심의 전력손실).

---

67 200V, 300W의 전열선의 길이를 $\dfrac{1}{3}$로 하여 200V의 전압을 인가하였다. 이때의 소비전력은 몇 W인가?

① 100 　　② 300
③ 600 　　④ 900

해설 전력 : 전기가 1초 동안에 한 일의 양(W)

$300\,W \times \dfrac{3}{1} = 900\,W$

---

68 직류 전동기의 규약효율을 구하는 식은?

① $\dfrac{손실}{입력} \times 100\%$

② $\dfrac{입력 - 손실}{입력} \times 100\%$

③ $\dfrac{출력 - 손실}{출력 + 손실} \times 100\%$

④ $\dfrac{출력}{출력 - 손실} \times 100\%$

해설 ㉠ 직류전동기
　 • 분권전동기
　 • 직권전동기

㉡ 실측효율 $(\eta) = \dfrac{출력}{입력} \times 100(\%)$

㉢ 규약효율 $(\eta) = \dfrac{입력 - 손실}{입력} \times 100(\%)$

---

69 다음 중 kVA는 무엇의 단위인가?

① 유효전력 　　② 피상전력
③ 효율 　　④ 무효전력

해설 피상전력 : 교류의 부하 또는 전원의 용량을 나타내는 데 사용하는 값(단위 : VA, kVA 사용)

70 무인 엘리베이터의 자동제어로 가장 적합한 제어는?

① 추종제어
② 정치제어
③ 프로그램 제어
④ 프로세스 제어

해설 무인 엘리베이터 자동제어 : 프로그램 제어

71 3상 유도전동기의 출력이 5kW, 전압 200V, 효율 90%, 역률 80%일 때 이 전동기에 유입되는 선전류는 약 몇 A인가?

① 15   ② 20
③ 25   ④ 30

해설 선전류
선로 전류(전기회로에서 전원단자로부터 선로로 유출하는 전류 및 선로로부터 부하단자로 흘러드는 전류)
$P = \sqrt{3} \cdot V \cdot I \cdot \cos\theta \cdot n(\text{W})$, 1kW=1,000W, 5kW
$= 5,000\text{W}$
$5,000 = \sqrt{3} \times 200 \times I \times 0.8 \times 0.9$
$\therefore I = \dfrac{5,000}{\sqrt{3} \times 200 \times 0.9 \times 0.8} = 20\text{A}$

72 논리식 $\overline{A} \cdot B + A \cdot B$와 같은 것은?

① B ② $\overline{B}$
③ $\overline{A}$ ④ A

해설 논리식 $(\overline{A} \cdot B) + (A \cdot B)$
$= (\overline{A} \cdot A + A \cdot B) + (\overline{A} \cdot B + B \cdot B)$
$= B(A + \overline{A}) + B = B + B = B$

73 다음 중 프로세스제어에 속하는 제어량은?

① 온도   ② 전류
③ 전압   ④ 장력

해설 프로세스제어
장치를 사용하여 온도나 압력 등의 상태량을 처리하는 과정이 프로세스이며 그들의 양을 제어량으로 하는 제어방식이 프로세스제어(Process Control)이다.

74 예비전원으로 사용되는 축전지의 내부 저항을 측정하려고 한다. 가장 적합한 브리지는?

① 캠벨 브리지
② 맥스웰 브리지
③ 휘트스톤 브리지
④ 콜라우시 브리지

해설 콜라우시 브리지
예비전원으로 사용되는 축전지의 내부 저항 측정용으로 가장 적합한 브리지

75 서보 전동기에 필요한 특징을 설명한 것으로 옳지 않은 것은?

① 정ㆍ역회전이 가능하여야 한다.
② 직류용은 없고 교류용만 있어야 한다.
③ 속도제어 범위와 신뢰성이 우수하여야 한다.
④ 급가속, 급감속이 용이하여야 한다.

해설 서보전동기
조작부에 사용(서보기구)하며 직류용 교류용이 있다(AC 서보전동기는 그다지 큰 회전력이 요구되지 않는 계에 사용되는 전동기).

76 실리콘 제어정류기(SCR)는 어떤 형태의 반도체인가?

① P형 반도체
② N형 반도체
③ PNPN형 반도체
④ PNP형 반도체

해설 SCR
PNPN 소자이다(단일방향성 정류소자로서 직류, 교류 전력 제어용 스위칭 소자).

77 그림과 같이 직류 전력을 측정하였다. 가장 정확하게 측정한 전력은?(단, R_1 : 전류계의 내부저항, R_e : 전압계의 내부저항이다.)

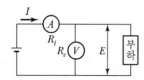

① $P = EI - \dfrac{E^2}{R_e}$ [W]

② $P = EI - \dfrac{E^2}{R_I}$ [W]

③ $P = EI - 2R_e$ [W]

④ $P = EI - 2R_I$ [W]

> **해설** 측정전력$(P) = EI - \dfrac{E^2}{R_e}$ (W)

78 신호흐름도와 등가인 블록선도를 그리려고 한다. 이때 G(s)로 알맞은 것은?

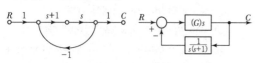

① s

② $\dfrac{1}{s+1}$

③ 1

④ $s(s+1)$

> **해설**
> $$\dfrac{s(s+1)}{1+s(s+1)} = \dfrac{G}{1+\dfrac{G}{s(s+1)}}$$
> $$= \dfrac{s(s+1)}{s(s+1)+1} = \dfrac{s(s+1)G}{s(s+1)+G}$$
> $$\therefore \ G = 1$$

79 단자전압 200V, 전기자 전류 100A, 회전속도 1,200 rpm으로 운전하고 있는 직류전동기가 있다. 역기전력은 몇 V인가?(단, 전기자 회로의 저항은 0.2Ω이다.)

① 80

② 120

③ 180

④ 210

> **해설** 전력(V)$= E_c + I_a(R_a + R_f)$
> 역기전력$(E_c) = V - I_a R_a = 200 - 100 \times 0.2 = 180V$

80 평행한 두 도체에 같은 방향의 전류를 흘렸을 때 두 도체 사이에 작용하는 힘은 어떻게 되는가?

① 반발력

② 힘이 작용하지 않는다.

③ 흡인력

④ $\dfrac{I}{2\pi r}$ 의 힘

> **해설** 흡인력 : 평행한 두 도체에 같은 방향의 전류를 흘렸을 때 두 도체 사이에 작용하는 힘

SECTION **05** 배관일반

81 펌프의 양수량이 60m³/min이고 전양정이 20m일 때 벌류트펌프(Volute Pump)로 구동할 경우 필요한 동력은 약 몇 kW인가?(단, 펌프의 효율은 60%로 한다.)

① 196.1kW

② 200kW

③ 326.8kW

④ 405.8kW

> **해설** 물의 비중량(1,000kg/m³),
> 동력(kW)$= \dfrac{r \cdot Q \cdot H}{102 \times 60 \times \eta} = \dfrac{1,000 \times 60 \times 20}{102 \times 60 \times 0.6} = 326.8$kW

82 저압 가스관에 의한 가스수송에 있어서 압력손실과 관계가 가장 먼 것은?

① 가스관의 길이

② 가스의 압력

③ 가스의 비중

④ 가스관의 내경

> **해설** 가스배관에서 압력손실이 일어나는 요인
> ㉠ 관의 길이 ㉡ 가스의 비중
> ㉢ 가스관의 내경 ㉣ 가스관의 높이

83 냉동설비배관에서 액분리기와 압축기 사이의 냉매배관을 할 때 구배로 옳은 것은?

① 1/100 정도의 압축기 측 상향 구배로 한다.

② 1/100 정도의 압축기 측 하향 구배로 한다.

③ 1/200 정도의 압축기 측 상향 구배로 한다.

④ 1/200 정도의 압축기 측 하향 구배로 한다.

해설 액분리기 : 증발기와 압축기 사이의 흡입관에 설치(냉매액 분리)

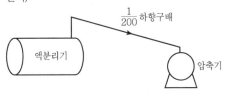

84 수배관의 경우 부식을 방지하기 위한 방법으로 틀린 것은?

① 밀폐 사이클의 경우 물을 가득 채우고 공기를 제거한다.
② 개방 사이클로 하여 순환수가 공기와 충분히 접하도록 한다.
③ 캐비테이션을 일으키지 않도록 배관한다.
④ 배관에 방식도장을 한다.

해설 수배관에는 공기빼기를 하여 물의 순환을 촉진시킨다(밀폐 사이클이 좋다).

85 지역난방의 특징에 대한 설명 중 틀린 것은?

① 대규모 열원기기를 이용한 에너지의 효율적 이용이 가능하다.
② 대기 오염물질이 증가한다.
③ 도시의 방재수준 향상이 가능하다.
④ 사용자에게는 화재에 대한 우려가 적다.

해설 지역난방은 개별난방, 중앙집중식 난방에 비하여 보일러가 한곳에 집중되므로 대기의 오염물질이 감소한다.

86 가스 사용시설의 건축물 내의 매설배관으로 적합하지 않은 배관은?

① 이음매 없는 동관
② 배관용 탄소강관
③ 스테인리스 강관
④ 가스용 금속 플렉시블 호스

해설 배관용 탄소강관은 부식방지를 위하여 가스관의 경우 건물 옥내에서는 노출배관을 원칙으로 한다.

87 공기조화설비 중 복사난방의 패널형식이 아닌 것은?

① 바닥 패널
② 천장 패널
③ 벽 패널
④ 유닛 패널

해설 복사난방 패널
㉠ 바닥 패널
㉡ 천장 패널
㉢ 벽 패널

88 A와 B의 배관 접속에 있어서 용접 시공 시의 용접부 위 결함을 도시한 것이다. 무슨 결함인가?

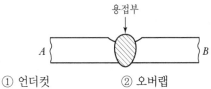

① 언더컷
② 오버랩
③ 융합불량
④ 크레이터

해설
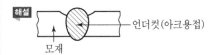

89 온수난방 설비의 온수배관 시공법에 관한 설명 중 틀린 것은?

① 수평배관에서 관의 지름을 바꿀 때에는 편심리듀서를 사용한다.
② 배관재료는 내열성을 고려한다.
③ 공기가 고일 염려가 있는 곳에는 공기배출을 고려한다.
④ 팽창관에는 슬루스 밸브를 설치한다.

해설 팽창관에는 어떠한 밸브도 설치하지 않는다(보충수관으로 사용하기 때문).

90 증기난방을 응축수환수법에 의해 분류하였을 때 그 종류가 아닌 것은?

① 기계환수식
② 하트포드 환수식
③ 중력환수식
④ 진공환수식

해설 하트포트 환수식

보일러 수의 역류를 제어하여 저수위 사고를 방지하기 위한 저압증기 난방용의 균형관 설치이음

91 지름 20mm 이하의 동관을 이음할 때 또는 기계의 점검 · 보수 기타 관을 떼어내기 쉽게 하기 위한 동관 이음 방법은?

① 플레어 접합   ② 슬리브 접합

③ 플랜지 접합   ④ 사이징 접합

해설 플레어 접합 : 지름 20mm 이하 동관의 이음방법(나팔관이음)으로 관의 해체가 용이하다.

92 배수 및 통기설비에서 배관시공법에 관한 주의사항으로 틀린 것은?

① 우수 수직관에 배수관을 연결하여서는 안 된다.

② 오버플로우관은 트랩의 유입구 측에 연결하여야 한다.

③ 바닥 아래에서 빼내는 각 통기관에는 횡주부를 형성시키지 않는다.

④ 통기 수직관은 최하위의 배수 수평지관보다 높은 위치에서 연결해야 한다.

해설 ㉠ 2관식 통기방식
- 각개 통기식
- 회로 통기식
- 환상 통기식

㉡ 1관식 배관법(신정통기관＝배수통기관)

㉢ 통기수직관은 대기 중에 개구하거나 최고 높이의 기구에서 150mm 이상 높은 곳에 접속하거나 통기 수직관의 하부는 최저수위의 배수 수평분기관보다 낮은 기구에서 150mm 이상 높은 곳에 접속하거나 통기 수직관의 하부는 최저수위의 배수 수평분기관보다 낮은 위치에서 45° Y이음을 사용하여 배수 수직관에 직접 접속한다.

㉣ 섹스티아 배수방식

㉤ 솔벤트 방식

※ 2관식은 배수관, 통기관을 각각 배관한다.

93 다음 위생기구 중 배수 부하단위가 가장 큰 것은?

① 세정식 밸브 대변기   ② 벽걸이식 소변기

③ 치과용 세면기   ④ 주택용 샤워기

해설 배수부하

세정식 밸브 대변기＞주택용 샤워기＞벽걸이식 소변기＞치과용 세면기

94 냉동장치의 액순환 펌프의 토출 측 배관에 설치되는 밸브는?

① 게이트 밸브   ② 콕

③ 글로브 밸브   ④ 체크밸브

해설 액순환펌프 토출 측 배관 설치 밸브

체크밸브(역류방지 밸브)

95 급탕배관 시공에 대한 설명 중 틀린 것은?

① 배관의 굽힘 부분에는 벨로즈 이음을 한다.

② 하향식 급탕주관의 최상부에는 공기빼기장치를 설치한다.

③ 팽창관의 관경은 겨울철 동결을 고려하여 25A 이상으로 한다.

④ 단관식 급탕배관 방식에는 상향배관, 하향배관 방식이 있다.

해설 급탕배관에서 굽힘 부분에서는 루프형 이음으로 한다.

96 배수 횡지관에서 통기관을 이어낼 때 경사도는 얼마 이내로 해야 하는가?(단, 수직 이음인 경우 제외한다.)

① 45°   ② 60°

③ 70°   ④ 80°

해설 배수 횡지관에서 통기관을 이어낼 때 경사도는 45° 이내로 한다.

97 공기의 흐름방향을 조절할 수 있으나 풍량은 조절할 수 없고 환기용 흡입구나 배기구로 사용되는 것은?

① 그릴(Grilles)

② 디퓨저(Diffusers)

③ 레지스터(Registers)

④ 아네모스탯(Anemostat)

해설 그릴
  ㉠ 공기의 흐름방향 조절   ㉡ 풍량조절 불가
  ㉢ 환기용 흡입구 사용   ㉣ 배기구로 사용

98 증기와 응축수의 온도 차이를 이용하여 응축수를 배출하는 트랩은?

① 버킷 트랩(Bucket Trap)
② 디스크 트랩(Disk Trap)
③ 벨로스 트랩(Bellows Trap)
④ 플로트 트랩(Float Trap)

해설 벨로스 트랩, 바이메탈 트랩 : 증기와 응축수의 온도차이로 응축수 배출(스팀 트랩)

99 저압가스 배관의 통과 유량을 구하는 아래의 공식에서 S가 나타내는 것은?(단, L : 관 길이(m)이다.)

$$Q = K\sqrt{\frac{H \cdot D^5}{S \cdot L}}$$

① 관의 내경   ② 가스 비중
③ 유량 계수   ④ 압력차

해설 ㉠ S : 가스의 비중
  ㉡ D : 관의 내경
  ㉢ L : 관의 길이
  ㉣ K : 유량계수
  ㉤ H : 가스의 허용 압력손실

100 연건평 30,000m²인 사무소 건물에서 필요한 급수량은?(단, 건물의 유효면적 비율은 연면적의 60%, 유효면적당 거주인원은 0.2인/m², 1인 1일당 사용 급수량은 100l이다.)

① 36m³/d   ② 360m³/d
③ 3,600m³/d   ④ 360,000m³/d

해설 ㉠ 30,000×0.6=18,000m²(건물유효면적)
  ㉡ 거주인원=18,000×0.2=3,600명
  ∴ 급수사용량= $\dfrac{3,600 \times 100\text{L/인}}{1,000\text{L/m}^3}$ =360m³/day

SECTION 01 기계열역학

01 이상기체 프로판(C_3H_8, 분자량 M=44)의 상태는 온도 20℃, 압력 300kPa이다. 이것을 52L(liter)의 내압 용기에 넣을 경우 적당한 프로판의 질량은?(단, 일반기체상수는 8.314kJ/kmol · K이다.)

① 0.282kg   ② 0.182kg
③ 0.414kg   ④ 0.318kg

> **해설** 프로판 1몰=22.4L, 1atm=102kPa
> 프로판 1kmol=44kg($22.4m^3$)
> PV=GRT
> $G = \dfrac{PVM}{RT} = \dfrac{300 \times 0.052 \times 44}{8.314 \times (273+20)} = 0.282kg$
> ※ $52L = 0.052m^3$

02 다음 그림과 같은 오토사이클의 열효율은?(단, T_1=300K, T_2=689K, T_3=2,364K, T_4=1,029K이고, 정적비열은 일정하다.)

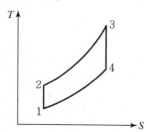

① 37.5%   ② 43.5%
③ 56.5%   ④ 62.5%

> **해설** 오토사이클(내연기관 사이클)
> $\eta_0 = 1 - \dfrac{q_2}{q_1} = 1 - \dfrac{T_4 - T_1}{T_3 - T_2}$
> $= 1 - \dfrac{T_4}{T_3} = 1 - \left(\dfrac{1,029}{2,364}\right) = 0.565$
> $= 56.5\%$

03 카르노 사이클이 500K의 고온체에서 360kJ의 열을 받아서 300K의 저온체에 열을 방출한다면 이 카르노 사이클의 출력일은 얼마인가?

① 120kJ   ② 144kJ
③ 216kJ   ④ 599kJ

> **해설** 출력일 $= 360 \times \left(1 - \dfrac{300}{500}\right) = 144kJ$

04 5kg의 산소가 정압 하에서 체적이 $0.2m^3$에서 $0.6m^3$로 증가했다. 산소를 이상기체로 보고 정압비열 Cp =0.92kJ/kg℃로 하여 엔트로피의 변화를 구하였을 때 그 값은 얼마인가?

① 1.857kJ/K   ② 2.746kJ/K
③ 5.054kJ/K   ④ 6.507kJ/K

> **해설** 엔트로피 변화(ds) $= mCpL_n \dfrac{T_2}{T_1} = mCpL_n \dfrac{V_2}{V_1}$
> $= 5 \times 0.92 L_n \dfrac{0.6}{0.2} = 5.054kJ/K$

05 공기압축기로 매초 2kg의 공기가 연속적으로 유입된다. 공기에 50kW의 일을 투입하여 공기의 비엔탈피가 20kJ/kg 증가하면, 이 과정 동안 공기로부터 방출된 열량은 얼마인가?

① 105kW   ② 90kW
③ 15kW   ④ 10kW

> **해설** 50kW-h=18,000kJ=50kJ/s
> 20kJ/kg×2kg=40kJ
> ∴ 50-40=10kJ(10kW)
> ※ 1kW-h=860kcal=3,600kJ

06 압축비가 7.5이고, 비열비 k = 1.4인 오토사이클의 열효율은?

① 48.7%   ② 51.2%
③ 55.3%   ④ 57.6%

해설 오토사이클 열효율(η_0) $= 1 - \dfrac{T_4 - T_1}{T_3 - T_2} = 1 - \left(\dfrac{1}{\varepsilon}\right)^{k-1}$

$$= 1 - \left(\dfrac{1}{7.5}\right)^{1.4-1} = 0.553(55.3\%)$$

07 피스톤 – 실린더 시스템에 100kPa의 압력을 갖는 1kg의 공기가 들어 있다. 초기 체적은 0.5m³이고 이 시스템의 온도가 일정한 상태에서 열을 가하여 부피가 1.0m³이 되었다. 이 과정 중 전달된 열량(kJ)은 얼마인가?

① 32.7   ② 34.7
③ 44.8   ④ 50.0

해설 등온변화(Q_2) $= \mathrm{APV_1 L_n} \dfrac{P_2}{P_1}$

$$= 100 \times 0.5 \times \mathrm{L}_n \dfrac{200}{100} = 34.7 \mathrm{kJ}$$

$$※ \ P_2 = P_1 \times \dfrac{V_2}{V_1} = 100 \times \dfrac{1.0}{0.5} = 200 \mathrm{kPa}$$

08 열역학 제1법칙은 다음의 어떤 과정에서 성립하는가?

① 가역과정에서만 성립한다.
② 비가역과정에서만 성립한다.
③ 가역등온 과정에서만 성립한다.
④ 가역이나 비가역 과정을 막론하고 성립한다.

해설 열역학 제1법칙(에너지 보존의 법칙)
제1종 영구기관의 존재를 부정하는 법칙이며, 가역이나 비가역 과정을 막론하고 성립한다.

09 PV^n=일정($n \neq 1$)인 가역과정에서 밀폐계(비유동계)가 하는 일은?

① $\dfrac{P_1 V_1 (V_2 - V_1)}{n}$ ② $\dfrac{P_2 V_2{}^{n-1} - P_1 V_1{}^{n-1}}{n-1}$

③ $\dfrac{P_2 V_2{}^n = P_1 V_1{}^n}{n-1}$ ④ $\dfrac{P_1 V_1 - P_2 V_2}{n-1}$

해설 PV^n=일정 가역과정 밀폐계(절대일, 비유동일)
내연기관일, 팽창일

$$∴ \ W = \dfrac{P_1 V_1 - P_2 V_2}{n-1}$$

10 다음 중 이상 랭킨 사이클과 카르노 사이클의 유사성이 가장 큰 두 과정은?

① 등온가열, 등압방열
② 단열팽창, 등온방열
③ 단열압축, 등온가열
④ 단열팽창, 등적가열

해설 카르노 사이클

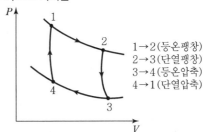

1→2(등온팽창)
2→3(단열팽창)
3→4(등온압축)
4→1(단열압축)

랭킨 사이클

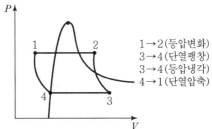

1→2(등압변화)
3→4(단열팽창)
3→4(등압냉각)
4→1(단열압축)

11 체적이 0.1m³인 피스톤 – 실린더 장치 안에 질량 0.5kg의 공기가 430.5kPa하에 있다. 정압과정으로 가열하여 온도가 400K가 되었다. 이 과정 동안의 일과 열전달량은?(단, 공기는 이상기체이며, 기체상수는 0.287kJ/kg · K, 정압비열은 1.004kJ/kg · K이다.)

① 14.35kJ, 35.85kJ
② 14.35kJ, 50.20kJ
③ 43.05kJ, 78.90kJ
④ 43.05kJ, 64.55kJ

해설 ㉠ 일량(W) = GR($T_2 - T_1$)

$$T_1 = \dfrac{PV}{GR} = \dfrac{430.5 \times 0.1}{0.5 \times 0.287} = 300 \mathrm{k}$$

$$∴ \ 일량(W) = 0.5 \times 0.287 \times (400-300) = 14.35 \mathrm{kJ}$$

㉡ 열전달량(Q) = GCp($T_2 - T_1$) = $0.5 \times 1.004(400-300)$
$$= 50.20 \mathrm{kJ}$$

12 효율이 85%인 터빈에 들어갈 때 증기의 엔탈피가 3,390kJ/kg이고, 가역단열과정에 의해 팽창할 경우 출구에서의 엔탈피가 2,135kJ/kg이 된다고 한다. 운동에너지의 변화를 무시할 경우 이 터빈의 실제 일은 약 몇 kJ/kg인가?

① 1,476
② 1,255
③ 1,067
④ 906

해설 터빈 일 $=3,390-2,135=1,255$ kJ/kg
터빈 실제 일 $=1,255\times0.85=1,067$ kJ/kg

13 두께가 10cm이고, 내·외측 표면온도가 각각 20℃와 5℃인 벽이 있다. 정상상태일 때 벽의 중심온도는 몇 ℃인가?

① 4.5　　　　② 5.5
③ 7.5　　　　④ 12.5

해설 벽의 중심온도 $=\dfrac{20+5}{2}=12.5℃$

14 작동 유체가 상태 1부터 상태 2까지 가역변화할 때의 엔트로피 변화로 옳은 것은?

① $S_2-S_1 \geq -\displaystyle\int_1^2 \dfrac{\delta Q}{T}$

② $S_2-S_1 > \displaystyle\int_1^2 \dfrac{\delta Q}{T}$

③ $S_2-S_1 = \displaystyle\int_1^2 \dfrac{\delta Q}{T}$

④ $S_2-S_1 < \displaystyle\int_1^2 \dfrac{\delta Q}{T}$

해설 엔트로피$(ds=\Delta s)=\dfrac{dQ}{T}=\dfrac{GCdT}{T}$(kcal/K)

㉠ 가역사이클 : 엔트로피 일정
㉡ 비가역사이클 : 엔트로피 증가
∴ $S_2-S_1=\displaystyle\int_1^2 \dfrac{\delta Q}{T}$

15 단열된 노즐에 유체가 10m/s의 속도로 들어와서 200m/s의 속도로 가속되어 나간다. 출구에서의 엔탈피가 $h_e=2,770$kJ/kg일 때 입구에서의 엔탈피는 얼마인가?

① 4,370kJ/kg　　② 4,210kJ/kg
③ 2,850kJ/kg　　④ 2,790kJ/kg

해설 노즐 유속$(V_2)=\sqrt{\dfrac{2g}{A}(h_1-h_2)}$
$\qquad\qquad =91.48\sqrt{(h_1-h_2)}$ (m/s)
엔탈피 차이$(h_2-h_1)=\dfrac{A\left(W_1{}^2-W_2{}^2\right)}{2g}$
$\dfrac{(200^2-10^2)\times9.8}{2\times9.8\times1,000}=19.95$kJ/kg(SI단위)
∴ 입구 엔탈피 $=2,770+19.95=2,790$kJ/kg

16 표준 증기압축식 냉동사이클에서 압축기 입구와 출구의 엔탈피가 각각 105kJ/kg 및 125kJ/kg이다. 응축기 출구의 엔탈피가 43kJ/kg이라면 이 냉동사이클의 성능계수(COP)는 얼마인가?

① 2.3　　　　② 2.6
③ 3.1　　　　④ 4.3

해설 성능계수(COP) $=\dfrac{q_2}{q_1-q_2}=\dfrac{43+(125-105)}{125-105}=3.15$
※ 응축부하 $=43+(125-105)=63$kJ/kg
압축기일량 $=125-105=20$kJ/kg

17 100kg의 물체가 해발 60m에 떠 있다. 이 물체의 위치에너지는 해수면 기준으로 약 몇 kJ인가?(단, 중력가속도는 9.8m/s²이다.)

① 58.8　　　　② 73.4
③ 98.0　　　　④ 122.1

해설 일량$(_1W_2)=100\times60=6,000$kg·m
$6,000\times\dfrac{1}{427}$ kcal/kg·m $=14.05$kcal
1kcal$=4.186$kJ, ∴ $14.05\times4.186=58.8$kJ
※ 일의 열당량(A) $=(1/427)$kcal/kg·m

18 체적이 500cm³인 풍선이 있다. 이 풍선에 압력 0.1 MPa, 온도 288K의 공기가 가득 채워져 있다. 압력이 일정한 상태에서 풍선 속 공기온도가 300K로 상승했을 때 공기에 가해진 열량은?(단, 공기의 정압비열은 1.005kJ/kg · K, 기체상수 0.287kJ/kg · K이다.)

① 7.3J
② 7.3kJ
③ 73J
④ 73kJ

해설 0.1MPa = 100kPa = 1kg/cm²
공기 500cm³ = 0.0005m³(0.000647kg),
공기 1kmol = 22.4m³ = 29kg

$PV = GRT$, $G = \dfrac{PV}{RT} = \dfrac{0.1 \times 1,000 \times 0.0005}{0.287 \times 288} = 0.61$kg

∴ 가해진 열량(Q) = G · Cp(T₂ − T₁)
= 0.61 × 1.005(300 − 288) = 7.3J

19 열효율이 30%인 증기사이클에서 1kWh의 출력을 얻기 위하여 공급되어야 할 열량은 약 몇 kWh인가?

① 1.25
② 2.51
③ 3.33
④ 4.90

해설 1kW − h = 860kcal = 3,600kJ

∴ 공급열량(Q) = $\dfrac{1}{0.3}$ = 3.33kWh

20 T − S선도에서 어느 가역상태변화를 표시하는 곡선과 S축 사이의 면적은 무엇을 표시하는가?

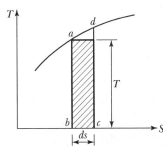

① 힘
② 열량
③ 압력
④ 비체적

해설 T − S선도
㉠ 유체가 주고받은 일량은 면적으로 표시한다(T : 절대온도, S : 엔트로피).
㉡ 열량을 알기 위해 면적을 알아야 하므로 불편하다.

SECTION 02 냉동공학

21 냉동능력 50RT 브라인 냉각장치에서 브라인 입구온도 −5℃, 출구온도 −10℃, 냉매의 증발온도 0℃로 운전되고 있을 때, 냉각관 전열면적이 30m²이라면 열통과율은?(단, 열손실은 무시하며 평균 온도차는 산술평균으로 계산하며, 1RT=3,320kcal/h로 계산한다.)

① 약 572kcal/m² · h · ℃
② 약 673kcal/m² · h · ℃
③ 약 737kcal/m² · h · ℃
④ 약 842kcal/m² · h · ℃

해설 1RT = 3,320kcal/h, 50 × 3,320 = 166,000kcal/h

브라인 평균온도(ΔT) = $\dfrac{\{0 − (−5)\} + \{0 − (−10)\}}{2}$
= 7.5℃

열통과율(K) = $\dfrac{166,000}{7.5 \times 30}$ = 737kcal/m² · h · ℃

22 실제 냉동사이클에서 냉매가 증발기에서 나온 후, 압축기에서 압축될 때까지 흡입가스의 변화는?

① 압력은 떨어지고 엔탈피는 증가한다.
② 압력과 엔탈피는 떨어진다.
③ 압력은 증가하고 엔탈피는 떨어진다.
④ 압력과 엔탈피는 증가한다.

해설
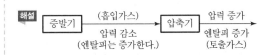

23 냉매와 흡수제로 $NH_3 − H_2O$를 이용한 흡수식 냉동기의 냉매의 순환과정으로 옳은 것은?

① 증발기(냉각기) → 흡수기 → 재생기 → 응축기
② 증발기(냉각기) → 재생기 → 흡수기 → 응축기
③ 흡수기 → 증발기(냉각기) → 재생기 → 응축기
④ 흡수기 → 재생기 → 증발기(냉각기) → 응축기

해설 흡수식 냉동기($NH_3 - H_2O$)의 사이클

증발기 → 흡수기 → 재생기 → 응축기
↑_____|

24 냉동장치의 제어기기 중 전기식 액면제어기에 대한 설명으로 틀린 것은?

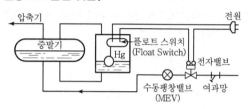

① 플로트 스위치(Float Switch)와 전자밸브를 사용한다.
② 만액식 증발기의 액면 제어에 사용한다.
③ 부하 변동에 의한 유면 제어가 불가능하다.
④ 증발기 내 액면 유동을 방지하기 위해 수동팽창밸브(MEV)를 설치한다.

해설 전기식 액면제어기는 부하 변동시 유면 제어가 가능하다.

25 직경이 다른 2개 이상의 수액기를 병렬연결하기 위한 설치방법으로 옳은 것은?

① 하단을 일치시켜 연결시킨다.
② 상단을 일치시켜 연결시킨다.
③ 옆으로 일치시켜 연결시킨다.
④ 아무 곳에나 연결시킨다.

해설
-- (상단 일치)

수액기   수액기

26 제빙장치에서 브라인 온도가 −10℃, 결빙시간이 48시간일 때, 얼음의 두께는?(단, 결빙계수는 0.56이다.)

① 약 29.3cm   ② 약 39.3cm
③ 약 2.93cm   ④ 약 3.93cm

해설 얼음의 결빙시간(h) = $\dfrac{0.56 \times t^2}{-(t_b)}$ (시간)

$48 = \dfrac{0.56 \times t^2}{(-10)}$, $t^2 = \dfrac{48 \times (-10)}{0.56} = 857.14$

∴ 두께 = $\sqrt{857.14} = 29.3cm$

27 냉동장치 내에 불응축가스가 혼입되는 원인으로 가장 거리가 먼 것은?

① 냉동장치의 압력이 대기압 이상으로 운전될 경우 저압 측에서 공기가 침입한다.
② 장치를 분해 · 조립하였을 경우에 공기가 잔류한다.
③ 압축기의 축봉장치 패킹 연결부분에 누설이 있으면 공기가 장치 내에 침입한다.
④ 냉매, 윤활유 등의 열분해로 인해 가스가 발생한다.

해설 냉동장치에서 압력이 대기압 이상이면 공기누입이 방지된다.

28 고온 35℃, 저온 −10℃에서 작동되는 역카르노 사이클이 적용된 이론냉동사이클의 성적계수는?

① 2.89   ② 3.24
③ 4.24   ④ 5.84

해설 $T_2(K) = 35 + 273 = 308$, $K = -10 + 273 = 263K(T_1)$

성적계수(COP) = $\dfrac{T_1}{T_2 - T_1} = \dfrac{263}{308 - 263} = 5.84$

※ COP = $\dfrac{Q_2}{Q_1 - Q_2}$

29 냉각방식에 관한 설명 중 가장 거리가 먼 것은?

① 어떤 물질을 얼리는 것만이 냉동이라고 할 수 있다.
② 일반적으로 실내의 온도를 외기온도보다 낮추어 시원하게 하는 것을 냉방이라 한다.
③ 우유 등의 제품을 영상의 온도에서 차게 보관하는 것을 냉장이라고 한다.
④ 상온 이상의 뜨거운 물질을 식히는 것을 냉각이라 한다.

해설 냉동의 분류
㉠ 냉각   ㉡ 냉장
㉢ 냉동(동결)   ㉣ 공기조화

30 고온부의 절대온도를 T_1, 저온부의 절대 온도를 T_2, 고온부로 방출하는 열량을 Q_1, 저온부로부터 흡수하는 열량을 Q_2라고 할 때, 이 냉동기의 이론 성적계수(COP)를 구하는 식은?

① $\dfrac{Q_1}{Q_1 - Q_2}$ ② $\dfrac{Q_2}{Q_1 - Q_2}$

③ $\dfrac{T_1}{T_1 - T_2}$ ④ $\dfrac{T_1 - T_2}{T_1}$

해설 문제 28번 해설 참고

31 흡수식 냉동기에 대한 설명으로 틀린 것은?

① 흡수식 냉동기는 열의 공급과 냉각으로 냉매와 흡수제가 함께 분리되고 섞이는 형태로 사이클을 이룬다.
② 냉매가 암모니아일 경우에는 흡수제로서 리튬브로마이드(LiBr)를 사용한다.
③ 리튬브로마이드 수용액 사용 시 재료에 대한 부식성 문제로 용액 중에 미량의 부식억제제를 첨가한다.
④ 압축식에 비해 열효율이 나쁘며 설치면적을 많이 차지한다.

해설 흡수식
㉠ 냉매(H_2O) → 흡수제(LiBr)
㉡ 냉매(NH_3) → 흡수제(H_2O)

32 압축기 구조형태 중 개방형 압축기에 대한 특징으로 틀린 것은?

① 압축기를 구동하는 전동기가 따로 설치되어 있다.
② 크랭크축이 크랭크실 밖으로 관통되어 있어 냉매가 누설될 염려가 있다.
③ 축봉장치가 필요 없다.
④ 소음이 심하고 좁은 장소에서의 설치가 곤란하다.

해설 개방형 압축기
㉠ 모터와 압축기가 따로 떨어져 있다(축봉장치가 필요하다).
㉡ 벨트구동식, 직결구동식이 있다.

33 냉매의 구비조건에 대한 설명으로 틀린 것은?

① 증기의 비체적이 적을 것
② 임계온도가 충분히 높을 것
③ 점도와 표면장력이 크고 전열성능이 좋을 것
④ 부식성이 적을 것

해설 냉매
㉠ 점도가 작아야 한다.
㉡ 표면장력이 작아야 한다.
㉢ ①, ②, ④의 특징이 있을 것

34 고속으로 회전하는 임펠러에 의해 대량 증기의 흡입·압축이 가능하며 토출밸브를 잠그고 작동시켜도 일정한 압력 이상으로는 더 이상 상승하지 않는 특징을 가진 압축기는?

① 왕복동식 압축기
② 회전식 압축기
③ 스크루식 압축기
④ 원심식 압축기

해설 원심식 압축기(Turbo형)
Impeller(임펠러)의 고속회전에 의해 냉매가 압축된다(R-11 냉매가 많이 사용된다).

35 2단 압축냉동기의 저압 측 흡입압력과 고압 측 토출압력이 게이지압으로 각각 5kgf/cm^2, 15kgf/cm^2일 때, 성적계수가 최대로 되는 중간압력(절대압)은? (단, 대기압은 1.033kgf/cm^2으로 한다.)

① 약 9.83kgf/cm^2
② 약 11.15kgf/cm^2
③ 약 12.65kgf/cm^2
④ 약 13.11kgf/cm^2

해설 절대압 $= 5 + 1.033 = 6.033$, $15 + 1.033 = 16.033$
2단 압축기 중간압력$(P) = \sqrt{P_1 \times P_2} = \sqrt{6.033 \times 16.033}$
$$= 9.83\text{kgf/cm}^2$$

36 냉동장치의 응축기에 관한 설명 중 옳은 것은?

① 횡형 셸튜브 응축기는 전열이 양호하고 냉각관 청소가 용이하다.

② 7통로 응축기는 전열이 양호하고 입형에 비해 냉각수량이 많다.

③ 대기식 응축기는 냉각수량이 적어도 되며 설치장소가 작다.

④ 입형 셸튜브 응축기는 냉각관 청소가 용이하고 과부하에 잘 견딘다.

해설 ㉠ 입형 셸튜브 응축기 : 냉각관 청소가 용이하고 과부하에 잘 견딘다.
㉡ 횡형 셸앤튜브식 응축기 : 냉각관 청소가 곤란하다.
㉢ 7통로식 응축기 : 입형에 비해 냉각수량이 적게 사용된다.
㉣ 대기식 응축기 : 냉각수량이 많이 든다.

37 다음과 같이 운전되고 있는 열펌프의 성적계수는?

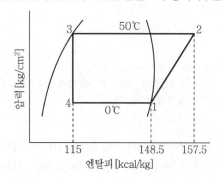

① 1.7
② 2.7
③ 3.7
④ 4.7

해설 냉동기 성적계수(COP) = $\dfrac{증발부하}{압축일량}$ = $\dfrac{148.5 - 115}{157.5 - 148.5}$ = 3.7

열펌프(히트펌프)성적계수(COP) = 냉동기 성적계수 + 1
= 3.7 + 1 = 4.7

38 냉동능력 감소와 압축기 과열 등의 악영향을 미치는 냉동배관 내의 불응축가스를 제거하는 장치는?

① 액 – 가스 열교환기
② 여과기
③ 어큐뮬레이터
④ 가스퍼저

해설 가스퍼저 : 불응축가스 제거(요크식, 암스트롱식 등 사용)

39 2.5kgf/cm² 압력에서 작동되는 냉동기의 포화액 및 건포화증기의 엔탈피는 각각 94.58kcal/kg, 147.03 kcal/kg이다. 이 경우 건도가 0.75인 지점의 습증기 엔탈피는?

① 약 98kcal/kg
② 약 110kcal/kg
③ 약 121kcal/kg
④ 약 134kcal/kg

해설 증발잠열(r) = 147.03 − 94.58 = 52.45kcal/kg
실제증발열 = 52.45 × 0.75 = 39.3375kcal/kg
∴ 습증기 엔탈피(h₂) = 94.58 + 39.3375 = 134kcal/kg

40 흡수식 냉동기의 구성요소가 아닌 것은?

① 증발기
② 응축기
③ 재생기
④ 압축기

해설 흡수식 냉동기 구성
㉠ 증발기
㉡ 흡수기
㉢ 재생기
㉣ 응축기

SECTION **03** 공기조화

41 보일러의 발생증기를 한 곳으로만 취출하면 그 부근에 압력이 저하하여 수면동요현상과 동시에 비수가 발생된다. 이를 방지하기 위한 장치는?

① 급수내관
② 비수방지관
③ 기수분리기
④ 인젝터

해설 비수방지관(안티프라이밍 방지관)
보일러에서 비수(수분이 증기에 혼입) 발생시 수분을 제거하여 건조증기를 취출한다.

42 직접팽창코일의 습면코일 열수를 산출하기 위하여 필요한 인자는?

① 대수 평균 온도차(MTD)
② 상당 외기 온도차(ETD)
③ 대수 평균 엔탈피차(MED)
④ 산술 평균 엔탈피차(AED)

해설 ⊙ 직접팽창코일의 습면코일 열수를 산출하려면 대수 평균 엔탈피차를 알아야 한다.
ⓛ 습면코일 : 코일의 표면온도가 통과공기의 노점보다 낮을 때 사용한다.

43 공기의 온도나 습도를 변화시킬 수 없는 것은?

① 공기필터
② 공기재열기
③ 공기예열기
④ 공기가습기

해설 공기필터 : 여과기의 역할(스트레이너)

44 외기온도 −5℃, 실내온도 20℃일 때 온수방열기의 방열면적이 $5m^2$이면 방열기의 방열량은?

① 약 1.3kW
② 약 2.6kW
③ 약 3.4kW
④ 약 3.8kW

해설 절대온도(T), −5+273=268K, 20+273=293K
1kW−h=860kcal(3,600kJ)
온수난방 표준방열량 : 450kcal/m^2h
5×450=2,250kcal
∴ 방열량=$\dfrac{2,250}{860}$=2.6kW

45 공기조화설비에서 공기의 경로로 옳은 것은?

① 환기덕트 → 공조기 → 급기덕트 → 취출구
② 공조기 → 환기덕트 → 급기덕트 → 취출구
③ 냉각탑 → 공조기 → 냉동기 → 취출구
④ 공조기 → 냉동기 → 환기덕트 → 취출구

해설 공기조화설비에서 공기의 경로
환기덕트 → 공조기 → 급기덕트 → 취출구

46 습공기에 대한 설명으로 틀린 것은?

① 노점온도는 수증기 분압 및 절대습도가 높을수록 높은 값을 가진다.
② 상대습도는 공기 중 수분량이 같으면 온도에 관계없이 동일하다.
③ 습공기의 습구온도는 항상 건구온도보다 낮은 온도를 나타낸다.
④ 건습구 온도계는 기류에 따라 습구온도가 변하므로 일정 풍속을 가해야 한다.

해설 상대습도는 용기 중 수분량이 같은 경우 온도가 상승하면 감소하고, 온도가 하강하면 적어진다.

47 20명의 인원이 각각 1개비의 담배를 동시에 피울 경우 필요한 실내 환기량은?(단, 담배 1개비당 발생하는 배연량은 0.54g/h, $1m^3$/h의 환기 가능한 허용 담배연소량은 0.017g/h이다.)

① 약 235m^3/h
② 약 347m^3/h
③ 약 527m^3/h
④ 약 635m^3/h

해설 20명당 배연량=20×0.54=10.8g/h
∴ 실내환기량=$\dfrac{10.8}{0.017}$=635m^3/h

48 다음 중 냉각탑에 관한 용어 및 특성 설명으로 틀린 것은?

① 어프로치(approach)는 냉각탑 출구수온과 입구 공기 건구온도 차
② 레인지(range)는 냉각수의 입구와 출구의 온도차
③ 어프로치(approach)를 적게 할수록 설비비 증가
④ 레인지(range)는 공기조화에서 5~8℃ 정도로 설정

해설 ⊙ 쿨링 어프로치 : 냉각수 출구온도−입구공기 습구온도
ⓛ 쿨링 레인지 : 냉각수 입구수온−냉각수 출구수온

49 환기(ventilation)란 A에 있는 공기의 오염을 막기 위하여 B로부터 C를 공급하여, 실내의 D를 실외로 배출하고 실내의 오염 공기를 교환 또는 희석시키는 것을 말한다. 여기서 A, B, C, D로 적절한 것은?

① A−일정 공간, B−실외, C−청정한 공기, D−오염된 공기

② A−실외, B−일정 공간, C−청정한 공기, D−오염된 공기

③ A−일정 공간, B−실외, C−오염된 공기, D−청정한 공기

④ A−실외, B−일정 공간, C−오염된 공기, D−청정한 공기

해설 오염 공기를 교환 또는 희석시키는 적절한 방법은 ①항이다.

50 과열증기에 대한 설명 중 옳은 것은?

① 습포화 증기에 압력을 높인 것이다.

② 습포화 증기에 열을 가한 것이다.

③ 건조포화 증기에 압력을 낮춘 것이다.

④ 일정한 압력조건에서 포화증기의 온도를 높인 것이다.

해설

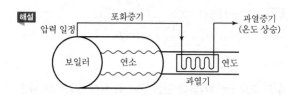

51 송풍 덕트 내의 정압제어가 필요 없고, 소음발생이 적은 변풍량 유닛은?

① 유인형

② 슬롯형

③ 바이패스형

④ 노즐형

해설 바이패스형 변풍량 유닛
덕트 내 정압제어가 필요 없고 소음발생이 적다.

52 공조설비를 구성하는 공기조화기에는 공기여과기, 냉·온수코일, 가습기, 송풍기로 구성되어 있는데, 이들 장치와 직접 연결되어 사용되는 설비가 아닌 것은?

① 공급덕트　　　　　② 주증기관

③ 냉각수관　　　　　④ 냉수관

해설 송풍기, 덕트, 펌프, 배관 등은 열운반장치로 사용되고 냉각수관은 쿨링타워에서 응축기로 내려와서 고압기체 냉매를 액화시킨다.

53 냉·난방 시의 실내 현열부하를 q_s(W), 실내와 말단 장치의 온도를 각각 t_r, t_d라 할 때 송풍량 Q(L/s)를 구하는 식은?

① $Q = \dfrac{q_s}{0.24(t_r - t_d)}$　　② $Q = \dfrac{q_s}{1.2(t_r - t_d)}$

③ $Q = \dfrac{q_s}{1.85(t_r - t_d)}$　　④ $Q = \dfrac{q_s}{2,501(t_r - t_d)}$

해설 현열부하 계산시 송풍량 계산식 $= \dfrac{q_s}{1.2(t_r - t_d)}(L/s)$

54 다음 중 서로 상관이 없는 것끼리 짝지어진 것은?

① 순환수두−밀도차

② VAV−변풍량방식

③ 저압증기난방−팽창탱크

④ MRT−패널 표면온도

해설 팽창탱크 : 온수난방에서 안전장치 역할을 한다.

55 공기조화방식에 관한 설명 중 옳은 것은?

① 각층 유닛방식은 층별 부하변동에 대응하기 쉬우나 부분 운전은 어렵다.

② 유인유닛방식은 외기 냉방의 효과가 크다.

③ 가변풍량방식으로 할 경우 최소 풍량 시에 필요한 외기량을 확보하는 것이 중요하다.

④ 가변풍량방식은 부하변동에 대하여 제어응답이 느리다.

해설 ㉠ 각층유닛 : 각 층마다 부분운전이 가능하다.
㉡ 유인유닛 : 외기냉방효과가 적다.
㉢ 가변풍량 방식 : 부하변동 시 제어응답이 빠르다.

56 덕트 조립공법 중 원형 덕트의 이음방법이 아닌 것은?

① 드로우 밴드 이음(Draw Band Joint)
② 비드 크림프 이음(Beaded Crimp Joint)
③ 더블 심(Double Seam)
④ 스파이럴 심(Spiral Seam)

해설 덕트(원형)의 이음방법
㉠ 드로우 밴드 이음
㉡ 비드 클림프 이음
㉢ 스파이럴 심

57 다음 그림과 같은 외벽의 열관류율 값은?(단, 표면 열전달률 $\alpha_0 = 20\text{W/m}^2 \cdot \text{K}$, 표면 열전달률 $\alpha_1 = 7.5$ $\text{W/m}^2 \cdot \text{K}$이다.)

타일 -------- 10mm ------0.76W/m·K
모르타르 ---- 30mm ----1.2W/m·K
콘크리트 ---- 120mm ----1.4W/m·K
모르타르 ---- 20mm ----1.2W/m·K
플라스틱 ---- 3mm ------0.53W/m·K

① 약 $3.03\text{W/m}^2 \cdot \text{K}$　② 약 $10.1\text{W/m}^2 \cdot \text{K}$
③ 약 $12.5\text{W/m}^2 \cdot \text{K}$　④ 약 $17.7\text{W/m}^2 \cdot \text{K}$

해설 열관류율(K)

$$= \cfrac{1}{\dfrac{1}{a} + \dfrac{b_1}{\lambda_1} + \dfrac{b_2}{\lambda_2} + \dfrac{b_3}{\lambda_3} + \dfrac{b_4}{\lambda_4} + \dfrac{b_5}{\lambda_5} + \dfrac{1}{a_2}}(\text{W/mK})$$

$$= \cfrac{1}{\dfrac{1}{20} + \dfrac{0.01}{0.76} + \dfrac{0.03}{1.2} + \dfrac{0.12}{1.4} + \dfrac{0.03}{0.53} + \dfrac{1}{7.5}} = 3.03$$

58 다음 중 열원설비가 아닌 것은?

① 보일러　　　② 냉동기
③ 송풍기　　　④ 냉각탑

해설 송풍기 : 열운반장치

59 연간에너지소비량을 평가할 수 있는 기간 열부하계 산법이 아닌 것은?

① 동적 열부하 계산법
② 디그리 데이법
③ 확장 디그리 데이법
④ 최대 열부하 계산법

해설 연간에너지소비량 평가 열부하계산법
㉠ 동적 열부하 계산법
㉡ 디그리 데이법
㉢ 확장 디그리 데이법

60 온수난방설계 시 다르시－바이스바흐(Darcy－Weis-bach)의 수식을 적용한다. 이 식에서 마찰저항계수 와 관련이 있는 인자는?

① 누셀수(Nu)와 상대조도
② 프란틀수(Pr)와 절대조도
③ 레이놀즈수(Re)와 상대조도
④ 그라쇼프수(Gr)와 절대조도

해설 온수난방 설계시 다르시－바이스바흐 수식의 마찰저항계 수와 관련이 있는 무차원수는 Re(레이놀즈수)와 상대조도 이다.

SECTION **04** 전기제어공학

61 자기회로에서 퍼미언스(permeance)에 대응하는 전 기회로의 요소는 무엇인가?

① 도전율　　　② 컨덕턴스
③ 정전 용량　　④ 엘라스턴스

해설 컨덕턴스
전기저항의 역수로서 전류가 얼만큼 잘 흐르느냐를 나타낸 다(교류회로에서는 어드미턴수 Y가, Y=G−jB로 나타내 고 이 식의 G가 컨덕턴스이다).
※ 자기회로에서 퍼미언스에 대응하는 전기회로 요소이다.

62 3상 유도전동기의 출력이 5kW, 전압 200V, 역률 80%, 효율이 90%일 때 유입되는 선전류(A)는?

① 14　　　　　　　② 17
③ 20　　　　　　　④ 25

해설　㉠ 3상 유도전동기 : 공작기계, 양수펌프 등 큰 기계장치용
　　㉡ 단상 유도전동기 : 선풍기, 냉장고 등 작은 동력에 사용
　　㉢ 선전류 : 선로에 흐르는 전류(전기회로에서 전원 단자로부터 선로로 유출하는 전류 및 선로부터 부하 단자로 흘러드는 전류)

$$P = \sqrt{3}\,VI\cos\theta \cdot \eta(w),\ \ I = P/\sqrt{3}\,V\cos\theta \cdot \eta$$

$$= \frac{5 \times 10^3}{\sqrt{3} \times 200 \times 0.8 \times 0.9} = 20A$$

---

63 전달함수 $G(s) = \dfrac{s+b}{s+a}$ 를 갖는 회로가 지상 보상회로의 특성을 갖기 위한 조건으로 맞는 것은?

① a > b　　　　　　② a < b
③ a > 1　　　　　　④ b > 1

해설　㉠ 전달함수
　　각기 다른 두 양이 있고 서로 관계하고 있을 때 최초의 양에서 다음의 다른 양으로 변화하기 위한 함수

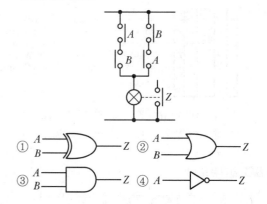

　　（R : 전달함수）

　　㉡ 보상회로
　　설계값 이외의 임피던스로 종단된 전송 선로에 대하여 그 송단 측 임피던스를 실현하기 위해 원래의 회로에 부가하는 회로
　　∴ a < b

---

64 직류기의 전기자 반작용에 대한 설명으로 옳지 않은 것은?

① 중성축이 이동한다.
② 전동기는 속도가 저하된다.
③ 국부적 섬락이 발생한다.
④ 발전기는 기전력이 감소한다.

해설　㉠ 직류기 : 정류자와 브러시에 의해 외부 회로에 대하여 직류전력을 공급받는 발전기로서 혹은 외부 전원에서 직류전력이 주어져서 전동기로서 운전이 가능한 회전기이다.
　　㉡ 전기자 반작용 : 발전기 전동기에 있어서 전기자 전류에 의해 생기는 자속이 주계자 자속에 주는 반작용

㉢ 직류기 전기자반작용은 ①, ③, ④에 대한 내용의 특징이 있다.

---

65 변압기의 1차 및 2차의 전압, 권선수, 전류를 E_1, N_1, I_1 및 E_2, N_2, I_2라 할 때 성립하는 식으로 알맞은 것은?

① $\dfrac{E_2}{E_1} = \dfrac{N_1}{N_2} = \dfrac{I_2}{I_1}$　　② $\dfrac{E_1}{E_2} = \dfrac{N_2}{N_1} = \dfrac{I_1}{I_2}$

③ $\dfrac{E_2}{E_1} = \dfrac{N_2}{N_1} = \dfrac{I_1}{I_2}$　　④ $\dfrac{E_1}{E_2} = \dfrac{N_1}{N_2} = \dfrac{I_1}{I_2}$

해설　변압기 : 하나의 회로에서 교류전력을 받아 전자유도작용에 의해 다른 회로에 전력을 공급하는 정지기기
　　• 변압기 1차 및 2차 전압, 권선수, 전류 성립

$$\frac{E_2}{E_1} = \frac{N_2}{N_1} = \frac{I_1}{I_2}$$

---

66 그림과 같은 유접점 회로를 논리 게이트로 바꾸었을 때 올바른 것은?

① $A, B \to$ OR $\to Z$　　② $A, B \to$ OR $\to Z$
③ $A, B \to$ AND $\to Z$　　④ $A \to$ NOT $\to Z$

해설　배타적 OR 게이트
$$Y = A\overline{B} + \overline{A}B = (A+B)\overline{AB} = (A+B)(\overline{A} - \overline{B})$$

---

67 농형 3상 유도전동기의 속도를 제어하는 방법으로 가장 옳은 것은?

① 부하를 조정하여 제어한다.
② 극수를 변환하여 제어한다.
③ 회전자 자속을 변환하여 제어한다.
④ 2차저항을 삽입하여 제어한다.

해설 농형 유도전동기
　　㉠ 유도전동기로서 회전자 권선이 농형을 하고 있는 것(소형 7.5kW 정도 소용용)
　　㉡ 속도제어방법 : 극수변환제어

68 축전지 용량의 단위는?
　① A　　　　　　　　② Ah
　③ V　　　　　　　　④ kW

해설 축전지(Storage battery)
2차전지(즉 방전해도 충전하여 반복 사용이 가능한 전지)이며 용량의 단위(Ah : Ampere-Hour, 암페어 아워)

69 조종하는 사람이 없는 엘리베이터의 자동제어는?
　① 프로그램제어　　　② 추종제어
　③ 비율제어　　　　　④ 정치제어

해설 프로그램 제어
조종자 없이 제어가 가능한 자동제어

70 목표값을 직접 사용하기 곤란할 때 어떤 것을 이용하여 주 되먹임 요소와 비교하여 사용하는가?
　① 기준입력요소　　　② 제어요소
　③ 되먹임요소　　　　④ 비교장치

해설 기준입력요소
목표값을 직접 사용하기 곤란할 때 어떤 것을 이용하여 주 되먹임 요소와 비교하여 사용한다.

71 다음 중 프로세스제어에 속하지 않는 것은?
　① 온도　　　　　　　② 유량
　③ 위치　　　　　　　④ 압력

해설 프로세스제어
자동제어 한 분야로서 장치를 사용하여 온도나 압력, 유량의 상태량을 처리하는 과정(화학공업에서 원료나 제품의 유량 등에 대한 입출력 제어)

72 직류기에서 전압정류의 역할을 하는 것은?
　① 탄소브러시　　　　② 보상권선
　③ 리액턴스 코일　　　④ 보극

해설 직류기
정류자와 브러시에 의해 외부 회로에 대하여 직류전력을 공급하는 발전기로서 보극은 직류기에서 전압정류의 역할을 한다.

73 제어 결과로 사이클링(cycling)과 옵셋(offset)을 발생시키는 동작은?
　① on-off 동작　　　② P 동작
　③ I 동작　　　　　　④ PI 동작

해설 on-off
2위치 불연속 동작이며 사이클링과 옵셋(편차)을 발생시킨다.

74 PLC(Programmable Logic Controller) CPU부의 구성과 거리가 먼 것은?
　① 데이터 메모리부　　② 프로그램 메모리부
　③ 연산부　　　　　　④ 전원부

해설 CPU(Central Processing Unit)
컴퓨터 시스템의 중심을 이루는 연산장치, 제어장치로 구성되어 있다. 기타 주기억 장치까지를 포함하기도 한다.

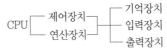

75 저항체에 전류가 흐르면 줄열이 발생하는데 이때 전류 I와 전력 P의 관계는?
　① $I = P$　　　　　② $I = P^{0.5}$
　③ $I = P^{1.5}$　　　　④ $I = P^2$

해설 줄의 법칙(Joule's law)
저항이 있는 도체에 전류를 흘리면 열이 발생한다. 이 열량은 흐르는 전류의 제곱과 도체의 저항 및 전류가 흐른 시간의 곱에 비례한다.
$H = 0.24 \times I^2 Rt$(cal)
∴ 전류와 전력과의 관계 = $I = P^{0.5}$

76 전류의 측정범위를 확대하기 위하여 사용되는 것은?

① 배율기 　　　　　② 분류기

③ 저항기 　　　　　④ 계기용 변압기

해설 분류기

어느 전로의 전류를 측정할 때 전로의 전류가 전류계의 정격보다 큰 경우에는 전류계와 병렬로 다른 전로를 만들고 전류를 분류하여 측정한다. 이처럼 전류를 분류하는 전로(저항기)를 분류기라 한다.

77 $G(j\omega) = j0.01\omega$에서 $\omega = 0.01\text{rad/s}$일 때 계의 이득은 몇 dB인가?

① -100 　　　　　② -80

③ -60 　　　　　④ -40

해설 이득 – 위상 선도

보드 선도의 이득 선도, 위상 선도를 1개의 곡선으로 나타낸 것으로 종축에 데시벨 값(dB)을 취하고 횡측에 위상각 $\theta°$를 취하여 주파수 ω를 파라미터로 표시한다.

주파수 $g(\text{dB}) = 20\log|G(j\omega)| = 20\log|j0.01\omega|$
$$= 20\log|0.0001j| = 20\log\frac{1}{10^4} = -80\text{dB}$$

78 역률이 80%이고, 유효전력이 80kW라면 피상전력은 몇 kVA인가?

① 100 　　　　　② 120

③ 160 　　　　　④ 200

해설 ㉠ 피상전력 : 교류의 부하 또는 전원의 용량을 나타내는 데 사용하는 값(단위＝VA 또는 kVA)

$$\therefore 피상전력 = \frac{80}{0.8} = 100\text{kVA}$$

㉡ 역률(Power Factor)

79 그림과 같은 블록선도에서 C(s)는?(단, G_1=5, G_2= 2, H=0.1, R(s)=1이다.)

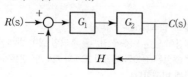

① 0 　　　　　② 1

③ 5 　　　　　④ ∞

해설 Block Diagram(블록선도)

회로, 플로차트, 프로세스 등의 시스템, 기기 또는 컴퓨터의 도표이다. 각 부분의 기본적인 기능 및 그들의 기능적 관계를 나타내기 위하여 그 주요부위에 적절한 주석을 붙이고 기하학적 그림으로 표시한 것

$$C = \frac{5 \times 2}{1 + 0.1 \times 5 \times 2} = 5$$

80 100V용 전구 30W와 60W 두 개를 직렬로 연결하고 직류 100V 전원에 접속하였을 때 두 전구의 상태로 옳은 것은?

① 30W가 더 밝다.

② 60W가 더 밝다.

③ 두 전구가 모두 켜지지 않는다.

④ 두 전구의 밝기가 모두 같다.

해설 ㉠ 전압(V)＝$\dfrac{W(J)의\ 일}{Q(전기량이동)}$ (단위 V)

㉡ 전력(P)＝$\dfrac{W(J)}{t(\sec)}$ (단위 W)

$$P = VI = I^2R = \frac{V^2}{R}(\text{W})$$

30W 전구의 저항이 60W 전구의 저항보다 더 크다.
$$I^2R_{30W} > I^2R_{60W}$$
즉 전력이 큰 30W 전구가 더 밝다.

SECTION 05 배관일반

81 다음과 같이 두 개의 90° 엘보와 직관길이 $l = 262$ mm인 관이 연결되어 있다. L = 300mm이고 관 규격이 20A이며 엘보의 중심에서 단면까지의 길이 A =32mm일 때 물린 부분 B의 길이는?

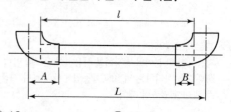

① 12mm 　　　　　② 13mm

③ 14mm 　　　　　④ 15mm

해설 $l = L - 2(A - a)$
$262 = 300 - 2(32 - a)$, $32 \times 2 = 64$, $300 - 64 = 236$
$\therefore \dfrac{262 - 236}{2} = 13mm$

82 신축곡관이라고 통용되는 신축이음은?

① 스위블형 ② 벨로즈형
③ 슬리브형 ④ 루프형

해설 신축이음 중 루프형은 신축곡관(응력이 생기거나 고압의 옥외 대형배관용이다.)으로 통용된다.

83 압축기 과열(토출가스 온도 상승) 원인이 아닌 것은?

① 고압이 저하하였을 때
② 흡입가스 과열 시(냉매 부족, 팽창밸브 개도 과소)
③ 워터재킷 기능 불량(암모니아 냉동기)
④ 윤활 불량

해설 압축기 고압이 저하하면 압축기 과열이 방지되고, 응축온도가 높아지면 압축기는 과열된다.

84 공기조화설비 중 냉수코일에 관한 설명으로 틀린 것은?

① 공기와 물의 흐름은 대향류로 한다.
② 냉수 입·출구 온도차는 5℃ 정도로 한다.
③ 가능한 한 대수평균 온도차를 크게 한다.
④ 코일의 모양은 가능한 한 장방형으로 한다.

해설 냉수코일은 스파이럴형·나선형 핀코일, 플레이트 핀코일, 슬릿 핀코일이 좋다.

85 5층 건물에 압력 수조식으로 급수하고자 한다. 5층 말단에 일반 대변기(세정밸브)를 설치할 경우 압력수조 출구의 압력을 어느 정도로 하여야 하는가?(단, 압력수조에서 대변기까지의 수직높이에 상당하는 압력 $1.5kgf/cm^2$이고, 압력수조에서 대변기까지의 마찰손실수두는 4mAq, 세정밸브의 필요 최소압력은 70kPa이다.)

① 약 $1.5kgf/cm^2$ ② 약 $2.0kgf/cm^2$
③ 약 $2.3kgf/cm^2$ ④ 약 $2.6kgf/cm^2$

해설 $4mAq = 0.4kg/cm^2$
$70kPa = 0.7kg/cm^2$
$\therefore$ 세정밸브 출구압력(P) $= 1.5 + 0.4 + 0.7 = 2.6kg/cm^2$

86 트랩의 봉수 파괴 원인에 해당하지 않는 것은?

① 자기 사이펀 작용 ② 모세관 현상
③ 증발 ④ 공동현상

해설 공동현상(캐비테이션) : 펌프에서 발생하는 이상현상(저압에서 발생)

87 배관용 보온재에 관한 설명으로 틀린 것은?

① 내열성이 높을수록 좋다.
② 열전도율이 작을수록 좋다.
③ 비중이 작을수록 좋다.
④ 흡수성이 클수록 좋다.

해설 배관용 보온재는 흡수성, 흡습성이 작아야 한다(열손실 방지 차원).

88 배관 내로 물을 수송할 때, 다음 설명 중 틀린 것은?

① 관이 길수록 관 내에서의 압력강하는 끝부분에서 커진다.
② 같은 시간에 같은 양의 물을 흐르게 하면 관이 가늘수록 유속이 빠르다.
③ 유량은 관의 단면적에 물의 평균유속을 곱하면 구해진다.
④ 관경과 물의 유속은 일정한 관계가 없다.

해설 관의 직경이 작으면 유속이 증가하고 관의 직경이 크면 유속은 감소하나 압력은 증가한다.

89 열팽창에 의한 배관의 이동을 구속 또는 제한하기 위해 사용되는 관 지지장치는?

① 행거(hanger)
② 서포트(support)
③ 브레이스(brace)
④ 레스트레인트(restraint)

해설 레스트레인트(앵커, 스톱, 가이드)는 열팽창에 의한 배관의 이동을 구속 또는 제한한다.

90 공조배관 설계 시 유속을 빠르게 설계하였을 때 나타나는 결과로 옳은 것은?

① 소음이 작아진다.
② 펌프양정이 높아진다.
③ 설비비가 커진다.
④ 운전비가 감소한다.

해설 공조배관에서 유속을 빠르게 하면 펌프양정이 높아진다.

91 방열기 전체의 수저항이 배관의 마찰손실에 비하여 큰 경우 채용하는 환수방식은?

① 개방류 방식
② 재순환 방식
③ 리버스 리턴 방식
④ 다이렉트 리턴 방식

해설 다이렉트 리턴방식
방열기 전체의 수저항이 배관의 마찰손실에 비하여 큰 경우 채용하는 환수방식

92 다음 주철 방열기의 도면 표시에 관한 설명으로 틀린 것은?

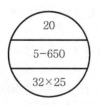

① 방열기 : 20쪽 수
② 유출관경 : 32A
③ 방열기 높이 : 650mm
④ 방열기 종류 : 5세주형

해설 유출관경 : 25A

93 급수설비에서 발생하는 수격작용의 방지법으로 틀린 것은?

① 관 내의 유속을 낮게 한다.
② 직선배관을 피하고 굴곡배관을 한다.
③ 수전류 등의 폐쇄를 서서히 한다.
④ 기구류 가까이에 공기실을 설치한다.

해설 굴곡배관은 압력손실이 발생하고 오히려 수격작용을 증가시킨다.

94 전기가 정전되어도 계속하여 급수를 할 수 있으며 급수오염 가능성이 적은 급수방식은?

① 압력탱크방식   ② 수도직결방식
③ 부스터방식   ④ 고가탱크방식

해설 수도직결방식은 전기가 정전되어도 계속하여 급수가 가능하며 급수오염이 적다.

95 관지지장치 중 서포트(support)의 종류로 틀린 것은?

① 파이프 슈   ② 리지드 서포트
③ 롤러 서포트   ④ 콘스턴트 행거

해설 서포트
배관의 하중을 아래에서 위로 지지한다.
㉠ 파이프 슈
㉡ 리지드 서포트
㉢ 롤러 서포트
㉣ 스프링 서포트

96 복사난방설비의 장점으로 틀린 것은?

① 실내 상하의 온도차가 적고, 온도 분포가 균등하다.
② 매설배관이므로 준공 후의 보수 · 점검이 쉽다.
③ 인체에 대한 쾌감도가 높은 난방방식이다.
④ 실내에 방열기가 없기 때문에 바닥면의 이용도가 높다.

해설 복사패널난방은 매설배관이므로 준공 후의 보수나 점검이 매우 불편하고 시설비가 많이 든다.

97 배수관의 최소관경은?(단, 지중 및 지하층 바닥 매설
관 제외)

① 20mm ② 30mm

③ 50mm ④ 100mm

 해설 배수관의 최소관경은 30mm 정도이다.

98 가스 도매사업에 관하여 도시가스 배관을 시가지의
도로 노면 밑에 매설하는 경우에는 노면으로부터 배
관의 외면까지 얼마 이상을 유지해야 하는가?(단, 방
호구조물 안에 설치하는 경우 제외한다.)

① 0.8m ② 1m

③ 1.5m ④ 2m

해설

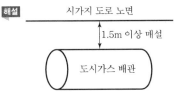

99 도시가스 계량기($30m^3/h$ 미만)의 설치 시 바닥으로
부터 설치 높이로 가장 적합한 것은?(단, 설치 높이
의 제한을 두지 않는 특정장소는 제외한다.)

① 0.5m 이하

② 0.7m 이상 1m 이내

③ 1.6m 이상 2m 이내

④ 2m 이상 2.5m 이내

해설 도시가스 계량기($30m^3/h$ 미만)의 설치 시 바닥에서 1.6m
이상~2m 이내에 설치한다.

100 동관의 이음에서 기계의 분해, 점검, 보수를 고려하
여 사용하는 이음법은?

① 납땜 이음 ② 플라스턴 이음

③ 플레어 이음 ④ 소켓 이음

해설 플레어 이음(압축이음)
20mm 이하의 동관이음에서 기계의 분해, 점검, 보수를 고
려하여 이음한다.

SECTION 01 기계열역학

01 밀폐 시스템의 가역 정압 변화에 관한 다음 사항 중 옳은 것은?(단, U : 내부에너지, Q : 전달열, H : 엔탈피, V : 체적, W : 일이다.)

① $dU = dQ$ 　　　② $dH = dQ$

③ $dV = dQ$ 　　　④ $dW = dQ$

해설 엔탈피(H) $= U + APV$, $dH = dU + Ad(PV) = dQ$
$H_2 - H_1 = \Delta H = (U_2 - U_1) + A(P_2 V_2 - P_1 V_1)$
밀폐계의 일량(절대일) $W = \int_1^2 Pdv = P(V_2 - V_1)$
$\qquad\qquad\qquad\qquad = R(T_2 - T_1)$

02 20℃의 공기(기체상수 R=0.287kJ/kg·K, 정압비열 C_p=1.004kJ/kg·K) 3kg이 압력 0.1MPa에서 등압 팽창하여 부피가 두 배로 되었다. 이 과정에서 공급된 열량은 대략 얼마인가?

① 약 252kJ 　　　② 약 883kJ

③ 약 441kJ 　　　④ 약 1,765kJ

해설 부피($V_1 = 1$, $V_2 = 2$)
압력 0.1MPa $= 98$kPa, $T_1 = 20 + 273 = 293$K
등압하의 $T_2 = T_1 \times \dfrac{V_2}{V_1} = (20 + 273) \times \left(\dfrac{2}{1}\right) = 586$K
$_1Q_2 = G_{cp}(T_2 - T_1) = 3 \times 1.004(586 - 293) = 883$kJ
※ $\delta q = dU + APdV = dh - AVdP$

03 한 사이클 동안 열역학계로 전달되는 모든 에너지의 합은?

① 0이다.
② 내부에너지 변화량과 같다.
③ 내부에너지 및 일량의 합과 같다.
④ 내부에너지 및 전달열량의 합과 같다.

해설 ㉠ 계의 에너지 : 운동에너지, 위치에너지, 내부에너지 계의 총 에너지(E) $= \dfrac{1}{2}mV^2 + mgz + \mu$
㉡ 에너지는(열, 일, 질량유동) 계로부터 세 가지 형태로 전달될 수 있다.
㉢ 한 사이클 동안 열역학계로 전달되는 에너지의 합은 0이다.

04 대기압하에서 물질의 질량이 같을 때 엔탈피의 변화가 가장 큰 경우는?

① 100℃ 물이 100℃ 수증기로 변화
② 100℃ 공기가 200℃ 공기로 변화
③ 90℃의 물이 91℃ 물로 변화
④ 80℃의 공기가 82℃ 공기로 변화

해설 물은 비열(1kcal/kg·℃)이 크고 100℃의 물이 100℃의 수증기로 변화 시 잠열(539kcal/kg)이 커서 같은 압력하에서는 공기보다 엔탈피 변화가 크다.

05 증기압축 냉동기에는 다양한 냉매가 사용된다. 이러한 냉매의 특징에 대한 설명으로 틀린 것은?

① 냉매는 냉동기의 성능에 영향을 미친다.
② 냉매는 무독성, 안정성, 저가격 등의 조건을 갖추어야 한다.
③ 우수한 냉매로 알려져 널리 사용되던 염화불화 탄화수소(CFC) 냉매는 오존층을 파괴한다는 사실이 밝혀진 이후 사용이 제한되고 있다.
④ 현재 CFC 냉매 대신에 R-12(CCl_2F_2)가 냉매로 사용되고 있다.

해설 프레온 대채 냉매
㉠ HFC-134a
㉡ HCFC-123
㉢ HCFC-142b
㉣ HCFC-123, 132b, 133a 등

1. ② 2. ② 3. ① 4. ① 5. ④ **| ANSWER**

06 최고 압력이 일정한 경우 오토사이클에 관한 설명 중 틀린 것은?

① 압축비가 커지면 열효율이 증가한다.

② 열효율이 디젤사이클보다 좋다.

③ 불꽃점화 기관의 이상사이클이다.

④ 열의 공급(연소)이 일정한 체적하에 일어난다.

해설 내연기관 사이클의 열효율(조건이 같을 때)

㉠ 초온, 초압, 가열량 및 압축비가 일정한 경우 : 오토사이클>사바테사이클>디젤사이클

㉡ 초온, 초압, 가열량 및 최고 압력이 일정한 경우 : 디젤사이클>사바테사이클>오토사이클

㉢ 오토사이클(정적 사이클)은 압축비가 증가하면 열효율이 좋고 압축비(ε)와 K만의 함수이다.

07 난방용 열펌프가 저온 물체에서 1,500kJ/h의 열을 흡수하여 고온 물체에 2,100kJ/h로 방출한다. 이 열펌프의 성능계수는?

① 2.0

② 2.5

③ 3.0

④ 3.5

해설 열펌프 성능계수(ε_h) $= \dfrac{Q_1}{A \cdot W} = \dfrac{Q_1}{Q_1 - Q_2} = \dfrac{T_1}{T_1 - T_2}$

$2,100 - 1,500 = 600 kJ/h$

$\therefore \varepsilon_h = \dfrac{2,100}{600} = 3.5$

08 최고온도 1,300K와 최저온도 300K 사이에서 작동하는 공기표준 Brayton 사이클의 열효율은 약 얼마인가?(단, 압력비는 9, 공기의 비열비는 1.4이다.)

① 30%

② 36%

③ 42%

④ 47%

해설 브레이튼 사이클(가스터빈 사이클)

열효율(η_B) $= 1 - \left(\dfrac{1}{\gamma}\right)^{\frac{k-1}{k}} = 1 - \left(\dfrac{1}{9}\right)^{\frac{1.4-1}{1.4}} = 0.47(47\%)$

09 카르노 사이클에 대한 설명으로 옳은 것은?

① 이상적인 2개의 등온과정과 이상적인 2개의 정압과정으로 이루어진다.

② 이상적인 2개의 정압과정과 이상적인 2개의 단열과정으로 이루어진다.

③ 이상적인 2개의 정압과정과 이상적인 2개의 정적과정으로 이루어진다.

④ 이상적인 2개의 등온과정과 이상적인 2개의 단열과정으로 이루어진다.

해설 카르노 사이클

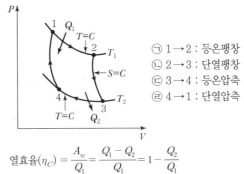

㉠ 1→2 : 등온팽창
㉡ 2→3 : 단열팽창
㉢ 3→4 : 등온압축
㉣ 4→1 : 단열압축

열효율(η_C) $= \dfrac{A_w}{Q_1} = \dfrac{Q_1 - Q_2}{Q_1} = 1 - \dfrac{Q_2}{Q_1}$

$= 1 - \dfrac{ART_2 l_n \dfrac{V_3}{V_4}}{ART_1 l_n \dfrac{V_2}{V_1}} = 1 - \dfrac{T_2}{T_1}$

10 냉동 효과가 70kW인 카르노 냉동기의 방열기 온도가 20℃, 흡열기 온도가 −10℃이다. 이 냉동기를 운전하는 데 필요한 이론동력(일률)은?

① 약 6.02kW

② 약 6.98kW

③ 약 7.98kW

④ 약 8.99kW

해설 절대온도(T) $= 20 + 273 = 293K$, $-10 + 273 = 263K$

$\therefore$ 이론동력 $= 70 \times \dfrac{293 - 263}{263} = 7.98 kW$

11 저온 열원의 온도가 T_L, 고온 열원의 온도가 T_H인 두 열원 사이에서 작동하는 이상적인 냉동 사이클의 성능계수를 향상시키는 방법으로 옳은 것은?

① T_L을 올리고 $(T_H - T_L)$을 올린다.

② T_L을 올리고 $(T_H - T_L)$을 줄인다.

③ T_L을 내리고 $(T_H - T_L)$을 올린다.

④ T_L을 내리고 $(T_H - T_L)$을 줄인다.

해설 냉동사이클의 성능계수(ε)

$$\varepsilon = \frac{Q_2}{A \cdot W} = \frac{Q_2}{Q_1 - Q_2} = \frac{T_2}{T_1 - T_2} = \frac{T_L}{T_H - T_L}$$

성능계수 향상방법은 T_L을 올리고 $T_H - T_L$을 줄이는 것이다.

12 밀폐계에서 기체의 압력이 500kPa로 일정하게 유지되면서 체적이 0.2m^3에서 0.7m^3로 팽창하였다. 이 과정 동안에 내부에너지의 증가가 60kJ이라면 계가 한 일은?

① 450kJ

② 350kJ

③ 250kJ

④ 150kJ

해설 등압변화 절대일($_1W_2$)

$$_1W_2 = \int_1^2 Pdv = P(V_2 - V_1) = R(T_2 - T_1)$$
$$= 500 \times (0.7 - 0.2) = 250\text{kJ}$$

13 과열기가 있는 랭킨사이클에 이상적인 재열사이클을 적용할 경우에 대한 설명으로 틀린 것은?

① 이상 재열사이클의 열효율이 더 높다.

② 이상 재열사이클의 경우 터빈 출구 건도가 증가한다.

③ 이상 재열사이클의 기기 비용이 더 많이 요구된다.

④ 이상 재열사이클의 경우 터빈 입구 온도를 더 높일 수 있다.

해설 ㉠ 랭킹 사이클의 열효율은 초온, 초압을 증가시키면 높아진다(초압을 높게 하면 터빈에서 팽창 중의 증기 건도가 저하되어 터빈 날개가 부식된다).
㉡ 팽창도중의 증기를 뽑아내어 가열장치로 보내 재가열한 후 다시 터빈에 보내면 통상열효율이 증가시키는 사이클이 재열사이클이다(증기의 건조도를 증가시킨다).
㉢ 재열 후 온도는 초온과 동일하거나 조금 낮게 된다.

14 물질의 양을 $\frac{1}{2}$로 줄이면 강도성(강성적) 상태량의 값은?

① $\frac{1}{2}$로 줄어든다.

② $\frac{1}{4}$로 줄어든다.

③ 변화가 없다.

④ 2배로 늘어난다.

해설 강도성 상태량
물질의 질량에 관계없이 그 크기가 결정되는(온도, 압력, 비체적) 상태량이므로 물질의 양과 관계가 없으며 상태량은 변화가 없다.

15 어떤 이상기체 1kg이 압력 100kPa, 온도 30℃의 상태에서 체적 0.8m^3를 점유한다면 기체상수는 몇 kJ/kg·K인가?

① 0.251

② 0.264

③ 0.275

④ 0.293

해설 SI단위 기체상수(R) $= C_p - C_v$, $PV = GRT$, $R = \dfrac{PV}{GT}$

$$\therefore R = \frac{100 \times 0.8}{1 \times (30 + 273)} = 0.264\text{kJ/kg} \cdot \text{K}$$

16 단열된 용기 안에 두 개의 구리 블록이 있다. 블록 A는 10kg, 온도 300K이고, 블록 B는 10kg, 900K이다. 구리의 비열은 0.4kJ/kg·K일 때, 두 블록을 접촉시켜 열교환이 가능하게 하고 장시간 놓아두어 최종 상태에서 두 구리 블록의 온도가 같아졌다. 이 과정 동안 시스템의 엔트로피 증가량(kJ/K)은?

① 1.15

② 2.04

③ 2.77

④ 4.82

해설

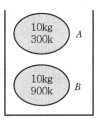

$$\Delta S_1 = GCL_n\frac{T_2}{T_1} = 10 \times 0.4 \times L_n\frac{600}{300} = 2.7725$$

평균온도(T_m) $= \dfrac{300+900}{2} = 600\text{K}$

$$\Delta S_2 = GCL_n\frac{T_2}{T_1} = 10 \times 0.4 \times L_n\frac{900}{600} = 1.621$$

∴ 엔트로피 증가량(ΔS) $= \Delta S_1 - \Delta S_2 = 2.7725 - 1.621$
$$= 1.15\text{kJ/K}$$

---

17 성능계수(COP)가 0.8인 냉동기로서 7,200kJ/h로 냉동하려면, 이에 필요한 동력은?

① 약 0.9kW   ② 약 1.6kW

③ 약 2.0kW   ④ 약 2.5kW

해설 $\text{COP}(0.8) = \dfrac{7,200}{x}$, $1\text{kW}-\text{h} = 3,600\text{kJ}$

동력 $= \dfrac{7,200}{3,600 \times 0.8} = 2.5\text{kW}$

---

18 전동기에 브레이크를 설치하여 출력 시험을 하는 경우, 축 출력 10kW의 상태에서 1시간 운전을 하고, 이때 마찰열을 20℃의 주위에 전할 때 주위의 엔트로피는 어느 정도 증가하는가?

① 123kJ/K

② 133kJ/K

③ 143kJ/K

④ 153kJ/K

해설 엔트로피(ΔS) $= \dfrac{\delta Q}{T} = \dfrac{GC \cdot dT}{T}$ (kJ/K)

∴ $\Delta S = \dfrac{10 \times 3,600}{20 + 273} = 123\text{kJ/K}$

※ 전동기 모터 동력량 $= 1\text{kW}-\text{h} = 3,600\text{kJ}(860\text{kcal})$

---

19 온도 T_1의 고온열원으로부터 온도 T_2의 저온열원으로 열량 Q가 전달될 때 두 열원의 총 엔트로피 변화량을 옳게 표현한 것은?

① $-\dfrac{Q}{T_1} + \dfrac{Q}{T_2}$

② $\dfrac{Q}{T_1} - \dfrac{Q}{T_2}$

③ $\dfrac{Q(T_1+T_2)}{T_1 \cdot T_2}$

④ $\dfrac{T_1 - T_2}{Q(T_1 \cdot T_2)}$

해설 고 · 저의 열전달과정의 엔트로피(ΔS) 변화량

$$\Delta S = -\frac{Q}{T_1} + \frac{Q}{T_2}\text{(kJ/k)}$$

온도차가 크면 더 비가역적인 과정이 된다.

---

20 대기압하에서 물의 어는점과 끓는점 사이에서 작동하는 카르노사이클(Carnot Cycle) 열기관의 열효율은 약 몇 %인가?

① 2.7

② 10.5

③ 13.2

④ 26.8

해설 어는점 : 0℃, 끓는점 : 100℃

$0 + 273 = 273\text{K}$, $100 + 273 = 373\text{K}$

∴ 열효율(η_c) $= \dfrac{373 - 273}{373} = 0.268(26.8\%)$

※ $\eta_c = \dfrac{Aw}{Q_1} = 1 - \dfrac{Q_2}{Q_1} = 1 - \dfrac{T_2}{T_1}$

카르노사이클 = (등온팽창 → 단열팽창 → 등온압축 → 단열압축, 가역이상 열기관사이클)

---

21 물을 냉매로 하고 LiBr을 흡수제로 하는 흡수식 냉동장치에서 장치의 성능을 향상시키기 위하여 열교환기를 설치하였다. 이 열교환기의 기능을 가장 잘 나타낸 것은?

① 응축기 입구 수증기와 증발기 출구 수증기의 열교환

② 발생기 출구 LiBr 수용액과 응축기 출구 물의 열교환

③ 발생기 출구 LiBr 수용액과 흡수기 출구 LiBr 수용액의 열 교환

④ 흡수기 출구 LiBr 수용액과 증발기 출구 수증기의 열 교환

해설 흡수식 냉동장치 열교환기(흡수제 : 리튬브로마이드, LiBr)

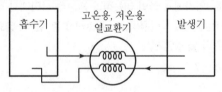

22 증기압축 냉동사이클에 대한 설명 중 옳은 것은?

① 응축압력과 증발압력의 차이가 작을수록 압축기의 소비동력은 작아진다.

② 팽창과정을 통해 유체의 압력은 상승한다.

③ 압축과정에서는 과열도가 작을수록 압축일량은 커진다.

④ 증발압력이 낮을수록 비체적은 작아진다.

해설 ㉠ 압축비 = $\dfrac{응축압력}{증발압력}$ (차이가 작을수록 압축기의 소비동력은 작아진다.)

㉡ 팽창과정 : 압력, 온도 하강

㉢ 과열도가 클수록 압축일량 증가, 압력이 높을수록 비체적(m^3/kg) 감소

23 다음 안전장치에 대한 설명으로 틀린 것은?

① 가용전은 응축기, 수액기 등의 압력용기에 안전장치로 설치된다.

② 파열판은 얇은 금속판으로 용기의 구멍을 막고 있는 구조이며 안전밸브로 사용된다.

③ 안전밸브의 최소구경은 실린더 지름과 피스톤 행정에 관여한다.

④ 고압차단스위치는 조정설정압력보다 벨로스에 가해진 압력이 낮아졌을 때 압축기를 정지시키는 안전장치이다.

해설 고압차단스위치(HPS)

작동압력 +4kg/cm²에서 압축기가 정지된다(작동압력보다 높아질 때 작동).

1대의 압축기가 설치된 경우 HPS는 압축기와 토출 측 스톱밸브 사이에 설치한다.

24 다음의 이상적인 1단 증기압축 냉동사이클에 대한 설명으로 틀린 것은?

① 압축과정은 등엔트로피 과정이다.

② 팽창과정은 등엔탈피 과정이다.

③ 응축과정은 등적 과정이다.

④ 증발과정은 등압 과정이다.

해설 냉매가 응축기에서 응축되면 용적이 감소한다.

※ 응축기 : 등온(온도일정)압축 과정이다(부피가 축소).

25 25℃ 원수 1ton을 1일 동안에 −9℃의 얼음으로 만드는 데 필요한 냉동능력은?(단, 동결잠열 80kcal/kg, 원수 비열 1kcal/kg · ℃, 얼음의 비열 0.5kcal/kg · ℃로 한다.)

① 약 1.37냉동톤(RT)

② 약 2.38냉동톤(RT)

③ 약 1.88냉동톤(RT)

④ 약 2.88냉동톤(RT)

해설 증기압축식 냉동기 1RT=3,320kcal/h

㉠ 물의 현열$=1,000 \times 1 \times (25-0)=25,000$kcal

㉡ 얼음의 현열$=1,000 \times 0.5(0-(-9))=4,500$kcal

㉢ 얼음의 융해잠열$=1,000 \times 80=80,000$kcal

∴ $\dfrac{25,000+4,500+80,000}{24}=4,562.5$kcal/h

∴ $RT=\dfrac{4,562.5}{3,320}=1.37$

---

26 냉동능력이 15kW인 냉동기에서 수냉식 응축기의 냉각수 입·출구 온도차가 8℃일 때, 냉각수 유량은? (단, 압축기 소요 동력은 5kW, 물의 비열은 1kcal/kg·℃)

① 약 1,397kg/h   ② 약 2,150kg/h

③ 약 1,852kg/h   ④ 약 2,500kg/h

해설 8℃×1kg/kg=8kcal

1kW-h=860kcal

∴ 냉각수 유량$=\dfrac{(15+5) \times 860}{8}=2,150$kg/h

---

27 냉수나 브라인의 동결방지용으로 사용하는 것은?

① 고압차단장치   ② 차압제어장치

③ 증발압력제어장치   ④ 유압보호스위치

해설 증발압력 제어장치(EPR)

압축비 상승에 의한 부작용을 방지하고 냉수나 브라인 간접 냉매의 동결 방지용 장치이다.

증발기가 한 대이면 (증발기 출구↔압축기 흡입관)에 설치한다.

---

28 암모니아를 사용하는 냉동기의 압축기에서 압축비 $\left(\dfrac{P_2}{P_1}\right)$가 5, 폴리트로피 지수($n$)는 1.3, 간극비($\varepsilon_0$)가 0.05일 때, 체적효율은?

① 약 0.88   ② 약 0.62

③ 약 0.38   ④ 약 0.22

해설 ㉠ 폴리트로피 체적효율(η_3)

$$\eta_3 = 1 - \varepsilon_o \left\{ \left(\dfrac{P_2}{P_1}\right)^{\frac{1}{n}} - 1 \right\} = 1 - 0.05 \left\{ (5)^{\frac{1}{1.3}} - 1 \right\} = 0.88$$

㉡ 등온압축 체적효율(η_1) $= 1 - \varepsilon_0 \left\{ \left(\dfrac{P_2}{P_1}\right) - 1 \right\}$

㉢ 단열압축 체적효율(η_2) $= 1 - \varepsilon_0 \left\{ \left(\dfrac{P_2}{P_1}\right)^{\frac{1}{k}} - 1 \right\}$

---

29 비열이 0.92kcal/kg·℃인 액 920kg을 1시간 동안 25℃에서 5℃로 냉각시키는 데 소요되는 냉각열량은 몇 냉동톤인가?

① 약 3.1   ② 약 5.1

③ 약 15.1   ④ 약 21.1

해설 현열(Q) $= G C_p \Delta t = 920 \times 0.92 \times (25-5)$

$= 16,928$kcal/h

1RT=3,320kcal/h

∴ 냉동톤(RT) $= \dfrac{16,928}{3,320} = 5.1$

---

30 다음 중 열전도도가 가장 큰 것은?

① 수은   ② 석면

③ 동관   ④ 질소

해설 열전도율(kcal/m·h·℃)

동관 : 320(동관의 열전도율이 가장 크다.)

---

31 쇼케이스형 냉동장치의 종류가 아닌 것은?

① 밀폐형 쇼케이스

② 반밀폐형 쇼케이스

③ 개방형 쇼케이스

④ 리칭(Reach)형 쇼케이스

해설 쇼케이스형 냉동장치

㉠ 밀폐형

㉡ 개방형

㉢ 리칭형

---

32 증발온도 −30℃, 응축온도 45℃에서 작동되는 이상적인 냉동기의 성적계수는?

① 1.2   ② 3.2
③ 5.0   ④ 5.4

해설 이론적 성적계수(COP)

$$COP = \frac{T_1}{T_2 - T_1} = \frac{Q_1}{Q_2 - Q_1}$$

응축절대온도(T_2) = 45 + 273 = 318K
증발절대온도(T_1) = −30 + 273 = 243K

$$\therefore COP = \frac{243}{318 - 243} = \frac{243}{75} = 3.2$$

33 고속 다기통 압축기의 윤활에 대한 설명 중 틀린 것은?

① 고온에서도 분해가 되지 않고 탄화하지 않는 윤활유를 선정하여 사용해야 한다.
② 윤활은 마찰부의 열을 제거하여 기계적 효율을 높이기 위함이다.
③ 압축기가 고도의 진공운전을 계속하면 유압은 상승한다.
④ 유압이 과대하게 상승하면 실린더에 필요 이상의 유량이 공급되어 오일해머링의 우려가 있다.

해설 ㉠ 압축기 윤활유 : 운동면의 마찰을 감소시켜 마모를 방지한다.
㉡ 고속다기통 압축기 냉동기유 : 150번 오일
㉢ 진공상태에서는 유압이 일정하다(진공 : 부압).

34 국소 대기압이 750mmHg이고 계기압력이 0.2kgf/cm² 일 때, 절대압력은?

① 약 0.46kgf/cm²
② 약 0.96kgf/cm²
③ 약 1.22kgf/cm²
④ 약 1.36kgf/cm²

해설 절대압력 = 대기압 + 계기압력

국소 대기압 = $1.033 \times \frac{750}{760} = 1.019$kgf/cm²

∴ 절대압력 = 1.019 + 0.2 = 1.22kgf/cm²

35 팽창밸브가 냉동 용량에 비하여 작을 때 일어나는 현상은?

① 증발기 내의 압력 상승
② 압축기 흡입가스 과열
③ 습압축
④ 소요 전류 증대

해설 팽창밸브가 냉동용량에 비하여 작으면 냉매가 증발기에서 완전 증발하여 흡입관에서 온도가 상승하여 압축기 흡입가스가 과열된다.

36 일반적으로 증발온도의 작동범위가 −70℃ 이하일 때 사용되기 적절한 냉동 사이클은?

① 2원 냉동 사이클
② 다효 압축 사이클
③ 2단 압축 1단 팽창 사이클
④ 1단 압축 2단 팽창 사이클

해설 2원 냉동 사이클 : −70℃ 이하의 저온을 얻기 위해 2개의 냉동 사이클이 조합된다.
㉠ 고온 측 냉매 : R-12, R-22
㉡ 저온 측 냉매 : R-13, R-114, R-503, 에틸렌, 메탄, 에탄 등 사용

37 흡수식 냉동기를 이용함에 따른 장점으로 가장 거리가 먼 것은?

① 여름철 피크전력이 완화된다.
② 대기압 이하로 작동하므로 취급에 위험성이 완화된다.
③ 가스수요의 평준화를 도모할 수 있다.
④ 야간에 열을 저장하였다가 주간의 부하에 대응할 수 있다.

해설 ④항의 내용은 심야 축열식 냉동기에 대한 설명이다.

38 흡수식 냉동기에 사용하는 냉매 흡수제가 아닌 것은?

① 물 − 리튬브로마이드   ② 물 − 염화리튬
③ 물 − 에틸렌글리콜   ④ 물 − 암모니아

해설 에틸렌글리콜(C₂H₄(OH)₂)
유기질 브라인 2차 간접냉매(식품과의 접촉은 금지)

39 냉동기의 증발압력이 낮아졌을 때 나타나는 현상으로 옳은 것은?

① 냉동능력이 증가한다.
② 압축기의 체적효율이 증가한다.
③ 압축기의 토출가스 온도가 상승한다.
④ 냉매 순환량이 증가한다.

해설 증발압력이 낮아졌을 때 응축압력 일정하다면 압축비
$\left(\dfrac{\text{응축압력}}{\text{증발압력}}\right)$가 상승하여 압축기 토출가스 온도가 상승한다.

40 피스톤 이론적 토출량 200m³/h의 압축기가 아래 표와 같은 조건에서 운전되고 있다. 흡입증기 엔탈피와 토출한 가스압력의 측정치로부터 압축기가 단열 압축 동작을 하는 것으로 가정했을 경우의 토출가스 엔탈피 h_2=158.6kcal/kg이다. 이 압축기의 소요동력은?

흡입증기의 엔탈피	150.0kcal/kg
흡입증기의 비체적	0.04m³/kg
체적효율	0.72
기계효율	0.9
압축효율	0.8

① 약 25.9kW   ② 약 40.0kW
③ 약 50.0kW   ④ 약 68.8kW

해설 냉매 1kg당 동력 일량= 158.6−150.0 = 8.6kcal/kg
냉매순환중량= $\dfrac{200}{0.04}$ = 5,000kg/h
1kW−h = 860kcal(3,600kJ)
∴ 소요동력= $\dfrac{5,000 \times 8.6}{860}$ = 50kW

SECTION 03 공기조화

41 보일러에서 방열기까지 보내는 증기관과 환수관을 따로 배관하는 방식으로서 증기와 응축수가 유동하는 데 서로 방해가 되지 않도록 증기트랩을 설치하는 증기난방 방식은?

① 트랩식   ② 상향급기관
③ 건식환수법   ④ 복관식

해설 복관식
증기관과 응축수 환수관을 별도로 설치하는 증기난방(단관식에 비하여 설비비용이 증가한다.)

42 실온이 25℃, 상대습도가 50%일 때, 냉방부하 중 실내 현열부하가 45,000kcal/h, 실내 잠열부하가 22,000kcal/h, 외기부하가 5,800kcal/h이라면 현열비(SHF)는?

① 0.41   ② 0.51
③ 0.67   ④ 0.97

해설 현열비= $\dfrac{\text{현열}}{\text{현열}+\text{잠열}}$ = $\dfrac{45,000}{45,000+22,000}$ = 0.67

43 공기의 성질에 관한 설명으로 틀린 것은?

① 절대습도는 습공기를 구성하고 있는 수증기와 건공기와의 질량비이다.
② 상대습도는 공기 중에 포함되어 있는 수증기의 양과 동일 온도에서 최대로 포함될 수 있는 수증기 양의 비이다.
③ 포화공기는 최대로 수분을 수용하고 있는 상태의 공기를 말한다.
④ 비교습도는 수증기 분압과 그 온도에 있어서의 포화 공기의 수증기 분압과의 비를 말한다.

해설 ④항 내용은 상대습도의 계산식이다.
비교습도= $\dfrac{\text{어느 상태 공기의 절대습도}}{\text{같은 온도 포화 공기의 절대습도}}$(kg/kg′, 즉 포화도)

44 간이계산법에 의한 건평 150m²에 소요되는 보일러의 급탕부하는?(단, 건물의 열손실은 90kcal/m² · h, 급탕량은 100kg/h, 급수 및 급탕 온도는 각각 30℃, 70℃이다.)

① 3,500kcal/h

② 4,000kcal/h

③ 13,500kcal/h

④ 17,500kcal/h

해설 급탕부하 현열 = $G \cdot C_p \cdot \Delta t = 100 \times 1 \times (70-30)$
　　　　　　　 = 4,000kcal/h

45 가변풍량방식(VAV)의 특징에 관한 설명으로 틀린 것은?

① 시운전 시 토출구의 풍량 조정이 간단하다.

② 동시사용률을 고려하여 기기용량을 결정하게 되므로 설비용량을 적게 할 수 있다.

③ 부하변동에 대하여 제어응답이 빠르므로 거주성이 향상된다.

④ 덕트의 설계 · 시공이 복잡해진다.

해설 VAV 방식
공기조화 대상의 부하 변동 시 송풍량을 조절하는 전공기 방식
• 단일덕트 변풍량식
• 2중 덕트 변풍량식
※ VAV 방식은 덕트의 설계시공이 복잡해지는 것보다는 설비비가 많이 든다.

46 다음 중 증기난방에 사용되는 기기로 가장 거리가 먼 것은?

① 팽창탱크

② 응축수 저장탱크

③ 공기 배출밸브

④ 증기 트랩

해설 온수난방 팽창탱크
㉠ 개방식(저온수 난방)
㉡ 밀폐식(고온수 난방)

47 다음의 냉방 부하 중 실내 취득 열량에 속하지 않는 것은?

① 인체의 발생 열량

② 조명기기에 의한 열량

③ 송풍기에 의한 취득열량

④ 벽체로부터의 취득열량

해설 송풍기, 덕트
기기로부터의 취득열량의 냉방부하

48 축열조의 특징으로 틀린 것은?

① 피크 컷에 의해 열원장치의 용량을 최소화할 수 있다.

② 부분부하 운전에 쉽게 대응하기 어렵다.

③ 열원기기 운전시간을 연장하여 장래의 부하 증가에 대응할 수 있다.

④ 열원기기를 고부하 운전함으로써 효율을 향상시킨다.

해설 축열조
냉난방에 있어서 열을 일시적으로 저장하는 장치이며 부분부하 운전에 쉽게 대응하기가 용이하다.

49 에어필터의 설치에 관한 설명으로 틀린 것은?

① 필터는 스페이스가 크므로 공조기 내부에 설치한다.

② 필터는 전 풍량을 취급하도록 한다.

③ 롤형의 필터로 사용할 때는 필터 전면에 해체와 반출이 용이하도록 공간을 두어야 한다.

④ 병원용 필터를 설치할 때는 프리필터를 고성능 필터 뒤에 설치한다.

해설 ㉠ 고성능의 HEPA 필터나 ULPA 필터, 전기식 필터 등의 경우에는 송풍기의 출구 측에 설치한다.
㉡ 병원용은 중간 필터나 프리필터를 고성능 필터 앞에 설치하여 고성능 필터 수명과 미세한 입자 포집을 도와준다.

50 비엔탈피가 12kcal/kg인 공기를 냉수코일을 이용하여 10kcal/kg까지 냉각제습하고자 한다. 이때 코일 입출구의 온도차를 5℃로 할 때 냉수 순환 펌프의 수량은?(단, 코일 통과 풍량은 6,000m³/h이며, 공기의 비체적은 0.835m³/kg이다.)

① 약 0.80l/min ② 약 47.9l/min
③ 약 63.4l/min ④ 약 73.8l/min

해설 풍량 중량 $= \dfrac{6,000}{0.835} = 7,185.63$kg/h $= 119.76$kg/min(분당)

냉각제습열량 $= 119.76 \times (12-10) = 239.52$kcal/min

∴ 냉수순환펌프 수량 $= \dfrac{239.52}{5 \times 1} = 47.9\,l$/min

※ 물의 비열 : 1kcal/kg · ℃

51 주어진 계통도와 같은 공기조화장치에서 공기의 상태변화를 습공기 선도상에 나타내었다. 계통도의 '5' 점은 습공기 선도에서 어느 점인가?

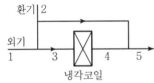

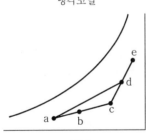

① a ② b
③ c ④ d

해설 혼합, 냉각, 바이패스
취출공기와 실내공기의 온도차가 크면 불쾌감을 느낀다. 따라서 온도차를 줄이기 위하여 실내로부터 오는 환기의 일부를 바이패스시킨다. 냉각기를 거쳐서 나오는 공기와 혼합하여 실내로 급기한다.
e : 외기, a : 4, c : 2, b : 5, 3 : d

52 팬 코일 유닛 방식을 배관방식으로 분류할 때 각 방식의 특징에 대한 설명으로 틀린 것은?

① 4관식은 혼합손실은 없으나 배관의 양이 증가하므로 공사비 및 배관설치용 공간이 증가한다.
② 3관식은 환수관에서 냉수와 온수가 혼합되므로 열손실이 없다.
③ 3관식은 온수 공급관, 냉수 공급관, 냉온수 겸용 환수관으로 구성되어 있다.
④ 4관식은 냉수배관, 온수배관을 설치하여 각 계통마다 동시에 냉난방을 자유롭게 할 수 있다.

해설 냉수와 온수가 혼합되면 열손실이 발생한다.

53 공기 중의 악취 제거를 위한 공기정화 에어필터로 가장 적합한 것은?

① 유닛형 필터 ② 점착식 필터
③ 활성탄 필터 ④ 전기식 필터

해설 활성탄 필터 : 유해가스, 냄새 등을 제거한다(패널형, 지그재그형, 바이패스형이 있다).

54 다음 선도에서 습공기를 상태 1에서 2로 변화시킬 때 현열비(SHF)의 표현으로 옳은 것은?

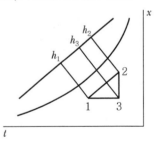

① $\dfrac{h_2 - h_3}{h_2 - h_1}$ ② $\dfrac{h_3 - h_1}{h_2 - h_1}$

③ $\dfrac{h_3 - h_1}{h_2 - h_3}$ ④ $\dfrac{h_2 - h_1}{h_2 - h_3}$

해설 ㉠ 현열＋잠열 : $h_2 - h_1$
㉡ 현열 : $h_3 - h_1$

55 덕트의 마찰저항을 증가시키는 요인은 여러 가지가 있다. 다음 중 값이 커지면 마찰저항이 감소되는 것은?

① 덕트 재료의 마찰저항계수

② 덕트 길이

③ 덕트 직경

④ 풍속

해설 덕트의 직경이 감소하면 마찰저항이 증대한다(마찰저항을 줄이려면 덕트직경을 크게 한다).

56 습공기 온도가 20℃, 절대습도가 0.0072kg/kg′일 때, 이 습공기의 엔탈피는?(단, 건조공기의 정압비열은 0.24kcal/kg·℃, 0℃에서 포화수의 증발잠열은 598.3kcal/kg, 수증기의 정압비열은 0.44kcal/kg·℃이다.)

① 약 2.17kcal/kg

② 약 9.11kcal/kg

③ 약 15.17kcal/kg

④ 약 20.17kcal/kg

해설 습공기의 엔탈피

잠열(q_{1L})$= r \cdot G_1(x_o - x_r) = 598.3 \times 1(0.0072)$
    $= 4.30776$

현열(q_{1S})$= 0.24 \cdot G_1(t_o - t_r) = 0.24 \times 1(20-0) = 4.8$

∴ 엔탈피($q_{1s} + q_{1L}) = 4.8 + 4.30776 = 9.11$kcal/kg

57 에어워셔 내에 온수를 분무할 때 공기는 습공기 선도에서 어떠한 변화과정이 일어나는가?

① 가습·냉각

② 과냉각

③ 건조·냉각

④ 감습·과열

해설 에어워셔(공기세정기) 내에 온수가 분무되면 공기 중 가습이 되고 공기가 냉각된다.

58 일반적으로 난방부하를 계산할 때 실내 손실열량으로 고려해야 하는 것은?

① 인체에서 발생하는 잠열

② 극간풍에 의한 잠열

③ 조명에서 발생하는 현열

④ 기기에서 발생하는 현열

해설 극간풍(틈새바람)에 의한 실내손실열량은 난방부하에 의한다(공기는 현열+잠열이 소요된다).

59 다음 중 에너지 절약에 가장 효과적인 공기조화 방식은?(단, 설비비는 고려하지 않는다.)

① 각층 유닛 방식

② 이중 덕트 방식

③ 멀티존 유닛 방식

④ 가변 풍량 방식

해설 설비비는 고려하지 않고 에너지 절약에 가장 효과적인 공조 방식 : 가변 풍량 방식(부하 변동 시 풍량 조절 가능)

60 다음 중 축류 취출구의 종류가 아닌 것은?

① 펑커 루버

② 그릴형 취출구

③ 라인형 취출구

④ 팬형 취출구

해설 축류형 취출구

• 펑커형

• 노즐형

• 그릴형(댐퍼가 없는 형)

※ 팬형 취출구 : 천장 취출구로서 원형과 각형이 있다.

SECTION 04 전기제어공학

61 와류 브레이크(Eddy Current Break)의 특징이나 특성에 대한 설명으로 옳은 것은?

① 전기적 제동으로 마모부분이 심하다.

② 정지 시에는 제동토크가 걸리지 않는다.

③ 제동토크는 코일의 여자전류에 반비례한다.

④ 제동 시에는 회전에너지가 냉각작용을 일으키므로 별도의 냉각방식이 필요 없다.

해설 와류 브레이크

플레밍의 왼손법칙에 따라 그 방향으로 토크가 발생한다. 이것은 원판의 회전과 반대방향이며 원판을 정지시키는 구실을 한다. 이러한 브레이크가 와류 브레이크다. 계기의 제동, 전동기의 브레이크 등으로 사용한다.

62 극수가 4인 유도전동기가 900rpm으로 회전하고 있다. 현재 슬립 속도는 20rpm일 때 주파수는 약 몇 Hz인가?

① 7.5 　　　　② 28
③ 31 　　　　④ 37

> **해설** $N_s(\mathrm{rpm})=\dfrac{120f}{P}$, $\dfrac{120\times x}{4}=900$, 슬립(S)$=\dfrac{N_s-N}{N_s}$
>
> $x=\dfrac{900\times4}{120}=30$
>
> ∴ 주파수$(H_z)=\dfrac{(900+30)\times4}{120}=31$

63 그림과 같은 접점회로의 논리식으로 옳은 것은?

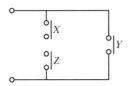

① X · Y · Z 　　② (X+Y) · Z
③ X · Z+Y 　　④ X+Y+Z

> **해설** X와 Z는 직렬(AND 회로), Y가 병렬이므로(OR회로) X · Z +Y가 된다.

64 전류계와 병렬로 연결되어 전류계의 측정범위를 확대해 주는 것은?

① 배율기 　　　② 분류기
③ 절연저항 　　④ 접지저항

> **해설** 분류기
> 어느 전로의 전류를 측정하려는 경우에 전로의 전류가 전류계의 정격보다 큰 경우에는 전류계와 병렬로 다른 전로를 만들어 전류를 분류하여 측정한다. 이와 같이 전류를 분류하는 전로(저항기)가 분류기이다.

65 제어장치의 구동장치에 따른 분류에서 타력제어와 비교한 자력제어의 특징 중 틀린 것은?

① 저비용 　　　② 구조 간단
③ 확실한 동작 　④ 빠른 조작 속도

> **해설** ㉠ 타력제어 : 제어 동작을 하는 데 필요한 동력을 다른 보조 장치에서 받는 제어방식이다(보조 동력으로서 전기, 공기압, 유압 또는 그 조합 등이다).
> ㉡ 자력제어 : 조작부를 움직이기 위해 필요한 에너지가 제어 대상에서 검출부를 통해 얻는 제어방식이다(저비용, 구조 간단, 확실한 동작이 가능하다).

66 정격 600W 전열기에 정격전압의 80%를 인가하면 전력은 몇 W로 되는가?

① 384 　　　　② 486
③ 545 　　　　④ 614

> **해설** 전력$(P)=VI=I^2R=\dfrac{V^2}{R}$(W)
>
> ∴ $P=\dfrac{V^2}{R}$,
>
> $P'=\dfrac{(0.8V)^2}{R}=(0.8\times0.8)\dfrac{V^2}{R}$
>
> $=0.64\times P=0.64\times600=384\mathrm{W}$

67 다음 논리식 중 틀린 것은?

① $\overline{A\cdot B}=\overline{A}+\overline{B}$
② $\overline{A+B}=\overline{A}\cdot\overline{B}$
③ $A+A=A$
④ $A+\overline{A}\cdot B=A+\overline{B}$

> **해설** ④의 설명
> $A+\overline{A}\cdot B=(A+\overline{A})\cdot(A+B)=1(A+B)$가 되어야 한다.
> ∴ $A+\overline{B}$가 아니다.

68 입력전압을 변화시켜서 전동기의 회전수를 900rpm으로 조정하였을 때 회전수는 제어의 구성요소 중 어느 것에 해당하는가?

① 목표값 　　　② 조작량
③ 제어량 　　　④ 제어대상

> **해설** 회전수 제어의 구성요소 : 제어량

69 철심을 가진 변압기 모양의 코일에 교류와 직류를 중첩하여 흘리면 교류임피던스는 중첩된 직류의 크기에 따라 변하는데 이 현상을 이용하여 전력을 증폭하는 장치는?

① 회전증폭기   ② 자기증폭기

③ 사이리스터   ④ 차동변압기

해설 자기증폭기

㉠ 철심 리액터의 비선형을 이용한 것으로 리액터에 직류 자화력을 가하여 철심을 포화시켜 부하 전류를 제어하는 방식의 증폭기(전력 증폭기)

㉡ 구조가 매우 튼튼하고 대출력의 것을 간단히 얻는다.

70 물체의 위치, 방위, 자세 등의 기계적 변위를 제어량으로 해서 목표값의 임의의 변화에 대응하도록 구성된 제어계는?

① 프로그램 제어   ② 정치 제어

③ 공정 제어   ④ 추종 제어

해설 추종 제어

물체의 위치, 방위, 자세 등의 기계적 변위를 제어량으로 해서 목표값의 임의의 변화에 대응하도록 구성된 제어계(항공기의 레이더 방향을 자동으로 추종시키는 제어)

71 3상 동기발전기를 병렬 운전하는 경우 고려하지 않아도 되는 것은?

① 기전력 파형의 일치 여부

② 상회전방향의 동일 여부

③ 회전수의 동일 여부

④ 기전력 주파수의 동일 여부

해설 동기발전기의 병렬운전 시 고려사항은 ①, ②, ④항 외에도

㉠ 기전력의 크기가 같을 것

㉡ 기전력의 위상이 같을 것

72 미소한 전류나 전압의 유무를 검출하는 데 사용되는 계기는?

① 검류계   ② 전위차계

③ 회로시험계   ④ 오실로스코프

해설 검류계

미약한 전류를 측정하는 계기로 가동부분의 마찰 극력을 작게 하기 위해 보통의 전류계와 같이 피벗(Pivot)으로 지지하지 않고 아주 가는 금속 파이버로 매달고 있다(직류용, 교류용, 전기량 측정용이 있다).

73 기억과 판단기구 및 검출기를 가진 제어방식은?

① 시한 제어   ② 피드백 제어

③ 순서프로그램 제어   ④ 조건 제어

해설 피드백 제어

기억과 판단기구 및 검출기를 가진 제어방식이다(출력신호를 그 입력신호로 되돌림으로써 제어량의 값을 목표값과 비교하여 그들을 일치시키도록 정정동작을 하는 제어).

㉠ 외관의 영향을 없애는 제어 : 정치제어

㉡ 목표값이 크게 달라지는 제어 : 추치제어

74 PLC의 구성에 해당되지 않는 것은?

① 입력장치   ② 제어장치

③ 주변용 장치   ④ 출력장치

해설 ㉠ 주변용 장치

• 컴퓨터에서 입 · 출력장치(보조기억장치)

• 중앙처리장치(CPU)의 제어하에서 동작하는 장치

㉡ PLC 구성 : 입력장치, 제어장치, 출력장치

75 그림의 선도에서 전달함수 C(s)/R(s)는?

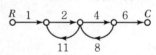

① $-\dfrac{8}{9}$ ② $\dfrac{4}{5}$

③ $-\dfrac{48}{53}$ ④ $-\dfrac{105}{77}$

해설 $G = 1 \cdot 2 \cdot 4 \cdot 6 = 48$, $\Delta_1 = 1$

$L_{11} = 2 \cdot 11 = 22$

$L_{21} = 4 \cdot 8 = 32$

$\Delta = 1 - (L_{11} + L_{21}) = 1 - (22 + 32) = -53$

$\therefore$ 전달함수$(G) = \dfrac{C}{R} = \dfrac{G_1 \Delta_1}{\Delta_1} = -\dfrac{48}{53}$

76 변압기의 부하손(동손)에 대한 특성 중 맞는 것은?

① 동손은 주파수에 의해 변화한다.

② 동손은 온도 변화와 관계없다.

③ 동손은 부하 전류에 의해 변화한다.

④ 동손은 자속 밀도에 의해 변화한다.

해설 동손(Copper Loss)

전기 기기에 생기는 손실 중 권선저항에 의해서 생기는 줄손(Joule Loss), 권선의 전류를 I(A), 권선의 저항을 r(Ω)로 했을 때 발생하는 동손$(P) = I_r^2$(W)

77 $R-L-C$ 직렬회로에서 전압(E)과 전류(I) 사이의 관계가 잘못 설명된 것은?

① $X_L > X_C$인 경우 I는 E보다 θ만큼 뒤진다.

② $X_L < X_C$인 경우 I는 E보다 θ만큼 앞선다.

③ $X_L = X_C$인 경우 I는 E와 동상이다.

④ $X_L < (X_C - R)$인 경우 I는 E보다 θ만큼 뒤진다.

해설 $R-L-C$ 직렬회로에서 R(저항), L(인덕턴스), C(정전용량)일 때,

㉠이 크면 전류는 뒤진다.

㉡이 크면 전류는 앞선다.

78 전기력선의 기본성질에 대한 설명으로 틀린 것은?

① 전기력선의 방향은 그 점의 전계의 방향과 일치한다.

② 전기력선은 전위가 높은 점에서 낮은 점으로 향한다.

③ 두 개의 전기력선은 전하가 없는 곳에서 교차한다.

④ 전기력선의 밀도는 전계의 세기와 같다.

해설 전기력선

전계의 상태를 생각하기 쉽게 하기 위하여 가상해서 그려지는 선(밀도가 전계의 세기를 나타내고 접선의 방향이 그것을 그은 장소에서의 전계의 방향을 나타낸다. 전기력선은 양전하에서 나와 음전하에 이른다.)

79 단자전압 300V, 전기자저항 0.3Ω의 직류분권발전기가 있다. 전부하의 경우 전기자전류가 50A 흐른다고 할 때 이 전동기의 기동전류를 정격 시의 1.7배로 하려면 기동 저항은 약 몇 Ω인가?

① 2.8 ② 3.2

③ 3.5 ④ 3.8

해설 직류발전기

㉠ 타여자 발전기

㉡ 자여자 발전기(분권, 직권, 복권)

I_{as} (전부하전류) $= 1.7$, $SR = ?$

$$I_{as} = \frac{V}{R_a} + SR = 1.7I$$

$$\frac{300}{0.3 + SR} = \frac{1.7 \times 50}{1.7 \times 50}$$

$$300 = (0.3 + SR) \times (1.7 \times 50), \ 1.7 \times 50 = 85$$

$$85SR = 300 - (85 \times 0.3)$$

$$\therefore \ SR = \frac{300 - (85 \times 0.3)}{85} = 3.2$$

80 피드백 제어에서 제어요소에 대한 설명 중 옳은 것은?

① 조작부와 검출부로 구성되어 있다.

② 동작신호를 조작량으로 변화시키는 요소이다.

③ 제어를 받는 출력량으로 제어대상에 속하는 요소이다.

④ 동작신호를 검출부로 변화시키는 요소이다.

해설 피드백 제어에서 제어요소

동작신호를 조작량으로 변화시키는 요소이다.

SECTION **05** 배관일반

81 배수관에 트랩을 설치하는 가장 큰 목적은?

① 유체의 역류 방지를 위해

② 통기를 원활하게 하기 위해

③ 배수속도를 일정하게 하기 위해

④ 유해, 유취 가스의 역류 방지를 위해

해설 배수트랩의 설치 목적
유해, 유취 가스의 역류 방지

82 주철관 이음에 해당되는 것은?

① 납땜 이음
② 열간 이음
③ 타이튼 이음
④ 플라스탄 이음

해설 주철관 접합
㉠ 소켓 접합
㉡ 플랜지 접합
㉢ 기계적 접합
㉣ 빅토리 접합
㉤ 타이튼 접합
※ 플라스탄 이음 : 연관접합

83 배관 도면에서 각 장치와 관에 번호를 부여하는 라인 인덱스의 기재 순서 예로 '4 – 2B – N – 15 – 39 – CINS'로 기재하는데 이 중 '39'는 무엇을 나타내는 표시인가?

① 관의 호칭지름
② 배관재료의 종류
③ 유체별 배관번호
④ 장치번호

해설 라인인덱스 기재순서

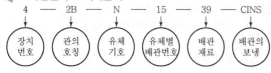

84 저온수 난방장치에서 배기관의 설치 위치는?

① 팽창관 하단
② 순환펌프 출구
③ 드레인관 하단
④ 팽창탱크 상단

해설 저온수 난방(100℃ 이하)장치의 배기관 설치 위치
팽창탱크 상단

85 배수배관의 관이 막혔을 때 이것을 점검·수리하기 위해 청소구를 설치하는데, 설치가 필요 장소로 적절하지 않은 곳은?

① 배수 수평 주관과 배수 수평 분기관의 분기점에 설치
② 배수관이 45° 이상의 각도로 방향을 전환하는 곳에 설치
③ 길이가 긴 수평 배수관인 경우 관경이 100A 이하일 때 5m마다 설치
④ 배수 수직관의 제일 밑 부분에 설치

해설 청소구 설치간격
㉠ 관경 100mm 이하 : 수평관 직선길이 15m마다
㉡ 관경 100mm 초과 : 수평관 직선길이 30m마다

86 증기와 응축수의 온도차를 이용하여 응축수를 배출하는 열동식 트랩이 아닌 것은?

① 벨로스 트랩
② 디스크 트랩
③ 바이메탈식 트랩
④ 다이어프램식 트랩

해설 열역학적 트랩
㉠ 디스크 트랩(충격식 Impulse)
㉡ 오리피스 트랩

87 가스배관 외부에 표시하지 않는 것은?(단, 지하에 매설하는 경우는 제외)

① 사용가스명
② 최고사용압력
③ 유량
④ 가스흐름방향

해설 지상 가스배관 외부에는 ①, ②, ④항을 표시한다.

88 급탕설비에서 급탕 온도가 70℃, 복귀탕 온도가 60℃일 때, 온수 순환 펌프의 수량은?(단, 배관계의 총 손실 열량은 3,000kcal/h로 한다.)

① 50L/min
② 5L/min
③ 45L/min
④ 4.5L/min

급탕현열 $=1L \times (70-60) \times 1 \text{kcal/kg} \cdot \text{℃} = 10 \text{kcal/L}$
1시간 $=60$분
$\therefore$ 순환펌프 수량 $= \dfrac{3,000}{10 \times 60} = 5 \text{L/min}$

89 급탕배관에 관한 설명으로 틀린 것은?

① 단관식의 경우 급수관경보다 큰 관을 사용해야 한다.

② 하향식 공급방식에서는 급탕관 및 복귀관은 모두 선하향 구배로 한다.

③ 보통 급탕관은 수명이 짧으므로 장래에 수리, 교체가 용이하도록 노출 배관하는 것이 좋다.

④ 연관은 열에 강하고 부식도 잘되지 않으므로 급탕배관에 적합하다.

연관
㉠ 산에는 강하나 알칼리에는 약하다.
㉡ 전성, 연성이 풍부하나 굴곡에는 시공성이 좋다.
㉢ 신축성이 좋다.
㉣ 납(Pb)을 사용하므로 열에는 약하다.

90 복사난방 배관에서 코일의 구배로 옳은 것은?

① 상향식 : 올림구배, 하향식 : 올림구배

② 상향식 : 내림구배, 하향식 : 올림구배

③ 상향식 : 내림구배, 하향식 : 내림구배

④ 상향식 : 올림구배, 하향식 : 내림구배

복사난방(패널 온수 난방)
㉠ 상향식 코일 : 올림구배
㉡ 하향식 코일 : 내림구배

91 개별식 급탕방법의 특징이 아닌 것은?

① 배관의 길이가 길어 열손실이 크다.

② 사용이 쉽고 시설이 편리하다.

③ 필요한 즉시 따뜻한 온도의 물을 쓸 수 있다.

④ 소형 가열기를 급탕이 필요한 곳에 설치하는 방법이다.

개별식이 아닌 중앙식 급탕은 배관의 길이가 길어서 열손실이 크다.

92 배관의 하중을 위에서 걸어 당겨 지지하는 행거(Hanger) 중 상하 방향의 변위가 없는 개소에 사용하는 것은?

① 콘스탄트 행거(Constant Hanger)

② 리지드 행거(Rigid Hanger)

③ 베리어블 행거(Variable Hanger)

④ 스프링 행거(Spring Hanger)

㉠ 리지드 행거 : 수직방향에 변위가 없는 곳에 사용
㉡ 콘스탄트 행거 : 지정 이동거리 범위 내에서 배관의 상하 방향의 이동에 대해 항상 일정한 하중으로 배관을 지지할 수 있는 장치에 사용

93 냉매유속이 낮아지게 되면 흡입관에서의 오일 회수가 어려워지므로 오일 회수를 용이하게 하기 위하여 설치하는 것은?

① 이중입상관

② 루프 배관

③ 액 트랩

④ 리프팅 배관

이중입상관
냉매속도가 감소하면 흡입관에서의 오일 회수가 어려워지므로 오일 회수를 용이하게 하기 위하여 설치한다.

94 펌프 주위 배관 시공에 관한 사항으로 틀린 것은?

① 풋 밸브(Foot Valve) 등 모든 관의 이음은 수밀, 기밀을 유지할 수 있도록 한다.

② 흡입관의 길이는 가능한 한 짧게 배관하여 저항이 적도록 한다.

③ 흡입관의 수평배관은 펌프를 향하여 하향 구배로 한다.

④ 양정이 높을 경우에는 펌프 토출구와 게이트 밸브와의 사이에 체크밸브를 설치한다.

펌프 설치 시 흡입관의 수평배관(횡관)은 펌프 쪽으로 상향 구배로 배관한다.

95 압력탱크 급수방법에서 사용되는 탱크의 부속품이 아닌 것은?

① 안전밸브

② 수면계

③ 압력계

④ 트랩

해설 ㉠ 압력탱크 급수방식 : 물받이 탱크 저수 → 급수 펌프 → 압력탱크 → 건축구조물 내의 소요개소
㉡ 트랩 : 증기트랩, 배수트랩

96 방열기 주위 배관에 대한 설명으로 틀린 것은?

① 방열기 주위는 스위블 이음으로 배관한다.
② 공급관은 앞쪽 올림의 역구배로 한다.
③ 환수관은 앞쪽 내림의 순구배로 한다.
④ 구배를 취할 수 없거나 수평주관이 2.5m 이상일 때는 한 치수 작은 지름으로 한다.

해설 수평주관이 2.5m 이상이면 유체의 흐름 저항이 커서 방열기 주위 배관은 한 치수 큰 것으로 한다.

97 다음 공조용 배관 중 배관 샤프트 내에서 단열시공을 하지 않는 배관은?

① 온수관   ② 냉수관
③ 증기관   ④ 냉각수관

해설 냉각탑 냉각수관은 단열시공을 하지 않는다.

98 급탕설비에 관한 설명으로 틀린 것은?

① 개별식 급탕법은 욕실, 세면장, 주방 등에 소형의 가열기를 설치하여 급탕하는 방법이다.
② 온수보일러에 의한 간접가열방식이 직접가열방식보다 저탕조 내부에 스케일이 잘 생기지 않는다.
③ 급수관에서 공급된 물이 코일 모양으로 배관된 가열관을 통과하는 동안에 가스 불꽃에 의해 가열되어 급탕하는 장치를 순간온수기라 한다.
④ 열효율은 양호하지만 소음이 심하여 S형, Y형의 사이렌서를 부착하며, 사용증기압력은 약 10~40MPa인 급탕법을 기수혼합식이라 한다.

해설 중앙식 기수혼합식 급탕설비
㉠ 사이렌서는 S형, F형이 있다.
㉡ 증기사용압력은 0.1~0.4MPa 정도이다.

99 냉동배관 시 플렉시블 조인트의 설치에 관한 설명으로 틀린 것은?

① 가급적 압축기 가까이에 설치한다.
② 압축기의 진동방향에 대하여 직각으로 설치한다.
③ 압축기가 가동할 때 무리한 힘이 가해지지 않도록 설치한다.
④ 기계 · 구조물 등에 접촉되도록 견고하게 설치한다.

해설 플렉시블 조인트
진동, 신축배관용 펌프나 압축기에 사용된다.

100 대 · 소변기 및 이와 유사한 용도를 갖는 기구로부터 배수 등 인간의 분뇨를 포함하는 배수의 종류는?

① 우수   ② 오수
③ 잡배수   ④ 특수배수

해설 오수
대 · 소변기 및 이와 유사한 용도를 갖는 기구로부터 배수 등 인간의 분뇨를 포함한 배수이다.

SECTION 01 기계열역학

01 배기체적이 1,200cc, 간극체적이 200cc의 가솔린 기관의 압축비는 얼마인가?

① 5   ② 6

③ 7   ④ 8

해설 전체체적 = 1,200 + 200 = 1,400cc,

기관압축비 = $\frac{1,400}{200} = 7$

02 압축기 입구 온도가 −10℃, 압축기 출구 온도가 100℃, 팽창기 입구 온도가 5℃, 팽창기 출구온도가 −75℃ 로 작동되는 공기 냉동기의 성능계수는?(단, 공기의 C_p는 1.0035kJ/kg · ℃로서 일정하다.)

① 0.56   ② 2.17

③ 2.34   ④ 3.17

해설 ㉠ 공기 1kg당 냉동효과

$= C_p(T_1 - T_4) = 1.0035\{(273 - 10) - (273 - 75)\}$

$= 1.0035(263 - 198)$

$= 65.2275\text{kJ/kg}$

㉡ 공기 1kg당 방출열량

$= C_p(T_2 - T_3)$

$= C_p(T_2 - T_3) = 1.0035\{(100 + 273) - (273 + 5)\}$

$= 95.3325\text{kJ/kg}$

∴(COP) 성적계수 $= \frac{q_2}{A_w} = \frac{q_2}{q_1 - q_2} = \frac{65.2275}{95.3325 - 65.2275}$

$= \frac{65.2275}{30.105} = 2.17$

03 이상기체의 등온과정에 관한 설명 중 옳은 것은?

① 엔트로피 변화가 없다.

② 엔탈피 변화가 없다.

③ 열 이동이 없다.

④ 일이 없다.

해설 이상기체 등온변화 : 내부에너지, 엔탈피의 변화는 0

일($_1W_2$) $= RT\ln\frac{V_2}{V_1} = RT\ln\frac{P_1}{P_2}$

내부에너지(du) $= C_v dT$, $dT = 0$, $du = 0$, $dh = C_p dT = 0$

04 공기 2kg이 300K, 600kPa 상태에서 500K, 400kPa 상태로 가열된다. 이 과정 동안의 엔트로피 변화량은 약 얼마인가?(단, 공기의 정적비열과 정압비열은 각각 0.717kJ/kg · K과 1.004kJ/kg · K로 일정하다.)

① 0.73kJ/K   ② 1.83kJ/K

③ 1.02kJ/K   ④ 1.26kJ/K

해설 300K → 500K, 600kPa → 400kPa

엔트로피 변화(ΔS) $= S_2 - S_1 = GC_p\ln\frac{T_2 P_1}{T_1 P_2} + GC_v\ln\frac{P_2}{P_1}$

$= 2 \times 1.004 \times \ln\frac{500 \times 0.6}{300 \times 0.4} + 2 \times 0.717 \times \ln\frac{0.4}{0.6}$

$= 1.266\text{kJ/K}$

※ 600kPa = 0.6MPa, 400kPa = 0.4MPa

05 두께 1m, 면적 0.5m²의 석고판의 뒤에 가열 판이 부착되어 1,000W의 열을 전달한다. 가열 판의 뒤는 완전히 단열되어 열은 앞면으로만 전달된다. 석고판 앞면의 온도는 100℃이다. 석고의 열전도율이 K=0.79 W/m · K일 때 가열 판에 접하는 석고 면의 온도는 약 몇 ℃인가?

① 110   ② 125

③ 150   ④ 212

해설

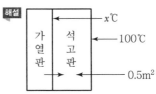

가열판 0.5m², 석고판 0.5m², 같은 면적 0.5m² = 2개

석고면의 온도(x) $= 100 + \left(\frac{0.01}{0.79}\right) \times 1,000 \times 2 = 125$℃

06 오토사이클(Otto Cycle)의 압축비 $\varepsilon=8$이라고 하면 이론 열효율은 약 몇 %인가?(단, K는 1.4이다.)

① 36.8% ② 46.7%
③ 56.5% ④ 66.6%

해설 오토사이클(내연기관＝불꽃점화기관)

열효율$(\eta_0)=1-\left(\dfrac{1}{\varepsilon}\right)^{k-1}=1-\left(\dfrac{1}{8}\right)^{1.4-1}=0.565(56.5\%)$

(압축비만의 함수, 압축비가 커지면 열효율 증가)

07 실린더에 밀폐된 8kg의 공기가 그림과 같이 P_1 =800kPa, 체적 V_1=0.27m³에서 P_2=350kPa, 체적 V_2=0.80m³으로 직선 변화하였다. 이 과정에서 공기가 한 일은 약 몇 kJ인가?

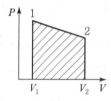

① 254 ② 305
③ 382 ④ 390

해설 공기가 한 일$(_1W_2)$

$=(P_1-P_2)\times\dfrac{(V_2-V_1)}{2}+P_2(V_2-V_1)$

$=(800-350)\times\dfrac{0.80-0.27}{2}+350(0.8-0.27)$

$=119.25+185.5=304.75(305\text{kJ})$

08 어떤 냉장고에서 엔탈피 17kJ/kg의 냉매가 질량 유량 80kg/hr로 증발기에 들어가 엔탈피 36kJ/kg이 되어 나온다. 이 냉장고의 냉동능력은?

① 1,220kJ/hr ② 1,800kJ/hr
③ 1,520kJ/hr ④ 2,000kJ/hr

해설

증발열＝80×(36-17)=1,520kJ/h

09 클라우지우스(Clausius) 부등식을 표현한 것으로 옳은 것은?(단, T는 절대 온도, Q는 열량을 표시한다.)

① $\oint\dfrac{\delta Q}{T}\geq 0$ ② $\oint\dfrac{\delta Q}{T}\leq 0$

③ $\oint\delta Q\geq 0$ ④ $\oint\delta Q\leq 0$

해설 전 사이클에 대한 적분을 폐적분$(\oint)$으로 표시하면

㉠ 가역과정 : $\oint\dfrac{\delta Q}{T}=0$

㉡ 비가역과정(가역사이클에 대한 클라우지우스의 적분) :
$\oint\dfrac{dQ}{T}\leq 0$(비가역사이클의 열효율이 가역사이클 열효율보다 작기 때문에 클라우지우스의 부등식이라고 한다.)

10 절대 온도가 0에 접근할수록 순수 물질의 엔트로피는 0에 접근한다는 절대 엔트로피 값의 기준을 규정한 법칙은?

① 열역학 제0법칙이다.
② 열역학 제1법칙이다.
③ 열역학 제2법칙이다.
④ 열역학 제3법칙이다.

해설 열역학 제3법칙
절대온도가 0(-273℃)에 접근할수록 물질의 엔트로피는 0에 접근한다는 절대 엔트로피 값의 기준을 규정한 법칙

11 대기압하에서 물을 20℃에서 90℃로 가열하는 동안의 엔트로피 변화량은 약 얼마인가?(단, 물의 비열은 4.184kJ/kg·K로 일정하다.)

① 0.8kJ/kg·K
② 0.9kJ/kg·K
③ 1.0kJ/kg·K
④ 1.2kJ/kg·K

해설
엔트로피 변화량$(\Delta S)=GC_p\ln\dfrac{T_2}{T_1}=4.184\times\ln\dfrac{273+90}{273+20}$

$=0.896(0.9)\text{kJ/kg·K}$

12 펌프를 사용하여 150kPa, 26℃의 물을 가역 단열과정으로 650kPa로 올리려고 한다. 26℃의 포화액의 비체적이 0.001m³/kg이면 펌프일은?

① 0.4kJ/kg

② 0.5kJ/kg

③ 0.6kJ/kg

④ 0.7kJ/kg

해설 150kPa → 650kPa, 26℃ → 26℃

㉠ 일(W) : 외부에 일을 하면(+), 외부에서 일을 받으면 (−)

㉡ 펌프, 터빈, 압축기(개방계=공업일)

$$_1 W_2 = \int_1^2 VdP = 0.001 \times (650 - 150) = 0.5\text{kJ/kg}$$

13 해수면 아래 20m에 있는 수중다이버에게 작용하는 절대압력은 약 얼마인가?(단, 대기압은 101kPa이고, 해수의 비중은 1.03이다.)

① 101kPa

② 202kPa

③ 303kPa

④ 504kPa

해설 대기압(atm)=101kPa=1.033kg/cm²=10.332mH₂O

10mH₂O=1kg/cm², 20×1.03=20.6mH₂O

절대압력(abs)=게이지압력+대기압력

$$101 \times \frac{20.6}{10.332} = 201.37\text{kPa}$$

∴ abs=201.37+101=302.37(303)kPa

14 자연계의 비가역 변화와 관련 있는 법칙은?

① 제0법칙

② 제1법칙

③ 제2법칙

④ 제3법칙

해설 열역학 제2법칙 : 가역사이클(엔트로피 항상 일정)

㉠ 비가역사이클(엔트로피는 항상 증가)

$$\oint \frac{\delta Q}{T} \leq 0 \text{(비가역 변화 클라우지우스 부등식)}$$

㉡ 비가역에서는 마찰 등의 열손실로 방열량이 가역사이클의 방열량보다 크므로 그 적분치는 0보다 적다.

15 기본 Rankine 사이클의 터빈 출구 엔탈피 h_{te}=1,200kJ/kg, 응축기 방열량 q_L=1,000kJ/kg, 펌프 출구 엔탈피 h_{pe}=210kJ/kg, 보일러 가열량 q_H=1,210kJ/kg이다. 이 사이클의 출력일은?

① 210kJ/kg

② 220kJ/kg

③ 230kJ/kg

④ 420kJ/kg

해설 출력일=보일러 가열량−응축기 방열량=1,210−1,000
=210kJ/kg

※ 효율= $\frac{210}{1,210} \times 100 = 17.35$

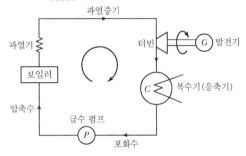

16 출력이 50kW인 동력 기관이 한 시간에 13kg의 연료를 소모한다. 연료의 발열량이 45,000kJ/kg이라면, 이 기관의 열효율은 약 얼마인가?

① 25%

② 28%

③ 31%

④ 36%

해설 1kW=860kcal/h=3,600kJ/h

㉠ 출력=50×3,600=180,000kJ/h

㉡ 공급열=13×45,000=585,000kJ/h

∴ 열효율= $\frac{180,000}{585,000} \times 100 = 31\%$

17 상태와 상태량과의 관계에 대한 설명 중 틀린 것은?

① 순수물질 단순 압축성 시스템의 상태는 2개의 독립적 강도성 상태량에 의해 완전하게 결정된다.

② 상변화를 포함하는 물과 수증기의 상태는 압력과 온도에 의해 완전하게 결정된다.

③ 상변화를 포함하는 물과 수증기의 상태는 온도와 비체적에 의해 완전하게 결정된다.

④ 상변화를 포함하는 물과 수증기의 상태는 압력과 비체적에 의해 완전하게 결정된다.

해설 $1l$ 100℃의 포화수 → 상변화 → $1,650l$의 증기로 변화

$1,650l$ 100℃의 증기 → 열교환 → $\frac{1}{1,650}l$의 응축수로 변화

18 용기에 부착된 압력계에 읽힌 계기압력이 150kPa 이고 국소대기압이 100kPa일 때 용기 안의 절대압력은?

① 250kPa ② 150kPa
③ 100kPa ④ 50kPa

해설 절대압력(abs) = 계기압력 + 국소대기압
= 150 + 100 = 250kPa

19 분자량이 30인 C_2H_6(에탄)의 기체상수는 몇 kJ/kg·K인가?

① 0.277 ② 2.013
③ 19.33 ④ 265.43

해설 ㉠ 일반기체상수$(\overline{R}) = \frac{101,325 \times 22.4}{273.15}$
$= 8.314$ kJ/kmol·K
㉡ 기체상수$(R) = \frac{8.314}{가스분자량} = \frac{8.314}{30} = 0.277$kJ/kg·K

20 역 카르노사이클로 작동하는 증기압축 냉동사이클에서 고열원의 절대온도를 T_H, 저열원의 절대온도를 T_L이라 할 때, $\frac{T_H}{T_L}$=1.6이다. 이 냉동사이클이 저열원으로부터 2.0kW의 열을 흡수한다면 소요 동력은?

① 0.7kW ② 1.2kW
③ 2.3kW ④ 3.9kW

해설 응축열 = 저열원 흡수열 × 성적계수 = 2.0 × 1.6 = 3.2kW
∴ 소요동력 = 응축열 − 저열원 흡수 = 3.2 − 2 = 1.2kW

SECTION **02** 냉동공학

21 왕복동 압축기의 흡입밸브와 배출밸브의 구비조건으로 틀린 것은?

① 작동이 확실하고 냉매증기의 유동에 저항을 적게 주는 구조이어야 한다.
② 밸브의 관성력이 크고 개폐작동이 원활해야 한다.
③ 밸브 개폐에 필요한 냉매증기 압력의 차가 작아야 한다.
④ 밸브가 파손되거나 마모되지 않아야 한다.

해설 밸브는 관성력이 작고 밸브의 개폐가 확실하여야 한다.

22 흡수식 냉동기의 특징에 대한 설명으로 옳은 것은?

① 자동제어가 어렵고 운전경비가 많이 소요된다.
② 초기 운전 시 정격 성능을 발휘할 때까지의 도달속도가 느리다.
③ 부분 부하에 대한 대응성이 어렵다.
④ 증기 압축식보다 소음 및 진동이 크다.

해설 흡수식 냉동기는 초기 운전 시 정격성능을 발휘할 때까지의 도달 속도가 느리다(냉매가 물이기 때문이고 1RT=6,640 kcal/h이다).

23 다음 중 압축기의 냉동능력(R)을 산출하는 식은? (단, V : 피스톤 압출량[m³/min], ν : 압축기 흡입 냉매 증기의 비체적[m³/kg], q : 냉매의 냉동효과 [kcal/kg], η : 체적효율)

① $R = \frac{\nu \times q \times \eta \times 60}{3,320 \times V}$
② $R = \frac{V \times q \times 60}{3,320 \times \eta \times \nu}$
③ $R = \frac{V \times q \times \eta \times 60}{3,320 \times \nu}$
④ $R = \frac{V \times q \times \nu \times 60}{3,320 \times \eta}$

해설 왕복동식 압축기 냉동능력(R) = 1RT = 3,320kcal/h
$R = \frac{V \times q \times \eta \times 60}{3,320 \times \nu}$

24 다음의 p－h선도상에서 냉동능력이 1냉동톤인 소형 냉장고의 실제 소요동력은?(단, 압축효율(η_c)은 0.75, 기계효율(η_m)은 0.9이다.)

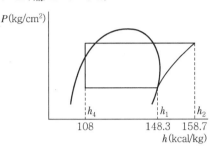

① 약 1.48kW   ② 약 1.62kW

③ 약 2.73kW   ④ 약 3.27kW

해설 압축기 일의 양＝158.7－148.3＝10.4kcal/kg
증발기 열량＝148.3－108＝40.3kcal/kg
1RT＝3,320kcal/h, 0.75×0.9＝0.675
1kW－h＝860kcal/h

$\dfrac{10.4}{40.3}＝0.258$, $3,320×0.258＝856.56$,

$\dfrac{856.56}{0.675}＝1,268.97$

∴ $\dfrac{1,268.97}{860}＝1.48$kW

25 스크루 압축기의 특징으로 가장 거리가 먼 것은?

① 동일 용량의 왕복동 압축기에 비하여 소형 경량으로 설치 면적이 작다.

② 장시간 연속운전이 가능하다.

③ 부품수가 적고 수명이 길다.

④ 오일펌프를 설치하지 않는다.

해설 Screw Compressor
숫로터와 암로터가 있는 압축기이다(흡입, 토출밸브가 없다). 이 압축기는 독립된 오일 압축기가 필요하고 역지밸브가 필요하다.

26 저온용 단열재의 조건으로 틀린 것은?

① 내구성이 있을 것   ② 흡습성이 클 것

③ 팽창계수가 작을 것   ④ 열전도율이 작을 것

해설 단열재는 흡수성이나 흡습성이 작다.

27 온도식 자동팽창밸브(TEV)의 감온통 설치 방법으로 옳은 것은?

① 증발기 출구 수평관에 정확히 밀착한다.

② 흡입관 지름이 15mm일 때 관의 하부에 설치한다.

③ 흡입관 지름이 30mm일 때 관 중앙에서 45° 위로 설치한다.

④ 흡입관에 트랩이 있으면 피하며 설치해야 할 경우 트랩 이후에 설치한다.

해설 온도식 자동팽창밸브(주로 프레온용 냉매 사용) 감온통(가스충전식, 액충전식, 크로스충전식 등)은 증발기 출구측 흡입관 수평부에 설치한다.

28 다음 그림과 같이 작동되는 냉동장치의 압축기 소요 동력이 50kW일 때, 압축기의 피스톤 토출량은?(단, 압축기 체적효율 65%, 기계효율 85%, 압축효율 80%이다.)

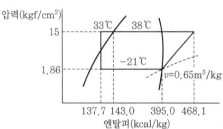

① 약 260m³/h   ② 약 320m³/h

③ 약 400m³/h   ④ 약 500m³/h

해설 $V＝60×\dfrac{\pi}{4}D^2·L·N·R·\eta$, $50×860＝43,000$kcal/h

$V＝\dfrac{R×3,320×V_a}{(i_a－i_e)×\eta}＝\dfrac{R×3,320×0.65}{(395.0－137.7)×0.65}$

$468.1－395.0＝73.1$kcal/kg, $\dfrac{43,000}{73.1}＝588.24$kg/h,

$588.24×0.65$m³/kg＝383m³/h

29 원수 25℃인 물 1톤을 하루 동안 0℃ 얼음으로 만들기 위해 제거해야 할 열량은?(단, 얼음의 응고 잠열은 79.6kcal/kg으로 계산한다.)

① 약 0.7RT   ② 약 1RT

③ 약 1.3RT   ④ 약 1.6RT

물의 현열 $=1,000 \times 1 \times (25-0) = 25,000$ kcal/24h

얼음의 융해열 $=1,000 \times 79.6 = 79,600$ kcal/24h

1 RT $=3,320$ kcal/h

∴ 제거열량 $= \dfrac{25,000+79,600}{3,320} = 1.3$ RT

30 2원 냉동사이클의 주요장치로 가장 거리가 먼 것은?

① 저온압축기   ② 고온압축기

③ 중간냉각기   ④ 팽창밸브

중간냉각기 : 압축비가 6 이상인 2단압축기에서 저단측 압축기의 과열을 제거하여 고단압축기가 과열되는 것을 방지한다.

31 어떤 냉장실 온도를 -20℃로 유지하고자 할 때 필요한 관 길이는?(단, 관의 열통과율은 7kcal/cm² · h · ℃이고, 냉동부하는 20RT, 냉매증발 온도는 -35℃이며 관의 외경은 5cm이다.)

① 약 10.26cm

② 약 20.26cm

③ 약 40.26cm

④ 약 50.26cm

㉠ 단면적$(A) = \dfrac{\pi}{4}D^2 = \dfrac{3.14}{4} \times (0.05)^2 = 0.0019625\,\text{m}^2$

    $(19.625\,\text{cm}^2)$

㉡ 20RT $\times 3,320$ kcal/RT $=66,400$ kcal/h

    $(1$RT $=3,320$ kcal/h$)$

㉢ 온도차 $= -20 - (-35) = 15$℃

㉣ 관 표면적$(A) = \pi D L = 3.14 \times 5 \times L$

∴ $L = \dfrac{66,400}{3.14 \times 5 \times 7 \times 15} = 40.27$ cm

32 압축기 토출압력 상승 원인으로 가장 거리가 먼 것은?

① 응축온도가 낮을 때

② 냉각수 온도가 높을 때

③ 냉각수 양이 부족할 때

④ 공기가 장치 내에 혼입했을 때

응축온도가 낮으면 응축압력(고압)이 저하하므로 압축기 토출압력이 저하한다.

33 물체 간의 온도차에 의한 열의 이동현상을 열전도라 한다. 이 과정에서 전달되는 열량에 대한 설명으로 옳은 것은?

① 단면적에 반비례한다.

② 열전도 계수에 반비례한다.

③ 온도차에 반비례한다.

④ 물체의 두께에 반비례한다.

열전도

두께가 얇으면 열전도 전달이 증가하고 두께가 두꺼우면 열전달이 감소한다.

34 역카르노 사이클로 작동되는 냉동기의 성적계수가 6.84이다. 응축온도가 22.7℃일 때 증발온도는?

① -5℃   ② -15℃

③ -25℃   ④ -30℃

$K = 22.7 + 273 = 295.7$

성적계수 COP $= \dfrac{T_2}{T_1 - T_2} = \dfrac{T_2}{(273 + 22.7) - T_2} = 6.84$

∴ $T_2 = -15$℃ $(258K)$

※ $T_2 = \dfrac{T_1 \times \text{COP}}{1 + \text{COP}} = \dfrac{6.84(273 + 22.7)}{1 + 6.84} = 258K = -15$℃

35 냉동장치에서 액분리기의 적절한 설치 위치는?

① 수액기 출구   ② 압축기 출구

③ 팽창밸브 입구   ④ 증발기 출구

액분리기

증발기와 압축기 사이의 흡입배관에 설치, 흡입가스 중의 액냉매를 분리시켜 압축기로 냉매증기를 공급하므로 리퀴드 백(액 해머)을 방지한다.

36 표준 냉동 사이클의 냉매 상태변화에 대한 설명으로 틀린 것은?

① 압축 과정 – 온도상승

② 응축 과정 – 압력불변

③ 과냉각 과정 – 엔탈피 감소

④ 팽창 과정 – 온도불변

해설 냉매액 팽창과정
ㄱ 온도하강
ㄴ 압력하강

37 냉동장치의 불응축가스를 제거하기 위한 장치는?

① 중간냉각기
② 가스 퍼저
③ 제상장치
④ 여과기

해설 공기 등 불응축가스 제거법
ㄱ 에어퍼지 밸브 사용(수동식)
ㄴ 가스 퍼저 작동(자동법)
※ 불응축가스는 응축기나 수액기 상부에 고인다.

38 몰리에르 선도 상에서 표준 냉동사이클의 냉매상태 변화에 대한 설명으로 옳은 것은?

① 등엔트로피 변화는 압축과정에서 일어난다.
② 등엔트로피 변화는 증발과정에서 일어난다.
③ 등엔트로피 변화는 팽창과정에서 일어난다.
④ 등엔트로피 변화는 응축과정에서 일어난다.

해설 등엔트로피 변화(단열압축과정)
단열변화는 열의 변동이 전혀 없다.
ㄱ 가열량 $\delta Q = 0(du + APdv$에서 $\delta q = 0)$
ㄴ $du + APdV = 0$

39 냉매의 필요조건으로 틀린 것은?

① 임계온도가 높고 상온에서 액화할 것
② 증발열이 크고 액체 비열이 작을 것
③ 증기의 비열비가 작을 것
④ 점도와 표면장력이 클 것

해설 냉매는 점도 및 표면장력이 작고 전열이 양호하며 또한 누설 발견이 쉬워야 한다.
※ 터보냉동기에서 냉매는 비중이 커야 하나 타 냉동기에서는 냉매비중이 작을 것

40 브라인의 구비조건으로 적당하지 않은 것은?

① 응고점이 낮을 것
② 점도가 클 것
③ 열전달율이 클 것
④ 불연성이며 독성이 없을 것

해설 브라인 2차냉매(간접냉매)는 순환펌프, 동력소비절약을 위하여 점성이 작아야 하고 금속에 대한 부식성이 작아야 한다.
ㄱ 무기질(부식력이 크다.) : 염화칼슘 수용액, 염화나트륨 수용액 · 염화마그네슘
ㄴ 유기질 : 에틸렌글리콜, 프로필렌글리콜, 물, 메틸렌 클로라이드(R-11)

SECTION 03 공기조화

41 실내 공기 상태에 대한 설명 중 옳은 것은?

① 유리면 등의 표면에 결로가 생기는 것은 그 표면 온도가 실내의 노점온도보다 높게 될 때이다.
② 실내 공기 온도가 높으면 절대습도도 높다.
③ 실내 공기의 건구 온도와 그 공기의 노점 온도와의 차는 상대습도가 높을수록 작아진다.
④ 온도가 낮은 공기일수록 많은 수증기를 함유할 수 있다.

해설 ① 유리면 표면에 결로가 생기는 것은 표면온도가 실내의 노점보다 낮게 될 때이다.
② 실내 공기온도가 높으면 절대습도는 불변이다(상대습도는 감소).
④ 온도가 낮으면 수증기 함량이 낮다.

42 공기조화설비를 구성하는 열운반장치로서, 공조기에 직접 연결되어 사용하는 펌프로 거리가 가장 먼 것은?

① 냉각수 펌프
② 냉수 순환펌프
③ 온수 순환펌프
④ 응축수(진공) 펌프

해설 냉각수 펌프
쿨링타워(냉각탑)에서 나오는 냉각수를 순환시킨다.

43 습공기의 상태변화에 관한 설명으로 틀린 것은?

① 습공기를 가열하면 건구온도와 상대습도가 상승한다.

② 습공기를 냉각하면 건구온도와 습구온도가 내려간다.

③ 습공기를 노점온도 이하로 냉각하면 절대습도가 내려간다.

④ 냉방할 때 실내로 송풍되는 공기는 일반적으로 실내공기보다 냉각감습 되어 있다.

해설 습공기가열

건구온도 증가, 습구온도 증가, 노점온도 불변, 절대습도 불변, 상대습도 감소, 엔탈피 증가, 비체적 증가

44 공조부하 중 재열부하에 관한 설명으로 틀린 것은?

① 부하 계산 시 현열, 잠열부하를 고려한다.

② 냉방부하에 속한다.

③ 냉각코일의 용량산출 시 포함시킨다.

④ 냉각된 공기를 가열하는 데 소요되는 열량이다.

해설 재열부하(q_R)$=0.29 \times$송풍공기량(m³/h)$\times$재열기 입구 출구 온도차(kcal/h)

※ 현열부하만 계산한다.

45 냉·난방부하와 기기 용량과의 관계로 옳은 것은?

① 송풍량=실내취득열량+기기로부터의 취득열량

② 냉각코일 용량=실내취득열량+외기부하

③ 순수 보일러 용량=난방부하+배관부하

④ 냉동기 용량=실내취득열량+기기로부터의 취득열량+냉수펌프 및 배관부하

해설 ② 코일용량계산(q_t)$=0.29 \times$풍량(m³/h)$\times$코일 입출구 온도차

③ 보일러 용량=난방부하+급탕부하+배관부하+시동부하

④ 냉동기 용량=실내취득열량+기기로부터 취득열량+재열부하+외기부하

46 보일러의 능력을 나타내는 표시방법 중 가장 작은 값을 나타내는 출력은?

① 정격출력   ② 과부하출력

③ 정미출력   ④ 상용출력

해설 ㉠ 정미출력=난방부하+급탕부하

㉡ 상용출력=정미출력+배관부하

㉢ 정격출력=상용출력+예열부하

47 50,000kcal/h의 열량으로 물을 가열하는 열교환기를 설계하고자 할 때, 필요 전열면적은?(단, 25A동관을 사용하며, 동관의 열통과율은 1,200kcal/m²·h·℃이고, 대수평균온도차는 13℃로 한다.)

① 약 3.2m²   ② 약 5.3m²

③ 약 8.6m²   ④ 약 10.7m²

해설 전열면적$=\dfrac{\text{사용열량}}{\text{열통과율}\times\text{대수평균온도차}}$(m²)

$\therefore \dfrac{50,000}{1,200 \times 13} = 3.2\text{m}^2$

48 보일러의 부속장치인 과열기가 하는 역할은?

① 과냉각액을 포화액으로 만든다.

② 포화액을 습증기로 만든다.

③ 습증기를 건포화증기로 만든다.

④ 포화증기를 과열증기로 만든다.

해설 보일러

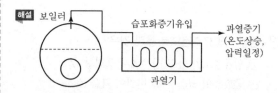

49 원심송풍기에 사용되는 풍량 제어법 중 동일한 풍량 조건에서 가장 우수한 동력 절감 효과를 나타내는 것은?

① 가변 피치 제어   ② 흡입 베인 제어

③ 회전수 제어   ④ 댐퍼 제어

해설 송풍기 동력절감 효과 : 회전수 제어로 가능하다.

50 덕트의 취출구 및 흡입구 설계 시, 계획상의 유의점으로 가장 거리가 먼 것은?

① 취출기류가 보 등의 장애물에 방해되지 않게 한다.

② 취출기류가 직접 인체에 닿지 않게 한다.

③ 흡연이 많은 회의실 등은 벽 하부에 흡입구를 설치한다.

④ 실내평면을 모듈로 분할하여 계획할 때에는 각 모듈에 취출구, 흡입구를 설치한다.

해설 흡연이 많은 장소건물은 흡연실을 별도로 설계하여야 하며 실내에는 벽 하부에 흡입구를 설치하면 취출량, 흡입량 설계에 혼란이 오게 된다.

51 냉수코일 설계 시 공기의 통과 방향과 물의 통과 방향을 역으로 배치하는 방법에 대한 설명으로 틀린 것은?(단, Δ_1 : 공기 입구측에서의 온도차, Δ_2 : 공기 출구측에서의 온도차)

① 열교환 형식은 대향류방식이다.

② 가능한 한 대수평균 온도차를 크게 하는 것이 좋다.

③ 공기 출구측에서의 온도차는 5℃ 이상으로 하는 것이 좋다.

④ 대수평균 온도차(MTD)인 $\dfrac{\Delta_1 - \Delta_2}{\ln\dfrac{\Delta_2}{\Delta_1}}$ 를 이용한다.

해설 $\text{MTD} = \dfrac{\Delta_1 - \Delta_2}{\ln\left(\dfrac{\Delta_1}{\Delta_2}\right)} = \dfrac{\Delta_1 - \Delta_2}{2.3\log\left(\dfrac{\Delta_1}{\Delta_2}\right)}$

[역류형]

52 고속덕트의 주덕트 풍속은 일반적으로 얼마인가?

① 5～7m/s   ② 8～10m/s

③ 12～14m/s   ④ 20～23m/s

해설 덕트

㉠ 저속덕트 : 15m/s 이하 풍속

㉡ 고속덕트 : 15m/s 이상 풍속(보통 15～23m/s)

53 냉수코일의 설계에 관한 설명으로 옳은 것은?

① 코일의 전면 풍속은 가능한 한 빠르게 하며, 통상 5m/s 이상이 좋다.

② 코일의 단수에 비해 유량이 많아지면 더블서킷으로 설계한다.

③ 가능한 한 대수평균온도차를 작게 취한다.

④ 코일을 통과하는 공기와 냉수는 열교환이 양호하도록 평행류로 설계한다.

해설 ㉠ 코일의 종류(관 외주에 부착된 Fin의 종류에 따름)
• 나선형 코일
• 플레이트 핀코일
• 슬릿 핀코일
㉡ 코일의 배열 방식
• 풀 서킷코일
• 더블 서킷코일
• 하프 서킷코일
㉢ 냉수코일 정면풍속은 2.0～3.0m/s 범위
㉣ 가능한 대수평균온도차는 크게 한다.
㉤ 공기와 냉수는 코일에서 평행류보다는 역류로 한다.

54 복사 냉·난방 공조방식에 관한 설명으로 틀린 것은?

① 복사열을 사용하므로 쾌감도가 높다.

② 건물의 축열을 기대할 수 없다.

③ 구조체의 예열시간이 길고 일시적 난방에는 부적당하다.

④ 바닥에 기기를 배치하지 않아도 되므로 이용공간이 넓다.

해설 복사 냉난방 방식은 바닥, 천장 또는 벽면을 복사면으로 하여 실내 현열부하의 50～70%를 처리하도록 한다(건축물의 축열을 기대할 수 있다).

55 취출기류에 관한 설명으로 틀린 것은?

① 거주영역에서 취출구의 최소 확산반경이 겹치면 편류현상이 발생한다.
② 취출구의 베인 각도를 확대시키면 소음이 감소한다.
③ 천장 취출 시 베인의 각도를 냉방과 난방 시 다르게 조정해야 한다.
④ 취출기류의 강하 및 상승거리는 기류의 풍속 및 실내공기와의 온도차에 따라 변한다.

해설 취출구(吹出口)의 베인(Vane) 각도는 $0{\sim}45°$까지 확대가 가능하나 베인의 각도가 너무 확대되면 소음이 커진다.

56 중앙식 난방법의 하나로서, 각 건물마다 보일러 시설 없이 일정 장소에서 여러 건물에 증기 또는 고온수 등을 보내서 난방하는 방식은?

① 복사난방   ② 지역난방
③ 개별난방   ④ 온풍난방

해설 지역난방
중앙식 난방법이며 각 건물마다 보일러 시설 없이 일정 장소에서 여러 건물에 증기 또는 고온수 등을 보내서 난방하는 방식

57 습공기를 가열, 감습하는 경우 열수분비 값은?

① 0   ② 0.5
③ 1   ④ ∞

해설 열수분비(u)
공기의 온도나 습도가 변화할 때 절대습도(수분)의 증가에 대한 엔탈피의 증가비율 $u = \dfrac{\Delta i}{\Delta x}$ (습공기 가열 감습에서는 엔탈피가 불변이 되므로 열수분비는 0 이다.)

58 공기조화에 이용되는 열원방식 중 특수열원방식의 분류로 가장 거리가 먼 것은?

① 지역 냉 · 난방방식
② 열병합발전(Co-Generation)방식
③ 흡수식 냉온수기방식
④ 태양열이용방식

해설 흡수식 냉온수기 방식은 공기조화 일반 열원방식이다.

59 중앙공조기(AHU)에서 냉각코일의 용량 결정에 영향을 주지 않는 것은?

① 덕트 부하   ② 외기 부하
③ 냉수 배관 부하   ④ 재열 부하

해설 중앙공조기에서 냉각코일의 용량 결정에 영향을 주는 것
㉠ 덕트 부하
㉡ 외기 부하
㉢ 재열 부하
※ 냉수 배관 부하는 공기조화기 용량 결정에 영향을 준다.

60 각 층에 1대 또는 여러 대의 공조기를 설치하는 방법으로 단일덕트의 정풍량 또는 변풍량 방식, 2중 덕트 방식 등에 응용될 수 있는 공조방식은?

① 각층 유닛 방식   ② 유인 유닛 방식
③ 복사 냉난방 방식   ④ 팬코일 유닛 방식

해설 각층 유닛방식(전공기 방식)
각 층에 1대 또는 여러대의 공조기를 설치하여 단일덕트의 정풍량, 변풍량 방식, 2중덕트 방식 등에 응용된다. 각층 유닛방식은 독립된 유닛(2차공조기)을 설치하고 이 공조기의 냉각코일 및 가열코일에는 중앙기계실로부터 냉수 및 온수나 증기를 공급받는다(환기덕트가 불필요하다). 각 층의 부하 특성에 따라서 가열 또는 냉각하여 취출시킨다.

SECTION **04** 전기제어공학

61 논리식 $X=(A+B)(\overline{A}+B)$를 간단히 하면?

① A   ② B
③ AB   ④ A+B

해설 등가$(X) = (A+B)(\overline{A}+B)$
$\qquad = A \cdot \overline{A} + \overline{A} \cdot B + A \cdot B + B \cdot B$
$\qquad = B(\overline{A}+A) + B = B + B = B$

62 시퀀스회로에서 a접점에 대한 설명으로 옳은 것은?

① 수동으로 리셋할 수 있는 접점이다.

② 누름버튼스위치의 접점이 붙어 있는 상태를 말한다.

③ 두 접점이 상호 인터록이 되는 접점을 말한다.

④ 전원을 투입하지 않았을 때 떨어져 있는 접점이다.

해설 a접점

전원을 투입하지 않았을 때 떨어져 있는 접점(메이크 접점)

63 제너다이오드 회로에서 $V_1 = 20\sin\omega t\, V$, $V_2 = 5\,V$, $R_L \ll R_S$일 때 V_2의 파형으로 옳은 것은?

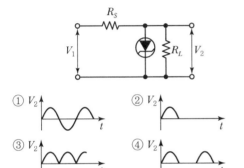

해설 Zener Diode

제너항복을 응용한 정전압 소자(정전압 다이오드, 전압 표준 다이오드)

64 자기인덕턴스 377mH에 200V, 60Hz의 교류전압을 가했을 때 흐르는 전류는 약 몇 A인가?

① 0.4

② 0.7

③ 1.0

④ 1.4

해설 자기인덕턴스

코일의 상수로 유도전압의 비례상수(기호는 L, 단위는 헨리 H), 1H는 1초간에 1A의 전류변화에 대하여 1V의 전압발생을 하는 코일의 자기 인덕턴스($1H = 10^3 mH$)

전류$(I) = \dfrac{V}{X_L}(A) = \dfrac{200\,V}{2\pi \times 60H_2 \times 377mH \times 10^{-3}} = 1.4A$

65 제어량을 원하는 상태로 하기 위한 입력신호는?

① 제어명령   ② 작업명령

③ 명령처리   ④ 신호처리

해설 제어명령

제어량을 원하는 상태로 하기 위한 입력신호

66 SCR에 대한 설명으로 틀린 것은?

① PNPN 소자이다.

② 스위칭 소자이다.

③ 쌍방향성 사이리스터이다.

④ 직류, 교류의 전력제어용으로 사용된다.

해설 ㉠ 단방향성 : SCR, GTO, SCS, LASCR

㉡ 쌍방향성 : SSS, TRIAC, DIAC, SBS

※ SCR : 사이리스터의 일종(대전류의 제어 및 정류용) 정류기능을 갖는 1방향성 3단자 소자이다. 실리콘제어 정류기로서 조광장치나 전동기의 속도제어 등 각 방면에 널리 사용된다.

67 그림과 같은 전류 파형을 커패시터 양단에 가하였을 때 커패시터에 충전되는 전압 파형은?

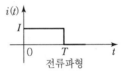

전류파형

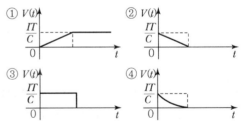

해설 커패시터(Condenser) : 정전용량(단위 : 패럿 F)

68 제어장치가 제어대상에 가하는 제어신호로 제어장치의 출력인 동시에 제어대상의 입력인 신호는?

① 동작신호   ② 조작량

③ 제어량   ④ 목표값

제어장치가 제어대상에 가하는 제어신호로 제어장치의 출력인 동시에 제어대상의 입력신호이다.

69 어떤 전지의 외부회로의 저항은 4Ω이고, 전류는 5A가 흐른다. 외부회로에 4Ω 대신 8Ω의 저항을 접속하였더니 전류가 3A로 떨어졌다면, 이 전지의 기전력은 몇 V인가?

① 10   ② 20

③ 30   ④ 40

해설 기전력
전지나 발전기에서 그 내부의 발생전위차(전압)는 전류를 흘리는 원동력이 되므로 기전력이라고 부른다.
기전력 $(E) = I(r+R) = I \cdot r + I \cdot R$(V)
$5 \times 4 + 5 \times r = 8 \times 3 + 3r$, $r = 2$
$E = 5 \times 4 + 5r = 5 \times 4 + 5 \times 2 = 30$V
※ $E = IR + Ir$(V)

70 자동화의 네 번째 단계로서 전 공장의 자동화를 컴퓨터 통합 생산 시스템으로 구성하는 것은?

① FMC(Factory Manufacturing Cell)

② FMS(Flexible Manufacturing System)

③ CIM(Computer Intergrated Manufacturing)

④ MIS(Management Information System)

해설 CIM
자동화의 네 번째 단계로서 전공장의 자동화를 컴퓨터 통합 생산 시스템으로 구성한 것

71 그림과 같이 철심에 두 개의 코일 C_1, C_2를 감고 코일 C_1에 흐르는 전류 I에 ΔI만큼의 변화를 주었다. 이때 일어나는 현상에 대한 설명으로 틀린 것은?

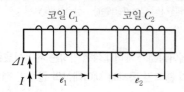

① 전류의 변화는 자속의 변화를 일으키며, 자속의 변화는 코일 C_1에 기전력 e_1을 발생시킨다.

② 코일 C_1에서 발생하는 기전력 e_1은 자속의 시간 미분값과 코일의 감은 횟수의 곱에 비례한다.

③ 코일 C_2에서 발생하는 기전력 e_2는 렌츠의 법칙에 의하여 설명이 가능하다.

④ 코일 C_2에서 발생하는 기전력 e_2와 전류 I의 시간 미분값의 관계를 설명해 주는 것이 자기인덕턴스이다.

해설 자기인덕턴스
코일에 자체 유도능력 정도를 나타내는 값[단위는 헨리(H)로 감은 횟수 N회의 코일에 흐르는 전류 I가 Δt(sec) 동안에 ΔI(A)만큼 변화하여 코일과 쇄교하는 자속(ϕ)이 $\Delta\phi$(Wb)만큼 변화하면 자기유도기전력$(e) = -N\dfrac{\Delta\phi}{\Delta t}$(V) $= -L\dfrac{\Delta I}{\Delta t}$
(V), 여기서 L은 비례상수로 자기인덕턴스]
∴ $L = \dfrac{N\phi}{I}$(H)
※ 1H : 1초 동안에 전류의 변화가 1A일 때 1V의 전압이 발생하는 코일 자체 인덕턴스 용량이다.

72 제어계의 동작상태를 교란하는 외란의 영향을 제거할 수 있는 제어는?

① 피드백제어   ② 시퀀스제어

③ 순서제어   ④ 개루프제어

해설 피드백제어(정량적 제어)
제어계의 동작상태를 교란하는 외란의 영향을 제거할 수 있는 제어

73 정격주파수 60Hz의 농형 유도전동기에서 1차 전압을 정격 값으로 하고 50Hz에 사용할 때 감소하는 것은?

① 토크   ② 온도

③ 역률   ④ 여자전류

해설 역률$(\cos\theta) = \dfrac{P}{\sqrt{3}\,VI}$, 무부하 전동기는 역률이 낮고 부하가 늘면 역률이 커진다(60Hz를 50Hz로 낮추면 무부하 전류가 증가한다).

74 아날로그 제어와 디지털 제어의 비교에 대한 설명으로 틀린 것은?

① 디지털 제어를 채택하면 조정 개수 및 부품수가 아날로그 제어보다 대폭적으로 줄어든다.

② 정밀한 속도제어가 요구되는 경우 분해능이 떨어지더라도 디지털 제어를 채택하는 것이 바람직하다.

③ 디지털 제어는 아날로그 제어보다 부품편차 및 경년변화의 영향을 덜 받는다.

④ 디지털 제어의 연산속도는 샘플링계에서 결정된다.

75 그림과 같은 블록선도에서 $\dfrac{C}{R}$의 값은?

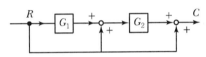

① $G_1 \cdot G_2 + G_2 + 1$
② $G_1 \cdot G_2 + 1$
③ $G_1 \cdot G_2 + G_2$
④ $G_1 \cdot G_2 + G_1 + 1$

> **해설** $(RG_1 + R)G_2 + R = C$, $R(G_1 G_2 + G_2 + 1) = C$
> $$\therefore \frac{C}{R} = G_1 G_2 + G_2 + 1 \text{(등가 전달함수)}$$

76 R=4Ω, X_L=9Ω, X_C=6Ω인 직렬접속 회로의 어드미턴스는 몇 ℧인가?

① $4 + j8$
② $0.16 - j0.12$
③ $4 - j5$
④ $0.16 + j0.12$

> **해설** Admittance
> 교류회로에서 흐르는 전류와 거기에 가해지고 있거나 발생하고 있는 전압과의 비(임피던스의 역수). 단위는 지멘스(기호 S)이다.
> 임피던스 $= R + j(X_L - X_C) = 4 + j(9 - 6) = 4 + j3$
> $$\therefore \text{어드미턴스 } \frac{1}{4 + j3} = \frac{4 - j3}{4^2 + 3^2} = \frac{4}{25} = j\frac{3}{25}$$
> $$= 0.16 - j0.12$$

77 1차 전압 3,300V, 권수비 30인 단상변압기가 전등부하에 20A를 공급하고자 할 때의 입력전력(kW)은?

① 2.2
② 3.4
③ 4.6
④ 5.2

> **해설** 전류비 $\dfrac{I_1}{I_2} = \dfrac{\omega_2}{\omega_1} = \dfrac{1}{a}$
> $$I_1 = \frac{1}{a} \times I_2 = \frac{1}{30} \times 20 = \frac{2}{3} A$$
> 전등부하에서 역률 $\cos\theta_1 = 1$
> $$\therefore \text{입력}(P_1) = V_1 I_1 \cos\theta = 3,300 \times \frac{2}{3} \times 1$$
> $$= 2,200W(2.2kW)$$

78 2차계 시스템의 응답형태를 결정하는 것은?

① 히스테리시스
② 정밀도
③ 분해도
④ 제동계수

> **해설** 제동계수 : 2차계 시스템의 응답형태를 결정하는 것

79 기계적 제어의 요소로서 변위를 공기압으로 변환하는 요소는?

① 다이어프램
② 벨로즈
③ 노즐플래퍼
④ 피스톤

> **해설** ㉠ 노즐플래퍼, 유압분사관, 스프링 : 변위 → 압력
> ㉡ 벨로스, 다이어프램, 스프링 : 압력 → 변위

80 자동제어계의 위상여유, 이득여유가 모두 정(+)이라면 이 계는 어떻게 되는가?

① 진동한다.
② 안정하다.
③ 불안정하다.
④ 임계안정하다.

> **해설** 나이퀴스트 안정도 판별법(위상여유, 이득여유)
> ⊕정 : 안정하다.
> ⊖부 : 불안정하다.

SECTION 05 배관일반

81 증기배관 시공 시 환수관의 구배는?

① 1/250 이상의 내림구배

② 1/350 이상의 내림구배

③ 1/250 이상의 올림구배

④ 1/350 이상의 올림구배

해설 증기배관 시공 시 환수관 구배 : $\frac{1}{250}$ 이상 내림구배

82 다음 중 배수 트랩의 종류로 가장 거리가 먼 것은?

① 드럼트랩   ② 피(P)트랩

③ 에스(S)트랩   ④ 버킷트랩

해설 ㉠ 버킷 증기트랩 : 상향식, 하향식이 있으며 기계식(비중 차이용) 스팀트랩이다.

㉡ 기계식 : 버킷트랩, 플로트(프리, 레버)트랩

83 동관 이음의 종류가 아닌 것은?

① 납땜이음   ② 용접이음

③ 나사이음   ④ 압축이음

해설 나사이음 : 강관의 이음

84 도시가스 배관 매설에 대한 설명으로 틀린 것은?

① 배관을 철도부지에 매설하는 경우에는 배관의 외면으로부터 궤도 중심까지 거리는 4m 이상 유지할 것

② 배관을 철도부지에 매설하는 경우에는 배관의 외면으로부터 철도부지 경계까지 거리는 0.6m 이상 유지할 것

③ 배관을 철도부지에 매설하는 경우에는 지표면으로부터 배관의 외면까지의 깊이는 1.2m 이상 유지할 것

④ 배관의 외면으로부터 도로의 경계까지 수평거리 1m 이상 유지할 것

해설 철도부지 도시가스배관

배관의 외면으로부터 궤도중심까지 4m 이상, 그 철도부지의 경계까지는 1m 이상 거리 유지, 지표면으로부터 배관의 외면까지는 1.2m 이상

85 주철관 이음 중 기계식이음에 대한 설명으로 틀린 것은?

① 굽힘성이 풍부하므로 이음부가 다소 굴곡이 있어도 누수되지 않는다.

② 수중작업이 불가능하다.

③ 간단한 공구로 신속하게 이음이 되며 숙련공이 필요하지 않다.

④ 고압에 대한 저항이 크다.

해설 기계식이음(Mechanical Joint)

150mm 이하의 수도관이음으로서 작업이 간단하며 수중작업도 용이하다(지진, 기타 외압에 대한 가요성이 풍부하여 다소의 굴곡에도 누수되지 않는다).

86 급수펌프에서 발생하는 캐비테이션 현상의 방지법으로 가장 거리가 먼 것은?

① 펌프설치 위치를 낮춘다.

② 입형펌프를 사용한다.

③ 흡입손실수두를 줄인다.

④ 회전수를 올려 흡입속도를 증가시킨다.

해설 펌프의 캐비테이션(공동현상)

압력이 저하하면 용액이 기화하는 현상으로 회전수를 감소시켜 흡입속도를 낮추어 방지한다.

87 동관용 공구로 가장 거리가 먼 것은?

① 링크형 파이프커터

② 익스팬더

③ 플레어링 툴

④ 사이징 툴

해설 링크형 파이프커터 : 주철관 전용 절단 공구이다.

88 세정밸브식 대변기에서 급수관의 관경은 얼마 이상
이어야 하는가?

① 15A   ② 25A

③ 32A   ④ 40A

해설 ㉠ 세정밸브식 : 급수관경 최소 25A 이상 $0.7kg/cm^2$ 이상
의 밸브 작용 압력을 필요로 한다.
㉡ 대변기의 세정방식
- 세정수조식
- 세정밸브식
- 기압탱크식

89 다음 중 나사용 패킹류가 아닌 것은?

① 페인트   ② 네오프렌

③ 일산화연   ④ 액상합성수지

해설 플랜지 패킹
㉠ 천연고무 : 100℃ 이하
㉡ 네오프렌 : $-46 \sim 121$℃ 합성고무
㉢ 석면조인트 : 450℃
㉣ 합성수지(테플론) : $-260 \sim 260$℃
㉤ 금속패킹 : 구리, 납, 연강, 스테인리스

90 5명 가족이 생활하는 아파트에서 급탕가열기를 설치
하려고 할 때 필요 가열기의 용량은?(단, 1일 1인당
급탕량 $90l/d$, 1일 사용량에 대한 가열능력 비율
1/7, 탕의 온도 70℃, 급수온도 20℃이다.)

① 약 459kcal/h

② 약 643kcal/h

③ 약 2,250kcal/h

④ 약 3,214kcal/h

해설 물의 비열 : $1kcal/l \cdot$ ℃
용량(Q) $= 5$명$\times 90l \times 1 \times (70-20) = 22,500kcal/d$
$\therefore \ 22,500 \times \left(\dfrac{1}{7}\right) = 3,214kcal/h$

91 증기배관의 수평 환수관에서 관경을 축소할 때 사용
하는 이음쇠로 가장 적합한 것은?

① 소켓   ② 부싱

③ 플랜지   ④ 편심 리듀서

해설

92 저압 가스배관의 보수 또는 연장을 위하여 가스를 차
단할 경우 사용하는 기구는?

① 가스팩   ② 가스미터

③ 정압기   ④ 부스터

해설 가스팩
저압 가스배관의 보수 또는 연장을 위하여 가스를 차단할 경
우 사용하는 기구

93 급수관의 수리 시 물을 배제하기 위해 최소 관의 어느
정도 구배를 주어야 하는가?

① 1/120 이상   ② 1/150 이상

③ 1/200 이상   ④ 1/250 이상

해설 급수관 수리 시 관내 물(水)을 배제하기 위해 $\dfrac{1}{250}$ 정도 구배
가 필요하다.

94 덕트의 단위길이당 마찰손실이 일정하도록 치수를
결정하는 덕트 설계법은?

① 등마찰손실법   ② 정속법

③ 등온법   ④ 정압재취득법

해설 덕트의 단위길이당 마찰손실이 일정하도록 치수를 결정하
는 덕트 설계법은 등마찰손실법을 이용한다.

95 급수방식 중 급수량의 변화에 따라 펌프의 회전수 제
어에 의해 급수압을 일정하게 유지할 수 있는 회전수
제어시스템을 이용한 방식은?

① 고가수조방식

② 수도직결방식

③ 압력수조방식

④ 펌프직송방식

ANSWER | 88. ② 89. ② 90. ④ 91. ④ 92. ① 93. ④ 94. ① 95. ④

해설 펌프직송방식

급수방식에서 급수량의 변화에 따라 펌프의 회전수 제어에 의해 급수압을 일정하게 유지하는 회전수 제어 시스템 이용 방식

96 공기조화설비의 전공기 방식에 속하지 않는 것은?

① 단일덕트 방식

② 이중덕트 방식

③ 팬코일 유닛 방식

④ 멀티 존 유닛 방식

해설 팬코일 유닛방식(F.C.U 방식) : 전수방식

97 다음 중 무기질 보온재가 아닌 것은?

① 유리면　　　　② 암면

③ 규조토　　　　④ 코르크

해설 코르크

유기질 보온재(탄화코르크 : 코르크입자를 금형으로 압축 충전하고 300℃ 정도로 가열 제조한다. 방수성을 향상시키기 위해 아스팔트를 결합한 것을 탄화코르크라 하며 우수한 보온, 보냉재이다. 130℃ 이하 사용)

98 관의 신축이음에 대한 설명으로 틀린 것은?

① 슬리브와 본체 사이에 패킹을 넣어 온수 또는 증기가 누설되는 것을 방지하며, 물, 공기, 가스, 기름 등의 배관에 사용되는 것은 슬리브형이다.

② 응축수가 고이면 부식의 우려가 있으므로 트랩과 함께 사용되며, 패킹을 넣어 누설을 방지하는 것은 벨로즈형이다.

③ 배관의 구부림을 이용하여 신축이음하며, 고온고압의 옥외 배관에 많이 사용되는 것은 루프형이다.

④ 2개 이상의 엘보를 사용하여 이음부의 나사회전을 이용해서 배관의 신축을 흡수하는 것은 스위블형이다.

해설 벨로즈(Bellows) 스팀밸브(온도차 이용)

본체 속에 인청동, 스테인리스강의 얇은 판으로 만든 원통에 주름을 많이 잡은 통에 휘발성이 큰 액체가 들어 있다.

99 증기보일러 배관에서 환수관의 일부가 파손된 경우에 보일러 수가 유출해서 안전수위 이하가 되어 보일러 수가 빈 상태로 되는 것을 방지하기 위한 접속법은?

① 하트 포드 접속법　　② 리프트 접속법

③ 스위블 접속법　　　　④ 슬리브 접속법

해설 하트 포드 접속법

증기보일러 배관에서 환수관의 일부가 파손된 경우에 보일러 수가 유출해서 안전저수위 이하가 되어 보일러 수가 빈 상태로 되는 것을 방지하기 위한 접속법

100 슬리브 신축 이음쇠에 대한 설명 중 틀린 것은?

① 신축량이 크고 신축으로 인한 응력이 생기지 않는다.

② 직선으로 이음하므로 설치 공간이 루프형에 비하여 적다.

③ 배관에 곡선부가 있어도 파손이 되지 않는다.

④ 장시간 사용 시 패킹의 마모로 누수의 원인이 된다.

해설 슬리브형 신축이음(Packless)

인청동제, 스테인리스제로 하며 나사이음식, 플랜지이음식이 있다. 패킹 대신 벨로즈를 넣어서 관내 유체의 누설을 방지한다. 단식, 복식이 있으며 자체 응력이나 누설이 없고 직선배관용이다.

SECTION 01　기계열역학

01 마찰이 없는 피스톤에 12℃, 150kPa의 공기 1.2kg이 들어 있다. 이 공기가 600kPa로 압축되는 동안 외부로 열이 전달되어 온도는 일정하게 유지되었다. 이 과정에서 공기가 한 일은 약 얼마인가?(단, 공기의 기체상수는 0.287kJ/kg·K이며, 이상기체로 가정한다.)

① −136kJ　　　　② −100kJ
③ −13.6kJ　　　　④ −10kJ

해설 등온일량($_1W_2$) $= RTL_n\left(\dfrac{P_1}{P_2}\right) = GRTL_n\left(\dfrac{P_1}{P_2}\right)$

∴ $1.2 \times 0.287 \times (273 + 12) \times L_n\left(\dfrac{150}{600}\right) = -136\text{kJ}$

02 Otto 사이클에서 열효율이 35%가 되려면 압축비를 얼마로 하여야 하는가?(단, k=1.3이다.)

① 3.0　　　　② 3.5
③ 4.2　　　　④ 6.3

해설 오토(Otto) 정적사이클 : 내연기관사이클

효율(η_0) $= 1 - \dfrac{T_1}{T_2} = 1 - \left(\dfrac{1}{\varepsilon}\right)^{k-1}$, $0.35 = 1 - \left(\dfrac{1}{x}\right)^{1.3-1}$

$x = {}^{k-1}\sqrt{\dfrac{1}{1-\eta_0}}$

∴ $x = {}^{1.4-1}\sqrt{\dfrac{1}{1-0.35}} = 4.2$

03 밀폐계 안의 유체가 상태 1에서 상태 2로 가역압축될 때, 하는 일을 나타내는 식은?(단, P는 압력, V는 체적, T는 온도이다.)

① $W = \displaystyle\int_1^2 PdV$　　② $W = \displaystyle\int_1^2 V^2 dP$

③ $W = \displaystyle\int_1^2 VdT$　　④ $W = -\displaystyle\int_1^2 TdP$

해설 ㉠ 밀폐계 가역압축 일(W) : 내연기관일(절대일)

$W = \displaystyle\int_1^2 PdV$

㉡ 개방계 가역압축 일(W) : 펌프, 터빈, 압축기(공업일)

$W = \displaystyle\int_1^2 VdP$

04 물 1kg이 압력 300kPa에서 증발할 때 증가한 체적이 0.8m³였다면, 이때의 외부 일은?(단, 온도는 일정하다고 가정한다.)

① 140kJ　　　　② 240kJ
③ 320kJ　　　　④ 420kJ

해설 등온변화(절대일 = 공업일)

$W = \displaystyle\int_1^2 PdV\text{kJ} = 1 \times 300 \times 0.8 = 240\text{kJ}$

등온변화 : 내부에너지, 엔탈피변화는 없다(가열한 열량은 전부 일로 변한다).

05 효율이 40%인 열기관에서 유효하게 발생되는 동력이 110kW라면 주위로 방출되는 총 열량은 약 몇 kW인가?

① 375　　　　② 165
③ 155　　　　④ 110

해설 효율 40% = 손실 60%

∴ 총 열량 $= 110 \times \dfrac{0.6}{0.4} = 165\text{kW}$

06 처음의 압력이 500kPa이고, 체적이 2m³인 기체가 "PV=일정"인 과정으로 압력이 100kPa까지 팽창할 때 밀폐계가 하는 일(kJ)을 나타내는 식은?

① $1,000\ln\dfrac{2}{5}$　　② $1,000\ln\dfrac{5}{2}$

③ $1,000\ln 5$　　④ $1,000\ln\dfrac{1}{5}$

해설 $PV=C$(등온), $P_1V_1=P_2V_2$

$5\times2=1\times V_2$

$\therefore V_2=10\text{m}^3$

$\therefore {}_1W_2=P_1V_1\ln\dfrac{V_2}{V_1}=5\times10^2\times2\times\ln\dfrac{10}{2}=1{,}000\ln5\text{kJ}$

07 어떤 시스템이 변화를 겪는 동안 주위의 엔트로피가 5kJ/K 감소하였다. 시스템의 엔트로피 변화는?

① 2kJ/K 감소

② 5kJ/K 감소

③ 3kJ/K 증가

④ 6kJ/K 증가

해설 ㉠ 엔트로피$(\Delta s)=\dfrac{\delta q}{T}=\displaystyle\int_1^2\dfrac{\delta q}{T}=s_2-s_1$

㉡ 자연계의 엔트로피 총화는 $\{(\Delta s)>0\}$이다. 따라서 $(\Delta s$ 총화$)=-5+6=1\text{kJ/k}>0$이므로 6kJ/K 증가만이 Δs 총화(Total)>0인 조건을 만족시킨다.

08 과열, 과랭이 없는 이상적인 증기압축 냉동사이클에서 증발온도가 일정하고 응축온도가 내려갈수록 성능계수는?

① 증가한다.

② 감소한다.

③ 일정하다.

④ 증가하기도 하고 감소하기도 한다.

해설 냉동기 증발온도 일정 → 응축온도가 하강하면(압축비 감소) 성능계수(COP)는 증가한다.

09 직경 20cm, 길이 5m인 원통 외부에 두께 5cm의 석면이 씌워져 있다. 석면 내면과 외면의 온도가 각각 100℃, 20℃이면 손실되는 열량은 약 몇 kJ/h인가? (단, 석면의 열전도율은 0.418kJ/m·h·℃로 가정한다.)

① 2,591

② 3,011

③ 3,431

④ 3,851

해설

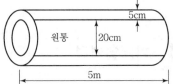

$r_1=20\times\dfrac{1}{2}=10\text{cm}(0.1\text{m})$

$r_2=10+5=15\text{cm}(0.15\text{m})$

$\therefore Q=\lambda\cdot F_m\cdot\dfrac{\Delta t}{b}=0.418\times3.876\times\dfrac{100-20}{0.15-0.1}$

$\quad=2{,}591\text{kJ/h}$

대수평균면적$(F_m)=\dfrac{2\pi L(r_2-r_1)}{\ln\left(\dfrac{r_2}{r_1}\right)}$

$\quad=\dfrac{2\times3.14\times5(0.15-0.1)}{\ln\left(\dfrac{0.15}{0.1}\right)}=3.876\text{m}^2$

10 1kg의 헬륨이 100kPa하에서 정압 가열되어 온도가 300K에서 350K로 변하였을 때 엔트로피의 변화량은 몇 kJ/K인가?(단, $h=5.238T$의 관계를 갖는다. 엔탈피 h의 단위는 kJ/kg, 온도 T의 단위는 K이다.)

① 0.694

② 0.756

③ 0.807

④ 0.968

해설 정압변화 엔트로피$(\Delta s)=GC_pL_n\dfrac{T_2}{T_1}$

$h=5.238T$에서 $dh=5.238dT$,

$\Delta s=\dfrac{\delta q}{T}=\dfrac{dh}{T}=\dfrac{5.238}{T}dT$,

$\therefore \Delta s=5.238\displaystyle\int_{300}^{350}\dfrac{dT}{T}=5.238L_n\dfrac{350}{300}=0.807\text{kJ/K}$

11 폴리트로프 변화를 표시하는 식 $PV^n=C$에서 $n=k$일 때의 변화는?(단, k는 비열비다.)

① 등압변화

② 등온변화

③ 등적변화

④ 가역단열변화

해설 폴리트로픽 지수(n)

㉠ 정압변화(0)

㉡ 등온변화(1)

㉢ 단열변화(k)

㉣ 정적변화(∞)

12 피스톤 – 실린더로 구성된 용기 안에 300kPa, 100℃ 상태의 CO_2가 $0.2m^3$ 들어 있다. 이 기체를 "$PV^{1.2}=$ 일정"인 관계가 만족되도록 피스톤 위에 추를 더해가며 온도가 200℃가 될 때까지 압축하였다. 이 과정 동안 기체가 한 일을 구하면?(단, CO_2의 기체상수는 $0.189kJ/kg \cdot K$이다.)

① $-20kJ$　　　　　② $-60kJ$

③ $-80kJ$　　　　　④ $-120kJ$

> **해설** $PV^{1.2}=C$(폴리트로프 과정)
>
> $$_1W_2 = \frac{R}{n-1}(T_1-T_2) = \frac{m}{n-1}R(T_1-T_2)$$
>
> $$m(질량) = \frac{P_1V_1}{RT_1} = \frac{300 \times 0.2}{0.189 \times (100+273)} = 0.8511kg$$
>
> $$\therefore 일량(w) = \frac{0.8511}{1.2-1} \times 0.189[(100+273)-(200+273)]$$
> $$=-80kJ$$

13 순수물질의 압력을 일정하게 유지하면서 엔트로피를 증가시킬 때 엔탈피는 어떻게 되는가?

① 증가한다.　　　　② 감소한다.

③ 변함없다.　　　　④ 경우에 따라 다르다.

> **해설** 엔트로피
> 과정변화 중에 출입하는 열량의 이용가치를 나타내는 양
> ㉠ 가역사이클 : 엔트로피 일정
> ㉡ 비가역사이클 : 엔트로피 항상 증가
> 　　실제로 자연계에서 일어나는 모든 상태는 비가역 동반
> 　　(엔트로피 증가)
> 압력일정 : 엔트로피 증가 시 엔탈피도 증가한다.

14 어느 내연기관에서 피스톤의 흡기과정으로 실린더 속에 0.2kg의 기체가 들어 왔다. 이것을 압축할 때 15kJ의 일이 필요하였고, 10kJ의 열을 방출하였다고 한다면, 이 기체 1kg당 내부에너지의 증가량은?

① 10kJ　　　　　　② 25kJ

③ 35kJ　　　　　　④ 50kJ

> **해설** H(엔탈피)=내부에너지+유동에너지, $H=u+APV$
> 내부에너지 변화$(du)=C_vdT=Q-W$

$$\therefore \left(\frac{15}{0.2}\right) - \left(\frac{10}{0.2}\right) = 25kJ/kg$$

열을 받으면(+), 열을 방열하면(−), 일을 받으면(−), 외부에 일을 하면(+)

15 8℃의 이상기체를 가역단열압축하여 그 체적을 1/5로 줄였을 때 기체의 온도는 몇 ℃인가?(단, k=1.4이다.)

① 313℃　　　　　② 295℃

③ 262℃　　　　　④ 222℃

> **해설** 단열과정 $\left(\dfrac{T_2}{T_1}\right) = \left(\dfrac{V_1}{V_2}\right)^{k-1} = \left(\dfrac{P_2}{P_1}\right)^{\frac{k-1}{k}}$
>
> $$T_2 = T_1 \times \left(\frac{V_1}{V_2}\right)^{k-1} = (273+8) \times \left(\frac{5}{1}\right)^{1.4-1} = 535K$$
>
> $$\therefore 535-273 = 262℃$$

16 카르노 사이클(Carnot Cycle)로 작동되는 기관의 실린더 내에서 1kg의 공기가 온도 120℃에서 열량 40kJ를 얻어 등온팽창한다고 하면 엔트로피의 변화는 얼마인가?

① $0.102kJ/kg \cdot K$　　② $0.132kJ/kg \cdot K$

③ $0.162kJ/kg \cdot K$　　④ $0.192kJ/kg \cdot K$

> **해설** 등온변화 엔트로피$(\Delta s) = s_2 - s_1 = AR\ln\dfrac{V_2}{V_1}$
>
> $$= C_p\ln\frac{V_2}{V_1} + C_v\ln\frac{P_2}{P_1}$$
>
> 등온$(T=C : T_1 = T_2)$
>
> $$\therefore \Delta s = \frac{\delta q}{T} = \frac{40}{273+120} = 0.102kJ/kg \cdot K$$

17 500℃와 20℃의 두 열원 사이에 설치되는 열기관이 가질 수 있는 최대의 이론 열효율은 약 몇 %인가?

① 4　　　　　　　② 38

③ 62　　　　　　　④ 96

> **해설** $500+273=773K$, $20+273=293K$
>
> $$\therefore \eta = 1 - \frac{T_2}{T_1-T_2} = 1 - \frac{293}{773-293} = 0.610(62\%)$$

18 압력이 0.2MPa, 온도가 20℃의 공기를 압력이 2MPa로 될 때까지 가역단열압축했을 때 온도는 약 몇 (℃)인가?(단, 비열비 k = 1.4이다.)

① 225.7℃

② 273.7℃

③ 292.7℃

④ 358.7℃

해설 가역단열

$$\frac{T_2}{T_1} = \left(\frac{P_2}{P_1}\right)^{\frac{k-1}{k}}$$

$$T_2 = T_1 \times \left(\frac{P_2}{P_1}\right)^{\frac{k-1}{k}} = (20+273) \times \left(\frac{2}{0.2}\right)^{\frac{1.4-1}{1.4}} = 566K$$

$$\therefore 566 - 273 = 292.7℃$$

19 냉동용량이 35kW인 어느 냉동기의 성능계수가 4.8 이라면 이 냉동기를 작동하는 데 필요한 동력은?

① 약 9.2kW

② 약 8.3kW

③ 약 7.3kW

④ 약 6.5kW

해설 $COP(4.8) = \frac{35}{x}$, $\therefore x = \frac{35}{4.8} = 7.3kW$

※ $\frac{냉동용량}{압축일량} = 성능계수(COP)$

20 공기표준 Brayton 사이클에 대한 설명 중 틀린 것은?

① 단순가스터빈에 대한 이상사이클이다.

② 열교환기에서의 과정은 등온과정으로 가정한다.

③ 터빈에서의 과정은 가역 단열팽창과정으로 가정한다.

④ 터빈에서 생산되는 일의 40% 내지 80%를 압축기에서 소모한다.

해설 공기표준 브레이튼 사이클(가스터빈 사이클)은 등압연소사이클(Joule 사이클) : 2개의 단열과정, 2개의 정압과정으로 이루어진다.

• 단열압축 → 정압가열 → 단열팽창 → 정압배기

SECTION **02** 냉동공학

21 내부지름이 2cm이고 외부지름이 4cm인 강철관을 3cm 두께의 석면으로 씌웠다면 관의 단위 길이당 열손실은?(단, 관 내부 온도 600℃, 석면 바깥 면 온도 100℃, 관 열전도도 16.34kcal/m · h · ℃, 석면 열전도도 0.1264kcal/m · h · ℃이다.)

① 430.8kcal/m · h

② 472.5kcal/m · h

③ 486.5kcal/m · h

④ 510.5kcal/m · h

해설 강철관 두께 4 − 2 = 2cm

강철관 + 석면의 두께 3 + 2 = 5cm(0.05m)

$$Q = \frac{2\pi L(t_1 - t_2)}{\frac{1}{\lambda_1} + \frac{1}{\lambda_2}, \ln\left(\frac{r_2}{r_1}\right)} = \frac{2 \times 3.14 \times 1 \times (600-100)}{\frac{1}{16.34} + \frac{1}{0.1264} \cdot \ln\left(\frac{0.05}{0.02}\right)}$$

$$= 430kcal/mh$$

22 불응축가스가 냉동장치에 미치는 영향이 아닌 것은?

① 체적효율 상승

② 응축압력 상승

③ 냉동능력 감소

④ 소요동력 증대

해설 응축기나 수액기 등에 고인 공기 등 불응축가스(응축기에서 응축액화되지 않는 가스)가 냉동장치에 고이면 체적효율이 감소한다.

23 응축기에 관한 설명으로 옳은 것은?

① 횡형 셸 앤 튜브식 응축기의 관내 수속은 5m/s가 적당하다.

② 공랭식 응축기는 기온의 변동에 따라 응축능력이 변하지 않는다.

③ 입형 셸 앤 튜브식 응축기는 운전 중에 냉각관의 청소를 할 수 있다.

④ 주로 물의 감열로서 냉각하는 것이 증발식 응축기이다.

해설 ㉠ 입형 셸 앤 튜브식 응축기(관내에 냉각수가 스월(Swirl)을 통해 관벽을 따라 흐른다)는 운전 중에도 냉각관 청소가 가능하다.

ⓛ 증발식은 물의 잠열을 이용한다.
ⓒ 공랭식은 기온의 변동에 따라 응축능력이 변한다.

24 증발 및 응축압력이 각각 0.8kg/cm², 20kg/cm²인 2단 압축 냉동기에서 최적 중간압력은?

① 4kg/cm² ② 10kg/cm²
③ 16kg/cm² ④ 20kg/cm²

[해설] 중간압력$(P_m) = \sqrt{P_e \times P_c} = \sqrt{0.8 \times 20} = 4\text{kg/cm}^2$

25 냉동장치의 운전 중 압축기에 이상음이 발생했다. 그 원인으로 가장 적합한 것은?

① 크랭크케이스 내 유량이 감소하고 유면이 하한까지 낮아지고 있다.
② 실린더에 서리가 끼고 액백 현상이 일어나고 있다.
③ 고압은 그다지 높지 않지만 저압이 높고 전동기의 전류는 전부하로 운전되고 있다.
④ 유압펌프의 토출압력은 압축기의 흡입압력보다 높게 운전되고 있다.

[해설] 압축기 이상음 원인
실린더에 서리가 끼고 액백(리퀴드 해머) 현상이 일어날 때

26 냉동기유의 구비조건으로 틀린 것은?

① 점도가 적당할 것
② 응고점이 높고 인화점이 낮을 것
③ 유성이 좋고 유막을 잘 형성할 수 있을 것
④ 수분 및 산류 등의 불순물이 적을 것

[해설] 냉동기유(오일)는 응고점이 낮고 인화점이 높을 것(인화점 : 180~200℃)

27 저온용 단열재의 성질이 아닌 것은?

① 내구성 및 내약품성이 양호할 것
② 열전도율이 좋을 것
③ 밀도가 작을 것
④ 팽창계수가 작을 것

[해설] 단열재나 보온재는 열전도율이 낮을 것

28 10냉동톤의 능력을 갖는 역카르노 사이클 냉동기의 방열온도가 25℃, 흡열온도가 −20℃이다. 이 냉동기를 운전하기 위하여 필요한 이론 마력은?

① 9.3PS
② 14.6PS
③ 15.3PS
④ 17.3PS

[해설] 냉동기 성적계수$(\varepsilon) = \dfrac{T_2}{T_1 - T_2} = \dfrac{273 - 20}{(273 + 25) - (273 - 20)}$
$= 5.62$

1RT = 3,320kcal/h
10 × 3,320 = 33,200kcal/h
1PSh = 632kcal
이론마력 $= \dfrac{33,200}{5.62} \times \dfrac{1}{632} = 9.3\text{PS}$

29 다음 그림과 같은 몰리에르 선도상에서 압축냉동 사이클의 각 상태점에 있는 냉매의 상태 설명 중 틀린 것은?

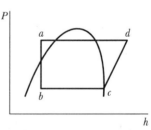

① a점의 냉매는 팽창 밸브 직전의 과냉각된 냉매액
② b점은 감압되어 응축기에 들어가는 포화액
③ c점은 압축기에 흡입되는 건포화 증기
④ d점은 압축기에서 토출되는 과열 증기

[해설] ⓛ b → c : 증발기
ⓒ b : 증발기 입구 냉매액
ⓒ c : 증발기 출구 냉매 가스
ⓒ d−a : 응축기

30 다음과 같은 카르노사이클에서 옳은 것은?

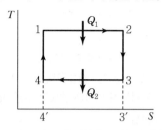

① 면적 1-2-3'-4'는 급열 Q_1을 나타낸다.
② 면적 4-3-3'-4'는 $Q_1 - Q_2$를 나타낸다.
③ 면적 1-2-3-4는 방열 Q_2를 나타낸다.
④ $Q_1 - Q_2$는 면적과는 무관하다.

해설 ㉠ 1 → 2 : 등온팽창
ㄴ 2 → 3 : 단열팽창
ㄷ 3 → 4 : 등온압축
ㄹ 4 → 1 : 단열압축
• 유효일량= $Q_1 - Q_2$ (1 → 2 → 3 → 4)
• 면적 1 → 2 → 3' → 4' : 급열 Q_1을 나타낸다.
• 방열량 면적 : 4 → 3 → 3'-4' Q_2

31 왕복동식 압축기의 체적효율이 감소하는 이유로 적합한 것은?

① 단열 압축지수의 감소
② 압축비의 감소
③ 극간비의 감소
④ 흡입 및 토출밸브에서의 압력손실의 감소

32 유분리기에 대한 설명으로 가장 거리가 먼 것은?

① 만액식 증발기를 사용하거나 증발온도가 높은 경우에 설치한다.
② 압축기에서 응축기까지의 배관이 긴 경우에 설치한다.
③ 왕복식 압축기인 경우는 고압냉매의 맥동을 완화시키는 역할을 한다.
④ 일종의 소음기 역할도 한다.

해설 유(오일)분리기는 만액식 증발기에서 사용되며 증발온도가 낮은 저온장치인 경우에 필요하고 그 외에도 ②, ③, ④항의 용도가 있다.

33 수랭식 냉동장치에서 응축압력이 과다하게 높은 경우로 가장 거리가 먼 것은?

① 냉각 수량 과다
② 높은 냉각수 온도
③ 응축기 내 불결한 상태
④ 장치 내 불응축가스가 존재

해설 수랭식 냉동장치(쿨링타워 설치)에 냉각 수량이 과다하면 응축압력이 저하한다.

34 열펌프(Heat Pump)의 성적계수를 높이기 위한 방법으로 가장 거리가 먼 것은?

① 응축온도와 증발온도의 차를 줄인다.
② 증발온도를 높인다.
③ 응축온도를 높인다.
④ 압축동력을 줄인다.

해설 응축온도를 높이면 압축비가 증가하여 성적계수가 저하된다. 또한 체적효율 감소, 토출가스온도 상승, 냉동능력이 감소한다.

35 몰리에르 선도를 통해 알 수 없는 것은?

① 냉동능력
② 성적계수
③ 압축비
④ 압축효율

해설 P-i 선도(Mollier, Diagram) 6대 구성요소
㉠ 등압선
ㄴ 등엔탈피선
ㄷ 등엔트로피선
ㄹ 등온선
ㅁ 등비체적선
ㅂ 등건조도선

36 다음 사이클로 작동되는 압축기의 피스톤 압출량이 $180m^3/h$, 체적효율(η_v)이 0.75, 압축효율(η_c)이 0.78, 기계효율(η_m)이 0.9일 때, 이 압축기의 소요 동력은?

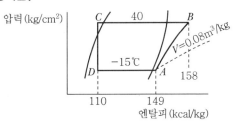

① 11.5kW

② 15.8kW

③ 21.6kW

④ 30.2kW

해설 냉매사용량＝(180/0.08)＝2,250kg/h, 1kWh＝860kcal
냉매압축량＝2,250×0.75＝1,687.5kg/h
압축일량＝158－149＝9kcal/kg
{(1,687.5×9)/860×0.78×0.9}＝24kW
∴ 24×0.9＝21.6kW

37 냉매 순환량이 100kg/h인 압축기의 압축효율이 75%, 기계효율이 93%, 압축일량이 50kcal/kg일 때 축동력은?

① 4.7kW

② 6.3kW

③ 7.8kW

④ 8.3kW

해설 1kW＝860kcal/h, 체적효율＝1
압축열량＝100×50×1＝5,000kcal/h
∴ 축동력＝$\dfrac{5,000}{860}×\dfrac{1}{0.75}×\dfrac{1}{0.93}$＝8.3kW

38 다음 그림은 단효용 흡수식 냉동기에서 일어나는 과정을 나타낸 것이다. 각 과정에 대한 설명으로 틀린 것은?

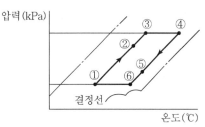

① ① → ② 과정 : 재생기에서 돌아오는 고온 농용액과 열교환에 의한 희용액의 온도상승

② ② → ③ 과정 : 재생기 내에서 비등점에 이르기까지의 가열

③ ③ → ④ 과정 : 재생기 내에서의 가열에 의한 냉매 응축

④ ④ → ⑤ 과정 : 흡수기에서의 저온 희용액과 열교환에 의한 농용액의 온도강하

해설 흡수식 ③ → ④ 과정 : 용액의 농축작용
※ 흡수용액＝리튬브로마이드＋H_2O

39 스테판－볼츠만(Stefan-Boltzmann)의 법칙과 관계있는 열 이동 현상은?

① 열 전도

② 열 대류

③ 열 복사

④ 열 통과

해설 복사(스테판－볼츠만의 법칙)
스테판－볼츠만의 상수($5.67×10^{-8}W/m^2K^4$)

40 냉동사이클에서 응축온도 상승에 의한 영향과 가장 거리가 먼 것은?(단, 증발온도는 일정하다.)

① COP 감소(성적계수 감소)

② 압축기 토출가스 온도 상승

③ 압축비 증가

④ 압축기 흡입가스 압력 상승

해설 응축온도 상승원인은 ①, ②, ③항 등이다(압축기 흡입가스 압력은 증발기 내 냉매 압력이다).

SECTION 03 공기조화

41 감습장치에 대한 설명으로 틀린 것은?

① 냉각 감습장치는 냉각코일 또는 공기세정기를 사용하는 방법이다.

② 압축성 감습장치는 공기를 압축해서 여분의 수분을 응축시키는 방법이며, 소요동력이 적기 때문에 일반적으로 널리 사용된다.

③ 흡수식 감습장치는 트리에틸렌글리콜, 염화리튬 등의 액체 흡수제를 사용하는 것이다.

④ 흡착식 감습장치는 실리카겔, 활성알루미나 등의 고체 흡착제를 사용한다.

해설 압축 감습장치

공기를 압축하여 급격하게 팽창시켜 온도를 낮추고 수증기를 응축시켜 제거하거나 압축한 공기를 냉각시켜 공기가 고압이 되면 포화절대습도가 저하하는 성질을 이용하여 고압트랩으로부터 분리하는 방법이다(단, 동력 소비가 커서 잘 사용하지는 않는다).

42 콘크리트 두께 10cm, 내면 회벽 두께 2cm의 벽체를 통하여 실내로 침입하는 열량은?(단, 외기온도 30℃, 실내온도 26℃, 콘크리트 열전도율 1.4kcal/m · h · ℃, 회벽 열전도율 0.62kcal/m · h · ℃, 벽 외면 열전달률 20kcal/m^2 · h · ℃, 벽 내면 열전달률 7kcal/m^2 · h · ℃, 외벽의 면적 20m^{2}이다.)

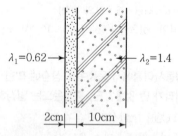

① 178.1kcal/h

② 269.8kcal/h

③ 326.9kcal/h

④ 378.2kcal/h

해설 Q(열량) = 면적×열관류율(K)×온도차

$$K = \frac{1}{\frac{1}{a_1}+\frac{b_1}{\lambda_1}+\frac{b_2}{\lambda_2}+\frac{1}{a_2}} \, (\text{kcal/m}^2\text{h}℃)$$

$$\therefore \ Q = 20 \times \frac{1}{\left(\frac{1}{7}\right)+\left(\frac{0.1}{1.4}\right)+\left(\frac{0.02}{0.62}\right)+\left(\frac{1}{20}\right)} \times (30-26)$$

$$= 269.8\text{kcal/h}$$

43 다음 중 공기여과기(Air Filter) 효율 측정법이 아닌 것은?

① 중량법

② 비색법(변색도법)

③ 계수법(DOP법)

④ HEPA 필터법

해설 ㉠ 중량법, 변색도법, 계수법 : 에어필터 여과효율법

㉡ 고성능필터법(HEPA) : 여과작용에 의한 여과기분류법에 의한다.

44 방열기의 EDR은 무엇을 의미하는가?

① 상당방열면적

② 표준방열면적

③ 최소방열면적

④ 최대방열면적

해설 EDR(상당방열면적)

㉠ 온수 표준 난방열 : 450kcal/m^{2}h

㉡ 증기 표준 난방열 : 650kcal/m^{2}h

45 건물의 지하실, 대규모 조리장 등에 적합한 기계환기법(강제급기+강제배기)은?

① 제1종 환기

② 제2종 환기

③ 제3종 환기

④ 제4종 환기

해설 제1종 환기법

(급기=기계 사용, 배기=기계 사용)

건물지하실, 대규모 조리장에 사용

46 극간풍을 방지하는 방법이 아닌 것은?

① 회전문 설치

② 자동문 설치

③ 에어 커튼 설치

④ 충분한 간격을 두고 이중문 설치

해설 자동문 설치
에너지 열량 손실 감소를 위해 자동문을 설치한다.

47 주철제 보일러의 장점으로 틀린 것은?

① 강도가 높아 고압용에 사용된다.
② 내식성이 우수하며 수명이 길다.
③ 취급이 간단하다.
④ 전열면적이 크고 효율이 좋다.

해설 주철제는 충격에 약하여 저압증기보일러나 저압온수보일러용으로 많이 사용한다.

48 다음 중 열회수 방식에 속하는 것은?

① 열병합 방식   ② 빙축열 방식
③ 승온이용 방식   ④ 지역냉난방 방식

해설 승온
열회수 방식이다.

49 한 장의 보통 유리를 통해서 들어오는 취득열량을 $q = I_{GR} \times k_s \times A_g + I_{GC} \times A_g$ 라 할 때 k_s를 무엇이라 하는가?(단, I_{GR} : 일사투과량, A_g : 유리의 면적, I_{GC} : 창면적당의 내표면으로부터 대류에 의하여 침입하는 열량)

① 차폐계수
② 유리의 반사율
③ 유리의 열전도계수
④ 단위시간에 단위면적을 통해 투과하는 열량

해설 k_s : 차폐계수(유리로부터 열관류 형식으로 전해지는 냉방부하에서 사용)
내부 Blind가 없으면 차폐계수가 커진다.

50 공조설비의 구성은 열원설비, 열운반장치, 공조기, 자동제어장치로 이루어진다. 이에 해당하는 장치로서 직접적인 관계가 없는 것은?

① 펌프   ② 덕트
③ 스프링클러   ④ 냉동기

해설 스프링클러 : 화재 예방용 소화설비이다.

51 덕트에 설치되는 댐퍼에 대한 설명으로 틀린 것은?

① 버터플라이 댐퍼는 주로 소형덕트에서 개폐용으로 사용되며 풍량 조절용으로도 사용된다.
② 평형익형 댐퍼는 닫혔을 때 공기의 누설이 많다.
③ 방화댐퍼의 종류로는 루버형, 피봇형 등이 있다.
④ 풍량조절댐퍼의 종류에는 슬라이드형과 스윙형이 있다.

해설 ㉠ FD(방화댐퍼) : 루버형, 피봇형, 슬라이드형, 스윙형
㉡ SD(방연댐퍼) : Smoke Damper
㉢ SV(풍량조절댐퍼) : Volume Damper

52 다음 열원설비 중 하절기 피크전력 감소에 기여할 수 있는 방식으로 가장 거리가 먼 것은?

① GHP 방식   ② 빙축열 방식
③ 흡수식 냉동기   ④ EHP 방식

해설 EHP 전기식 열원설비(히트펌프) : 하절기 피크전력 증가에 기여하여 전력예비효율을 감소시킨다.

53 보일러 능력의 표시법에 대한 설명으로 옳은 것은?

① 과부하출력 : 운전시간 24시간 이후는 정격출력의 10~20% 더 많이 출력되는데 이것을 과부하출력이라 한다.
② 정격출력 : 정미출력의 2배이다.
③ 상용출력 : 배관 손실을 고려하여 정미출력의 약 1.05~1.10배 정도이다.
④ 정미출력 : 연속해서 운전할 수 있는 보일러의 최대능력이다.

해설 ① 과부하출력＝정격출력보다 많은 출력(24시간 이내)
② 정격출력＝상용출력＋시동부하
③ 상용출력＝정미출력＋배관부하
④ 정미출력＝난방부하＋급탕부하

54 실내 냉방부하가 현열 6,000kcal/h, 잠열 1,000 kcal/h인 실의 송풍량은?(단, 취출 온도차 10℃, 공기 비중량 1.2kg/m³, 비열 0.24kcal/kg · ℃이다.)

① 1,538CMH   ② 2,083CMH

③ 3,180CMH   ④ 4,200CMH

해설 총부하＝6,000＋1,000＝7,000kcal/h
- 송풍현열부하＝10×0.24×1.2＝2.88kcal/m³
- 현열부하＝6,000kcal/h

$$\therefore \text{송풍량}＝\frac{6,000}{2.88}＝2,083\text{m}^3/\text{h}$$

55 고속 덕트의 설계법에 관한 설명 중 틀린 것은?

① 동력비가 증가된다.

② 송풍기 동력이 과대해진다.

③ 공조용 덕트는 소음의 고려가 필요하지 않다.

④ 리턴 덕트와 공조기에서는 저속방식과 같은 풍속으로 한다.

해설 산업용보다는 공조용 덕트의 설계 시 소음 고려가 절실히 필요하다.

56 냉수코일 계산 시 관 1개당 통과 권장 냉수량은?

① 6~16L/min   ② 25~30L/min

③ 35~40L/min   ④ 46~56L/min

해설 냉수코일 통과 권장량
6~16L/min(개당 물의 유속이 증가하면 코일 1열당 열관류율이 높아진다.)

57 건구온도 38℃, 절대습도 0.022kg/kg인 습공기 1kg의 엔탈피는?(단, 수증기의 정압비열은 0.44kcal/kg · ℃이다.)

① 38.19kJ/kg   ② 55.02kJ/kg

③ 66.56kJ/kg   ④ 94.75kJ/kg

해설
- 공기비열(0.24kcal/kg), 1kcal＝4.2kJ
- 597.5＝0℃에서 물의 잠열
- 건구온도 현열＝38×비열＝kcal/kg
- H_2O의 현열＝0.022×0.44＝0.00968kcal/kg

$\therefore$ 습공기엔탈피(hw)
$$= ha＋x \cdot hv = C_P \cdot t＋x(r＋C_{VP} \cdot t)$$
$$= \{0.24×38＋0.022(597.5＋0.44×38)\}×4.2＝95\text{kJ/kg}$$

58 온풍난방의 특징으로 틀린 것은?

① 연소장치, 송풍장치 등이 일체로 되어 있어 설치가 간단하다.

② 예열부하가 거의 없으므로 기동시간이 짧다.

③ 토출 공기온도가 높으므로 쾌적도는 떨어진다.

④ 실내 층고가 높을 경우에는 상하의 온도차가 작다.

해설 실내 층고가 높을 경우 송풍기에 의해 덕트에 온풍이 공급되므로 온도하강으로 상하의 온도차가 크다.

59 다음 중 개별식 공조방식의 특징이 아닌 것은?

① 국소적인 운전이 자유롭다.

② 개별제어가 자유롭게 된다.

③ 외기냉방을 할 수 없다.

④ 소음진동이 작다.

해설 ㉠ 개별공조방식은 1개의 거실에서 공조기가 직접 설치되므로 소음진동이 크다.
㉡ 개별공조(냉매방식) : 패키지 방식, 룸쿨러방식, 멀티유닛방식
※ 개별제어는 설비는 간단하나 실내에 유닛을 설치해야 하고 외기량이 부족하여 공기오염에 주의해야 한다.

60 공조기에서 냉 · 온풍을 혼합댐퍼(Mixing Damper)에 의해 일정한 비율로 혼합한 후 각 존 또는 각 실로 보내는 공조방식은?

① 단일덕트 재열 방식

② 멀티존 유닛 방식

③ 단일덕트 방식

④ 유인 유닛 방식

해설 2중 덕트 방식(혼합댐퍼 방식) : 전공기 방식
㉠ 정풍량 2중 방식
㉡ 변풍량 2중 방식
㉢ 멀티존 유닛 방식

SECTION 04 전기제어공학

61 콘덴서에서 극판의 면적을 3배로 증가시키면 정전용량은 어떻게 되는가?

① $\frac{1}{3}$로 감소한다.　② $\frac{1}{9}$로 감소한다.

③ 3배로 증가한다.　④ 9배로 증가한다.

해설 정전용량=커패시턴스(Capacitance)로서 절연된 도체 간에서 전위를 주었을 때 전하를 축적하는 것 $C = \frac{Q}{V} = \varepsilon \left(\frac{A}{t} \right)$ 으로 콘덴서에서 극판을 면적으로 3배 증가시키면 정전용량은 3배로 증가한다.

62 전류에 의해서 발생되는 작용이라고 볼 수 없는 것은?

① 발열 작용　② 자기차폐 작용

③ 화학 작용　④ 자기 작용

해설 자기차폐(Magnetic Shielding)
자계 중에 있는 일정한 공간을 투자율이 큰 자성체로 감싸면 내부의 자계는 외부보다 매우 작아져서 외부 자계의 영향을 거의 받지 않게 된다. 이를 자기차폐라고 한다.

63 조작부를 움직이는 에너지원으로 공기, 유압, 전기 등을 사용하는 것은?

① 정치제어　② 타력제어

③ 자력제어　④ 프로그램제어

해설 타력제어 : 조작부를 움직이는 에너지원(공기, 유압, 전기) 등을 사용하는 제어이다.

64 유입식 변압기의 절연유 구비조건이 아닌 것은?

① 절연내력이 클 것
② 응고점이 높을 것
③ 점도가 낮고 냉각효과가 클 것
④ 인화점이 높을 것

해설 변압기에 사용하는 절연유 오일은 응고점이 낮아야 사용이 편리하다.

65 3상 유도전동기에서 일정 토크 제어를 위하여 인버터를 사용하여 속도 제어를 하고자 할 때 공급전압과 주파수의 관계는?

① 공급전압이 항상 일정하여야 한다.
② 공급전압과 주파수는 반비례되어야 한다.
③ 공급전압과 주파수는 비례되어야 한다.
④ 공급전압의 제곱에 비례하여야 한다.

해설 3상 유도전동기에서 일정 토크(회전력) 제어를 위해 인버터를 사용하여 속도 제어를 하고자 할 경우 공급전압과 주파수는 비례해야 한다.

66 피드백 제어의 장점으로 틀린 것은?

① 제어기 부품들의 성능이 나쁘면 큰 영향을 받는다.
② 외부조건의 변화에 대한 영향을 줄일 수 있다.
③ 제어계의 특성을 향상시킬 수 있다.
④ 목표값을 정확히 달성할 수 있다.

해설 피드백 제어(Feedback Control)
출력신호를 입력신호로 되돌려서 제어량의 값을 목표값과 비교하여 그들이 일치하도록 정정동작을 하는 제어이다. 그 분류는
㉠ 외란을 없애거나 영향을 줄이는 정치제어
㉡ 목표값이 크게 달라지는 제어는 추치제어
㉢ 오차신호를 0으로 하는 동작이다.

67 4극 60Hz의 3상 유도전동기가 있다. 1,725rpm으로 회전하고 있을 때 2차 기전력의 주파수는 약 몇 Hz인가?

① 2.5　② 7.5

③ 52.5　④ 57.5

해설 슬립$(s) = \frac{Ns - N}{Ns}$, $Ns = \frac{120f}{P}$ (rpm) 동기속도

주파수$(f_1) = \frac{P \cdot no}{2}$, 2차 주파수$(f_2) = s \cdot f_1$

$Ns = \frac{120 \times 60}{4} = 1,800 \text{rpm}$,

슬립 $= \frac{1,800 - 1,725}{1,800} = 0.0417$

$\therefore f_2 = 0.0417 \times 60 = 2.5 \text{Hz}$

68 다음 논리식 중에서 그 결과가 다른 값을 나타낸 것은?

① $(A+B)(A+\overline{B})$ 　② $A \cdot (A+B)$

③ $A+(\overline{A} \cdot B)$ 　④ $(A \cdot B)+(A \cdot \overline{B})$

해설 식의 간소화

$A \cdot (\overline{A}+B) = A \cdot B$

$A+A \cdot B = A(1+B) = A$

69 목표치가 시간에 관계없이 일정한 경우로 정전압장치, 일정 속도제어 등에 해당하는 제어는?

① 정치제어 　② 비율제어

③ 추종제어 　④ 프로그램제어

해설 정치제어

목표치가 시간에 관계없이 일정한 경우로 정전압장치, 일정 속도제어 등에 해당하는 제어이다.

70 RLC 병렬회로에서 용량성 회로가 되기 위한 조건은?

① $X_L = X_C$ 　② $X_L > X_C$

③ $X_L < X_C$ 　④ $X_L + X_C = 0$

해설 용량성

교류회로에 전류를 흘렸을 경우 전류가 전압보다 위상이 앞선다고 하면 이 회로의 리액턴스는 용량성이라고 한다.

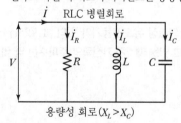

용량성 회로($X_L > X_C$)

71 유도전동기의 회전력은 단자전압과 어떤 관계를 갖는가?

① 단자전압에 반비례한다.

② 단자전압에 비례한다.

③ 단자전압의 $\frac{1}{2}$승에 비례한다.

④ 단자전압의 2승에 비례한다.

해설 유도전동기 회전력 : 단자전압의 2승에 비례한다.
회전력(T : 토크)
※ 유도전동기 : 교류전원만이 필요하다. 전원을 쉽게 얻을 수 있으며, 구조가 간단하고 가격이 싸며, 취급과 운전이 용이하다. $\left(\text{동기속도 } Ns = \frac{120f}{P}, \ T = \frac{PV_1^2}{4\pi f}(\text{N} \cdot \text{m})\right)$

72 200V의 정격전압에서 1kW의 전력을 소비하는 저항에 90%의 정격전압을 가한다면 소비전력은 몇 W인가?

① 640 　② 810

③ 900 　④ 990

해설 1kW=1,000W(소비전력 : 전압의 제곱에 비례한다.)
소비전력(P)=1,000×0.9=900W

전력(P) $= VI = I^2R = \frac{V^2}{R}$(W)

$\therefore 900 \times 0.9 = 810\text{W} = (P) = \frac{V^2}{R}, \ P' = \frac{V_1}{V} \times P$

$\therefore P' = 0.9^2 \times 1,000 = 810\text{W}$

73 온도를 임피던스로 변환시키는 요소는?

① 측온저항 　② 광전지

③ 광전 다이오드 　④ 전자석

해설 임피던스(Impedance)
전기회로에 교류를 흘렸을 경우에 전류의 흐름을 방해하는 정도를 나타내는 값이다.

임피던스(Z) $= R + j\left(\omega L - \frac{1}{\omega C}\right)$(ohm)

※ 측온저항 : 온도를 임피던스로 변환시킨다.

74 제어계에서 적분요소에 해당되는 것은?

① 물탱크에 일정 유량의 물을 공급하여 수위를 올린다.

② 트랜지스터에 저항을 접속하여 전압증폭을 한다.

③ 마찰계수, 질량이 있는 스프링에 힘을 가하여 그 변위를 구한다.

④ 물탱크에 열을 공급하여 물의 온도를 올린다.

해설 적분요소, 적분동작

I 동작이며 자동제어에서 제어편차의 시간 적분에 비례하는 크기의 신호를 내는 제어동작(단, 적분동작만 사용하는 일은 거의 없다. PI 동작 등으로 함께 사용한다.)
①항의 작용은 적분요소이다.
②항의 작용은 제어요소(조절부와 조작부)이다.

75 내부저항 r인 전류계의 측정범위를 n배로 확대하려면 전류계에 접속하는 분류기 저항값은?

① r/n　　　　　　② $r/(n-1)$

③ $(n-1)r$　　　　④ nr

해설 분류기

어느 전도의 전류를 측정하려는 경우에 전도의 전류가 전류계의 정격보다 큰 경우에는 전류계와 병렬로 다른 전도를 만들고 전류를 분류하여 측정한다.
㉠ 분류기의 내부저항값(R)
㉡ 측정하는 전도의 전류(I_0) $= \left(1 + \dfrac{r}{R}\right)I_a$
㉢ 전류계의 지시(I_a)

76 다음 중 정상 편차를 개선하고 응답속도를 빠르게 하는 동작은?

① K　　　　　　② $K \cdot (1+sT)$

③ $K\left(1 + \dfrac{1}{sT}\right)$　　④ $K\left(1 + sT + \dfrac{1}{sT}\right)$

해설 PID 동작(비례, 적분, 미분 동작)

적분동작 I 동작으로 잔류편차를 제거하고 응답속도를 빠르게 한다.

$$y(t) = K\left[z(t) + \frac{1}{T_i}\int z(t)dt + T_D\frac{d}{dt}z(t)\right]$$
$$= K\left[1 + sT + \frac{1}{sT}\right]$$

77 어떤 제어계의 임펄스 응답이 $\sin\omega t$일 때 계의 전달함수는?

① $\dfrac{\omega}{s+\omega}$　　　　② $\dfrac{\omega^2}{s+\omega}$

③ $\dfrac{\omega}{s^2+\omega^2}$　　④ $\dfrac{\omega^2}{s^2+\omega^2}$

해설 임펄스응답

과도응답이며 임펄스 입력을 가할 때 출력의 특성상 $r(t) = \delta(t)$를 라플라스 변환하면 $R(S)=1$로 나타난다.

$\sin(t) = \dfrac{1}{S^2+1}$,

$\sin\omega t = R(s) = \mathcal{L}[r(t)] = \mathcal{L}[\delta(t)] = 1$,

$C(s) = \mathcal{L}[C(t)] = \mathcal{L}[\sin\omega t] = \dfrac{\omega}{S^2+\omega^2}$

$\therefore\ G(s) = \dfrac{C(s)}{R(s)} = C(s) = \dfrac{\omega}{S^2+\omega^2}$

78 그림과 같은 회로에서의 논리식은?

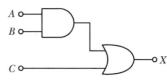

① $X = (A+B) \cdot C$

② $X = A \cdot B + C$

③ $X = A \cdot B + A \cdot C$

④ $X = A \cdot B \cdot C$

해설 $X = A \cdot B + C$

$X = A \cdot B = AB = A \times B$
(AND 회로)

$X = A + B$(OR 회로)

79 피상전력 100kVA, 유효전력 80kW인 부하가 있다. 무효전력은 몇 kVar인가?

① 20　　　　　　② 60

③ 80　　　　　　④ 100

해설 무효전력(Reactive Power)

리액턴스분을 포함하는 부하에 교류 전압을 가했을 경우 어떤 일을 하지 않는 전기에너지가 전원과 부하 사이를 끊임없이 왕복하는데 그의 크기를 무효전력이라 하고 단위는 Var로 사용

무효전력$(P_r) = VI\sin\theta = \sqrt{P_a^2 - P^2} = \sqrt{100^2 - 80^2}$
$= 60\text{kVar}$

80 PLC가 시퀀스동작을 소프트웨어적으로 수행하는 방법으로 틀린 것은?

① 래더도 방식
② 사이클릭 처리방식
③ 인터럽트 우선 처리방식
④ 병행 처리방식

해설 ㉠ 소프트웨어 : 컴퓨터를 이용하는 기술(프로그램 그 자체)
ㄴ PLC(Programmable Logic Controler)가 시퀀스 동작을 소프트웨어적으로 수행하는 방법은 ②, ③, ④항이다.

SECTION 05 배관일반

81 증기난방용 방열기를 열손실이 가장 많은 창문 쪽의 벽면에 설치할 때 가장 적절한 벽면과의 거리는?

① 5~6cm
② 10~11cm
③ 19~20cm
④ 25~26cm

해설
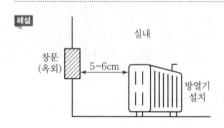

82 덕트의 구부러진 부분의 기류를 안정시키기 위해 사용하는 것은?

① 방화 댐퍼(Fire Damper)
② 가이드 베인(Guide Vane)
③ 라인 디퓨저(Line Diffuser)
④ 스플릿 댐퍼(Split Damper)

해설 가이드 베인
덕트의 구부러진 부분의 기류를 안정시키기 위해 사용하는 것

83 배관지지 장치에서 변위가 큰 개소에 사용하는 행거는?

① 리지드 행거
② 콘스탄트 행거
③ 베리어블 행거
④ 스프링 행거

해설 콘스탄트 행거(Constant Hanger)
변위가 큰 개소의 배관에 지지장치로 사용하는 행거이다(배관의 상·하 방향의 이동에 대해 항상 일정한 하중으로 배관을 지지하며 종류에는 코일스프링식, 중추식이 있다).

84 체크밸브의 종류에 대한 설명으로 옳은 것은?

① 리프트형 – 수평, 수직 배관용
② 풋형 – 수평 배관용
③ 스윙형 – 수평, 수직 배관용
④ 리프트형 – 수직 배관용

해설 ㉠ 리프트형, 풋형 : 수직배관용
ㄴ 스윙형 : 수평, 수직배관용

85 배관계통 중 펌프에서의 공동현상(Cavitation)을 방지하기 위한 대책으로 해당되지 않는 것은?

① 펌프의 설치 위치를 낮춘다.
② 회전수를 줄인다.
③ 양흡입을 단흡입으로 바꾼다.
④ 굴곡부를 적게 하여 흡입관의 마찰 손실수두를 작게 한다.

해설 펌프 공동현상(캐비테이션) 방지책은 ①, ②, ④항 외, 단흡입을 양흡입으로 바꾼다.

86 스트레이너의 형상에 따른 종류가 아닌 것은?

① Y형
② S형
③ U형
④ V형

해설 배수트랩의 관트랩
㉠ S트랩
ㄴ P트랩
ㄷ U트랩

87 배관의 보온재 선택방법에 관한 설명으로 틀린 것은?

① 대상온도에 충분히 견딜 수 있을 것

② 방수·방습성이 우수할 것

③ 가볍고 시공성이 좋을 것

④ 열 전도율이 클 것

해설 보온재, 단열재는 열 전도율(W/mk)이 작아야 열손실이 감소한다.

88 다음 보기에서 설명하는 급수공급 방식은?

> ㉠ 고가탱크를 필요로 하지 않는다.
> ㉡ 일정수압으로 급수할 수 있다.
> ㉢ 자동제어 설비에 비용이 든다.

① 층별식 급수 조닝방식

② 고가수조방식

③ 압력수조방식

④ 부스터방식

해설 보기에 해당하는 급수공급방식은 부스터방식이다.

89 배관 관련 설비 중 공기조화설비의 구성요소로 가장 거리가 먼 것은?

① 열원장치　　　　② 공기조화기

③ 환기장치　　　　④ 트랩장치

해설 트랩장치

㉠ 증기트랩　　　　㉡ 배수트랩

90 가스공급방식 중 저압 공급방식의 특징으로 틀린 것은?

① 가정용·상업용 등 일반에게 공급되는 방식이다.

② 홀더압력을 이용해 저압배관만으로 공급하므로 공급계통이 비교적 간단하다.

③ 공급구역이 좁고 공급량이 적은 경우에 적합하다.

④ 가스의 공급압력은 0.3~0.5MPa 정도이다.

해설 가스공급방식

㉠ 저압(50~250mmH$_2$O)

㉡ 중압(100~2,500g/cm^2)

㉢ 고압(2,500g/cm^2 초과)

※ 0.3~0.5MPa(3~5kg/cm^2)

91 증기배관에 관한 설명으로 틀린 것은?

① 수평주관의 지름을 줄일 때에는 편심리듀서를 사용한다.

② 수평주관의 지름을 줄일 때에는 응축수가 이음부에 체류하지 않도록 내림구배는 관 밑을 직선으로 일치시킨다.

③ 증기주관 위쪽에서의 입하관 분기는 상향으로 올린 후에 올림구배로 입하시킨다.

④ 증기관이나 환수관이 장애물과 교차할 때는 드레인이나 공기가 유통하기 쉽도록 한다.

해설 증기주관 위쪽에서의 입하관 분기는 상향으로 올린 후에 내림구배로 입하시킨다.

92 온수난방 배관시공 시 기울기에 관한 설명으로 틀린 것은?

① 배관의 기울기는 일반적으로 1/250 이상으로 한다.

② 단관 중력 순환식의 온수 주관은 하향기울기를 준다.

③ 복관 중력 순환식의 상향 공급식에서는 공급관, 복귀관 모두 하향기울기를 준다.

④ 강제 순환식은 상향기울기나 하향기울기 어느 쪽이든 자유로이 할 수 있다.

해설 온수난방 복관 중력 순환식

㉠ 상향 공급식은 온수공급관이 끝 올림

㉡ 복귀관은 끝 내림구배를 준다.

93 통기관의 설치목적과 가장 거리가 먼 것은?

① 배수의 흐름을 원활하게 하여 배수관의 부식을 방지한다.

② 봉수가 사이펀 작용으로 파괴되는 것을 방지한다.

③ 배수계통 내의 신선한 공기를 유입하기 위해 환기시킨다.

④ 배수계통 내의 배수 및 공기의 흐름을 원활하게 한다.

해설 통기관의 설치 목적은 ②, ③, ④항이다.

94 배관작업용 공구에 관한 설명으로 틀린 것은?

① 파이프 리머(Pipe Reamer) : 관을 파이프커터 등으로 절단한 후 관 단면의 안쪽에 생긴 거스러미(Burr)를 제거

② 플레어링 툴(Flaring Tools) : 동관을 압축이음 하기 위하여 관 끝을 나팔모양으로 가공

③ 파이프 바이스(Pipe Vice) : 관을 절단하거나 나사이음을 할 때 관이 움직이지 않도록 고정

④ 사이징 툴(Sizing Tools) : 동일 지름의 관을 이음쇠 없이 납땜이음을 할 때 한쪽 관 끝을 소켓모양으로 가공

해설 사이징 툴
동관의 관 끝을 원형으로 교정한다.
④ 익스팬더(확관기)에 대한 설명이다.

95 LP가스 공급, 소비 설비의 압력손실 요인으로 틀린 것은?

① 배관의 입하에 의한 압력손실

② 엘보, 티 등에 의한 압력손실

③ 배관의 직관부에서 일어나는 압력손실

④ 가스미터, 콕, 밸브 등에 의한 압력손실

해설 LP가스는 비중이 무거워서 입상에 의한 압력손실이 발생한다.

96 급탕온도가 80℃, 복귀탕 온도가 60℃일 때 온수 순환펌프의 수량은?(단, 배관 중의 총 손실 열량은 6,000kcal/h로 한다.)

① 5L/min
② 10L/min
③ 20L/min
④ 25L/min

해설 물의 비열 : 1kcal/L · ℃
급탕현열 $= 1 \times (80-60) = 20$kcal/L
$(6,000/60) = 100$kcal/min
$\therefore \dfrac{100}{20} = 5$L/min

97 방열기 트랩에 대한 설명으로 틀린 것은?

① 방열기 내에 머무는 공기만을 제거시켜 배관의 순환을 빠르게 한다.

② 방열기 내에 생긴 응축수를 보일러에 환수시키는 역할을 한다.

③ 방열기 밸브의 반대쪽 하부 태핑에 부착한다.

④ 증기가 환수관에 유출되지 않도록 한다.

해설 방열기 내에서 공기와 응축수를 신속하게 외부로 방출시킨다(응축수는 증기트랩으로 제거).

98 팽창수조에 대한 설명으로 틀린 것은?

① 개방식 팽창수조의 설치높이는 장치의 최고 높은 곳에서 1m 이상으로 한다.

② 팽창관에는 밸브를 반드시 설치하여야 한다.

③ 팽창수조는 물의 팽창 · 수축을 흡수하기 위한 장치이다.

④ 밀폐식 팽창수조는 가압상태를 확인할 수 있도록 압력계를 설치하여야 한다.

해설 팽창관에는 어떠한 밸브도 설치하지 않는다(팽창관＝보충수관). 겨울에 동결하지 않게 보온하여야 한다.

99 배관계가 축방향 힘과 굽힘에 의한 회전력을 동시에 받을 때 사용하는 신축 이음쇠는?

① 슬리브형
② 볼형
③ 벨로즈형
④ 루프형

해설 볼형
배관계가 축방향, 굽힘에 의한 힘의 회전력을 동시에 받을 때 사용하는 신축이음쇠이다.

100 다음 중 배수의 종류가 아닌 것은?

① 청수
② 오수
③ 잡배수
④ 우수

해설 청수
공급수나 식음료수에 사용된다.

MEMO

공조냉동기계기사 필기 과년도 문제풀이 10개년
ENGINEER AIR-CONDITIONING REFRIGERATING MACHINERY

SECTION 01 기계열역학

01 계가 비가역 사이클을 이룰 때 클라우지우스(Clausius)의 적분을 옳게 나타낸 것은?(단, T는 온도, Q는 열량이다.)

① $\oint \dfrac{\delta Q}{T} < 0$

② $\oint \dfrac{\delta Q}{T} > 0$

③ $\oint \dfrac{\delta Q}{T} \geq 0$

④ $\oint \dfrac{\delta Q}{T} \leq 0$

해설 적분값(폐적분 $\oint$)

㉠ 가역 사이클 : $\oint \dfrac{\delta Q}{T} = 0$(가역과정)

㉡ 비가역 사이클 : $\oint \dfrac{\delta Q}{T} < 0$(비가역과정) : 마찰 등의 열손실로 방열량이 가역사이클의 방열량보다 더 크므로 그 적분치는 0보다 적다.

적분값(부등식) $\oint \dfrac{\delta Q}{T} \leq 0$

02 여름철 외기의 온도가 30℃일 때 김치 냉장고의 내부를 5℃로 유지하기 위해 3kW의 열을 제거해야 한다. 필요한 최소 동력은 약 몇 kW인가?(단, 이 냉장고는 카르노 냉동기이다.)

① 0.27

② 0.54

③ 1.54

④ 2.73

해설 $30 + 273 = 303K$, $5 + 273 = 278K$

㉠ 성적계수(COP) $= \dfrac{278}{303 - 278} = 11.12$

㉡ 열효율(η_c) $= 1 - \dfrac{278}{303} = 0.0825(8.25\%)$

※ 최소동력 $= \dfrac{3}{11.12} = 0.27kW$

03 내부에너지가 40kJ, 절대압력이 200kPa, 체적이 0.1m³, 절대온도가 300K인 계의 엔탈피는 약 몇 kJ인가?

① 42

② 60

③ 80

④ 240

해설 엔탈피(H) $= u + APV$

비엔탈피(h) $= u + APV(Si = u + PV)$

∴ 엔탈피 $= 40 + 200 \times 0.1 = 60kJ$

04 2개의 정적과정과 2개의 등온과정으로 구성된 동력 사이클은?

① 브레이턴(Brayton) 사이클

② 에릭슨(Ericsson) 사이클

③ 스털링(Stirling) 사이클

④ 오토(Otto) 사이클

해설 스털링 사이클

2개의 정적과정, 2개의 등온과정(밀폐형 재생사이클)으로 구성

㉠ 1 → 2(등온압축)

㉡ 2 → 3(정적가열)

㉢ 3 → 4(등온팽창)

㉣ 4 → 1(정적방열)

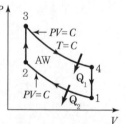

05 다음 중 폐쇄계의 정의를 올바르게 설명한 것은?

① 동작물질 및 일과 열이 그 경계를 통과하지 아니하는 특정 공간

② 동작물질은 계의 경계를 통과할 수 없으나 열과 일은 경계를 통과할 수 있는 특정 공간

③ 동작물질은 계의 경계를 통과할 수 있으나 열과 일은 경계를 통과할 수 없는 특정 공간

④ 동작물질 및 일과 열이 모두 그 경계를 통과할 수 있는 특정 공간

해설 ① 고립계 ② 폐쇄계(밀폐계) ④ 개방계

1. ① 2. ① 3. ② 4. ③ 5. ② | ANSWER

06 증기 압축 냉동기에서 냉매가 순환되는 경로를 올바르게 나타낸 것은?

① 증발기 → 팽창밸브 → 응축기 → 압축기
② 증발기 → 압축기 → 응축기 → 팽창밸브
③ 팽창밸브 → 압축기 → 응축기 → 증발기
④ 응축기 → 증발기 → 압축기 → 팽창밸브

해설 증기 압축식 냉동기(냉매증기 이용)
증발기 → 압축기 → 응축기 → 팽창밸브

07 한 시간에 3,600kg의 석탄을 소비하여 6,050kW를 발생하는 증기터빈을 사용하는 화력발전소가 있다면, 이 발전소의 열효율은 약 몇 %인가?(단, 석탄의 발열량은 29,900kJ/kg이다.)

① 약 20%
② 약 30%
③ 약 40%
④ 약 50%

해설 입열(Q_1) = 3,600 × 29,900 = 107,640,000kJ/h
발전열(Q_2) = 6,050 × 3,600kJ/kW−h
$\qquad$ = 21,780,000kJ/h
∴ 효율(η) = $\dfrac{21,780,000}{107,640,000}$ × 100 = 20%

08 4kg의 공기가 들어 있는 용기 A(체적 0.5m³)와 진공 용기 B(체적 0.3m³) 사이를 밸브로 연결하였다. 이 밸브를 열어서 공기가 자유팽창하여 평형에 도달했을 경우 엔트로피 증가량은 약 몇 kJ/K 인가?(단, 온도 변화는 없으며 공기의 기체상수는 0.287kJ/kg·K이다.)

① 0.54 $\qquad$ ② 0.49
③ 0.42 $\qquad$ ④ 0.37

해설 엔트로피 증가량(ΔS) = $GRl_n\left(\dfrac{V_2}{V_1}\right)$
$\qquad$ = 4 × 0.287 × $l_n\left(\dfrac{0.5+0.3}{0.5}\right)$
$\qquad$ = 0.54kJ/K

09 랭킨 사이클을 구성하는 요소는 펌프, 보일러, 터빈, 응축기로 구성된다. 각 구성 요소가 수행하는 열역학적 변화 과정으로 틀린 것은?

① 펌프 : 단열 압축
② 보일러 : 정압 가열
③ 터빈 : 단열 팽창
④ 응축기 : 정적 냉각

해설 응축기(Condenser) : 정압 방열

10 실린더 내부에 기체가 채워져 있고 실린더에는 피스톤이 끼워져 있다. 초기 압력 50kPa, 초기 체적 0.05m³인 기체를 버너로 $PV^{1.4}$=Constant가 되도록 가열하여 기체 체적이 0.2m³가 되었다면, 이 과정 동안 시스템이 한 일은?

① 1.33kJ
② 2.66kJ
③ 3.99kJ
④ 5.32kJ

해설 $P_2 = P_1\left(\dfrac{V_1}{V_2}\right)^n = 50 × \left(\dfrac{0.05}{0.2}\right)^{1.4} = 7.18\text{kPa}$

$_1W_2 = \dfrac{R}{n-1}(T_1 - T_2) = \dfrac{1}{1.4-1}(50 × 0.05 - 7.18 × 0.2)$
$\qquad = 2.66\text{kJ}$

11 준평형 정적과정을 거치는 시스템에 대한 열전달량은?(단, 운동에너지와 위치에너지의 변화는 무시한다.)

① 0이다.
② 이루어진 일량과 같다.
③ 엔탈피 변화량과 같다.
④ 내부에너지 변화량과 같다.

해설 준평형 정적과정(가역과정으로 취급)
실제 열기관은 이 과정이 아주 빠르게 진행되고 계의 내부에 마찰 유체전단 및 온도구배가 존재하여 평형상태를 이루지 않으면서 상태가 변화한다. 하지만 해석 시에는 과정이 아주 천천히 일어나서 순간마다 계의 상태가 열역학적 평형상태에 근접하면서 일어난다고 취급한다. 따라서 열전달량은 내부에너지 변화량과 같다.

12 체적이 $0.01m^3$인 밀폐용기에 대기압의 포화혼합물이 들어 있다. 용기 체적의 반은 포화액체, 나머지 반은 포화증기가 차지하고 있다면, 포화혼합물 전체의 질량과 건도는?(단, 대기압에서 포화액체와 포화증기의 비체적은 각각 $0.001044m^3/kg$, $1.6729m^3/kg$이다.)

① 전체 질량 : 0.0119kg, 건도 : 0.50
② 전체 질량 : 0.0119kg, 건도 : 0.00062
③ 전체 질량 : 4.792kg, 건도 : 0.50
④ 전체 질량 : 4.792kg, 건도 : 0.00062

해설 ㉠ 전체 질량 $= \left(\dfrac{0.01}{0.001044} \times \dfrac{1}{2}\right) + \left(\dfrac{0.01}{1.6729} \times \dfrac{1}{2}\right)$
$= 4.792kg$

㉡ 건도 $= \left(\dfrac{0.01}{1.6729} \times \dfrac{\left(\dfrac{1}{2}\right)}{4.792}\right) = 0.00062$

13 질량이 m이고 비체적이 v인 구(Sphere)의 반지름이 R이면, 질량이 $4m$이고, 비체적이 $2v$인 구의 반지름은?

① $2R$
② $\sqrt{2}\,R$
③ $\sqrt[3]{2}\,R$
④ $\sqrt[3]{4}\,R$

해설
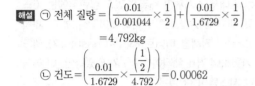

∴ 반지름$(R) = 2R$

14 밀폐 시스템이 압력 $P_1 = 200kPa$, 체적 $V_1 = 0.1m^3$인 상태에서 $P_2 = 100kPa$, $V_2 = 0.3m^3$인 상태까지 가역팽창되었다. 이 과정이 $P-V$선도에서 직선으로 표시된다면 이 과정 동안 시스템이 한 일은 약 몇 kJ인가?

① 10
② 20
③ 30
④ 45

해설
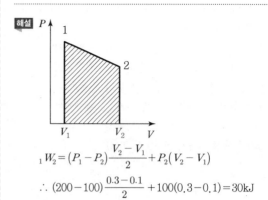

$${}_1 W_2 = (P_1 - P_2)\frac{V_2 - V_1}{2} + P_2(V_2 - V_1)$$

$$\therefore (200-100)\frac{0.3-0.1}{2} + 100(0.3-0.1) = 30kJ$$

15 온도 600℃의 구리 7kg을 8kg의 물속에 넣어 열적평형을 이룬 후 구리와 물의 온도가 64.2℃가 되었다면 물의 처음 온도는 약 몇 ℃인가?(단, 이 과정 중 열손실은 없고, 구리의 비열은 $0.386kJ/kg \cdot K$이며 물의 비열은 $4.184kJ/kg \cdot K$이다.)

① 6℃
② 15℃
③ 21℃
④ 84℃

해설 $7 \times 0.386 \times (600-64.2) = 8 \times 4.184(64.2-x)$
$x = 64.2 - \dfrac{7 \times 0.386(600-64.2)}{8 \times 4.184} = 21℃$

16 고온 400℃, 저온 50℃의 온도범위에서 작동하는 Carnot 사이클 열기관의 열효율을 구하면 몇 %인가?

① 37
② 42
③ 47
④ 52

해설 $T_1 = 400+273 = 673K$, $T_2 = 50+273 = 323K$
$\therefore \eta_c = 1 - \dfrac{T_2}{T_1} = 1 - \dfrac{323}{673} = 0.52(52\%)$

17 비열비가 1.29, 분자량이 44인 이상 기체의 정압비열은 약 몇 $kJ/kg \cdot K$인가?(단, 일반기체상수는 $8.314kJ/kmol \cdot K$이다.)

① 0.51
② 0.69
③ 0.84
④ 0.91

해설 기체상수$(R') = \dfrac{8.314}{44} = 0.189$kJ/kg · K

∴ 정압비열 = 비열비(K)×정적비열 = 1.29×0.652
= 0.84kJ/kg · K

※ 비열비 = $\dfrac{\text{정압비열}}{\text{정적비열}}$, 정압비열$(C_p) = K \cdot C_v$

$R = C_p - C_v$,

※ 정적비열$(C_v) = \dfrac{R}{K-1} = \dfrac{0.189}{1.29-1} = 0.652$kJ/kg · K

18 랭킨 사이클의 열효율 증대방법에 해당하지 않는 것은?

① 복수기(응축기) 압력 저하
② 보일러 압력 증가
③ 터빈의 질량유량 증가
④ 보일러에서 증기를 고온으로 과열

해설 랭킨 증기 원동소사이클 터빈(Turbine)
단열팽창 과정이며 터빈출구에서 온도를 낮게 하면 터빈 깃이 부식된다. 랭킨 사이클의 열효율은 ①, ②, ④항이나 터빈의 초온, 초압이 클수록 증대된다.

19 물 2kg을 20℃에서 60℃가 될 때까지 가열할 경우 엔트로피 변화량은 약 몇 kJ/K인가?(단, 물의 비열은 4.184kJ/kg · K이고, 온도 변화과정에서 체적은 거의 변화가 없다고 가정한다.)

① 0.78   ② 1.07
③ 1.45   ④ 1.96

해설 $\Delta S = C_p \times G \times \ln\left(\dfrac{T_2}{T_1}\right) = 2(\text{kg}) \times 4.184(\text{kJ/kg} \cdot \text{K})$

$\times \ln\left(\dfrac{273+60}{273+20}\right) = 1.07$kJ/K

20 기체가 열량 80kJ을 흡수하여 외부에 대하여 20kJ의 일을 하였다면 내부에너지 변화는 몇 kJ인가?

① 20   ② 60
③ 80   ④ 100

해설 엔탈피$(H) = u + APV$(PV)
$u = H - APV = 80 - 20 = 60$kJ

SECTION 02 냉동공학

21 프레온 냉매(CFC) 화합물은 태양의 무엇에 의해 분해되어 오존층 파괴의 원인이 되는가?

① 자외선
② 감마선
③ 적외선
④ 알파선

해설 프레온 냉매는 태양의 자외선에 의해 오존(O_3)층이 파괴된다.

22 응축압력이 이상고압으로 나타나는 원인으로 가장 거리가 먼 것은?

① 응축기의 냉각관 오염 시
② 불응축가스가 혼입 시
③ 응축부하 증대 시
④ 냉매 부족 시

해설 냉매가 부족하면 압력이 저하된다.

23 물과 리튬브로마이드 용액을 사용하는 흡수식 냉동기의 특징으로 틀린 것은?

① 흡수기의 개수에 따라 단효용 또는 다중효용 흡수식 냉동기로 구분된다.
② 냉매로 물을 사용하고, 흡수제로 리튬브로마이드를 사용한다.
③ 사이클은 압력 – 엔탈피 선도가 아닌 듀링 선도를 사용하여 작동상태를 표현한다.
④ 단효용 흡수식 냉동기에서 냉매는 재생기, 응축기, 냉각기, 흡수기의 순서로 순환한다.

해설 흡수식 냉동기는 흡수기가 아닌 재생기 숫자에 따라 단효용, 2중 효용 등의 냉동기로 구분된다.

24 2단 압축 냉동장치에 관한 설명으로 틀린 것은?

① 동일한 증발온도를 얻을 때 단단압축 냉동장치 대비 압축비를 감소시킬 수 있다.

② 일반적으로 두 개의 냉매를 사용하여 −30℃ 이하의 증발온도를 얻기 위해 사용된다.

③ 중간 냉각기는 증발기에 공급하는 액을 과냉각시키고 냉동 효과를 증대시킨다.

④ 중간 냉각기는 냉매증기와 냉매액을 분리시켜 고단측 압축기 액백 현상을 방지한다.

> **해설** 2단 압축$=\dfrac{\text{고단 응축기 압력}}{\text{저단 증발기 압력}}=$압축비가 (6) 이상 시 채택한다.

25 열전달 현상에 관한 설명으로 가장 거리가 먼 것은?

① 대류는 유체의 흐름에 의해서 일어나는 현상이다.

② 전도는 고체 또는 정지유체에서의 열 이동방법으로 물체는 움직이지 않고 그 물체의 구성 분자 간에 열이 이동하는 현상이다.

③ 태양과 지구 사이의 열전달은 복사현상이다.

④ 실제 열전달 현상에서는 전도, 대류, 복사가 각각 단독으로 일어난다.

> **해설** 열전달
> 전도, 대류, 복사가 함께 일어난다.

26 냉동능력 1RT로 압축되는 냉동기가 있다. 이 냉동기에서 응축기의 방열량은?(단, 응축기 방열량은 냉동능력의 1.2배로 한다.)

① 3.32kW ② 3.98kW
③ 4.22kW ④ 4.63kW

> **해설** 1RT=3,320kcal/h
> 3,320×1.2=3,984kcal/h
> 1kW−h=860kcal/h
> ∴ 방열량$=\dfrac{3,984}{860}=4.63\text{kW}$

27 암모니아 입형 저속 압축기에 많이 사용되는 포펫트 밸브(Poppet Valve)에 관한 설명으로 틀린 것은?

① 중량이 가벼워 밸브 개폐가 불확실하다.

② 구조가 튼튼하고 파손되는 일이 적다.

③ 회전수가 높아지면 밸브의 관성 때문에 개폐가 자유롭지 못하다.

④ 흡입밸브는 피스톤 상부 스프링으로 가볍게 지지되어 있다.

> **해설** 포펫트 밸브
> 중량이 무겁고 튼튼하며 암모니아 입형 저속에 사용한다.

28 어떤 냉장고의 증발기가 냉매와 공기의 평균 온도차가 7℃로 운전되고 있다. 이때 증발기의 열통과율이 30kcal/m²·h·℃라고 하면 냉동톤당 증발기의 소요 외표면적은?

① 15.81m² ② 17.53m²
③ 20.70m² ④ 23.14m²

> **해설** 냉동톤당=3320kcal/h
> 증발기 소요 외표면적(m²)$=\dfrac{3,320}{7\times30}=15.81\text{m}^2$

29 다음 이론 냉동 사이클의 P−h 선도에 대한 설명으로 옳은 것은?(단, 냉동 장치의 냉매 순환량은 540kg/h이다.)

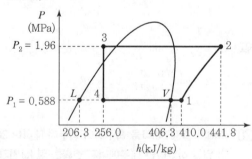

① 냉동 능력은 약 23.1RT이다.

② 응축기의 방열량은 약 9.27kW이다.

③ 냉동 사이클의 성적 계수는 약 4.84이다.

④ 증발기 입구에서 냉매의 건도는 약 0.8이다.

해설 ① $\dfrac{(406.3-206.3)\times540}{3,320}=32.53RT$

② $\dfrac{546\times\{(406.3-206.3)+(441.8-410)\}}{860}=145kW$

③ $\dfrac{410-256.0}{441.8-410.0}=4.84$

④ $\dfrac{256.0-206.3}{406.3-206.3}=0.25$

30 냉각수량 600L/min, 전열면적 80m², 응축온도 32℃, 냉각수 입구 및 출구 온도가 각각 23℃, 31℃인 수냉응축기의 냉각관 열통과율은?

① 720kcal/m² · h · ℃

② 600kcal/m² · h · ℃

③ 480kcal/m² · h · ℃

④ 360kcal/m² · h · ℃

해설 산술온도차 = $\dfrac{31+23}{2}=27$, 1시간=60분

∴ $\dfrac{600\times60\times1(31-23)}{(32-27)\times80}=720$kcal/m² · h · ℃

31 냉동장치의 고압부에 설치하지 않는 부속기기는?

① 투시경

② 유분리기

③ 냉매액 펌프

④ 불응축 가스 분리기(Gas Purger)

해설 냉매액 펌프
저압부에 설치한다.

32 냉각탑에 대한 설명으로 틀린 것은?

① 밀폐식은 개방식 냉각탑에 비해 냉각수가 외기에 의해 오염될 염려가 적다.

② 냉각탑의 성능은 입구공기의 습구온도에 영향을 받는다.

③ 쿨링 레인지(Cooling Range)는 냉각탑의 냉각수 입·출구 온도의 차이 값이다.

④ 쿨링 어프로치(Cooling Approach)는 냉각탑의 냉각수 입구온도에서 냉각탑 입구공기의 습구온도를 제한 값이다.

해설 ㉠ 쿨링 어프로치 : 냉각수 출구수온 – 냉각탑 입구공기 습구온도

㉡ 쿨링 레인지 : (냉각수 입구수온 – 냉각수 출구수온), 온도차가 클수록 응축능력이 좋다.

33 팽창밸브에 관한 설명으로 틀린 것은?

① 정압식 팽창밸브는 증발압력이 일정하게 유지되도록 냉매의 유량을 조절하기 위한 밸브이다.

② 모세관은 일반적으로 소형 냉장고에 적용되고 있다.

③ 온도식 자동팽창밸브는 감온통이 저온을 받으면 냉매의 유량이 증가된다.

④ 자동식 팽창밸브에는 플로트식이 있다.

해설 온도식 자동팽창밸브는 감온통이 고온을 받으면 냉매의 유량이 증가한다.
(감온통의 냉매충전 : 가스충전, 액충전, 액크로스충전)

34 성적계수인 COP에 관한 설명으로 틀린 것은?

① 냉동기의 성능을 표시하는 무차원수로서 압축일량과 냉동효과의 비를 말한다.

② 열펌프의 성적계수는 일반적으로 1보다 작다.

③ 실제 냉동기에서는 압축효율도 COP에 영향을 미친다.

④ 냉동 사이클에서는 응축온도가 가능한 한 낮고, 증발온도가 높을수록 성적계수는 크다.

해설 열펌프 성적계수(COP)=항상 1보다 크다.
(냉동기 성적계수(COP)+1)

$$COP=\dfrac{T_1}{T_1-T_2}=\dfrac{Q_1}{Q_1-Q_2}$$

35 브라인(2차 냉매) 중 무기질 브라인이 아닌 것은?

① 염화마그네슘

② 에틸렌글리콜

③ 염화칼슘

④ 식염수

해설 에틸렌글리콜($C_2H_6O_2$)
유기질 브라인(부식성이 무기질보다 적으나 가격이 비싸다.)

36 냉방능력이 1냉동톤당 10L/min의 냉각수가 응축기에 사용되었다. 냉각수 입구의 온도가 32℃이면 출구온도는?(단, 응축열량은 냉방능력의 1.2배로 한다.)

① 22.5℃   ② 32.6℃

③ 38.6℃   ④ 43.5℃

해설 1RT=3,320kcal/h, 물의 비열=1kcal/kg · ℃

$1 \times 10 \times 60(\text{min/h}) = 600\text{kcal/h}$

$\therefore$ 출구온도 $= 32 + \dfrac{3,320 \times 1.2}{600 \times 1} = 38.6℃$

37 압축 냉동 사이클에서 응축기 내부 압력이 일정할 때, 증발온도가 낮아지면 나타나는 현상으로 가장 거리가 먼 것은?

① 압축기 단위흡입 체적당 냉동효과 감소

② 압축기 토출가스 온도 상승

③ 성적계수 감소

④ 과열도 감소

해설
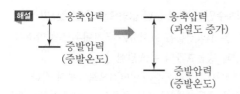

38 터보 압축기의 특징으로 틀린 것은?

① 회전운동이므로 진동이 적다.

② 냉매의 회수장치가 불필요하다.

③ 부하가 감소하면 서징현상이 일어난다.

④ 응축기에서 가스가 응축되지 않는 경우에도 이상 고압이 되지 않는다.

해설 암모니아 냉동기, 만액식 브라인 쿨러 사용 시 냉매액 회수장치 반드시 필요

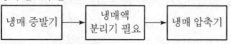

터보형은 응축된 냉매액은 증발기 중앙의 플로트실로 회수된다.

39 왕복 압축기에 관한 설명으로 옳은 것은?

① 압축기의 압축비가 증가하면 일반적으로 압축 효율은 증가하고 체적효율은 낮아진다.

② 고속다기통 압축기의 용량제어에 언로더를 사용하여 입형 저속에 비해 압축기의 능력을 무 단계로 제어가 가능하다.

③ 고속다기통 압축기의 밸브는 일반적으로 링 모양의 플레이트 밸브가 사용되고 있다.

④ 2단 압축 냉동장치에서 저단 측과 고단 측의 실제 피스톤 토출량은 일반적으로 같다.

해설 ㉠ 압축비가 증가하면 압축효율 및 체적효율은 감소한다.

ㄴ 고속다기통은 무부하기동, 냉동능력 자동제어 가능하고 유압이용 언로더가 사용 단계적인 용량제어

ㄷ 2단 압축에서 저단 측, 고단 측의 실제 피스톤 토출량은 다르다.

ㄹ 고속다기통 압축기는 링모양의 플레이트 밸브 사용

40 다음 중 이중 효용 흡수식 냉동기는 단효용 흡수식 냉동기와 비교하여 어떤 장치가 복수개로 설치되는가?

① 흡수기   ② 증발기

③ 응축기   ④ 재생기

해설
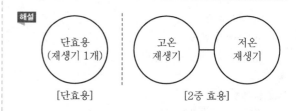

SECTION 03 공기조화

41 동일 풍량, 정압을 갖는 송풍기에서 형번이 다르면 축마력, 출구 송풍속도 등이 다르다. 송풍기의 형번이 작은 것을 큰 것으로 바꿔 선정할 때 설명이 틀린 것은?

① 모터 용량은 작아진다.

② 출구 풍속은 작아진다.

③ 회전수는 커진다.

④ 설비비는 증대한다.

해설 송풍기 형번이 작은 것을 큰 것으로 바꿔 달면 회전수가 감소한다.

42 공기조화 설비의 열원장치 및 반송 시스템에 관한 설명으로 틀린 것은?

① 흡수식 냉동기의 흡수기와 재생기는 증기압축식 냉동기의 압축기와 같은 역할을 수행한다.

② 보일러의 효율은 보일러에 공급한 연료의 발열량에 대한 보일러 출력의 비로 계산한다.

③ 흡수식 냉동기의 냉온수 발생기는 냉방 시에는 냉수, 난방 시에는 온수를 각각 공급할 수 있지만, 냉수 및 온수를 동시에 공급할 수는 없다.

④ 단일덕트 재열방식은 실내의 건구온도뿐만 아니라 부분 부하 시에 상대습도도 유지하는 것을 목적으로 한다.

해설 ③ 공기조화 흡수식 냉동기의 냉온수 발생기는 냉수 및 온수 공급이 동시에 가능하다.

43 증기압축식 냉동기의 냉각탑에서 표준냉각 능력을 산정하는 일반적 기준으로 틀린 것은?

① 입구수온 : 37℃

② 출구수온 : 32℃

③ 순환수량 : 23L/min

④ 입구 공기 습구온도 : 27℃

해설 냉각탑
㉠ 순환수량 표준 : 13L/min RT
㉡ 냉각능력 : 3,900kcal/h(1RT)

44 대류 및 복사에 의한 열전달률에 의해 기온과 평균복사온도를 가중평균한 값으로 복사난방 공간의 열환경을 평가하기 위한 지표로서 가장 적당한 것은?

① 작용온도(Operative Temperature)

② 건구온도(Dry-bulb Temperature)

③ 카타냉각력(Kata Cooling Power)

④ 불쾌지수(Discomfort Index)

해설 작용온도
대류, 복사 열전달률에 의한 기온과 평균복사온도를 가중평균한 값의 지표

45 열펌프에 대한 설명으로 틀린 것은?

① 공기-물 방식에서 물회로 변환의 경우 외기가 0℃ 이하에서는 브라인을 사용하여 채열한다.

② 공기-공기 방식에서 냉매회로 변환의 경우는 장치가 간단하나 축열이 불가능하다.

③ 물-물 방식에서 냉매회로 변환의 경우는 축열조를 사용할 수 없으므로 대형에 적합하지 않다.

④ 열펌프의 성적계수(COP)는 냉동기의 성적계수보다는 1만큼 더 크게 얻을 수 있다.

해설 물-물 방식의 히트펌프는 축열조가 있어서 대형화가 가능하다.

46 열전달 방법이 자연순환에 의하여 이루어지는 자연형 태양열 난방방식에 해당되지 않는 것은?

① 직접 획득 방식

② 부착 온실 방식

③ 태양전지 방식

④ 축열벽 방식

해설 자연형 태양열 난방방식
㉠ 직접 획득 방식
㉡ 부착 온실 방식
㉢ 축열벽 방식
③ 태양전지 방식은 신·재생에너지 태양광발전방식에 해당한다.

47 엔탈피 변화가 없는 경우의 열수분비는?

① 0 ② 1

③ -1 ④ ∞

해설 열수분비$(U) = \dfrac{\Delta h}{\Delta x}$ (엔탈피 변화가 없으면 0이 된다.)

Δh : 엔탈피 변화량, Δx : 수분의 변화량

48 송풍량 600m³/min을 공급하여 다음의 공기 선도와 같이 난방하는 실의 실내부하는?(단, 공기의 비중량은 1.2kg/m³, 비열은 0.24kcal/kg·℃이다.)

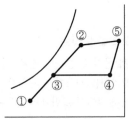

상태점	온도 (℃)	엔탈피 (kcal/kg)
①	0	0.5
②	20	9.0
③	15	8.0
④	28	10.0
⑤	29	13.0

① 31,100kcal/h   ② 94,510kcal/h
③ 129,600kcal/h   ④ 172,800kcal/h

해설 송풍량 600m³×60min/h×1.2=43,200kg/h
실내부하= G×(⑤-②)=43,200×(13-9)
　　　　=172,800kcal/h

49 1년 동안의 냉난방에 소요되는 열량 및 연료 비용의 산출과 관계되는 것은?

① 상당외기 온도차   ② 풍향 및 풍속
③ 냉난방 도일   ④ 지중온도

해설 냉난방 도일
1년 동안의 냉난방에 소요되는 열량과 이에 따른 연료비용을 산출해야 하는 경우 산출과 관계된다.

50 주철제 보일러의 특징에 관한 설명으로 틀린 것은?

① 섹션을 분할하여 반입하므로 현장설치의 제한이 적다.
② 강제 보일러보다 내식성이 우수하며 수명이 길다.
③ 강제 보일러보다 급격한 온도변화에 강하여 고온·고압의 대용량으로 사용된다.
④ 섹션을 증가시켜 간단하게 출력을 증가시킬 수 있다.

해설 주철제 보일러
충격에 약하여 저압 보일러로서 충격, 압력, 온도 변화에 약하여 소용량(증기, 온수) 보일러로 사용된다.

51 공장이나 창고 등과 같이 높고 넓은 공간에 주로 사용되는 유닛 히터(Unit Heater)를 설치할 때 주의할 사항으로 틀린 것은?

① 온풍의 도달거리나 확산직경은 천장고나 흡출 공기온도에 따라 달라지므로 설치위치를 충분히 고려해야 한다.
② 토출 공기 온도는 너무 높지 않도록 한다.
③ 송풍량을 증가시켜 고온의 공기가 상층부에 모이지 않도록 한다.
④ 열손실이 가장 적은 곳에 설치한다.

해설 유닛 히터는 열손실이 가장 많은 장소에 설치한다.

52 일사량에 대한 설명으로 틀린 것은?

① 대기투과율은 계절, 시각에 따라 다르다.
② 지표면에 도달하는 일사량을 전일사량이라고 한다.
③ 전일사량은 직달일사량에서 천공복사량을 뺀 값이다.
④ 일사는 건물의 유리나 외벽, 지붕을 통하여 공조(냉방)부하가 된다.

해설 전일사량=직달일사+천공일사+지면의 반사광
(일사량 측정기 : 에프리 일사계, 로비치 일사계, 옹스트롬 일사계)

53 단일덕트 정풍량 방식의 장점으로 틀린 것은?

① 각 실의 실온을 개별적으로 제어할 수가 있다.
② 설비비가 다른 방식에 비해 적게 든다.
③ 기계실에 기기류가 집중 설치되므로 운전, 보수가 용이하고, 진동, 소음의 전달 염려가 적다.
④ 외기의 도입이 용이하며 환기팬 등을 이용하면 외기냉방이 가능하고 전열교환기의 설치도 가능하다.

해설 단일덕트방식(전공기방식)은 각 실이나 존의 부하 변동 시 즉시 대응이 불가능하다.

54 다음 중 보온, 보랭, 방로의 목적으로 덕트 전체를 단열해야 하는 것은?

① 급기 덕트　　　② 배기 덕트
③ 외기 덕트　　　④ 배연 덕트

해설　급기 덕트
덕트 전체를 단열한다(보온, 보랭, 방로의 목적).

55 덕트 설계 시 주의사항으로 틀린 것은?

① 덕트 내 풍속을 허용풍속 이하로 선정하여 소음, 송풍기 동력 등에 문제가 발생하지 않도록 한다.
② 덕트의 단면은 정방형이 좋으나, 그것이 어려울 경우 적정 종횡비로 하여 공기 이동이 원활하게 한다.
③ 덕트의 확대부는 15° 이하로 하고, 축소부는 40° 이상으로 한다.
④ 곡관부는 가능한 한 크게 구부리며, 내측 곡률반경이 덕트 폭보다 작을 경우는 가이드 베인을 설치한다.

해설

56 어느 실의 냉방장치에서 실내취득 현열부하가 40,000W, 잠열부하가 15,000W인 경우 송풍공기량은?(단, 실내온도 26℃, 송풍 공기온도 12℃, 외기온도 35℃, 공기밀도 1.2kg/m³, 공기의 정압비열은 1.005kJ/kg · K이다.)

① 1,658m³/s　　　② 2,280m³/s
③ 2,369m³/s　　　④ 3,258m³/s

해설　㉠ (현열) 40,000W=40kW=144,000kJ/h,
　　　　　　　1W=0.86kcal, 1kW−h=3,600kJ
　　　㉡ (잠열) 15,000W=15kW=54,000kJ/h
　　　Q=144,000+54,000=198,000kJ/h
∴ 송풍공기량= $\dfrac{40,000}{1.2 \times 1.005 \times (26-12)}$ =2,369m³/s

57 공기조화기에 걸리는 열부하 요소 중 가장 거리가 먼 것은?

① 외기부하
② 재열부하
③ 배관계통에서의 열부하
④ 덕트계통에서의 열부하

해설　공기조화기 열부하에서 배관계통의 열부하는 제외된다.

58 공기조화설비에서 처리하는 열부하로 가장 거리가 먼 것은?

① 실내 열취득 부하　　　② 실내 열손실 부하
③ 실내 배연 부하　　　④ 환기용 도입 외기부하

해설　공기조화기 부하에서 실내 배연 부하는 부하량으로 계산하지 않는다.

59 심야전력을 이용하여 냉동기를 가동 후 주간 냉방에 이용하는 빙축열시스템의 일반적인 구성장치로 옳은 것은?

① 펌프, 보일러, 냉동기, 증기축열조
② 축열조, 판형열교환기, 냉동기, 냉각탑
③ 판형열교환기, 증기트랩, 냉동기, 냉각탑
④ 냉동기, 축열기, 브라인펌프, 에어프리히터

해설　심야전력을 이용한 빙축열시스템의 구성장치
축열조, 판형열교환기, 냉동기, 냉각탑 등

60 건구온도 32℃, 습구온도 26℃의 신선외기 1,800 m³/h를 실내로 도입하여 실내공기를 27℃(DB), 50%(RH)의 상태로 유지하기 위해 외기에서 제거해야 할 전열량은?(단, 32℃, 27℃에서의 절대습도는 각각 0.0189kg/kg, 0.0112kg/kg이며, 공기의 비중량은 1.2kg/m³, 비열은 0.24kcal/kg · ℃이다.)

① 약 9,900kcal/h
② 약 12,530kcal/h
③ 약 18,300kcal/h
④ 약 23,300kcal/h

해설 물의 증발잠열＝0℃에서 597.5kcal/kg

현열＝$1,800 \times 1.2 \times 0.24(32-5) = 2,592$kcal/h

잠열 ＝$597.5 \times 1,800 \times 1.2(0.0189 - 0.0112) =$
9,937.62kcal/h

∴ 제거할 전열량(Q)＝2,592+9,937.62
＝12,530kcal/h

SECTION 04 전기제어공학

61 어떤 제어계의 입력으로 단위 임펄스가 가해졌을 때 출력이 t_e^{-3t}이었다. 이 제어계의 전달함수는?

① $\dfrac{1}{(s+3)^2}$ 　② $\dfrac{s}{(s+1)(s+2)}$

③ $s(s+2)$ 　④ $(s+1)(s+2)$

해설 ㉠ 전달함수 : 각기 다른 두 양이 서로 관계하고 있을 때 최초의 양에서 다음의 다른 양으로 변환하기 위한 함수

㉡ 임펄스 : 파고율이 큰 전기적 충격파

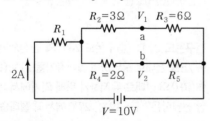

$G(S) = C(S)$ 　∴ $G = \dfrac{1}{(s+3)^2}$

---

62 다음과 같이 저항이 연결된 회로의 a점과 b점의 전위가 일치할 때, 저항 R_1과 R_5의 값(Ω)은?

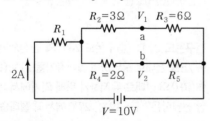

① $R_1 = 4.5\Omega,\ R_5 = 4\Omega$

② $R_1 = 1.4\Omega,\ R_5 = 4\Omega$

③ $R_1 = 4\Omega,\ R_5 = 1.4\Omega$

④ $R_1 = 4\Omega,\ R_5 = 4.5\Omega$

해설 ㉠ R_2와 R_4의 전압 $2 = \dfrac{V}{3} + \dfrac{V}{2} = \dfrac{2V}{6} + \dfrac{3V}{6}$

$V = \dfrac{12}{5} = 2.4$V

㉡ R_3 전압＝$\dfrac{2.4}{3} \times 6 = 4.8$V

㉢ R_4의 전류＝$\dfrac{2.4}{2} = 1.2$A

∴ R_5 저항＝$\dfrac{4.8}{1.2} = 4\Omega$, $R_1 = \dfrac{10-(2.4+4.8)}{12} = 1.4\Omega$

---

63 피드백 제어계에서 제어요소에 대한 설명 중 옳은 것은?

① 조작부와 검출부로 구성되어 있다.

② 조절부와 검출부로 구성되어 있다.

③ 목표값에 비례하는 신호를 발생하는 요소이다.

④ 동작신호를 조작량으로 변화시키는 요소이다.

해설 제어요소

동작신호를 조작량으로 변화시키는 요소(조절부, 조작부)

---

64 제어 동작에 따른 분류 중 불연속제어에 해당되는 것은?

① ON/OFF 동작 　② 비례제어 동작

③ 적분제어 동작 　④ 미분제어 동작

해설 ㉠ 불연속제어 : ON−OFF 제어(2위치 제어)

㉡ 연속제어 : ②, ③, ④항

---

65 PI 동작의 전달함수는?(단, K_p는 비례감도이다.)

① K_p 　② $K_p s T$

③ $K(1+sT)$ 　④ $K_p\left(1+\dfrac{1}{sT}\right)$

해설 비례적분(PI) 동작

$$y(t) = K_p\left(z(t) + \dfrac{1}{T_1}\int z(t)dt\right)$$

$$Y(s) = K_p\left(1 + \dfrac{1}{T_s}\right) \times (s)$$

$$\therefore\ G(s) = \dfrac{Y(s)}{X(s)} = K_p\left(1 + \dfrac{1}{sT}\right)$$

66 상용전원을 이용하여 직류전동기를 속도제어하고자
할 때 필요한 장치가 아닌 것은?

① 초퍼
② 인버터
③ 정류장치
④ 속도센서

해설 인버터

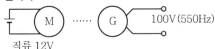

직류 12V
전력변환장치(직류전력 → 교류전력)

67 다음 그림과 같은 회로에서 스위치를 2분 동안 닫은
후 개방하였을 때 A지점에서 통과한 모든 전하량을
측정하였더니 240(C)이었다. 이때 저항에서 발생한
열량은 약 몇 (cal)인가?

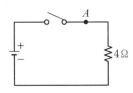

① 80.2   ② 160.4
③ 240.5   ④ 460.8

해설 전류$(I) = \dfrac{Q}{t} = (C/s) = (A)$, $Q = It(C)$

$I = \dfrac{240}{2 \times 60초} = 2A$, $H = 0.24 I^2 Rt$ (cal)

$\therefore H = 0.24 \times (2)^2 \times 4 \times (2 \times 60초) = 460.8$ cal

68 온도 보상용으로 사용되는 소자는?

① 서미스터
② 바리스터
③ 제너다이오드
④ 버랙터다이오드

해설 서미스터 : 저항온도계(온도 보상용 소자)

69 그림과 같은 회로에서 단자 a, b 간에 주파수 f(Hz)
의 정현파 전압을 가했을 때, 전류값 A_1과 A_2의 지시
가 같았다면 f, L, C 간의 관계는?

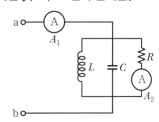

① $f = \dfrac{1}{\sqrt{LC}}$

② $f = \sqrt{LC}$

③ $f = \dfrac{2\pi}{\sqrt{LC}}$

④ $f = \dfrac{1}{2\pi\sqrt{LC}}$

해설 정현파(사인파)
시간 혹은 공간의 선형함수의 정현함수로 나타내는 파
$A\sin(\omega t - \beta_x)$

주파수$(f) = \dfrac{1}{2\pi\sqrt{LC}}$

70 변압기 Y – Y 결선방법의 특성을 설명한 것으로 틀린
것은?

① 중성점을 접지할 수 있다.
② 상전압이 선간전압의 1/$\sqrt{3}$ 이 되므로 절연이 용
이하다.
③ 선로에 제3조파를 주로 하는 충전전류가 흘러 통
신장해가 생긴다.
④ 단상변압기 3대로 운전하던 중 한 대가 고장이 발
생해도 V결선 운전이 가능하다.

해설 ④ 변압기 $\Delta - \Delta$ 결선방법에 대한 설명이다.

71 그림과 같이 트랜지스터를 사용하여 논리소자를 구성한 논리회로의 명칭은?

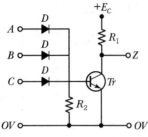

① OR 회로   ② AND 회로
③ NOR 회로   ④ NAND 회로

해설 NOR 회로 : OR 회로에 NOT 회로를 접속
논리식 $X = \overline{A+B}$
(논리기호)

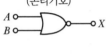

진리표값

A	B	X
0	0	1
0	1	0
1	0	0
1	1	0

72 유도전동기에서 슬립이 "0"이란 의미와 같은 것은?

① 유도제동기의 역할을 한다.
② 유도전동기가 정지상태이다.
③ 유도전동기가 전부하 운전상태이다.
④ 유도전동기가 동기속도로 회전한다.

해설 ㉠ 슬립(Slip) : 미끄럼
㉡ 슬립 0 : 유도전동기가 동기속도로 회전한다.
㉢ 동기속도 : 회전자계의 극수와 교류전원의 주파수로 정해지는 회전 자계의 속도

73 자장 안에 놓여 있는 도선에 전류가 흐를 때 도선이 받는 힘 $F = BIl\sin\theta$(N)이다. 이것을 설명하는 법칙과 응용기기가 맞게 짝지어진 것은?

① 플레밍의 오른손법칙 – 발전기
② 플레밍의 왼손법칙 – 전동기
③ 플레밍의 왼손법칙 – 발전기
④ 플레밍의 오른손법칙 – 전동기

해설 전동기의 회전방향 : 플레밍의 왼손법칙 이용

74 그림과 같은 회로에서 E를 교류전압 V의 실효값이라 할 때, 저항 양단에 걸리는 전압 e_d의 평균값은 E의 약 몇 배 정도인가?

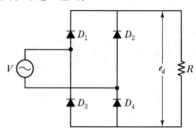

① 0.6   ② 0.9
③ 1.4   ④ 1.7

해설 교류의 평균값 $= \frac{2}{\pi}I_m = 0.637I_m$(A),
교류의 실효값 $= \frac{I_m}{\sqrt{2}} = 0.707$A
$\therefore \frac{0.637}{0.707} = 0.9$

75 그림과 같은 $R-L$ 직렬회로에서 공급전압이 10V일 때 V_R=8V이면 V_L은 몇 V인가?

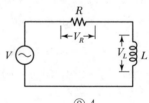

① 2   ② 4
③ 6   ④ 8

해설 $10-8=2$ $\therefore 8-2=6$V

76 $R-L-C$ 병렬회로에서 회로가 병렬 공진되었을 때 합성 전류는 어떻게 되는가?

① 최소가 된다.
② 최대가 된다.
③ 전류는 흐르지 않는다.
④ 전류는 무한대가 된다.

해설 $R-L-C$ 병렬회로(병렬공진) 합성전류에서

㉠ 직렬공진(최대) 전류 $I = \dfrac{V}{R}$

㉡ 병렬공진(최소) 전류 $I = GV$

77 단위계단함수 $u(t)$의 그래프는?

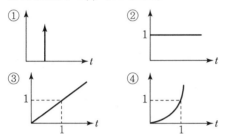

해설 ②는 단위계단함수 $u(t)$가 시간 $t = a$만큼 지연된 파형이다.

$\therefore f(t-a) = u(t-a)$

단위계단함수(Unit Step Function)

단위계단함수 $u(t) = \begin{cases} 0 & t < 0 \\ 1 & t \geq 0 \end{cases}$

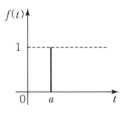

78 PLC프로그래밍에서 여러 개의 입력 신호 중 하나 또는 그 이상의 신호가 ON 되었을 때 출력이 나오는 회로는?

① OR 회로　　　　② AND 회로
③ NOT 회로　　　④ 자기유지회로

해설 OR 회로(논리합회로)

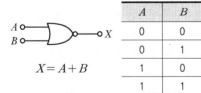

	A	B	X
	0	0	0
	0	1	1
$X = A + B$	1	0	1
	1	1	1

A 또는 B의 한쪽이나 양자가 1일 때 출력이 1이 되는 회로

79 논리식 $X = \overline{A} \cdot \overline{B} \cdot \overline{C} + \overline{A} \cdot \overline{B} \cdot C + \overline{A} \cdot B \cdot C + \overline{A} \cdot B \cdot \overline{C}$를 가장 간단히 정리한 것은?

① $\overline{A}$　　　　　　② $\overline{B} + \overline{C}$
③ $\overline{B} \cdot \overline{C}$　　　　④ $\overline{A} \cdot \overline{B} \cdot \overline{C}$

해설 $\overline{A} \cdot \overline{B} \cdot \overline{C} + \overline{A} \cdot \overline{B} \cdot \overline{C} + \overline{A} \cdot \overline{B} \cdot C + \overline{A} \cdot B \cdot C$
$+ \overline{A} \cdot B \cdot \overline{C}$
$= \overline{A}(\overline{B} + \overline{C} + \overline{B} \cdot C + B \cdot C + B \cdot \overline{C})$
$= \overline{A} \cdot [\overline{B}(\overline{C} + C) + B(C + \overline{C})] = \overline{A}(\overline{B} + B) = \overline{A}$

80 피드백 제어계를 시퀀스 제어계와 비교하였을 경우 그 이점으로 틀린 것은?

① 목표값에 정확히 도달할 수 있다.
② 제어계의 특성을 향상시킬 수 있다.
③ 제어계가 간단하고 제어기가 저렴하다.
④ 외부조건의 변화에 대한 영향을 줄일 수 있다.

해설 피드백 제어계는 제어계가 복잡하고 제어기가 고가이다.

SECTION 05 배관일반

81 평면상의 변위 및 입체적인 변위까지 안전하게 흡수할 수 있는 이음은?

① 스위블형 이음　　② 벨로즈형 이음
③ 슬리브형 이음　　④ 볼 조인트 신축 이음

해설 볼 조인트 신축 이음
평면상의 변위 및 입체적인 변위까지 안전하게 흡수하는 신축조인트이다.

82 폴리에틸렌 배관의 접합방법이 아닌 것은?

① 기볼트 접합　　　② 용착 슬리브 접합
③ 인서트 접합　　　④ 테이퍼 접합

해설 기볼트(Gibault) 접합
2개의 플랜지와 고무링, 1개의 슬리브로 구성되는 석면 시멘트관(에터니트관의 접합)이다.

83 증기 트랩장치에서 필요하지 않은 것은?

① 스트레이너   ② 게이트밸브

③ 바이패스관   ④ 안전밸브

해설 ㉠ 증기트랩 : 응축수 제거(송기장치)
㉡ 안전밸브 : 스프링식, 추식, 지렛대식(안전장치)

84 배수트랩의 구비조건으로 틀린 것은?

① 내식성이 클 것

② 구조가 간단할 것

③ 봉수가 유실되지 않는 구조일 것

④ 오물이 트랩에 부착될 수 있는 구조일 것

해설 배수트랩(관트랩, 박스트랩)
하수관이나 건물 내에서 발생하는 해로운 가스의 실내 침입
을 방지하는 수봉식 트랩으로서 오물이 트랩에 부착되지 않
게 하는 구조이어야 한다.

85 급수배관 내 권장 유속은 어느 정도가 적당한가?

① 2m/s 이하   ② 7m/s 이하

③ 10m/s 이하   ④ 13m/s 이하

해설

급수관 유속 : 2m/s 이하로 권장한다.

86 무기질 단열재에 관한 설명으로 틀린 것은?

① 암면은 단열성이 우수하고 아스팔트 가공된 보랭
용의 경우 흡수성이 양호하다.

② 유리섬유는 가볍고 유연하여 작업성이 매우 좋으
며 칼이나 가위 등으로 쉽게 절단된다.

③ 탄산마그네슘 보온재는 열전도율이 낮으며 300
~320℃에서 열분해한다.

④ 규조토 보온재는 비교적 단열효과가 낮으므로 어
느 정도 두껍게 시공하는 것이 좋다.

해설 암면의 특징
㉠ 흡수성이 적다.
㉡ 알칼리에는 강하나 강산에는 약하다.
㉢ 풍화의 염려가 없다.
㉣ 400℃ 이하의 관, 덕트, 탱크 보온재용이다.

87 열을 잘 반사하고 확산하여 방열기 표면 등의 도장용
으로 적합한 도료는?

① 광명단   ② 산화철

③ 합성수지   ④ 알루미늄

해설 알루미늄 방열기
알루미늄(Al)은 열을 잘 반사하고 확산하여 방열기 표면 등
의 도장용으로 적합한 도료이다.

88 냉동기 용량제어의 목적으로 가장 거리가 먼 것은?

① 고내온도를 일정하게 할 수 있다.

② 중부하기동으로 기동이 용이하다.

③ 압축기를 보호하여 수명을 연장한다.

④ 부하변동에 대응한 용량제어로 경제적인 운전을
한다.

해설 냉동기 용량제어는 저부하기동으로 기동이 용이하게 하여
야 한다.

89 온수난방 배관에서 리버스 리턴(Reverse Return)
방식을 채택하는 주된 이유는?

① 온수의 유량 분배를 균일하게 하기 위하여

② 배관의 길이를 짧게 하기 위하여

③ 배관의 신축을 흡수하기 위하여

④ 온수가 식지 않도록 하기 위하여

해설 리버스 리턴방식(역귀환방식)
온수배관에서 관의 길이에 상관없이 온수의 유량 분배를 균
일하게 공급하기 위함이다.

90 펌프 주위의 배관 시 주의해야 할 사항으로 틀린 것은?

① 흡입관의 수평배관은 펌프를 향해 위로 올라가도
록 설계한다.

② 토출부에 설치한 체크 밸브는 서징현상 방지를 위
해 펌프에서 먼 곳에 설치한다.

③ 흡입구는 수위면에서부터 관경의 2배 이상 물속
으로 들어가게 한다.

④ 흡입관의 길이는 되도록 짧게 하는 것이 좋다.

해설

(게이트 밸브)

(펌프) 체크밸브(역류방지 밸브)
: 펌프 토출부 가까이에 설치한다.

91 냉매 배관을 시공할 때 주의해야 할 사항으로 가장 거리가 먼 것은?

① 배관은 가능한 한 꺾이는 곳을 적게 하고 꺾이는 곳의 구부림 지름을 작게 한다.

② 관통 부분 이외에는 매설하지 않으며, 부득이한 경우 강관으로 보호한다.

③ 구조물을 관통할 때에는 견고하게 관을 보호해야 하며, 외부로의 누설이 없어야 한다.

④ 응력발생 부분에는 냉매 흐름 방향에 수평이 되게 루프 배관을 한다.

해설

구부림의 지름(R)을 크게 하여 유체의 흐름을 원활하게 한다.

92 배수관은 피복두께를 보통 10mm 정도 표준으로 하여 피복한다. 피복의 주된 목적은?

① 충격방지　　② 진동방지
③ 방로 및 방음　　④ 부식방지

해설 배수관 피복의 주목적
방로(결로) 및 방음 방지

93 5세주형 700mm의 주철제 방열기를 설치하여 증기 온도가 110℃, 실내 공기온도가 20℃이며 난방부하가 25,000kcal/h일 때 방열기의 소요 쪽수는?(단, 방열계수 6.9kcal/m² · h · ℃, 1쪽당 방열면적 0.28m²이다.)

① 144쪽　　② 154쪽
③ 164쪽　　④ 174쪽

해설 • 표준 방열기 소요 쪽수(증기난방용)
$$= \frac{난방부하}{650 \times 쪽당\ 방열면적}$$
• 실제 $= \dfrac{25,000}{6.9(110-20)\times0.28} = 144$(EA)

94 증기난방의 특징에 관한 설명으로 틀린 것은?

① 이용열량이 증기의 증발잠열로서 매우 크다.

② 실내온도의 상승이 느리고 예열 손실이 많다.

③ 운전을 정지시키면 관에 공기가 유입되므로 관의 부식이 빠르게 진행된다.

④ 취급안전상 주의가 필요하므로 자격을 갖춘 기술자를 필요로 한다.

해설 증기난방은 엔탈피가 크고 온도가 높아서 실내의 온도상승이 빠르다(예열손실이 큰 난방은 온수난방이다).

95 간접 가열 급탕법과 가장 거리가 먼 장치는?

① 증기 사일렌서　　② 저탕조
③ 보일러　　④ 고가수조

해설 중앙식 급탕법
㉠ 직접 가열식
㉡ 간접가열식(대규모 건물)
㉢ 기수혼합법(열효율 100%)
① 증기 사일렌서 : 증기 0.1~0.4MPa 사용(기수혼합법에 사용)

96 하트 포드(Hart Ford) 배관법에 관한 설명으로 가장 거리가 먼 것은?

① 보일러 내의 안전 저수면보다 높은 위치에 환수관을 접속한다.

② 저압증기 난방에서 보일러 주변의 배관에 사용한다.

③ 하트포드 배관법은 보일러 내의 수면이 안전수위 이하로 유지하기 위해 사용된다.

④ 하트포드 배관 접속 시 환수주관에 침적된 찌꺼기의 보일러 유입을 방지할 수 있다.

해설 하트 포드 배관법

```
증기보일러    표준수면 ----------
             (균형관 설치)        ⎤ 50mm (안전저수면보다 높다)
             급수공급            ⎦
환수헤더                  ---------- 안전저수면
```

97 가스배관에 관한 설명으로 틀린 것은?

① 특별한 경우를 제외한 옥내배관은 매설배관을 원칙으로 한다.
② 부득이하게 콘크리트 주요 구조부를 통과할 경우에는 슬리브를 사용한다.
③ 가스배관에는 적당한 구배를 두어야 한다.
④ 열에 의한 신축, 진동 등의 영향을 고려하여 적절한 간격으로 지지하여야 한다.

해설 가스배관은 누설검사를 위하여 옥내배관 설치 시 가급적 노출배관으로 한다.

98 팽창탱크 주위 배관에 관한 설명으로 틀린 것은?

① 개방식 팽창탱크는 시스템의 최상부보다 1m 이상 높게 설치한다.
② 팽창탱크의 급수에는 전동밸브 또는 볼밸브를 이용한다.
③ 오버플로관 및 배수관은 간접배수로 한다.
④ 팽창관에는 팽창량을 조절할 수 있도록 밸브를 설치한다.

해설 온수난방 팽창관(보충수관)에는 어떠한 밸브도 설치하지 않는다.

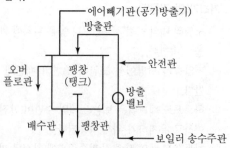

99 다음 중 밸브의 역할이 아닌 것은?

① 유체의 밀도 조절
② 유체의 방향 전환
③ 유체의 유량 조절
④ 유체의 흐름 단속

해설 밸브는 유체의 흐름을 개방, 폐쇄하는 데 사용된다(글로브 밸브는 유량조절 가능).
• 밀도(kg/m^3), 비체적(m^3/kg)

100 배수트랩의 형상에 따른 종류가 아닌 것은?

① S트랩
② P트랩
③ U트랩
④ H트랩

해설 ㉠ 배수트랩(관트랩)
• S트랩
• P트랩
• U트랩

㉡ 배수트랩(박스트랩)
• 드럼트랩
• 벨트랩
• 가솔린 트랩
• 그리스 트랩

SECTION 01 기계열역학

01 대기압 100kPa에서 용기에 가득 채운 프로판을 일정한 온도에서 진공펌프를 사용하여 2kPa까지 배기하였다. 용기 내에 남은 프로판의 중량은 처음 중량의 몇 % 정도 되는가?

① 20% ② 2%
③ 50% ④ 5%

해설 프로판(C_3H_8) : 44kg(22.4m³=1kmol)
배출량=100−2=98kPa, 잔류량=100−98=2kPa
∴ 잔류중량(%)=$\frac{2}{100}×100=2\%$

02 열역학적 상태량은 일반적으로 강도성 상태량과 용량성 상태량으로 분류할 수 있다. 강도성 상태량에 속하지 않는 것은?

① 압력 ② 온도
③ 밀도 ④ 체적

해설 용량성 상태량
㉠ 질량에 정비례한다.
㉡ 체적, 에너지, 질량 등이며 비체적(m³/kg)은 강도성 상태량에 속한다.

03 온도가 150℃인 공기 3kg이 정압 냉각되어 엔트로피가 1.063kJ/K만큼 감소되었다. 이때 방출된 열량은 약 몇 kJ인가?(단, 공기의 정압비열은 1.01kJ/kg · K이다.)

① 27 ② 379
③ 538 ④ 715

해설 S(엔트로피)=$\frac{\delta Q}{T}$, $(\Delta S_2 - \Delta S_1)=C_p \log\frac{T_2}{T_1}$

$1.063=1.01×\log\frac{T_2}{150+273}$, $T_2=298K$
방출열량(q)=$1.01×3(423-298)=379kJ$

04 밀폐계의 가역 정적 변화에서 다음 중 옳은 것은?(단, U : 내부에너지, Q : 전달된 열, H : 엔탈피, V : 체적, W : 일이다.)

① $dU=dQ$ ② $dH=dQ$
③ $dV=dQ$ ④ $dW=dQ$

해설 밀폐계 가역 정적 변화
내부에너지 변화량(dU)=dQ, $dQ=dU+dW$

05 공기 1kg을 정적과정으로 40℃에서 120℃까지 가열하고, 다음에 정압과정으로 120℃에서 220℃까지 가열한다면 전체 가열에 필요한 열량은 약 얼마인가?(단, 정압비열은 1.00kJ/kg · K, 정적비열은 0.71kJ/kg · K이다.)

① 127.8kJ/kg
② 141.5kJ/kg
③ 156.8kJ/kg
④ 185.2kJ/kg

해설 전체가열량(Q)=$Q_1 + Q_2$
$(1×0.71×(120-40))+(1×1.00(220-120))$
=156.8kJ/kg

06 오토사이클의 압축비가 6인 경우 이론 열효율은 약 몇 %인가?(단, 비열비=1.4이다.)

① 51 ② 54
③ 59 ④ 62

해설 열효율(η_0)=$1-\left(\frac{1}{\varepsilon}\right)^{k-1}=1-\left(\frac{1}{6}\right)^{1.4-1}=0.51(51\%)$

07 수소(H_2)를 이상기체로 생각하였을 때, 절대압력 1MPa, 온도 100℃에서의 비체적은 약 몇 m³/kg인가?(단, 일반기체상수는 8.3145kJ/kmol · K이다.)

① 0.781 ② 1.26
③ 1.55 ④ 3.46

해설 $H_2 = 22.4m^3 = 1kmol = 2kg$(분자량값),
$1MPa = 1,000kPa$

비제적 $= \dfrac{V}{m} = \dfrac{1}{\rho}$ (m³/kg)

$\left(22.4 \times \dfrac{101.325kPa}{1,000kPa} \times \dfrac{373}{273}\right) \times \dfrac{1}{2} = 1.55m^3/kg$

---

08 질량 1kg의 공기가 밀폐계에서 압력과 체적이 100kPa, 1m³이었는데 폴리트로픽 과정(PV^n = 일정)을 거쳐 체적이 0.5m³이 되었다. 최종 온도(T_2)와 내부에너지의 변화량(ΔU)은 각각 얼마인가? (단, 공기의 기체상수는 287J/kg · K, 정적비열은 718J/kg · K, 정압비열은 1,005J/kg · K, 폴리트로프 지수는 1.3이다.)

① $T_2 = 459.7K$, $\Delta U = 111.3kJ$

② $T_2 = 459.7K$, $\Delta U = 79.9kJ$

③ $T_2 = 428.9K$, $\Delta U = 80.5kJ$

④ $T_2 = 428.9K$, $\Delta U = 57.8kJ$

해설 폴리트로픽 상태

㉠ 최종온도 $= T_2 = T_1 \times \left(\dfrac{V_1}{V_2}\right)^{k-1} = \left(\dfrac{P_2}{P_1}\right)^{\frac{k-1}{k}}$,

비열비$(K) = \dfrac{C_p}{C_v} = \dfrac{1,005}{718} = 1.4$, 지수$(n) = 1.3$

$T_1 = \dfrac{P_1 V_1}{mR} = \dfrac{100 \times 1}{1 \times 0.287} = 348K$

$T_2 = 348 \times \left(\dfrac{1}{0.5}\right)^{1.3-1} = 428.9K$

㉡ 에너지변화량 $= \Delta U = U_2 - U_1 = m \cdot C_v (T_2 - T_1)$
$= 1 \times 0.718(428.9 - 348) = 57.8kJ$

---

09 온도 T_2인 저온체에서 열량 Q_A를 흡수해서 온도가 T_1인 고온체로 열량 Q_R를 방출할 때 냉동기의 성능계수(Coefficient of Performance)는?

① $\dfrac{Q_R - Q_A}{Q_A}$ ② $\dfrac{Q_R}{Q_A}$

③ $\dfrac{Q_A}{Q_R - Q_A}$ ④ $\dfrac{Q_A}{Q_R}$

해설 냉동기 성능계수 $COP = \dfrac{Q_A}{Q_R - Q_A}$

10 그림과 같은 Rankine 사이클의 열효율은 약 몇 %인가?(단, $h_1 = 191.8kJ/kg$, $h_2 = 193.8kJ/kg$, $h_3 = 2,799.5kJ/kg$, $h_4 = 2,007.5kJ/kg$이다.)

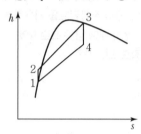

① 30.3%

② 39.7%

③ 46.9%

④ 54.1%

해설 랭킨사이클 열효율$(\eta_R) = \dfrac{(h_3 - h_4) - (h_2 - h_1)}{(h_3 - h_2)}$

$= \dfrac{(2,799.5 - 2,007.5) - (193.8 - 191.8)}{2,799.5 - 193.8}$

$= 0.303(30.3\%)$

---

11 비열비가 k인 이상기체로 이루어진 시스템이 정압과정으로 부피가 2배로 팽창할 때 시스템이 한 일이 W, 시스템에 전달된 열이 Q일 때, $\dfrac{W}{Q}$는 얼마인가?(단, 비열은 일정하다.)

① k ② $\dfrac{1}{k}$

③ $\dfrac{k}{k-1}$ ④ $\dfrac{k-1}{k}$

해설 $\dfrac{W}{Q} = \dfrac{k-1}{k}$

$C_p - C_v = AR$, $K = \dfrac{C_p}{C_v}$

$K - 1 = \dfrac{AR}{C_V}$

12 그림과 같이 중간에 격벽이 설치된 계에서 A에는 이상기체가 충만되어 있고, B는 진공이며, A와 B의 체적은 같다. A와 B 사이의 격벽을 제거하면 A의 기체는 단열비가역 자유팽창을 하여 어느 시간 후에 평형에 도달하였다. 이 경우의 엔트로피 변화 Δs 는?(단, C_v는 정적비열, C_p는 정압비열, R은 기체상수이다.)

① $\Delta s = C_v \times \ln 2$

② $\Delta s = C_p \times \ln 2$

③ $\Delta s = 0$

④ $\Delta s = R \times \ln 2$

해설 엔트로피 변화(Δs) $= R \times \ln 2$

13 30℃, 100kPa의 물을 800kPa까지 압축한다. 물의 비체적이 $0.001 \text{m}^3/\text{kg}$으로 일정하다고 할 때, 단위 질량당 소요된 일(공업일)은?

① 167J/kg   ② 602J/kg

③ 700J/kg   ④ 1,400J/kg

해설 공업일=압축일=소비일=개방계일=유동일=가역일

공업일(W_t) $= -\int_1^2 V dP$, $\delta q = dh - A V dP$, $\delta q = 0$

∴ $800 - 100 = 700 \text{J/kg}$

14 냉동기 냉매의 일반적인 구비조건으로서 적합하지 않은 사항은?

① 임계 온도가 높고, 응고 온도가 낮을 것

② 증발열이 적고, 증기의 비체적이 클 것

③ 증기 및 액체의 점성이 작을 것

④ 부식성이 없고, 안정성이 있을 것

해설 냉매는 증발열이 크고, 증기의 비체적(m^3/kg)이 작아야 한다.

15 카르노 열기관 사이클 A는 0℃와 100℃ 사이에서 작동되며 카르노 열기관 사이클 B는 100℃와 200℃ 사이에서 작동된다. 사이클 A의 효율(η_A)과 사이클 B의 효율(η_B)을 각각 구하면?

① $\eta_A = 26.80\%$, $\eta_B = 50.00\%$

② $\eta_A = 26.80\%$, $\eta_B = 21.14\%$

③ $\eta_A = 38.75\%$, $\eta_B = 50.00\%$

④ $\eta_A = 38.75\%$, $\eta_B = 21.14\%$

해설 $A = 1 - \dfrac{273}{100 + 273} = 0.268(26.80\%)$

$B = 1 - \dfrac{373}{473} = 0.2114(21.14\%)$

16 냉동실에서의 흡수 열량이 5 냉동톤(RT)인 냉동기의 성능계수(COP)가 2, 냉동기를 구동하는 가솔린 엔진의 열효율이 20%, 가솔린의 발열량이 43,000 kJ/kg일 경우, 냉동기 구동에 소요되는 가솔린의 소비율은 약 몇 kg/h인가?(단, 1냉동톤(RT)은 약 3.86kW이다.)

① 1.28kg/h   ② 2.54kg/h

③ 4.04kg/h   ④ 4.85kg/h

해설 $43,000 \times 0.2 = 8,600 \text{kJ/kg}$, $1 \text{kW} - \text{h} = 3,600 \text{kJ}$

가솔린 소비 $= \dfrac{3.86 \times 5 \times 3,600}{8,600 \times 2} = 4.05 \text{kg/h}$

17 이상기체에서 엔탈피 h와 내부에너지 u, 엔트로피 s 사이에 성립하는 식으로 옳은 것은?(단, T는 온도, v는 체적, P는 압력이다.)

① $Tds = dh + vdP$ ② $Tds = dh - vdP$

③ $Tds = du - Pdv$ ④ $Tds = dh + d(Pv)$

해설 엔트로피 $Tds = dh - vdP$

18 밀도 $1,000 \text{kg/m}^3$인 물이 0.01m^2인 관속을 2m/s의 속도로 흐를 때, 질량유량은?

① 20kg/s   ② 2.0kg/s

③ 50kg/s   ④ 5.0kg/s

유량(Q)=0.01×2=0.02m³/s
∴ 질량유량=1,000×0.02=20kg/s

19 과열증기를 냉각시켰더니 포화영역 안으로 들어와서 비체적이 0.2327m³/kg이 되었다. 이때의 포화액과 포화증기의 비체적이 각각 $1.079×10^{-3}$m³/kg, 0.5243m³/kg이라면 건도는?

① 0.964　　　　② 0.772
③ 0.653　　　　④ 0.443

포화액=$1.079×10^{-3}$=0.001079m³/kg
과열증기=0.5243m³/kg
증기건도=$\dfrac{r_2}{r_1}=\dfrac{0.2327}{0.5243}$=0.443

20 20℃의 공기 5kg이 정압과정을 거쳐 체적이 2배가 되었다. 공급한 열량은 몇 약 kJ인가?(단, 정압비열은 1kJ/kg · K이다.)

① 1,465　　　　② 2,198
③ 2,931　　　　④ 4,397

$T_2 = T_1 × \dfrac{V_2}{V_1} = (273+20)×\dfrac{2}{1} = 586K$
에너지변화량(Δu)=$G · C_v(T_2 - T_1)$
∴ 공급열량(Q)=5×1×(586-293)=1,465kJ

SECTION **02** 냉동공학

21 역카르노 사이클에서 T－S 선도상 성적계수 ε를 구하는 식은?(단, AW : 외부로부터 받은 일, Q_1 : 고온으로 배출하는 열량, Q_2 : 저온으로부터 받은 열량, T_1 : 고온, T_2 : 저온)

① $\varepsilon = \dfrac{AW}{Q_1}$　　　② $\varepsilon = \dfrac{Q_1 - Q_2}{Q_2}$

③ $\varepsilon = \dfrac{T_1 - T_2}{T_1}$　　　④ $\varepsilon = \dfrac{T_2}{T_1 - T_2}$

역카르노(냉동 사이클) 사이클 T－S(온도－엔트로피)에서
성적계수(ε)계산=$\dfrac{Q_2}{Q_1 - Q_2} = \dfrac{T_2}{T_1 - T_2}$

22 온도식 자동팽창밸브의 감온통 설치방법으로 틀린 것은?

① 증발기 출구 측 압축기로 흡입되는 곳에 설치할 것
② 흡입 관경이 20A 이하인 경우에는 관 상부에 설치할 것
③ 외기의 영향을 받을 경우는 보온해 주거나 감온통 포켓을 설치할 것
④ 압축기 흡입관에 트랩이 있는 경우에는 트랩 부분에 부착할 것

감온통은 트랩 전에 설치하고 트랩은 피한다(온도식 자동팽창밸브에서).

23 고속다기통 압축기의 장점으로 틀린 것은?

① 용량제어 장치인 시동부하 경감기(Starting Unloader)를 이용하여 기동 시 무부하 기동이 가능하고, 대용량에서도 시동에 필요한 동력이 적다.
② 크기에 비하여 큰 냉동능력을 얻을 수 있고, 설치 면적은 입형압축기에 비하여 1/2~1/3 정도이다.
③ 언로더 기구에 의해 자동 제어 및 자동 운전이 용이하다.
④ 압축비의 증가에 따라 체적 효율의 저하가 작다.

고속다기통(압축기가 4개 이상) 압축기는 압축비(고압/저압)가 커지면 체적 효율이 감소한다(능력이 감소하고 동력의 손실이 많아진다).

24 냉동장치의 제상에 대한 설명으로 옳은 것은?

① 제상은 증발기의 성능 저하를 막기 위해 행해진다.
② 증발기에 착상이 심해지면 냉매 증발압력은 높아진다.
③ 살수식 제상 장치에 사용되는 일반적인 수온은 약 50~80℃로 한다.
④ 핫가스 제상이라 함은 뜨거운 수증기를 이용하는 것이다.

해설 냉동장치의 제상
ⓐ 냉동장치에서 증발기 냉각코일의 표면온도가 공기의 냉각노점 온도보다 낮아지면 공기 중의 수분이 응축하여 코일 표면에 부착 후 코일의 온도가 물의 동결 온도보다 낮아지면서 서리(상)가 생긴다. 이것을 제거하는 것을 제상이라 한다(제상을 하면 증발기 성능이 증가한다).
ⓑ 증발기에 상이 착상하면 증발압력이 낮아진다(압축비는 증가한다).
ⓒ 핫가스 제상은 냉매가스 이용(냉매증기 이용)
ⓓ 살수식 : 10~25℃ 물 사용

25 냉매배관 중 액분리기에서 분리된 냉매의 처리방법으로 틀린 것은?

① 응축기로 순환시키는 방법
② 증발기로 재순환시키는 방법
③ 고압 측 수액기로 회수하는 방법
④ 가열시켜 액을 증발시키고 압축기로 회수하는 방법

해설 냉매가스 중 냉매액은 응축기로 돌려줄 수는 없다.

26 다음 그림은 이상적인 냉동 사이클을 나타낸 것이다. 각 과정에 대한 설명으로 틀린 것은?

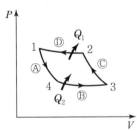

① Ⓐ과정은 단열팽창이다.
② Ⓑ과정은 등온압축이다.
③ Ⓒ과정은 단열압축이다.
④ Ⓓ과정은 등온압축이다.

해설 역카르노 사이클(냉동 사이클)에서 Ⓑ는 등온팽창(증발기)이다.

27 실내 벽면의 온도가 −40℃인 냉장고의 벽을 노점 온도를 기준으로 방열하고자 한다. 열전도율이 0.035 kcal/m · h · ℃인 방열재를 사용한다면 두께는 얼마로 하면 좋은가?(단, 외기온도는 30℃, 상대습도는 85%, 노점온도는 27.2℃, 방열재와 외기의 열전달률은 7kcal/m² · h · ℃로 한다.)

① 50mm
② 75mm
③ 100mm
④ 125mm

해설 두께$(t) = \dfrac{0.035 \times [30 - (-40)]}{7 \times (30 - 27.2)} = 0.125\text{m} = 125\text{mm}$

28 두께 30cm의 벽돌로 된 벽이 있다. 내면의 온도가 21℃, 외면의 온도가 35℃일 때 이 벽을 통해 흐르는 열량은?(단, 벽돌의 열전도율 K는 0.793W/m · K이다.)

① 32W/m²
② 37W/m²
③ 40W/m²
④ 43W/m²

해설 열전도 손실열량$(Q) = \lambda \times \dfrac{A(t_2 - t_1)}{b}$, 30cm = 0.3m

$\therefore Q = 0.793 \times \dfrac{(35 - 21)}{0.3} = 37\text{W/m}^2$

29 어떤 암모니아 냉동기의 이론 성적계수는 4.75이고, 기계효율은 90%, 압축효율은 75%일 때 1냉동톤(1RT)의 능력을 내기 위한 실제 소요마력은 약 몇 마력(PS)인가?

① 1.64
② 2.73
③ 3.63
④ 4.74

해설 1RT = 3,320kcal/h, 1PS−h = 632kcal

압축기 일량 $= \dfrac{3,320}{4.75} = 698.9$

이론 소요마력 $= \dfrac{698.9}{632} = 1.1059$

$\therefore$ 실제 소요마력(PS) $= \dfrac{1.1059}{0.9 \times 0.75} = 1.64\text{PS}$

30 증발식 응축기에 대한 설명으로 옳은 것은?

① 냉각수의 감열(현열)로 냉매가스를 응축

② 외기의 습구 온도가 높아야 응축능력 증가

③ 응축온도가 낮아야 응축능력 증가

④ 냉각탑과 응축기의 기능을 하나로 합한 것

해설 증발식 응축기(암모니아용)

물의 증발잠열을 이용하므로 냉각수가 적게 든다. 습도가 높으면 능력 저하(냉각탑과 응축기의 기능을 하나로 합한 것)가 발생한다.

31 압축기에 사용되는 냉매의 이상적인 구비조건으로 옳은 것은?

① 임계온도가 낮을 것 ② 비열비가 작을 것

③ 증발잠열이 작을 것 ④ 비체적이 클 것

해설 냉매는 임계온도가 높고, 비체적이 작으며, 증발잠열이 크다. 비열비(정압비열/정적비열)가 크면 토출가스 온도가 높아지므로 비열비가 작아야 한다.

32 흡수식 냉동기에서 냉매의 과랭 원인이 아닌 것은?

① 냉수 및 냉매량 부족

② 냉각수 부족

③ 증발기 전열면적 오염

④ 냉매에 용액이 혼입

해설 흡수식 냉동기에서 냉매가 과랭이 되는 이유는 냉각탑에서 오는 냉각수가 풍부하기 때문이다(흡수식에서 냉매는 H_2O이다).

33 흡수식 냉동기에서의 냉각원리로 옳은 것은?

① 물이 증발할 때 주위에서 기화열을 빼앗고 열을 빼앗기는 쪽은 냉각되는 현상을 이용한다.

② 물이 응축할 때 주위에서 액화열을 빼앗고 열을 빼앗기는 쪽은 냉각되는 현상을 이용한다.

③ 물이 팽창할 때 주위에서 팽창열을 빼앗고 열을 빼앗기는 쪽은 냉각되는 현상을 이용한다.

④ 물이 압축할 때 주위에서 압축열을 빼앗고 열을 빼앗기는 쪽은 냉각되는 현상을 이용한다.

해설 흡수식 냉동기

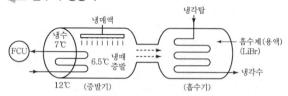

34 압축기 실린더의 체적 효율이 감소되는 경우가 아닌 것은?

① 클리어런스(Clearance)가 작을 경우

② 흡입·토출 밸브에서 누설될 경우

③ 실린더 피스톤이 과열될 경우

④ 회전속도가 빨라질 경우

해설

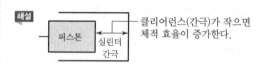

클리어런스(간극)가 작으면 체적 효율이 증가한다.

35 냉각수 입구온도 25℃, 냉각수량 1,000L/min인 응축기의 냉각 면적이 80m², 그 열통과율이 600kcal/m²·h·℃이고, 응축온도와 냉각 수온의 평균 온도차가 6.5℃이면 냉각수 출구온도는?

① 28.4℃

② 32.6℃

③ 29.6℃

④ 30.2℃

해설 $80 \times 600 \times 6.5 = 1,000 \times 1 \times (x - 25) \times 60$

$$x = 25 + \frac{80 \times 600 \times 6.5}{1,000 \times 1 \times 60} = 30.2℃$$

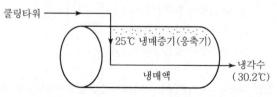

36 동일한 냉동실 온도조건으로 냉동설비를 할 경우 브라인식과 비교한 직접팽창식에 관한 설명으로 틀린 것은?

① 냉매의 증발온도가 낮다.
② 냉매 소비량(충전량)이 많다.
③ 소요동력이 적다.
④ 설비가 간단하다.

해설 직접팽창식 냉동기는 같은 온도조건에서는 냉매의 증발온도가 간접식(브라인식) 냉동기에 비하여 높다.

37 다음 중 아이스크림 등을 제조할 때 혼합원료에 공기를 포함시켜서 얼리는 동결장치는?

① 프리저(Freezer)
② 스크루 컨베이어
③ 하드닝 터널
④ 동결 건조기(Freeze Drying)

해설 프리저
아이스크림 제조시 혼합원료에 공기를 포함하여 얼리는 동결장치이다(냉동법, 냉장법).

38 압력 - 온도선도(듀링선도)를 이용하여 나타내는 냉동 사이클은?

① 증기 압축식 냉동기
② 원심식 냉동기
③ 스크롤식 냉동기
④ 흡수식 냉동기

해설 흡수식 냉동기(듀링선도 사용)는 증발기 내의 압력이 6.5 mmHg(증발온도 5℃) 진공

39 15℃의 순수한 물로 0℃의 얼음을 매시간 50kg 만드는 데 냉동기의 냉동능력은 약 몇 냉동톤인가?(단, 1냉동톤은 3,320kcal/h이며, 물의 응축잠열은 80 kcal/kg이고, 비열은 1kcal/kg · ℃이다.)

① 0.67   ② 1.43
③ 2.80   ④ 3.21

해설 물의 현열 $Q_1 = 50 \times 1 \times (15-0) = 750\text{kcal}$, 물의 응고열
$Q_2 = 50 \times 80 = 4,000\text{kcal}$
$$\therefore \text{RT} = \frac{750 + 4,000}{3,320} = 1.43$$

40 드라이어(Dryer)에 관한 설명으로 옳은 것은?

① 주로 프레온 냉동기보다 암모니아 냉동기에 사용된다.
② 냉동장치 내에 수분이 존재하는 것은 좋지 않으므로 냉매 종류에 관계없이 소형 냉동장치에 설치한다.
③ 프레온은 수분과 잘 용해하지 않으므로 팽창밸브에서의 동결을 방지하기 위하여 설치한다.
④ 건조제로는 황산, 염화칼슘 등의 물질을 사용한다.

해설 ㉠ 드라이어 냉매건조기(제습기)는 프레온 냉동장치에서 수분의 침입으로 팽창밸브 동결을 방지한다.
㉡ 제습제 : 실리카겔, 알루미나겔, 소바비드, 몰리큘러시브
㉢ 설치위치 : 팽창밸브와 수액기 사이
㉣ 대형 냉동기에 드라이어 설치

SECTION **03** 공기조화

41 공기조절기의 공기냉각 코일에서 공기와 냉수의 온도 변화가 그림과 같았다. 이 코일의 대수평균 온도차(LMTD)는?

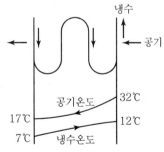

① 9.7℃   ② 12.4℃
③ 14.4℃   ④ 15.6℃

해설 향류형 냉각코일 = 17 - 7 = 10, 32 - 12 = 20

$$\therefore \text{대수평균온도차}(\Delta t_m) = \frac{20 - 10}{\ln\left(\frac{20}{10}\right)} = 14.4\text{℃}$$

42 다음 공기조화 장치 중 실내로부터 환기의 일부를 외기와 혼합한 후 냉각코일을 통과시키고, 이 냉각코일 출구의 공기와 환기의 나머지를 혼합하여 송풍기로 실내에 재순환시키는 장치의 흐름도는?

①
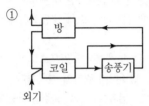

②
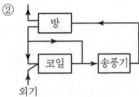

③
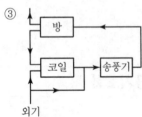

④
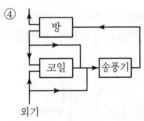

해설 ② 일부 환기 + 외기 → 혼합공기 → 냉각코일 → 나머지 환기 + 혼합공기 → 실내 송풍 재순환 흐름도

43 아래의 그림은 공조기에 ① 상태의 외기와 ② 상태의 실내에서 되돌아온 공기가 공조기로 들어와 ⑥ 상태로 실내로 공급되는 과정을 습공기 선도에 표현한 것이다. 공조기 내 과정을 알맞게 나열한 것은?

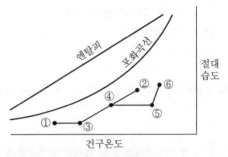

① 예열 – 혼합 – 증기가습 – 가열
② 예열 – 혼합 – 가열 – 증기가습
③ 예열 – 증기가습 – 가열 – 증기가습
④ 혼합 – 제습 – 증기가습 – 가열

해설 ⑥ 실내습도 증가, 온도 상승, 엔탈피 증가(예열 – 혼합 – 가열 – 증기가습)

44 덕트 시공도 작성 시 유의사항으로 틀린 것은?

① 소음과 진동을 고려한다.
② 설치 시 작업공간을 확보한다.
③ 덕트의 경로는 될 수 있는 한 최장거리로 한다.
④ 댐퍼의 조작 및 점검이 가능한 위치에 있도록 한다.

해설 덕트의 경로는 될 수 있는 한 최단거리로 한다.

45 외기 및 반송(Return) 공기의 분진량이 각각 C_O, C_R이고, 공급되는 외기량 및 필터로 반송되는 공기량은 각각 Q_O, Q_R이며, 실내 발생량이 M이라 할 때 필터의 효율(η)은?

① $\eta = \dfrac{Q_O(C_O - C_R) + M}{C_O Q_O + C_R Q_R}$

② $\eta = \dfrac{Q_O(C_O - C_R) + M}{C_O Q_O - C_R Q_R}$

③ $\eta = \dfrac{Q_O(C_O + C_R) + M}{C_O Q_O + C_R Q_R}$

④ $\eta = \dfrac{Q_O(C_O - C_R) - M}{C_O Q_O - C_R Q_R}$

해설 ㉠ 실내오염발생량(M) : mg/h · min 분진(ml/h · min 가스량)
㉡ 외기의 오염농도(mg/m³ 분진)(ml/m³ 가스)
㉢ 실내환기량(m³/h)
㉣ 도입외기량(m³/h)

46 펌프의 공동현상에 관한 설명으로 틀린 것은?

① 흡입 배관경이 클 경우 발생한다.
② 소음 및 진동이 발생한다.
③ 임펠러 침식이 생길 수 있다.
④ 펌프의 회전수를 낮추어 운전하면 이 현상을 줄일 수 있다.

해설 펌프에서 공동현상(캐비테이션)은 흡입 배관경이 작을 때 발생한다.

47 전압기준 국부저항계수 ζ_T와 정압기준 국부저항계수 ζ_S와의 관계를 바르게 나타낸 것은?(단, 덕트 상류 풍속을 v_1, 하류 풍속을 v_2라 한다.)

① $\zeta_T = \zeta_S - 1 + \left(\dfrac{v_2}{v_1}\right)^2$ ② $\zeta_T = \zeta_S + 1 - \left(\dfrac{v_2}{v_1}\right)^2$

③ $\zeta_T = \zeta_S - 1 - \left(\dfrac{v_2}{v_1}\right)^2$ ④ $\zeta_T = \zeta_S + 1 + \left(\dfrac{v_2}{v_1}\right)^2$

해설 전압기준 국부저항계수

$= 정압기준 국부저항계수 + 1 - \left(\dfrac{하류풍속}{덕트상류풍속}\right)^2$

48 보일러에서 발생한 증기량이 소비량에 비해 과잉일 경우 액화저장하고 증기량이 부족할 경우 저장 증기를 방출하는 장치는?

① 절탄기 ② 과열기
③ 재열기 ④ 축열기

해설 축열기(어큐뮬레이터)
소비량에 비해 남는 잉여증기를 물에 넣어서 온수로 만든 후 과부하 시 재사용한다.

49 공기 중에 떠다니는 먼지는 물론 가스와 미생물 등의 오염 물질까지도 극소로 만든 설비로서 청정 대상이 주로 먼지인 경우로 정밀측정실이나 반도체 산업, 필름 공업 등에 이용되는 시설을 무엇이라 하는가?

① 클린아웃(CO) ② 칼로리미터
③ HEPA 필터 ④ 산업용 클린룸(ICR)

해설 산업용 클린룸
반도체산업 필름공업 등에 이용되는 오염물질을 극소로 만든 설비 클린룸

50 공기조화방식에서 팬코일 유닛방식에 대한 설명으로 틀린 것은?

① 사무실, 호텔, 병원 및 점포 등에 사용한다.
② 배관방식에 따라 2관식 4관식으로 분류된다.
③ 중앙기계실에서 냉수 또는 온수를 공급하여 각 실에 설치한 팬코일 유닛에 의해 공조하는 방식이다.
④ 팬코일 유닛방식에서의 열부하 분담은 내부존 팬코일 유닛방식과 외부존 터미널방식이 있다.

해설 팬코일 유닛방식
외기를 도입하지 않는 방식. 외기를 실내 유닛인 팬코일 유닛으로 도입하는 방식. 덕트병용 팬코일 방식이 있다.

51 증기 보일러의 발생열량이 60,000kcal/h, 환산증발량이 111.3kg/h이다. 이 증기 보일러의 상당방열면적(EDR)은?(단, 표준방열량을 이용한다.)

① 32.1m² ② 92.3m²
③ 133.3m² ④ 539.8m²

해설 증기용 표준 상당방열량 : 650kcal/m²h

∴ $EDR = \dfrac{60,000}{650} = 92.3m^2$

52 가변풍량 방식에 대한 설명으로 틀린 것은?

① 부분 부하 시 송풍기 동력을 절감할 수 없다.
② 시운전 시 토출구의 풍량조정이 간단하다.
③ 부하변동에 따라 송풍량을 조절하므로 에너지 낭비가 적다.
④ 동시부하율을 고려하여 설비용량을 적게 할 수 있다.

해설 가변풍량 공기조화방식은 부분 부하 시 송풍기 동력을 절감할 수 있다.

53 아네모스탯(Anemostat)형 취출구에서 유인비의 정의로 옳은 것은?(단, 취출구로부터 공급된 조화공기를 1차 공기(PA), 실내공기가 유인되어 1차 공기와 혼합한 공기를 2차 공기(SA), 1차와 2차 공기를 모두 합한 것을 전공기(TA)라 한다.)

① $\dfrac{TA}{SA}$　　② $\dfrac{PA}{TA}$

③ $\dfrac{TA}{PA}$　　④ $\dfrac{SA}{TA}$

해설 유인비 $= \dfrac{\text{전공기}(1\text{차}+2\text{차 공기})}{1\text{차 공기}}$

※ 아네모스탯 : 천장취출구

54 대규모 건물에서 외벽으로부터 떨어진 중앙부는 외기 조건의 영향을 적게 받으며, 인체와 조명등 및 실내기구의 발열로 인해 경우에 따라 동절기 및 중간기에 냉방이 필요한 때가 있다. 이와 같은 건물의 회의실, 식당과 같이 일반 사무실에 비해 현열비가 크게 다른 경우 계통별로 구분하여 조닝하는 방법은?

① 방위별 조닝　　② 부하특성별 조닝
③ 사용시간별 조닝　④ 건물층별 조닝

해설 부하특성별 조닝
동절기, 중간기에 부분냉방이 필요한 경우의 조닝이다(대규모 건물).

55 각층 유닛방식의 특징이 아닌 것은?

① 공조기 수가 줄어들어 설비비가 저렴하다.
② 사무실과 병원 등의 각 층에 대하여 시간차 운전에 적합하다.
③ 송풍덕트가 짧게 되고, 주 덕트의 수평덕트는 각 층의 복도 부분에 한정되므로 수용이 용이하다.
④ 설계에 따라서는 각 층 슬래브의 관통덕트가 없게 되므로 방재상 유리하다.

해설 각층 유닛방식(전공기방식)
㉠ 대규모 빌딩에 적합한 방식으로 각 층마다 독립된 유닛(2차 공조기)을 설치한다.
㉡ 각 층마다 공조기 설치장소가 확보되어야 한다.
㉢ 공조기 관리가 불편하고 설비비가 많이 든다.

56 온도 20℃, 포화도 60% 공기의 절대습도는?(단, 온도 20℃의 포화 습공기의 절대습도 X_s=0.01469 kg/kg이다.)

① 0.001623kg/kg
② 0.004321kg/kg
③ 0.006712kg/kg
④ 0.008814kg/kg

해설 절대습도(X_s) = 0.01469×0.6 = 0.008814kg/kg′

57 공장의 저속 덕트방식에서 주 덕트 내의 권장풍속으로 가장 적당한 것은?

① 36~39m/s
② 26~29m/s
③ 16~19m/s
④ 6~9m/s

해설 공장의 저속 덕트방식에서 주 덕트 내의 권장풍속
= 6~9m/s

58 복사 패널의 시공법에 관한 설명으로 틀린 것은?

① 코일의 전 길이는 50m 정도 이내로 한다.
② 온도에 따른 열팽창을 고려하여 천장의 짧은 변과 코일의 직선부가 평행하도록 배관한다.
③ 콘크리트의 양생은 30℃ 이상의 온도에서 12시간 이상 건조시킨다.
④ 파이프 코일의 매설 깊이는 코일 외경의 1.5배 정도로 한다.

해설 콘크리트 양생은 24시간 이상 건조시킨다.

59 송풍량 $2,500\text{m}^3/\text{h}$ 공기(건구온도 $12℃$, 상대습도 60%)를 $20℃$까지 가열하는 데 필요로 하는 열량은?(단, 처음 공기의 비체적 $v=0.815\text{m}^3/\text{kg}$, 가열 전후의 엔탈피는 각각 $h_1=6\text{kcal/kg}$, $h_2=8\text{kcal/kg}$이다.)

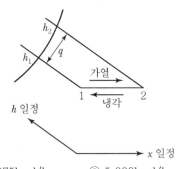

① 4,075kcal/h ② 5,000kcal/h
③ 6,135kcal/h ④ 7,362kcal/h

해설 공기중량 $=\dfrac{2,500}{0.815}=3,067.48\text{kg/h}$

∴ $3,067.48\times(8-6)=6,135\text{kcal/h}$

60 온풍난방에 관한 설명으로 틀린 것은?
① 실내 층고가 높을 경우 상하 온도차가 커진다.
② 실내의 환기나 온습도 조절이 비교적 용이하다.
③ 직접 난방에 비하여 설비비가 높다.
④ 연도의 과열에 의한 화재에 주의해야 한다.

해설 온풍난방은 직접난방(방열기 난방)에 비해 설비비가 저렴하다.

SECTION 04 전기제어공학

61 플레밍의 왼손법칙에서 엄지손가락이 가리키는 것은?
① 전류 방향
② 힘의 방향
③ 기전력 방향
④ 자력선 방향

해설 왼손법칙

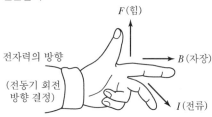

전자력의 방향
(전동기 회전 방향 결정)

F(힘)
B(자장)
I(전류)

62 $i=I_m\sin\omega t$인 정현파 교류가 있다. 이 전류보다 $90°$ 앞선 전류를 표시하는 식은?
① $I_m\cos\omega t$ ② $I_m\sin\omega t$
③ $I_m\cos(\omega t+90°)$ ④ $I_m\sin(\omega t-90°)$

해설 ㉠ 정전용량에서
• 전류는 전압보다 위상이 $\dfrac{\pi}{2}(=90°)$ 앞선다.
• 전압은 전류보다 위상이 $\dfrac{\pi}{2}(=90°)$ 뒤진다.
㉡ 인덕턴스만의 회로
전압은 전류보다 위상이 $\dfrac{\pi}{2}(=90°)$ 앞선다.

63 시간에 대해서 설정값이 변화하지 않는 것은?
① 비율제어   ② 추종제어
③ 프로세스제어   ④ 프로그램제어

해설 프로세스제어
시간에 대해서 설정값이 변화하지 않는 제어이며 일명 공정제어라고 한다. 피드백제어계로서 정치제어인 경우이다(온도, 압력, 유량, 액위, 밀도, 농도 등).

64 잔류편차와 사이클링이 없어 널리 사용되는 동작은?
① I동작   ② D동작
③ P동작   ④ PI동작

해설 PI(비례 적분동작) : 잔류편차제거, 제어결과가 진동적으로 될 수 있음
※ 사이클링(Cycling) : 자동제어계의 온−오프 동작에서 조작량이 단속하기 때문에 제어량이 주기적으로 변동하므로 이것을 사이클링이라고 한다. 사이클링이 제어상 바람직하지 않은 상태를 헌팅(난조)이라 한다.

65 전달함수 $G(s) = \dfrac{1}{s+1}$ 인 제어계의 인디셜 응답은?

① e^{-t}

② $1 - e^{-t}$

③ $1 + e^{-t}$

④ $e^{-t} - 1$

해설 ㉠ 인디셜 응답 : 자동제어계 또는 요소의 과도적인 동특성을 살피기 위해 사용한다.

㉡ 전달함수 : 입력신호와 출력신호의 관계를 수식적으로 표기한다(출력신호와 입력신호에 대한 라플라스 변환값의 비를 말한다).

단, 초기값은 0상태이며 제어계에 입력이 가해지기 전 제어계는 휴지상태이다.

$$G(s) = \frac{C(s)}{R(s)} = \frac{\mathcal{L}\,[c(t)]}{\mathcal{L}\,[u(t)]} = \frac{C(s)}{\dfrac{1}{s}} = \frac{1}{s+1}$$

$$\therefore\ C(s) = \frac{1}{s(s+1)} = \frac{k_1}{s} + \frac{k_2}{s+1} = \frac{1}{s} - \frac{1}{s+1}$$

$$\therefore\ C(t) = 1 - e^{-t}$$

66 회전하는 각도를 디지털량으로 출력하는 검출기는?

① 로드셀

② 보간치

③ 엔코더

④ 퍼텐쇼미터

해설 엔코더(Encoder)는 회전하는 각도를 디지털량으로 출력하는 검출기다.

67 신호흐름선도의 기본 성질로 틀린 것은?

① 마디는 변수를 나타낸다.

② 대수방정식으로 도시한다.

③ 선형 시스템에만 적용한다.

④ 루프이득이란 루프의 마디이득이다.

해설 신호흐름선도의 기본 성질
입력마디에서 출력마디까지 연결된 가지가 있다(입력의 변수가 출력에 종속됨을 나타낸다).

68 그림과 같은 유접점 논리회로를 간단히 하면?

① $-\!\!\circ\ \overline{A}\ \circ\!\!-$ ② $-\!\!\circ\ A\ \circ\!\!-$

③ $-\!\!\circ\ B\ \circ\!\!-$ ④ $-\!\!\circ\ \overline{B}\ \circ\!\!-$

해설 $y = A(A+B) = AA + AB = A + AB = A(1+B) = A$

69 제어동작에 대한 설명 중 틀린 것은?

① 비례동작 : 편차의 제곱에 비례한 조작신호를 낸다.

② 적분동작 : 편차의 적분값에 비례한 조작신호를 낸다.

③ 미분동작 : 조작신호가 편차의 증가속도에 비례하는 동작을 한다.

④ 2위치동작 : ON−OFF 동작이라고도 하며, 편차의 정부(+, −)에 따라 조작부를 전폐 또는 전개하는 것이다.

해설 비례동작(P)
잔류편차(Off−set) 및 정상오차가 발생하며, 속응성(응답속도)이 나쁘다.

70 AC 서보 전동기에 대한 설명 중 옳은 것은?

① AC 서보 전동기의 전달함수는 미분요소이다.

② 고정자의 기준 권선에 제어용 전압을 인가한다.

③ AC 서보 전동기는 큰 회전력이 요구되는 시스템에 사용된다.

④ AC 서보 전동기는 두 고정자 권선에 90도 위상차의 2상 전압을 인가하여 회전자계를 만든다.

해설 AC 서보 전동기(AC Servomotor)
두 고정자 권선에 90° 위상차의 2상 전압을 인가하여 회전자계를 만든다(큰 회전력이 요구되지 않는 제어계에 사용되는 전동기 전달함수는 적분요소와 1차 요소의 직렬결합으로 취급된다).

71 비행기 등과 같은 움직이는 목표값의 위치를 알아보기 위한, 즉 원뿔주사를 이용한 서보용 제어기는?

① 추적레이더
② 자동조타장치
③ 공작기계의 제어
④ 자동평형기록계

해설 추적레이더
서보용 제어기이며 비행기 등과 같은 움직이는 목표값의 위치를 알아보기 위한 원뿔주사를 이용한 제어기이다.

72 지시계기의 구성 3대 요소가 아닌 것은?

① 유도장치
② 제어장치
③ 제동장치
④ 구동장치

해설 지시계기의 3대 구성요소
제어장치, 제동장치, 구동장치

73 3상 교류에서 a, b, c상에 대한 전압을 기호법으로 표시하면 $E_a=E\angle 0°$, $E_b=E\angle -\frac{2}{3}\pi$, $E_c=E\angle -\frac{4}{3}\pi$ 로 표시된다. 여기서 $a=\varepsilon^{j\frac{2}{3}\pi}$ 라는 페이저 연산자를 이용하면 E_c는 어떻게 표시되는가?

① $E_c=E$
② $E_c=a^2E$
③ $E_c=aE$
④ $E_c=\left(\frac{1}{a}\right)E$

해설 3상 교류 전압기호(E_b)에서 E_c에서 연산자를 이용하면
$E_c=aE$

74 100V, 6A의 전열기로 2L의 물을 15℃에서 95℃까지 상승시키는 데 약 몇 분이 소요되는가?(단, 전열기는 발생 열량의 80%가 유효하게 사용되는 것으로 한다.)

① 15.64
② 18.36
③ 21.26
④ 23.15

해설 물의 가열량＝2L×1kcal/$l\cdot$℃×(95−15)℃＝160kcal

전력(P)＝$VI=I^2R=\frac{V^2}{R}$(W)
　　　＝100×6＝600W
　　　＝0.6kW (0.6kW−h＝0.6×860kcal/kW−h
　　　＝516kcal)

$\therefore \left(\frac{160}{516}\right)$＝0.31시간×60분/시간＝18.6분, 소요시간
　　　＝$\frac{18.6}{0.8}$＝23분

75 워드레오나드 속도 제어는?

① 저항제어
② 계자제어
③ 전압제어
④ 직병렬제어

해설 유도전동기 속도제어법(직류전동기 전압제어법 : 워드레오나드, 일그너, 승압기 방식)
㉠ 2차 저항 제어법
㉡ 주파수 변환법
㉢ 전압제어법(워드레오나드 속도제어)
㉣ 극수 변환법
㉤ 2차 여자법
㉥ 종속접속법
㉦ 와전류 계수법
㉧ 전전압법

76 다음의 전동력 응용기계에서 GD^2의 값이 작은 것에 이용될 수 있는 것으로서 가장 바람직한 것은?

① 압연기
② 냉동기
③ 송풍기
④ 승강기

해설 물체에 가해지는 외력(F)＝GD^2y
G : 질량, D : 시간, y : 이동물체변위
($\therefore GD^2$의 값이 작은 것 : 승강기)

77 논리식 $X+\overline{X}+Y$를 불대수의 정리를 이용하여 간단히 하면?

① Y
② 1
③ 0
④ $X+Y$

해설 ㉠ $X + \overline{X} \cdot Y = X + (XY + \overline{X}Y) = X + Y = 1$

㉡ $X + \overline{X} + Y = 1$

※ 불대수 : 논리수학, 논리대수를 사용한 연산과정이 정의되어 있는 대수계이다. AND(논리곱), OR(논리합), 부정(NOT) 등이 있다.

78 100mH의 인덕턴스를 갖는 코일에 10A의 전류를 흘릴 때 축적되는 에너지는 몇 J인가?

① 0.5
② 1
③ 5
④ 10

해설 전자에너지(W) $= \frac{1}{2}LI^2 = \frac{1}{2} \times \left(\frac{100}{1,000}\right) \times 10^2 = 5J$

※ 인덕턴스 : 전선이나 코일에는 그 주위나 내부를 통하는 자속의 변화를 방해하는 작용이 있으며 이 작용의 세기를 인덕턴스(Inductance)라 한다. 단위는 헨리(H)이다.

1H : 1,000mH

79 승강기 등 무인장치의 운전은 어떤 제어인가?

① 정치제어
② 비율제어
③ 추종제어
④ 프로그램제어

해설 무인장치 운전제어 : 프로그램제어

80 3상 농형유도전동기의 속도제어방법이 아닌 것은?

① 극수변환
② 주파수제어
③ 2차 저항제어
④ 1차 전압제어

해설 농형유도전동기
㉠ 구조가 간단하고, 효율과 역률이 모두 양호하다(단, 기동전류가 크고 기동토크가 작은 결점이 있다).
㉡ 2차 저항제어가 아닌 종속법이 있다.

SECTION 05 배관일반

81 냉매의 토출관의 관경을 결정하려고 할 때 일반적인 사항으로 틀린 것은?

① 냉매 가스 속에 용해하고 있는 기름이 확실히 운반될 수 있게 횡형관에서는 약 6m/s 이상 되도록 할 것
② 냉매 가스 속에 용해하고 있는 기름이 확실히 운반될 수 있게 입상관에서는 약 6m/s 이상 되도록 할 것
③ 속도의 압력 손실 및 소음이 일어나지 않을 정도로 속도를 약 25m/s로 제한한다.
④ 토출관에 의해 발생된 전 마찰 손실압력은 약 19.6kPa를 넘지 않도록 한다.

해설 냉매가스 유속
㉠ 수평관(3.5m/s 이상) : 횡형관
㉡ 수직관(6m/s 이상) : 입상관

82 공기조화설비에서 수 배관 시공 시 주요 기기류의 접속배관에는 수리 시 전 계통의 물을 배수하지 않도록 서비스용 밸브를 설치한다. 이때 밸브를 완전히 열었을 때 저항이 작은 밸브가 요구되는데, 가장 적당한 밸브는?

① 나비 밸브
② 게이트 밸브
③ 니들 밸브
④ 글로브 밸브

해설 개로 시 저항이 가장 적은 것은 게이트 밸브이고, 글로브 밸브는 저항이 크다.

83 배관재료 선정 시 고려해야 할 사항으로 가장 거리가 먼 것은?

① 수송유체에 의한 관의 내식성
② 유체의 온도 변화에 따른 물리적 성질의 변화
③ 사용기간(수명) 및 시공방법
④ 사용시기 및 가격

해설 배관재료 선정 시 사용기간 등은 적합하나 사용시기나 가격은 고려사항이 아니다.

84 유리섬유 단열재의 특징에 관한 설명으로 틀린 것은?

① 사용 온도범위는 보통 약 $-25 \sim 300℃$이다.

② 다량의 공기를 포함하고 있으므로 보온·단열 효과가 양호하다.

③ 유리를 녹여 섬유화한 것이므로 칼이나 가위 등으로 쉽게 절단되지 않는다.

④ 순수한 무기질의 섬유제품으로서 불에 잘 타지 않는다.

해설 유리섬유(글라스울) 보온재는 칼이나 가위 등으로 절단이 가능하다.

85 아래의 저압가스 배관의 직경을 구하는 식에서 S가 의미하는 것은?(단, L은 관의 길이를 의미한다.)

$$D^5 = \frac{Q^2 \cdot S \cdot L}{K^2 \cdot H}$$

① 관의 내경　　② 공급 압력차

③ 가스 유량　　④ 가스 비중

해설 D : 관경, Q : 가스유량(m^3/h), S : 가스비중, K : 유량계수, H : 허용압력손실, L : 관의 길이

86 증기난방 시 방열 면적 $1m^2$당 증기가 응축되는 양은 약 몇 $kg/m^2 \cdot h$인가?(단, 증발잠열은 539kcal/kg이다.)

① 3.4　　② 2.1

③ 2.0　　④ 1.2

해설 응축수량$= \dfrac{650}{증발잠열} = \dfrac{650}{539} = 1.21 kg/m^2 \cdot h$

87 병원, 연구소 등에서 발생하는 배수로 하수도에 직접 방류할 수 없는 유독한 물질을 함유한 배수를 무엇이라 하는가?

① 오수　　② 우수

③ 잡배수　　④ 특수배수

해설 특수배수
병원이나 연구소 등에서 발생하는 유독물질을 함유한 배수는 직접 방류하지 않고 특수배수를 하여야 한다.

88 통기관을 접속하여도 장시간 위생기기를 사용하지 않을 때 봉수파괴가 될 수 있는 원인으로 가장 적당한 것은?

① 자기사이펀 작용

② 흡인작용

③ 분출작용

④ 증발작용

해설 통기관 접속 시 증발작용에 의해 장기간 사용하지 않으면 봉수가 파괴되는 수가 발생한다.

89 수직배관에서의 역류방지를 위해 사용하기 가장 적당한 밸브는?

① 리프트식 체크밸브

② 스윙식 체크밸브

③ 안전밸브

④ 코크밸브

해설
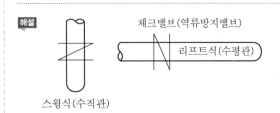
체크밸브(역류방지밸브)
리프트식(수평관)
스윙식(수직관)

90 급탕배관의 구배에 관한 설명으로 옳은 것은?

① 상향공급식의 경우 급탕관은 올림구배, 반탕관은 내림구배로 한다.

② 상향공급식의 경우 급탕관과 반탕관 모두 내림구배로 한다.

③ 하향공급식의 경우 급탕관은 내림구배, 반탕관은 올림구배로 한다.

④ 하향공급식의 경우 급탕관과 반탕관 모두 올림구배로 한다.

해설 급탕배관의 구배(급구배)
㉠ 상향식 : 급탕관(선 상향 구배), 복귀관(환탕관)은 선하향 구배
㉡ 하향식 : 급탕관, 복귀관 다같이 선하향 구배

91 기계배기와 기계급기의 조합에 의한 환기방법으로 일반적으로 외기를 정화하기 위한 에어필터를 필요로 하는 환기법은?

① 1종 환기 ② 2종 환기
③ 3종 환기 ④ 4종 환기

해설 제1종 환기

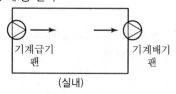

(실내)

92 수격현상(Water Hammer) 방지법이 아닌 것은?

① 관내의 유속을 낮게 한다.
② 펌프의 플라이 휠을 설치하여 펌프의 속도가 급격히 변하는 것을 막는다.
③ 밸브는 펌프 송출구에서 멀리 설치하고 밸브는 적당히 제어한다.
④ 조압수조(Surge Tank)를 관선에 설치한다.

해설 펌프의 수격현상(워터해머)을 방지하는 조건은 ①, ②, ④ 항에 따른다(밸브는 펌프송출구 가까이에 설치한다).

93 다음 중 열팽창에 의한 관의 신축으로 배관의 이동을 구속 또는 제한하는 장치가 아닌 것은?

① 앵커(Anchor) ② 스토퍼(Stopper)
③ 가이드(Guide) ④ 인서트(Insert)

해설 인서트
금속의 주조품 제조 시 완전한 구조부를 만들기 위해 주형 속에 별도의 금속을 넣고 주탕하며 일체가 되도록 한 주물 속 별도의 금속이다.
※ 배관의 이동을 구속하는 리스트레인지는 ①, ②, ③항 이다.

94 암모니아 냉동장치 배관재료로 사용할 수 없는 것은?

① 이음매 없는 동관 ② 배관용 탄소강관
③ 저온배관용 강관 ④ 배관용 스테인리스강관

해설 동관은 프레온 냉매에서 주로 사용한다.

95 공기조화 설비에서 에어워셔(Air Washer)의 플러딩 노즐이 하는 역할은?

① 공기 중에 포함된 수분을 제거한다.
② 입구공기의 난류를 정류로 만든다.
③ 엘리미네이터에 부착된 먼지를 제거한다.
④ 출구에 섞여 나가는 비산수를 제거한다.

해설 에어워셔 플러딩 노즐
분무 노즐에서 출구의 엘리미네이터에 부착된 먼지(진애)를 제거한다.

96 냉온수 배관 시 유의사항으로 틀린 것은?

① 공기가 체류하는 장소에는 공기빼기 밸브를 설치한다.
② 기계실 내에서는 일정장소에 수동 공기빼기 밸브를 모아서 설치하고 간접 배수하도록 한다.
③ 자동 공기빼기 밸브는 배관이 (−)압이 걸리는 부분에 설치한다.
④ 주관에서의 분기배관은 신축을 흡수할 수 있도록 스위블 이음으로 하며, 공기가 모이지 않도록 구배를 준다.

해설 자동 공기빼기 밸브는 배관이 정압(+)이 걸리는 부분에 설치한다.

97 다음 중 증기와 응축수 사이의 밀도차, 즉 부력 차이에 의해 작동되는 기계식 트랩은?

① 버킷 트랩
② 벨로즈 트랩
③ 바이메탈 트랩
④ 디스크 트랩

해설 기계식 트랩
플로트 트랩, 버킷 트랩(밀도차 또는 부력을 이용한다.)

98 다음 중 방열기나 팬코일 유닛에 가장 적합한 관 이음은?

① 스위블 이음(Swivel Joint)
② 루프 이음(Loop Joint)
③ 슬리브 이음(Sleeve Joint)
④ 벨로즈 이음(Bellows Joint)

해설 방열기, 팬코일 유닛 등 수직관 이음에서 가장 이상적인 신축이음 배관법은 스위블 이음이다.

99 가스수요의 시간적 변화에 따라 일정한 가스량을 안정하게 공급하고 저장을 할 수 있는 가스홀더의 종류가 아닌 것은?

① 무수(無水)식
② 유수(有水)식
③ 주수(柱水)식
④ 구(球)형

해설 주수식
카바이트(CaC_2)를 가지고 아세틸렌 가스(C_2H_2) 제조에 사용된다.

100 온수난방 배관에서 리버스 리턴(Reverse Return) 방식을 채택하는 주된 이유는?

① 온수의 유량분배를 균일하게 하기 위하여
② 온수배관의 부식을 방지하기 위하여
③ 배관의 신축을 흡수하기 위하여
④ 배관길이를 짧게 하기 위하여

해설 리버스 리턴(역귀환 방식) 방식은 온수난방에서 온수의 유량분배를 균일하게 한다.

SECTION 01   기계열역학

01 2MPa 압력에서 작동하는 가역 보일러에 포화수가 들어가 포화증기가 되어서 나온다. 보일러의 물 1kg 당 가한 열량은 약 몇 kJ인가?(단, 2MPa 압력에서 포화온도는 212.4℃이고 이 온도는 일정하다. 그리고 포화수 비엔트로피는 2.4473kJ/kg · K, 포화증기 비엔트로피는 6.3408kJ/kg · K이다.)

① 295   ② 827

③ 1,890   ④ 2,423

해설 $T = 273 + 212.4 = 485.4K$

증발잠열$(r) = h_2 - h_1 = 6.3408 - 2.4473$

$\qquad = 3.8935 kJ/kg \cdot K$

∴ 가한 열량$(Q) = 3.8935 \times 485.4 = 1,890 kJ$

02 체적이 150m³인 방 안에 질량이 200kg이고 온도가 20℃인 공기(이상기체상수 = 0.287kJ/kg · K)가 들어 있을 때 이 공기의 압력은 약 몇 kPa인가?

① 112   ② 124

③ 162   ④ 184

해설 $T = 20 + 273 = 293K$

$PV = GRT, \ P = \dfrac{GRT}{V} =$ 공기압력

$(P) = \dfrac{293 \times 0.287 \times 200}{150} = 112 kPa$

03 카르노 사이클로 작동되는 열기관이 600K에서 800 kJ의 열을 받아 300K에서 방출한다면 일은 약 몇 kJ 인가?

① 200   ② 400

③ 500   ④ 900

해설 $600K : 800kJ = 300K : x$

$x = 800 \times \dfrac{300}{600} = 400 kJ$

04 카르노 열펌프와 카르노 냉동기가 있는데, 카르노 열펌프의 고열원 온도는 카르노 냉동기의 고열원 온도와 같고, 카르노 열펌프의 저열원 온도는 카르노 냉동기의 저열원 온도와 같다. 이때 카르노 열펌프의 성적계수(COP_{HP})와 카르노 냉동기의 성적계수(COP_R)의 관계로 옳은 것은?

① $COP_{HP} = COP_R + 1$

② $COP_{HP} = COP_R - 1$

③ $COP_{HP} = \dfrac{1}{COP_R + 1}$

④ $COP_{HP} = \dfrac{1}{COP_R - 1}$

해설 열펌프(히트펌프)의 성적계수는 카르노 냉동기의 성적계수보다 항상 1이 크다.

∴ $COP_{HP} = COP_R + 1$

• $COP_{HP} = \dfrac{Q_1}{Q_1 - Q_2}$ • $COP_R = \dfrac{Q_2}{Q_1 - Q_2}$

05 온도 200℃, 500kPa, 비체적 0.6m³/kg의 산소가 정압하에서 비체적으로 0.4m³/kg으로 되었다면, 변화 후의 온도는 약 얼마인가?

① 42℃   ② 55℃

③ 315℃   ④ 437℃

해설 등압변화에서 $T_2 = T_1 \times \left(\dfrac{V_2}{V_1} \right) = (200 + 273) \times \left(\dfrac{0.4}{0.6} \right)$

$\qquad = 315K$

∴ $315 - 273 = 42℃$(변화 후 온도)

06 온도 150℃, 압력 0.5MPa의 이상기체 0.287kg이 정압과정에서 원래 체적의 2배로 늘어난다. 이 과정에서 가해진 열량은 약 얼마인가?(단, 공기의 기체 상수는 0.287kJ/kg · K이고, 정압 비열은 1.004 kJ/kg · K이다.)

① 98.8kJ   ② 111.8kJ

③ 121.9kJ   ④ 134.9kJ

해설 정압변화 $T_2 = T_1 \times \left(\dfrac{V_2}{V_1}\right) = (150+273) \times \left(\dfrac{2}{1}\right) = 846K$

$\therefore$ 가해진 열량(Q) $= GC_P(T_2 - T_1)$
$= 0.287 \times 1.004 \times (846 - 423)$
$= 121.9\text{kJ}$

07 압력 200kPa, 체적 0.4m^3인 공기가 정압하에서 체적이 0.6m^3로 팽창하였다. 이 팽창 중에 내부에너지가 100kJ만큼 증가하였으면 팽창에 필요한 열량은?

① 40kJ   ② 60kJ
③ 140kJ   ④ 160kJ

해설 정압변화 $= \dfrac{T_2}{T_1} = \dfrac{V_2}{V_1}$

팽창일(절대일) $= P(V_2 - V_1) = 200 \times (0.6 - 0.4) = 40\,\text{kJ}$
$\therefore$ 팽창에 필요한 열량 $= 40 + 100 = 140\text{kJ}$

08 다음 온도 – 엔트로피 선도(T-S 선도)에서 과정 1 – 2가 가역일 때 빗금 친 부분은 무엇을 나타내는가?

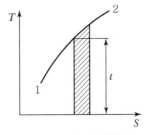

① 공업일   ② 절대일
③ 열량   ④ 내부에너지

해설 T−S 선도에서 1 → 2가 가역이면 빗금 친 부분은 열량을 나타낸다.
T−S 선도에서 열을 면적으로 표시한다.

09 다음 중 강도성 상태량(Intensive Property)이 아닌 것은?

① 온도   ② 압력
③ 체적   ④ 비체적

해설 ㉠ 강도성 상태량(물질의 질량에 관계없이 그 크기가 결정되는 상태량 : 온도, 압력, 비체적)

㉡ 종량성 상태량(물질의 질량에 따라 그 크기가 결정되는 상태량 : 체적, 내부에너지, 엔탈피, 엔트로피 등)

10 시스템 내의 임의의 이상기체 1kg이 채워져 있다. 이 기체의 정압비열은 1.0kJ/kg · K이고, 초기 온도가 50℃인 상태에서 323kJ의 열량을 가하여 팽창시킬 때 변경 후 체적은 변경 전 체적의 약 몇 배가 되는가? (단, 정압과정으로 팽창한다.)

① 1.5배   ② 2배
③ 2.5배   ④ 3배

해설 $T = 50 + 273 = 323\text{K}$ $\left(\text{정압변화 } P. V. T, \dfrac{T_2}{T_1} = \dfrac{V_2}{V_1}\right)$

$1 \times 323 \times 1.0 = 323\text{kJ/kg}$

$\therefore$ 체적팽창(V_2) $= \dfrac{323 + 323}{323} = 2$배

11 그림에서 T_1=561K, T_2=1010K, T_3=690K, T_4=383K인 공기를 작동 유체로 하는 브레이턴 사이클의 이론 열효율은?

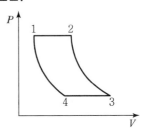

① 0.388   ② 0.465
③ 0.316   ④ 0.412

해설 브레이턴 사이클(가스터빈 사이클) : η_B(효율)
$\eta_B = 1 - \dfrac{3-4}{2-1} = 1 - \dfrac{690-383}{1,010-561} = 1 - \dfrac{307}{449}$
$= 0.316(31.6\%)$

12 복사열을 방사하는 방사율과 면적이 같은 2개의 방열판이 있다. 각각의 온도가 A 방열판은 120℃, B 방열판은 80℃일 때 단위면적당 복사 열전달량(Q_A / Q_B)의 비는?

① 1.08   ② 1.22
③ 1.54   ④ 2.42

A=120+273=393K, B=80+273=353K,
복사열 $=T^4$

$$\therefore \left(\frac{393}{353}\right)^4 = 1.52$$

13 그림과 같이 선형 스프링으로 지지되는 피스톤-실린더 장치 내부에 있는 기체를 가열하여 기체의 체적이 V_1에서 V_2로 증가하였고, 압력은 P_1에서 P_2로 변화하였다. 이때 기체가 피스톤에 행한 일은?(단, 실린더 내부의 압력(P)은 실린더 내부 부피(V)와 선형관계($P=aV$, a는 상수)에 있다고 본다.)

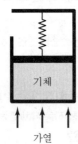

① $P_2 V_2 - P_1 V_1$

② $P_2 V_2 + P_1 V_1$

③ $\dfrac{1}{2}(P_2 + P_1)(V_2 - V_1)$

④ $\dfrac{1}{2}(P_2 + P_1)(V_2 + V_1)$

해설 기체가 피스톤에 행한 일(W) $= \dfrac{1}{2}(P_2 + P_1)(V_2 - V_1)$

※ 운동에너지 $= \dfrac{1}{2}mV^2(J) = \dfrac{1}{2}(질량)\times(유속)^2$

14 일정한 정적비열 c_v와 정압비열 c_p를 가진 이상기체 1kg의 절대온도와 체적이 각각 2배로 되었을 때 엔트로피의 변화량으로 옳은 것은?

① $c_v \ln 2$
② $c_p \ln 2$
③ $(c_p - c_v)\ln 2$
④ $(c_p + c_v)\ln 2$

해설 엔트로피 변화량(Δs)
$c_p \ln 2$(온도, 체적 각 2배 증가 시 변화량)

15 질량 유량이 10kg/s인 터빈에서 수증기의 엔탈피가 800kJ/kg 감소한다면 출력은 몇 kW인가?(단, 역학적 손실, 열손실은 모두 무시한다.)

① 80
② 160
③ 1,600
④ 8,000

해설 10kg/s×800kJ/kg=8,000kJ/s(kW-h=3,600kJ)
1kW=102kg · m/s
1kJ=1kW/s=1kNm
∴ 8,000kJ/s=8,000kW
※ 에너지(열량) 단위 : J(Joule) 사용

16 이상기체의 압력(P), 체적(V)의 관계식 "PV^n=일정"에서 가역단열과정을 나타내는 n의 값은?(단, C_p는 정압비열, C_v는 정적비열이다.)

① 0
② 1
③ 정적비열에 대한 정압비열의 비(C_p/C_v)
④ 무한대

해설 가역단열변화
$P \cdot V \cdot T$, $PV^n = C$, $TV^{n-1} = C$
비열비(K) $= C_p/C_v$

17 다음 중 단열과정과 정적과정만으로 이루어진 사이클(Cycle)은?

① Otto Cycle
② Diesel Cycle
③ Sabathe Cycle
④ Rankine Cycle

해설 정적 사이클 불꽃점화기관 가솔린 기관(Otto Cycle)

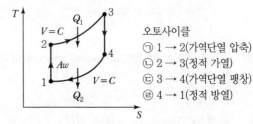

오토사이클
㉠ 1 → 2(가역단열 압축)
㉡ 2 → 3(정적 가열)
㉢ 3 → 4(가역단열 팽창)
㉣ 4 → 1(정적 방열)

18 순수한 물질로 되어 있는 밀폐계가 단열과정 중에 수행한 일의 절대값에 관련된 설명으로 옳은 것은?(단, 운동에너지와 위치에너지의 변화는 무시한다.)

① 엔탈피의 변화량과 같다.
② 내부 에너지의 변화량과 같다.
③ 단열과정 중의 일은 0이 된다.
④ 외부로부터 받은 열량과 같다.

해설 단열과정(내부에너지 변화량)
내부에너지 변화량 $= C_v(T_2 - T_1)$,
$\dfrac{P_1 V_1 - P_2 V_2}{K-1}$ (절대일)

19 Carnot 냉동 사이클에서 응축기 온도가 50℃, 증발기 온도가 −20℃이면, 냉동기의 성능계수는 얼마인가?

① 5.26 ② 3.61
③ 2.65 ④ 1.26

해설 카르노 사이클, 성능계수$(COP) = \dfrac{T_2}{T_1 - T_2}$
$50 + 273 = 323K$, $-20 + 273 = 253K$
$\therefore COP = \dfrac{253}{323 - 253} = 3.61$

20 질량이 m이고, 한 변의 길이가 a인 정육면체의 밀도가 ρ이면, 질량이 $2m$이고 한 변의 길이가 $2a$인 정육면체의 밀도는?

① ρ ② $\dfrac{1}{2}\rho$
③ $\dfrac{1}{4}\rho$ ④ $\dfrac{1}{8}\rho$

해설 질량$= \dfrac{1m}{2m} = 0.5$, 길이$= \dfrac{1a}{2a} = 0.5$
$\therefore \rho = 0.5 \times 0.5 = 0.25 = \dfrac{1}{4}$

SECTION 02 냉동공학

21 다음 중 신재생에너지와 가장 거리가 먼 것은?

① 지열에너지 ② 태양에너지
③ 풍력에너지 ④ 원자력에너지

해설 원자력에너지는 에너지에서 법규상 제외된다.

22 전자밸브(Solenoid Valve) 설치 시 주의사항으로 틀린 것은?

① 코일 부분이 상부로 오도록 수직으로 설치한다.
② 전자밸브 직전에 스트레이너를 장치한다.
③ 배관 시 전자밸브에 과대한 하중이 걸리지 않아야 한다.
④ 전자밸브 본체의 유체 방향성에 무관하게 설치한다.

해설 전자밸브는 유체의 방향성에 맞게 본체를 설치한다.

솔레노이드밸브
(전자밸브)

23 냉동창고에 있어서 기둥, 바닥, 벽 등의 철근콘크리트 구조체 외벽에 단열시공을 하는 외부단열 방식에 대한 설명으로 틀린 것은?

① 시공이 용이하다.
② 단열의 내구성이 좋다.
③ 창고 내 벽면에서의 온도 차가 거의 없어 온도가 균일한 벽면을 이룬다.
④ 각층 각실이 구조체로 구획되고 구조체의 내측에 맞추어 각각 단열을 시공하는 방식이다.

해설 냉동창고의 외부단열은 구조체의 외측에 맞추어서 각각 단열을 시공하는 방식이다.

24 냉각관이 열관류율이 500W/m² · ℃이고, 대수평균온도차가 10℃일 때, 100kW의 냉동부하를 처리할 수 있는 냉각관의 면적은?

① 5m²
② 15m²
③ 20m²
④ 40m²

해설 $100 = 0.5 \times A \times 10$

냉각관 면적(A) $= \dfrac{100}{0.5 \times 10} = 20\text{m}^2$

※ 500W = 0.5kW

25 열펌프의 특징에 관한 설명으로 틀린 것은?

① 성적계수가 1보다 작다.
② 하나의 장치로 난방 및 냉방으로 사용할 수 있다.
③ 대기오염이 적고 설치공간을 절약할 수 있다.
④ 증발온도가 높고 응축온도가 낮을수록 성적계수가 커진다.

해설 열펌프(히트펌프)의 성적계수는 항상 1보다 크다.

26 다음 카르노 사이클의 P–V 선도를 T–S 선도로 바르게 나타낸 것은?

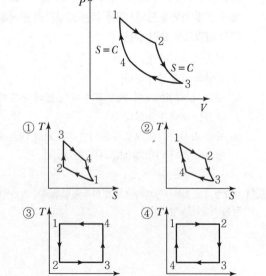

27 냉동장치에서 증발온도를 일정하게 하고 응축온도를 높일 때 나타나는 현상으로 옳은 것은?

① 성적계수 증가
② 압축일량 감소
③ 토출가스온도 감소
④ 플래시가스 발생량 증가

해설 카르노 사이클
같은 두 열원에서 자동되는 모든 가역사이클의 효율이 같다(열기관의 이상 사이클로서 최고의 열효율을 갖는다).
㉠ 1 → 2(등온팽창), ㉡ 2 → 3(단열팽창),
㉢ 3 → 4(등온압축), ㉣ 4 → 1(단열압축)
④의 T – S사이클 : 카르노 사이클

해설 증발온도 일정 → 응축온도 상승(플래시가스 발생량 증가) 시 나타나는 현상
㉠ 성적계수 감소
㉡ 압축일량 증가
㉢ 토출가스 온도 상승
㉣ 압축비 증가

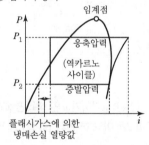

28 식품의 평균 초온이 0℃일 때 이것을 동결하여 온도중심점을 −15℃까지 내리는 데 걸리는 시간을 나타내는 것은?

① 유효동결시간
② 유효냉각시간
③ 공칭동결시간
④ 시간상수

해설 공칭동결시간
식품의 평균 초온도가 0℃에서 동결하여 온도중심점을 −15℃까지 내리는 데 드는 시간

29 압축기의 구조와 작용에 대한 설명으로 옳은 것은?

① 다기통 압축기의 실린더 상부에 안전두(Safety Head)가 있으면 액압축이 일어나도 실린더 내 압력의 과도한 상승을 막기 때문에 어떠한 액압축에도 압축기를 보호한다.

② 입형 암모니아 압축기는 실린더를 워터자켓에 의해 냉각하고 있는 것이 보통이다.

③ 압축기를 방진고무로 지지할 경우 시동 및 정지 때 진동이 적어 접속 연결배관에는 플렉시블 튜브 등을 설치할 필요가 없다.

④ 압축기를 용적식과 원심식으로 분류하면 왕복동 압축기는 용적식이고 스크루 압축기는 원심식이다.

해설 ㉠ 용적식인 스크루 압축기(숫로터, 암로터가 필요하다.)는 체크밸브가 필요하다.

㉡ 고속다기통압축기의 안전두는 액압축의 보호를 완벽하게 차단하지 못한다. 액압축에 약하여 안전밸브가 필요하다.

㉢ 압축기의 진동방지를 위해 플렉시블을 설치한다.

30 시간당 2,000kg의 30℃ 물을 −10℃의 얼음으로 만드는 능력을 가진 냉동장치가 있다. 조건이 아래와 같을 때, 이 냉동장치 압축기의 소요동력은?(단, 열손실은 무시한다.)

응축기 냉각수	입구온도	32℃
	출구온도	37℃
	유량	60m³/h
물의 비열		1kcal/kg · ℃
얼음	응고잠열	80kcal/kg
	비열	0.5kcal/kg · ℃

① 71kW
② 76kW
③ 78kW
④ 81kW

해설 ㉠ 물의 현열 $=2,000\times1\times(30-0)=6,000$kcal/h

㉡ 얼음의 응고열 $=2,000\times80=160,000$kcal/h

㉢ 얼음의 현열 $=2,000\times0.5\times(0-(-10)$
      $=10,000$kcal/h

㉣ 응축부하 $=60\times10^3\times(37-32)=300,000$kcal/h

∴ 압축기 소요동력
$$=\frac{300,000-(60,000+160,000+10,000)}{860}=81\text{kW}$$

※ 1kW−h=860kcal

31 냉매의 구비조건으로 틀린 것은?

① 임계온도가 낮을 것
② 응고점이 낮을 것
③ 액체비열이 작을 것
④ 비열비가 작을 것

해설 냉매는 임계온도가 높아서 반드시 0℃ 이하가 아닌 상온에서 액화가 되어야 한다.

32 팽창밸브 중에서 과열도를 검출하여 냉매유량을 제어하는 것은?

① 정압식 자동팽창밸브
② 수동팽창밸브
③ 온도식 자동팽창밸브
④ 모세관

해설 온도식 자동팽창밸브

과열도(흡입냉매가스 온도−증발온도)를 검출하여 냉매유량을 조절하는 팽창밸브이다. 감온통은 증발기 출구 수평관에 설치하여 과열도를 검출한다.

33 R−22를 사용하는 냉동장치에 R−134a를 사용하려할 때, 다음 장치의 운전 시 유의사항으로 틀린 것은?

① 냉매의 능력이 변하므로 전동기 용량이 충분한지 확인한다.

② 응축기, 증발기 용량이 충분한지 확인한다.

③ 가스켓, 시일 등의 패킹 선정에 유의해야 한다.

④ 동일 탄화수소계 냉매이므로 그대로 운전할 수 있다.

해설 R−134a 냉매는 프레온 냉매 R−12의 대체냉매이다.

HFC−134a=CH₃FCF₃이다.

34 흡수식 냉동장치에 관한 설명으로 틀린 것은?

① 흡수식 냉동장치는 냉매가스가 용매에 용해하는 비율이 온도, 압력에 따라 현저하게 다른 것을 이용한 것이다.

② 흡수식 냉동장치는 기계압축식과 마찬가지로 증발기와 응축기를 가지고 있다.

③ 흡수식 냉동장치는 기계적인 일 대신에 열에너지를 사용하는 것이다.

④ 흡수식 냉동장치는 흡수기, 압축기, 응축기 및 증발기인 4개의 열교환기로 구성되어 있다.

해설 흡수식 냉동장치 구성요소

흡수기, 증발기, 재생기, 응축기, 열 교환기 등으로 구성된다.

35 펠티에(Feltier) 효과를 이용하는 냉동방법에 대한 설명으로 틀린 것은?

① 펠티에 효과를 냉동에 이용한 것이 전자냉동 또는 열전기식 냉동법이다.

② 펠티에 효과를 냉동법으로 실용화에 어려운 점이 많았으나 반도체 기술이 발달하면서 실용화되었다.

③ 이 냉동방법을 이용한 것으로는 휴대용 냉장고, 가정용 특수냉장고, 물 냉각기, 핵 잠수함 내의 냉난방장치이다.

④ 증기 압축식 냉동장치와 마찬가지로 압축기, 응축기, 증발기 등을 이용한 것이다.

해설 펠티에 냉동기(전자 냉동기)

냉동용 열전반도체(비스무트 텔루륨, 안티몬 텔루륨, 비스무트 셀렌 등)를 이용하는 냉동기이다. 성질이 다른 두 금속을 접속하여 직류전기가 통하면 접합부에서 열의 방출과 흡수가 일어나는 것을 이용하는 냉동기이다.

36 증발압력이 너무 낮은 원인으로 가장 거리가 먼 것은?

① 냉매가 과다하다.

② 팽창밸브가 너무 조여 있다.

③ 팽창밸브에 스케일이 쌓여 빙결하고 있다.

④ 증발압력 조절밸브의 조정이 불량하다.

해설 냉매순환량이 감소하면 소요동력이 증대하고 증발압력이 저하한다. 즉, 냉매충전량이 부족하면 증발압력이 저하한다.

37 가로 및 세로가 각 2m이고, 두께가 20cm, 열전도율이 0.2W/m · ℃인 벽체로부터의 열통과량은 50W이었다. 한쪽 벽면의 온도가 30℃일 때 반대쪽 벽면의 온도는?

① 87.5℃

② 62.5℃

③ 50.5℃

④ 42.5℃

해설 (고체벽) $50 = \dfrac{0.2 \times (2 \times 2) \times (t_1 - 30)}{0.2m}$

$t_1 = 30 + \dfrac{(50 \times 0.2m)}{0.2 \times (2 \times 2)} = 42.5℃$

38 냉각수 입구온도 30℃, 냉각수량 1,000L/min이고, 응축기의 전열면적이 8m², 총괄열전달계수 6,000 kcal/m² · h · ℃일 때 대수평균온도차 6.5℃로 하면 냉각수 출구온도는?

① 26.7℃

② 30.9℃

③ 32.6℃

④ 35.2℃

해설 응축기의 냉각수 현열 출구온도$(t_1) = \dfrac{6,000 \times 8 \times 6.5}{1,000 \times 60 \times 1} + 30$

$= 35.2℃$

1시간=60min, 물의 비열=1kcal/m² · h · ℃

39 다음 액체냉각용 증발기와 가장 거리가 먼 것은?

① 만액식 셸앤튜브식

② 핀 코일식 증발기

③ 건식 셸앤튜브식

④ 보데로 증발기

해설 핀 튜브식(핀 코일식) 증발기는 나관에 핀(Fin)을 부착하여 소형냉장고, 쇼케이스, 에어콘 등에 사용된다(공기냉각용 증발기이다).

40 윤활유의 구비조건으로 틀린 것은?

① 저온에서 왁스가 분리될 것

② 전기 절연내력이 클 것

③ 응고점이 낮을 것

④ 인화점이 높을 것

해설 윤활유는 산에 대한 안전성이 좋고 왁스성분이 없을 것

SECTION 03 공기조화

41 유인 유닛 방식에 관한 설명으로 틀린 것은?

① 각 실 제어를 쉽게 할 수 있다.
② 유닛에는 가동부분이 없어 수명이 길다.
③ 덕트 스페이스를 작게 할 수 있다.
④ 송풍량이 비교적 커 외기냉방 효과가 크다.

해설 유인비$\left(\dfrac{1, 2차\ 합계\ 공기}{1차\ 공기}\right)$, IDU 유인유닛 방식은 외기 냉방 효과가 적다(1차 공기 : 외기, 2차 공기 : 실내 공기, 합계공기 : 1, 2차 혼합공기).

42 덕트 내의 풍속이 8m/s이고 정압이 200Pa일 때, 전압은?(단, 공기밀도는 1.2kg/m³이다.)

① 219.3Pa
② 218.4Pa
③ 239.3Pa
④ 238.4Pa

해설 전압=동압+정압

$동압 = \dfrac{V^2}{2g} \cdot r = \dfrac{8^2}{2 \times 9.8} \times 1.2 = 3.918 \text{kg/m}^2$
$= 3.918 \text{mmAq}$

$\dfrac{3.918}{10^4} \times 98,070 \text{Pa} = 38.4 \text{Pa}$

∴ 전압$=200+38.4=238.4$Pa
$1\text{m}^2=10^4\text{cm}^2$
$1\text{atm}=101,325$Pa
$1\text{at}=98,070$Pa

43 다음 중 전공기방식이 아닌 것은?

① 이중 덕트 방식
② 단일 덕트 방식
③ 멀티존 유닛 방식
④ 유인 유닛 방식

해설 유인 유닛 방식 : 공기-수 방식(중앙 공조기)

44 습공기의 상태 변화에 관한 설명으로 틀린 것은?

① 습공기를 냉각하면 건구온도와 습구온도가 감소한다.
② 습공기를 냉각·가습하면 상대습도와 절대습도가 증가한다.
③ 습공기를 등온감습하면 노점온도와 비체적이 감소한다.
④ 습공기를 가열하면 습구온도와 상대습도가 증가한다.

해설 습공기를 가열하면
㉠ 습구온도 증가
㉡ 상대습도 감소

45 온수난방에서 온수의 순환방식과 가장 거리가 먼 것은?

① 중력순환방식
② 강제순환방식
③ 역귀환방식
④ 진공환수방식

해설 진공환수식 : 증기난방법(대규모 난방)
(배관 내 압력 : 100~250mmHg 진공압)

46 공기정화를 위해 설치한 프리필터 효율을 η_p, 메인필터 효율을 η_m이라 할 때 종합효율을 바르게 나타낸 것은?

① $\eta_T = 1-(1-\eta_p)(1-\eta_m)$
② $\eta_T = 1-(1-\eta_p)/(1-\eta_m)$
③ $\eta_T = 1-(1-\eta_p) \cdot \eta_m$
④ $\eta_T = 1-\eta_p \cdot (1-\eta_m)$

해설 필터종합효율(η_T)
$=1-(1-프리필터\ 효율)(1-메인필터\ 효율)$
$=1-(1-\eta_p)(1-\eta_m)$

47 정풍량 단일덕트 방식에 관한 설명으로 옳은 것은?

① 실내부하가 감소될 경우에 송풍량을 줄여도 실내 공기의 오염이 적다.

② 가변풍량방식에 비하여 송풍기 동력이 커져서 에너지 소비가 증대한다.

③ 각 실이나 존의 부하변동이 서로 다른 건물에서도 온·습도의 불균형이 생기지 않는다.

④ 송풍량과 환기량을 크게 계획할 수 없으며, 외기 도입이 어려워 외기냉방을 할 수 없다.

....

해설 변풍량(VAV) 방식은 송풍기 동력이 적고 정풍량 방식(단일 덕트 방식)은 가변풍량방식에 비하여 송풍기 동력이 커져서 에너지 소비가 증대한다.

48 다음 중 정압의 상승분을 다음 구간 덕트의 압력손실에 이용하도록 한 덕트 설계법은?

① 정압법   ② 등속법

③ 등온법   ④ 정압 재취득법

....

해설 정압 재취득법 덕트

정압의 상승분을 다음 구간의 덕트 압력 손실에 이용하도록 한 덕트 설계법이다.

49 아래 습공기 선도에 나타낸 과정과 일치하는 장치도는?

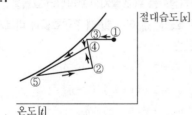

①

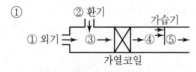

②

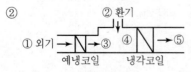

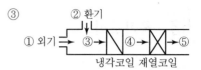

③

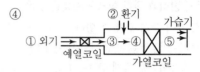

④

....

해설 ① : 외기

② : 환기

③ : 혼합공기

④ : 예냉 혼합공기

⑤ : 냉각공기

50 보일러의 집진장치 중 사이클론 집진기에 대한 설명으로 옳은 것은?

① 연료유에 적정량의 물을 첨가하여 연소시킴으로써 완전연소를 촉진시키는 방법

② 배기가스에 분무수를 접촉시켜 공해물질을 흡수, 용해, 응축작용에 의해 제거하는 방법

③ 연소가스에 고압의 직류전기를 방전하여 가스를 이온화시켜 가스 중 미립자를 집진시키는 방법

④ 배기가스를 동심원통의 접선방향으로 선회시켜 입자를 원심력에 의해 분리배출하는 방법

....

해설 사이클론 집진기(원심식 집진기)는 배기가스를 동심원통의 접선방향으로 선회시켜 입자를 원심력에 의해 분리배출하는 방식

51 송풍기의 회전수가 1,500rpm인 송풍기의 압력이 300Pa이다. 송풍기 회전수를 2,000rpm으로 변경할 경우 송풍기 압력은?

① 423.3Pa   ② 533.3Pa

③ 623.5Pa   ④ 713.3Pa

....

해설 회전수 증가 압력 = (회전수)^2

$$\therefore 300 \times \left(\frac{2,000}{1,500}\right)^2 = 533.3\text{Pa}$$

52 환기 종류와 방법에 대한 연결로 틀린 것은?

① 제1종 환기 : 급기팬(급기기)과 배기팬(배기기)의 조합

② 제2종 환기 : 급기팬(급기기)과 강제배기팬(배기기)의 조합

③ 제3종 환기 : 자연급기와 배기팬(배기기)의 조합

④ 자연환기(중력환기) : 자연급기와 자연배기의 조합

> **해설** 제2종 환기 : 급기팬과 자연배기의 조합

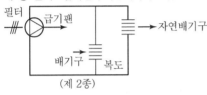

(제 2종)

53 다음 공조방식 중 냉매방식이 아닌 것은?

① 패키지 방식　　　② 팬코일 유닛 방식

③ 룸 쿨러 방식　　　④ 멀티유닛 방식

> **해설** 팬코일 유닛 방식 : 전수(全水) 방식(중앙식)

54 두께 20mm, 열전도율 40W/m·K인 강판에 전달되는 두 면의 온도가 각각 200℃, 50℃일 때, 전열면 1m²당 전달되는 열량은?

① 125kW　　　② 200kW

③ 300kW　　　④ 420kW

> **해설** 20mm＝0.02m
>
> 전열량$(Q) = \lambda \times \dfrac{A \times \Delta t}{b} = 40 \times \dfrac{1 \times (200 - 50)}{0.02}$
>
> $= 300,000 \text{W}(300 \text{kW})$

55 온수의 물을 에어워셔 내에서 분무시킬 때 공기의 상태 변화는?

① 절대습도 강하　　　② 건구온도 상승

③ 건구온도 강하　　　④ 습구온도 일정

> **해설** 온수물을 에어워셔(세정기) 내에서 분무시키면 건구온도가 강하된다.

56 보일러의 수위를 제어하는 주된 목적으로 가장 적절한 것은?

① 보일러의 급수장치가 동결되지 않도록 하기 위하여

② 보일러의 연료공급이 잘 이루어지도록 하기 위하여

③ 보일러가 과열로 인해 손상되지 않도록 하기 위하여

④ 보일러에서의 출력을 부하에 따라 조절하기 위하여

> **해설** 보일러 수위 제어 목적
>
> 보일러가 과열로 인해 저수위 사고(또는 고수위 사고)를 방지하고 손상되지 않게 한다.

57 온수난방에 대한 설명으로 틀린 것은?

① 온수의 체적팽창을 고려하여 팽창탱크를 설치한다.

② 보일러가 정지하여도 실내온도의 급격한 강하가 적다.

③ 밀폐식일 경우 배관의 부식이 많아 수명이 짧다.

④ 방열기에 공급되는 온수 온도와 유량 조절이 용이하다.

> **해설** 밀폐식은 고온수 난방이며 공기(에어)가 배제되어 부식이 경감되어 보일러 수명이 길어진다.

58 온도 32℃, 상대습도 60%인 습공기 150kg과 온도 15℃, 상대습도 80%인 습공기 50kg를 혼합했을 때 혼합공기의 상태를 나타낸 것으로 옳은 것은?

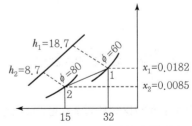

① 온도 20.15℃, 절대습도 0.0158인 공기

② 온도 20.15℃, 절대습도 0.0134인 공기

③ 온도 27.75℃, 절대습도 0.0134인 공기

④ 온도 27.75℃, 절대습도 0.0158인 공기

해설 ㉠ 절대습도$(x) = \dfrac{150 \times 0.0182 + 50 \times 0.0085}{150 + 50}$

$= 0.0158 \text{kg/kg}'$

㉡ 혼합공기 온도$(t_m) = \dfrac{150 \times 32 + 50 \times 15}{150 + 50} = 27.75 ℃$

59 공기냉각용 냉수코일의 설계 시 주의사항으로 틀린 것은?

① 코일을 통과하는 공기의 풍속은 2~3m/s로 한다.
② 코일 내 물의 속도는 5m/s 이상으로 한다.
③ 물과 공기의 흐름방향은 역류가 되게 한다.
④ 코일의 설치는 관이 수평으로 놓이게 한다.

해설 코일 내 물의 유속은 1.0m/s 전후가 이상적이다.

60 습공기의 습도 표시방법에 대한 설명으로 틀린 것은?

① 절대습도는 건공기 중에 포함된 수증기량을 나타낸다.
② 수증기분압은 절대습도에 반비례 관계가 있다.
③ 상대습도는 습공기의 수증기 분압과 포화공기의 수증기 분압과의 비로 나타낸다.
④ 비교습도는 습공기의 절대습도와 포화공기의 절대습도와의 비로 나타낸다.

해설 ㉠ 수증기 분압은 절대습도에 비례한다.
㉡ 절대습도란 습공기 중에서 수증기의 중량(kg)을 건조공기의 중량(kg')으로 나눈 값이다.

절대습도$(x) = 0.622 \times \dfrac{\text{수증기 분압}}{\text{대기압 - 수증기 분압}} (\text{kg/kg}')$

SECTION 04 전기제어공학

61 다음의 제어기기에서 압력을 변위로 변환하는 변환요소가 아닌 것은?

① 스프링
② 벨로우즈
③ 다이어프램
④ 노즐플래퍼

해설 노즐플래퍼 : 변위 → 압력으로 변화

62 주파수 응답에 필요한 입력은?

① 계단 입력
② 램프 입력
③ 임펄스 입력
④ 정현파 입력

해설 주파수
음파, 기계진동, 전기진동 등과 같이 단위시간에 같은 현상이 반복되는 횟수이며 주파수 응답에 필요한 입력은 정현파 입력이다(정현파=사인파=시간 혹은 공간의 선형 함수의 정현함수로서 나타내는 파, $A\sin(\omega t - \beta x)$).

63 변압기 절연내력시험이 아닌 것은?

① 가압시험
② 유도시험
③ 절연저항시험
④ 충격전압시험

해설 절연저항
절연물에 직류전압을 가하면 아주 미소한 전류가 흐른다. 이때의 전압과 전류의 비로 구한 저항

64 자기장의 세기에 대한 설명으로 틀린 것은?

① 단위 길이당 기자력과 같다.
② 수직단면의 자력선 밀도와 같다.
③ 단위자극에 작용하는 힘과 같다.
④ 자속밀도에 투자율을 곱한 것과 같다.

해설 자기장
자석이나 전류 또는 시간에 따라 변화하는 전기장에 의해 그 주위에 자기력이 작용하는 공간이 생기는데 그 공간을 자기장(Magnetic Field)이라고 한다(그 크기는 자기장(H) 또는 자기장(B) : 자속밀도로 나타낸다).
㉠ 자속밀도 : 자속의 방향에 수직 1m^2를 통과하는 자속수 (Wb/m^2)
㉡ 투자율 : 자성체의 자속밀도(B)와 H의 비, 즉 $\mu : \dfrac{B}{H}$

65 변압기유로 사용되는 절연유에 요구되는 특성으로 틀린 것은?

① 점도가 클 것
② 인화점이 높을 것
③ 응고점이 낮을 것
④ 절연내력이 클 것

해설 절연유

천연광유와 합성유가 있으며 함침하여 절연을 강화할 목적으로 사용된다. 전자기기용 절연유는 고전압에 사용되는 일이 드물며 고주파에서의 비유전율이나 유전 탄젠트에 대한 특성은 중요하다.

66 200V, 2kW 전열기에서 전열선의 길이를 $\frac{1}{2}$ 로 할 경우 소비전력은 몇 kW인가?

① 1   ② 2

③ 3   ④ 4

해설 전력$(P) = VI = I^2R = \dfrac{V^2}{R}$(W)

소비전력 $= 2 \times \dfrac{2}{1} = 4$kW

67 배율기(Multiplier)의 설명으로 틀린 것은?

① 전압계와 병렬로 접속한다.

② 전압계의 측정범위가 확대된다.

③ 저항에 생기는 전압강하원리를 이용한다.

④ 배율기의 저항은 전압계 내부저항보다 크다.

해설 배율기

전압계의 측정범위를 확대하기 위해 전압계에 직렬로 접속하여 사용하는 저항기

68 유도전동기를 유도발전기로 동작시켜 그 발생 전력을 전원으로 변환하여 제동하는 유도전동기 제동방식은?

① 발전제동   ② 역상제동

③ 단상제동   ④ 회생제동

해설 회생제동

전기적인 제동법으로 전동기가 갖는 운동에너지를 전기에너지로 변환하고 이것을 전원으로 되돌려 보내어 전동기의 제동을 하는 방법

69 그림과 같은 논리회로의 출력 X_0에 해당하는 것은?

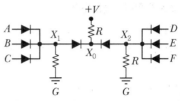

① $(ABC) + (DEF)$

② $(ABC) + (D + E + F)$

③ $(A + B + C)(D + E + F)$

④ $(A + B + C) + (D + E + F)$

해설 출력$(X_0) = (A + B + C) + (D + E + F)$

70 전압은 V, 전류를 I, 저항을 R, 그리고 도체의 비저항을 ρ라 할 때 옴의 법칙을 나타낸 식은?

① $V = \dfrac{R}{I}$ ② $V = \dfrac{I}{R}$

③ $V = IR$ ④ $V = IR\rho$

해설 옴의 법칙

저항에 흐르는 전류의 크기는 저항에 인가한 전압에 비례하고 전기저항에 반비례한다.

$\therefore V = IR$(V)

※ 전압 : 전류를 흐르게 하는 전기적인 에너지 차이(전기적인 압력차)

전압$(V) = \dfrac{W}{Q}$(V)

71 SCR에 관한 설명 중 틀린 것은?

① PNPN 소자이다.

② 스위칭 소자이다.

③ 양방향성 사이리스터이다.

④ 직류나 교류의 전력제어용으로 사용된다.

해설 사이리스터(Thyristor)

PNPN 접합의 4층 구조반도체이다. 일반적으로 SCR이라고 불리는 역저지 3단자 사이리스터이다. 실리콘 제어 정류 소자이다.

SCR 기호 :

SCR(단방향성 역저지 소자)

72 동작신호에 따라 제어 대상을 제어하기 위하여 조작량으로 변환하는 장치는?

① 제어요소   ② 외란요소
③ 피드백요소   ④ 기준입력요소

해설 제어요소(조절기 + 조작기)
자동제어 동작신호에 따라 제어 대상을 제어하기 위하여 조작량으로 변환하는 장치이다.

73 역률 0.85, 전류 50A, 유효전력 28kW인 3상 평형 부하의 전압은 약 몇 V인가?

① 300   ② 380
③ 476   ④ 660

해설 역률
부하에 공급되는 피상전력(VA) 중에서 어느 정도가 실제의 전력으로 유효하게 작용하는가의 비율
$$\left(\cos\theta = \frac{P}{VI} = \frac{유효전력}{피상전력}\right)$$
$$50A = \frac{P}{\sqrt{3}\,V\cos\theta} = \frac{28\times10^3}{\sqrt{3}\cdot V\times0.85} = 50$$
$$전압(V) = \frac{28\times10^3}{\sqrt{3}\cdot50\times0.85} = 380V$$

74 제어기의 설명 중 틀린 것은?

① P 제어기 : 잔류편차 발생
② I 제어기 : 잔류편차 소멸
③ D 제어기 : 오차예측 제어
④ PD 제어기 : 응답속도 지연

해설 ㉠ PD 제어기 : 속응성을 개선한다.
    ㉡ PD 동작 : 자동제어계에서 제어편차의 양과 그 시간 변화량을 일정한 율로 가한 제어동작 t_1의 시간만으로도 충분하고 신속하게 제어가 가능하다.

75 $G(j\omega) = e^{-j\omega0.4}$일 때 $\omega = 2.5$rad/sec에서의 위상각은 약 몇 도인가?

① 28.6   ② 42.9
③ 57.3   ④ 71.5

해설 위상각
정현파의 시간적 변화를 나타내는 데 그림과 같이 시간의 기점을 정했을 때 ϕ로 나타내는 각도
(rad가 단위)
(정현파 $v = V_n\sin(\omega t + \phi)$)

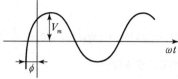

$$\left\{\omega = \frac{\theta}{T}(\text{rad/sec})\right\}$$

전기회로를 다룰 때에는 1회전한 각도를 2π(Radian, 단위 rad)로 표기한다. 즉 $2\pi = 360°$이다. $90° = \frac{\pi}{2}$이다. 1rad $= 180°$, 1rad $= \frac{180}{\pi} = 57.3°$, 각속도$(\omega) = 2\pi f$(rad/sec),
주파수$(f) = \frac{\omega}{2\pi}$(Hz)

76 그림의 블록 선도에서 C(s)/R(s)를 구하면?

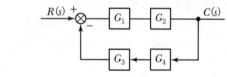

① $\dfrac{G_1G_2}{1+G_1G_2G_3G_4}$ ② $\dfrac{G_3G_4}{1+G_1G_2G_3G_4}$

③ $\dfrac{G_1+G_2}{1+G_1G_2+G_3G_4}$ ④ $\dfrac{G_1G_2}{1+G_1G_2+G_3G_4}$

해설 $\{(R)-(G_3G_4)\}G_1G_2 = C$
$RG_1G_2 - CG_1G_2G_3H_4 = C$
$RG_1G_2 = C(1+G_1G_2G_3G_4)$
$\therefore\ G(s) = \dfrac{C}{R} = \dfrac{G_1G_2}{1+G_1G_2G_3G_4}$

77 역률에 관한 다음 설명 중 틀린 것은?

① 역률은 $\sqrt{1-(무효율)^2}$로 계산할 수 있다.
② 역률을 이용하여 교류전력의 효율을 알 수 있다.
③ 역률이 클수록 유효전력보다 무효전력이 커진다.
④ 교류회로의 전압과 전류의 위상차에 코사인(cos)을 취한 값이다.

해설 역률(Power Factor) : 역률이 크면 무효전력보다 유효전력이 크다.

$$역률(P \cdot f) = \cos\theta = \left(\frac{유효전력}{피상전력}\right) = \frac{P}{P_a}$$

θ(전압과 전류의 위상차)

78 PLC(Programmable Logic Controller)의 출력부에 설치하는 것이 아닌 것은?

① 전자개폐기
② 열동계전기
③ 시그널램프
④ 솔레노이드밸브

해설 열동계전기

전류의 발열작용을 이용한 시한 계전기. 가열코일에 전류를 흘림으로써 바이메탈이 동작하여 통전 후의 일정시간이 얻어지지만 일단 동작하면 원상태로 복귀하는 데 시간이 걸리는 Thermal Relay이다.

79 자동제어계의 출력신호를 무엇이라 하는가?

① 조작량
② 목표값
③ 제어량
④ 동작신호

해설 자동제어 출력신호 : 제어량

80 유도전동기의 속도제어 방법이 아닌 것은?

① 극수변환법
② 역률제어법
③ 2차 여자제어법
④ 전원전압제어법

해설 유도전동기 속도제어법

㉠ 주파수 제어법
㉡ 1차 전압제어법
㉢ 2차 저항제어법
㉣ 극수 변환에 의한 속도제어법
㉤ 2차 여자제어법
㉥ 전원전압제어법

SECTION 05 배관일반

81 배관에서 금속의 산화부식 방지법 중 칼로라이징(Calorizing)법이란?

① 크롬(Cr)을 분말상태로 배관 외부에 침투시키는 방법
② 규소(Si)를 분말상태로 배관 외부에 침투시키는 방법
③ 알루미늄(Al)을 분말상태로 배관 외부에 침투시키는 방법
④ 구리(Cu)를 분말상태로 배관 외부에 침투시키는 방법

해설 칼로라이징법

배관에서 금속의 산화부식을 방지하기 위하여 알루미늄을 배관 외부에 침투시키는 방법이다.

82 고압 배관용 탄소 강관에 대한 설명으로 틀린 것은?

① 9.8MPa 이상에 사용하는 고압용 강관이다.
② KS 규격기호로 SPPH라고 표시한다.
③ 치수는 호칭지름×호칭두께(Sch No)×바깥지름으로 표시하며, 림드강을 사용하여 만든다.
④ 350℃ 이하에서 내연기관용 연료분사관, 화학공업의 고압배관용으로 사용된다.

해설 고압배관용 탄소강 강관(SPPH)

350℃ 이하에서 10MPa 이상 고압에서 사용하는 관이다. 킬드강으로 이음매 없이 제조한다.

83 강관의 용접 접합법으로 적합하지 않은 것은?

① 맞대기용접
② 슬리브 용접
③ 플랜지 용접
④ 플라스턴 용접

해설 플라스턴 용접

연관의 이음방법이다(주석과 납의 합금인 플라스턴에 의한 이음).

84 급수방식 중 압력탱크 방식의 특징으로 틀린 것은?

① 높은 곳에 탱크를 설치할 필요가 없으므로 건축물의 구조를 강화할 필요가 없다.

② 탱크의 설치위치에 제한을 받지 않는다.

③ 조작상 최고, 최저의 압력차가 없으므로 급수압이 일정하다.

④ 옥상탱크에 비해 펌프의 양정이 길어야 하므로 시설비가 많이 든다.

해설 **압력탱크 급수방식**

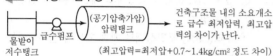

건축구조물 내의 소요개소로 급수 최저압력, 최고압력의 차이가 난다.

(최고압력=최저압+0.7~1.4kg/cm² 정도 차이)

85 급탕배관 시 주의사항으로 틀린 것은?

① 구배는 중력순환식인 경우 $\frac{1}{150}$, 강제순환식에서는 $\frac{1}{200}$로 한다.

② 배관의 굽힘 부분에는 스위블 이음으로 접합한다.

③ 상향배관인 경우 급탕관은 하향구배로 한다.

④ 플랜지에 사용되는 패킹은 내열성 재료를 사용한다.

해설 ㉠ 상향식 : 유수방향이 상향이다(급탕관은 선상향 구배로 한다. 다만, 복귀관은 선하향 구배로 한다).
㉡ 하향식 : 급탕관, 복귀관 모두 선하향 구배로 한다.

86 가스사용시설의 배관설비 기준에 대한 설명으로 틀린 것은?

① 배관의 재료와 두께는 사용하는 도시가스의 종류, 온도, 압력에 적절한 것일 것

② 배관을 지하에 매설하는 경우에는 지면으로부터 0.6m 이상의 거리를 유지할 것

③ 배관은 누출된 도시가스가 체류되지 않고 부식의 우려가 없도록 안전하게 설치할 것

④ 배관은 움직이지 않도록 고정하되 호칭지름이 13mm 미만의 것에는 2m마다, 33mm 이상의 것에는 5m마다 고정장치를 할 것

해설 ㉠ 13mm 미만 : 1m마다 고정
㉡ 13mm 이상~33mm 미만 : 2m마다 고정
㉢ 33mm 이상 : 3m마다 고정

87 통기관의 종류에서 최상부의 배수 수평관이 배수 수직관에 접속된 위치보다도 더욱 위로 배수 수직관을 끌어 올려 대기 중에 개구하여 사용하는 통기관은?

① 각개 통기관   ② 루프 통기관
③ 신정 통기관   ④ 도피 통기관

해설 **신정 통기관**
배수 수직관에서 대기 중에 개구하여 통기하는 관(1관식 통기관이다.)이며 2관식 통기관은 각개 통기식, 환기 통기식이 있다.

88 통기관의 설치 목적으로 가장 적절한 것은?

① 배수의 유속을 조절한다.

② 배수 트랩의 봉수를 보호한다.

③ 배수관 내의 진공을 완화한다.

④ 배수관 내의 청결도를 유지한다.

해설
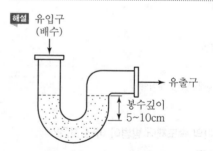

89 염화비닐관의 특징에 관한 설명으로 틀린 것은?

① 내식성이 우수하다.

② 열팽창률이 작다.

③ 가공성이 우수하다.

④ 가볍고 관의 마찰저항이 적다.

해설 염화비닐관(합성수지 비금속관)은 경질염화비닐관 폴리에틸렌관 등이 있다. 열팽창률이 강관에 비해 7~8배가 되어서 온도변화 시 신축이 심하다.

90 밀폐 배관계에서는 압력계획이 필요하다. 압력계획을 하는 이유로 가장 거리가 먼 것은?

① 운전 중 배관계 내에 대기압보다 낮은 개소가 있으면 접속부에서 공기를 흡입할 우려가 있기 때문에

② 운전 중 수온에 알맞은 최소압력 이상으로 유지하지 않으면 순환수 비등이나 플래시 현상 발생우려가 있기 때문에

③ 수온의 변화에 의한 체적의 팽창·수축으로 배관 각부에 악영향을 미치기 때문에

④ 펌프의 운전으로 배관계 각 부의 압력이 감소하므로 수격작용, 공기정체 등의 문제가 생기기 때문에

해설 펌프의 운전 시 배관계 각 부의 밀폐된 곳은 압력이 감소가 아닌 오히려 압력이 14배나 증가하여 수격작용이 발생한다.

91 온수난방 설비의 온수배관 시공법에 관한 설명으로 틀린 것은?

① 공기가 고일 염려가 있는 곳에는 공기 배출을 고려한다.

② 수평배관에서 관의 지름을 바꿀 때에는 편심레듀서를 사용한다.

③ 배관재료는 내열성을 고려한다.

④ 팽창관에는 슬루스 밸브를 설치한다.

해설 팽창관에서는 어떠한 밸브도 설치하지 않는다.

92 강관작업에서 아래 그림처럼 15A 나사용 90° 엘보 2개를 사용하여 길이가 200mm가 되게 연결작업을 하려고 한다. 이때 실체 15A 강관의 길이는?(단, a : 나사가 물리는 최소길이는 11mm, A : 이음쇠의 중심에서 단면까지의 길이는 27mm로 한다.)

실제 강관길이
200mm

① 142mm   ② 158mm
③ 168mm   ④ 176mm

해설 ℓ(절단길이)$=L-2(A-a)=200-2(27-11)=168$mm

93 60℃의 물 200L와 15℃의 물 100L를 혼합하였을 때 최종온도는?

① 35℃
② 40℃
③ 45℃
④ 50℃

해설 60℃의 물 현열량$=200L\times1kcal/kg℃\times(60-0)℃$
$=12,000kcal$
15℃의 물 현열량$=100L\times1kcal/kg℃\times(15-0)℃$
$=1,500kcal$
∴ 혼합물의 온도$=\dfrac{12,000+1,500}{200+100}=45$℃

94 동관작업용 사이징 툴(Sizing Tool) 공구에 관한 설명으로 옳은 것은?

① 동관의 확관용 공구

② 동관의 끝부분을 원형으로 정형하는 공구

③ 동관의 끝을 나팔형으로 만드는 공구

④ 동관 절단 후 생긴 거스러미를 제거하는 공구

해설 사이징 툴
동관 절단 후 끝부분을 원형으로 정형하는 공구이다.

95 일반적으로 배관계의 지지에 필요한 조건으로 틀린 것은?

① 관과 관내 유체 및 그 부속장치, 단열피복 등의 합계중량을 지지하는 데 충분해야 한다.

② 온도변화에 의한 관의 신축에 대하여 적응할 수 있어야 한다.

③ 수격현상 또는 외부에서의 진동, 동요에 대해서 견고하게 대응할 수 있어야 한다.

④ 배관계의 소음이나 진동에 의한 영향을 다른 배관계에 전달하여야 한다.

해설 배관계의 소음이나 진동에 의한 영향을 다른 배관으로 전달하지 않도록 하여야 한다.

96 동관의 외경 산출공식으로 바르게 표시된 것은?

① 외경＝호칭경(인치)＋1/8(인치)

② 외경＝호칭경(인치)×25.4

③ 외경＝호칭경(인치)＋1/4(인치)

④ 외경＝호칭경(인치)×3/4＋1/8(인치)

해설 동관의 외경(D)＝호칭경(인치)＋$\frac{1}{8}$(인치)

97 냉매배관 시 주의사항으로 틀린 것은?

① 굽힘부의 굽힘반경을 작게 한다.

② 배관 속에 기름이 고이지 않도록 한다.

③ 배관에 큰 응력 발생의 염려가 있는 곳에는 루프형 배관을 해 준다.

④ 다른 배관과 달라서 벽 관통 시에는 슬리브를 사용하여 보온 피복한다.

해설 배관에서 굽힘부의 반경은 항상 넉넉하게 한다.

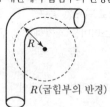

R(굽힘부의 반경)

98 급탕배관 시공에 관한 설명으로 틀린 것은?

① 배관이 굽힘 부분에는 벨로즈 이음을 한다.

② 하향식 급탕주관의 최상부에는 공기빼기 장치를 설치한다.

③ 팽창관의 관경은 겨울철 동결을 고려하여 25A 이상으로 한다.

④ 단관식 급탕배관 방식에는 상향배관, 하향배관 방식이 있다.

해설 급탕배관에서 배관의 굽힘 또는 수직부에서는 신축이음으로 스위블 이음으로(0℃에서 80℃ 온탕을 공급하면 강관 1m에 대하여 약 1mm가 늘어난다. 하여 신축이음에서 스위블 이음을 설치한다.)

※ 1m×0.012mm/m℃(80−0)℃＝0.96≒1mm 팽창

99 지역난방의 특징에 관한 설명으로 틀린 것은?

① 대기 오염물질이 증가한다.

② 도시의 방재수준 향상이 가능하다.

③ 사용자에게는 화재에 대한 우려가 적다.

④ 대규모 열원기기를 이용한 에너지의 효율적 이용이 가능하다.

해설 지역난방은 신도시 전체에서 굴뚝 1~2개만 설치하고 건물이나 아파트 등 개별단지에는 보일러 등이 설치되지 않고 열병합발전을 하므로 대기오염 물질이 감소한다.

100 배수트랩의 봉수파괴 원인 중 트랩 출구 수직배관부에 머리카락이나 실 등이 걸려서 봉수가 파괴되는 현상과 관련된 작용은?

① 사이펀작용   ② 모세관작용

③ 흡인작용   ④ 토출작용

해설 모세관작용(트랩의 봉수가 파괴되는 원인)
트랩의 출구에 솜이나 천조각, 머리카락 등이 걸렸을 경우 모세관 현상에 의해 트랩의 봉수를 깨뜨리게 된다.

SECTION 01 기계열역학

01 단열된 가스터빈의 입구 측에서 가스가 압력 2MPa, 온도 1,200K로 유입되어 출구 측에서 압력 100kPa, 온도 600K로 유출된다. 5MW의 출력을 얻기 위한 가스의 질량유량은 약 몇 kg/s인가?(단, 터빈의 효율은 100%이고, 가스의 정압비열은 1.12kJ/(kg·K)이다.)

① 6.44　　　　　② 7.44
③ 8.44　　　　　④ 9.44

해설 $5MW = 5,000kW(5,000kW-h×3,600kJ/kWh) =$
$18,000,000kJ$, $1kW = 102kg·m/s$
엔탈피 변화$(dh) = C_p dT = C_p(T_2 - T_1)$
　　　　　　　　$= 1.12×(1,200-600) = 672kJ/kg$
$\therefore$ 가스의 질량 유량 $= \dfrac{18,000,000}{672×3,600} = 7.44(kg/s)$

02 물 1kg이 포화온도 120℃에서 증발할 때, 증발잠열은 2,203kJ이다. 증발하는 동안 물의 엔트로피 증가량은 약 몇 kJ/K인가?

① 4.3　　　　　② 5.6
③ 6.5　　　　　④ 7.4

해설 엔트로피 변화량$(\Delta S) = \dfrac{\delta Q}{T} = \dfrac{2,230}{120+273} = 5.6kJ/K$
절대온도$(T) = ℃ + 273(K)$

03 오토 사이클로 작동되는 기관에서 실린더의 간극 체적이 행정 체적의 15%라고 하면 이론 열효율은 약 얼마인가?(단, 비열비 $k=1.4$이다.)

① 45.2%　　　　② 50.6%
③ 55.7%　　　　④ 61.4%

해설 Otto cycle 열효율$(\eta_o) = 1 - \left(\dfrac{1}{\varepsilon}\right)^{k-1}$
압축비 $= \dfrac{행정체적+통극체적}{통극체적} = \dfrac{1+0.15}{0.15} = 7.7$

$\therefore \eta_o = 1 - \left(\dfrac{1}{7.7}\right)^{1.4-1} = 0.557(55.7\%)$

04 14.33W의 전등을 매일 7시간 사용하는 집이 있다. 1개월(30일) 동안 약 몇 kJ의 에너지를 사용하는가?

① 10,830
② 15,020
③ 17,420
④ 22,840

해설 $1W-h = 0.86kcal(1kW-h = 3,600kJ)$
전기사용량 $= 14.33×7×30 = 3,009.3W(3.0093kW)$
$\therefore 3.0093×3,600 = 10,830kJ$

05 이상적인 증기 – 압축 냉동 사이클에서 엔트로피가 감소하는 과정은?

① 증발과정
② 압축과정
③ 팽창과정
④ 응축과정

해설 응축 : 냉매증기를 냉각수(냉매액)로 응축시켜서 만드는 경우 잠열이 제거되므로 엔트로피$(\Delta S = \dfrac{\delta Q}{T})$가 감소한다.

06 폴리트로픽 과정 $PV^n = C$에서 지수 $n = \infty$ 인 경우는 어떤 과정인가?

① 등온과정
② 정적과정
③ 정압과정
④ 단열과정

해설 지수(n)
㉠ 정압변화(0)
㉡ 등온변화(1)
㉢ 단열변화(K)
㉣ 정적변화(∞)

07 4kg의 공기가 들어 있는 체적 $0.4m^3$의 용기(A)와 체적이 $0.2m^3$인 진공의 용기(B)를 밸브로 연결하였다. 두 용기의 온도가 같을 때 밸브를 열어 용기 A와 B의 압력이 평형에 도달했을 경우, 이 계의 엔트로피 증가량은 약 몇 J/K인가?(단, 공기의 기체상수는 0.287 kJ/(kg · K)이다.)

① 712.8

② 595.7

③ 465.5

④ 348.2

해설

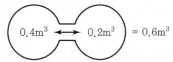

등온변화 엔트로피 변화

$$\Delta S = S_2 - S_1 = G \cdot AR\ln\left(\frac{V_2}{V_1}\right)$$

$$\therefore 4 \times 0.287\ln\left(\frac{0.6}{0.4}\right) = 0.4655\,kJ/K\,(465.5\,J/K)$$

08 피스톤 – 실린더 시스템에 100kPa의 압력을 갖는 1kg의 공기가 들어 있다. 초기 체적은 $0.5m^3$이고, 이 시스템에 온도가 일정한 상태에서 열을 가하여 부피가 $1.0m^3$이 되었다. 이 과정 중 전달된 에너지는 약 몇 kJ인가?

① 30.7

② 34.7

③ 44.8

④ 50.0

해설

압력 100kPa(질량 1kg) $\quad\longrightarrow\quad$ $1.0m^3$

$0.5m^3$ $\qquad\qquad$ (가열 후)

$$P_2 = P_1 \times \frac{V_2}{V_1} = 100 \times \frac{1.0}{0.5} = 200\,kPa$$

등온변화 전달에너지 $A_1W_2 = AW_t$

$$_1Q_2 = P_1 V_1 \ln\left(\frac{V_2}{V_1}\right) = 100 \times 0.5 \times \ln\left(\frac{1.0}{0.5}\right) = 34.7\,kJ$$

09 열역학 제1법칙에 관한 설명으로 거리가 먼 것은?

① 열역학적계에 대한 에너지 보존법칙을 나타낸다.

② 외부에 어떠한 영향을 남기지 않고 계가 열원으로부터 받은 열을 모두 일로 바꾸는 것은 불가능하다.

③ 열은 에너지의 한 형태로서 일을 열로 변환하거나 열을 일로 변환하는 것이 가능하다.

④ 열을 일로 변환하거나 일을 열로 변환할 때, 에너지의 총량은 변하지 않고 일정하다.

해설 열역학 제1법칙 : 계가 열원으로부터 받은 열을 모두 일로 바꾸는 것이 가능하다.

10 300L 체적의 진공인 탱크가 25℃, 6MPa의 공기를 공급하는 관에 연결된다. 밸브를 열어 탱크 안의 공기 압력이 5MPa이 될 때까지 공기를 채우고 밸브를 닫았다. 이 과정이 단열이고 운동에너지와 위치에너지의 변화는 무시해도 좋을 경우에 탱크 안의 공기 온도는 약 몇 ℃가 되는가?(단, 공기의 비열비는 1.4이다.)

① 1.5℃

② 25.0℃

③ 84.4℃

④ 144.3℃

해설 $T_1 P_1 = T_2 P_2$

$$T_2 = T_1 \times \left(\frac{P_2}{P_1}\right)^{\frac{K-1}{K}} = (273 + 25) \times 1.4$$

$$= 417.2\,K\,(144.2℃)$$

11 다음 압력값 중에서 표준대기압(1atm)과 차이가 가장 큰 압력은?

① 1MPa

② 100kPa

③ 1bar

④ 100hPa

해설 $1MPa = 10kg/cm^2$

$1atm = 1.033kg/cm^2 = 101.325kPa = 1.01325bar$

$\qquad = 100hPa$

12 다음 냉동 사이클에서 열역학 제1법칙과 제2법칙을 모두 만족하는 Q_1, Q_2, W는?

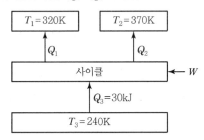

① $Q_1 = 20\text{kJ}$, $Q_2 = 20\text{kJ}$, $W = 20\text{kJ}$

② $Q_1 = 20\text{kJ}$, $Q_2 = 30\text{kJ}$, $W = 20\text{kJ}$

③ $Q_1 = 20\text{kJ}$, $Q_2 = 20\text{kJ}$, $W = 10\text{kJ}$

④ $Q_1 = 20\text{kJ}$, $Q_2 = 15\text{kJ}$, $W = 5\text{kJ}$

해설 $Q_1 + Q_2 = W + Q_3$, $Q_1 + Q_2 = W + Q_3$가 되어야 한다.
Q_1은 Q_2보다 온도가 낮으므로 $Q_1 = 20$, $Q_2 = 30$으로 보면
합이 50이 되므로 $30 + W = 50$
∴ $W = 50 - 30 = 20\text{kJ}$

13 10℃에서 160℃까지 공기의 평균 정적비열은 0.7315kJ/(kg·K)이다. 이 온도 변화에서 공기 1kg의 내부에너지 변화는 약 몇 kJ인가?

① 101.1kJ ② 109.7kJ

③ 120.6kJ ④ 131.7kJ

해설 정적 변화 $\dfrac{T_2}{T_1} = \dfrac{P_2}{P_1}$, 내부에너지 변화 $= C_v(T_2 - T_1)$

∴ $0.7315(160 - 10) = 109.7\text{kJ}$

14 다음에 열거한 시스템의 상태량 중 종량적 상태량인 것은?

① 엔탈피 ② 온도

③ 압력 ④ 비체적

해설 종량적 상태량
체적, 내부 에너지, 엔탈피, 엔트로피(물질의 질량에 따라 그 크기가 결정되는 상태량)

15 온도 300K, 압력 100kPa 상태의 공기 0.2kg이 완전히 단열된 강제 용기 안에 있다. 패들(paddle)에 의하여 외부로부터 공기에 5kJ의 일이 행해질 때 최종 온도는 약 몇 K인가?(단, 공기의 정압비열과 정적비열은 각각 1.0035kJ/(kg·K), 0.7165kJ/(kg·K)이다.)

① 315 ② 275

③ 335 ④ 255

해설 $\dfrac{5}{0.2} = 25\text{kJ/kg}$, 내부 에너지 변화 $= C_v(T_2 - T_1)$

$25 = (K - 300) \times 0.7165$

∴ $K = 300 + \dfrac{25}{0.7165} = 335K$

16 증기 터빈의 입구 조건은 3MPa, 350℃이고 출구의 압력은 30kPa이다. 이때 정상 등엔트로피 과정으로 가정할 경우, 유체의 단위 질량당 터빈에서 발생되는 출력은 약 몇 kJ/kg인가?(단, 표에서 h는 단위질량당 엔탈피, s는 단위질량당 엔트로피이다.)

구분	h(kJ/kg)	s(kJ/(kg·K))
터빈입구	3115.3	6.7428

구분	엔트로피(kJ/(kg·K))		
	포화액 s_f	증발 s_{fg}	포화증기 s_g
터빈출구	0.9439	6.8247	7.7686

구분	엔탈피(kJ/K)		
	포화액 h_f	증발 h_{fg}	포화증기 h_g
터빈출구	289.2	2336.1	2625.3

① 679.2 ② 490.3

③ 841.1 ④ 970.4

해설 $3115.3 - 2625.3 = 490\text{kJ/kg}$

$\dfrac{2625.3 - 289.2}{3115.3 - 289.2} = 0.82$

∴ $\dfrac{490}{0.85} + 289.2 = 842\text{kJ/kg}$

17 분자량이 M이고 질량이 $2V$인 이상기체 A가 압력 p, 온도 T(절대온도)일 때 부피가 V이다. 동일한 질량의 다른 이상기체 B가 압력 $2p$, 온도 $2T$(절대온도)일 때 부피가 $2V$이면 이 기체의 분자량은 얼마인가?

① 0.5M   ② M

③ 2M   ④ 4M

해설 분자량(M) → x(M)
질량($2V$) → 질량($2V$)
온도(T) → 2(T)
압력(p) → 2(p)
부피(V) → 2(V)
∴ M $=(1 \times 2) \times \dfrac{1}{2} \times \left(\dfrac{1}{2}\right) = 0.5$

18 1kg의 공기가 100℃를 유지하면서 등온 팽창하여 외부에 100kJ의 일을 하였다. 이때 엔트로피의 변화량은 약 몇 kJ/(kg · K)인가?

① 0.268

② 0.373

③ 1.00

④ 1.54

해설 엔트로피 변화량(ΔS) $= \dfrac{\delta Q}{T} = \dfrac{100}{100+273}$
$= 0.268 \text{kJ/(kg · K)}$

19 압력 5kPa, 체적이 0.3m^3인 기체가 일정한 압력하에서 압축되어 0.2m^3로 되었을 때 이 기체가 한 일은?(단, +는 외부로 기체가 일을 한 경우이고, −는 기체가 외부로부터 일을 받은 경우이다.)

① −1,000J   ② 1,000J

③ −500J   ④ 500J

해설 정압과정 압축일(W) $= -\displaystyle\int vdP = 0$
절대일 $= \displaystyle\int Pdv = P(V_2 - V_1) = 5(0.2-0.3) = -0.5\text{kJ}$
$= -500\text{J}$

20 Rankine 사이클에 대한 설명으로 틀린 것은?

① 응축기에서의 열방출 온도가 낮을수록 열효율이 좋다.

② 증기의 최고온도는 터빈 재료의 내열 특성에 의하여 제한된다.

③ 팽창일에 비하여 압축일이 적은 편이다.

④ 터빈 출구에서 건도가 낮을수록 효율이 좋아진다.

해설 ④ 터빈 출구에서 건도가 높을수록 효율이 상승한다.

SECTION 02 냉동공학

21 다음 중 터보압축기의 용량(능력)제어 방법이 아닌 것은?

① 회전속도에 의한 제어

② 흡입 댐퍼(damper)에 의한 제어

③ 부스터(booster)에 의한 제어

④ 흡입 가이드 베인(guide vane)에 의한 제어

해설 부스터 : 저단 측 압력이 현저히 낮아지면 1대의 압축기로는 저압에서 응축압력까지 압축하기 어려워서 보조적인 압축기로 저압(증발)에서 고압(응축)의 중간압력까지 압축하는 압축기

22 증발식 응축기에 관한 설명으로 옳은 것은?

① 외기의 습구온도 영향을 많이 받는다.

② 외부공기가 깨끗한 곳에서는 엘리미네이터(eliminator)를 설치할 필요가 없다.

③ 공급수의 양은 물의 증발량과 엘리미네이터에서 배제하는 양을 가산한 양으로 충분하다.

④ 냉각작용은 물을 살포하는 것만으로 한다.

해설 증발식 응축기 : 응축기 냉각관 코일에 냉각수를 분무노즐에 의하여 분무하고 여기에 3m/s 정도의 바람을 보내어 냉각관의 표면을 물로 증발시켜 냉각한다.
㉠ 외기의 습구온도 영향을 많이 받는다.
㉡ 보급수량은 엘리미네이터로부터 보호한다.
㉢ 냉각수가 부족한 곳에서 사용하는 응축기이다.
㉣ 전열작용이 나쁘다.

23 2단 압축 1단 팽창 냉동장치에서 각 점의 엔탈피는 다음의 P-h선도와 같다고 할 때, 중간냉각기 냉매 순환량은?(단, 냉동능력은 20RT이다.)

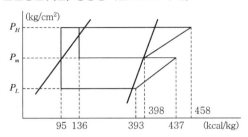

① 68.04kg/h　　　　② 85.89kg/h
③ 222.82kg/h　　　　④ 290.8kg/h

해설 1RT=3,320kcal/h, 20×3,320=66,400kcal/h
중간냉각기 냉매순환량(W)
$$=\frac{20\times3,320}{393-95}\times\frac{(437-398)+(136-95)}{398-136}=68.04\text{kg/h}$$

24 고온부의 절대온도를 T_1, 저온부의 절대온도를 T_2, 고온부로 방출하는 열량을 Q_1, 저온부로부터 흡수하는 열량을 Q_2라고 할 때, 이 냉동기의 이론 성적계수 (COP)를 구하는 식은?

① $\dfrac{Q_1}{Q_1-Q_2}$　　　　② $\dfrac{Q_2}{Q_1-Q_2}$
③ $\dfrac{T_1}{T_1-T_2}$　　　　④ $\dfrac{T_1-T_2}{T_1}$

해설 냉동기 성적계수$(COP)=\dfrac{Q_2}{Q_1-Q_2}=\dfrac{T_2}{T_1-T_2}$

25 냉동기에 사용되는 팽창밸브에 관한 설명으로 옳은 것은?
① 온도 자동 팽창밸브는 응축기의 온도를 일정하게 유지·제어한다.
② 흡입압력 조정밸브는 압축기의 흡입압력이 설정치 이상이 되지 않도록 제어한다.
③ 전자밸브를 설치할 경우 흐름방향을 고려할 필요가 없다.
④ 고압 측 플로트(float) 밸브는 냉매 액의 속도로 제어한다.

해설 ㉠ 흡입압력 조정밸브(SPR) : 증발기와 압축기 사이에 설치하며 흡입냉매가스 압력이 소정 압력 이상이 되면 과부하에 따른 압축기용 전동기의 소손을 방지한다.
㉡ 고압 측 플로트 밸브는 냉매 유량제어가 불가능하다.
㉢ 전자변 : 냉매 용량 및 액면 조정, 온도제어, 리퀴드백 방지, 냉매브라인 흐름 제어

26 0.08m³의 물속에 700℃의 쇠뭉치 3kg을 넣었더니 쇠뭉치의 평균 온도가 18℃로 변하였다. 이때 물의 온도 상승량은?(단, 물의 밀도는 1,000kg/m³이고, 쇠의 비열은 606J/kg·℃이며, 물과 공기와의 열교환은 없다.)

① 2.8℃　　　　② 3.7℃
③ 4.8℃　　　　④ 5.7℃

해설 0.08m³=80kg, 606J/kg·℃=0.606kJ/kg·℃
∴ 물의 온도 상승$=\dfrac{3\times0.606(700-18)}{80\times(1\times4.2)}=3.7$℃
※ 물의 비열 1kcal/kg·℃=4.2kJ/kg·℃

27 증기 압축식 냉동 사이클에서 증발온도를 일정하게 유지시키고, 응축온도를 상승시킬 때 나타나는 현상이 아닌 것은?
① 소요동력 증가
② 성적계수 감소
③ 토출가스 온도 상승
④ 플래시가스 발생량 감소

해설 플래시가스(Flash Gas)는 액관이 직사광선에 노출되지 않거나 액관이 방열하는 경우에 감소한다.

28 냉동능력이 1RT인 냉동정치가 1kW의 압축동력을 필요로 할 때, 응축기에서의 방열량은?
① 2kcal/h　　　　② 3,321kcal/h
③ 4,180kcal/h　　　　④ 2,460kcal/h

해설 1RT=3,320kcal/h, 1kW-h=860kcal/h
∴ 응축기 방열량$(Q)=3,320+860=4,180$kcal/h

29 증기 압축식 냉동기와 비교하여 흡수식 냉동기의 특징이 아닌 것은?

① 일반적으로 증기 압축식 냉동기보다 성능계수가 낮다.

② 압축기의 소비동력을 비교적 절감시킬 수 있다.

③ 초기 운전 시 정격성능을 발휘할 때까지 도달속도가 느리다.

④ 냉각수 배관, 펌프, 냉각탑의 용량이 커져 보조기기 설비비가 증가한다.

해설

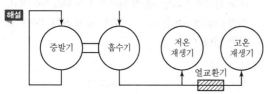

흡수식 냉동기에는 압축기 대신 재생기가 부착된다.

30 증발기에 관한 설명으로 틀린 것은?

① 냉매는 증발기 속에서 습증기가 건포화증기로 변한다.

② 건식 증발기는 유회수가 용이하다.

③ 만액식 증발기는 액백을 방지하기 위해 액분리기를 설치한다.

④ 액순환식 증발기는 액 펌프나 저압 수액기가 필요 없으므로 소형 냉동기에 유리하다.

해설 액순환식 증발기는 냉매액 펌프를 사용하여 증발하는 냉매량의 4~6배 정도의 냉매액을 강제 순환시키므로 타 증발기에 비해 전열이 20% 상승하기에 대용량 저온 냉장실, 급속 동결 장치용으로 쓰인다.

31 팽창밸브의 역할로 가장 거리가 먼 것은?

① 압력강하

② 온도강하

③ 냉매량 제어

④ 증발기에 오일 흡입 방지

해설 유분리기(Oil Separator) : 압축기의 토출가스에 오일이 혼입되는 경우 응축기나 증발기 등에서 유막을 형성하여 전열을 불량하게 된다. 하여 오일을 회수하여 토출가스의 맥동을 방지하기 위해 압축기와 응축기 사이에 설치한다.

32 냉동장치의 고압부에 대한 안전장치가 아닌 것은?

① 안전밸브

② 고압스위치

③ 가용전

④ 방폭문

해설 방폭문(보일러 안전장치)

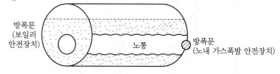

33 냉동장치로 얼음 1ton을 만드는 데 50kWh의 동력이 소비된다. 이 장치에 20℃의 물이 들어가서 −10℃의 얼음으로 나온다고 할 때, 이 냉동장치의 성적계수는?(단, 얼음의 융해 잠열은 80kcal/kg, 비열은 0.5kcal/kg · ℃이다.)

① 1.12

② 2.44

③ 3.42

④ 4.67

해설 1톤(1,000kg), 1kW−h=860kcal,

50×860=43,000kcal/h

㉠ 물의 현열=1,000×1×(20−0)=20,000kcal

㉡ 물의 응고열=1,000×80=80,000kcal

㉢ 얼음의 현열=1,000×0.5(0−(−10))=5,000kcal

∴ 성적계수$(COP) = \dfrac{(80,000+20,000+5,000)}{43,000} = 2.44$

34 단위 시간당 전도에 의한 열량에 대한 설명으로 틀린 것은?

① 전도열량은 물체의 두께에 반비례한다.

② 전도열량은 물체의 온도차에 비례한다.

③ 전도열량은 전열면적에 반비례한다.

④ 전도열량은 열전도율에 비례한다.

해설 열전도 전열량은 전열면적에 비례한다.

35 일반적인 냉매의 구비 조건으로 옳은 것은?

① 활성이며 부식성이 없을 것

② 전기저항이 적을 것

③ 점성이 크고 유동저항이 클 것

④ 열전달률이 양호할 것

해설 냉매의 조건
ㄱ 전기 절연 내력이 크고 절연 물질을 부식하지 말 것
ㄴ 점성, 점도가 작고 열전달률이 양호할 것
ㄷ 터보냉동기의 냉매는 비중이 클 것
ㄹ 유동저항이 적을 것
ㅁ 냉매의 비열비가 적을 것

36 냉동 사이클에서 습압축으로 일어나는 현상과 가장 거리가 먼 것은?

① 응축잠열 감소
② 냉동능력 감소
③ 압축기의 체적 효율 감소
④ 성적계수 감소

해설 냉매의 응축잠열(kcal/kg)은 일정하다(냉매액 → 냉매증기).

37 아래의 사이클이 적용된 냉동장치의 냉동능력이 119kW일 때, 다음 설명 중 틀린 것은?(단, 압축기의 단열효율 η_c는 0.7, 기계효율 η_m은 0.85이며, 기계적 마찰손실 일은 열이 되어 냉매에 더해지는 것으로 가정한다.)

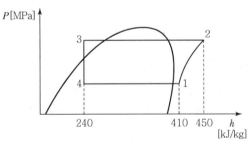

① 냉매 순환량은 0.7kg/s이다.
② 냉동장치의 실제 성능계수는 4.25이다.
③ 실제 압축기 토출 가스의 엔탈피는 약 497kJ/kg 이다.
④ 실제 압축기 축동력은 약 47.1kW이다.

해설 1kW−h=3,600kJ, 119×3,600=428,400kcal/h(냉동능력)
ㄱ 압축기의 일의 열당량=450−410=40kJ/kg
ㄴ 압축기 토출가스 엔탈피=450kJ/kg
∴ 성능(성적)계수(COP)=$\dfrac{410-240}{450-410}×0.7×0.85=2.53$

38 나선상의 관에 냉매를 통과시키고, 그 나선관을 원형 또는 구형의 수조에 담근 후, 물을 수조에 순환시켜서 냉각하는 방식의 응축기는?

① 대기식 응축기
② 이중관식 응축기
③ 지수식 응축기
④ 증발식 응축기

39 냉동능력이 99,600kcal/h이고, 압축소요 동력이 35kW인 냉동기에서 응축기의 냉각수 입구온도가 20℃, 냉각수량이 360L/min이면 응축기 출구의 냉각수 온도는?

① 22℃
② 24℃
③ 26℃
④ 28℃

해설 1kW−h=860kcal/h, 35×860=30,100kcal/h,
1시간=60min
∴ 응축기 출구의 냉각수 온도=$20+\dfrac{99,600+30,100}{360×60}$
=26℃

40 안정적으로 작동되는 냉동 시스템에서 팽창밸브를 과도하게 닫았을 때 일어나는 현상이 아닌 것은?

① 흡입압력이 낮아지고 증발기 온도가 저하한다.
② 압축기의 흡입가스가 과열된다.
③ 냉동능력이 감소한다.
④ 압축기의 토출가스 온도가 낮아진다.

해설 팽창밸브를 과도하게 닫으면 냉매가 증발기로 유입되기 어려워서 냉매의 토출가스 온도가 상승하고 고내 온도가 상승한다.

SECTION 03 공기조화

41 공조설비를 구성하는 공기조화기는 공기여과기, 냉·온수코일, 가습기, 송풍기로 구성되어 있는데, 다음 중 이들 장치와 직접 연결되어 사용되는 설비가 아닌 것은?

① 공급덕트
② 주증기관
③ 냉각수관
④ 냉수관

해설 냉각수관 용도

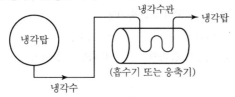

42 냉난방 공기조화 설비에 관한 설명으로 틀린 것은?

① 조명기구에 의한 영향은 현열로서 냉방부하 계산 시 고려되어야 한다.

② 패키지 유닛 방식을 이용하면 중앙공조방식에 비해 공기조화용 기계실의 면적이 적게 요구된다.

③ 이중 덕트 방식은 개별제어를 할 수 있는 이점은 있지만 일반적으로 설비비 및 운전비가 많아진다.

④ 지역 냉난방은 개별 냉난방에 비해 일반적으로 공사비는 현저하게 감소한다.

해설 지역 냉난방 공사비는 개별 냉난방 설비에 비해 현저하게 증가한다.

43 다음 중 흡수식 냉동기의 구성기기가 아닌 것은?

① 응축기   ② 흡수기

③ 발생기   ④ 압축기

해설 압축기(프레온, 암모니아 등 증기 압축식 냉동기용)

44 냉동 창고의 벽체가 두께 15cm, 열전도율 1.4kcal/ m · h · ℃인 콘크리트와 두께 5cm, 열전도율이 1.2kcal/m · h · ℃인 모르타르로 구성되어 있다면, 벽체의 열통과율은?(단, 내벽측 표면 열전달률은 8kcal/m² · h · ℃, 외벽측 표면 열전달률은 20 kcal/m² · h · ℃이다.)

① 0.026kcal/m² · h · ℃

② 0.323kcal/m² · h · ℃

③ 3.088kcal/m² · h · ℃

④ 38.175kcal/m² · h · ℃

해설 열관류율$(K) = \dfrac{1}{\dfrac{1}{a_1} + \dfrac{b_1}{\lambda_1} + \dfrac{b_2}{\lambda_2} + \dfrac{1}{a_2}}$

$\therefore K = \dfrac{1}{\dfrac{1}{8} + \dfrac{0.15}{1.4} + \dfrac{0.05}{1.2} + \dfrac{1}{20}} = 3.088 \text{kcal/m}^2 \cdot \text{h} \cdot \text{℃}$

45 10℃의 냉풍을 급기하는 덕트가 건구온도 30℃, 상대습도 70%인 실내에 설치되어 있다. 이때 덕트의 표면에 결로가 발생하지 않도록 하려면 보온재의 두께는 최소 몇 mm 이상이어야 하는가?(단, 30℃, 70%의 노점온도 24℃, 보온재의 열전도율은 0.03 kcal/m · h · ℃, 내표면의 열전달률은 40kcal/m² · h · ℃, 외표면의 열전달률은 8kcal/m² · h · ℃, 보온재 이외의 열저항은 무시한다.)

① 5mm

② 8mm

③ 16mm

④ 20mm

해설 열관류율$(K) = \dfrac{30 - 24}{30 - 10} \times 8 = 2.4 \text{kcal/m} \cdot \text{h} \cdot \text{℃}$

$\therefore$ 최소두께$(l) = 0.03 \times \left(\dfrac{1}{2.4} - \left(\dfrac{1}{8} + \dfrac{1}{40} \right) \right)$

$= 0.008\text{m} = 8\text{mm}$

46 원형 덕트에서 사각덕트로 환산시키는 식으로 옳은 것은?(단, a는 사각덕트의 장변길이, b는 단변길이, d는 원형 덕트의 직경 또는 상당직경이다.)

① $d = 1.2 \cdot \left[\dfrac{(ab)^5}{(a+b)^2} \right]^8$

② $d = 1.2 \cdot \left[\dfrac{(ab)^2}{(a+b)^5} \right]^8$

③ $d = 1.3 \cdot \left[\dfrac{(ab)^2}{(a+b)^5} \right]^{\frac{1}{8}}$

④ $d = 1.3 \cdot \left[\dfrac{(ab)^5}{(a+b)^2} \right]^{\frac{1}{8}}$

47 공기열원 열펌프를 냉동 사이클 또는 난방사이클로 전환하기 위하여 사용하는 밸브는?

① 체크 밸브
② 글로브 밸브
③ 4방 밸브
④ 릴리프 밸브

해설 히트펌프(냉방 – 난방 사이클 변동 시 4방 밸브(절환밸브) 사용)

48 크기 1,000×500mm의 직관 덕트에 35℃의 온풍 18,000m³/h이 흐르고 있다. 이 덕트가 −10℃의 실외 부분을 지날 때 길이 20m당 덕트 표면으로부터의 열손실은?(단, 덕트는 암면 25mm로 보온되어 있고, 이때 1,000m당 온도차 1℃에 대한 온도 강하는 0.9℃이다. 공기의 밀도는 1.2kg/m³, 정압비열은 1.01kJ/kg · K이다.)

① 3.0kW
② 3.8kW
③ 4.9kW
④ 6.0kW

해설 파이프 면적 = $\pi DL(\text{m}^2)$
파이프 길이 20m,

온도 강하 = $\dfrac{20}{1,000} \times \{35 - (-10)\} \times 0.9 = 0.81$ ℃ 하강

$\therefore$ 열손실(Q) = $18,000 \times 1.2 \times 1.01 \times \dfrac{1}{3,600} \times 0.81$

$= 4.9$kW

1시간 = 3,600초, 1kW = 102kg · m/s

49 다음은 어느 방식에 대한 설명인가?

- 각 실이나 존의 온도를 개별제어하기 쉽다.
- 일사량 변화가 심한 페리미터 존에 적합하다.
- 실내 부하가 적어지면 송풍량이 적어지므로 실내 공기의 오염도가 높다.

① 정풍량 단일덕트방식
② 변풍량 단일덕트방식
③ 패키지 방식
④ 유인유닛방식

50 유효온도(effective temperature)에 대한 설명으로 옳은 것은?

① 온도, 습도를 하나로 조합한 상태의 측정온도이다.
② 각기 다른 실내온도에서 습도에 따라 실내 환경을 평가하는 척도로 사용된다.
③ 인체가 느끼는 쾌적온도로서 바람이 없는 정지된 상태에서 상대습도가 100%인 정지된 상태에서 상대습도가 100%인 포화상태의 공기온도를 나타낸다.
④ 유효온도 선도는 복사영향을 무시하여 건구온도 대신에 글로브 온도계의 온도를 사용한다.

해설 ④는 수정 유효온도에 대한 설명이다.

51 덕트의 굴곡부 등에서 덕트 내에 흐르는 기류를 안정시키기 위한 목적으로 사용하는 기구는?

① 스플릿 댐퍼
② 가이드 베인
③ 릴리프 댐퍼
④ 버터플라이 댐퍼

해설

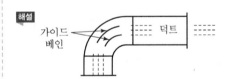

52 실리카겔, 활성알루미나 등을 사용하여 감습을 하는 방식은?

① 냉각 감습
② 압축 감습
③ 흡수식 감습
④ 흡착식 감습

해설 흡착제(실리카겔, 활성알루미나, 염화칼슘)를 사용하는 감습은 흡착식 감습이다.

53 다음과 같이 단열된 덕트 내에 공기가 통하고 이것에 열량 Q(kcal/h)와 수분 L(kg/h)을 가하여 열평형이 이루어졌을 때, 공기에 가해진 열량은?(단, 공기의 유량은 G(kg/h), 가열코일 입출구의 엔탈피, 절대습도를 각각 h_1, h_2(kcal/kg), x_1, x_2(kg/kg)로 하고, 수분의 엔탈피를 h_L(kcal/kg)로 한다.)

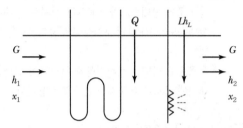

① $G(h_2 - h_1) + Lh_L$ ② $G(x_2 - x_1) + Lh_L$
③ $G(h_2 - h_1) - Lh_L$ ④ $G(x_2 - x_1) - Lh_L$

해설 가습에 의해 가해진 열량= $G(h_2 - h_1) - Lh_L$

54 단일덕트 재열방식의 특징에 관한 설명으로 옳은 것은?
① 부하 패턴이 다른 다수의 실 또는 존의 공조에 적합하다.
② 식당과 같이 잠열부하가 많은 곳의 공조에는 부적합하다.
③ 전수방식으로서 부하변동이 큰 실이나 존에서 에너지 절약형으로 사용된다.
④ 시스템의 유지·보수 면에서는 일반 단일덕트에 비해 우수하다.

해설 단일덕트 재열방식 : 부하 패턴(특성)이 다른 여러 개의 실이나 존이 있는 건물에 적합하다.

55 습공기 100kg이 있다. 이때 혼합되어 있는 수증기의 질량이 2kg이라면, 공기의 절대습도는?
① 0.0002kg/kg   ② 0.02kg/kg
③ 0.2kg/kg   ④ 0.98kg/kg

해설 습공기 100kg 중 수증기가 2kg(건조공기가 98kg)
공기의 절대습도= $\dfrac{2}{100}$ =0.02kg/kg

56 다음 그림에 대한 설명으로 틀린 것은?(단, 하절기 공기조화 과정이다.)

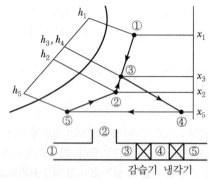

① ③을 감습기에 통과시키면 엔탈피 변화 없이 감습된다.
② ④는 냉각기를 통해 엔탈피가 감소되며 ⑤로 변화된다.
③ 냉각기 출구 공기 ⑤를 취출하면 실내에서 취득열량을 얻어 ②에 이른다.
④ 실내공기 ①과 외기 ②를 혼합하면 ③이 된다.

해설 ① : 외기
② : 환기(실내공기환기)
③ : 혼합공기
④ : 제습공기
⑤ : 냉각공기

57 환기(ventilation)란 A에 있는 공기의 오염을 막기 위하여 B로부터 C를 공급하여, 실내의 D를 실외로 배출하고 실내의 오염 공기를 교환 또는 희석시키는 것을 말한다. 여기서 A, B, C, D로 적절한 것은?
① A-일정 공간, B-실외, C-청정한 공기, D-오염된 공기
② A-실외, B-일정 공간, C-청정한 공기, D-오염된 공기
③ A-일정 공간, B-실외, C-오염된 공기, D-청정한 공기
④ A-실외, B-일정 공간, C-오염된 공기, D-청정한 공기

해설 ㉠ A : 일정 공간   ㉡ B : 실외
㉢ C : 청정한 공기   ㉣ D : 오염된 공기

58 국부저항 상류의 풍속을 V_1, 하류의 풍속을 V_2라 하고 전압기준 국부저항계수를 ζ_T, 정압기준 국부저항계수를 ζ_S라 할 때 두 저항계수의 관계식은?

① $\zeta_T = \zeta_S + 1 - (V_1/V_2)^2$

② $\zeta_T = \zeta_S + 1 - (V_2/V_1)^2$

③ $\zeta_T = \zeta_S + 1 + (V_1/V_2)^2$

④ $\zeta_T = \zeta_S + 1 + (V_2/V_1)^2$

해설 전압기준 국부저항계수(ζ_T)

$$\zeta_T = 국부저항계수(\zeta_S) + 1 - \left(\frac{하류풍속}{상류풍속}\right)^2$$

59 난방설비에서 온수헤더 또는 증기헤더를 사용하는 주된 이유로 가장 적합한 것은?

① 미관을 좋게 하기 위해서

② 온수 및 증기의 온도차가 커지는 것을 방지하기 위해서

③ 워터 해머(water hammer)를 방지하기 위해서

④ 온수 및 증기를 각 계통별로 공급하기 위해서

60 습공기의 수증기 분압이 P_v, 동일 온도의 포화 수증기압이 P_s일 때, 다음 설명 중 틀린 것은?

① $P_v < P_s$일 때 불포화습공기

② $P_v = P_s$일 때 포화습공기

③ $\dfrac{P_s}{P_v} \times 100$은 상대습도

④ $P_v = 0$일 때 건공기

해설 $\dfrac{P_v}{P_s} \times 100 = 상대습도$

61 어떤 저항에 전압 100V, 전류 50A를 5분간 흘렸을 때 발생하는 열량은 약 몇 kcal인가?

① 90

② 180

③ 360

④ 720

해설 전력$(P) = VI = I^2 R = \dfrac{V^2}{R}$(W)

$1kW - h = 860kcal$, 1시간 = 60분

$\therefore P = 100 \times 50 = 5,000W(5kW)$,

$\dfrac{5,000}{1,000} \times 860 \times \dfrac{5분}{60분} = 360kcal$

62 내부저항 90Ω, 최대지시값 100μA의 직류전류계로 최대지시값 1mA를 측정하기 위한 분류기 저항은 몇 Ω인가?

① 9

② 10

③ 90

④ 100

해설 분류기 : 어느 전로에 전류측정 시 전로의 전류가 전류계의 정격보다 큰 경우에는 전류계와 병렬로 다른 전로를 만들고 전류를 분류하여 측정한다. 이와 같이 전류를 분류하는 저항기를 분류기라 한다.

$I_o = \left(1 + \dfrac{r}{R}\right)I_a$, $R = \dfrac{r}{n-1}$, $n = \dfrac{1}{100 \times 10^{-3}} = 10$

$\therefore$ 분류기저항$(R) = \dfrac{90}{10-1} = 10Ω$

63 유도전동기에 인가되는 전압과 주파수를 동시에 변환시켜 직류전동기와 동등한 제어 성능을 얻을 수 있는 제어방식은?

① VVVF 방식

② 교류 궤환제어방식

③ 교류 1단 속도제어방식

④ 교류 2단 속도제어방식

해설 유도전동기 VVVF 방식

전동기에 인가되는 전압과 주파수를 동시에 변환시켜 직류 전동기와 동등한 제어 성능을 얻을 수 있는 방식(가변 전압 가변 주파수 제어)

64 전원전압을 안정하게 유지하기 위하여 사용되는 다이오드로 가장 옳은 것은?

① 제너 다이오드　　② 터널 다이오드
③ 보드형 다이오드　　④ 바랙터 다이오드

해설 제너 다이오드(Zener diode) : 제너 항목을 응용한 정전압 소자로 정전압 다이오드와 전압 표준 다이오드가 있다.

65 논리식 $\bar{x} \cdot y + \bar{x} \cdot \bar{y}$를 간단히 표시한 것은?

① $\bar{x}$　　　　　　② $\bar{y}$
③ 0　　　　　　　④ $x + y$

해설 $L = \bar{x} \cdot y + \bar{x} \cdot \bar{y} = \bar{x}(y + \bar{y}) = \bar{x} \cdot 1 = \bar{x}$

66 평행한 두 도체에 같은 방향의 전류를 흘렸을 때 두 도체 사이에 작용하는 힘은?

① 흡인력　　　　　② 반발력
③ $\dfrac{I}{2\pi r}$ 의 힘　　④ 힘이 작용하지 않는다.

해설 흡인력 : 평행한 두 도체에 같은 방향의 전류를 흘렸을 때 두 도체 사이에 작용하는 힘

67 보일러의 자동연소제어가 속하는 제어는?

① 비율제어　　　　② 추치제어
③ 추종제어　　　　④ 정치제어

해설 비율제어 : 보일러 자동연소에서 연료량과 공기량을 비율로 제어한다.

68 비례적분미분제어를 이용했을 때의 특징에 해당되지 않는 것은?

① 정정시간을 적게 한다.
② 응답의 안정성이 작다.
③ 잔류편차를 최소화시킨다.
④ 응답의 오버슈트를 감소시킨다.

해설 비례(P), 적분(I), 미분(D) 복합 PID동작을 이용하면 응답의 안정성이 매우 크다.

69 서보기구에서 주로 사용하는 제어량은?

① 전류　　　　　　② 전압
③ 방향　　　　　　④ 속도

해설 서보기구용
  ㉠ 전위차계
  ㉡ 차동변압기
  ㉢ 싱크로
  ㉣ 마이크로신
  ※ 제어량 : 방향, 위치, 자세 등을 제어한다.

70 피드백 제어계의 제어장치에 속하지 않는 것은?

① 설정부　　　　　② 조절부
③ 검출부　　　　　④ 제어대상

해설
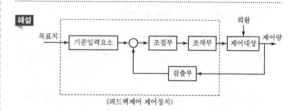
(피드백제어 제어장치)

71 $A = 6 + j8$, $B = 20 \angle 60°$일 때 $A + B$를 직각좌표형식으로 표현하면?

① $16 + j18$　　　② $26 + j28$
③ $16 + j25.32$　　④ $23.32 + j18$

해설 $A = 6 + j8$, $B = 20 \angle 60°$의 경우 $A + B$의 직각좌표형식을 표현하면
직각좌표법($A = a + jb$),
크기 $|A| = \sqrt{a^2 + b^2}$
위상$(\theta) = \tan^{-1} \dfrac{b}{a}$
$\therefore 16 + j25.32$

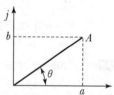

72 3상 유도전동기의 출력이 5kW, 전압 200V, 역률 80%, 효율이 90%일 때 유입되는 선전류는 약 몇 A인가?

① 14　　　　　　　② 17
③ 20　　　　　　　④ 25

해설 선전류

$$P = \frac{\sqrt{3} \ VI\cos\theta}{\eta} (\text{W}), \ 1\text{kW} = 1{,}000\text{W}$$

$$I = \frac{P}{\sqrt{3} \ V\cos\theta} (\text{A})$$

$$\therefore \ 선전류(\text{A}) = \frac{5 \times 1{,}000}{\sqrt{3} \times 200 \times 0.8} \fallingdotseq 19$$

73 100V용 전구 30W와 60W 두 개를 직렬로 연결하고 직류 100V 전원에 접속하였을 때 두 전구의 상태로 옳은 것은?

① 30W 전구가 더 밝다.
② 60W 전구가 더 밝다.
③ 두 전구의 밝기가 모두 같다.
④ 두 전구가 모두 켜지지 않는다.

해설 전구의 밝기는 소비전력에 비례한다.

㉠ 30W 전구의 저항$(R_1 = \frac{V^2}{P_1} = \frac{100^2}{30} = 333\Omega)$

㉡ 60W 전구의 저항$(R_2 = \frac{V^2}{P_2} = \frac{100^2}{60} = 167\Omega)$

74 그림과 같은 블록선도에서 $\frac{X_3}{X_1}$를 구하면?

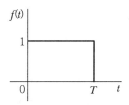

① $G_1 + G_2$ ② $G_1 - G_2$

③ $G_1 \cdot G_2$ ④ $\frac{G_1}{G_2}$

해설 $X_1 G_1 G_2 = X_3$

$$\therefore \ G(S) = \frac{X_3}{X_1} = G_1 \cdot G_2$$

75 탄성식 압력계에 해당되는 것은?

① 경사관식   ② 압전기식
③ 환상평형식   ④ 벨로우즈식

해설 탄성식 압력계
㉠ 벨로우즈식
㉡ 부르동관식
㉢ 다이어프램식

76 그림과 같은 펄스를 라플라스 변환하면 그 값은?

① $\frac{1}{\text{T}}\left(\frac{1 - \text{e}^{\text{Ts}}}{\text{s}}\right)$ ② $\frac{1}{\text{T}}\left(\frac{1 + \text{e}^{\text{Ts}}}{\text{s}}\right)$

③ $\frac{1}{\text{s}}(1 - \text{e}^{-\text{Ts}})$ ④ $\frac{1}{\text{s}}(1 + \text{e}^{\text{Ts}})$

해설 $f(\text{t}) = \text{u}(\text{t}) - \text{u}(\text{t} - \text{T})$

$$\text{F}(\text{s}) = \mathcal{L}(f(\text{t})) = \mathcal{L}(\text{u}(\text{t}) - \text{u}(\text{t} - \text{T}))$$

$$= \frac{1}{\text{s}} - \frac{1}{\text{s}}\text{e}^{-\text{Ts}} = \frac{1}{\text{s}}(1 - \text{e}^{-\text{Ts}})$$

77 정현파 전압 $v = 220\sqrt{2}\sin(\omega t + 30°)$V보다 위상이 90° 뒤지고 최대값이 20A인 정현파 전류의 순시값은 몇 A인가?

① $20\sin(\omega t - 30°)$ ② $20\sin(\omega t - 60°)$

③ $20\sqrt{2}\sin(\omega t + 60°)$ ④ $20\sqrt{2}\sin(\omega t - 60°)$

해설 순시값
교류의 임의의 순간에서 전류나 전압의 크기를 나타내는 값이다.
$v = 220\sqrt{2}\sin(\omega t + 30°)$V보다 위상이 90° 뒤지고 최대값이 20A인 정현파 전류 순시값은 $20\sin(\omega t - 60°)$

78 조절계의 조절요소에서 비례미분제어에 관한 기호는?

① P   ② PI
③ PD   ④ PID

해설 연속동작(P : 비례동작, I : 적분동작, D : 미분동작)

79 빛의 양(조도)에 의해서 동작되는 CdS를 이용한 센서에 해당하는 것은?

① 저항 변화형
② 용량 변화형
③ 전압 변화형
④ 인덕턴스 변화형

해설 CdS 센서 : 빛의 조도에 의해서 동작되는 저항 변화형 센서에 사용된다.

80 단면적 $S(\text{m}^2)$를 통과하는 자속을 $\phi(\text{Wb})$라 하면 자속밀도 $B(\text{Wb/m}^2)$를 나타낸 식으로 옳은 것은?

① $B = S\phi$
② $B = \dfrac{\phi}{S}$
③ $B = \dfrac{S}{\phi}$
④ $B = \dfrac{\phi}{\mu S}$

해설 자속밀도 : 단위면적 내를 통과하는 자력선의 자속수이다.
자속밀도 $(B) = \dfrac{\phi}{S}$ (단위 : T, 테슬라)

SECTION 05 배관일반

81 순동 이음쇠를 사용할 때에 비하여 동합금 주물 이음쇠를 사용할 때 고려할 사항으로 가장 거리가 먼 것은?

① 순동 이음쇠 사용에 비해 모세관 현상에 의한 용융 확산이 어렵다.
② 순동 이음쇠와 비교하여 용접재 부착력은 큰 차이가 없다.
③ 순동 이음쇠와 비교하여 냉벽 부분이 발생할 수 있다.
④ 순동 이음쇠 사용에 비해 열팽창의 불균일에 의한 부정적 틈새가 발생할 수 있다.

해설 동합금 주물은 순동 이음쇠에 비하여 용접재 부착력에 큰 차이가 난다.

82 증기난방 배관 시 단관 중력 환수식 배관에서 증기와 응축수의 흐름 방향이 다른 역류관의 구배는 얼마로 하는가?

① $1/50 \sim 1/100$
② $1/100 \sim 1/200$
③ $1/200 \sim 1/250$
④ $1/250 \sim 1/300$

해설 증기난방 단관 중력 환수식 배관 구배(기울기)
㉠ 순류관 : $\dfrac{1}{100} \sim \dfrac{1}{200}$
㉡ 역류관 : $\dfrac{1}{50} \sim \dfrac{1}{100}$

83 고무링과 가단 주철제의 칼라를 죄어서 이음하는 방법은?

① 플랜지 접합
② 빅토릭 접합
③ 기계적 접합
④ 동관 접합

해설 빅토릭 접합(Victoric joint)
빅토리형 주철관을 고무링 칼라(누름판)를 사용하여 접합한다. 압력이 증가하면 고무링이 관벽에 더욱 밀착되어 누수가 방지된다.

84 난방배관에 대한 설명으로 옳은 것은?

① 환수주관의 위치가 보일러 표준수위보다 위쪽에 배관되어 있으면 습식환수라고 한다.
② 진공환수식 증기난방에서 하트포드접속법을 활용하면 응축수를 1.5m까지 흡상할 수 있다.
③ 온수난방의 경우 증기난방보다 운전 중 침입공기에 의한 배관의 부식 우려가 크다.
④ 증기배관 도중에 글로브 밸브를 설치하는 경우에는 밸브축이 옆을 향하도록 설치하여야 한다.

해설 ① 건식 환수관
② 리프팅이음을 사용한다.
③ 증기난방이 부식력이 크다.
④ 글로브 밸브는 밸브축이 옆을 향한다.

85 급수배관 시공 시 수격작용의 방지 대책으로 틀린 것은?

① 플래시 밸브 또는 급속 개폐식 수전을 사용한다.

② 관 지름은 유속이 2.0~2.5m/s 이내가 되도록 설정한다.

③ 역류 방지를 위하여 체크 밸브를 설치하는 것이 좋다.

④ 급수관에서 분기할 때에는 T 이음을 사용한다.

해설 **수격작용**
세정밸브(플래시 밸브)나 급속 개폐식 수전 사용 시 유속의 불규칙한 변화가 발생한다(방지법은 에어챔버 설치).

86 급수 펌프에 대한 배관 시공법 중 옳은 것은?

① 수평관에서 관경을 바꿀 경우 동심 리듀서를 사용한다.

② 흡입관은 되도록 길게 하고 굴곡 부분이 되도록 많게 하여야 한다.

③ 풋 밸브는 동 수위면보다 흡입관경의 2배 이상 물속에 들어가야 한다.

④ 토출 측은 진공계를, 흡입 측은 압력계를 설치한다.

해설 ① 관경 변경 시에는 편심 리듀서를 사용한다.
② 흡입관은 짧게 하고 굴곡부분이 없게 한다.
④ 토출측은 압력계, 흡입 측은 진공계를 설치한다.

87 배관의 이음에 관한 설명으로 틀린 것은?

① 동관의 압축 이음(flare joint)은 지름이 작은 관에서 분해·결합이 필요한 경우에 주로 적용하는 이음방식이다.

② 주철관의 타이톤 이음은 고무링을 압륜으로 죄어 볼트로 체결하는 이음방식이다.

③ 스테인리스 강관의 프레스 이음은 고무링이 들어 있는 이음쇠에 관을 넣고 압축공구로 눌러 이음하는 방식이다.

④ 경질염화비닐관의 TS이음은 접착제를 발라 이음관에 삽입하여 이음하는 방식이다.

해설 타이톤 이음(Tyton joint)은 원형의 고무링 하나만으로 접합하는 방식으로 소켓관이 필요하다.

88 개방식 팽창탱크 장치 내 전수량이 20,000L이며 수온을 20℃에서 80℃로 상승시킬 경우, 물의 팽창수량은?(단, 비중량은 20℃일 때 0.99823kg/L, 80℃일 때 0.97183kg/L이다.)

① 54.3L
② 400L
③ 544L
④ 5,430L

해설 $\dfrac{1}{0.99823} = 1.00177$, $\dfrac{1}{0.97183} = 1.0289$
∴ 온수 팽창량 = 20,000×(1.0289 − 1.00177) = 544L

89 급탕배관의 신축을 흡수하기 위한 시공방법으로 틀린 것은?

① 건물의 벽 관통부분 배관에는 슬리브를 끼운다.

② 배관의 굽힘 부분에는 벨로즈 이음으로 접합한다.

③ 복식 신축관 이음쇠는 신축구간의 중간에 설치한다.

④ 동관을 지지할 때에는 석면, 고무 등의 보호재를 사용하여 고정시킨다.

해설 배관의 굽힘 부분에는 루프형(곡관형) 신축 조인트를 사용한다(옥외 대형 배관용).

90 배수의 성질에 의한 구분에서 수세식 변기의 대·소변에서 나오는 배수는?

① 오수
② 잡배수
③ 특수배수
④ 우수배수

91 배관용 패킹재료 선정 시 고려해야 할 사항으로 가장 거리가 먼 것은?

① 유체의 압력
② 재료의 부식성
③ 진동의 유무
④ 시트면의 형상

해설 패킹재료 시트 모양에는 전면, 대평면, 소평면, 삽입형, 홈형 등이 있다.

92 냉동설비배관에서 액분리기와 압축기 사이에 냉매배관을 할 때 구배로 옳은 것은?

① 1/100 정도의 압축기 측 상향 구배로 한다.
② 1/100 정도의 압축기 측 하향 구배로 한다.
③ 1/200 정도의 압축기 측 상향 구배로 한다.
④ 1/200 정도의 압축기 측 하향 구배로 한다.

해설

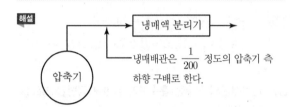

냉매배관은 $\frac{1}{200}$ 정도의 압축기 측 하향 구배로 한다.

93 냉동장치에서 압축기의 진동이 배관에 전달되는 것을 흡수하기 위하여 압축기 토출, 흡입배관 등에 설치해 주는 것은?

① 팽창밸브
② 안전밸브
③ 사이트 글라스
④ 플렉시블 튜브

해설

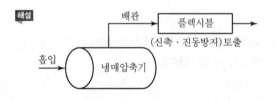

94 밀폐식 온수난방 배관에 대한 설명으로 틀린 것은?

① 배관의 부식이 비교적 적어 수명이 길다.
② 배관경이 적어지고 방열기도 적게 할 수 있다.
③ 팽창탱크를 사용한다.
④ 배관 내의 온수 온도는 70℃ 이하이다.

해설 밀폐식 고온수 난방 : 100℃ 이상

95 온수난방 배관 설치 시 주의사항으로 틀린 것은?

① 온수 방열기마다 수동식 에어벤트를 설치한다.
② 수평 배관에서 관경을 바꿀 때는 편심 이음을 사용한다.
③ 팽창관에 스톱밸브를 부착하여 긴급상황 시 유체 흐름을 차단하도록 한다.
④ 수리나 난방 휴지 시 배수를 위한 드레인 밸브를 설치한다.

해설 온수난방 팽창관에는 어떠한 밸브도 설치하여서는 아니 된다.

96 공랭식 응축기 배관 시 틀린 것은?

① 소형 냉동기에 사용하며 핀이 있는 파이프 속에 냉매를 통하여 바람 이송 냉각설계로 되어 있다.
② 냉방기가 응축기 아래 설치되는 경우 배관 높이가 10m 이상일 때는 5m마다 오일 트랩을 설치해야 한다.
③ 냉방기가 응축기 위에 위치하고, 압축기가 냉방기에 내장되었을 경우에는 오일 트랩이 필요 없다.
④ 수랭식에 비해 능력은 낮지만, 냉각수를 사용하지 않아 동결의 염려가 없다.

해설 ㉠ 응축기 : 수랭식, 증발식, 공랭식
㉡ 냉매의 흡입배관에 오일 트랩을 설치한다.
㉢ 냉매 토출관에 응축기가 압축기보다 2.5m 이하이면 하향 구배하며, 수직관이 10m 이상이면 10m마다 트랩을 1개씩 설치한다.

97 공동주택 등 외의 건축물 등에 도시가스를 공급하는 경우 정압기에서 가스 사용자가 점유하고 있는 토지의 경계까지 이르는 배관을 무엇이라고 하는가?

① 내관   ② 공급관
③ 본관   ④ 중압관

해설

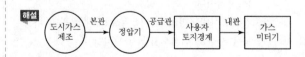

98 급수에 사용되는 물은 탄산칼슘의 함유량에 따라 연수와 경수로 구분된다. 경수 사용 시 발생될 수 있는 현상으로 틀린 것은?

① 보일러 용수로 사용 시 내면에 관석이 많이 발생한다.
② 전열효율이 저하하고 과열 원인이 된다.
③ 보일러의 수명이 단축된다.
④ 비누거품이 많이 발생한다.

해설 비누거품 발생은 포밍현상, 물방울 발생(증기 내부)은 프라이밍 비수 현상이라 한다.

99 관의 종류와 이음방법의 연결로 틀린 것은?

① 강관−나사이음
② 동관−압축이음
③ 주철관−칼라이음
④ 스테인리스강관−몰코이음

해설 칼라이음(누름판이음)
주철제의 특수 칼라를 사용하여 접합부 사이에 고무링을 끼워 수밀을 유지한다. 석면시멘트관 이음에 사용된다.

100 강관의 나사이음 시 관을 절단한 후 관 단면의 안쪽에 생기는 거스러미를 제거할 때 사용하는 공구는?

① 파이프 바이스   ② 파이프 리머
③ 파이프 렌치   ④ 파이프 커터

해설 파이프 리머(관용 리머)
강관 나사이음 시 관을 절단한 후 관 단면의 안쪽에 생기는 거스러미 제거용

SECTION 01 기계열역학

01 저열원 20℃와 고열원 700℃ 사이에서 작동하는 카르노 열기관의 열효율은 약 몇 %인가?

① 30.1%   ② 69.9%

③ 52.9%   ④ 74.1%

해설 카르노 사이클

    ㉠ 1 → 2(등온팽창)

    ㉡ 2 → 3(단열팽창)

    ㉢ 3 → 4(등온압축)

    ㉣ 4 → 1(단열압축)

$$열효율(\eta) = 1 - \frac{Q_2}{Q_1} = 1 - \frac{T_2}{T_1} = 1 - \frac{273 + 20}{273 + 700}$$

$$= 0.699(69.9\%)$$

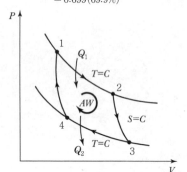

[Carnot cycle]

02 다음 중 비가역 과정으로 볼 수 없는 것은?

① 마찰 현상

② 낮은 압력으로의 자유 팽창

③ 등온 열전달

④ 상이한 조성물질의 혼합

해설 등온열량(δq) = 절대일 = 공업일(가열량은 전부 일로 변한다.) 즉, 엔탈피 및 내부 에너지 변화가 없다(주로 가역 변화만 다룬다).

03 압력이 $10^6 N/m^2$, 체적이 $1m^3$인 공기가 압력이 일정한 상태에서 400kJ의 일을 하였다. 변화 후의 체적은 약 몇 m^3인가?

① 1.4   ② 1.0

③ 0.6   ④ 0.4

해설 $J = 1N \cdot m$, $1kgf = 1kg \times 9.8m/s^2 = 9.8N$, $10^6 N/m^2 = 1,000kN/m^2$

$$정압변화 = \frac{T_2}{T_1} = \frac{V_2}{V_1}$$

$$(절대일 = P(V_2 - V_1) = 1,000 \times (V_2 - 1) = 400kJ)$$

$$\therefore V_2 = 1 + \frac{400}{1,000} = 1.4m^3$$

04 랭킨 사이클(온도(T)−엔트로피(s)선도) 그림 각각의 지점에서 엔탈피는 표와 같을 때 이 사이클의 효율은 약 몇 %인가?

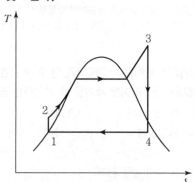

구분	엔탈피(kJ/kg)
1지점	185
2지점	210
3지점	3,100
4지점	2,100

① 33.7%   ② 28.4%

③ 25.2%   ④ 22.9%

해설 효율$(\eta_R) = \dfrac{(3-4)-(2-1)}{3-2}$

$= \dfrac{(3,100-2,100)-(210-185)}{3,100-1,00} \times 100 = 33.7(\%)$

05 그림과 같이 상태 1, 2 사이에서 계가 $1 \to A \to 2 \to$ $B \to 1$과 같은 사이클을 이루고 있을 때, 열역학 제1법칙에 가장 적합한 표현은?(단, 여기서 Q는 열량, W는 계가 하는 일, U는 내부에너지를 나타낸다.)

① $dU = \delta Q + \delta W$

② $\Delta U = Q - W$

③ $\oint \delta Q = \oint \delta W$

④ $\oint \delta Q = \oint \delta U$

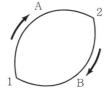

해설 열역학 제1법칙 표현

$\oint \delta Q = \oint \delta W$

일 → 열, 열 → 일로 변화한다.

06 100kPa, 25℃ 상태의 공기가 있다. 이 공기의 엔탈피가 298.615kJ/kg이라면 내부에너지는 약 몇 kJ/kg인가?(단, 공기는 분자량 28.97인 이상기체로 가정한다.)

① 213.05kJ/kg ② 241.07kJ/kg

③ 298.15kJ/kg ④ 383.72kJ/kg

해설 비엔탈피$(h) = u + APV(\text{kcal/kg})$

기체상수$(R) = \dfrac{8.314}{28.97} = 0.286 \text{kJ/k} \cdot \text{kg}$

$\therefore$ 내부에너지$(u) = 298.615 - (298.615 \times 0.286)$

$= 213 \text{kJ/kg}$

$\%$ $(25+273) \times 0.286 = 85.526 \text{kJ}$

07 압력이 일정할 때 공기 5kg을 0℃에서 100℃까지 가열하는 데 필요한 열량은 약 몇 kJ인가?(단, 비열(Cp)은 온도 T(℃)에 관계한 함수로 Cp(kJ/(kg · ℃))=1.01+0.000079×T이다.)

① 365 ② 436

③ 480 ④ 507

해설 평균비열$(C_m) = 1.01 + 0.000079 \times T$

$\therefore$ 가열열량$(Q) = G \displaystyle\int_0^{100} (1.01 + 0.000079 \times T) dt$

$= 5(1.01t)_0^{100} + \left(0.000079 \dfrac{100^2}{2}\right)$

$\therefore 5 \times \left(1.01 \times 100 + 0.000079 \times \dfrac{100^2}{2}\right) = 507 \text{kJ}$

08 열교환기를 흐름 배열(flow arrangement)에 따라 분류할 때 그림과 같은 형식은?

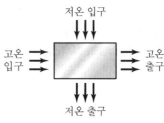

① 평행류 ② 대향류

③ 병행류 ④ 직교류

해설 열교환기 흐름 배열 : 직교류형

09 온도 15℃, 압력 100kPa 상태의 체적이 일정한 용기 안에 어떤 이상 기체 5kg이 들어 있다. 이 기체가 50℃가 될 때까지 가열되는 동안의 엔트로피 증가량은 약 몇 kJ/K인가?(단, 이 기체의 정압비열과 정적비열은 각각 1.001kJ/(kg · K), 0.7171kJ/(kg · K)이다.)

① 0.411 ② 0.486

③ 0.575 ④ 0.732

해설 엔트로피 변화량$(\Delta S) = GC_V \ln \dfrac{T_2}{T_1}$

$= 5 \times 0.7171 \times \ln \dfrac{50+273}{15+273}$

$= 0.411 \text{kJ/K}$

10 다음 온도에 관한 설명 중 틀린 것은?

① 온도는 뜨겁거나 차가운 정도를 나타낸다.

② 열역학 제0법칙은 온도 측정과 관계된 법칙이다.

③ 섭씨온도는 표준 기압하에서 물의 어는 점과 끓는 점을 각각 0과 100으로 부여한 온도 척도이다.

④ 화씨온도 F와 절대온도 K 사이에는 $K = F + 273.15$의 관계가 성립한다.

> **해설** 켈빈 절대온도$(K) = ℃ + 273.15$, 랭킨 절대온도$(°R)$
> $= °F + 460$

11 밀폐계에서 기체의 압력이 100kPa으로 일정하게 유지되면서 체적이 $1m^3$에서 $2m^3$으로 증가되었을 때 옳은 설명은?

① 밀폐계의 에너지 변화는 없다.

② 외부로 행한 일은 100kJ이다.

③ 기체가 이상기체라면 온도가 일정하다.

④ 기체가 받은 열은 100kJ이다.

> **해설** 외부로 행한 일$(W) = P(V_2 - V_1) = 100 \times (2-1) = 100kJ$

12 출력 10,000kW의 터빈 플랜트의 시간당 연료소비량이 5,000kg/h이다. 이 플랜트의 열효율은 약 몇 %인가?(단, 연료의 발열량은 33,440kJ/kg이다.)

① 25.4%   ② 21.5%

③ 10.9%   ④ 40.8%

> **해설** $1kW - h = 3,600kJ$
> 출력 $= 10,000 \times 3,600 = 36,000,000kJ/h$
> 입력 $= 5,000 \times 33,440 = 167,200,000kJ/h$
> ∴ 열효율$(\eta) = \dfrac{36,000,000}{167,200,000} \times 100 = 21.5\%$

13 역 Carnot cycle로 300K와 240K 사이에서 작동하고 있는 냉동기가 있다. 이 냉동기의 성능계수는?

① 3   ② 4

③ 5   ④ 6

> **해설** 냉동기 성능계수$(COP) = \dfrac{T_2}{T_1 - T_2} = \dfrac{240}{300 - 240} = 4$

14 보일러 입구의 압력이 $9,800kN/m^2$이고, 응축기의 압력이 $4,900N/m^2$일 때 펌프가 수행한 일은 약 몇 kJ/kg인가?(단, 물의 비체적은 $0.001m^3/kg$이다.)

① 9.79   ② 15.17

③ 87.25   ④ 180.52

> **해설** $4,900N/m^2 = 4.9kN/m^2$
> 펌프 일$(w\rho) = Vf(P_2 - P_1) = 0.001 \times (9,800 - 4.9)$
> $= 9.79kJ/kg$

15 오토(Otto) 사이클에 관한 일반적인 설명 중 틀린 것은?

① 불꽃점화기관의 공기 표준 사이클이다.

② 연소과정을 정적 가열과정으로 간주한다.

③ 압축비가 클수록 효율이 높다.

④ 효율은 작업기체의 종류와 무관하다.

> **해설** ④ 오토 사이클의 효율은 압축비와 비열비의 값으로 결정된다. 이때 비열비(K)는 기체의 종류에 따라 값이 정해진다.

16 열역학 제2법칙과 관련된 설명으로 옳지 않은 것은?

① 열효율이 100%인 열기관은 없다.

② 저온 물체에서 고온 물체로 열은 자연적으로 전달되지 않는다.

③ 폐쇄계와 그 주변계가 열교환이 일어날 경우 폐쇄계와 주변계 각각의 엔트로피는 모두 상승한다.

④ 동일한 온도 범위에서 작동되는 가역 열기관은 비가역 열기관보다 열효율이 높다.

> **해설** ③ 계가 한 상태에서 다른 상태로 변할 때 엔트로피가 증가하거나 불변이다.

17 10kg의 증기가 온도 50℃, 압력 38kPa, 체적 7.5 m³일 때 총 내부에너지는 6,700kJ이다. 이와 같은 상태의 증기가 가지고 있는 엔탈피는 약 몇 kJ인가?

① 606 　　　　　　② 1,794

③ 3,305 　　　　　④ 6,985

해설 외부에너지$(PVA) = 38 \times (7.5 - 0) = 285$kJ

∴ 엔탈피$(h) = u + APV = 6,700 + 285 = 6,985$kJ

18 다음 중 정확하게 표기된 SI 기본단위(7가지)의 개수가 가장 많은 것은?(단, SI 유도단위 및 그 외 단위는 제외한다.)

① A, Cd, ℃, kg, m, Mol, N, s

② cd, J, K, kg, m, Mol, Pa, s

③ A, J, ℃, kg, km, mol, S, W

④ K, kg, km, mol, N, Pa, S, W

해설 SI 기본단위(7개) : cd, K, kg, mol, s, m, A

19 어느 증기터빈에 0.4kg/s로 증기가 공급되어 260 kW의 출력을 낸다. 입구의 증기 엔탈피 및 속도는 각각 3,000kJ/kg, 720m/s, 출구의 증기 엔탈피 및 속도는 각각 2,500kJ/kg, 120m/s이면, 이 터빈의 열손실은 약 몇 kW가 되는가?

① 15.9 　　　　　　② 40.8

③ 20.0 　　　　　　④ 104

해설 1kW-h = 3,600kJ(860kcal)

260 × 3,600 = 936,000kJ/h

증기사용량 = 0.4 × 3,600s/h = 1,440kg/h

$\therefore \left\{ \dfrac{1,440 \times (3,000 - 2,500)}{3,600} + \dfrac{(720^2 - 120^2) \times 9.8 \times 1,440}{2 \times 9.8 \times 1,000 \times 3,600} \right\}$

$- 260 = 40.8$kW

20 8℃의 이상기체를 가역단열 압축하여 그 체적을 1/5로 하였을 때 기체의 온도는 약 몇 ℃인가?(단, 이 기체의 비열비는 1.4이다.)

① −125℃ 　　　　② 294℃

③ 222℃ 　　　　　④ 262℃

해설 $\dfrac{T_2}{T_1} = \left(\dfrac{V_1}{V_2}\right)^{k-1} = \left(\dfrac{P_2}{P_1}\right)^{\frac{k-1}{k}}$

$= \left\{ (273 + 8) \times \left(\dfrac{5}{1}\right)^{1.4-1} \right\} - 273 = 262℃$

SECTION 02 냉동공학

21 증기압축식 냉동장치에 관한 설명으로 옳은 것은?

① 증발식 응축기에서는 대기의 습구온도가 저하하면 고압압력은 통상의 운전 압력보다 높게 된다.

② 압축기의 흡입압력이 낮게 되면 토출압력도 낮게 되어 냉동능력이 증대한다.

③ 언로더 부착 압축기를 사용하면 급격하게 부하가 증가하여도 액백(liquid back)현상을 막을 수 있다.

④ 액배관에 플래시 가스가 발생하면 냉매 순환량이 감소되어 증발기의 냉동능력이 저하된다.

해설 ① 증발식 응축기 : 습도가 낮으면 능력이 증가한다.

② 압축기의 흡입압력이 낮으면 압축비가 커져서 냉동능력이 감소한다.

③ 언로드 상태는 무부하 상태여서 유압이 안 걸린 상태이다. 액백현상이 일어나지 않고 고속다기통압축기에서 부하경감장치로 사용하는 것이 언로드이다.

22 열전달에 관한 설명으로 틀린 것은?

① 전도란 물체 사이의 온도차에 의한 열의 이동 현상이다.

② 대류란 유체의 순환에 의한 열의 이동 현상이다.

③ 대류 열전달계수의 단위는 열통과율의 단위와 같다.

④ 열전도율의 단위는 W/m² · K이다.

해설 열전도율 단위 : W/mK

23 방열벽의 열통과율(K)이 0.2kcal/m² · h · ℃이며, 외기와 벽면과의 열전달률(α_1)은 20kcal/m² · ℃, 실내공기와 벽면과의 열전달률(α_2)이 5kcal/m² · h · ℃, 방열층의 열전도율(λ)이 0.03kcal/m · h · ℃라 할 때, 방열벽의 두께는 얼마가 되는가?

① 142.5mm

② 146.5mm

③ 155.5mm

④ 164.5mm

해설 $0.2 = \dfrac{1}{\dfrac{1}{5} + \dfrac{b}{0.03} + \dfrac{1}{20}}$,

$b(두께) = 0.03 \times \left\{ \dfrac{1}{0.2} - \left(\dfrac{1}{20} + \dfrac{1}{5} \right) \right\}$

∴ 방열벽 두께(b) = 0.1425m = 142.5mm

24 프레온 냉매를 사용하는 냉동장치에 공기가 침입하면 어떤 현상이 일어나는가?

① 고압 압력이 높아지므로 냉매 순환량이 많아지고 냉동능력도 증가한다.

② 냉동톤당 소요동력이 증가한다.

③ 고압 압력은 공기의 분압만큼 낮아진다.

④ 배출가스의 온도가 상승하므로 응축기의 열통과율이 높아지고 냉동능력도 증가한다.

해설 프레온 냉매사용 냉동장치에 공기가 침입하면 압력이 증가하고 압축비가 증가하여 냉동톤당 소요동력이 증가한다.

25 2단 냉동 사이클에서 응축압력을 Pc, 증발압력을 Pe라 할 때, 이론적인 최적의 중간압력으로 가장 적당한 것은?

① $Pc \times Pe$

② $(Pc \times Pe)^{\frac{1}{2}}$

③ $(Pc \times Pe)^{\frac{1}{3}}$

④ $(Pc \times Pe)^{\frac{1}{4}}$

해설 2단 냉동 사이클 중간압력 = (응축압력×증발압력)$^{\frac{1}{2}}$

26 -15℃의 R134a 냉매 포화액의 엔탈피는 180.1kJ/kg, 같은 온도에서 포화증기의 엔탈피는 389.6kJ/kg 이다. 증기압축식 냉동시스템에서 팽창밸브 직전의 액의 엔탈피가 237.5kJ/kg이라면 팽창밸브를 통과한 후 냉매의 건도는?

① 0.27

② 0.32

③ 0.56

④ 0.72

해설 증발기 냉매잠열 = 389.6 - 180.1 = 209.5kJ/kg
팽창밸브 직전 잠열 = 237.5 - 180.1 = 57.4kJ/kg
∴ 냉매의 건도(x) = $\dfrac{57.4}{209.5}$ = 0.27(27%)

27 밀도가 1,200kg/m³, 비열이 0.705kcal/kg · ℃인 염화칼슘 브라인을 사용하는 냉각기의 브라인 입구 온도가 -10℃, 출구온도가 -4℃가 되도록 냉각기를 설계하고자 한다. 냉동부하가 36,000kcal/h라면 브라인의 유량은 얼마이어야 하는가?

① 118L/min

② 120L/min

③ 136L/min

④ 150L/min

해설 밀도 1,200kg/m³ = 1.2kg/L
{(-4) - (-10)} = 6℃, 1시간 = 60분
∴ 브라인 냉매유량 = $\dfrac{36,000}{1.2 \times 0.705 \times 6 \times 60}$ = 118L/min

28 냉매의 구비 조건에 대한 설명으로 틀린 것은?

① 증기의 비체적이 작을 것

② 임계온도가 충분히 높을 것

③ 점도와 표면장력이 크고 전열성능이 좋을 것

④ 부식성이 적을 것

해설 냉매는 점도와 표면장력이 적어야 한다(증발관 표면이 잘 적셔져 전열이 좋아진다).

29 공랭식 냉동장치에서 응축압력이 과다하게 높은 경우가 아닌 것은?

① 순환공기 온도가 높을 때

② 응축기가 불결한 상태일 때

③ 장치 내 불응축가스가 존재할 때

④ 공기순환량이 충분할 때

해설 공랭식 응축기는 공기순환량이 불충분하면 응축압력이 높아진다.

30 냉동장치에서 디스트리뷰터(distributor)의 역할로서 옳은 것은?

① 냉매의 분배
② 흡입가스의 과열방지
③ 증발온도의 저하방지
④ 플래시가스의 발생방지

해설 디스트리뷰터 : 냉매분배기

31 암모니아 냉동기에서 압축기의 흡입 포화온도 −20℃, 응축온도 30℃, 팽창밸브의 직전온도가 25℃, 피스톤 압출량이 288m³/h일 때, 냉동능력은?(단, 압축기의 체적효율 0.8, 흡입냉매의 엔탈피 396kcal/kg, 냉매흡입 비체적 0.62m³/kg, 팽창밸브 직전 냉매의 엔탈피 128kcal/kg이다.)

① 25RT   ② 30RT
③ 35RT   ④ 40RT

해설 1RT=3,320kcal/h
냉매증발력=396−128=268kcal/kg
냉매순환량=$\frac{288}{0.62}$=464.52kg/h
∴ 냉동능력=$\frac{268×464.52×0.8}{3,320}$=30RT

32 냉매 액가스 열교환기의 사용에 대한 설명으로 틀린 것은?

① 액가스 열교환기는 보통 암모니아 장치에는 사용하지 않는다.
② 프레온 냉동장치에서 액압축 방지 및 액관 중의 플래시 가스 발생을 방지하는 데 도움이 된다.
③ 증발기로 들어가는 저온의 냉매 증기와 압축기에서 응축기에 이르는 고온의 냉매액을 열교환시키는 방법을 이용한다.
④ 습압축을 방지하여 냉동효과와 성적계수를 향상시킬 수 있다.

해설 열교환기는 증발기로 유입되는 고압액냉매를 과냉각시켜 플래시 가스량(사용하지 못하고 미리 기화된 냉매가스)을 억제하여 냉동효과를 증대시킨다.

33 다음 압축기 중 압축방식에 의한 분류에 속하지 않는 것은?

① 왕복동식 압축기
② 흡수식 압축기
③ 회전식 압축기
④ 스크루식 압축기

해설 흡수식 냉동기에는 압축기가 없고 직화식, 증기식, 중온수식 등의 재생기(용액과 냉매 분리)가 부착된다.

34 다음은 h−x(엔탈피−농도)선도에 흡수식 냉동기의 사이클을 나타낸 것이다. 그림에서 흡수사이클을 나타내는 것으로 옳은 것은?

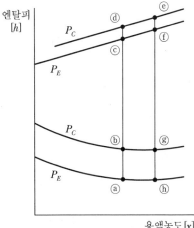

① a−b−g−h−a
② a−c−f−h−a
③ b−c−f−g−b
④ b−d−e−g−b

해설 흡수기 내에는 저압이 형성된다(증발기에서 냉매 H₂O가 증발한 냉매증기를 흡수용액인 흡수제 LiBr(리튬브로마이드)가 흡수하는 약 6mmHg 저압상태이다(사이클 : a→b→g→h→a)).

35 다음 선도와 같이 응축온도만 변화하였을 때 각 사이클의 특성 비교로 틀린 것은?(단, 사이클A : (A−B−C−D−A), 사이클 B : (A−B′−C′−D′−A), 사이클 C : (A−B″−C″−D″−A)이다.)

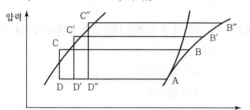

(응축온도만 변했을 경우)

① 압축비 : 사이클 C>사이클 B>사이클 A
② 압축일량 : 사이클 C>사이클 B>사이클 A
③ 냉동효과 : 사이클 C>사이클 B>사이클 A
④ 성적계수 : 사이클 C<사이클 B<사이클 A

해설 사이클 B나 C가 증가하면 응축압력이 증가하여 압축비가 증가하고 냉동능력이 감소한다(단, 증발압력이 일정한 경우).
∴ 냉동 효과=A>B>C

36 냉동기의 압축기 윤활목적으로 틀린 것은?

① 마찰을 감소시켜 마모를 적게 한다.
② 패킹재를 보호한다.
③ 열을 발생시킨다.
④ 피스톤, 스터핑박스 등에서 냉매누출을 방지한다.

해설 냉동기 압축기의 윤활유 사용 목적은 냉매와 실린더의 마찰열을 제거하여 기계효율을 증대시키는 것이다.

37 증기 압축식 냉동장치의 운전 중에 액백(Liquid back)이 발생되고 있을 때 나타나는 현상으로 옳은 것은?

① 소요동력이 감소한다.
② 토출관이 뜨거워진다.
③ 압축기에 서리가 생긴다.
④ 냉동능력이 증가한다.

해설 냉매증기가 압축기 내에서 냉매액으로 존재하여 실린더 상부를 타격하는 액백이 발생하면 압축기에서 서리가 발생한다.

38 액분리기에 관한 설명으로 옳은 것은?

① 증발기 입구에 설치한다.
② 액압축을 방지하며 압축기를 보호한다.
③ 냉각할 때 침입한 공기와 냉매를 혼합시킨다.
④ 증발기에 공급되는 냉매액을 냉각시킨다.

해설 냉매액 분리기
흡입 냉매가스 중에서 미처 증발하지 못한 냉매액이 혼입되면 이것을 분리하여 압축기 보호를 위해 순수한 냉매가스만을 압축기에 흡입시켜 액압축(liquid back)을 방지한다.

39 1단 압축 1단 팽창 이론 냉동 사이클에서 압축기의 압축과정은?

① 등엔탈피 변화
② 정적 변화
③ 등엔트로피 변화
④ 등온 변화

해설 1단 압축 1단 팽창 냉동 사이클은 단열압축으로 보며 열의 출입이 없으므로 등엔트로피 변화이다.

40 실제 냉동 사이클에서 냉매가 증발기에서 나온 후, 압축기의 흡입 전 흡입가스 변화는?

① 압력은 감소하고 엔탈피는 증가한다.
② 압력과 엔탈피가 감소한다.
③ 압력은 증가하고 엔탈피는 감소한다.
④ 압력과 엔탈피가 증가한다.

해설
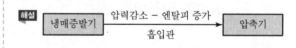

SECTION **03** 공기조화

41 20명의 인원이 각각 1개비의 담배를 동시에 피울 경우 필요한 실내 환기량은?(단, 담배 1개비당 발생하는 배연량은 0.54g/h, 1m³/h의 환기 가능한 허용 담배 연소량은 0.017g/h이다.)

① 235m³/h
② 347m³/h
③ 527m³/h
④ 635m³/h

278

해설 배연량 $= 20명 \times 0.54g/h = 10.8g/h$

$\therefore$ 환기량 $= \dfrac{10.8}{0.017} = 635m^3/h$

---

42 보일러 출력 표시에 대한 설명으로 틀린 것은?

① 정격출력 : 연속 운전이 가능한 보일러의 능력으로 난방부하, 급탕부하, 배관부하, 예열부하의 합이다.

② 정미출력 : 난방부하, 급탕부하, 예열부하의 합이다.

③ 상용출력 : 정격출력에서 예열부하를 뺀 값이다.

④ 과부하출력 : 운전초기에 과부가 발생했을 때는 정격 출력의 $10 \sim 20\%$ 정도 증가해서 운전할 때의 출력으로 한다.

해설 정미출력 = 난방부하 + 급탕부하
상용출력 = 난방부하 + 급탕부하 + 배관부하

---

43 다음 공조방식 중 개별식에 속하는 것은 어느 것인가?

① 팬 코일 유닛 방식

② 단일 덕트 방식

③ 2중 덕트 방식

④ 패키지 유닛 방식

해설 개별식

㉠ 패키지 유닛

㉡ 룸쿨러

㉢ 개별 공조기

---

44 습공기의 가습방법으로 가장 거리가 먼 것은?

① 순환수를 분무하는 방법

② 온수를 분무하는 방법

③ 수증기를 분무하는 방법

④ 외부공기를 가열하는 방법

해설 습공기 가습방법

㉠ 수(水) 분무식

㉡ 증기 분무식(증기발생식, 증기공급식)

㉢ 증발식

---

45 동일한 송풍기에서 회전수를 2배로 했을 경우 풍량, 정압, 소요동력의 변화에 대한 설명으로 옳은 것은?

① 풍량 1배, 정압 2배, 소요동력 2배

② 풍량 1배, 정압 2배, 소요동력 4배

③ 풍량 2배, 정압 4배, 소요동력 4배

④ 풍량 2배, 정압 4배, 소요동력 8배

해설 송풍기 회전수 증가

㉠ 풍량 $\times \left(\dfrac{2}{1}\right) = 2배$

㉡ 정압 $\times \left(\dfrac{2}{1}\right)^2 = 4배$

㉢ 소요동력 $\times \left(\dfrac{2}{1}\right)^3 = 8배$

---

46 건물의 외벽 크기가 $10m \times 2.5m$이며, 벽 두께가 $250mm$인 벽체의 양 표면온도가 각각 $-15℃$, $26℃$일 때, 이 벽체를 통한 단위 시간당 손실열량은?(단, 벽의 열전도율은 $0.05kcal/m \cdot h \cdot ℃$이다.)

① $20.5kcal/h$

② $205kcal/h$

③ $102.5kcal/h$

④ $240kcal/h$

해설 A(전체면적) $= 10 \times 2.5 = 25m^2$,
벽의 두께 $250mm = 0.25m$

고체의 열손실 $= \lambda \times \dfrac{(t_1 - t_2)A}{b}$

$= 0.05 \times \dfrac{\{26 - (-15)\} \times 25}{0.25} = 205kcal/h$

---

47 흡수식 냉동기에 관한 설명으로 틀린 것은?

① 비교적 소용량보다는 대용량에 적합하다.

② 발생기에는 증기에 의한 가열이 이루어진다.

③ 냉매는 브롬화리튬(LiBr), 흡수제는 물(H_2O)의 조합으로 이루어진다.

④ 흡수기에서는 냉각수를 사용하여 냉각시킨다.

해설 흡수식 냉동기

㉠ 증발기 압력(6.5mmHg : 증발온도 5℃)

㉡ 흡수제 : 리튬브로마이드(LiBr)

㉢ 냉매 : H_2O(물)

---

48 장방형 덕트(긴 변 a, 짧은 변 b)의 원형 덕트 지름 환산식으로 옳은 것은?

① $de = 1.3\left[\dfrac{(ab)^2}{a+b}\right]^{1/8}$

② $de = 1.3\left[\dfrac{(ab)^5}{a+b}\right]^{1/6}$

③ $de = 1.3\left[\dfrac{(ab)^5}{(a+b)^2}\right]^{1/8}$

④ $de = 1.3\left[\dfrac{(ab)^2}{(a+b)}\right]^{1/6}$

해설

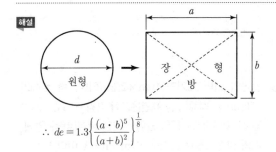

$$\therefore de = 1.3\left\{\frac{(a \cdot b)^5}{(a+b)^2}\right\}^{\frac{1}{8}}$$

49 온수난방 설계 시 다르시−바이스바흐(Darcy − Weibach)의 수식을 적용한다. 이 식에서 마찰저항 계수와 관련이 있는 인자는?

① 누셀수(Nu)와 상대조도
② 프란틀수(Pr)와 절대조도
③ 레이놀즈수(Re)와 상대조도
④ 그라쇼프수(Gr)와 절대조도

해설 마찰저항계수는 레이놀즈수(Re), 상대조도와 관계된다.

50 공기 중의 수증기가 응축하기 시작할 때의 온도, 즉 공기가 포화상태로 될 때의 온도를 무엇이라고 하는가?

① 건구온도
② 노점온도
③ 습구온도
④ 상당외기온도

해설 노점온도는 수증기가 공기 중에서 응축하기 시작할 때의 온도이다.

51 공기 중의 수분이 벽이나 천장, 바닥 등에 닿았을 때 응축되어 이슬이 맺히는 경우가 있다. 이와 같은 수분의 응축 결로를 방지하는 방법으로 적절하지 않은 것은?

① 다습한 외기를 도입하지 않도록 한다.
② 벽체인 경우 단열재를 부착한다.
③ 유리창인 경우 2중유리를 사용한다.
④ 공기와 접촉하는 벽면의 온도를 노점온도 이하로 낮춘다.

해설 결로 방지 방법으로는 ①, ②, ③항 외에 공기와 접촉하는 벽면의 온도를 노점온도 이상으로 높이는 것이 있다.

52 에너지 절약의 효과 및 사무자동화(OA)에 의한 건물에서 내부발생열의 증가와 부하변동에 대한 제어성이 우수하기 때문에 대규모 사무실 건물에 적합한 공기조화방식은?

① 정풍량(CAV) 단일덕트 방식
② 유인유닛 방식
③ 룸 쿨러 방식
④ 가변풍량(VAV) 단일덕트 방식

해설 가변풍량 단일덕트(전공기방식)
㉠ 에너지가 절약된다.
㉡ 사무자동화 건물용이다.
㉢ 부하변동에 제어성이 좋다.

53 바닥취출 공조방식의 특징으로 틀린 것은?

① 천장 덕트를 최소화하여 건축 층고를 줄일 수 있다.
② 개개인에 맞추어 풍량 및 풍속 조절이 어려워 쾌적성이 저해된다.
③ 가압식의 경우 급기거리가 18m 이하로 제한된다.
④ 취출온도와 실내온도의 차이가 10℃ 이상이면 드래프트 현상을 유발할 수 있다.

해설 바닥취출 공조방식은 풍량이나 풍속조절이 용이하다.

54 실내의 냉방 현열부하가 5,000kcal/h, 잠열부하가 800kcal/h인 방을 실온 26℃로 냉각하는 경우 송풍량은?(단, 취출온도는 15℃이며, 건공기의 정압비열은 0.24kcal/kg · ℃, 공기의 비중량은 1.2kg/m³이다.)

① 1,578m³/h
② 878m³/h
③ 678m³/h
④ 578m³/h

해설 부하량=5,000+800=5,800kcal/h
현열부하=5,000kcal/h
∴ 송풍량 = $\dfrac{5,000}{0.24 \times (26-15) \times 1.2}$ = 1,578m³/h

55 실내를 항상 급기용 송풍기를 이용하여 정압(+) 상태로 유지할 수 있어서 오염된 공기의 침입을 방지하고, 연소용 공기가 필요한 보일러실, 반도체 무균실, 소규모 변전실, 창고 등에 적합한 환기법은?

① 제1종 환기
② 제2종 환기
③ 제3종 환기
④ 제4종 환기

해설 제2종 환기는 급기팬+자연환기(자연배기)이며 실내는 정압이 유지된다(오염공기 차단, 연소용 공기 필요).

56 단일덕트 재열방식의 특징으로 틀린 것은?

① 냉각기에 재열부하가 추가된다.
② 송풍 공기량이 증가한다.
③ 실별 제어가 가능하다.
④ 현열비가 큰 장소에 적합하다.

해설 단일덕트 재열방식
㉠ 전공기 방식
㉡ 현열이 아닌 잠열부하가 많은 곳에 적당하다.

57 가변풍량 공조방식의 특징으로 틀린 것은?

① 다른 방식에 비하여 에너지 절약효과가 높다.
② 실내공기의 청정화를 위하여 대풍량이 요구될 때 적합하다.
③ 각 실의 실온을 개별적으로 제어할 때 적합하다.
④ 동시사용률을 고려하여 기기용량을 결정할 수 있어 정풍량방식에 비하여 기기의 용량을 적게 할 수 있다.

해설 2중덕트변풍량(가변풍량) 방식은 실내공기의 대풍량이 아닌 '최소 풍량'이 추출되어도 실내공기의 청정을 유지할 수 있다.

58 습공기의 성질에 대한 설명으로 틀린 것은?

① 상대습도란 어떤 공기의 절대습도와 동일 온도의 포화습공기의 절대습도 비를 말한다.
② 절대습도는 습공기에 포함된 수증기의 중량을 건공기 1kg에 대하여 나타낸 것이다.
③ 포화공기란 습공기 중의 절대습도, 건구온도 등이 변화하면서 수증기가 포화상태에 이른 공기를 말한다.
④ 무입공기란 포화수증기 이상의 수분을 함유하여 공기 중에 미세한 물방울을 함유하는 공기를 말한다.

해설 상대습도= $\dfrac{\text{어떤 상태의 수증기 분압}}{\text{위와 같은 온도의 포화공기의 수증기 분압}}$

59 공기조화설비는 공기조화기, 열원장치 등 4대 주요장치로 구성되어 있다. 4대 주요장치의 하나인 공기조화기에 해당되는 것이 아닌 것은?

① 에어필터
② 공기냉각기
③ 공기가열기
④ 왕복동 압축기

해설 ㉠ 열운반장치 : 공기, 물의 이송장치로 송풍기, 펌프, 덕트 배관 등
㉡ 공기조화 4대 요소 : 온도, 습도, 기류, 청정도
㉢ 공기조화기 : 혼합실, 가열코일, 냉각코일, 필터, 가습노즐 등
※ 왕복동 압축기 : 열원장치

60 다음 습공기 선도의 공기조화 과정을 나타낸 장치도는?(단, ①=외기, ②=환기, HC=가열기, CC=냉각기이다.)

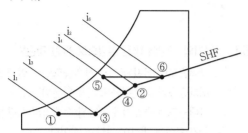

①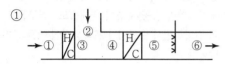

②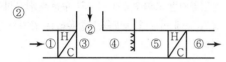

③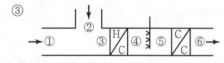

④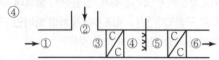

해설 가열, 혼합 가습 가열
① : 외기
② : 환기(실내공기)
③ : 혼합공기
④ : 가습기
⑤ : 가습된 공기
⑥ : 공조기 출구온도(실내 투입)

SECTION **04** 전기제어공학

61 논리식 중 동일한 값을 나타내지 않는 것은?
① $X(X+Y)$
② $XY+X\overline{Y}$
③ $X(\overline{X}+Y)$
④ $(X+Y)(X+\overline{Y})$

해설 ① $X(X+Y)=XX+XY=X+XY=X(1+Y)$
$\qquad =X \cdot 1 = X$
② $XY+X\overline{Y}=X(Y+\overline{Y})=X \cdot 1 = X$
③ $X(\overline{X}+Y)=XY(X\overline{X}+XY=0+XY=XY)$
④ $(X+Y)(X+\overline{Y})=XX+X(Y+\overline{Y})+Y\overline{Y}$
$\qquad =X+X \cdot 1 + 0 = X+X = X$

62 광전형 센서에 대한 설명으로 틀린 것은?
① 전압 변화형 센서이다.
② 포토 다이오드, 포토 TR 등이 있다.
③ 반도체의 PN 접합 기전력을 이용한다.
④ 초전효과(pyroelectric effect)를 이용한다.

해설 초전효과
국부적으로 가열 또는 냉각함으로써 어떤 종류의 결정에 가열하면 그 표면에 유전분극에 의해서 전하가 나타나는 현상

63 3상 권선형 유도전동기 2차 측에 외부저항을 접속하여 2차 저항값을 증가시키면 나타나는 특성으로 옳은 것은?
① 슬립 감소　　　　② 속도 증가
③ 기동토크 증가　　④ 최대토크 증가

해설 기동토크 증가
3상 권선형 유도전동기 2차 측에 외부저항을 접속하여 2차 저항값을 증가시키면 나타나는 특성이다(권선형 유도 전동기 : 2차 회전자에 저항을 접속하고 그 저항값이 변화함에 따라 기동토크나 속도를 제어할 수 있는 전동기).

64 R, L, C가 서로 직렬로 연결되어 있는 회로에서 양단의 전압과 전류가 동상이 되는 조건은?
① $\omega=LC$　　　　② $\omega=L^2C$
③ $\omega=\dfrac{1}{LC}$　　④ $\omega=\dfrac{1}{\sqrt{LC}}$

해설 RLC 직렬회로에서 양단의 전압과 전류가 동상인 경우
$$\omega=\frac{1}{\sqrt{LC}}$$
(R : 저항회로, L : 인덕터스(코일), C : 정전용량)

65 콘덴서의 정전용량을 높이는 방법으로 틀린 것은?

① 극판의 면적을 넓게 한다.

② 극판 간의 간격을 작게 한다.

③ 극판 간의 절연파괴전압을 작게 한다.

④ 극판 사이의 유전체를 비유전율이 큰 것으로 사용 한다.

해설 정전용량$(Q) = CV(C)$: 콘덴서에 축적되는 전하(Q)
정전용량이란 콘덴서(축전기)의 축전능력을 표시하는 값이며 그 기호는 (┤├)이다.
(정전용량 증가는 ①, ②, ④항에 따른다.)
∴ 정전용량$(C) = V/Q$(F)
※ 1F : 1V의 전압을 가하여 1C의 전하를 축적하는 경우의 정전용량

66 그림과 같은 계전기 접점회로의 논리식은?

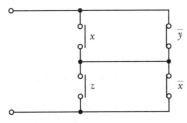

① $xz + \overline{yx}$

② $xy + z\overline{x}$

③ $(x + \overline{y})(z + \overline{x})$

④ $(x + z)(\overline{y} + \overline{x})$

해설 relay(계전기) 접점회로의 논리식 $= (x + \overline{y})(z + \overline{x})$
※ 릴레이(relay) : 전압, 전류, 주파수 등의 전기신호를 비롯하여 온도, 빛 등의 여러 가지 입력신호에 따라서 전기회로를 열거나 닫는 역할을 하는 기기이다(접점계전기(전자계전기), 무접점계전기(트랜지스터, SCR, 등)).

67 계측기 선정 시 고려사항이 아닌 것은?

① 신뢰도   ② 정확도

③ 미려도   ④ 신속도

해설 계측기 선정 시 고려사항은 신뢰도, 정확도, 신속도 등이다.

68 $\frac{3}{2}\pi$(rad) 단위를 각도(°) 단위로 표시하면 얼마인가?

① 120°

② 240°

③ 270°

④ 360°

해설 1회전한 각도 : 2π(radian 라디안)

각도 표시 1rad(라디안) $=$ 각도 $\times \dfrac{\pi}{180}$

$1° = \dfrac{\pi}{180}$(rad), π(rad) $= 180°$

∴ $180 \times \dfrac{3}{2} = 270°$

69 궤환제어계에 속하지 않는 신호로서 외부에서 제어량이 그 값에 맞도록 제어계에 주어지는 신호를 무엇이라 하는가?

① 목푯값

② 기준 입력

③ 동작 신호

④ 궤환 신호

해설 **목푯값**
궤환제어계에 속하지 않는 신호로서 외부에서 제어량이 그 값에 맞도록 제어계에 주어지는 신호(desired value)
※ 궤환(귀환) : 피드백(feedback)

70 타력제어와 비교한 자력제어의 특징 중 틀린 것은?

① 저비용

② 구조 간단

③ 확실한 동작

④ 빠른 조작속도

해설 ㉠ 자력제어 : 조작부를 움직이기 위해 필요한 에너지가 제어대상에서 검출부를 통해 직접 얻어지는 제어이다. 그 특징은 ①, ②, ③항이다.
㉡ 타력제어 : 제어 동작을 하는 데 필요한 동력을 다른 보조장치에서 받는 제어방식(보조동력 : 전기, 공기, 유압 그 조합 등)

71 그림 (a)의 직렬로 연결된 저항회로에서 입력전압 V_1과 출력전압 V_0의 관계를 그림(b)의 신호흐름선도로 나타낼 때 A에 들어갈 전달함수는?

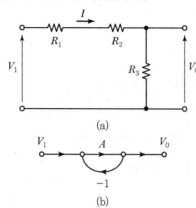

(a)

(b)

① $\dfrac{R_3}{R_1 + R_2}$ ② $\dfrac{R_1}{R_2 + R_3}$

③ $\dfrac{R_2}{R_1 + R_3}$ ④ $\dfrac{R_3}{R_1 + R_2 + R_3}$

해설 직병렬이므로 전달함수 $(A) = \dfrac{R_3}{R_1 + R_2}$

※ 전달함수 : 모든 초기값을 0으로 하였을 때 출력신호의 라플라스 변환과 입력신호의 라플라스 변환의 비

72 다음 (a), (b) 두 개의 블록선도가 등가가 되기 위한 K는?

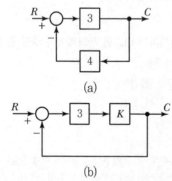

(a)

(b)

① 0   ② 0.1
③ 0.2   ④ 0.3

해설 $a = \dfrac{G_1}{1 + G_1 G_2}$, $b = \dfrac{G_1 G_2}{1 + G_1 G_2}$, $\dfrac{3}{1 + 3 \times 4} = \dfrac{3 \times K}{1 + 3 \times K}$
∴ $K = 0.1$

73 무인커피판매기는 무슨 제어인가?
① 서보기구
② 자동조정
③ 시퀀스 제어
④ 프로세스 제어

해설 시퀀스 제어 : 무인커피판매기, 세탁기, 전기밥솥, 승강기 등

74 공작기계를 이용한 제품가공을 위해 프로그램을 이용하는 제어와 가장 관계 깊은 것은?
① 속도제어   ② 수치제어
③ 공정제어   ④ 최적제어

해설 수치제어 : 공작기계를 이용한 제품가공을 위해 프로그램을 이용하는 제어와 가장 관계가 깊다(numerical control).

75 전압, 전류, 주파수 등의 양을 주로 제어하는 것으로 응답속도가 빨라야 하는 것이 특징이며, 정전압장치나 발전기 및 조속기의 제어 등에 활용하는 제어방법은?
① 서보기구   ② 비율제어
③ 자동조정   ④ 프로세스제어

해설 자동조정 : 주로 전압, 전류, 회전속도, 회전력 등의 양을 자동제어하는 것

76 단상변압기 3대를 △결선하여 3상 전원을 공급하다가 1대의 고장으로 인하여 고장 난 변압기를 제거하고 V결선으로 바꾸어 전력을 공급할 경우 출력은 당초 전력의 약 몇 %까지 가능하겠는가?
① 46.7   ② 57.7
③ 66.7   ④ 86.7

해설 $\Delta - \Delta$변압기 결선 : 변압기 3대 중 1대가 고장이 나도 나머지 2대로 V결선이 가능하다.

∴ V결선의 출력비 $= \dfrac{1}{\sqrt{3}} = 57.7\%$

※ V결선의 이용률 $= \dfrac{\sqrt{3}}{2} = 86.6\%$

77 도체를 늘려서 길이가 4배인 도선을 만들었다면 도체의 전기저항은 처음의 몇 배인가?

① $\dfrac{1}{4}$ ② $\dfrac{1}{16}$

③ 4 ④ 16

해설 전기저항 : 물체의 길이에 비례하고 단면적 A에 반비례한다 $\left(R=\rho\dfrac{\ell}{A}\right)$.

길이가 4배 증가하면 면적은 $\dfrac{1}{4}$로 줄어든다.

$\therefore R'=\rho\dfrac{4\ell}{\dfrac{1}{4}A}=\dfrac{4}{0.25}=16$배 증가

78 L = 4H인 인덕턴스에 $i=-30e^{-3t}$ A의 전류가 흐를 때 인덕턴스에 발생하는 단자전압은 몇 V인가?

① $90e^{-3t}$ ② $120e^{-3t}$

③ $180e^{-3t}$ ④ $360e^{-3t}$

해설 인덕턴스(L만의 회로) 단자전압(V_L)

$=\text{L}\dfrac{di(t)}{dt}=4\times\dfrac{d}{dt}(-30e^{-3t})=360e^{-3t}$

※ 인덕턴스 : 전선이나 코일에는 그 주위나 내부를 통하는 자속의 방해를 하는 작용이 있으며 이 작용의 세기를 나타내는 값이다. 또 자속이 코일 자신의 전류에 의한 것일 때는 자기 인덕턴스라고 하며 다른 전선이나 코일의 전류에 의한 것일 때는 상호인덕턴스라 한다. 이들의 크기 단위 기호는 (H)이다.

79 출력의 변동을 조정하는 동시에 목푯값에 정확히 추종하도록 설계한 제어계는?

① 타력제어
② 추치제어
③ 안정제어
④ 프로세스제어

해설 추치제어(Variable Value Control)
목푯값이 변화하는 경우 그에 따라서 제어량을 추종하기 위한 제어를 말한다(추종제어, 비율제어, 프로그램 제어).

80 제어기기의 변환요소에서 온도를 전압으로 변화시키는 요소는?

① 열전대 ② 광전지
③ 벨로우즈 ④ 가변저항기

해설 ㉠ 열전대 : 온도 → 전압(변환시키는 요소)
㉡ 광전지 : 광 → 전압
㉢ 벨로우즈 : 압력 → 변위
㉣ 가변저항기 : 변위 → 임피던스

SECTION 05 배관일반

81 관의 부식 방지방법으로 틀린 것은?

① 전기절연을 시킨다.
② 아연도금을 한다.
③ 열처리를 한다.
④ 습기의 접촉을 없게 한다.

해설 열처리(담금질)는 금속의 성질을 개선시킨다.

82 급탕 배관에서 설치되는 팽창관의 설치위치로 적당한 것은?

① 순환펌프와 가열장치 사이
② 가열장치와 고가탱크 사이
③ 급탕관과 환수관 사이
④ 반탕관과 순환펌프 사이

해설 팽창관의 설치 위치 : 팽창탱크(고가탱크)와 가열장치(보일러) 사이에 설치한다(온수보일러 팽창수 저장장치와 보일러 환수관과 연결).

83 기수 혼합식 급탕설비에서 소음을 줄이기 위해 사용되는 기구는?

① 서모스탯 ② 사일렌서
③ 순환펌프 ④ 감압밸브

해설 기수 혼합식 급탕설비에서 증기에 의한 소음을 줄이기 위해 사일렌서(S형, F형)를 사용한다. 증기 사용압력은 0.1~0.4MPa이다.

84 다음 중 소형, 경량으로 설치면적이 작고 효율이 좋으므로 가장 많이 사용되고 있는 냉각탑의 종류는?

① 대기식 냉각탑　　② 대향류식 냉각탑
③ 직교류식 냉각탑　　④ 밀폐식 냉각탑

해설 대향류식 냉각탑 : 소형, 경량으로 설치면적이 작고 향류식이어서 효율이 좋다.

85 도시가스 입상배관의 관 지름이 20mm일 때 움직이지 않도록 몇 m마다 고정장치를 부착해야 하는가?

① 1m　　　　　　② 2m
③ 3m　　　　　　④ 4m

해설
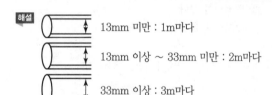
13mm 미만 : 1m마다

13mm 이상 ~ 33mm 미만 : 2m마다

33mm 이상 : 3m마다

86 공장에서 제조 정제된 가스를 저장했다가 공급하기 위한 압력탱크로 가스압력을 균일하게 하며, 급격한 수요변화에도 제조량과 소비량을 조절하기 위한 장치는?

① 정압기　　　　　② 압축기
③ 오리피스　　　　④ 가스홀더

해설 가스홀더 : 공장에서 제조 정제된 가스를 저장했다가 공급하기 위한 압력탱크로 급격한 수요변화에도 제조량과 소비량을 조절한다(고압식, 저압식).

87 배관 도시기호 치수기입법 중 높이 표시에 관한 설명으로 틀린 것은?

① EL : 배관의 높이를 관의 중심을 기준으로 표시
② GL : 포장된 지표면을 기준으로 하여 배관장치의 높이를 표시

③ FL : 1층의 바닥면을 기준으로 표시
④ TOP : 지름이 다른 관의 높이를 나타낼 때 관외경의 아랫면까지를 기준으로 표시

해설
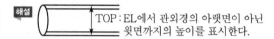
TOP : EL에서 관외경의 아랫면이 아닌 윗면까지의 높이를 표시한다.

88 급수배관에 관한 설명으로 옳은 것은?

① 수평배관은 필요할 경우 관 내의 물을 배제하기 위하여 1/100~1/150의 구배를 준다.
② 상향식 급수배관의 경우 수평주관은 내림구배, 수평분기관은 올림구배로 한다.
③ 배관이 벽이나 바닥을 관통하는 곳에는 후일 수리 시 교체가 쉽도록 슬리브(sleeve)를 설치한다.
④ 급수관과 배수관을 수평으로 매설하는 경우 급수관을 배수관의 아래쪽이 되도록 매설한다.

해설 급수관의 구배 : (1/250)이 표준이다. 급수관의 기울기는 상향구배, 옥상 탱크식은 수평주관은 하향기울기, 급수관은 배수관보다 높은 쪽에 매설한다.

89 호칭지름 20A인 강관을 2개의 45° 엘보를 사용해서 그림과 같이 연결하고자 한다. 밑면과 높이가 똑같이 150mm라면 빗면 연결부분의 관의 실제소요길이(ℓ)는?(단, 45° 엘보 나사부의 길이는 15mm, 이음쇠의 중심선에서 단면까지의 거리는 25mm로 한다.)

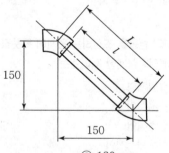

① 178mm　　　　② 180mm
③ 192mm　　　　④ 212mm

해설 관의 절단길이(ℓ) $= L - 2(A - a)$,
$A - a = 25 - 15 = 10mm$(공간길이),
$\therefore \ell = (150 \times \sqrt{2}) - 2 \times 10 = 192mm$
※ 엘보는 2개이다.

90 저압가스배관에서 관 내경이 25mm에서 압력손실이 320mmAq이라면, 관 내경이 50mm로 2배가 되었을 때 압력손실은 얼마인가?

① 160mmAq

② 80mmAq

③ 32mmAq

④ 10mmAq

해설 가스배관의 관경을 $\frac{1}{2}$로 하면 압력손실은 32배,

∴ 관이 25mm에서 50mm 증가 시

압력손실 $= \frac{320}{32} = 10$mmAq

91 증기배관의 트랩장치에 관한 설명이 옳은 것은?

① 저압증기에서는 보통 버킷형 트랩을 사용한다.

② 냉각레그(cooling leg)는 트랩의 입구 쪽에 설치한다.

③ 트랩의 출구 쪽에는 스트레이너를 설치한다.

④ 플로트형 트랩은 상·하 구분 없이 수직으로 설치한다.

해설

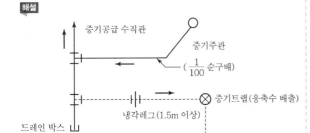

92 냉동배관 재료 구비조건으로 틀린 것은?

① 가공성이 양호할 것

② 내식성이 좋을 것

③ 냉매와 윤활유가 혼합될 때, 화학적 작용으로 인한 냉매의 성질이 변하지 않을 것

④ 저온에서 기계적 강도 및 압력손실이 적을 것

해설 냉동배관은 고온·고압에서 기계적 강도 및 압력손실이 적을 것

93 보온재의 구비조건으로 틀린 것은?

① 열전도율이 작을 것

② 균열 신축이 작을 것

③ 내식성 및 내열성이 있을 것

④ 비중이 크고 흡습성이 클 것

해설 보온재는 비중이 작고 흡습성이나 흡수성이 작을 것

94 급탕배관의 관경을 결정할 때 고려해야 할 요소로 가장 거리가 먼 것은?

① 1m마다의 마찰손실   ② 순환수량

③ 관내 유속   ④ 펌프의 양정

해설 급수배관의 관경 결정에서 고려사항은 ①, ②, ③항 외에 펌프의 유량이 포함된다.

95 증기난방 배관설비의 응축수 환수방법 중 증기의 순환이 가장 빠른 방법은?

① 진공 환수식   ② 기계 환수식

③ 자연 환수식   ④ 중력 환수식

해설 증기 난방 배관의 응축수 순환순서
진공 환수식 > 기계 환수식 > 중력 환수식

96 가스배관 경로 선정 시 고려하여야 할 내용으로 적당하지 않은 것은?

① 최단거리로 할 것

② 구부러지거나 오르내림을 적게 할 것

③ 가능한 은폐매설을 할 것

④ 가능한 옥외에 설치할 것

해설 가스는 누설검사를 용이하게 하기 위하여 가능한 한 옥외 노출배관을 원칙으로 할 것

97 부력에 의해 밸브를 개폐하여 간헐적으로 응축수를 배출하는 구조를 가진 증기 트랩은?

① 열동식 트랩   ② 버킷 트랩

③ 플로트 트랩   ④ 충격식 트랩

해설 기계식 버킷증기 트랩
부력에 의해 밸브를 개폐하여 간헐적으로 응축수를 배출하는 구조이다(상향식, 하향식이 있다).

98 통기관에 관한 설명으로 틀린 것은?

① 각개통기관의 관경은 그것이 접속되는 배수관 관경의 1/2 이상으로 한다.
② 통기방식에는 신정통기, 각개통기, 회로통기 방식이 있다.
③ 통기관은 트랩 내의 봉수를 보호하고 관내 청결을 유지한다.
④ 배수입관에서 통기입관의 접속은 90°T 이음으로 한다.

해설 ④항에서는 접속은 90° 엘보이음으로 이음한다.

99 배관에 사용되는 강관은 1℃ 변화함에 따라 1m당 몇 mm만큼 팽창하는가?(단, 관의 열팽창 계수는 0.00012m/m · ℃이다.)

① 0.012 ② 0.12
③ 0.022 ④ 0.22

해설 팽창은 0.00012m/m · ℃ = 0.012cm/m · ℃
= 0.12mm/m · ℃

100 다음 신축이음 중 주로 증기 및 온수 난방용 배관에 사용되는 것은?

① 루프형 신축이음
② 슬리브형 신축이음
③ 스위블형 신축이음
④ 벨로즈형 신축이음

해설 스위블형 신축이음
주로 저압의 증기난방이나 온수난방에서 방열기 입상관에 엘보를 2개 이상 사용하여 신축을 흡수한다.

98. ④ 99. ② 100. ③ | ANSWER

SECTION 01 기계열역학

01 1kg의 기체로 구성되는 밀폐계가 50kJ의 열을 받아 15kJ의 일을 했을 때 내부에너지 변화량은 얼마인가?(단, 운동에너지의 변화는 무시한다.)

① 65kJ　　　　② 35kJ
③ 26kJ　　　　④ 15kJ

해설 $Q_{12} = (u_2 - u_1) + W_{12}$
$u_2 = 50 - 15 = 35\text{kJ}$

02 초기에 온도 T, 압력 P 상태의 기체(질량 m)가 들어있는 견고한 용기에 같은 기체를 추가로 주입하여 최종적으로 질량 $3m$, 온도 $2T$ 상태가 되었다. 이때 최종 상태에서의 압력은?(단, 기체는 이상기체이고, 온도는 절대온도를 나타낸다.)

① $6P$　　　　② $3P$
③ $2P$　　　　④ $\dfrac{3P}{2}$

해설 $T \cdot P \cdot m = 2T \cdot 3m \cdot P$
최종압력$(P) = 2 \times 3 = 6P$

03 어떤 물질 1kg이 20℃에서 30℃로 되기 위해 필요한 열량은 약 몇 kJ인가?(단, 비열(C, kJ/(kg·K))은 온도에 대한 함수로서 $C = 3.594 + 0.0372T$이며, 여기서 온도(T)의 단위는 K이다.)

① 4　　　　② 24
③ 45　　　　④ 147

해설 $C = \displaystyle\int_{20}^{30} (3.594 + 0.0372T)dt$

$= (3.594t)_{20}^{30} + \left(0.0372\dfrac{t^2}{2}\right)_{20}^{30}$

$\therefore$ 소요열량$(Q) = 3.594 \times (30 - 20) + \dfrac{0.0372}{2}$
$\{(273 + 30) - (273 + 20)\} = 147\text{kJ}$

04 가스터빈으로 구동되는 동력 발전소의 출력이 10MW이고 열효율이 25%라고 한다. 연료의 발열량이 45,000kJ/kg이라면 시간당 공급해야 할 연료량은 약 몇 kg/h인가?

① 3,200
② 6,400
③ 8,320
④ 12,800

해설 1MW = 1,000kW, 10MW = 10,000kW
1kW = 3,600kJ/h

연료공급량 $= \dfrac{10,000 \times 3,600}{45,000} = 800\text{kg/h}$
$= \dfrac{800}{0.25} = 3,200\text{kg/h}$

05 어느 발명가가 바닷물로부터 매시간 1,800kJ의 열량을 공급받아 0.5kW 출력의 열기관을 만들었다고 주장한다면, 이 사실은 열역학 제 몇 법칙에 위반되겠는가?

① 제0법칙　　　　② 제1법칙
③ 제2법칙　　　　④ 제3법칙

해설 열역학 제2법칙
㉠ 열효율이 100%인 열기관은 존재할 수 없다(반드시 작동 유체는 공급된 에너지의 일부가 주위와의 열교환이 이루어져야 한다).
㉡ Kelvin – Planck 표현
㉢ 0.5kW – h = 1,800kJ, 1kW – h = 3,600kJ

06 다음 중 강도성 상태량(intensive property)에 속하는 것은?

① 온도　　　　② 체적
③ 질량　　　　④ 내부에너지

해설 ㉠ 강도성 상태량 : 물질의 질량에 관계없이 그 크기가 결정되는 상태량(온도, 압력, 비체적 등)
㉡ 종량성 상태량 : 체적, 내부에너지, 엔탈피, 엔트로피 등

07 다음 중 냉매의 구비조건으로 틀린 것은?

① 증발압력이 대기압보다 낮을 것

② 응축압력이 높지 않을 것

③ 비열비가 작을 것

④ 증발열이 클 것

해설 기화 냉매는 압력이 대기압보다 높다.

08 그림과 같이 다수의 추를 올려놓은 피스톤이 설치된 실린더 안에 가스가 들어 있다. 이때 가스의 최초압력이 300kPa이고, 초기 체적은 $0.05m^3$이다. 여기에 열을 가하여 피스톤을 상승시킴과 동시에 피스톤 추를 덜어내어 가스온도를 일정하게 유지하여 실린더 내부의 체적을 증가시킬 경우 이 과정에서 가스가 한 일은 약 몇 kJ인가?(단, 이상기체 모델로 간주하고, 상승 후의 체적은 $0.2m^3$이다.)

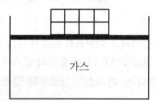

① 10.79kJ

② 15.79kJ

③ 20.79kJ

④ 25.79kJ

해설 등온변화일량$(W) = P_1 V_1 \ln \dfrac{P_1}{P_2} = P_1 V_1 \dfrac{V_2}{V_1}$

$\therefore$ 가스일량 $= 300 \times 0.05 \times \ln \left(\dfrac{0.2}{0.05} \right) = 20.79 \text{kJ}$

09 체적이 $0.1m^3$인 용기 안에 압력 1MPa, 온도 250℃의 공기가 들어 있다. 정적 과정을 거쳐 압력이 0.35MPa로 될 때 이 용기에서 일어난 열전달 과정으로 옳은 것은?(단, 공기의 기체상수는 0.287 kJ/(kg · K), 정압비열은 1.0035kJ/(kg · K), 정적비열은 0.7165kJ/(kg · K)이다.)

① 약 162kJ의 열이 용기에서 나간다.

② 약 162kJ의 열이 용기로 들어간다.

③ 약 227kJ의 열이 용기에서 나간다.

④ 약 227kJ의 열이 용기로 들어간다.

해설 비열비$(K) = \dfrac{C_P}{C_V} = \dfrac{1.0035}{0.7165} = 1.40$

$G = \dfrac{PV}{RT} = \dfrac{1 \times 10 \times 0.1}{29.27 \times (273 + 250)} = 0.65 \text{kg}$

$T_2 = T_1 \times \dfrac{P_2}{P_1} = (273 + 250) \times \dfrac{0.35}{1} = 183.05 \text{K}$

정적과정 열전달$(Q) = 0.65 \times 0.7165 \times (523 - 183.05)$
$= 160 \text{kJ(배출열)}$

10 출력 15kW의 디젤기관에서 마찰손실이 그 출력의 15%일 때 그 마찰손실에 의해서 시간당 발생하는 열량은 약 몇 kJ인가?

① 2.25

② 25

③ 810

④ 8,100

해설 1kW−h=3,600kJ, 15kW−h=54,000kJ
$\therefore$ 마찰열손실=54,000×0.15=8,100kJ

11 3kg의 공기가 들어있는 실린더가 있다. 이 공기가 200kPa, 10℃인 상태에서 600kPa이 될 때까지 압축한다면 공기가 한 일은 약 몇 kJ인가?(단, 이 과정은 폴리트로프 변화로서 폴리트로프 지수는 1.3이다. 또한 공기의 기체상수는 0.287kJ/(kg · K)이다.)

① −285

② −235

③ 13

④ 125

해설 $P_2 = P_1 \times \dfrac{V_1}{V_2}$

$T_2 = T_1 \left(\dfrac{P_2}{P_1} \right)^{\frac{n-1}{n}} = (10 + 273) \times \left(\dfrac{600}{200} \right)^{\frac{1.3-1}{1.3}}$
$= 364.47(\text{K}), \ 364.47 - 273 \fallingdotseq 92(℃)$

공기일량$(_1 W_2) = \dfrac{m}{n-1} R(T_1 - T_2)$
$= \dfrac{3}{1.3-1} \times 0.287 \times (10 - 92) = -235 \text{kJ}$

12 체적이 $0.5m^3$, 온도가 80℃인 밀폐압력용기 속에 이상기체가 들어 있다. 이 기체의 분자량이 24이고, 질량이 10kg이라면 용기 속의 압력은 약 몇 kPa인가?

① 1,845.4

② 2,446.9

③ 3,169.2

④ 3,885.7

해설 $PV = GRT,\ V_1 = 10 \times \dfrac{22.4}{24} = 9.33 \text{m}^3$

$V_2 = 9.33 \times \dfrac{80 + 273}{273} = 12.06 \text{m}^3,\ 1\text{atm} = 101.325 \text{kPa}$

$\therefore$ 용기 내 압력$(P) = \dfrac{12.06}{0.5} \times 101.325 = 2,446.9 \text{kPa}$

13 이론적인 카르노 열기관의 효율(η)을 구하는 식으로 옳은 것은?(단, 고열원의 절대온도는 T_H, 저열원의 절대온도는 T_L이다.)

① $\eta = 1 - \dfrac{T_H}{T_L}$

② $\eta = 1 + \dfrac{T_L}{T_H}$

③ $\eta = 1 - \dfrac{T_L}{T_H}$

④ $\eta = 1 + \dfrac{T_H}{T_L}$

해설 이론적 카르노 열기관 효율(η)

$\eta = 1 - \dfrac{T_L}{T_H}$

카르노 사이클
- $1 \rightarrow 2$(등온팽창)
- $2 \rightarrow 3$(단열팽창)
- $3 \rightarrow 4$(등온압축)
- $4 \rightarrow 1$(단열압축)

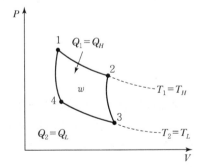

14 물 2L를 1kW의 전열기를 사용하여 20℃로부터 100℃까지 가열하는 데 소요되는 시간은 약 몇 분(min)인가?(단, 전열기 열량의 50%가 물을 가열하는 데 유효하게 사용되고, 물은 증발하지 않는 것으로 가정한다. 물의 비열은 4.18kJ/(kg·K)이다.)

① 22.3

② 27.6

③ 35.4

④ 44.6

해설 $1 \text{kW} - \text{h} = 860 \text{kcal} = 3,600 \text{kJ},\ 1$시간 $= 60$분(min)

물의 가열 $= 2 \times 4.18 \times (100 - 20) = 668.8 \text{kJ}$

$60 \times \dfrac{668.8}{3,600} = 11.146 \text{min}$

전열기 효율은 50%이므로

$\therefore$ 가열소모시간 $= 11.146 \times \dfrac{100}{50} = 22.3 \text{min}$

15 다음 중 이론적인 카르노 사이클 과정(순서)을 옳게 나타낸 것은?(단, 모든 사이클은 가역 사이클이다.)

① 단열압축 → 정적가열 → 단열팽창 → 정적방열

② 단열압축 → 단열팽창 → 정적가열 → 정적방열

③ 등온팽창 → 등온압축 → 단열팽창 → 단열압축

④ 등온팽창 → 단열팽창 → 등온압축 → 단열압축

해설 문제 13번 해설 참고

16 그림과 같이 A, B 두 종류의 기체가 한 용기 안에서 박막으로 분리되어 있다. A의 체적은 0.1m³, 질량은 2kg이고, B의 체적은 0.4m³, 밀도는 1kg/m³이다. 박막이 파열되고 난 후에 평형에 도달하였을 때 기체 혼합물의 밀도는 약 몇 kg/m³인가?

A	B

① 4.8

② 6.0

③ 7.2

④ 8.4

해설 $0.1 \text{m}^3 = 2 \text{kg}$

$0.4 \text{m}^3 = 1 \times 0.4 = 0.4 \text{kg}$

$0.1 \text{m}^3 + 0.4 \text{m}^3 = 0.5 \text{m}^3$

$\therefore$ 기체 혼합물 밀도(ρ) $= \dfrac{2 + 0.4}{0.5} = 4.8 \text{kg/m}^3$

17 랭킨 사이클로 작동되는 증기동력 발전소에서 20MPa, 45℃의 물이 보일러에 공급되고, 응축기 출구에서의 온도는 20℃, 압력은 2.339kPa이다. 이때 급수펌프에서 수행하는 단위질량당 일은 약 몇 kJ/kg인가? (단, 20℃에서 포화액 비체적은 $0.001002\text{m}^3/\text{kg}$, 포화증기 비체적은 $57.79\text{m}^3/\text{kg}$이며, 급수펌프에서는 등엔트로피 과정으로 변화한다고 가정한다.)

① 0.4681   ② 20.04
③ 27.14   ④ 1,020.6

> **해설** $20\text{MPa} = 200\text{kg/cm}^2 = $ 약 $20,000\text{kPa}$
> $\therefore W_P = 0.001002 \times (20,000 - 2.339) = 20.04\text{kJ/kg}$
> ※ $W_P = V_1(P_2 - P_1)$

18 오토사이클(Otto cycle) 기관에서 헬륨(비열비=1.66)을 사용하는 경우의 효율(η_{He})과 공기(비열비=1.4)를 사용하는 경우의 효율(η_{air})을 비교하고자 한다. 이때 η_{He}/η_{air} 값은 약 얼마인가?(단, 오토 사이클의 압축비는 10이다.)

① 0.681   ② 0.770
③ 1.298   ④ 1.468

> **해설** 헬륨 효율(η_{He}) $= 1 - \left(\dfrac{1}{\varepsilon}\right)^{k-1} = 1 - \left(\dfrac{1}{10}\right)^{1.66-1} = 0.78$
> 공기 효율(η_a) $= 1 - \left(\dfrac{1}{\varepsilon}\right)^{k-1} = 1 - \left(\dfrac{1}{10}\right)^{1.4-1} = 0.60$
> $\therefore$ 비교값(η_{He}/η_{air}) $= \dfrac{0.78}{0.60} = 1.30$

19 어떤 냉장고의 소비전력이 2kW이고, 이 냉장고의 응축기에서 방열되는 열량이 5kW라면, 냉장고의 성적계수는 얼마인가?(단, 이론적인 증기압축 냉동 사이클로 운전된다고 가정한다.)

① 0.4   ② 1.0
③ 1.5   ④ 2.5

> **해설** 냉매의 증발량 $= 5 - 2 = 3\text{kW}$
> $\therefore$ 성적계수(COP) $= \dfrac{\text{증발력}}{\text{소비전력}} = \dfrac{3}{2} = 1.5$

20 1kg의 이상기체가 압력 100kPa, 온도 20℃의 상태에서 압력 200kPa, 온도 100℃의 상태로 변화하였다면 체적은 어떻게 되는가?(단, 변화 전 체적을 V_1이라고 한다.)

① $0.64V_1$ ② $1.57V_1$
③ $3.64V_1$ ④ $4.64V_1$

> **해설** $P_1V_1 = P_2V_2$
> 변화 후 체적(V_2) $= V_1 \times \dfrac{T_2}{T_1} \times \dfrac{P_1}{P_2}$
> $= V_1 \times \dfrac{273+100}{273+20} \times \dfrac{100}{200} = 0.64V_1$

SECTION **02** 냉동공학

21 흡수식 냉동기에 대한 설명으로 틀린 것은?

① 흡수식 냉동기는 열의 공급과 냉각으로 냉매와 흡수제가 함께 분리되고 섞이는 형태로 사이클을 이룬다.
② 냉매가 암모니아일 경우에는 흡수제로 리튬브로마이드(LiBr)를 사용한다.
③ 리튬브로마이드 수용액 사용 시 재료에 대한 부식성 문제로 용액에 미량의 부식억제제를 첨가한다.
④ 압축식에 비해 열효율이 나쁘며 설치면적을 많이 차지한다.

> **해설** 흡수식 냉동기 냉매 : 물(H_2O) → 흡수제(LiBr)

22 냉동장치에서 응축기에 관한 설명으로 옳은 것은?

① 응축기 내의 액회수가 원활하지 못하면 액면이 높아져 열교환의 면적이 작아지므로 응축압력이 낮아진다.
② 응축기에서 방출하는 냉매가스의 열량은 증발기에서 흡수하는 열량보다 크다.
③ 냉매가스의 응축온도는 압축기의 토출가스온도보다 높다.
④ 응축기 냉각수 출구온도는 응축온도보다 높다.

해설 응축기 방열＝증발기 흡수열량＋압축기 일의 열량
∴ 증발기 열량보다 크다.

23 2원 냉동장치에 관한 설명으로 틀린 것은?

① 증발온도 －70℃ 이하의 초저온 냉동기에 적합하다.

② 저단압축기 토출냉매의 과냉각을 위해 압축기 출구에 중간냉각기를 설치한다.

③ 저온 측 냉매는 고온 측 냉매보다 비등점이 낮은 냉매를 사용한다.

④ 두 대의 압축기 소비동력을 고려하여 성능계수(COP)를 구한다.

해설

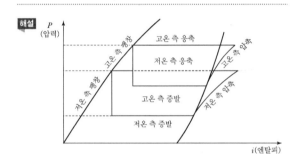

[2원 냉동 사이클]

㉠ 고온 측 냉매(R－12, 22)

㉡ 저온 측 냉매(R－13, 14, 에틸렌, 메탄, 에탄, 프로판)

㉢ 중간냉각기는 2단 압축에서 필요하다.

24 냉동장치의 운전 준비 작업으로 가장 거리가 먼 것은?

① 윤활상태 및 전류계 확인

② 벨트의 장력상태 확인

③ 압축기 유면 및 냉매량 확인

④ 각종 밸브의 개폐 유·무 확인

해설 윤활상태 및 전류계는 냉동장치 운전 중이거나 수시 점검 시 실시한다.

25 증발온도 －30℃, 응축온도 45℃에서 작동되는 이상적인 냉동기의 성적계수는?

① 2.2

② 3.2

③ 4.2

④ 5.2

해설 T_1＝증발온도＝273－30＝243K,

T_2＝응축온도＝273＋45＝318K

T_2-T_1＝318－243＝75K

성적계수(COP)＝$\dfrac{T_1}{T_2-T_1}$＝$\dfrac{243}{75}$＝3.2

26 증발하기 쉬운 유체를 이용한 냉동방법이 아닌 것은?

① 증기분사식 냉동법

② 열전냉동법

③ 흡수식 냉동법

④ 증기압축식 냉동법

해설 열전냉동법(전자냉동법)

접합부의 열의 방출, 흡수현상 이용

㉠ Peltier effect(펠티에 효과) 이용

㉡ 열전반도체 : 비스무트, 텔루륨, 안티몬, 셀렌 등 이용

27 압력 2.5kg/cm^{2}에서 포화온도는 －20℃이고, 이 압력에서의 포화액 및 포화증기의 비체적 값이 각각 0.74L/kg, 0.09254m^3/kg일 때, 압력 2.5kg/cm^{2}에서 건도(x)가 0.98인 습증기의 비체적(m^3/kg)은 얼마인가?

① 0.08050

② 0.00584

③ 0.06754

④ 0.09070

해설 습증기 비체적＝0.09254×0.98≒0.0907m^3/kg

28 다음 냉매 중 2원 냉동장치의 저온 측 냉매로 가장 부적합한 것은?

① R－14

② R－32

③ R－134a

④ 에탄(C$_2$H$_6$)

해설 문제 23번 해설 참고

29 여름철 공기열원 열펌프 장치로 냉방 운전할 때, 외기의 건구온도 저하 시 나타나는 현상으로 옳은 것은?

① 응축압력이 상승하고, 장치의 소비전력이 증가한다.

② 응축압력이 상승하고, 장치의 소비전력이 감소한다.

③ 응축압력이 저하하고, 장치의 소비전력이 증가한다.

④ 응축압력이 저하하고, 장치의 소비전력이 감소한다.

해설 여름철 공기열원 히트펌프(열펌프) 장치의 냉방운전 시 건구온도 저하일 때 나타나는 현상은 응축압력 저하 및 장치의 소비전력 감소이다(건구온도계 : 알코올, 수은 온도계).

30 다음 중 왕복동식 냉동기의 고압 측 압력이 높아지는 원인에 해당되는 것은?

① 냉각수량이 많거나 수온이 낮음

② 압축기 토출밸브 누설

③ 불응축가스 혼입

④ 냉매량 부족

해설 불응축가스(공기, N_2, H_2 등의 가스)가 발생하면 응축기(고압측) 압력이 높아져서 압축기일량 증가로 냉동효과가 감소한다.

31 다기통 컴파운드 압축기가 다음과 같이 2단 압축 1단 팽창 냉동 사이클로 운전되고 있다. 냉동능력이 12RT일 때 저단 측 피스톤 토출량(m^3/h)은?(단, 저·고단 측의 체적효율은 모두 0.65이다.)

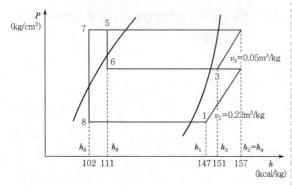

① 219.2

② 249.2

③ 299.7

④ 329.7

해설 저단 압축기 피스톤 압축량(V_1)

$$V_1 = \frac{G \times C_V}{\eta}, \quad G = \frac{Q_e}{q} = \frac{Q}{h_1 - h_8} = \frac{3,320 \times 12}{147 - 102}$$

$$= 885.33 \text{kg/h(냉매 사용량)}$$

$$\therefore \text{압축기 토출량}(V_1) = \frac{885.33 \times 0.22 (m^3/kg)}{0.65}$$

$$= 299.7 (m^3/h)$$

32 흡수식 냉동장치에서의 흡수제 유동방향으로 틀린 것은?

① 흡수기 → 재생기 → 흡수기

② 흡수기 → 재생기 → 증발기 → 응축기 → 흡수기

③ 흡수기 → 용액열교환기 → 재생기 → 용액열교환기 → 흡수기

④ 흡수기 → 고온재생기 → 저온재생기 → 흡수기

해설 흡수식 냉동기(1RT = 6,640kcal/h)

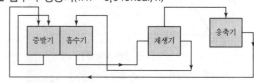

※ 증발기 : 냉매만 사용된다.

33 증발온도는 일정하고 응축온도가 상승할 경우 나타나는 현상으로 틀린 것은?

① 냉동능력 증대

② 체적효율 저하

③ 압축비 증대

④ 토출가스 온도 상승

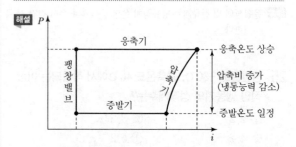

34 냉각수 입구온도가 15℃이며 매분 40L로 순환되는 수랭식 응축기에서 시간당 18,000kcal의 열이 제거되고 있을 때 냉각수 출구온도(℃)는?

① 22.5　　　　　② 23.5

③ 25　　　　　　④ 30

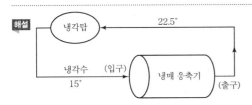

온도 상승

$$\frac{18,000}{1 \times 40L \times 60분/시간당} = 7.5℃$$

∴ 응축기 출구 수온 = 15 + 7.5 = 22.5℃

35 냉장실의 냉동부하가 크게 되었다. 이때 냉동기의 고압 측 및 저압 측의 압력 변화는?

① 압력의 변화가 없음

② 저압 측 및 고압 측 압력이 모두 상승

③ 저압 측은 압력 상승, 고압 측은 압력 저하

④ 저압 측은 압력 저하, 고압 측은 압력 상승

해설 냉동부하 상승 시 나타나는 현상
　ㄱ 저압 측, 고압 측 압력상승현상 발생(증발압력, 응축압력)

36 제빙에 필요한 시간을 구하는 공식이 아래와 같다. 이 공식에서 a와 b가 의미하는 것은?

$$\tau = (0.53 - 0.6)\frac{a^2}{-b}$$

① a : 브라인 온도, b : 결빙 두께

② a : 결빙 두께, b : 브라인 유량

③ a : 결빙 두께, b : 브라인 온도

④ a : 브라인 유량, b : 결빙 두께

해설 제빙기(1RT = 1.65RT)
　ㄱ a : 결빙두께, b : 냉매 브라인 온도
　ㄴ 결빙시간$(h) = \dfrac{0.56 \times t^2}{-(t_b)}$
　ㄷ 결빙계수(0.53~0.60), t(결빙두께), t_b(브라인 온도)

37 브라인에 대한 설명으로 틀린 것은?

① 에틸렌글리콜은 무색, 무취이며 물로 희석하여 농도를 조절할 수 있다.

② 염화칼슘은 무취로서 주로 식품 동결에 쓰이며, 직접적 동결방법을 이용한다.

③ 염화마그네슘 브라인은 염화나트륨 브라인보다 동결점이 낮으며 부식성도 작다.

④ 브라인에 대한 부식 방지를 위해서는 밀폐 순환식을 채택하여 공기에 접촉하지 않게 해야 한다.

해설 무기질 브라인 냉매(2차 간접냉매)
　ㄱ 염화칼슘($CaCl_2$) 수용액은 간접식 냉매이다.
　ㄴ 용도는 제빙, 냉장, 공업용이다.
　ㄷ 냉매 공정점: -55℃(사용온도 : -40℃)

38 다음 P-i 선도와 같은 2단압축 2단팽창 사이클로 운전되는 NH_3 냉동장치에서 고단 측 냉매 순환량(kg/h)은 얼마인가?(단, 냉동능력은 55,000kcal/h이다.)

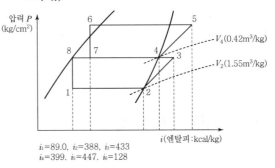

$i_1 = 89.0$, $i_2 = 388$, $i_3 = 433$
$i_4 = 399$, $i_5 = 447$, $i_6 = 128$

① 210.8　　　　　② 220.7

③ 233.5　　　　　④ 242.9

해설 냉매 순환량
　ㄱ 저단 측$(G) = \dfrac{Q_e}{p} = \dfrac{Q_1}{i_2 - i_1} = \dfrac{55,000}{388 - 89.0} = 183.95$kg/h
　ㄴ 고단 측 냉매 순환량(G_2)
　　$G_2 = G \times \dfrac{(i_3 - i_4) + (i_6 - i_1) + (i_4 - i_6)}{(i_4 - i_6)}$
　∴ 고단 측 냉매 순환량(G_2)
　　$= 183.95 \times \dfrac{(433 - 399) + (128 - 89) + (399 - 128)}{(399 - 128)}$
　　$= 233.5$kg/h

39 열전달에 관한 설명으로 옳은 것은?

① 열관류율의 단위는 kW/m · ℃이다.

② 열교환기에서 성능을 향상시키려면 병류형보다는 향류형으로 하는 것이 좋다.

③ 일반적으로 핀(fin)은 열전달계수가 높은 쪽에 부착한다.

④ 물때 및 유막의 형성은 전열작용을 증가시킨다.

> **해설** ① 열관류율＝W/m²h
> ③ 핀은 열전달계수가 낮은 쪽에 부착한다.
> ④ 물때는 전열작용을 방해한다.

40 냉동능력 감소와 압축기 과열 등의 악영향을 미치는 냉동배관 내의 불응축가스를 제거하기 위해 설치하는 장치는?

① 액－가스 열교환기

② 여과기

③ 어큐뮬레이터

④ 가스 퍼저

> **해설** 가스 퍼저기는 냉동기 불응축 가스 제거 작용을 한다.

SECTION **03** 공기조화

41 각층 유닛방식에 대한 설명으로 틀린 것은?

① 외기용 공조기가 있는 경우에는 습도제어가 곤란하다.

② 장치가 세분화되므로 설비비가 많이 들며, 기기관리가 불편하다.

③ 각층마다 부하 및 운전시간이 다른 경우에 적합하다.

④ 송풍덕트가 짧게 된다.

> **해설** 각층 유닛(전공기 방식)
> ㉠ 층마다 2차 공기조화기를 설치한다(독립된 유닛).
> ㉡ 중앙기계실이 별도로 있고 냉수, 온수, 증기 등을 2차 유닛으로 보낸다.
> ㉢ 외기용 공조기(1차 공조기)가 설치되면 습도제어가 용이하다.

42 냉각탑(cooling tower)에 대한 설명으로 틀린 것은?

① 일반적으로 쿨링 어프로치는 5℃ 정도로 한다.

② 냉각탑은 응축기에서 냉각수가 얻은 열을 공기 중에 방출하는 장치이다.

③ 쿨링레인지란 냉각탑에서의 냉각수 입·출구 수온차이다.

④ 일반적으로 냉각탑으로의 보급수량은 순환수량의 15% 정도이다.

> **해설**
>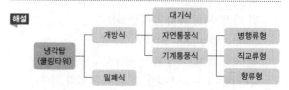
> ㉠ 냉각탑에서 냉각수는 95% 회수가 가능하다.
> ㉡ 쿨링어프로치＝냉각수 출구수온－입구공기 습구온도
> ㉢ 쿨링레인지＝냉각수 입구수온－냉각수 출구수온

43 다음 중 직접난방법이 아닌 것은?

① 온풍난방

② 고온수난방

③ 저압증기난방

④ 복사난방

> **해설** 온풍난방(간접난방)
> 연료의 연소열에 의하여 데워진 공기를 각 실로 보내어 난방한다. 즉 공기가열기를 사용하여 송풍기로 덕트를 통해 각 실로 보낸다.
> ㉠ 흡입식 : 송풍기 흡입 측에 가열기 설치
> ㉡ 압입식 : 송풍기 흡출 측에 가열기 설치
>   • 가열코일식(온수 덕트식)
>   • 직접 연소식

44 습공기선도상에서 ⓐ의 공기가 온도가 높은 다량의 물과 접촉하여 가열, 가습되고 ⓒ의 상태로 변화한 경우를 나타내는 것은?

①
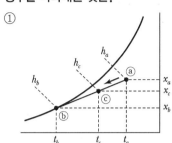

②
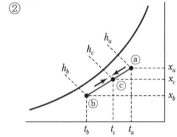

③
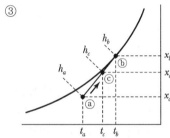

④
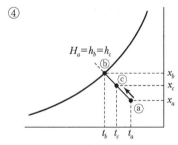

해설 ① 냉각가습 ② 단열혼합 ③ 가열가습 ④ 단열가습
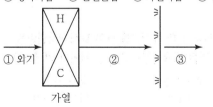
[가열, 가습]

45 화력발전설비에서 생산된 전력을 사용함과 동시에 전력이 생산되는 과정에서 발생되는 열을 난방 등에 이용하는 방식은?

① 히트펌프(heat pump) 방식
② 가스엔진 구동형 히트펌프 방식
③ 열병합발전(co-generation) 방식
④ 지열방식

해설

46 각종 공조방식 중 개별방식에 관한 설명으로 틀린 것은?

① 개별제어가 가능하다.
② 외기냉방이 용이하다.
③ 국소적인 운전이 가능하여 에너지 절약적이다.
④ 대량생산이 가능하여, 설비비와 운전비가 저렴해진다.

해설

※ 개별방식은 외기량이 부족하여 외기냉방이 곤란하다.

47 방열기에서 상당방열면적(*EDR*)은 아래의 식으로 나타낸다. 이 중 Q_o는 무엇을 뜻하는가?(단, 사용단위 Q는 W, Q_o는 W/m²이다.)

$$EDR(\text{m}^2) = \frac{Q}{Q_o}$$

① 증발량
② 응축수량
③ 방열기의 전방열량
④ 방열기의 표준방열량

해설

48 에어 필터의 종류 중 병원의 수술실, 반도체 공장의 청정구역(clean room) 등에 이용되는 고성능 에어 필터는?

① 백 필터   ② 롤 필터
③ HEPA 필터   ④ 전기 집진기

해설 HEPA(High Efficiency Perticulate Air) 필터는 고성능 필터로서 유닛형이며 사용처는 방사물질 취급처, 클린룸, 바이오 클린룸 등이다.

49 내부에 송풍기와 냉 · 온수 코일이 내장되어 있으며, 각 실내에 설치되어 기계실로부터 냉 · 온수를 공급받아 실내공기의 상태를 직접 조절하는 공조기는?

① 패키지형 공조기   ② 인덕션 유닛
③ 팬코일 유닛   ④ 에어핸들링 유닛

해설 팬코일 유닛(FCU 방식)
㉠ 내부에 송풍기 냉 · 온수 코일이 내장된다.
㉡ 기계실에서 냉 · 온수를 공급받아 실내공기의 상태를 직접 조절하는 공조기로 전수방식이다.

50 단면적 $10m^2$, 두께 2.5cm의 단열벽을 통하여 3kW의 열량이 내부로부터 외부로 전도된다. 내부 표면온도가 415℃이고, 재료의 열전도율이 0.2W/m · K일 때, 외부표면 온도는?

① 185℃   ② 218℃
③ 293℃   ④ 378℃

해설 $Q = \dfrac{10 \times (415 - t) \times 0.2}{0.025} = 3,000W(=3kW)$

외부표면온도$(T_2) = T_1 - \dfrac{b \cdot Q}{\lambda \cdot A} = 415 - \dfrac{0.025 \times 3,000}{0.2 \times 10}$

$\therefore T_2 = 378℃$

51 공기조화방식 중에서 전공기방식에 속하는 것은?

① 패키지유닛방식   ② 복사냉난방방식
③ 유인유닛방식   ④ 저온공조방식

해설 ①항 : 개별방식
②항 : 공기수방식
③항 : 공기수방식

52 송풍기의 법칙에서 회전속도가 일정하고, 직경이 d, 동력이 L인 송풍기를 직경 d_1으로 크게 했을 때 동력 (L_1)을 나타내는 식은?

① $L_1 = (d/d_1)^5 L$
② $L_1 = (d/d_1)^4 L$
③ $L_1 = (d_1/d)^4 L$
④ $L_1 = (d_1/d)^5 L$

해설 회전속도 변화동력$(L_1) = \left(\dfrac{d_1}{d}\right)^5 \cdot L$

※ 동력은 송풍기 크기의 5제곱에 비례하여 변화한다.

53 덕트의 크기를 결정하는 방법이 아닌 것은?

① 등속법   ② 등마찰법
③ 등중량법   ④ 정압재취득법

해설 덕트의 치수 결정법
㉠ 등속법(풍속 일정)
㉡ 등마찰저항법(마찰저항 일정)
㉢ 정압재취득법(풍속 일정)

54 9m×6m×3m의 강의실에 10명의 학생이 있다. 1인당 CO_2 토출량이 15L/h이면, 실내 CO_2량을 0.1%로 유지시키는 데 필요한 환기량(m^3/h)은?(단, 외기의 CO_2량은 0.04%로 한다.)

① 80   ② 120
③ 180   ④ 250

해설 총용적$(V) = 9 \times 6 \times 3 = 162m^3$
CO_2 토출량 : 15L/h × 10명 = 150L/h = 0.15m^3/h

$\therefore$ 환기량$(Q) = \dfrac{10 \times \dfrac{15}{1,000}}{\dfrac{0.1}{100} - \dfrac{0.04}{100}} = 250m^3/h$

55 냉방부하 중 유리창을 통한 일사취득열량을 계산하기 위한 필요사항으로 가장 거리가 먼 것은?

① 창의 열관류율   ② 창의 면적
③ 차폐계수   ④ 일사의 세기

해설 유리창 일사취득량(현열량) 분류

ⓐ 일사취득량(I) = ☐ kcal/m²h
(반사율 + 투과량 + 흡수량)

ⓑ 창의 면적(m²)

ⓒ 일사의 세기

56 냉수 코일의 설계에 관한 설명으로 틀린 것은?

① 공기와 물의 유동방향은 가능한 대향류가 되도록 한다.

② 코일의 열수는 일반 공기 냉각용에는 4~8열이 주로 사용된다.

③ 수온의 상승은 일반적으로 20℃ 정도로 한다.

④ 수속은 일반적으로 1m/s 정도로 한다.

해설 냉수코일 : 수온의 상승 변화는 일반적으로 5℃ 정도이다.

57 온풍난방의 특징에 관한 설명으로 틀린 것은?

① 송풍동력이 크며, 설계가 나쁘면 실내로 소음이 전달되기 쉽다.

② 실온과 함께 실내습도, 실내기류를 제어할 수 있다.

③ 실내 층고가 높을 경우에는 상하의 온도차가 크다.

④ 예열부하가 크므로 예열시간이 길다.

해설 온풍난방에서 공기의 비열은 0.24kcal/kg℃이므로 예열부하가 매우 적어서 예열시간이 짧다.

58 냉방부하의 종류 중 현열부하만 취득하는 것은?

① 태양복사열

② 인체에서의 발생열

③ 침입외기에 의한 취득열

④ 틈새바람에 의한 부하

해설 ⓐ 태양열 : 현열부하

ⓑ 인체발생열, 침입외기, 틈새바람 : 현열 + 잠열

59 건구온도 30℃, 절대습도 0.015kg/kg'인 습공기의 엔탈피(kJ/kg)는?(단, 건공기 정압비열 1.01kJ/kg · K, 수증기 정압비열 1.85kJ/kg · K, 0℃에서 포화수의 증발잠열은 2,500kJ/kg이다.)

① 68.63

② 91.12

③ 103.34

④ 150.54

해설 습공기 엔탈피(Δh) 변화

$\Delta h = 0.24 G_F(t_o - t_r) + 597.5 G_F(x_o - x_r)$

$\therefore \Delta h = (30 \times 1.01) + (1.85 \times 30 \times 0.015)$
$+ (2,500 \times 0.015) = 68.63\text{kJ/kg}$

60 연도를 통과하는 배기가스에 분무수를 접촉시켜 공해물질의 흡수, 융해, 응축작용에 의해 불순물을 제거하는 집진장치는 무엇인가?

① 세정식 집진기

② 사이클론 집진기

③ 공기 주입식 집진기

④ 전기 집진기

해설

SECTION 04 전기제어공학

61 최대눈금이 100V인 직류전압계가 있다. 이 전압계를 사용하여 150V의 전압을 측정하려면 배율기의 저항(Ω)은?(단, 전압계의 내부저항은 5,000Ω이다.)

① 1,000

② 2,500

③ 5,000

④ 10,000

해설 배율기

전압계의 측정 범위를 확대하기 위해 전압계에 직렬로 접속하여 사용하는 저항기

전압(V) = $\dfrac{W}{Q}$ (전위차), 배율기는 전압계에 직렬접속한다.

$\therefore$ 저항(R) = 5,000Ω × $\left(\dfrac{150\text{V} - 100\text{V}}{100\text{V}} \right)$ = 2,500Ω

62 스위치를 닫거나 열기만 하는 제어동작은?

① 비례동작　　　　② 미분동작

③ 적분동작　　　　④ 2위치동작

해설 2위치동작(온-오프동작)

스위치를 닫거나 열기만 하는 2가지 동작(불연속동작)

63 정격 10kW의 3상 유도전동기가 기계손 200W, 전부하 슬립 4%로 운전될 때 2차 동손은 몇 W인가?

① 375　　　　② 392

③ 409　　　　④ 425

해설 2차 동손(P_{c2})$= {}_sP_2$, 슬립×2차압력$=\dfrac{S}{1-S}P_o$

∴ 2차 동손$=\dfrac{0.04}{1-0.04}$W$\times(10\times10^3+200)=425$W

• 1kW$=1,000$W$=10^3$W

64 저항체에 전류가 흐르면 줄열이 발생하는데, 이때 전류 I와 전력 P의 관계는?

① $I=P$　　　　② $I=P^{0.5}$

③ $I=P^{1.5}$　　　　④ $I=P^2$

해설 Joule(줄)의 법칙

전류는 발열작용이 있다. 즉, 저항 Ω에 전류 I가 흐르면 열이 발생하는데 이 열을 줄열이라고 한다.

$(H=I^2R_t(\text{J})=0.24I^2R_t(\text{cal}))$

※ 1J$=0.24$cal, 1cal$=4.2$J,
　1kWh$=3,600$kJ$=860$kcal

∴ $I=P^{0.5}$

65 자동제어서 미리 정해 놓은 순서에 따라 제어의 각 단계가 순차적으로 진행되는 제어방식은?

① 서보 제어

② 되먹임제어

③ 시퀀스 제어

④ 프로세스 제어

해설 시퀀스 제어(정성적 제어)

미리 정해 놓은 순서에 따라 제어의 각 단계가 순차적으로 진행되는 제어(승강기, 커피자판기 등)

66 정전용량이 같은 2개의 콘덴서를 병렬로 연결했을 때의 합성 정전용량은 직렬로 했을 때의 합성 정전용량의 몇 배인가?

① 1/2　　　　② 2

③ 4　　　　④ 8

해설 콘덴서 병렬접속

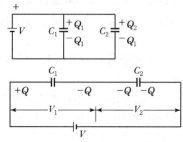

∴ 병렬 $C_P=2C$, 직렬 $C_S=\dfrac{C}{2}$

∴ $C_P=2C_S=2\times2=4$

67 3상 농형 유도전동기 기동방법이 아닌 것은?

① 2차 저항법　　　　② 전전압 기동법

③ 기동 보상기법　　　　④ 리액터 기동법

해설 3상 농형 유도전동기의 기동방법은 ②, ③, ④항 외에 $Y-\Delta$기동법이 있다.

68 어떤 회로에 정현파 전압을 가하니 90° 위상이 뒤진 전류가 흘렀다면 이 회로의 부하는?

① 저항　　　　② 용량성

③ 무부하　　　　④ 유도성

해설 ㉠ 90° 앞선 위상의 전류가 흐르는 회로 : 용량성 회로

㉡ 90° 뒤진 위상의 전류가 흐르는 회로 : 유도성

69 자동제어기기의 조작용 기기가 아닌 것은?

① 클러치　　　　② 전자밸브

③ 서보전동기　　　　④ 앰플리다인

해설 앰플리다인(amplidyne) : 회전기의 증폭기

70 전동기의 회전방향을 알기 위한 법칙은?

① 렌츠의 법칙
② 암페어의 법칙
③ 플레밍의 왼손법칙
④ 플레밍의 오른손법칙

해설 전동기 회전법칙
회전방향 : 플레밍의 왼손법칙

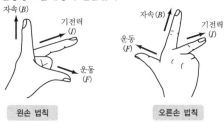

왼손 법칙   오른손 법칙

71 그림과 같은 논리회로가 나타내는 식은?

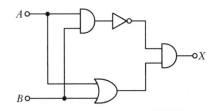

① $X = AB + BA$ ② $X = (\overline{A+B})AB$
③ $X = \overline{AB}(A+B)$ ④ $X = AB + (A+B)$

해설 $X = \overline{AB}(A+B)$

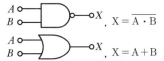

A, $X = \overline{A \cdot B}$
B

A, $X = A + B$
B

72 온도, 유량, 압력 등의 상태량을 제어량으로 하는 제어계는?

① 서보기구   ② 정치제어
③ 샘플값 제어   ④ 프로세스 제어

해설 프로세스 제어
온도, 유량, 압력 등의 상태량을 제어량으로 하는 제어계

73 서보 전동기의 특징이 아닌 것은?

① 속응성이 높다.
② 전기자의 지름이 작다.
③ 시동, 정지 및 역전의 동작을 자주 반복한다.
④ 큰 회전력을 얻기 위해 축방향으로 전기자의 길이가 짧다.

해설 서보 전동기
㉠ DC 서보 전동기(DC Servo motor)
㉡ AC 서보 전동기(AC Servo motor)
※ AC 서보 전동기 : 큰 회전력이 요구되지 않는 제어계에 사용되는 전동기(전달함수는 적분 요소와 1차 요소의 직렬결합으로 취급된다.)

74 발열체의 구비조건으로 틀린 것은?

① 내열성이 클 것
② 용융온도가 높을 것
③ 산화온도가 낮을 것
④ 고온에서 기계적 강도가 클 것

해설 발열체는 산화온도가 높아야 한다.

75 입력으로 단위 계단함수 $u(t)$를 가했을 때, 출력이 그림과 같은 조절계의 기본동작은?

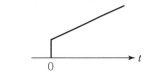

① 비례 동작   ② 2위치 동작
③ 비례 적분 동작   ④ 비례 미분 동작

해설

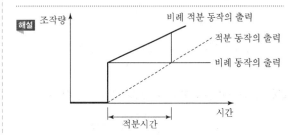

76 피드백 제어계의 특징으로 옳은 것은?

① 정확성이 감소된다.

② 감대폭이 증가된다.

③ 특성 변화에 대한 입력 대 출력비의 감도가 증대된다.

④ 발진을 일으켜도 안정된 상태로 되어가는 경향이 있다.

해설 피드백 제어계 : 감대폭이 증가된다.

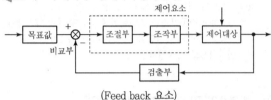

(Feed back 요소)

---

77 $i = I_{m1}\sin\omega t + I_{m2}\sin(2\omega t + \theta)$의 실횻값은?

① $\dfrac{I_{m1} + I_{m2}}{2}$

② $\sqrt{\dfrac{I_{m1}^2 + I_{m2}^2}{2}}$

③ $\dfrac{\sqrt{I_{m1}^2 + I_{m2}^2}}{2}$

④ $\sqrt{\dfrac{I_{m1} + I_{m2}}{2}}$

해설 실횻값

순시값 제곱의 평균값의 평방근

$i = I_{m1}\sin\omega t + I_{m2}\sin(2\omega t + \theta)$의 실횻값

$= \sqrt{\dfrac{I_{m1}^2 + I_{m2}^2}{2}}\ \text{V}$

---

78 온도-전압의 변환장치는?

① 열전대   ② 전자석

③ 벨로우즈   ④ 광전다이오드

해설 열전대(제백효과)는 온도계로서 온도-전압의 변환장치

---

79 그림과 같은 피드백 회로에서 종합 전달함수는?

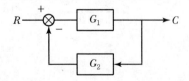

① $\dfrac{1}{G_1} + \dfrac{1}{G_2}$

② $\dfrac{G_1}{1 - G_1 \cdot G_2}$

③ $\dfrac{G_1}{1 + G_1 \cdot G_2}$

④ $\dfrac{G_1 \cdot G_2}{1 + G_2 \cdot G_2}$

해설 전달함수

모든 초기값을 0으로 하였을 때 출력신호의 라플라스(Laplace) 변환과 입력신호의 라플라스 변환의 비(입력신호 $x(t)$, 출력신호 $y(t)$의 전달함수 $G_{(s)}$는 $G_{(s)} = \dfrac{\mathcal{L}[y(t)]}{\mathcal{L}[x(t)]} = \dfrac{y(s)}{x(s)}$가 된다)

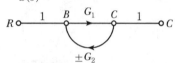

$(R - G_1 G_2)G = C$

$RG = C + C G_1 G_2$

$\therefore$ 종합전달함수 $= \dfrac{C}{R} = \dfrac{G_1}{1 + G_1 G_2}$

---

80 서보기구에서 제어량은?

① 유량   ② 전압

③ 위치   ④ 주파수

해설 서보기구 제어량 : 위치, 방위, 자세 등의 물체 변위를 제어량(출력)으로 하고 목푯값(입력)의 임의의 변화에 추종하도록 한 제어계

SECTION 05 배관일반

81 냉매 배관용 팽창밸브 종류로 가장 거리가 먼 것은?

① 수동형 팽창밸브

② 정압 팽창밸브

③ 열동식 팽창밸브

④ 팩리스 팽창밸브

해설 온도조절식 증기트랩 : 열동식 트랩(벨로스식), 바이메탈식 증기트랩

---

82 급수관에서 수평관을 상향구배 주어 시공하려고 할 때, 행거로 고정한 지점에서 구배를 자유롭게 조정할 수 있는 지지 금속은?

① 고정 인서트　　　② 앵커
③ 롤러　　　　　　　④ 턴버클

> 해설 턴버클 : 급수관의 수평관 상향구배를 시공할 때 행거로 고정한 지점에서 구배를 자유롭게 조정한다.

83 배관의 종류별 주요 접합방법이 아닌 것은?

① MR조인트 이음 – 스테인리스 강관
② 플레어 접합 이음 – 동관
③ TS식 이음 – PVC관
④ 콤포이음 – 연관

> 해설 콤포이음(compo joint) : 칼라(collar)이음이며 철근콘크리트로 만든 collar와 특수 모르타르의 일종인 콤포로서 콘크리트관을 이음한다.

84 보온재 선정 시 고려해야 할 조건으로 틀린 것은?

① 부피 및 비중이 작아야 한다.
② 열전도율이 가능한 적어야 한다.
③ 물리적, 화학적 강도가 커야 한다.
④ 흡수성이 크고, 가공이 용이해야 한다.

> 해설 보온재는 흡수성 및 흡습성이 적어야 한다.

85 스테인리스 강관의 특징에 대한 설명으로 틀린 것은?

① 내식성이 우수하여 내경의 축소, 저항 증대 현상이 없다.
② 위생적이어서 적수, 백수, 청수의 염려가 없다.
③ 저온 충격성이 적고, 한랭지 배관이 가능하다.
④ 나사식, 용접식, 몰코식, 플랜지식 이음법이 있다.

> 해설 스테인리스(STS×TB) 보일러 열교환기용이나 STS강관은 저온의 충격성에 크고 한랭지 배관이 가능하며 동결에 대한 저항도 크다.

86 공조설비 구성장치 중 공기 분배(운반)장치에 해당하는 것은?

① 냉각코일 및 필터　　② 냉동기 및 보일러
③ 제습기 및 가습기　　④ 송풍기 및 덕트

> 해설 송풍기 · 덕트 : 공기조화설비에서 공기운반이나 분배장치이다.

87 냉동설비의 토출가스 배관 시공 시 압축기와 응축기가 동일 선상에 있는 경우 수평관의 구배는 어떻게 해야 하는가?

① 1/100의 올림 구배로 한다.
② 1/100의 내림 구배로 한다.
③ 1/50의 내림 구배로 한다.
④ 1/50의 올림 구배로 한다.

> 해설
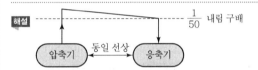

88 급수배관 설계 및 시공상의 주의사항으로 틀린 것은?

① 수평배관에는 공기나 오물이 정체하지 않도록 한다.
② 주 배관에는 적당한 위치에 플랜지(유니언)를 달아 보수점검에 대비한다.
③ 수격작용이 우려되는 곳에는 진공브레이커를 설치한다.
④ 음료용 급수관과 다른 용도의 배관을 접속하지 않아야 한다.

> 해설 급수배관에서 수격작용(워터해머)이 우려되는 곳에는 에어챔버 등 정압브레이커를 설치한다.

89 급수관의 유속을 제한(1.5~2m/s 이하)하는 이유로 가장 거리가 먼 것은?

① 유속이 빠르면 흐름방향이 변하는 개소의 원심력에 의한 부압(−)이 생겨 캐비테이션이 발생하기 때문에
② 관 지름을 작게 할 수 있어 재료비 및 시공비가 절약되기 때문에

③ 유속이 빠른 경우 배관의 마찰손실 및 관 내면의 침식이 커지기 때문에
④ 워터해머 발생 시 충격압에 의해 소음, 진동이 발생하기 때문에

> **해설** 급수관의 유속을 제한하는 이유는 ①, ③, ④이며, 관지름을 작게 하려면 압력을 증가시킨다.

90 온수배관 시공 시 유의사항으로 틀린 것은?
① 일반적으로 팽창관에는 밸브를 달지 않는다.
② 배관의 최저부에는 배수 밸브를 부착하는 것이 좋다.
③ 공기밸브는 순환펌프의 흡입 측에 부착하는 것이 좋다.
④ 수평관은 팽창탱크를 향하여 올림구배가 되도록 한다.

> **해설** 온수보일러 에어핀은 팽창탱크 상부나 상부배관에 설치한다.

91 관경 300mm, 배관길이 500m의 중압 가스수송관에서 A, B 점의 게이지 압력이 각각 3kgf/cm², 2kgf/cm²인 경우 가스유량(m³/h)은?(단, 가스비중은 0.64, 유량계수는 52.31로 한다.)
① 10,238
② 20,583
③ 38,317
④ 40,153

> **해설** $Q = k\sqrt{\dfrac{D^5(P_1^2 - P_2^2)}{S \cdot L}}$
>
> $\therefore$ 가스유량$(Q) = 52.31 \times \sqrt{\dfrac{30^5((3+1)^2 - (2+1)^2)}{0.64 \times 500}}$
>
> $\fallingdotseq 38,317 \text{m}^3/\text{h}$

92 증기난방방식에서 응축수 환수방법에 따른 분류가 아닌 것은?
① 기계 환수식
② 응축 환수식
③ 진공 환수식
④ 중력 환수식

> **해설** 증기난방 응축수 환수방법
> ㉠ 기계 환수식
> ㉡ 진공 환수식(대규모 난방용)
> ㉢ 중력 환수식

93 증기로 가열하는 간접가열식 급탕설비에서 저장탱크 주위에 설치하는 장치와 가장 거리가 먼 것은?
① 증기트랩장치
② 자동온도 조절장치
③ 개방형 팽창탱크
④ 안전장치와 온도계

> **해설** 증기가열식 급탕설비 저장탱크 부속기구
> ㉠ 증기트랩
> ㉡ 자동온도 조절장치
> ㉢ 안전장치
> ㉣ 온도계
> ㉤ 가열코일

94 신축 이음쇠의 종류에 해당되지 않는 것은?
① 벨로즈형
② 플랜지형
③ 루프형
④ 슬리브형

> **해설** 플랜지형 : 강관, 동관의 이음(관의 분해 해체 조립 시 사용)

95 다음 방열기 표시에서 "5"의 의미는?

① 방열기의 섹션 수
② 방열기 사용 압력
③ 방열기의 종별과 형
④ 유입관의 관경

> **해설** ㉠ 5 : 섹션 수(쪽수)
> ㉡ W : 벽걸이
> ㉢ H : 수평형 방열기
> ㉣ 20×15 : 방열기 입출구 관경

96 도시가스배관 설치기준으로 틀린 것은?
① 배관은 지반의 동결에 의해 손상을 받지 않는 깊이로 한다.
② 배관 접합은 용접을 원칙으로 한다.
③ 가스계량기의 설치 높이는 바닥으로부터 1.6m 이상 2m 이내의 높이에 수직·수평으로 설치한다.
④ 폭 8m 이상의 도로에 관을 매설할 경우에는 매설 깊이를 지면으로부터 0.6m 이상으로 한다.

해설
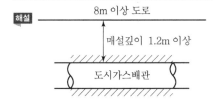

해설
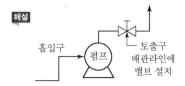

97 난방 배관 시공을 위해 벽, 바닥 등에 관통 배관시공을 할 때, 슬리브(sleeve)를 사용하는 이유로 가장 거리가 먼 것은?

① 열팽창에 따른 배관 신축에 적응하기 위해
② 이후 관 교체 시 편리하게 하기 위해
③ 고장 시 수리를 편리하게 하기 위해
④ 유체의 압력을 증가시키기 위해

해설
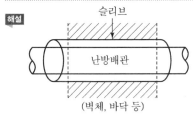

슬리브 설치 목적은 ①, ②, ③항이다.

98 도시가스 제조사업소의 부지경계에서 정압기지의 경계까지 이르는 배관을 무엇이라고 하는가?

① 본관　　　　　② 내관
③ 공급관　　　　④ 사용관

해설

99 공조배관설비에서 수격작용의 방지책으로 틀린 것은?

① 관 내의 유속을 낮게 한다.
② 밸브는 펌프 흡입구 가까이 설치하고 제어한다.
③ 펌프에 플라이휠(fly wheel)을 설치한다.
④ 서지탱크를 설치한다.

100 증기난방 배관시공에서 환수관에 수직 상향부가 필요할 때 리프트 피팅(lift fitting)을 써서 응축수가 위쪽으로 배출되게 하는 방식은?

① 단관 중력 환수식　　② 복관 중력 환수식
③ 진공 환수식　　　　④ 압력 환수식

해설 진공환수식 리프트피팅(lift fitting)
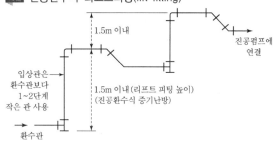

SECTION 01 기계열역학

01 증기터빈 발전소에서 터빈 입구의 증기 엔탈피는 출구의 엔탈피보다 136kJ/kg 높고, 터빈에서의 열손실은 10kJ/kg이다. 증기속도가 터빈 입구에서 10m/s이고, 출구에서 110m/s일 때 이 터빈에서 발생시킬 수 있는 일은 약 몇 kJ/kg인가?

① 10   ② 90

③ 120   ④ 140

해설

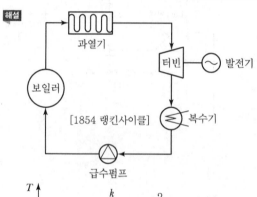

과열기

터빈 ── 발전기

보일러

[1854 랭킨사이클] 복수기

급수펌프

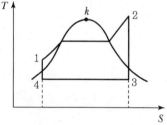

$1\text{kg} \cdot \text{m} = 9.8\text{N} \cdot \text{m} = 9.8\text{J}$

$V_1 = \sqrt{2gh}, \ \left(\dfrac{10}{91.48}\right)^2 = 0.0508\text{kcal}(0.2134\text{kJ/kg})$

$V_2 = \sqrt{2gh}, \ \left(\dfrac{110}{91.48}\right)^2 = 1.444804\text{kcal}(6.08\text{kJ/kg})$

∴ 터빈발생일 $= 136 - (10 + 0.2134 + 6.08)$
$\qquad\qquad\quad = 120\text{kJ/kg}$

※ $\sqrt{2gh} = \sqrt{2 \times 9.8 \times 427} = 91.48$

02 압력 2MPa, 온도 300℃의 수증기가 20m/s 속도로 증기터빈으로 들어간다. 터빈 출구에서 수증기 압력이 100kPa, 속도는 100m/s이다. 가역 단열과정으로 가정 시, 터빈을 통과하는 수증기 1kg당 출력일은 약 몇 kJ/kg인가?(단, 수증기표로부터 2MPa, 300℃에서 비엔탈피는 3023.5kJ/kg, 비엔트로피는 6.7663kJ/(kg·K)이고, 출구에서의 비엔탈피 및 비엔트로피는 아래 표와 같다.)

출구	포화액	포화증기
비엔트로피[kJ/(kg·K)]	1.3025	7.3593
비엔탈피[kJ/kg]	417.44	2675.46

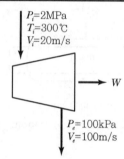

$P_i = 2\text{MPa}$
$T_i = 300℃$
$V_i = 20\text{m/s}$

W

$P_e = 100\text{kPa}$
$V_e = 100\text{m/s}$

① 1534   ② 564.3

③ 153.4   ④ 764.5

해설 $Q_1 = \left(\dfrac{100}{91.48}\right)^2 \times 4.186 = 5\text{kJ}$

$Q_2 = 3023.5 - 2675.46 = 348\text{kJ}$

$Q_3 = (1.3025 \times 300) - \{(7.3593 - 6.7663) \times 300\}$
$\quad\ = 212\text{kJ}$

∴ 출력일 $= 5 + 348 + 212 = 565\text{kJ/kg}$

03 그림과 같이 온도(T)−엔트로피(S)로 표시된 이상적인 랭킨사이클에서 각 상태의 엔탈피(h)가 다음과 같다면, 이 사이클의 효율은 약 몇 %인가?(단, $h_1=$30kJ/kg, $h_2=$31kJ/kg, $h_3=$274kJ/kg, $h_4=$668kJ/kg, $h_5=$764kJ/kg, $h_6=$478kJ/kg 이다.)

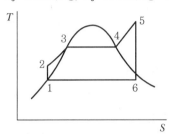

① 39   ② 42

③ 53   ④ 58

해설 랭킨사이클 효율(η_R) $= \dfrac{h_5 - h_6}{h_5 - h_1}$

$\therefore \eta_R = \dfrac{764 - 478}{764 - 30} \times 100 = 39\%$

04 어떤 기체가 5kJ의 열을 받고 0.18kN·m의 일을 외부로 하였다. 이때의 내부에너지의 변화량은?

① 3.24kJ   ② 4.82kJ

③ 5.18kJ   ④ 6.14kJ

해설 내부에너지 변화량=받은 열−외부일$=5-0.18$
$=4.82(\text{kJ})$

05 단위질량의 이상기체가 정적과정 하에서 온도가 T_1에서 T_2로 변하였고, 압력도 P_1에서 P_2로 변하였다면, 엔트로피 변화량 ΔS은?(단, C_v와 C_p는 각각 정적비열과 정압비열이다.)

① $\Delta S = C_v \ln \dfrac{P_1}{P_2}$ ② $\Delta S = C_p \ln \dfrac{P_2}{P_1}$

③ $\Delta S = C_v \ln \dfrac{T_2}{T_1}$ ④ $\Delta S = C_p \ln \dfrac{T_1}{T_2}$

해설 정적과정 엔트로피 변화량(Δs)

$\Delta s = C_v \ln \dfrac{T_2}{T_1}$

06 초기 압력 100kPa, 초기 체적 0.1m^3인 기체를 버너로 가열하여 기체 체적이 정압과정으로 0.5m^3이 되었다면 이 과정 동안 시스템이 외부에 한 일은 약 몇 kJ인가?

① 10   ② 20

③ 30   ④ 40

해설 정압변화 일$(_1 W_2) = \displaystyle\int_1^2 P dV = P(V_2 - V_1)$
$= R(T_2 - T_1)$

$\therefore 100 \times (0.5 - 0.1) = 40\text{kJ}$

07 엔트로피(s) 변화 등과 같은 직접 측정할 수 없는 양들을 압력(P), 비체적(v), 온도(T)와 같은 측정 가능한 상태량으로 나타내는 Maxwell 관계식과 관련하여 다음 중 틀린 것은?

① $\left(\dfrac{\partial T}{\partial P} \right)_s = \left(\dfrac{\partial v}{\partial s} \right)_P$

② $\left(\dfrac{\partial T}{\partial v} \right)_s = -\left(\dfrac{\partial P}{\partial s} \right)_v$

③ $\left(\dfrac{\partial v}{\partial T} \right)_P = -\left(\dfrac{\partial s}{\partial P} \right)_T$

④ $\left(\dfrac{\partial P}{\partial v} \right)_T = \left(\dfrac{\partial s}{\partial T} \right)_v$

해설 Maxwell 관계식은 ① ② ③항 및 $\left(\dfrac{\partial T}{\partial S} \right)_S = -\left(\dfrac{\partial V}{\partial S} \right)_V$ 이다.

08 대기압이 100kPa일 때, 계기 압력이 5.23MPa인 증기의 절대압력은 약 몇 MPa인가?

① 3.02   ② 4.12

③ 5.33   ④ 6.43

해설 대기압(1atm)$=102\text{kPa}=102,000\text{Pa}$, 1kPa$=1,000\text{Pa}$
$5.23\text{MPa} \times 10^6 \times = 5,230,000\text{Pa}$

절대압력 = 대기압 + 계기압 $= \dfrac{100 \times 10^3}{1,000,000} + 5.23$
$= 5.33\text{MPa}$

09 열역학적 변화와 관련하여 다음 설명 중 옳지 않은 것은?

① 단위 질량당 물질의 온도를 1℃ 올리는 데 필요한 열량을 비열이라 한다.

② 정압과정으로 시스템에 전달된 열량은 엔트로피 변화량과 같다.

③ 내부 에너지는 시스템의 질량에 비례하므로 종량적(extensive) 상태량이다.

④ 어떤 고체가 액체로 변화할 때 융해(Melting)라고 하고, 어떤 고체가 기체로 바로 변화할 때 승화(Sublimation)라고 한다.

해설 정압변화(등압변화)

시스템에 가열한 가열량은 모두 엔탈피 변화량과 같다.

$dh = C_p dT$

$\Delta h = h_2 - h_1 = C_p (T_2 - T_1) = {}_1 q_2 (dh - Avdp)$

10 공기압축기에서 입구 공기의 온도와 압력은 각각 27℃, 100kPa이고, 체적유량은 0.01m³/s이다. 출구에서 압력이 400kPa이고, 이 압축기의 등엔트로피 효율이 0.8일 때, 압축기의 소요 동력은 약 몇 kW인가?(단, 공기의 정압비열과 기체상수는 각각 1kJ/(kg·K), 0.287(kJ/kg·K)이고, 비열비는 1.4이다.)

① 0.9　　② 1.7

③ 2.1　　④ 3.8

해설 압축기 일량

$(W) = \dfrac{K}{K-1} P_1 V_1 \left[\left(\dfrac{P_2}{P_1} \right)^{\frac{K-1}{K}} - 1 \right]$

$= \dfrac{1.4}{1.4-1} \times 100 \times 10^3 \times 0.01 \left[\left(\dfrac{400}{100} \right)^{\frac{1.4-1}{1.4}} - 1 \right]$

$= 1,700 \text{J/s}$

∴ 압축기 소요동력 $= \dfrac{1,700}{4.186 \times 0.8}$

$= 0.5076 \text{ kcal/s}(507.6\text{J/s})$

$\dfrac{0.5076}{0.2388} = 2.1 \text{kW}$

$1\text{kW-h} = 3,600\text{kJ}(860\text{kcal}) = 0.2388\text{kcal/s}$

11 다음 중 강성적(강도성, intensive) 상태량이 아닌 것은?

① 압력　　② 온도

③ 엔탈피　　④ 비체적

해설 ㉠ 강성도 : 온도, 밀도, 압력, 비체적

㉡ 종량성 : 내부에너지, 엔탈피, 엔트로피, 체적 등

12 이상기체가 정압과정으로 dT만큼 온도가 변하였을 때 1kg당 변화된 열량 Q는?(단, C_v는 정적비열, C_p는 정압비열, k는 비열비를 나타낸다.)

① $Q = C_v dT$　　② $Q = k^2 C_v dT$

③ $Q = C_p dT$　　④ $Q = k C_p dT$

해설 정압과정으로 변화된 열량(Q)

$Q = C_p dT$

13 랭킨사이클에서 25℃, 0.01MPa 압력의 물 1kg을 5MPa 압력의 보일러로 공급한다. 이때 펌프가 가역 단열과정으로 작용한다고 가정할 경우 펌프가 한 일은 약 및 kJ인가?(단, 물의 비체적은 0.001m³/kg이다.)

① 2.58　　② 4.99

③ 20.10　　④ 40.20

해설 펌프가 한 일(A_{wp})

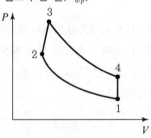

$A_{wp} = V(P_2 - P_1)$

$= 0.001 \times (5 \times 10^3 - 0.01 \times 10^3)$

$= 4.99 \text{kJ}$

※ $1\text{MW} = 10^3 \text{kW}$

14 520K의 고온 열원으로부터 18.4kJ 열량을 받고 273K의 저온 열원에 13kJ의 열량 방출하는 열기관에 대하여 옳은 설명은?

① Clausius 적분값은 -0.0122kJ/K이고, 가역과정이다.

② Clausius 적분값은 -0.0122kJ/K이고, 비가역과정이다.

③ Clausius 적분값은 $+0.0122$kJ/K이고, 가역과정이다.

④ Clausius 적분값은 $+0.0122$kJ/h이고, 비가역과정이다.

해설 클라우스 적분값

㉠ 가역 : $\oint \dfrac{\delta Q}{T} = 0$

㉡ 비가역 : $\oint \dfrac{\delta Q}{T} < 0$

$\left(\dfrac{18.4}{520} - \dfrac{13}{273} \right) = -0.0122 \,\text{kJ/K}$ (비가역)

15 이상적인 오토 사이클에서 단열압축되기 전 공기가 101.3kPa, 21℃이며, 압축비 7로 운전할 때 이 사이클의 효율은 약 몇 %인가?(단, 공기의 비열비는 1.4이다.)

① 62% ② 54%
③ 46% ④ 42%

해설 $\eta_0 = 1 - \left(\dfrac{1}{\varepsilon} \right)^{K-1}$

$\therefore \eta_0 = 1 - \left(\dfrac{1}{7} \right)^{1.4-1} = 0.54(54\%)$

16 이상적인 복합 사이클(사바테 사이클)에서 압축비는 16, 최고압력비(압력상승비)는 2.3, 체절비는 1.6이고, 공기의 비열비는 1.4일 때 이 사이클의 효율은 약 몇 %인가?

① 55.52
② 58.41
③ 61.54
④ 64.88

해설 사바테 사이클 열효율

$(\eta_s) = 1 - \left(\dfrac{1}{\varepsilon} \right)^{k-1} \times \dfrac{\rho \sigma^{k-1}}{(\rho-1) + k\rho(\sigma-1)}$

여기서, σ : (단절비, 체절비), ρ : (폭발비, 압력 상승비)

$\therefore 1 - \left(\dfrac{1}{16} \right)^{1.4-1} \times \dfrac{2.3 \times 1.6^{1.4-1}}{(2.3-1) + 1.4 \times 2.3(1.6-1)}$

$= 0.6488 (= 64.88\%)$

17 이상기체 공기가 안지름 0.1m인 관을 통하여 0.2 m/s로 흐르고 있다. 공기의 온도는 20℃, 압력은 100kPa, 기체상수는 0.287kJ/(kg · K)라면 질량유량은 약 몇 kg/s인가?

① 0.0019 ② 0.0099
③ 0.0119 ④ 0.0199

해설 단면적 $= \dfrac{\pi}{4}d^2 = \dfrac{3.14}{4} \times (0.1)^2 = 0.00785\text{m}^2$

유량 $= 0.00785 \times 0.2 = 0.00157\text{m}^3/\text{s}$

$\dfrac{\left(0.00157 \times \dfrac{273}{273+20} \right)}{22.4} = 0.0000653\text{kmol/s}$

$\therefore 0.0000653 \times 29 = 0.0019(\text{kg/s})$

※ 공기 1kmol$= 29$kg$= 22.4\text{m}^3$

18 저온실로부터 46.4kW의 열을 흡수할 때 10kW의 동력을 필요로 하는 냉동기가 있다면, 이 냉동기의 성능계수는?

① 4.64 ② 5.65
③ 7.49 ④ 8.82

해설 성능계수(COP) $= \dfrac{\text{저온증발기 열량}}{\text{압축기일의 열당량}}$

$\therefore \text{COP} = \dfrac{46.4}{10} = 4.64$

19 온도가 각기 다른 액체 A(50℃), B(25℃), C(10℃)가 있다. A와 B를 동일 질량으로 혼합하면 40℃로 되고, A와 C를 동일 질량으로 혼합하면 30℃로 된다. B와 C를 동일 질량으로 혼합할 때는 몇 ℃로 되겠는가?

① 16.0℃ ② 18.4℃
③ 20.0℃ ④ 22.5℃

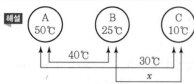

$A : B = 50 + 25 = 75℃$

$B : C = 25 + 10 = 35℃$

$B = 25℃,\ C = 10℃$

$\therefore (75 - 35) \times \dfrac{10}{25} = 16℃$

20 다음 4가지 경우에서 ( ) 안의 물질이 보유한 엔트로피가 증가한 경우는?

> ⓐ 컵에 있는 (물)이 증발하였다.
> ⓑ 목욕탕의 (수증기)가 차가운 타일 벽에서 물로 응결되었다.
> ⓒ 실린더 안의 (공기)가 가역 단일적으로 팽창되었다.
> ⓓ 뜨거운 (커피)가 식어서 주위 온도와 같게 되었다.

① ⓐ   ② ⓑ

③ ⓒ   ④ ⓓ

해설 엔트로피(Entropy) 표현

㉠ 엔트로피$(\Delta S) = \dfrac{\delta Q}{T} = \dfrac{GCdT}{T}$(kcal/K)

㉡ 비엔트로피$(\Delta S) = \dfrac{\delta q}{T} = \dfrac{CdT}{T}$(kcal/kgK)(비가역사이클에서는 엔트로피가 항상 증가한다.)

• 물의 증발$(\Delta S) = \dfrac{539}{100 + 273}$

$= 1.445$kcal/kgK(증가)

• 물의 응결$(\Delta S) = \dfrac{-539}{100 + 273}$

$= -1.445$kcal/kgK(감소)

※ 539kcal/kg = 2,256kJ/kg = 물의 증발잠열

SECTION 02 냉동공학

21 축열시스템 중 빙축열 방식이 수축열 방식에 비해 유리하다고 할 수 없는 것은?

① 축열조를 소형화할 수 있다.

② 낮은 온도를 이용할 수 있다.

③ 난방 시의 축열대응에 적합하다.

④ 축열조의 설치장소가 자유롭다.

해설 축열시스템에서 난방 시는 수축열 방식이 유리하고 냉방 시는 빙축열방식이 유리하다.

22 유량이 1,800kg/h인 30℃ 물을 −10℃의 얼음으로 만드는 능력을 가진 냉동장치의 압축기 소요동력은 약 얼마인가?(단, 응축기의 냉각수 입구온도 30℃, 냉각수 출구온도 35℃, 냉각수 수량 50m³/h이고, 얼음의 비열 0.5, 물의 비열은 1이다. 그리고 열손실은 무시하는 것으로 한다.)

① 30kW   ② 40kW

③ 50kW   ④ 60kW

해설 ㉠ 얼음 제조 시 소요열량

1,800×1(30−0) = 54,000kcal/h

1,800×0.5×(0−(−10)) = 9,000kcal/h

1,800×79.86 = 143,424kcal/h

㉡ 냉각수 현열 = 50×10³×1×(35−30)

$= 250,000$kcal/h

1kWh = 860kcal

$\therefore \dfrac{250,000 - (54,000 + 9,000 + 143,424)}{860} = 50$kW

23 냉매의 구비조건에 대한 설명으로 틀린 것은?

① 동일한 냉동능력에 대하여 냉매가스의 용적이 적을 것

② 저온에 있어서도 대기압 이상의 압력에서 증발하고 비교적 저압에서 액화할 것

③ 점도가 크고 열전도율이 좋은 것

④ 증발열이 크며 액체의 비열이 작을 것

해설 냉매는 점도가 작고 전열이 양호하며 표면장력이 작아야 한다(점도가 크면 동력소비 증가).

24 냉매에 관한 설명으로 옳은 것은?

① 암모니아 냉매가스가 누설된 경우 비중이 공기보다 무거워 바닥에 정체한다.

② 암모니아의 증발잠열은 프레온계 냉매보다 작다.

③ 암모니아는 프레온계 냉매에 비하여 동일 운전 압력조건에서는 토출가스 온도가 높다.

④ 프레온계 냉매는 화학적으로 안정한 냉매이므로 장치 내에 수분이 혼입되어도 운전상 지장이 없다.

해설 ㉠ 암모니아 비중(17/29＝0.59), 프레온계보다 비중이 작다.
㉡ 증발잠열은 암모니아가 프레온 냉매보다 크다.
㉢ 프레온 냉매는 화학적으로 안정하지 못하다(프레온 냉매는 수분혼입을 예방하여야 한다).

25 흡수식 냉동기에서 냉매의 순환경로는?

① 흡수기 → 증발기 → 재생기 → 열교환기

② 증발기 → 흡수기 → 열교환기 → 재생기

③ 증발기 → 재생기 → 흡수기 → 열교환기

④ 증발기 → 연교환기 → 재생기 → 흡수기

해설 흡수식 냉동기 사이클
증발기 → 흡수기 → 열교환기 → 재생기 → 응축기
(②항이 흡수식에 근접한다.)

26 고온가스 제상(hot gas defrost)방식에 대한 설명으로 틀린 것은?

① 압축기의 고온 · 고압가스를 이용한다.

② 소형 냉동장치에 사용하면 언제라도 정상운전을 할 수 있다.

③ 비교적 설비하기가 용이하다.

④ 제상 소요시간이 비교적 짧다.

해설 핫가스 제상(고온가스＝고압가스 제상)은 대형 냉동장치에 유리하고 제상(서리 제거)은 사용 시에만 가능하다.

27 다음의 장치는 액-가스 열교환기가 설치되어 있는 1단 증기압축식 냉동장치를 나타낸 것이다. 이 냉동장치의 운전 시에 아래와 같은 현상이 발생하였다. 이 현상에 대한 원인으로 옳은 것은?

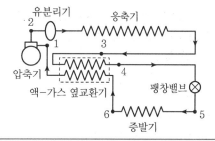

액-가스 열교환기에서 응축기 출구 냉매액과 증발기 출구 냉매증기가 서로 열교환할 때, 이 열교환기 내에서 증발기 출구 냉매 온도변화($T_1 - T_6$)는 18℃이고, 응축기 출구 냉매액의 온도 변화($T_3 - T_4$)는 1℃이다.

① 증발기 출구(점 6)의 냉매상태는 습증기이다.

② 응축기 출구(점 3)의 냉매상태는 불응축상태이다.

③ 응축기 내에 불응축가스가 혼입되어 있다.

④ 액-가스 열교환기의 열손실이 상당히 많다.

해설 열교환기(프레온 냉동기, 만액식 냉동기에 사용)
㉠ 흡입가스를 가열시켜 액해머 방지
㉡ 고압 액냉매를 과냉시켜 플래시가스량 억제
㉢ 성적계수 향상 RT당 소요동력 감소
㉣ 액가스형 열교환기가 많이 사용된다.

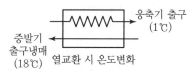

※ 열교환기를 벗어난 응축온도 변화가 1℃ 정도라면 냉매가 고온의 기체에서 응축되지 않았다는 근거이다.

28 냉동장치의 냉매량이 부족할 때 일어나는 현상으로 옳은 것은?

① 흡입압력이 낮아진다.

② 토출압력이 높아진다.

③ 냉동능력이 증가한다.

④ 흡입압력이 높아진다.

해설 냉매량이 부족하면 흡입압력이 낮아진다.

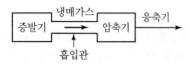

29 증기압축식 냉동 사이클에서 증발온도를 일정하게 유지하고 응축온도를 상승시킬 경우에 나타나는 현상으로 틀린 것은?

① 성적계수 감소
② 토출가스 온도 상승
③ 소요동력 증대
④ 플래시가스 발생량 감소

해설
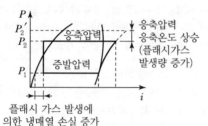

플래시 가스 발생에 의한 냉매열 손실 증가

30 냉매액 강제순환식 증기에 대한 설명으로 틀린 것은?

① 냉매액이 충분한 속도로 순환되므로 타 증발기에 비해 전열이 좋다.
② 일반적으로 설비가 복잡하며 대용량의 저온냉장실이나 급속동결장치에 사용한다.
③ 강제순환식이므로 증발기에 오일이 고일 염려가 적고 배관 저항에 의한 압력강하도 작다.
④ 냉매액에 의한 리퀴드백(liquid back)의 발생이 적으며 저압 수액기와 액펌프의 위치에 제한이 없다.

해설 액순환식 증발기(강제순환식 증발기)
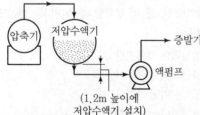

(1.2m 높이에 저압수액기 설치)

강제순환식은 리퀴드 백(Liquid back)은 방지되나 수액기와 액펌프의 설치 시 위치의 제한이 따른다.

31 그림과 같은 사이클을 난방용 히트펌프로 사용한다면 이론 성적계수를 구하는 식은 다음 중 어느 것인가?

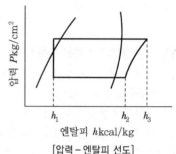

[압력 - 엔탈피 선도]

① $COP = \dfrac{h_2 - h_1}{h_3 - h_2}$

② $COP = 1 + \dfrac{h_3 - h_1}{h_3 + h_2}$

③ $COP = \dfrac{h_2 + h_1}{h_3 + h_2}$

④ $COP = 1 + \dfrac{h_2 - h_1}{h_3 - h_2}$

해설 ㉠ 냉동기 성적계수(COP)

$$COP = \frac{h_2 - h_1}{h_3 - h_2}$$

㉡ 히트펌프 성적계수(COP)

$$COP = 1 + \frac{h_2 - h_1}{h_3 - h_2}$$

(냉동기 성적계수보다 항상 1이 크다.)

32 암모니아 냉매의 누설검지 방법으로 적절하지 않은 것은?

① 냄새로 알 수 있다.
② 리트머스 시험지를 사용한다.
③ 페놀프탈레인 시험지를 사용한다.
④ 할로겐 누설검지기를 사용한다.

해설 암모니아 냉매가스 누설검지 방법은 ①, ②, ③항이다.
㉠ 리트머트 시험지 : 청색 변화(누설)
㉡ 페놀프탈레인지 : 홍색 변화(누설)
㉢ 유황초 : 흰 연기 발생(누설)

33 다음 조건을 이용하여 응축기 설계 시 1RT(3320kcal /h)당 응축면적은?(단, 온도차는 산술평균온도차를 적용한다.)

- 방열계수 : 1.3
- 응축온도 : 35℃
- 냉각수 입구온도 : 28℃
- 냉각수 출구온도 : 32℃
- 열통과율 : 900kcal/m² · h · ℃

① 1.25m² ② 0.96m²
③ 0.62m² ④ 0.45m²

해설 산술평균 온도차

$$35 - \left(\frac{28+32}{2}\right) = 5℃$$

$$1.3 \times 3320 = x \times 900 \times 5$$

$$x(응축면적) = \frac{1.3 \times 3,320}{900 \times 5} = 0.96m²$$

34 다음 중 빙축열시스템의 분류에 대한 조합으로 적당하지 않은 것은?

① 정적 제빙형 – 관내 착빙형
② 정적 제빙형 – 캡슐형
③ 동적 제빙형 – 관외 착빙형
④ 동적 제빙형 – 과냉각 아이스형

해설 ㉠ 동적 제빙형 빙축열 : 얼음을 간헐적, 연속적으로 제빙형 열교환기로부터 분리시키거나 연속적으로 제빙시키는 방식
ㄴ 관외 착빙형 : 축열조 내에 동관 또는 폴리에틸렌관 코일을 설치하는 제빙형

35 산업용 식품동결 방법은 열을 빼앗는 방식에 따라 분류가 가능하다. 다음 중 위의 분류방식에 따른 식품동결 방법이 아닌 것은?

① 진공동결 ② 분사동결
③ 접촉동결 ④ 담금동결

해설 진공동결(진공도 4.58mmHg)
㉠ 원료에서 열이 아닌 수분을 증발시키는 동결이다.
ㄴ 연속동작은 불가하나 좋은 품질을 얻을 수 있다.

36 2단 압축 1단 팽창 냉동시스템에서 게이지 압력계로 증발압력이 100kPa, 응축압력이 1,100kPa일 때, 중간냉각기의 절대압력은 약 얼마인가?

① 331kPa ② 491kPa
③ 732kPa ④ 1,010kPa

해설 절대압력 = 게이지압력 + 대기압력
대기압력 = 102kPa
(100 + 102) = 202kPa, 1,100 + 102 = 1,202kPa
∴ P_2(중간냉각기 절대압력) $= \sqrt{P_1 \times P_3}$
$= \sqrt{202 \times 1,202} = 491kPa$

37 방열벽 면적 1,000m², 방열벽 열통과율 0.232W/ m² · ℃인 냉장실에 열통과율 29.03W/m² · ℃, 전달면적 20m²인 증발기가 설치되어 있다. 이 냉장실에 열전달률 5.805W/m²℃, 전열면적 500m², 온도 5℃인 식품을 보관한다면 실내온도는 몇 ℃로 변화되는가?(단, 증발온도는 −10℃로 하며, 외기온도는 30℃로 한다.)

① 3.7℃ ② 4.2℃
③ 5.8℃ ④ 6.2℃

해설

방열면 (1,000m²)	냉장실 증발기 (20m²)	식품보관실 (500m²)

$Q_1 = 1,000 \times 0.232 \times (30-5) = 5,800W/m²$
$Q_2 = 500 \times 5.805 \times (30-5) = 7,256.25W/m²$
$\therefore t = 5 - \left(\frac{5,800}{7,256.25}\right) = 4.2℃$
열통과율(0.232, 29.03)
냉장실 열전달률 5.805W/m²℃

38 다음 중 자연냉동법이 아닌 것은?

① 융해열을 이용하는 방법
② 승화열을 이용하는 방법
③ 기한제를 이용하는 방법
④ 증기분사를 하여 냉동하는 방법

해설 증기분사식 냉동기(증발기, 이젝터, 복수기, 펌프)는 이젝터의 노즐에서 분사되는 증기흡입작용에 의해 증발기 내가 진공으로 유지되는 기계적인 냉동법이다.

39 다음 중 암모니아 냉동시스템에 사용되는 팽창장치로 적절하지 않은 것은?

① 수동식 팽창밸브
② 모세관식 팽창장치
③ 저압 플로트 팽창밸브
④ 고압 플로트 팽창밸브

해설 모세관 팽창밸브 용도(전기냉장고, 룸에어콘, 쇼케이스 등)
㉠ 프레온 냉동장치용이다.
㉡ 소형에 사용된다.
㉢ 교축 정도가 일정하여 증발부하 변동에 따라서 유량조절이 불가능하다.

40 착상이 냉동장치에 미치는 영향으로 가장 거리가 먼 것은?

① 냉장실 내 온도가 상승한다.
② 증발온도 및 증발압력이 저하한다.
③ 냉동능력당 전력소비량이 감소한다.
④ 냉동능력당 소요동력이 증대한다.

해설 착상(서리)이 증발기에 부착하면 열교환이 불가하여 냉동능력당 소요동력이 증가한다.

SECTION 03 공기조화

41 온도가 30℃이고, 절대습도가 0.02kg/kg인 실외 공기와 온도가 20℃, 절대습도가 0.01kg/kg인 실내 공기를 1:2의 비율로 혼합하였다. 혼합된 공기의 건구온도와 절대습도는?

① 23.3℃, 0.013kg/kg
② 26.6℃, 0.025kg/kg
③ 26.6℃, 0.013kg/kg
④ 23.3℃, 0.025kg/kg

해설 ㉠ 건구온도= $\dfrac{(30\times1)+(20\times2)}{1+2}=23.3$ ℃

㉡ 절대습도= $\dfrac{(0.02\times1)+(0.01\times2)}{1+2}=0.013$ kg/kg

42 냉수코일 설계 시 유의사항으로 옳은 것은?

① 대향류로 하고 대수평균 온도차를 되도록 크게 한다.
② 병행류로 하고 대수평균 온도차를 되도록 작게 한다.
③ 코일 통과 풍속을 5m/s 이상으로 취하는 것이 경제적이다.
④ 일반적으로 냉수 입·출구 온도차는 10℃보다 크게 취하여 통과유량을 적게 하는 것이 좋다.

해설 냉수코일 설계

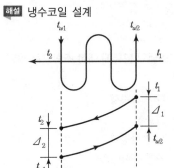

대수평균온도차(MTD)= $\dfrac{\Delta_1-\Delta_2}{L_n\left(\dfrac{\Delta_1}{\Delta_2}\right)}$

※ 역류(대향류) 시에는 온도차를 크게 한다.
$\Delta_1=t_1-t_{w1}$
$\Delta_2=t_2-t_{w2}$

43 건물의 지하실, 대규모 조리장 등에 적합한 기계환기법(강제급기+강제배기)은?

① 제1종 환기
② 제2종 환기
③ 제3종 환기
④ 제4종 환기

해설 제1종환기(급기 : 기계, 배기 : 기계)는 주방시설, 연소기구 설치실, 대규모 조리장에 사용된다.

44 다음 난방방식의 표준방열량에 대한 것으로 옳은 것은?

① 증기난방 : 0.523kW
② 온수난방 : 0.756kW
③ 복사난방 : 1.003kW
④ 온풍난방 : 표준방열량이 없다.

해설 표준난방 방열기 방열량

① 증기난방 : 650kcal/m²h $\left(\dfrac{650}{860}=0.756\text{kW}\right)$

② 온수난방 : 450kcal/m²h $\left(\dfrac{450}{860}=0.523\text{kW}\right)$

③ 복사난방 : 400kcal/m²h
④ 온풍난방 : 표준방열량이 없다.

45 냉·난방 시의 실내 현열부하를 q_s(W), 실내와 말단 장치의 온도(℃)를 각각 t_r, t_d라 할 때 송풍량 Q (L/s)를 구하는 식은?

① $Q=\dfrac{q_s}{0.24(t_r-t_d)}$ ② $Q=\dfrac{q_s}{1.2(t_r-t_d)}$

③ $Q=\dfrac{q_s}{1.85(t_r-t_d)}$ ④ $Q=\dfrac{q_s}{2501(t_r-t_d)}$

해설 송풍량(Q) 계산

$Q=\dfrac{q_s}{1.2(t_r-t_d)}$(L/s)

※ 0.24kcal/kg℃(공기정압비열)
※ 1.2kg/m³(공기의 밀도)

46 에어워셔에 대한 설명으로 틀린 것은?

① 세정실(Spray chamber)은 엘리미네이터 뒤에 있어 공기를 세정한다.
② 분무노즐(Spray nozzle)은 스탠드 파이프에 부착되어 스프레이 헤더에 연결된다.
③ 플러딩 노즐(Flooding nozzle)은 먼지를 세정한다.
④ 다공판 또는 루버(Louver)는 기류를 정류해서 세정실 내를 통과시키기 위한 것이다.

해설 에어워셔 가습기의 세정실은 엘리미네이터 앞에 있어서 공기를 세정한다.

47 덕트 내 풍속을 측정하는 피토관을 이용하여 전압 23.8mmAq, 정압 10mmAq를 측정하였다. 이 경우 풍속은 약 얼마인가?

① 10m/s ② 15m/s
③ 20m/s ④ 25m/s

해설 전압＝정압＋동압
1kg/m²＝1mmAq, 공기밀도 : 1.2
풍속(V)＝$\sqrt{2gh}=\sqrt{2\times9.8\times(10\times1.2)}=15$m/s

48 어떤 방의 취득 현열량이 8,360kJ/h로 되었다. 실내온도를 28℃로 유지하기 위하여 16℃의 공기를 취출하기로 계획한다면 실내로의 송풍량은?(단, 공기의 비중량은 1.2kg/m³, 정압비열은 1.004kJ/kg·℃이다.)

① 426.2m³/h ② 467.5m³/h
③ 578.7m³/h ④ 612.3m³/h

해설 $8,360=Q\times1.2\times1.004\times(28-16)$

송풍량(Q)＝$\dfrac{8,360}{1.2\times1.004\times(28-16)}=578.7$m³/h

49 다음 조건의 외기와 재순환공기를 혼합하려고 할 때 혼합공기의 건구온도는?

1) 외기 34℃ DB, 1,000m³/h
2) 재순환공기 26℃ DB, 2,000m³/h

① 31.3℃ ② 28.6℃
③ 18.6℃ ④ 10.3℃

해설 1,000 : 2,000＝1:2

혼합온도＝$\dfrac{(34\times1)+(26\times2)}{(1+2)}=28.6$℃

50 온풍난방의 특징에 관한 설명으로 틀린 것은?

① 예열부하가 거의 없으므로 기동시간이 아주 짧다.
② 취급이 간단하고 취급자격자를 필요로 하지 않는다.
③ 방열기기나 배관 등의 시설이 필요 없어 설비비가 싸다.
④ 취출온도의 차가 적어 온도분포가 고르다.

온풍난방은 난방 시 실내공기와 온도차가 커서 온도 분포가 고르다(비열이 적어서 온도상승은 빠르다).

51 간이계산법에 의한 건평 150m²에 소요되는 보일러의 급탕부하는?(단, 건물의 열손실은 90kJ/m² · h, 급탕량은 100kg/h, 급수 및 급탕 온도는 각각 30℃, 70℃이다.)

① 3,500kJ/h
② 4,000kJ/h
③ 13,500kJ/h
④ 16,800kJ/h

해설 급탕부하(H_2)=급탕수량×비열×온도차
∴ $H_2 = 100 \times 1 \times (70-30) = 4,000$kcal/h
1kcal=4.2kJ
$4,000 \times 4.2 = 16,800$kJ/h

52 덕트 조립공법 중 원형 덕트의 이음방법이 아닌 것은?

① 드로우 밴드 이음(draw band joint)
② 비드 클림프 이음(beaded crimp joint)
③ 더블 심(double seam)
④ 스파이럴 심(spiral seam)

해설 덕트의 가로방향 조립법
㉠ 버튼 펀치 스냅록   ㉡ 더블 심
㉢ 피치버그 록   ㉣ 아크메 록

53 공기 냉각 · 가열 코일에 대한 설명으로 틀린 것은?

① 코일의 관 내에 물 또는 증기, 냉매 등의 열매를 통과시키고 외측에는 공기를 통과시켜서 열매와 공기 간의 열교환을 시킨다.
② 코일에 일반적으로 16mm 정도의 동관 또는 강관의 외측에 동, 강 또는 알루미늄제의 판을 붙인 구조로 되어 있다.
③ 에로핀 중 감아 붙인 핀이 주름진 것을 스무드 핀, 주름이 없는 평면상의 것을 링클핀이라고 한다.
④ 관의 외부에 얇게 리본모양의 금속판을 일정한 간격으로 감아 붙인 핀의 형상을 에로핀 형이라 한다.

해설 공조기 코일 : ㉠ 냉수코일 ㉡ 증기코일 ㉢ 직접팽창코일

54 유인유닛 공조방식에 대한 설명으로 틀린 것은?

① 1차 공기를 고속덕트로 공급하므로 덕트 스페이스를 줄일 수 있다.
② 실내유닛에는 회전기기가 없으므로 시스템의 내용연수가 길다.
③ 실내부하를 주로 1차 공기로 처리하므로 중앙공조기는 커진다.
④ 송풍량이 적어 외기 냉방효과가 낮다.

해설 유인유닛방식 : 공기수방식이며 중앙공조기는 1차 공기만 처리하므로 규모를 작게 할 수 있다.
(1차공기 : PA, 2차공기 : SA, 혼합공기 : TA)
유인비$= \dfrac{TA}{PA}$ (일반적으로 3~4 정도이다.)

55 온풍난방에서 중력식 순환방식과 비교한 강제순환방식의 특징에 관한 설명으로 틀린 것은?

① 기기 설치장소가 비교적 자유롭다.
② 급기 덕트가 작아서 은폐가 용이하다.
③ 공급되는 공기는 필터 등에 의하여 깨끗하게 처리될 수 있다.
④ 공기순환이 어렵고 쾌적성 확보가 곤란하다.

해설 강제 순환식 온풍난방은 공기의 순환이 용이하고 쾌적성 확보가 순조롭다.

56 공조방식에서 가변풍량 덕트방식에 관한 설명으로 틀린 것은?

① 운전비 및 에너지의 절약이 가능하다.
② 공조해야 할 공간의 열부하 증감에 따라 송풍량을 조절할 수 있다.
③ 다른 난방방식과 동시에 이용할 수 없다.
④ 실내 칸막이 변경이나 부하의 증감에 대처하기 쉽다.

해설 가변풍량 덕트방식은 다른 난방방식과 동시에 이용이 가능하다.

57 특정한 곳에 열원을 두고 열수송 및 분배망을 이용하여 한정된 지역으로 열매를 공급하는 난방법은?

① 간접난방법　　　② 지역난방법
③ 단독난방법　　　④ 개별난방법

[해설] 지역난방
특정한 곳에 열원(중온수)을 두고 열수송 및 분배망을 이용하여 한정된 지역으로 열매를 공급한다.

58 공조용 열원장치에서 히트펌프방식에 대한 설명으로 틀린 것은?

① 히트펌프방식은 냉방과 난방을 동시에 공급할 수 있다.
② 히트펌프 원리를 이용하여 지열시스템 구성이 가능하다.
③ 히트펌프방식 열원기기의 구동동력은 전기와 가스를 이용한다.
④ 히트펌프를 이용해 난방은 가능하나 급탕공급은 불가능하다.

[해설] 히트펌프방식
㉠ 공기-공기 방식
㉡ 공기-물 방식
㉢ 물-공기 방식
㉣ 물-물 방식
㉤ 흡수식
※ 난방이나 급탕공급이 가능하다.

59 겨울철에 어떤 방을 난방하는 데 있어서 이 방의 현열손실이 12,000kJ/h이고 잠열 손실이 4,000kJ/h이며, 실온을 21℃, 습도를 50%로 유지하려 할 때 취출구의 온도차를 10℃로 하면 취출구 공기상태 점은?

① 21℃, 50%인 상태점을 지나는 현열비 0.75에 평행한 선과 건구온도 31℃인 선이 교차하는 점
② 21℃, 50%인 점을 지나고 현열비 0.33에 평행한 선과 건구온도 31℃인 선이 교차하는 점
③ 21℃, 50%인 점을 지나고 현열비 0.75에 평행한 선과 건구온도 11℃인 선이 교차하는 점
④ 21℃, 50%인 점과 31℃, 50%인 점을 잇는 선분을 4 : 3으로 내분하는 점

[해설] 현열손실부하 $= \dfrac{12,000}{12,000+4,000} \times 100 = 75\%(0.75\%)$

건구온도 $= 10 + 21 = 31℃$
현열비 $=$ SHF

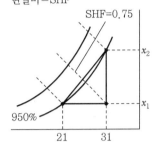

60 관류보일러에 대한 설명으로 옳은 것은?

① 드럼과 여러 개의 수관으로 구성되어 있다.
② 관을 자유로이 배치할 수 있어 보일러 전체를 합리적인 구조로 할 수 있다.
③ 전열면적당 보유수량이 커 시동시간이 길다.
④ 고압 대용량에 부적합하다.

[해설] 수관식 관류보일러 : 관을 자유로이 배치할 수 있어서 보일러 전체를 합리적인 구조로 할 수 있다.

SECTION **04** 전기제어공학

61 회로에서 A와 B 간의 합성저항은 약 몇 Ω인가?(단, 각 저항의 단위는 모두 Ω이다.)

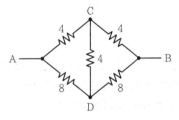

② 2.66　　　　② 3.2
③ 5.33　　　　④ 6.4

[해설] 평형회로이므로 C, D 간을 단락해도 무방하므로 A-B 사이의 합성저항$(R_{ab}) = \dfrac{(4+4)\times(8+8)}{(4+4)+(8+8)} = 5.33$

62 기계장치, 프로세스 및 시스템 등에서 제어되는 전체 또는 부분으로서 제어량을 발생시키는 장치는?

① 제어장치
② 제어대상
③ 조작장치
④ 검출장치

해설 제어대상
기계장치, 프로세스 및 시스템에서 제어되는 전체 또는 부분으로서 제어량을 발생시키는 장치

63 목푯값이 미리 정해진 시간적 변화를 하는 경우 제어량을 변화시키는 제어는?

① 정치 제어
② 추종 제어
③ 비율 제어
④ 프로그램 제어

해설 프로그램 제어 : 추치제어로서 목푯값이 미리 정해진 시간적 변화를 하는 경우 제어량을 변화시키는 제어

64 입력이 $011_{(2)}$일 때, 출력은 3V인 컴퓨터 제어의 D/A 변환기에서 입력을 $101_{(2)}$로 하였을 때 출력은 몇 V인가?(단, 3bit 디지털 입력이 $011_{(2)}$은 off, on, on을 뜻하고 입력과 출력은 비례한다.)

① 3
② 4
③ 5
④ 6

해설 D/A 변환기 : 디지털 입력에 따라서 아날로그 출력을 나타낸다(1비트는 0과 1 중 하나만 나타내는 정보단위).
분해능 : 2의 N승, $2^3=8$
∴ 출력 $=8-3=5$

65 토크가 증가하면 속도가 낮아져 대체적으로 일정한 출력이 발생하는 것을 이용해서 전차, 기중기 등에 주로 사용하는 직류전동기는?

① 직권전동기
② 분권전동기
③ 가동 복권전동기
④ 차동 복권전동기

해설 직권전동기
㉠ 토크(T)가 증가하면 속도가 낮아져 대체적으로 일정한 출력이 발생하는 것을 이용해서 전차나 기중기 등에 주로 사용하는 직류전동기이다.
㉡ 직권 전동기는 토크가 전류의 제곱에 비례한다.

66 제어량을 원하는 상태로 하기 위한 입력신호는?

① 제어명령
② 작업명령
③ 명령처리
④ 신호처리

해설 제어명령
제어량을 원하는 상태로 하기 위한 입력신호이다.

67 평행하게 왕복되는 두 노선에 흐르는 전류 간의 전자력은?(단, 두 도선 간의 거리는 $r(m)$라 한다.)

① r에 비례하며 흡인력이다.
② r^2에 비례하며 흡인력이다.
③ $\frac{1}{r}$에 비례하며 반발력이다.
④ $\frac{1}{r^2}$에 비례하며 반발력이다.

해설
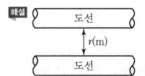
평행하게 왕복되는 두 도선에 흐르는 전류 간의 전자력은 $\frac{1}{r}$에 비례하며 반발력이다.
※ 전자력 : 자계 중에 두어진 도체에 전류를 흘리면 전류 및 자계와 직각방향으로 도체를 움직이는 힘

68 피드백제어계에서 제어장치가 제어대상에 가하는 제어신호로 제어장치의 출력인 동시에 제어대상의 입력인 신호는?

① 목표값
② 조작량
③ 제어량
④ 동작신호

해설 조작량
제어장치가 제어대상에 가하는 제어신호로 제어장치의 출력인 동시에 제어대상의 입력신호

69 피드백제어의 장점으로 틀린 것은?

① 목표값에 정확히 도달할 수 있다.

② 제어계의 특성을 향상시킬 수 있다.

③ 외부 조건의 변화에 대한 영향을 줄일 수 있다.

④ 제어기 부품들의 성능이 나쁘면 큰 영향을 받는다.

해설 ④항은 피드백 제어의 단점에 속한다.

70 다음과 같은 두 개의 교류전압이 있다. 두 개의 전압은 서로 어느 정도의 시간차를 가지고 있는가?

$$v_1 = 10\cos 10t,\ v_2 = 10\cos 5t$$

① 약 0.25초   ② 약 0.46초

③ 약 0.63초   ④ 약 0.72초

해설 사인파 교류 평균값 = 최댓값 × $\frac{2}{\pi}$

$$V_a = \frac{2}{\pi},\ V_m \fallingdotseq 0.637 V_m(\text{V})$$

71 그림과 같은 계통의 전달함수는?

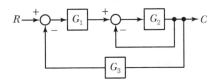

① $\dfrac{G_1 G_2}{1+G_2 G_3}$ ② $\dfrac{G_1 G_2}{1+G_1+G_2 G_3}$

③ $\dfrac{G_1 G_2}{1+G_2+G_1 G_2 G_3}$ ④ $\dfrac{G_1 G_2}{1+G_1 G_2+G_2 G_3}$

해설 전달함수 = $\{R-(CG_3)G_1 - C\}G_2 = C$

$RG_1 G_2 - G_1 G_2 G_3 C - CG_2 = C$

$\therefore\ G_{(s)} = \dfrac{C}{R} = \dfrac{G_1 G_2}{1+G_2+G_1 G_2 G_3}$

72 평행판 간격을 처음의 2배로 증가시킬 경우 정전용량값은?

① 1/2로 된다.   ② 2배로 된다.

③ 1/4로 된다.   ④ 4배로 된다.

해설 정전용량(Capacitance) : 절연된 도체 간에 전위를 주었을 때 전하를 축적하는 것

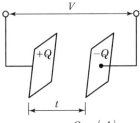

정전용량$(C) = \dfrac{Q}{V} = \varepsilon\left(\dfrac{A}{t}\right)$

여기서, ε : 극판 간 물질의 비유전율
A : 극판 간의 면적
Q : 전하
V : 전압

• 단위 : (F : 패럿)

• $1\mu F = 10^{-6}\text{F}$, $C = \varepsilon\dfrac{A}{l}(\text{F})$, $W = 1/2 CV^2$

73 내부저항 r인 전류계의 측정범위를 n배로 확대하려면 전류계에 접속하는 분류기 저항(Ω)값은?

① nr ② r/n

③ $(n-1)r$ ④ $r/(n-1)$

해설 분류기 : 어느 전로의 전류를 측정하려는 경우에 전로의 전류가 전류계의 정격값보다 큰 경우에는 전류계와 병렬로 다른 전로를 만들고 전류를 분류하여 측정하는 저항기가 분류기이다.

$\therefore\ n$배의 분류기 저항값 = $\dfrac{1}{(n-1)}$

74 그림과 같은 계전기 접점회로의 논리식은?

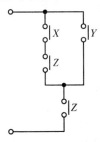

① XZ+Y   ② (X+Y)Z

③ (X+Z)Y   ④ X+Y+Z

해설

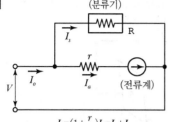

$$I_o = (1 + \frac{r}{R})I_a = I_a + I_s$$

논리식 = $(X+Y)Z$

$\therefore (X \cdot Z + Y) \cdot Z = XZ + YZ = (X+Y)Z$

75 전달함수 $G(s) = \dfrac{s+b}{s+a}$ 를 갖는 회로가 진상 보상회로의 특성을 갖기 위한 조건으로 옳은 것은?

① $a > b$ ② $a < b$

③ $a > 1$ ④ $b > 1$

해설

$$G_{1end(s)} = \frac{V_{0(s)}}{V_{i(s)}} = \frac{C_s + \dfrac{1}{R_1}}{C_s + \dfrac{1}{R_1} + \dfrac{1}{R_2}} = \frac{s+a}{s+b}$$

$a = \dfrac{1}{R_1 C}$, $b = \dfrac{1}{R_1 C} + \dfrac{1}{R_2 C}$

이 회로는 $b > a$ 이므로 진상보상기로 작동한다.

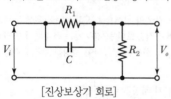

[진상보상기 회로]

76 예비전원으로 사용되는 축전지의 내부저항을 측정할 때 가장 적합한 브리지는?

① 캠벨 브리지

② 맥스웰 브리지

③ 휘트스톤 브리지

④ 콜라우시 브리지

해설 콜라우시 브리지(kohlraush bridge)

휘트스톤 브리지의 일종으로 비례변에 미끄럼 저항선을 사용하고 전원에 가청 주파수의 교류를 사용한다. 전지의 내부 저항이나 전해액의 도전율 등의 측정용이다.

77 물 20ℓ 를 $15\,℃$ 에서 $60\,℃$ 로 가열하려고 한다. 이때 필요한 열량은 몇 kcal인가?(단, 가열 시 손실은 없는 것으로 한다.)

① 700   ② 800

③ 900   ④ 1,000

해설 가열량$(Q) = G \times C_p = \Delta t$

$\therefore 20 \times 1 \times (60-15) = 900$kcal

78 제어하려는 물리량을 무엇이라 하는가?

① 제어   ② 제어량

③ 물질량   ④ 제어대상

해설 제어량 : 제어하려는 물리량이다.

79 전동기에 일정 부하를 걸어 운전 시 전동기 온도 변화로 옳은 것은?

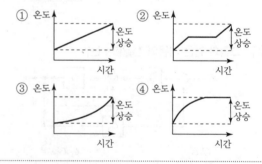

해설 전동기의 일정부하 시 계속 운전하면 온도가 상승한다(어느 적정선 온도에 도달하면 온도가 일정해진다).

80 서보드라이브에서 펄스로 지령하는 제어운전은?

① 위치제어운전   ② 속도제어운전

③ 토크제어운전   ④ 변위제어운전

해설 위치제어운전

서보드라이브에서 펄스로 지령하는 제어운전

※ 서보드라이브 : 부여된 목표입력에 대한 빠른 추종응답 특성을 갖고 넓은 속도제어의 범위를 가지며 정밀하게 움직일 수 있도록 서보 모터에 공급하는 전력을 서보모터에 적합한 형태로 변환하여 제어하는 시스템이다.

SECTION 05 배관일반

81 배관용 보온재의 구비조건에 관한 설명으로 틀린 것은?

① 내열성이 높을수록 좋다.
② 열전도율이 적을수록 좋다.
③ 비중이 작을수록 좋다.
④ 흡수성이 클수록 좋다.

해설 배관용 보온재는 흡수성이나 흡습성이 작아야 한다.

82 가열기에서 최고위 급탕 전까지 높이가 12m이고, 급탕온도가 85℃, 복귀탕의 온도가 70℃일 때, 자연순환수두(mmAq)는?(단, 85℃일 때 밀도는 0.96876 kg/L이고, 70℃일 때 밀도는 0.97781kg/L이다.)

① 70.5　　　　② 80.5
③ 90.5　　　　④ 108.6

해설 자연순환수두 $=1,000 \times H[r_2 - r_1]$, $1m=1,000m$
$=1,000 \times 12 \times (0.97781 - 0.96876) = 108.6$(mmAq)

83 관경 100A인 강관을 수평주관으로 시공할 때 지지간격으로 가장 적절한 것은?

① 2m 이내　　　　② 4m 이내
③ 8m 이내　　　　④ 12m 이내

해설

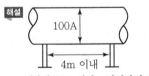

(관경 32A 이상 : 지지간격 3~4m)

84 상수 및 급탕배관에서 상수 이외의 배관 또는 장치가 접속되는 것을 무엇이라고 하는가?

① 크로스 커넥션　　　　② 역압 커넥션
③ 사이펀 커넥션　　　　④ 에어갭 커넥션

해설 상수도배관 및 급탕배관에서 상수 이외의 배관이나 장치가 접속되는 것을 크로스 커넥션이라고 한다.

85 보온재를 유기질과 무기질로 구분할 때, 다음 중 성질이 다른 하나는?

① 우모펠트
② 규조토
③ 탄산마그네슘
④ 슬래그 섬유

해설 ① : 유기질 보온재
②, ③, ④ : 무기질 보온재

86 도시가스의 공급설비 중 가스 홀더의 종류가 아닌 것은?

① 유수식　　　　② 중수식
③ 무수식　　　　④ 고압식

해설 도시가스 홀더
㉠ 저압식(유수식, 무수식)
㉡ 고압식

87 냉매 배관 시 주의사항으로 틀린 것은?

① 배관은 가능한 간단하게 한다.
② 배관의 굽힘을 적게 한다.
③ 배관에 큰 응력이 발생할 염려가 있는 곳에는 루프 배관을 한다.
④ 냉매의 열손실을 방지하기 위해 바닥에 매설한다.

해설 냉매배관을 바닥에 설치하면 기화가 불편하고 부식이 염려된다.

88 냉각 레그(cooling leg) 시공에 대한 설명으로 틀린 것은?

① 관경은 증기 주관보다 한 치수 크게 한다.
② 냉각 레그와 환수관 사이에는 트랩을 설치하여야 한다.
③ 응축수를 냉각하여 재증발을 방지하기 위한 배관이다.
④ 보온피복을 할 필요가 없다.

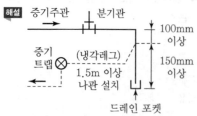

해설 (냉각레그는 주관보다 한 치수 작은 것을 사용한다.)

89 기체 수송 설비에서 압축공기 배관의 부속장치가 아닌 것은?

① 후부냉각기　　② 공기여과기
③ 안전밸브　　　④ 공기빼기밸브

해설 공기빼기밸브 : 난방장치나 위생배관 등에 설치한다.

90 가스설비에 관한 설명으로 틀린 것은?

① 일반적으로 사용되고 있는 가스유량 중 1시간당 최댓값을 설계유량으로 한다.
② 가스미터는 설계유량을 통과시킬 수 있는 능력을 가진 것을 선정한다.
③ 배관 관경은 설계유량이 흐를 때 배관의 끝부분에서 필요한 압력이 확보될 수 있도록 한다.
④ 일반적으로 공급되고 있는 천연가스에는 일산화탄소가 많이 함유되어 있다.

해설 천연가스의 주성분은 메탄(CH_4)가스이다.

91 증기트랩에 관한 설명으로 옳은 것은?

① 플로트 트랩은 응축수나 공기가 자동적으로 환수관에 배출되며, 저·고압에 쓰이고 형식에 따라 앵글형과 스트레이트형이 있다.
② 열동식 트랩은 고압·중압의 증기관에 적합하며, 환수관을 트랩보다 위쪽에 배관할 수도 있고, 형식에 따라 상향식과 하향식이 있다.
③ 임펄스 증기 트랩은 실린더 속의 온도 변화에 따라 연속적으로 밸브가 개폐하며, 작동 시 구조상 증기가 약간 새는 결점이 있다.

④ 버킷 트랩은 구조상 공기를 함께 배출하지 못하지만 다량의 응축수를 처리하는 데 적합하며, 다량 트랩이라고 한다.

해설 충동증기트랩(임펄스 증기트랩 : impulse steam trap)은 높은 온도의 응축수가 압력이 저하하면 이때 증발로 인하여 생기는 부피의 증가를 밸브의 개폐에 이용하는 disk trap이다.

92 폴리에틸렌관의 이음방법이 아닌 것은?

① 콤포이음　　　② 융착이음
③ 플랜지이음　　④ 테이퍼이음

해설 콤포이음(compo joint) : 콘크리트관 이음이며 일명 칼라이음(collared joint)이라고 한다.

93 동일 구경의 관을 직선 연결할 때 사용하는 관 이음재료가 아닌 것은?

① 소켓　　　　　② 플러그
③ 유니언　　　　④ 플랜지

해설 플러그, 캡 : 관을 폐쇄하는 데 사용한다.

94 열교환기 입구에 설치하여 탱크 내의 온도에 따라 밸브를 개폐하며, 열매의 유입량을 조절하여 탱크 내의 온도를 설정범위로 유지시키는 밸브는?

① 감압 밸브　　　② 플랩 밸브
③ 바이패스 밸브　④ 온도조절 밸브

해설 온도조절밸브(구동기 : 액추에이터)는 열교환기 입구에 설치하여 탱크 내의 온도에 따라 밸브를 개폐시킨다.

95 급수배관 내에 공기실을 설치하는 주된 목적은?

① 공기밸브를 작게 하기 위하여
② 수압시험을 원활하기 위하여
③ 수격작용을 방지하기 위하여
④ 관내 흐름을 원활하게 하기 위하여

해설 급수배관에 공기실을 설치하면 관 내의 수격작용(워터해머)이 방지된다.

96 다음 [보기]에서 설명하는 통기관 설비방식과 특징으로 적합한 방식은?

> ㉠ 배수관의 청소구 위치로 인해서 수령관이 구부러지지 않게 시공한다.
> ㉡ 배수 수평분기관이 수평주관의 수위에 잠기면 안 된다.
> ㉢ 배수관의 끝 부분은 항상 대기 중에 개방되도록 한다.
> ㉣ 이음쇠를 통해 배수에 선회력을 주어 관내 통기를 위한 공기 코어를 유지하도록 한다.

① 섹스티아(sextia) 방식
② 소벤트(sovent) 방식
③ 각개통기방식
④ 신정통기방식

해설 통기관 설비
㉠ 1관식 배관법(신정통기관 : 배수통기관)
㉡ 2관식 배관법(각개통기관, 회로통기관, 환상통기관, 섹스티아 통기관)

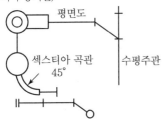

97 25mm 강관의 용접이음용 숏(short) 엘보의 곡률 반경(mm)은 얼마 정도로 하면 되는가?

① 25
② 37.5
③ 50
④ 62.5

해설 엘보의 곡률반경
㉠ 롱(long) : 강관호칭지름 1.5배
㉡ 숏(short) : 강관호칭지름 1.0배
㉢ 맞대기 용접관 이음쇠 : 50A 이상
∴ 25×1.0=25mm

98 다음 중 배수설비와 관련된 용어는?

① 공기실(air chamber)
② 봉수(seal water)
③ 볼탭(ball tap)
④ 드렌처(drencher)

해설 배수용 트랩

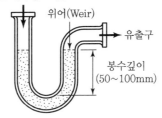

99 도시가스 계량기(30m³/h 미만)의 설치 시 바닥으로부터 설치 높이로 가장 적합한 것은?(단, 설치 높이의 제한을 두지 않는 특정 장소는 제외한다.)

① 0.5m 이하
② 0.7m 이상 1m 이내
③ 1.6m 이상 2m 이내
④ 2m 이상 2.5m 이내

해설

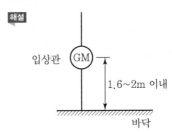

100 진공환수식 증기난방 배관에 대한 설명으로 틀린 것은?

① 배관 도중에 공기빼기밸브를 설치한다.
② 배관 기울기는 작게 할 수 있다.
③ 리프트 피팅에 의해 응축수를 상부로 배출할 수 있다.
④ 응축수의 유속이 빠르게 되므로 환수관을 가늘게 할 수 있다.

해설 진공환수식 증기난방에서는 공기빼기는 진공펌프로 한다.

SECTION 01 기계열역학

01 이상기체에 대한 관계식 중 옳은 것은?(단, Cp, Cv 는 정압 및 정적 비열, k는 비열비이고, R은 기체 상수이다.)

① $Cp = Cv - R$

② $Cv = \dfrac{k-1}{k} R$

③ $Cp = \dfrac{k}{k-1} R$

④ $R = \dfrac{Cp + Cv}{2}$

> **해설** $Cp - Cv = AR\ (Cp - Cv = R)$
> $k = \dfrac{Cp}{Cv} => 1$
> $Cv = \dfrac{AR}{k-1}$, $Cp = kCv = \dfrac{KAR}{k-1}$ (SI단위= $Cp = \dfrac{k}{k-1} R$)

02 온도가 T_1인 고열원으로부터 온도가 T_2인 저열원으로 열전도, 대류, 복사 등에 의해 Q만큼 열전달이 이루어졌을 때 전체 엔트로피 변화량을 나타내는 식은?

① $\dfrac{T_1 - T_2}{Q(T_1 \times T_2)}$

② $\dfrac{Q(T_1 + T_2)}{T_1 \times T_2}$

③ $\dfrac{Q(T_1 - T_2)}{T_1 \times T_2}$

④ $\dfrac{T_1 + T_2}{Q(T_1 \times T_2)}$

> **해설** 전도, 대류, 복사의 열전달에 의한 전체 엔트로피 변화량
> $(\Delta S) = \dfrac{Q(T_1 - T_2)}{T_1 \times T_2}$

03 1kg의 공기가 100℃를 유지하면서 가역등온 팽창하여 외부에 500kJ의 일을 하였다. 이때 엔트로피의 변화량은 약 몇 kJ/K인가?

① 1.895

② 1.665

③ 1.467

④ 1.340

> **해설** 등온변화
> 엔트로피 변화량$(\Delta S) = \dfrac{\delta Q}{T} = \dfrac{500}{100 + 273} = 1.340 \text{kJ/K}$
> (등온변화 $T = C : T_1 = T_2$)
> $\Delta S = S_2 - S_1 = Cp \ln \dfrac{V_2}{V_1} + Cv \ln \dfrac{P_2}{P_1}$

04 증기 압축 냉동 사이클로 운전하는 냉동기에서 압축기 입구, 응축기 입구, 증발기 입구의 엔탈피가 각각 387.2kJ/kg, 435.1kJ/kg, 241.8kJ/kg일 경우 성능계수는 약 얼마인가?

① 3.0

② 4.0

③ 5.0

④ 6.0

> **해설** 성능계수(COP) $= \dfrac{387.2 - 241.8}{435.1 - 387.2} = 3.0 \text{K}$
>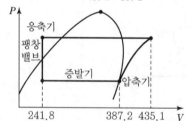

05 습증기 상태에서 엔탈피 h를 구하는 식은?(단, h_f는 포화액의 엔탈피, h_g는 포화증기의 엔탈피, x는 건도이다.)

① $h = f_f + (xh_g - h_f)$

② $h = h_f + x(h_g - h_f)$

③ $h = h_g + (xh_f - h_g)$

④ $h = h_g + x(h_g - h_f)$

> **해설** 습증기 상태 엔탈피(h)
> $h =$ 포화액 엔탈피 + 증기건도(포화증기엔탈피 $-$ 포화액엔탈피) $= hf + x(h_g - h_f)$

06 다음의 열역학 상태량 중 종량적 상태량(extensive property)에 속하는 것은?

① 압력   ② 체적
③ 온도   ④ 밀도

해설 종량적 상태량
물질의 질량에 따라 그 크기가 결정되는 상태량으로 물질의 질량에 정비례한다.
㉠ 체적
㉡ 내부에너지
㉢ 엔탈피
㉣ 엔트로피

07 온도 150℃, 압력 0.5MPa의 공기 0.2kg이 압력이 일정한 과정에서 원래 체적의 2배로 늘어난다. 이 과정에서의 일은 약 몇 kJ인가?(단, 공기는 기체상수가 0.287kJ/(kg · K)인 이상기체로 가정한다.)

① 12.3kJ   ② 16.5kJ
③ 20.5kJ   ④ 24.3kJ

해설 정압과정 절대일(팽창일) $w = \int p\,dV = P(V_2 - V_1)$

$T_2 = T_1 \times \left(\dfrac{V_2}{V_1}\right) = (150 + 273) \times \left(\dfrac{2}{1}\right) = 846(\mathrm{K})$

$T_1 = 150 + 273 = 423(\mathrm{K})$

$\therefore$ 일$(_1W_2) = P(V_2 - V_1) = GR(T_2 - T_1)$
$\qquad\qquad = 0.2 \times 0.287(846 - 423) = 24.3(\mathrm{kJ})$

08 천제연 폭포의 높이가 55m이고 주위와 열교환을 무시한다면 폭포수가 낙하한 후 수면에 도달할 때까지 온도 상승은 약 몇 K인가?(단, 폭포수의 비열은 4.2kJ/(kg · K)이다.)

① 0.87   ② 0.31
③ 0.13   ④ 0.68

해설 $1 \cdot \mathrm{Nm} = 1\mathrm{W}$, $1\mathrm{W} = 1\mathrm{J/s}$
$1\mathrm{J} = 1\mathrm{N} \cdot \mathrm{m}$, $1\mathrm{kgf.m} = 9.81\mathrm{N} \cdot \mathrm{m} = 9.81\mathrm{J}$
$\therefore 55 \times 9.81 \times 10^{-3} = 0.53955(\mathrm{kJ})$, $\dfrac{0.53955}{4.2} = 0.13(\mathrm{K})$

09 유체의 교축과정에서 Joule−Thomson 계수(μ_J)가 중요하게 고려되는데 이에 대한 설명으로 옳은 것은?

① 등엔탈피 과정에 대한 온도변화와 압력변화의 비를 나타내며 $\mu_J < 0$인 경우 온도 상승을 의미한다.
② 등엔탈피 과정에 대한 온도변화와 압력변화의 비를 나타내며 $\mu_J < 0$인 경우 온도 강하를 의미한다.
③ 정적 과정에 대한 온도변화와 압력변화의 비를 나타내며 $\mu_J < 0$인 경우 온도 상승을 의미한다.
④ 정적 과정에 대한 온도변화와 압력변화의 비를 나타내며 $\mu_J < 0$인 경우 온도 강하를 의미한다.

해설 교축현상(throttling)
증기가 밸브나 오리피스 등의 작은 단면을 통과할 때는 외부에 대해서 일을 하지 않고 다만 압력만 강하한다. 이와 같은 현상이 교축현상이다.

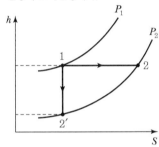

$h_1 = h_2$(등엔탈피 과정)
$P_1 > P_2$
증기건도(x) 측정 $= \dfrac{h_2 - h_1{}'}{r_1}$

10 Brayton 사이클에서 압축기 소요일은 175kJ/kg, 공급열은 627kJ/kg, 터빈 발생일은 406kJ/kg로 작동될 때 열효율은 약 얼마인가?

① 0.28   ② 0.37
③ 0.42   ④ 0.48

해설 열효율 $= \dfrac{406 - 175}{627} = 0.37$

※ 가스터빈 : 압축기, 연소기, 터빈으로 구성

11 마찰이 없는 실린더 내에 온도 500K, 비엔트로피 $3kJ/(kg \cdot K)$인 이상기체가 2kg 들어 있다. 이 기체의 비엔트로피가 $10kJ/(kg \cdot K)$이 될 때까지 등온과정으로 가열한다면 가열량은 약 몇 kJ인가?

① 1,400kJ 　　② 2,000kJ

③ 3,500kJ 　　④ 7,000kJ

해설 ㉠ 등온과정 가열량 $= ART\ln\dfrac{V_2}{V_1}$

ㄴ 등온과정 엔트로피 변화$(\Delta S) = S_2 - S_1 = AR\ln\dfrac{V_2}{V_1}$

$AR\ln\dfrac{P_2}{P_1} = Cp\ln\dfrac{V_2}{V_1} + Cv\ln\dfrac{P_2}{P_1}$

$\therefore$ 가열량 $= 2 \times 500 \times (10-3) = 7,000kJ$

12 매시간 20kg의 연료를 소비하여 74kW의 동력을 생산하는 가솔린 기관의 열효율은 약 몇 %인가?(단, 가솔린의 저위발열량은 43,470kJ/kg이다.)

① 18 　　② 22

③ 31 　　④ 43

해설 $1kWh = 860(kcal) = 3,600(kJ)$

$74kW \times 3,600 = 266,400(kJ/h)$

$\therefore$ 열효율 $= \dfrac{\text{발생열}}{\text{공급열}} \times 100 = \dfrac{266,400}{20 \times 43,470} \times 100 = 31(\%)$

13 다음 중 이상적인 증기 터빈의 사이클인 랭킨 사이클을 옳게 나타낸 것은?

① 가역등온압축 → 정압가열 → 가역등온팽창 → 정압냉각

② 가역단열압축 → 정압가열 → 가역단열팽창 → 정압냉각

③ 가역등온압축 → 정적가열 → 가역등온팽창 → 정적냉각

④ 가역단열압축 → 정적가열 → 가역단열팽창 → 정적냉각

해설 랭킨 사이클
㉠ 1→2(급수펌프)
ㄴ 2→3(보일러 가열)
ㄷ 3→4(터빈발생일)
ㄹ 4→1(복수기 방출열)

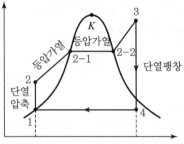

㉠ 단열압축(1→2) 펌프
ㄴ 정압가열(2→3) 보일러
ㄷ 단열팽창(3→4) 터빈
ㄹ 정압방열(4→1) 복수기

14 피스톤–실린더 장치 내에 있는 공기가 $0.3m^3$에서 $0.1m^3$으로 압축되었다. 압축되는 동안 압력(P)과 체적(V) 사이에 $P = aV^{-2}$의 관계가 성립하며, 계수 $a = 6kPa \cdot m^6$이다. 이 과정 동안 공기가 한 일은 약 얼마인가?

① $-53.3kJ$ 　　② $-1.1kJ$

③ $253kJ$ 　　④ $-40kJ$

해설 공업일 단열압축 $= \dfrac{k(P_1V_1 - P_2V_2)}{k-1} = \int_1^2 P_c dV$

$= \int_1^2 (aV^{-2})dV = a(V^{-1})_{0.1}^{0.3}$

$= 6[(0.3)^{-3} - (0.1)^{-1}] = -40$

15 이상적인 카르노 사이클의 열기관이 500℃인 열원으로 부터 500kJ을 받고, 25℃에 열을 방출한다. 이 사이클의 일(W)과 효율(η_{th})은 얼마인가?

① $W = 307.2kJ$, $\eta_{th} = 0.6143$

② $W = 207.2kJ$, $\eta_{th} = 0.5748$

③ $W = 250.3kJ$, $\eta_{th} = 0.8316$

④ $W = 401.5kJ$, $\eta_{th} = 0.6517$

해설 $T_1 = 500 + 273 = 773K$, $T_2 = 25 + 273 = 298K$

㉠ 열효율$(\eta_c) = \dfrac{Aw}{Q_1} = 1 - \dfrac{Q_2}{Q_1} = 1 - \dfrac{T_2}{T_1} = 1 - \dfrac{298}{773}$

$= 0.614$

ⓛ 일(W) $= 0.614 \times 500 = 307.2$(kJ)

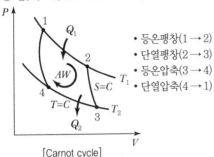

[Carnot cycle]

• 등온팽창(1 → 2)
• 단열팽창(2 → 3)
• 등온압축(3 → 4)
• 단열압축(4 → 1)

16 어떤 카르노 열기관이 100℃와 30℃ 사이에서 작동되며 100℃의 고온에서 100kJ의 열을 받아 40kJ의 유용한 일을 한다면 이 열기관에 대하여 가장 옳게 설명한 것은?

① 열역학 제1법칙에 위배된다.
② 열역학 제2법칙에 위배된다.
③ 열역학 제1법칙과 제2법칙에 모두 위배되지 않는다.
④ 열역학 제1법칙과 제2법칙에 모두 위배된다.

해설 $T_2 = 100 + 273 = 373$K, $T_1 = 30 + 273 = 300$K

$\eta_c = 1 - \dfrac{300}{373} = 0.1957$

∴ 유용열 $= 100 \times 0.1957 = 19.57$kJ(최대일)

19.57(kJ) < 40kJ

※ 열역학 제2법칙 : 입력과 출력이 같은 기관이다(제2종 영구기관).

17 내부 에너지가 30kJ인 물체에 열을 가하여 내부 에너지가 50kJ이 되는 동안에 외부에 대하여 10kJ의 일을 하였다. 이 물체에 가해진 열량은?

① 10kJ ② 20kJ
③ 30kJ ④ 60kJ

해설
ⓛ 가해진 열량 $=$ 가열 → $(50-30)+10=30$ → 외부 10kJ

∴ 가해진 열량 $= \{(50-30)+10\} = 30$kJ
ⓛ 내부에너지 변화량 $= 50 - 30 = 20$(kJ)
$(30+20) - 10 = 40$(kJ)

18 그림과 같이 다수의 추를 올려놓은 피스톤이 장착된 실린더가 있는데, 실린더 내의 초기 압력은 300kPa, 초기 체적은 0.05m³이다. 이 실린더에 열을 가하면서 적절히 추를 제거하여 폴리트로픽 지수가 1.3인 폴리트로픽 변화가 일어나도록 하여 최종적으로 실린더 내의 체적이 0.2m³이 되었다면 가스가 한 일은 약 몇 kJ인가?

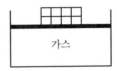

가스

① 17 ② 18
③ 19 ④ 20

해설 $P_2 = P_1 \left(\dfrac{V}{V_2}\right)^n$, $P_2 = 300 \times \left(\dfrac{0.05}{0.2}\right)^{1.3} = 49.5$(kPa)

폴리트로픽 팽창일$(_1W_2) = \int PdV = \dfrac{P_1 V_1 - P_2 V_2}{n-1}$

$= \dfrac{(300 \times 0.05) - (49.5 \times 0.2)}{1.3 - 1}$

$= 17$(kJ)

19 온도 20℃에서 계기압력 0.183MPa의 타이어가 고속주행으로 온도 80℃로 상승할 때 압력은 주행 전과 비교하여 약 몇 kPa 상승하는가?(단, 타이어의 체적은 변하지 않고, 타이어 내의 공기는 이상기체로 가정한다. 그리고 대기압은 101.3kPa이다.)

① 37kPa
② 58kPa
③ 286kPa
④ 445kPa

해설
0.183MPa $= \dfrac{0.183 \times 10^6}{10^3} = 183$(kPa)

정적과정$\left(\dfrac{T_2}{T_1} = \dfrac{P_2}{P_1}\right)$, $20 + 273 = 293$K, $80 + 273 = 353$K

∴ 압력 상승$(P) = \left\{(183 + 101.3) \times \dfrac{353}{293}\right\} - (183 + 101.3)$

$= 58$(kPa)

20 랭킨 사이클의 열효율을 높이는 방법으로 틀린 것은?

① 복수기의 압력을 저하시킨다.
② 보일러 압력을 상승시킨다.
③ 재열(reheat) 장치를 사용한다.
④ 터빈 출구 온도를 높인다.

해설 랭킨사이클은 터빈에서 출구의 온도를 낮추면 부식이 초래되어 열효율이 감소한다.

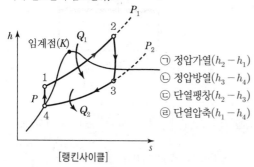

[랭킨사이클]

$\bigcirc$ 정압가열$(h_2 - h_1)$
$\bigcirc$ 정압방열$(h_3 - h_4)$
$\bigcirc$ 단열팽창$(h_2 - h_3)$
$\bigcirc$ 단열압축$(h_1 - h_4)$

SECTION **02** 냉동공학

21 1대의 압축기로 증발온도를 −30℃ 이하의 저온도로 만들 경우 일어나는 현상이 아닌 것은?

① 압축기 체적효율의 감소
② 압축기 토출 증기의 온도상승
③ 압축기의 단위흡입체적당 냉동효과 상승
④ 냉동능력당의 소요동력 증대

해설 $\bigcirc$ 1대의 압축기로 증발온도를 저온 −30℃ 이하로 압축하려면 성적계수, 냉동효과가 감소한다.
$\bigcirc$ 2대의 2단 압축이 필요하다.

22 제빙장치에서 135kg용 빙관을 사용하는 냉동장치와 가장 거리가 먼 것은?

① 헤어 핀 코일
② 브라인 펌프
③ 공기교반장치
④ 브라인 애지테이터(agitator)

해설 빙관 : 물을 채워서 냉각된 브라인 속에 넣어서 얼음을 얼리는 통, 보통 135kg용의 빙관이 사용된다(브라인 교반기 및 브라인 냉각기가 필요하다).

23 모세관 팽창밸브의 특징에 대한 설명으로 옳은 것은?

① 가정용 냉장고 등 소용량 냉동장치에 사용된다.
② 베이퍼록 현상이 발생할 수 있다.
③ 내부균압관이 설치되어 있다.
④ 증발부하에 따라 유량조절이 가능하다.

해설 모세관 팽창밸브
$\bigcirc$ 냉장고, 룸에어컨, 쇼케이스 등에 사용한다.
$\bigcirc$ 냉매의 베이퍼록 현상이 발생할 수가 있다.
$\bigcirc$ 기타 냉매액의 리퀴드 백(liquid back) 현상에 주의한다.

24 증발기에서의 착상이 냉동장치에 미치는 영향에 대한 설명으로 옳은 것은?

① 압축비 및 성적계수 감소
② 냉각능력 저하에 따른 냉장실 내 온도 강하
③ 증발온도 및 증발압력 강하
④ 냉동능력에 대한 소요동력 감소

해설 증발기에서 서리(착상)가 발생하면 증발온도 및 증발압력이 강하(저하)된다.
기타 압축비 상승, 소요동력 증가, 냉장고 내 온도상승 등이 발생한다.

25 냉동능력이 7kW인 냉동장치에서 수랭식 응축기의 냉각수 입·출구 온도차가 8℃인 경우, 냉각수의 유량(kg/h)은?(단, 압축기의 소요동력은 2kW이다.)

① 630
② 750
③ 860
④ 964

해설 응축부하 = 7 + 2 = 9kW

$$\frac{9 \times 3,600 \text{kJ/h}}{4.2 \times 8} = 964 (\text{kg/h})$$

• (1kWh = 3,600kJ/h)
• 물의 비열 : 4.2kJ/kg · K

26 다음 냉동에 관한 설명으로 옳은 것은?

① 팽창밸브에서 팽창 전후의 냉매 엔탈피 값은 변한다.

② 단열 압축은 외부와의 열의 출입이 없기 때문에 단열 압축 전후의 냉매 온도는 변한다.

③ 응축기 내에서 냉매가 버려야 하는 열은 현열이다.

④ 현열에는 응고열, 융해열, 응축열, 증발열, 승화열 등이 있다.

해설 단열압축에서 압축 후에는 온도가 상승한다.

①항에서는 엔탈피는 동일하다.
③ 응축부하＝현열＋압축기열
④항에서는 현열은 감열이다.

27 암모니아를 사용하는 2단압축 냉동기에 대한 설명으로 틀린 것은?

① 증발온도가 −30℃ 이하가 되면 일반적으로 2단압축방식을 사용한다.

② 중간냉각기의 냉각방식에 따라 2단압축 1단팽창과 2단압축 2단팽창으로 구분한다.

③ 2단압축 1단팽창 냉동기에서 저단측 냉매와 고단측 냉매는 서로 같은 종류의 냉매를 사용한다.

④ 2단압축 2단팽창 냉동기에서 저단측 냉매와 고단측 냉매는 서로 다른 종류의 냉매를 사용한다.

해설
• 압축비가 6 이상이면 2단압축 채택
• 동일 냉매가 사용된다(중간 냉각은 물 또는 냉매로 한다).

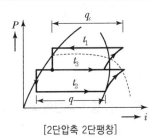

[2단압축 2단팽창]

28 P−h선도(압력−엔탈피)에서 나타내지 못하는 것은?

① 엔탈피 ② 습구온도
③ 건조도 ④ 비체적

해설 습구온도
공기선도에서 파악한다.

29 냉동장치가 정상적으로 운전되고 있을 때에 관한 설명으로 틀린 것은?

① 팽창밸브 직후의 온도는 직전의 온도보다 낮다.

② 크랭크 케이스 내의 유온은 증발온도보다 높다.

③ 응축기의 냉각수 출구온도는 응축온도보다 높다.

④ 응축온도는 증발온도보다 높다.

해설 ① 응축방식 : ㉠ 수랭식 ㉡ 공랭식
② 응축온도와 냉각수 온도와의 차는 적을수록 좋다(응축온도가 낮아진다).
③ 응축기 냉각수 출구온도는 응축온도보다 낮다.

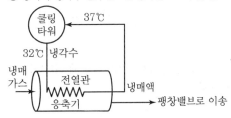

30 만액식 증발기를 사용하는 R134a용 냉동장치가 아래와 같다. 이 장치에서 압축기의 냉매순환량이 0.2 kg/s이며, 이론 냉동 사이클의 각 점에서의 엔탈피가 아래 표와 같을 때, 이론성능계수(COP)는?(단, 배관의 열손실은 무시한다.)

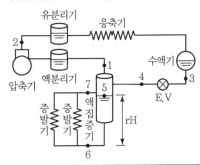

h_1=393kJ/kg	h_2=440kJ/kg
h_3=230kJ/kg	h_4=230kJ/kg
h_5=185kJ/kg	h_6=185kJ/kg
h_7=385kJ/kg	

① 1.98
② 2.39
③ 2.87
④ 3.47

만액식 증발기

증발기 내 냉매액이 75%, 냉매가스가 25%(냉매량이 많아
야 한다.)

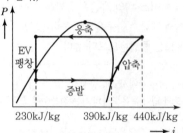

$$\therefore \text{성적계수(COP)} = \frac{393-230}{440-393} = 3.47$$

31 냉동장치 내 공기가 혼입되었을 때 나타나는 현상으로 옳은 것은?

① 응축기에서 소리가 난다.
② 응축온도가 떨어진다.
③ 토출온도가 높다.
④ 증발압력이 낮아진다.

냉동기에 불응축가스(공기 등)가 혼입되면 응축압력이 높아
져서 압축비가 증대하여 토출가스온도가 높아진다(또한 냉
동능력 감소, 소요동력 증대).

32 빙축열 설비의 특징에 대한 설명으로 틀린 것은?

① 축열조의 크기를 소형화할 수 있다.
② 값싼 심야전력을 사용하므로 운전비용이 절감된다.
③ 자동화 설비에 의한 최적화 운전으로 시스템의 운전효율이 높다.
④ 제빙을 위한 냉동기 운전은 냉수취출을 위한 운전보다 증발온도가 높기 때문에 소비동력이 감소한다.

빙축열 설비에서 제빙을 위해 냉수취출을 위한 운전보다 증발
온도가 낮기 때문에 소비동력이 증가한다.

33 공비혼합물(azeotrope) 냉매의 특성에 관한 설명으로 틀린 것은?

① 서로 다른 할로카본 냉매들을 혼합하여 서로의 결점이 보완되는 냉매를 얻을 수 있다.
② 응축압력과 압축비를 줄일 수 있다.
③ 대표적인 냉매로 R407C와 R410A가 있다.
④ 각각의 냉매를 적당한 비율로 혼합하면 혼합물의 비등점이 일치할 수 있다.

대체 냉매

㉠ R407C ㉡ R410A ㉢ R134a

34 암모니아 냉동장치에서 피스톤 압출량 120m³/h의 압축기가 아래 선도와 같은 냉동 사이클로 운전되고 있을 때 압축기의 소요동력(kW)은?

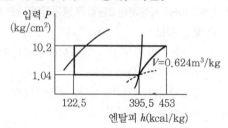

① 8.7   ② 10.9
③ 12.8   ④ 15.2

냉매압축기 일당량 $= 453-395.5 = 57.5$kcal/kg

$$냉매사용량 = \frac{120}{0.624} = 192.3 \text{kg/h}$$

1kWh $= 860$kcal

$$\therefore 동력 = \frac{192.3 \times 57.5}{860} = 12.8 \text{kW}$$

35 다음 중 모세관의 압력강하가 가장 큰 경우는?

① 직경이 가늘고 길수록
② 직경이 가늘고 짧을수록
③ 직경이 굵고 짧을수록
④ 직경이 굵고 길수록

모세관 팽창밸브는 직경이 가늘고 길수록 압력강하가 크게
일어난다.

36 물을 냉매로 하고 LiBr을 흡수제로 하는 흡수식 냉동 장치에서 장치의 성능을 향상시키기 위하여 열교환기를 설치하였다. 이 열교환기의 기능을 가장 잘 나타낸 것은?

① 발생기 출구 LiBr 수용액과 흡수기 출구 LiBr 수용액의 열 교환
② 응축기 입구 수증기와 증발기 출구 수증기의 열 교환
③ 발생기 출구 LiBr 수용액과 응축기 출구 물의 열 교환
④ 흡수기 출구 LiBr 수용액과 증발기 출구 수증기의 열 교환

해설 열교환기(성능효과 발생)

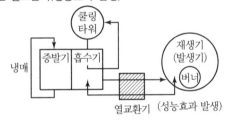

열교환기 (성능효과 발생)

37 다음 응축기 중 열통과율이 가장 작은 형식은?(단, 동일 조건 기준으로 한다.)

① 7통로식 응축기   ② 입형 셸 튜브식 응축기
③ 공랭식 응축기   ④ 2중관식 응축기

해설 응축기 열통과율(kcal/m²h℃)
㉠ 입형 : 750
㉡ 7통로식 : 1,000
㉢ 횡형 : 900
㉣ 대기식 : 600
㉤ 셸 앤 코일식 : 500
㉥ 증발 : 200~280
㉦ 공랭식 : 20~25

38 흡수식 냉동기에서 재생기에 들어가는 희용액의 농도가 50%, 나오는 농용액의 농도가 65%일 때, 용액순환비는?(단, 흡수기의 냉각열량은 730kca/kg이다.)

① 2.5   ② 3.7
③ 4.3   ④ 5.2

해설 흡수식 냉동기

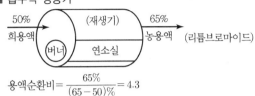

용액순환비 $= \dfrac{65\%}{(65-50)\%} = 4.3$

39 냉매에 관한 설명으로 옳은 것은?

① 냉매표기 R+xyz 형태에서 xyz는 공비 혼합 냉매의 경우 400번대, 비공비 혼합 냉매의 경우 500번대로 표시한다.
② R502는 R22와 R113과의 공비혼합냉매이다.
③ 흡수식 냉동기는 냉매로 NH_3와 R-11이 일반적으로 사용된다.
④ R1234yf는 HFO계열의 냉매로서 지구온난화지수(GWP)가 매우 낮아 R134a의 대체 냉매로 활용 가능하다.

해설 R 1234 yF 냉매(HFO 계열)
지구온난화 지수(GWP)가 매우 낮아서 R 134 a의 대체 냉매가 가능하다.

40 냉동기 중 공급 에너지원이 동일한 것끼리 짝지어진 것은?

① 흡수 냉동기, 압축기체 냉동기
② 증기분사 냉동기, 증기압축 냉동기
③ 압축기체 냉동기, 증기분사 냉동기
④ 증기분사 냉동기, 흡수 냉동기

해설 ㉠ 증기분사냉동기(증기이젝터 사용) : 물의 일부를 증발시키고 잔류물을 냉각시킨다.
㉡ 흡수식 냉동기는 7~8(kg/cm²) 증기잠열을 이용하여 LiBr, 즉 희용액을 농용액으로 만든다.

41 난방부하가 6,500kcal/hr인 어떤 방에 대해 온수난방을 하고자 한다. 방열기의 상당방열면적(m²)은?

① 6.7   ② 8.4

③ 10   ④ 14.4

해설 온수난방 상당방열량 1EDR : 450(kcal/m²h)

$\therefore EDR = \dfrac{6,500}{450} = 14.45\text{ea}$

42 다음 중 감습(제습)장치의 방식이 아닌 것은?

① 흡수식   ② 감압식

③ 냉각식   ④ 압축식

해설 제습장치

㉠ 흡수식   ㉡ 압축식   ㉢ 냉각식

43 실내 설계온도 26℃인 사무실의 실내유효 현열부하는 20.42kW, 실내유효 잠열부하는 4.27kW이다. 냉각코일의 장치노점온도는 13.5℃, 바이패스 팩터가 0.1일 때, 송풍량(L/s)은?(단, 공기의 밀도는 1.2kg/m³, 정압비열은 1.006kJ/kg · K이다.)

① 1,350   ② 1,503

③ 12,530   ④ 13,532

해설 총부하=20.42+4.27=24.69kW

1kWh : 3,600kJ(860kcal)

현열 부하 20.42×3,600=73,512kJ/h=20.42kJ/sec

$\therefore$ 송풍량=(20.42/1.2)×1.006×(26−13.5)×(1−0.1)

=1.503m³/s=1503ℓ/s

44 유효온도(Effective Temperature)의 3요소는?

① 밀도, 온도, 비열   ② 온도, 기류, 밀도

③ 온도, 습도, 비열   ④ 온도, 습도, 기류

해설 유효온도(ET : Effective Temperature)

실내환경 평가척도로, 기류, 습도, 온도를 하나로 조합한 상태의 온도감각을 상대습도 100% 풍속 0m/s일 때 느끼는 온도감각이다.

45 배출가스 또는 배기가스 등의 열을 열원으로 하는 보일러는?

① 관류보일러   ② 폐열보일러

③ 입형보일러   ④ 수관보일러

해설 폐열보일러 : 배기가스 등의 열을 이용하며, 하이네보일러, 리 보일러 등이 있다.

46 공기조화설비의 구성에서 각종 설비별 기기로 바르게 짝지어진 것은?

① 열원설비 – 냉동기, 보일러, 히트펌프

② 열교환설비 – 열교환기, 가열기

③ 열매 수송설비 – 덕트, 배관, 오일펌프

④ 실내유닛 – 토출구, 유인유닛, 자동제어기기

해설 ㉠ 열원설비 : 냉동기, 보일러, 히트펌프 등

㉡ 열운반장치 : 송풍기, 덕트 등

㉢ 공조기 : 코일, 필터, 노즐(가습용), 혼합실 등

47 덕트의 분기점에서 풍량을 조절하기 위하여 설치하는 댐퍼는?

① 방화 댐퍼   ② 스플릿 댐퍼

③ 피봇 댐퍼   ④ 터닝 베인

해설 스플릿 댐퍼(split damper)

풍량조절용이며 버터플라이 댐퍼, 루버댐퍼 등이 있다.

※ 방화댐퍼 : 루버형, 피봇형 등이 있다.

48 냉방부하 계산 결과 실내취득열량은 q_R, 송풍기 및 덕트 취득열량은 q_F, 외기부하는 q_O, 펌프 및 배관 취득열량은 q_p일 때, 공조기 부하를 바르게 나타낸 것은?

① $q_R + q_O + q_p$ ② $q_F + q_O + q_P$

③ $q_R + q_O + q_F$ ④ $q_R + q_P + q_F$

해설 공조기 부하=실내취득열량+외기부하+송풍기 및 덕트취득열량

49 다음 공조방식 중에서 전공기 방식에 속하지 않는 것은?

① 단일덕트 방식   ② 이중덕트 방식
③ 팬코일 유닛 방식   ④ 각층 유닛 방식

> **해설** ㉠ 전공기 방식
> • 단일덕트, 2중덕트 방식
> • 덕트 병용 패키지 방식
> • 각층 유닛 방식
> ㉡ 전수방식 : 팬코일 유닛 방식

50 온수보일러의 수두압을 측정하는 계기는?

① 수고계   ② 수면계
③ 수량계   ④ 수위 조절기

> **해설** 온수보일러 수두압 측정 : 수고계(온도 및 수두압 측정)

51 공기조화방식을 결정할 때에 고려할 요소로 가장 거리가 먼 것은?

① 건물의 종류   ② 건물의 안정성
③ 건물의 규모   ④ 건물의 사용목적

> **해설** 건물의 안정성
> 건축물 설계 및 건축물 구조진단에서 실시한다.

52 증기난방방식에서 환수주관을 보일러 수면보다 높은 위치에 배관하는 환수배관방식은?

① 습식 환수방법   ② 강제 환수방식
③ 건식 환수방식   ④ 중력 환수방식

> **해설** 보일러
>
>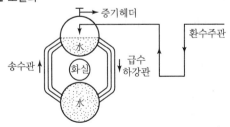
>
> 건식환수(증기드럼 내 급수가 수면 위로 급수된다)

53 온수난방설비에 사용되는 팽창탱크에 대한 설명으로 틀린 것은?

① 밀폐식 팽창탱크의 상부 공기층은 난방장치의 압력변동을 완화하는 역할을 할 수 있다.
② 밀폐식 팽창탱크는 일반적으로 개방식에 비해 탱크 용적을 크게 설계해야 한다.
③ 개방식 탱크를 사용하는 경우는 장치 내의 온수온도를 85℃ 이상으로 해야 한다.
④ 팽창탱크는 난방장치가 정지하여도 일정압 이상으로 유지하여 공기침입 방지역할을 한다.

> **해설** 팽창탱크
> ㉠ 개방식(100℃ 이하)
> ㉡ 밀폐식(100℃ 초과 중온수)

54 냉수코일 설계상 유의사항으로 틀린 것은?

① 코일의 통과 풍속은 2~3m/s로 한다.
② 코일의 설치는 관이 수평으로 놓이게 한다.
③ 코일 내 냉수속도는 2.5m/s 이상으로 한다.
④ 코일의 출입구 수온 차이는 5~10℃ 전·후로 한다.

> **해설** 코일 속도
> ㉠ 냉수코일 정면 풍속(2.0~3.0m/s)
> ㉡ 코일 속속(1.0m/s 이내)

55 가열로(加熱爐)의 벽 두께가 80mm이다. 벽의 안쪽과 바깥쪽의 온도차는 32℃, 벽의 면적은 60m², 벽의 열전도율은 40kcal/m·h·℃일 때, 시간당 방열량(kcal/hr)은?

① 7.6×10^5
② 8.9×10^5
③ 9.6×10^5
④ 10.2×10^5

> **해설** 방열량(Q) = $\dfrac{40 \times 32 \times 60}{0.08}$ = 960,000(kcal/h)
>
>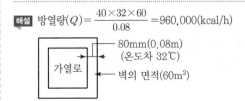

56 다음 중 온수난방과 가장 거리가 먼 것은?

① 팽창탱크   ② 공기빼기밸브
③ 관말트랩   ④ 순환펌프

해설 증기트랩(응축수 제거)

증기난방 관의 끝
(관말)

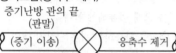

57 공기조화방식 중 혼합상자에서 적당한 비율로 냉풍과 온풍을 자동적으로 혼합하여 각 실에 공급하는 방식은?

① 중앙식   ② 2중 덕트방식
③ 유인 유닛방식   ④ 각층 유닛방식

해설 2중 덕트방식(전공기 방식)

58 다음의 공기조화장치에서 냉각코일 부하를 올바르게 표현한 것은?(단, G_F는 외기량(kg/h)이며, G는 전풍량(kg/h)이다.)

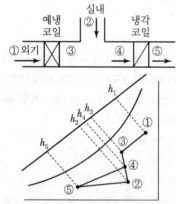

① $G_F(h_1 - h_3) + G_F(h_1 - h_2) + G(h_2 - h_5)$
② $G(h_1 - h_2) + G_F(h_1 - h_3) + G_F(h_2 - h_5)$
③ $G_F(h_1 - h_2) + G_F(h_1 - h_3) + G(h_2 - h_5)$
④ $G(h_1 - h_2) + G_F(h_1 - h_3) + G_F(h_2 - h_5)$

해설 ㉠ 냉각코일부하
$= G_F \times (h_1 - h_2) - G_F(h_1 - h_3) + G(h_2 - h_5)$
공기부하 = 외기부하 + 실내취득열량 + 예냉부하
㉡ 코일부하 = 외기부하 − 냉각코일부하 − 예냉코일부하 − 냉각부하 = ③ : 혼합공기
㉢ ④ 혼합공기

59 온풍난방의 특징에 대한 설명으로 틀린 것은?

① 예열시간이 짧아 간헐운전이 가능하다.
② 실내 상하의 온도차가 커서 쾌적성이 떨어진다.
③ 소음발생이 비교적 크다.
④ 방열기, 배관 설치로 인해 설비비가 비싸다.

해설 ㉠ 온풍난방 = 난방기기 → 덕트 → 실내
㉡ 온수난방 = 방열기, 배관 → 실내

60 에어워셔를 통과하는 공기의 상태 변화에 대한 설명으로 틀린 것은?

① 분무수의 온도가 입구공기의 노점온도보다 낮으면 냉각 감습된다.
② 순환수 분무하면 공기는 냉각가습되어 엔탈피가 감소한다.
③ 증기분무를 하면 공기는 가열 가습되고 엔탈피도 증가한다.
④ 분무수의 온도가 입구공기 노점온도보다 높고 습구온도보다 낮으면 냉각 가습된다.

해설

t_1, t_1' → 가습기(에어워셔) → t_2 (엔탈피 증가)

t_1, t_2 : 건구온도
t_1' : 습구온도

가습효율(η_s) $= \dfrac{t_1 - t_2}{t_1 - t_1'}$ (%)

SECTION 04 전기제어공학

61 그림과 같이 철심에 두 개의 코일 C_1, C_2를 감고 코일 C_1에 흐르는 전류 I에 ΔI 만큼의 변화를 주었다. 이 때 일어나는 현상에 관한 설명으로 옳지 않은 것은?

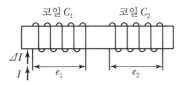

① 코일 C_2에서 발생하는 기전력 e_2는 렌츠의 법칙에 의하여 설명이 가능하다.

② 코일 C_1에서 발생하는 기전력 e_1은 자속의 시간 미분값과 코일의 감은 횟수의 곱에 비례한다.

③ 전류의 변화는 자속의 변화를 일으키며, 자속의 변화는 코일 C_1에 기전력 e_1을 발생시킨다.

④ 코일 C_2에서 발생하는 기전력 e_2와 전류 I의 시간 미분값의 관계를 설명해 주는 것이 자기 인덕턴스이다.

해설 ㉠ 자속(flux) : 자계, 전계, 전자계의 세기의 측정 단위이다.
㉡ 기전력(electromotive force) : 전지나 발전기의 내부에서 발생하는 전위차(전압)는 전류를 흘리는 원동력이 되므로 기전력이라고 한다(단위 : 볼트).
㉢ 자기인덕턴스(self inductance) : 코일의 상수로 유도 전압의 비례상수, 기호는 L, 단위는 헨리(H), 1H는 1초 간에 1A의 전류변화에 대하여 1V의 전압 발생을 하는 코일의 자기 인덕턴스
※ 코일 C_2에서 발생하는 기전력 e_2와 전류 I의 시간 적분값의 관계를 설명하였다.

62 그림과 같은 제어에 해당하는 것은?

① 개방 제어　　② 시퀀스 제어
③ 개루프 제어　　④ 폐루프 제어

해설 제어동작 순서(측정→비교→판단→조작)

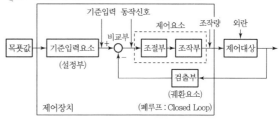

[피드백 제어]

63 물체의 위치, 방위, 자세 등의 기계적 변위를 제어량으로 하여 목푯값의 임의의 변화에 항상 추종되도록 구성된 제어장치는?

① 서보기구
② 자동조정
③ 정치 제어
④ 프로세스 제어

해설 서보기구(servomechanism)
제어량이 기계적 위치에 있도록 하는 자동제어, 즉 물체의 위치, 방위, 자세 등 목표값의 임의 변화에 추종하도록 구성된 피드백 제어계이다(기계를 명령대로 움직이는 장치).

64 다음 중 무인 엘리베이터의 자동제어로 가장 적합한 것은?

① 추종 제어
② 정치 제어
③ 프로그램 제어
④ 프로세스 제어

해설 프로그램 제어(Program control)
목푯값이 미리 정해진 시간적 변화를 하는 경우 제어량을 그 것에 추종시키기 위한 제어

65 다음의 논리식을 간단히 한 것은?

$$X = \overline{A}\overline{B}C + A\overline{B}\overline{C} + A\overline{B}C$$

① $\overline{B}(A+C)$　　② $C(A+\overline{B})$
③ $\overline{C}(A+B)$　　④ $\overline{A}(B+C)$

논리식

$$\overline{A} \cdot \overline{B} \cdot C + A \cdot \overline{B} \cdot \overline{C} = A \cdot \overline{B} \cdot C$$
$$= (\overline{A} \cdot C + A \cdot \overline{C} + A \cdot C)$$
$$= \overline{B} \cdot (\overline{A} \cdot C + A \cdot (\overline{C} + C)) = \overline{B} \cdot (\overline{A} \cdot C + A)$$
$$= \overline{B} \cdot (A + A) \cdot (A + C)$$
$$= \overline{B}(A + C)$$

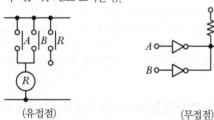

66 PLC 프로그래밍에서 여러 개의 입력신호 중 하나 또는 그 이상의 신호가 ON 되었을 때 출력이 나오는 회로는?

① OR회로　　　　② AND회로
③ NOT 회로　　　④ 자기유지회로

해설 OR회로(논리합 회로 gate) : 입력 A 또는 B의 어느 한쪽이든가 양자가 "1"일 때 출력이 "1"이 되는 OR 회로이다(논리식＝X＝A＋B로 표시한다).

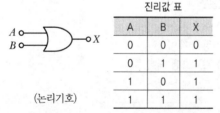

(유접점)　　　　　　　(무접점)

진리값 표

A	B	X
0	0	0
0	1	1
1	0	1
1	1	1

(논리기호)

67 단상변압기 2대를 사용하여 3상 전압을 얻고자 하는 결선방법은?

① Y결선　　　　　② V결선
③ △ 결선　　　　④ Y－△ 결선

해설 V결선
단상변압기 2대를 사용하여 3상 전압을 얻고자 하는 결선이다.

68 직류기에서 전압정류의 역할을 하는 것은?

① 보극　　　　　　② 보상권선
③ 탄소브러시　　　④ 리액턴스 코일

해설 보극(Commutating pole)
정류기계의 주자속 중간 위치에 둔 보조자극으로 그 여자 권선에는 부하전류에 비례한 전류가 흘러 정류를 쉽게 하는 자속을 발생하도록 한다(즉 직류기에서 전압정류의 역할).

69 전동기 2차측에 기동저항기를 접속하고 비례 추이를 이용하여 기동하는 전동기는?

① 단상 유도전동기
② 2상 유도전동기
③ 권선형 유도전동기
④ 2중 농형 유도전동기

해설 권선형 유도전동기
전동기 2차 측에 기동저항기를 접속하고 비례추이를 이용하여 기동하는 전동기이다(권상기, 기중기에 사용).

70 100[V], 40[W]의 전구에 0.4[A]의 전류가 흐른다면 이 전구의 저항은?

① 100[Ω]　　　　② 150[Ω]
③ 200[Ω]　　　　④ 250[Ω]

해설 전기저항$(R) = \dfrac{V}{I} = \dfrac{100V}{0.4A} = 250(\Omega)$

71 공작기계의 물품 가공을 위하여 주로 펄스를 이용한 프로그램 제어를 하는 것은?

① 수치제어　　　　② 속도제어
③ PLC 제어　　　④ 계산기 제어

해설 수치제어(NC)
공작기계의 물품 가공을 위하여 펄스(pulse : 충격파)를 이용한 프로그램 제어이다.

72 다음 중 절연저항을 측정하는 데 사용되는 계측기는?

① 메거　　　　　　② 저항계
③ 켈빈브리지　　　④ 휘스톤브리지

해설 메거(megger)
절연저항계(수동식의 정전압 직류발전기와 가동코일형의 비율계로 구성)

73 검출용 스위치에 속하지 않는 것은?

① 광전 스위치　　　② 액면 스위치
③ 리미트 스위치　　④ 누름버튼 스위치

해설 누름버튼 스위치
전기등의 소통이나 on-off와 관계되는 스위치이다.

74 다음과 같은 회로에서 i_2가 0이 되기 위한 C의 값은?
(단, L은 합성인덕턴스, M은 상호인덕턴스이다.)

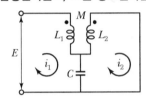

① $\dfrac{1}{\omega L}$　　　　　　② $\dfrac{1}{\omega^2 L}$

③ $\dfrac{1}{\omega M}$　　　　　　④ $\dfrac{1}{\omega^2 M}$

해설 2차 회로의 전압방식 : $-J\omega MI,\ -\dfrac{1}{j\omega c}+$

$\left(j\omega L_2 + \dfrac{1}{j\omega c}\right)I_2 = 0$

$I_2 = 0$이 되려면 $I_1(i_1)$의 계수가 0이어야 하므로

$-j\omega M + j\dfrac{1}{\omega c} = 0$

$\therefore\ c = \dfrac{1}{\omega^2 M}$

※ 인덕턴스(inductance) : 전선이나 코일에는 그 주위나 내부를 통하는 자속의 변화를 방해하는 작용이 있으며 이 작용의 세기를 나타내는 값이다.

75 오차 발생시간과 오차의 크기로 둘러싸인 면적에 비례하여 동작하는 것은?

① P동작　　　　　② I동작
③ D동작　　　　　④ PD동작

해설 ㉠ I(동작 : 적분동작) : 잔류편차 제거의 응답시간이 길다.

㉡ $Y = \dfrac{1}{Ti}\displaystyle\int z(t)dt$ (오차 발생시간과 오차의 크기로 둘러싸인 면적에 비례하여 동작한다.)

㉢ (Ti : 적분시간, $\dfrac{1}{Ti}$: 리셋률)

76 개루프 전달함수 $G(s) = \dfrac{1}{s^2 + 2s + 3}$인 단위 궤환 계에서 단위계단입력을 가하였을 때의 오프셋(off set)은?

① 0　　　　　　② 0.25
③ 0.5　　　　　④ 0.75

해설 전달함수는 모든 초기값을 0으로 했을 때 입력변수와 출력 변수의 비를 나타내는 함수이다.

전달함수 = (출력/입력) = $\dfrac{Y(s)}{X(s)}$

$$\underset{X(s)}{\xrightarrow{x(t)}}\ \boxed{G(s)}\ \underset{Y(s)}{\xrightarrow{y(t)}}$$

77 저항 8[Ω]과 유도리액턴스 6[Ω]이 직렬접속된 회로의 역률은?

① 0.6　　　　　② 0.8
③ 0.9　　　　　④ 1

해설 직렬 $\cos\theta = \dfrac{R}{\sqrt{R^2 + X_L^2}} = \dfrac{8}{\sqrt{8^2 + 6^2}} = 0.8$

78 온도 보상용으로 사용되는 소자는?

① 서미스터　　　　② 바리스터
③ 제너다이오드　　④ 버랙터 다이오드

해설 온도보상용
서미스터 저항온도계, 열전온도계, 부르동관 온도계 등

79 다음과 같은 회로에서 a, b 양단자 간의 합성 저항은? (단, 그림에서의 저항 단위는 [Ω]이다.)

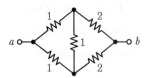

① 1.0[Ω]　　　　② 1.5[Ω]
③ 3.0[Ω]　　　　④ 6.0[Ω]

해설 합성저항$(R_{ac}) = \dfrac{(1+2)\times(1+2)}{(1+2)+(1+2)} = \dfrac{9}{6} = 1.5(\Omega)$

80 온 오프(on-off) 동작에 관한 설명으로 옳은 것은?

① 응답속도는 빠르나 오프셋이 생긴다.
② 사이클링은 제거할 수 있으나 오프셋이 생긴다.
③ 간단한 단속적 제어동작이고 사이클링이 생긴다.
④ 오프셋은 없앨 수 있으나 응답시간이 늦어질 수 있다.

해설 온-오프 불연속동작은 간단한 단속적 제어동작이고 사이클링(cycling)이 생긴다.
사이클링 : 자동제어계의 온 오프 동작에서 조작량이 단속하기 때문에 제어량에 주기적인 변동이 생기는 것을 말한다. 사이클링이 제어상 바람직하지 않은 상태를 헌팅(난조)이라고 한다.

SECTION 05 배관일반

81 도시가스 배관 시 배관이 움직이지 않도록 관 지름 13 ~33mm 미만의 경우 몇 m마다 고정 장치를 설치해야 하는가?

① 1m　　　　② 2m
③ 3m　　　　④ 4m

해설 도시가스배관 고정장치

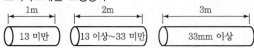

82 냉매배관에 사용되는 재료에 대한 설명으로 틀린 것은?

① 배관 선택 시 냉매의 종류에 따라 적절한 재료를 선택해야 한다.
② 동관은 가능한 한 이음매 있는 관을 사용한다.
③ 저압용 배관은 저온에서도 재료의 물리적 성질이 변하지 않는 것으로 사용한다.
④ 구부릴 수 있는 관은 내구성을 고려하여 충분한 강도가 있는 것을 사용한다.

해설 냉매배관은 동관의 경우 가능한 한 이음매가 없는 관을 사용하여야 한다.

83 동관의 호칭경이 20A일 때 실제 외경은?

① 15.87mm
② 22.22mm
③ 28.57mm
④ 34.93mm

해설 동관(3/4 호칭경 20A)의 평균 외경은 22.22mm이다(살두께는 k타입 : 1.65, L타입 : 1.14, M타입 : 0.8이다).

84 팬코일 유닛방식의 배관방식에서 공급관이 2개이고 환수관이 1개인 방식으로 옳은 것은?

① 1관식　　　　② 2관식
③ 3관식　　　　④ 4관식

해설
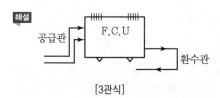
[3관식]

85 방열기 전체의 수저항이 배관의 마찰손실에 비해 큰 경우 채용하는 환수방식은?

① 개방류방식
② 재순환방식
③ 역귀환방식
④ 직접귀환방식

해설 귀환방식
㉠ 직접귀환방식(방열기 전체의 수저항이 배관의 마찰손실에 비해 큰 경우 채용)
㉡ 역귀환방식(각 층, 각 방열기에 흐르는 배관에서 동일 순환율을 갖도록 함)

86 증기와 응축수의 온도 차이를 이용하여 응축수를 배출하는 트랩은?

① 버킷 트랩(bucket trap)
② 디스크 트랩(disk trap)
③ 벨로스 트랩(bellows trap)
④ 플로트 트랩(float trap)

해설 온도차에 의한 증기트랩
㉠ 벨로스 트랩
㉡ 바이메탈 트랩

87 배관의 분해, 수리 및 교체가 필요할 때 사용하는 관 이음재의 종류는?

① 부싱   ② 소켓
③ 엘보   ④ 유니언

해설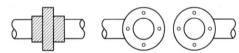

[유니언이음(50A 미만용)] [플랜지이음(50A 이상 관경)]

88 급수량 산정에 있어서 시간평균예상급수량(Q_h)이 3000L/h였다면, 순간 최대 예상 급수량(Q_p)은?

① 75~100L/min   ② 150~200L/min
③ 225~250L/min   ④ 275~300L/min

해설 순간 최대 예상 급수량

$$= \frac{3 \sim 4 \times 시간당\ 평균예상급수량}{60}(L/min)$$

$$\therefore \frac{(3 \sim 4) \times 3000}{60} = 150 \sim 200(L/min)$$

89 증기난방법에 관한 설명으로 틀린 것은?

① 저압 증기난방에 사용하는 증기의 압력은 0.15~0.35kg/cm² 정도이다.
② 단관 중력환수식의 경우 증기와 응축수가 역류하지 않도록 선단 하향 구배로 한다.
③ 환수주관을 보일러 수면보다 높은 위치에 배관한 것은 습식 환수관식이다.
④ 증기의 순환이 가장 빠르며 방열기, 보일러 등의 설치위치에 제한을 받지 않고 대규모 난방용으로 주로 채택되는 방식은 진공환수식이다.

해설 건식 환수주관
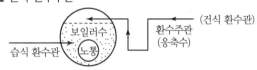

90 배관의 자중이나 열팽창에 의한 힘 이외에 기계의 진동, 수격작용, 지진 등 다른 하중에 의해 발생하는 변위 또는 진동을 억제시키기 위한 장치는?

① 스프링 행거   ② 브레이스
③ 앵커   ④ 가이드

해설 브레이스(brace) : 열팽창 및 중력에 의한 힘 이외의 외력에 의한 배관이동을 제한하는 장치이다.
㉠ 방진기 : 주로 진동방지나 감쇠시키는 장치
㉡ 완충기 : 안전밸브 등 토출반력 등에 충격완화장치

91 펌프를 운전할 때 공동현상(캐비테이션)의 발생 원인으로 가장 거리가 먼 것은?

① 토출양정이 높다.
② 유체의 온도가 높다.
③ 날개차의 원주속도가 크다.
④ 흡입관의 마찰저항이 크다.

해설 펌프에서 cavitation이 발생하는 것은 흡입양정이 크기 때문이다.

92 급수방식 중 대규모의 급수 수요에 대응이 용이하고 단수 시에도 일정량의 급수를 계속할 수 있으며 거의 일정한 압력으로 항상 급수되는 방식은?

① 양수 펌프식
② 수도 직결식
③ 고가 탱크식
④ 압력 탱크식

해설 고가탱크 급수설비

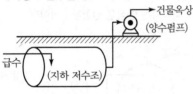

---

93 증기트랩의 종류를 대분류한 것으로 가장 거리가 먼 것은?

① 박스 트랩
② 기계적 트랩
③ 온도조절 트랩
④ 열역학적 트랩

해설 배수트랩
㉠ 관트랩(pipe trap) : S형, P형, U형
㉡ 박스트랩(box trap)의 종류
　• 드럼트랩
　• 벨 트랩
　• 가솔린 트랩
　• 그리스 트랩

---

94 열팽창에 의한 배관의 이동을 구속 또는 제한하기 위해 사용되는 관 지지장치는?

① 행거(hanger)
② 서포트(support)
③ 브레이스(brace)
④ 레스트레인트(restraint)

해설 레스트레인트
열팽창에 의한 배관의 이동을 구속 또는 제한하는 관 지지장치로서 앵커, 스톱, 가이드가 있다.

---

95 그림과 같은 입체도에 대한 설명으로 맞는 것은?

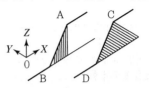

① 직선 A와 B, 직선 C와 D는 각각 동일한 수직평면에 있다.
② A와 B는 수직 높이 차가 다르고, 직선 C와 D는 동일한 수평평면에 있다.
③ 직선 A와 B, 직선 C와 D는 각각 동일한 수평평면에 있다.
④ 직선 A와 B는 동일한 수평평면에, 직선 C와 D는 동일한 수직평면에 있다.

해설 ㉠ A와 B : 수직 높이차가 다르다.
㉡ D와 C : 동일한 수평평면에 있다.
※ 입체도 : 입체공간을 X축, Y축, Z축으로 나누어 입체적인 형상을 평면에 나타낸다.

---

96 급수배관 시공에 관한 설명으로 가장 거리가 먼 것은?

① 수리와 기타 필요시 관 속의 물을 완전히 뺄 수 있도록 기울기를 주어야 한다.
② 공기가 모여 있는 곳이 없도록 하여야 하며, 공기가 모일 경우 공기빼기 밸브를 부착한다.
③ 급수관에서 상향 급수는 선단 하향 구배로 하고, 하향 급수에서는 선단 상향 구배로 한다.
④ 가능한 마찰손실이 적도록 배관하며 관의 축소는 편심 리듀서를 써서 공기의 고임을 피한다.

해설 급수관 시공
㉠ 상향급수 : 선단 상향 구배
㉡ 하향급수 : 선단 하향 구배

---

97 베이퍼록 현상을 방지하기 위한 방법으로 틀린 것은?

① 실린더 라이너의 외부를 가열한다.
② 흡입배관을 크게 하고 단열 처리한다.
③ 펌프의 설치위치를 낮춘다.
④ 흡입관로를 깨끗이 청소한다.

해설 베이퍼록(액이 기화) 현상 방지를 위하여 실린더 라이너의 외부를 냉각시킨다.

98 저압 증기난방장치에서 적용되는 하트포드 접속법 (Hartford connection)과 관련된 용어로 가장 거리 가 먼 것은?

① 보일러 주변 배관
② 균형관
③ 보일러수의 역류방지
④ 리프트 피팅

해설 진공환수식 증기난방방식의 리프트 피팅(lift fitting)에서 는 1단의 흡상높이를 1.5m 이내로 한다.

99 배수 및 통기설비에서 배관시공법에 관한 배수 사항 으로 틀린 것은?

① 배수 수직관에 배수관을 연결해서는 안 된다.
② 오버플로관은 트랩의 유입구 측에 연결해야 한다.
③ 바닥 아래에서 빼내는 각 통기관에는 횡주부를 형 성시키지 않는다.
④ 통기 수직관은 최하위의 배수 수평지관보다 높은 위치에서 연결해야 한다.

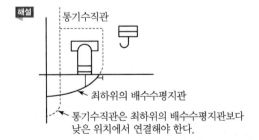

100 온수난방 배관에서 에어 포켓(air pocket)이 발생될 우려가 있는 곳에 설치하는 공기빼기밸브의 설치위 치로 가장 적절한 것은?

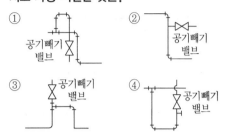

해설 공기 등 에어는 관의 위로 상승하므로 공기빼기 밸브의 설치 위치는 ③항처럼 한다.

SECTION 01 기계열역학

01 그림과 같이 카르노 사이클로 운전하는 기관 2개가 직렬로 연결되어 있는 시스템에서 두 열기관의 효율이 똑같다고 하면 중간 온도 T는 약 몇 K인가?

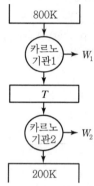

① 330K
② 400K
③ 500K
④ 660K

해설 효율계산$(\eta_{c_1}) = 1 - \dfrac{T}{T_1}$

효율계산$(\eta_{c_2}) = 1 - \dfrac{T_2}{T}$

$\eta_{c_1} = \eta_{c_2} \rightarrow \left(\dfrac{T}{T_1} = \dfrac{T_2}{T} \right)$

$T^2 = T_1 \cdot T_2$

$\therefore T = \sqrt{T_1 \cdot T_2} = \sqrt{800 \times 200} = 400(\text{K})$

02 역카르노사이클로 운전하는 이상적인 냉동 사이클에서 응축기 온도가 40℃, 증발기 온도가 −10℃이면 성능계수는?

① 4.26
② 5.26
③ 3.56
④ 6.56

해설 성능계수(COP) $= \dfrac{Q_2}{AW} = \dfrac{Q_2}{Q_1 - Q_2}$

$= \dfrac{T_2}{T_1 - T_2} = \dfrac{273 - 10}{(40 + 273) - (273 - 10)}$

$= 5.26$

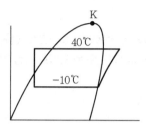

03 밀폐 시스템에서 초기 상태가 300K, 0.5m³인 이상기체를 등온과정으로 150kPa에서 600kPa까지 천천히 압축하였다. 이 압축과정에 필요한 일은 약 몇 kJ인가?

① 104
② 208
③ 304
④ 612

해설 등온과정$(W_t) = P_1 V_1 \ln\left(\dfrac{P_2}{P_1}\right) = 150 \times 0.5 \times \ln\left(\dfrac{600}{150}\right)$

$= 104\text{kJ}$

04 에어컨을 이용하여 실내의 열을 외부로 방출하려 한다. 실외 35℃, 실내 20℃인 조건에서 실내로부터 3kW의 열을 방출하려 할 때 필요한 에어컨의 최소 동력은 약 몇 kW인가?

① 0.154
② 1.54
③ 0.308
④ 3.08

해설 $1\text{kW} = 3,600\text{kJ/h}(860\text{kcal/h})$

성적계수$(COP) = \dfrac{20 + 273}{(35 + 273) - (20 + 273)} = 19.5333$

$\therefore$ 최소동력 $= \dfrac{3}{19.5333} = 0.154(\text{kW})$

05 압력 250kPa, 체적 0.35m³의 공기가 일정 압력하에서 팽창하여, 체적이 0.5m³로 되었다. 이때 내부에너지의 증가가 93.9kJ이었다면, 팽창에 필요한 열량은 약 몇 kJ인가?

① 43.8
② 56.4
③ 131.4
④ 175.2

해설 정압변화 팽창일(절대일 : W)

$$W = \int P dV = P(V_2 - V_1) = 250 \times (0.5 - 0.35) = 37.5 \text{kJ}$$

$$\therefore \text{팽창일} = 37.5 + 93.9 = 131.4 (\text{kJ})$$

06 이상기체의 가역 폴리트로픽 과정은 다음과 같다. 이에 대한 설명으로 옳은 것은?(단, P는 압력, v는 비체적, C는 상수이다.)

$$Pv^n = C$$

① $n = 0$이면 등온과정
② $n = 1$이면 정적과정
③ $n = \infty$이면 정압과정
④ $n = k$(비열비)이면 단열과정

해설

상태변화	폴리트로픽지수 (n)	폴리트로픽비열 (C_n)
정압(등압)변화	0	C_P
등온(정온)변화	1	∞
단열변화	k	0
정적(등적)변화	∞	C_V

07 열과 일에 대한 설명 중 옳은 것은?

① 열역학적 과정에서 열과 일은 모두 경로에 무관한 상태함수로 나타낸다.
② 일과 열의 단위는 대표적으로 Watt(W)를 사용한다.
③ 열역학 제1법칙은 열과 일의 방향성을 제시한다.
④ 한 사이클 과정을 지나 원래 상태로 돌아왔을 때 시스템에 가해진 전체 열량은 시스템이 수행한 전체 일의 양과 같다.

해설 ㉠ 열량, 일량의 과정 = 경로함수(도정함수)
㉡ 일과 열의 단위 : J
㉢ 열역학적 제1법칙 : 에너지보존의 법칙

08 랭킨 사이클의 각각의 지점에서 엔탈피는 다음과 같다. 이 사이클의 효율은 약 몇 %인가?(단, 펌프일은 무시한다.)

• 보일러 입구 : 290.5kJ/kg
• 보일러 출구 : 3,476.9kJ/kg
• 응축기 입구 : 2,622.1kJ/kg
• 응축기 출구 : 286.3kJ/kg

① 32.4%   ② 29.8%
③ 26.7%   ④ 23.8%

해설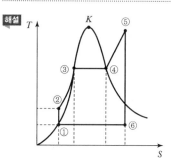

② 290.5
⑤ 3,476.9
⑥ 2,622.1
① 286.3

$$\eta_R = \frac{(h_5 - h_6) - (h_2 - h_1)}{h_5 - h_2}$$

$$= \frac{(3,476.9 - 2,622.1) - (290.5 - 286.3)}{(3,476.9 - 290.5)}$$

$$= 0.26628 (26.7\%)$$

09 공기의 정압비열[C_p, kJ/(kg · ℃)]이 다음과 같다고 가정한다. 이때 공기 5kg을 0℃에서 100℃까지 일정한 압력하에서 가열하는 데 필요한 열량은 약 몇 kJ인가?(단, 다음 식에서 t는 섭씨온도를 나타낸다.)

$$C_p = 1.0053 + 0.000079 \times t [\text{kJ/(kg} \cdot \text{℃)}]$$

① 85.5   ② 100.9
③ 312.7   ④ 504.6

해설

$$Q = \int m c dt = \int_0^{100} (1.0053 + 0.000079 t) dt$$

$$= (1.0053 t)_0^{100} + \left(0.000079 \frac{t^2}{2} \right)_0^{100}$$

$$= 1.0053 \times 100 + 0.000079 \frac{100^2}{2} = 100.925 \text{kJ}$$

$$\therefore \ 100.925 \text{kJ} \times 5 = 504.6 \text{kJ}$$

10 공기 표준 사이클로 운전하는 디젤 사이클 엔진에서 압축비는 18, 체절비(분사 단절비)는 2일 때 이 엔진의 효율은 약 몇 %인가?(단, 비열비는 1.4이다.)

① 63%　　　　　　② 68%

③ 73%　　　　　　④ 78%

> **해설** ㉠ 오토사이클(내연기관사이클)
> $$\eta_0 = 1 - \frac{T_4 - T_1}{T_3 - T_2} = 1 - \frac{T_4 - T_1}{T_4 \varepsilon^{k-1} - T_1 \varepsilon^{k-1}}$$
> $$= 1 - \left(\frac{1}{\varepsilon}\right)^{k-1}$$
> ㉡ 디젤사이클(내연)
> $$= \frac{A_w}{q_1} = 1 - \frac{q_2}{q_1} = 1 - \frac{C_v(T_4 - T_1)}{C_p(T_3 - T_2)} = 1 - \frac{(T_4 - T_1)}{k(T_3 - T_2)}$$
> $$= 1 - \left(\frac{1}{\varepsilon}\right)^{k-1} \cdot \frac{\sigma^k - 1}{k(\sigma - 1)}$$
> $$= 1 - \left(\frac{1}{18}\right)^{1.4-1} \times \frac{2^{1.4} - 1}{1.4(2-1)} = 0.63(63\%)$$
>
> ※ 디젤사이클의 효율을 증가시키려면 압축비는 크고 체절비(단절비)는 작아야 한다.

11 카르노 냉동기 사이클과 카르노 열펌프 사이클에서 최고 온도와 최소 온도가 서로 같다. 카르노 냉동기의 성적 계수는 COP_R이라고 하고, 카르노 열펌프의 성적계수는 COP_{HP}라고 할 때 다음 중 옳은 것은?

① $COP_{HP} + COP_R = 1$
② $COP_{HP} + COP_R = 0$
③ $COP_R - COP_{HP} = 1$
④ $COP_{HP} - COP_R = 1$

> **해설** 열펌프(히트펌프) 성적계수가 항상 냉동기(역카르노사이클)보다 1이 크다.

12 500℃의 고온부와 50℃의 저온부 사이에서 작동하는 Carnot 사이클 열기관의 열효율은 얼마인가?

① 10%　　　　　　② 42%

③ 58%　　　　　　④ 90%

> **해설** $$\eta_c = \frac{A_w}{Q_1} = \frac{Q_1 - Q_2}{Q_1} = 1 - \frac{Q_2}{Q_1} = 1 - \frac{(50+273)}{(500+273)} = 0.58$$

13 이상기체가 등온 과정으로 부피가 2배로 팽창할 때 한 일이 W_1이다. 이 이상기체가 같은 초기 조건하에서 폴리트로픽 과정(지수가 2)으로 부피가 2배로 팽창할 때 한 일은?

① $\dfrac{1}{2\ln 2} \times W_1$　　　　② $\dfrac{2}{\ln 2} \times W_1$

③ $\dfrac{\ln 2}{2} \times W_1$　　　　④ $2\ln 2 \times W_1$

> **해설** 폴리트로픽 과정 절대일
> $$(W) = \frac{P_1 V_1 - P_2 V_2}{n - 1} = \frac{1}{2\ln 2} \times W_1$$

14 클라우지우스(Clausius) 적분 중 비가역 사이클에 대하여 옳은 식은?(단, Q는 시스템에 공급되는 열, T는 절대온도를 나타낸다.)

① $\oint \dfrac{dQ}{T} = 0$　　　　② $\oint \dfrac{dQ}{T} < 0$

③ $\oint \dfrac{dQ}{T} > 0$　　　　④ $\oint \dfrac{dQ}{T} \geq 0$

> **해설** ㉠ 가역 : $\sum \dfrac{\delta Q}{T} = 0 \Rightarrow \oint \dfrac{\delta Q}{T} = 0$
> ㉡ 비가역 : $\oint \dfrac{\delta Q}{T} < 0$
> ㉢ 클라우지우스 부등식(적분값) : $\oint \dfrac{\delta Q}{T} \leq 0$

15 다음 중 이상적인 스로틀 과정에서 일정하게 유지되는 양은?

① 압력
② 엔탈피
③ 엔트로피
④ 온도

> **해설** 스로틀(교축) 과정
> ㉠ 엔탈피 일정
> ㉡ 엔트로피 증가

16 70kPa에서 어떤 기체의 체적이 12m³이었다. 이 기체를 800kPa까지 폴리트로픽 과정으로 압축했을 때 체적이 2m³로 변화했다면, 이 기체의 폴리트로프 지수는 약 얼마인가?

① 1.21   ② 1.28
③ 1.36   ④ 1.43

해설 폴리트로픽 과정 압축일(공업일)= W_t

$$W_t = \frac{n(P_1 V_1 - P_2 V_2)}{n-1} = \frac{n(70 \times 12 - 800 \times 2)}{n-1}$$

$$\frac{T_2}{T_1} = \left(\frac{V_1}{V_2}\right)^{n-1} = \left(\frac{P_2}{P_1}\right)^{\frac{n-1}{n}} \Rightarrow n \ln \frac{V_1}{V_2} = \ln \frac{P_2}{P_1}$$

$$\therefore \ n = \frac{\ln\left(\frac{800}{70}\right)}{\ln\left(\frac{12}{2}\right)} = 1.36$$

17 어떤 기체 1kg이 압력 50kPa, 체적 2.0m³의 상태에서 압력 1,000kPa, 체적 0.2m³의 상태로 변화하였다. 이 경우 내부 에너지의 변화가 없다고 한다면, 엔탈피의 변화는 얼마나 되겠는가?

① 57kJ   ② 79kJ
③ 91kJ   ④ 100kJ

해설 $W = P_2 V_2 - P_1 V_1 = (1,000 \times 0.2) - (50 \times 2.0) = 100 (\text{kJ})$

18 두 물체가 각각 제3의 물체와 온도가 같을 때는 두 물체도 역시 서로 온도가 같다는 것을 말하는 법칙으로 온도측정의 기초가 되는 것은?

① 열역학 제0법칙
② 열역학 제1법칙
③ 열역학 제2법칙
④ 열역학 제3법칙

해설 열역학 제0법칙
온도가 다른 두 물체를 접촉시키면 온도가 높은 물체의 온도는 내려가고 온도가 낮은 물체의 온도는 올라가서 결국 두 물체의 온도 차가 없어져서 열이 평형상태가 된다[$_1 Q_2 = Gc\Delta t = Gc(t_2 - t_1)$ 단, $t_2 > t_1$ 의 경우].

19 이상기체가 등온과정으로 체적이 감소할 때 엔탈피는 어떻게 되는가?

① 변하지 않는다.
② 체적에 비례하여 감소한다.
③ 체적에 반비례하여 증가한다.
④ 체적의 제곱에 비례하여 감소한다.

해설 등온과정 엔탈피 변화(Δh) = $C_p(T_2 - T_1) = 0$

20 이상적인 디젤 기관의 압축비가 16일 때 압축 전의 공기 온도가 90℃라면, 압축 후의 공기의 온도는 약 몇 ℃인가?(단, 공기의 비열비는 1.4이다.)

① 1,101℃
② 718℃
③ 808℃
④ 828℃

해설 Diesel Cycle 과정

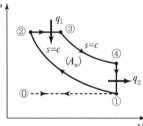

$$\frac{T_2}{T_1} = \left(\frac{V_1}{V_2}\right)^{k-1}$$

$$T_2 = T_1 \left(\frac{V_1}{V_2}\right)^{k-1} = T_1 \varepsilon^{k-1}$$

$$T_1 = 273 + 90 = 363\text{K}$$

$$\therefore \ T_2 = \{(16^{1.4-1}) \times 363\} - 273 = 828(℃)$$

SECTION 02 냉동공학

21 흡수식 냉동기의 특징에 대한 설명으로 옳은 것은?

① 자동제어가 어렵고 운전경비가 많이 소요된다.

② 초기 운전 시 정격 성능을 발휘할 때까지의 도달 속도가 느리다.

③ 부분 부하에 대한 대응이 어렵다.

④ 증기 압축식보다 소음 및 진동이 크다.

[해설] 흡수식 냉동기

㉠ 자동제어가 용이하고 소요경비가 절감된다.

㉡ 부분 부하 대응이 용이하다.

㉢ 증기 압축식보다 소음이나 진동이 적다.

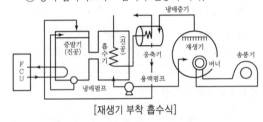

[재생기 부착 흡수식]

---

22 내경이 20mm인 관 안으로 포화상태의 냉매가 흐르고 있으며 관은 단열재로 싸여있다. 관의 두께는 1mm이며, 관 재질의 열전도도는 50W/m·K이며, 단열재의 열전도도는 0.02W/m·K이다. 단열재의 내경과 외경은 각각 22mm와 42mm일 때, 단위길이당 열손실(W)은?(단, 이때 냉매의 온도는 60℃, 주변 공기의 온도는 0℃이며, 냉매 측과 공기 측의 평균 대류열전달계수는 각각 2,000W/m²·K와 10W/m²·K이다. 관과 단열재 접촉부의 열저항은 무시한다.)

① 9.87 　　　② 10.15

③ 11.10 　　 ④ 13.27

[해설] 열손실(Q) = 면적×K(열관류율)×온도차

• 열관류율$(K) = \dfrac{1}{\dfrac{1}{a_1}+\dfrac{b_1}{\lambda_1}+\dfrac{b_2}{\lambda_2}+\dfrac{1}{a_2}}$

$= \dfrac{1}{\dfrac{1}{2,000}+\dfrac{0.001}{50}+\dfrac{0.02}{0.02}+\dfrac{1}{10}}$

$= \dfrac{1}{1.10052} = 0.90(\text{W/m}^2\text{K})$

• 면적$(A) = \pi DL = 3.14 \times \left(\dfrac{20+40}{10^3}\right) \times 1 = 0.188(\text{m}^2)$

∴ 열손실 $Q = 0.188 \times 0.90 \times (60-0) = 10.15(\text{W})$

• $20+(42-22)\times 2 = 20+40 = 60\text{mm} = 0.06(\text{m})$

---

23 40냉동톤의 냉동부하를 가지는 제빙공장이 있다. 이 제빙공장 냉동기의 압축기 출구 엔탈피가 457kcal/kg, 증발기 출구 엔탈피가 369kcal/kg, 증발기 입구 엔탈피가 128kcal/kg일 때, 냉매순환량(kg/h)은?(단, 1RT는 3,320kcal/h이다.)

① 551 　　　② 403

③ 290 　　　④ 25.9

[해설] 냉동용량 = 40×3,320(kcal/h) = 132,800(kcal/h)

증발열량 = 369−128 = 241(kcal/kg)

∴ 냉매순환량 = $\dfrac{132,800}{241}$ = 551(kg/h)

---

24 증기압축식 냉동 시스템에서 냉매량 부족 시 나타나는 현상으로 틀린 것은?

① 토출압력의 감소 　　② 냉동능력의 감소

③ 흡입가스의 과열 　　④ 토출가스의 온도 감소

[해설] 냉매 충전량 부족 시 현상

㉠ 증발기 증발압력 감소

㉡ 압축비 증대

㉢ 토출가스 온도 상승

㉣ 압축기 흡입가스 과열

---

25 프레온 냉동장치에서 가용전에 관한 설명으로 틀린 것은?

① 가용전의 용융온도는 일반적으로 75℃ 이하로 되어 있다.

② 가용전은 Sn(주석), Cd(카드뮴), Bi(비스무트) 등의 합금이다.

③ 온도상승에 따른 이상 고압으로부터 응축기 파손을 방지한다.

④ 가용전의 구경은 안전밸브 최소구경의 1/2 이하이어야 한다.

해설 가용전

㉠ 구경은 안전밸브 구경의 $\frac{1}{2}$ 이상이 되어야 한다.

㉡ 설치장소 : 응축기, 수액기 등

---

26 암모니아 냉동장치에서 고압 측 게이지 압력이 14 kg/cm² · g, 저압 측 게이지 압력이 3kg/cm² · g이고, 피스톤 압출량이 100m³/h, 흡입증기의 비체적이 0.5m³/kg이라 할 때, 이 장치에서의 압축비와 냉매순환량(kg/h)은 각각 얼마인가?(단, 압축기의 체적효율은 0.7로 한다.)

① 3.73, 70   ② 3.73, 140

③ 4.67, 70   ④ 4.67, 140

해설 $14+1=15\text{kg/cm}^2\text{abs}$

$3+1=4\text{kg/cm}^2\text{abs}$

압축비 $=\dfrac{15}{4}=3.75$,

냉매순환량 $=\dfrac{100}{0.5}\times\dfrac{1}{0.7}=140(\text{kg/h})$

---

27 피스톤 압출량이 48m³/h인 압축기를 사용하는 아래와 같은 냉동장치가 있다. 압축기 체적효율(η_v)이 0.75이고, 배관에서의 열손실을 무시하는 경우, 이 냉동장치의 냉동능력(RT)은?(단, 1RT는 3,320kcal/h이다.)

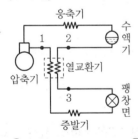

$h_1=135.5(\text{kcal/kg})$
$\nu_1=0.12(\text{m}^3/\text{kg})$
$h_2=105.5(\text{kcal/kg})$
$h_3=104.0(\text{kcal/kg})$

① 1.83   ② 2.54

③ 2.71   ④ 2.84

해설 증발량 $=135.5-105.5=30(\text{kcal/kg})$

냉매순환량 $=\dfrac{0.75\times48}{0.12}=300(\text{kg/h})$

냉동능력 $=300\times30=9,000(\text{kcal/h})$

∴ $\dfrac{9,000}{3,320}=2.71(\text{RT})$

---

28 다음 중 독성이 거의 없고 금속에 대한 부식성이 적어 식품 냉동에 사용되는 유기질 브라인은?

① 프로필렌글리콜

② 식염수

③ 염화칼슘

④ 염화마그네슘

해설 프로필렌글리콜 유기질 2차 냉매 : 부식성이 적고 독성이 없어 식품 동결에 사용한다.

---

29 열통과율 900kcal/m² · h · ℃, 전열면적 5m²인 아래 그림과 같은 대향류 열교환기에서의 열교환량 (kcal/h)은?(단, t_1 : 27℃, t_2 : 13℃, t_{w1} : 5℃, t_{w2} : 10℃이다.)

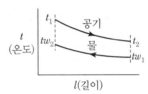

① 26,865   ② 53,730

③ 45,000   ④ 90,245

해설 $t_1-t_{w2}=27-10=17$, $t_2-t_{w1}=13-5=8$

Δt_n(대수 평균 온도차)$=\dfrac{17-8}{\ln\left(\dfrac{17}{8}\right)}=\dfrac{9}{0.753}=11.95\,℃$

∴ $Q=5\times900\times11.95=53,775(\text{kcal/h})$

---

30 냉동장치에 사용하는 브라인 순환량이 200L/min이고, 비열이 0.7kcal/kg · ℃이다. 브라인의 입 · 출구 온도는 각각 −6℃와 −10℃일 때, 브라인 쿨러의 냉동능력(kcal/h)은?(단, 브라인의 비중은 1.2이다.)

① 36,880   ② 38,860

③ 40,320   ④ 43,200

해설 브라인량 $=200\times1.2\times60=14,400(\text{kg/h})$

온도차 $=-6-(-10)=4℃$

※ 냉동능력 $=14,400\times0.7\times4=40,320(\text{kcal/h})$

---

31 프레온 냉매의 경우 흡입배관에 이중 입상관을 설치하는 목적으로 가장 적합한 것은?

① 오일의 회수를 용이하게 하기 위하여
② 흡입가스의 과열을 방지하기 위하여
③ 냉매액의 흡입을 방지하기 위하여
④ 흡입관에서의 압력 강하를 줄이기 위하여

해설 오일의 회수는 압축기 피스톤링이나 유분리기로 처리한다.

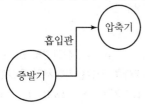

32 다음 중 흡수식 냉동기의 용량제어 방법으로 적당하지 않은 것은?

① 흡수기 공급흡수제 조절
② 재생기 공급용액량 조절
③ 재생기 공급증기 조절
④ 응축수량 조절

해설 흡수제인 리튬브로마이드(LiBr)의 기능은 증발기의 냉매증기를 흡수하는 것이다.

33 냉동장치 운전 중 팽창밸브의 열림이 적을 때, 발생하는 현상이 아닌 것은?

① 증발압력은 저하한다.
② 냉매 순환량은 감소한다.
③ 액압축으로 압축기가 손상된다.
④ 체적효율은 저하한다.

해설 액압축은 압축기 내에서 발생한다.
※ 액압축(liquid back) : 증발기에서 압축기로 유입되는 냉매 중 액냉매가 증발하지 못하고 냉매액 그대로 압축기로 유입되는 현상이다(팽창밸브의 개도가 크면 발생한다).

34 폐열을 회수하기 위한 히트파이프(heat pipe)의 구성요소가 아닌 것은?

① 단열부   ② 응축부
③ 증발부   ④ 팽창부

해설 히트파이프(Heat Pipe) 구성
㉠ 단열부   ㉡ 증발부   ㉢ 응축부

35 냉동기유가 갖추어야 할 조건으로 틀린 것은?

① 응고점이 낮고, 인화점이 높아야 한다.
② 냉매와 잘 반응하지 않아야 한다.
③ 산화가 되기 쉬운 성질을 가져야 된다.
④ 수분, 산분을 포함하지 않아야 된다.

해설 냉동기유(오일)는 산에 대한 안전성이 좋고 왁스 성분이 적어야 한다.

36 냉동장치 내에 불응축 가스가 생성되는 원인으로 가장 거리가 먼 것은?

① 냉동장치의 압력이 대기압 이상으로 운전될 경우 저압 측에서 공기가 침입한다.
② 장치를 분해, 조립하였을 경우에 공기가 잔류한다.
③ 압축기의 축봉장치 패킹 연결부분에 누설부분이 있으면 공기가 장치 내에 침입한다.
④ 냉매, 윤활유 등의 열분해로 인해 가스가 발생한다.

해설 ㉠ 불응축가스 : 공기, H_2가스 등이다.
㉡ 냉동장치 운전 중 압력이 대기압 이하가 되면 고압 측에서 공기가 침입한다.
㉢ 흡수제가 온도가 높아지면 수소가스가 발생한다.

37 가역 카르노 사이클에서 고온부 40℃, 저온부 0℃로 운전될 때 열기관의 효율은?

① 7.825   ② 6.825
③ 0.147   ④ 0.128

해설 $T_1 = 0 + 273 = 273K$, $T_2 = 40 + 273 = 313K$
∴ $\eta = 1 - \dfrac{273}{313} = 0.128$

38 다음 냉동장치에서 물의 증발열을 이용하지 않는 것은?

① 흡수식 냉동장치
② 흡착식 냉동장치
③ 증기분사식 냉동장치
④ 열전식 냉동장치

해설 ㉠ 열전식 냉동기는 전자냉동기(펠티에 효과 Peltier effect)이다.
ㄴ 열전반도체 : 비스무트–텔루륨, 안티몬–텔루륨, 비스무트–셀렌 등

39 다음 중 밀착 포장된 식품을 냉각부동액 중에 집어넣어 동결시키는 방식은?

① 침지식 동결장치
② 접촉식 동결장치
③ 진공 동결장치
④ 유동층 동결장치

해설 침지식 동결장치
밀착 포장된 식품을 냉각부동액 중에 집어넣어 동결시킨다.

40 압축기에 부착하는 안전밸브의 최소구경을 구하는 공식으로 옳은 것은?

① 냉매상수×(표준회전속도에서 1시간의 피스톤 압출량)$^{1/2}$
② 냉매상수×(표준회전속도에서 1시간의 피스톤 압출량)$^{1/3}$
③ 냉매상수×(표준회전속도에서 1시간의 피스톤 압출량)$^{1/4}$
④ 냉매상수×(표준회전속도에서 1시간의 피스톤 압출량)$^{1/5}$

해설 압축기 안전밸브 최소구경(d)
d＝냉매상수×(표준회전속도에서 1시간의 피스톤 압출량)$^{1/2}$

SECTION **03** 공기조화

41 장방형 덕트(장변 a, 단변 b)를 원형 덕트로 바꿀 때 사용하는 식은 아래와 같다. 이 식으로 환산된 장방형 덕트와 원형 덕트의 관계는?

$$D_e = 1.3\left[\frac{(a \cdot b)^5}{(a+b)^2}\right]^{1/8}$$

① 두 덕트의 풍량과 단위 길이당 마찰손실이 같다.
② 두 덕트의 풍량과 풍속이 같다.
③ 두 덕트의 풍속과 단위 길이당 마찰손실이 같다.
④ 두 덕트의 풍량과 풍속 및 단위 길이당 마찰손실이 모두 같다.

해설 원형 덕트로의 변환식
㉠ 덕트 단면의 두 변 길이가 a, b인 장방형 덕트를 원형 덕트로 바꿀 때 두 덕트의 풍량과 단위 길이당 마찰손실이 같도록 원형 덕트의 직경(상당직경, D_e)을 산정하는 식
ㄴ 두 덕트의 단면적이 같을 때 동일 풍량에서의 마찰손실은 원형 덕트가 작다.

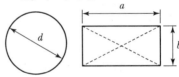

42 열회수방식 중 공조설비의 에너지 절약기법으로 많이 이용되고 있으며, 외기 도입량이 많고 운전시간이 긴 시설에서 효과가 큰 것은?

① 잠열교환기 방식
② 현열교환기 방식
③ 비열교환기 방식
④ 전열교환기 방식

해설 전열교환기
공조설비에서의 열회수방식으로 에너지 절약기법으로 채택하며 외기 도입량이 많고 운전시간이 긴 시설에서 효과가 크다.

---

43 중앙식 공조방식의 특징에 대한 설명으로 틀린 것은?

① 중앙집중식이므로 운전 및 유지관리가 용이하다.
② 리턴 팬을 설치하면 외기냉방이 가능하게 된다.
③ 대형건물보다는 소형건물에 적합한 방식이다.
④ 덕트가 대형이고, 개별식에 비해 설치공간이 크다.

해설 중앙식 공조방식은 대형건물용이다. 소형건물에는 개별방식이 용이하다.

44 어느 건물 서편의 유리 면적이 40m²이다. 안쪽에 크림색의 베네시언 블라인드를 설치한 유리면으로부터 오후 4시에 침입하는 열량(kW)은?[단, 외기는 33℃, 실내는 27℃, 유리는 1중이며, 유리의 열통과율(K)은 5.9W/m²·℃, 유리창의 복사량(I_{gr})은 608W/m², 차폐계수(K_s)는 0.56이다.]

① 15
② 13.6
③ 3.6
④ 1.4

해설 ㉠ 일사열량(Q)=40×5.9×(33−27)=1,416(W)
㉡ 복사열량(Q)=40×0.56×608=13,619.2(W)
∴ 1,416+13,619.2=15,035.2W(15kW)

45 보일러의 스케일 방지방법으로 틀린 것은?

① 슬러지는 적절한 분출로 제거한다.
② 스케일 방지 성분인 칼슘의 생성을 돕기 위해 경도가 높은 물을 보일러수로 활용한다.
③ 경수연화장치를 이용하여 스케일 생성을 방지한다.
④ 인산염을 일정 농도가 되도록 투입한다.

해설 보일러수는 칼슘, 마그네슘 등의 경도 성분을 제거하여 연수로 만들어 보급한다.

46 외부의 신선한 공기를 공급하여 실내에서 발생한 열과 오염물질을 대류효과 또는 급배기팬을 이용하여 외부로 배출시키는 환기 방식은?

① 자연환기
② 전달환기
③ 치환환기
④ 국소환기

해설 치환환기
외부의 신선한 공기를 공급하여 실내의 오염물질과 교환하는 환기법이다.

47 다음 중 사용되는 공기선도가 아닌 것은?(단, h : 엔탈피, x : 절대습도, t : 온도, p : 압력이다.)

① h−x선도
② t−x선도
③ t−h선도
④ p−h선도

해설 p−h선도(압력−엔탈피 선도) : 냉동기의 몰리에르 선도이다.

48 다음 중 일반 공기냉각용 냉수 코일에서 가장 많이 사용되는 코일의 열수로 가장 적정한 것은?

① 0.5~1
② 1.5~2
③ 4~8
④ 10~14

해설 ㉠ 냉수코일 정면 풍속 : 2.0~3.0m/s
㉡ 냉수코일 튜브 내 수속 : 1.0m/s
㉢ 냉수코일 열수 : 4~8열

49 일사를 받는 외벽으로부터의 침입열량(q)을 구하는 식으로 옳은 것은?(단, k는 열관류율, A는 면적, Δt는 상당 외기온도 차이다.)

① $q = k \times A \times \Delta t$
② $q = 0.86 \times A / \Delta t$
③ $q = 0.24 \times A \times \Delta t / k$
④ $q = 0.29 \times k / (A \times \Delta t)$

해설 외벽의 일사열량(q)
$q = k \times A \times \Delta t$(kcal/h)

50 공기의 감습장치에 관한 설명으로 틀린 것은?

① 화학적 감습법은 흡착과 흡수 기능을 이용하는 방법이다.

② 압축식 감습법은 감습만을 목적으로 사용하는 경우 재열이 필요하므로 비경제적이다.

③ 흡착식 감습법은 실리카겔 등을 사용하며, 흡습재의 재생이 가능하다.

④ 흡수식 감습법은 활성 알루미나를 이용하기 때문에 연속적이고 큰 용량의 것에는 적용하기 곤란하다.

해설 ㉠ 흡착식 감습장치(고체 감습장치) : 화학적 감습장치이다 (실리카겔, 활성알루미나, 아드솔 반고체 사용).
㉡ 흡수식 감습장치 : 리튬브로마이드(LiBr)나 트리에틸렌글리콜 등 흡수성이 큰 액체 사용

51 간접난방과 직접난방 방식에 대한 설명으로 틀린 것은?

① 간접난방은 중앙 공조기에 의해 공기를 가열해 실내로 공급하는 방식이다.

② 직접난방은 방열기에 의해서 실내공기를 가열하는 방식이다.

③ 직접난방은 방열체의 방열형식에 따라 대류난방과 복사난방으로 나눌 수 있다.

④ 온풍난방과 증기난방은 간접난방에 해당된다.

해설 간접난방 : 공기조화난방이다.

52 다음 중 온수난방용 기기가 아닌 것은?

① 방열기　　　　② 공기방출기
③ 순환펌프　　　④ 증발탱크

해설 증발탱크 : 증기난방용 기기이다.

53 다음 중 축류형 취출구에 해당되는 것은?

① 아네모스탯형 취출구
② 펑커루버형 취출구
③ 팬형 취출구
④ 다공판형 취출구

해설 ㉠ ①, ③ : 천장 취출구
㉡ ②, ④ : 축류형 취출구

54 냉수코일의 설계상 유의사항으로 옳은 것은?

① 일반적으로 통과 풍속은 $2 \sim 3 \mathrm{m/s}$로 한다.

② 입구 냉수온도는 $20^{\circ}\mathrm{C}$ 이상으로 취급한다.

③ 관 내의 물의 유속은 $4 \mathrm{m/s}$ 전후로 한다.

④ 병류형으로 하는 것이 보통이다.

해설 냉수코일
㉠ 입구 냉수온도는 $20^{\circ}\mathrm{C}$ 이하로 유지한다.
㉡ 관 내 물의 유속은 $1 \mathrm{m/s}$ 전후이다.
㉢ 병류형보다는 향류형이 전열 효과가 크다.

55 수증기 발생으로 인한 환기를 계획하고자 할 때, 필요 환기량 $Q(\mathrm{m^3/h})$의 계산식으로 옳은 것은?(단, q_s : 발생 현열량(kJ/h), W : 수증기 발생량(kg/h), M : 먼지 발생량($\mathrm{m^3/h}$), $t_i(^{\circ}\mathrm{C})$: 허용 실내온도, x_i(kg/kg) : 허용 실내 절대습도, $t_o(^{\circ}\mathrm{C})$: 도입외기온도, x_o(kg/kg) : 도입외기 절대습도, K, K_o : 허용 실내 및 도입외기 가스농도, C, C_o : 허용 실내 및 도입외기 먼지농도이다.)

① $Q = \dfrac{q_s}{0.29(t_i - t_o)}$　　② $Q = \dfrac{W}{1.2(x_i - x_o)}$

③ $Q = \dfrac{100 \cdot M}{K - K_o}$　　④ $Q = \dfrac{M}{C - C_0}$

해설 수증기 배출 필요환기량$(Q) = \dfrac{W}{1.2(x_i - x_o)}(\mathrm{m^3/h})$

56 다음 그림에서 상태 ①인 공기를 ②로 변화시켰을 때의 현열비를 바르게 나타낸 것은?

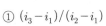
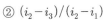
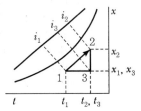

① $(i_3 - i_1)/(i_2 - i_1)$

② $(i_2 - i_3)/(i_2 - i_1)$

③ $(x_2 - x_1)/(t_1 - t_2)$

④ $(t_1 - t_2)/(i_3 - i_1)$

해설 현열비$=\dfrac{현열}{현열+잠열}$

㉠ i_3-i_1(현열)

㉡ i_2-i_3(잠열)

㉢ 현열+잠열$=i_2-i_1$

57 보일러의 종류 중 수관 보일러 분류에 속하지 않는 것은?

① 자연순환식 보일러

② 강제순환식 보일러

③ 연관 보일러

④ 관류 보일러

해설 연관보일러(원통형 보일러)

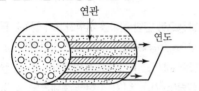

58 제주지방의 어느 한 건물에 대한 냉방기간 동안의 취득열량(GJ/기간)은?(단, 냉방도일 $CD_{24-24}=162.4$ (deg℃ · day), 건물 구조체 표면적 500m², 열관류율은 0.58W/m² · ℃, 환기에 의한 취득열량은 168 W/℃이다.)

① 9.37

② 6.43

③ 4.07

④ 2.36

해설 소요열량(H)$=(A \cdot k+q_1)24 \cdot D$

$=(500\times0.58+168)\times24\times162.4$

$=1,785,100.8$

$1,785,100.8\text{W}\times0.86(\text{kcal/Wh})$

$=1,535,186.688(\text{kcal/기간})$

∴ $1,535,186.688\times4.186=6,426,291.476(\text{kJ/기간})$

$6,426,291.476(\text{kJ/기간})\times1,000(\text{J/kJ})$

$=6,426,291.476(\text{J/기간})$

≒$6.43(\text{GJ/기간})$

59 송풍량 2,000m³/min을 송풍기 전후의 전압차 20Pa로 송풍하기 위한 필요 전동기 출력(kW)은? (단, 송풍기의 전압효율은 80%, 전동효율은 V벨트로 0.95이며, 여유율은 0.2이다.)

① 1.05

② 10.35

③ 14.04

④ 25.32

해설 축동력(kW)$=\dfrac{Z \cdot Q}{102\times\eta}$

풍압(Z) 계산

$1\text{atm}=1.033\text{kg/cm}^2=10.33(\text{mH}_2\text{O})$

$=10,330(\text{mmH}_2\text{O})=101,325(\text{Pa})$

$Z=10,330\times\dfrac{20}{101,325}=2.03898(\text{mmH}_2\text{O})$

∴ 축동력$=\dfrac{2,000\times2.03898(1+0.2)}{102\times60\times(0.8\times0.95)}=1.05(\text{kW})$

60 에어워셔 단열 가습 시 포화효율은 어떻게 표시하는가?(단, 입구공기의 건구온도 t_1, 출구공기의 건구온도 t_2, 입구공기의 습구온도 t_{w1}, 출구공기의 습구온도 t_{w2}이다.)

① $\eta=\dfrac{(t_1-t_2)}{(t_2-t_{w2})}$

② $\eta=\dfrac{(t_1-t_2)}{(t_1-t_{w1})}$

③ $\eta=\dfrac{(t_2-t_1)}{(t_{w2}-t_1)}$

④ $\eta=\dfrac{(t_1-t_{w1})}{(t_2-t_1)}$

해설 에어워셔 가습효율(η_s)

$\eta_s=\dfrac{(t_1-t_2)}{(t_1-t_{w1})}\times100(\%)$

SECTION 04 전기제어공학

61 변압기의 부하손(동손)에 관한 설명으로 옳은 것은?

① 동손은 온도 변화와 관계없다.

② 동손은 주파수에 의해 변환한다.

③ 동손은 부하전류에 의해 변화한다.

④ 동손은 자속밀도에 의해 변화한다.

해설 동손(copper loss)

전기기기에 생기는 손실 중 권선저항에 의해 생기는 줄(J) 손

동손$(P) = I^2 \cdot r(\mathrm{W})$

※ I(전류), r(권선의 저항, Ω)

62 목표값이 다른 양과 일정한 비율 관계를 가지고 변화하는 경우의 제어는?

① 추종제어　　　② 비율제어

③ 정치제어　　　④ 프로그램 제어

해설 ㉠ 정치제어

㉡ 추치제어

　• 추종제어

　• 비율제어

　• 프로그램 제어

㉢ 비율제어 : 목표값이 다른 양과 일정한 비율 관계를 가지고 변화하는 제어

63 프로세스 제어용 검출기기는?

① 유량계

② 전위차계

③ 속도검출기

④ 전압검출기

해설 온도계, 액면계, 유량계 : 프로세스 제어용 검출기기

64 R-L-C 직렬회로에서 전압(E)과 전류(I) 사이의 위상 관계에 관한 설명으로 옳지 않은 것은?

① $X_L = X_C$인 경우 I는 E와 동상이다.

② $X_L > X_C$인 경우 I는 E보다 θ만큼 뒤진다.

③ $X_L < X_C$인 경우 I는 E보다 θ만큼 앞선다.

④ $X_L < (X_C - R)$인 경우 I는 E보다 θ만큼 뒤진다.

해설 R-L-C 직렬회로

㉠ 전압과 전류의 위상차$(\theta) = \tan^{-1} \dfrac{\omega L - \dfrac{1}{\omega C}}{R}$ (동상)

㉡ 역률 $\cos\theta = 1$

65 그림과 같은 R-L-C 회로의 전달함수는?

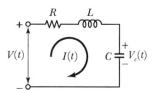

① $\dfrac{1}{LCs + RC + 1}$

② $\dfrac{1}{LC + RCs + 1}$

③ $\dfrac{1}{LCs^2 + RCs + 1}$

④ $\dfrac{1}{LCs + RCs^2 + 1}$

해설 ㉠ 전달함수 : 모든 초기값을 0으로 가정하고 입력에 대한 출력비를 나타내는 함수이다.

㉡ 입력 신호 $x(t)$, 출력신호 $y(t)$일 때 전달함수 $G(s)$는

$$G(s) = \frac{\mathcal{L}[y(t)]}{\mathcal{L}[x(t)]} = \frac{Y(s)}{X(s)}$$

㉢ R-L-C 회로 전달함수$= \dfrac{1}{LCs^2 + RC_s + 1}$

66 디지털 제어에 관한 설명으로 옳지 않은 것은?

① 디지털 제어의 연산속도는 샘플링계에서 결정된다.

② 디지털 제어를 채택하면 조정 개수 및 부품 수가 아날로그 제어보다 줄어든다.

③ 디지털 제어는 아날로그 제어보다 부품편차 및 경년변화의 영향을 덜 받는다.

④ 정밀한 속도제어가 요구되는 경우 분해능이 떨어지더라도 디지털 제어를 채택하는 것이 바람직하다.

해설 ㉠ 디지털(digital) : 계수형이며 숫자에 관한 용어 및 숫자에 의한 데이터 또는 물리량의 표현에 관한 용어(수치를 나타낼 때 두 가지의 안정 상태를 갖는 물리적 현상을 2진법의 수치에 대응시키는 경우가 많다.)

㉡ 아날로그(analog) : 연속적으로 변화하는 물리량으로 데이터를 표현 또는 측정하는 것. 자동제어나 시뮬레이션 등에 사용되는 경우가 많다.

67 그림과 같은 피드백 제어계에서의 폐루프 종합 전달 함수는?

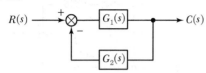

① $\dfrac{1}{G_1(s)} + \dfrac{1}{G_2(s)}$

② $\dfrac{1}{G_1(s) + G_2(s)}$

③ $\dfrac{G_1(s)}{1 + G_1(s)\,G_2(s)}$

④ $\dfrac{G_1(s)\,G_2(s)}{1 + G_1(s)\,G_2(s)}$

해설 $(R - CG_2)\,G_1 = C$

$RG_1 = C + CG_1 G_2 = C(1 + G_1 G_2)$

$\therefore\ G(s) = \dfrac{C}{R} = \dfrac{G_1(s)}{1 + G_1(s)\,G_2(s)}$

68 자성을 갖고 있지 않은 철편에 코일을 감아서 여기에 흐르는 전류의 크기와 방향을 바꾸면 히스테리시스 곡선이 발생되는데, 이 곡선 표현에서 X축과 Y축을 옳게 나타낸 것은?

① X축 – 자화력, Y축 – 자속밀도

② X축 – 자속밀도, Y축 – 자화력

③ X축 – 자화세기, Y축 – 잔류자속

④ X축 – 잔류자속, Y축 – 자화세기

해설 히스테리시스(hysteresis)

철심을 자화하는 경우에 자계의 세기를 증가해 갈 때의 자속밀도의 변화를 나타내는 곡선과 자계의 세기를 감소해 갈 때의 자속밀도의 변화를 나타내는 곡선과는 일치하지 않는다.

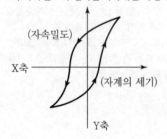

69 그림과 같은 회로에서 전력계 W와 직류전압계 V의 지시가 각각 60[W], 150[V]일 때 부하 전력은 얼마인가?(단, 전력계의 전류코일의 저항은 무시하고 전압계의 저항은 1[kΩ]이다.)

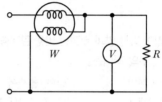

① 27.5[W] ② 30.5[W]

③ 34.5[W] ④ 37.5[W]

해설 $I = \dfrac{V}{R} = \dfrac{150}{1 \times 10^3} = 0.15\text{A}$

전력$(P) = I^2 R = \dfrac{V^2}{R} = \dfrac{150^2}{1 \times 10^3} = 22.5(\text{W})$

$\therefore$ 부하전력 $= 60 - 22.5 = 37.5(\text{W})$

70 제어계의 동작상태를 교란하는 외란의 영향을 제거할 수 있는 제어는?

① 순서 제어

② 피드백 제어

③ 시퀀스 제어

④ 개루프 제어

해설 피드백 제어

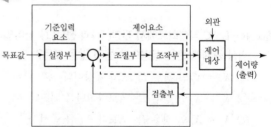

71 $G(j\omega) = \dfrac{1}{1 + 3(j\omega) + 3(j\omega)^2}$ 일 때 이 요소의 인디셜 응답은?

① 진동 ② 비진동

③ 임계진동 ④ 선형진동

해설 인디셜 응답(indicial response)

자동제어계 또는 요소의 과도적인 동특성을 살피기 위해 사용하는 것이다.

즉 자동제어계 또는 요소의 과도적인 동특성을 살피기 위해 사용하는 것으로 그림(a)와 같은 단위 계산한 입력이 가해졌을 때의 응답이다.

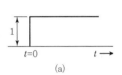

(a)

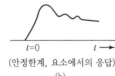

(안정한계, 요소에서의 응답)

(b)

72 다음의 논리식 중 다른 값을 나타내는 논리식은?

① $X(\overline{X}+Y)$

② $X(X+Y)$

③ $XY+X\overline{Y}$

④ $(X+Y)(X+\overline{Y})$

해설 ① $X(\overline{X}+Y) = X\overline{X}+XY = 0+XY = XY$

② $X(X+Y) = XX+XY = X+XY = X(1+Y)$
$= X \cdot 1 = X$

③ $XY+X\overline{Y} = X(Y+\overline{Y}) = X \cdot 1 = X$

④ $(X+Y)(X+\overline{Y}) = XX+X(Y+\overline{Y})+Y\overline{Y}$
$= X+X \cdot 1+0 = X+X = X$

73 다음 중 불연속 제어에 속하는 것은?

① 비율 제어

② 비례 제어

③ 미분 제어

④ ON−OFF 제어

해설 불연속 제어(2위치 동작＝ON−OFF)

74 저항 R[Ω]에 전류 I[A]를 일정 시간 동안 흘렸을 때 도선에 발생하는 열량의 크기로 옳은 것은?

① 전류의 세기에 비례

② 전류의 세기에 반비례

③ 전류의 세기의 제곱에 비례

④ 전류의 세기의 제곱에 반비례

해설 저항 중의 발생열량(H)

$\therefore H = I^2Rt$ (J)

※ $1cal = 4.186J$, $1J = \dfrac{1}{4.186} = 0.24cal$

75 어떤 코일에 흐르는 전류가 0.01초 사이에 일정하게 50[A]에서 10[A]로 변할 때 20[V]의 기전력이 발생할 경우 자기인덕턴스[mH]는?

① 5

② 10

③ 20

④ 40

해설 자기인덕턴스

코일의 상수로 유도전압의 비례상수(기호 : L, 단위 : H)

기전력(e) $= L\dfrac{di}{dt}$ (V)

자기인덕턴스(L) $= e \times \dfrac{dt}{di} = 20 \times \dfrac{0.01}{50-10} = 5$ (mH)

76 유도전동기에서 슬립이 "0"이라고 하는 것은?

① 유도전동기가 정지 상태인 것을 나타낸다.

② 유도전동기가 전부하 상태인 것을 나타낸다.

③ 유도전동기가 동기속도로 회전한다는 것이다.

④ 유도전동기가 제동기의 역할을 한다는 것이다.

해설 슬립(Slip)

㉠ 동기속도에 대한 동기속도와 회전자속도 차와의 비이다.

㉡ 전동기에서 최대 토크를 발생하는 슬립 S는 S＝0 쪽으로 가깝다.

㉢ 회전자 속도가 동기속도로 회전하면 슬립 S＝0이 된다.

77 공기식 조작기기에 관한 설명으로 옳은 것은?

① 큰 출력을 얻을 수 있다.

② PID 동작을 만들기 쉽다.

③ 속응성이 장거리에서는 빠르다.

④ 신호를 먼 곳까지 보낼 수 있다.

해설 공기식 조작기

㉠ on−off 2위치 동작이나 PID 동작이 자주 사용된다.

㉡ 안전하나 출력은 크지 않고 장거리에서는 전송 및 속응성이 느리다.

78 자기회로에서 퍼미언스(permeance)에 대응하는 전기회로의 요소는?

① 도전율
② 컨덕턴스
③ 정전용량
④ 엘라스턴스

해설 ㉠ 퍼미언스 : 자기저항의 역수[자속이 통하기 쉬움을 나타내는 양이다. 단위 : Wb/A 또는 H(헨리)]
㉡ 컨덕턴스(conductance) : 저항의 역수이며 전류가 얼마만큼 잘 흐르는지를 나타낸다[단위는 G(지멘스)이다].

79 다음 설명에 알맞은 전기 관련 법칙은?

> 회로 내의 임의의 폐회로에서 한쪽 방향으로 일주하면서 취할 때 공급된 기전력의 대수합은 각 회로 소자에서 발생한 전압 강하의 대수합과 같다

① 옴의 법칙
② 가우스 법칙
③ 쿨롱의 법칙
④ 키르히호프의 법칙

해설 Kirchhoff's law를 설명한 것이다.

80 방사성 위험물을 원격으로 조작하는 인공수(人工手 ; manipulator)에 사용되는 제어계는?

① 서보기구
② 자동조정
③ 시퀀스 제어
④ 프로세스 제어

해설 ㉠ 서보기구(Servo mechanism) : 제어량이 기계적 위치에 있도록 하는 자동제어계. 즉, 물체의 위치, 방위, 자세 등 목표값의 임의 변화에 추종하도록 구성된 피드백 제어이며 기계를 명령대로 움직이는 장치이다.
㉡ 서보기구의 종류
• 전위차계
• 차동변압기

SECTION 05 배관일반

81 배관설비 공사에서 파이프 랙의 폭에 관한 설명으로 틀린 것은?

① 파이프 랙의 실제 폭은 신규라인을 대비하여 계산된 폭보다 20% 정도 크게 한다.
② 파이프 랙상의 배관밀도가 작아지는 부분에 대해서는 파이프 랙의 폭을 좁게 한다.
③ 고온배관에서는 열팽창에 의하여 과대한 구속을 받지 않도록 충분한 간격을 둔다.
④ 인접하는 파이프의 외측과 외측과의 최소 간격을 25mm로 하여 랙의 폭을 결정한다.

해설 파이프 랙
인접하는 파이프 외측과 외측과의 최소간격은 75mm(3인치) 정도로 한다.

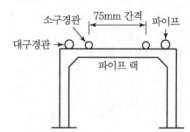

82 다음 중 방열기나 팬코일 유닛에 가장 적합한 관 이음은?

① 스위블 이음
② 루프 이음
③ 슬리브 이음
④ 벨로즈 이음

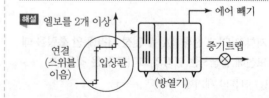

83 원심력 철근 콘크리트관에 대한 설명으로 틀린 것은?

① 흄(hume)관이라고 한다.

② 보통관과 압력관으로 나뉜다.

③ A형 이음재 형상은 칼라이음쇠를 말한다.

④ B형 이음재 형상은 삽입이음쇠를 말한다.

해설 ㉠ 흄관(Hume Pipe)
 • 보통압관
 • 송수관
㉡ 흄관의 이음재 형상
 • A형(칼라 이음쇠)
 • B형(소켓 이음쇠)
 • C형(삽입 이음쇠)

84 냉매 배관 중 토출관 배관 시공에 관한 설명으로 틀린 것은?

① 응축기가 압축기보다 2.5m 이상 높은 곳에 있을 때는 트랩을 설치한다.

② 수평관은 모두 끝내림 구배로 배관한다.

③ 수직관이 너무 높으면 3m마다 트랩을 설치한다.

④ 유분리기는 응축기보다 온도가 낮지 않은 곳에 설치한다.

해설 ㉠ 토출관의 경우 트랩 설치 시 압축기가 응축기보다 아래에 있는 경우 토출관의 상승길이가 길어지면 10m마다 중간 트랩을 설치하여 오일역류를 방지한다.
㉡ 수직상승 2.5m 이상이면 휴지 중 배관 속의 오일이 압축기에 역류하는 것을 방지하기 위해 수직상승 토출관의 아래에 오일 트랩을 설치한다.

85 배관의 보온재를 선택할 때 고려해야 할 점이 아닌 것은?

① 불연성일 것

② 열전도율이 클 것

③ 물리적, 화학적 강도가 클 것

④ 흡수성이 작을 것

해설
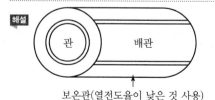
보온관(열전도율이 낮은 것 사용)

86 다음 냉매액관 중에 플래시가스 발생 원인이 아닌 것은?

① 열교환기를 사용하여 과냉각도가 클 때

② 관경이 매우 작거나 현저히 입상할 경우

③ 여과망이나 드라이어가 막혔을 때

④ 온도가 높은 장소를 통과 시

해설 flash gas
열 교환기를 설치하여 과냉각도가 크면 방지된다.
(30−25=5℃의 과냉각도)
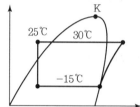

87 고가 탱크식 급수방법에 대한 설명으로 틀린 것은?

① 고층건물이나 상수도 압력이 부족할 때 사용된다.

② 고가 탱크의 용량은 양수펌프의 양수량과 상호 관계가 있다.

③ 건물 내의 밸브나 각 기구에 일정한 압력으로 물을 공급한다.

④ 고가 탱크에 펌프로 물을 압송하여 탱크 내에 공기를 압축 가압하여 일정한 압력을 유지시킨다.

해설 고가 탱크, 즉 옥상 탱크 방식은 저수조에 물을 저장 후에 옥상으로 양수한다.
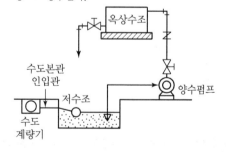

88 지역난방 열공급 관로 중 지중 매설방식과 비교한 공동구 내 배관 시설의 장점이 아닌 것은?

① 부식 및 침수 우려가 적다.
② 유지보수가 용이하다.
③ 누수점검 및 확인이 쉽다.
④ 건설비용이 적고 시공이 용이하다.

해설 지역난방에서 공동구 내 배관시설은 한 장소에 집중하므로 여러 동을 관리하는 공동구 내에서는 건설비용이 크고 시공이 불편하다.

89 스케줄 번호에 의해 관의 두께를 나타내는 강관은?

① 배관용 탄소강관
② 수도용 아연도금강관
③ 압력배관용 탄소강관
④ 내식성 급수용 강관

해설 압력배관용 탄소강관(SPPS) : 1~10MPa까지 사용

스케줄 번호(SCH)$= 10 \times \dfrac{P}{S}$

10, 20, 30, 40, 60, 80 등의 SCH가 있다.

두께$(t) = \left(\dfrac{P \cdot D}{175 \cdot \sigma} \right) + 2.54 (\text{mm})$

90 배관을 지지장치에 완전하게 구속시켜 움직이지 못하도록 한 장치는?

① 리지드행거   ② 앵커
③ 스토퍼   ④ 브레이스

해설 리스트레인트(restraint)
㉠ 앵커(완전 고정형)
㉡ 스토퍼(일정한 방향만 구속)
㉢ 가이드(축과 직각방향 이동 구속)

91 증기보일러 배관에서 환수관의 일부가 파손된 경우 보일러 수의 유출로 안전수위 이하가 되어 보일러 수가 빈 상태로 되는 것을 방지하기 위해 하는 접속법은?

① 하트포드 접속법   ② 리프트 접속법
③ 스위블 접속법   ④ 슬리브 접속법

해설

92 동력나사 절삭기의 종류 중 관의 절단, 나사 절삭, 거스러미 제거 등의 작업을 연속적으로 할 수 있는 유형은?

① 리드형   ② 호브형
③ 오스터형   ④ 다이헤드형

해설 다이헤드형 나사절삭기 기능
㉠ 관의 절단
㉡ 나사 절삭
㉢ 거스러미 제거

93 냉동배관 재료로서 갖추어야 할 조건으로 틀린 것은?

① 저온에서 강도가 커야 한다.
② 가공성이 좋아야 한다.
③ 내식성이 작아야 한다.
④ 관 내 마찰저항이 작아야 한다.

해설 배관은 항상 부식성이 작고 내식성이 커야 한다.

94 급탕배관의 신축방지를 위한 시공 시 틀린 것은?

① 배관의 굽힘 부분에는 스위블 이음으로 접합한다.
② 건물의 벽 관통부분 배관에는 슬리브를 끼운다.
③ 배관 직관부에는 팽창량을 흡수하기 위해 신축이음쇠를 사용한다.
④ 급탕밸브나 플랜지 등의 패킹은 고무, 가죽 등을 사용한다.

해설 급탕은 온수의 온도에 잘 견디는 패킹을 사용하며 급탕밸브, 플랜지 등의 패킹은 열에 약한 고무나 가죽 등은 사용하지 않는다.

95 5명 가족이 생활하는 아파트에서 급탕가열기를 설치하려고 할 때 필요한 가열기의 용량(kcal/h)은?(단, 1일 1인당 급탕량 90L/d, 1일 사용량에 대한 가열능력 비율 1/7, 탕의 온도 70℃, 급수온도 20℃이다.)

① 459 　　　　② 643
③ 2,250 　　　 ④ 3,214

해설 가열량$(Q) = G \cdot C_p \cdot \Delta t$

1인당 가열량 $= 90 \times 1 \times (70 - 20) \times \dfrac{1}{7} = 643(\text{kcal/h})$

$\therefore 643 \times 5 = 3,215(\text{kcal/h})$

96 온수난방에서 개방식 팽창탱크에 관한 설명으로 틀린 것은?

① 공기빼기 배기관을 설치한다.
② 4℃의 물을 100℃로 높였을 때 팽창체적 비율이 4.3% 정도이므로 이를 고려하여 팽창탱크를 설치한다.
③ 팽창탱크에는 오버플로관을 설치한다.
④ 팽창관에는 반드시 밸브를 설치한다.

해설 팽창관에는 어떠한 밸브도 부착하지 아니한다.

97 도시가스의 공급 계통에 따른 공급 순서로 옳은 것은?

① 원료 → 압송 → 제조 → 저장 → 압력조정
② 원료 → 제조 → 압송 → 저장 → 압력조정
③ 원료 → 저장 → 압송 → 제조 → 압력조정
④ 원료 → 저장 → 제조 → 압송 → 압력조정

해설 도시가스 공급 순서
원료 → 제조(LNG) → 압송 → 저장 → 압력조정(R)

98 증기배관의 수평 환수관에서 관경을 축소할 때 사용하는 이음쇠로 가장 적합한 것은?

① 소켓 　　　　② 부싱
③ 플랜지 　　　 ④ 리듀서

해설 리듀서(줄임쇠)

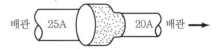

99 다음 중 안전밸브의 그림 기호로 옳은 것은?

해설 스프링식 안전밸브

100 도시가스 배관 매설에 대한 설명으로 틀린 것은?

① 배관을 철도부지에 매설하는 경우 배관의 외면으로부터 궤도 중심까지 거리는 4m 이상 유지할 것
② 배관을 철도부지에 매설하는 경우 배관의 외면으로부터 철도부지 경계까지 거리는 0.6m 이상 유지할 것
③ 배관을 철도부지에 매설하는 경우 지표면으로부터 배관의 외면까지의 깊이는 1.2m 이상 유지할 것
④ 배관의 외면으로부터 도로의 경계까지 수평거리 1m 이상 유지할 것

해설

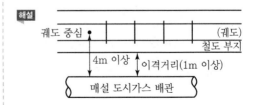

SECTION 01 기계열역학

01 어느 내연기관에서 피스톤의 흡기과정으로 실린더 속에 0.2kg의 기체가 들어왔다. 이것을 압축할 때 15kJ의 일이 필요하였고, 10kJ의 열을 방출하였다고 한다면, 이 기체 1kg당 내부에너지의 증가량은?

① 10kJ/kg ② 25kJ/kg
③ 35kJ/kg ④ 50kJ/kg

해설 단열변화
내부에너지 변화량은 절대일량과 같다.
$15 - 10 = 5\text{kJ}$
$\therefore 5 \times \dfrac{1}{0.2} = 25\text{kJ/kg}$

02 그림과 같은 단열된 용기 안에 25℃의 물이 0.8m³ 들어 있다. 이 용기 안에 100℃, 50kg의 쇳덩어리를 넣은 후 열적 평형이 이루어졌을 때 최종 온도는 약 몇 ℃인가?(단, 물의 비열은 4.18kJ/(kg · K), 철의 비열은 0.45kJ/(kg · K)이다.)

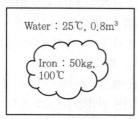

Water : 25℃, 0.8m³
Iron : 50kg, 100℃

① 25.5 ② 27.4
③ 29.2 ④ 31.4

해설 물 0.8m³ = 800L = 800kg
$50 \times 0.45 \times (100 - 25) = 800 \times 4.18 \times (x - 25)$
$x = \dfrac{50 \times 0.45 \times (100 - 25)}{800 \times 4.18} + 25 = 25.5℃$

03 체적이 일정하고 단열된 용기 내에 80℃, 320kPa의 헬륨 2kg이 들어 있다. 용기 내에 있는 회전날개가 20W의 동력으로 30분 동안 회전한다고 할 때 용기 내의 최종 온도는 약 몇 ℃인가?(단, 헬륨의 정적비열은 3.12kJ/(kg · K)이다.)

① 81.9℃ ② 83.3℃
③ 84.9℃ ④ 85.8℃

해설
· $20\text{W} \times 0.86 \times \dfrac{30}{60} = 8.6\text{kcal}(1\text{Wh} = 0.86\text{kcal})$

· $20 \times 3,600\text{J/h} \times \dfrac{30}{60} \times \dfrac{1}{10^3} = 36\text{kJ}(1,000\text{J} = 1\text{kJ})$

$\therefore$ 최종온도 $= 80 + \dfrac{\left(\dfrac{36}{3.12}\right)}{2} = 85.8℃$

04 이상적인 오토 사이클에서 열효율을 55%로 하려면 압축비를 약 얼마로 하면 되겠는가?(단, 기체의 비열비는 1.4이다.)

① 5.9 ② 6.8
③ 7.4 ④ 8.5

해설 오토 사이클의 열효율(η_o)
$\eta_o = 1 - \left(\dfrac{1}{\varepsilon}\right)^{k-1} = 1 - \left(\dfrac{1}{\varepsilon}\right)^{1.4-1} = 0.55$
$\therefore \varepsilon = {}^{k-1}\sqrt{\dfrac{1}{1-\eta_o}} = {}^{1.4-1}\sqrt{\dfrac{1}{1-0.55}} = 7.4$

05 유리창을 통해 실내에서 실외로 열전달이 일어난다. 이때 열전달량은 약 몇 W인가?(단, 대류열전달계수는 50W(m² · K), 유리창 표면온도는 25℃, 외기온도는 10℃, 유리창 면적은 2m²이다.)

① 150 ② 500
③ 1,500 ④ 5,000

해설 열전달량(Q) $= K \cdot A \cdot \varDelta t$
$= 50 \times 2 \times (25 - 10)$
$= 1,500\text{W}$

1. ② 2. ① 3. ④ 4. ③ 5. ③ **| ANSWER**

06 열역학 제2법칙에 관해서는 여러 가지 표현으로 나타낼 수 있는데, 다음 중 열역학 제2법칙과 관계되는 설명으로 볼 수 없는 것은?

① 열을 일로 변환하는 것은 불가능하다.

② 열효율이 100%인 열기관을 만들 수 없다.

③ 열은 저온 물체로부터 고온 물체로 자연적으로 전달되지 않는다.

④ 입력되는 일 없이 작동하는 냉동기를 만들 수 없다.

해설 열역학 제2법칙은 비가역 변화에 대한 설명이다.
계속적으로 열을 일로 바꾸기 위해서는 일부를 저열원에 버리는 것이 필요하다.

07 시간당 380,000kg의 물을 공급하여 수증기를 생산하는 보일러가 있다. 이 보일러에 공급하는 물의 엔탈피는 830kJ/kg이고, 생산되는 수증기의 엔탈피는 3,230kJ/kg이라고 할 때, 발열량이 32,000kJ/kg인 석탄을 시간당 34,000kg씩 보일러에 공급한다면 이 보일러의 효율은 약 몇 %인가?

① 66.9%   ② 71.5%

③ 77.3%   ④ 83.8%

해설 효율$(\eta) = \dfrac{G_s(h_2 - h_1)}{G_f \times HL} \times 100$

$= \dfrac{380,000 \times (3,230 - 830)}{34,000 \times 32,000} \times 100$

$= 83.8(\%)$

08 실린더에 밀폐된 8kg의 공기가 그림과 같이 $P_1 = 800$kPa, 체적 $V_1 = 0.27$m^{3}에서 $P_2 = 350$kPa, 체적 $V_2 = 0.80$m^{3}으로 직선 변화하였다. 이 과정에서 공기가 한 일은 약 몇 kJ인가?

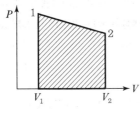

① 305   ② 334

③ 362   ④ 390

해설 일량$(_1 W_2)$

$_1 W_2 = (P_1 - P_2)\dfrac{(V_2 - V_1)}{2} + P_2(V_2 - V_1)$

$= (800 - 350) \times \dfrac{0.80 - 0.27}{2} + 350(0.80 - 0.27)$

$= 350(\text{kJ})$

09 계의 엔트로피 변화에 대한 열역학적 관계식 중 옳은 것은?(단, T는 온도, S는 엔트로피, U는 내부에너지, V는 체적, P는 압력, H는 엔탈피를 나타낸다.)

① $TdS = dU - PdV$

② $TdS = dH - PdV$

③ $TdS = dU - VdP$

④ $TdS = dH - VdP$

해설 계의 엔트로피 변화 관계식

$S_2 - S_1 = \dfrac{1}{T}\int_1^2 \delta Q = \dfrac{_1 Q_2}{T}$

$TdS = dH - VdP$

※ 엔트로피 : 출입하는 열량의 이용가치를 나타내는 양으로 에너지도 아니고 물리학상의 상태량이다.

10 터빈, 압축기, 노즐과 같은 정상 유동장치의 해석에 유용한 몰리에(Mollier) 선도를 옳게 설명한 것은?

① 가로축에 엔트로피, 세로축에 엔탈피를 나타내는 선도이다.

② 가로축에 엔탈피, 세로축에 온도를 나타내는 선도이다.

③ 가로축에 엔트로피, 세로축에 밀도를 나타내는 선도이다.

④ 가로축에 비체적, 세로축에 압력를 나타내는 선도이다.

해설 몰리에 선도
가로축에 엔트로피, 세로축에 엔탈피를 표시한다.

11 그림과 같은 Rankine 사이클로 작동하는 터빈에서 발생하는 일은 약 몇 kJ/kg인가?(단, h는 엔탈피, s는 엔트로피를 나타내며, h_1=191.8kJ/kg, h_2=193.8kJ/kg, h_3=2,799.5kJ/kg, h_4=2,007.5kJ/kg이다.)

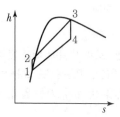

① 2.0kJ/kg
② 792.0kJ/kg
③ 2,605.7kJ/kg
④ 1,815.7kJ/kg

해설 랭킨 사이클
　㉠ 터빈일량$= h_3 - h_4 = 2,799.5 - 2,007.5 = 792(\text{kJ/kg})$
　㉡ 방열량$= h_4 - h_1$
　㉢ 가열량$= h_3 - h_2$
　㉣ 펌프일량$= h_2 - h_1$

12 다음 중 강도성 상태량(Intensive property)이 아닌 것은?

① 온도
② 압력
③ 체적
④ 밀도

해설 ㉠ 강도성 상태량 : 온도, 압력, 비체적(물질의 질량과 관계없다.)
　　㉡ 종량성 상태량 : 체적, 내부에너지, 엔탈피, 엔트로피(물질의 질량과 관계있다.)

13 이상기체 1kg이 초기에 압력 2kPa, 부피 0.1m^3를 차지하고 있다. 가역등온과정에 따라 부피가 0.3m^3로 변화했을 때 기체가 한 일은 약 몇 J인가?

① 9,540
② 2,200
③ 954
④ 220

해설 등온팽창일($_1W_2$)
$$_1W_2 = P_1V_1\ln\frac{V_2}{V_1} = 2\times0.1\times\ln\frac{0.3}{0.1} = 0.22\text{kJ} = 220\text{J}$$

14 밀폐계가 가역정압변화를 할 때 계가 받은 열량은?

① 계의 엔탈피 변화량과 같다.
② 계의 내부에너지 변화량과 같다.
③ 계의 엔트로피 변화량과 같다.
④ 계가 주위에 대해 한 일과 같다.

해설 정압변화 시 엔탈피 변화
가열량은 모두 엔탈피 변화로 나타난다.

15 어떤 기체 동력장치가 이상적인 브레이턴 사이클로 다음과 같이 작동할 때 이 사이클의 열효율은 약 몇 %인가?(단, 온도(T)-엔트로피(s) 선도에서 T_1=30℃, T_2=200℃, T_3=1,060℃, T_4=160℃이다.)

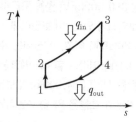

① 81%
② 85%
③ 89%
④ 92%

해설 브레이턴 사이클
$$\text{열효율}(\eta_B) = 1 - \frac{T_4 - T_1}{T_3 - T_2}$$
$$\frac{T_4 - T_1}{T_3 - T_2} = \frac{433 - 303}{1,333 - 473} = \frac{130}{860}$$
$$\therefore \ \eta_B = 1 - \frac{130}{860} = 0.85 = 85\%$$

16 600kPa, 300K 상태의 이상기체 1kmol이 엔탈피가 등온과정을 거쳐 압력이 200kPa로 변했다. 이 과정 동안의 엔트로피 변화량은 약 몇 kJ/K인가?(단, 일반기체상수($\overline{R}$)는 8.31451 kJ/(kmol · K)이다.)

① 0.782
② 6.31
③ 9.13
④ 18.6

해설 등온변화 시 엔트로피 변화(Δs)
$$\Delta s = S_2 - S_1 = R\ln\frac{P_1}{P_2} = 8.31451 \times \ln\left(\frac{600}{200}\right)$$
$$= 9.13\text{kJ/K}$$

17 다음 중 기체상수(gas constant, R [kJ/(kg · K)]) 값이 가장 큰 기체는?

① 산소(O_2)
② 수소(H_2)
③ 일산화탄소(CO)
④ 이산화탄소(CO_2)

해설 기체상수 $= \dfrac{8.314}{\text{분자량}}$

분자량(산소 : 32, 수소 : 2, 일산화탄소 : 28, 이산화탄소 : 44)이 가장 작은 수소의 기체상수 값이 가장 크다.

18 이상기체에 대한 다음 관계식 중 잘못된 것은?(단, C_v는 정적비열, C_p는 정압비열, u는 내부에너지, T는 온도, V는 부피, h는 엔탈피, R은 기체상수, k는 비열비이다.)

① $C_v = \left(\dfrac{\partial u}{\partial T}\right)_v$

② $C_p = \left(\dfrac{\partial h}{\partial T}\right)_v$

③ $C_p - C_v = R$

④ $C_p = \dfrac{kR}{k-1}$

해설 비열의 정의에 의한 가역변화에 의한 열역학 제1, 2법칙에서

$C_p = \left(\dfrac{\partial h}{\partial T}\right)_P$

19 압력 2MPa, 300℃의 공기 0.3kg이 폴리트로픽 과정으로 팽창하여, 압력이 0.5MPa로 변화하였다. 이때 공기가 한 일은 약 몇 kJ인가?(단, 공기는 기체상수가 0.287kJ/(kg · K)인 이상기체이고, 폴리트로픽 지수는 1.3이다.)

① 416
② 157
③ 573
④ 45

해설 폴리트로픽 팽창 절대일(W)

$W = \dfrac{R}{n-1}(T_1 - T_2)G$

$T_2 = T_1\left(\dfrac{P_1}{P_2}\right)^{\frac{n-1}{n}} = (300+273) \times \left(\dfrac{0.5}{2}\right)^{\frac{1.3-1}{1.3}} = 416\text{K}$

$\therefore W = \dfrac{0.287}{1.3-1}(573-416) \times 0.3 = 45(\text{kJ})$

20 공기 1kg이 압력 50kPa, 부피 3m^3인 상태에서 압력 900kPa, 부피 0.5m^3인 상태로 변화할 때 내부 에너지가 160kJ 증가하였다. 이때 엔탈피는 약 몇 kJ이 증가하였는가?

① 30
② 185
③ 235
④ 460

해설 50kPa → 900kPa
$3\text{m}^3 → 0.5\text{m}^3$
엔탈피$(h) = U + APV$에서
$\Delta H = \Delta U + (P_2 V_2 - P_1 V_1)$
$= 160 + (900 \times 0.5 - 50 \times 3) = 460$

SECTION 02 냉동공학

21 제빙능력은 원료수 온도 및 브라인 온도 등 조건에 따라 다르다. 다음 중 제빙에 필요한 냉동능력을 구하는 데 필요한 항목으로 가장 거리가 먼 것은?

① 온도 t_w℃인 제빙용 원수를 0℃까지 냉각하는 데 필요한 열량
② 물의 동결 잠열에 대한 열량(79.68kcal/kg)
③ 제빙장치 내의 발생열과 제빙용 원수의 수질상태
④ 브라인 온도 t_1℃ 부근까지 얼음을 냉각하는 데 필요한 열량

해설 냉동능력과 제빙용 원수의 수질상태는 비교적 거리가 멀다.

22 냉동장치에서 흡입압력 조정밸브는 어떤 경우를 방지하기 위해 설치하는가?

① 흡입압력이 설정 압력 이상으로 상승하는 경우
② 흡입압력이 일정한 경우
③ 고압 측 압력이 높은 경우
④ 수액기의 액면이 높은 경우

해설 흡입압력 조정밸브
흡입압력이 설정 압력 이상이 되면 과부하에 의한 전동기의 소손이 일어나는 것을 방지하기 위해 증발기와 압축기 사이에 설치하는 SPR이다.

23 다음 중 증발기 출구와 압축기 흡입관 사이에 설치하는 저압 측 부속장치는?

① 액분리기
② 수액기
③ 건조기
④ 유분리기

액분리기(어큐뮬레이터)

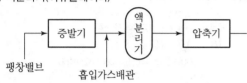

팽창밸브   흡입가스배관

24 25℃ 원수 1ton을 1일 동안에 −9℃의 얼음으로 만드는 데 필요한 냉동능력(RT)은?(단, 열손실은 없으며, 동결잠열 80kcal/kg, 원수 비열 1kcal/kg · ℃, 얼음의 비열 0.5kcal/kg · ℃이며, 1RT는 3,320 kcal/h로 한다.)

① 1.37
② 1.88
③ 2.38
④ 2.88

• 얼음의 현열 $= 1,000 \times 0.5(0-(-9)) = 4,500$
• 얼음의 응고열 $= 1,000 \times 80 = 80,000$
• 물의 현열 $= 1,000 \times 1 \times (25-0) = 25,000$
∴ $RT = \dfrac{4,500 + 80,000 + 25,000}{24시간 \times 3,320} = 1.37$

25 다음의 냉매 중 지구온난화지수(GWP)가 가장 낮은 것은?

① R1234yf
② R23
③ R12
④ R744

R744(CO$_2$)는 지구온난화지수(GWP)가 1로 온실가스 지구온난화지수 기준이다.
(GWP : CO$_2$(1), R23(11700))

26 제상방식에 대한 설명으로 틀린 것은?

① 살수방식은 저온의 냉장창고용 유닛 쿨러 등에서 많이 사용된다.
② 부동액 살포방식은 공기 중의 수분이 부동액에 흡수되므로 일정한 농도 관리가 필요하다.
③ 핫가스 제상방식은 응축기 출구의 고온의 액냉매를 이용한다.
④ 전기히터방식은 냉각관 배열의 일부에 핀튜브 형태의 전기히터를 삽입하여 착상부를 가열한다.

• 제상(서리 제거)은 증발기에서 실시한다.
• 고압가스 제상(Hot gas defrost)은 압축기에서 토출된 고온의 냉매가스를 증발기에 보내는 응축열에 의한 제상이다.

27 다음 중 불응축 가스를 제거하는 가스 퍼저(gas purger)의 설치 위치로 가장 적당한 것은?

① 수액기 상부
② 압축기 흡입부
③ 유분리기 상부
④ 액분리기 상부

냉동기 운전 중 불응축 가스(수소, 공기 등)를 제거하려면 수액기 상부에 가스 퍼저를 설치한다.

28 암모니아와 프레온 냉매의 비교 설명으로 틀린 것은? (단, 동일 조건을 기준으로 한다.)

① 암모니아가 R-13보다 비등점이 높다.
② R-22는 암모니아보다 냉동효과(kcal/kg)가 크고 안전하다.
③ R-13은 R-22에 비하여 저온용으로 적합하다.
④ 암모니아는 R-22에 비하여 유분리가 용이하다.

증발효과(kcal/kg)
㉠ 암모니아 : 313.5
㉡ R-22 : 60.75

29 냉동기, 열기관, 발전소, 화학플랜트 등에서의 뜨거운 배수를 주위의 공기와 직접 열교환시켜 냉각시키는 방식의 냉각탑은?

① 밀폐식 냉각탑
② 증발식 냉각탑
③ 원심식 냉각탑
④ 개방식 냉각탑

해설 개방식 쿨링타워

냉동기, 열기관, 발전소, 화학플랜트 등에서 뜨거운 배수를
주위의 공기와 직접 열교환시키는 냉각탑이다.

30 염화나트륨 브라인을 사용한 식품냉장용 냉동장치에
서 브라인의 순환량이 220L/min이며, 냉각관 입구
의 브라인 온도가 −5℃, 출구의 브라인 온도가 −9℃
라면 이 브라인 쿨러의 냉동능력(kcal/h)은?(단, 브
라인의 비열은 0.75kcal/kg · ℃, 비중은 1.15이다.)

① 759   ② 45,540
③ 60,720   ④ 148,005

해설 브라인 중량 $= 220 \times 1.15 \times 60(\text{min/h}) = 15,180\text{kg/h}$
$\therefore$ 냉동능력 $= 15,180 \times 0.75 \times (-5 - (-9))$
$\qquad = 45,540\text{kcal/h}$

31 냉동장치의 냉동부하가 3냉동톤이며, 압축기의 소요
동력이 20kW일 때 응축기에 사용되는 냉각수량
(L/h)은?(단, 냉각수 입구온도는 15℃이고, 출구온
도는 25℃이다.)

① 2,716   ② 2,547
③ 1,530   ④ 600

해설 • $1\text{RT} = 3,320\text{kcal/h}$
$3 \times 3,320 = 9,960\text{kcal/h}$
• $1\text{kWh} = 860\text{kcal}$
$20 \times 860 = 17,200\text{kcal/h}$
$\therefore$ 냉각수량 $= \dfrac{9,960 + 17,200}{1 \times (25 - 15)} = 2,716(\text{L/h})$

32 전열면적이 20m²인 수랭식 응축기의 용량이 200
kW이다. 냉각수의 유량은 5kg/s이고, 응축기 입구
에서 냉각수 온도는 20℃이다. 열관류율이 800W/
m² · K일 때, 응축기 내부 냉매의 온도(℃)는 얼마인
가?(단, 온도차는 산술평균온도차를 이용하고, 물의
비열은 4.18kJ/kg · K이며, 응축기 내부 냉매의 온
도는 일정하다고 가정한다.)

① 36.5   ② 37.3
③ 38.1   ④ 38.9

해설 $200 = 0.8 \times 20 \times (x - 24.785)$
$\therefore$ 냉매온도$(x) = \dfrac{200}{0.8 \times 20} + 24.785 = 37.3℃$
※ $800\text{W} = 0.8\text{kW}$
$200\text{kW} = 200,000\text{W}$
• 냉각수출구온도 $=$ 입구수온 $+ \dfrac{\text{열량}}{\text{물사용량} \times \text{비열}}$
$= 20 + \dfrac{200}{5 \times 4.18} = 29.57℃$
• 온도차 $= 29.57 - 20 = 9.57℃$
• 산술평균온도차 $=$ 응축온도 $- \dfrac{\text{입구수온} + \text{출구수온}}{2}$
$= 34.355 - \dfrac{20 + 29.57}{2} = 9.57$
• 응축온도 $= \dfrac{\text{입구수온} + \text{출구수온}}{2} +$ 온도차
$= \dfrac{20 + 29.57}{2} + 9.57 = 34.355$
• 냉각수평균온도 $= \dfrac{20 + 29.57}{2} = 24.785℃$

33 다음 응축기 중 동일조건하에 열관류율이 가장 낮은
응축기는 무엇인가?

① 셸튜브식 응축기
② 증발식 응축기
③ 공랭식 응축기
④ 2중관식 응축기

해설 응축기의 열관류율(kcal/m²h℃)
셸튜브식(750~900), 증발식(200~280),
공랭식(20~25), 2중관식(900)

34 냉동기에서 동일한 냉동효과를 구현하기 위해 압축
기가 작동하고 있다. 이 압축기의 클리어런스(극간)
가 커질 때 나타나는 현상으로 틀린 것은?

① 윤활유가 열화된다.
② 체적효율이 저하한다.
③ 냉동능력이 감소한다.
④ 압축기의 소요동력이 감소한다.

해설 압축기에서 톱클리어런스가 크면 냉매토출가스량이 감소하
고 동력소비가 커지며 냉동능력이 감소한다.

35 다음과 같은 냉동 사이클 중 성적계수가 가장 큰 사이클은 어느 것인가?

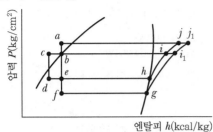

① b-e-h-i-b ② c-d-h-i-c
③ b-f-g-i1-b ④ a-e-h-j-a

해설 COP(성적계수)$= \dfrac{T_2}{T_1 - T_2} = \dfrac{Q_2}{Q_1 - Q_2}$

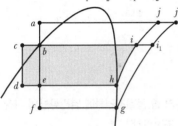

36 대기압에서 암모니아액 1kg을 증발시킨 열량은 0℃ 얼음 몇 kg을 융해시킨 것과 유사한가?

① 2.1 ② 3.1
③ 4.1 ④ 5.1

해설 • 암모니아 냉매 증발열≒320kcal/kg
• 얼음의 융해잠열≒79.68kcal/kg
∴ $G = \dfrac{320}{79.68} = 4.1$kg

37 축열시스템 방식에 대한 설명으로 틀린 것은?

① 수축열 방식 : 열용량이 큰 물을 축열재료로 이용하는 방식
② 빙축열 방식 : 냉열을 얼음에 저장하여 작은 체적에 효율적으로 냉열을 저장하는 방식
③ 잠열축열 방식 : 물질의 융해 및 응고 시 상변화에 따른 잠열을 이용하는 방식
④ 토양축열 방식 : 심해의 해수온도 및 해양의 축열성을 이용하는 방식

해설 축열시스템에서 토양축열 방식은 사용하지 않는다.

38 압축기 토출압력 상승 원인이 아닌 것은?

① 응축온도가 낮을 때
② 냉각수 온도가 높을 때
③ 냉각수 양이 부족할 때
④ 공기가 장치 내에 혼입되었을 때

해설 응축기에서 냉매의 응축온도가 높으면 토출압력 상승 원인이 된다.

39 단위에 대한 설명으로 틀린 것은?

① 토리첼리의 실험 결과 수은주의 높이가 68cm일 때, 실험장소에서의 대기압은 1.2atm이다.
② 비체적이 $0.5m^3/kg$인 암모니아 증기 $1m^3$의 질량은 2.0kg이다.
③ 압력 760mmHg는 1.01bar이다.
④ 작업대 위에 놓여진 밑면적이 $2.4m^2$인 가공물의 무게가 24kgf라면 작업대의 가해지는 압력은 98Pa이다.

해설 수은주 높이가 76cmHg일 때 대기압은 1atm이다.
대기압이 1.2atm일 때 수은주의 높이는
1.2×76=91.2cmHg이다.

40 냉동장치의 운전 시 유의사항으로 틀린 것은?

① 펌프다운 시 저압 측 압력은 대기압 정도로 한다.
② 압축기 가동 전에 냉각수 펌프를 기동시킨다.
③ 장시간 정지시키는 경우에는 재가동을 위하여 배관 및 기기에 압력을 걸어둔 상태로 둔다.
④ 장시간 정지 후 시동 시에는 누설여부를 점검한 후에 기동시킨다.

해설 냉동기에서 장시간 정지 시는 배관이나 기기에서 압력을 제거한 상태에서 정지시킨다.

SECTION 03 공기조화

41 다음 중 난방설비의 난방부하를 계산하는 방법 중 현열만을 고려하는 경우는?

① 환기 부하
② 외기 부하
③ 전도에 의한 열 손실
④ 침입 외기에 의한 난방 손실

해설 ㉠ 전도열 : 고체의 온도차에 의한 이동열
ㄴ 현열 : 온도변화 시 소요되는 열

42 다음 중 냉방부하의 종류에 해당되지 않는 것은?

① 일사에 의해 실내로 들어오는 열
② 벽이나 지붕을 통해 실내로 들어오는 열
③ 조명이나 인체와 같이 실내에서 발생하는 열
④ 침입 외기를 가습하기 위한 열

해설 외기 가습
건조한 겨울철에 공기 중의 습도를 높이기 위한 작업

43 송풍 덕트 내의 정압제어가 필요 없고, 발생 소음이 적은 변풍량 유닛은?

① 유인형
② 슬롯형
③ 바이패스형
④ 노즐형

해설 바이패스형 변풍량 유닛
풍덕트 내의 정압제어가 필요 없고, 발생 소음이 적은 유닛이다. 천장 내 조명의 발생열을 제거한다.
※ 변풍량 유닛의 종류 : 바이패스형, 슬롯형, 유인형

44 증기난방에 대한 설명으로 틀린 것은?

① 건식 환수시스템에서 환수관에는 증기가 유입되지 않도록 증기관과 환수관 사이에 증기트랩을 설치한다.
② 중력식 환수시스템에서 환수관은 선하향구배를 취해야 한다.
③ 증기난방은 극장 같이 천장고가 높은 실내에 적합하다.
④ 진공식 환수시스템에서 관경을 가늘게 할 수 있고 리프트 피팅을 사용하여 환수관 도중에서 입상시킬 수 있다.

해설 극장같이 천장고가 높은 곳에서 공조기는 전공기 방식을 채택한다.

45 정방실에 35kW의 모터에 의해 구동되는 정방기가 12대 있을 때 전력에 의한 취득 열량(kW)은?(단, 전동기와 이것에 의해 구동되는 기계가 같은 방에 있으며, 전동기의 가동률은 0.74이고, 전동기 효율은 0.87, 전동기 부하율은 0.92이다.)

① 483
② 420
③ 357
④ 329

해설 전력에 의한 취득 열량 $= \left\{ \dfrac{35 \times 12}{0.92} \times (0.87 \times 0.74) \right\} + 35$
$= 329 \mathrm{kW}$

46 다음 중 보온, 보냉, 방로의 목적으로 덕트 전체를 단열해야 하는 것은?

① 급기 덕트
② 배기 덕트
③ 외기 덕트
④ 배연 덕트

해설 급기 덕트
보온이나 보냉 시를 대비하여 냉방 · 난방 덕트 전체를 단열 보온 처리한다.

47 덕트의 소음 방지대책에 해당되지 않는 것은?

① 덕트의 도중에 흡음재를 부착한다.
② 송풍기 출구 부근에 플래넘 챔버를 장치한다.
③ 댐퍼 입·출구에 흡음재를 부착한다.
④ 덕트를 여러 개로 분기시킨다.

해설 덕트를 여러 개로 분기시키면 소음이 증가한다.
※ 소음방지재 : 흡음재, 섬유류, 다공판

48 취출구에서 수평으로 취출된 공기가 일정 거리만큼 진행된 뒤 기류 중심선과 취출구 중심과의 수직거리를 무엇이라고 하는가?

① 강하도   ② 도달거리
③ 취출온도차   ④ 셔터

해설 강하도
취출구에서 수평으로 취출된 공기가 일정 거리만큼 진행된 뒤 기류 중심선과 취출구 중심과의 수직거리이다.

49 증기설비에 사용하는 증기 트랩 중 기계식 트랩의 종류로 바르게 조합한 것은?

① 버킷 트랩, 플로트 트랩
② 버킷 트랩, 벨로스 트랩
③ 바이메탈 트랩, 열동식 트랩
④ 플로트 트랩, 열동식 트랩

해설 기계식 증기 트랩
㉠ 버킷 트랩   ㉡ 플로트 트랩

50 공기조화방식에서 변풍량 단일덕트 방식의 특징에 대한 설명으로 틀린 것은?

① 송풍기의 풍량제어가 가능하므로 부분 부하 시 반송에너지 소비량을 경감시킬 수 있다.
② 동시 사용률을 고려하여 기기용량을 결정할 수 있으므로 설비용량이 커질 수 있다.
③ 변풍량 유닛을 실별 또는 존별로 배치함으로써 개별제어 및 존 제어가 가능하다.
④ 부하변동에 따라 실내온도를 유지할 수 있으므로 열원설비용 에너지 낭비가 적다.

해설 변풍량은 풍량의 제어가 가능하여 설비용량 동시 사용률을 고려하면 설비 용량이 감소될 수 있다.

51 다음 중 공기조화설비의 계획 시 조닝을 하는 목적으로 가장 거리가 먼 것은?

① 효과적인 실내 환경의 유지
② 설비비의 경감
③ 운전 가동면에서의 에너지 절약
④ 부하 특성에 대한 대처

해설 조닝(Zoning)
건물을 조닝하는 경우에 건물 전체를 몇 개의 구획으로 분할하고 각각의 구획은 덕트나 냉온수에 의해 냉·난방 부하를 처리한다(외부존, 내부존).

52 다음 중 축류 취출구의 종류가 아닌 것은?

① 펑커루버형 취출구   ② 그릴형 취출구
③ 라인형 취출구   ④ 팬형 취출구

해설 천장형 취출구
㉠ 아네모스탯형   ㉡ 웨이형
㉢ 팬형   ㉣ 라이트트로피형
㉤ 다공판형

53 건물의 콘크리트 벽체의 실내 측에 단열재를 부착하여 실내 측 표면에 결로가 생기지 않도록 하려 한다. 외기온도가 0℃, 실내온도가 20℃, 실내공기의 노점온도가 12℃, 콘크리트 두께가 100mm일 때, 결로를 막기 위한 단열재의 최소 두께(mm)는?(단, 콘크리트와 단열재 접촉부분의 열저항은 무시한다.)

열전도도	콘크리트	1.63W/m·K
	단열재	0.17W/m·K
대류열전달계수	외기	23.3W/m²·K
	실내공기	9.3W/m²·K

① 11.7   ② 10.7
③ 9.7   ④ 8.7

47. ④ 48. ① 49. ① 50. ② 51. ② 52. ④ 53. ③ | ANSWER

해설

$$100 \updownarrow \quad x \updownarrow$$

콘크리트 1.63W/m·K, 100mm
단열재 0.17W/m·K, (l)mm

콘크리트열관류율(K) = $\dfrac{1}{\dfrac{1}{23.3} + \dfrac{0.1}{1.63} + \dfrac{1}{9.3}}$ = 4.723

$9.3 \times (20-12) = K(22-0)$

단열재열관류율(K) = $\dfrac{9.3(20-12)}{(22-0)}$ = 3.39W/m² · K

$\dfrac{1}{3.39} = \dfrac{1}{4.72} + \dfrac{l}{0.17}$

∴ (l) ≒ 0.0097m(9.7mm)(단열재의 최소두께)

---

54 공기조화방식 중 전공기 방식이 아닌 것은?

① 변풍량 단일덕트 방식
② 이중 덕트 방식
③ 정풍량 단일덕트 방식
④ 팬코일 유닛 방식(덕트병용)

해설 공기조화방식
㉠ 팬코일 유닛 방식 : 전수 방식
㉡ 덕트병용 팬코일 유닛 방식 : 공기수 방식
㉢ 덕트 방식 : 전공기 방식

---

55 외기의 건구온도 32℃와 환기의 건구온도 24℃인 공기를 1 : 3(외기 : 환기)의 비율로 혼합하였다. 이 혼합공기의 온도는?

① 26℃ ② 28℃
③ 29℃ ④ 30℃

해설 혼합공기 = $\dfrac{(32 \times 1) + (24 \times 3)}{(1+3)}$ = 26℃

---

56 부하계산 시 고려되는 지중온도에 대한 설명으로 틀린 것은?

① 지중온도는 지하실 또는 지중배관 등의 열손실을 구하기 위하여 주로 이용된다.
② 지중온도는 외기온도 및 일사의 영향에 의해 1일 또는 연간을 통하여 주기적으로 변한다.

---

③ 지중온도는 지표면의 상태변화, 지중의 수분에 따라 변화하나, 토질의 종류에 따라서는 큰 차이가 없다.
④ 연간변화에 있어 불역층 이하의 지중온도는 1m 증가함에 따라 0.03~0.05℃씩 상승한다.

해설 부하계산 시 지중의 온도는 지표면의 상태변화, 지중의 수분, 토질의 종류에 따라 큰 차이가 발생한다.

---

57 이중 덕트 방식에 설치하는 혼합상자의 구비조건으로 틀린 것은?

① 냉풍 · 온풍 덕트 내의 정압 변동에 의해 송풍량이 예민하게 변화할 것
② 혼합비율 변동에 따른 송풍량의 변동이 완만할 것
③ 냉풍 · 온풍 댐퍼의 공기누설이 적을 것
④ 자동제어 신뢰도가 높고 소음발생이 적을 것

해설 이중 덕트 방식의 전공기방식에서 냉풍 · 온풍 덕트 내의 전압변동에 의해 혼합상자 송풍량의 변동이 완만해야 한다.

---

58 보일러의 부속장치인 과열기가 하는 역할은?

① 연료 연소에 쓰이는 공기를 예열시킨다.
② 포화액을 습증기로 만든다.
③ 습증기를 건포화증기로 만든다.
④ 포화증기를 과열증기로 만든다.

해설 과열증기
㉠ 압력 일정
㉡ 온도 상승

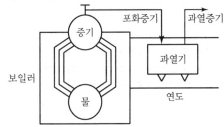

---

59 공조기 내에 엘리미네이터를 설치하는 이유로 가장 적절한 것은?

① 풍량을 줄여 풍속을 낮추기 위해
② 공조기 내의 기류의 분포를 고르게 하기 위해
③ 결로수가 비산되는 것을 방지하기 위해
④ 먼지 및 이물질을 효율적으로 제거하기 위해

해설 엘리미네이터
공조기에서 결로수가 비산되어 배출하는 것을 방지한다.

60 저온공조방식에 관한 내용으로 가장 거리가 먼 것은?

① 배관지름의 감소
② 팬 동력 감소로 인한 운전비 절감
③ 낮은 습도의 공기 공급으로 인한 쾌적성 향상
④ 저온공기 공급으로 인한 급기 풍량 증가

해설 저온공조방식은 저온공기 공급으로 인하여 급기 풍량이 감소한다.

SECTION 04 전기제어공학

61 서보기구의 특징에 관한 설명으로 틀린 것은?

① 원격제어의 경우가 많다.
② 제어량이 기계적 변위이다.
③ 추치제어에 해당하는 제어장치가 많다.
④ 신호는 아날로그에 비해 디지털인 경우가 많다.

해설 서보기구
제어량이 기계적 위치에 있도록 하는 자동제어계이다. 물체의 위치, 자세, 방위 등 목푯값의 임의의 변화에 추종하도록 구성된 피드백 제어계이다(신호는 아날로그 방식이 많다).

62 다음은 직류전동기의 토크 특성을 나타내는 그래프이다. (A), (B), (C), (D)에 알맞은 것은?

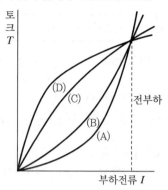

① (A) : 직권발전기, (B) : 가동복권발전기,
  (C) : 분권발전기, (D) : 차동복권발전기
② (A) : 분권발전기, (B) : 직권발전기,
  (C) : 가동복권발전기, (D) : 차동복권발전기
③ (A) : 직권발전기, (B) : 분권발전기,
  (C) : 가동복권발전기, (D) : 차동복권발전기
④ (A) : 분권발전기, (B) : 가동복권발전기,
  (C) : 직권발전기, (D) : 차동복권발전기

해설 토크(torque : 회전력)

$$토크(T) = \frac{출력(W)}{각속도(w)}(N \cdot m),$$

$$T = 0.975 \times \frac{출력}{회전수}(kg \cdot m)$$

속도변동률 : 차동복권<분권<가동복권<직권
∴ 부하전류와 토크의 관계에 의한 토크 특성곡선 : A(직권), B(가동복권), C(분권), D(차동복권)

[속도특성곡선]

63 4,000Ω의 저항기 양단에 100V의 전압을 인가할 경우 흐르는 전류의 크기(mA)는?

① 4   ② 15
③ 25   ④ 40

해설 저항$(R)=\dfrac{V}{I}$(Ω)

$$\therefore I=\dfrac{100}{4,000}=0.025\text{A}=25\text{mA}$$

※ 전류$(I)=\dfrac{Q}{t}=\dfrac{전기량}{시간}$(A),

전압$(V)=\dfrac{W}{Q}=\dfrac{일량}{전기량}$(V)

64 공기 중 자계의 세기가 100A/m인 점에 놓아 둔 자극에 작용하는 힘은 8×10^{-3}N이다. 이 자극의 세기는 몇 Wb인가?

① 8×10 ② 8×10^{5}

③ 8×10^{-1} ④ 8×10^{-5}

해설 자극의 세기$(m)=\dfrac{F}{H}=\dfrac{8\times10^{-3}}{100}=8\times10^{-5}$(Wb)

65 온도를 전압으로 변환시키는 것은?

① 광전관   ② 열전대

③ 포토다이오드   ④ 광전다이오드

해설 열전대

㉠ 온도계 : 온도를 전압으로 변환시킨다.

㉡ 재질 : 백금, 철, 콘스탄탄, 구리 등

66 신호흐름선도와 등가인 블록선도를 그리려고 한다. 이때 G(s)로 알맞은 것은?

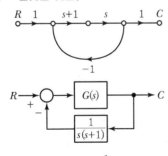

① s ② $\dfrac{1}{s+1}$

③ 1 ④ $s(s+1)$

해설 $\Delta=1$

$G_1=(s+1)s \quad \Delta_1=1$

$G_2=s \quad \Delta_2=1$

$$\therefore G=\dfrac{C}{R}=\dfrac{\Delta_2}{\Delta_1}=\dfrac{1}{1}=1$$

67 정상 편차를 개선하고 응답속도를 빠르게 하며 오버슈트를 감소시키는 동작은?

① K ② $K(1+sT)$

③ $K\left(1+\dfrac{1}{sT}\right)$ ④ $K\left(1+sT+\dfrac{1}{sT}\right)$

해설 PID(비례, 적분, 미분) 동작 회로

$$K\left(1+sT+\dfrac{1}{sT}\right)$$

※ 오버슈트

자동제어계의 정상오차이다. 즉, 자동제어계의 안정도 척도가 된다(과도기간 중 응답이 목푯값을 넘어가는 양이다).

68 최대눈금 100mA, 내부저항 1.5Ω인 전류계에 0.3Ω의 분류기를 접속하여 전류를 측정할 때 전류계의 지시가 50mA라면 실제 전류는 몇 mA인가?

① 200   ② 300

③ 400   ④ 600

해설 분류기를 접속하여 어느 전로의 전류를 측정하려는 경우에 전로의 전류가 전류계의 정격보다 큰 경우에는 전류계와 병렬로 다른 전로를 만들고 전류를 분류하여 측정한다.

$$\therefore \text{실제 전류}=\left(50\times\dfrac{1.5}{0.3}\right)+50=300\text{mA}$$

69 그림과 같은 RLC 병렬공진회로에 관한 설명으로 틀린 것은?

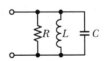

① 공진조건은 $\omega C=\dfrac{1}{\omega L}$이다.

② 공진 시 공진전류는 최소가 된다.

③ R이 작을수록 선택도 Q가 높다.

④ 공진 시 입력 어드미턴스는 매우 작아진다.

해설 전압과 전류가 동상이 되는 병렬회로의 이와 같은 상태를 병렬공진이라고 한다.

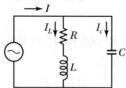

[R–L–C 병렬회로]

㉠ R과 공진주파수는 무관하며 $Q = \dfrac{1}{R}\sqrt{\dfrac{L}{C}}$ 에서 R을 크게 하면 Q값은 감소한다.

㉡ R이 클수록 Q가 높다.

㉢ 공진 시 L 또는 C를 흐르는 전류는 입력전류 크기의 Q배가 된다.

70 SCR에 관한 설명으로 틀린 것은?

① PNPN 소자이다.

② 스위칭 소자이다.

③ 양방향성 사이리스터이다.

④ 직류나 교류의 전력제어용으로 사용된다.

해설 SCR(PNPN 소자)는 직류, 교류 전력 제어용으로 스위칭 소자이며 정류소자 단일방향성이다.

71 병렬 운전 시 균압모선을 설치해야 되는 직류발전기로만 구성된 것은?

① 직권발전기, 분권발전기

② 분권발전기, 복권발전기

③ 직권발전기, 복권발전기

④ 분권발전기, 동기발전기

해설 ㉠ 직류발전기 : 직권발전기, 복권발전기, 분권발전기
㉡ 동기발전기 : 교류발전기

72 정현파 교류의 실횻값(V)과 최댓값(V_m)의 관계식으로 옳은 것은?

① $V = \sqrt{2}\, V_m$

② $V = \dfrac{1}{\sqrt{2}}\, V_m$

③ $V = \sqrt{3}\, V_m$

④ $V = \dfrac{1}{\sqrt{3}}\, V_m$

해설 사인파 전류

㉠ 실횻값 = 최댓값 × $\dfrac{1}{\sqrt{2}}$

㉡ 평균값 = 최댓값 × $\dfrac{2}{\pi}$

㉢ 최댓값 = 실횻값 × $\sqrt{2}$

73 비례적분제어 동작의 특징으로 옳은 것은?

① 간헐현상이 있다.

② 잔류편차가 많이 생긴다.

③ 응답의 안정성이 낮은 편이다.

④ 응답의 진동시간이 매우 길다.

해설 비례적분동작
비례제어계에서는 잔류편차를 제거하기 위해 리셋을 사용하는데 이것을 자동화한 것이다(간헐현상이나 헌팅현상이 발생).

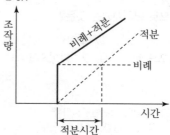

74 목푯값을 직접 사용하기 곤란할 때, 주 되먹임 요소와 비교하여 사용하는 것은?

① 제어요소

② 비교장치

③ 되먹임요소

④ 기준입력요소

해설

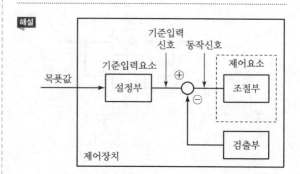

75 피드백 제어계에서 목표치를 기준입력신호로 바꾸는 역할을 하는 요소는?

① 비교부   ② 조절부
③ 조작부   ④ 설정부

> **해설** 설정부는 목표치를 기준입력신호로 바꾸는 역할을 한다.

76 특성방정식이 $s^3 + 2s^2 + Ks + 5 = 0$인 제어계가 안정하기 위한 K 값은?

① $K > 0$ ② $K < 0$
③ $K > \dfrac{5}{2}$ ④ $K < \dfrac{5}{2}$

> **해설** 계가 안정되려면 모든 차수의 항이 존재하고 각 계수의 부호가 같아야 한다.
> 제1열의 부호 변화가 없으려면

루드표		
s^3	1	K
s^2	2	5
s^1	$\dfrac{2K-5}{2}$	0
s^0	5	0

> 여기서, $2K - 5 > 0$
> $\therefore\ K > \dfrac{5}{2}$

77 세라믹 콘덴서 소자의 표면에 103^K라고 적혀 있을 때 이 콘덴서의 용량은 몇 μF인가?

① 0.01   ② 0.1
③ 103   ④ 10^3

> **해설** 103K 250V용 세라믹 콘덴서
> ㉠ 자기콘덴서이며 세라믹(자기)을 유전체로 사용한 콘덴서이다.
> ㉡ HK계(고유전율계), TC계(온도보상용)가 있다.
> ※ $1\mu\text{F} = 10^{-6}\text{F}$, $103^K = 10 \times 1,000 = 0.01\mu\text{F}$

78 PLC(Programmable Logic Controller)의 출력부에 설치하는 것이 아닌 것은?

① 전자개폐기   ② 열동계전기
③ 시그널 램프   ④ 솔레노이드 밸브

> **해설** 열동계전기
> 전류의 발열작용을 이용한 시한계전기이며 통신기기나 전기기기 등에 쓰인다.

79 적분시간이 2초, 비례감도가 5mA/mV인 PI 조절계의 전달함수는?

① $\dfrac{1+2s}{5s}$ ② $\dfrac{1+5s}{2s}$
③ $\dfrac{1+2s}{0.4s}$ ④ $\dfrac{1+0.4s}{2s}$

> **해설** $G(s) = K_P\left(1 + \dfrac{1}{T_i s}\right) = 5\left(1 + \dfrac{1}{2s}\right) = \dfrac{1+2s}{0.4s}$

80 다음 설명에 알맞은 전기 관련 법칙은?

> 도선에서 두 점 사이 전류의 크기는 그 두 점 사이의 전위차에 비례하고, 전기 저항에 반비례한다.

① 옴의 법칙   ② 렌츠의 법칙
③ 플레밍의 법칙   ④ 전압분배의 법칙

> **해설** 옴의 법칙
> ㉠ 전기회로에 흐르는 전류는 전압, 즉 전위차에 비례하며 도체의 저항에 반비례한다.
> ㉡ 전기저항 R은 물체의 길이에 비례하고 단면적에 반비례한다.

SECTION 05 배관일반

81 증기난방 배관 시공법에 대한 설명으로 틀린 것은?

① 증기주관에서 지관을 분기하는 경우 관의 팽창을 고려하여 스위블 이음법으로 한다.
② 진공환수식 배관의 증기주관은 1/100~1/200 선상향 구배로 한다.
③ 주형방열기는 일반적으로 벽에서 50~60mm 정도 떨어지게 설치한다.
④ 보일러 주변의 배관방법에서는 증기관과 환수관 사이에 밸런스관을 달고, 하트포드(hartford) 접속법을 사용한다.

해설 진공환수식 증기난방 구배

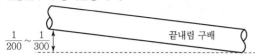

$\dfrac{1}{200} \sim \dfrac{1}{300}$ 끝내림 구배

82 급탕배관의 단락현상(sort circuit)을 방지할 수 있는 배관 방식은?

① 리버스 리턴 배관방식
② 다이렉트 리턴 배관방식
③ 단관식 배관방식
④ 상향식 배관방식

해설 리버스 리턴 배관방식
역귀환방식이며 단락현상을 방지할 수 있는 배관 방식이다.

83 다음 중 온수온도 90℃의 온수난방 배관의 보온재로 사용하기에 가장 부적합한 것은?

① 규산칼슘
② 펄라이트
③ 암면
④ 폴리스티렌

해설 폴리스티렌(Polystyrene)은 단열재로 사용한다(0℃ 이하용).

84 간접 가열식 급탕법에 관한 설명으로 틀린 것은?

① 대규모 급탕설비에 부적당하다.
② 순환증기는 높이에 관계없이 저압으로 사용 가능하다.
③ 저탕탱크와 가열용 코일이 설치되어 있다.
④ 난방용 증기보일러가 있는 곳에 설치하면 설비비를 절약하고 관리가 편하다.

해설 중·대규모 급탕설비
㉠ 직접가열식(소규모용)
㉡ 간접가열식(대규모 건물용)
㉢ 기수혼합법(병원·공장용)

85 증발량 5,000kg/h인 보일러의 증기 엔탈피가 640 kcal/kg이고, 급수 엔탈피가 15kcal/kg일 때, 보일러의 상당 증발량(kg/h)은?

① 278
② 4,800
③ 5,797
④ 3,125,000

해설 상당증발량$(W_e) = \dfrac{W(h_2 - h_1)}{539}$

$= \dfrac{5,000 \times (640 - 15)}{539} = 5,797(kg/h)$

86 증기난방 설비의 특징에 대한 설명으로 틀린 것은?

① 증발열을 이용하므로 열의 운반능력이 크다.
② 예열시간이 온수난방에 비해 짧고 증기순환이 빠르다.
③ 방열면적을 온수난방보다 작게 할 수 있다.
④ 실내 상하 온도차가 작다.

해설 실내 상하 온도차가 작은 것은 복사난방이다(실내 온도가 균등하며 쾌적도가 높기 때문이다).

87 벤더에 의한 관 굽힘 시 주름이 생겼다. 주된 원인은?

① 재료에 결함이 있다.
② 굽힘형의 홈이 관지름보다 작다.
③ 클램프 또는 관에 기름이 묻어 있다.
④ 압력형이 조정이 세고 저항이 크다.

해설 ①·④ : 관의 파손 원인
③ : 관이 미끄러지는 현상

88 냉동장치의 배관설치에 관한 내용으로 틀린 것은?

① 토출가스의 합류 부분 배관은 T이음으로 한다.
② 압축기와 응축기의 수평배관은 하향 구배로 한다.
③ 토출가스 배관에는 역류방지 밸브를 설치한다.
④ 토출관의 입상이 10m 이상일 경우 10m마다 중간 트랩을 설치한다.

해설 냉동장치의 흡입가스 배관에서 두 갈래의 흐름이 합류하는 곳은 T이음을 하지 말고 Y(와이)이음을 해야 한다.

89 가스 배관재료 중 내약품성 및 전기 절연성이 우수하며 사용온도가 80℃ 이하인 관은?

① 주철관　　　　② 강관
③ 동관　　　　　④ 폴리에틸렌관

해설 폴리에틸렌관(Polyethylene pipe)
PE관(폴리에틸렌관)은 가스 배관용에서 내약품성 및 전기 절연성이 우수하며 사용온도가 −60~80℃ 이하이다.

90 도시가스배관 설비기준에서 배관을 시가지의 도로 노면 밑에 매설하는 경우에는 노면으로부터 배관의 외면까지 얼마 이상을 유지해야 하는가?(단, 방호구조물 안에 설치하는 경우는 제외한다.)

① 0.8m　　　　② 1m
③ 1.5m　　　　④ 2m

해설

시가지 도로

(1.5m 이상)

도시가스 배관

91 급탕설비의 설계 및 시공에 관한 설명으로 틀린 것은?

① 중앙식 급탕방식은 개별식 급탕방식보다 시공비가 많이 든다.
② 온수의 순환이 잘되고 공기가 고이는 것을 방지하기 위해 배관에 구배를 둔다.
③ 게이트 밸브는 공기고임을 만들기 때문에 글로브 밸브를 사용한다.
④ 순환방식은 순환펌프에 의한 강제순환식과 온수의 비중량 차이에 의한 중력식이 있다.

해설 급탕설비에서는 글로브 밸브 대신 게이트 밸브를 설치한다 (공기고임 방지를 위하여 공기빼기 밸브를 설치한다).

92 냉매 배관 재료 중 암모니아를 냉매로 사용하는 냉동설비에 가장 적합한 것은?

① 동, 동합금　　② 아연, 주석
③ 철, 강　　　　④ 크롬, 니켈 합금

해설 ㉠ 프레온 냉매 : 동관을 사용
㉡ 암모니아 냉매 : 철이나 강을 사용(동이나 동합금을 부식시킨다.)

93 다음 중 "접속해 있을 때"를 나타내는 관의 도시기호는?

해설

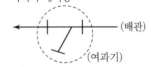

[관의 접속]

94 증기 및 물배관 등에서 찌꺼기를 제거하기 위하여 설치하는 부속품은?

① 유니언　　　　② P트랩
③ 부싱　　　　　④ 스트레이너

해설 스트레이너
찌꺼기 제거용

←──────── (배관)

(여과기)

95 공조배관 설계 시 유속을 빠르게 했을 경우의 현상으로 틀린 것은?

① 관경이 작아진다.
② 운전비가 감소한다.
③ 소음이 발생된다.
④ 마찰손실이 증대한다.

해설 공조배관에서 유체의 유속을 증가시키면 운전비가 증가한다.

96 관의 두께별 분류에서 가장 두꺼워 고압배관으로 사용할 수 있는 동관의 종류는?

① K형 동관
② S형 동관
③ L형 동관
④ N형 동관

해설 ㉠ 동관의 종류
- 연질(O)
- 반연질(OL)
- 반경질($\frac{1}{2}$H)
- 경질(H)

㉡ 동관의 표준치수 : K, L, M 등
㉢ 동관의 두께별 분류 : K>L>M>N

97 동관 이음 방법에 해당하지 않는 것은?

① 타이튼 이음
② 납땜 이음
③ 압축 이음
④ 플랜지 이음

해설 타이튼 접합(Tyton joint)
주철관의 접합이며 고무링 하나만으로 접합하는 방법이다.

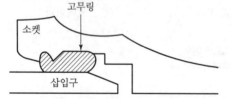

98 배수관의 관경 선정 방법에 관한 설명으로 틀린 것은?

① 기구배수관의 관경은 배수트랩의 구경 이상으로 하고 최소 30mm 정도로 한다.
② 수직·수평관 모두 배수가 흐르는 방향으로 관경이 축소되어서는 안 된다.
③ 배수수직관은 어느 층에서나 최하부의 가장 큰 배수부하를 담당하는 부분과 동일한 관경으로 한다.
④ 땅속에 매설되는 배수관 최소 구경은 30mm 정도로 한다.

해설 땅속에 매설되는 배수관 최소 구경은 50mm 이상으로 한다.

99 고가수조식 급수방식의 장점이 아닌 것은?

① 급수압력이 일정하다.
② 단수 시에도 일정량의 급수가 가능하다.
③ 급수 공급계통에서 물의 오염 가능성이 없다.
④ 대규모 급수에 적합하다.

해설 고가수조식(옥상탱크식)

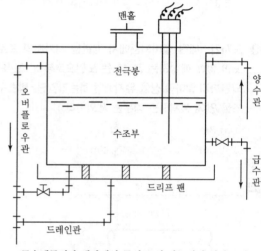

※ 급수계통이나 배관에서 물의 오염 가능성이 있다.

100 냉매배관 시공 시 주의사항으로 틀린 것은?

① 배관 길이는 되도록 짧게 한다.
② 온도변화에 의한 신축을 고려한다.
③ 곡률 반지름은 가능한 한 작게 한다.
④ 수평배관은 냉매흐름 방향으로 하향구배 한다.

해설 곡률 반지름은 넉넉하게 한다.

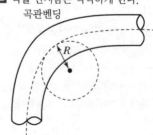

곡관벤딩

SECTION 01 기계열역학

01 어떤 시스템에서 공기가 초기에 290K에서 330K로 변화하였고, 이때 압력은 200kPa에서 600kPa로 변화하였다. 이때 단위 질량당 엔트로피 변화는 약 몇 kJ/(kg · K)인가?(단, 공기는 정압비열이 1.006 kJ/(kg · K)이고, 기체상수가 0.287kJ/(kg · K)인 이상기체로 간주한다.)

① 0.445   ② −0.445

③ 0.185   ④ −0.185

해설 정적비열$(C_v) = C_p - R = 1.006 - 0.287$
$$= 0.719(kJ/kg \cdot K)$$
$$\Delta S = S_2 - S_1 = GC_p \ln \frac{T_2 P_1}{T_1 P_2} + GC_v \ln \frac{P_2}{P_1}$$
$$= 1 \times 1.006 \times \ln \frac{330 \times 200}{290 \times 600} + 1 \times 0.719 \times \ln \frac{600}{200}$$
$$\fallingdotseq -0.185(kJ/kg \cdot K)$$

02 체적이 500cm³인 풍선에 압력 0.1MPa, 온도 288K 의 공기가 가득 채워져 있다. 압력이 일정한 상태에서 풍선 속 공기 온도가 300K로 상승했을 때 공기에 가해진 열량은 약 얼마인가?(단, 공기는 정압비열이 1.005kJ/(kg · K), 기체상수가 0.287kJ/(kg · K) 인 이상기체로 간주한다.)

① 7.3J   ② 7.3kJ

③ 14.6J   ④ 14.6kJ

해설 무게$(G) = \dfrac{PV}{RT} = \dfrac{0.1 \times 0.5}{0.287 \times 288} = 0.0006049kg$
$$Q = G \times C_p \times \Delta t$$
$$= 0.0006049 \times 1.005 \times (300 - 288)$$
$$= 0.0073kJ = 7.3J$$
$$또는 \frac{100}{0.287 \times 288} \times \frac{500}{10^6} \times 1.005 \times (300 - 288) = 7.3J$$

03 어떤 사이클이 다음 온도(T)−엔트로피(s) 선도와 같을 때 작동 유체에 주어진 열량은 약 몇 kJ/kg인가?

① 4

② 400

③ 800

④ 1,600

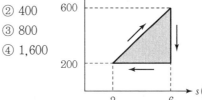

해설 • 일량$(_1 W_2) = (P_1 - P_2)\dfrac{(V_2 - V_1)}{2} + P_2(V_2 - V_1)$

  • 가열량$(\delta Q) = dU$
$$_1 Q_2 = U_2 - U_1 = GC_v(T_2 - T_1) = H_2 - H_1$$
$$\therefore {_1 Q_2} = \frac{(600 - 200) \times (6 - 2)}{2} = 800kJ/kg$$

04 효율이 40%인 열기관에서 유효하게 발생되는 동력 이 110kW라면 주위로 방출되는 총 열량은 약 몇 kW 인가?

① 375   ② 165

③ 135   ④ 85

해설 총 방출열량 $= \dfrac{유효동력}{효율} = \dfrac{110}{0.4} = 275kW$
$$\therefore 275 \times (1 - 0.4) = 165kW$$

05 500W의 전열기로 4kg의 물을 20℃에서 90℃까지 가열하는 데 몇 분이 소요되는가?(단, 전열기에서 열 은 전부 온도 상승에 사용되고 물의 비열은 4,180 J/(kg · K)이다.)

① 16   ② 27

③ 39   ④ 45

해설 1kWh = 3,600kJ
  1W = 0.86kcal/h
  500 × 0.86 = 430kcal/h = 1,800kJ
  물의현열 = 4 × 4.186(90 − 20) = 1,172.08kcal
$$\therefore \frac{1,172.08}{1,800} = 0.65시간 = 0.65 \times 60분 = 39분$$

06 카르노 사이클로 작동되는 열기관이 고온체에서 100 kJ의 열을 받고 있다. 이 기관의 열효율이 30%라면 방출되는 열량은 약 몇 kJ인가?

① 30
② 50
③ 60
④ 70

[해설] 방출열량 $= 100 \times (1 - 0.3) = 70 \text{kJ}$

---

07 100℃와 50℃ 사이에서 작동하는 냉동기로 가능한 최대 성능계수(COP)는 약 얼마인가?

① 7.46
② 2.54
③ 4.25
④ 6.46

[해설] $T_1 = 100 + 273 = 373 \text{K}$

$T_2 = 50 + 273 = 323 \text{K}$

효율$(\eta) = \dfrac{AW}{Q_1} = 1 - \dfrac{Q_2}{Q_1} = 1 - \dfrac{T_2}{T_1} = 1 - \dfrac{323}{373} = 0.134$

COP(성능계수)$= \dfrac{323}{373 - 323} = 6.46$

---

08 압력이 0.2MPa이고, 초기 온도가 120℃인 1kg의 공기를 압축비 18로 가열 단열 압축하는 경우 최종온도는 약 몇 ℃인가?(단, 공기는 비열비가 1.4인 이상기체이다.)

① 676℃
② 776℃
③ 876℃
④ 976℃

[해설] $P_1 = 0.2 \text{MPa}$, $P_2 = 0.2 \times 18 = 3.6 \text{MPa}$

$T_2 = T_1 \times \left(\dfrac{P_2}{P_1} \right)^{\frac{k-1}{k}}$

압축비에 대한 단열변화(T_2)

$T_2 = T_1 \times \left(\dfrac{V_1}{V_2} \right)^{k-1} = (120 + 273) \times 18^{1.4-1} = 1,249 \text{K}$

$\therefore T_2 = 1,249 - 273 = 976 ℃$

---

09 수증기가 정상과정으로 40m/s의 속도로 노즐에 유입되어 275m/s로 빠져나간다. 유입되는 수증기의 엔탈피는 3,300kJ/kg, 노즐로부터 발생되는 열손실은 5.9kJ/kg일 때 노즐 출구에서의 수증기 엔탈피는 약 몇 kJ/kg인가?

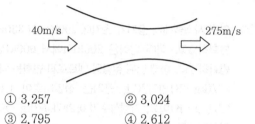

① 3,257
② 3,024
③ 2,795
④ 2,612

[해설] $h_2 = h_1 - \dfrac{V_2{}^2 - V_1{}^2}{2}$

$= 3,300 - \left\{ 5.9 + \dfrac{(275 \times 275) - (40 \times 40)}{2} \times \dfrac{1}{10^3} \right\}$

$= 3,257 (\text{kJ/kg})$

---

10 용기에 부착된 압력계에 읽힌 계기압력이 150kPa이고 국소대기압이 100kPa일 때 용기 안의 절대압력은?

① 250kPa
② 150kPa
③ 100kPa
④ 50kPa

[해설] 절대압력 $=$ 계기압력 $+$ 국소대기압 $= 150 + 100$

$= 250 (\text{kPa})$

---

11 R-12를 작동 유체로 사용하는 이상적인 증기압축 냉동 사이클이 있다. 여기서 증발기 출구 엔탈피는 229kJ/kg, 팽창밸브 출구 엔탈피는 81kJ/kg, 응축기 입구 엔탈피는 255kJ/kg일 때 이 냉동기의 성적계수는 약 얼마인가?

① 4.1
② 4.9
③ 5.7
④ 6.8

[해설] 냉매증발량 $= 229 - 81 = 148 \text{kJ/kg}$

압축기일량 $= 255 - 229 = 26 \text{kg/kg}$

$\therefore$ 성적계수(COP)$= \dfrac{148}{26} = 5.7$

12 어떤 시스템에서 유체는 외부로부터 19kJ의 일을 받으면서 167kJ의 열을 흡수하였다. 이때 내부에너지의 변화는 어떻게 되는가?

① 148kJ 상승한다.

② 186kJ 상승한다.

③ 148kJ 감소한다.

④ 186kJ 감소한다.

해설 $Q = (U_2 - U_1)$

외부유입(W)이 19kJ이고 내부에서 167kJ만큼 흡수하므로 내부에너지 변화 = 19 + 167 = 186(kJ) 상승

13 그림과 같이 실린더 내의 공기가 상태 1에서 상태 2로 변화할 때 공기가 한 일은?(단, P는 압력, V는 부피를 나타낸다.)

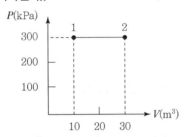

① 30kJ

② 60kJ

③ 3,000kJ

④ 6,000kJ

해설 절대일($_1 W_2$) $= \int_1^2 P dV$

$\therefore {}_1 W_2 = P(V_2 - V_1)$

$= 300 \times (30 - 10) = 6,000(\text{kJ})$

14 보일러에 물(온도 20℃, 엔탈피 84kJ/kg)이 유입되어 600kPa의 포화증기(온도 159℃, 엔탈피 2757kJ/kg) 상태로 유출된다. 물의 질량유량이 300kg/h이라면 보일러에 공급된 열량은 약 몇 kW인가?

① 121

② 140

③ 223

④ 345

해설 공급열량 엔탈피 = 2,757 - 84 = 2,673kJ/kg

1kW = 3,600kJ/h

$\therefore$ 공급열량(Q) $= \dfrac{300 \times 2,673}{3,600} = 223(\text{kW})$

15 압력이 100kPa이며 온도가 25℃인 방의 크기가 240m³이다. 이 방에 들어 있는 공기의 질량은 약 몇 kg인가?(단, 공기는 이상기체로 가정하며, 공기의 기체상수는 0.287kJ/(kg · K)이다.)

① 0.00357

② 0.28

③ 3.57

④ 280

해설 $PV = GRT$

$G = \dfrac{PV}{RT} = \dfrac{100 \times 240}{0.287 \times (25 + 273)} = 280(\text{kg})$

16 클라우지우스(Clausius) 부등식을 옳게 표현한 것은?(단, T는 절대온도, Q는 시스템으로 공급된 전체 열량을 표시한다.)

① $\oint \dfrac{\delta Q}{T} \geq 0$

② $\oint \dfrac{\delta Q}{T} \leq 0$

③ $\oint T \delta Q \geq 0$

④ $\oint T \delta Q \leq 0$

해설 비가역 사이클

㉠ 비가역과정 $\oint \dfrac{\delta Q}{T} < 0$

㉡ 비가역부등식(적분값) $\oint \dfrac{\delta Q}{T} \leq 0$

㉢ 가역사이클 $\oint \dfrac{\delta Q}{T} = 0$

17 Van der Waals 상태 방적식은 다음과 같이 나타낸다. 이 식에서 $\dfrac{a}{v^2}$, b는 각각 무엇을 의미하는 것인가?(단, P는 압력, v는 비체적, R은 기체상수, T는 온도를 나타낸다.)

$$\left(P + \frac{a}{v^2}\right) \times (v - b) = RT$$

① 분자 간의 작용 인력, 분자 내부 에너지

② 분자 간의 작용 인력, 기체 분자들이 차지하는 체적

③ 분자 간의 질량, 분자 내부 에너지

④ 분자 자체의 질량, 기체 분자들이 차지하는 체적

해설 반데르발스 상태 방정식

$$\left(P+\frac{a}{v^2}\right)\times(v-b)=RT$$

- $\frac{a}{v^2}$: 분자 간의 작용 인력
- b : 기체 분자들이 차지하는 체적

18 가역 과정으로 실린더 안의 공기를 50kPa, 10℃ 상태에서 300kPa까지 압력(P)과 체적(V)의 관계가 다음과 같은 과정으로 압축할 때 단위 질량당 방출되는 열량은 약 몇 kJ/kg인가?(단, 기체상수는 0.287 kJ/(kg · K)이고, 정적비열은 0.7kJ/(kg · K)이다.)

$PV^{1.3}$ = 일정

① 17.2   ② 37.2

③ 57.2   ④ 77.2

해설 폴리트로픽 과정($PV^n = C$)

$$\frac{T_2}{T_1}=\left(\frac{V_1}{V_2}\right)^{n-1}=\left(\frac{P_2}{P_1}\right)^{\frac{n-1}{n}}$$

$$\frac{n(P_1V_1-P_2V_2)}{n-1}$$

정압비열(C_p) = 0.287 + 0.7 = 0.987kJ/kg · K

비열비(k) = $\frac{0.987}{0.7}$ = 1.41

방출열량($_1Q_2$) = $C_n(T_2-T_1)$, 지수(C_n) = $\frac{n-k}{n-1}$

$$T_2=T_1\times\left(\frac{P_2}{P_1}\right)^{\frac{n-1}{n}}=(273+10)\times\left(\frac{300}{50}\right)^{\frac{1.3-1}{1.3}}$$
$$=428(\text{K})$$

$$\therefore\ _1Q_2=-\frac{1.3-1.41}{1.3-1}\times0.7(428-283)=37.2(\text{kJ})$$

19 등엔트로피 효율이 80%인 소형 공기터빈의 출력이 270kJ/kg이다. 입구 온도는 600K이며, 출구 압력은 100kPa이다. 공기의 정압비열은 1.004kJ/(kg · K), 비열비는 1.4일 때, 입구 압력(kPa)은 약 몇 kPa인가?(단, 공기는 이상기체로 간주한다.)

① 1,984   ② 1,842

③ 1,773   ④ 1,621

해설 터빈출구온도

$$(T_2)=600-\frac{270}{1.004}=331\text{K}\left(\frac{331}{0.8}=263.84\text{K}\right)$$

$$\therefore\ \text{입구 압력}(P_1)=P_2\times\left(\frac{T_1}{T_2}\right)^{\frac{k}{k-1}}$$

$$=100\times\left(\frac{600}{263.84}\right)^{\frac{1.4}{1.4-1}}=1,773(\text{kPa})$$

20 화씨 온도가 86°F일 때 섭씨 온도는 몇 ℃인가?

① 30   ② 45

③ 60   ④ 75

해설 $℃=\frac{5}{9}(°\text{F}-32)$

$$=\frac{5}{9}(86-32)=30(℃)$$

SECTION 02 냉동공학

21 냉각탑의 성능이 좋아지기 위한 조건으로 적절한 것은?

① 쿨링레인지가 작을수록, 쿨링어프로치가 작을수록

② 쿨링레인지가 작을수록, 쿨링어프로치가 클수록

③ 쿨링레인지가 클수록, 쿨링어프로치가 작을수록

④ 쿨링레인지가 클수록, 쿨링어프로치가 클수록

해설 ㉠ 쿨링레인지 : '냉각수 입구수온－냉각수 출구수온'의 값이 클수록 좋다.
ㄴ 쿨링어프로치 : '냉각수 출구수온－입구공기 습구온도'의 값이 작을수록 좋다.
※ 냉각탑의 냉각능력 = (순환수량(L/min)×60분/시간) ×쿨링레인지 = (kcal/h)

22 다음 중 절연내력이 크고 절연물질을 침식시키지 않기 때문에 밀폐형 압축기에 사용하기에 적합한 냉매는?

① 프레온계 냉매   ② H_2O

③ 공기   ④ NH_3

해설 프레온 냉매
㉠ 전기적 절연내력이 크다.
㉡ 절연물질을 침식시키지 않는다.
㉢ 오일에 잘 용해한다.

23 어떤 냉동기의 증발기 내 압력이 245kPa이며, 이 압력에서의 포화온도, 포화액 엔탈피 및 건포화증기 엔탈피, 정압비열은 [조건]과 같다. 증발기 입구 측 냉매의 엔탈피가 455kJ/kg이고, 증발기 출구 측 냉매온도가 -10℃의 과열증기일 경우 증발기에서 냉매가 취득한 열량(kJ/kg)은?

- 포화온도 : -20℃
- 포화액 엔탈피 : 396kJ/kg
- 건포화증기 엔탈피 : 615.6kJ/kg
- 정압비열 : 0.67kJ/kg · K

① 167.3   ② 152.3
③ 148.3   ④ 112.3

해설 과열증기 냉매의 취득열량
- 냉매증기 = 615.6 - 455 = 160.6(kJ/kg)
- 과열증기 = (-10) - (-20) × 0.67 = 6.7(kJ/kg)
∴ 취득열량 = 160.6 + 6.7 = 167.3(kJ/kg)

24 냉동능력이 1RT인 냉동장치가 1kW의 압축동력을 필요로 할 때, 응축기에서의 방열량(kW)은?

① 2   ② 3.3
③ 4.8   ④ 6

해설 1RT = 3,320(kcal/h), 1kWh = 860(kcal)
응축열량 = 3,320 + 860 = 4,180(kcal/h)
∴ 응축기 방열량 = $\frac{4,180}{860}$ = 4.8RM(kW)

25 냉동 사이클에서 응축온도 상승에 따른 시스템의 영향으로 가장 거리가 먼 것은?(단, 증발온도는 일정하다.)

① COP 감소
② 압축비 증가
③ 압축기 토출가스 온도 상승
④ 압축기 흡입가스 압력 상승

해설 압축기 토출가스의 압력 상승 시에는 응축온도가 상승한다.

26 어떤 냉장고의 방열벽 면적이 500m², 열통과율이 0.311W/m² · ℃일 때, 이 벽을 통하여 냉장고 내로 침입하는 열량(kW)은?(단, 이때의 외기온도는 32℃이며, 냉장고 내부온도는 -15℃이다.)

① 12.6   ② 10.4
③ 9.1   ④ 7.3

해설 온도차 = 32 - (-15) = 47℃
침입열량 = $\frac{500 \times 0.311 \times 47}{10^3}$ = 7.3(kW)
※ 1kW = 10^3W

27 2차 유체로 사용되는 브라인의 구비 조건으로 틀린 것은?

① 비등점이 높고, 응고점이 낮을 것
② 점도가 낮을 것
③ 부식성이 없을 것
④ 열전달률이 작을 것

해설 2차 유체(간접냉매)는 열전달률(kcal/m²h℃)이 커야 한다.

28 냉매 배관 내에 플래시 가스(flash gas)가 발생했을 때 나타나는 현상으로 틀린 것은?

① 팽창밸브의 능력 부족 현상 발생
② 냉매 부족과 같은 현상 발생
③ 액관 중의 기포 발생
④ 팽창밸브에서의 냉매 순환량 증가

해설 냉매 배관 내에 플래시 가스가 발생하면 냉매액이 감소하여 팽창밸브에서 냉매순환량이 감소한다(플래시 가스 : 냉매액이 증발기를 거치지 않은 상태에서 사전에 기화한 냉매가스).

29 단면이 1m²인 단열재를 통하여 0.3kW의 열이 흐르고 있다. 이 단열재의 두께는 2.5cm이고 열전도계수가 0.2W/m · ℃일 때 양면 사이의 온도차(℃)는?

① 54.5   ② 42.5
③ 37.5   ④ 32.5

30 여러 대의 증발기를 사용할 경우 증발관 내의 압력이 가장 높은 증발기의 출구에 설치하여 압력을 일정 값 이하로 억제하는 장치를 무엇이라고 하는가?

① 전자밸브

② 압력개폐기

③ 증발압력조정밸브

④ 온도조절밸브

31 다음 그림은 2단 압축 암모니아 사이클을 나타낸 것이다. 냉동능력이 2RT인 경우 저단압축기의 냉매순환량(kg/h)은?(단, 1RT는 3.8kW이다.)

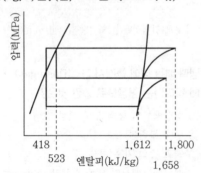

① 10.1

② 22.9

③ 32.5

④ 43.2

32 다음 팽창밸브 중 인버터 구동 가변 용량형 공기조화장치나 증발온도가 낮은 냉동장치에서 팽창밸브의 냉매유량 조절 특성 향상과 유량제어 범위 확대 등을 목적으로 사용하는 것은?

① 전자식 팽창밸브

② 모세관

③ 플로트 팽창밸브

④ 정압식 팽창밸브

33 식품의 평균 초온이 0℃일 때 이것을 동결하여 온도 중심점을 −15℃까지 내리는 데 걸리는 시간을 나타내는 것은?

① 유효동결시간

② 유효냉각시간

③ 공칭동결시간

④ 시간상수

34 냉동장치를 운전할 때 다음 중 가장 먼저 실시하여야 하는 것은?

① 응축기 냉각수 펌프를 기동한다.

② 증발기 팬을 기동한다.

③ 압축기를 기동한다.

④ 압축기의 유압을 조정한다.

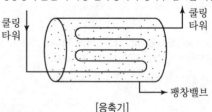
35 다음 중 냉매를 사용하지 않는 냉동장치는?

① 열전 냉동장치

② 흡수식 냉동장치

③ 교축팽창식 냉동장치

④ 증기압축식 냉동장치

해설 열전 냉동장치는 냉매를 사용하지 않는다.

36 축동력 10kW, 냉매순환량 33kg/min인 냉동기에서 증발기 입구 엔탈피가 406kJ/kg, 증발기 출구 엔탈피가 615kJ/kg, 응축기 입구 엔탈피가 632kJ/kg이다. ㉠ 실제 성능계수와 ㉡ 이론 성능계수는 각각 얼마인가?

① ㉠ 8.5, ㉡ 12.3   ② ㉠ 8.5, ㉡ 9.5
③ ㉠ 11.5, ㉡ 9.5   ④ ㉠ 11.5, ㉡ 12.3

해설 $615 - 406 = 209$kJ/kg(실제)
$632 - 406 = 226$kJ/kg(이론)
10kW$\times 3,600$kJ/kWh$=36,000$(kJ/h)
33kg/min$\times 60$분$=1,980$(kg/h)
∴ 실제 성능계수(COP)$=\dfrac{33 \times 60 \times 209}{36,000}=11.5$
∴ 이론 성능계수(COP)$=\dfrac{1,980 \times 226}{36,000}=12.4$

37 암모니아용 압축기의 실린더에 있는 워터재킷의 주된 설치 목적은?

① 밸브 및 스프링의 수명을 연장하기 위해서
② 압축효율의 상승을 도모하기 위해서
③ 암모니아는 토출온도가 낮기 때문에 이를 방지하기 위해서
④ 암모니아의 응고를 방지하기 위해서

해설 압축기의 워터재킷(물주머니)은 냉각수 역할을 하므로 실린더 과열을 방지하여 압축효율 상승을 도모할 수 있다.

38 스크루 압축기의 특징에 대한 설명으로 틀린 것은?

① 소형 경량으로 설치면적이 작다.
② 밸브와 피스톤이 없어 장시간의 연속운전이 불가능하다.
③ 암수 회전자의 회전에 의해 체적을 줄여가면서 압축한다.
④ 왕복동식과 달리 흡입밸브와 토출밸브를 사용하지 않는다.

해설 스크루 압축기는 암, 수의 치형을 갖는 두 개의 로터의 맞물림에 의하여 냉매가스를 압축시킨다. 소형이면서 대용량의 가스를 처리하며, 고속회전으로 소음이 크고, 오일 부족 시 마모가 크다.

39 고온부의 절대온도를 T_1, 저온부의 절대온도를 T_2, 고온부로 방출하는 열량을 Q_1, 저온부로부터 흡수하는 열량을 Q_2라고 할 때, 이 냉동기의 이론 성적계수(COP)를 구하는 식은?

① $\dfrac{Q_1}{Q_1 - Q_2}$ ② $\dfrac{Q_2}{Q_1 - Q_2}$

③ $\dfrac{T_1}{T_1 - T_2}$ ④ $\dfrac{T_1 - T_2}{T_1}$

해설 이론 성적계수(COP)$=\dfrac{T_2}{T_1 - T_2}=\dfrac{Q_2}{Q_1 - Q_2}$

40 2단 압축 냉동장치 내 중간 냉각기 설치에 대한 설명으로 옳은 것은?

① 냉동효과를 증대시킬 수 있다.
② 증발기에 공급되는 냉매액을 과열시킨다.
③ 저압 압축기 흡입가스 중의 액을 분리시킨다.
④ 압축비가 증가되어 압축효율이 저하된다.

해설 중간 냉각기(인터쿨러)는 고압 냉매액을 과냉시켜 냉동효과를 증대시킨다.

SECTION **03** 공기조화

41 난방부하 계산 시 일반적으로 무시할 수 있는 부하의 종류가 아닌 것은?

① 틈새바람 부하
② 조명기구 발열 부하
③ 재실자 발생 부하
④ 일사 부하

해설 난방부하
  ㉠ 외벽이나 창유리 부하
  ㉡ 극간풍(틈새바람 부하)
  ㉢ 덕트 부하
  ㉣ 환기 부하

42 습공기의 상태변화를 나타내는 방법 중 하나인 열수분비의 정의로 옳은 것은?

① 절대습도 변화량에 대한 잠열량 변화량의 비율
② 절대습도 변화량에 대한 전열량 변화량의 비율
③ 상대습도 변화량에 대한 현열량 변화량의 비율
④ 상대습도 변화량에 대한 잠열량 변화량의 비율

해설 열수분비(μ)

$$\mu = \frac{\text{엔탈피 변화(전열량변화)}}{\text{절대습도 변화}}$$

43 온수관의 온도가 80℃, 환수관의 온도가 60℃인 자연순환식 온수난방장치에서의 자연순환수두(mmAq)는?(단, 보일러에서 방열기까지의 높이는 5m, 60℃에서의 온수 밀도는 983.24 kg/m³, 80℃에서의 온수 밀도는 971.84kg/m³이다.)

① 55   ② 56
③ 57   ④ 58

해설 자연순환수두(H)

$$H = (\rho_2 - \rho_1) \times h$$
$$= (983.24 - 971.84) \times 5 = 57(\text{mmAq}) = 57(\text{kgf/m}^2)$$

44 온수난방 배관방식에서 단관식과 비교한 복관식에 대한 설명으로 틀린 것은?

① 설비비가 많이 든다.
② 온도변화가 많다.
③ 온수 순환이 좋다.
④ 안정성이 높다.

해설 온수난방 배관방식에서 단관식은 열손실에 비해 온도변화가 많다.

45 극간풍이 비교적 많고 재실 인원이 적은 실의 중앙 공조방식으로 가장 경제적인 방식은?

① 변풍량 2중덕트 방식
② 팬코일 유닛 방식
③ 정풍량 2중덕트 방식
④ 정풍량 단일덕트 방식

해설 팬코일 유닛 전수방식
극간풍(틈새바람)이 비교적 많고 재실 인원이 적은 실의 중앙공조방식이며 가장 경제적이다.

46 덕트 설계 시 주의사항으로 틀린 것은?

① 장방형 덕트 단면의 종횡비는 가능한 한 6 : 1 이상으로 해야 한다.
② 덕트의 풍속은 15m/s 이하, 정압은 50mmAq 이하의 저속덕트를 이용하여 소음을 줄인다.
③ 덕트의 분기점에는 댐퍼를 설치하여 압력 평행을 유지시킨다.
④ 재료는 아연도금강판, 알루미늄판 등을 이용하여 마찰저항 손실을 줄인다.

해설 동일한 원형 덕트에 대한 4각 덕트의 장변과 장변치수는 여러 가지로 조합이 가능하고, 장변과 단면의 비를 아스펙트비라 하며 보통 4 : 1 이하가 바람직하나 8 : 1을 넘지 않는 범위로 한다.

47 공장에 12kW의 전동기로 구동되는 기계 장치 25대를 설치하려고 한다. 전동기는 실내에 설치하고 기계 장치는 실외에 설치한다면 실내로 취득되는 열량(kW)은?(단, 전동기의 부하율은 0.78, 가동률은 0.9, 전동기 효율은 0.87이다.)

① 242.1   ② 210.6
③ 44.8   ④ 31.5

해설 부하량 $= (12 \times 25) \times 0.78 = 234\text{kW}$
가동률 $= (12 \times 25) \times 0.9 = 270\text{kW}$
전동기 효율 $= (12 \times 25) \times 0.87 = 261\text{kW}$
$\therefore (1 - 0.87) \times (12 \times 25) \times \dfrac{1}{0.87} \times (0.9 \times 0.78) = 31.5\text{kW}$

48 공기세정기에서 순환수 분무에 대한 설명으로 틀린 것은?(단, 출구 수온은 입구 공기의 습구온도와 같다.)

① 단열변화 ② 증발냉각
③ 습구온도 일정 ④ 상대습도 일정

해설 세정기 가습효율(η)

$$\eta = \frac{\text{에어워셔입구 건구온도} - \text{에어워셔출구 건구온도}}{\text{에어워셔입구 건구온도} - \text{에어워셔입구 습구온도}}$$

가습장치 : 수분무형, 고압수분무형, 증기분사형, 가습팬형, 실내 직접가습

※ 상대습도 $= \dfrac{\text{수증기 분압}}{\text{포화수증기 분압}}$

49 전압기준 국부저항계수 ζ_T와 정압기준 국부저항계수 ζ_S의 관계를 바르게 나타낸 것은?(단, 덕트 상류 풍속은 v_1, 하류 풍속은 v_2이다.)

① $\zeta_T = \zeta_S - 1 + \left(\dfrac{v_2}{v_1}\right)^2$ ② $\zeta_T = \zeta_S + 1 - \left(\dfrac{v_2}{v_1}\right)^2$

③ $\zeta_T = \zeta_S - 1 - \left(\dfrac{v_2}{v_1}\right)^2$ ④ $\zeta_T = \zeta_S + 1 + \left(\dfrac{v_2}{v_1}\right)^2$

해설 국부저항손실(ΔP_T)

ΔP_T에서 국부저항손실계수 ζ

국부저항(ΔP_L) $= \zeta \dfrac{W^2}{2g} \gamma$

• W(풍속), g(9.8m/s^2), γ(공기비중량, 1.2kg/m^3)
• ζ_T : 전압기준 국부저항계수
• ζ_S : 정압기준 국부저항계수

$\therefore \zeta_T = \zeta_S + 1 - \left(\dfrac{v_2}{v_1}\right)^2$

50 공기세정기에 대한 설명으로 틀린 것은?

① 세정기 단면의 종횡비를 크게 하면 성능이 떨어진다.
② 공기세정기의 수 · 공기비는 성능에 영향을 미친다.
③ 세정기 출구에는 분무된 물방울의 비산을 방지하기 위해 루버를 설치한다.
④ 스프레이 헤더의 수를 뱅크(bank)라 하고 1본을 1뱅크, 2본을 2뱅크라 한다.

해설 ㉠ 플러딩 노즐은 물을 분무하여 엘리미네이터를 청소한다.
㉡ 루버는 공기흐름을 균일하게 한다.
㉢ 물방울의 비산방지는 엘리미네이터로 한다.

51 실내의 CO_2 농도기준이 1,000ppm이고, 1인당 CO_2 발생량이 18L/h인 경우, 실내 1인당 필요한 환기량(m^3/h)은?(단, 외기 CO_2 농도는 300ppm이다.)

① 22.7 ② 23.7
③ 25.7 ④ 26.7

해설 환기량(Q) $= \dfrac{M}{K - k_0} A \cdot n = \dfrac{18 \times 10^{-3}}{\dfrac{(1,000 - 300)}{10^6}}$

$= 25.7(m^3/h)$

※ $1m^3 = 10^3 L$, $1ppm = \dfrac{1}{10^6}$

52 타원형 덕트(flat oval duct)와 같은 저항을 갖는 상당직경 D_e를 바르게 나타낸 것은?(단, A는 타원형 덕트 단면적, P는 타원형 덕트 둘레길이이다.)

① $D_e = \dfrac{1.55 P^{0.25}}{A^{0.625}}$ ② $D_e = \dfrac{1.55 A^{0.25}}{P^{0.625}}$

③ $D_e = \dfrac{1.55 P^{0.625}}{A^{0.25}}$ ④ $D_e = \dfrac{1.55 A^{0.625}}{P^{0.25}}$

해설 타원형 덕트와 같은 저항을 갖는 상당직경(D_c)

$$D_c = \dfrac{1.55 A^{0.625}}{P^{0.25}}$$

53 압력 1MPa, 건도 0.89인 습증기 100kg이 일정 압력의 조건에서 엔탈피가 3,052kJ/kg인 300℃의 과열증기로 되는 데 필요한 열량(kJ)은?(단, 1MPa에서 포화액의 엔탈피는 759kJ/kg, 증발잠열은 2,018kJ/kg이다.)

① 44,208 ② 49,698
③ 229,311 ④ 103,432

해설 습포화증기 엔탈피 $= 759 + 0.89 \times 2,018$
$= 2,555.02(kJ/kg)$

$\therefore$ 과열증기발생 소요열량 $= (3052 - 2,555.02) \times 100$
$= 49,698kJ$

54 EDR(Equivalent Direct Radiation)에 관한 설명으로 틀린 것은?

① 증기의 표준방열량은 650kcal/m² · h이다.

② 온수의 표준방열량은 450kcal/m² · h이다.

③ 상당 방열면적을 의미한다.

④ 방열기의 표준방열량을 전방열량으로 나눈 값이다.

해설 $EDR(상당방열면적) = \dfrac{방열기\ 전방열량}{방열기\ 표준방열량}$

55 증기난방 방식에 대한 설명으로 틀린 것은?

① 환수방식에 따라 중력환수식과 진공환수식, 기계환수식으로 구분한다.

② 배관방법에 따라 단관식과 복관식이 있다.

③ 예열시간이 길지만 열량 조절이 용이하다.

④ 운전 시 증기 해머로 인한 소음을 일으키기 쉽다.

해설 온수난방 방식
㉠ 예열시간이 길고 잘 식지 않아서 동절기에 유리하다.
㉡ 열량의 조절이 용이하다.

56 어떤 냉각기의 1열(列) 코일의 바이패스 펙터가 0.65라면 4열(列)의 바이패스 펙터는 약 얼마가 되는가?

① 0.18

② 1.82

③ 2.83

④ 4.84

해설 코일의 열수가 증가하면 바이패스 펙터는 감소한다.
∴ 2열에서는 $(0.65)^2$, 3열에서는 $(0.65)^3$,
4열에서는 $(0.65)^4 = 0.18$

57 다음 냉방부하 요소 중 잠열을 고려하지 않아도 되는 것은?

① 인체에서의 발생열

② 커피포트에서의 발생열

③ 유리를 통과하는 복사열

④ 틈새바람에 의한 취득열

해설 복사열은 절대온도의 4승에 비례하고, H_2O가 없어서 잠열은 제외된다.

58 냉수 코일설계 기준에 대한 설명으로 틀린 것은?

① 코일은 관이 수평으로 놓이게 설치한다.

② 관 내 유속은 1m/s 정도로 한다.

③ 공기 냉각용 코일의 열 수는 일반적으로 4~8열이 주로 사용된다.

④ 냉수 입 · 출구 온도차는 10℃ 이상으로 한다.

해설 ㉠ 냉수 코일 정면풍속 : 2.0~3.0m/s
㉡ 냉수 코일 내 수속 : 1.0m/s
㉢ 냉수 코일 통과 수온변화 : 5℃
㉣ 온수 코일 풍속 : 2.0~3.5m/s
㉤ 일반 코일 풍속 : 2.5m/s

59 다음 용어에 대한 설명으로 틀린 것은?

① 자유면적 : 취출구 혹은 흡입구 구멍면적의 합계

② 도달거리 : 기류의 중심속도가 0.25m/s에 이르렀을 때, 취출구에서의 수평거리

③ 유인비 : 전공기량에 대한 취출공기량(1차 공기)의 비

④ 강하도 : 수평으로 취출된 기류가 일정 거리만큼 진행한 뒤 기류중심선과 취출구 중심과의 수직거리

해설 $유인비 = \dfrac{혼합공기(TA)}{1차\ 공기(PA)}$
혼합공기(TA) = 1차공기(PA) + 2차공기(SA)

60 덕트의 마찰저항을 증가시키는 요인 중 값이 커지면 마찰저항이 감소되는 것은?

① 덕트재료의 마찰저항계수

② 덕트길이

③ 덕트직경

④ 풍속

해설 덕트직경이 커지면 마찰저항이 감소한다.

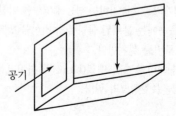

SECTION 04 전기제어공학

61 정격 주파수 60Hz의 농형 유도전동기를 50Hz의 정격전압에서 사용할 때, 감소하는 것은?

① 토크
② 온도
③ 역률
④ 여자전류

해설 ㉠ 유도전동기의 종류
- 농형 유도전동기
- 권선형 유도전동기
- 특수농형 유도전동기

㉡ 농형 유도전동기에서 정격 주파수가 감소하면 역률이 감소한다(부하의 역률이 나쁘면 전압강하로 전력손실 증가, 수전설비용량 증가).

※ 역률$(\cos\theta) = \dfrac{\text{유효전력}}{\sqrt{\text{유효전력} + \text{무효전력}}} = \dfrac{\text{유효전력}}{\text{피상전력}}$

62 그림과 같은 피드백 회로의 종합 전달함수는?

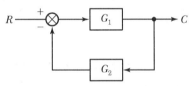

① $\dfrac{1}{G_1} + \dfrac{1}{G_2}$
② $\dfrac{G_1}{1 - G_1 G_2}$
③ $\dfrac{G_1}{1 + G_1 G_2}$
④ $\dfrac{G_1 G_2}{1 - G_1 G_2}$

해설 $(R - CG_2)G_1 = C$

$RG_1 = C + CG_1 G_2 = C(1 + G_1 G_2)$

$\therefore\ G(s) = \dfrac{C}{R} = \dfrac{G_1}{1 + G_1 G_2}$

63 도체가 대전된 경우 도체의 성질과 전하 분포에 관한 설명으로 틀린 것은?

① 도체 내부의 전계는 ∞이다.
② 전하는 도체 표면에만 존재한다.
③ 도체는 등전위이고 표면은 등전위면이다.
④ 도체 표면상의 전계는 면에 대하여 수직이다.

해설 ㉠ 전계(electric field) : 전기력이 존재하고 있는 공간이다. 그 상황은 전기력선의 분포에 의해서 나타난다.
㉡ 대전 : 물체가 전하를 갖는 것

64 어떤 교류전압의 실횻값이 100V일 때 최댓값은 약 몇 V가 되는가?

① 100
② 141
③ 173
④ 200

해설 실횻값 $= \dfrac{V_m}{\sqrt{2}} = 0.707\,V_m$

$\therefore\ V_m = \dfrac{100}{0.707} = 141$

최댓값 = 실횻값 $\times \sqrt{2} = 100 \times 1.414 = 141$

65 PLC(Programmable Logic Controller)에서, CPU부의 구성과 거리가 먼 것은?

① 연산부
② 전원부
③ 데이터 메모리부
④ 프로그램 메모리부

해설 CPU(중앙처리장치)에서 전원부와는 구성거리가 멀다.

66 제어대상의 상태를 자동적으로 제어하며, 목푯값이 제어 공정과 기타의 제한 조건에 순응하면서 가능한 가장 짧은 시간에 요구되는 최종상태까지 가도록 설계하는 제어는?

① 디지털제어
② 적응제어
③ 최적제어
④ 정치제어

해설 최적제어
목푯값이 제어공정과 기타의 제한 조건에 순응하면서 가능한 가장 짧은 시간에 요구되는 최종상태까지 가도록 설계하는 제어이다.

67 90Ω의 저항 3개가 △결선으로 되어 있을 때, 상당(단상) 해석을 위한 등가 Y결선에 대한 각 상의 저항 크기는 몇 Ω인가?

① 10
② 30
③ 90
④ 120

등가 Y결선에 대한 각 상의 저항 크기

$$\frac{90\Omega}{3개 \ 저항}=30(\Omega/개)$$

68 다음과 같은 회로에 전압계 3대와 저항 10Ω을 설치하여 $V_1=80V$, $V_2=20V$, $V_3=100V$의 실효치 전압을 계측하였다. 이때 순저항 부하에서 소모하는 유효전력은 몇 W인가?

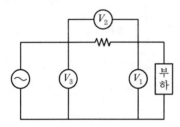

① 160 ② 320
③ 460 ④ 640

$V_1=80V$, $V_2=20V$, $V_3=100V$
순저항 부하에서 소모하는 유효전력$=(V_1+V_3)-V_2$
$$=(80+100)-20$$
$$=160V$$

69 $G(j\omega)=e^{-j\omega 0.4}$일 때 $\omega=2.5$에서의 위상각은 약 몇 도인가?

① -28.6
② -42.9
③ -57.3
④ -71.5

위상각$(\omega)=\dfrac{\theta}{2}=\dfrac{2\pi}{T}=2\pi f(rad/sec)$

rad(라디안)$=$각도$\times\dfrac{\pi}{180}$, $\omega=\dfrac{\theta}{T}(rad/sec)$

$G(j\omega)$: 주파수 전달함수

위상차 $\angle G(j\omega)=\tan^{-1}\dfrac{허수부}{실수부}$,

위상각$(\theta)=-0.4\times 2.5=-1(rad)$

$\therefore -1\times\dfrac{180}{77}=-57.30$

70 여러 가지 전해액을 이용한 전기분해에서 동일량의 전기로 석출되는 물질의 양은 각각의 화학당량에 비례한다고 하는 법칙은?

① 줄의 법칙 ② 렌츠의 법칙
③ 쿨롱의 법칙 ④ 패러데이의 법칙

패러데이의 법칙
여러 가지 전해액을 이용한 전기분해에서 동일량의 전기로 석출되는 물질의 양은 각각의 화학당량에 비례한다는 법칙

71 과도 응답의 소멸되는 정도를 나타내는 감쇠비(decay ratio)로 옳은 것은?

① $\dfrac{제2오버슈트}{최대오버슈트}$ ② $\dfrac{제4오버슈트}{최대오버슈트}$

③ $\dfrac{최대오버슈트}{제2오버슈트}$ ④ $\dfrac{최대오버슈트}{제4오버슈트}$

과도응답 감쇠비$=\dfrac{제2오버슈트}{최대오버슈트}$

※ 오버슈트 : 과도기간 중 응답이 목푯값을 넘어가는 양을 말한다.

72 유도전동기에서 슬립이 '0'이란 의미와 같은 것은?

① 유도제동기의 역할을 한다.
② 유도전동기가 정지상태이다.
③ 유도전동기가 전부하 운전상태이다.
④ 유도전동기가 동기속도로 회전한다.

유도전동기 슬립
㉠ 슬립$(S)=\dfrac{동기속도(N_s)-회전속도(N)}{동기속도(N_s)}$

• $N_s=\dfrac{120f}{p}$ (rpm)

• f : 주파수(H)

㉡ 전동기 정지상태(회전자속도 $N=0$, 슬립 $S=1$)
㉢ 회전자의 속도 $N=N_s$인 경우는 무부하 운전 시이며 회전자가 동기속도로 회전하면 슬립 $S=0$이다.

73 제어장치가 제어대상에 가하는 제어신호로 제어장치의 출력인 동시에 제어대상의 입력인 신호는?

① 조작량 ② 제어량
③ 목푯값 ④ 동작신호

해설 제어대상 조작량은 제어장치가 제어대상에 가하는 제어신호로 제어장치의 출력인 동시에 제어대상의 입력신호가 된다.

74 200V, 1kW 전열기에서 전열선의 길이를 1/2로 할 경우, 소비전력은 몇 kW인가?

① 1 　　　　　　　② 2
③ 3 　　　　　　　④ 4

해설 $R = \dfrac{V^2}{P} = \dfrac{200^2}{1,000} = 40\Omega$

∴ $40\Omega \times \dfrac{1}{2} = 20\Omega$

∴ 소비전력 $= 1 \times \dfrac{40}{20} = 2\text{kW}$

75 제어계의 분류에서 엘리베이터에 적용되는 제어 방법은?

① 정치제어 　　　　② 추종제어
③ 비율제어 　　　　④ 프로그램제어

해설 프로그램제어
엘리베이터, 커피자판기, 신호등, 전기밥솥 등에 적용

76 다음 설명은 어떤 자성체를 표현한 것인가?

> N극을 가까이 하면 N극으로, S극을 가까이 하면 S극으로 자화되는 물질로 구리, 금, 은 등이 있다.

① 강자성체 　　　　② 상자성체
③ 반자성체 　　　　④ 초강자성체

해설 ㉠ 반자성체 : 자화되는 물질이며 구리, 금, 은 등이 있다.
㉡ 자성체 : 자계가 가해지면 자속이 현저하게 증가하는 물질이다.
㉢ 강자성체 : 비투자율이 매우 크고 자화에 히스테리시스 특성을 나타내는 물질로 철, 코발트, 니켈 등이 있다.

77 단위 피드백 제어계통에서 입력과 출력이 같다면 전향전달함수 $G(s)$의 값은?

① 0 　　　　　　　② 0.707
③ 1 　　　　　　　④ ∞

해설 ㉠ 전달함수는 모든 초기값을 0으로 한다.
㉡ 단위 피드백 제어계통에서 입력과 출력이 같다면 전향전달함수 $G(s)$의 값은 ∞이다.

$\dfrac{C}{R} = \dfrac{G}{1+G} = \dfrac{1}{\frac{1}{G}+1}$ 이므로 $\dfrac{C}{R} = 1$이 되려면 $G = \infty$이다.

78 제어계의 과도응답특성을 해석하기 위해 사용하는 단위계단입력은?

① $\delta(t)$ 　　　　② $u(t)$
③ $-3tu(t)$ 　　　④ $\sin(120\pi t)$

해설 **과도응답**
일반적으로 입력의 임의의 시간적 변화에 대해 계의 출력이 정상상태에 이르기까지의 경과 상황을 말한다.

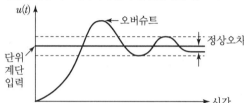

79 추종제어에 속하지 않는 제어량은?

① 위치 　　　　　　② 방위
③ 자세 　　　　　　④ 유량

해설 계측기기의 검출유량(급수량, 급유량, 가스량)은 추종제어에 속하지 않는다.

80 PI 동작의 전달함수는?(단, K_P는 비례감도이고, T_I는 적분시간이다.)

① K_P 　　　　　　② $K_P s T_I$
③ $K_P(1 + s T_I)$ 　④ $K_P\left(1 + \dfrac{1}{s T_I}\right)$

해설 PI(비례적분) 동작 : $Y(t) = K_P\left[Z(t) + \dfrac{1}{T_i}\displaystyle\int Z(t)dt\right]$

∴ PI 전달함수 $= K_P\left(1 + \dfrac{1}{T_i s}\right)$

여기서, Y(조작량), K_P(비례감도), $Z(t)$(동작신호),
　　　 T_i(적분시간), $\dfrac{1}{T_i}$(리셋률)

81 냉동장치의 배관공사가 완료된 후 방열공사의 시공 및 냉매를 충전하기 전에 전 계통에 걸쳐 실시하며, 진공 시험으로 최종적인 기밀 유무를 확인하기 전에 하는 시험은?

① 내압시험
② 기밀시험
③ 누설시험
④ 수압시험

해설 누설시험을 냉동장치 배관공사 완료 후 방열공사의 시공 및 냉매를 충전하기 전에, 전 계통에 대해 최종적인 기밀 유무를 확인하기 전에 실시한다.

82 가스미터를 구조상 직접식(실측식)과 간접식(추정식)으로 분류한다. 다음 중 직접식 가스미터는?

① 습식
② 터빈식
③ 벤투리식
④ 오리피스식

해설 ㉠ 직접식 가스미터 : 건식, 습식
ㄴ 간접식 가스미터 : 터빈식, 벤투리식, 오리피스식

83 전기가 정전되어도 계속하여 급수를 할 수 있으며 급수오염 가능성이 적은 급수방식은?

① 압력탱크 방식
② 수도직결 방식
③ 부스터 방식
④ 고가탱크 방식

해설 수도직결 방식
㉠ 전기가 정전되어도 계속 급수가 가능한 방식이다(공급수압방식).
ㄴ 급수오염 가능성이 적어 저층 건물, 소규모 주택에 사용된다.

84 배관작업용 공구의 설명으로 틀린 것은?

① 파이프 리머(pipe reamer) : 관을 파이프커터 등으로 절단한 후 관 단면의 안쪽에 생긴 거스러미(burr)를 제거
② 플레어링 툴(flaring tools) : 동관을 압축이음 하기 위하여 관 끝을 나팔모양으로 가공
③ 파이프 바이스(pipe vice) : 관을 절단하거나 나사이음을 할 때 관이 움직이지 않도록 고정
④ 사이징 툴(sizing tools) : 동일지름의 관을 이음쇠 없이 납땜이음을 할 때 한쪽 관 끝을 소켓모양으로 가공

해설
익스팬드 사용 / 확관 / 사이징 툴 (원형으로 교정)

85 LP가스 공급, 소비 설비의 압력손실 요인으로 틀린 것은?

① 배관의 입하에 의한 압력손실
② 엘보, 티 등에 의한 압력손실
③ 배관의 직관부에서 일어나는 압력손실
④ 가스미터, 콕크, 밸브 등에 의한 압력손실

해설 ㉠ LP가스는 공기보다 비중이 무거워서 배관의 입상에 의한 압력손실이 발생한다.
ㄴ 압력손실(H) $= 1.293(s-1)h$ (mmH$_2$O)
여기서, s(가스 비중), h(관의 높이)
ㄷ 분자량 : 공기(29), 프로판(44), 부탄(58)

86 통기관의 설치 목적으로 가장 거리가 먼 것은?

① 배수의 흐름을 원활하게 하여 배수관의 부식을 방지한다.
② 봉수가 사이펀 작용으로 파괴되는 것을 방지한다.
③ 배수계통 내에 신선한 공기를 유입하기 위해 환기시킨다.
④ 배수계통 내의 배수 및 공기의 흐름을 원활하게 한다.

해설 통기관의 주된 목적은 트랩의 봉수를 보호하는 것이다.
　※ 통기방식
　　㉠ 1관식(신정통기관)
　　㉡ 2관식(각개통기식, 회로통기식)

87 배관의 끝을 막을 때 사용하는 이음쇠는?
　① 유니언　　　　② 니플
　③ 플러그　　　　④ 소켓

해설 관의 폐쇄

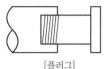　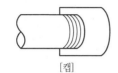
　　[플러그]　　　　　　[캡]

88 다음 저압가스 배관의 직경(D)을 구하는 식에서 S 가 의미하는 것은?(단, L 은 관의 길이를 의미한다.)

$$D^5 = \frac{Q^2 \cdot S \cdot L}{K^2 \cdot H}$$

　① 관의 내경　　　② 공급 압력 차
　③ 가스 유량　　　④ 가스 비중

해설 S : 가스 비중
　L : 관의 길이(m)
　Q : 가스 유량(m^3/h)
　K : 계수(0.707)
　H : 허용 압력손실(mmH_2O)

89 다음 장치 중 일반적으로 보온 · 보냉이 필요한 것은?
　① 공조기용의 냉각수 배관
　② 방열기 주변 배관
　③ 환기용 덕트
　④ 급탕배관

해설 보온 · 보냉이 필요한 곳
　㉠ 급탕배관
　㉡ 온수배관
　㉢ 증기배관
　㉣ 냉매배관

90 순동 이음쇠를 사용할 때에 비하여 동합금 주물 이음 쇠를 사용할 때 고려할 사항으로 가장 거리가 먼 것은?
　① 순동 이음쇠 사용에 비해 모세관 현상에 의한 용 융 확산이 어렵다.
　② 순동 이음쇠와 비교하여 용접재 부착력은 큰 차이 가 없다.
　③ 순동 이음쇠와 비교하여 냉벽 부분이 발생할 수 있다.
　④ 순동 이음쇠 사용에 비해 열팽창의 불균일에 의한 부정적 틈새가 발생할 수 있다.

해설 순동 이음쇠와 동합금 주물은 이음쇠 사용 시 부착력에 용접 상 차이가 많이 난다.

91 보온 시공 시 외피의 마무리재로서 옥외 노출부에 사 용되는 재료로 사용하기에 가장 적당한 것은?
　① 면포　　　　　② 비닐 테이프
　③ 방수 마포　　　④ 아연 철판

해설 아연 철판은 부식력이 적어 보온시공 시 외피의 마무리재로 서 옥외 노출부에 사용하는 재료이다(함석 : 철+아연).

92 급수방식 중 급수량의 변화에 따라 펌프의 회전수를 제어하여 급수압을 일정하게 유지할 수 있는 회전수 제어시스템을 이용한 방식은?
　① 고가수조방식　　② 수도직결방식
　③ 압력수조방식　　④ 펌프직송방식

해설 펌프직송방식
　급수량의 변화에 따라 펌프의 회전수를 제어하여 급수압을 일정하게 유지가 가능한 회전수 제어시스템을 이용한다.

93 보일러 등 압력용기와 그 밖에 고압 유체를 취급하는 배관에 설치하여 관 또는 용기 내의 압력이 규정 한도 에 달하면 내부 에너지를 자동적으로 외부에 방출하 여 항상 안전한 수준으로 압력을 유지하는 밸브는?
　① 감압 밸브　　　② 온도 조절 밸브
　③ 안전 밸브　　　④ 전자 밸브

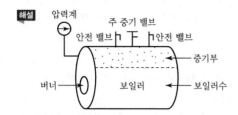

해설

94 밀폐 배관계에서는 압력계획이 필요하다. 압력계획을 하는 이유로 틀린 것은?

① 운전 중 배관계 내에 대기압보다 낮은 개소가 있으면 접속부에서 공기를 흡입할 우려가 있기 때문에
② 운전 중 수온에 알맞은 최소압력 이상으로 유지하지 않으면 순환수 비등이나 플래시 현상 발생 우려가 있기 때문에
③ 펌프의 운전으로 배관계 각 부의 압력이 감소하므로 수격작용, 공기정체 등의 문제가 생기기 때문에
④ 수온의 변화에 의한 체적의 팽창 · 수축으로 배관 각부에 악영향을 미치기 때문에

해설 펌프의 운전상태에서는 배관계 각 부의 압력이 증가하여 수격작용, 공기정체 등의 문제가 생긴다.

95 다음 중 난방 또는 급탕설비의 보온재료로 가장 부적합한 것은?

① 유리 섬유　　　② 발포폴리스티렌폼
③ 암면　　　　　④ 규산칼슘

해설 발포폴리스티렌폼은 난방, 급탕의 보온재보다 다소 온도 낮은 액체의 보냉재로 사용이 가능하다. 80~100℃ 이하용에 이상적이다.

96 배수의 성질에 따른 구분에서 수세식 변기의 대 · 소변에서 나오는 배수는?

① 오수　　　　　② 잡배수
③ 특수배수　　　④ 우수배수

해설 오수(汚水)는 수세식 변기 등에서 나오는 배수이다.

97 리버스 리턴 배관 방식에 대한 설명으로 틀린 것은?

① 각 기기 간의 배관회로 길이가 거의 같다.
② 저항의 밸런싱을 취하기 쉽다.
③ 개방회로 시스템(open loop system)에서 권장된다.
④ 환수관이 2중이므로 배관 설치 공간이 커지고 재료비가 많이 든다.

해설 리버스 리턴 배관(역환수 배관 : Reverse Return Pipe)

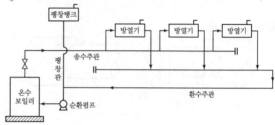

98 패럴렐 슬라이드 밸브(parallel slide valve)에 대한 설명으로 틀린 것은?

① 평행한 두 개의 밸브 몸체 사이에 스프링이 삽입되어 있다.
② 밸브 몸체와 디스크 사이에 시트가 있어 밸브 측면의 마찰이 적다.
③ 쐐기 모양의 밸브로서 쐐기의 각도는 보통 6~8°이다.
④ 밸브 시트는 일반적으로 경질금속을 사용한다.

해설 패럴렐 슬라이드 밸브(Parallel Slide Valve)
㉠ 게이트 밸브이며 증기유동의 흐름을 제어하는 밸브이다.
㉡ 2개의 칸막이 사이에 스프링 또는 수평봉을 넣어 2개의 칸막이를 스프링에 의해 밸브시트를 붙이도록 한 구조이다.

99 5세주형 700mm의 주철제 방열기를 설치하여 증기온도가 110℃, 실내 공기온도가 20℃이며 난방부하가 29kW일 때 방열기의 소요쪽수는?(단, 방열계수는 8 W/m^2 · ℃, 1쪽당 방열면적은 0.28m^{2}이다.)

① 144쪽　　　　② 154쪽
③ 164쪽　　　　④ 174쪽

해설 방열기 방열쪽수

$$= \frac{\text{난방부하}}{\text{방열기 방열량} \times \text{방열기 쪽당 방열면적}}$$

$$= \frac{29 \times 10^3}{8 \times (110-20) \times 0.28} = 144(\text{쪽})$$

※ 1kW = 1,000W

100 다음 중 열팽창에 의한 관의 신축으로 배관의 이동을 구속 또는 제한하는 장치가 아닌 것은?

① 앵커(anchor)　　② 스토퍼(stopper)
③ 가이드(guide)　　④ 인서트(insert)

해설 열팽창에 의한 관의 신축이동 구속장치(리스트레인트)
앵커, 스토퍼, 가이드
※ 인서트 : 삽입물(성형품 속에 삽입된 금속이나 기타 재료, 즉 수명이 짧은 부분만을 교환식으로 바꿔 갈아끼울 수 있게 만든 부분이다.)
※ 신축이음 : 슬리브형, 루프형, 벨로스형, 스위블형
※ 진동방지기 : 방진기, 완충기

SECTION 01 기계열역학

01 두께 10mm, 열전도율 15W/m · ℃인 금속판 두 면의 온도가 각각 70℃와 50℃일 때 전열면 1m²당 1분 동안에 전달되는 열량(kJ)은 얼마인가?

① 1,800
② 14,000
③ 92,000
④ 162,000

해설 열전도에 의한 손실열(Q)

$$Q = \lambda \times \frac{A(t_1 - t_2)}{b}$$

1W = 0.86kcal, 1kcal = 4.186kJ
열전도율 15W = 15 × 0.86 × 4.186 = 54kJ
시간당 전열량(Q) = $54 \times \frac{(70-50)}{0.01}$
= 108,000(kJ/h · m²)

∴ 분당 전열량(Q) = $\frac{108,000}{60}$ = 1,800(kJ/m² · min)

02 압축비가 18인 오토사이클의 효율(%)은?(단, 기체의 비열비는 1.41이다.)

① 65.7
② 69.4
③ 71.3
④ 74.6

해설 오토사이클 열효율(η_0) = $1 - \left(\frac{1}{\varepsilon}\right)^{k-1}$

∴ $1 - \left(\frac{1}{18}\right)^{1.41-1}$ = 0.694(69.4%)

03 800kPa, 350℃의 수증기를 200kPa로 교축한다. 이 과정에 대하여 운동에너지의 변화를 무시할 수 있다고 할 때 이 수증기의 Joule-Thomson 계수(K/kPa)는 얼마인가?(단, 교축 후의 온도는 344℃이다.)

① 0.005
② 0.01
③ 0.02
④ 0.03

해설 줄-톰슨 계수(μ) = $\left(\frac{\delta T}{\delta P}\right)$

∴ $\mu = \frac{350 - 344}{(800 - 200)}$ = 0.01(℃/kPa)

04 표준대기압 상태에서 물 1kg이 100℃로부터 전부 증기로 변하는 데 필요한 열량이 0.652kJ이다. 이 증발과정에서의 엔트로피 증가량(J/K)은 얼마인가?

① 1.75
② 2.75
③ 3.75
④ 4.00

해설 $T = 273 + 100 = 373$K, 1kJ $= 10^3$J

$\Delta S = \frac{\delta\theta}{T}$, $0.652 \times 1,000 = 652$(J)

∴ 엔트로피 증가량(ΔS) = $\frac{652}{373}$ = 1.75(J/K)

05 냉동기 팽창밸브 장치에서 교축과정을 일반적으로 어떤 과정이라고 하는가?(단, 이때 일반적으로 운동에너지 차이를 무시한다.)

① 정압과정
② 등엔탈피 과정
③ 등엔트로피 과정
④ 등온과정

해설 팽창밸브
㉠ 엔트로피 증가
㉡ 엔탈피 일정(등엔탈피 과정)

06 최고온도(T_H)와 최저온도(T_L)가 모두 동일한 이상적인 가역사이클 중 효율이 다른 하나는?(단, 사이클 작동에 사용되는 가스(기체)는 모두 동일하다.)

① 카르노 사이클
② 브레이턴 사이클
③ 스털링 사이클
④ 에릭슨 사이클

해설 브레이턴 사이클
㉠ 가스터빈 사이클이다.
㉡ 열효율은 압력비만의 함수이며, 압력비가 클수록 열효율이 증가한다.

효율(η_B) = $1 - \left(\frac{1}{r}\right)^{\frac{k-1}{k}}$

07 냉동효과가 70kW인 냉동기의 방열기 온도가 20℃, 흡열기 온도가 −10℃이다. 이 냉동기를 운전하는 데 필요한 압축기의 이론 동력(kW)은 얼마인가?

① 6.02

② 6.98

③ 7.98

④ 8.99

해설 $T_1 = 20 + 273 = 293K$

$T_2 = -10 + 273 = 263K$

$\therefore$ 압축기 동력$(P) = 70 \times \dfrac{293 - 263}{263} = 7.98(kW)$

※ 응축부하 $= 70 + 7.98 = 77.98(kW)$

08 체적이 1m³인 용기에 물이 5kg 들어 있으며 그 압력을 측정해보니 500kPa이었다. 이 용기에 있는 물 중에 증기량(kg)은 얼마인가?(단, 500kPa에서 포화액체와 포화증기의 비체적은 각각 0.001093m³/kg, 0.37489m³/kg이다.)

① 0.005

② 0.94

③ 1.87

④ 2.66

해설 물의 체적$(V_1) = 5 \times 0.001093 = 0.005465(m^3)$

증기의 체적$(V_2) = 1 - 0.005465 = 0.994535(m^3)$

$\therefore$ 증기량$(G) = \dfrac{0.994535}{0.37489} = 2.66(kg)$

09 배기량(displacement volume)이 1,200cc, 극간체적(clearance volume)이 200cc인 가솔린 기관의 압축비는 얼마인가?

① 5

② 6

③ 7

④ 8

해설 압축비$(\varepsilon) = 1 + \dfrac{V_s}{V_c} = 1 + \dfrac{\text{행정체적}}{\text{극간체적}}$

$\varepsilon = 1 + \dfrac{1,200}{200} = 7$

10 국소 대기압력이 0.099MPa일 때 용기 내 기체의 게이지 압력이 1MPa이었다. 기체의 절대압력(MPa)은 얼마인가?

① 0.901

② 1.099

③ 1.135

④ 1.275

해설 절대압력(abs) = 대기압력 + 게이지압력

$= 0.099 + 1 = 1.099(MPa)$

11 그림과 같이 다수의 추를 올려놓은 피스톤이 끼워져 있는 실린더에 들어 있는 가스를 계로 생각한다. 초기 압력이 300kPa이고, 초기 체적은 0.05m³이다. 피스톤을 고정하여 체적을 일정하게 유지하면서 압력이 200kPa로 떨어질 때까지 계에서 열을 제거한다. 이때 계가 외부에 한 일(kJ)은 얼마인가?

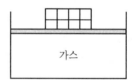

가스

① 0

② 5

③ 10

④ 15

해설 $_1W_2 = \displaystyle\int_1^2 P(V_1 - V_2)$

$V = c\,(V_1 = V_2)$

$\therefore {_1W_2} = 0$이다.

※ 등적변화 : 절대일은 0, 외부로 가해진 열량은 내부에너지의 증가로 축적된다(계가 외부에 한 일은 0이다).

12 질량 4kg의 액체를 15℃에서 100℃까지 가열하기 위해 714kJ의 열을 공급하였다면 액체의 비열(kJ/kg·K)은 얼마인가?

① 1.1

② 2.1

③ 3.1

④ 4.1

해설 공급열량$(Q) = G \times C_p \times \varDelta t$

$= 4 \times C_p \times (100 - 15) = 714$

$\therefore$ 액체비열$(C_p) = \dfrac{714}{4 \times (100 - 15)} = 2.1(kJ/kg \cdot K)$

13 공기 3kg이 300K에서 650K까지 온도가 올라갈 때 엔트로피 변화량(J/K)은 얼마인가?(단, 이때 압력은 100kPa에서 550kPa로 상승하고, 공기의 정압비열은 1.005kJ/kg · K, 기체상수는 0.287kJ/kg · K이다.)

① 712

② 863

③ 924

④ 966

해설 엔트로피 변화$(\Delta S) = S_2 - S_1$

$$= G\,C_p \ln\left(\frac{T_2 P_1}{T_1 P_2}\right) + G\,C_v \ln\left(\frac{P_2}{P_1}\right)$$

$$\Delta S = 3 \times 1.005 \times \ln\left(\frac{650 \times 100}{300 \times 550}\right) + 3 \times 0.718 \times \ln\left(\frac{550}{100}\right)$$

$$= 0.863(\text{kJ/K}) = 863(\text{J/K})$$

14 열역학적 상태량은 일반적으로 강도성 상태량과 용량성 상태량으로 분류할 수 있다. 강도성 상태량에 속하지 않는 것은?

① 압력

② 온도

③ 밀도

④ 체적

해설 용량성(종량성) 상태량
체적, 내부에너지, 엔탈피, 엔트로피

15 공기 표준 브레이턴(Brayton) 사이클 기관에서 최고압력이 500kPa, 최저압력은 100kPa이다. 비열비(k)가 1.4일 때, 이 사이클의 열효율(%)은?

① 3.9

② 18.9

③ 36.9

④ 26.9

해설 브레이턴 사이클 열효율(η_B)

$$\eta_B = 1 - \left(\frac{1}{r}\right)^{\frac{k-1}{k}} = 1 - \left(\frac{1}{\frac{500}{100}}\right)^{\frac{1.4-1}{1.4}} = 0.369(36.9\%)$$

16 증기가 디퓨저를 통하여 0.1MPa, 150℃, 200m/s의 속도로 유입되어 출구에서 50m/s의 속도로 빠져 나간다. 이때 외부로 방열된 열량이 500J/kg일 때 출구 엔탈피(kJ/kg)는 얼마인가?(단, 입구의 0.1 MPa, 150℃ 상태에서 엔탈피는 2,776.4kJ/kg이다.)

① 2,751.3

② 2,778.2

③ 2,794.7

④ 2,812.4

해설 $V = \sqrt{2gh}$

$$h_1 - h_2 = \frac{A(W_1{}^2 - W_2{}^2) \times 9.8}{2 \times 9.8 \times 10^3}$$

$$= \frac{(200^2 - 50^2) \times 9.8}{2 \times 9.8 \times 10^3} = 18(\text{kJ/kg})$$

∴ 증기출구 엔탈피$(h) = 2,776.4 + 18 = 2,794(\text{kJ/kg})$

17 체적이 0.5m³인 탱크에, 분자량이 24kg/kmol인 이상기체 10kg이 들어 있다. 이 기체의 온도가 25℃일 때 압력(kPa)은 얼마인가?(단, 일반기체상수는 8.3143kJ/kmol · K이다.)

① 126

② 845

③ 2,066

④ 49,578

해설 $PV = GRT$, $R = \dfrac{8.3143}{\text{분자량}}$

$$\therefore P = \frac{GRT}{V} = \frac{10 \times \left(\dfrac{8.3143}{24}\right) \times (273 + 25)}{0.5} = 2,066(\text{kPa})$$

18 이상적인 카르노 사이클 열기관에서 사이클당 585.5 J의 일을 얻기 위하여 필요로 하는 열량이 1kJ이다. 저열원의 온도가 15℃라면 고열원의 온도(℃)는 얼마인가?

① 422

② 595

③ 695

④ 722

해설 $\eta_c = \dfrac{AW}{Q_1} = 1 - \dfrac{T_2}{T_1}$

$$\frac{585.5 \times 10^{-3}}{1} = 1 - \frac{273 + 15}{T_1}$$

$$\therefore T_1 = 694.8\text{K} = 422℃$$

19 5kg의 산소가 정압하에서 체적이 $0.2m^3$에서 $0.6m^3$로 증가했다. 이때의 엔트로피의 변화량(kJ/K)은 얼마인가?(단, 산소는 이상기체이며, 정압비열은 0.92 kJ/kg·K이다.)

① 1.857　　　　② 2.746
③ 5.054　　　　④ 6.507

해설 정압상태 엔트로피 변화량

$$(\Delta S) = S_1 - S_2 = G \times C_p \times \ln\left(\frac{V_2}{V_1}\right)$$

$$\Delta S = 5 \times 0.92 \times \ln\left(\frac{0.6}{0.2}\right) = 5.054(\text{kJ/K})$$

20 다음 냉동 사이클에서 열역학 제1법칙과 제2법칙을 모두 만족하는 Q_1, Q_2, W는?

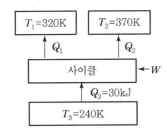

① $Q_1 = 20\text{kJ}$, $Q_2 = 20\text{kJ}$, $W = 20\text{kJ}$
② $Q_1 = 20\text{kJ}$, $Q_2 = 30\text{kJ}$, $W = 20\text{kJ}$
③ $Q_1 = 20\text{kJ}$, $Q_2 = 20\text{kJ}$, $W = 10\text{kJ}$
④ $Q_1 = 20\text{kJ}$, $Q_2 = 15\text{kJ}$, $W = 5\text{kJ}$

해설 T_1 : 320K은 T_2 : 370K보다 작다.
그러므로 $Q_1 = 20\text{kJ}$, $Q_2 = 30\text{kJ}$, $Q_3 = 30\text{kJ}$
∴ 일량(W) = 20kJ이 가장 근사치다.

SECTION 02 냉동공학

21 다음 중 흡수식 냉동기의 냉매 흐름 순서로 옳은 것은?

① 발생기 → 흡수기 → 응축기 → 증발기
② 발생기 → 흡수기 → 증발기 → 응축기
③ 흡수기 → 발생기 → 응축기 → 증발기
④ 응축기 → 흡수기 → 발생기 → 증발기

해설 흡수식 냉동장치

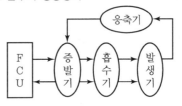

22 다음 중 스크루 압축기의 구성요소가 아닌 것은?

① 스러스트 베어링
② 숫로터
③ 암로터
④ 크랭크축

해설 크랭크축(Crank shaft)
전동기의 회전운동을 연결봉을 통해 피스톤의 왕복운동으로 전달하는 왕복동식 압축기의 주축이다.

23 다음 그림은 단효용 흡수식 냉동기에서 일어나는 과정을 나타낸 것이다. 각 과정에 대한 설명으로 틀린 것은?

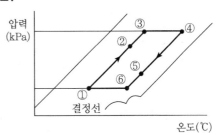

① ① → ② 과정 : 재생기에서 돌아오는 고온 농용액과 열교환에 의한 희용액의 온도증가
② ② → ③ 과정 : 재생기 내에서 비등점에 이르기까지의 가열
③ ③ → ④ 과정 : 재생기 내에서 가열에 의한 냉매 응축
④ ④ → ⑤ 과정 : 흡수기에서의 저온 희용액과 열교환에 의한 농용액의 온도감소

단효용(1중효용 흡수식 냉동기)

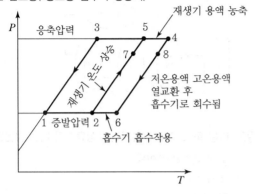

단효용(1중효용 흡수식 냉동기)

24 다음 카르노 사이클의 P–V 선도를 T–S 선도로 바르게 나타낸 것은?

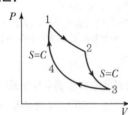

①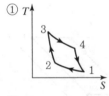
②

③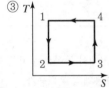
④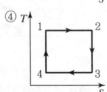

카르노 사이클

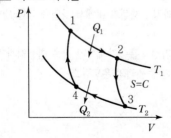

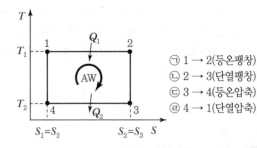

㉠ 1 → 2(등온팽창)
㉡ 2 → 3(단열팽창)
㉢ 3 → 4(등온압축)
㉣ 4 → 1(단열압축)

25 스테판–볼츠만(Stefan–Boltzmann)의 법칙과 관계있는 열 이동 현상은?

① 열 전도   ② 열 대류

③ 열 복사   ④ 열 통과

열의 복사

스테판–볼츠만의 법칙을 따른다.

26 다음 그림과 같은 2단압축 1단팽창식 냉동장치에서 고단 측의 냉매 순환량(kg/h)은?(단, 저단 측 냉매 순환량은 1,000kg/h이며, 각 지점에서의 엔탈피는 아래 표와 같다.)

지점	엔탈피(kJ/kg)	지점	엔탈피(kJ/kg)
1	1,641.2	4	1,838.0
2	1,796.1	5	535.9
3	1,674.7	6	420.8

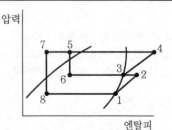

① 1,058.2   ② 1,207.7
③ 1,488.5   ④ 1,594.6

고단 측 냉매순환량(G)

$$G = \frac{h_2 - h_6}{h_3 - h_5} \times G_1$$

$$\therefore G = \frac{1,796.1 - 420.8}{1,674.7 - 535.9} \times 1,000 = 1,207.7(\text{kg/h})$$

27 증발기의 착상이 냉동장치에 미치는 영향에 대한 설명으로 틀린 것은?

① 냉동능력 저하에 따른 냉장(동)실내 온도 상승
② 증발온도 및 증발압력의 상승
③ 냉동능력당 소요동력의 증대
④ 액압축 가능성의 증대

해설 증발기에서 H_2O에 의해 수분이 착상(적상=서리)하면 전열의 방해로 ①, ③, ④의 장해(증발온도 저하, 압축비 증대, 증발압력 저하)가 발생한다.

28 다음 중 일반적으로 냉방시스템에서 물을 냉매로 사용하는 냉동방식은?

① 터보식   ② 흡수식
③ 전자식   ④ 증기압축식

해설 흡수식 냉동기
㉠ 냉매 : 물, 암모니아
㉡ 흡수식의 흡수제 : 리튬브로마이드(LiBr)

29 전열면적 $40m^2$, 냉각수량 300L/min, 열통과율 $3,140kJ/m^2 \cdot h \cdot ℃$인 수랭식 응축기를 사용하며, 응축부하가 439,614kJ/h일 때 냉각수 입구 온도가 23℃이라면 응축온도(℃)는 얼마인가?(단, 냉각수의 비열은 4.186kJ/kg · K이다.)

① 29.42℃   ② 25.92℃
③ 20.35℃   ④ 18.28℃

해설 응축온도$(t_2) = \dfrac{Q}{K \cdot F} + t_{W_1} + \dfrac{Q}{2WC}$

$300(L/min) = 300 \times 60 = 18,000(L/h)$

$\therefore t_2 = \dfrac{439,614}{3,140 \times 40} + 23 + \dfrac{439,614}{2 \times 18,000 \times 4.186} = 29.42(℃)$

30 냉동장치에서 일원 냉동 사이클과 이원 냉동 사이클을 구분 짓는 가장 큰 차이점은?

① 증발기의 대수
② 압축기의 대수
③ 사용냉매 개수
④ 중간냉각기의 유무

해설 이원 냉동에서 사용하는 냉매 개수는 고온 측 냉매, 저온 측 냉매가 서로 다르며, 2단압축보다 더 저온을 얻을 때 사용한다.

31 불응축가스가 냉동장치에 미치는 영향으로 틀린 것은?

① 체적효율 상승   ② 응축압력 상승
③ 냉동능력 감소   ④ 소요동력 증대

해설 불응축가스(공기 등)가 발생하면 ②, ③, ④의 장해가 발생하고 각 효율이 감소한다.

32 냉동기유의 역할로 가장 거리가 먼 것은?

① 윤활작용   ② 냉각작용
③ 탄화작용   ④ 밀봉작용

해설 탄화작용은 냉동기유의 역할에서 제외된다.

33 1대의 압축기로 -20℃, -10℃, 0℃, 5℃의 온도가 다른 저장실로 구성된 냉동장치에서 증발압력조정밸브(EPR)를 설치하지 않는 저장실은?

① -20℃의 저장실   ② -10℃의 저장실
③ 0℃의 저장실   ④ 5℃의 저장실

해설 증발압력조정밸브(EPR)는 증발기와 압축기 사이의 흡입관에 설치하며, 증발압력이 일정압력 이하가 되면 밸브를 조여 증발기 내의 압력이 일정압력 이하가 되는 것을 방지한다. 가장 온도가 낮은 온도의 증발기에는 체크밸브를 설치한다.

34 물속에 지름 10cm, 길이 1m인 배관이 있다. 이때 표면온도가 114℃로 가열되고 있고, 주위 온도가 30℃라면 열전달률(kW)은?(단, 대류 열전달계수는 $1.6kW/m^2 \cdot K$이며, 복사 열전달은 없는 것으로 가정한다.)

① 36.7   ② 42.2
③ 45.3   ④ 96.3

해설 대류 온도차 열손실$(Q) = \pi DL = 3.14 \times 0.1 \times 1 = 0.314m^2$
$\therefore Q = 0.314 \times 1.6 \times (114 - 30) = 42.2(kW)$

35 냉동기에서 유압이 낮아지는 원인으로 옳은 것은?

① 유온이 낮은 경우
② 오일이 과충전된 경우
③ 오일에 냉매가 혼입된 경우
④ 유압조정밸브의 개도가 적은 경우

해설 오일에 냉매가 혼입하면 냉동기 운전 중 오일 유압이 저하된다.

36 냉장고의 방열벽의 열통과율이 0.000117kW/m² · K일 때 방열벽의 두께(cm)는?(단, 각 값은 아래 표와 같으며, 방열재 이외의 열전도 저항은 무시한다.)

외기와 외벽면과의 열전달률	0.023kW/m² · K
고내 공기와 내벽면과의 열전달률	0.0116kW/m² · K
방열벽의 열전도율	0.000046kW/m² · K

① 35.6   ② 37.1
③ 38.7   ④ 41.8

해설 열관류율$(K) = \dfrac{1}{\dfrac{1}{a_1} + \dfrac{b}{\lambda} + \dfrac{1}{a_2}}$

$0.000117 = \dfrac{1}{\dfrac{1}{0.0116} + \dfrac{b}{0.000046} + \dfrac{1}{0.023}}$

$b = 0.000046 \times \left(\dfrac{1}{0.000117} - \dfrac{1}{0.0116} - \dfrac{1}{0.023} \right) = 0.387$

$\therefore b = 0.387\text{m}(38.7\text{cm})$

37 냉동능력이 5kW인 제빙장치에서 0℃의 물 20kg을 모두 0℃ 얼음으로 만드는 데 걸리는 시간(min)은 얼마인가?(단, 0℃ 얼음의 융해열은 334kJ/kg이다.)

① 22.2   ② 18.7
③ 13.4   ④ 11.2

해설 $1\text{kWh} = 3,600(\text{kJ})$,
$5\text{kW} = 5 \times 3,600\text{kJ/h} = 18,000\text{kJ/h}(300\text{kJ/min})$
$20 \times 334 = 6,680(\text{kJ})$
$\therefore$ 소요시간 $= \dfrac{6,680}{300} = 22.2(\text{min})$

38 2단압축 냉동장치에 관한 설명으로 틀린 것은?

① 동일한 증발온도를 얻을 때 단단압축 냉동장치 대비 압축비를 감소시킬 수 있다.
② 일반적으로 두 개의 냉매를 사용하여 −30℃ 이하의 증발온도를 얻기 위해 사용된다.
③ 중간 냉각기는 증발기에 공급하는 액을 과냉각시키고 냉동 효과를 증대시킨다.
④ 중간 냉각기는 냉매증기와 냉매액을 분리시켜 고단측 압축기 액백 현상을 방지한다.

해설 2단압축은 (고압/저압)에서 압축비가 6 이상이면 실시한다.
※ −30℃ 이하의 증발온도를 얻기 위해 두 개의 냉매를 사용한다면 2원 냉동장치이다.

39 다음 중 동일한 조건에서 열전도도가 가장 낮은 것은?

① 물
② 얼음
③ 공기
④ 콘크리트

해설 열전도율(kcal/m · h · ℃)
① 물 : 0.511
② 얼음 : 1.9(0℃)
③ 공기 : 0.0221
④ 콘크리트 : 1.3~1.4(20℃)

40 다음 중 이중 효용 흡수식 냉동기는 단효용 흡수식 냉동기와 비교하여 어떤 장치가 복수기로 설치되는가?

① 흡수기
② 증발기
③ 응축기
④ 재생기

해설 이중 효용 흡수식 냉동기는 단효용에 비하여 재생기가 2개(고온재생기, 저온재생기)이다.
※ 단효용 흡수기에는 고온재생기를 1개만 부착한다.

SECTION 03 공기조화

41 실내 난방을 온풍기로 하고 있다. 이때 실내 현열량 6.5kW, 송풍 공기온도 30℃, 외기온도 −10℃, 실내 온도 20℃일 때, 온풍기의 풍량(m³/h)은 얼마인가? (단, 공기비열은 1.005kJ/kg · K, 밀도는 1.2kg/m³이다.)

① 1,940.2   ② 1,882.1

③ 1,324.1   ④ 890.1

해설 $kW-h=3,600kJ$
현열량 $=6.5\times3,600=23,400(kJ/h)$
$23,400=Q_1\times1.2\times1.005\times(30-20)$
풍량 $(Q_1)=\dfrac{23,400}{1.2\times1.005\times10}=1,940.2(m^3/h)$

42 가로 20m, 세로 7m, 높이 4.3m인 방이 있다. 아래 표를 이용하여 용적기준으로 한 전체 필요 환기량(m³/h)은?

실용적 (m³)	500 미만	500~ 1,000	1,000~ 1,500	1,500~ 2,000	2,000~ 2,500
환기횟수 n(회/h)	0.7	0.6	0.55	0.5	0.42

① 421   ② 361

③ 331   ④ 253

해설 방의 용적 $=20\times7\times4.3=602(m^3)$
$500\sim1,000m^3$의 환기횟수 $=0.6(h)$
∴ 환기량 $=602\times0.6=361.2(m^3/h)$

43 난방설비에 관한 설명으로 옳은 것은?

① 증기난방은 실내 상 · 하 온도차가 작은 특징이 있다.

② 복사난방의 설비비는 온수나 증기난방에 비해 저렴하다.

③ 방열기의 트랩은 증기의 유량을 조절하는 역할을 한다.

④ 온풍난방은 신속한 난방 효과를 얻을 수 있는 특징이 있다.

해설 ① 증기난방 : 실내 상 · 하 온도차가 크다.
② 복사난방 : 패널의 매립난방이라서 시설비가 많이 든다.
③ 방열기의 트랩은 응축수를 배출한다.
④ 온풍난방 : 공기는 비열이 작아서 난방시간이 단축된다 (신속난방).

44 공기조화방식 중 중앙식의 수−공기방식에 해당하는 것은?

① 유인유닛 방식

② 패키지유닛 방식

③ 단일덕트 정풍량 방식

④ 이중덕트 정풍량 방식

해설 공기조화방식(수−공기방식) 종류
㉠ 유인유닛 방식
㉡ 복사냉난방 방식
㉢ 덕트병용 팬코일 방식

45 다음 공기선도상에서 난방풍량이 25,000m³/h인 경우 가열코일의 열량(kW)은?(단, 1은 외기, 2는 실내 상태점을 나타내며, 공기의 비중량은 1.2kg/m³이다.)

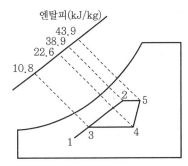

① 98.3   ② 87.1

③ 73.2   ④ 61.4

해설 난방풍량 $=25,000\times1.2=30,000(kg/h)$
공기엔탈피 $=22.6-10.8=11.8(kJ/kg)$
$1kW-h=3,600kJ$
∴ 가열코일열량 $(P)=\dfrac{30,000\times11.8}{3,600}=98.3(kW)$

46 다음 가습방법 중 물분무식이 아닌 것은?

① 원심식
② 초음파식
③ 노즐분무식
④ 적외선식

해설 물(수)분무식 가습방법에는 원심식, 초음파식, 노즐분무식이 있다.
※ 적외선식은 증기발생식 가습방법이다.

47 덕트 설계 시 주의사항으로 틀린 것은?

① 덕트의 분기지점에 댐퍼를 설치하여 압력 평행을 유지시킨다.
② 압력손실이 적은 덕트를 이용하고 확대 시와 축소 시에는 일정 각도 이내가 되도록 한다.
③ 종횡비(aspect ratio)는 가능한 한 크게 하여 덕트 내 저항을 최소화한다.
④ 덕트 굴곡부의 곡률반경은 가능한 한 크게 하며, 곡률이 매우 작을 경우 가이드 베인을 설치한다.

해설 사각덕트의 장변과 단변의 치수(아스펙트)비는 보통 4 : 1 이하로 하며, 8 : 1을 넘지 않아야 한다.

48 보일러의 능력을 나타내는 표시방법 중 가장 작은 값을 나타내는 출력은?

① 정격출력
② 과부하출력
③ 정미출력
④ 상용출력

해설 ① 정격출력＝난방부하＋급탕부하＋배관부하＋시동부하
② 과부하출력＝정격출력 이상
③ 정미출력＝난방부하＋급탕부하
④ 상용출력＝난방부하＋급탕부하＋배관부하

49 덕트의 부속품에 관한 설명으로 틀린 것은?

① 댐퍼는 통과풍량의 조정 또는 개폐에 사용되는 기구이다.
② 분기 덕트 내의 풍량제어용으로 주로 익형 댐퍼를 사용한다.
③ 방화구획관통부에는 방화댐퍼 또는 방연댐퍼를 설치한다.
④ 가이드 베인은 곡부의 기류를 세분해서 와류의 크기를 작게 하는 것이 목적이다.

해설 분기 덕트 내의 풍량제어용으로 스플릿 댐퍼(Split damper)를 사용한다.

50 난방부하가 10kW인 온수난방 설비에서 방열기의 출·입구 온도차가 12℃이고, 실내·외 온도차가 18℃일 때 온수순환량(kg/s)은 얼마인가?(단, 물의 비열은 4.2kJ/kg·℃이다.)

① 1.3
② 0.8
③ 0.5
④ 0.2

해설 $1kW-h=3,600kJ$
난방부하$=10\times3,600=36,000(kJ/h)$
$36,000=G\times4.2\times(18-6)$
∴ 온수순환량$(G)=\dfrac{36,000}{4.2\times10}=857(kg/h)$
$=\dfrac{857}{3,600}=0.2(kg/s)$
※ 1시간＝60분, 1분＝60초, 1시간＝60×60＝3,600초

51 다음 중 온수난방과 관계없는 장치는 무엇인가?

① 트랩
② 공기빼기밸브
③ 순환펌프
④ 팽창탱크

해설 증기트랩(빛)은 증기난방에서 응축수를 배출하여 수격작용을 방지한다.

52 공조기용 코일은 관 내 유속에 따라 배열방식을 구분하는데, 그 배열방식에 해당하지 않는 것은?

① 풀서킷
② 더블서킷
③ 하프서킷
④ 탑다운서킷

해설 코일의 배열방식
㉠ 풀서킷
㉡ 더블서킷
㉢ 하프서킷

53 어떤 단열된 공조기의 장치도가 다음 그림과 같을 때 수분비(U)를 구하는 식으로 옳은 것은?(단, h_1, h_2 : 입구 및 출구 엔탈피(kJ/kg), x_1, x_2 : 입구 및 출구 절대습도(kg/kg), q_s : 가열량(W), L : 가습량(kg/h), h_L : 가습수분(L)의 엔탈피(kJ/kg), G : 유량(kg/h)이다.)

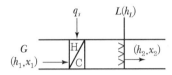

① $U = \dfrac{q_s}{G} - h_L$ ② $U = \dfrac{q_s}{L} - h_L$

③ $U = \dfrac{q_s}{L} + h_L$ ④ $U = \dfrac{q_s}{G} + h_L$

해설 열수분비

$(U) = \dfrac{\text{가열량}}{\text{가습량}} + \text{가습수분의 엔탈피} = \dfrac{\text{엔탈피 변화}}{\text{절대습도 변화}}$

54 유인유닛 방식에 관한 설명으로 틀린 것은?

① 각 실 제어를 쉽게 할 수 있다.
② 덕트 스페이스를 작게 할 수 있다.
③ 유닛에는 가동부분이 없어 수명이 길다.
④ 송풍량이 비교적 커 외기냉방 효과가 크다.

해설 유인유닛 방식(공기-수방식)
㉠ 1차 공기(PA), 2차 공기(SA), 혼합공기(TA)
㉡ 외기냉방 효과가 작다.

55 다음 송풍기의 풍량 제어 방법 중 송풍량과 축동력의 관계를 고려하여 에너지 절감 효과가 가장 좋은 제어 방법은?(단, 모두 동일한 조건으로 운전된다.)

① 회전수 제어
② 흡입베인 제어
③ 취출댐퍼 제어
④ 흡입댐퍼 제어

해설 풍량 제어 방법 중 회전수 제어
에너지 절감 효과가 매우 크다.

56 다음 중 고속덕트와 저속덕트를 구분하는 기준이 되는 풍속은?

① 15m/s ② 20m/s
③ 25m/s ④ 30m/s

해설 ㉠ 고속덕트 : 15m/s 초과~20m/s 이하
㉡ 저속덕트 : 15m/s 이하

57 공조부하 중 재열부하에 관한 설명으로 틀린 것은?

① 냉방부하에 속한다.
② 냉각코일의 용량산출 시 포함시킨다.
③ 부하 계산 시 현열, 잠열부하를 고려한다.
④ 냉각된 공기를 가열하는 데 소요되는 열량이다.

해설 재열부하
㉠ 재열기로부터의 가열량
㉡ 냉각코일로부터 냉각된 공기를 다시 가열한다.
㉢ 현열부하가 필요하다.

58 보일러에서 급수내관을 설치하는 목적으로 가장 적합한 것은?

① 보일러수 역류 방지 ② 슬러지 생성 방지
③ 부동팽창 방지 ④ 과열 방지

해설 급수내관
보일러수의 부동팽창 방지

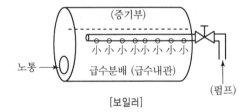

[보일러]

59 아래의 특징에 해당하는 보일러는 무엇인가?

공조용으로 사용하기보다는 편리하게 고압의 증기를 발생하는 경우에 사용하며, 드럼이 없이 수관으로 되어 있다. 보유 수량이 적어 가열시간이 짧고 부하변동에 대한 추종성이 좋다.

① 주철제 보일러 ② 연관 보일러
③ 수관 보일러 ④ 관류 보일러

해설 관류 보일러에는 증기드럼, 물드럼이 없다.

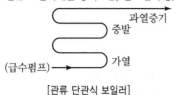

[관류 단관식 보일러]

60 외기온도 5℃에서 실내온도 20℃로 유지되고 있는 방이 있다. 내벽 열전달계수 5.8W/m² · K, 외벽 열전달계수 17.5W/m² · K, 열전도율이 2.3W/m · K 이고, 벽 두께가 10cm일 때, 이 벽체의 열저항(m² · k/W)은 얼마인가?

① 0.27
② 0.55
③ 1.37
④ 2.35

해설 열저항 = $\dfrac{R}{1}$(m² · K/W)

$$= \frac{\left(\dfrac{1}{5.8}\right) + \left(\dfrac{0.1}{2.3}\right) + \left(\dfrac{1}{17.5}\right)}{1} = 0.27(m^2 \cdot k/W)$$

SECTION 04 전기제어공학

61 사이클링(cycling)을 일으키는 제어는?

① I 제어
② PI 제어
③ PID 제어
④ ON-OFF 제어

해설 사이클링
자동제어 온-오프 동작에서 조작량이 단속하기 때문에 제어량에 주기적인 변동이 발생하는 것을 말한다. 사이클링이 제어상 바람직하지 않은 상태로 된 것을 헌팅(난조)이라 한다.

62 60Hz, 4극, 슬립 6%인 유도전동기를 어느 공장에서 운전하고자 할 때 예상되는 회전수는 약 몇 rpm인가?

① 240
② 720
③ 1,690
④ 1,800

해설 동기속도 = $\dfrac{120f}{p}$ = (rpm) = $\dfrac{120 \times 60}{4}$ = 1,800(rpm)

∴ 회전자속도(N) = $N_s \times (1-s) = 1,800 \times (1-0.06)$
$$= 1,692(rpm)$$

63 제어동작에 대한 설명으로 틀린 것은?

① 비례동작 : 편차의 제곱에 비례한 조작신호를 출력한다.
② 적분동작 : 편차의 적분 값에 비례한 조작신호를 출력한다.
③ 미분동작 : 조작신호가 편차의 변화속도에 비례하는 동작을 한다.
④ 2위치동작 : ON-OFF 동작이라고도 하며, 편차의 정부(+, -)에 따라 조작부를 전폐 또는 전개하는 것이다.

해설 비례동작(P)
자동제어에서 잔류편차가 남는다. 즉, 제어편차 신호의 값에 비례하도록 제어대상을 제어하는 동작으로 잔류편차가 발생하는 결점이 있다.

64 전류의 측정 범위를 확대하기 위하여 사용되는 것은?

① 배율기
② 분류기
③ 전위차계
④ 계기용 변압기

해설 분류기
어느 전로의 전류를 측정할 때, 전로의 전류가 전류계의 정격보다 큰 경우에는 전류계와 병렬로 다른 전로를 만들고 전류를 분류하여 측정한다.

65 그림과 같은 △결선회로를 등가 Y결선으로 변환할 때 R_c의 저항 값(Ω)은?

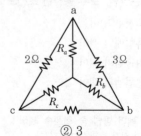

① 1
② 3
③ 5
④ 7

해설 △→Y 변환

$$Z_c = \frac{Z_{bc} \times Z_{ca}}{Z_\triangle}$$

대상교류 및 대칭좌표법

$$\therefore \frac{5 \times 2}{2+3+5} = 1$$

66 제어시스템의 구성에서 제어요소는 무엇으로 구성되는가?

① 검출부
② 검출부와 조절부
③ 검출부와 조작부
④ 조작부와 조절부

해설 블록선도의 제어요소
조절부, 조작부

67 제어계에서 미분요소에 해당하는 것은?

① 한 지점을 가진 지렛대에 의하여 변위를 변환한다.
② 전기로에 열을 가하여도 처음에는 열이 올라가지 않는다.
③ 직렬 RC 회로에 전압을 가하여 C에 충전전압을 가한다.
④ 계단 전압에서 임펄스 전압을 얻는다.

해설 미분요소
계단 전압에서 임펄스 전압을 얻는다(출력신호가 입력신호의 미분값으로 주어지는 전달 요소를 말하며 그 전달함수는 $G(s) = K_s$ 로 나타낸다).

68 특성방정식의 근이 복소평면의 좌반면에 있으면 이 계는?

① 불안정하다.
② 조건부 안정이다.
③ 반안정이다.
④ 안정하다.

해설 특성방정식
㉠ 상태천이행렬 $\phi(t) = \pounds^{-1}\{(S-A)^{-1}\}$에서 $|sI-A|$ $=0$일 때 특성방정식이 된다(특성방정식 $1+G(s)H(s)$ $=0$의 근 중에서 Z-평면상의 원점을 중심으로 하는 단위원의 원주상에 사상되는 근은 S-평면의 허수축상에 존재하는 근이다).
㉡ 특성방정식의 근이 모두 복소 S-평면의 좌반평면에 존재하면 이 제어계는 안정하다.

69 피드백(feedback) 제어시스템의 피드백 효과로 틀린 것은?

① 정상상태 오차 개선
② 정확도 개선
③ 시스템 복잡화
④ 외부 조건의 변화에 대한 영향 증가

해설 외부 조건의 변화에 대한 영향 증가는 시퀀스 제어의 특성이다.

70 그림과 같은 회로에서 부하전류 I_L은 몇 A인가?

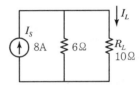

① 1
② 2
③ 3
④ 4

해설 $R_o = \frac{6}{6+10} = \frac{6}{16} = 0.375(\Omega)$

$8 \times 0.375 = 3(A)$

※ $I = \frac{V}{R}(A)$, $R = \frac{V^2}{P}$

71 어떤 전지에 5A의 전류가 10분간 흘렀다면 이 전지에서 나온 전기량은 몇 C인가?

① 1,000
② 2,000
③ 3,000
④ 4,000

해설 전기량$(Q) = I \cdot t = 5 \times 600 = 3,000(C)$
※ 1분 = 600sec, 10분 = 600초

72 일정 전압의 직류전원 V에 저항 R을 접속하니 정격전류 I가 흘렀다. 정격전류 I의 130%를 흘리기 위해 필요한 저항은 약 얼마인가?

① $0.6R$
② $0.77R$
③ $1.3R$
④ $3R$

해설 저항$(R) = \frac{V}{I}(\Omega)$

$$\therefore \frac{1}{1.3} = 0.77R$$

73 그림에서 3개의 입력단자 모두 1을 입력하면 출력단자 A와 B의 출력은?

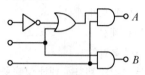

① $A=0$, $B=0$ ② $A=0$, $B=1$
③ $A=1$, $B=0$ ④ $A=1$, $B=1$

해설 $A=(0+1)\times1=1$
$B=1\times1=1$

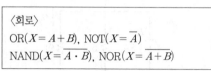

〈회로〉
$OR(X=A+B)$, $NOT(X=\overline{A})$
$NAND(X=\overline{A\cdot B})$, $NOR(X=\overline{A+B})$

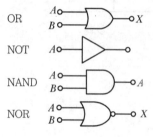

74 다음 신호흐름선도와 등가인 블록선도는?

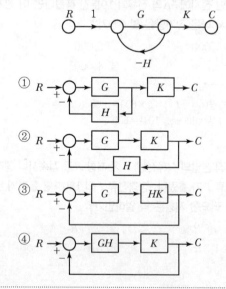

해설 $T=\dfrac{C(s)}{R(s)}$, $\Delta=1+G$, $\Delta_1=1$

$\therefore T=\dfrac{G}{1+G}$

즉 $G_1=G$, $\Delta_1=1$
$G_2=H$, $\Delta_2=K$

$G=\dfrac{G_1\Delta_1+G_2HK}{\Delta}$

$\therefore \dfrac{C}{R}=\dfrac{GK}{1+GH}$

※ 블록선도 병렬접속 $C=(G_1\pm G_2)R$

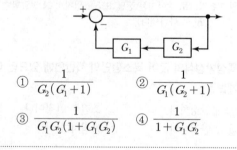

75 교류에서 역률에 관한 설명으로 틀린 것은?

① 역률은 $\sqrt{1-(무효율)^2}$ 로 계산할 수 있다.
② 역률을 이용하여 교류전력의 효율을 알 수 있다.
③ 역률이 클수록 유효전력보다 무효전력이 커진다.
④ 교류회로의 전압과 전류의 위상차에 코사인(cos)을 취한 값이다.

해설 역률
㉠ 전압과 전류의 위상차(θ)에 코사인을 취한 것($\cos\theta$)
㉡ 역률($\cos\theta$)$=\dfrac{유효전력}{피상전력}$
㉢ 역률이 클수록 유효전력이 커진다.

76 다음 블록선도의 전달함수는?

① $\dfrac{1}{G_2(G_1+1)}$ ② $\dfrac{1}{G_1(G_2+1)}$
③ $\dfrac{1}{G_1G_2(1+G_1G_2)}$ ④ $\dfrac{1}{1+G_1G_2}$

해설 $(R-C)G_1G_2=C$, $RG_1G_2-CG_1G_2=C$
$RG_1G_2=C(1+G_1G_2)$
$G(s)=\dfrac{C}{R}=\dfrac{1}{1+G_1G_2}$
정리하면, $R-CG_1G_2=C$, $R=C(1+G_1G_2)$
$\therefore \dfrac{C}{R}=\dfrac{1}{1+G_1G_2}$

77 100mH의 인덕턴스를 갖는 코일에 10A의 전류를 흘릴 때 축적되는 에너지(J)는?

① 0.5   ② 1

③ 5   ④ 10

해설 $L = 0.1\text{H}$, $I = 10\text{A}$, $1\text{H} = 10^3\text{mH}$

$\therefore W = \dfrac{1}{2}LI^2 = \dfrac{1}{2} \times 0.1 \times 10^2 = 5(\text{J})$

78 변압기의 1차 및 2차의 전압, 권선수, 전류를 각각 E_1, N_1, I_1 및 E_2, N_2, I_2라고 할 때 성립하는 식으로 옳은 것은?

① $\dfrac{E_2}{E_1} = \dfrac{N_1}{N_2} = \dfrac{I_2}{I_1}$ ② $\dfrac{E_1}{E_2} = \dfrac{N_2}{N_1} = \dfrac{I_1}{I_2}$

③ $\dfrac{E_2}{E_1} = \dfrac{N_2}{N_1} = \dfrac{I_1}{I_2}$ ④ $\dfrac{E_1}{E_2} = \dfrac{N_1}{N_2} = \dfrac{I_1}{I_2}$

해설 전압 $\left(\dfrac{E_2}{E_1}\right) = \dfrac{N_2}{N_1} = \dfrac{I_1}{I_2}$

1차에서 2차 환산 권수비 $(a) = \dfrac{N_1}{N_2} = \dfrac{E_1}{E_2} = \dfrac{V_1}{V_2} = \dfrac{I_2}{I_1}$

79 온도를 임피던스로 변환시키는 요소는?

① 측온 저항체

② 광전지

③ 광전 다이오드

④ 전자석

해설 측온 저항체는 온도를 임피던스로 변환시키는 요소이다(임피던스 : 전기회로에서 교류를 흘렸을 때 전류의 흐름을 방해하는 정도를 나타내는 것이며, Z로 표시한다).

80 근궤적의 성질로 틀린 것은?

① 근궤적은 실수축을 기준으로 대칭이다.

② 근궤적은 개루프 전달함수의 극점으로부터 출발한다.

③ 근궤적의 가지 수는 특성방정식의 극점 수와 영점 수 중 큰 수와 같다.

④ 점근선은 허수축에서 교차한다.

해설 근궤적

개루프 전달함수의 이득정수 K를 0에서 ∞까지 변화시킬 때 특성방정식의 근(개루프 전달함수의 극점)의 이동궤적을 말한다. 특성방정식의 근이 실근 또는 공액복소근을 가지므로 근궤적은 실수축에 대하여 대칭이다(점근선은 실수축상에서만 교차하고 그 수는 $n = P - Z$이다).

SECTION **05** 배관일반

81 방열량이 3kW인 방열기에 공급하여야 하는 온수량 (m^3/s)은 얼마인가?(단, 방열기 입구온도 80℃, 출구온도 70℃, 온수 평균온도에서 물의 비열은 4.2 kJ/kg · K, 물의 밀도는 977.5kg/m^3이다.)

① 0.002   ② 0.025

③ 0.073   ④ 0.098

해설 현열$(Q) = 4.2 \times (80 - 70) = 42(\text{kJ/kg})$

$3 \times 3,600(\text{kJ/kW} \cdot \text{h}) = 10,800(\text{kJ/h})$

$\dfrac{10,800}{3,600} = 3(\text{kJ/s})$

$\dfrac{3}{42} = 0.0714(\text{kg/s})$

물의 밀도 $= 1,000\text{kg/m}^3$,

온수 평균온도에서 물의 밀도 $= 977.5\text{kg/m}^3$이므로

$\therefore \dfrac{0.0714 \times 1,000}{977.5} = 0.073(\text{m}^3/\text{s})$

82 다이헤드형 동력 나사절삭기에서 할 수 없는 작업은?

① 리밍   ② 나사절삭

③ 절단   ④ 벤딩

해설 파이프 벤딩기의 종류

로터리식, 램식

83 저장 탱크 내부에 가열코일을 설치하고 코일 속에 증기를 공급하여 물을 가열하는 급탕법은?

① 간접 가열식   ② 기수 혼합식

③ 직접 가열식   ④ 가스 순간 탕비식

해설 저탕 간접식

증기 → 가열코일 → 응축수

84 주철관의 이음방법 중 고무링(고무개스킷 포함)을 사용하지 않는 방법은?

① 기계식이음　　② 타이톤이음
③ 소켓이음　　　④ 빅토릭이음

해설 소켓이음(연납이음)
건축물의 배수관이나 지름이 작은 관에 사용한다.

주철관이음

(마와 납의 용융물을 사용한다.)

85 저압증기의 분기점을 2개 이상의 엘보로 연결하여 한쪽이 팽창하면 비틀림이 일어나 팽창을 흡수하는 특징의 이음방법은?

① 슬리브형　　　② 벨로즈형
③ 스위블형　　　④ 루프형

해설 스위블형 신축 조인트
저압증기나 온수난방에서 분기점을 2개 이상의 엘보로 연결하여 팽창을 흡수한다.

86 배관계통 중 펌프에서의 공동현상(cavitation)을 방지하기 위한 대책으로 틀린 것은?

① 펌프의 설치 위치를 낮춘다.
② 회전수를 줄인다.
③ 양흡입을 단흡입으로 바꾼다.
④ 굴곡부를 적게 하여 흡입관의 마찰손실수두를 작게 한다.

해설 공동현상(캐비테이션)을 방지하려면 단흡입에서 양흡입 펌프로 교체한다.

87 지름 20mm 이하의 동관을 이음할 때, 기계의 점검 보수, 기타 관을 분해하기 쉽게 하기 위해 이용하는 동관이음방법은?

① 슬리브 이음　　② 플레어 이음
③ 사이징 이음　　④ 플랜지 이음

해설 플레어 동관이음

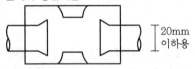

20mm 이하용

88 냉동장치의 액분리기에서 분리된 액이 압축기로 흡입되지 않도록 하기 위한 액 회수방법으로 틀린 것은?

① 고압 액관으로 보내는 방법
② 응축기로 재순환시키는 방법
③ 고압 수액기로 보내는 방법
④ 열교환기를 이용하여 증발시키는 방법

해설 액 : 냉매＋냉매액
※ 냉매증기는 응축기에서 냉매액으로 만들기 때문에 냉매액 분리기에서 분리된 액은 응축기로 넣지 않고 고압수액기로 보낸다.

89 배수 및 통기배관에 대한 설명으로 틀린 것은?

① 루프 통기식은 여러 개의 기구군에 1개의 통기지관을 빼내어 통기주관에 연결하는 방식이다.
② 도피 통기관의 관경은 배수관의 1/4 이상이 되어야 하며 최소 40mm 이하가 되어서는 안 된다.
③ 루프 통기식 배관에 의해 통기할 수 있는 기구의 수는 8개 이내이다.
④ 한랭지의 배수관은 동결되지 않도록 피복을 한다.

해설 ㉠ 통기관 설비
　• 1관식 배관법(신정통기관＝배수통기관)
　• 2관식 배관법(각개통기식, 회로통기식)
　• 환상통기식(루프통기관)
　• 섹스티아 배수방식(섹스티아 곡관 사용)
　• 솔벤트 방식

ⓒ 도피통기관

배수지관 관경의 $\frac{1}{2}$ 이상이 되어야 하며, 40mm보다 작아서는 안 된다.

90 고가(옥상)탱크 급수방식의 특징에 대한 설명으로 틀린 것은?

① 저수시간이 길어지면 수질이 나빠지기 쉽다.
② 대규모의 급수 수요에 쉽게 대응할 수 있다.
③ 단수 시에도 일정량의 급수를 계속할 수 있다.
④ 급수 공급 압력의 변화가 심하다.

해설 고가탱크 급수방식은 항상 일정한 수압으로 급수가 가능하다.

91 공장에서 제조 정제된 가스를 저장했다가 공급하기 위한 압력탱크로서 가스압력을 균일하게 하며, 급격한 수요변화에도 제조량과 소비량을 조절하기 위한 장치는?

① 정압기
② 압축기
③ 오리피스
④ 가스홀더

해설 가스홀더
정제된 가스를 저장했다가 공급하기 위한 압력탱크로서 가스 공급압력이 균일하며 급격한 수요변화에도 제조량과 소비량이 조절된다.

92 배수 통기배관의 시공 시 유의사항으로 옳은 것은?

① 배수 입관의 최하단에는 트랩을 설치한다.
② 배수 트랩은 반드시 이중으로 한다.
③ 통기관은 기구의 오버플로선 이하에서 통기 입관에 연결한다.
④ 냉장고의 배수는 간접배수로 한다.

해설 냉장고의 배수는 실내이므로 간접배수로 한다.

93 지역난방의 특징에 관한 설명으로 틀린 것은?

① 대기오염물질이 증가한다.
② 도시의 방재수준 향상이 가능하다.
③ 사용자에게는 화재에 대한 우려가 적다.
④ 대규모 열원기기를 이용한 에너지의 효율적 이용이 가능하다.

해설 지역난방은 중앙식 난방법으로 대기오염물질이 감소한다. 이는 한 곳에서의 난방열원설비로 전 지역의 난방을 커버하기 때문이다.

94 급수관의 수리 시 물을 배제하기 위한 관의 최소 구배 기준은?

① 1/120 이상
② 1/150 이상
③ 1/200 이상
④ 1/250 이상

해설 급수관의 기울기

95 냉매배관 시 흡입관 시공에 대한 설명으로 틀린 것은?

① 압축기 가까이에 트랩을 설치하면 액이나 오일이 고여 액백 발생의 우려가 있으므로 피해야 한다.
② 흡입관의 입상이 매우 길 경우에는 중간에 트랩을 설치한다.
③ 각각의 증발기에서 흡입주관으로 들어가는 관은 주관의 하부에 접속한다.
④ 2대 이상의 증발기가 다른 위치에 있고 압축기가 그 보다 밑에 있는 경우 증발기 출구의 관은 트랩을 만든 후 증발기 상부 이상으로 올리고 나서 압축기로 향하게 한다.

해설

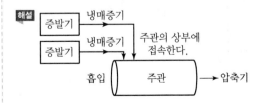

96 배관 용접 작업 중 다음과 같은 결함을 무엇이라고 하는가?

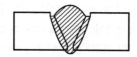

① 용입불량   ② 언더컷
③ 오버랩   ④ 피트

해설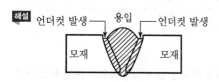

97 유체 흐름의 방향을 바꾸어 주는 관 이음쇠는?

① 리턴벤드   ② 리듀서
③ 니플   ④ 유니언

해설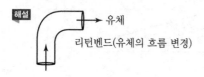

리턴벤드(유체의 흐름 변경)

98 온수난방 배관에서 에어포켓(air pocket)이 발생될 우려가 있는 곳에 설치하는 공기빼기 밸브(◇)의 설치위치로 가장 적절한 것은?

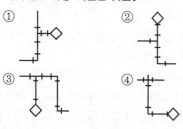

해설 공기빼기는 설비의 최상부로 한다.

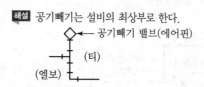

공기빼기 밸브(에어핀)
(티)
(엘보)

99 부력에 의해 밸브를 개폐하여 간헐적으로 응축수를 배출하는 구조를 가진 증기 트랩은?

① 버킷 트랩   ② 열동식 트랩
③ 벨 트랩   ④ 충격식 트랩

해설 부력을 이용한 증기 트랩
㉠ 버킷 트랩(상향식, 하향식)
㉡ 레버식 트랩

100 가스배관에 관한 설명으로 틀린 것은?

① 특별한 경우를 제외한 옥내배관은 매설배관을 원칙으로 한다.
② 부득이하게 콘크리트 주요 구조부를 통과할 경우에는 슬리브를 사용한다.
③ 가스배관에는 적당한 구배를 두어야 한다.
④ 열에 의한 신축, 진동 등의 영향을 고려하여 적절한 간격으로 지지하여야 한다.

해설 가스배관은 옥내배관의 경우 누설검지를 위하여 노출배관을 이용한다.

SECTION 01 기계열역학

01 다음 중 가장 큰 에너지는?

① 100kW 출력의 엔진이 10시간 동안 한 일
② 발열량 10,000kJ/kg의 연료를 100kg 연소시켜 나오는 열량
③ 대기압하에서 10℃의 물 10m³를 90℃로 가열하는 데 필요한 열량(단, 물의 비열은 4.2kJ/(kg · K)이다.)
④ 시속 100km로 주행하는 총 질량 2,000kg인 자동차의 운동에너지

해설 ① 1kWh = 3,600kJ
$100 \times 3,600 \times 10 = 3,600,000 (\text{kJ})$
② $100 \times 10,000 = 1,000,000 (\text{kJ})$
③ 1m³의 물 = 1,000kg
$1,000 \times 10 \times 1 \times (90 - 10) = 800,000 (\text{kcal})$
$= 3,348,800 (\text{kJ})$
④ $A = \dfrac{1}{427} (\text{kcal/kg} \cdot \text{m})$, 1km = 1,000m

$100 \times 10^3 \times 2,000 \times \dfrac{1}{427} = 468,384 (\text{kcal})$
$= 468,384 \times 4.186 (\text{kJ})$
$= 1,960,655 (\text{kJ})$

02 실린더 내의 공기가 100kPa, 20℃ 상태에서 300kPa이 될 때까지 가역단열과정으로 압축된다. 이 과정에서 실린더 내의 계에서 엔트로피의 변화(kJ/(kg · K))는?(단, 공기의 비열비(k)는 1.4이다.)

① −1.35 ② 0
③ 1.35 ④ 13.5

해설 ㉠ 엔트로피 변화(ΔS) $= \dfrac{\delta Q}{T} = \dfrac{GC\Delta T}{T}$
㉡ 단열변화 시 엔트로피 변화 $= S_2 - S_1 = 0$
∴ $S_1 = S_2$ (등엔트로피)

03 용기 안에 있는 유체의 초기 내부에너지는 700kJ이다. 냉각과정 동안 250kJ의 열을 잃고, 용기 내에 설치된 회전날개로 유체에 100kJ의 일을 한다. 최종 상태의 유체의 내부에너지(kJ)는 얼마인가?

① 350 ② 450
③ 550 ④ 650

해설 냉각과정에서 250kJ 손실
유체 초기 내부에너지 700kJ
회전날개 설치 일량 100kJ
∴ 최종 상태의 유체 내부에너지 = (700 − 250) + 100
= 550(kJ)

04 열역학적 관점에서 다음 장치들에 대한 설명으로 옳은 것은?

① 노즐은 유체를 서서히 낮은 압력으로 팽창하여 속도를 감속시키는 기구이다.
② 디퓨저는 저속의 유체를 가속하는 기구이며 그 결과 유체의 압력이 증가한다.
③ 터빈은 작동유체의 압력을 이용하여 열을 생성하는 회전식 기계이다.
④ 압축기의 목적은 외부에서 유입된 동력을 이용하여 유체의 압력을 높이는 것이다.

해설 ① 노즐 : 압력 강하(유체의 속도 증가)
② 디퓨저 : 유속 감소(유체의 압력 증가)
③ 터빈 : 증기 또는 가스의 힘으로 동력을 얻는 장치

05 랭킨사이클에서 보일러 입구 엔탈피 192.5kJ/kg, 터빈 입구 엔탈피 3,002.5kJ/kg, 응축기 입구 엔탈피 2,361.8kJ/kg일 때 열효율(%)은?(단, 펌프의 동력은 무시한다.)

① 20.3 ② 22.8
③ 25.7 ④ 29.5

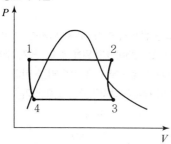

$$효율(\eta_R) = \frac{h_2 - h_3}{h_2 - h_4}$$

$$\therefore \frac{3,002.5 - 2,361.8}{3,002.5 - 192.5} = 0.228\,(22.8\%)$$

06 준평형 정적과정을 거치는 시스템에 대한 열전달량은? (단, 운동에너지와 위치에너지의 변화는 무시한다.)

① 0이다.
② 이루어진 일량과 같다.
③ 엔탈피 변화량과 같다.
④ 내부에너지 변화량과 같다.

해설 준평형 정적과정에서 정적은 등적변화이다.
내부에너지 변화$(du) = C_v dt$
$\Delta u = u_2 - u_1 = C_v(T_2 - T_1) = {}_1q_2 (\because \delta_q = du + APdv)$
즉 가열량 전부가 내부에너지 변화로 표시된다.

07 초기 압력 100kPa, 초기 체적 $0.1m^3$인 기체를 버너로 가열하여 기체 체적이 정압과정으로 $0.5m^3$가 되었다면 이 과정 동안 시스템이 외부에 한 일(kJ)은?

① 10
② 20
③ 30
④ 40

해설 압력 일정(등압변화)
절대일$({}_1W_2) = \int_1^2 Pdv = P(V_2 - V_1)$
$= 100 \times (0.5 - 0.1) = 40\,(kJ)$

08 열역학 제2법칙에 대한 설명으로 틀린 것은?

① 효율이 100%인 열기관은 얻을 수 없다.
② 제2종의 영구기관은 작동 물질의 종류에 따라 가능하다.
③ 열은 스스로 저온의 물질에서 고온의 물질로 이동하지 않는다.
④ 열기관에서 작동 물질이 일을 하게 하려면 그보다 더 저온인 물질이 필요하다.

해설 제2종 영구기관 : 입력과 출력이 같은 기관, 즉 열효율이 100%인 기관이다(열역학 제2법칙에 위배된다).

09 공기 10kg이 압력 200kPa, 체적 $5m^3$인 상태에서 압력 400kPa, 온도 300℃인 상태로 변한 경우 최종 체적(m^3)은 얼마인가?(단, 공기의 기체상수는 0.287 kJ/kg · K이다.)

① 10.7   ② 8.3
③ 6.8   ④ 4.1

해설 압축 200kPa → 400kPa 변화 시
체적변화$(\Delta V) = V_2 - V_1 = \dfrac{GRT_2}{P_2}$
$\therefore \Delta V = \dfrac{10 \times 0.287 \times (273 + 300)}{400} = 4.1\,(m^3)$
• 줄어든 체적 = 5 − 4.1 = 0.9(m^3)

10 그림과 같은 공기표준 브레이턴(Brayton) 사이클에서 작동유체 1kg당 터빈 일(kJ/kg)은?(단, $T_1 = 300$ K, $T_2 = 475.1$K, $T_3 = 1,100$K, $T_4 = 694.5$K이고, 공기의 정압비열과 정적비열은 각각 1.0035kJ/(kg · K), 0.7165kJ/(kg · K)이다.)

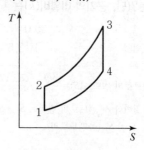

① 290   ② 407
③ 448   ④ 627

해설 브레이턴 사이클 열효율(η_B) : 정압과정

$$효율(\eta_B) = \frac{A_W}{q_1} = 1 - \frac{q_2}{q_1} = 1 - \frac{C_p(T_4 - T_1)}{C_p(T_3 - T_2)}$$

온도변화(Δt) = $T_3 - T_4 = 1,100 - 694.5 = 405.5$K

$\therefore$ 터빈일량 $W = GC_p(T_3 - T_4) = 1.0035 \times 405.5$

$= 407(\text{kJ/kg})$

11 보일러에 온도 40℃, 엔탈피 167kJ/kg인 물이 공급되어 온도 350℃, 엔탈피 3,115kJ/kg인 수증기가 발생한다. 입구와 출구에서의 유속은 각각 5m/s, 50m/s이고, 공급되는 물의 양이 2,000kg/h일 때, 보일러에 공급해야 할 열량(kW)은?(단, 위치에너지 변화는 무시한다.)

① 631
② 832
③ 1,237
④ 1,638

해설

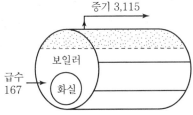

증기 3,115

보일러

급수 167 → 화실

$1\text{kWh} = 860\text{kcal} = 3,600\text{kJ}$

증발열 = $3,115 - 167 = 2,948(\text{kJ/kg})$

총 공급열량 = $2,948 \times 2,000 = 5,896,000(\text{kJ/h})$

$\therefore$ 보일러 공급열량(Q) = $\dfrac{5,896,000}{3,600} = 1,638(\text{kW})$

12 피스톤-실린더 장치에 들어있는 100kPa, 27℃의 공기가 600kPa까지 가역단열과정으로 압축된다. 비열비가 1.4로 일정하다면 이 과정 동안에 공기가 받은 일(kJ/kg)은?(단, 공기의 기체상수는 0.287 kJ/(kg·K)이다.)

① 263.6
② 171.8
③ 143.5
④ 116.9

해설 단열변화(등엔트로피변화)

$$일량(W) = GRT\ln\left(\frac{P_2}{P_1}\right)^{\frac{k-1}{k}}$$

$$= 1 \times 0.287 \times (273 + 27) \ln\left(\frac{600}{100}\right)^{\frac{0.4}{1.4}}$$

$$= 143.5(\text{kJ/kg})$$

13 이상기체 1kg을 300K, 100kPa에서 500K까지 "PV^n=일정"의 과정(n=1.2)을 따라 변화시켰다. 이 기체의 엔트로피 변화량(kJ/K)은?(단, 기체의 비열비는 1.3, 기체상수는 0.287kJ/(kg·K)이다.)

① −0.244
② −0.287
③ −0.344
④ −0.373

해설 폴리트로픽 변화

$$엔트로피 변화량(\Delta S) = C_n \ln \frac{T_2}{T_1} = \frac{n-k}{n-1} \times C_v \ln \frac{T_2}{T_1}$$

$$\therefore \frac{n-k}{n-1} \times \frac{1}{k-1} R \ln \frac{T_2}{T_1} = \frac{1.2 - 1.3}{1.2 - 1} \times \frac{0.287}{1.3 - 1} \ln \frac{500}{300}$$

$$= -0.244(\text{kJ/K})$$

14 300L 체적의 진공인 탱크가 25℃, 6MPa의 공기를 공급하는 관에 연결된다. 밸브를 열어 탱크 안의 공기 압력이 5MPa이 될 때까지 공기를 채우고 밸브를 닫았다. 이 과정이 단열이고 운동에너지와 위치에너지의 변화를 무시한다면 탱크 안의 공기의 온도(℃)는 얼마가 되는가?(단, 공기의 비열비는 1.4이다.)

① 1.5
② 25.0
③ 84.4
④ 144.2

해설

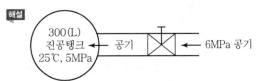

300(L) 진공탱크 25℃, 5MPa ← 공기 ← 6MPa 공기

$1\text{MPa} = 1,000\text{kPa}$

단열용기(T_2) = $T_1 \times \dfrac{C_p}{C_v} = k \times T_1$

$\therefore T_2 = 1.4 \times (273 + 25) = 417\text{K}(144.2℃)$

15 1kW의 전기히터를 이용하여 101kPa, 15℃의 공기로 차 있는 100m³의 공간을 난방하려고 한다. 이 공간은 견고하고 밀폐되어 있으며 단열되어 있다. 히터를 10분 동안 작동시킨 경우, 이 공간의 최종온도(℃)는?(단, 공기의 정적비열은 0.718kJ/kg · K이고, 기체상수는 0.287kJ/kg · K이다.)

① 18.1　　　② 21.8
③ 25.3　　　④ 29.4

해설 $1kWh = 860kcal = 3,600kJ$

정압비열$(C_p) = 0.718 + 0.287 = 1.005(kJ/kg \cdot K)$

흡수열량$(Q) = 3,600 \times \dfrac{10}{60} = 600(kJ)$

비열비$(K) = \dfrac{C_p}{C_v} = \dfrac{1.005}{0.718} = 1.40$

$T_2 = T_1 \cdot K = (273 + 15) \times 1.40 = 403.2K$

$T_2 = (403.2 - 273) = 130.2℃$

∴ 공간의 최종온도 $= 130.2 \times \left(\dfrac{10}{60}\right) = 21.7℃$

16 다음은 시스템(계)과 경계에 대한 설명이다. 옳은 내용을 모두 고른 것은?

가. 검사하기 위하여 선택한 물질의 양이나 공간 내의 영역을 시스템(계)이라 한다.
나. 밀폐계는 일정한 양의 체적으로 구성된다.
다. 고립계의 경계를 통한 에너지 출입은 불가능하다.
라. 경계는 두께가 없으므로 체적을 차지하지 않는다.

① 가, 다　　　② 나, 라
③ 가, 다, 라　　　④ 가, 나, 다, 라

해설 시스템(계)
㉠ 열역학상 대상이 되는 임의의 공간상 범위 내에 들어가는 일정량의 물질군
㉡ 문제의 대상이 되는 어떤 양의 물질이나 공간의 어떤 구역으로 정의된다.
㉢ 계의 외부 둘레를 주위라고 하며 계는 계의 경계에 의하여 주위와 구분된다.
(밀폐계, 개방계, 절연계 등)
※ 밀폐계 : 열이나 일은 전달되나 동작물질이 유동하지 않는 계이며 질량이 불변이다.

17 단열된 가스터빈의 입구 측에서 압력 2MPa, 온도 1,200K인 가스가 유입되어 출구 측에서 압력 100kPa, 온도 600K로 유출된다. 5MW의 출력을 얻기 위해 가스의 질량유량(kg/s)은 얼마이어야 하는가?(단, 터빈의 효율은 100%이고, 가스의 정압비열은 1.12kJ/(kg · K)이다.)

① 6.44
② 7.44
③ 8.44
④ 9.44

해설 $5MW = 5,000kW$, $1kWh = 3,600kJ(860kcal)$,
$1hr = 3,600(sec)$
$1.12(1,200 - 600) = 672kJ/kg$
∴ 가스사용질량$(G) = \dfrac{5,000 \times 3,600}{672 \times 3,600} = 7.44kg/s$

18 펌프를 사용하여 150kPa, 26℃의 물을 가역단열과정으로 650kPa까지 변화시킨 경우, 펌프의 일(kJ/kg)은?(단, 26℃의 포화액의 비체적은 0.001m³/kg이다.)

① 0.4
② 0.5
③ 0.6
④ 0.7

해설 가역단열 압력변화$(P') = 650 - 150 = 500kPa$
∴ 일량 $= 500 \times 0.001 = 0.5(kJ/kg)$

19 압력 1,000kPa, 온도 300℃ 상태의 수증기(엔탈피 3,051.15kJ/kg, 엔트로피 7.1228kJ/kg · K)가 증기터빈으로 들어가서 100kPa 상태로 나온다. 터빈의 출력 일이 370kJ/kg일 때 터빈의 효율(%)은?

수증기의 포화 상태표(압력 100kPa/온도 99.62℃)

엔탈피(kJ/kg)		엔트로피(kJ/kg · K)	
포화액체	포화증기	포화액체	포화증기
417.44	2,675.46	1.3025	7.3593

① 15.6　　　② 33.2
③ 66.8　　　④ 79.8

해설 랭킨사이클 : 증기원동소

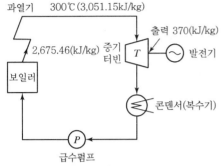

$$터빈효율(\eta_R) = \frac{실제\ 터빈\ 출력}{이상적\ 터빈\ 출력}$$

$$= \frac{370}{3,051.15 - 2,675.46} = 0.98\ (98\%)$$

(가장 근사치인 ④를 답으로 한다.)

20 이상적인 냉동 사이클에서 응축기 온도가 30℃, 증발기 온도가 −10℃일 때 성적계수는?

① 4.6　　　　　② 5.2

③ 6.6　　　　　④ 7.5

해설 $T_1 = 30 + 273 = 303\text{K}$

$T_2 = -10 + 273 = 263\text{K}$

$$성적계수(COP) = \frac{T_2}{T_1 - T_2} = \frac{263}{303 - 263} = 6.6$$

SECTION 02 냉동공학

21 스크루 압축기의 운전 중 로터에 오일을 분사시켜 주는 목적으로 가장 거리가 먼 것은?

① 높은 압축비를 허용하면서 토출온도 유지

② 압축효율 증대로 전력소비 증가

③ 로터의 마모를 줄여 장기간 성능 유지

④ 높은 압축비에서도 체적효율 유지

해설 스크루 압축기의 오일이 부족하면 마모가 커진다. 별도의 오일펌프가 필요하고 냉매가스와 오일이 같이 토출된다(1단의 압축비를 크게 잡을 수 있다).

22 그림은 냉동 사이클을 압력–엔탈피 선도에 나타낸 것이다. 이 그림에 대한 설명으로 옳은 것은?

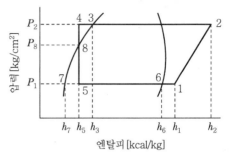

① 팽창밸브 출구의 냉매 건조도는 $[(h_5 - h_7)/(h_6 - h_7)]$로 계산한다.

② 증발기 출구에서의 냉매 과열도는 엔탈피차$(h_1 - h_6)$로 계산한다.

③ 응축기 출구에서의 냉매 과냉각도는 엔탈피차 $(h_3 - h_5)$로 계산한다.

④ 냉매순환량은 [냉동능력/$(h_6 - h_5)$]로 계산한다.

해설

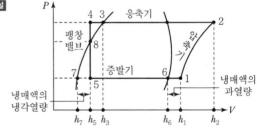

① 냉매 건조도 $= \dfrac{h_5 - h_7}{h_6 - h_7}$

② $h_1 - h_6$: 압축기 입구의 과열도

③ $h_3 - h_4$: 응축기 출구에서 냉매의 과냉각도

④ 냉매순환량 $= \{냉동능력/(h_1 - h_5)\}$

23 최근 에너지를 효율적으로 사용하자는 측면에서 빙축열시스템이 보급되고 있다. 빙축열시스템의 분류에 대한 조합으로 적절하지 않은 것은?

① 정적 제빙형 – 관외착빙형

② 정적 제빙형 – 빙박리형

③ 동적 제빙형 – 리퀴드아이스형

④ 동적 제빙형 – 과냉각아이스형

해설 빙축열시스템

주간 냉방에 사용하는 열량을 야간에 얼음으로 만들어 축열조에 저장해 두었다가 그것을 낮에 해빙시켜 냉열을 사용하는 것이다.

㉠ 정적 제빙형 : 관외착빙형(완전동결형, 직접접촉식), 관내착빙형, 캡슐형

㉡ 동적 제빙형 : 빙박리형, 액체식 빙생성형(직접식 : 리퀴드아이스형, 과냉각아이스형/간접식 : 직팽형 직접열교환)

24 냉동장치의 운전에 관한 설명으로 옳은 것은?

① 압축기에 액백(liquid back) 현상이 일어나면 토출가스 온도가 내려가고 구동 전동기의 전류계 지시 값이 변동한다.

② 수액기 내에 냉매액을 충만시키면 증발기에서 열부하 감소에 대응하기 쉽다.

③ 냉매 충전량이 부족하면 증발압력이 높게 되어 냉동능력이 저하한다.

④ 냉동부하에 비해 과대한 용량의 압축기를 사용하면 저압이 높게 되고, 장치의 성적계수는 상승한다.

해설 ① 압축기 운전 중 냉매액에 의한 리퀴드백 현상이 일어나면 토출가스 온도가 내려가고 구동전동기 전류계 지시 값이 변동한다.

② 수액기에는 직경의 약 75% 정도로 냉매액을 저장한다.

③ 냉매 충전량이 부족하면 응축압력 저하, 증발압력 저하, 냉동능력 저하가 발생한다.

④ 냉동부하에 비해 과대한 용량의 압축기 사용 시 장치의 성적계수가 감소한다.

25 다음의 역카르노사이클에서 등온팽창과정을 나타내는 것은?

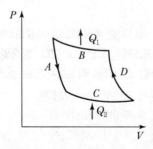

① A
② B
③ C
④ D

해설 역카르노사이클(냉동기사이클)

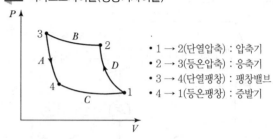

- 1 → 2(단열압축) : 압축기
- 2 → 3(등온압축) : 응축기
- 3 → 4(단열팽창) : 팽창밸브
- 4 → 1(등온팽창) : 증발기

26 증기압축 냉동 사이클에서 압축기의 압축일은 5HP이고, 응축기의 용량은 12.86kW이다. 이때 냉동 사이클의 냉동능력(RT)은?

① 1.8
② 2.6
③ 3.1
④ 3.5

해설 1HP=632(kcal/h)=0.73(kW)

5HP×0.73kW=3.65(kW)

1RT=3,320(kcal/h), 1kWh=860kcal

∴ $RT = \dfrac{(12.86-3.65) \times 860}{3,320} = 2.4(RT)$

※ 증발기 능력=응축부하−압축기 압축일

27 다음과 같은 카르노사이클에 대한 설명으로 옳은 것은?

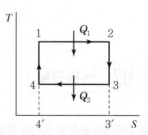

① 면적 1−2−3′−4′는 흡열 Q_1을 나타낸다.

② 면적 4−3−3′−4′는 유효열량을 나타낸다.

③ 면적 1−2−3−4는 방열 Q_2를 나타낸다.

④ Q_1, Q_2는 면적과는 무관하다.

해설 카르노사이클

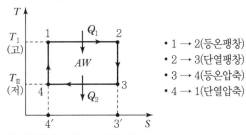

- 1 → 2(등온팽창)
- 2 → 3(단열팽창)
- 3 → 4(등온압축)
- 4 → 1(단열압축)

㉠ 공급열량(면적 1 2 3′ 4′ 1)
㉡ 방열량(면적 4 3 3′ 4′)
㉢ 유효열량(Q) = $Q_1 - Q_2$ = (면적 1 2 3 4)

28 비열이 3.86kJ/kg·K인 액 920kg을 1시간 동안 25℃에서 5℃로 냉각시키는 데 소요되는 냉각열량은 몇 냉동톤(RT)인가?(단, 1RT는 3.5kW이다.)

① 3.2   ② 5.6
③ 7.8   ④ 8.3

해설 1RT = 3.5 × 860(kcal/h) = 3,010(kcal/h)
현열(Q) = 920 × 3.86 × (25 − 5) = 71,024(kJ/h)
$$\therefore RT = \frac{71,024(\text{kJ/h})}{3,010(\text{kcal/h}) \times 4.186(\text{kJ/kcal})} = 5.6$$

29 1분간에 25℃의 물 100L를 0℃의 물로 냉각시키기 위하여 최소 몇 냉동톤의 냉동기가 필요한가?

① 45.2RT   ② 4.52RT
③ 452RT   ④ 42.5RT

해설 1RT = 3,320(kcal/h)
현열(Q) = 100 × 1 × (25 − 0) × 60분 = 150,000(kcal/h)
$\therefore RT = (150,000/3,320) = 45.2$

30 흡수식 냉동기에 사용하는 흡수제의 구비조건으로 틀린 것은?

① 농도 변화에 의한 증기압의 변화가 클 것
② 용액의 증기압이 낮을 것
③ 점도가 높지 않을 것
④ 부식성이 없을 것

해설 흡수제(리튬브로마이드)는 농도 변화에 의한 증기압의 변화가 일정해야 한다(일반적인 농도는 59~63%이다).

31 셸 앤 튜브 응축기에서 냉각수 입구 및 출구 온도가 각각 16℃와 22℃이고, 냉매의 응축온도를 25℃라 할 때, 응축기의 냉매와 냉각수와의 대수평균온도차(℃)는?

① 3.5   ② 5.5
③ 6.8   ④ 9.2

해설

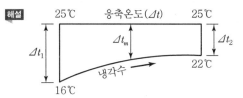

대수평균온도차(Δt_m) = $\dfrac{\Delta t_1 - \Delta t_2}{L_n\left(\dfrac{\Delta t_1}{\Delta t_2}\right)}$

$\Delta t_1 = 25 - 16 = 9$℃
$\Delta t_2 = 25 - 22 = 3$℃
$\therefore$ 대수평균온도차(Δt_m) = $\dfrac{9-3}{L_n\left(\dfrac{9}{3}\right)} = 5.5$℃

32 실제 냉동 사이클에서 압축과정 동안 냉매 변환 중 스크루 냉동기는 어떤 압축과정에 가장 가까운가?

① 단열압축   ② 등온압축
③ 등적압축   ④ 과열압축

해설 냉동기의 실제 냉동 사이클 압축
단열압축(등엔트로피 이용)

33 암모니아 냉동기의 배관재료로서 적절하지 않은 것은?

① 배관용 탄소강 강관
② 동합금관
③ 압력배관용 탄소강 강관
④ 스테인리스 강관

해설 암모니아(NH_3) 냉매는 부식성이 있어서 동(구리)이나 동합금과는 사용이 불가하다.

34 냉동기유의 구비조건으로 틀린 것은?

① 응고점이 높아 저온에서도 유동성이 있을 것
② 냉매나 수분, 공기 등이 쉽게 용해되지 않을 것
③ 쉽게 산화하거나 열화하지 않을 것
④ 적당한 점도를 가질 것

해설 냉동기유(오일)는 응고점이 낮고 인화점이 높아야 사용이
편리하다.

35 그림과 같은 냉동 사이클로 작동하는 압축기가 있다.
이 압축기의 체적효율이 0.65, 압축효율이 0.8, 기
계효율이 0.9라고 한다면 실제 성적계수는?

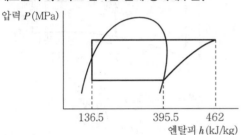

① 3.89
② 2.81
③ 1.82
④ 1.42

해설 증발유효열량=$(395.5-136.5) \times 0.65 = 168.35$kJ/kg
압축기의 일의 열당량=$462-395.5=66.5$kJ/kg

∴ 실제 성적계수(COP)=$\dfrac{168.35}{66.5} \times 0.8 \times 0.9 = 1.82$

(압축효율 : 0.8, 기계효율 : 0.9)

36 증발기의 종류에 대한 설명으로 옳은 것은?

① 대형 냉동기에서는 주로 직접팽창식 증발기를 사
용한다.
② 직접팽창식 증발기는 2차 냉매를 냉각시켜 물체
를 냉동, 냉각시키는 방식이다.
③ 만액식 증발기는 팽창 밸브에서 교축팽창된 냉매
를 직접 증발기로 공급하는 방식이다.
④ 간접팽창식 증발기는 제빙, 양조 등의 산업용 냉
동기에 주로 사용된다.

해설 ① 대형 냉동기 : 간접팽창식 이용
② 직접팽창식 증발기 : 1차 냉매 이용

③ 만액식 증발기의 팽창 밸브는 플로트 밸브이다.
④ 간접팽창식(2차 냉매 사용) 증발기는 제빙, 양조 등 산업
용 대형 냉동기용이다.

37 2단 압축 1단 팽창식과 2단 압축 2단 팽창식의 비교
설명으로 옳은 것은?(단, 동일 운전 조건으로 가정
한다.)

① 2단 팽창식의 경우에는 두 가지의 냉매를 사용한다.
② 2단 팽창식의 경우가 성적계수가 약간 높다.
③ 2단 팽창식은 중간냉각기를 필요로 하지 않는다.
④ 1단 팽창식의 팽창밸브는 1개가 좋다.

해설 2단 압축(압축비가 6 이상인 경우)
㉠ 2단 압축 1단 팽창 사이클 : 중간냉각이 불완전하다.
㉡ 2단 압축 2단 팽창 사이클 : 중간냉각이 완전하다(성적
계수가 약간 높다).
㉢ 1단, 2단 모두 팽창밸브가 2개이다.

38 운전 중인 냉동장치의 저압 측 진공게이지가 50cmHg
을 나타내고 있다. 이때의 진공도는?

① 65.8%
② 40.8%
③ 26.5%
④ 3.4%

해설

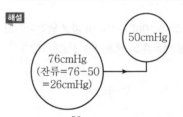

진공도=$\dfrac{56}{76} \times 100 = 65.8$(%)

※ 절대압 : 26cmHg

39 안전밸브의 시험방법에서 약간의 기포가 발생할 때
의 압력을 무엇이라고 하는가?

① 분출 전개압력
② 분출 개시압력
③ 분출 정지압력
④ 분출 종료압력

해설 안전밸브 분출 개시압력
약간의 기포가 발생한다.

40 응축압력의 이상 고압에 대한 원인으로 가장 거리가 먼 것은?

① 응축기의 냉각관 오염
② 불응축 가스 혼입
③ 응축부하 증대
④ 냉매 부족

해설 냉매가 부족하면 응축압력이 저하한다(냉매가 부족하면 증발압력이 낮아지고 압축비가 증대).

SECTION 03 공기조화

41 단일덕트 방식에 대한 설명으로 틀린 것은?

① 중앙기계실에 설치한 공기조화기에서 조화한 공기를 주 덕트를 통해 각 실로 분배한다.
② 단일덕트 일정 풍량 방식은 개별제어에 적합하다.
③ 단일덕트 방식에서는 큰 덕트 스페이스를 필요로 한다.
④ 단일덕트 일정 풍량 방식에서는 재열을 필요로 할 때도 있다.

해설 덕트 방식은 개별식이 아닌 중앙식 공조냉난방 방식이다.

42 내벽 열전달률 $4.7\text{W/m}^2 \cdot \text{K}$, 외벽 열전달률 $5.8\text{W/m}^2 \cdot \text{K}$, 열전도율 $2.9\text{W/m} \cdot \text{℃}$, 벽두께 25cm, 외기온도 -10℃, 실내온도 20℃일 때 열관류율 $(\text{W/m}^2 \cdot \text{K})$은?

① 1.8
② 2.1
③ 3.6
④ 5.2

해설 열관류율$(K) = \cfrac{1}{\cfrac{1}{a_1} + \cfrac{d}{\lambda} + \cfrac{1}{a_2}}$ $(\text{W/m}^2 \cdot \text{K})$

$25\text{cm} = 0.25\text{m}$

$K = \cfrac{1}{\cfrac{1}{4.7} + \cfrac{0.25}{2.9} + \cfrac{1}{5.8}} = \cfrac{1}{4.7} = 2.1(\text{W/m}^2 \cdot \text{K})$

43 변풍량 유닛의 종류별 특징에 대한 설명으로 틀린 것은?

① 바이패스형은 덕트 내의 정압 변동이 거의 없고 발생 소음이 작다.
② 유인형은 실내 발생열을 온열원으로 이용 가능하다.
③ 교축형은 압력 손실이 작고 동력 절감이 가능하다.
④ 바이패스형은 압력 손실이 작지만 송풍기 동력 절감이 어렵다.

해설 변풍량 유닛(터미널 유닛)
㉠ 바이패스형
㉡ 슬롯형(교축형) : 정풍량장치의 설치에 따른 덕트의 설계시공이 용이하나 정압 변화에 대응할 수 있는 정압 제어가 필요하다는 단점이 있다(송풍동력의 절감이 가능하다는 장점이 있다).
㉢ 유인형

44 냉방부하의 종류에 따라 연관되는 열의 종류로 틀린 것은?

① 인체의 발생열 – 현열, 잠열
② 극간풍에 의한 열량 – 현열, 잠열
③ 조명부하 – 현열, 잠열
④ 외기 도입량 – 현열, 잠열

해설 조명부하(현열부하)
㉠ 백열등 : $0.86 \times W \cdot f$
㉡ 형광등 : $0.86 \times W \cdot f \times 1.2$
(W : 조명기구 총 watt, f : 조명점등률)

45 습공기의 습도에 대한 설명으로 틀린 것은?

① 절대습도는 건공기 중에 포함된 수증기량을 나타낸다.
② 수증기 분압은 절대습도에 반비례 관계가 있다.
③ 상대습도는 습공기의 수증기 분압과 포화공기의 수증기 분압과의 비로 나타낸다.
④ 비교습도는 습공기의 절대습도와 포화공기의 절대습도와의 비로 나타낸다.

해설 ㉠ 포화수증기 압력은 각 온도에서 포화공기 중의 수증기 분압과 같다.
㉡ 수증기 분압은 절대습도와 비례 관계이다.

46 공기의 온도에 따른 밀도 특성을 이용한 방식으로 실내보다 낮은 온도의 신선공기를 해당 구역에 공급함으로써 오염물질을 대류효과에 의해 실내 상부에 설치된 배기구를 통해 배출시켜 환기 목적을 달성하는 방식은?

① 기계식 환기법 ② 전반 환기법
③ 치환 환기법 ④ 국소 환기법

해설 치환 환기법

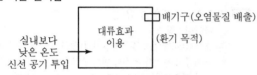

47 아래 그림에 나타낸 장치를 표의 조건으로 냉방운전을 할 때 A실에 필요한 송풍량(m³/h)은?(단, A실의 냉방부하는 현열부하 8.8kW, 잠열부하 2.8kW이고, 공기의 정압비열은 1.01kJ/kg · K, 밀도는 1.2 kg/m³이며, 덕트에서의 열손실은 무시한다.)

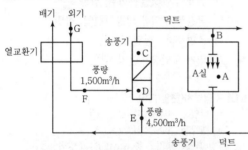

지점	온도(DB), ℃	습도(RH), %
A	26	50
B	17	–
C	16	85

① 924 ② 1,847
③ 2,904 ④ 3,831

해설 $1kWh = 3,600kJ$
A실의 부하량 $= 8.8kW = 8.8 \times 3,600kJ/h = 31,680kJ/h$
부하$(H) = Q_1 \times \rho \times C_p(t_2 - t_1)$
$31,680 = Q_1 \times 1.2 \times 1.01 \times (26-16)$
∴ 소요풍량$(Q_1) = \dfrac{31,680}{1.2 \times 1.01 \times 9} = 2,904(m^3/h)$

48 다음 중 증기난방 장치의 구성으로 가장 거리가 먼 것은?

① 트랩 ② 감압밸브
③ 응축수탱크 ④ 팽창탱크

해설 팽창탱크(온수난방용)
㉠ 개방식(저온수용)
㉡ 밀폐식(고온수용)

49 환기에 따른 공기조화부하의 절감 대책으로 틀린 것은?

① 예냉, 예열 시 외기도입을 차단한다.
② 열 발생원이 집중되어 있는 경우 국소배기를 채용한다.
③ 전열교환기를 채용한다.
④ 실내 정화를 위해 환기횟수를 증가시킨다.

해설 환기횟수가 증가하면 송풍량이 많아져서 냉방, 난방 부하가 증가된다. 따라서 에너지 손실 요인이 증가한다.

50 온수난방에 대한 설명으로 틀린 것은?

① 저온수 난방에서 공급수의 온도는 100℃ 이하이다.
② 사람이 상주하는 주택에서는 복사난방을 주로 한다.
③ 고온수 난방의 경우 밀폐식 팽창탱크를 사용한다.
④ 2관식 역환수 방식에서는 펌프에 가까운 방열기일수록 온수 순환량이 많아진다.

해설 온수난방 역환수방식(리버스리턴 방식)은 온수의 순환량이 일정하다.

51 방열기에서 상당방열면적(EDR)은 아래의 식으로 나타낸다. 이 중 Q_o는 무엇을 뜻하는가?(단, 사용단위로 Q는 W, Q_o는 W/m²이다.)

$$EDR(m^2) = \frac{Q}{Q_o}$$

① 증발량 ② 응축수량
③ 방열기의 전방열량 ④ 방열기의 표준방열량

해설 $EDR = \dfrac{\text{난방부하}}{\text{방열기 표준방열량}} (\text{m}^2)$

52 공조기 냉수코일 설계 기준으로 틀린 것은?

① 공기류와 수류의 방향은 역류가 되도록 한다.
② 대수평균온도차는 가능한 한 작게 한다.
③ 코일을 통과하는 공기의 전면풍속은 2~3m/s로 한다.
④ 코일의 설치는 관이 수평으로 놓이게 한다.

해설 공조기 냉방 시, 냉수코일 설계 시 대수평균온도차는 가능한 한 크게 해야 전열효과가 커진다.

53 공기세정기의 구성품인 엘리미네이터의 주된 기능은?

① 미립화된 물과 공기와의 접촉 촉진
② 균일한 공기 흐름 유도
③ 공기 내부의 먼지 제거
④ 공기 중의 물방울 제거

해설 가습장치(공기세정기)의 엘리미네이터의 주된 기능은 공기 중의 물방울을 제거하는 것이다.

54 다음 중 열수분비(μ)와 현열비(SHF)와의 관계식으로 옳은 것은?(단, q_S는 현열량, q_L은 잠열량, L은 가습량이다.)

① $\mu = SHF \times \dfrac{q_S}{L}$

② $\mu = \dfrac{1}{SHF} \times \dfrac{q_L}{L}$

③ $\mu = SHF \times \dfrac{q_L}{L}$

④ $\mu = \dfrac{1}{SHF} \times \dfrac{q_S}{L}$

해설 열수분비(μ) $= \dfrac{\text{엔탈피 변화}}{\text{절대습도 변화}}$

현열비(SHF) $= \dfrac{\text{현열}}{\text{현열} + \text{잠열}}$

$\therefore$ 열수분비(μ) $= \dfrac{1}{SHF} \times \dfrac{q_s}{L}$

55 대류 및 복사에 의한 열전달률에 의해 기온과 평균복사온도를 가중 평균한 값으로 복사난방 공간의 열환경을 평가하기 위한 지표를 나타내는 것은?

① 작용온도(Operative Temperature)
② 건구온도(Drybulb Temperature)
③ 카타냉각력(Kata Cooling Power)
④ 불쾌지수(Discomfort Index)

해설 작용온도
대류 및 복사에 의한 열전달률(kcal/m² · h · ℃)에 의해 기온과 평균복사온도를 가중 평균한 값으로 복사난방 공간의 열환경을 평가하기 위한 지표이다.

56 A, B 두 방의 열손실은 각각 4kW이다. 높이 600mm인 주철재 5세주 방열기를 사용하여 실내온도를 모두 18.5℃로 유지시키고자 한다. A실은 102℃의 증기를 사용하며, B실은 평균 80℃의 온수를 사용할 때 두 방 전체에 필요한 총 방열기의 절수는?(단, 표준방열량을 적용하며, 방열기 1절(節)의 상당 방열면적은 0.23m²이다.)

① 23개   ② 34개
③ 42개   ④ 56개

해설 1kWh=860kcal(표준난방 : 증기 650, 온수 450)
총 열손실=860×4=3,440kcal/h
방열기 요구수량(A, B 방의 증기 · 온수 난방용)
방열기 절수(E_A) $= \dfrac{3,440}{650 \times 0.23} + \dfrac{3,440}{450 \times 0.23} = 56$개

57 실내를 항상 급기용 송풍기를 이용하여 정압(+) 상태로 유지할 수 있어서 오염된 공기의 침입을 방지하고, 연소용 공기가 필요한 보일러실, 반도체 무균실, 소규모 변전실, 창고 등에 적용하기에 적합한 환기법은?

① 제1종 환기
② 제2종 환기
③ 제3종 환기
④ 제4종 환기

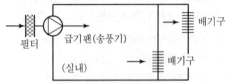

58 전공기방식에 대한 설명으로 틀린 것은?

① 송풍량이 충분하여 실내오염이 적다.
② 환기용 팬을 설치하면 외기냉방이 가능하다.
③ 실내에 노출되는 기기가 없어 마감이 깨끗하다.
④ 천장의 여유 공간이 작을 때 적합하다.

해설 전공기방식(단일덕트, 2중덕트)은 천장의 여유 공간이 많은 극장, 공회당, 종교시설, 집합장소에서 사용이 편리하다.

59 건구온도 30℃, 습구온도 27℃일 때 불쾌지수(DI)는 얼마인가?

① 57 　　　　　 ② 62
③ 77 　　　　　 ④ 82

해설 불쾌지수$(DI) = 0.72 \times (t + t') + 40.6$
$= 0.72 \times (30 + 27) + 40.6 = 82$

60 송풍기의 법칙에 따라 송풍기 날개 직경이 D_1일 때, 소요동력이 L_1인 송풍기를 직경 D_2로 크게 했을 때 소요동력 L_2를 구하는 공식으로 옳은 것은?(단, 회전속도는 일정하다.)

① $L_2 = L_1 \left(\dfrac{D_1}{D_2} \right)^5$ 　　② $L_2 = L_1 \left(\dfrac{D_1}{D_2} \right)^4$

③ $L_2 = L_1 \left(\dfrac{D_2}{D_1} \right)^4$ 　　④ $L_2 = L_1 \left(\dfrac{D_2}{D_1} \right)^5$

해설 송풍기 날개 직경 변화에 의한 소요동력(L_2)

$L_2 = L_1 \left(\dfrac{D_2}{D_1} \right)^5$

SECTION 04 전기제어공학

61 다음 신호흐름선도에서 $\dfrac{C(s)}{R(s)}$는?

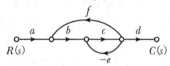

① $\dfrac{abcd}{1 + ce + bcf}$ 　　② $\dfrac{abcd}{1 - ce + bcf}$

③ $\dfrac{abcd}{1 + ce - bcf}$ 　　④ $\dfrac{abcd}{1 - ce - bcf}$

해설 $G_1 = abcd$, $\Delta_1 = 1$, $L_{11} = -ce$, $L_{21} = bcf$
$\Delta = 1 - (L_{11} + L_{21}) = 1 + ce - bcf$
$G = \dfrac{c}{R} = \dfrac{G_1 \Delta_1}{\Delta} = \dfrac{abcd}{1 + ce - bcf}$
※ 종속접속

㉠ 블록선도 $a \longrightarrow \boxed{G_1} \xrightarrow{\ b\ } \boxed{G_2} \longrightarrow c$

㉡ 신호흐름선도 $a \circ\!\!-\!\!\xrightarrow{G_1}\!\!-\!\!\xrightarrow{b}\!\!-\!\!\xrightarrow{G_2}\!\!-\!\!\circ c$

62 코일에 흐르고 있는 전류가 5배로 되면 측정되는 에너지는 몇 배가 되는가?

① 10 　　　　　 ② 15
③ 20 　　　　　 ④ 25

해설 전자에너지$(W) = \dfrac{1}{2} L I^2$(J) (L : 자기인덕턴스, I : 전류)
$I^2 = 5^2 = 25$
∴ W는 25배가 된다.
※ 전자에너지는 전류의 제곱에 비례한다.

63 역률 0.85, 선전류 50A, 유효전력 28kW인 평형 3상 △부하의 전압(V)은 약 얼마인가?

① 300 　　　　　 ② 380
③ 476 　　　　　 ④ 660

해설 3상 전력(W) $= \sqrt{3} \times$ 선간전압 $\times$ 선전류 $\times$ 역률
28×10^3(W) $= \sqrt{3} \times V \times 50 \times 0.85$
∴ 3상 △부하 전압$(V) = \dfrac{28 \times 10^3}{\sqrt{3} \times 50 \times 0.85} = 380$(V)

64 탄성식 압력계에 해당되는 것은?

① 경사관식   ② 압전기식
③ 환상평형식   ④ 벨로스식

> **해설** 탄성식 압력계(2차 압력계)
> ㉠ 벨로스식
> ㉡ 부르동관식
> ㉢ 다이어프램식

65 맥동률이 가장 큰 정류회로는?

① 3상 전파   ② 3상 반파
③ 단상 전파   ④ 단상 반파

> **해설** 맥동률
> (단상반파 > 단상전파 > 3상반파 > 3상전파 > 3상양파)
> ㉠ 교류분을 포함한 직류에서 그 평균값에 대한 교류분의 실효값의 비이다
> ㉡ 단상반파 121%, 단상전파 48%, 3상반파 17.7%, 3상전파 4.04%
> ※ 정류회로 : 교류를 직류로 변환하는 회로(실리콘 정류기 회로)

66 다음 블록선도의 전달함수는?

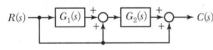

① $G_1(s)\,G_2(s) + G_2(s) + 1$
② $G_1(s)\,G_2(s) + 1$
③ $G_1(s)\,G_2(s) + G_2$
④ $G_1(s)\,G_2(s) + G_1 + 1$

> **해설** $(RG_1 + R)\,G_2 + R \to C$
> $RG_1 G_2 + RG_1 + R \to C$
> $R(G_1 G_2 + G_2 + 1) \to C$
> ∴ 전달함수$\left(\dfrac{C}{R}\right) = G_1 G_2 + G_2 + 1$

67 다음 중 간략화한 논리식이 다른 것은?

① $(A+B) \cdot (A+\overline{B})$ ② $A \cdot (A+B)$
③ $A+(\overline{A} \cdot B)$ ④ $(A \cdot B)+(A \cdot \overline{B})$

> **해설** ① $(A+B) \cdot (A+\overline{B}) = AA + A(B+\overline{B}) + B\overline{B}$
> $\qquad\qquad\qquad\qquad\quad = A + A \cdot 1 + 0 = A$
> ② $A(A+B) = AA + XB = A + AB = A(1+B) = A$
> ③ $A + (\overline{A} \cdot B) = A(\overline{A} \cdot B) = B$
> ④ $(A \cdot B) + (A \cdot \overline{B}) = A(B+\overline{B}) = A$

68 논리식 $L = \overline{x} \cdot \overline{y} + \overline{x} \cdot y$를 간단히 한 식은?

① $L = x$ ② $L = \overline{x}$
③ $L = y$ ④ $L = \overline{y}$

> **해설** $L = \overline{x} \cdot \overline{y} + \overline{x} \cdot y = \overline{x}(\overline{y}+y) = \overline{x}$

69 물체의 위치, 방향 및 자세 등의 기계적 변위를 제어량으로 해서 목표값의 임의의 변화에 추종하도록 구성된 제어계는?

① 프로그램 제어   ② 프로세스 제어
③ 서보 기구   ④ 자동조정

> **해설** 서보 기구
> 물체의 위치, 방향, 자세 등의 기계적 변위를 제어량으로 목표값의 임의의 변화에 추종하도록 구성된 제어계이다.
> ※ 제어량의 분류 : 서보 기구, 프로세스 제어, 자동조정 제어

70 단자전압 V_{ab}는 몇 V인가?

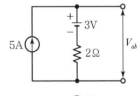

① 3   ② 7
③ 10   ④ 13

> **해설** 전압$(V) = \dfrac{W}{Q}(\text{J/C}) = \dfrac{W}{Q}(\text{V})$, $W = VQ(\text{J})$
> 전력$(P) = \dfrac{V^2}{R}(\text{W})$, 전류$(I) = \dfrac{Q}{t}(\text{C/s} = \text{A})$
> $5\text{A} \times 2\Omega = 10\text{V}$
> ∴ 단자전압$(V_{ab}) = 10 + 3 = 13(\text{V})$

71 전자석의 흡인력은 자속밀도 $B(\mathrm{Wb/m^2})$와 어떤 관계에 있는가?

① B에 비례
② $B^{1.5}$에 비례
③ B^2에 비례
④ B^3에 비례

해설 자기흡인력$(f) = \dfrac{1}{2} \times \dfrac{B^2}{\mu_o}(\mathrm{N/m^2})$

(μ_o : 자장의 세기)

72 피드백 제어의 특징에 대한 설명으로 틀린 것은?

① 외란에 대한 영향을 줄일 수 있다.
② 목표값과 출력을 비교한다.
③ 조절부와 조작부로 구성된 제어요소를 가지고 있다.
④ 입력과 출력의 비를 나타내는 전체 이득이 증가한다.

해설 피드백 제어의 특징

①, ②, ③항 외에도 입력과 출력(목표값 – 제어량)을 비교하여 제어동작을 일으키는 데 필요한 신호를 만드는 비교부가 필요하며, 계의 특성 변화에 대한 입력 대 출력 비는 감소하고 비선형성과 왜형에 대한 효과가 감소한다. 발진을 일으키고 불안정한 상태로 되어가는 경향성이 있다.

73 다음 회로와 같이 외전압계법을 통해 측정한 전력 (W)은?(단, R_i : 전류계의 내부저항, R_e : 전압계의 내부저항이다.)

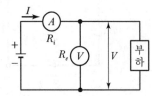

① $P = VI - \dfrac{V^2}{R_e}$
② $P = VI - \dfrac{V^2}{R_i}$
③ $P = VI - 2R_eI$
④ $P = VI - 2R_iI$

해설 외전압계법 전력$(P) = VI - \dfrac{V^2}{R_e}$

※ 전압계
　㉠ 전기회로에서 저항 등 회로요소의 양끝 사이의 전압을 측정하는 기구이다(직류전압계, 교류전압계).

　㉡ 작동방법 : 아날로그형, 디지털형
　㉢ 작동원리 : 가동코일형, 가동철편형, 전류력계형, 정전기형, 열전쌍형
　㉣ 전압을 측정하려면 전압계를 회로에 병렬로 접속한다.

74 목표값 이외의 외부 입력으로 제어량을 변화시키며 인위적으로 제어할 수 없는 요소는?

① 제어동작신호
② 조작량
③ 외란
④ 오차

해설 오차는 목표값 이외의 외부입력으로 제어량을 변화시키며 인위적으로 제어할 수 없는 요소이다.

75 2전력계법으로 3상 전력을 측정할 때 전력계의 지시가 $W_1 = 200\mathrm{W}$, $W_2 = 200\mathrm{W}$이다. 부하전력(W)은?

① 200
② 400
③ $200\sqrt{3}$
④ $400\sqrt{3}$

해설 3상 전력$(P) = P_1 + P_2 = \sqrt{3}\,V_\ell I_\ell$
∴ 부하전력 $= 200 + 200 = 400(\mathrm{W})$

76 $R = 10\Omega$, $L = 10\mathrm{mH}$에 가변콘덴서 C를 직렬로 구성시킨 회로에 교류주파수 $1,000\mathrm{Hz}$를 가하여 직렬 공진을 시켰다면 가변콘덴서는 약 몇 $\mu\mathrm{F}$인가?

① 2.533
② 12.675
③ 25.35
④ 126.75

해설 콘덴서
　㉠ 정전용량을 얻기 위해 사용하는 부품이다(축전기).
　㉡ 종류로 고정콘덴서, 가변콘덴서가 있다.
　㉢ 단위는 패럿(F)이다.
　㉣ 직렬 연결

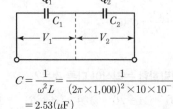

$C = \dfrac{1}{\omega^2 L} = \dfrac{1}{(2\pi \times 1,000)^2 \times 10 \times 10^{-3}} \times 10^6$
$= 2.53(\mu\mathrm{F})$

※ $1\mathrm{F} = 10^6\mu\mathrm{F}$

77 스위치 S의 개폐에 관계없이 전류 I가 항상 30A라면 R_3와 R_4는 각각 몇 Ω인가?

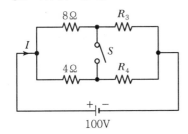

① $R_3 = 1$, $R_4 = 3$ ② $R_3 = 2$, $R_4 = 1$

③ $R_3 = 3$, $R_4 = 2$ ④ $R_3 = 4$, $R_4 = 4$

해설 $I = \dfrac{V}{R} = \dfrac{R_4}{R_3 + R_4}$

- S를 닫으면 $I_1 = 30 \times \dfrac{4}{4+8} = 10A$,

  $I_2 = 30 \times \dfrac{8}{4+8} = 20A$

- S를 열면 $V_1 = 10 \times 8 = 80V$, $V_2 = 20 \times 4 = 80V$

$\therefore R_3 = \dfrac{100-80}{10} = 2(\Omega)$, $R_4 = \dfrac{100-80}{20} = 1(\Omega)$

78 아래 R-L-C 직렬회로의 합성 임피던스(Ω)는?

$$\text{───}\mathcal{W}\mathcal{W}\text{───}\text{0000}\text{───}||\text{───}$$
$$\qquad 4\Omega \qquad 7\Omega \qquad 4\Omega$$

① 1 ② 5

③ 7 ④ 15

해설 임피던스

ㄱ 전기회로에 교류를 흘리는 경우 전류의 흐름을 방해하는 정도를 나타내는 값이다.

ㄴ R-L-C 직렬회로 임피던스(Z)

$Z = \sqrt{R^2 + (X_L - X_C)^2} = \sqrt{R^2 + \left(\omega L - \dfrac{1}{\varepsilon c}\right)^2}$ (Ω)

$\therefore$ 임피던스 $= \sqrt{4^2 + (7-4)^2} = 5(\Omega)$

79 변압기의 효율이 가장 좋을 때의 조건은?

① 철손 $= \dfrac{2}{3} \times$동손 ② 철손 $= 2 \times$동손

③ 철손 $= \dfrac{1}{2} \times$동손 ④ 철손 $=$동손

해설 • 변압기 전부하 효율(η) $= \dfrac{\text{출력}}{\text{출력} + \text{손실}} \times 100(\%)$

- 변압기 전손실은 무부하손(철손)과 부하손(동손)의 합이며 철손은 부하에 관계없이 일정하고 동손은 부하전류의 제곱에 비례한다.(변압기의 최대 효율 조건 : 무부하손 = 부하손) 즉, 무부하손의 대부분인 철손(P_L)과 부하손의 대부분인 동손(P_C)이 같을 때 효율이 최대가 된다..

80 입력 신호가 모두 "1"일 때만 출력이 생성되는 논리 회로는?

① AND 회로 ② OR 회로

③ NOR 회로 ④ NOT 회로

해설 AND 논리곱회로

2개의 입력 A와 B가 모두 1일 때만 출력이 1이 되는 논리식 ($X = A \cdot B$)로 표시된다.

SECTION **05** 배관일반

81 펌프 흡입 측 수평배관에서 관경을 바꿀 때 편심 리듀서를 사용하는 목적은?

① 유속을 빠르게 하기 위하여

② 펌프 압력을 높이기 위하여

③ 역류 발생을 방지하기 위하여

④ 공기가 고이는 것을 방지하기 위하여

해설 편심 리듀서(공기 고임 방지용)

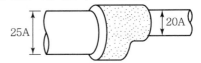

82 다음 중 배관의 중심 이동이나 구부러짐 등의 변위를 흡수하기 위한 이음이 아닌 것은?

① 슬리브형 이음 ② 플렉시블 이음

③ 루프형 이음 ④ 플라스탄 이음

해설 연관이음

㉠ 플라스탄 이음
  • 맞대기이음 및 직선이음
  • 수전 소켓 이음
  • 지관이음 및 만다린 이음
㉡ 살올림 납땜 이음
㉢ 용접이음

83 온수배관 시공 시 유의사항으로 틀린 것은?

① 일반적으로 팽창관에는 밸브를 설치하지 않는다.
② 배관의 최저부에는 배수 밸브를 설치한다.
③ 공기밸브는 순환펌프의 흡입 측에 부착한다.
④ 수평관은 팽창탱크를 향하여 올림구배로 배관한다.

해설

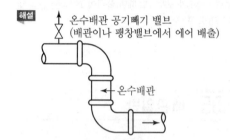

온수배관 공기빼기 밸브
(배관이나 팽창밸브에서 에어 배출)

온수배관

84 다음 중 밸브 몸통 내에 밸브대를 축으로 하여 원판 형태의 디스크가 회전함에 따라 개폐하는 밸브는 무엇인가?

① 버터플라이 밸브   ② 슬루스 밸브
③ 앵글 밸브   ④ 볼 밸브

해설 버터플라이 밸브
밸브 몸통 내에 밸브대를 축으로 하여 원판 형태의 디스크가 회전함에 따라 개폐하며 기어형, 집게형이 있다.

85 강관의 나사이음 시 관을 절단한 후 관 단면의 안쪽에 생기는 거스러미를 제거할 때 사용하는 공구는?

① 파이프 바이스   ② 파이프 리머
③ 파이프 렌치   ④ 파이프 커터

해설 파이프 리머(관용리머) : 거스러미 제거용 공구

86 옥상탱크에서 오버플로관을 설치하는 가장 적합한 위치는?

① 배수관보다 하위에 설치한다.
② 양수관보다 상위에 설치한다.
③ 급수관과 수평위치에 설치한다.
④ 양수관과 동일 수평위치게 설치한다.

해설 옥상탱크방식

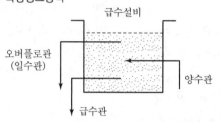

급수설비

오버플로관
(일수관)

양수관

급수관

87 하트포드(Hartford) 배관법에 관한 설명으로 틀린 것은?

① 보일러 내의 안전 저수면보다 높은 위치에 환수관을 접속한다.
② 저압증기난방에서 보일러 주변의 배관에 사용한다.
③ 하트포드 배관법은 보일러 내의 수면이 안전수위 이하로 유지하기 위해 사용된다.
④ 하트포드 배관 접속 시 환수주관에 침적된 찌꺼기의 보일러 유입을 방지할 수 있다.

해설 하트포드 배관법은 보일러 내의 수면을 안전수위 이상으로 유지하기 위한 배관법이다.

88 급수급탕설비에서 탱크류에 대한 누수의 유무를 조사하기 위한 시험방법으로 가장 적절한 것은?

① 수압시험   ② 만수시험
③ 통수시험   ④ 잔류염소의 측정

해설

급수, 급탕 탱크
누수 유무 시험
(만수시험)

89 중앙식 급탕법에 대한 설명으로 틀린 것은?

① 탱크 속에 직접 증기를 분사하여 물을 가열하는 기수 혼합식의 경우 소음이 많아 증기관에 소음기(silencer)를 설치한다.

② 열원으로 비교적 가격이 저렴한 석탄, 중유 등을 사용하므로 연료비가 적게 든다.

③ 급탕설비를 다른 설비 기계류와 동일한 장소에 설치하므로 관리가 용이하다.

④ 저탕 탱크 속에 가열 코일을 설치하고, 여기에 증기 보일러를 통해 증기를 공급하여 탱크 안의 물을 직접 가열하는 방식을 직접 가열식 중앙 급탕법이라 한다.

해설 ④는 직접가열식에 관한 내용이다. 직접가열식은 급수를 넣고 직접 열을 가하여 온수를 만드는 것으로, 단관식, 복관식이 있다. ④의 내용 중 '증기 보일러를 통해 증기를 공급하여'는 직접가열식이 아닌 기수혼합식이다.

90 공기조화 설비에서 에어워셔의 플러딩 노즐이 하는 역할은?

① 공기 중에 포함된 수분을 제거한다.

② 입구공기의 난류를 정류로 만든다.

③ 엘리미네이터에 부착된 먼지를 제거한다.

④ 출구에 섞여 나가는 비산수를 제거한다.

해설 공조기 에어워셔(가습기)의 플러딩 노즐은 엘리미네이터에 부착된 먼지 제거용이다.

91 다음 공조용 배관 중 배관 샤프트 내에서 단열시공을 하지 않는 배관은?

① 온수관   ② 냉수관

③ 증기관   ④ 냉각수관

해설 냉각수관은 단열시공을 하지 않는다.

※ 냉각수 흐름도

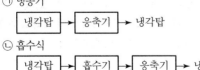

92 급수온도 5℃, 급탕온도 60℃, 가열 전 급탕설비의 전수량은 2m³, 급수와 급탕의 압력차는 50kPa일 때, 절대압력 300kPa의 정수두가 걸리는 위치에 설치하는 밀폐식 팽창탱크의 용량(m³)은?(단, 팽창탱크의 초기 봉입 절대압력은 300kPa이고, 5℃일 때 밀도는 1,000kg/m³, 60℃일 때 밀도는 983.1kg/m³이다.)

① 0.83   ② 0.57

③ 0.24   ④ 0.17

해설 밀폐식 팽창탱크 내용적(V)

$$V = \frac{\Delta V}{\dfrac{P_a}{P_a + 0.1H} - \dfrac{P_a}{P_t}}(\text{L}) = \frac{\Delta V}{P_a\left(\dfrac{1}{P_a} - \dfrac{1}{P_m}\right)}$$

$$\text{물의 팽창량}(\Delta V) = V' \times \left(\frac{1}{\rho_t} - \frac{1}{\rho_r}\right)$$

$$= 2 \times \left(\frac{1,000}{983.1} - 1\right) = 0.034(\text{m}^3)$$

$$\therefore V(\text{밀폐식}) = \frac{0.034}{300 \times \left(\dfrac{1}{300} - \dfrac{1}{300 + 500}\right)} = 0.24(\text{m}^3)$$

93 배관재료에 대한 설명으로 틀린 것은?

① 배관용 탄소강 강관은 1MPa 이상, 10MPa 이하 증기관에 적합하다.

② 주철관은 용도에 따라 수도용, 배수용, 가스용, 광산용으로 구분한다.

③ 연관은 화학 공업용으로 사용되는 1종관과 일반용으로 쓰이는 2종관, 가스용으로 사용되는 3종관이 있다.

④ 동관은 관 두께에 따라 K형, L형, M형으로 구분한다.

해설 배관용 탄소강관(SPP)

1MPa 이하의 배관용이며 물, 기름, 증기, 가스, 공기 배관용

94 다음 중 증기난방용 방열기를 열손실이 가장 많은 창문 쪽의 벽면에 설치할 때 벽면과의 거리로 가장 적절한 것은?

① 5~6cm   ② 10~11cm

③ 19~20cm   ④ 25~26cm

해설 방열기(라디에이터) 설치

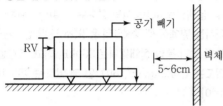

95 저·중압의 공기가열기, 열교환기 등 다량의 응축수를 처리하는 데 사용되며, 작동원리에 따라 다량 트랩, 부자형 트랩으로 구분하는 트랩은?

① 바이메탈 트랩 ② 벨로즈 트랩

③ 플로트 트랩 ④ 벨 트랩

해설 다량 증기 트랩(기계적 트랩)
ⓐ 플로트 트랩(레버 부자형) : 대량형
ⓑ 볼조인트형 트랩(자유 부자형) : 소량형

96 냉동장치에서 압축기의 표시방법으로 틀린 것은?

①  : 밀폐형 일반

②  : 로터리형

③  : 원심형

④  : 왕복동형

해설 ⓐ 원심형 압축기

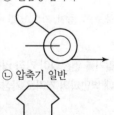

ⓑ 압축기 일반

97 공조배관설비에서 수격작용의 방지법으로 틀린 것은?

① 관 내의 유속을 낮게 한다.
② 밸브는 펌프 흡입구 가까이 설치하고 제어한다.
③ 펌프에 플라이휠(flywheel)을 설치한다.
④ 서지 탱크를 설치한다.

해설 수격작용(워터해머) 방지법은 ①, ③, ④항이다.

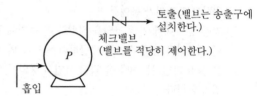

98 압축공기 배관설비에 대한 설명으로 틀린 것은?

① 분리기는 윤활유를 공기나 가스에서 분리시켜 제거하는 장치로서 보통 중간냉각기와 후부냉각기 사이에 설치한다.
② 위험성 가스가 체류되어 있는 압축기실은 밀폐시킨다.
③ 맥동을 완화하기 위하여 공기탱크를 장치한다.
④ 가스관, 냉각수관 및 공기탱크 등에 안전밸브를 설치한다.

해설 위험성 가스가 체류하는 압축기실은 개방시켜 환기한다.

99 프레온 냉동기에서 압축기로부터 응축기에 이르는 배관의 설치 시 유의사항으로 틀린 것은?

① 배관이 합류할 때는 T 자형보다 Y 자형으로 하는 것이 좋다.
② 압축기로부터 올라온 토출관이 응축기에 연결되는 수평부분은 응축기 쪽으로 하향 구배로 배관한다.
③ 2대의 압축기가 아래쪽에 있고 1대의 응축기가 위쪽에 있는 경우 토출가스 헤더는 압축기 위에 배관하여 토출가스관에 연결한다.
④ 압축기와 응축기가 각각 2대이고 압축기가 응축기의 하부에 설치된 경우 압축기의 크랭크 케이스 균압관은 수평으로 배관한다.

해설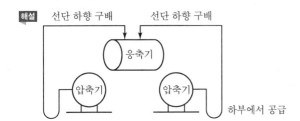

선단 하향 구배   선단 하향 구배

응축기

압축기   압축기

하부에서 공급

---

100 수도 직결식 급수방식에서 건물 내에 급수를 할 경우 수도 본관에서의 최저 필요압력을 구하기 위한 필요 요소가 아닌 것은?

① 수도 본관에서 최고 높이에 해당하는 수전까지의 관 재질에 따른 저항

② 수도 본관에서 최고 높이에 해당하는 수전이나 기구별 소요압력

③ 수도 본관에서 최고 높이에 해당하는 수전까지의 관 내 마찰손실수두

④ 수도 본관에서 최고 높이에 해당하는 수전까지의 상당압력

해설 수도 직결식 수도 본관 최저 필요압력(P)= ② + ③ + ④
※ 압력을 구하는 것과 재질과는 관련성이 없다.

SECTION 01 기계열역학

01 어떤 습증기의 엔트로피가 $6.78\text{kJ/kg}\cdot\text{K}$라고 할 때 이 습증기의 엔탈피는 약 몇 kJ/kg인가?(단, 이 기체의 포화액 및 포화증기의 엔탈피와 엔트로피는 다음과 같다.)

구분	포화액	포화증기
엔탈피(kJ/kg)	384	2,666
엔트로피(kJ/kg · K)	1.25	7.62

① 2,365 ② 2,402
③ 2,473 ④ 2,511

해설 증기건도$(x) = \dfrac{h'-h}{h''-h} = \dfrac{6.78-1.25}{7.62-1.25} = 0.8681$

증발잠열$(\gamma) = 2,666 - 384 = 2,282\text{kJ/kg}$

$\therefore$ 습증기 엔탈피$(h') = h + x\gamma = 384 + 0.8681 \times 2,282$
$= 2,365\text{kJ/kg}$

02 압력(P) – 부피(V) 선도에서 이상기체가 그림과 같은 사이클로 작동한다고 할 때 한 사이클 동안 행한 일은 어떻게 나타내는가?

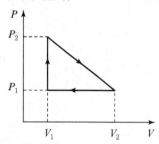

① $\dfrac{(P_2+P_1)(V_2+V_1)}{2}$

② $\dfrac{(P_2-P_1)(V_2+V_1)}{2}$

③ $\dfrac{(P_2+P_1)(V_2-V_1)}{2}$

④ $\dfrac{(P_2-P_1)(V_2-V_1)}{2}$

해설 이상기체가 한 사이클 동안 행한 일(W)

$$W = \frac{(P_2-P_1)\times(V_2-V_1)}{2}$$

03 다음 중 스테판 – 볼츠만의 법칙과 관련이 있는 열전달은?

① 대류 ② 복사
③ 전도 ④ 응축

해설 스테판–볼츠만의 법칙 : 복사(방사)열전달

$$E_b = \sigma \cdot T^4 = C_b\left(\frac{T}{100}\right)^4$$

여기서, 흑체복사정수 C_b : 5.669W/m² · K⁴
스테판–볼츠만의 정수
σ : 5.669×10^{-8}W/m² · K⁴

04 이상기체 2kg이 압력 98kPa, 온도 25℃ 상태에서 체적이 0.5m³였다면 이 이상기체의 기체상수는 약 몇 J/kg · K인가?

① 79 ② 82
③ 97 ④ 102

해설 $PV = GRT$, $R(\text{기체상수}) = \dfrac{PV}{GT}$

$\therefore R = \dfrac{98\times0.5}{2\times(25+273)} = 0.082\text{kJ/kg}\cdot\text{K} = 82\text{J/kg}\cdot\text{K}$

05 냉매가 갖추어야 할 요건으로 틀린 것은?

① 증발온도에서 높은 잠열을 가져야 한다.
② 열전도율이 커야 한다.
③ 표면장력이 커야 한다.
④ 불활성이고 안전하며 비가연성이어야 한다.

해설 냉매는 응고점이 낮고 임계온도가 높으며 표면장력이 작아야 한다.

06 어떤 유체의 밀도가 $741kg/m^3$이다. 이 유체의 비체적은 약 몇 m^3/kg인가?

① $0.78×10^{-3}$

② $1.35×10^{-3}$

③ $2.35×10^{-3}$

④ $2.98×10^{-3}$

해설 유체 밀도(ρ) : kg/m^3, 유체 비체적(V) : m^3/kg

∴ 비체적(V) $= \dfrac{1}{741} = 0.00135 = 1.35×10^{-3}m^3/kg$

07 이상적인 랭킨사이클에서 터빈 입구 온도가 350℃이고, 75kPa과 3MPa의 압력범위에서 작동한다. 펌프 입구와 출구, 터빈 입구와 출구에서 엔탈피는 각각 384.4kJ/kg 387.5kJ/kg, 3,116kJ/kg, 2,403 kJ/kg이다. 펌프일을 고려한 사이클의 열효율과 펌프일을 무시한 사이클의 열효율 차이는 약 몇 %인가?

① 0.0011

② 0.092

③ 0.11

④ 0.18

해설 랭킨사이클

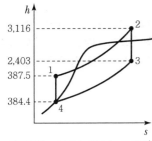

펌프일량 $= 387.5 - 384.4 = 3.1kJ/kg$

㉠ 펌프일을 무시한 효율(η_R)

$\eta_R = \dfrac{3,116 - 2,403}{3,116 - 387.5} × 100 = 26.1315\%$

㉡ 펌프일을 고려한 효율(η_R)

$\eta_R = \dfrac{(3,116 - 2,403) - (387.5 - 384.4)}{3,116 - 384.4} × 100$

$= 25.9884\%$

∴ $26.1315 - 25.9884 = 0.14\%$

08 전류 25A, 전압 13V를 가하여 축전지를 충전하고 있다. 충전하는 동안 축전지로부터 15W의 열손실이 있다. 축전지의 내부에너지 변화율은 약 몇 W인가?

① 310   ② 340

③ 370   ④ 420

해설 축전지 충전량(전력) = 전류(A) × 전압(V)

$25A × 13V = 325W$

∴ 내부에너지 변화율 $= 325 - 15 = 310W$

09 고온열원(T_1)과 저온열원(T_2) 사이에서 작동하는 역카르노 사이클에 의한 열펌프(heat pump)의 성능계수는?

① $\dfrac{T_1 - T_2}{T_1}$ ② $\dfrac{T_2}{T_1 - T_2}$

③ $\dfrac{T_1}{T_1 - T_2}$ ④ $\dfrac{T_1 - T_2}{T_2}$

해설 ㉠ 히트펌프 성능계수(ε_h) $= \dfrac{Q_1}{AW_c} = \dfrac{Q_1}{Q_1 - Q_2} = 1 + \varepsilon_r$

㉡ 냉동기 성능계수(ε_r) $= \dfrac{Q_2}{AW_c} = \dfrac{Q_2}{Q_1 - Q_2}$

∴ $\varepsilon_h = \dfrac{T_1}{T_1 - T_2}$, $\varepsilon_r = \dfrac{T_2}{T_1 - T_2}$

10 압력이 0.2MPa, 온도가 20℃의 공기를 압력이 2MPa로 될 때까지 가역단열압축했을 때 온도는 약 몇 ℃인가?(단, 공기는 비열비가 1.4인 이상기체로 간주한다.)

① 225.7   ② 273.7

③ 292.7   ④ 358.7

해설 가역단열압축($PV^k = C$)

$\dfrac{T_2}{T_1} = \left(\dfrac{V_1}{V_2}\right)^{k-1} = \left(\dfrac{P_2}{P_1}\right)^{\frac{k-1}{k}} = \left(\dfrac{2}{0.2}\right)^{\frac{1.4-1}{1.4}} × (20 + 273)$

$= 565.70K$

∴ $565.70 - 273 = 292.7℃$

11 어떤 물질에서 기체상수(R)가 0.189kJ/kg · K, 임계온도가 305K, 임계압력이 7,380kPa이다. 이 기체의 압축성 인자(compressibility factor, Z)가 다음과 같은 관계식을 나타낸다고 할 때 이 물질의 20℃, 1,000kPa 상태에서의 비체적(v)은 약 몇 m³/kg인가?(단, P는 압력, T는 절대온도, P_r은 환산압력, T_r은 환산온도를 나타낸다.)

$$Z = \frac{Pv}{RT} = 1 - 0.8\frac{P_r}{T_r}$$

① 0.0111   ② 0.0303

③ 0.0491   ④ 0.0554

해설 $V = ZRT = \dfrac{0.189 \times (20+273)}{1,000} = \left[1 - 0.8 \times \left(\dfrac{1.041}{7.38}\right)\right]$

       $= 0.0492 \text{m}^3/\text{kg}$

• $P_r = \dfrac{P_c}{1,000} = \dfrac{7,380}{1,000} = 7.38$

• $T_r = \dfrac{T_c}{T} = \dfrac{305\text{K}}{(20+273)\text{K}} = 1.041$

12 단열된 노즐에 유체가 10m/s의 속도로 들어와서 200m/s의 속도로 가속되어 나간다. 출구에서의 엔탈피가 2,770kJ/kg일 때 입구에서의 엔탈피는 약 몇 kJ/kg인가?

① 4,370   ② 4,210

③ 2,850   ④ 2,790

해설 $h_1 - h_2 = \dfrac{({W_1}^2 - {W_2}^2) \times 9.8}{2 \times 9.8 \times 10^3} = \dfrac{(200^2 - 10^2) \times 9.8}{2 \times 9.8 \times 10^3}$

       $= 19.95 \text{kJ/kg}$

∴ $h_1 = 2,770 + 19.95 \fallingdotseq 2,790 \text{kJ/kg}$

※ $1\text{kg}_f \cdot \text{m} = 9.8\text{N} \cdot \text{m} = 9.8\text{J}, \ 1,000\text{J} = 1\text{kJ}$

13 100℃의 구리 10kg을 20℃의 물 2kg이 들어있는 단열 용기에 넣었다. 물과 구리 사이의 열전달을 통한 평형 온도는 약 몇 ℃인가?(단, 구리 비열은 0.45 kJ/kg · K, 물 비열은 4.2kJ/kg · K이다.)

① 48   ② 54

③ 60   ④ 68

해설 구리 현열(Q_1) $= 10 \times 0.45 \times (100 - 20) = 360\text{kJ}$

물의 현열(Q_2) = 고온체 방열량 = 저온체 흡열량

∴ $t_m = \dfrac{m_1 C_1 t_1 + m_2 C_2 t_2}{m_1 C_1 + m_2 C_2}$

     $= \dfrac{10 \times 0.45 \times 100 + 2 \times 4.2 \times 20}{10 \times 0.45 + 2 \times 4.2} \fallingdotseq 48℃$

14 이상적인 교축과정(throttling process)을 해석하는 데 있어서 다음 설명 중 옳지 않은 것은?

① 엔트로피는 증가한다.

② 엔탈피의 변화가 없다고 본다.

③ 정압과정으로 간주한다.

④ 냉동기의 팽창밸브의 이론적인 해석에 적용될 수 있다.

해설 교축과정

㉠ 압력강하

㉡ 속도감소

㉢ 엔탈피 일정(등엔탈피)

㉣ 비가역변화

㉤ 엔트로피 증가

    • 정압과정 : 가열량은 엔탈피 변화로 나타난다.

    • 등온변화 : 엔탈피 변화가 없다.

15 이상기체로 작동하는 어떤 기관의 압축비가 17이다. 압축 전의 압력 및 온도는 112kPa, 25℃이고 압축 후의 압력은 4,350kPa이었다. 압축 후의 온도는 약 몇 ℃인가?

① 53.7

② 180.2

③ 236.4

④ 407.8

해설 보일-샤를의 법칙

$$\frac{P_1 V_1}{T_1} = \frac{P_2 V_2}{T_2}$$

$T_2 = T_1 \times \dfrac{P_2}{P_1} \times \dfrac{V_2}{V_1} = T_1 \times \dfrac{P_2}{P_1} \times \dfrac{1}{\varepsilon}$

    $= (25 + 273) \times \left(\dfrac{4,350}{112}\right) \times \dfrac{1}{17} = 680.83\text{K}(407.8℃)$

16 다음은 오토(Otto) 사이클의 온도 – 엔트로피($T - S$) 선도이다. 이 사이클의 열효율을 온도를 이용하여 나타낼 때 옳은 것은?(단, 공기의 비열은 일정한 것으로 본다.)

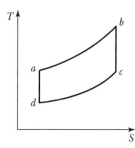

① $1 - \dfrac{T_c - T_d}{T_b - T_a}$　　② $1 - \dfrac{T_b - T_a}{T_c - T_d}$

③ $1 - \dfrac{T_a - T_d}{T_b - T_c}$　　④ $1 - \dfrac{T_b - T_c}{T_a - T_d}$

해설 오토(Otto) 사이클

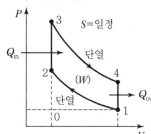

S = 일정

단열
(W)
단열

Q_{in}
Q_{out}

㉠ $1 \rightarrow 2$(단열압축)
㉡ $2 \rightarrow 3$(정적수열)
㉢ $3 \rightarrow 4$(단열팽창)
㉣ $4 \rightarrow 1$(정적방열)
공기표준사이클의

$\eta_o = 1 - \dfrac{T_c - T_d}{T_b - T_a}$

17 클라우지우스(Clausius)의 부등식을 옳게 나타낸 것은?(단, T 는 절대온도, Q 는 시스템으로 공급된 전체 열량을 나타낸다.)

① $\displaystyle\oint T\delta Q \le 0$　　② $\displaystyle\oint T\delta Q \ge 0$

③ $\displaystyle\oint \dfrac{\delta Q}{T} \le 0$　　④ $\displaystyle\oint \dfrac{\delta Q}{T} \ge 0$

해설 클라우지우스의 부등식

㉠ 가역과정 : $\displaystyle\oint \dfrac{\delta Q}{T} = 0$

㉡ 비가역과정 : $\displaystyle\oint \dfrac{\delta Q}{T} < 0$

㉢ 부등식(폐적분값) : $\displaystyle\oint \dfrac{\delta Q}{T} \le 0$

• 적분기호($\displaystyle\oint$)는 1사이클의 적분을 의미한다.

• 가역 사이클인 경우 등호(=), 비가역 사이클인 경우 부등호(<)에 해당하며, 가역 사이클인 경우 클라우지우스의 대적분값은 항상 0이다.

18 다음 중 강도성 상태량(intensive property)이 아닌 것은?

① 온도　　　　　　② 내부에너지

③ 밀도　　　　　　④ 압력

해설 ㉠ 강도성 상태량(물질의 질량에 관계없이 그 크기가 결정되는 상태량) : 온도, 압력, 비체적
㉡ 종량성 상태량(물질의 질량에 따라 그 크기가 결정되는 상태량) : 체적, 내부에너지, 엔탈피, 엔트로피

19 기체가 0.3MPa로 일정한 압력하에 8m³에서 4m³까지 마찰 없이 압축되면서 동시에 500kJ의 열을 외부로 방출하였다면, 내부에너지의 변화는 약 몇 kJ인가?

① 700　　　　　　② 1,700

③ 1,200　　　　　④ 1,400

해설 ㉠ 등압변화 : $\dfrac{T_2}{T_1} = \dfrac{V_2}{V_1}$

㉡ 내부에너지 변화 : $C_v(T_2 - T_1)$
압축열량(Q) = $0.3 \times 10^3 \times (8 - 4) = 1,200$kJ
∴ 내부에너지 변화 = $1,200 - 500 = 700$kJ

20 카르노 사이클로 작동하는 열기관이 1,000℃의 열원과 300K의 대기 사이에서 작동한다. 이 열기관이 사이클당 100kJ의 일을 할 경우 사이클당 1,000℃의 열원으로부터 받은 열량은 약 몇 kJ인가?

① 70.0　　　　　　② 76.4

③ 130.8　　　　　④ 142.9

해설 $K_1 = 1,000 + 273 = 1,273$K, $K_2 = 300$K

$\eta_c = 1 - \dfrac{T_2}{T_1} = 1 - \left(\dfrac{300}{1,273}\right) = 0.764$

∴ 받은 열량 = $\dfrac{100}{0.764} = 130.8$kJ

SECTION 02 냉동공학

21 냉동능력이 15RT인 냉동장치가 있다. 흡입증기 포화온도가 −10℃이며, 건조포화증기 흡입압축으로 운전된다. 이때 응축온도가 45℃이라면 이 냉동장치의 응축부하(kW)는 얼마인가?(단, 1RT는 3.8kW이다.)

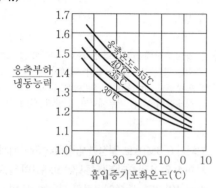

① 74.1   ② 58.7
③ 49.8   ④ 36.2

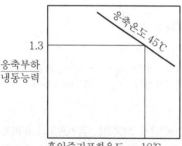

응축부하=냉동능력+압축기 일부하
냉동능력(R)=15×3.8=57kW
∴ 57×1.3=74.1kW

22 다음 중 터보 압축기의 용량(능력)제어 방법이 아닌 것은?

① 회전속도에 의한 제어
② 흡입 댐퍼에 의한 제어
③ 부스터에 의한 제어
④ 흡입 가이드 베인에 의한 제어

해설 터보형의 용량제어 방법에는 ①, ②, ④항 외에도 바이패스법, 응축수량 조절법 등이 있다.

23 냉매의 구비조건으로 옳은 것은?

① 표면장력이 작을 것   ② 임계온도가 낮을 것
③ 증발잠열이 작을 것   ④ 비체적이 클 것

해설 냉매는 임계온도가 높고 상온에서 액화가 가능하여야 하며, 증발잠열(kJ/kg)이 크고 비체적(m^3/kg) 및 표면장력이 작아야 한다.

24 증기 압축식 열펌프에 관한 설명으로 틀린 것은?

① 하나의 장치로 난방 및 냉방으로 사용할 수 있다.
② 일반적으로 성적계수가 1보다 작다.
③ 난방을 위한 별도의 보일러 설치가 필요 없어 대기오염이 적다.
④ 증발온도가 높고 응축온도가 낮을수록 성적계수가 커진다.

해설 열펌프(히트펌프)의 성적계수(COP)
COP=냉동기 성적계수(ε_R)+1
(일반적으로 성적계수가 1보다 크다.)

25 프레온 냉동장치의 배관공사 중에 수분이 장치 내에 잔류했을 경우 이 수분에 의한 장치에 나타나는 현상으로 틀린 것은?

① 프레온 냉매는 수분의 용해도가 작으므로 냉동장치 내의 온도가 0℃ 이하이면 수분은 빙결한다.
② 수분은 냉동장치 내에서 철재 재료 등을 부식시킨다.
③ 증발기의 전열기능을 저하시키고, 흡입관 내 냉매 흐름을 방해한다.
④ 프레온 냉매와 수분이 서로 화합반응하여 알칼리를 생성시킨다.

해설 프레온 냉매는 수분과의 용해도가 극히 작아서 제습기를 사용하여야 한다.
※ 암모니아 냉매는 수분과 잘 용해하나 한도 이상 침투하면 오일 유탁액 현상이 발생한다.

26 0℃와 100℃ 사이에서 작용하는 카르노 사이클 기관 (㉮)과 400℃와 500℃ 사이에서 작용하는 카르노 사이클 기관(㉯)이 있다. ㉮ 기관 열효율은 ㉯ 기관 열효율의 약 몇 배가 되는가?

① 1.2배

② 2배

③ 2.5배

④ 4배

해설 0℃+273=273K, 100℃+273=373K

400℃+273=673K, 500℃+273=773K

$$열효율비 = \frac{\left(1 - \dfrac{273}{373}\right)}{\left(1 - \dfrac{673}{773}\right)} = 2배$$

27 팽창밸브 중 과열도를 검출하여 냉매유량을 제어하는 것은?

① 정압식 자동팽창밸브

② 수동팽창밸브

③ 온도식 자동팽창밸브

④ 모세관

해설 ㉠ 온도자동식은 증발기 출구의 냉매 과열도를 일정하게 유지시킨다.

㉡ 온도식 자동팽창밸브 과열도=흡입가스 냉매온도−증발온도(프레온 건식 증발기에 사용한다.)

28 다음 중 가연성이 있어 조건이 나쁘면 인화, 폭발위험이 가장 큰 냉매는?

① R−717

② R−744

③ R−718

④ R−502

해설 R−717(암모니아 냉매)

가연성 가스냉매(분자량 17)로 가스폭발범위는 15~28%이다.

29 흡수식 냉동 사이클 선도에 대한 설명으로 틀린 것은?

① 듀링선도는 수용액의 농도, 온도, 압력 관계를 나타낸다.

② 증발잠열 등 흡수식 냉동기 설계상 필요한 열량은 엔탈피−농도 선도를 통해 구할 수 있다.

③ 듀링선도에서는 각 열교환기 내의 열교환량을 표현할 수 없다.

④ 엔탈피−농도 선도는 수평축에 비엔탈피, 수직축에 농도를 잡고 포화용액의 등온, 등압선과 발생 증기의 등압선을 그은 것이다.

해설 흡수식 냉동 사이클 듀링선도

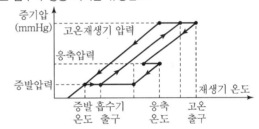

30 저온용 단열재의 조건으로 틀린 것은?

① 내구성이 있을 것   ② 흡습성이 클 것

③ 팽창계수가 작을 것   ④ 열전도율이 작을 것

해설 저온용 단열재의 조건으로는 ①, ③, ④항 외에도 흡수성·흡습성이 작아야 하고 균형 있는 다공질층이어야 하며, 종류는 일반용, 고온용이 있다.

31 다음 안전장치에 대한 설명으로 틀린 것은?

① 가용전은 응축기, 수액기 등의 압력용기에 안전장치로 설치된다.

② 파열판은 얇은 금속판으로 용기의 구멍을 막고 있는 구조이며 안전밸브로 사용된다.

③ 안전밸브는 고압 측의 각 부분에 설치하여 일정 이상 고압이 되면 밸브가 열려 저압부로 보내거나 외부로 방출하도록 한다.

④ 고압차단 스위치는 조정설정압력보다 벨로스에 가해진 압력이 낮아졌을 때 압축기를 정지시키는 안전장치이다.

해설 고압차단 스위치(안전장치)는 조정설정압력보다 벨로스(격막)에 가해진 압력이 초과할 경우 압축기를 정지시킨다.

---

32 흡수식 냉동기의 특징에 대한 설명으로 틀린 것은?

① 부분 부하에 대한 대응성이 좋다.
② 압축식, 터보식 냉동기에 비해 소음과 진동이 적다.
③ 초기 운전 시 정격 성능을 발휘할 때까지의 도달 속도가 느리다.
④ 용량제어 범위가 비교적 작아 큰 용량 장치가 요구되는 장소에 설치 시 보조 기기 설비가 요구된다.

해설 흡수식 냉동기는 용량제어 범위가 커서 큰 용량 장치가 요구되는 장소에 설치가 가능하고 보조기는 불필요하다.

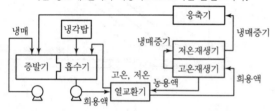

33 다음의 $P-h$ 선도상에서 냉동능력이 1냉동톤인 소형 냉장고의 실제 소요동력(kW)은?(단, 1냉동톤은 3.8kW이며, 압축효율은 0.75, 기계효율은 0.9이다.)

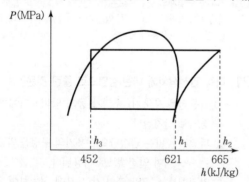

① 1.47
② 1.81
③ 2.73
④ 3.27

해설 1냉동톤=3.8kW, 1kW=3,600kJ/h
냉동능력=3.8×3,600=13,680kJ/h
냉매 증발열=621−452=169kJ/kg
압축기 일의 열당량=665−621=44kJ/kg

냉매 순환량$=\dfrac{3.8\times3,600}{169}=80.91\text{kg/h}$

$\therefore$ 냉장고 압축기 소요동력$=\dfrac{80.91\times44}{3,600\times0.75\times0.9}$
$\qquad\qquad\qquad\qquad\quad=1.47\text{kW}$

---

34 냉동장치의 윤활 목적으로 틀린 것은?

① 마모 방지
② 부식 방지
③ 냉매 누설방지
④ 동력손실 증대

해설 냉동장치에서 압축기에 윤활오일을 투입하는 이유는 동력손실을 감소시키기 위함이다.

---

35 2단 압축 1단 팽창 냉동장치에서 고단 압축기의 냉매 순환량을 G_2, 저단 압축기의 냉매 순환량을 G_1 이라고 할 때 G_2/G_1은 얼마인가?

저단 압축기 흡입증기 엔탈피(h_1)	610.4kJ/kg
저단 압축기 토출증기 엔탈피(h_2)	652.3kJ/kg
고단 압축기 흡입증기 엔탈피(h_3)	622.2kJ/kg
중간 냉각기용 팽창밸브 직전 냉매 엔탈피(h_4)	462.6kJ/kg
증발기용 팽창밸브 직전 냉매 엔탈피(h_5)	427.1kJ/kg

① 0.8
② 1.4
③ 2.5
④ 3.1

해설 2단 압축 1단 팽창 냉동장치의 $P-h$ 선도

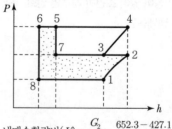

냉매순환량비$(K)=\dfrac{G_2}{G_1}=\dfrac{652.3-427.1}{622.2-462.6}=1.4$

36 공기열원 수가열 열펌프 장치를 가열운전(시운전)할 때 압축기 토출밸브 부근에서 토출가스 온도를 측정하였더니 일반적인 온도보다 지나치게 높게 나타났다. 이러한 현상의 원인으로 가장 거리가 먼 것은?

① 냉매 분해가 일어났다.
② 팽창밸브가 지나치게 교축되었다.
③ 공기 측 열교환기(증발기)에서 눈에 띄게 착상이 일어났다.
④ 가열 측 순환 온수의 유량이 설계값보다 많다.

해설 압축기 토출가스 온도가 지나치게 높은 원인은 ①, ②, ③항 외에도 가열 측 순환 온수의 유량이 설계값보다 적어서 발생한다.

37 두께 30cm의 벽돌로 된 벽이 있다. 내면온도가 21℃, 외면온도가 35℃일 때 이 벽을 통해 흐르는 열량(W/m²)은?(단, 벽돌의 열전도율은 0.793W/m · K이다.)

① 32   ② 37
③ 40   ④ 43

해설 열전도 손실열량(Q) $= \lambda \times \dfrac{A \times \Delta t}{b}$

$\therefore \ Q = 0.793 \times \dfrac{(35-21)}{0.3} = 37\text{W/m}^2$

38 온도식 팽창밸브는 어떤 요인에 의해 작동되는가?

① 증발온도   ② 과냉각도
③ 과열도   ④ 액화온도

해설 온도식 팽창밸브의 과열도
과열도 = 흡입가스 냉매온도 – 냉매 증발온도

39 프레온 냉매를 사용하는 냉동장치에 공기가 침입하면 어떤 현상이 일어나는가?

① 고압 압력이 높아지므로 냉매 순환량이 많아지고 냉동능력도 증가한다.
② 냉동톤당 소요동력이 증가한다.
③ 고압 압력은 공기의 분압만큼 낮아진다.
④ 배출가스의 온도가 상승하므로 응축기의 열통과율이 높아지고 냉동능력도 증가한다.

해설 응축기에 에어(공기 등 불응축 가스)가 차면 응축압력(압축비)이 증가하여 냉동톤당 소요동력이 증가한다.

40 냉동부하가 25RT인 브라인 쿨러가 있다. 열전달계수가 1.53kW/m² · K이고, 브라인 입구온도가 −5℃, 출구온도가 −10℃, 냉매의 증발온도가 −15℃일 때 전열면적(m²)은 얼마인가?(단, 1RT는 3.8kW이고, 산술평균 온도차를 이용한다.)

① 16.7
② 12.1
③ 8.3
④ 6.5

해설 산술평균 온도차(Δt)

$\Delta t =$ 응축온도(증발온도) $- \dfrac{\text{입구온도} + \text{출구온도}}{2}$

$\Delta t = \dfrac{(-5) + (-10)}{2} - (-15) = 7.5℃$

냉동부하 $= 25 \times 3.8 = 95\text{kW}$
$95 = F \times$ 열전달계수 $\times$ 산술평균 온도차
$\therefore$ 전열면적(F) $= \dfrac{95}{1.53 \times 7.5} = 8.3\text{m}^2$

SECTION **03** 공기조화

41 인체의 발열에 관한 설명으로 틀린 것은?

① 증발 : 인체 피부에서의 수분이 증발하며 그 증발열로 체내 열을 방출한다.
② 대류 : 인체 표면과 주위 공기와의 사이에 열의 이동으로 인위적으로 조절이 가능하며 주위 공기의 온도와 기류에 영향을 받는다.
③ 복사 : 실내온도와 관계없이 유리창과 벽면 등의 표면온도와 인체 표면과의 온도차에 따라 실제 느끼지 못하는 사이 방출되는 열이다.
④ 전도 : 겨울철 유리창 근처에서 추위를 느끼는 것은 전도에 의한 열 방출이다.

해설 난방부하(창유리)

유리창의 난방부하(W/h) = 유리창의 열관류율($kJ/m^2 \cdot K$)
× 유리창 면적 × 방위계수 × (실내온도 − (외기온도 + 대기복
사에 따른 외기온도에 의한 보정온도))

---

42 냉방 시 실내부하에 속하지 않는 것은?

① 외기의 도입으로 인한 취득열량

② 극간풍에 의한 취득열량

③ 벽체로부터의 취득열량

④ 유리로부터의 취득열량

해설 외기의 도입에 의한 취득열량은 외기부하(현열 + 잠열)에 속한다.

---

43 송풍기의 크기는 송풍기의 번호(No, #)로 나타내는데, 원심송풍기의 송풍기 번호를 구하는 식으로 옳은 것은?

① $No(\#) = \dfrac{\text{회전날개의 지름(mm)}}{100(mm)}$

② $No(\#) = \dfrac{\text{회전날개의 지름(mm)}}{150(mm)}$

③ $No(\#) = \dfrac{\text{회전날개의 지름(mm)}}{200(mm)}$

④ $No(\#) = \dfrac{\text{회전날개의 지름(mm)}}{250(mm)}$

해설
- ①항 : 축류송풍기 번호(No)
- ②항 : 원심송풍기 번호(No)

---

44 아래 습공기 선도에 나타낸 과정과 일치하는 장치도는?

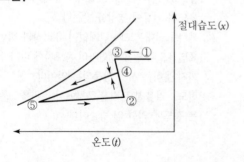

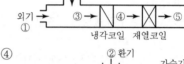

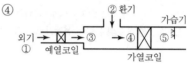

해설
① : 외기
② : 실내환기
③ : 냉각감습상태(예냉기로 예냉)
④ : 환기 ②와 혼합상태
⑤ : 감습된 후 냉각코일에 의해 냉각된 후 실내로 냉방송풍

---

45 인위적으로 실내 또는 일정한 공간의 공기를 사용 목적에 적합하도록 공기조화 하는 데 있어서 고려하지 않아도 되는 것은?

① 온도   ② 습도

③ 색도   ④ 기류

해설 공기조화 시 고려사항

㉠ 온도   ㉡ 습도

㉢ 기류   ㉣ 청정도

---

46 크기 1,000 × 500mm의 직관 덕트에 35℃의 온풍 18,000m³/h이 흐르고 있다. 이 덕트가 −10℃의 실외 부분을 지날 때 길이 20m 덕트 표면으로부터의 열손실(kW)은?(단, 덕트는 암면 25mm로 보온되어 있고, 이때 1,000m당 온도차 1℃에 대한 온도강하는 0.9℃이다. 공기의 밀도는 1.2kg/m³, 정압비열은 1.01kJ/kg · K이다.)

① 3.0   ② 3.8

③ 4.9   ④ 6.0

해설 온풍질량(G) $= 18,000 \text{m}^3/\text{h} \times 1.2 \text{kg/m}_3 = 21,600 \text{kg/h}$

온도강하 $= \dfrac{20\text{m}}{1,000\text{m}} \times 0.9℃ = 0.018℃$

손실열량(Q) $= 21,600 \times 0.018 \times 1.01 \times (35 - (-10))$
$\qquad\qquad\qquad \times 3,600\text{kJ/kWh}$
$\qquad\quad = 4.9\text{kW}$

47 동일한 덕트 장치에서 송풍기의 날개의 직경이 d_1, 전동기 동력이 L_1인 송풍기를 직경 d_2로 교환했을 때 동력의 변화로 옳은 것은?(단, 회전수는 일정하다.)

① $L_2 = \left(\dfrac{d_2}{d_1}\right)^2 L_1$ ② $L_2 = \left(\dfrac{d_2}{d_1}\right)^3 L_1$

③ $L_2 = \left(\dfrac{d_2}{d_1}\right)^4 L_1$ ④ $L_2 = \left(\dfrac{d_2}{d_1}\right)^5 L_1$

해설 ㉠ 동력은 송풍기 크기비의 5제곱에 비례하여 변화한다.

$\therefore L_2 = L_1 \times \left(\dfrac{d_2}{d_1}\right)^5$

㉡ 풍량은 송풍기 크기비의 3제곱에 비례한다.

$\therefore Q_2 = Q_1 \times \left(\dfrac{d_2}{d_1}\right)^3$

48 다음의 취출과 관련한 용어 설명으로 틀린 것은?

① 그릴(grill)은 취출구의 전면에 설치하는 면격자이다.
② 아스펙트(aspect)비는 짧은 변을 긴 변으로 나눈 값이다.
③ 셔터(shutter)는 취출구의 후부에 설치하는 풍량 조절용 또는 개폐용의 기구이다.
④ 드래프트(draft)는 인체에 닿아 불쾌감을 주는 기류이다.

해설 아스펙트비(aspect ratio)
덕트의 장변과 단변의 비이다. 보통 4 : 1 이하가 바람직하나 8 : 1을 넘지 않도록 한다.

49 온수난방에 대한 설명으로 틀린 것은?

① 온수의 체적팽창을 고려하여 팽창탱크를 설치한다.
② 보일러가 정지하여도 실내온도의 급격한 강하가 적다.
③ 밀폐식일 경우 배관의 부식이 많아 수명이 짧다.
④ 방열기에 공급되는 온수 온도와 유량 조절이 용이하다.

해설 온수난방은 개방식의 경우 공기 누입이 심하여 부식이 많아 수명이 짧다.

50 증기 난방배관에서 증기트랩을 사용하는 이유로 옳은 것은?

① 관 내의 공기를 배출하기 위하여
② 배관의 신축을 흡수하기 위하여
③ 관 내의 압력을 조절하기 위하여
④ 증기관에 발생된 응축수를 제거하기 위하여

해설 증기트랩(덫)은 증기 배관설비에 발생하는 응축수를 제거하여 수격작용(워터해머)을 방지한다(증기난방은 증기의 잠열을 이용하고 온수난방은 온수의 현열을 이용한다).

51 보일러에서 화염이 없어지면 화염검출기가 이를 감지하여 연료공급을 즉시 정지시키는 형태의 제어는?

① 시퀀스 제어 ② 피드백 제어
③ 인터록 제어 ④ 수면 제어

해설 보일러 운전 중 이상상태 발생 시 연료공급을 신속 차단하는 것은 인터록 제어(안전조치 사항)에 해당한다.

52 중앙식 난방법의 하나로서 각 건물마다 보일러 시설 없이 일정 장소에서 여러 건물에 증기 또는 고온수 등을 보내서 난방하는 방식은?

① 복사난방 ② 지역난방
③ 개별난방 ④ 온풍난방

해설

53 보일러의 출력에는 상용출력과 정격출력이 있다. 다음 중 이들의 관계가 적당한 것은?

① 상용출력＝난방부하＋급탕부하＋배관부하

② 정격출력＝난방부하＋배관 열손실부하

③ 상용출력＝배관 열손실부하＋보일러 예열부하

④ 정격출력＝난방부하＋급탕부하＋배관부하＋예열부하＋온수부하

해설 ㉠ 상용출력＝난방부하＋급탕부하＋배관부하
㉡ 정격출력＝난방부하＋급탕부하＋배관부하＋예열부하
※ 정미출력＝난방부하＋급탕부하

54 수관식 보일러의 특징에 관한 설명으로 틀린 것은?

① 관(드럼)의 직경이 작아서 고온·고압용에 적당하다.

② 전열면적이 커서 증기 발생시간이 빠르다.

③ 구조가 단순하여 청소나 검사, 수리가 용이하다.

④ 보유수량이 적어 부하 변동 시 압력변화가 크다.

해설 ㉠ 원통형 보일러 : 소용량 보일러이며 구조가 단순하고 청소나 검사, 수리가 용이하다.

㉡ 수관식 보일러 : 대용량 보일러이며 그 특징은 ①, ②, ④항과 같다.

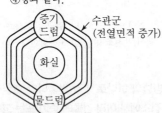

55 6인용 입원실이 100실인 병원의 입원실 전체 환기를 위한 최소 신선 공기량(m^3/h)은?(단, 외기 중 CO_2 함유량은 $0.0003m^3/m^3$이고 실내 CO_2의 허용농도는 0.1%, 재실자의 CO_2 발생량은 개인당 $0.015m^3/h$이다.)

① 6,857 　　　　 ② 8,857

③ 10,857 　　　 ④ 12,857

해설 총인원＝$6 \times 100 = 600$인

$$600 \times \frac{0.015}{\left(\frac{0.1\%}{100\%}\right) - 0.0003} = 600 \times \left(\frac{0.015}{0.0007}\right) = 12,857 m^3/h$$

56 다음 공기조화 방식 중 냉매방식인 것은?

① 유인 유닛 방식 　　② 멀티 존 방식

③ 팬코일 유닛 방식 　④ 패키지 유닛 방식

해설 공기조화 냉매방식
㉠ 패키지 방식
㉡ 룸쿨러 방식
㉢ 멀티 유닛 방식

57 전열교환기에 관한 설명으로 틀린 것은?

① 공기조화기기의 용량설계에 영향을 주지 않는다.

② 열교환 설치로 설비비와 요구 공간이 증가한다.

③ 회전식과 고정식이 있다.

④ 배기와 환기의 열교환으로 현열과 잠열을 교환한다.

해설 전열교환기의 이점
보일러나 냉동기 등 공기조화기의 용량을 줄이고 연료비가 절약되며 에너지 절약에 도움을 준다.

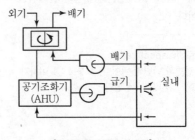

[전열교환기 공조시스템]

58 복사난방 방식의 특징에 대한 설명으로 틀린 것은?

① 외기 온도의 갑작스러운 변화에 대응이 용이하다.

② 실내 상하 온도분포가 균일하여 난방효과가 이상적이다.

③ 실내 공기온도가 낮아도 되므로 열손실이 적다.

④ 바닥에 난방기기가 필요 없어 바닥면의 이용도가 높다.

─────────

해설 외기 온도의 갑작스런 변화에 대응이 용이한 것은 온수난방 방식이다.

59 송풍기의 풍량조절법이 아닌 것은?

① 토출댐퍼에 의한 제어

② 흡입댐퍼에 의한 제어

③ 토출베인에 의한 제어

④ 흡입베인에 의한 제어

─────────

해설 풍량제어법

①, ②, ④항 외에 날개 각도의 변환에 의한 가변피치제어가 있다.

60 유효온도차(상당외기온도차)에 대한 설명으로 틀린 것은?

① 태양 일사량을 고려한 온도차이다.

② 계절, 시각 및 방위에 따라 변화한다.

③ 실내온도와는 무관하다.

④ 냉방부하 시에 적용된다.

─────────

해설 상당외기온도차(실효온도차, ETD)

$ETD = t_e$(상당외기온도) $- t_r$(실내온도)

$t_e = \dfrac{\text{벽체 표면의 일사흡수율}}{\text{표면 열전달률}} \times$
벽체 표면이 받는 전일사량 $+$ 외기온도

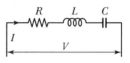

SECTION **04** 전기제어공학

61 그림과 같은 회로에서 전달함수 $G(s) = \dfrac{I(s)}{V(s)}$ 를 구하면?

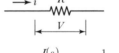

① $R + Ls + Cs$

② $\dfrac{1}{R + Ls + Cs}$

③ $R + Ls + \dfrac{1}{Cs}$

④ $\dfrac{1}{R + Ls + \dfrac{1}{Cs}}$

─────────

해설 전달함수

각기 다른 두 양이 있고 서로 관계하고 있을 때 최초의 양에서 다른 양으로 변환하기 위한 함수

i가 주어졌을 때 V가 $V = iR$로서 정해진다. R은 전달함수이다.

$G(s) = \dfrac{I(s)}{V(s)} = \dfrac{1}{R + Ls + \dfrac{1}{Cs}}$

(R : 저항, L : 인덕턴스, C : 커패시턴스)

62 논리식 $A + BC$ 와 등가인 논리식은?

① $AB + AC$

② $(A + B)(A + C)$

③ $(A + B)C$

④ $(A + C)B$

─────────

해설 논리회로 : 컴퓨터의 연산장치나 제어장치 등에 쓰인다.

$A + A = A,\ A \times A = A,\ A + \overline{A} = 1$

$A(A + B) = A \cdot A + A \cdot B = A(1 + B) = A \cdot 1 = A$

$A + AB = A(1 + B) = A \cdot 1 = A$

∴ 분배의 법칙 $A + (B \cdot C) = (A + B)(A + C)$

---

63 입력 A, B, C에 따라 Y를 출력하는 다음의 회로는 무접점 논리회로 중 어떤 회로인가?

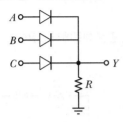

① OR 회로　　　② NOR 회로
③ AND 회로　　④ NAND 회로

해설 OR 회로

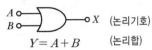
$Y = A + B$　　(논리합)

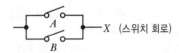

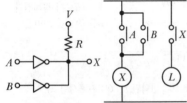

[무접점 기호]

[릴레이 시퀀스]

접점 A 혹은 B가 닫히면 ⓧ가 동작하며 접점 X가 닫혀 전등 ⓛ을 점등시킨다.

A	B	X
0	0	0
0	1	1
1	0	1
1	1	1

[진리표]

---

64 승강기나 에스컬레이터 등의 옥내 전선의 절연저항을 측정하는 데 가장 적당한 측정기기는?

① 메거
② 휘트스톤 브리지
③ 켈빈 더블 브리지
④ 콜라우시 브리지

해설 메거(megger)

승강기나 에스컬레이터 등의 옥내 전선의 절연저항을 측정하는 측정기기이다. 수동식의 정전압 직류발전기와 가동코일형의 비율계로 구성된다.

---

65 $e(t) = 200\sin\omega t$(V), $i(t) = 4\sin\left(\omega t - \dfrac{\pi}{3}\right)$(A)일 때 유효전력(W)은?

① 100　　　　② 200
③ 300　　　　④ 400

해설 유효전력$(P) = VI\cos\theta = I^2 R = \dfrac{V^2}{R}$(W)

$$\therefore\ P = \frac{200}{\sqrt{2}} \times \frac{4}{\sqrt{2}} \times \cos\frac{\pi}{3} = 200\text{W}$$

---

66 전력(W)에 관한 설명으로 틀린 것은?

① 단위는 J/s이다.
② 열량을 적분하면 전력이다.
③ 단위시간에 대한 전기에너지이다.
④ 공률(일률)과 같은 단위를 갖는다.

해설 전력(P)

전기에너지에 의한 일의 속도를 1초 동안의 전기에너지로 표시하며 단위는 W이다.

$$P = \frac{VQ}{t} = VI = I^2 R = \frac{V^2}{R}\text{(W)}$$
$$W = VIt = I^2 Rt = Pt\text{(J)}$$

---

67 환상 솔레노이드 철심에 200회의 코일을 감고 2A의 전류를 흘릴 때 발생하는 기자력은 몇 AT인가?

① 50
② 100
③ 200
④ 400

해설 환상 솔레노이드에 의한 자장$(H) = \dfrac{NI}{2\pi r}$(AT/m)

$$\therefore\ 200 \times 2 = 400\text{AT}$$

68 제어편차가 검출될 때 편차가 변화하는 속도에 비례하여 조작량을 가감하도록 하는 제어로서 오차가 커지는 것을 미연에 방지하는 제어동작은?

① ON/OFF 제어동작 ② 미분제어동작
③ 적분제어동작   ④ 비례제어동작

해설 미분동작(D)
제어편차가 검출될 때 편차가 변화하는 속도에 비례하여 조작량을 가감하도록 하는 제어로서 오차가 커지는 것을 미연에 방지하는 연속동작이다.

$$Y = T_d \frac{dz(t)}{dt}$$

여기서, Y : 조작량, T_d : 미분시간, Z : 동작신호

69 $10\mu F$의 콘덴서에 200V의 전압을 인가하였을 때 콘덴서에 축적되는 전하량은 몇 C인가?

① 2×10^{-3} ② 2×10^{-4}
③ 2×10^{-5} ④ 2×10^{-6}

해설 전기량(전하량)의 단위는 쿨롬(C)으로 표시한다.

정전용량(C) $= \dfrac{전하(Q)}{전압(V)}$ (단위 : F, 보조단위 : μF, PF)

$1\mu F = 10^6 F$, $Q = CV$

$\therefore C = 10 \times 10^{-6} \times 200 = 0.002 = 2 \times 10^{-3}$

70 3상 유도전동기의 출력이 10kW, 슬립이 4.8%일 때의 2차 동손은 약 몇 kW인가?

① 0.24   ② 0.36
③ 0.5   ④ 0.8

해설 ㉠ 3상 유도전동기 : 농형, 권선형

㉡ 슬립(Slip) $= \dfrac{동기속도 - 회전자속도}{동기속도}$

㉢ 2차 입력(P_2) $=$ 2차 출력(P_o) $+$ 2차 동손(P_{c2}) $+$ 기타 손실(P_e)

$\therefore$ 2차 동손(P_{c2}) $= \dfrac{P_{c2}(kW)}{출력(kW)} \times 100(\%)$

$4.8 = \dfrac{P_{c2}}{10} \times 100$, $P_{c2} = \dfrac{4.8}{100} \times 10 ≒ 0.5kW$

71 유도전동기에 인가되는 전압과 주파수의 비를 일정하게 제어하여 유도전동기의 속도를 정격속도 이하로 제어하는 방식은?

① CVCF 제어방식   ② VVVF 제어방식
③ 교류 궤환 제어방식   ④ 교류 2단 속도 제어방식

해설 유도전동기 속도(VVVF) 제어방식
유도전동기에 인가되는 전압과 주파수비를 일정하게 제어하여 유도전동기의 속도를 정격속도 이하로 제어하는 방식이다.

72 회전각을 전압으로 변환시키는 데 사용되는 위치 변환기는?

① 속도계   ② 증폭기
③ 변조기   ④ 전위차계

해설 전위차계(Potentiometer)
회전각을 전압으로 변환시키는 데 사용되는 위치 변환기이다(회전각에 비례한 저항값을 나타내는 저항기이다).

73 그림의 신호흐름선도에서 전달함수 $\dfrac{C(s)}{R(s)}$는?

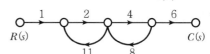

① $-\dfrac{8}{9}$ ② $-\dfrac{13}{19}$
③ $-\dfrac{48}{53}$ ④ $-\dfrac{105}{77}$

해설 $G_1 = 1 \times 2 \times 4 \times 6 = 48$

$\Delta_1 = 1$

$L_{11} = 2 \times 11 = 22$, $L_{21} = 4 \times 8 = 32$

$\Delta = 1 - (L_{11} + L_{21}) = 1 - (22 + 32) = -53$

$\therefore G = \dfrac{C}{R} = \dfrac{G_1 \Delta_1}{\Delta} = \dfrac{48}{-53}$

※ 전달함수의 기본식 $= G(s) = \dfrac{전향경로}{1 - 피드백}$

74 폐루프 제어시스템의 구성에서 조절부와 조작부를 합쳐서 무엇이라고 하는가?

① 보상요소   ② 제어요소

③ 기준입력요소   ④ 귀환요소

해설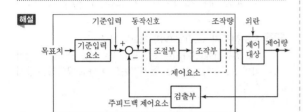

75 그림과 같은 회로에 흐르는 전류 I(A)는?

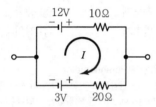

① 0.3   ② 0.6

③ 0.9   ④ 1.2

해설 $전류(I) = \dfrac{Q}{t}(A) = \dfrac{V}{R}$

$\therefore \dfrac{12-3}{10+20} = 0.3A$

76 그림과 같은 단위 피드백 제어시스템의 전달함수 $\dfrac{C(s)}{R(s)}$는?

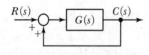

① $\dfrac{1}{1+G(s)}$ ② $\dfrac{G(s)}{1+G(s)}$

③ $\dfrac{1}{1-G(s)}$ ④ $\dfrac{G(s)}{1-G(s)}$

해설 $(R+C)G = RG + CG = C$, $RG = C(1-G)$

$\therefore G(s) = \dfrac{C}{R} = \dfrac{G}{1-G}$

77 선간전압 200V의 3상 교류전원에 화물용 승강기를 접속하고 전력과 전류를 측정하였더니 2.77kW, 10A이었다. 이 화물용 승강기 모터의 역률은 약 얼마인가?

① 0.6   ② 0.7

③ 0.8   ④ 0.9

해설 $역률(\cos\theta) = \dfrac{P}{\sqrt{3}\,VI}$

$\therefore \cos\theta = \dfrac{2.77 \times 10^3}{\sqrt{3} \times 200 \times 10} = 0.8$

78 그림의 논리회로에서 A, B, C, D를 입력, Y를 출력이라 할 때 출력식은?

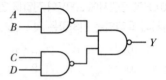

① $A+B+C+D$ ② $(A+B)(C+D)$

③ $AB+CD$ ④ $ABCD$

해설 ㉠ AND 논리곱회로 : 2개의 입력 A와 B가 모두 1일 때만 출력이 1이 되는 회로이다.

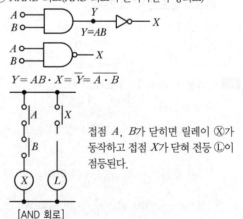

$X = AB = A \cdot B$

㉡ NAND 회로(AND 회로의 논리적인 부정회로)

$Y = AB \cdot X = \overline{Y} = \overline{A \cdot B}$

접점 A, B가 닫히면 릴레이 ⓧ가 동작하고 접점 X가 닫혀 전등 ⓛ이 점등된다.

[AND 회로]

$\therefore Y = \overline{\overline{AB} \cdot \overline{CD}} = \overline{\overline{AB}} + \overline{\overline{CD}} = \overline{\overline{A}} \cdot \overline{\overline{B}} + \overline{\overline{C}} \cdot \overline{\overline{D}}$
$= AB + CD$

79 그림과 같은 RL 직렬회로에서 공급전압의 크기가 10V일 때 $|V_R|$ =8V이면 V_L의 크기는 몇 V인가?

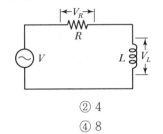

① 2
② 4
③ 6
④ 8

해설 $V_L = \sqrt{10^2 - 8^2} = 6V$

80 전기자 철심을 규소 강판으로 성층하는 주된 이유는?

① 정류자면의 손상이 적다.
② 가공하기 쉽다.
③ 철손을 적게 할 수 있다.
④ 기계손을 적게 할 수 있다.

해설 전기자 철심 규소강판은 철손을 감소시킨다.

SECTION **05** 배관일반

81 팬코일 유닛방식의 배관방식 중 공급관이 2개이고 환수관이 1개인 방식은?

① 1관식
② 2관식
③ 3관식
④ 4관식

해설 팬코일(FCW) 유닛방식 중 3관식 방식

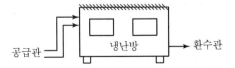

82 냉매 액관 중에 플래시 가스 발생의 방지대책으로 틀린 것은?

① 온도가 높은 곳을 통과하는 액관은 방열시공을 한다.
② 액관, 드라이어 등의 구경을 충분히 선정하여 통과저항을 적게 한다.
③ 액펌프를 사용하여 압력강하를 보상할 수 있는 충분한 압력을 준다.
④ 열교환기를 사용하여 액관에 들어가는 냉매의 과냉각도를 없앤다.

해설 냉매 액관 : 응축기에서 증발기 입구까지

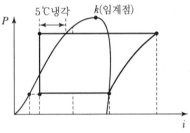

※ 플래시 가스 발생 방지를 위해 냉매의 과냉각도 5℃를 유지한다.

83 공랭식 응축기 배관 시 유의사항으로 틀린 것은?

① 소형 냉동기에 사용하면 핀이 있는 파이프 속에 냉매를 통하여 바람 이송 냉각설계로 되어 있다.
② 냉방기가 응축기 아래 설치되는 경우 배관 높이가 10m 이상일 때는 5m마다 오일 트랩을 설치해야 한다.
③ 냉방기가 응축기 위에 위치하고 압축기가 냉방기에 내장되었을 경우에는 오일 트랩이 필요 없다.
④ 수랭식에 비해 능력은 낮지만, 냉각수를 사용하지 않아 동결의 염려가 없다.

해설

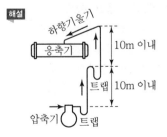

84 배수 배관 시공 시 청소구의 설치위치로 가장 적절하지 않은 곳은?

① 배수 수평주관과 배수 수평분기관의 분기점
② 길이가 긴 수평배수관 중간
③ 배수 수직관의 제일 윗부분 또는 근처
④ 배수관이 45℃ 이상의 각도로 방향을 전환하는 곳

해설 배수 배관 시공 시 청소구의 설치위치
배수 수직관의 가장 아랫부분에 설치하여야 청소하기가 매우 편리하다.

85 급탕배관에 관한 설명으로 틀린 것은?

① 단관식의 경우 급수관경보다 큰 관을 사용해야 한다.
② 하향식 공급 방식에서는 급탕관 및 복귀관은 모두 선하향 구배로 한다.
③ 보통 급탕관은 수명이 짧으므로 장래에 수리, 교체가 용이하도록 노출 배관하는 것이 좋다.
④ 연관은 열에 강하고 부식도 잘되지 않으므로 급탕배관에 적합하다.

해설 급탕방법
(1) 개별식 ㉠ 즉시탕비기
　　　　　 ㉡ 저탕탕비기
(2) 중앙식 ㉠ 직접가열식
　　　　　 ㉡ 간접가열식
　　　　　 ㉢ 기수혼합식(스팀사일런서식)
(3) 급탕배관식 ㉠ 단관식 • 상향배관
　　　　　　　　　　　 • 하향배관
　　　　　　　 ㉡ 순환식 • 상향급탕배관
　　　　　　　　　　　 • 하향급탕배관
　　　　　　　　　　　 • 상 · 하향 혼합급탕배관
※ 급탕관 연관은 열에 약하고 부식 발생이 심하다.

86 냉매 배관 시 유의사항으로 틀린 것은?

① 냉동장치 내의 배관은 절대기밀을 유지할 것
② 배관 도중에 고저의 변화를 될수록 피할 것
③ 기기 간의 배관은 가능한 한 짧게 할 것
④ 만곡부는 될 수 있는 한 적고 또한 곡률반경은 작게 할 것

해설 곡률반경은 가급적 크게 할 것

87 염화비닐관의 설명으로 틀린 것은?

① 열팽창률이 크다.
② 관 내 마찰손실이 적다.
③ 산, 알칼리 등에 대해 내식성이 적다.
④ 고온 또는 저온의 장소에 부적당하다.

해설 합성수지관
㉠ 경질염화비닐관
㉡ 폴리에틸렌관
※ 염화비닐관 : 내식성이 커서 염산, 황산, 가성소다 등 산이나 알칼리 등 부식성 약품에 거의 부식되지 않는다.

88 급수펌프에서 발생하는 캐비테이션 현상의 방지법으로 틀린 것은?

① 펌프 설치위치를 낮춘다.
② 입형 펌프를 사용한다.
③ 흡입손실수두를 줄인다.
④ 회전수를 올려 흡입속도를 증가시킨다.

해설 캐비테이션(공동현상)을 방지하려면 회전수를 낮춰 흡입속도를 감소시킨다.

89 가스배관의 설치 시 유의사항으로 틀린 것은?

① 특별한 경우를 제외한 배관의 최고사용압력은 중압 이하일 것
② 배관은 하천(하천을 횡단하는 경우는 제외) 또는 하수구 등 암거 내에 설치할 것
③ 지반이 약한 곳에 설치되는 배관은 지반침하에 의해 배관이 손상되지 않도록 필요한 조치 후 배관을 설치할 것
④ 본관 및 공급관은 건축물의 내부 또는 기초 밑에 설치하지 아니할 것

해설 가스배관
㉠ 건물 내 배관 : 노출배관이 원칙이다.

ⓛ 하천이나 수도에서의 배관
- 독성가스는 2중관 설비
- 하천 : 4m 이상 깊게 매설
- 수로 : 2.5m 이상 매설
- 좁은 수로 : 1.2m 이상 매설

90 밀폐식 온수난방 배관에 대한 설명으로 틀린 것은?
① 팽창탱크를 사용한다.
② 배관의 부식이 비교적 적어 수명이 길다.
③ 배관경이 적어지고 방열기도 적게 할 수 있다.
④ 배관 내의 온수 온도는 70℃ 이하이다.

해설 ㉠ 개방식 온수난방 : 100℃ 이하 온수(60~70℃ 사용)
ⓛ 밀폐식 온수난방 : 100℃ 초과 온수

91 동관 이음 중 경납땜 이음에 사용되는 것으로 가장 거리가 먼 것은?
① 황동납 ② 은납
③ 양은납 ④ 규소납

해설 동관의 납땜(경납땜)의 종류
㉠ 황동납
ⓛ 은납
ⓒ 양은납

92 온수난방 배관에서 리버스 리턴(reverse return) 방식을 채택하는 주된 이유는?
① 온수의 유량 분배를 균일하게 하기 위하여
② 배관의 길이를 짧게 하기 위하여
③ 배관의 신축을 흡수하기 위하여
④ 온수가 식지 않도록 하기 위하여

해설 리버스 리턴 방식 : 온수의 유량분배가 균등하게 된다.

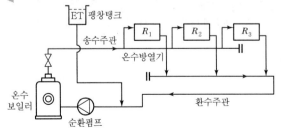

93 하향급수 배관방식에서 수평주관의 설치위치로 가장 적절한 것은?
① 지하층의 천장 또는 1층의 바닥
② 중간층의 바닥 또는 천장
③ 최상층의 바닥 또는 천장
④ 최상층의 천장 또는 옥상

해설 하향급수배관(옥상탱크식) 수평주관은 최상층의 천장 또는 옥상에 설치한다.

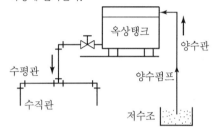

94 냉매 배관에서 압축기 흡입관의 시공 시 유의사항으로 틀린 것은?
① 압축기가 증발기보다 밑에 있는 경우 흡입관은 작은 트랩을 통과한 후 증발기 상부보다 높은 위치까지 올려 압축기로 가게 한다.
② 흡입관의 수직상승 입상부가 매우 길 때는 냉동기 유의 회수를 쉽게 하기 위하여 약 20m마다 중간에 트랩을 설치한다.
③ 각각의 증발기에서 흡입주관으로 들어가는 관은 주관 상부로부터 들어가도록 접속한다.
④ 2대 이상의 증발기가 있어도 부하의 변동이 그다지 크지 않은 경우는 1개의 입상관으로 충분하다.

해설 ㉠ 흡입관(증발기 – 압축기 사이 배관)에서 약 10m마다 중간트랩을 설치한다.
ⓛ 압축기와 응축기 사이의 입상관이 높아지면 10m마다 중간트랩을 설치하여 배관 중의 오일이 압축기로 역류하는 것을 방지한다.

95 난방 배관 시공을 위해 벽, 바닥 등에 관통 배관 시공을 할 때, 슬리브(sleeve)를 사용하는 이유로 가장 거리가 먼 것은?

① 열팽창에 따른 배관 신축에 적응하기 위해
② 관 교체 시 편리하게 하기 위해
③ 고장 시 수리를 편리하게 하기 위해
④ 유체의 압력을 증가시키기 위해

해설 슬리브 사용목적은 ①, ②, ③항이며, 유체의 압력과는 관련성이 없다.

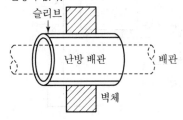

96 급수방식 중 압력탱크 방식에 대한 설명으로 틀린 것은?

① 국부적으로 고압을 필요로 하는 데 적합하다.
② 탱크의 설치위치에 제한을 받지 않는다.
③ 항상 일정한 수압으로 급수할 수 있다.
④ 높은 곳에 탱크를 설치할 필요가 없으므로 건축물의 구조를 강화할 필요가 없다.

해설 급수방식 중 압력탱크 방식
사용압력이 일정하지 않으며 대양정펌프 사용, 제작비 증가, 취급곤란이 우려된다.

97 냉동설비 배관에서 액분리기와 압축기 사이에 냉매 배관을 할 때 구배로 옳은 것은?

① 1/100 정도의 압축기 측 상향구배로 한다.
② 1/100 정도의 압축기 측 하향구배로 한다.
③ 1/200 정도의 압축기 측 상향구배로 한다.
④ 1/200 정도의 압축기 측 하향구배로 한다.

해설

$\dfrac{1}{100}$ 정도 하향구배

98 길이 30m의 강관의 온도 변화가 120℃일 때 강관에 대한 열팽창량은?(단, 강관의 열팽창계수는 11.9×10^{-6} mm/mm · ℃이다.)

① 42.8mm   ② 42.8cm
③ 42.8m   ④ 4.28mm

해설 강관의 열팽창량(L), $1m = 10^3 mm$
L = 관의 길이 × 열팽창계수 × 온도차
= $30 \times 10^3 \times 11.9 \times 10^{-6} \times 120$
= 42.8mm

99 증기나 응축수가 트랩이나 감압밸브 등의 기기에 들어가기 전 고형물을 제거하여 고장을 방지하기 위해 설치하는 장치는?

① 스트레이너   ② 리듀서
③ 신축이음   ④ 유니언

해설

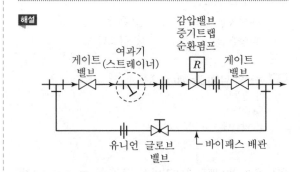

100 부하변동에 따라 밸브의 개도를 조절함으로써 만액식 증발기의 액면을 일정하게 유지하는 역할을 하는 것은?

① 에어벤트   ② 온도식 자동팽창밸브
③ 감압밸브   ④ 플로트밸브

해설 만액식 증발기 플로트(부자형) 밸브의 기능
부하변동에 따라서 밸브의 개도로 액면을 일정하게 한다.

SECTION 01 기계열역학

01 어떤 이상기체 1kg이 압력 100kPa, 온도 30℃의 상태에서 체적 0.8m³을 점유한다면 기체상수(kJ/kg · K)는 얼마인가?

① 0.251
② 0.264
③ 0.275
④ 0.293

해설 $PV = GRT, \ R = \dfrac{PV}{GT}$

$\therefore \ R(기체상수) = \dfrac{100 \times 0.8}{1 \times (30 + 273)} = 0.264 \text{kJ/kg} \cdot \text{K}$

02 이상적인 디젤 기관의 압축비가 16일 때 압축 전의 공기 온도가 90℃라면 압축 후의 공기 온도(℃)는 얼마인가?(단, 공기의 비열비는 1.4이다.)

① 1,101.9
② 718.7
③ 808.2
④ 827.4

해설 디젤 사이클(내연기관 사이클) : 정압가열 사이클

단열압축이므로 $\dfrac{T_2}{T_1} = \left(\dfrac{V_1}{V_2}\right)^{k-1} = T \cdot \varepsilon^{k-1}$

$\therefore \ T_2 = T_1 \times \left(\dfrac{V_1}{V_2}\right)^{k-1} = (90 + 273) \times 16^{1.4-1}$

$= 1,100.41 \text{K} = 827.41 ℃$

03 내부에너지가 30kJ인 물체에 열을 가하여 내부에너지가 50kJ이 되는 동안에 외부에 대하여 10kJ의 일을 하였다. 이 물체에 가해진 열량(kJ)은?

① 10
② 20
③ 30
④ 60

해설 내부에너지 변화 = 50 - 30 = 20kJ
물체에 가해진 열량(Q) = 20 + 10 = 30kJ

04 풍선에 공기 2kg이 들어 있다. 일정 압력 500kPa하에서 가열 팽창하여 체적이 1.2배가 되었다. 공기의 초기온도가 20℃일 때 최종온도(℃)는 얼마인가?

① 32.4
② 53.7
③ 78.6
④ 92.3

해설 등압변화에서 $\dfrac{T_2}{T_1} = \dfrac{V_2}{V_1}$

$\therefore \ T_2 = T_1 \times \left(\dfrac{V_2}{V_1}\right) = (20 + 273) \times (1.2)$

$= 351.6 \text{K}(78.6 ℃)$

05 그림과 같이 A, B 두 종류의 기체가 한 용기 안에서 박막으로 분리되어 있다. A의 체적은 0.1m³, 질량은 2kg이고, B의 체적은 0.4m³, 밀도는 1kg/m³이다. 박막이 파열되고 난 후에 평형에 도달하였을 때 기체 혼합물의 밀도(kg/m³)는 얼마인가?

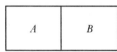

① 4.8
② 6.0
③ 7.2
④ 8.4

해설 A의 밀도 $= \dfrac{2 \text{kg}}{0.1 \text{m}^3} = 20 \text{kg/m}^3$

B의 밀도 $= 1 \text{kg/m}^2$

$\therefore \ (A + B)$의 밀도 $= \dfrac{(20 \times 0.1) + (1 \times 0.4)}{0.1 + 0.4} = \dfrac{2.4}{0.5}$

$= 4.8 \text{kg/m}^3$

06 다음 중 경로함수(Path Function)는?

① 엔탈피
② 엔트로피
③ 내부에너지
④ 일

해설 ㉠ 경로함수 : 일량, 열량(도정함수)
ⓛ 점함수(Point Function) : 경로에 관계없이 상태에만 관계되는 양, 즉 각 물질마다 특정한 값을 가지며 상태함수라고도 한다.

07 이상적인 가역과정에서 열량 ΔQ가 전달될 때 온도 T가 일정하면 엔트로피 변화 ΔS를 구하는 계산식으로 옳은 것은?

① $\Delta S = 1 - \dfrac{\Delta Q}{T}$

② $\Delta S = 1 - \dfrac{T}{\Delta Q}$

③ $\Delta S = \dfrac{\Delta Q}{T}$

④ $\Delta S = \dfrac{T}{\Delta Q}$

해설 가역과정에서 열량 ΔQ가 전달될 때 온도 T가 일정하면 엔트로피 변화 ΔS는

$$\Delta S = \dfrac{\Delta Q}{T}$$

08 처음 압력이 500kPa이고, 체적이 $2m^3$인 기체가 "$PV = $일정"인 과정으로 압력이 100kPa까지 팽창할 때 밀폐계가 하는 일(kJ)을 나타내는 계산식으로 옳은 것은?

① $1{,}000\ln\dfrac{2}{5}$ ② $1{,}000\ln\dfrac{5}{2}$

③ $1{,}000\ln 5$ ④ $1{,}000\ln\dfrac{1}{5}$

해설 $PV = C$(등온), 100kPa(1bar), 500kPa(5bar)

$P_1 V_1 = P_2 V_2$에서 $5 \times 2 = 1 \times V_2$

$V_2 = 10m^3$

$\therefore\ _1W_2 = P_1 V_1 \ln\dfrac{V_2}{V_1} = 5 \times 10^2 \times 2 \times \ln\dfrac{10}{2} = 1{,}000\ln 5\,\text{kJ}$

09 냉매로서 갖추어야 될 요구 조건으로 적합하지 않은 것은?

① 불활성이고 안정하며 비가연성이어야 한다.
② 비체적이 커야 한다.
③ 증발 온도에서 높은 잠열을 가져야 한다.
④ 열전도율이 커야 한다.

해설 냉매의 구비조건은 ①, ③, ④항이며 비체적(m^3/kg)이 작으면 설비용 배관의 지름이 작아진다.

10 밀폐계에서 기체의 압력이 100kPa으로 일정하게 유지되면서 체적이 $1m^3$에서 $2m^3$로 증가되었을 때 옳은 것은?

① 밀폐계의 에너지 변화는 없다.
② 외부로 행한 일은 100kJ이다.
③ 기체가 이상기체라면 온도가 일정하다.
④ 기체가 받은 열은 100kJ이다.

해설 등압(정압)변화에서의 절대일(팽창일)

$W = P(V_2 - V_1) = 100 \times (2-1) = 100\text{kPa}$

$\therefore$ 외부로 행한 일은 100kJ이다.

11 원형 실린더를 마찰 없는 피스톤이 덮고 있다. 피스톤에 비선형 스프링이 연결되고 실린더 내의 기체가 팽창하면서 스프링이 압축된다. 스프링의 압축 길이가 Xm 일 때 피스톤에는 $kX^{1.5}$N의 힘이 걸린다. 스프링의 압축 길이가 0m에서 0.1m로 변하는 동안에 피스톤이 하는 일이 W_a이고, 0.1m에서 0.2m로 변하는 동안에 하는 일이 W_b라면 W_a / W_b는 얼마인가?

① 0.083
② 0.158
③ 0.214
④ 0.333

해설 $1N = 1kg \cdot m/s^2 = \dfrac{1}{9.8}kg_f$

$1kg_f = 1kg \times 9.8m/s^2 = 9.8kg \cdot m/s^2 = 9.8N$

12 랭킨 사이클의 각 점에서의 엔탈피가 아래와 같을 때 사이클의 이론 열효율(%)은?

- 보일러 입구 : 58.6kJ/kg
- 보일러 출구 : 810.3kJ/kg
- 응축기 입구 : 614.2kJ/kg
- 응축기 출구 : 57.4kJ/kg

① 32   ② 30
③ 28   ④ 26

해설 랭킨 사이클(Rankine Cycle)

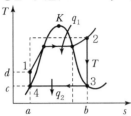

㉠ 4 → 1 단열압축(급수펌프)
㉡ 1 → 2 정압가열(보일러, 과열기)
㉢ 2 → 3 단열팽창(터빈)
㉣ 3 → 4 정압방열(복수기)

$$\eta_R = \frac{W}{q_1} = \frac{(h_2 - h_1) - (h_3 - h_4)}{h_2 - h_1}$$
$$= \frac{(810 - 57.4) - (614.2 - 58.6)}{810 - 57.4}$$
$$= \frac{752.6 - 555.6}{752.6} = 0.26(26\%)$$

13 고온 열원의 온도가 700℃이고, 저온 열원의 온도가 50℃인 카르노 열기관의 열효율(%)은?

① 33.4
② 50.1
③ 66.8
④ 78.9

해설 $700 + 273 = 973K$, $50 + 273 = 323K$
$$\therefore \ 1 - \frac{T_2}{T_1} = 1 - \frac{323}{973} = 0.668(66.8\%)$$

14 자동차 엔진을 수리한 후 실린더 블록과 헤드 사이에 수리 전과 비교하여 더 두꺼운 개스킷을 넣었다면 압축비와 열효율은 어떻게 되겠는가?

① 압축비는 감소하고, 열효율도 감소한다.
② 압축비는 감소하고, 열효율은 증가한다.
③ 압축비는 증가하고, 열효율은 감소한다.
④ 압축비는 증가하고, 열효율도 증가한다.

해설 자동차 엔진 수리 후 실린더 블록과 헤드 사이에 더 두꺼운 개스킷을 부착하면 압축비는 감소하고, 열효율도 감소한다.

15 엔트로피(s) 변화 등과 같은 직접 측정할 수 없는 양들을 압력(P), 비체적(v), 온도(T)와 같은 측정 가능한 상태량으로 나타내는 Maxwell 관계식과 관련하여 다음 중 틀린 것은?

① $\left(\dfrac{\partial T}{\partial P}\right)_s = \left(\dfrac{\partial v}{\partial s}\right)_P$ ② $\left(\dfrac{\partial T}{\partial v}\right)_s = -\left(\dfrac{\partial P}{\partial s}\right)_v$

③ $\left(\dfrac{\partial v}{\partial T}\right)_P = -\left(\dfrac{\partial s}{\partial P}\right)_T$ ④ $\left(\dfrac{\partial P}{\partial v}\right)_T = \left(\dfrac{\partial s}{\partial T}\right)_v$

해설 맥스웰 관계식

㉠ $\left(\dfrac{\partial T}{\partial v}\right)_s = -\left(\dfrac{\partial P}{\partial s}\right)_v$

㉡ $\left(\dfrac{\partial T}{\partial P}\right)_s = \left(\dfrac{\partial v}{\partial s}\right)_P$

㉢ $\left(\dfrac{\partial P}{\partial T}\right)_v = \left(\dfrac{\partial s}{\partial v}\right)_T$

㉣ $\left(\dfrac{\partial v}{\partial T}\right)_P = -\left(\dfrac{\partial s}{\partial P}\right)_T$

16 비가역 단열변화에 있어서 엔트로피 변화량은 어떻게 되는가?

① 증가한다.
② 감소한다.
③ 변화량은 없다.
④ 증가할 수도 감소할 수도 있다.

해설 엔트로피(Entropy)

㉠ 출입하는 열량의 이용가치를 나타내는 양으로 에너지도 아니고 온도와 같이 감각으로도 알 수 없고 측정할 수도 없는 물리학상의 상태량이다.

㉡ 엔트로피는 어느 물체에 열을 가하면 증가하고 냉각시키면 감소하는 상징적인 양이다.
$$\left(\Delta S = \frac{\delta Q}{T} = S_2 - S_1 = \int_1^2 \Delta S = \int_1^2 \frac{\delta Q}{T}\right)$$

㉢ 비가역 사이클은 가역 사이클보다 항상 엔트로피가 증가하며, 비가역 단열변화에서는 엔트로피가 증가한다.

17 성능계수가 3.2인 냉동기가 시간당 20MJ의 열을 흡수한다면 이 냉동기의 소비동력(kW)은?

① 2.25   ② 1.74
③ 2.85   ④ 1.45

해설 냉동기 성능계수$(\varepsilon_R)=\dfrac{Q_2}{AW}=\dfrac{T_2}{T_1-T_2}$

$1\text{MJ}=10^6\text{J}=1,000\text{kJ},\ 1\text{kWh}=3,600\text{kJ}$

$20\text{MJ}=20,000\text{kJ}$

$\therefore\ \dfrac{20,000}{3,600}\times\dfrac{1}{3.2}=1.74\text{kW}$

18 랭킨 사이클에서 25℃, 0.01MPa 압력의 물 1kg을 5MPa 압력의 보일러로 공급한다. 이때 펌프가 가역 단열과정으로 작용한다고 가정할 경우 펌프가 한 일 (kJ)은?(단, 물의 비체적은 0.001 m³/kg이다.)

① 2.58   ② 4.99

③ 20.12   ④ 40.24

해설 펌프일량(단열압축)

$0.1\text{MPa}=1\text{kg}_f/\text{cm}^2,\ 0.01\text{MPa}=0.1\text{kg}_f/\text{cm}^2,$

$5\text{MPa}=50\text{kg}_f/\text{cm}^2$

$1\text{MPa}=10^3\text{kJ}$

펌프일(공업일) · $W_t=-\displaystyle\int_1^2 VdP$

$\therefore\ AW_P=A_v(P_1-P_2)=0.001\times(5-0.01)\times10^3$

$\qquad\qquad=4.99\text{kJ}$

19 어떤 가스의 비내부에너지 $u(\text{kJ/kg})$, 온도 $t(℃)$, 압력 $P(\text{kPa})$, 비체적 $v(\text{m}^3/\text{kg})$ 사이에 아래의 관계식이 성립한다면, 이 가스의 정압비열(kJ/kg · ℃)은 얼마인가?

$u=0.28t+532$	$Pv=0.560(t+380)$

① 0.84   ② 0.68

③ 0.50   ④ 0.28

해설 $0.28t+532=0.560(t+380)=0.560t+212.8$

$0.28t=319.2,\ t=1,140℃$

정압비열$(C_p)=0.28+0.560=0.84\text{kJ/kg}\cdot℃$

20 최고온도 1,300K과 최저온도과 300K 사이에서 작동하는 공기표준 Brayton 사이클의 열효율(%)은? (단, 압력비는 9, 공기의 비열비는 1.4이다.)

① 30.4   ② 36.5

③ 42.1   ④ 46.6

해설 공기표준 브레이턴 사이클(가스터빈 이상사이클)

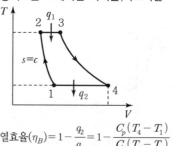

열효율$(\eta_B)=1-\dfrac{q_2}{q_1}=1-\dfrac{C_p(T_4-T_1)}{C_p(T_3-T_2)}=1-\dfrac{T_4-T_1}{T_3-T_2}$

$\therefore\ \eta_B=1-\left(\dfrac{1}{r}\right)^{\frac{k-1}{k}}=1-\left(\dfrac{1}{9}\right)^{\frac{1.4-1}{1.4}}=0.466(46.6\%)$

SECTION 02 냉동공학

21 축열장치의 종류로 가장 거리가 먼 것은?

① 수축열 방식   ② 빙축열 방식

③ 잠축열 방식   ④ 공기축열 방식

해설 공기는 비열이 낮고 열전도율이 작아서 축열장치로는 부적 당하다.

22 이원 냉동 사이클에 대한 설명으로 옳은 것은?

① −100℃ 정도의 저온을 얻고자 할 때 사용되며, 보통 저온 측에는 임계점이 높은 냉매를, 고온 측에는 임계점이 낮은 냉매를 사용한다.

② 저온부 냉동 사이클의 응축기 방열량을 고온부 냉 동 사이클의 증발기가 흡열하도록 되어 있다.

③ 일반적으로 저온 측에 사용하는 냉매로는 R− 12, R−22, 프로판이 적절하다.

④ 일반적으로 고온 측에 사용하는 냉매로는 R− 13, R−14가 적절하다.

해설 이원 냉동 사이클

−70℃ 이하의 극저온을 얻기 위하여 저온 측 냉매와 고온 측 냉매를 사용하여 각각 독립된 냉동 사이클을 2단계로 분 리하여 저온 측의 응축기와 고온 측 증발기인 캐스케이드 콘 덴서를 열교환하도록 한 냉동 사이클이다.

23 냉동장치에서 증발온도를 일정하게 하고 응축온도를 높일 때 나타나는 현상으로 옳은 것은?

① 성적계수 증가   ② 압축일량 감소

③ 토출가스온도 감소   ④ 체적효율 감소

해설 응축온도 상승 시 나타나는 현상

㉠ 성적계수(COP) 감소

㉡ 압축일량 증가

㉢ 토출가스온도 상승

㉣ 체적효율 감소

㉤ 냉동능력 감소

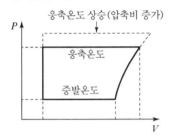

24 중간냉각이 완전한 2단 압축 1단 팽창 사이클로 운전되는 R−134a 냉동기가 있다. 냉동능력은 10kW이며, 사이클의 중간압, 저압부의 압력은 각각 350kPa, 120kPa이다. 전체 냉매순환량을 m, 증발기에서 증발하는 냉매의 양을 m_e라 할 때, 중간냉각시키기 위해 바이패스되는 냉매의 양 $m - m_e$(kg/h)은 얼마인가?(단, 제1압축기의 입구 과열도는 0이며, 각 엔탈피는 아래 표를 참고한다.)

압력(kPa)	포화액체 엔탈피(kJ/kg)	포화증기 엔탈피(kJ/kg)
120	160.42	379.11
350	195.12	395.04

지점별 엔탈피(kJ/kg)	
h_2	227.23
h_4	401.08
h_7	482.41
h_8	234.29

① 5.8   ② 11.1

③ 15.7   ④ 19.3

해설 2단 압축 1단 팽창 사이클

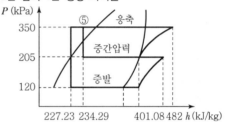

- 중간압력$(P_3) = \sqrt{P_1 \times P_2} = \sqrt{350 \times 120} = 205$kPa

- 냉매순환량(고단/저단)비 $= 1 \times \dfrac{482 - 227.23}{401.08 - 234.29} = 1.53$

- 전체 냉매순환량 $= \dfrac{10 \times 3,600}{401.08 - 234.29} = 216$kg/h

∴ 바이패스양$(G) = 216 \times \dfrac{234.29 - 227.23}{482.41 - 401.08} = 19$kg/h

25 다음 중 대기 중의 오존층을 가장 많이 파괴시키는 물질은?

① 질소   ② 수소

③ 염소   ④ 산소

해설 오존층 파괴물질

㉠ 온실가스 유발물질 : CO_2, CH_4, N_2O, HFCs(수소불화탄소), PFCs(과불화탄소), SF_6(육불화황)

㉡ 프레온 냉매 구성 : 탄화수소계 CH_4, C_2H_6의 H(수소)를 할로겐(Halogen)계 원소인 Cl(염소), F(불소)로 치환한 것

26 진공압력이 60mmHg일 경우 절대압력(kPa)은?(단, 대기압은 101.3kPa이고 수은의 비중은 13.6이다.)

① 53.8   ② 93.2

③ 106.6   ④ 196.4

해설 절대압력(abs) = 대기압 − 진공압 = 760 − 60

$$= 700 \text{mmHg}$$

$$\therefore 101.3 \times \left(\frac{700}{760}\right) = 93.2 \text{kPa}$$

27 물(H$_2$O) – 리튬브로마이드(LiBr) 흡수식 냉동기에 대한 설명으로 틀린 것은?

① 특수 처리한 순수한 물을 냉매로 사용한다.

② 4~15℃ 정도의 냉수를 얻는 기기로 일반적으로 냉수온도는 출구온도 7℃ 정도를 얻도록 설계한다.

③ LiBr 수용액은 성질이 소금물과 유사하여, 농도가 진하고 온도가 낮을수록 냉매 증기를 잘 흡수한다.

④ LiBr의 농도가 진할수록 점도가 높아져 열전도율이 높아진다.

해설 흡수식 냉동기

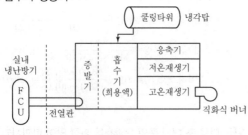

흡수제인 리튬브로마이드(LiBr)의 농도가 진하면 냉매가 감소하여 열전도율이 낮아진다.

28 응축압력 및 증발압력이 일정할 때 압축기의 흡입증기 과열도가 크게 된 경우 나타나는 현상으로 옳은 것은?

① 냉매순환량이 증대한다.

② 증발기의 냉동능력은 증대한다.

③ 압축기의 토출가스 온도가 상승한다.

④ 압축기의 체적효율은 변하지 않는다.

해설

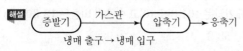

냉매 출구 → 냉매 입구

㉠ 과열도 = 압축기 입구 가스온도 − 증발기 출구 가스온도

㉡ 과열도가 크면 압축기의 냉매토출가스 온도가 상승한다.

29 실린더 지름 200mm, 행정 200mm, 회전수 400rpm, 기통수 3기통인 냉동기의 냉동능력이 5.72RT이다. 이때 냉동효과(kJ/kg)는?(단, 체적효율은 0.75, 압축기 흡입 시의 비체적은 0.5m^3/kg이고, 1RT는 3.8kW이다.)

① 115.3

② 110.8

③ 89.4

④ 68.8

해설 단면적$(A) = \frac{\pi}{4}d^2 = \frac{3.14}{4} \times (0.2)^2 = 0.0314\text{m}^2$

냉매 토출가스양$(Q_G) = 0.0314 \times 0.2 \times 400 \times 3$
$$= 7.536\text{m}^3/\text{min}$$

냉매순환량(kg/h) $= \frac{7.536}{0.5} \times 0.75 \times 60 = 678.24\text{kg/h}$

1kWh = 3,600kJ

$\therefore$ 냉동효과 $= \left\{5.72 \times 3.8 \times \frac{3,600}{678.24}\right\} = 115.3\text{kJ/kg}$

30 응축기에 관한 설명으로 틀린 것은?

① 응축기의 역할은 저온, 저압의 냉매증기를 냉각하여 액화시키는 것이다.

② 응축기의 용량은 응축기에서 방출하는 열량에 의해 결정된다.

③ 응축기의 열부하는 냉동기의 냉동능력과 압축기 소요일의 열당량을 합한 값과 같다.

④ 응축기 내에서의 냉매상태는 과열영역, 포화영역, 액체영역 등으로 구분할 수 있다.

해설

27. ④ 28. ③ 29. ① 30. ① **| ANSWER**

31 다음 그림과 같이 수랭식과 공랭식 응축기의 작용을 혼합한 형태의 응축기는?

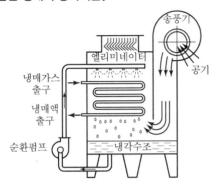

① 증발식 응축기

② 셸코일 응축기

③ 공랭식 응축기

④ 7통로식 응축기

해설 증발식 응축기
ㄱ 응축기 냉각관 코일에 냉각수를 분무노즐에 의하여 분무하고 여기에 3m/s 정도의 공기를 보내 냉각관·표면의 물을 증발시켜 냉매를 응축시킨다.
ㄴ 냉각수가 부족한 곳에서 사용되며 설비비가 싸며 응축압력을 낮게 유지한다.
ㄷ 외기의 습구온도 영향을 많이 받는다.

---

32 2중 효용 흡수식 냉동기에 대한 설명으로 틀린 것은?

① 단중 효용 흡수식 냉동기에 비해 증기 소비량이 적다.

② 2개의 재생기를 갖고 있다.

③ 2개의 증발기를 갖고 있다.

④ 증기 대신 가스연소를 사용하기도 한다.

해설 2중 흡수식 냉동기
ㄱ 증발기, 응축기 : 1개
ㄴ 재생기(저온, 고온) : 2개
ㄷ 흡수기 : 1개

---

33 어떤 냉동 사이클에서 냉동효과를 $\gamma(kJ/kg)$, 흡입 건조 포화증기의 비체적을 $v(m^3/kg)$로 표시하면 NH_3와 R-22에 대한 값은 다음과 같다. 사용 압축기의 피스톤 압출량은 NH_3와 R-22의 경우 동일하며, 체적효율도 75%로 동일하다. 이 경우 NH_3와 R-22 압축기의 냉동능력을 각각 R_N, $R_F(RT)$로 표시한다면 R_N/R_F는?

구분	NH_3	R-22
$\gamma(kJ/kg)$	1,126.37	168.90
$v(m^3/kg)$	0.509	0.077

① 0.6

② 0.7

③ 1.0

④ 1.5

해설 NH_3 냉동기능력(R_N) : 분자량 17
R-22 냉동기능력(R_F) : 분자량($CHClF_2$) 86.48

$$\therefore \frac{R_N}{R_F} = \frac{(1,126.37/0.509)}{(168.90/0.077)} = 1.0$$

---

34 냉각수 입구온도 25℃, 냉각수량 900kg/min인 응축기의 냉각 면적이 80m², 그 열통과율이 1.6kW/m²·K고, 응축온도와 냉각 수온의 평균 온도차가 6.5℃이면 냉각수 출구온도(℃)는?(단, 냉각수의 비열은 4.2kJ/kg·K이다.)

① 23.8

② 32.6

③ 29.6

④ 38.2

해설 열통과율 1.6kW/m²·K=1.6kW/m²·K×3,600sec/h
=5,760(kJ/h)/m²·K
냉각수량=900kg/min×60min/h=54,000kg/h
냉각수 출구온도(t)=$\frac{5,760\times80\times6.5}{900\times60\times4.2}$=13.2 ℃(온도상승)
$\therefore$ 13.2+25=38.2℃

---

35 다음 중 흡수식 냉동기의 구성요소가 아닌 것은?

① 증발기

② 응축기

③ 재생기

④ 압축기

해설 흡수식 냉동기의 4대 구성요소
증발기, 응축기, 재생기, 흡수기

---

36 흡수식 냉동기에서 냉동시스템을 구성하는 기기들 중 냉각수가 필요한 기기의 구성으로 옳은 것은?

① 재생기와 증발기   ② 흡수기와 응축기

③ 재생기와 응축기   ④ 증발기와 흡수기

해설

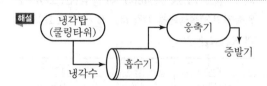

37 두께가 200mm인 두꺼운 평판의 한 면(T_o)은 600 K, 다른 면(T_1)은 300K으로 유지될 때 단위 면적당 평판을 통한 열전달량(W/m²)은?(단, 열전도율은 온도에 따라 $\lambda(T) = \lambda_o(1 + \beta t_m)$로 주어지며, λ_o는 0.029W/m·K, β는 $3.6 \times 10^{-3} K^{-3}$이고, t_m은 양 면 간의 평균온도이다.)

① 114   ② 105

③ 97   ④ 83

해설

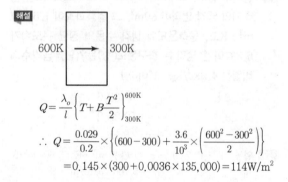

$$Q = \frac{\lambda_o}{l} \left\{ T + B\frac{T^2}{2} \right\}_{300K}^{600K}$$

$$\therefore \ Q = \frac{0.029}{0.2} \times \left\{ (600 - 300) + \frac{3.6}{10^3} \times \left(\frac{600^2 - 300^2}{2} \right) \right\}$$

$$= 0.145 \times (300 + 0.0036 \times 135,000) = 114 W/m^2$$

38 두께가 0.1cm인 관으로 구성된 응축기에서 냉각수 입구온도를 15℃, 출구온도를 21℃, 응축온도를 24 ℃라고 할 때, 이 응축기의 냉매와 냉각수의 대수평균온도차(℃)는?

① 9.5   ② 6.5

③ 5.5   ④ 3.5

해설 • 산술평균온도차(Δt)

$$= 응축온도 - \left(\frac{냉각수\ 입구수온 + 냉각수\ 출구수온}{2} \right)$$

• 대수평균온도차($\Delta t'$) = $\dfrac{\Delta t_1 - \Delta t_2}{\left(\dfrac{\Delta t_1}{\Delta t_2} \right)}$

응축온도(24℃)

15℃   21℃

$24 - 15 = 9℃$

$24 - 21 = 3℃$

$$\therefore \ \Delta t' = \frac{9 - 3}{\ln\left(\dfrac{9}{3}\right)} = 5.5℃$$

39 열의 종류에 대한 설명으로 옳은 것은?

① 고체에서 기체가 될 때에 필요한 열을 증발열이라 한다.

② 온도의 변화를 일으켜 온도계에 나타나는 열을 잠열이라 한다.

③ 기체에서 액체로 될 때 제거해야 하는 열을 응축열 또는 감열이라 한다.

④ 고체에서 액체로 될 때 필요한 열은 융해열이며 이를 잠열이라 한다.

해설 ㉠ 고체 → 기체 : 승화열
      ㉡ 기체 → 고체 : 승화열
      ㉢ 고체 → 액체 : 융해열(얼음 : 융해잠열)
      ㉣ 액체 → 기체 : 증발열
      ㉤ 액체 → 액체 : 현열

40 증기압축식 냉동장치 내에 순환하는 냉매의 부족으로 인해 나타나는 현상이 아닌 것은?

① 증발압력 감소

② 토출온도 증가

③ 과냉도 감소

④ 과열도 증가

해설 냉매가 부족하면 과냉도가 증가한다.

SECTION 03 공기조화

41 장방형 덕트(장변 a, 단변 b)를 원형 덕트로 바꿀 때 사용하는 계산식은 아래와 같다. 이 식으로 환산된 장방형 덕트와 원형 덕트의 관계는?

$$D_e = 1.3\left[\frac{(a \times b)^5}{(a+b)^2}\right]^{1/8}$$

① 두 덕트의 풍량과 단위 길이당 마찰손실이 같다.
② 두 덕트의 풍량과 풍속이 같다.
③ 두 덕트의 풍속과 단위 길이당 마찰손실이 같다.
④ 두 덕트의 풍량과 풍속 및 단위 길이당 마찰손실이 모두 같다.

> **해설**

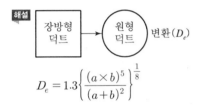

$$D_e = 1.3\left\{\frac{(a \times b)^5}{(a+b)^2}\right\}^{\frac{1}{8}}$$

42 공조기의 풍량이 45,000kg/h, 코일 통과풍속을 2.4m/s로 할 때 냉수코일의 전면적(m²)은?(단, 공기의 밀도는 1.2kg/m³이다.)

① 3.2 ② 4.3
③ 5.2 ④ 10.4

> **해설** 공조기 풍량(V) $= 45,000 \times \frac{1}{1.2} = 37,500\text{m}^3/\text{h}$
> $1\text{hr} = 3,600\text{sec}$, 풍량 = 유속 × 면적(m³/s)
> $37,500 = 2.4 \times 3,600 \times F$
> ∴ F(코일면적) $= \frac{37,500}{2.4 \times 3,600} = 4.34\text{m}^2$

43 다음 중 직접난방 방식이 아닌 것은?

① 온풍난방 ② 고온수난방
③ 저압증기난방 ④ 복사난방

> **해설** 온풍난방은 간접난방(공기조화난방) 방식이다.

44 9m×6m×3m의 강의실에 10명의 학생이 있다. 1인당 CO_2 토출량이 15L/h이면, 실내 CO_2양을 0.1%로 유지시키는 데 필요한 환기량(m³/h)은?(단, 외기의 CO_2양은 0.04%로 한다.)

① 80 ② 120
③ 180 ④ 250

> **해설** 건물용적(V) $= 9 \times 6 \times 3 = 162\text{m}^3$
> CO_2 농도기준 환기량(Q) $= \frac{M}{K - K_o} A \cdot n = \frac{15 \times 10}{\frac{0.1 - 0.04}{10^{-2}}}$
> $= 2,500\text{L}/\text{h} = 250\text{m}^3/\text{h}$

45 덕트 내의 풍속이 8m/s이고 정압이 200Pa일 때, 전압(Pa)은 얼마인가?(단, 공기밀도는 1.2kg/m³이다.)

① 197.3Pa ② 218.4Pa
③ 238.4Pa ④ 255.3Pa

> **해설** 전압 = 정압 + 동압 $\left(\frac{V^2}{2}\right)$
> $= 200 + \left(\frac{8 \times 8}{2} \times \frac{1.2}{1}\right) = 238.4\text{Pa}$

46 냉각탑에 관한 설명으로 틀린 것은?

① 어프로치는 냉각탑 출구수온과 입구공기 건구온도 차
② 레인지는 냉각수의 입구와 출구의 온도차
③ 어프로치를 적게 할수록 설비비 증가
④ 어프로치는 일반 공조용에서 5℃ 정도로 설정

> **해설** 어프로치 = 냉각탑 출구수온 − 입구공기 습구온도
> ※ 쿨링레인지는 냉각수의 입구와 출구의 온도차이다.

47 동일한 송풍기에서 회전수를 2배로 했을 경우 풍량, 정압, 소요동력의 변화에 대한 설명으로 옳은 것은?

① 풍량 1배, 정압 2배, 소요동력 2배
② 풍량 1배, 정압 2배, 소요동력 4배
③ 풍량 2배, 정압 4배, 소요동력 4배
④ 풍량 2배, 정압 4배, 소요동력 8배

송풍기 법칙

변수	정수	법칙	공식
회전속도 $N_1 \rightarrow N_2$	송풍기 크기	풍량은 회전속도에 비례	$Q_2 = Q_1 \times \left(\dfrac{N_1}{N_2}\right)$
		압력은 회전속도의 2제곱에 비례	$P_2 = P_1 \times \left(\dfrac{N_2}{N_1}\right)^2$
		동력은 회전속도의 3제곱에 비례	$L_2 = L_1 \times \left(\dfrac{N_2}{N_1}\right)^3$

$\therefore Q_2 = \left(\dfrac{2}{1}\right) = 2$배, $P_2 = \left(\dfrac{2}{1}\right)^2 = 4$배, $L_2 = \left(\dfrac{2}{1}\right)^3 = 8$배

48 겨울철 창면을 따라 발생하는 콜드 드래프트(Cold Draft)의 원인으로 틀린 것은?

① 인체 주위의 기류속도가 클 때
② 주위 공기의 습도가 높을 때
③ 주위 벽면의 온도가 낮을 때
④ 창문의 틈새를 통한 극간풍이 많을 때

겨울철(동절기)에는 주위 공기의 습도가 매우 건조하다.

49 건구온도(t_1) 5℃, 상대습도 80%인 습공기를 공기 가열기를 사용하여 건구온도(t_2) 43℃가 되는 가열 공기 950m³/h을 얻으려고 한다. 이때 가열에 필요한 열량(kW)은?

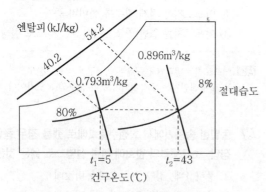

① 2.14
② 4.65
③ 8.97
④ 11.02

가열에 필요한 열량(Q)

공기질량(G) $= \dfrac{950}{0.793} = 1,198$kg/h

1kWh $= 3,600$kJ

$\therefore Q = \dfrac{1,198 \times (54.2 - 40.2)}{3,600} = 4.65$kW

50 증기난방 방식에서 환수주관을 보일러 수면보다 높은 위치에 배관하는 환수방식은?

① 습식 환수방식
② 강제 환수방식
③ 건식 환수방식
④ 중력 환수방식

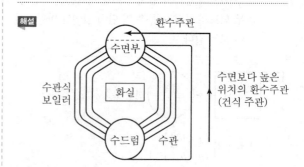

51 난방용 보일러의 요구조건이 아닌 것은?

① 일상취급 및 보수관리가 용이할 것
② 건물로의 반출입이 용이할 것
③ 높이 및 설치면적이 적을 것
④ 전열효율이 낮을 것

보일러는 연소효율, 전열효율, 열효율이 높아야 한다.

전열효율 $= \dfrac{\text{실제유효열}}{\text{실제연소열}}$

52 일사를 받는 외벽으로부터의 침입열량(q)을 구하는 계산식으로 옳은 것은?(단, K는 열관류율, A는 면적, Δt는 상당외기 온도차이다.)

① $q = K \times A \times \Delta t$
② $q = \dfrac{0.86 \times A}{\Delta t}$
③ $q = 0.24 \times A \times \dfrac{\Delta t}{K}$
④ $q = \dfrac{0.29 \times K}{(A \times \Delta t)}$

해설 일사(햇빛)에 의한 침입열량(q)

$q = K \times A \times \Delta t$

53 팬코일 유닛방식에 대한 설명으로 틀린 것은?

① 일반적으로 사무실, 호텔, 병원 및 점포 등에 사용한다.

② 배관방식에 따라 2관식, 4관식으로 분류한다.

③ 중앙기계실에서 냉수 또는 온수를 공급하여 각 실에 설치한 팬코일 유닛에 의해 공조하는 방식이다.

④ 팬코일 유닛방식에서의 열부하 분담은 내부 존 팬코일 유닛방식과 외부 존 터미널 방식이 있다.

해설 팬코일 유닛방식(FCU) : 전수방식

㉠ 외기를 도입하지 않는 방식

㉡ 외기를 실내 유닛인 팬코일 유닛으로 직접 도입하는 방식

㉢ 덕트병용 팬코일 유닛방식(공기 – 수방식)

㉣ 외부 존 부하(현열부하), 중앙공조기(잠열 + 현열부하) : 외부 존에서 서미스탯에 의해 냉 · 온수를 제어한다.

54 덕트의 굴곡부 등에서 덕트 내에 흐르는 기류를 안정시키기 위한 목적으로 사용하는 기구는?

① 스플릿 댐퍼　　　② 가이드 베인

③ 릴리프 댐퍼　　　④ 버터플라이 댐퍼

해설

가이드 베인 ─── 덕트의 엘보

55 공기조화기에 관한 설명으로 옳은 것은?

① 유닛 히터는 가열코일과 팬, 케이싱으로 구성된다.

② 유인 유닛은 팬만을 내장하고 있다.

③ 공기세정기를 사용하는 경우에는 엘리미네이터를 사용하지 않아도 좋다.

④ 팬 코일 유닛은 팬과 코일, 냉동기로 구성된다.

해설 공기조화기

㉠ 유닛 히터

- 가열코일
- 팬
- 케이싱

㉡ 공기세정기 : 엘리미네이터 부착

㉢ 팬코일 유닛 : 냉각수팬코일, 온수팬코일

56 공기조화설비 중 수분이 공기에 포함되어 실내로 급기되는 것을 방지하기 위해 설치하는 것은?

① 에어워셔　　　② 에어필터

③ 엘리미네이터　　　④ 벤틸레이터

해설 엘리미네이터

공기조화설비 중 수분이 공기에 포함되어 실내로 급기되는 것을 방지하기 위해 설치하는 것

57 다음 원심송풍기의 풍량제어 방법 중 동일한 송풍량 기준 소요동력이 가장 적은 것은?

① 흡입구 베인 제어　　　② 스크롤 댐퍼 제어

③ 토출 측 댐퍼 제어　　　④ 회전수 제어

해설 풍량제어

㉠ 토출댐퍼에 의한 제어

㉡ 흡입댐퍼에 의한 제어

㉢ 흡입베인에 의한 제어

㉣ 회전수 제어(정류자 전동기에 의한 방법)

㉤ 가변피치 제어

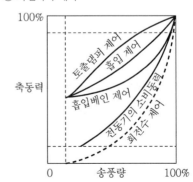

58 공조기에서 냉 · 온풍을 혼합댐퍼에 의해 일정한 비율로 혼합한 후 각 존 또는 각 실로 보내는 공조방식은?

① 단일덕트 재열 방식
② 멀티존 유닛 방식
③ 단일덕트 방식
④ 유인 유닛 방식

해설 멀티존 유닛 방식
공조기에서 냉 · 온풍을 혼합댐퍼에 의해 일정한 비율로 혼합한 후 각 존 또는 각 실로 보내는 공조방식이다.

59 온풍난방에 관한 설명으로 틀린 것은?

① 송풍 동력이 크며, 설계가 나쁘면 실내로 소음이 전달되기 쉽다.
② 실온과 함께 실내습도, 실내기류를 제어할 수 있다.
③ 실내 층고가 높을 경우에는 상하의 온도차가 크다.
④ 예열부하가 크므로 예열시간이 길다.

해설 온풍(공기조화)은 공기의 가열이 낮아서(공기의 비열 : 0.24kcal/kg · ℃) 예열부하가 매우 적게 들어간다(신속한 난방이 가능하다).

60 온수난방에 대한 설명으로 틀린 것은?

① 증기난방에 비하여 연료소비량이 적다.
② 난방부하에 따라 온도 조절을 용이하게 할 수 있다.
③ 축열 용량이 크므로 운전을 정지해도 금방 식지 않는다.
④ 예열시간이 짧아 예열부하가 작다.

해설 온수는 비열이 커서(물의 비열 : 1kcal/kg · ℃) 예열 시 시간이 많이 걸리고 예열부하가 매우 많이 필요하다.

SECTION **04** 전기제어공학

61 다음 회로에서 $E=100V$, $R=4\Omega$, $X_L==5\Omega$, $X_C=2\Omega$일 때 이 회로에 흐르는 전류(A)는?

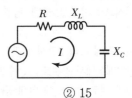

① 10
② 15
③ 20
④ 25

해설
• 전류는 전기(전하)의 이동으로, 1A는 1초 동안에 1쿨롬(C)의 전하가 이동하는 전류이다.

$$전류(I)=\frac{Q}{t}, \quad Q=It(C)$$

• R(저항), L(인덕턴스), C(정전용량)

$$\therefore 전류(I)=\frac{100V}{\sqrt{(4\Omega)^2+(5\Omega-2\Omega)^2}}=20A$$

62 전압을 V, 전류를 I, 저항을 R, 그리고 도체의 비저항을 ρ라 할 때 옴의 법칙을 나타낸 식은?

① $V=\dfrac{R}{I}$
② $V=\dfrac{I}{R}$
③ $V=IR$
④ $V=IR\rho$

해설 옴의 법칙
1827년에 독일의 Ohm에 의해 발견된 법칙으로 도체를 흐르는 전류는 그 도체의 양단에 가해진 전압에 비례하는 것이다.

$$I=\frac{R}{V}, \quad V(전압)=\frac{W}{Q}(J/C)=VQ(J)=IR$$

63 다음 블록선도의 전달함수 $\dfrac{C(s)}{R(s)}$ 는?

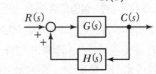

① $\dfrac{G(s)}{1-G(s)H(s)}$
② $\dfrac{G(s)}{1+G(s)H(s)}$
③ $\dfrac{H(s)}{1-G(s)H(s)}$
④ $\dfrac{H(s)}{1+G(s)H(s)}$

해설 **전달함수**

㉠ 모든 초기값을 0으로 가정하고 입력에 대한 출력비를 나타내는 함수이다.

㉡ 전달함수 $G(s) = \dfrac{\mathcal{L}(y(t))}{\mathcal{L}(x(t))} = \dfrac{Y(s)}{X(s)}$

입력과 출력이 정현파인 경우 $G(jw) = \dfrac{Y(jw)}{X(jw)}$ (주파수 전달함수)

㉢ $G(s) = \dfrac{\sum 전향경로의\ 이득}{1 - \sum 폐루프의\ 이득} = \dfrac{G(s)}{1 + G(s)H(s)}$

$= \dfrac{G(s)}{1 - G(s)H(s)}$

---

64 다음 중 전류계에 대한 설명으로 틀린 것은?

① 전류계의 내부저항이 전압계의 내부저항보다 작다.
② 전류계를 회로에 병렬접속하면 계기가 손상될 수 있다.
③ 직류용 계기에는 (+), (−)의 단자가 구별되어 있다.
④ 전류계의 측정 범위를 확장하기 위해 직렬로 접속한 저항을 분류기라고 한다.

해설 **분류기**

어느 전로의 전류를 측정하려는 경우에 전로의 전류가 전류계의 정격보다 큰 경우에는 전류계와 병렬로 다른 전로를 만들고 전류를 분류하여 측정한다. 이와 같이 전류를 분류하여 전로를 측정하는 저항기를 분류기라고 한다.

$I_o = \left(1 + \dfrac{r}{R}\right) I_a$

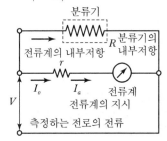

---

65 다음의 신호흐름선도에서 전달함수 $\dfrac{C(s)}{R(s)}$ 는?

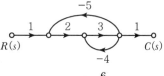

① $-\dfrac{6}{41}$ 　　② $\dfrac{6}{41}$

③ $-\dfrac{6}{43}$ 　　④ $\dfrac{6}{43}$

해설 **신호흐름선도**

복잡한 계통의 특성을 신호의 흐름과 전달함수를 사용하여 표시한 것으로 이것을 이용하면 복잡한 계통의 해석이 용이하고 합성전달함수의 산정이 간단해진다.

$1 \times 2 \times 3 \times 1 = 6$

$G = \dfrac{C}{R} = \dfrac{G_1 \Delta_1}{\Delta} = \dfrac{abcde}{1 - cg - bcdf} = \dfrac{6}{1 - 44} = \dfrac{6}{43}$

---

66 전기기기 및 전로의 누전 여부를 알아보기 위해 사용되는 계측기는?

① 메거　　　　　② 전압계
③ 전류계　　　　④ 검전기

해설 **메거(Megger)**

절연저항계, 절연저항을 측정하는 계기

---

67 전동기를 전원에 접속한 상태에서 중력부하를 하강시킬 때 속도가 빨라지는 경우 전동기의 유기기전력이 전원전압보다 높아져서 발전기가 동작하고 발생전력을 전원으로 되돌려 줌과 동시에 속도를 감속하는 제동법은?

① 회생제동　　　　② 역전제동
③ 발전제동　　　　④ 유도제동

해설 **회생제동(Regenerative Braking)**

전동기가 갖는 운동에너지를 전기에너지로 변환하고 이것을 전원으로 되돌려 보내어 전동기의 제동을 하는 방법으로 전기적인 제동법이다.

68 기계적 제어의 요소로서 변위를 공기압으로 변환하는 요소는?

① 벨로스
② 트랜지스터
③ 다이어프램
④ 노즐 플래퍼

> **해설** ① 벨로스 : 압력 → 변위
> ② 트랜지스터 : 변위 → 압력(전기적 요소)
> ③ 다이어프램 : 압력 → 변위
> ④ 노즐 플래퍼 : 변위 → 압력(기계적 요소)

69 어떤 코일에 흐르는 전류가 0.01초 사이에 20A에서 10A로 변할 때 20V의 기전력이 발생한다고 하면 자기 인덕턴스(mH)는?

① 10　　　　　② 20
③ 30　　　　　④ 50

> **해설** 인덕턴스(Inductance)
> 전선이나 코일에는 그 주위나 내부를 통하는 자속의 변화를 방해하는 작용이 있으며 인덕턴스는 이 작용의 세기를 나타내는 값이다.
> 인덕턴스 $L = \dfrac{V}{\dfrac{\Delta i}{\Delta t}} = V\dfrac{\Delta t}{\Delta i}$
>
> 코일에 흐르는 전류가 변화할 때 발생하는 기전력(e)
> $e = L\dfrac{di}{dt}(\text{V})$
> $L = e \times \dfrac{dt}{di} = 20 \times \dfrac{0.01}{20-10} = 0.02\text{H}(20\text{mH})$

70 입력에 대한 출력의 오차가 발생하는 제어시스템에서 오차가 변화하는 속도에 비례하여 조작량을 가변하는 제어방식은?

① 미분제어
② 정치제어
③ on-off 제어
④ 시퀀스 제어

> **해설** 연속동작 미분제어
> 오차가 변화하는 속도에 비례하여 조작량을 가변하는 제어방식이다.

71 영구자석의 재료로 요구되는 사항은?

① 잔류자기 및 보자력이 큰 것
② 잔류자기가 크고 보자력이 작은 것
③ 잔류자기는 작고 보자력이 큰 것
④ 잔류자기 및 보자력이 작은 것

> **해설** 영구자석의 재료로 요구되는 사항
> 잔류자기 및 보자력이 큰 것(보자력 : 강자성체를 자기포화상태에서 자장을 0으로 했을 때 잔류자화가 남는데 다시 반대방향으로 자장을 증가시키면 자화가 감소하고 어느 세기의 자장에서 자화는 0이 된다. 이때의 자장의 세기를 말한다.)

72 평형 3상 전원에서 각 상 간 전압의 위상차(rad)는?

① $\dfrac{\pi}{2}$　　　　　② $\dfrac{\pi}{3}$
③ $\dfrac{\pi}{6}$　　　　　④ $\dfrac{2\pi}{3}$

> **해설** 평형 3상 전원에서 각 상 간 전압의 위상차
> Y결선, △결선, V결선이며 위상차는 $\dfrac{2\pi}{3}$ 이다.

73 피드백 제어에 관한 설명으로 틀린 것은?

① 정확성이 증가한다.
② 대역폭이 증가한다.
③ 입력과 출력의 비를 나타내는 전체 이득이 증가한다.
④ 개루프 제어에 비해 구조가 비교적 복잡하고 설치비가 많이 든다.

> **해설** 피드백 제어계
> 계의 특성변화에 대한 입력 대 출력비의 감도가 감소한다. 다만, 감대폭이 증가한다. 또한 발진을 일으키고 불안정한 상태로 되어가는 경향성이 있다.

74 절연의 종류를 최고 허용온도가 낮은 것부터 높은 순서로 나열한 것은?

① A종<Y종<E종<B종
② Y종<A종<E종<B종
③ E종<Y종<B종<A종
④ B종<A종<E종<Y종

절연체(Insulator : 애자)

부도체이며 전기를 거의 통하지 않는 물질이다. 절연체는 전자회로의 구성부품을 분리하거나 불필요한 회로에 전류가 흐르지 않게 하기 위하여 사용하며, 고무, 유리, 세라믹, 플라스틱 등이 있다.

허용온도가 낮은 것부터 높은 순서 : Y종<A종<E종<B종

75 아래 접점회로의 논리식으로 옳은 것은?

① $X \cdot Y \cdot Z$

② $(X+Y) \cdot Z$

③ $(X \cdot Z)+Y$

④ $X+Y+Z$

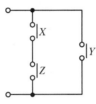

해설 논리합 OR 회로

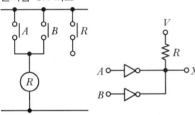

$X = A + B$

A와 B는 직렬이므로 AND 회로이고 이것과 C가 병렬이므로 OR 회로이다.

∴ $(X \cdot Z)+Y$가 된다.

76 다음 회로도를 보고 진리표를 채우고자 한다. 빈칸에 알맞은 값은?

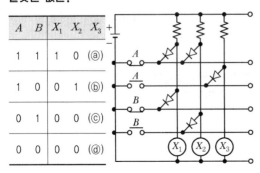

A	B	X_1	X_2	X_3	
1	1	1	0	(ⓐ)	
1	0	0	1	(ⓑ)	
0	1	0	0	(ⓒ)	
0	0	0	0	(ⓓ)	

① ⓐ 1, ⓑ 1, ⓒ 0, ⓓ 0

② ⓐ 0, ⓑ 0, ⓒ 1, ⓓ 1

③ ⓐ 0, ⓑ 1, ⓒ 0, ⓓ 1

④ ⓐ 1, ⓑ 0, ⓒ 1, ⓓ 0

해설 논리회로 진리값표

A	B	X_1	X_2	X_3
1	1	1	0	0
1	0	0	1	0
0	1	0	0	1
0	0	0	0	1

77 코일에 단상 200V의 전압을 가하면 10A의 전류가 흐르고 1.6kW의 전력이 소비된다. 이 코일과 병렬로 콘덴서를 접속하여 회로의 합성역률을 100%로 하기 위한 용량 리액턴스(Ω)는 약 얼마인가?

① 11.1   ② 22.2

③ 33.3   ④ 44.4

해설 리액턴스(Reactance)

전기회로에서 직류전류를 방해하는 것은 저항뿐이지만 교류전류는 방향 및 양이 시시각각으로 변화하기 때문에 저항 이외에 전류를 방해하는 저항성분이 있다. 이 저항성분을 리액턴스라고 한다.

전류$(I) = \dfrac{V}{R}$, $V = IR$, $R = \dfrac{V}{I} = \dfrac{200}{10} = 20\Omega$

전력$(P) = VI = I^2R = \dfrac{V^2}{R}$(W)

무효전력$(P_r) = \sqrt{(200 \times 10)^2 - 1,600^2} = 1,200\text{Var}$

∴ 용량리액턴스$(X_c) = \dfrac{V^2}{P_r} = \dfrac{200^2}{1,200} = 33.3\Omega$

78 시퀀스 제어에 관한 설명으로 틀린 것은?

① 조합논리회로가 사용된다.

② 시간지연요소가 사용된다.

③ 제어용 계전기가 사용된다.

④ 폐회로 제어계로 사용된다.

해설 시퀀스 제어 : 개회로 정성적 계로 사용된다.

79 두 대 이상의 변압기를 병렬 운전하고자 할 때 이상적인 조건으로 틀린 것은?

① 각 변압기의 극성이 같을 것
② 각 변압기의 손실비가 같을 것
③ 정격용량에 비례해서 전류를 분담할 것
④ 변압기 상호 간 순환전류가 흐르지 않을 것

해설 변압기의 병렬 운전조건 : ①, ③, ④항 외에 각 변압기의 권수비 및 1, 2차 정격전압이 같을 것, 각 변압기의 저항과 리액턴스의 비가 같을 것

※ 변압기 결선
  ㉠ Y−Y결선
  ㉡ △−△결선
  ㉢ Y−△결선, △−Y결선
  ㉣ V−V결선

80 100V에서 500W를 소비하는 저항이 있다. 이 저항에 100V의 전원을 200V로 바꾸어 접속하면 소비되는 전력(W)은?

① 250
② 500
③ 1,000
④ 2,000

해설 전력$(P) = VI = I^2R = \dfrac{V^2}{R}$(W)

1W : 1초 동안에 1J의 비율로 일을 하는 속도(1W=J/s)

저항$(R) = \dfrac{V^2}{P} = \dfrac{100^2}{50} = 200\Omega$, $\dfrac{200^2}{50} = 800\Omega$

$\therefore W = 500 \times \dfrac{800}{200} = 2,000$W

SECTION 05 배관일반

81 같은 지름의 관을 직선으로 연결할 때 사용하는 배관 이음쇠가 아닌 것은?

① 소켓   ② 유니언
③ 벤드   ④ 플랜지

해설 벤드

180°   90°

82 온수난방 배관에서 역귀환 방식을 채택하는 주된 목적으로 가장 적합한 것은?

① 배관의 신축을 흡수하기 위하여
② 온수가 식지 않게 하기 위하여
③ 온수의 유량분배를 균일하게 하기 위하여
④ 배관길이를 짧게 하기 위하여

해설 역귀환 방식
리버스 리턴 방식으로, 온수의 유량분배를 균일하게 한다.

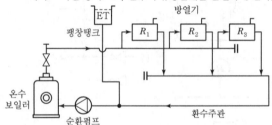

83 급탕배관 시공에 관한 설명으로 틀린 것은?

① 배관의 굽힘 부분에는 벨로스 이음을 한다.
② 하향식 급탕주관의 최상부에는 공기빼기장치를 설치한다.
③ 팽창관의 관경은 겨울철 동결을 고려하여 25A 이상으로 한다.
④ 단관식 급탕배관 방식에는 상향배관, 하향배관 방식이 있다.

해설 급탕배관 굽힘부
스위블 이음 채택(신축 조인트는 루프형, 슬리브형 채택)

84 냉동배관 시 플렉시블 조인트의 설치에 관한 설명으로 틀린 것은?

① 가급적 압축기 가까이에 설치한다.
② 압축기의 진동방향에 대하여 직각으로 설치한다.
③ 압축기가 가동할 때 무리한 힘이 가해지지 않도록 설치한다.
④ 기계 · 구조물 등에 접촉되도록 견고하게 설치한다.

해설 플렉시블 신축이음은 냉동기 배관에서 배관이나 기기에 부착한다(충격완화용).

플렉시블
신축이음

급수펌프

85 밸브의 역할로 가장 거리가 먼 것은?

① 유체의 밀도 조절   ② 유체의 방향 전환
③ 유체의 유량 조절   ④ 유체의 흐름 단속

해설 유체의 밀도(kg/m³)는 온도와 관계된다(질량/체적).

86 경질염화비닐관의 TS식 이음에서 작용하는 3가지 접착효과로 가장 거리가 먼 것은?

① 유동삽입   ② 일출접착
③ 소성삽입   ④ 변형삽입

해설 TS식 이음
상온에서 PVC관 접합부의 내면과 관 끝의 외면에 PVC 전용 접착제를 칠하여 삽입함으로써 접합하는 방식이다(접착효과 : 유동삽입, 일출접착, 변형삽입).

87 패킹재의 선정 시 고려사항으로 관 내 유체의 화학적 성질이 아닌 것은?

① 점도   ② 부식성
③ 휘발성   ④ 용해능력

해설 패킹재(플랜지용, 나사용, 그랜드용)의 선정 시 관 내 유체의 휘발성, 부식성, 용해능력을 고려하여 선택한다.

88 기체 수송설비에서 압축공기 배관의 부속장치가 아닌 것은?

① 후부냉각기   ② 공기여과기
③ 안전밸브   ④ 공기빼기밸브

해설 압축공기 배관의 부속장치
㉠ 분리기 및 후부냉각기
㉡ 밸브
㉢ 공기탱크
㉣ 공기여과기

89 배관용 패킹재료 선정 시 고려해야 할 사항으로 가장 거리가 먼 것은?

① 유체의 압력   ② 재료의 부식성
③ 진동의 유무   ④ 시트면의 형상

해설 배관용 패킹재료 선정 시 고려사항
유체의 압력, 재료의 부식성, 진동의 유무 등

90 무기질 단열재에 관한 설명으로 틀린 것은?

① 암면은 단열성이 우수하고 아스팔트 가공된 보냉용의 경우 흡수성이 양호하다.
② 유리섬유는 가볍고 유연하여 작업성이 매우 좋으며 칼이나 가위 등으로 쉽게 절단된다.
③ 탄산마그네슘 보온재는 열전도율이 낮으며 300 ~320℃에서 열분해한다.
④ 규조토 보온재는 비교적 단열효과가 낮으므로 어느 정도 두껍게 시공하는 것이 좋다.

해설 암면 보온재
㉠ 원료가 안산암, 현무암, 석회석으로, 흡수성이 작다.
㉡ 400℃ 이하의 관, 탱크, 덕트의 보온재로 사용된다.
㉢ 알칼리에는 강하나 강산에는 약하다.
㉣ 풍화의 염려가 없다.
㉤ 열전도율은 0.039~0.048kcal/mh · ℃이다.

91 펌프 주위 배관시공에 관한 사항으로 틀린 것은?

① 풋 밸브 등 모든 관의 이음은 수밀, 기밀을 유지할 수 있도록 한다.

② 흡입관의 길이는 가능한 한 짧게 배관하여 저항이 적도록 한다.

③ 흡입관의 수평배관은 펌프를 향하여 하향구배로 한다.

④ 양정이 높을 경우 펌프 토출구와 게이트 밸브 사이에 체크밸브를 설치한다.

해설
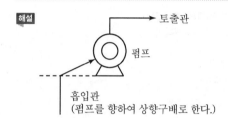

92 다음 중 기수혼합식(증기분류식) 급탕설비에 소음을 방지하는 기구는?

① 가열코일　　　　② 사일런서

③ 순환펌프　　　　④ 서머스탯

해설 기수혼합법

병원이나 공장에서 증기를 열원으로 하는 경우 급탕설비 저탕조 내에서 증기를 공급하여 증기와 물을 혼합시켜 물을 끓여 주는 급탕방법이다(증기가 물에 주는 열효율은 100%이다).

93 가스 수요의 시간적 변화에 따라 일정한 가스양을 안정하게 공급하고 저장할 수 있는 가스홀더의 종류가 아닌 것은?

① 무수(無水)식　　② 유수(有水)식

③ 주수(柱水)식　　④ 구(球)형

해설 가스홀더

㉠ 유수식 : 물이 있다.

㉡ 무수식 : 물이 없다.

㉢ 구형

※ 주수식 : 아세틸렌가스 제조방식이다.

94 급수관의 평균 유속이 2m/s이고 유량이 100L/s로 흐르고 있다. 관 내의 마찰손실을 무시할 때 안지름 (mm)은 얼마인가?

① 173　　　　② 227

③ 247　　　　④ 252

해설 유량$=100L/s=0.1m^3/s$

$$지름(d)=\sqrt{\frac{4Q}{\pi V}}=\sqrt{\frac{4\times0.1}{3.14\times2}}=0.252m\,(252mm)$$

95 다음 도시기호의 이음은?

① 나사식 이음　　② 용접식 이음

③ 소켓식 이음　　④ 플랜지식 이음

해설 이음기호

① 나사식(———|———)

② 용접식(———●———)

③ 플랜지식(——|+|——)

④ 소켓식(——⊃○⊂——)

96 도시가스 배관 시 배관이 움직이지 않도록 관 지름 13mm 이상 33mm 미만의 경우 몇 m마다 고정장치를 설치해야 하는가?

① 1m　　　　② 2m

③ 3m　　　　④ 4m

해설 가스배관

13mm 미만 : 1m　　13mm 이상 33mm 미만 : 2m

33mm 이상 : 3m

97 증기난방법에 관한 설명으로 틀린 것은?

① 저압식은 증기의 사용압력이 0.1MPa 미만인 경우이며, 주로 10~35kPa인 증기를 사용한다.

② 단관 중력 환수식의 경우 증기와 응축수가 역류하지 않도록 선단 하향 구배로 한다.

③ 환수주관을 보일러 수면보다 높은 위치에 배관한 것은 습식환수관식이다.

④ 증기의 순환이 가장 빠르며 방열기, 보일러 등의 설치위치에 제한을 받지 않고 대규모 난방용으로 주로 채택되는 방식은 진공환수식이다.

해설
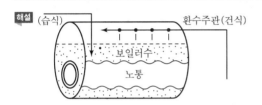

98 급수배관의 수격현상 방지방법으로 가장 거리가 먼 것은?

① 펌프에 플라이휠을 설치한다.

② 관경을 작게 하고 유속을 매우 빠르게 한다.

③ 에어챔버를 설치한다.

④ 완폐형 체크밸브를 설치한다.

해설
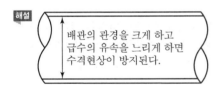

배관의 관경을 크게 하고 급수의 유속을 느리게 하면 수격현상이 방지된다.

99 온수배관 시공 시 유의사항으로 틀린 것은?

① 배관재료는 내열성을 고려한다.

② 온수배관에는 공기가 고이지 않도록 구배를 준다.

③ 온수 보일러의 릴리프 관에는 게이트 밸브를 설치한다.

④ 배관의 신축을 고려한다.

해설 온수가 팽창하면 4.3%가 팽창한다. 팽창수를 방출하여 압력을 감소시키려면 릴리프 밸브(방출밸브)를 설치하여 안전장치로 사용하며 릴리프관에는 밸브를 설치하지 않는다.

100 제조소 및 공급소 밖의 도시가스 배관을 시가지 외의 도로 노면 밑에 매설하는 경우에는 노면으로부터 배관의 외면까지 최소 몇 m 이상을 유지해야 하는가?

① 1.0

② 1.2

③ 1.5

④ 2.0

해설 도시가스 배관(도시 시가지 외의 도로인 경우)

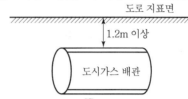

도로 지표면

1.2m 이상

도시가스 배관

SECTION 01 기계열역학

01 다음 중 가장 낮은 온도는?

① 104℃   ② 284℉

③ 410K   ④ 684˚R

해설 ① 104℃

② $284℉ = \left\{\dfrac{5}{9} \times (284-32)\right\} = 140℃$

③ $410K = (410-273) = 137℃$

④ $684˚R = \left(\dfrac{684}{1.8} - 273\right) = 107℃$

※ ℉은 ℃보다 1.8배 크다.
랭킨절대온도(˚R) = ℉+460,
켈빈절대온도(K) = ℃+273

02 과열증기를 냉각시켰더니 포화영역 안으로 들어와서 비체적이 0.2327(m^3/kg)이 되었다. 이때 포화액과 포화증기의 비체적이 각각 1.079×10^{-3}(m^3/kg), 0.5243(m^3/kg)이라면 건도는 얼마인가?

① 0.964   ② 0.772

③ 0.653   ④ 0.443

해설 포화영역과열증기 : $0.2327 m^3/kg$
포화액 : $1.079 \times 10^{-3} = 0.001079 m^3/kg$
포화증기 : $0.5243 m^3/kg$
건도$(x) = \dfrac{V-V'}{V''-V'} = \dfrac{0.2327 - 0.001079}{0.5243 - 0.001079} = 0.443$

03 증기동력사이클의 종류 중 재열사이클의 목적으로 가장 거리가 먼 것은?

① 터빈 출구의 습도가 증가하며 터빈 날개를 보호한다.

② 이론 열효율이 증가한다.

③ 수명이 연장된다.

④ 터빈 출구의 질(Quality)을 향상시킨다.

해설 재열사이클
팽창일을 증대시키고 또 터빈 출구 증기의 건도를 떨어뜨리지 않는 수단으로서 팽창 도중의 증기를 뽑아 내어 가열장치로 보내 재가열한 후 다시 터빈에 보내서 열효율을 증가시킨다. 그 이점은 ②, ③, ④항이다.

04 비열비가 1.29, 분자량이 44인 이상 기체의 정압비열은 약 몇 kJ/(kg·K)인가?(단, 일반기체상수는 8.314kJ/(kmol·K)이다.)

① 0.51

② 0.69

③ 0.84

④ 0.91

해설 가스상수 $= \dfrac{8.314}{M} = \dfrac{8.314}{44} = 0.18889 kJ/kg·K$

비열비$(k) = \dfrac{C_p}{C_v} = C_p(정압) = k \times C_v,$

$C_p - C_v = R = \dfrac{kR}{k-1}$

$\therefore$ 정압비열$(C_p) = \dfrac{1.29 \times 0.18889}{1.29-1} = 0.84 kJ/kg·K$

05 수소(H_2)가 이상 기체라면 절대압력 1MPa, 온도 100℃에서의 비체적은 약 몇 m^3/kg인가?(단, 일반기체상수는 8.3145kJ/(kmol·K)이다.)

① 0.781

② 1.26

③ 1.55

④ 3.46

해설 비체적 $= (m^3/kg)$, 수소의 분자량 $= 2$

$PV = RT, \ V = \dfrac{RT}{P}$

$1MPa = 10(kg_f/cm^2) = 1,000 kPa = 10^3 (kPa)$

$\therefore$ 비체적$(V) = \dfrac{\dfrac{8.3145}{2} \times (100+273)}{10} = 1.55 m^3/kg$

06 온도 15℃, 압력 100kPa 상태의 체적이 일정한 용기 안에 어떤 이상 기체 5kg이 들어 있다. 이 기체가 50℃가 될 때까지 가열되는 동안의 엔트로피 증가량은 약 몇 kJ/K인가?(단, 이 기체의 정압비열과 정적비열은 각각 1.001kJ/(kg · K), 0.7171kJ/(kg · K)이다.)

① 0.411   ② 0.486
③ 0.575   ④ 0.732

해설 엔트로피 증가$(\Delta S) = \dfrac{\delta Q}{T} = \dfrac{GC\delta T}{T}$

$P_2 = P_1 \times \dfrac{273+50}{273+15} = 100 \times \dfrac{323}{288} = 112.15\text{kPa}$

$\Delta S = S_2 - S_1 = GC_P \ln \dfrac{T_2 P_1}{T_1 P_2} + GC_V \ln \dfrac{P_2}{P_1}$

$= 5 \times 1.001 \times \ln\left(\dfrac{323 \times 100}{288 \times 112.15}\right) + 5 \times 0.7171 \times \ln\left(\dfrac{112.15}{100}\right)$

$≒ 0.411\text{kJ/K}$

07 계가 비가역사이클을 이룰 때 클라우지우스(Clausius)의 적분을 옳게 나타낸 것은?(단, T는 온도, Q는 열량이다.)

① $\displaystyle\oint \dfrac{\delta Q}{T} < 0$ ② $\displaystyle\oint \dfrac{\delta Q}{T} > 0$
③ $\displaystyle\oint \dfrac{\delta Q}{T} \geq 0$ ④ $\displaystyle\oint \dfrac{\delta Q}{T} \leq 0$

해설 비가역사이클 클라우지우스 적분값 : $\displaystyle\oint \dfrac{\delta Q}{T} < 0$

부등식 : $\displaystyle\oint \dfrac{\delta Q}{T} \leq 0$

08 계가 정적 과정으로 상태 1에서 상태 2로 변화할 때 단순압축성 계에 대한 열역학 제1법칙을 바르게 설명한 것은?(단, U, Q, W는 각각 내부에너지, 열량, 일량이다.)

① $U_1 - U_2 = Q_{12}$ ② $U_2 - U_1 = W_{12}$
③ $U_1 - U_2 = W_{12}$ ④ $U_2 - U_1 = Q_{12}$

해설 계가 정적 과정(체적 일정)으로 상태 1에서 상태 2로 변화 시 단순압축성 계 열역학 제1법칙
$U_2 - U_1 = Q_{12}$

09 증기터빈에서 질량유량이 1.5kg/s이고, 열손실률이 8.5kW이다. 터빈으로 출입하는 수증기에 대한 값이 아래 그림과 같다면 터빈의 출력은 약 몇 kW인가?

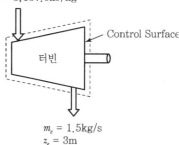

$m_i = 1.5\text{kg/s}$
$z_i = 6\text{m}$
$v_i = 50\text{m/s}$
$h_i = 3,137.0\text{kJ/kg}$

Control Surface

터빈

$m_e = 1.5\text{kg/s}$
$z_e = 3\text{m}$
$v_e = 200\text{m/s}$
$h_e = 2,675.5\text{kJ/kg}$

① 273kW   ② 656kW
③ 1,357kW   ④ 2,616kW

해설 $_1 Q_2 = m(he - hi) + \dfrac{m}{2}(V_2^2 - V_1^2) + mg(ze - zi) + W_t$

$-8.5 = 1.5 \times (2,675.5 - 3,137.0)$
$\qquad + \dfrac{1.5 \times 10^{-3}}{2} \times (200^2 - 50^2)$
$\qquad + 1.5 \times 9.8 \times 10^{-3} \times (3-6) + W_t$

$\therefore \ W_t = 655.67\text{kW}$

10 완전가스의 내부에너지(U)는 어떤 함수인가?

① 압력과 온도의 함수이다.
② 압력만의 함수이다.
③ 체적과 압력의 함수이다.
④ 온도만의 함수이다.

해설 완전가스
㉠ 내부에너지는 온도만의 함수이다.
㉡ 일반적으로 비열은 온도만의 함수이다.

11 어떤 냉동기에서 0℃의 물로 0℃의 얼음 2ton을 만드는 데 180MJ의 일이 소요된다면 이 냉동기의 성적계수는?(단, 물의 융해열은 334kJ/kg이다.)

① 2.05   ② 2.32
③ 2.65   ④ 3.71

해설 얼음의 융해열(Q) $= 2 \times 10^3 \times 334 = 668,000\text{kJ}(668\text{MJ})$

$\therefore$ 성적계수(COP) $= \dfrac{\text{냉동효과}}{\text{압축기일당량}} = \dfrac{668}{180} = 3.71$

12 열펌프를 난방에 이용하려 한다. 실내 온도는 18℃이고, 실외 온도는 −15℃이며 벽을 통한 열손실은 12kW이다. 열펌프를 구동하기 위해 필요한 최소 동력은 약 몇 kW인가?

① 0.65kW   ② 0.74kW

③ 1.36kW   ④ 1.53kW

해설 $18 + 273 = 291\text{K}$, $-15 + 273 = 258\text{K}$

효율 $= 1 - \dfrac{258}{291} = 0.1134(11\%)$

$\therefore$ 최소 동력(P) $= 12 \times 0.1134 = 1.36\text{kW}$

13 밀폐용기에 비내부에너지가 200kJ/kg인 기체가 0.5kg 들어 있다. 이 기체를 용량이 500W인 전기가열기로 2분 동안 가열한다면 최종상태에서 기체의 내부에너지는 약 몇 kJ인가?(단, 열량은 기체로만 전달된다고 한다.)

① 20kJ   ② 100kJ

③ 120kJ   ④ 160kJ

해설 전기가열기 용량(500W), $1\text{Wh} = 0.86\text{kcal} = 1\text{J/s}$

비내부에너지 : $200\text{kJ/kg} \times 0.5\text{kg} = 100\text{kJ}$

$500\text{W} = 0.5\text{kW}$, $1\text{Wh} - \text{h} = 3,600\text{kJ}$

$\therefore$ 내부에너지 $= 100 + \dfrac{0.5 \times 2 \times 3,600}{60} = 160\text{kJ}$

14 온도 20℃에서 계기압력 0.183MPa의 타이어가 고속주행으로 온도 80℃로 상승할 때 압력은 주행 전과 비교하여 약 몇 kPa 상승하는가?(단, 타이어의 체적은 변하지 않고, 타이어 내의 공기는 이상 기체로 가정하며, 대기압은 101.3kPa이다.)

① 37kPa   ② 58kPa

③ 286kPa   ④ 445kPa

해설 압력 상승(정적)에서 $P_2 = P_1 \times \dfrac{T_2}{T_1} = (183 + 101.3) \times \dfrac{353}{293}$

$\qquad\qquad = 342\text{kPa}$(절대압력)

계기압력 $= 342 - 101.3 = 241\text{kPa}$

$\therefore$ 압력 상승 $= 241 - 183 = 58\text{kPa}$

15 10℃에서 160℃까지 공기의 평균 정적비열은 0.7315 kJ/(kg · K)이다. 이 온도 변화에서 공기 1kg의 내부에너지 변화는 약 몇 kJ인가?

① 101.1kJ   ② 109.7kJ

③ 120.6kJ   ④ 131.7kJ

해설 내부에너지 변화(Q) $= G \cdot C_V(t_1 - t_2)$

$\qquad = 1 \times 0.7315 \times (160 - 10) = 109.7\text{kJ}$

16 온도가 127℃, 압력이 0.5MPa, 비체적이 0.4m³/kg인 이상 기체가 같은 압력하에서 비체적이 0.3 m³/kg으로 되었다면 온도는 약 몇 ℃가 되는가?

① 16   ② 27

③ 96   ④ 300

해설 정압 과정(T_2) $= T_1 \times \dfrac{V_2}{V_1} = (127 + 273) \times \dfrac{0.3}{0.4} = 300\text{K}$

$\therefore t = 300 - 273 = 27℃$

17 한 밀폐계가 190kJ의 열을 받으면서 외부에 20kJ의 일을 한다면 이 계의 내부에너지의 변화는 약 얼마인가?

① 210kJ만큼 증가한다.

② 210kJ만큼 감소한다.

③ 170kJ만큼 증가한다.

④ 170kJ만큼 감소한다.

해설

190kJ 열 공급 → 밀폐계 내부에는 170kJ 증가 → 20kJ 외부 일 소비

18 증기를 가역단열 과정을 거쳐 팽창시키면 증기의 엔트로피는?

① 증가한다.
② 감소한다.
③ 변하지 않는다.
④ 경우에 따라 증가도 하고, 감소도 한다.

> **해설** 단열 변화
> 열량의 출입이 없으므로 열량의 변화가 없다(엔트로피는 변화가 없다).

19 오토사이클의 압축비(ε)가 8일 때 이론열효율은 약 몇 %인가?(단, 비열비(K)는 1.4이다.)

① 36.8%
② 46.7%
③ 56.5%
④ 66.6%

> **해설** 내연기관(Otto Cycle)
>
> 압축비$(\varepsilon) = \dfrac{V_1}{V_2}$,
>
> $\eta_o = 1 - \left(\dfrac{1}{\varepsilon}\right)^{K-1} = 1 - \left(\dfrac{1}{8}\right)^{1.4-1} = 0.5647(56.5\%)$

20 이상적인 카르노사이클의 열기관이 500℃인 열원으로부터 500kJ을 받고, 25℃의 열을 방출한다. 이 사이클의 일(W)과 효율(η_{th})은 얼마인가?

① $W = 307.2\text{kJ},\ \eta_{th} = 0.6143$
② $W = 307.2\text{kJ},\ \eta_{th} = 0.5748$
③ $W = 250.3\text{kJ},\ \eta_{th} = 0.6143$
④ $W = 250.3\text{kJ},\ \eta_{th} = 0.5748$

> **해설** 카르노사이클$(\eta_c) = \dfrac{AW}{Q_1} = 1 - \dfrac{Q_2}{Q_1} = 1 - \dfrac{T_2}{T_1}$
>
> T_1(고온) $= 500 + 273 = 773\text{K}$
> T_2(저온) $= 25 + 273 = 298\text{K}$
> $\eta_c = 1 - \dfrac{298}{773} = 0.6143$,
> $W = 500 \times 0.6143 = 307.2\text{kJ}$

SECTION 02 냉동공학

21 다음 조건을 이용하여 응축기 설계 시 1RT(3.86kW) 당 응축면적(m²)은?(단, 온도차는 산술평균온도차를 적용한다.)

> • 응축온도 : 35℃
> • 냉각수 입구온도 : 28℃
> • 냉각수 출구온도 : 32℃
> • 열통과율 : 1.05kW/m²·℃

① 1.05
② 0.74
③ 0.52
④ 0.35

> **해설** Δt(산술평균온도) $= 35 - \left(\dfrac{28+32}{2}\right) = 5℃$
>
>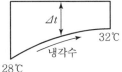
>
> $\therefore$ 응축면적$(A) = \dfrac{\text{냉동부하}}{K \times \Delta t} = \dfrac{3.86}{1.05 \times 5} = 0.74\text{m}^2$

22 히트파이프(Heat Pipe)의 구성요소가 아닌 것은?

① 단열부
② 응축부
③ 증발부
④ 팽창부

> **해설** 히트파이프의 구성요소 : 단열부, 응축부, 증발부
> ※ 히트펌프사이클 : 증발 → 압축 → 응축 → 팽창

23 흡수식 냉동장치에서의 흡수제 유동방향으로 틀린 것은?

① 흡수기 → 재생기 → 흡수기
② 흡수기 → 재생기 → 증발기 → 응축기 → 흡수기
③ 흡수기 → 용액열교환기 → 재생기 → 용액열교환기 → 흡수기
④ 흡수기 → 고온재생기 → 저온재생기 → 흡수기

해설 흡수식 냉동장치사이클(흡수제)
ⓐ 흡수기 → 재생기 → 흡수기
ⓑ 흡수기 → 고·저온 재생기 → 흡수기
ⓒ 흡수기 → 용액열교환기 → 재생기 → 용액열교환기 → 흡수기

24 실제 기체가 이상 기체의 상태방정식을 근사하게 만족시키는 경우는 어떤 조건인가?

① 압력과 온도가 모두 낮은 경우
② 압력이 높고 온도가 낮은 경우
③ 압력이 낮고 온도가 높은 경우
④ 압력과 온도 모두 높은 경우

해설 실제 기체가 이상 기체에 근접하려면 압력이 낮고 온도가 높은 경우이다.

25 암모니아 냉동장치에서 고압측 게이지 압력이 1,372.9 kPa, 저압측 게이지 압력이 294.2kPa이고, 피스톤 압출량이 100m³/h, 흡입증기의 비체적이 0.5m³/kg일 때, 이 장치에서의 압축비와 냉매순환량(kg/h)은 각각 얼마인가?(단, 압축기의 체적효율은 0.7이다.)

① 압축비 3.73, 냉매순환량 70
② 압축비 3.73, 냉매순환량 140
③ 압축비 4.67, 냉매순환량 70
④ 압축비 4.67, 냉매순환량 140

해설 ⓐ 압축비$(CR) = \dfrac{고압 + 102\text{kPa}}{저압 + 102\text{kPa}} = \dfrac{1,372.9 + 102}{294.2 + 102} = 3.73$

※ 대기압(1atm)≒102kPa

ⓑ 냉매순환량$(\text{kg/h}) = \dfrac{100}{0.5} = 200\text{kg/h}$

∴ $200 \times 0.7 = 140\text{kg/h}$

26 냉동기유의 구비조건으로 틀린 것은?

① 점도가 적당할 것
② 응고점이 높고 인화점이 낮을 것
③ 유성이 좋고 유막을 잘 형성할 수 있을 것
④ 수분 등의 불순물을 포함하지 않을 것

해설 냉동기의 압축기용 오일은 응고하는 온도가 낮고 인화점이 높을 것. 기타 구비조건은 ①, ③, ④항 외에도 냉매와 분리성이 좋고 화학반응이 없을 것

27 다음 중 빙축열시스템의 분류에 대한 조합으로 적당하지 않은 것은?

① 정적제빙형 – 관내착빙형
② 정적제빙형 – 캡슐형
③ 동적제빙형 – 관외착빙형
④ 동적제빙형 – 과냉각아이스형

해설 ⓐ 빙축열시스템(동적제빙형) : 빙박리형
ⓑ 관외착빙형 : 정적제빙형

28 냉동장치가 정상운전되고 있을 때 나타나는 현상으로 옳은 것은?

① 팽창밸브 직후의 온도는 직전의 온도보다 높다.
② 크랭크 케이스 내의 유온은 증발온도보다 낮다.
③ 수액기 내의 액온은 응축온도보다 높다.
④ 응축기의 냉각수 출구온도는 응축온도보다 낮다.

해설 냉동장치

ⓐ
입구온도 → [팽창밸브] → 출구온도 (출구온도가 낮다)

ⓑ 압축기의 크랭크 케이스 내의 유온은 냉매의 증발온도보다 높다.
ⓒ 수액기 내의 냉매액 온도는 응축온도보다 높다.
ⓓ 응축기의 냉각수 출구온도는 응축온도보다 낮다.

29 여름철 공기열원 열펌프 장치로 냉방운전할 때, 외기의 건구온도 저하 시 나타나는 현상으로 옳은 것은?

① 응축압력이 상승하고, 장치의 소비전력이 증가한다.
② 응축압력이 상승하고, 장치의 소비전력이 감소한다.
③ 응축압력이 저하하고, 장치의 소비전력이 증가한다.
④ 응축압력이 저하하고, 장치의 소비전력이 감소한다.

해설 열펌프(히트펌프)로 하절기 냉방운전 시 외기의 건구온도가 저하하면 응축압력이 저하하고 소비전력이 감소한다. 이유는 냉방부하가 감소하기 때문이다.

30 다음 중 액압축을 방지하고 압축기를 보호하는 역할을 하는 것은?

① 유분리기 ② 액분리기
③ 수액기 ④ 드라이어

해설 액분리기
㉠ 냉매증기 중 냉매액을 분리하여 압축기 내의 액압축사고를 방지한다(Liquid Back 방지).
㉡ 설치장소 : 증발기와 압축기 사이에 설치한다.

31 표준 냉동 사이클에서 상태 1, 2, 3에서의 각 성적계수 값을 모두 합하면 약 얼마인가?

상태	응축온도	증발온도
1	32℃	−18℃
2	42℃	2℃
3	37℃	−13℃

① 5.11 ② 10.89
③ 17.17 ④ 25.14

해설 성적계수(COP) $= \dfrac{T_1}{T_2 - T_1}$

$T_{1-1} = -18 + 273 = 255K$, $T_{1-2} = 2 + 273 = 275K$,
$T_{1-3} = -13 + 273 = 260K$
$T_{2-1} = 32 + 273 = 305K$, $T_{2-2} = 42 + 273 = 315K$,
$T_{2-3} = 37 + 273 = 310K$

$\therefore$ COP $= \left(\dfrac{255}{305 - 255}\right) + \left(\dfrac{275}{315 - 275}\right) + \left(\dfrac{260}{310 - 260}\right)$
$= 5.1 + 6.875 + 5.2 = 17.17$

32 수액기에 대한 설명으로 틀린 것은?

① 응축기에서 응축된 고온고압의 냉매액을 일시 저장하는 용기이다.
② 장치 안에 있는 모든 냉매를 응축기와 함께 회수할 정도의 크기를 선택하는 것이 좋다.
③ 소형 냉동기에는 필요하지 않다.
④ 어큐뮬레이터라고도 한다.

해설 ㉠ 어큐뮬레이터 : 냉동기의 냉매액 분리기
㉡ 수액기(Liquid Receiver)

33 그림은 R−134a를 냉매로 한 건식 증발기를 가진 냉동장치의 개략도이다. 지점 1, 2에서의 게이지 압력은 각각 0.2MPa, 1.4MPa로 측정되었다. 각 지점에서의 엔탈피가 아래 표와 같을 때, 5지점에서의 엔탈피(kJ/kg)는 얼마인가?(단, 비체적(v_1)은 0.08m³/kg이다.)

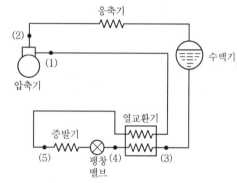

지점	엔탈피(kJ/kg)
1	623.8
2	665.7
3	460.5
4	439.6

① 20.9 ② 112.8
③ 408.6 ④ 602.9

해설 팽창밸브 → 증발기 → 압축기 → 응축기(증발기 냉매엔탈피는 압축기 입구냉매엔탈피보다 조금 작다.)
㉠ 압축기 입구(1) : 623.8kJ/kg
㉡ 증발기 출구(5) : 602.9kJ/kg

34 표준 냉동 사이클에서 냉매의 교축 후에 나타나는 현상으로 틀린 것은?

① 온도는 강하한다. ② 압력은 강하한다.
③ 엔탈피는 일정하다. ④ 엔트로피는 감소한다.

해설 냉매의 교축
㉠ 엔탈피 일정(kJ/kg)
㉡ 엔트로피 증가(kJ/kg · K)

35 냉동능력이 10RT이고 실제 흡입가스의 체적이 15 m³/h인 냉동기의 냉동효과(kJ/kg)는?(단, 압축기 입구 비체적은 0.52m³/kg이고, 1RT는 3.86kW이다.)

① 4,817.2   ② 3,128.1
③ 2,984.7   ④ 1,534.8

해설 냉동능력 $10RT = 3.86 \times 10 = 38.6$kW

냉매량$(G) = \dfrac{15}{0.52} = 28$kg/h

※ 1kW$-$h $= 3,600$kJ(860kcal)

∴ 냉동효과 $= \dfrac{38.6 \times 3,600}{28} = 4,817.2$kJ/kg

36 냉동용 압축기를 냉동법의 원리에 의해 분류할 때, 저온에서 증발한 가스를 압축기로 압축하여 고온으로 이동시키는 냉동법을 무엇이라고 하는가?

① 화학식 냉동법   ② 기계식 냉동법
③ 흡착식 냉동법   ④ 전자식 냉동법

해설 냉매증기를 압축기로 압축하는 냉동법
기계식 냉동법(프레온, 암모니아 냉매 등 사용)

37 브라인(2차 냉매) 중 무기질 브라인이 아닌 것은?

① 염화마그네슘   ② 에틸렌글리콜
③ 염화칼슘   ④ 식염수

해설 유기질 브라인(2차 간접냉매)
㉠ 에틸렌글리콜   ㉡ 프로필렌글리콜
㉢ 물(H_2O)   ㉣ 메틸렌크로라이드(R−11)

38 가역카르노사이클에서 고온부 40℃, 저온부 0℃로 운전될 때, 열기관의 효율은?

① 7.825   ② 6.825
③ 0.147   ④ 0.128

해설 카르노사이클$(\eta_c) = 1 - \dfrac{T_2}{T_1}$

• $T_1 = 40 + 273 = 313$K
• $T_2 = 0 + 273 = 273$K

∴ $\eta_c = 1 - \dfrac{273}{313} = 0.128(12.8\%)$

39 R−22를 사용하는 냉동장치에 R−134a를 사용하려 할 때, 장치의 운전 시 유의사항으로 틀린 것은?

① 냉매의 능력이 변하므로 전동기 용량이 충분한지 확인한다.
② 응축기, 증발기 용량이 충분한지 확인한다.
③ 개스킷, 실 등의 패킹 선정에 유의해야 한다.
④ 동일 탄화수소계 냉매이므로 그대로 운전할 수 있다.

해설 ㉠ R−22($CHClF_2$) : 프레온에서는 냉동능력이 좋다.
㉡ R−134a : R−22의 대체냉매, 신냉매, H · F · C로만 구성, 오존에 대한 피해가 없다.
※ R−12의 대체냉매, R−22 대체냉매는 R407C, R410A가 쓰인다.

40 흡수식 냉동기의 특징에 대한 설명으로 옳은 것은?

① 자동제어가 어렵고 운전경비가 많이 소요된다.
② 초기 운전 시 정격 성능을 발휘할 때까지의 도달속도가 느리다.
③ 부분부하에 대한 대응이 어렵다.
④ 증기압축식보다 소음 및 진동이 크다.

해설 흡수식 냉동기 운전 시(냉방) 초기 운전 시에는 정격 성능을 발휘할 때까지의 도달속도가 느리다.
(냉매＋흡수제 리튬브로마이드 사용)

SECTION 03   공기조화

41 습공기의 상대습도(ϕ)와 절대습도(w)의 관계에 대한 계산식으로 옳은 것은?(단, P_a는 건공기 분압, P_s는 습공기와 같은 온도의 포화수증기 압력이다.)

① $\phi = \dfrac{w}{0.622}\dfrac{P_a}{P_s}$ ② $\phi = \dfrac{w}{0.622}\dfrac{P_s}{P_a}$

③ $\phi = \dfrac{0.622}{w}\dfrac{P_s}{P_a}$ ④ $\phi = \dfrac{0.622}{w}\dfrac{P_a}{P_s}$

해설 상대습도와 절대습도의 관계

ㄱ 상대습도$(\phi) = \dfrac{w}{0.622} \times \dfrac{P_a}{P_s}$

ㄴ 절대습도$(w) = 0.622 \times \dfrac{P_w}{760 - P_w}$

---

42 기후에 따른 불쾌감을 표시하는 불쾌지수는 무엇을 고려한 지수인가?

① 기온과 기류
② 기온과 노점
③ 기온과 복사열
④ 기온과 습도

해설 불쾌지수(UI ; Uncomfort Index)

UI $= 0.72 \times$ (건구온도 $+$ 습구온도) $+ 40.6$
UI 값이 75가 넘으면 덥다고 느낀다.

---

43 냉방부하에 따른 열의 종류로 틀린 것은?

① 인체의 발생열 – 현열, 잠열
② 틈새바람에 의한 열량 – 현열, 잠열
③ 외기 도입량 – 현열, 잠열
④ 조명의 발생열 – 현열, 잠열

해설 조명의 발생열(현열)

ㄱ 백열등 : 1W당 0.86kcal/h
ㄴ 형광등(안정기 실내 포함)
0.86×W×조명점등률×1.2kcal/h

---

44 공기조화설비에 관한 설명으로 틀린 것은?

① 이중덕트 방식은 개별제어를 할 수 있는 이점이 있지만, 단일덕트 방식에 비해 설비비 및 운전비가 많아진다.
② 변풍량 방식은 부하의 증가에 대처하기 용이하며, 개별제어가 가능하다.
③ 유인유닛 방식은 개별제어가 용이하며, 고속덕트를 사용할 수 있어 덕트 스페이스를 작게 할 수 있다.
④ 각층 유닛 방식은 중앙기계실 면적을 작게 차지하고, 공조기의 유지관리가 편하다.

해설 각층 유닛(전 공기 방식)

ㄱ 각 층마다 독립된 2차 공조기 설치로 대규모 건물이고 다층인 경우에 적용된다.

ㄴ 지하 1차 공조기에서 냉수나 온수 · 증기를 공급받는다. 면적을 많이 차지하고 공조기의 유지관리가 번잡하다.

---

45 외기 및 반송(return)공기의 분진량이 각각 C_O, C_R이고, 공급되는 외기량 및 필터로 반송되는 공기량이 각각 Q_O, Q_R이며, 실내 발생량이 M이라 할 때, 필터의 효율(η)을 구하는 식으로 옳은 것은?

① $\eta = \dfrac{Q_O(C_O - C_R) + M}{C_O Q_O + C_R Q_R}$

② $\eta = \dfrac{Q_O(C_O - C_R) + M}{C_O Q_O - C_R Q_R}$

③ $\eta = \dfrac{Q_O(C_O + C_R) + M}{C_O Q_O + C_R Q_R}$

④ $\eta = \dfrac{Q_O(C_O - C_R) - M}{C_O Q_O - C_R Q_R}$

해설 필터의 효율$(\eta) = \dfrac{Q_O(C_O - C_R) + M}{C_O Q_O + C_R Q_R}$(%)

---

46 다음 중 라인형 취출구의 종류로 가장 거리가 먼 것은?

① 브리즈라인형
② 슬롯형
③ T-라인형
④ 그릴형

해설 라인형 취출구는 ①, ②, ③항 외에도 T-bar형, 캄라인형이 있다.

※ 격자형 흡입구
• 레지스터형
• 그릴형

---

47 축열시스템에서 수축열조의 특징으로 옳은 것은?

① 단열, 방수공사가 필요 없고 축열조를 따로 구축하는 경우 추가비용이 소요되지 않는다.
② 축열배관계통이 여분으로 필요하고 배관설비비 및 반송동력비가 절약된다.
③ 축열수의 혼합에 따른 수온 저하 때문에 공조기 코일 열수, 2차측 배관계의 설비가 감소할 가능성이 있다.
④ 열원기기는 공조부하의 변동에 직접 추종할 필요가 없고 효율이 높은 전부하에서의 연속운전이 가능하다.

해설 축열시스템의 수축열조에서 열원기기는 공조부하의 변동에 직접 추종할 필요가 없으며 효율이 높은 전부하에서의 연속 운전이 가능하다.

※ 수축열조 : 물탱크에 냉매, 열매를 저장하여 부하변동 시 공급하여 사용한다.

48 가습장치에 대한 설명으로 옳은 것은?

① 증기분무 방법은 제어의 응답성이 빠르다.
② 초음파 가습기는 다량의 가습에 적당하다.
③ 순환수 가습은 가열 및 가습효과가 있다.
④ 온수 가습은 가열·감습이 된다.

해설 ㉠ 초음파식 가습기는 120~320W의 전력으로 초음파를 가하면 수면으로부터 작은 물방울이 발생한다.
㉡ 용량이 비교적 작아서 1.3~4.0L/h 정도이다.

49 개별 공기조화방식에 사용되는 공기조화기에 대한 설명으로 틀린 것은?

① 사용하는 공기조화기의 냉각코일에는 간접팽창 코일을 사용한다.
② 설치가 간편하고 운전 및 조작이 용이하다.
③ 제어대상에 맞는 개별 공조기를 설치하여 최적의 운전이 가능하다.
④ 소음이 크나, 국소운전이 가능하여 에너지 절약 형이다.

해설 ㉠ 개별식은 중앙집중식에 비하여 국소운전이 가능하여 에 너지절약형이다. 각 유닛마다 냉동기가 필요하며 소음, 진동이 크다.
㉡ 개별 방식(냉매 방식) : 패키지 방식, 룸−쿨러 방식, 멀 티유닛 방식

50 취출기류에 관한 설명으로 틀린 것은?

① 거주영역에서 취출구의 최소 확산반경이 겹치면 편류현상이 발생한다.
② 취출구의 베인 각도를 확대시키면 소음이 감소한다.
③ 천장 취출 시 베인의 각도를 냉방과 난방 시 다르 게 조정해야 한다.
④ 취출기류의 강하 및 상승거리는 기류의 풍속 및 실내공기와의 온도차에 따라 변한다.

해설 취출구
㉠ 천장형 : 하향공급식
㉡ 벽면형 : 벽에서 취출형
㉢ 라인형 : 창틀이나 창쪽형
※ 취출구의 베인 각도는 0~45°가 적당하며 베인 각도를 너무 확대시키면 소음이 커진다.

51 다음 중 원심식 송풍기가 아닌 것은?

① 다익 송풍기   ② 프로펠러 송풍기
③ 터보 송풍기   ④ 익형 송풍기

해설 축류형 송풍기
㉠ 프로펠러형   ㉡ 디스크형

52 노점온도(Dew Point Temperature)에 대한 설명으로 옳은 것은?

① 습공기가 어느 한계까지 냉각되어 그 속에 있던 수증기가 이슬방울로 응축되기 시작하는 온도
② 건공기가 어느 한계까지 냉각되어 그 속에 있던 공기가 팽창하기 시작하는 온도
③ 습공기가 어느 한계까지 냉각되어 그 속에 있던 수증기가 자연 증발하기 시작하는 온도
④ 건공기가 어느 한계까지 냉각되어 그 속에 있던 공기가 수축하기 시작하는 온도

해설 노점온도
습공기가 어느 한계까지 냉각되어 그 속에 있던 수증기가 이 슬방울로 응축되기 시작하는 온도이다.

53 바닥취출 공조방식의 특징으로 틀린 것은?

① 천장 덕트를 최소화하여 건축 층고를 줄일 수 있다.
② 개개인에 맞추어 풍량 및 풍속 조절이 어려워 쾌 적성이 저해된다.
③ 가압식의 경우 급기거리가 18m 이하로 제한된다.
④ 취출온도와 실내온도 차이가 10℃ 이상이면 드래 프트 현상을 유발할 수 있다.

해설 바닥취출은 개개인에 맞추어 풍량이나 풍속 조절이 용이하 므로 쾌적성이 증가한다.

54 냉동창고의 벽체가 두께 15cm, 열전도율 1.6W/m · ℃인 콘크리트와 두께 5cm, 열전도율이 1.4W/m · ℃ 인 모르타르로 구성되어 있다면 벽체의 열통과율(W/m² · ℃)은?(단, 내벽측 표면 열전달률은 9.3 W/m² · ℃, 외벽측 표면 열전달률은 23.2W/m² · ℃이다.)

① 1.11 ② 2.58
③ 3.57 ④ 5.91

해설 열관류율$\left(\dfrac{1}{R}\right) = \dfrac{1}{\dfrac{1}{a_1} + \dfrac{b_1}{\lambda_1} + \dfrac{b_2}{\lambda_2} + \dfrac{1}{a_2}}$

$= \dfrac{1}{\dfrac{1}{9.3} + \dfrac{0.15}{1.6} + \dfrac{0.05}{1.4} + \dfrac{1}{23.2}} = \dfrac{1}{0.28}$

$= 3.57\text{W/m}^2 \cdot \text{℃}$

55 다음 온수난방 분류 중 적당하지 않은 것은?

① 고온수식, 저온수식
② 중력순환식, 강제순환식
③ 건식환수법, 습식환수법
④ 상향공급식, 하향공급식

해설 응축수 회수 증기난방
㉠ 건식환수법
㉡ 습식환수법

56 공기조화설비에서 공기의 경로로 옳은 것은?

① 환기덕트 → 공조기 → 급기덕트 → 취출구
② 공조기 → 환기덕트 → 급기덕트 → 취출구
③ 냉각탑 → 공조기 → 냉동기 → 취출구
④ 공조기 → 냉동기 → 환기덕트 → 취출구

해설 공기조화설비의 공기 경로
환기덕트 → 공조기 → 급기덕트 → 취출구 → 흡입구 → 공조기

57 온풍난방에 관한 설명으로 틀린 것은?

① 실내 층고가 높을 경우 상하 온도차가 커진다.
② 실내의 환기나 온습도 조절이 비교적 용이하다.
③ 직접난방에 비하여 설비비가 높다.
④ 국부적으로 과열되거나 난방이 잘 안 되는 부분이 발생한다.

해설 온풍난방은 직접난방(온수, 증기)에 비하여 설비비가 적게 든다.

58 극간풍(틈새바람)에 의한 침입 외기량이 2,800L/s일 때, 현열부하(q_S)와 잠열부하(q_L)는 얼마인가?(단, 실내의 공기온도와 절대습도는 각각 25℃, 0.0179kg/kg_DA이고, 외기의 공기온도와 절대습도는 각각 32℃, 0.0209kg/kg_DA이며, 건공기 정압비열은 1.005kJ/kg · K, 0℃ 물의 증발잠열은 2,501 kJ/kg, 공기밀도는 1.2kg/m³이다.)

① q_S : 23.6kW, q_L : 17.8kW
② q_S : 18.9kW, q_L : 17.8kW
③ q_S : 23.6kW, q_L : 25.2kW
④ q_S : 18.9kW, q_L : 25.2kW

해설 현열부하(q_S) $= C_P \cdot Q(t_2 - t_1)$

$= \dfrac{3,600 \times 2,800 \times 10^{-3} \times 1.2 \times 1.005 \times (32-25)}{3,600}$

$= 23.6\text{kW}$

$Q_r(\text{잠열}) = r \times G(x^2 - x^1)$

$= 2,501 \times 2,800 \times 10^{-3} \times 1.2 \times (0.0209 - 0.0179)$

$= 25.2\text{kW}$

59 온수난방에 대한 설명으로 틀린 것은?

① 난방부하에 따라 온도조절을 용이하게 할 수 있다.
② 예열시간은 길지만 잘 식지 않으므로 증기난방에 비하여 배관의 동결우려가 적다.
③ 열용량이 증기보다 크고 실온 변동이 적다.
④ 증기난방보다 작은 방열기 또는 배관이 필요하므로 배관공사비를 절감할 수 있다.

해설 온수난방 방열기는 증기난방보다 커야 한다.

60 보일러의 성능에 관한 설명으로 틀린 것은?

① 증발계수는 1시간당 증기발생량에 시간당 연료소비량으로 나눈 값이다.

② 1보일러 마력은 매시 100℃의 물 15.65kg을 같은 온도의 증기로 변화시킬 수 있는 능력이다.

③ 보일러 효율은 증기에 흡수된 열량과 연료의 발열량과의 비이다.

④ 보일러 마력을 전열면적으로 표시할 때는 수관 보일러의 전열면적 0.929m²를 1보일러 마력이라 한다.

해설 $증발계수 = \dfrac{증기발생엔탈피 - 급수엔탈피}{539\text{kcal/kg}(2,252\text{kJ/kg})}$

SECTION 04 전기제어공학

61 어떤 전지에 연결된 외부회로의 저항은 4Ω이고, 전류는 5A가 흐른다. 외부회로에 4Ω 대신 8Ω의 저항을 접속하였더니 전류가 3A로 떨어졌다면, 이 전지의 기전력(V)은?

① 10   ② 20

③ 30   ④ 40

해설 기전력

전기나 발전기 내부에서 발생하는 전위차(전압)는 전류를 흐르게 하는 원동력이다. 이것을 기전력이라고 한다. 단위는 (V)이다.

$4Ω \rightarrow 5(A),\ 8Ω \rightarrow 3(A)$

$E = I(r+R) = IR + Ir(\text{V})$

$5 \times 4 + 5r = 8 \times 3 + 3r,\ r = 2$

$\therefore E = 5 \times 4 + 5 \times 2 = 30(\text{V})$

62 스위치를 닫거나 열기만 하는 제어동작은?

① 비례동작   ② 미분동작

③ 적분동작   ④ 2위치동작

해설 2위치동작(온-오프동작)

스위치를 닫거나 열거나 하여 만족하는 동작

---

63 발열체의 구비조건으로 틀린 것은?

① 내열성이 클 것

② 용융온도가 높을 것

③ 산화온도가 낮을 것

④ 고온에서 기계적 강도가 클 것

해설 발열체 조건

㉠ 용융, 연화 및 산화온도가 높을 것

㉡ 팽창계수가 작을 것

㉢ 가공이 용이할 것

㉣ 적당한 고유저항을 가질 것

㉤ 기타 ①, ②, ④항일 것

64 3상 교류에서 a, b, c상에 대한 전압을 기호법으로 표시하면 $E_a = E \angle 0°$, $E_b = E \angle -120°$, $E_c = E \angle 120°$로 표시된다. 여기서 $a = -\dfrac{1}{2} + j\dfrac{\sqrt{3}}{2}$ 이라는 페이저 연산자를 이용하면 E_c는 어떻게 표시되는가?

① $E_c = E$ ② $E_c = a^2 E$

③ $E_c = aE$ ④ $E_c = \left(\dfrac{1}{a}\right)E$

해설 3상 교류

주파수가 같고 위상이 다른 3개의 기전력에 의해 흐르는 교류이다(일반적으로는 대칭 3상 기전력에 의해 흐르는 교류이다. 서로 위상이 120° 다르고 진폭이 같은 3개의 정현파 교류가 동시에 흐르는 교류이다).

※ 페이저 : 정상 정현파량(교류의 전압, 전류)을 복소량으로 표시한 것이다.

$\therefore E_c = E \angle 120° = aE$(페이저 연산자)

65 상호인덕턴스 150mH인 a, b 두 개의 코일이 있다. b 코일에 전류를 균일한 변화율로 1/50초 동안에 10A 변화시키면 a 코일에 유기되는 기전력(V)의 크기는?

① 75   ② 100

③ 150   ④ 200

해설 $기전력(V') = L\dfrac{\Delta I}{\Delta t} = 150 \times 10^{-3} \times \dfrac{10}{\left(\dfrac{1}{50}\right)} = 75\text{V}$

※ $1\text{H} = 10^3\text{mH}$, 인덕턴스($L$) : 단위 - 헨리, 기호 - H

66 단상교류전력을 측정하는 방법이 아닌 것은?

① 3전압계법   ② 3전류계법

③ 단상전력계법   ④ 2전력계법

해설 단상교류전력을 측정하는 방법
   ㉠ 3전압계법
   ㉡ 3전류계법
   ㉢ 단상전력계법
   ※ 단상 : 우리가 사용하는 전기는 교류로서 보통 단상이라
     하고 220V를 쓴다. 3상은 산업용으로 380V를 쓴다.

67 $G(s) = \dfrac{10}{s(s+1)(s+2)}$ 의 최종값은?

① 0   ② 1

③ 5   ④ 10

해설 라플라스 변환에서 최종값 정리
$$\lim f(t) = \lim s \cdot F(s) = \lim \cdot \frac{10}{s(s+1)(s+2)} = 5$$

68 다음 논리식 중 틀린 것은?

① $\overline{A \cdot B} = \overline{A} + \overline{B}$ ② $\overline{A+B} = \overline{A} \cdot \overline{B}$

③ $A + A = A$ ④ $A + \overline{A} \cdot B = A + \overline{B}$

해설 ㉠ 드모르간의 법칙
   • $\overline{A \cdot B} = \overline{A} \cdot \overline{B}$
   • $\overline{A+B} = \overline{A} \cdot \overline{B}$
   ㉡ 불대수 계산
   • $A + A = A$
   • $A + \overline{A} \cdot B = (A + \overline{A}) \cdot (A + B)$
              $= 1(\overline{A} + B) = A \cdot B$

69 그림과 같은 유접점 논리회로를 간단히 하면?

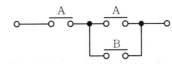

① ⟶A⟶   ② ⟶Ā⟶

③ ⟶B⟶   ④ ⟶B̄⟶

해설 유접점 논리회로
   a접점, b접점으로 나뉨(동작 – 복귀의 순으로 진행)

$$y = A(A+B) = AA + AB = A + AB = A(1+B) = A$$

70 입력이 $011_{(2)}$일 때, 출력이 3V인 컴퓨터 제어의 D/A 변환기에서 입력을 $101_{(2)}$로 하였을 때 출력은 몇 V인가?(단, 3bit 디지털 입력이 $011_{(2)}$은 Off, On, On을 뜻하고 입력과 출력은 비례한다.)

① 3   ② 4

③ 5   ④ 6

해설 D/A 변환기
   디지털 입력에 따라서 아날로그 출력을 내는 것이다.

2진수	10진수
100	4
101	5
110	6

71 잔류편차와 사이클링이 없고, 간헐현상이 나타나는 것이 특징인 동작은?

① I 동작   ② D 동작

③ P 동작   ④ PI 동작

해설 PI 동작(비례 – 적분동작)
   ㉠ 간헐현상이 있다.
   ㉡ 잔류편차가 제거된다.

72 피상전력이 P_a(kVA)이고 무효전력이 P_r(kvar)인 경우 유효전력 P(kW)를 나타낸 것은?

① $P = \sqrt{P_a - P_r}$ ② $P = \sqrt{P_a^{\,2} - P_r^{\,2}}$

③ $P = \sqrt{P_a + P_r}$ ④ $P = \sqrt{P_a^{\,2} + P_r^{\,2}}$

해설 유효전력$(P_1) = VI_1 = VI\cos\theta$(W)
   무효전력$(P_2) = VI_2 = VI\sin\theta$(var)
   ※ 피상전력$(P_a) = \sqrt{P^2 - P_r^{\,2}}$
   ∴ $P_1 = \sqrt{P_a^{\,2} - P_r^{\,2}}$ (kW)

73 $R=4\Omega$, $X_L=9\Omega$, $X_C=6\Omega$인 직렬접속회로의 어드미턴스(℧)는?

① $4+j8$
② $0.16-j0.12$
③ $4-j8$
④ $0.16+j0.12$

해설 어드미턴스

교류회로에 흐르는 전류와 교류회로에 가해지는 또는 발생하고 있는 전압과의 비(임피던스의 역수이며, 단위는 지멘스이다.)

※ X_c(용량리액턴스)

$$어드미턴스(\dot{Y})=\frac{1}{Z}=\frac{1}{R+jX}$$

$$\dot{Z}=R+j(X_L-X_c)=4+j(9-6)=4+j3$$

$$\therefore \dot{Y}=\frac{1}{Z}=\frac{1}{4+j3}=\frac{4-j3}{4^2+3^2}=0.16-j0.12(℧)$$

74 제어계의 구성도에서 개루프제어계에는 없고 폐루프제어계에만 있는 제어구성요소는?

① 검출부
② 조작량
③ 목푯값
④ 제어대상

해설 검출부 : 피드백제어계 구성요소(폐루프계용)

75 비전해콘덴서의 누설전류 유무를 알아보는 데 사용될 수 있는 것은?

① 역률계
② 전압계
③ 분류기
④ 자속계

해설 전압계 : 전압의 크기를 재기 위한 계기(가반형 패널용)
  ㉠ 동작원리상
    • 가동코일형
    • 가동철편형
    • 열전형
    • 정류형
  ㉡ 전압계는 비전해콘덴서의 누설전류 유무를 알 수 있다.

76 목표치가 시간에 관계없이 일정한 경우로 정전압장치, 일정속도제어 등에 해당하는 제어는?

① 정치제어
② 비율제어
③ 추종제어
④ 프로그램제어

해설 정치제어

목표치가 시간에 관계없이 일정한 경우로 정전압장치, 일정속도제어 등에 해당한다.

77 그림과 같은 블록선도에서 $C(s)$는?(단, $G_1(s)=5$, $G_2(s)=2$, $H(s)=0.1$, $R(s)=1$이다.)

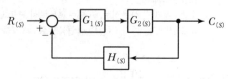

① 0
② 1
③ 5
④ ∞

해설 $G_1(s)=5$, $G_2(s)=2$, $H(s)=0.1$, $R(s)=1$
$(R-CH)G_1G_2=C$, $RG_1G_2=C(1+HG_1G_2)$

$$C=R-\frac{G_1G_2}{1+HG_1G_2}=1\times\frac{5\times2}{1+(0.1\times5\times2)}=5$$

78 전위의 분포가 $V=15x+4y^2$으로 주어질 때 점($x=3$, $y=4$)에서 전계의 세기(V/m)는?

① $-15i+32j$
② $-15i-32j$
③ $15i+32j$
④ $15i-32j$

해설 전계의 세기

전계란 전기력이 존재하고 있는 공간이다. 그 상황은 전기력선의 분포에 의해서 나타난다.

$E=-1\text{grad}$

$$=-\left(\frac{\partial}{\partial x}i+\frac{\partial}{\partial y}j+\frac{\partial}{\partial z}k\right)\times(15x+4y^2)$$

$$=-15i-8yj$$

$x=3$, $y=4$

$$\therefore E=-15i-8j\times4=-15i-32j$$

79 교류를 직류로 변환하는 전기기기가 아닌 것은?

① 수은정류기
② 단극발전기
③ 회전변류기
④ 컨버터

해설 단극발전기

직류발전기로서 전기자에 작용하는 자극의 극성은 단일하기 때문에 권선 내에 생기는 전압이 언제나 같은 극성을 갖는 발전기이다(전기자 도체에는 동일방향의 기전력이 발생하고 저전압 대전류에 적합하다).

80 PLC(Programmable Logic Controller)에 대한 설명 중 틀린 것은?

① 시퀀스제어 방식과는 함께 사용할 수 없다.

② 무접점 제어방식이다.

③ 산술연산, 비교연산을 처리할 수 있다.

④ 계전기, 타이머, 카운터의 기능까지 쉽게 프로그램 할 수 있다.

해설 PLC 제어는 시퀀스제어 방식을 사용할 수 있으며, PLC 작동은 CPU라는 작업에 의해 처리된다.

SECTION 05 배관일반

81 다음 배관지지 장치 중 변위가 큰 개소에 사용하기에 가장 적절한 행거(Hanger)는?

① 리지드행거　　② 콘스턴트행거

③ 베리어블행거　④ 스프링행거

해설 콘스턴트행거

지정 이동거리 범위 내에서 배관의 상하 방향 이동에 대해 변위가 큰 개소에 항상 일정한 하중으로 배관을 지지할 수 있는 장치에 사용한다. 코일형과 중추형이 있다.

82 밸브 종류 중 디스크의 형상을 원뿔모양으로 하여 고압, 소유량의 유체를 누설 없이 조절할 목적으로 사용하는 밸브는?

① 앵글밸브

② 슬루스밸브

③ 니들밸브

④ 버터플라이밸브

해설 니들밸브

밸브 종류 중 디스크의 형상을 원뿔모양으로 하여 고압, 소유량의 유체를 누설 없이 조절할 목적으로 사용하는 밸브이다. 밸브 보디가 바늘모양으로 되어서 노즐 또는 관 속의 유량을 조절하는 밸브로 유체의 교란이 없고 조정이 용이하다.

83 플래시밸브 또는 급속개폐식 수전을 사용할 때 급수의 유속이 불규칙적으로 변하여 생기는 현상을 무엇이라고 하는가?

① 수밀작용　　　② 파동작용

③ 맥동작용　　　④ 수격작용

해설 수격작용

플래시밸브, 급속개폐식 수전을 사용할 때 급수의 유속이 불규칙적으로 변하여 생기는 워터해머 작용이다.

84 보온재의 구비조건으로 틀린 것은?

① 부피와 비중이 커야 한다.

② 흡수성이 적어야 한다.

③ 안전사용 온도 범위에 적합해야 한다.

④ 열전도율이 낮아야 한다.

해설 보온재

비중이나 밀도가 작아야 다공질층을 형성하여 보온효과가 크다.

85 증기압축식 냉동 사이클에서 냉매배관의 흡입관은 어느 구간을 의미하는가?

① 압축기 – 응축기 사이

② 응축기 – 팽창밸브 사이

③ 팽창밸브 – 증발기 사이

④ 증발기 – 압축기 사이

해설

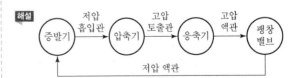

86 공조배관 설계 시 유속을 빠르게 설계하였을 때 나타나는 결과로 옳은 것은?

① 소음이 작아진다.
② 펌프양정이 높아진다.
③ 설비비가 커진다.
④ 운전비가 감소한다.

해설 공조배관 설계 시 유속증가 : 펌프양정 증가

87 도시가스의 제조소 및 공급소 밖의 배관 표시기준에 관한 내용으로 틀린 것은?

① 가스배관을 지상에 설치할 경우에는 배관의 표면 색상을 황색으로 표시한다.
② 최고사용압력이 중압인 가스배관을 매설할 경우에는 황색으로 표시한다.
③ 배관을 지하에 매설하는 경우에는 그 배관이 매설되어 있음을 명확하게 알 수 있도록 표시한다.
④ 배관의 외부에 사용가스명, 최고사용압력 및 가스의 흐름방향을 표시하여야 한다. 다만, 지하에 매설하는 경우에는 흐름방향을 표시하지 아니할 수 있다.

해설 도시가스의 제조소 및 공급소 밖의 배관 표시기준에 관한 내용에서 최고사용압력이 중압인 경우 가스배관 색상
㉠ 저압 : 황색
㉡ 중압 : 적색

88 주철관이음 중 고무링 하나만으로 이음하며 이음 과정이 간편하여 관 부설을 신속하게 할 수 있는 것은?

① 기계식 이음
② 빅토릭이음
③ 타이튼이음
④ 소켓이음

해설 주철관 타이튼이음
고무링 하나만으로 이음하며 고무링은 단면이 원형으로 되어 있다. 그 구조와 치수는 견고하며 장기적으로 이음에 견딜 수 있도록 만들어져 있다.

89 직접가열식 중앙급탕법의 급탕순환경로의 순서로 옳은 것은?

① 급탕입주관 → 분기관 → 저탕조 → 복귀주관 → 위생기구
② 분기관 → 저탕조 → 급탕입주관 → 위생기구 → 복귀주관
③ 저탕조 → 급탕입주관 → 복귀주관 → 분기관 → 위생기구
④ 저탕조 → 급탕입주관 → 분기관 → 위생기구 → 복귀주관

해설 직접가열식 중앙급탕법의 급탕순환경로
지하 저탕조 → 급탕입주관 → 분기관 → 위생기구 → 복귀주관

90 냉매유속이 낮아지게 되면 흡입관에서의 오일 회수가 어려워지므로 오일 회수를 용이하게 하기 위하여 설치하는 것은?

① 이중입상관
② 루프배관
③ 액트랩
④ 리프팅배관

해설

프레온흡입관에서 오일 회수가 어려워지므로 오일 회수를 용이하게 하기 위하여 이중입상관을 설치한다. 흡입이나 토출관 입상배관에서 냉매유속이 늦어지면 오일이 올라갈 수 없게 되어 오일 회수가 어려워진다.
특히 부하경감장치가 설치되어 있는 경우 부하경감장치가 작동하면 냉매유속이 감소하여 오일 회수가 어려워서 이중입상관을 설치한다.

91 다음 중 동관의 이음방법과 가장 거리가 먼 것은?

① 플레어이음
② 납땜이음
③ 플랜지이음
④ 소켓이음

해설 소켓접합
주철관의 관의 내부에서 소켓부에 납과 얀(Yarn)을 넣는 접합방식이다.

92 온수난방설비의 온수배관 시공법에 관한 설명으로 틀린 것은?

① 공기가 고일 염려가 있는 곳에는 공기배출을 고려한다.

② 수평배관에서 관의 지름을 바꿀 때에는 편심리듀서를 사용한다.

③ 배관재료는 내열성을 고려한다.

④ 팽창관에는 슬루스밸브를 설치한다.

해설 팽창온수난방에서 팽창관에는 어떠한 밸브도 설치하면 안 된다.

93 증기난방설비 중 증기헤더에 관한 설명으로 틀린 것은?

① 증기를 일단 증기헤더에 모은 다음 각 계통별로 분배한다.

② 헤더의 설치 위치에 따라 공급헤더와 리턴헤더로 구분한다.

③ 증기헤더는 압력계, 드레인 포켓, 트랩장치 등을 함께 부착시킨다.

④ 증기헤더의 접속관에 설치하는 밸브류는 바닥 위 5m 정도의 위치에 설치하는 것이 좋다.

해설 증기헤더의 접속관에 설치하는 밸브류는 바닥 위 2m 이내로 제한하여 설치한다.

94 지중 매설하는 도시가스배관 설치방법에 대한 설명으로 틀린 것은?

① 배관을 시가지 도로 노면 밑에 매설하는 경우 노면으로부터 배관의 외면까지 1.5m 이상 간격을 두고 설치해야 한다.

② 배관의 외면으로부터 도로의 경계까지 수평거리 1.5m 이상, 도로 밑의 다른 시설물과는 0.5m 이상 간격을 두고 설치해야 한다.

③ 배관을 인도 · 보도 등 노면 외의 도로 밑에 매설하는 경우에는 지표면으로부터 배관의 외면까지 1.2m 이상 간격을 두고 설치해야 한다.

④ 배관을 포장되어 있는 차도에 매설하는 경우 그 포장부분의 노반의 밑에 매설하고 배관의 외면과 노반의 최하부와의 거리는 0.5m 이상 간격을 두고 설치해야 한다.

해설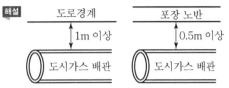

※ 도로 밑의 다른 시설물이 있는 경우 이들의 하부에 설치한다.

95 배수설비의 종류에서 주방 요리실, 욕조, 세척, 싱크와 세면기 등에서 배출되는 물로, 하수도에 방류하여도 지장이 없는 물을 배수하는 설비의 명칭으로 옳은 것은?

① 오수설비

② 잡배수설비

③ 빗물배수설비

④ 특수배수설비

해설 ㉠ 잡배수설비 : 배수설비의 종류 중 요리실, 욕조, 세척, 싱크와 세면기 등에서 배출되는 물을 배수하는 설비이다.

㉡ 배수의 종류 : 오수, 잡배수, 우수, 용수

㉢ 특수배수(폐수), 중수도배수(배수재처리용수)

96 펌프의 양수량이 60m³/min이고 전양정이 20m일 때, 벌류트 펌프로 구동할 경우 필요한 동력(kW)은 얼마인가?(단, 물의 비중량은 9,800N/m³이고, 펌프의 효율은 60%로 한다.)

① 196.1

② 200

③ 326.7

④ 405.8

해설 펌프동력$(P) = \dfrac{r \cdot Q \cdot H}{102 \times \eta}$

$$= \dfrac{1,000 \times \left(60 \times \dfrac{1}{60}\right) \times 20}{102 \times 0.6} = 326.7\text{kW}$$

97 다음 중 수직배관에서 역류방지 목적으로 사용하기에 가장 적절한 밸브는?

① 리프트식 체크밸브

② 스윙식 체크밸브

③ 안전밸브

④ 코크밸브

해설 체크밸브

㉠ 리프트식(수직배관 사용불가, 수평배관용)

㉡ 스윙식(수직, 수평배관에서 겸용)

98 관의 결합방식 표시방법 중 용접식의 그림기호로 옳은 것은?

① ——┼——   ② ——●——

③ ——╫——   ④ ——→

해설 ① ——┼—— : 나사이음
② ——●—— : 용접이음
③ ——╫—— : 플랜지이음
④ ——→ : 소켓이음

99 연관의 접합 과정에 쓰이는 공구가 아닌 것은?

① 봄볼   ② 턴핀
③ 드레서   ④ 사이징툴

해설 사이징툴
동관의 끝부분을 원형으로 정형한다.

100 중차량이 통과하는 도로에서의 급수배관 매설깊이 기준으로 옳은 것은?

① 450mm 이상   ② 750mm 이상
③ 900mm 이상   ④ 1,200mm 이상

해설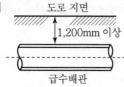

도로 지면

1,200mm 이상

급수배관

SECTION 01 기계열역학

01 4kg의 공기를 온도 15℃에서 일정 체적으로 가열하여 엔트로피가 3.35kJ/K 증가하였다. 이때 온도는 약 몇 K인가?(단, 공기의 정적비열은 0.717kJ/(kg·K)이다.)

① 927 　　　　② 337
③ 533 　　　　④ 483

해설 $\Delta = G G_v \ln \dfrac{T_2}{T_1} = 4 \times 0.717 \times \ln\left(\dfrac{288}{273}\right) = 0.154 \text{kJ/K}$

∴ 온도 $T = (273 + 15) \times (3.35 - 0.154) \fallingdotseq 921(\text{K})$

또는

$T_2 = T_1 e^{\frac{\Delta S}{GC}} = (273 + 15) \times e^{\frac{3.35}{4 \times 0.717}} = 927(\text{K})$

02 카르노사이클로 작동되는 열기관이 200kJ의 열을 200℃에서 공급받아 20℃에서 방출한다면 이 기관의 일은 약 얼마인가?

① 38kJ 　　　　② 54kJ
③ 63kJ 　　　　④ 76kJ

해설 $200 + 273 = 473\text{K}$

$20 + 273 = 293\text{K}$

$\eta_c = 1 - \dfrac{T_2}{T_1} = 1 - \dfrac{293}{473}$

∴ 기관의 일 $AW = 200 \times \left(1 - \dfrac{293}{473}\right) = 76(\text{kJ})$

03 기체상수가 0.462kJ/(kg·K)인 수증기를 이상기체로 간주할 때 정압비열[kJ/(kg·K)]은 약 얼마인가?(단, 이 수증기의 비열비는 1.33이다.)

① 1.86 　　　　② 1.54
③ 0.64 　　　　④ 0.44

해설 비열비 $k = \dfrac{\text{정압비열 } C_p}{\text{정적비열 } C_v}$, $C_p - C_v = AR(\text{또는 } R)$,

$C_p = C_v + R(\text{SI})$

$\dfrac{C_p}{C_v} = k$, $C_p - C_v = R$에서 $C_v = \dfrac{R}{k-1} = \dfrac{0.462}{1.33-1} = 1.4$

$C_p = C_v + R = 1.4 + 0.462 \fallingdotseq 1.86$

04 다음 4가지 경우에서 ( ) 안의 물질이 보유한 엔트로피가 증가한 경우는?

> ⓐ 컵에 있는 (물)이 증발하였다.
> ⓑ 목욕탕의 (수증기)가 차가운 타일 벽에서 물로 응결되었다.
> ⓒ 실린더 안의 (공기)가 가역 단열적으로 팽창되었다.
> ⓓ 뜨거운 (커피)가 식어서 주위 온도와 같게 되었다.

① ⓐ 　　　　② ⓑ
③ ⓒ 　　　　④ ⓓ

해설 엔트로피 변화(ΔS)

$\Delta S = \dfrac{\delta Q}{T}$ [여기서, δQ : 증발열, T : 온도(K)]

컵의 물이 증발하면 증발열에 의해 엔트로피가 증가한다.

05 이상적인 오토사이클의 열효율이 56.5%라면 압축비는 약 얼마인가?(단, 작동 유체의 비열비는 1.4로 일정하다.)

① 7.5 　　　　② 8.0
③ 9.0 　　　　④ 9.5

해설 $\eta_o = 1 - \left(\dfrac{1}{\varepsilon}\right)^{k-1}$

$\varepsilon = \sqrt[k-1]{\dfrac{1}{1-\eta_o}}$

∴ $\varepsilon = \sqrt[1.4-1]{\dfrac{1}{1-0.565}} = 8.0$

06 시스템 내의 임의의 이상기체 1kg이 채워져 있다. 이 기체의 정압비열은 1.0kJ/(kg · K)이고, 초기 온도가 50℃인 상태에서 323kJ의 열량을 가하여 팽창시킬 때 변경 후 체적은 변경 전 체적의 약 몇 배가 되는가?(단, 정압과정으로 팽창한다.)

① 1.5배
② 2배
③ 2.5배
④ 3배

초기 열량(Q_1)

$Q_1 = 1\text{kg} \times 1.0\text{kJ}/(\text{kg} \cdot \text{K}) \times (50+273)\text{K} = 323(\text{kJ})$

가열 후 변경 열량 $Q_2 = 323 + 323 = 646(\text{kJ})$

$\therefore$ 체적팽창비 $= \dfrac{Q_2}{Q_1} = \dfrac{646}{323} = 2$배

07 그림과 같은 Rankine 사이클의 열효율은 약 얼마인가?(단, h는 엔탈피, s는 엔트로피를 나타내며, $h_1 = 191.8\text{kJ/kg}$, $h_2 = 193.8\text{kJ/kg}$, $h_3 = 2,799.5\text{kJ/kg}$, $h_4 = 2,007.5\text{kJ/kg}$이다.)

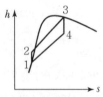

① 30.3%
② 36.7%
③ 42.9%
④ 48.1%

열효율(η_R) $= \dfrac{(h_3 - h_4) - (h_2 - h_1)}{h_3 - h_2}$

$= \dfrac{(2,799.5 - 2,007.5) - (193.8 - 191.8)}{2,799.5 - 193.8}$

$= 0.303 \, (30.3\%)$

08 복사열을 방사하는 방사율과 면적이 같은 2개의 방열판이 있다. 각각의 온도가 A방열판은 120℃, B방열판은 80℃일 때 두 방열판의 복사열전달량비(Q_A/Q_B)는?

① 1.08
② 1.22
③ 1.54
④ 2.42

복사열전달량 $Q = 4.88 \times \left(\dfrac{T}{100}\right)^4 \times$ 면적

$\therefore \dfrac{Q_A}{Q_B} = \dfrac{4.88 \times \left(\dfrac{273+120}{100}\right)^4}{4.88 \times \left(\dfrac{273+80}{100}\right)^4} = 1.54$

09 질량이 5kg인 강제 용기 속에 물이 20L 들어 있다. 용기와 물이 24℃인 상태에서 이 속에 질량이 5kg이고 온도가 180℃인 어떤 물체를 넣었더니 일정 시간 후 온도가 35℃가 되면서 열평형에 도달하였다. 이때 이 물체의 비열은 약 몇 kJ/(kg · K)인가?(단, 물의 비열은 4.2kJ/(kg · K), 강의 비열은 0.46kJ/(kg · K)이다.)

① 0.88
② 1.12
③ 1.31
④ 1.86

• 강제용기 : $5 \times 0.46 \times (35-24) = 25.3\text{kJ}$
• 물 : $20 \times 4.2 \times (35-24) = 924\text{kJ}$
• 물체의 현열 $Q = 5 \times C_p(180-35)$
$25.3 + 924 = 5 \times C_p(180-35)$

$\therefore$ 비열 $C_p = \dfrac{25.3 + 924}{5 \times (180-35)} = 1.31(\text{kJ/kg} \cdot \text{K})$

10 어느 왕복동 내연기관에서 실린더 안지름이 6.8cm, 행정이 8cm일 때 평균 유효압력은 1,200kPa이다. 이 기관의 1행정당 유효일은 약 몇 kJ인가?

① 0.09
② 0.15
③ 0.35
④ 0.48

왕복동 1행정량 $= \dfrac{\pi}{4}d^2 \times l = \dfrac{3.14}{4} \times 0.068^2$

$= 0.00029(\text{m}^3)$

$\therefore$ 1행정당 유효일 $= 0.00029 \times 1,200 = 0.35(\text{kJ})$

11 실린더에 밀폐된 8kg의 공기가 그림과 같이 압력 P_1=800kPa, 체적 V_1=0.27m³에서 P_2=350kPa, V_2=0.80m³으로 직선 변화하였다. 이 과정에서 공기가 한 일은 약 몇 kJ인가?

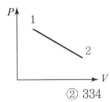

① 305

② 334

③ 362

④ 390

해설 $_1W_2 = (P_1 - P_2)\dfrac{(V_1 - V_2)}{2} + P_2(V_2 - V_1)$

$= (800 - 350) \times \dfrac{0.8 - 0.27}{2} + 350(0.8 - 0.27)$

$= 305(\text{kJ})$

12 상태 1에서 경로 A를 따라 상태 2로 변화하고 경로 B를 따라 다시 상태 1로 돌아오는 가역 사이클이 있다. 아래의 사이클에 대한 설명으로 틀린 것은?

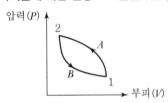

① 사이클 과정 동안 시스템의 내부 에너지 변화량은 0이다.

② 사이클 과정 동안 시스템은 외부로부터 순(net) 일을 받았다.

③ 사이클 과정 동안 시스템의 내부에서 외부로 순(net) 열이 전달되었다.

④ 이 그림으로 사이클 과정 동안 총 엔트로피 변화량을 알 수 없다.

해설 가역 사이클

㉠ 클라우지우스의 부등식은 0이 된다. 즉, 가역 사이클에서는 엔트로피 변화는 항상 일정하다.

㉡ 엔트로피 변화 적분

$\dfrac{\delta Q}{T} = ds(\text{kJ/K})$

※ 가역 : $\displaystyle\oint \dfrac{\delta Q}{T} = 0$, 비가역 : $\displaystyle\oint \dfrac{\delta Q}{T} < 0$

13 보일러, 터빈, 응축기, 펌프로 구성되어 있는 증기원동소가 있다. 보일러에서 2,500kW의 열이 발생하고 터빈에서 550kW의 일을 발생시킨다. 또한, 펌프를 구동하는 데 20kW의 동력이 추가로 소모된다면 응축기에서의 방열량은 약 몇 kW인가?

① 980

② 1,930

③ 1,970

④ 3,070

해설 • 총공급열량=2,500+20=2,520(kW)

• 전력생산량=550(kW)

∴ 응축기의 방열량=2,520−550=1,970(kW)

14 유리창을 통해 실내에서 실외로 열전달이 일어난다. 이때 열전달량은 약 몇 W인가?(단, 대류열전달계수는 50W/(m² · K), 유리창 표면온도는 25℃, 외기온도는 10℃, 유리창 면적은 2m²이다.)

① 150

② 500

③ 1,500

④ 5,000

해설 열전달량 $Q = A \times K \times \Delta t_m$

$= 2 \times 50 \times (25 - 10) = 1,500W$

※ 1W=1J/S, 1kcal=4.186J,

1kgf · m=9.8N · m=9.8J

15 냉동기 냉매의 일반적인 구비조건으로서 적합하지 않은 것은?

① 임계온도가 높고, 응고온도가 낮을 것

② 증발열이 작고, 증기의 비체적이 클 것

③ 증기 및 액체의 점성(점성계수)이 작을 것

④ 부식성이 없고, 안정성이 있을 것

해설 냉매는 증발잠열(kJ/kg)이 크고 비체적(m³/kg)이 작아야 한다.

16 완전히 단열된 실린더 안의 공기가 피스톤을 밀어 외부로 일을 하였다. 이때 외부로 행한 일의 양과 동일한 값(절댓값 기준)을 가지는 것은?

① 공기의 엔탈피 변화량

② 공기의 온도 변화량

③ 공기의 엔트로피 변화량

④ 공기의 내부 에너지 변화량

해설 열역학 제1법칙 : 밀폐계에 전달된 열량은 내부 에너지 증가와 계가 외부에 한 일(W)의 합과 같다.
※ 일(Work)
 • 중력단위계 : kgf · m, 절대단위계 : N · m
 • $1(kgf · m) = 9.8(N · m) = 9.8(J)$
※ H(엔탈피) = 내부에너지 + 유동에너지

17 오토 사이클로 작동되는 기관에서 실린더의 극간체적(clearance volume)이 행정체적(stroke volume)의 15%라고 하면 이론 열효율은 약 얼마인가?(단, 비열비 $k=1.4$이다.)

① 39.3% ② 45.2%

③ 50.6% ④ 55.7%

해설
압축비 $\varepsilon = \dfrac{V_c + V_s}{V_c} = \dfrac{\dfrac{V_c}{V_s}+1}{\dfrac{V_c}{V_s}} = \dfrac{0.15+1}{0.15} ≒ 7.67$

열효율 $\eta_o = 1 - \left(\dfrac{1}{\varepsilon}\right)^{k-1} = 1 - \left(\dfrac{1}{7.67}\right)^{1.4-1} = 0.56\,(56\%)$

18 열역학 제2법칙과 관계된 설명으로 가장 옳은 것은?

① 과정(상태변화)의 방향성을 제시한다.

② 열역학적 에너지의 양을 결정한다.

③ 열역학적 에너지의 종류를 판단한다.

④ 과정에서 발생한 총 일의 양을 결정한다.

해설 열역학 제2법칙은 에너지 변환의 방향성과 비가역성을 명시했다.

19 압력 100kPa, 온도 20℃인 일정량의 이상기체가 있다. 압력을 일정하게 유지하면서 부피가 처음 부피의 2배가 되었을 때 기체의 온도는 약 몇 ℃가 되는가?

① 148 ② 256

③ 313 ④ 586

해설 정압과정 : $\dfrac{T_2}{T_1} = \dfrac{V_2}{V_1}$

$\therefore T_2 = T_1 \times \dfrac{V_2}{V_1} = (20+273) \times \dfrac{2}{1} = 586(K)$

※ 정적과정 : $\dfrac{T_2}{T_1} = \dfrac{P_2}{P_1}$

20 어떤 열기관이 550K의 고열원으로부터 20kJ의 열량을 공급받아 250K의 저열원에 14kJ의 열량을 방출할 때 이 사이클의 Clausius 적분값과 가역, 비가역 여부의 설명으로 옳은 것은?

① Clausius 적분값은 −0.0196kJ/K이고 가역 사이클이다.

② Clausius 적분값은 −0.0196kJ/K이고 비가역 사이클이다.

③ Clausius 적분값은 0.0196kJ/K이고 가역 사이클이다.

④ Clausius 적분값은 0.0196kJ/K이고 비가역 사이클이다.

해설 Clausius의 표현
열은 그 자신만으로는 저온체에서 고온체로 이동할 수 없다. 즉, 에너지에 방향성이 있으며, 성적계수가 무한대인 냉동기의 제작은 불가능하다.

• $\eta_c = 1 - \dfrac{T_2}{T_1} = 1 - \dfrac{250}{550} = 0.545$

• $\eta_c = \dfrac{AW}{Q_1} = 1 - \dfrac{14}{20} = 0.3$

$0.545 \neq 0.3 \rightarrow$ 비가역

$\therefore \Delta S = \dfrac{\delta Q}{T} = \dfrac{-(20-14)}{550} = -0.0109kJ/K$

SECTION 02 냉동공학

21 냉각탑에 대한 설명으로 틀린 것은?

① 밀폐식은 개방식 냉각탑에 비해 냉각수가 외기에 의해 오염될 염려가 적다.

② 냉각탑의 성능은 입구 공기의 습구온도에 영향을 받는다.

③ 쿨링레인지는 냉각탑의 냉각수 입·출구 온도의 차이다.

④ 어프로치는 냉각탑의 냉각수 입구 온도에서 냉각탑 입구 공기의 습구온도의 차이다.

해설 어프로치＝냉각수 출구 온도－입구 공기 습구온도

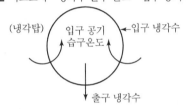

22 다음 압축과 관련한 설명으로 옳은 것은?

> ㉠ 압축비는 체적효율에 영향을 미친다.
> ㉡ 압축기의 클리어런스(clearance)를 크게 할수록 체적효율은 크게 된다.
> ㉢ 체적효율이란 압축기가 실제로 흡입하는 냉매와 이론적으로 흡입하는 냉매 체적과의 비이다.
> ㉣ 압축비가 클수록 냉매 단위 중량당의 압축일량은 작게 된다.

① ㉠, ㉣   ② ㉠, ㉢

③ ㉡, ㉣   ④ ㉡, ㉢

해설 ㉠ 압축비$\left(\dfrac{응축압력}{증발압력}\right)$는 체적효율에 영향을 미친다.

㉡ 클리어런스(압축기 간극)가 작을수록 체적효율은 증가한다.

㉢ 체적효율＝$\dfrac{압축기의\ 실제\ 흡입\ 냉매량}{압축기의\ 이론적\ 흡입\ 냉매량}$

㉣ 압축비가 클수록 단위 냉매 중량당 압축일은 커진다.

23 몰리에르 선도상에서 표준 냉동 사이클의 냉매 상태 변화에 대한 설명으로 옳은 것은?

① 등엔트로피 변화는 압축과정에서 일어난다.

② 등엔트로피 변화는 증발과정에서 일어난다.

③ 등엔트로피 변화는 팽창과정에서 일어난다.

④ 등엔트로피 변화는 응축과정에서 일어난다.

해설 등엔트로피 변화는 압축기의 단열압축 과정이다.

24 흡수식 냉동기에서 냉매의 과랭 원인으로 가장 거리가 먼 것은?

① 냉수 및 냉매량 부족

② 냉각수 부족

③ 증발기 전열면적 오염

④ 냉매에 용액이 혼입

해설 냉각수가 부족하면 냉매(물)가 과열된다.

25 흡수식 냉동기에 사용하는 "냉매-흡수제"가 아닌 것은?

① 물-리튬브로마이드

② 물-염화리튬

③ 물-에틸렌글리콜

④ 암모니아-물

해설 냉매(물)의 흡수제

㉠ 암모니아

㉡ 리튬브로마이드

26 냉동장치의 냉매량이 부족할 때 일어나는 현상으로 옳은 것은?

① 흡입압력이 낮아진다.

② 토출압력이 높아진다.

③ 냉동능력이 증가한다.

④ 흡입압력이 높아진다.

해설 냉동기의 냉매량이 부족하면 압축기의 흡입압력이 저하된다.

27 펠티에(Peltier) 효과를 이용하는 냉동방법에 대한 설명으로 틀린 것은?

① 펠티에 효과를 냉동에 이용한 것이 전자냉동 또는 열전기식 냉동법이다.

② 펠티에 효과를 냉동법으로 실용화에 어려운 점이 많았으나 반도체 기술이 발달하면서 실용화되었다.

③ 펠티에 효과가 적용된 냉동방법은 휴대용 냉장고, 가정용 특수냉장고, 물 냉각기, 핵 잠수함 내의 냉난방장치 등에 사용된다.

④ 증기 압축식 냉동장치와 마찬가지로 압축기, 응축기, 증발기 등을 이용한 것이다.

해설 펠티에(전자냉동법) 효과로 저온을 얻기 위하여 냉동용 열전반도체(비스무트 텔루륨, 안티몬 텔루륨, 비스무트 셀렌 등)가 이용되며, 직류전기가 통하여야 한다.

28 압축기의 기통수가 6기통이며, 피스톤 직경이 140mm, 행정이 110mm, 회전수가 800rpm인 NH_3 표준 냉동 사이클의 냉동능력(kW)은?(단, 압축기의 체적효율은 0.75, 냉동효과는 1,126.3kJ/kg, 비체적은 0.5m³/kg이다.)

① 122.7

② 148.3

③ 193.4

④ 228.9

해설 체적용량＝단면적×행정×체적효율×회전수

$$= \frac{3.14}{4} \times (0.14)^2 \times 0.11 \times 0.75 \times 6 \times 800 \times 60$$

$$= 365.57136 m^3/h$$

용량질량(G) ＝ $\frac{365.57136}{0.5}$ ＝ 732kg/h

∴ 냉동능력 ＝ $\frac{732 \times 1,126.3}{3,600}$ ＝ 228(kW)

※ 1Wh＝3,600J/s, 1kWh＝3,600(kJ/h)

29 증기압축식 냉동장치에 관한 설명으로 옳은 것은?

① 증발식 응축기에서는 대기의 습구온도가 저하하면 고압압력은 통상의 운전압력보다 높게 된다.

② 압축기의 흡입압력이 낮게 되면 토출압력도 낮게 되어 냉동능력이 증대한다.

③ 언로더 부착 압축기를 사용하면 급격하게 부하가 증가하여도 액백현상을 막을 수 있다.

④ 액배관에 플래시 가스가 발생하면 냉매 순환량이 감소되어 증발기의 냉동능력이 저하된다.

해설 ① 증발식 응축기는 암모니아용이다. 물의 증발잠열을 이용하며, 외기 습구온도의 영향을 많이 받는다. 압력강하가 크다.

② 토출압력이 낮으면 냉동능력이 감소한다.

③ 압축기는 부하가 증가하면 액백현상 방지가 어렵다.

④ 플래시 가스가 발생하면 냉동능력이 저하된다.

30 증기압축식 냉동 사이클에서 증발온도를 일정하게 유지시키고, 응축온도를 상승시킬 때 나타나는 현상이 아닌 것은?

① 소요동력 증가

② 성적계수 감소

③ 토출가스 온도 상승

④ 플래시 가스 발생량 감소

해설 액관에 플래시 가스가 발생하면 증발압력과 압축비가 저하되고 다만, 응축온도 상승 시에는 냉동기에서 문제 보기 ①, ②, ③의 장해가 발생한다(압축기 운전 중 증발온도 일정, 응축온도 상승 : 압축비 증가).

31 2단압축 1단팽창 냉동장치에서 게이지 압력계로 증발압력 0.19MPa, 응축압력 1.17MPa일 때, 중간냉각기의 절대압력(MPa)은?

① 2.166   ② 1.166

③ 0.608   ④ 0.409

해설 중간압력 $P_2 = \sqrt{P_1 \times P_3}$

$$= \sqrt{(0.19+0.1) \times (1.17+0.1)} = 0.607(MPa)$$

32 냉동장치의 운전 중 장치 내에 공기가 침입하였을 때 나타나는 현상으로 옳은 것은?

① 토출가스 압력이 낮게 된다.
② 모터의 암페어가 적게 된다.
③ 냉각 능력에는 변화가 없다.
④ 토출가스 온도가 높게 된다.

해설 냉동장치에 공기 등의 불응축 가스가 침입하면 압축 시 토출가스 온도가 높아진다(압축비 상승).

33 2단압축 냉동기에서 냉매의 응축온도가 38℃일 때 수랭식 응축기의 냉각수 입·출구의 온도가 각각 30℃, 35℃이다. 이때 냉매와 냉각수와의 대수평균온도차(℃)는?

① 2
② 5
③ 8
④ 10

해설 $\Delta t_1 = 38 - 30 = 8$
$\Delta t_2 = 38 - 35 = 3$

$$\Delta t = \frac{\Delta t_1 - \Delta t_2}{2.3 \log \dfrac{\Delta t_1}{\Delta t_2}} = \frac{8 - 3}{2.3 \log \left(\dfrac{8}{3}\right)} = 5℃$$

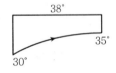

34 냉동장치에서 흡입가스의 압력을 저하시키는 원인으로 가장 거리가 먼 것은?

① 냉매 유량의 부족
② 흡입배관의 마찰손실
③ 냉각부하의 증가
④ 모세관의 막힘

해설 냉각부하가 증가하면 흡입가스의 압력이 상승한다.

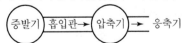

35 다음 중 열통과율이 가장 작은 응축기 형식은?(단, 동일 조건 기준으로 한다.)

① 7통로식 응축기
② 입형 셸 튜브식 응축기
③ 공랭식 응축기
④ 2중관식 응축기

해설 열통과율 $K(\mathrm{kcal/m^2 h℃})$

7통로식	1,000	공랭식	20
입형 셸 튜브식	600~900	2중관식	900

36 고온 35℃, 저온 −10℃에서 작동되는 역카르노사이클이 적용된 이론 냉동 사이클의 성적계수는?

① 2.8
② 3.2
③ 4.2
④ 5.8

해설 $T_1 = -10 + 273 = 263(\mathrm{K})$, $T_2 = 35 + 273 = 308(\mathrm{K})$

성적계수 $COP = \dfrac{T_1}{T_2 - T_1} = \dfrac{263}{308 - 263} = 5.84$

37 제빙에 필요한 시간을 구하는 공식이 아래와 같다. 이 공식에서 a와 b가 의미하는 것은?

$$\tau = (0.53 \sim 0.6)\frac{a^2}{-b}$$

① a : 브라인 온도, b : 결빙두께
② a : 결빙두께, b : 브라인 유량
③ a : 결빙두께, b : 브라인 온도
④ a : 브라인 유량, b : 결빙두께

해설 결빙시간(h) $= \dfrac{0.56 \times t_a^2}{-t_b}$

여기서, t_a : 얼음 두께(cm), 0.56 : 결빙계수(0.53~0.6), t_b : 브라인 온도(℃)

38 브라인 냉각용 증발기가 설치된 소형 냉동기가 있다. 브라인 순환량이 20kg/min이고, 브라인의 입·출구 온도차는 15K이다. 압축기의 실제 소요동력이 5.6kW일 때, 이 냉동기의 실제 성적계수는?(단, 브라인의 비열은 3.3kJ/kg·K이다.)

① 1.82 ② 2.18
③ 2.94 ④ 3.31

해설 브라인 현열(Q)

$Q = 20(\text{kg/min}) \times 60(\text{min/h}) \times 3.3(\text{kJ/kg·K}) \times 15(\text{K})$
$= 59,400\text{kJ/h}$

성적계수 $COP = \dfrac{Q}{AW} = \dfrac{59,400(\text{kJ/h})}{5.6 \times 3,600(\text{kJ/h})} = 2.946$

※ 1kW=1kJ/s, 1W=1J/s, 1kWh=3,600kJ

39 그림에서 사이클 A(1-2-3-4-1)로 운전될 때 증발기의 냉동능력은 5RT, 압축기의 체적효율은 0.78이었다. 그러나 운전 중 부하가 감소하여 압축기 흡입밸브 개도를 줄여서 운전하였더니 사이클 B(1′-2′-3-4-1-1′)로 되었다. 사이클 B로 운전될 때의 체적효율이 0.7이라면 이때의 냉동능력(RT)은 얼마인가?(단, 1RT는 3.8kW이다.)

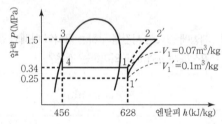

① 1.37 ② 2.63
③ 2.94 ④ 3.14

해설 냉동능력(RT) $= \dfrac{V_a \times (i_a - i_e) \times \eta_v}{13,898 \times V_a}$

• 사이클 A(R_1) $= \dfrac{V(628-456) \times 0.78}{0.78}$
$= 1,916.57\,V(\text{kJ/h})$

• 사이클 B(R_2) $= \dfrac{V_1(628-456) \times 0.7}{0.7} = 1,204\,V_1(\text{kJ/h})$

• 손실효율 $\dfrac{V_2(1,916.57 - 1,204)}{V \cdot 1,916.57} = 0.37179$

∴ 냉동능력 $= 5 \times (1 - 0.37179) = 3.14(\text{RT})$

※ 1RT=3,320(kcal/h)×4.186(kJ/kcal)
$= 13,898(\text{kJ/h})$

40 직경 10cm, 길이 5m의 관에 두께 5cm의 보온재(열전도율 λ=0.1163W/m·K)로 보온을 하였다. 방열층의 내측과 외측의 온도가 각각 −50℃, 30℃라면 침입하는 전열량(W)은?

① 133.4 ② 248.8
③ 362.6 ④ 421.7

해설 $Q = \lambda \times \dfrac{2\pi l(t_1 - t_2)}{\ln\left(\dfrac{r_2}{r_1}\right)}$

$= 0.1163 \times \dfrac{(2 \times 3.14 \times 5) \times \{30 - (-50)\}}{\ln\left(\dfrac{0.1}{0.05}\right)} = 421.5(\text{W})$

※ 1W=1J/s, 1kW=3,600kJ/h, 1N=1kg·m/s²
1(kgf)=1(kg)×9.8(m/s²)=9.8(N)

SECTION 03 공기조화

41 보일러의 수위를 제어하는 주된 목적으로 가장 적절한 것은?

① 보일러의 급수장치가 동결되지 않도록 하기 위하여
② 보일러의 연료공급이 잘 이루어지도록 하기 위하여
③ 보일러가 과열로 인해 손상되지 않도록 하기 위하여
④ 보일러에서의 출력을 부하에 따라 조절하기 위하여

해설

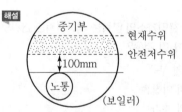

수위를 제어하는 주된 목적은 ③항이다.

42 열매에 따른 방열기의 표준방열량(W/m²) 기준으로 가장 적절한 것은?

① 온수 : 405.2, 증기 : 822.3
② 온수 : 523.3, 증기 : 822.3
③ 온수 : 405.2, 증기 : 755.8
④ 온수 : 523.3, 증기 : 755.8

해설 방열기 표준방열량

㉠ 온수 : $450\text{kcal/m}^2\text{h} = 450 \times \dfrac{1}{0.86}\,\text{W/m}^2 = 523.3\text{W/m}^2$

㉡ 증기 : $650\text{kcal/m}^2\text{h} = 650 \times \dfrac{1}{0.86}\,\text{W/m}^2 = 755.8\text{W/m}^2$

※ $1\text{W/m}^2 = 0.86\text{kcal/mm}^2\text{h}$

43 에어워셔 내에 온수를 분무할 때 공기는 습공기선도에서 어떠한 변화과정이 일어나는가?

① 가습 · 냉각
② 과냉각
③ 건조 · 냉각
④ 감습 · 과열

해설 에어워셔

㉠ 에어워셔(공기세정기) 내에 온수를 분무하는 가습에서 습공기선도상에 가습 · 냉각 변화가 발생한다.
㉡ 출구 측에 엘리미네이터를 설치한다.
㉢ 엘리미네이터의 더러워짐을 방지하기 위해 상부에 있는 플러딩 노즐로 물을 분무하여 청소한다.

44 보일러의 발생의 증기를 한곳으로만 취출하면 그 부근에 압력이 저하하여 수면 동요 현상과 동시에 비수가 발생된다. 이를 방지하기 위한 장치는?

① 급수내관
② 비수방지관
③ 기수분리기
④ 인젝터

해설

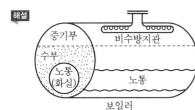

보일러

45 복사난방 방식의 특징에 대한 설명으로 틀린 것은?

① 실내에 방열기를 설치하지 않으므로 바닥이나 벽면을 유용하게 이용할 수 있다.
② 복사열에 의한 난방으로서 쾌감도가 크다.
③ 외기온도가 갑자기 변하여도 열용량이 크므로 방열량의 조정이 용이하다.
④ 실내의 온도 분포가 균일하며, 열이 방의 위쪽으로 빠지지 않으므로 경제적이다.

해설 외기온도가 갑자기 변하여도 열용량이 크므로 방열량 조정이 용이한 것은 온수난방이다.

46 다음 중 난방부하를 경감시키는 요인으로만 짝지어진 것은?

① 지붕을 통한 전도열량, 태양열의 일사부하
② 조명부하, 틈새바람에 의한 부하
③ 실내기구부하, 재실인원의 발생열량
④ 기기(덕트 등)부하, 외기부하

해설 ①, ②, ④의 감소는 하절기의 냉방부하 경감 요인이다.

47 온수난방의 특징에 대한 설명으로 틀린 것은?

① 증기난방에 비하여 연료소량이 적다.
② 예열시간은 길지만 잘 식지 않으므로 증기난방에 비하여 배관의 동결 피해가 적다.
③ 보일러 취급이 증기보일러에 비해 안전하고 간단하므로 소규모 주택에 적합하다.
④ 열용량이 크기 때문에 짧은 시간에 예열할 수 있다.

해설 증기난방은 열용량이 작아서 짧은 시간에 예열이 가능하다.
※ 비열 : 물(1kcal/kg℃), 증기(0.44kcal/kg℃)

48 콜드 드래프트 현상의 발생 원인으로 가장 거리가 먼 것은?

① 인체 주위의 공기 온도가 너무 낮을 때
② 기류의 속도가 낮고 습도가 높을 때
③ 주위 벽면의 온도가 낮을 때
④ 겨울에 창문의 극간풍이 많을 때

해설 콜드 드래프트(cold draft)
생산된 열량보다 소비되는 열량이 많으면 추위를 느끼는 것으로, ①, ③, ④ 외에도 기류속도가 크거나 습도가 낮으면 발생한다.

49 다음과 같이 단열된 덕트 내에 공기가 통하고 이것에 열량 $Q(\text{kJ/h})$와 수분 $L(\text{kg/h})$을 가하여 열평형이 이루어졌을 때, 공기에 가해진 열량(Q)은 어떻게 나타내는가?(단, 공기의 유량은 $G(\text{kg/h})$, 가열코일 입·출구의 엔탈피, 절대습도는 각각 h_1, $h_2(\text{kJ/kg})$, x_1, $x_2(\text{kg/kg})$이며, 수분의 엔탈피는 $h_L(\text{kJ/kg})$이다.)

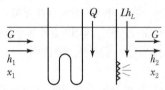

① $G(h_2 - h_1) + Lh_L$ ② $G(x_2 - x_1) + Lh_L$
③ $G(h_2 - h_1) - Lh_L$ ④ $G(x_2 - x_1) - Lh_L$

해설 덕트 내에서 열평형 시 공기에 가해진 열량
$= G(h_2 - h_1) - Lh_L$

50 대기압(760mmHg)에서 온도 28℃, 상대습도 50%인 습공기 내의 건공기 분압(mmHg)은 얼마인가? (단, 수증기 포화압력은 31.84mmHg이다.)

① 16 ② 32
③ 372 ④ 744

해설 수증기 분압$= 31.84 \times 0.5 = 15.92(\text{mmHg})$
∴ 건공기분압$= 760 - 15.92 = 744.08(\text{mmHg})$

51 단일 덕트 재열방식의 특징에 관한 설명으로 옳은 것은?

① 부하 패턴이 다른 다수의 실 또는 존의 공조에 적합하다.
② 식당과 같이 잠열부하가 많은 곳의 공조에는 부적합하다.
③ 전수방식으로서 부하변동이 큰 실이나 존에서 에너지 절약형으로 사용된다.
④ 시스템의 유지·보수 면에서는 일반 단일 덕트에 비해 우수하다.

해설 단일 덕트 재열방식
㉠ 부하 패턴이 다른 다수의 실 또는 존의 공조에 적합하다.
㉡ 잠열부하가 많은 곳의 공조에 적합하다.
㉢ 전공기 방식의 특징이 있다.
㉣ 설비비(재열기가 없는 단일 덕트 방식보다 많이 들고 2중 덕트 방식보다는 적게 든다.)

52 온풍난방에서 중력식 순환방식과 비교한 강제 순환방식의 특징에 관한 설명으로 틀린 것은?

① 기기 설치장소가 비교적 자유롭다.
② 급기 덕트가 작아서 은폐가 용이하다.
③ 공급되는 공기는 필터 등에 의하여 깨끗하게 처리될 수 있다.
④ 공기순환이 어렵고 쾌적성 확보가 곤란하다.

해설 온풍난방
강제순환방식은 공기순환이 잘되고 쾌적성 확보가 용이하다.

53 건구온도 30℃, 절대습도 0.01kg/kg인 외부공기 30%와 건구온도 20℃, 절대습도 0.02kg/kg인 실내공기 70%를 혼합하였을 때 최종 건구온도(T)와 절대습도(x)는 얼마인가?

① $T = 23℃$, $x = 0.017\text{kg/kg}$
② $T = 27℃$, $x = 0.017\text{kg/kg}$
③ $T = 23℃$, $x = 0.013\text{kg/kg}$
④ $T = 27℃$, $x = 0.013\text{kg/kg}$

해설 ㉠ 최종 건구온도 $T = (30 \times 0.3) + (20 \times 0.7) = 23℃$
㉡ 최종 절대습도
$X = (0.01 \times 0.3) + (0.02 \times 0.7) = 0.017(\text{kg/kg})$

54 가변풍량 방식에 대한 설명으로 틀린 것은?

① 부분부하 대응으로 송풍기 동력이 커진다.
② 시운전 시 토출구의 풍량조정이 간단하다.
③ 부하변동에 대해 제어응답이 빠르므로 거주성이 향상된다.
④ 동시부하율을 고려하여 설비용량을 적게 할 수 있다.

[해설] 가변풍량 방식은 부분부하 대응으로 송풍기 동력이 감소한다.

55 다음 그림과 같이 송풍기의 흡입 측에만 덕트가 연결되어 있을 경우 동압(mmAq)은 얼마인가?

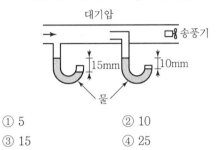

① 5   ② 10
③ 15   ④ 25

[해설]

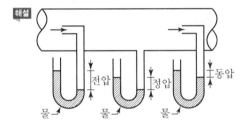

동압 : 속도에너지를 압력에너지로 환산한 값
동압 = 전압 − 정압 = 15 − 10 = 5

56 건구온도 10℃, 절대습도 0.003kg/kg인 공기 50 m³를 20℃까지 가열하는 데 필요한 열량(kJ)은?(단, 공기의 정압비열은 1.01kJ/kg · K, 공기의 밀도는 1.2kg/m³이다.)

① 425   ② 606
③ 713   ④ 884

[해설] 공기의 질량 $G = 50\text{m}^3 \times 1.2\text{kg/m}^3 = 60(\text{kg})$
가열 열량
$Q = G \times C_p \times \Delta t = 60 \times 1.01 \times (20 - 10) = 606(\text{kJ})$

57 내부에 송풍기와 냉 · 온수 코일이 내장되어 있으며, 각 실내에 설치되어 기계실로부터 냉 · 온수를 공급받아 실내공기의 상태를 직접 조절하는 공조기는?

① 패키지형 공조기   ② 인덕션 유닛
③ 팬코일 유닛   ④ 에어핸드링 유닛

[해설] 팬코일 유닛
㉠ 내부에 송풍기, 냉수 · 온수 코일 내장
㉡ 실내공기의 상태를 직접 조절한다.
㉢ 공조기의 일종이다.

58 취출구 관련 용어에 대한 설명으로 틀린 것은?

① 장방형 취출구의 긴 변과 짧은 변의 비를 아스펙트비라 한다.
② 취출구에서 취출된 공기를 1차 공기라 하고, 취출공기에 의해 유인되는 실내공기를 2차 공기라 한다.
③ 취출구에서 취출된 공기가 진행해서 취출기류의 중심선상의 풍속이 1.5m/s로 되는 위치까지의 수평거리를 도달거리라 한다.
④ 수평으로 취출된 공기가 어떤 거리를 진행했을 때 기류의 중심선과 취출구의 중심과의 거리를 강하도라 한다.

[해설] 도달거리
취출구로부터 기류의 중심속도 W_x가 0.25(m/s)로 되는 곳까지의 수평거리 $L_{\max}$를 최대 도달거리, W_x가 0.5(m/s)로 되는 곳까지의 수평거리 $L_{\min}$을 최소 도달거리라 한다.

59 극간풍의 방지방법으로 가장 적절하지 않은 것은?

① 회전문 설치
② 자동문 설치
③ 에어커튼 설치
④ 충분한 간격의 이중문 설치

[해설] 자동문은 개폐 시 편리한 문이며, 극간풍(틈새바람)과는 상관이 없다.
※ 극간풍 : 난방부하와 관련이 있다.

60 취출온도를 일정하게 하여 부하에 따라 송풍량을 변화시켜 실온을 제어하는 방식은?

① 가변풍량방식   ② 재열코일방식
③ 정풍량방식   ④ 유인유닛방식

[해설] 가변풍량방식
취출온도를 일정하게 하여 부하에 따라 송풍량을 변화시켜 실온을 제어한다.

61 100V용 전구 30W와 60W 두 개를 직렬로 연결하고 직류 100V 전원에 접속하였을 때 두 전구의 상태로 옳은 것은?

① 30W 전구가 더 밝다.

② 60W 전구가 더 밝다.

③ 두 전구의 밝기가 모두 같다.

④ 두 전구가 모두 켜지지 않는다.

> **해설** 30W, 60W 각 전구의 저항을 구하면
>
> $P = \dfrac{V^2}{R}$ 에서
>
> $R_1 = \dfrac{100^2}{30} = 333[\Omega]$
>
> $R_2 = \dfrac{100^2}{60} = 166[\Omega]$
>
> 직렬이므로 전류는 일정하고, $P = I^2 R$에 의해 저항이 큰 쪽이 전력을 많이 쓰므로 저항이 R_1인 30W가 더 밝다.

62 워드 레오너드 속도제어방식이 속하는 제어방법은?

① 저항제어   ② 계자제어

③ 전압제어   ④ 직병렬제어

> **해설** 속도제어법
> ㉠ 전압제어는 전기자에 가해지는 전압을 가감하여 속도를 조정하는 방법이다.
> ㉡ 워드 레오너드 방식, 일그너 방식(플라이휠), 정토크 방식

63 전동기의 회전방향을 알기 위한 법칙은?

① 렌츠의 법칙

② 암페어의 법칙

③ 플레밍의 왼손법칙

④ 플레밍의 오른손법칙

> **해설** ㉠ 플레밍의 왼손법칙 : 전자력의 방향을 알기 위한 법칙
> ㉡ 플레밍의 오른손법칙 : 도체의 운동에 의한 전자유도로 생기는 기전력의 방향을 알기 위한 법칙

64 지상역률 80%, 1,000kW의 3상 부하가 있다. 이것에 콘덴서를 설치하여 역률을 95%로 개선하려고 한다. 필요한 콘덴서의 용량(kvar)은 약 얼마인가?

① 421.3   ② 633.3

③ 844.3   ④ 1,266.3

> **해설** 콘덴서 용량 $= P(\tan\theta_1 - \tan\theta_2)$
>
> $$= P\left(\frac{\sqrt{1-\cos^2\theta_1}}{\cos\theta_1} - \frac{\sqrt{1-\cos^2\theta_2}}{\cos\theta_2}\right)$$
>
> $$= 1,000\left(\frac{\sqrt{1-0.8^2}}{0.8} - \frac{\sqrt{1-0.95^2}}{0.95}\right)$$
>
> $$= 421.3\text{kvar}$$

65 3상 유도전동기의 주파수가 60Hz, 극수가 6극, 전부하 시 회전수가 1,160rpm이라면 슬립은 약 얼마인가?

① 0.03   ② 0.24

③ 0.45   ④ 0.57

> **해설** 동기속도 $N_s = \dfrac{120f}{P} = \dfrac{120 \times 60}{6} = 1,200(\text{rpm})$
>
> 슬립 $s = \dfrac{N_s - N}{N_s} \times 100 = \dfrac{1,200 - 1,160}{1,200} = 0.03$

66 저항에 전류가 흐르면 줄열이 발생하는데 저항에 흐르는 전류 I와 전력 P의 관계는?

① $I \propto P$ ② $I \propto P^{0.5}$

③ $I \propto P^{1.5}$ ④ $I \propto P^2$

> **해설** 줄의 법칙에 의해 $P \propto I^2 R$이므로 $I^2 \propto P$
>
> $\therefore I \propto P^{0.5}$
>
> ※ 줄의 법칙 열량$(H) = 0.24 I^2 Rt (\text{cal})$
>
> $1\text{cal} = \dfrac{1}{0.24}(\text{J}) = 4.167(\text{J})$
>
> 전력량 $W = Pt = I^2 Rt$, $\text{W} \cdot \text{s} = \text{J}$

67 입력신호 중 어느 하나가 "1"일 때 출력이 "0"이 되는 회로는?

① AND 회로   ② OR 회로

③ NOT 회로   ④ NOR 회로

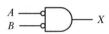

해설 NOR gate : $X = \overline{A+B}$

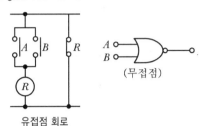

(무접점)

유접점 회로

A	B	X
0	0	1
0	1	0
1	0	0
1	1	0

68 입력신호 $x(t)$와 출력신호 $y(t)$의 관계가 $y(t) = K\dfrac{dx(t)}{dt}$ 로 표현되는 것은 어떤 요소인가?

① 비례요소
② 미분요소
③ 적분요소
④ 지연요소

해설 미분요소

출력신호 $y(t) = k\dfrac{dx(t)}{dt}$ 로, 입력신호를 시간으로 미분한 값에 출력신호가 비례한다.

69 다음 조건을 만족시키지 못하는 회로는?

> 어떤 회로에 흐르는 전류가 20A이고, 위상이 60도이며, 앞선 전류가 흐를 수 있는 조건

① RL 병렬
② RC 병렬
③ RLC 병렬
④ RLC 직렬

해설 RL 병렬회로에서 L에 흐르는 전류는 전압보다 위상이 $\dfrac{\pi}{2} = 90°$ 뒤진다.

70 다음 논리기호의 논리식은?

A ─┐
B ─┘ ─ X

① $X = A + B$ 　② $X = \overline{AB}$
③ $X = AB$ 　④ $X = \overline{A+B}$

해설 드모르간의 정리 논리기호

• $\overline{A+B} = \overline{A} \cdot \overline{B}$

A, B → = A, B →

• $\overline{A \cdot B} = \overline{A} + \overline{B}$

A, B → = A, B →

• $\overline{\overline{A} + \overline{B}} = \overline{A} \cdot \overline{B}$

A, B → = A, B →

• $\overline{\overline{A} \cdot \overline{B}} = \overline{A} + \overline{B}$

A, B → = A, B →

71 콘덴서의 전위차와 축적되는 에너지와의 관계식을 그림으로 나타내면 어떤 그림이 되는가?

① 직선　　　　② 타원
③ 쌍곡선　　　④ 포물선

해설 콘덴서

㉠ 정전용량을 얻기 위해 사용되는 부품으로, 전자회로를 구성하는 중요한 소자이다.
㉡ 고정 콘덴서와 가변 콘덴서가 있다.
㉢ 콘덴서를 정하려면 정전용량의 크기 외에 사용전압에 대한 절연내력을 고려하여야 한다.

72 열전대에 대한 설명이 아닌 것은?

① 열전대를 구성하는 소선은 열기전력이 커야 한다.
② 철, 콘스탄탄 등의 금속을 이용한다.
③ 제벡 효과를 이용한다.
④ 열팽창계수에 따른 변형 또는 내부응력을 이용한다.

해설 ④는 금속관의 열팽창계수를 이용하는 바이메탈 온도계에 대한 내용이다.

73 전류계와 전압계는 내부저항이 존재한다. 이 내부저항은 전압 또는 전류를 측정하고자 하는 부하의 저항에 비하여 어떤 특성을 가져야 하는가?

① 내부저항이 전류계는 가능한 한 커야 하며, 전압계는 가능한 한 작아야 한다.
② 내부저항이 전류계는 가능한 한 커야 하며, 전압계도 가능한 한 커야 한다.
③ 내부저항이 전류계는 가능한 한 작아야 하며, 전압계는 가능한 한 커야 한다.
④ 내부저항이 전류계는 가능한 한 작아야 하며, 전압계도 가능한 한 작아야 한다.

해설 전기의 내부저항
㉠ 전류계 : 가능한 한 작아야 한다.
㉡ 전압계 : 가능한 한 커야 한다.

74 피드백제어에서 제어요소에 대한 설명 중 옳은 것은?

① 조작부와 검출부로 구성되어 있다.
② 동작신호를 조작량으로 변화시키는 요소이다.
③ 제어를 받는 출력량으로 제어대상에 속하는 요소이다.
④ 제어량을 주궤환 신호로 변화시키는 요소이다.

해설 제어요소
동작신호를 조작량으로 변화시키는 요소이다.

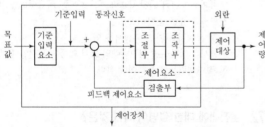

[피드백 블록선도]

75 제어량에 따른 분류 중 프로세스 제어에 속하지 않는 것은?

① 압력   ② 유량
③ 온도   ④ 속도

해설 자동조정제어
속도, 주파수, 장력, 전압 등이다.

76 다음 블록선도를 등가 합성 전달함수로 나타낸 것은?

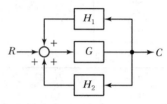

① $\dfrac{G}{1-H_1-H_2}$ ② $\dfrac{G}{1-H_1G-H_2G}$

③ $\dfrac{G-1}{1-H_1G-H_2G}$ ④ $\dfrac{H_1G-H_2G}{1-G}$

해설 $(R+CH_1+CH_2)G=C$
$RG+CH_1G+CH_2G=C$
$RG=C(1-H_1G-H_2G)$
$\therefore \dfrac{C}{R}=\dfrac{G}{1-H_1G-H_2G}$ (등가 합성 전달함수)

77 다음 논리회로의 출력은?

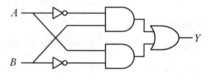

① $Y=A\overline{B}+\overline{A}B$
② $Y=\overline{A}B+\overline{A}B$
③ $Y=\overline{A}B+A\overline{B}$
④ $Y=\overline{A}+\overline{B}$

해설 Exclusive OR 회로(배타적 논리합 회로)
㉠ A, B가 모두 1이어서는 안 된다.
㉡ 논리식 $X=\overline{A}B+A\overline{B}$로 표시한다.
$[A\overline{B}+\overline{A}B=(A+B)\cdot(\overline{A}+\overline{B})=A\oplus B]$

A	B	X
0	0	0
0	1	1
1	0	1
1	1	0

78 R_1=100Ω, R_2=1,000Ω, R_3=800Ω일 때 전류계의 지시가 0이 되었다. 이때 저항 R_4는 몇 Ω인가?

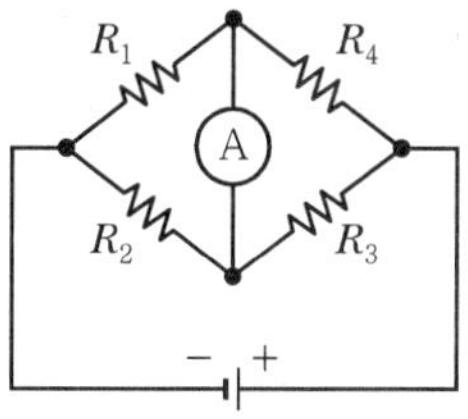

① 80 ② 160
③ 240 ④ 320

해설 $R_4 = \dfrac{R_1 \times R_3}{R_2} = \dfrac{100 \times 800}{1,000} = 80(\Omega)$

79 $x_2=ax_1+cx_3+bx_4$의 신호흐름 선도는?

①
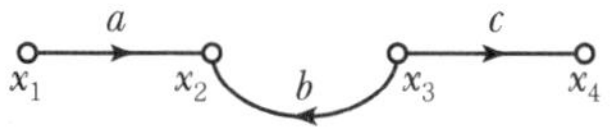

②
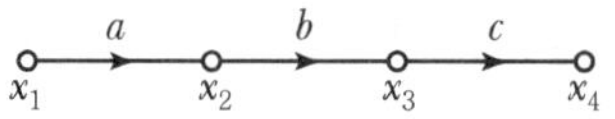

③
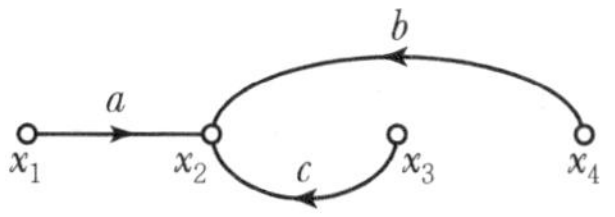

④
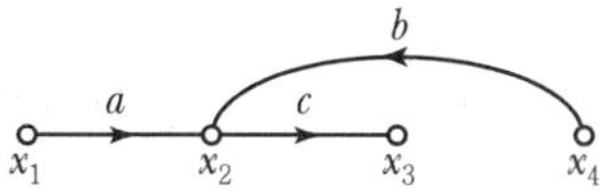

해설 신호흐름선도
$x_2 = ax_1 + cx_3 + bx_4$ 흐름

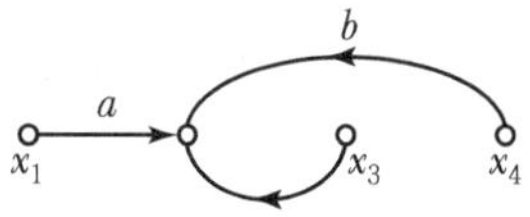

80 R, L, C가 서로 직렬로 연결되어 있는 회로에서 양단의 전압과 전류의 위상이 동상이 되는 조건은?

① $\omega = LC$
② $\omega = L^2C$
③ $\omega = \dfrac{1}{LC}$
④ $\omega = \dfrac{1}{\sqrt{LC}}$

해설 $R-L-C$ 직렬공진회로(전압과 전류가 동상)
허수부가 0인 경우 $X_L = X_C \left(\text{또는 } \omega L = \dfrac{1}{\omega C} \right)$이므로 공진 각주파수 ω_o와 공진주파수 f_o를 구하면

$$\omega_o L = \frac{1}{\omega C},\ \omega_o^{\ 2} = \frac{1}{LC},\ \omega_o = \frac{1}{\sqrt{LC}}$$

$$2\pi f_o = \frac{1}{\sqrt{LC}},\ f_o = \frac{1}{2\pi\sqrt{LC}}$$

SECTION 05 배관일반

81 배수 배관의 시공 시 유의사항으로 틀린 것은?

① 배수를 가능한 한 천천히 옥외 하수관으로 유출할 수 있을 것
② 옥외 하수관에서 하수 가스나 쥐 또는 각종 벌레 등이 건물 안으로 침입하는 것을 방지할 수 있는 방법으로 시공할 것
③ 배수관 및 통기관은 내구성이 풍부하여야 하며 가스나 물이 새지 않도록 기구 상호 간의 접합을 완벽하게 할 것
④ 한랭지에서는 배수관이 동결되지 않도록 피복을 할 것

해설 배수는 가능한 한 실내에서 신속하게 유출되어야 한다.

82 배관설비 공사에서 파이프 래크의 폭에 관한 설명으로 틀린 것은?

① 파이프 래크의 실제 폭은 신규라인을 대비하여 계산된 폭보다 20% 정도 크게 한다.
② 파이프 래크상의 배관밀도가 작아지는 부분에 대해서는 파이프 래크의 폭을 좁게 한다.
③ 고온배관에서는 열팽창에 의하여 과대한 구속을 받지 않도록 충분한 간격을 둔다.
④ 인접하는 파이프의 외측과 외측과의 최소 간격을 25mm로 하여 래크의 폭을 결정한다.

해설

최소 간격
(래크의 폭)
30mm

83 공기조화 설비 중 복사난방의 패널 형식이 아닌 것은?

① 바닥 패널
② 천장 패널
③ 벽 패널
④ 유닛 패널

해설 복사난방(패널 난방) 형식
㉠ 바닥 패널(가장 많이 선호)
㉡ 천장 패널
㉢ 벽 패널

보일러온수 → 방열관 패널
→ 보일러 난방수 출구 → 보일러

84 동관작업용 사이징 툴(sizing tool) 공구에 관한 설명으로 옳은 것은?

① 동관의 확관용 공구
② 동관의 끝부분을 원형으로 정형하는 공구
③ 동관의 끝을 나팔형으로 만드는 공구
④ 동관 절단 후 생긴 거스러미를 제거하는 공구

해설 사이징 툴(동관 공구)

동관 → 동관 원형 교정

85 다음 중 신축 이음쇠의 종류로 가장 거리가 먼 것은?

① 벨로즈형
② 플랜지형
③ 루프형
④ 슬리브형

해설 신축이음쇠의 종류
㉠ 벨로즈형
㉡ 루프형
㉢ 슬리브형

관 벨로즈형 관
신축이음

86 공조설비에서 증기코일의 동결 방지 대책으로 틀린 것은?

① 외기와 실내환기가 혼합되지 않도록 차단한다.
② 외기 댐퍼와 송풍기를 인터록시킨다.
③ 야간의 운전정지 중에도 순환 펌프를 운전한다.
④ 증기코일 내에 응축수가 고이지 않도록 한다.

해설 공조설비의 증기코일에 외기와 실내환기가 혼합되어 공급되면 동결이 방지된다.
※ 코일의 종류 : 증기코일, 온수코일, 냉수코일

87 동일 구경의 관을 직선 연결할 때 사용하는 관 이음재료가 아닌 것은?

① 소켓
② 플러그
③ 유니언
④ 플랜지

해설

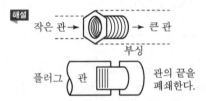

작은 관 → 큰 관
부싱

플러그 관 관의 끝을 폐쇄한다.

88 강관의 용접 접합법으로 가장 적합하지 않은 것은?

① 맞대기 용접
② 슬리브 용접
③ 플랜지 용접
④ 플라스턴 용접

해설 플라스턴 용접
납 60%, 주석 40%, 용융점 232℃에 의한 접합이며, 연관의 대표적인 접합하다.

89 하향공급식 급탕배관법의 구배방법으로 옳은 것은?

① 급탕관은 끝올림, 복귀관은 끝내림 구배를 준다.
② 급탕관은 끝내림, 복귀관은 끝올림 구배를 준다.
③ 급탕관, 복귀관 모두 끝올림 구배를 준다.
④ 급탕관, 복귀관 모두 끝내림 구배를 준다.

해설 급탕배관 구배
㉠ 중력순환식 : 1/150, 강제순환식 : 1/200
㉡ 상향공급식 : 끝올림 구배
㉢ 하향공급식 : 급탕관, 복귀관 모두 끝내림 구배

90 보온재의 열전도율이 작아지는 조건으로 틀린 것은?

① 재료의 두께가 두꺼울수록
② 재료 내 기공이 작고 기공률이 클수록
③ 재료의 밀도가 클수록
④ 재료의 온도가 낮을수록

> **해설** 보온재는 다공질이므로 밀도가 낮아야 보온능력이 좋아진다(재료의 밀도(kg/m³)가 높으면 다공질이 되지 못하여 보온재의 열전도율(kJ/m℃)이 커진다).

91 캐비테이션(cavitation) 현상의 발생 조건이 아닌 것은?

① 흡입양정이 지나치게 클 경우
② 흡입관의 저항이 증대될 경우
③ 흡입 유체의 온도가 높은 경우
④ 흡입관의 압력이 양압인 경우

> **해설** 내부 흡입관 압력이 부압(진공법)일 때 펌프에서 캐비테이션(공동 현상)이 발생한다.

92 간접가열식 급탕법에 관한 설명으로 틀린 것은?

① 대규모 급탕설비에 부적당하다.
② 순환증기는 높이에 관계없이 저압으로 사용 가능하다.
③ 저탕탱크와 가열용 코일이 설치되어 있다.
④ 난방용 증기보일러가 있는 곳에 설치하면 설비비를 절약하고 관리가 편하다.

> **해설** ㉠ 직접가열식 : 소규모 급탕설비에 적합하다.
> ㉡ 간접가열식 : 대규모 급탕설비에 적합하다.

93 온수배관에서 배관의 길이 팽창을 흡수하기 위해 설치하는 것은?

① 팽창관 ② 완충기
③ 신축이음쇠 ④ 흡수기

> **해설**
>
> 관의 선팽창을 방지한다.

94 고온수 난방 방식에서 넓은 지역에 공급하기 위해 사용되는 2차 측 접속방식에 해당되지 않는 것은?

① 직결 방식 ② 브리드인 방식
③ 열교환 방식 ④ 오리피스 접합 방식

> **해설** 오리피스는 차압식 유량계로 많이 사용된다.

95 다음 중 열을 잘 반사하고 확산하여 방열기 표면 등의 도장용으로 사용하기에 가장 적합한 도료는?

① 광명단 ② 산화철
③ 합성수지 ④ 알루미늄

> **해설** 알루미늄 도료
> 방열기의 표면 도장용이다. 열을 잘 반사하고 확산한다.

96 수배관 사용 시 부식을 방지하기 위한 방법으로 틀린 것은?

① 밀폐 사이클의 경우 물을 가득 채우고 공기를 제거한다.
② 개방 사이클로 하여 순환수가 공기와 충분히 접하도록 한다.
③ 캐비테이션을 일으키지 않도록 배관한다.
④ 배관에 방식도장을 한다.

> **해설** 수배관에서는 점식의 부식을 방지하기 위하여 밀폐식 사이클로 순환수와 공기의 접촉을 방지하여야 한다.

97 다음 중 암모니아 냉동장치에 사용되는 배관재료로 가장 적합하지 않은 것은?

① 이음매 없는 동관
② 배관용 탄소강관
③ 저온 배관용 강관
④ 배관용 스테인리스강관

> **해설** 암모니아 냉매
> ㉠ 철이나 강에 대하여는 부식성이 없다.
> ㉡ 동(구리)이나 동합금을 부식시킨다.

98 증기난방 배관시공에서 환수관에 수직 상향부가 필요할 때 리프트 피팅(lift fitting)을 써서 응축수가 위쪽으로 배출되게 하는 방식은?

① 단관 중력환수식
② 복관 중력환수식
③ 진공환수식
④ 압력환수식

해설 진공환수식 증기난방
(환수관의 진공도 100~250mmHg)

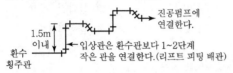

1.5m 이내
환수 횡주관
입상관은 환수관보다 1~2단계 작은 관을 연결한다.(리프트 피팅 배관)
진공펌프에 연결한다.

99 다음 보온재 중 안전사용(최고)온도가 가장 높은 것은?(단, 동일 조건 기준으로 한다.)

① 글라스울 보온판
② 우모 펠트
③ 규산칼슘 보온판
④ 석면 보온판

해설 보온재의 최고 사용온도
① 글라스울 : 300℃ 이하
② 우모 펠트 : 100℃ 이하 보냉용
③ 규산칼슘 : 650℃
④ 석면 : 350~550℃

100 급수관의 유속을 제한(1.5~2m/s 이하)하는 이유로 가장 거리가 먼 것은?

① 유속이 빠르면 흐름방향이 변하는 개소의 원심력에 의한 부압(−)이 생겨 캐비테이션이 발생하기 때문에
② 관 지름을 작게 할 수 있어 재료비 및 시공비가 절약되기 때문에
③ 유속이 빠른 경우 배관의 마찰손실 및 관 내면의 침식이 커지기 때문에
④ 워터해머 발생 시 충격압에 의해 소음, 진동이 발생하기 때문에

해설 ㉠ 급수관의 유속이 1.5~2m/s를 넘으면 수격작용(water hammering)이 발생할 염려가 있으므로 관 내 유속을 낮게 해야 한다(단, 관의 직경을 크게 하면 수격작용이 방지된다).
㉡ 급수펌프
• 터보형 : 원심식(벌류트, 터빈), 축류식, 사류식
• 용적형 : 회전형(기어식, 나사식, 베인식), 왕복형(피스톤, 플런저, 다이어프램, 웡)

SECTION 01 기계열역학

01 열전도계수 1.4W/(m · K), 두께 6mm 유리창의 내부 표면 온도는 27℃, 외부 표면 온도는 30℃이다. 외기 온도는 36℃이고 바깥에서 창문에 전달되는 총 복사열전달이 대류열전달의 50배라면, 외기에 의한 대류열전달계수[W/(m² · K)]는 약 얼마인가?

① 22.9　　　　　② 11.7
③ 2.29　　　　　④ 1.17

해설 $30+273=303\text{K}, \ 36+273=309\text{K}, \ 27+273=300\text{K}$

전열량$(Q)=\dfrac{1.4\times(303-300)}{0.006}=700(\text{W/h})$

$\dfrac{700}{50}=14(\text{W/h})$

$\therefore \ 14=a\times(309-303)$

$a=\dfrac{14}{309-303}\fallingdotseq2.3(\text{W/m}^2\cdot\text{K})$

02 500℃와 100℃ 사이에서 작동하는 이상적인 Carnot 열기관이 있다. 열기관에서 생산되는 일이 200kW라면 공급되는 열량은 약 몇 kW인가?

① 255　　　　　② 284
③ 312　　　　　④ 387

해설 $500+273=773\text{K}, \ 100+273=373\text{K}$

$\therefore \ 공급열량(Q)=\dfrac{200}{\left(1-\dfrac{373}{773}\right)}=387(\text{kW})$

03 외부에서 받은 열량이 모두 내부에너지 변화만을 가져오는 완전가스의 상태변화는?

① 정적변화　　　② 정압변화
③ 등온변화　　　④ 단열변화

해설 정적변화
외부에서 받은 열량이 모두 내부에너지 변화만을 가져오는 완전가스의 상태변화이다. 이상기체의 내부에너지는 온도만의 함수이다.

04 절대압력 100kPa, 온도 100℃인 상태에 있는 수소의 비체적(m³/kg)은?(단, 수소의 분자량은 2이고, 일반기체상수는 8.3145kJ/(kmol · K)이다.)

① 31.0　　　　　② 15.5
③ 0.428　　　　　④ 0.0321

해설 $PV=GRT, \ V=\dfrac{GRT}{P}$

$\therefore \ V=\dfrac{1\times\left(\dfrac{8.3145}{2}\right)\times(100+273)}{100}=15.5(\text{m}^3/\text{kg})$

05 다음 그림은 이상적인 오토 사이클의 압력(P)-부피(V) 선도이다. 여기서 "ㄱ"의 과정은 어떤 과정인가?

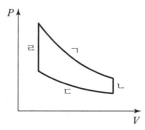

① 단열압축과정　　② 단열팽창과정
③ 등온압축과정　　④ 등온팽창과정

해설 오토 사이클(내연기관 사이클)

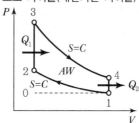

• 0 → 1 : 흡입과정
• 1 → 2 : 단열압축과정
• 2 → 3 : 정적연소과정
• 3 → 4 : 단열팽창과정
• 4 → 1 : 정적방열과정
• 1 → 0 : 배기과정

06 비열비 1.3, 압력비 3인 이상적인 브레이턴 사이클 (Brayton Cycle)의 이론 열효율이 $X(\%)$였다. 여기서 열효율 12%를 추가 향상시키기 위해서는 압력비를 약 얼마로 해야 하는가?(단, 향상된 후 열효율은 $(X+12)\%$이며, 압력비를 제외한 다른 조건은 동일하다.)

① 4.6
② 6.2
③ 8.4
④ 10.8

> [해설] 브레이턴 사이클(가스터빈 사이클)
>
> $$\eta_B = 1 - \left(\frac{1}{\gamma}\right)^{\frac{k-1}{k}} = 1 - \left(\frac{1}{3}\right)^{\frac{1.3-1}{1.3}} = 0.4418(44.18\%)$$

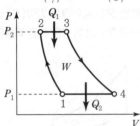

- 1→2 : 가역단열압축
- 2→3 : 가역정압가열
- 3→4 : 가역단열팽창
- 4→1 : 가역정압배기

07 어느 발명가가 바닷물로부터 매시간 1,800kJ의 열량을 공급받아 0.5kW 출력의 열기관을 만들었다고 주장한다면, 이 사실은 열역학 제 몇 법칙에 위배되는가?

① 제0법칙
② 제1법칙
③ 제2법칙
④ 제3법칙

> [해설] $1W = 1J/s$, $1kW = 3,600kJ/h$
> 출력 $= 0.5 \times 3,600 = 1,800(kJ/h)$
> 공급열 $= 1,800(kJ/h)$
> 입력과 출력이 같은, 즉 열효율이 100%인 기관(제2종 영구기관)이므로 열역학 제2법칙에 위배된다.

08 그림과 같이 다수의 추를 올려놓은 피스톤이 끼워져 있는 실린더에 들어 있는 가스를 계로 생각한다. 초기 압력이 300kPa이고, 초기 체적은 $0.05m^3$이다. 압력을 일정하게 유지하면서 열을 가하여 가스의 체적을 $0.2m^3$로 증가시킬 때 계가 한 일(kJ)은?

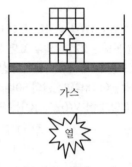

가스

열

① 30
② 35
③ 40
④ 45

> [해설] 계가 한 일$(W) = P(V_2 - V_1)$
> $= 300 \times (0.2 - 0.05) = 45(kJ)$

09 1kg의 헬륨이 100kPa하에서 정압 가열되어 온도가 27℃에서 77℃로 변하였을 때 엔트로피의 변화량은 약 몇 kJ/K인가?(단, 헬륨의 엔탈피(h, kJ/kg)는 아래와 같은 관계식을 가진다.)

$h = 5.238T$,   여기서, T는 온도(K)

① 0.694
② 0.756
③ 0.807
④ 0.968

> [해설] $273 + 27 = 300K$, $273 + 77 = 350K$
> 엔트로피 변화량$(\Delta S) = \dfrac{dq}{T} = \dfrac{dh}{T} = \dfrac{5.238dT}{T}$
> $= 5.238\ln\dfrac{350}{300} = 0.807(kJ/kg \cdot K)$

10 8℃의 이상기체를 가역단열 압축하여 그 체적을 $\frac{1}{5}$로 하였을 때 기체의 최종온도(℃)는?(단, 이 기체의 비열비는 1.4이다.)

① −125
② 294
③ 222
④ 262

해설 $T_2 = T_1 \times \left[\dfrac{1}{\left(\dfrac{1}{5}\right)}\right]^{k-1}$

$= (8+273) \times \left[\dfrac{1}{\left(\dfrac{1}{5}\right)}\right]^{1.4-1} = 534.9(\text{K})$

$\therefore 534.9 - 273 = 262(\text{℃})$

11 흑체의 온도가 20℃에서 80℃로 되었다면 방사하는 복사 에너지는 약 몇 배가 되는가?

① 1.2

② 2.1

③ 4.7

④ 5.5

해설 복사에너지$(E) = 4.88 \times \left(\dfrac{273+t}{100}\right)^4 = q_R = \sigma T^4$

$\therefore E' = \dfrac{4.88\left(\dfrac{273+80}{100}\right)^4}{4.88\left(\dfrac{273+20}{100}\right)^4} = \dfrac{155.03}{73.70} = 2.1$배

12 밀폐 시스템이 압력(P_1) 200kPa, 체적(V_1) 0.1m³인 상태에서 압력(P_2) 100kPa, 체적(V_2) 0.3m³인 상태까지 가역 팽창되었다. 이 과정이 선형적으로 변화한다면, 이 과정 동안 시스템이 한 일(kJ)은?

① 10

② 20

③ 30

④ 45

해설 200kPa → 0.1m³, 100kPa → 0.3m³

일$(_1W_2) = (P_1 - P_2) \times \dfrac{(V_2 - V_1)}{2} + P_2(V_2 - V_1)$

$= (200-100) \times \dfrac{0.3 - 0.1}{2} + 100(0.3 - 0.1)$

$= 30(\text{kJ})$

13 카르노 열펌프와 카르노 냉동기가 있는데, 카르노 열펌프의 고열원 온도는 카르노 냉동기의 고열원 온도와 같고, 카르노 열펌프의 저열원 온도는 카르노 냉동기의 저열원 온도와 같다. 이때 카르노 열펌프의 성적계수(COP_{HP})와 카르노 냉동기의 성적계수(COP_R)의 관계로 옳은 것은?

① $COP_{HP} = COP_R + 1$

② $COP_{HP} = COP_R - 1$

③ $COP_{HP} = \dfrac{1}{(COP_R + 1)}$

④ $COP_{HP} = \dfrac{1}{(COP_R - 1)}$

해설 카르노 사이클 성적계수 : 카르노 열펌프 성적계수 값보다 항상 1이 작다.

$\therefore$ 카르노 열펌프(히트펌프) 성적계수 = 카르노 냉동기 사이클+1 = $COP_R + 1$

14 보일러 입구의 압력이 9,800kN/m²이고, 응축기의 압력이 4,900N/m²일 때 펌프가 수행한 일(kJ/kg)은?(단, 물의 비체적은 0.001m³/kg이다.)

① 9.79

② 15.17

③ 87.25

④ 180.52

해설 $4,900\text{N/m}^2 = (4,900 \times 10^{-3})\text{kN/m}^2$

펌프일량$(W) = 9,800 - (4,900 \times 10^{-3}) = 9,795.1\text{kN/m}^2$

$\therefore 9,795.1 \times 0.001 = 9.79(\text{kJ/kg})$

15 열교환기의 1차 측에서 압력 100kPa, 질량유량 0.1 kg/s인 공기가 50℃로 들어가서 30℃로 나온다. 2차 측에서는 물이 10℃로 들어가서 20℃로 나온다. 이때 물의 질량유량(kg/s)은 약 얼마인가?(단, 공기의 정압비열은 1kJ/(kg·K)이고, 물의 정압비열은 4kJ/(kg·K)로 하며, 열교환 과정에서 에너지 손실은 무시한다.)

① 0.005

② 0.01

③ 0.03

④ 0.05

현열 $\theta' = 0.1 \times 1 \times (50-30) = 2(\text{kJ/s})$

현열 $\theta'' = x \times 4 \times (20-10) = 40(\text{kJ/s})$

$\therefore x = \dfrac{2}{40} = 0.05(\text{kg/s})$

16 다음 중 그림과 같은 냉동 사이클로 운전할 때 열역학 제1법칙과 제2법칙을 모두 만족하는 경우는?

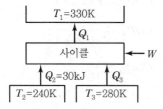

① $Q_1 = 100\text{kJ}$, $Q_3 = 30\text{kJ}$, $W = 30\text{kJ}$
② $Q_1 = 80\text{kJ}$, $Q_3 = 40\text{kJ}$, $W = 10\text{kJ}$
③ $Q_1 = 90\text{kJ}$, $Q_3 = 50\text{kJ}$, $W = 10\text{kJ}$
④ $Q_1 = 100\text{kJ}$, $Q_3 = 30\text{kJ}$, $W = 40\text{kJ}$

평균온도$(T) = \dfrac{240\text{K} + 280\text{K}}{2} = 260(\text{K})$

열효율$(\eta) = \dfrac{W}{Q_1} = 1 - \dfrac{260}{330}$

$Q_2 = 30$

$W = \dfrac{30}{1 - \left(\dfrac{260}{330}\right)} \fallingdotseq 40$

$Q_3 = 30$

$Q_1 = 30 + 40 + (70-40) = 100(\text{kJ})$

17 상온(25℃)의 실내에 있는 수은 기압계에서 수은주의 높이가 730mm라면, 이때 기압은 약 몇 kPa인가? (단, 25℃ 기준, 수은 밀도는 13,534kg/m³이다.)

① 91.4
② 96.9
③ 99.8
④ 104.2

$760\text{mmHg} = 101\text{kPa}$

$\therefore$ 기압은 $101 \times \dfrac{730}{760} \fallingdotseq 97(\text{kPa})$

18 어느 이상기체 2kg이 압력 200kPa, 온도 30℃의 상태에서 체적 0.8m³를 차지한다. 이 기체의 기체상수 [kJ/(kg·K)]는 약 얼마인가?

① 0.264
② 0.528
③ 2.34
④ 3.53

$PV = GRT$

$R = \dfrac{PV}{GT} = \dfrac{200 \times 0.8}{2 \times (30+273)} = 0.264(\text{kJ/kg·K})$

19 고열원의 온도가 157℃이고, 저열원의 온도가 27℃인 카르노 냉동기의 성적계수는 약 얼마인가?

① 1.5
② 1.8
③ 2.3
④ 3.3

$157 + 273 = 430\text{K}$, $27 + 273 = 300\text{K}$

$COP = \dfrac{T_2}{T_1 - T_2} = \dfrac{300}{430 - 300} = 2.3$

20 질량이 m이고 한 변의 길이가 a인 정육면체 상자 안에 있는 기체의 밀도가 ρ라면 질량이 $2m$이고 한 변의 길이가 $2a$인 정육면체 상자 안에 있는 기체의 밀도는?

① ρ
② $\dfrac{1}{2}\rho$
③ $\dfrac{1}{4}\rho$
④ $\dfrac{1}{8}\rho$

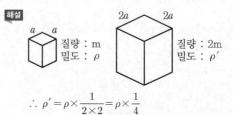

$\therefore \rho' = \rho \times \dfrac{1}{2 \times 2} = \rho \times \dfrac{1}{4}$

SECTION 02 냉동공학

21 스크루 압축기에 대한 설명으로 틀린 것은?

① 동일 용량의 왕복동 압축기에 비하여 소형 경량으로 설치 면적이 작다.

② 장시간 연속운전이 가능하다.

③ 부품수가 적고 수명이 길다.

④ 오일펌프를 설치하지 않는다.

해설 스크루 압축기(나사식 압축기) 구성
㉠ 암로터, 숫로터
㉡ 유분리기
㉢ 오일 급유구(여과기, 펌프, 유압조정밸브, 유냉각기)
㉣ 계측기구, 안전장치

22 단위 시간당 전도에 의한 열량에 대한 설명으로 틀린 것은?

① 전도열량은 물체의 두께에 반비례한다.

② 전도열량은 물체의 온도 차에 비례한다.

③ 전도열량은 전열면적에 반비례한다.

④ 전도열량은 열전도율에 비례한다.

해설 열전도율(λ)=kJ/m · K
∴ 열전도 전열량은 전열면적에 비례한다.

23 응축기에 관한 설명으로 틀린 것은?

① 증발식 응축기의 냉각작용은 물의 증발잠열을 이용하는 방식이다.

② 이중관식 응축기는 설치면적이 작고, 냉각수량도 작기 때문에 과냉각 냉매를 얻을 수 있는 장점이 있다.

③ 입형 셸 튜브 응축기는 설치면적이 작고 전열이 양호하며 냉각관의 청소가 가능하다.

④ 공냉식 응축기는 응축압력이 수냉식보다 일반적으로 낮기 때문에 같은 냉동기일 경우 형상이 작아진다.

해설 공냉식 응축기는 수냉식에 비하여 응축온도가 높고 응축기 형상이 커야 한다. 또한 통풍이 잘되는 곳에 설치하여야 한다.

24 모리엘 선도 내 등건조도선의 건조도(x) 0.2는 무엇을 의미하는가?

① 습증기 중의 건포화 증기 20%(중량비율)

② 습증기 중의 액체인 상태 20%(중량비율)

③ 건증기 중의 건포화 증기 20%(중량비율)

④ 건증기 중의 액체인 상태 20%(중량비율)

해설 습증기 건조도(x)
$x = 0.2$ (액은 0.8)

25 냉동장치에서 냉매 1kg이 팽창밸브를 통과하여 5℃의 포화증기로 될 때까지 50kJ의 열을 흡수하였다. 같은 조건에서 냉동능력이 400kW라면 증발 냉매량(kg/s)은 얼마인가?

① 5 　　② 6

③ 7 　　④ 8

해설 1kW=1kJ/s, 1kWh=3,600kJ
∴ 냉매량(G)=$\frac{400 \times 1(\text{kJ/s})}{50(\text{kJ/s})}$=8(kJ/s)

26 염화칼슘 브라인에 대한 설명으로 옳은 것은?

① 염화칼슘 브라인은 식품에 대해 무해하므로 식품 동결에 주로 사용된다.

② 염화칼슘 브라인은 염화나트륨 브라인보다 일반적으로 부식성이 크다.

③ 염화칼슘 브라인은 공기 중에 장시간 방치하여 두어도 금속에 대한 부식성은 없다.

④ 염화칼슘 브라인은 염화나트륨 브라인보다 동일 조건에서 동결온도가 낮다.

해설 ㉠ 무기질 염화칼슘(CaCl$_2$) 브라인 공정점 : -55℃
㉡ 무기질 염화나트륨(NaCl) 브라인 공정점 : -21℃

27 냉각탑에 관한 설명으로 옳은 것은?

① 오염된 공기를 깨끗하게 정화하며 동시에 공기를 냉각하는 장치이다.

② 냉매를 통과시켜 공기를 냉각시키는 장치이다.

③ 찬 우물물을 냉각시켜 공기를 냉각하는 장치이다.

④ 냉동기의 냉각수가 흡수한 열을 외기에 방사하고 온도가 내려간 물을 재순환시키는 장치이다.

해설 냉각탑 사이클

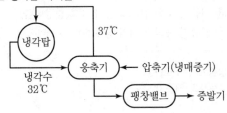

28 증기압축식 냉동기에 설치되는 가용전에 대한 설명으로 틀린 것은?

① 냉동설비의 화재 발생 시 가용합금이 용융되어 냉매를 대기로 유출시켜 냉동기 파손을 방지한다.

② 안전성을 높이기 위해 압축가스의 영향이 미치는 압축기 토출부에 설치한다.

③ 가용전의 구경은 최소 안전밸브 구경의 1/2 이상으로 한다.

④ 암모니아 냉동장치에서는 가용합금이 침식되므로 사용하지 않는다.

해설 증기압축식 냉동기(프레온, 암모니아 냉동기 등)

㉠ 가용전 설치
• 응축기 및 수액기 상부에 설치한다.
• 일반적으로 프레온 냉매 수액기용으로 설치한다.

㉡ 가용전의 주성분
납, 주석, 안티몬, 카드뮴, 비스무스 등(용융온도는 68 ~78℃이다.)

29 다음 선도와 같이 응축온도만 변화하였을 때 각 사이클의 특성 비교로 틀린 것은?(단, 사이클 A : (A-B-C-D-A), 사이클 B : (A-B′-C′-D′-A), 사이클 C : (A-B″-C″-D″-A)이다.)

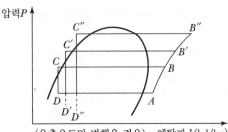

① 압축비 : 사이클 C>사이클 B>사이클 A

② 압축일량 : 사이클 C>사이클 B>사이클 A

③ 냉동효과 : 사이클 C>사이클 B>사이클 A

④ 성적계수 : 사이클 A>사이클 B>사이클 C

해설 이 사이클은 습압축이다. 압축기 일당량이 커지면 압축비가 커지고 성적계수가 감소하며, 냉동효과가 작아진다. 성적계수는 A→B→C→D→A가 가장 크다.

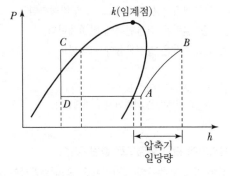

30 흡수식 냉동기에 대한 설명으로 틀린 것은?

① 흡수식 냉동기는 열의 공급과 냉각으로 냉매와 흡수제가 함께 분리되고 섞이는 형태로 사이클을 이룬다.

② 냉매가 암모니아일 경우에는 흡수제로 리튬브로마이드(LiBr)를 사용한다.

③ 리튬브로마이드 수용액 사용 시 재료에 대한 부식성 문제로 용액에 미량의 부식억제제를 첨가한다.

④ 압축식에 비해 열효율이 나쁘며 설치면적을 많이 차지한다.

해설 흡수식 냉동기의 냉매 및 흡수제
  ㉠ 냉매 : 물, 흡수제 : 리튬브로마이드
  ㉡ 냉매 : 암모니아, 흡수제 : 물

31 암모니아 냉매의 특성에 대한 설명으로 틀린 것은?

① 암모니아는 오존파괴지수(ODP)와 지구온난화지수(GWP)가 각각 0으로 온실가스 배출에 대한 영향이 적다.

② 암모니아는 독성이 강하여 조금만 누설되어도 눈, 코, 기관지 등을 심하게 자극한다.

③ 암모니아는 물에 잘 용해되지만 윤활유에는 잘 녹지 않는다.

④ 암모니아는 전기절연성이 양호하므로 밀폐식 압축기에 주로 사용된다.

해설 프레온냉매는 전기절연성이 양호하여 밀폐형 냉동기에 많이 사용한다.

32 0.24MPa 압력에서 작동되는 냉동기의 포화액 및 건포화증기의 엔탈피는 각각 396kJ/kg, 615kJ/kg이다. 동일 압력에서 건도가 0.75인 지점의 습증기의 엔탈피(kJ/kg)는 얼마인가?

① 398.75 ② 481.28
③ 501.49 ④ 560.25

해설 냉매의 증발잠열$(r) = 615 - 396 = 219(kJ/kg)$
실제 증발열 $= 219 \times 0.75 = 164.25(kJ/kg)$
∴ 습증기 엔탈피$(h_2) = h_1 + r = 396 + 164.25$
$= 560.25(kJ/kg)$

33 왕복동식 압축기의 회전수를 $n(rpm)$, 피스톤의 행정을 $S(m)$라 하면 피스톤의 평균속도 $V_m(m/s)$을 나타내는 식은?

① $V_m = \dfrac{\pi \cdot S \cdot n}{60}$ ② $V_m = \dfrac{S \cdot n}{60}$

③ $V_m = \dfrac{S \cdot n}{30}$ ④ $V_m = \dfrac{S \cdot n}{120}$

해설 왕복동식 압축기
피스톤 토출량 $V_o = \left(60 \times \dfrac{\pi}{4} d^2 \times L \times N \times R\right) m^3/h$

  여기서, d : 지름, L : 행정, N : 개수, R : 회전수(rpm)

압축기 피스톤 평균속도(V_m)
$= \dfrac{\text{피스톤 행정거리} \times \text{회전수}}{30}(m/s)$

34 착상이 냉동장치에 미치는 영향으로 가장 거리가 먼 것은?

① 냉장실 내 온도가 상승한다.

② 증발온도 및 증발압력이 저하한다.

③ 냉동능력당 전력소비량이 감소한다.

④ 냉동능력당 소요동력이 증대한다.

해설 냉동기의 증발기에 착상(서리 쌓임)이 발생하면 전열이 불량하여 냉동능력당 전력소비량이 증가한다.

35 나관식 냉각코일로 물 1,000kg/h를 20℃에서 5℃로 냉각시키기 위한 코일의 전열면적(m^2)은?(단, 냉매액과 물과의 대수평균온도차는 5℃, 물의 비열은 4.2kJ/kg · ℃, 열관류율은 0.23kW/m^2 · ℃이다.)

① 15.2 ② 30.0
③ 65.3 ④ 81.4

해설 물의 현열$(Q) = 1,000 \times 4.2 \times (20-5) = 63,000(kJ/h)$
$1kWh = 3,600s = 3,600kJ$
$0.23 \times 3,600 = 828(kJ/h)$
$63,000 = F \times 828 \times 5$
∴ 전열면적$(F) = \dfrac{63,000}{828 \times 5} = 15.2(m^2)$

36 열전달에 관한 설명으로 틀린 것은?

① 전도란 물체 사이의 온도차에 의한 열의 이동 현상이다.

② 대류란 유체의 순환에 의한 열의 이동 현상이다.

③ 대류 열전달계수의 단위는 열통과율의 단위와 같다.

④ 열전도율의 단위는 W/m^2 · K이다.

해설 열전도율(λ) 단위 : W/m · K

37 흡수냉동기의 용량제어 방법으로 가장 거리가 먼 것은?

① 구동열원입구제어
② 증기토출제어
③ 희석운전제어
④ 버너연소량제어

해설 흡수냉동기의 희석운전 제어는 흡수용액의 용액과 냉매 분리를 용이하게 하고 흡수용액의 결정 생성을 방지하는 데 그 목적이 있다.

38 제상방식에 대한 설명으로 틀린 것은?

① 살수방식은 저온의 냉장창고용 유닛 쿨러 등에서 많이 사용된다.
② 부동액 살포방식은 공기 중의 수분이 부동액에 흡수되므로 일정한 농도 관리가 필요하다.
③ 핫가스 제상방식은 응축기 출구 측 고온의 액냉매를 이용한다.
④ 전기히터방식은 냉각관 배열의 일부에 핀튜브 형태의 전기히터를 삽입하여 착상부를 가열한다.

해설 고압가스 제상(Hot Gas Defrost)
압축기에서 토출된 고온의 냉매가스를 증발기에 보내, 응축열에 의해 제상한다.

39 불응축 가스가 냉동기에 미치는 영향에 대한 설명으로 틀린 것은?

① 토출가스 온도의 상승
② 응축압력의 상승
③ 체적효율의 증대
④ 소요동력의 증대

해설 불응축 가스는 체적효율을 증대한다.
※ 불응축가스 : 공기, 산소, 질소, 수소 등

40 다음 중 $P-h$선도(압력−엔탈피)에서 나타내지 못하는 것은?

① 엔탈피
② 습구온도
③ 건조도
④ 비체적

해설 냉동기 냉매 선도인 $P-h$선도는 습구온도는 나타내지 못한다. 습구온도는 공기조화선도에서 나타난다.

SECTION 03 공기조화

41 보일러의 종류 중 수관 보일러 분류에 속하지 않는 것은?

① 자연순환식 보일러
② 강제순환식 보일러
③ 연관 보일러
④ 관류 보일러

해설 연관 보일러(원통형 보일러)

42 아래의 그림은 공조기에 ① 상태의 외기와 ② 상태의 실내에서 되돌아온 공기가 들어와 ⑥ 상태로 실내로 공급되는 과정을 습공기 선도에 표현한 것이다. 공조기 내 과정을 맞게 서술한 것은?

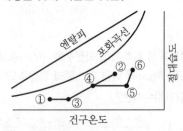

① 예열−혼합−가열−물분무가습
② 예열−혼합−가열−증기가습
③ 예열−증기가습−가열−증기가습
④ 혼합−제습−증기가습−가열

해설 공조기 계통도

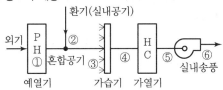

예열기　가습기　가열기

---

43 이중덕트방식에 설치하는 혼합상자의 구비조건으로 틀린 것은?

① 냉풍·온풍 덕트 내의 정압변동에 의해 송풍량이 예민하게 변화할 것

② 혼합비율 변동에 따른 송풍량의 변동이 완만할 것

③ 냉풍·온풍 댐퍼의 공기누설이 적을 것

④ 자동제어 신뢰도가 높고 소음발생이 적을 것

해설 이중 덕트 혼합상자(mixing box : air blender)

전공기방식이므로 혼합상자에서 소음과 진동이 생기고 냉·온풍의 혼합으로 인한 손실 발생으로 에너지 소비량이 많지만, 실의 냉난방부하가 감소되어도 취출공기의 송풍량 부족 현상이 없다.

---

44 냉방부하 중 유리창을 통한 일사취득열량을 계산하기 위한 필요 사항으로 가장 거리가 먼 것은?

① 창의 열관류율　　② 창의 면적

③ 차폐계수　　　　④ 일사의 세기

해설 유리로부터의 일사취득열량(Q)

Q(W/h) = 유리의 표준일사취득량 × 차폐계수

× 유리의 면적

---

45 다음 열원방식 중에 하절기 피크 전력의 평준화를 실현할 수 없는 것은?

① GHP 방식　　　② EHP 방식

③ 지역냉난방 방식　④ 축열방식

해설 EHP 방식

전기식 히트펌프(난방 위주 공조기)로서 하절기·동절기 등에 전기소비량이 많아진다.

---

46 일반적으로 난방부하를 계산할 때 실내 손실열량으로 고려해야 하는 것은?

① 인체에서 발생하는 잠열

② 극간풍에 의한 잠열

③ 조명에서 발생하는 현열

④ 기기에서 발생하는 현열

해설 난방부하 발생

항목	부하 발생 요인	현열	잠열
실내 손실열량	외벽, 창유리	O	
	바닥, 지붕, 내벽	O	
	극간풍	O	O
기기 손실열량	덕트	O	
외기 부하	환기, 극간풍	O	O

---

47 원심 송풍기에 사용되는 풍량제어 방법으로 가장 거리가 먼 것은?

① 송풍기의 회전수 변화에 의한 방법

② 흡입구에 설치한 베인에 의한 방법

③ 바이패스에 의한 방법

④ 스크롤 댐퍼에 의한 방법

해설 송풍기 덕트는 바이패스(우회통로)가 불필요하다.

---

48 냉수 코일의 설계에 대한 설명으로 옳은 것은?(단, q_s : 코일의 냉각부하, k : 코일 전열계수, FA : 코일의 정면 면적, MTD : 대수평균온도차(℃), M : 젖은 면 계수이다.)

① 코일 내의 순환수량은 코일 출입구의 수온차가 약 5~10℃가 되도록 선정한다.

② 관 내의 수속은 2~3m/s 내외가 되도록 한다.

③ 수량이 적어 관 내의 수속이 늦게 될 때에는 더블 서킷(double circuit)을 사용한다.

④ 코일의 열수(N)= $\dfrac{q_s \times MTD}{M \times k \times FA}$ 이다.

해설 ① 코일 내 수온차 : 5~10℃

② 관 내 수(水)속 : 1.0(m/s)

③ 유량이 적을 때 : 하프서킷코일 사용

④ 코일 열수(N) = $\dfrac{\text{코일 현열부하} \times \text{대수평균온도차}}{\begin{array}{c}\text{젖은 면계 수} \times \text{정면 면적} \times \\ \text{열관류율} \times \text{튜브 표면적}\end{array}}$

49 온도 10℃, 상대습도 50%의 공기를 25℃로 하면 상대습도(%)는 얼마인가?(단, 10℃일 경우의 포화 증기압은 1.226kPa, 25℃일 경우의 포화 증기압은 3.163kPa이다.)

① 9.5　　　　　② 19.4
③ 27.2　　　　　④ 35.5

해설 상대습도(ϕ) = $\dfrac{1.226}{3.163} \times 0.5 = 19.4(\%)$

50 건구온도 22℃, 절대습도 0.0135kg/kg인 공기의 엔탈피(kJ/kg)는 얼마인가?(단, 공기밀도 1.2kg/m³, 건공기 정압비열 1.01kJ/kg·K, 수증기 정압비열 1.85kJ/kg·K, 0℃ 포화수의 증발잠열 2,501kJ/kg이다.)

① 58.4　　　　　② 61.2
③ 56.5　　　　　④ 52.4

해설 습공기엔탈피(h_w)
$h_w = C_p \cdot t + x(r + C_p' \cdot t)$
$= 1.01 \times 22 + 0.0135(2,501 + 1.85 \times 22)$
$= 56.5(\text{kJ/kg})$

51 보일러 능력의 표시법에 대한 설명으로 옳은 것은?

① 과부하출력 : 운전시간 24시간 이후는 정미출력의 10~20% 더 많이 출력되는 정도이다.
② 정격출력 : 정미출력의 2배이다.
③ 상용출력 : 배관 손실을 고려하여 정미출력의 1.05~1.10배 정도이다.
④ 정미출력 : 연속해서 운전할 수 있는 보일러의 최대 능력이다.

해설 ㉠ 보일러 상용출력 = 난방출력 + 급탕출력 + 배관출력
㉡ 보일러 정미부하 = 난방출력 + 급탕출력
※ 배관출력 = 정미출력의 1.05배~1.10배

52 송풍기 회전날개의 크기가 일정할 때, 송풍기의 회전속도를 변화시킬 경우 상사법칙에 대한 설명으로 옳은 것은?

① 송풍기 풍량은 회전속도비에 비례하여 변화한다.
② 송풍기 압력은 회전속도비의 3제곱에 비례하여 변화한다.
③ 송풍기 동력은 회전속도비의 제곱에 비례하여 변화한다.
④ 송풍기 풍량, 압력, 동력은 모두 회전속도비에 제곱에 비례하여 변화한다.

해설
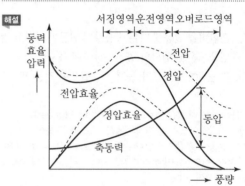
[송풍기 특성곡선]

㉠ $Q_2 = Q_1 \times \left(\dfrac{N_2}{N_1}\right)$: 풍량

㉡ $P_2 = P_1 \times \left(\dfrac{N_2}{N_1}\right)^2$: 풍압

㉢ $L_2 = L_1 \times \left(\dfrac{N_2}{N_1}\right)^3$: 풍동력

53 온수난방 배관방식에서 단관식과 비교한 복관식에 대한 설명으로 틀린 것은?

① 설비비가 많이 든다.
② 온도 변화가 많다.
③ 온수 순환이 좋다.
④ 안정성이 높다.

해설 복관식 온수난방의 특징은 보기 ①, ③, ④ 외 온도의 변화가 적다는 것이다.

54 건축 구조체의 열통과율에 대한 설명으로 옳은 것은?

① 열통과율은 구조체 표면 열전달 및 구조체 내 열전도율에 대한 열이동의 과정을 총합한 값을 말한다.

② 표면 열전달 저항이 커지면 열통과율도 커진다.

③ 수평구조체의 경우 상향열류가 하향열류보다 열통과율이 작다.

④ 각종 재료의 열전도율은 대부분 함습률의 증가로 인하여 열전도율이 작아진다.

해설 열통과율$(K) = \cfrac{1}{\dfrac{b}{\lambda} + \dfrac{1}{a_1}}$ (W/m^2 · K)

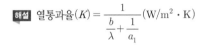

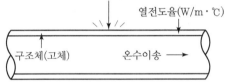

55 다음 중 출입의 빈도가 잦아 틈새바람에 의한 손실부하가 비교적 큰 경우 난방방식으로 적용하기에 가장 적합한 것은?

① 증기난방

② 온풍난방

③ 복사난방

④ 온수난방

해설 복사난방

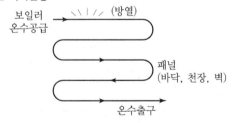

복사난방은 손실부하가 비교적 커도 난방이 가능하다.

56 단일 덕트 정풍량 방식에 대한 설명으로 틀린 것은?

① 각 실의 실온을 개별적으로 제어할 수가 있다.

② 설비비가 다른 방식에 비해서 적게 든다.

③ 기계실에 기기류가 집중 설치되므로 운전, 보수가 용이하고, 진동, 소음의 전달 염려가 적다.

④ 외기의 도입이 용이하며 환기팬 등을 이용하면 외기 냉방이 가능하고 전열교환기의 설치도 가능하다.

해설 공기조화

㉠ 단일덕트방식
　• 정풍량 방식
　• 변풍량 방식

㉡ 단일 덕트 변풍량 방식은 각 실 또는 각 존의 개별제어가 가능하다.

57 난방부하를 산정할 때 난방부하의 요소에 속하지 않는 것은?

① 벽체의 열통과에 의한 열손실

② 유리창의 대류에 의한 열손실

③ 침입외기에 의한 난방손실

④ 외기부하

해설 유리창의 전도, 복사에 의한 열손실이 난방부하의 요소이다.

58 실내의 냉방 현열부하가 5.8kW, 잠열부하가 0.93kW인 방을 실온 26℃로 냉각하는 경우 송풍량(m^3/h)은?(단, 취출온도는 15℃이며, 공기의 밀도 1.2kg/m^3, 정압비열 1.01kJ/kg · K이다.)

① 1,566.1

② 1,732.4

③ 1,999.8

④ 2,104.2

해설 냉방부하 = 5.8 × 3,600 = 20,880(kJ/h)

냉각송풍량 = V × 1.2 × 1.01 × (26 − 15) = 20,880(kJ/h)

∴ $V = \cfrac{20,880}{1.2 \times 1.01 \times 11} = 1,566.1(\text{m}^3/\text{h})$

59 공조설비의 구성은 열원설비, 열운반장치, 공조기, 자동제어장치로 이루어진다. 이에 해당하는 장치로서 직접적인 관계가 없는 것은?

① 펌프   ② 덕트
③ 스프링클러   ④ 냉동기

해설   스프링클러 : 화재 방지용 살수장치

60 아래 그림은 냉방 시의 공기조화 과정을 나타낸다. 그림과 같은 조건일 경우 취출풍량이 $1,000\text{m}^3/\text{h}$라면 소요되는 냉각코일의 용량(kW)은 얼마인가?(단, 공기의 밀도는 1.2kg/m^3이다.)

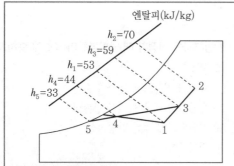

1 : 실내 공기의 상태점
2 : 외기의 상태점
3 : 혼합 공기의 상태점
4 : 취출 공기의 상태점
5 : 코일의 장치 노점 온도

① 8   ② 5
③ 3   ④ 1

해설
• 공기층질량(G)$=1,000\times1.2=1,200(\text{kg/h})$
   $1\text{kW}=1,000\text{W}, \ 1\text{W}=1\text{J/s}=3,600\text{J/h}$,
   $1\text{kW}=3,600\text{kJ/h}$
   $1\text{kW}=102\text{kg}\cdot\text{m/s}\times60\text{min/h}\times60\text{sec/min}$
     $\times\dfrac{1}{427}\text{kcal/kg}\cdot\text{m}$
     $=860\text{kcal/h}=3,600\text{kJ/h}$
• 냉각코일부하(H) : $(3-1)+(1-4)$
   $\Rightarrow(59-53)+(53-44)=6+9=15(\text{kJ/kg})$
   $15\times1,200(\text{kg/h})=18,000(\text{kJ/h})$
   $\therefore H=\dfrac{18,000(\text{kJ/h})}{3,600(\text{kJ/kWh})}=5(\text{kW})$
   ※ $1\text{h}=3,600\text{s}$

SECTION **04** 전기제어공학

61 다음 유접점회로를 논리식으로 변환하면?

① $L=A\cdot B$
② $L=A+B$
③ $L=\overline{(A+B)}$
④ $L=\overline{(A\cdot B)}$

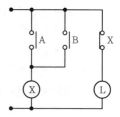

해설   X : 릴레이, L : 전등
접점 A 혹은 B가 닫히면 Ⓧ가 동작하고 접점출력 X가 열리고 전등 Ⓛ을 소등시킨다.
$L=AB, \ X=\overline{Y}, \ Y=A+B$(논리합)
$\therefore L=\overline{(A+B)}$(논리화)

62 그림과 같은 논리회로가 나타내는 식은?

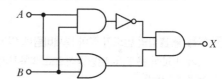

① $X=AB+BA$ ② $X=\overline{(A+B)}\,AB$
③ $X=\overline{AB}(A+B)$ ④ $X=AB+(A+B)$

해설 $X=(\overline{A}+\overline{B})(A+B)=\overline{A}B+A\overline{B}$
$\therefore X=\overline{AB}(A+B)$

63 다음 블록선도에서 성립이 되지 않는 식은?

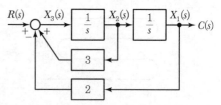

① $x_3(t)=r(t)+3x_2(t)-2c(t)$
② $\dfrac{dx_3(t)}{dt}=x_2(t)$
③ $x_2(t)=\displaystyle\int\left(r(t)+3x_2(t)-2x_1(t)\right)dt$
④ $x_1(t)=c(t')$

64 자극수 6극, 슬롯수 40, 슬롯 내 코일변수 6인 단중 중권 직류기의 정류자편수는?

① 60   ② 80

③ 100   ④ 120

해설 정류자편수$(K) = \dfrac{슬롯\ 내부\ 코일수}{2} \times 슬롯수$

$\therefore K = \dfrac{6}{2} \times 40 = 120(개)$

65 일정 전압의 직류전원에 저항을 접속하고, 전류를 흘릴 때 이 전류값을 20% 감소시키기 위한 저항값은 처음 저항의 몇 배가 되는가?(단, 저항을 제외한 기타 조건은 동일하다.)

① 0.65   ② 0.85

③ 0.91   ④ 1.25

해설 처음 저항을 R_1, 20% 감소 시의 저항을 R_2라 하면, 전압이 일정하므로 $V = IR$에 의해

$IR_1 = (1 - 0.2)IR_2$

$IR_2 = \dfrac{R_1}{0.8} = 1.25 R_1$

※ 나중 저항은 처음 저항의 1.25배가 된다.

66 절연저항을 측정하는 데 사용되는 계기는?

① 메거(Megger)

② 회로시험기

③ R-L-C 미터

④ 검류계

해설 메거 : 절연저항 측정 계기

67 전압방정식이 $e(t) = Ri(t) + L\dfrac{di(t)}{dt}$로 주어지는 RL 직렬회로가 있다. 직류전압 E를 인가했을 때, 이 회로의 정상상태 전류는?

① $\dfrac{E}{RL}$ ② E

③ $\dfrac{E}{R}$ ④ $\dfrac{RL}{E}$

해설 RL 직렬회로$[I_m \sin(\omega t - \theta)]$

전류$(I) = \dfrac{V}{\sqrt{R^2 + X_1^2}} = \dfrac{V}{Z}$

직류전압(E) 인가 후 회로의 정상상태 전류 $= \dfrac{E}{R}$(직류 전압 E를 인가한 경우)

68 조절부의 동작에 따른 분류 중 불연속제어에 해당되는 것은?

① ON/OFF 제어 동작

② 비례제어 동작

③ 적분제어 동작

④ 미분제어 동작

해설 ON-OFF 제어 동작(2위치 제어 동작)은 불연속 제어이다.

69 논리식 $L = \bar{x} \cdot \bar{y} \cdot z + \bar{x} \cdot y \cdot z + x \cdot \bar{y} \cdot z + x \cdot y \cdot z$를 간단히 하면?

① x ② z

③ $x \cdot \bar{y}$ ④ $x \cdot \bar{z}$

해설 $L = \bar{x}\bar{y}z + \bar{x}yz + x\bar{y}z + xyz = \bar{x}\bar{y}(z + z) + \bar{x}z(\bar{y} + y) = z$

70 $v = 141\sin\left(377t - \dfrac{\pi}{6}\right)$인 파형의 주파수(Hz)는 약 얼마인가?

① 50   ② 60

③ 100   ④ 377

해설 $\omega t = 2\pi f t = 377t$

$f = \dfrac{377t}{2\pi t} \fallingdotseq 60\text{Hz}$

71 불평형 3상 전류 $I_a = 18 + j3(\text{A})$, $I_b = -25 - j7(\text{A})$, $I_c = -5 + j10(\text{A})$일 때, 정상분 전류 $I_1(\text{A})$은 약 얼마인가?

① $-12 - j6$ ② $15.9 - j5.27$

③ $6 + j6.3$ ④ $-4 + j2$

해설 불평형률(역상분/정상분)

불평형 3상 전압이나 전류에 포함되어 있는 정상분과 역상분의 크기의 비이다. 즉, 불평형의 정도를 나타낸 것이다.

영상분 전류$(I_o) = \frac{1}{3}(I_a + I_b + I_c)$

$\qquad = \frac{1}{3}(18 + j3 - 25 - j7 - 5 + j10)$

$\qquad = -4 + j2(A)$

$\therefore$ 정상분 전류$(I_1) = -15.9 - j5.27$

72 다음 설명이 나타내는 법칙은?

> 회로 내의 임의의 한 폐회로에서 한 방향으로 전류가 일주하면서 취한 전압상승의 대수합은 각 회로 소자에서 발생한 전압강하의 대수합과 같다.

① 옴의 법칙
② 가우스 법칙
③ 쿨롱의 법칙
④ 키르히호프의 법칙

해설 키르히호프의 법칙

회로 내의 임의의 한 폐회로에서 한 방향으로 전류가 일주하면서 취한 전압상승의 대수합은 각 회로 소자에서 발생한 전압강하의 대수합과 같다.

73 다음과 같은 회로에서 I_2가 0이 되기 위한 C의 값은? (단, L은 합성인덕턴스, M은 상호인덕턴스이다.)

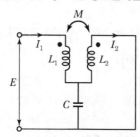

① $\dfrac{1}{\omega L}$
② $\dfrac{1}{\omega^2 L}$
③ $\dfrac{1}{\omega M}$
④ $\dfrac{1}{\omega^2 M}$

해설 2차 회로의 전압방정식

$j\omega(L_2 - M)I_2 + j\omega M(I_2 - I_1) + \frac{1}{j\omega C}(I_2 - I_1) = 0$

$\left(-j\omega M + j\frac{1}{\omega C}\right)I_1 + \left(j\omega L_2 + j\frac{1}{\omega C}\right)I_2 = 0$

I_2가 0이 되려면 I_1의 계수가 0이어야 하므로

$-j\omega M + j\frac{1}{\omega C} = 0$

$\therefore C = \frac{1}{\omega^2 M}$

74 무인으로 운전되는 엘리베이터의 자동제어방식은?

① 프로그램제어
② 추종제어
③ 비율제어
④ 정치제어

해설 무인으로 운전되는 엘리베이터의 자동제어는 프로그램제어에 속한다.

75 다음의 제어기기에서 압력을 변위로 변환하는 변환요소가 아닌 것은?

① 스프링
② 벨로우즈
③ 노즐플래퍼
④ 다이어프램

해설 노즐플래퍼, 유압분사관, 스프링 : '변위 → 압력' 변환

76 제어계에서 전달함수의 정의는?

① 모든 초기값을 0으로 하였을 때 계의 입력신호의 라플라스 값에 대한 출력신호의 라플라스 값의 비
② 모든 초기값을 1로 하였을 때 계의 입력신호의 라플라스 값에 대한 출력신호의 라플라스 값의 비
③ 모든 초기값을 ∞로 하였을 때 계의 입력신호의 라플라스 값에 대한 출력신호의 라플라스 값의 비
④ 모든 초기값을 입력과 출력의 비로 한다.

해설 전달함수

모든 초기값을 0으로 하였을 때 계의 입력신호의 라플라스 값에 대한 출력신호의 라플라스 값의 비이다.

※ 초기 조건을 0이라 가정하면 출력의 라플라스 변환은

$C(s) = G(s)R(s), \ C(t) = \mathcal{L}^{-1}(G(s)R(s))$

77 자동조정제어의 제어량에 해당하는 것은?

① 전압
② 온도
③ 위치
④ 압력

해설 자동조정제어의 제어량

전압, 전류, 주파수, 회전속도, 힘 등

78 발전기에 적용되는 법칙으로 유도기전력의 방향을 알기 위해 사용되는 법칙은?

① 옴의 법칙

② 암페어의 주회적분 법칙

③ 플레밍의 왼손 법칙

④ 플레밍의 오른손 법칙

해설 ㉠ 플레밍의 오른손 법칙 : 유도기전력의 방향을 알기 위해 사용되는 법칙이다(발전기에 적용).

㉡ 플레밍의 왼손 법칙 : 자기장 내 전선을 넣고 전류를 흘리면 전선 주위에 발생하는 자기장으로 인하여 전선에 힘이 작용한다(모터의 원리).

79 피드백제어계에서 제어요소에 대한 설명으로 옳은 것은?

① 목표값에 비례하는 기준 입력신호를 발생하는 요소이다.

② 제어량의 값을 목표값과 비교하기 위하여 피드백되는 요소이다.

③ 조작부와 조절부로 구성되고 동작신호를 조작량으로 변환하는 요소이다.

④ 기준입력과 주궤환신호의 차로 제어동작을 일으키는 요소이다.

해설 피드백제어

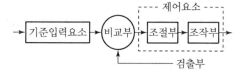

80 2차계 시스템의 응답형태를 결정하는 것은?

① 히스테리시스

② 정밀도

③ 분해도

④ 제동계수

해설 감쇠비(제동계수)

㉠ 과도응답이 소멸되는 정도를 나타내는 양이다.

㉡ 최대 오버슈트와 다음 주기에 오는 오버슈트와의 비로서, 이것이 작을수록 최대 초과량이 커진다.

※ 감쇄제동(부족제동) : $\delta < 1$
과제동(비진동) : $\delta > 1$
임계제동 : $\delta = 1$
무제동(완전진동) : $\delta = 0$

SECTION 05 배관일반

81 순동 이음쇠를 사용할 때에 비하여 동합금 주물 이음쇠를 사용할 때 고려할 사항으로 가장 거리가 먼 것은?

① 순동 이음쇠 사용에 비해 모세관 현상에 의한 용융 확산이 어렵다.

② 순동 이음쇠와 비교하여 용접재 부착력은 큰 차이가 없다.

③ 순동 이음쇠와 비교하여 냉벽 부분이 발생할 수 있다.

④ 순동 이음쇠 사용에 비해 열팽창의 불균일에 의한 부정적 틈새가 발생할 수 있다.

해설 순동 이음쇠가 동합금 주물보다 용접재 부착력이 더 우수하다.

82 증기 및 물 배관 등에서 찌꺼기를 제거하기 위하여 설치하는 부속품으로 옳은 것은?

① 유니언

② P트랩

③ 부싱

④ 스트레이너

해설

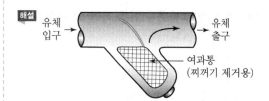

83 관경 300mm, 배관길이 500m의 중압가스수송관에서 공급압력과 도착압력이 게이지 압력으로 각각 $3kgf/cm^2$, $2kgf/cm^2$인 경우 가스유량(m^3/h)은 얼마인가?(단, 가스비중 0.64, 유량계수 52.31이다.)

① 10,238   ② 20,583
③ 38,317   ④ 40,153

해설 가스유량 계산
- $3+1.033=4.033(kgf/cm^2 \cdot a)$
- $2+1.033=3.033(kgf/cm^2 \cdot a)$

중압용 유량$(Q) = K\sqrt{\dfrac{D^5 \times (P_1^2 - P_2^2)}{S \cdot L}}$

$= 52.31\sqrt{\dfrac{300^5 (4.033 - 3.033)}{0.64 \times 500}}$

$= 38,317(m^3/h)$

84 다음 중 배수설비에서 소제구(C.O)의 설치위치로 가장 부적절한 곳은?

① 가옥 배수관과 옥외의 하수관이 접속되는 근처
② 배수 수직관의 최상단부
③ 수평지관이나 횡주관의 기점부
④ 배수관이 45도 이상의 각도로 구부러지는 곳

해설 배수설비 소제구(C.O)는 배수 수직관의 최하단부에 설치한다.

85 다음 중 폴리에틸렌관의 접합법이 아닌 것은?

① 나사 접합   ② 인서트 접합
③ 소켓 접합   ④ 용착 슬리브 접합

해설 폴리에틸렌관(PE)의 접합
㉠ 용착 슬리브 접합
㉡ 테이퍼 접합
㉢ 인서트 접합
※ 주철관 접합은 소켓 접합이 우수하다.

86 배관의 접합방법 중 용접접합의 특징으로 틀린 것은?

① 중량이 무겁다.
② 유체의 저항 손실이 적다.
③ 접합부 강도가 강하여 누수 우려가 적다.
④ 보온피복 시공이 용이하다.

해설 용접접합은 부속품 이음쇠 접합보다 중량이 가볍다.

87 폴리부틸렌관(PB) 이음에 대한 설명으로 틀린 것은?

① 에이콘 이음이라고도 한다.
② 나사이음 및 용접이음이 필요 없다.
③ 그랩링, O-링, 스페이스 와셔가 필요하다.
④ 이종관 접합 시는 어댑터를 사용하여 인서트 이음을 한다.

해설 폴리부틸렌(PB)관 접합
㉠ 에이콘 이음이다.
㉡ 캡, 오링, 와셔, 그랩링 등을 사용한다.
㉢ 전기절연성이 우수하여 금속 배관재와는 달리 전이부식의 걱정이 없다.
㉣ 어댑터는 동관이음에 용접용으로 많이 사용하는 이종관 이음이다.

88 병원, 연구소 등에서 발생하는 배수로 하수도에 직접 방류할 수 없는 유독한 물질을 함유한 배수를 무엇이라 하는가?

① 오수
② 우수
③ 잡배수
④ 특수배수

해설 특수배수
병원, 연구소 등에서 발생하는 유독한 물질을 함유한 배수이다.

89 LP가스 공급, 소비 설비의 압력손실 요인으로 틀린 것은?

① 배관의 입하에 의한 압력손실
② 엘보, 티 등에 의한 압력손실
③ 배관의 직관부에서 일어나는 압력손실
④ 가스미터, 콕크, 밸브 등에 의한 압력손실

해설 LP가스 공급 설비에서 배관의 입상관에서 압력손실이 발생한다(LP가스는 비중이 1.53~2 정도로 크다).

90 밀폐 배관계에서는 압력계획이 필요하다. 압력계획을 하는 이유로 틀린 것은?

① 운전 중 배관계 내에 대기압보다 낮은 개소가 있으면 접속부에서 공기를 흡입할 우려가 있기 때문에

② 운전 중 수온에 알맞은 최소압력 이상으로 유지하지 않으면 순환수 비등이나 플래시 현상 발생 우려가 있기 때문에

③ 펌프의 운전으로 배관계 각부의 압력이 감소하므로 수격작용, 공기정체 등의 문제가 생기기 때문에

④ 수온의 변화에 의한 체적의 팽창·수축으로 배관 각부에 악영향을 미치기 때문에

해설 밀폐계 배관에서는 펌프의 운전으로 배관계 각부의 압력이 증가하므로 수격작용, 공기정체 등의 문제가 발생한다.

91 펌프 운전 시 발생하는 캐비테이션 현상에 대한 방지대책으로 틀린 것은?

① 흡입양정을 짧게 한다.

② 펌프의 회전수를 낮춘다.

③ 단흡입 펌프를 사용한다.

④ 흡입관의 관경을 굵게, 굽힘을 적게 한다.

해설 캐비테이션(펌프의 공동현상) 발생을 방지하려면 단흡입보다는 양흡입 펌프를 설치해야 한다.

92 급탕설비에 관한 설명으로 옳은 것은?

① 급탕배관의 순환방식은 상향순환식, 하향순환식, 상하향 혼용 순환식으로 구분된다.

② 물에 증기를 직접 분사시켜 가열하는 기수혼합식의 사용증기압은 $0.01MPa(0.1kgf/cm^2)$ 이하가 적당하다.

③ 가열에 따른 관의 신축을 흡수하기 위하여 팽창탱크를 설치한다.

④ 강제순환식 급탕배관의 구배는 1/200~1/300 정도로 한다.

해설 급탕설비
㉠ 배관 : 상향식, 하향식
㉡ 기수혼합식 : 0.1~0.4MPa 압력
㉢ 신축흡수 : 신축흡수장치가 필요하다.
㉣ 물의 팽창 흡수 : 팽창탱크 사용
㉤ 배관 구배 : $\dfrac{1}{200} \sim \dfrac{1}{300}$ (강제순환식)

93 강관작업에서 아래 그림처럼 15A 나사용 90° 엘보 2개를 사용하여 길이가 200mm가 되도록 연결작업을 하려고 한다. 이때 실제 15A 강관의 길이(mm)는 얼마인가?(단, 나사가 물리는 최소길이(여유치수)는 11mm, 이음쇠의 중심에서 단면까지의 길이는 27mm이다.)

① 142   ② 158
③ 168   ④ 176

해설 절단길이$(l) = L - 2(A - a)$
∴ $l = 200 - 2(27 - 11) = 168(mm)$

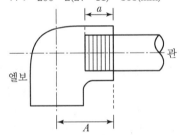

94 온수난방에서 개방식 팽창탱크에 관한 설명으로 틀린 것은?

① 공기빼기 배기관을 설치한다.

② 4℃의 물을 100℃로 높였을 때 팽창체적비율이 4.3% 정도이므로 이를 고려하여 팽창탱크를 설치한다.

③ 팽창탱크에는 오버플로관을 설치한다.

④ 팽창관에는 반드시 밸브를 설치한다.

해설 개방식 팽창탱크

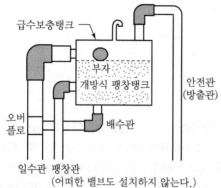

급수보충탱크
부자
개방식 팽창탱크
안전관
(방출관)
오버
플로
배수관
일수관 팽창관
(어떠한 밸브도 설치하지 않는다.)

95 관 공작용 공구에 대한 설명으로 틀린 것은?

① 익스팬더 : 동관의 끝부분을 원형으로 정형 시 사용

② 봄볼 : 주관에서 분기관을 따내기 작업 시 구멍을 뚫을 때 사용

③ 열풍 용접기 : PVC관의 접합, 수리를 위한 용접 시 사용

④ 리드형 오스타 : 강관에 수동으로 나사를 절삭할 때 사용

해설 보기 ①은 익스팬더(확관기)가 아닌 사이징 툴 공구에 대한 설명이다.

96 공기조화설비에서 수배관 시공 시 주요 기기류의 접속 배관에는 수리 시 전 계통의 물을 배수하지 않도록 서비스용 밸브를 설치한다. 이때 밸브를 완전히 열었을 때 저항이 적은 밸브가 요구되는데 가장 적당한 밸브는?

① 나비 밸브

② 게이트 밸브

③ 니들 밸브

④ 글로브 밸브

해설 ㉠ 저항이 작은 밸브 : 게이트 슬루스 밸브
㉡ 저항이 큰 밸브 : 글로브 유량조절 밸브

97 스테인리스 강관에 삽입하고 전용 압착공구를 사용하여 원형의 단면을 갖는 이음쇠를 6각의 형태로 압착시켜 접착하는 배관 이음쇠는?

① 나사식 이음쇠

② 그립식 관 이음쇠

③ 몰코 조인트 이음쇠

④ MR 조인트 이음쇠

해설 몰코 조인트 이음쇠
스테인리스강관에 전용 압착공구를 사용하여 이음쇠를 6각 형태로 압착시켜 접합한다.

98 중앙식 급탕방식의 특징으로 틀린 것은?

① 일반적으로 다른 설비 기계류와 동일한 장소에 설치할 수 있어 관리가 용이하다.

② 저탕량이 많으므로 피크부하에 대응할 수 있다.

③ 일반적으로 열원장치는 공조설비와 겸용하여 설치되기 때문에 열원단가가 싸다.

④ 배관이 연장되므로 열효율이 높다.

해설 중앙식 급탕법은 개별식 급탕법에 비하여 최초의 시설비는 비싸나 관리비가 적게 든다. 급탕설비가 대규모이므로 열효율이 좋다.

99 냉매 배관용 팽창밸브 종류로 가장 거리가 먼 것은?

① 수동식 팽창밸브

② 정압식 자동팽창밸브

③ 온도식 자동팽창밸브

④ 팩리스 자동팽창밸브

해설 팩리스
저온수 난방, 저압증기 난방에서 엘보를 2개 이상 설치하여 관의 신축을 흡수하는 스위블 신축이음이다.

100 다음 중 흡습성이 있으므로 방습재를 병용해야 하며, 아스팔트로 가공한 것은 −60℃까지의 보냉용으로 사용이 가능한 것은?

① 펠트

② 탄화코르크

③ 석면

④ 암면

해설 펠트
흡습성이 있어서 방습재를 병용하며, 아스팔트로 가공한 것은 −60℃까지 사용이 가능한 보온 · 보냉용이다.

MEMO

공조냉동기계기사 필기 과년도 문제풀이 10개년
ENGINEER AIR-CONDITIONING REFRIGERATING MACHINERY

PART

03

CBT 실전모의고사

01 실전점검!
CBT 실전모의고사

수험번호 :
수험자명 :

제한 시간 : 60분
남은 시간 :

글자
크기 100% 150% 200%

화면
배치

전체 문제 수 :
안 푼 문제 수 :

답안 표기란

1	① ② ③ ④
2	① ② ③ ④
3	① ② ③ ④
4	① ② ③ ④
5	① ② ③ ④
6	① ② ③ ④
7	① ② ③ ④
8	① ② ③ ④
9	① ② ③ ④
10	① ② ③ ④
11	① ② ③ ④
12	① ② ③ ④
13	① ② ③ ④
14	① ② ③ ④
15	① ② ③ ④
16	① ② ③ ④
17	① ② ③ ④
18	① ② ③ ④
19	① ② ③ ④
20	① ② ③ ④
21	① ② ③ ④
22	① ② ③ ④
23	① ② ③ ④
24	① ② ③ ④
25	① ② ③ ④
26	① ② ③ ④
27	① ② ③ ④
28	① ② ③ ④
29	① ② ③ ④
30	① ② ③ ④

1과목 **기계열역학**

01 열효율이 30%인 증기사이클에서 1kWh의 출력을 얻기 위하여 공급되어야 할 열량은 몇 kWh인가?

① 9.25
② 2.51
③ 3.33
④ 4.90

02 등엔트로피 효율이 80%인 소형 공기 터빈의 출력이 270kJ/kg이다. 입구 온도는 600k이며, 출구 압력은 100kPa이다. 공기의 정압비열은 1.004kJ/kg · K, 비열비는 1.4이다. 출구온도(K)와 입구압력(kPa)은 각각 얼마인가?

① 약 264K, 1,774kPa
② 약 264K, 1,842kPa
③ 약 331K, 1,774kPa
④ 약 331K, 1,842kPa

03 랭킨(Rankine) 사이클의 각 점(그림 참조)에서 엔탈피가 다음과 같다. h_1=100kJ/kg, h_2=110kJ/kg, h_3=2,000kJ/kg, h_4=1,500kJ/kg, 이 사이클의 열효율은?

① 28%
② 26%
③ 24%
④ 30%

계산기   다음 ▶   안 푼 문제   답안 제출

실전점검!

01 **CBT 실전모의고사**

수험번호 :
수험자명 :

제한 시간 : 60분
남은 시간 :

글자
크기
100% 150% 200%

화면
배치

전체 문제 수 :
안 푼 문제 수 :

답안 표기란

1	①	②	③	④
2	①	②	③	④
3	①	②	③	④
4	①	②	③	④
5	①	②	③	④
6	①	②	③	④
7	①	②	③	④
8	①	②	③	④
9	①	②	③	④
10	①	②	③	④
11	①	②	③	④
12	①	②	③	④
13	①	②	③	④
14	①	②	③	④
15	①	②	③	④
16	①	②	③	④
17	①	②	③	④
18	①	②	③	④
19	①	②	③	④
20	①	②	③	④
21	①	②	③	④
22	①	②	③	④
23	①	②	③	④
24	①	②	③	④
25	①	②	③	④
26	①	②	③	④
27	①	②	③	④
28	①	②	③	④
29	①	②	③	④
30	①	②	③	④

04 순수한 물질로 되어 있는 밀폐계가 단열과정 중에 수행한 일의 절대값에 관련된 설명으로 옳은 것은?(단, 운동에너지와 위치에너지의 변화는 무시한다.)

① 엔탈피의 변화량과 같다.
② 내부 에너지의 변화량과 같다.
③ 일의 수행은 있을 수 없다.
④ 정압과정에서 이루어진 일의 양과 같다.

05 100kPa, 25℃ 상태의 공기가 있다. 이 공기의 엔탈피가 298.615kJ/kg이라면 내부에너지는 얼마인가?(단, 공기는 이상기체로 가정한다.)

① 213.09kJ/kg
② 291.07kJ/kg
③ 298.15kJ/kg
④ 383.72kJ/kg

06 환산 온도(T_r)와 환산 압력(P_r)을 이용하여 나타낸 다음과 같은 상태방정식이 있다. $Z = \dfrac{P_v}{RT} = 1 - 0.8\dfrac{P_r}{T_r}$ 어떤 물질의 기체상수가 0.189kJ/kg · k, 임계온도가 305k, 임계압력이 7,380kPa이다. 이 물질의 비체적을 위의 방정식을 이용하여 20℃, 1,000kPa 상태에서 구하면?

① 0.0111m³/kg
② 0.0303m³/kg
③ 0.0492m³/kg
④ 0.0554m³/kg

07 공기표준 동력사이클에서 오토사이클이 디젤사이클과 다른 과정은?

① 가열과정
② 팽창과정
③ 방열과정
④ 압축과정

계산기   다음 ▶   안 푼 문제   답안 제출

실전점검!
01회
CBT 실전모의고사

수험번호 :
수험자명 :

제한 시간 : 60분
남은 시간 :

글자 크기 100% 150% 200% 화면 배치 전체 문제 수 :
안 푼 문제 수 :

08 화력발전의 열효율은 39%이고, 발열량(kWh)을 기준으로 한 원가는 12원/kWh 이다. 복합발전의 열효율은 48%이고 발열량(kWh)을 기준으로 한 원가는 41원/kWh이다. 전력 수요에 대응하면서 발전원가를 최소로 하기 위한 선택으로 옳은 것은?

① 화력발전만을 사용한다.
② 복합발전만을 사용한다.
③ 화력발전과 복합발전을 함께 1 : 1로 사용한다.
④ 화력발전과 복합발전 중 어느 것을 사용해도 관계없다.

09 카르노 사이클(Carnot Cycle)은 다음 가역과정으로 이루어져 있다. 어느 것인가?

① 두 개의 등온과정과 두 개의 단열과정
② 두 개의 정압과정과 두 개의 정적과정
③ 두 개의 정적과정과 두 개의 단열과정
④ 두 개의 등온과정과 두 개의 정적과정

10 그림과 같이 실린더 내의 공기가 상태 1에서 상태 2로 변화할 때 공기가 한 일은?

① 30kJ
② 200kJ
③ 3,000kJ
④ 6,000kJ

1	① ② ③ ④
2	① ② ③ ④
3	① ② ③ ④
4	① ② ③ ④
5	① ② ③ ④
6	① ② ③ ④
7	① ② ③ ④
8	① ② ③ ④
9	① ② ③ ④
10	① ② ③ ④
11	① ② ③ ④
12	① ② ③ ④
13	① ② ③ ④
14	① ② ③ ④
15	① ② ③ ④
16	① ② ③ ④
17	① ② ③ ④
18	① ② ③ ④
19	① ② ③ ④
20	① ② ③ ④
21	① ② ③ ④
22	① ② ③ ④
23	① ② ③ ④
24	① ② ③ ④
25	① ② ③ ④
26	① ② ③ ④
27	① ② ③ ④
28	① ② ③ ④
29	① ② ③ ④
30	① ② ③ ④

계산기   다음 ▶   안 푼 문제   답안 제출

실전점검!
01 회
CBT 실전모의고사

수험번호 :
수험자명 :

제한 시간 : 60분
남은 시간 :

글자 크기 100% 150% 200%   화면 배치   전체 문제 수 :
안 푼 문제 수 :

11 체적이 $500cm^3$인 풍선이 있다. 이 풍선에 압력 0.1MPa, 온도 288K의 공기가 가득 채워져 있다. 압력이 일정한 상태에서 풍선 속 공기 온도가 300K로 상승했을 때 공기에 가해진 열량은?(단, 공기의 정압비열은 1.005kJ/kg · K, 기체상수 0.287kJ/kg · K이다.)

① 7.3J
② 7.3kJ
③ 73J
④ 73kJ

12 여름철 냉방으로 인한 전력 부하 상승은 발전시스템에 큰 부담이 되고 있다. 이러한 관점에서 천연가스를 열원으로 사용하는 흡수식 냉동기에 관심이 집중되고 있다. 흡수식 냉동기에 대한 설명 중 잘못된 것은?

① 암모니아를 작동유체로 사용할 수 있다.
② 액체를 가압하므로 소요되는 일이 매우 적다.
③ 증기 압축 냉동기에 비해 더 많은 장비가 필요하므로 장치가 복잡하다.
④ 흡수기에서 열을 발생시키기 위하여 열원이 필요하다.

13 100kg의 물체가 해발 60m에 떠 있다. 이 물체의 위치에너지는 해수면 기준으로 약 몇 kJ인가?(단, 중력가속도는 $9.8m/s^2$이다.)

① 58.8
② 73.4
③ 98.0
④ 122.1

14 다음 중 기체상수(R)가 제일 큰 것은?

① 수소
② 질소
③ 산소
④ 이산화탄소

15 Joule—Thomson 계수 $\mu_J = (\partial T/\partial P)_h$로 정의된다. 양(+)의 Joule—Thomson 계수는 교축(Throttle) 중에 온도가 어떻게 된다는 것을 뜻하는가?

① 온도가 올라간다는 것을 뜻한다.
② 온도가 떨어진다는 것을 뜻한다.
③ 온도가 일정하다는 것을 뜻한다.
④ 온도가 올라가고 압력은 내려간다.

답안 표기란

1	①	②	③	④
2	①	②	③	④
3	①	②	③	④
4	①	②	③	④
5	①	②	③	④
6	①	②	③	④
7	①	②	③	④
8	①	②	③	④
9	①	②	③	④
10	①	②	③	④
11	①	②	③	④
12	①	②	③	④
13	①	②	③	④
14	①	②	③	④
15	①	②	③	④
16	①	②	③	④
17	①	②	③	④
18	①	②	③	④
19	①	②	③	④
20	①	②	③	④
21	①	②	③	④
22	①	②	③	④
23	①	②	③	④
24	①	②	③	④
25	①	②	③	④
26	①	②	③	④
27	①	②	③	④
28	①	②	③	④
29	①	②	③	④
30	①	②	③	④

계산기   다음 ▶   안 푼 문제   답안 제출

01회

실전점검!

CBT 실전모의고사

수험번호 :

수험자명 :

제한 시간 : 60분
남은 시간 :

글자
크기 | 100% | 150% | 200%

화면
배치

전체 문제 수 :
안 푼 문제 수 :

답안 표기란

1	① ② ③ ④
2	① ② ③ ④
3	① ② ③ ④
4	① ② ③ ④
5	① ② ③ ④
6	① ② ③ ④
7	① ② ③ ④
8	① ② ③ ④
9	① ② ③ ④
10	① ② ③ ④
11	① ② ③ ④
12	① ② ③ ④
13	① ② ③ ④
14	① ② ③ ④
15	① ② ③ ④
16	① ② ③ ④
17	① ② ③ ④
18	① ② ③ ④
19	① ② ③ ④
20	① ② ③ ④
21	① ② ③ ④
22	① ② ③ ④
23	① ② ③ ④
24	① ② ③ ④
25	① ② ③ ④
26	① ② ③ ④
27	① ② ③ ④
28	① ② ③ ④
29	① ② ③ ④
30	① ② ③ ④

16 두께가 10cm이고, 내·외측 표면온도가 20℃, −5℃인 벽이 있다. 정상상태일 때 벽의 중심온도는 몇 ℃인가?

① 4.5

② 5.5

③ 7.5

④ 12.5

17 밀폐 시스템의 가역 정압 변화에 관한 다음 사항 중 올바른 것은?(단, u : 내부에너지, Q : 전달열, h : 엔탈피, v : 비체적, W : 일이다.)

① $du = dQ$

② $dh = dQ$

③ $dv = dQ$

④ $dW = dQ$

18 다음 중 강도성 상태량(Intensive Property)이 아닌 것은?

① 온도

② 압력

③ 체적

④ 밀도

19 여름철 외기의 온도가 30℃일 때, 김치 냉장고의 내부를 5℃로 유지하기 위해 3kW의 열을 제거해야 한다. 필요한 최소 동력은 약 몇 kW인가?

① 0.27

② 0.54

③ 1.54

④ 2.73

20 Carnot 냉동기는 온도 27℃인 주위로 열을 방출하여 냉동실의 온도를 5℃로 유지하고 있다. 냉동실에서 주위로의 열손실은 온도차에 비례한다. 냉동실의 온도를 −5℃로 내리려면 입력일이 처음의 몇 배가 되어야 하는가?

① 5.5배

② 4.5배

③ 3.2배

④ 2.2배

계산기

다음 ▶

안 푼 문제

답안 제출

01 회 실전점검!
CBT 실전모의고사

수험번호 :
수험자명 :

제한 시간 : 60분
남은 시간 :

글자
크기 100% 150% 200% 화면 배치

전체 문제 수 :
안 푼 문제 수 :

2과목 냉동공학

21 흡수식 냉동기에 적용하는 원리 중 잘못된 것은?

① 대기압의 물은 100℃에서 증발하지만, 높은 산과 달리 대기압이 1기압 이하인 곳은 100℃ 이하에서 증발한다.

② 냉매가 물일 때에는 흡수제로서 LiBr(리튬브로마이드)를 사용한다.

③ 흡수식 냉동기에서 물이 증발할 때에는 주위에서 기화열을 빼앗고 열을 빼앗기는 쪽은 냉각되게 된다.

④ 흡수식 냉동기는 증발기, 흡수기, 재생기, 응축기, 압축기, 열교환기로 구성되어 있다.

22 냉동실의 온도를 −10℃로 유지하기 위하여 매시 100,000kcal의 열량을 제거해야 한다. 이 제거열량을 냉동기로 제거한다면 이 냉동기의 소요마력은 약 얼마인가? (단, 냉동기의 방열온도는 15℃, 1HP=632kcal/h로 한다.)

① 17.5HP

② 16.2HP

③ 15.1HP

④ 13.1HP

23 냉매 배관 내에 플래시가스(Flash Gas)가 발생했을 때 운전상태가 아닌 것은?

① 팽창밸브의 능력 부족현상

② 냉매부족과 같은 현상

③ 팽창밸브 직전의 액 냉매의 온도상승 현상

④ 액관 중의 기포 발생

1	① ② ③ ④
2	① ② ③ ④
3	① ② ③ ④
4	① ② ③ ④
5	① ② ③ ④
6	① ② ③ ④
7	① ② ③ ④
8	① ② ③ ④
9	① ② ③ ④
10	① ② ③ ④
11	① ② ③ ④
12	① ② ③ ④
13	① ② ③ ④
14	① ② ③ ④
15	① ② ③ ④
16	① ② ③ ④
17	① ② ③ ④
18	① ② ③ ④
19	① ② ③ ④
20	① ② ③ ④
21	① ② ③ ④
22	① ② ③ ④
23	① ② ③ ④
24	① ② ③ ④
25	① ② ③ ④
26	① ② ③ ④
27	① ② ③ ④
28	① ② ③ ④
29	① ② ③ ④
30	① ② ③ ④

계산기 다음 ▶ 안 푼 문제 답안 제출

01회 실전점검!
CBT 실전모의고사

수험번호 :

수험자명 :

제한 시간 : 60분
남은 시간 :

글자 크기 100% 150% 200%　　화면 배치

전체 문제 수 :
안 푼 문제 수 :

24 냉동기 중 공급 에너지원이 동일한 것끼리 이루어진 것은?

① 흡수 냉동기, 기체 냉동기
② 증기분사 냉동기, 증기압축 냉동기
③ 기체 냉동기, 증기분사 냉동기
④ 증기분사 냉동기, 흡수 냉동기

25 냉동장치의 윤활 목적에 해당되지 않는 것은?

① 마모방지
② 부식방지
③ 냉매 누설방지
④ 동력손실 증대

26 히트펌프 사이클의 냉매 엔탈피 값이 다음과 같을 때 이 히트펌프 장치의 가열능력이 30kW였다. 이 히트펌프 장치의 실제 냉동능력은 몇 kW인가?(단, 압축기의 흡입증기 엔탈피 h_1=148kcal/kg, 압축기 실제 토출가스 엔탈피 h_2=160kcal/kg, 팽창밸브 직전 냉매액 엔탈피 h_3=110kcal/kg이다.)

① 12.8
② 22.8
③ 32.4
④ 39.5

27 왕복 압축기에 관한 설명 중 맞는 것은?

① 압축기의 압축비가 증가하면 일반적으로 압축 효율은 증가하고 체적효율은 낮아진다.
② 고속다기통 압축기의 유량제어에 언로우더를 사용하는 이점은 입형저속에 비해 압축기의 능력을 무단계로 제어가 가능하기 때문이다.
③ 고속다기통 압축기의 밸브는 일반적으로 링 모양의 플레이트 밸브가 사용되고 있다.
④ 2단 압축 냉동장치에서 저단측과 고단측의 실제 피스톤 토출량은 일반적으로 같다.

1	① ② ③ ④
2	① ② ③ ④
3	① ② ③ ④
4	① ② ③ ④
5	① ② ③ ④
6	① ② ③ ④
7	① ② ③ ④
8	① ② ③ ④
9	① ② ③ ④
10	① ② ③ ④
11	① ② ③ ④
12	① ② ③ ④
13	① ② ③ ④
14	① ② ③ ④
15	① ② ③ ④
16	① ② ③ ④
17	① ② ③ ④
18	① ② ③ ④
19	① ② ③ ④
20	① ② ③ ④
21	① ② ③ ④
22	① ② ③ ④
23	① ② ③ ④
24	① ② ③ ④
25	① ② ③ ④
26	① ② ③ ④
27	① ② ③ ④
28	① ② ③ ④
29	① ② ③ ④
30	① ② ③ ④

계산기　　　　다음 ▶　　　　안 푼 문제　　답안 제출

01 회
실전점검!
CBT 실전모의고사

수험번호 :

수험자명 :

제한 시간 : 60분
남은 시간 :

글자
크기
100%
150%
200%

화면
배치

전체 문제 수 :
안 푼 문제 수 :

답안 표기란

1	① ② ③ ④
2	① ② ③ ④
3	① ② ③ ④
4	① ② ③ ④
5	① ② ③ ④
6	① ② ③ ④
7	① ② ③ ④
8	① ② ③ ④
9	① ② ③ ④
10	① ② ③ ④
11	① ② ③ ④
12	① ② ③ ④
13	① ② ③ ④
14	① ② ③ ④
15	① ② ③ ④
16	① ② ③ ④
17	① ② ③ ④
18	① ② ③ ④
19	① ② ③ ④
20	① ② ③ ④
21	① ② ③ ④
22	① ② ③ ④
23	① ② ③ ④
24	① ② ③ ④
25	① ② ③ ④
26	① ② ③ ④
27	① ② ③ ④
28	① ② ③ ④
29	① ② ③ ④
30	① ② ③ ④

28 물을 냉매로 사용할 수 있는 냉동기로 맞는 것은?

① 흡수식 냉동기

② 증기 압축식 냉동기

③ 열전 냉동기

④ 공기 압축식 냉동기

29 동결속도에 따라 동결방법을 구분하면 급속 동결과 완만 동결로 구분할 수 있는데, 급속 동결일 때 최대 빙결정 생성대를 통과하는 시간으로 적당한 것은?

① 25~35시간

② 25~35분

③ 1~2시간

④ 1~2일

30 증발관의 길이가 너무 길거나, 관 길이에 대하여 부하가 과대한 경우 증발관 내의 압력 강하가 커져서 과열도가 설정치가 되어도 밸브가 열리지 않게 되며 냉동능력이 감소하여 과열을 증가시킨다. 이 현상을 방지하기 위하여 사용되는 밸브는 무엇인가?

① 내부 균압형 자동 팽창밸브

② 외부 균압형 자동 팽창밸브

③ 액면 제어용 감온자동 팽창밸브

④ 부자식 자동 팽창밸브

계산기

다음 ▶

안 푼 문제

답안 제출

01회 실전점검!
CBT 실전모의고사

수험번호 :

수험자명 :

제한 시간 : 60분
남은 시간 :

글자
크기 100% 150% 200%

화면
배치

전체 문제 수 :
안 푼 문제 수 :

답안 표기란

31	① ② ③ ④
32	① ② ③ ④
33	① ② ③ ④
34	① ② ③ ④
35	① ② ③ ④
36	① ② ③ ④
37	① ② ③ ④
38	① ② ③ ④
39	① ② ③ ④
40	① ② ③ ④
41	① ② ③ ④
42	① ② ③ ④
43	① ② ③ ④
44	① ② ③ ④
45	① ② ③ ④
46	① ② ③ ④
47	① ② ③ ④
48	① ② ③ ④
49	① ② ③ ④
50	① ② ③ ④
51	① ② ③ ④
52	① ② ③ ④
53	① ② ③ ④
54	① ② ③ ④
55	① ② ③ ④
56	① ② ③ ④
57	① ② ③ ④
58	① ② ③ ④
59	① ② ③ ④
60	① ② ③ ④

31 두께가 0.15m인 두꺼운 평판의 한 면은 T_0=500K로, 다른 면은 T_1=280K로 유지될 때 단위 면적당의 평판을 통한 열전달량(kcal/hm²)은 얼마인가?(단, 열전도율은 온도에 따라 λ(T)=λ_0(1+βT)로 주어지며, λ_0=0.030kcal/mh℃, β=3.6× 10^{-3}K^{-1}이다.)

① 100.3

② 105.6

③ 110.9

④ 120.8

32 냉동 부하가 일정할 때 계절의 변화에 따라 응축능력의 변동이 가장 심한 응축기는 어느 것인가?

① 증발식 응축기

② 대기식 응축기

③ 2중관식 응축기

④ 공랭식 응축기

33 냉매배관 중 액분리기에서 분리된 냉매의 처리방법으로 틀린 것은?

① 증발기로 재순환시키는 방법

② 가열시켜 액을 증발시키고 압축기로 회수하는 방법

③ 고압 측 수액기로 회수하는 방법

④ 응축기로 순환시키는 방법

계산기

다음 ▶

안 푼 문제

답안 제출

실전점검!
CBT 실전모의고사

수험번호 :

수험자명 :

제한 시간 : 60분
남은 시간 :

글자
크기 100% 150% 200%

화면
배치

전체 문제 수 :
안 푼 문제 수 :

	답안 표기란			
31	①	②	③	④
32	①	②	③	④
33	①	②	③	④
34	①	②	③	④
35	①	②	③	④
36	①	②	③	④
37	①	②	③	④
38	①	②	③	④
39	①	②	③	④
40	①	②	③	④
41	①	②	③	④
42	①	②	③	④
43	①	②	③	④
44	①	②	③	④
45	①	②	③	④
46	①	②	③	④
47	①	②	③	④
48	①	②	③	④
49	①	②	③	④
50	①	②	③	④
51	①	②	③	④
52	①	②	③	④
53	①	②	③	④
54	①	②	③	④
55	①	②	③	④
56	①	②	③	④
57	①	②	③	④
58	①	②	③	④
59	①	②	③	④
60	①	②	③	④

34 다음 그림은 냉동사이클을 압력 – 엔탈피($P - h$) 선도에 나타낸 것이다. 올바르게 설명된 것은?

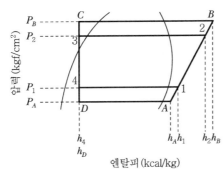

엔탈피($kcal/kg$)

① 냉동사이클이 $1-2-3-4-1$에서 $1-B-C-4-1$로 변하는 경우 냉매 $1kg$ 당 압축일의 증가는 (h_B-h_1)이다.

② 냉동사이클이 $1-2-3-4-1$에서 $1-B-C-4-1$로 변하는 경우 성적계수는 $[(h_1-h_4)/(h_2-h_1)]$에서 $[(h_1-h_4)/(h_B-h_1)]$로 된다.

③ 냉동사이클이 $1-2-3-4-1$에서 $A-2-3-D-A$로 변하는 경우 증발압력이 P_1에서 P_A로 낮아져 압축비는 (P_2/P_1)에서 (P_1/P_A)로 된다.

④ 냉동사이클이 $1-2-3-4-1$에서 $A-2-3-D-A$로 변하는 경우 냉동효과는 (h_1-h_4)에서 (h_A-h_4)로 감소하지만, 압축기 흡입증기의 비체적은 변하지 않는다.

35 동일한 냉동실 온도조건으로 냉동설비를 할 경우 브라인식과 비교한 직접 팽창식의 설명으로 옳지 않은 것은?

① 냉매의 증발온도가 낮다.

② 냉매 소비량(충전량)이 많다.

③ 소요동력이 적다.

④ 설비가 간단하다.

계산기

다음 ▶

안 푼 문제

답안 제출

실전점검!

01 회

CBT 실전모의고사

수험번호 :

수험자명 :

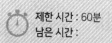

제한 시간 : 60분
남은 시간 :

글자
크기 100% 150% 200%

화면
배치

전체 문제 수 :
안 푼 문제 수 :

답안 표기란

31	①	②	③	④
32	①	②	③	④
33	①	②	③	④
34	①	②	③	④
35	①	②	③	④
36	①	②	③	④
37	①	②	③	④
38	①	②	③	④
39	①	②	③	④
40	①	②	③	④
41	①	②	③	④
42	①	②	③	④
43	①	②	③	④
44	①	②	③	④
45	①	②	③	④
46	①	②	③	④
47	①	②	③	④
48	①	②	③	④
49	①	②	③	④
50	①	②	③	④
51	①	②	③	④
52	①	②	③	④
53	①	②	③	④
54	①	②	③	④
55	①	②	③	④
56	①	②	③	④
57	①	②	③	④
58	①	②	③	④
59	①	②	③	④
60	①	②	③	④

36 냉동용 압축기를 냉동법의 원리에 의해 분류할 때, 저온에서 증발한 가스를 압축기로 압축하여 고온으로 이동시키는 냉동법은 어느 것인가?

① 화학식 냉동법
② 기계식 냉동법
③ 흡착식 냉동법
④ 전자식 냉동법

37 회전식 압축기에 대한 설명으로 틀린 것은?

① 소형으로 설치면적이 작다.
② 진동과 소음이 적다.
③ 용량제어를 자유롭게 할 수 있다.
④ 흡입밸브가 없다.

38 다음 냉매 중 비등점이 가장 낮은 것은?

① R-717
② R-14
③ R-500
④ R-502

39 수축열 방식의 축열재 구비조건으로 잘못된 것은?

① 단위체적당 축열량이 적을 것
② 가격이 저렴할 것
③ 화학적으로 안정할 것
④ 열의 출입이 용이할 것

40 모세관의 압력강하가 가장 큰 경우는?

① 직경이 가늘고 길수록
② 직경이 가늘고 짧을수록
③ 직경이 굵고 짧을수록
④ 직경이 굵고 길수록

계산기

다음 ▶

안 푼 문제

답안 제출

실전점검!

01회

CBT 실전모의고사

수험번호 :

수험자명 :

제한 시간 : 60분
남은 시간 :

글자 크기 100% 150% 200%   화면 배치

전체 문제 수 :
안 푼 문제 수 :

답안 표기란

31	①	②	③	④
32	①	②	③	④
33	①	②	③	④
34	①	②	③	④
35	①	②	③	④
36	①	②	③	④
37	①	②	③	④
38	①	②	③	④
39	①	②	③	④
40	①	②	③	④
41	①	②	③	④
42	①	②	③	④
43	①	②	③	④
44	①	②	③	④
45	①	②	③	④
46	①	②	③	④
47	①	②	③	④
48	①	②	③	④
49	①	②	③	④
50	①	②	③	④
51	①	②	③	④
52	①	②	③	④
53	①	②	③	④
54	①	②	③	④
55	①	②	③	④
56	①	②	③	④
57	①	②	③	④
58	①	②	③	④
59	①	②	③	④
60	①	②	③	④

3과목 **공기조화**

41 간이계산법에 의한 건평 150m²에 소요되는 보일러의 급탕부하는 얼마인가?(단, 건물의 열손실은 90kcal/m²h, 급탕량은 100kg/h, 급수 및 급탕온도는 각각 30℃, 70℃이다.)

① 3,500kcal/h

② 4,000kcal/h

③ 13,500kcal/h

④ 17,500kcal/h

42 다음 중 공기여과기(Air Filter) 효율 측정법이 아닌 것은 어느 것인가?

① 중량법

② 비색법(변색도법)

③ 계수법(DOP법)

④ HEPA필터법

43 한 장의 보통 유리를 통해서 들어오는 취득열량을 $q=I_{GR} \times k_s \times A_g + I_{GC} \times A_q$ 라 할 때 k_S를 무엇이라 하는가?(단, I_{GR} : 일사투과량, A_g : 유리의 면적, I_{GC} : 창면적당의 내표면으로부터 대류에 의하여 침입하는 열량)

① 유리의 열전도계수

② 차폐계수

③ 단위시간에 단위면적을 통해 투과하는 열량

④ 유리의 반사율

44 어떤 장치에 비엔탈피 10kcal/kg인 공기가 매시간 500kg씩 들어와서 비엔탈피 12kcal/kg인 공기로 변화된다고 하면 이 장치에서 공급되는 열량은 몇 kcal/h인가?(단, 장치에서의 가습은 없는 것으로 한다.)

① 1,000

② 1,500

③ 2,000

④ 2,500

계산기

다음 ▶

안 푼 문제

답안 제출

01 회
실전점검!
CBT 실전모의고사

수험번호 :
수험자명 :

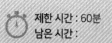

제한 시간 : 60분
남은 시간 :

글자 크기 100% 150% 200%　화면 배치

전체 문제 수 :
안 푼 문제 수 :

답안 표기란

31	① ② ③ ④
32	① ② ③ ④
33	① ② ③ ④
34	① ② ③ ④
35	① ② ③ ④
36	① ② ③ ④
37	① ② ③ ④
38	① ② ③ ④
39	① ② ③ ④
40	① ② ③ ④
41	① ② ③ ④
42	① ② ③ ④
43	① ② ③ ④
44	① ② ③ ④
45	① ② ③ ④
46	① ② ③ ④
47	① ② ③ ④
48	① ② ③ ④
49	① ② ③ ④
50	① ② ③ ④
51	① ② ③ ④
52	① ② ③ ④
53	① ② ③ ④
54	① ② ③ ④
55	① ② ③ ④
56	① ② ③ ④
57	① ② ③ ④
58	① ② ③ ④
59	① ② ③ ④
60	① ② ③ ④

45 중앙공조기(AHU)에서 냉각코일의 용량 결정에 영향을 주지 않는 것은?

① 덕트 부하
② 외기부하
③ 냉수 배관 부하
④ 재열 부하

46 다음 중 일반적으로 난방부하계산에 포함되지 않는 것은?

① 벽체의 열손실
② 유리면의 열손실
③ 극간풍에 의한 열손실
④ 조명기구의 발열

47 주철제 보일러의 단점에 해당하는 것은?

① 인장 및 충격에 약하다.
② 복잡한 구조는 제작이 불가능하다.
③ 내식 및 내열성이 나쁘다.
④ 파열 시 고압으로 인한 피해가 크다.

48 단일덕트 정풍량 방식의 장점 중에서 옳지 않은 것은?

① 각 실의 실온을 개별적으로 제어할 수가 있다.
② 공조기가 기계실에 있으므로 운전, 보수가 용이하고 진동, 소음의 전달 염려가 적다.
③ 외기의 도입이 용이하여 환기팬 등을 이용하면 외기냉방이 가능하고 전열교환기의 설치도 가능하다.
④ 존의 수가 적을 때는 설비비가 다른 방식에 비해서 적게 든다.

49 다음 중에서 온수보일러의 부속품으로는 사용되지 않는 것은?

① 순환펌프
② 릴리프밸브
③ 수면계
④ 팽창탱크

계산기　　　다음 ▶　　　안 푼 문제　답안 제출

実전점검!
01회 CBT 실전모의고사

수험번호 :

수험자명 :

제한 시간 : 60분

남은 시간 :

글자 크기 100% 150% 200%

화면 배치

전체 문제 수 :

안 푼 문제 수 :

답안 표기란
31 ① ② ③ ④
32 ① ② ③ ④
33 ① ② ③ ④
34 ① ② ③ ④
35 ① ② ③ ④
36 ① ② ③ ④
37 ① ② ③ ④
38 ① ② ③ ④
39 ① ② ③ ④
40 ① ② ③ ④
41 ① ② ③ ④
42 ① ② ③ ④
43 ① ② ③ ④
44 ① ② ③ ④
45 ① ② ③ ④
46 ① ② ③ ④
47 ① ② ③ ④
48 ① ② ③ ④
49 ① ② ③ ④
50 ① ② ③ ④
51 ① ② ③ ④
52 ① ② ③ ④
53 ① ② ③ ④
54 ① ② ③ ④
55 ① ② ③ ④
56 ① ② ③ ④
57 ① ② ③ ④
58 ① ② ③ ④
59 ① ② ③ ④
60 ① ② ③ ④

50 풍량 5,000kg/h인 공기(절대습도 0.002kg/kg)를 온수 분무로 절대습도 0.00375kg/kg까지 가습할 때의 분무수량은 약 얼마인가?(단, 가습효율은 60% 라 한다.)

① 5.25kg/h

② 8.75kg/h

③ 14.58kg/h

④ 20.01kg/h

51 공장의 저속 덕트방식에서 주덕트 내의 권장풍속으로 가장 적당한 것은?

① 23~27m/s

② 17~22m/s

③ 13~16m/s

④ 6~9m/s

52 강제순환식 온수난방에서 개방형 팽창탱크를 설치하려고 할 때, 적당한 온수의 온도는?

① 100℃ 미만

② 130℃ 미만

③ 150℃ 미만

④ 170℃ 미만

53 주로 덕트의 분기부에 설치하여 분기덕트 내의 풍량조절용으로 사용되는 댐퍼는?

① 방화댐퍼

② 다익댐퍼

③ 방연댐퍼

④ 스플릿댐퍼

54 다음 공기조화방식 중 전공기 방식이 아닌 것은?

① 변풍량 단일덕트 방식

② 이중 덕트 방식

③ 정풍량 단일덕트 방식

④ 팬 코일 유닛 방식(덕트 병용)

계산기

다음 ▶

안 푼 문제

답안 제출

실전점검!

01 **CBT 실전모의고사**

수험번호 :
수험자명 :

제한 시간 : 60분
남은 시간 :

글자
크기 100% 150% 200%

화면
배치

전체 문제 수 :
안 푼 문제 수 :

답안 표기란

31	①	②	③	④
32	①	②	③	④
33	①	②	③	④
34	①	②	③	④
35	①	②	③	④
36	①	②	③	④
37	①	②	③	④
38	①	②	③	④
39	①	②	③	④
40	①	②	③	④
41	①	②	③	④
42	①	②	③	④
43	①	②	③	④
44	①	②	③	④
45	①	②	③	④
46	①	②	③	④
47	①	②	③	④
48	①	②	③	④
49	①	②	③	④
50	①	②	③	④
51	①	②	③	④
52	①	②	③	④
53	①	②	③	④
54	①	②	③	④
55	①	②	③	④
56	①	②	③	④
57	①	②	③	④
58	①	②	③	④
59	①	②	③	④
60	①	②	③	④

55 실내 난방을 온풍기로 하고 있다. 이때 실내 현열량 5,600kcal/h, 송풍공기온도 30℃, 외기온도 −10℃, 실내온도 20℃일 때, 온풍기의 풍량(m^3/min)은 약 얼마인가?

① 32.2m^3/min
② 38.9m^3/min
③ 66.6m^3/min
④ 79.8m^3/min

56 다음 중 사용되는 공기선도가 아닌 것은?(단, h : 엔탈피, x : 절대습도, t : 온도, p : 압력)

① $h - x$ 선도
② $t - x$ 선도
③ $t - h$ 선도
④ $p - h$ 선도

57 다음 증기난방의 분류법에 해당되지 않는 것은?

① 응축수 환수법
② 증기공급법
③ 증기압력
④ 지역냉난방법

58 다음 중 강제 대류형 방열기에 속하는 것은?

① 주철제 방열기
② 컨벡터
③ 베이스보드 히터
④ 유닛 히터

59 원심송풍기의 풍량제어 방법 중 소요동력이 가장 적은 방법은?

① 흡입구 베인 제어
② 스크롤 댐퍼 제어
③ 토출측 댐퍼 제어
④ 회전수 제어

60 다음 중 개별식 공기조화방식이 아닌 것은 무엇인가?

① 각층 유닛 방식
② 룸쿨러 방식
③ 패키지 방식
④ 멀티 유닛형 룸쿨러 방식

계산기
다음 ▶
안 푼 문제
답안 제출

실전점검!
01회 CBT 실전모의고사

수험번호:

수험자명:

제한 시간 : 60분
남은 시간 :

글자
크기 100% 150% 200%

화면
배치

전체 문제 수 :
안 푼 문제 수 :

답안 표기란

61	①	②	③	④
62	①	②	③	④
63	①	②	③	④
64	①	②	③	④
65	①	②	③	④
66	①	②	③	④
67	①	②	③	④
68	①	②	③	④
69	①	②	③	④
70	①	②	③	④
71	①	②	③	④
72	①	②	③	④
73	①	②	③	④
74	①	②	③	④
75	①	②	③	④
76	①	②	③	④
77	①	②	③	④
78	①	②	③	④
79	①	②	③	④
80	①	②	③	④
81	①	②	③	④
82	①	②	③	④
83	①	②	③	④
84	①	②	③	④
85	①	②	③	④
86	①	②	③	④
87	①	②	③	④
88	①	②	③	④
89	①	②	③	④
90	①	②	③	④

4과목 전기제어공학

61 단상변압기의 2차측 110V 단자에 0.4[Ω]의 저항을 접속하고 1차측 단자에 720V를 가했을 때 1차 전류가 2A이었다. 이때 1차측 탭 전압은?(단, 변압기의 임피던스와 손실은 무시한다.)

① 3,100[V]
② 3,150[V]
③ 3,300[V]
④ 3,450[V]

62 100V, 40W의 전구에는 0.4A의 전류가 흐른다면 이 전구의 저항은?

① 100[Ω]
② 150[Ω]
③ 200[Ω]
④ 250[Ω]

63 다음 중 자성체가 아닌 것은?

① 니켈
② 백금
③ 산소
④ 나무

64 그림과 같은 Y결선회로에서 X에 걸리는 전압은?

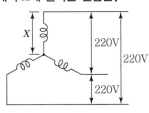

① $\dfrac{220}{\sqrt{3}}$[V]
② $\dfrac{220}{3}$[V]
③ 110[V]
④ 220[V]

계산기

다음 ▶

안 푼 문제

답안 제출

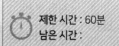

01 **실전점검!**
CBT 실전모의고사

수험번호 :
수험자명 :

제한 시간 : 60분
남은 시간 :

글자
크기

화면
배치

전체 문제 수 :
안 푼 문제 수 :

	답안 표기란			
61	①	②	③	④
62	①	②	③	④
63	①	②	③	④
64	①	②	③	④
65	①	②	③	④
66	①	②	③	④
67	①	②	③	④
68	①	②	③	④
69	①	②	③	④
70	①	②	③	④
71	①	②	③	④
72	①	②	③	④
73	①	②	③	④
74	①	②	③	④
75	①	②	③	④
76	①	②	③	④
77	①	②	③	④
78	①	②	③	④
79	①	②	③	④
80	①	②	③	④
81	①	②	③	④
82	①	②	③	④
83	①	②	③	④
84	①	②	③	④
85	①	②	③	④
86	①	②	③	④
87	①	②	③	④
88	①	②	③	④
89	①	②	③	④
90	①	②	③	④

65 다음 중 불연속 제어계는?

① ON−OFF 제어 ② 비례 제어

③ 미분 제어 ④ 적분 제어

66 그림과 같은 피드백 회로의 종합 전달함수는?

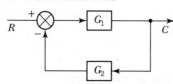

① $\dfrac{1}{G_1}+\dfrac{1}{G_2}$

② $\dfrac{G_1}{1+G_1G_2}$

③ $\dfrac{G_1}{1-G_1G_2}$

④ $\dfrac{G_1G_2}{1-G_1G_2}$

67 온도, 유량, 압력 등 공정제어의 제어량으로 하는 제어로 일반적으로 응답속도가 늦는 제어계는?

① 비율제어 ② 프로그램제어

③ 정치제어 ④ 프로세스제어

68 시퀀스회로에서 a접점에 대한 설명으로 옳은 것은?

① 수동으로 리셋할 수 있는 접점이다.

② 누름버튼스위치의 접점이 붙어 있는 상태를 말한다.

③ 두 접점이 상호 인터록이 되는 접점을 말한다.

④ 전원을 투입하지 않았을 때 떨어져 있는 접점이다.

계산기 다음 ▶ 안 푼 문제 답안 제출

실전점검!
01 _회 CBT 실전모의고사

수험번호:
수험자명:

제한 시간 : 60분
남은 시간 :

글자
크기 100% 150% 200%

화면
배치

전체 문제 수 :
안 푼 문제 수 :

답안 표기란

61	① ② ③ ④
62	① ② ③ ④
63	① ② ③ ④
64	① ② ③ ④
65	① ② ③ ④
66	① ② ③ ④
67	① ② ③ ④
68	① ② ③ ④
69	① ② ③ ④
70	① ② ③ ④
71	① ② ③ ④
72	① ② ③ ④
73	① ② ③ ④
74	① ② ③ ④
75	① ② ③ ④
76	① ② ③ ④
77	① ② ③ ④
78	① ② ③ ④
79	① ② ③ ④
80	① ② ③ ④
81	① ② ③ ④
82	① ② ③ ④
83	① ② ③ ④
84	① ② ③ ④
85	① ② ③ ④
86	① ② ③ ④
87	① ② ③ ④
88	① ② ③ ④
89	① ② ③ ④
90	① ② ③ ④

69 유도전동기에서 슬립이 "0"이란 의미와 같은 것은?

① 유도전동기가 동기속도로 회전한다.

② 유도전동기가 전부하 운전상태이다.

③ 유도전동기가 정지상태이다.

④ 유도제동기의 역할을 한다.

70 그림과 같은 릴레이 시퀀스 제어회로를 불대수를 사용하여 간단히 하면?

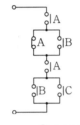

① AB

② A+B

③ A+C

④ B+C

71 다음 회로에서 부하 R_L에 전달되는 최대전력은?

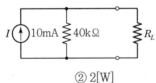

① 1[W]

② 2[W]

③ 3[W]

④ 4[W]

계산기

다음 ▶

안 푼 문제

답안 제출

01 실전점검!
CBT 실전모의고사

수험번호 :
수험자명 :

제한 시간 : 60분
남은 시간 :

글자 크기 100% 150% 200% 화면 배치

전체 문제 수 :
안 푼 문제 수 :

답안 표기란

61	①	②	③	④
62	①	②	③	④
63	①	②	③	④
64	①	②	③	④
65	①	②	③	④
66	①	②	③	④
67	①	②	③	④
68	①	②	③	④
69	①	②	③	④
70	①	②	③	④
71	①	②	③	④
72	①	②	③	④
73	①	②	③	④
74	①	②	③	④
75	①	②	③	④
76	①	②	③	④
77	①	②	③	④
78	①	②	③	④
79	①	②	③	④
80	①	②	③	④
81	①	②	③	④
82	①	②	③	④
83	①	②	③	④
84	①	②	③	④
85	①	②	③	④
86	①	②	③	④
87	①	②	③	④
88	①	②	③	④
89	①	②	③	④
90	①	②	③	④

72 직류 전동기에 관한 사항으로 틀린 것은?(단, N은 회전속도, ϕ는 자속, I_a는 전기자 전류, R_a는 전기자 저항, R은 전동기 저항, ω는 회전 각속도, K는 상수이다.)

① 역기전력 : $E = K \cdot \phi \cdot N$[V]

② 회전속도 : $N = \dfrac{V - I_a R_a}{K\phi}$[rpm]

③ 토크 : $\tau = \dfrac{E I_a}{2\pi N}$[N · m]

④ 기계적 출력 : $P = 9.8\omega R^2$[W]

73 최대눈금이 100[V]인 직류전압계가 있다. 이 전압계를 사용하여 150[V]의 전압을 측정하려면 배율기의 저항은?(단, 전압계의 내부저항은 5,000[Ω]이다.)

① 1,000[Ω] ② 2,500[Ω]
③ 5,000[Ω] ④ 10,000[Ω]

74 유도전동기를 유도발전기로 동작시켜 그 발생 전력을 전원으로 반환하여 제동하는 유도전동기 제동방식은?

① 발전제동 ② 역상제동
③ 단상제동 ④ 회생제동

75 공작기계의 물품 가공을 위하여 주로 펄스를 이용한 프로그램 제어를 하는 것은?

① 수치제어 ② 속도제어
③ PLC 제어 ④ 계산기 제어

계산기 다음 ▶ 안 푼 문제 답안 제출

실전점검!
CBT 실전모의고사
수험번호 :

수험자명 :

제한 시간 : 60분

남은 시간 :

글자 크기 100% 150% 200% 화면 배치

전체 문제 수 :

안 푼 문제 수 :

76 목표값을 직접 사용하기 곤란할 때 어떤 것을 이용하여 주 되먹임요소와 비교하여 사용하는가?

① 기준입력요소

② 제어요소

③ 되먹임요소

④ 비교장치

77 다음 중 추치제어에 속하는 제어계는?

① 자동전압조정제어

② SCR 전원장치제어

③ 발전소의 주파수제어

④ 미사일 유도제어

78 전류에 의해서 발생되는 작용이라고 볼 수 없는 것은?

① 발열 작용

② 자기차폐 작용

③ 화학 작용

④ 자기 작용

79 서보전동기(Servo Motor)는 다음의 제어기기 중 어디에 속하는가?

① 증폭기

② 조작기기

③ 변환기

㉣ 검출기

80 자동제어계에서 제어요소는 무엇으로 구성되는가?

① 검출부와 제어대상

② 검출부와 조절부

③ 검출부와 조작부

④ 조작부와 조절부

답안 표기란

61	①	②	③	④
62	①	②	③	④
63	①	②	③	④
64	①	②	③	④
65	①	②	③	④
66	①	②	③	④
67	①	②	③	④
68	①	②	③	④
69	①	②	③	④
70	①	②	③	④
71	①	②	③	④
72	①	②	③	④
73	①	②	③	④
74	①	②	③	④
75	①	②	③	④
76	①	②	③	④
77	①	②	③	④
78	①	②	③	④
79	①	②	③	④
80	①	②	③	④
81	①	②	③	④
82	①	②	③	④
83	①	②	③	④
84	①	②	③	④
85	①	②	③	④
86	①	②	③	④
87	①	②	③	④
88	①	②	③	④
89	①	②	③	④
90	①	②	③	④

계산기   다음 ▶   안 푼 문제   답안 제출

실전점검!

01회 CBT 실전모의고사

수험번호 :

수험자명 :

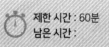

제한 시간 : 60분
남은 시간 :

글자
크기 100% 150% 200%

화면
배치

전체 문제 수 :
안 푼 문제 수 :

답안 표기란

61	①	②	③	④
62	①	②	③	④
63	①	②	③	④
64	①	②	③	④
65	①	②	③	④
66	①	②	③	④
67	①	②	③	④
68	①	②	③	④
69	①	②	③	④
70	①	②	③	④
71	①	②	③	④
72	①	②	③	④
73	①	②	③	④
74	①	②	③	④
75	①	②	③	④
76	①	②	③	④
77	①	②	③	④
78	①	②	③	④
79	①	②	③	④
80	①	②	③	④
81	①	②	③	④
82	①	②	③	④
83	①	②	③	④
84	①	②	③	④
85	①	②	③	④
86	①	②	③	④
87	①	②	③	④
88	①	②	③	④
89	①	②	③	④
90	①	②	③	④

5과목 배관일반

81 온수난방 배관에서 온수의 팽창, 수축량은 다음 식에 의하여 구한다. 설명이 잘못된 것은?

$$\Delta v = \left(\frac{1}{\rho_2} - \frac{1}{\rho_1} \right) Q$$

① Δv : 수온 변화에 의한 팽창, 수축량[m³]
② ρ_2 : 가열 후의 물의 밀도[kg/m³]
③ ρ_1 : 가열 전의 물의 밀도[kg/m³]
④ Q : 팽창탱크 내의 물의 총량[kg]

82 보일러 부하가 300,000kcal/h이고 효율이 60%일 때 오일버너의 연료 소비량은 약 얼마인가?(단, 연료 발열량은 9,000kcal/kg이다.)

① 46.5kg/h
② 55.5kg/h
③ 61.5kg/h
④ 66.5kg/h

83 급수배관의 수격현상 방지방법에 관한 설명 중 잘못된 것은?

① 밸브를 천천히 열고 닫는다.
② 공기실을 설치한다.
③ 관내 유속을 빠르게 한다.
④ 굴곡배관을 억제하고 가능한 직선배관으로 한다.

계산기

다음 ▶

안 푼 문제

답안 제출

실전점검!

01회 **CBT 실전모의고사**

수험번호:

수험자명:

제한 시간 : 60분
남은 시간 :

글자
크기 ⊖ 100% Ⓜ 150% ⊕ 200%　　화면 배치 ▦ ▥ ▯　　전체 문제 수 :
안 푼 문제 수 :

답안 표기란

61	① ② ③ ④
62	① ② ③ ④
63	① ② ③ ④
64	① ② ③ ④
65	① ② ③ ④
66	① ② ③ ④
67	① ② ③ ④
68	① ② ③ ④
69	① ② ③ ④
70	① ② ③ ④
71	① ② ③ ④
72	① ② ③ ④
73	① ② ③ ④
74	① ② ③ ④
75	① ② ③ ④
76	① ② ③ ④
77	① ② ③ ④
78	① ② ③ ④
79	① ② ③ ④
80	① ② ③ ④
81	① ② ③ ④
82	① ② ③ ④
83	① ② ③ ④
84	① ② ③ ④
85	① ② ③ ④
86	① ② ③ ④
87	① ② ③ ④
88	① ② ③ ④
89	① ② ③ ④
90	① ② ③ ④

84 다음 중에서 보온피복을 하지 않아도 되는 곳은?

① 급탕용 배관　　　　　　② 급수용 배관

③ 증기용 배관　　　　　　④ 통기용 배관

85 지역난방의 옥외배관에서 고온수배관은 얼마 정도의 구배를 주는가?

① $\dfrac{1}{250}$ 이상　　　　　　② $\dfrac{1}{350}$ 이상

③ $\dfrac{1}{450}$ 이상　　　　　　④ $\dfrac{1}{500}$ 이상

86 증기보일러 배관에서 환수관의 일부가 파손된 경우에 보일러 수가 유출해서 안전수위 이하가 되어 보일러 수가 빈 상태로 되는 것을 방지하기 위한 접속법은?

① 하트포드 접속법　　　　② 리프트 접속법

③ 스위블 접속법　　　　　④ 슬리브 접속법

87 냉동설비배관에서 액분리기와 압축기 사이의 냉매배관을 할 때 구배로 맞는 것은?

① $\dfrac{1}{100}$ 정도의 압축기 측으로 상향 구배로 한다.

② $\dfrac{1}{100}$ 정도의 압축기 측으로 하향 구배로 한다.

③ $\dfrac{1}{200}$ 정도의 압축기 측으로 상향 구배로 한다.

④ $\dfrac{1}{200}$ 정도의 압축기 측으로 하향 구배로 한다.

계산기　　　　　　다음 ▶　　　　　　안 푼 문제　　답안 제출

실전점검!
01 CBT 실전모의고사

수험번호 :

수험자명 :

제한 시간 : 60분
남은 시간 :

88 우리나라 상수도 원수의 기준에서 수질검사를 위한 원수 채취 기준으로 맞는 것은?

① 상온의 일반 기상상태하에서 5일 이상의 간격으로 2회 채취한 물

② 상온의 일반 기상상태하에서 5일 이상의 간격으로 3회 채취한 물

③ 상온의 일반 기상상태하에서 7일 이상의 간격으로 2회 채취한 물

④ 상온의 일반 기상상태하에서 7일 이상의 간격으로 3회 채취한 물

89 냉동장치의 배관설치에 관한 내용으로 틀린 것은?

① 토출가스의 합류 부분 배관은 T이음으로 한다.

② 압축기와 응축기의 수평배관은 하향 구배로 한다.

③ 토출가스 배관에는 역류방지 밸브를 설치한다.

④ 토출관의 입상이 10m 이상일 경우 10m마다 중간 트랩을 설치한다.

90 도시가스 배관을 매설하는 경우이다. 틀린 것은?

① 배관을 철도부지에 매설하는 경우에는 배관의 외면으로부터 궤도 중심까지 거리는 4m 이상일 것

② 배관을 철도부지에 매설하는 경우에는 배관의 외면으로부터 궤도 중심까지 거리는 0.6m 이상일 것

③ 배관을 철도부지에 매설하는 경우에는 지표면으로부터 배관의 외면까지 깊이는 1.2m 이상일 것

④ 배관을 산에 매설하는 경우에는 지표면으로부터 배관의 외면까지의 깊이는 1m 이상일 것

61	①	②	③	④
62	①	②	③	④
63	①	②	③	④
64	①	②	③	④
65	①	②	③	④
66	①	②	③	④
67	①	②	③	④
68	①	②	③	④
69	①	②	③	④
70	①	②	③	④
71	①	②	③	④
72	①	②	③	④
73	①	②	③	④
74	①	②	③	④
75	①	②	③	④
76	①	②	③	④
77	①	②	③	④
78	①	②	③	④
79	①	②	③	④
80	①	②	③	④
81	①	②	③	④
82	①	②	③	④
83	①	②	③	④
84	①	②	③	④
85	①	②	③	④
86	①	②	③	④
87	①	②	③	④
88	①	②	③	④
89	①	②	③	④
90	①	②	③	④

계산기   다음 ▶   안 푼 문제   답안 제출

01 회

실전점검!
CBT 실전모의고사

수험번호 :
수험자명 :

제한 시간 : 60분
남은 시간 :

글자
크기 100% 150% 200%

화면
배치

전체 문제 수 :
안 푼 문제 수 :

답안 표기란

91	①	②	③	④
92	①	②	③	④
93	①	②	③	④
94	①	②	③	④
95	①	②	③	④
96	①	②	③	④
97	①	②	③	④
98	①	②	③	④
99	①	②	③	④
100	①	②	③	④

91 공조설비에서 증기코일의 동결방지대책으로 잘못 설명한 것은?

① 외기와 실내 환기가 혼합되지 않도록 차단한다.
② 외기 댐퍼와 송풍기를 인터록(Interlock)시킨다.
③ 야간의 운전정지 중에도 순환펌프를 운전한다.
④ 증기 코일 내에 응축수가 고이지 않도록 한다.

92 급탕의 온도는 사용온도에 따라 각각 다르나 계산을 위하여 기준온도로 환산하여 급탕의 양을 표시하고 있다. 이때 환산의 온도로 맞는 것은?

① 40℃
② 50℃
③ 60℃
④ 70℃

93 각개 통기관의 최소관경으로 옳은 것은?

① 30mm
② 40mm
③ 50mm
④ 60mm

94 온수난방 설비의 온수배관 시공법에 관한 설명 중 잘못된 것은?

① 수평배관에서 관의 지름을 바꿀 때에는 편심리듀서를 사용한다.
② 배관재료는 내열성을 고려한다.
③ 공기가 고일 염려가 있는 곳에는 공기배출을 고려한다.
④ 팽창관에는 슬루스 밸브를 설치한다.

95 배관재질의 선정 시 기본적으로 고려할 사항과 거리가 먼 것은?

① 사용온도
② 사용유량
③ 화학적, 물리적 성질
④ 사용압력

계산기

다음 ▶

안 푼 문제

답안 제출

01 회

실전점검!
CBT 실전모의고사

수험번호 :

수험자명 :

제한 시간 : 60분
남은 시간 :

글자
크기
100%
150%
200%

화면
배치

전체 문제 수 :
안 푼 문제 수 :

답안 표기란

91	①	②	③	④
92	①	②	③	④
93	①	②	③	④
94	①	②	③	④
95	①	②	③	④
96	①	②	③	④
97	①	②	③	④
98	①	②	③	④
99	①	②	③	④
100	①	②	③	④

96 다음 중 앵글밸브에 대한 설명이 잘못된 것은?

① 앵글밸브는 게이트밸브의 일종이다.

② 출구 쪽에 드레인이 허용되지 않는 경우에 사용된다.

③ 유체의 입구와 출구의 각이 90°로 되어 있다.

④ 방열기용 밸브로 많이 사용된다.

97 다음 중 폴리에틸렌관의 접합법이 아닌 것은?

① 나사접합

② 인서트접합

③ 소켓접합

④ 용착접합

98 동관 이음의 종류가 아닌 것은?

① 납땜이음

② 용접이음

③ 나사이음

④ 압축이음

99 배수설비의 종류에서 요리실, 욕조, 세척 싱크와 세면기 등에서 배출되는 물을 배수하는 설비의 명칭으로 맞는 것은?

① 오수 설비

② 잡배수 설비

③ 빗물배수 설비

④ 특수배수 설비

100 다음은 관의 부식방지에 관한 것이다. 틀린 것은?

① 전기 절연을 시킨다.

② 아연도금을 한다.

③ 열처리를 한다.

④ 습기의 접촉을 없게 한다.

계산기

다음 ▶

안 푼 문제

답안 제출

📖 CBT 정답 및 해설

01	02	03	04	05	06	07	08	09	10
③	③	②	②	①	③	①	①	①	④
11	12	13	14	15	16	17	18	19	20
①	④	①	①	②	③	②	③	①	④
21	22	23	24	25	26	27	28	29	30
④	③	③	④	④	②	③	①	②	②
31	32	33	34	35	36	37	38	39	40
②	④	④	②	①	②	③	②	①	①
41	42	43	44	45	46	47	48	49	50
②	④	④	④	④	①	④	①	③	③
51	52	53	54	55	56	57	58	59	60
④	①	④	④	①	④	④	④	④	①
61	62	63	64	65	66	67	68	69	70
③	④	④	①	②	②	④	④	①	①
71	72	73	74	75	76	77	78	79	80
①	④	②	④	①	④	②	②	②	④
81	82	83	84	85	86	87	88	89	90
④	②	③	④	①	④	④	④	①	②
91	92	93	94	95	96	97	98	99	100
①	③	①	④	②	①	③	③	②	③

01 정답 | ③
풀이 | $1kW - h = 3,600kJ(860kcal/h)$,

공급열량$(Q) = \dfrac{1}{0.3} = 3.33kWh$

02 정답 | ③
풀이 | ㉠ 출구온도 $= 600 - \left(\dfrac{270}{1.004}\right) = 331k$,

출구압력 $= 100kPa$

이론출구온도 $= 600 - \left(\dfrac{270}{0.8} \times 1.004\right) = 263.84K$

㉡ 입구압력 $= \dfrac{600}{263.84} \times \left(\dfrac{1.4}{1.4-1}\right) \times 100 = 1,774kPa$

03 정답 | ②
풀이 | $\eta_R = \dfrac{(h_3 - h_4) - (h_2 - h_1)}{h_3 - h_2}$

$= \dfrac{(2,000 - 1,500) - (110 - 100)}{2,000 - 110} \times 100 = 26\%$

04 정답 | ②
풀이 | 순수한 물질로 되어 있는 밀폐계가 단열과정 중에 수행한 일의 절대값은 내부 에너지의 변화량과 같다.

05 정답 | ①
풀이 | 등압변화$(U_2 - U_1) = \dfrac{AP}{k-1}(V_2 - V_1) = {}_1\dfrac{Q_2}{k}$

공기의 비열비$(k) = 1.40$

$\therefore \dfrac{298.615}{1.4} = 213kJ/kg$

06 정답 | ③
풀이 | $P_r = \dfrac{1,000}{7,380} = 0.136$, $T_r = \dfrac{20+273}{305} = 0.961$

$\dfrac{1,000 \times V}{0.189 \times (20+273)} = 1 - 0.8 \times \dfrac{0.136}{0.961}$

$\therefore V = \left(1 - 0.8 \times \dfrac{0.136}{0.961}\right) \times \dfrac{0.189 \times (20+273)}{1,000}$

$= 0.0492 m^3/kg$

07 정답 | ①
풀이 | 공기표준사이클에서 오토사이클이 디젤사이클과 다른 점은 가열과정이다(공기사이클 = 사바테사이클).

08 정답 | ①
풀이 | 문제 내용상으로는 화력발전은 원가를 싸게 할 수 있어서 복합화력발전보다 화력발전만 운전하면 발전원가는 최소가 된다.

09 정답 | ①
풀이 | 카르노 사이클
㉠ 등온압축, 등온팽창
㉡ 단열압축, 단열팽창

10 정답 | ④
풀이 | ${}_1W_2 = kPa \times (U_2 - U_1) = kJ$
${}_1W_2 = 300 \times (30 - 10) = 6,000kJ$

11 정답 | ①
풀이 | 질량$(G) = \dfrac{PV}{RT} = \dfrac{0.5 \times 100}{0.287 \times 288} = 0.605g$

$Q = G \cdot C_P(T_2 - T_1) = 0.605 \times 1.005(300 - 288)$
$= 7.3J$
※ $0.1MPa ≒ 100kPa$

12 정답 | ④
풀이 | 흡수기에서 냉각수를 이용하여 냉매증기의 열을 제거시킨다(흡수식 냉동기 중에서).

13 정답 | ①

CBT 정답 및 해설

풀이 | $1kg \cdot m/s = 9.8N/s = 9.8J/s = 9.8W,$
$100 \times 60 \times 9.8 = 58,800J$
$\therefore \dfrac{58,800}{1,000} = 58.8kJ$

14 정답 | ①
풀이 | $R = \dfrac{8.314}{분자량} = kJ/kg \cdot K$
(분자량 : 수소(2), 질소(28), 산소(32), 이산화탄소(44))
분자량이 적으면 기체상수가 크다.

15 정답 | ②
풀이 | 줄－톰슨 계수(양의 줄－톰슨 계수에서 교축상태에서는 온도가 하강한다.)
※ 줄－톰슨 계수 : 유체가 단면적이 좁은 곳을 정상유 과정으로 지날 때인 교축과정에서 흐름은 매우 급속하게 그리고 엔탈피는 일정하게 흐른다. 톰슨 계수의 값이 ＋값이면 온도가 감소, －값이면 온도가 증가한다.
$\mu_J = \left(\dfrac{\partial T}{\partial P} \right)_h$

16 정답 | ③
풀이 | $t_{\Delta m} = \dfrac{20-5}{2} = 7.5℃$

17 정답 | ②
풀이 | 등압변화($_1 Q_2 = h_2 - h_1$)
$dQ = dh - AVdp = dh = dQ$
$_1 Q_2 = G C_p (T_2 - T_1) - A V(P_2 - P_1)$

18 정답 | ③
풀이 | 종량성 상태량 : 체적, 내부에너지, 엔탈피, 엔트로피 등 물체의 양에 비례하여 크기를 갖는다.

19 정답 | ①
풀이 | $30 + 273 = 303K$
$5 + 273 = 278K$
$\Delta t = 303 - 278 = 25K$
$\therefore 동력 = 3 \times \dfrac{25}{278} = 0.27kW$

20 정답 | ④
풀이 | $27 + 273 = 300K$
$5 + 273 = 278K$

$-5 + (273) = 268k$
$27 - 5 = 22℃$
$5 - (-5) = 10℃$
$\therefore \dfrac{22}{10} = 2.2배$

21 정답 | ④
풀이 | 냉매가 H_2O이기 때문에 흡수식 냉동기는 압축기가 필요 없다(진공상태운전).

22 정답 | ③
풀이 | 열량제거효율(COP)$= \dfrac{288-263}{263}$, $273-10=263k$,
$273+15=288k$
$\therefore 소요마력 = \dfrac{\left(\dfrac{288-263}{263} \times 100,000 \right)}{632}$
$= 15.1HP$

23 정답 | ③
풀이 | 플래시가스가 발생하면 흡입가스 과열로 토출가스 온도가 상승한다.

24 정답 | ④
풀이 | 증기분사 냉동기, 흡수 냉동기 : 진공상태에서 운전이 가능하다.

25 정답 | ④
풀이 | 냉동장치의 윤활은 마찰로 인한 동력손실을 방지한다.

26 정답 | ②
풀이 | $1kW - h = 860kcal$, $30 \times 860 = 25,800kcal/h$
$h_2 - h_3 = 160 - 110 = 50kcal/kg$
$h_1 - h_3 = 148 - 110 = 38kcal/kg$
$\therefore \dfrac{25,800 \times \left(\dfrac{38}{50} \right)}{860} = 22.8kW$

27 정답 | ③
풀이 | 링 플레이트 밸브 : 주로 고속다기통 압축기 밸브로 사용한다.

28 정답 | ①
풀이 | 흡수식 냉동기
증발기 내 6.5mmHg 상태에서 냉매(물)가 5℃에서 증발한다.

29 정답 | ②
풀이 | 급속동결 빙결정 생성대 통과시간 : 25~35분

30 정답 | ②
풀이 | 외부 균압형 자동 팽창밸브(TEV) : 압력강하의 영향을 상쇄시킨다.

31 정답 | ②
풀이 |
$$Q = \lambda \times \frac{A(t_1 - t_2)}{b} = \lambda_0 (1 + \beta T) \times \frac{(500 - 280)}{0.15}$$
$$= \frac{\lambda_0}{l} \left[T + B \frac{T_2}{2} \right]_{280}^{500}$$
$$= \frac{0.03}{0.15} \left\{ (500 - 280) + \frac{3.6}{1,000} \times \left(\frac{500^2 - 280^2}{2} \right) \right\}$$
$$= 105.7$$

32 정답 | ④
풀이 | 공랭식 응축기
계절의 변화에 변동이 가장 심하다(온도 변화가 크기 때문).

33 정답 | ④
풀이 | 액분리기에서 분리된 냉매는 압축기, 수액기 또는 증발기로 회수하는 방법이 있다.

34 정답 | ②
풀이 | 사이클 1-2-3-4-1에서 1-B-C-4-1로 변할 때 성적계수(COP)
$$COP = \frac{\left(\dfrac{h_1 - h_4}{h_2 - h_1} \right)}{\left(\dfrac{h_1 - h_4}{h_B - h_1} \right)}$$

35 정답 | ①
풀이 | 냉매의 증발온도는 직접식의 경우 높고 간접식(브라인 냉매)의 경우는 낮다.

36 정답 | ②
풀이 | 기계식 냉동법(증기 압축식 냉동기)은 냉매액, 냉매가스를 이용하는 냉동법이다.

37 정답 | ③
풀이 | 회전식 압축기는 용량제어가 불가능하다. 피스톤식과 베인식(2단 압축기의 저압용)이 있다.

38 정답 | ②
풀이 | R-717 : -33.3℃, R-502 : 111.66℃
R-500 : -33.3℃, R-14 : -128℃

39 정답 | ①
풀이 | 수축열의 축열재는 단위체적당 축열량이 커야 한다.

40 정답 | ①
풀이 | 모세관은 직경이 가늘고 길수록 압력강하가 크다.

41 정답 | ②
풀이 | $H = F \times Q = 150 \times 90 = 13,500$ kcal/h,
난방부하 = 보일러부하 - 급탕부하
$H_2 = 100 \times 1 \times (70 - 30) = 4,000$ kcal/h
H_1 (난방부하) = $13,500 - 4,000 = 9,500$ kcal/h

42 정답 | ④
풀이 | HEPA(High Efficiency Perticulate Air)는 고성능 필터로서 클린룸, 바이오클린룸 등에 사용

43 정답 | ②
풀이 | k_s : 차폐계수(일사가 차폐물에 의해 차폐된 다음 실내로 침입하는 일사의 비율)

44 정답 | ①
풀이 | $Q = 500 \times (12 - 10) = 1,000$ kcal/h

45 정답 | ③
풀이 | 냉각코일 용량 결정에 영향을 주는 것
ⓐ 덕트 부하
ⓑ 외기 부하
ⓒ 재열 부하 등

46 정답 | ④
풀이 | 조명기구의 발열 : 냉방부하

47 정답 | ①
풀이 | 주철제 보일러
ⓐ 인장 충격에 약하다.
ⓑ 복잡한 구조는 제작이 가능하다(주물제작이 가능하기 때문에).
ⓒ 내식 및 내열성이 좋다.
ⓓ 파열 시 저압이므로 피해가 적다.

CBT 정답 및 해설

48 정답 | ①
풀이 | 단일덕트 정풍량 방식은 중앙방식으로 각 실의 실온을 개별적으로 제어하기가 어렵다.

49 정답 | ③
풀이 | 수면계 : 증기보일러용

50 정답 | ③
풀이 | 분무수량 $= \dfrac{5,000 \times (0.00375 - 0.002)}{0.6} = 14.58 \text{kg/h}$

51 정답 | ④
풀이 | 공장 저속덕트(주덕트) 내 권장 풍속 : $6\sim9\text{m/sec}$

52 정답 | ①
풀이 | ㉠ 개방형 : 100℃ 미만
㉡ 밀폐형 : 100℃ 이상(중온수)

53 정답 | ④
풀이 | 스플릿댐퍼 : 분기부용 댐퍼(풍량조절용)
단, 정밀한 풍량조절은 어렵다.

54 정답 | ④
풀이 | ㉠ 팬 코일 유닛 방식(덕트 병용) : 공기－수방식
㉡ 유인 유닛 방식 : 공기－수방식
㉢ 복사 냉난방 방식 : 공기－수방식

55 정답 | ①
풀이 | $q_{15} = 0.29 Q_1 (t_o - t_r)$
$5,600 = 0.29 \times Q_1 \times (30 - 20) \times 60$
$\therefore Q = \dfrac{5,600}{0.29 \times (30 - 20) \times 60} = 32.2 \text{m}^3/\text{min}$
※ 1시간=60분

56 정답 | ④
풀이 | $p-h$ 선도 : 압력－엔탈피 선도

57 정답 | ④
풀이 | 중앙난방법
㉠ 직접난방(증기, 온수)
㉡ 지역냉난방(난방＋냉방)
㉢ 복사난방
㉣ 온풍난방
㉤ 간접난방

58 정답 | ④
풀이 | 유닛 히터
강제 대류형 방열기(증기나 온수코일이 송풍기와 일체화된 난방장치)

59 정답 | ④
풀이 | 회전수 제어
㉠ 유도전동기 2차 측 저항 조정
㉡ 정류자 전동기에 의한 조정
㉢ 전동기에 의한 회전수 변화 및 풀리의 직경 변환 등

60 정답 | ①
풀이 | 각층 유닛 방식 : 전공기 방식(중앙식 공기조화방식)
※ 전공기 방식
㉠ 단일 덕트 방식
㉡ 2중 덕트 방식
㉢ 덕트 병용 패키지 방식
㉣ 각층 유닛 방식

61 정답 | ③
풀이 | $2 \times 0.4 = 0.8$, $\dfrac{720}{0.4} = 1,800$, $1,800 \times 0.8 = 1,440$
$\sqrt{110} + \sqrt{1,440} = 48$
권수비 $(a) = \dfrac{V_1}{V_2} = \dfrac{1,440}{48} = 30$
1차측 탭전압 $(V_T) = a V_2 = 30 \times 110 = 3,300 \text{V}$

62 정답 | ④
풀이 | $R = \dfrac{V}{I} = \dfrac{100}{0.4} = 250 \Omega$
전류 $(I) = \dfrac{V}{R}$ (A)
전압 $(V) = IR$ (V)

63 정답 | ④
풀이 | 나무 : 비자성체

64 정답 | ①
풀이 | $V_L = \sqrt{3} \cdot V_p$, 상전압 (V_p)
㉠ X에 걸리는 전압 $= x = \dfrac{V_1}{\sqrt{3}} = \dfrac{220}{\sqrt{3}}$ (V)
㉡ Y결선 : $V_{12} = \sqrt{3} V_2 < 30°$
용량 $P_2 = \sqrt{3} V_{12} I_{12} = 3 V_2 I_2$ (VA)

◎ CBT 정답 및 해설

65 정답 | ①

풀이 | 불연속제어 : ON−OFF 제어

66 정답 | ②

풀이 | $(R-CG_2)G_1=C$, $RG_1=C+CG_1=C(1+G_1G_2)$

$$\therefore\ G=\frac{C}{R}=\frac{G_1}{1+G_1G_2}$$

67 정답 | ④

풀이 | 프로세스제어

온도, 유량, 압력 등 공정제어 제어량 제어(응답속도가 늦다.)

68 정답 | ④

풀이 | a접점

전원을 투입하지 않았을 때 떨어져 있는 접점

69 정답 | ①

풀이 | 슬립 0

유도전동기가 동기속도로 회전한다는 뜻

70 정답 | ①

풀이 | 교환의 법칙

AB＝BA

71 정답 | ①

풀이 | 전력$(P)=\dfrac{W}{t}=\dfrac{VIt}{t}=VI(\mathrm{W})$

$P=VI=(IR)I=I^2R(\mathrm{W})$

$P=VI=V\left(\dfrac{V}{R}\right)=\dfrac{V^2}{R}(\mathrm{W})$

전류단위 : A(1×10^{-3} mA),

저항단위 : Ω(1×10^{-3} kΩ)

$\therefore\ P=I^2R=\left(\dfrac{10}{1,000}\times\dfrac{1}{2}\right)^2\times(40\times10^3)=1\mathrm{W}$

72 정답 | ④

풀이 | 직류 전동기

기계적 출력$(P)=EI_a=\omega\tau[\mathrm{W}]$

유효출력$(P)=$기계적 출력−(철손＋기계손)[W]

73 정답 | ②

풀이 | 배율기

전압계의 측정범위를 확대하기 위해 전압계에 직렬로 접속하여 사용하는 저항기

배율$(\eta)=\dfrac{1+\text{배율기 저항}}{\text{전압계 내부저항}}\times(n\text{배의 전압측정})$

배율$(\eta)=\dfrac{150}{100}=1.5$,

배율기저항$(R_m)=(1.5-1)\times5,000=2,500Ω$

74 정답 | ④

풀이 | 유도전동기 회생제동

유도전동기를 유도발전기로 동작시켜 그 발생 전력을 전원으로 반환하여 제동하는 방식

75 정답 | ①

풀이 | 수치제어

공작기계의 물품가공을 위하여 주로 펄스를 이용한 프로그램 제어

76 정답 | ①

풀이 | 기준입력요소

목표값을 직접 사용하기 곤란할 때 주 되먹임요소와 비교하여 사용한다.

77 정답 | ④

풀이 | 미사일 유도제어 : 추치제어

78 정답 | ②

풀이 | 자기차폐

자계 중에 중공이고 투자율이 큰 물질을 둔 경우 자속은 그 물질에 집합하고 중공부는 자계의 영향을 받지 않는다. 이것을 자기차폐라 한다.

79 정답 | ②

풀이 | 서보전동기 : 조작기기

80 정답 | ④

풀이 | 제어요소

조절부와 조작부의 합으로 동작신호를 조작량으로 변환한다.

81 정답 | ④

풀이 | Q : 온수보일러 및 배관 내의 물의 총량[m^3]

82 정답 | ②

풀이 | 연료 소비량$=\dfrac{300,000}{9,000\times0.6}=55.5\mathrm{kg/h}$

83 정답 | ③
풀이 | 관내 유속을 빠르게 하면 수격현상이 증가된다(워터해머 상승).

84 정답 | ④
풀이 | 통기용 배관은 보온피복은 하지 않는다.

85 정답 | ①
풀이 | 고온수 배관 구배(기울기) : $\frac{1}{250}$ 이상

86 정답 | ①
풀이 | 저압증기난방의 하트포드 접속법(균형관 접속법)은 보일러 수 유출을 방지한다.

87 정답 | ④
풀이 |

$$\frac{1}{200} \text{ 정도 기울기}$$

하향 구배가 이상적

액분리기 ⟵────────────⟶ 압축기

88 정답 | ④
풀이 | 상수도 수질검사 기준 : 상온의 일반 기상상태하에서 7일 이상 간격으로 3회 채취한 물

89 정답 | ①
풀이 | 냉동장치에서 토출가스는 합류하지 않는 배관을 원칙으로 한다.

90 정답 | ②
풀이 | 철도부지 경계까지 거리 : 1.2m 이상

91 정답 | ①
풀이 | 증기코일의 동결을 방지하려면 ②, ③, ④항 외에 외기와 실내 환기가 혼합되게 한다.

92 정답 | ③
풀이 | 급탕기준온도(온수탱크기준) : 60℃

93 정답 | ①
풀이 | 각개 통기방식 : 신정 통기방식이며 각개 통기관을 채용한 것(위생기구마다 통기관이 하나씩 배치되는 이상적인 통기방식)이며, 최소관경은 30mm 정도이다.

94 정답 | ④
풀이 | 팽창관에는 절대로 밸브를 설치하지 않는다.

95 정답 | ②
풀이 | 배관재질 선정 시 사용유량은 고려하지 않아도 된다.

96 정답 | ①
풀이 | ㉠ 앵글밸브는 90° 밸브이다.
　　 ㉡ 게이트밸브는 사절밸브(슬루스밸브)이다.

97 정답 | ③
풀이 | 소켓접합 : 주철관 접합(납과 얀을 넣는 접합)

98 정답 | ③
풀이 | 나사이음 : 강관의 이음(소구경용 접합)

99 정답 | ②
풀이 | 잡배수 설비
요리실, 욕조, 세척싱크, 세면기 등에서 배출되는 물을 배수하는 설비

100 정답 | ③
풀이 | 관의 열처리
금속의 부식방지보다는 금속의 성질을 개선시킨다.

02회
실전점검!
CBT 실전모의고사

수험번호 :

수험자명 :

제한 시간 : 60분
남은 시간 :

글자
크기 100% 150% 200%

화면
배치

전체 문제 수 :
안 푼 문제 수 :

답안 표기란

1	①	②	③	④
2	①	②	③	④
3	①	②	③	④
4	①	②	③	④
5	①	②	③	④
6	①	②	③	④
7	①	②	③	④
8	①	②	③	④
9	①	②	③	④
10	①	②	③	④
11	①	②	③	④
12	①	②	③	④
13	①	②	③	④
14	①	②	③	④
15	①	②	③	④
16	①	②	③	④
17	①	②	③	④
18	①	②	③	④
19	①	②	③	④
20	①	②	③	④
21	①	②	③	④
22	①	②	③	④
23	①	②	③	④
24	①	②	③	④
25	①	②	③	④
26	①	②	③	④
27	①	②	③	④
28	①	②	③	④
29	①	②	③	④
30	①	②	③	④

1과목 **기계열역학**

01 비열이 0.475kJ/kg · K인 철 10kg을 20℃에서 80℃로 올리는 데 필요한 열량은 몇 kJ인가?

① 222

② 232

③ 285

④ 315

02 순수 물질이 기체 – 액체 평형상태(포화 상태)에 있다. 다음 설명 중 일반적으로 성립하지 않는 것은?

① 각 상의 온도가 같다.

② 각 상의 압력이 같다.

③ 각 상의 비체적이 다르다.

④ 각 상의 엔탈피가 같다.

03 다음 중 이상기체의 교축(스로틀)과정에 대한 사항으로 틀린 것은?

① 엔탈피 변화가 없다.

② 온도의 변화가 없다.

③ 엔트로피의 변화가 없다.

④ 비가역 단열과정이다.

04 용기에 부착된 차압계로 읽은 압력이 150kPa이고 기압계로 읽은 대기압이 100kPa이다. 용기 안의 절대압력은?

① 250kPa

② 150kPa

③ 100kPa

④ 50kPa

계산기

다음 ▶

안 푼 문제

답안 제출

실전점검!
02회 **CBT 실전모의고사**

수험번호 :

수험자명 :

제한 시간 : 60분
남은 시간 :

글자
크기 100% 150% 200%

화면
배치

전체 문제 수 :
안 푼 문제 수 :

답안 표기란

1	① ② ③ ④
2	① ② ③ ④
3	① ② ③ ④
4	① ② ③ ④
5	① ② ③ ④
6	① ② ③ ④
7	① ② ③ ④
8	① ② ③ ④
9	① ② ③ ④
10	① ② ③ ④
11	① ② ③ ④
12	① ② ③ ④
13	① ② ③ ④
14	① ② ③ ④
15	① ② ③ ④
16	① ② ③ ④
17	① ② ③ ④
18	① ② ③ ④
19	① ② ③ ④
20	① ② ③ ④
21	① ② ③ ④
22	① ② ③ ④
23	① ② ③ ④
24	① ② ③ ④
25	① ② ③ ④
26	① ② ③ ④
27	① ② ③ ④
28	① ② ③ ④
29	① ② ③ ④
30	① ② ③ ④

05 T–S선도에서 어느 가역 상태변화를 표시하는 곡선과 S축 사이의 면적은 무엇을 표시하는가?

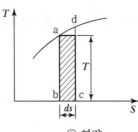

① 힘
② 열량
③ 압력
④ 비체적

06 대형 Brayton 사이클 가스 터빈 동력 발전소의 압축기 입구에서 온도가 300K, 압력은 100kPa이고 압축기 압력비는 10 : 1이다. 공기의 비열은 1.004kJ/kg · k, 비열비는 1.400이다. 압축기 일은 얼마인가?

① 280.3kJ/kg
② 299.7kJ/kg
③ 350.1 kJ/kg
④ 370.5kJ/kg

07 0.5MPa, 375℃의 수증기의 정압비열(kJ/kg · K)은?(단, 0.5MPa, 350℃에서 엔탈피 h=3,167.7kJ/kg · K이고 0.5MPa, 400℃에서 엔탈피 h=3,271.9kJ/kg · K이다. 수증기는 이상기체로 가정한다.)

① 1.042
② 2.084
③ 4.168
④ 8.742

08 −10℃와 30℃ 사이에서 작동되는 냉동기의 최대 성능계수로 적합한 것은?

① 8.8
② 6.6
③ 3.3
④ 13.2

계산기

다음 ▶

안 푼 문제

답안 제출

실전점검!

02회

CBT 실전모의고사

수험번호 :

수험자명 :

제한 시간 : 60분
남은 시간 :

글자
크기 100% 150% 200%

화면
배치

전체 문제 수 :
안 푼 문제 수 :

답안 표기란

1	① ② ③ ④
2	① ② ③ ④
3	① ② ③ ④
4	① ② ③ ④
5	① ② ③ ④
6	① ② ③ ④
7	① ② ③ ④
8	① ② ③ ④
9	① ② ③ ④
10	① ② ③ ④
11	① ② ③ ④
12	① ② ③ ④
13	① ② ③ ④
14	① ② ③ ④
15	① ② ③ ④
16	① ② ③ ④
17	① ② ③ ④
18	① ② ③ ④
19	① ② ③ ④
20	① ② ③ ④
21	① ② ③ ④
22	① ② ③ ④
23	① ② ③ ④
24	① ② ③ ④
25	① ② ③ ④
26	① ② ③ ④
27	① ② ③ ④
28	① ② ③ ④
29	① ② ③ ④
30	① ② ③ ④

09 어떤 냉동사이클의 T-S 선도에 대한 설명으로 틀린 것은?

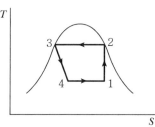

① 1-2과정 : 가역단열압축
② 2-3과정 : 등온흡열
③ 3-4과정 : 교축과정
④ 4-1과정 : 증발기에서 과정

10 압력이 일정할 때 공기 5kg을 0℃에서 100℃까지 가열하는 데 필요한 열량은 약 몇 kJ인가?(단, 공기의 비열 C_p=(kJ/kg · ℃)=1.01+0.000079(℃)이다.)

① 102
② 476
③ 490
④ 507

11 브레이턴 사이클(Brayton Cycle)은 다음 중 무슨 사이클에 가장 가까운가?

① 정적연소 사이클
② 정압연소 사이클
③ 등온연소 사이클
④ 합성연소 사이클

12 열역학 제2법칙은 여러 가지로 서술될 수 있다. 열역학 제2법칙에 대한 설명 중 잘못된 것은?

① 열을 일로 변환하는 것은 불가능하다.
② 열효율이 100%인 열기관을 만들 수 없다.
③ 열은 저온 물체로부터 고온 물체로 자연적으로 전달되지 않는다.
④ 입력되는 일 없이 작동하는 냉동기를 만들 수 없다.

계산기

◀ 다음 ▶

안 푼 문제

답안 제출

실전점검!

02 CBT 실전모의고사

수험번호 :
수험자명 :

제한 시간 : 60분
남은 시간 :

글자
크기 100% 150% 200%

화면
배치

전체 문제 수 :
안 푼 문제 수 :

13 어떤 기체가 5kJ의 열을 받고 0.18kN · m의 일을 하였다. 이때의 내부에너지의 변화량은?

① 3.24kJ
② 4.82kJ
③ 5.18kJ
④ 6.14kJ

14 피스톤-실린더로 구성된 용기 안에 들어 있는 100kPa, 20℃ 상태의 질소기체를 가역 단열압축하여 압력이 500kPa이 되었다. 질소의 정적 비열은 0.745kJ/kg · K이고, 비열비는 1.4이다. 질소 1kg당 필요한 압축일은 약 얼마인가?

① 102.7kJ/kg
② 127.5kJ/kg
③ 171.8kJ/kg
④ 240.5kJ/kg

15 공기가 등온과정을 통해 압력이 200kPa, 비체적이 $0.02m^3/kg$인 상태에서 압력이 100kPa인 상태로 팽창하였다. 공기를 이상기체로 가정할 때 시스템이 이 과정에서 한 단위 질량당 일은 약 얼마인가?

① 1.4kJ/kg
② 2.0kJ/kg
③ 2.8kJ/kg
④ 8.0kJ/kg

16 폴리트로픽 변화의 관계식 "PV^n=일정"에 있어서 n이 무한대로 되면 어느 과정이 되는가?

① 정압과정
② 등온과정
③ 정적과정
④ 단열과정

1	① ② ③ ④
2	① ② ③ ④
3	① ② ③ ④
4	① ② ③ ④
5	① ② ③ ④
6	① ② ③ ④
7	① ② ③ ④
8	① ② ③ ④
9	① ② ③ ④
10	① ② ③ ④
11	① ② ③ ④
12	① ② ③ ④
13	① ② ③ ④
14	① ② ③ ④
15	① ② ③ ④
16	① ② ③ ④
17	① ② ③ ④
18	① ② ③ ④
19	① ② ③ ④
20	① ② ③ ④
21	① ② ③ ④
22	① ② ③ ④
23	① ② ③ ④
24	① ② ③ ④
25	① ② ③ ④
26	① ② ③ ④
27	① ② ③ ④
28	① ② ③ ④
29	① ② ③ ④
30	① ② ③ ④

계산기 다음 ▶ 안 푼 문제 답안 제출

02 실전점검!
CBT 실전모의고사

수험번호 :

수험자명 :

제한 시간 : 60분
남은 시간 :

글자 크기 100% 150% 200% 화면 배치

전체 문제 수 :
안 푼 문제 수 :

답안 표기란

1	① ② ③ ④
2	① ② ③ ④
3	① ② ③ ④
4	① ② ③ ④
5	① ② ③ ④
6	① ② ③ ④
7	① ② ③ ④
8	① ② ③ ④
9	① ② ③ ④
10	① ② ③ ④
11	① ② ③ ④
12	① ② ③ ④
13	① ② ③ ④
14	① ② ③ ④
15	① ② ③ ④
16	① ② ③ ④
17	① ② ③ ④
18	① ② ③ ④
19	① ② ③ ④
20	① ② ③ ④
21	① ② ③ ④
22	① ② ③ ④
23	① ② ③ ④
24	① ② ③ ④
25	① ② ③ ④
26	① ② ③ ④
27	① ② ③ ④
28	① ② ③ ④
29	① ② ③ ④
30	① ② ③ ④

17 10℃에서 160℃까지의 공기의 평균 정적비열은 0.7315kJ/kg℃이다. 이 온도변화에서 공기 1kg의 내부에너지 변화는?

① 109.7kJ

② 120.6kJ

③ 107.1kJ

④ 121.7kJ

18 용기 안에 있는 유체의 초기 내부에너지는 700kJ이다. 냉각과정 동안 250kJ의 열을 잃고, 용기 내에 설치된 회전날개로 유체에 100kJ의 일을 한다. 최종상태의 유체의 내부에너지는 얼마인가?

① 350kJ

② 450kJ

③ 550kJ

④ 650kJ

19 다음 중 냉동기의 성능계수를 높이는 것으로 틀린 것은?

① 증발기의 온도를 높인다.

② 증발기의 온도를 낮춘다.

③ 압축기의 효율을 높인다.

④ 증발기와 응축기에서 마찰압력손실을 줄인다.

20 압축비가 7.5이고, 비열비 $k=1.4$인 오토(Otto)사이클의 열효율은?

① 48.7%

② 51.2%

③ 55.3%

④ 57.6%

계산기   다음 ▶   안 푼 문제   답안 제출

02회 실전점검!
CBT 실전모의고사

수험번호 :
수험자명 :

제한 시간 : 60분
남은 시간 :

글자
크기 100% 150% 200%

화면
배치

전체 문제 수 :
안 푼 문제 수 :

답안 표기란

1	①	②	③	④
2	①	②	③	④
3	①	②	③	④
4	①	②	③	④
5	①	②	③	④
6	①	②	③	④
7	①	②	③	④
8	①	②	③	④
9	①	②	③	④
10	①	②	③	④
11	①	②	③	④
12	①	②	③	④
13	①	②	③	④
14	①	②	③	④
15	①	②	③	④
16	①	②	③	④
17	①	②	③	④
18	①	②	③	④
19	①	②	③	④
20	①	②	③	④
21	①	②	③	④
22	①	②	③	④
23	①	②	③	④
24	①	②	③	④
25	①	②	③	④
26	①	②	③	④
27	①	②	③	④
28	①	②	③	④
29	①	②	③	④
30	①	②	③	④

2과목 냉동공학

21 염화칼슘 브라인에 대한 설명 중 옳은 것은?
① 냉동작용은 브라인의 잠열을 이용하는 것이다.
② 염화나트륨 브라인보다 일반적으로 부식성이 크다.
③ 공기 중에 장시간 방치하여 두어도 금속에 대한 부식성은 없다.
④ 가장 일반적인 브라인으로 제빙, 냉장 및 공업용으로 이용된다.

22 냉동장치의 응축기 속에 공기(불응축가스)가 들어 있을 때 일어나는 현상이라고 할 수 없는 것은?
① 고압측 압력이 보통보다 높다.　② 소비동력이 증가한다.
③ 응축기에서의 전열이 불량해진다.　④ 응축기의 온도가 낮아진다.

23 용량조절장치가 있는 프레온냉동장치에서 무부하(Unload) 운전 시 냉동유 반송을 위한 압축기의 흡입관 배관방법은?
① 압축기를 증발기 밑에 설치한다.　② 2중 수직 상승관을 사용한다.
③ 수평관에 트랩을 설치한다.　④ 흡입관을 가능한 한 길게 배관한다.

24 그림과 같이 2단 압축 1단 팽창을 하는 냉동 사이클이 $R-22$냉매로 작동되고 있을 때 성적계수는 얼마인가?(단, 각 상태점의 엔탈피는 a : 95, c : 143, d : 154, e : 149, f : 158(kcal/kg)이다.)

① 0.9
② 1.4
③ 2.4
④ 3.1

계산기　　　　　다음 ▶　　　　안 푼 문제　　답안 제출

02 실전점검!
CBT 실전모의고사

수험번호 :
수험자명 :

제한 시간 : 60분
남은 시간 :

글자 크기 100% 150% 200% 화면 배치

전체 문제 수 :
안 푼 문제 수 :

25 응축기에서 냉매가스의 열이 제거되는 방법은?

① 대류와 전도

② 증발과 복사

③ 승화와 휘발

④ 복사와 액화

26 $H_2O-LiBr$ 흡수식 냉동기에 대한 설명 중 틀린 것은?

① 냉매는 물(H_2O), 흡수제는 LiBr을 사용한다.

② 냉매 순환과정은 발생기 → 응축기 → 증발기 → 흡수기로 되어 있다.

③ 소형보다는 대용량 공기조화용으로 많이 사용한다.

④ 흡수제는 가능한 한 농도가 낮고, 흡수제는 고온이어야 한다.

27 빙축열 방식에 대한 설명 중 옳은 것은?

① 제빙을 위한 냉동기 운전은 냉수 취출을 위한 운전보다 증발온도가 낮기 때문에 성능계수(COP)가 높아 20~30% 소비동력이 감소한다.

② 냉매의 종류는 프레온 냉매를 직접 제빙부에 공급하는 직접팽창식과 냉동기에서 냉각된 브라인을 제빙부에 공급하는 브라인 방식으로 나눈다.

③ 제빙방식은 축열조 내측 또는 외측에 얼음을 생성시키는 정적 제빙방식과 축열조 외부에서 제빙하고 그 얼음을 축열조에 옮겨 축열하는 동적 제빙방식으로 나눈다.

④ 빙축열조 축열용량＝냉동기 능력×야간 축열운전시간이 된다. 여기에 제빙온도 등을 고려하여 기기를 선정한다.

답안 표기란

1	①	②	③	④
2	①	②	③	④
3	①	②	③	④
4	①	②	③	④
5	①	②	③	④
6	①	②	③	④
7	①	②	③	④
8	①	②	③	④
9	①	②	③	④
10	①	②	③	④
11	①	②	③	④
12	①	②	③	④
13	①	②	③	④
14	①	②	③	④
15	①	②	③	④
16	①	②	③	④
17	①	②	③	④
18	①	②	③	④
19	①	②	③	④
20	①	②	③	④
21	①	②	③	④
22	①	②	③	④
23	①	②	③	④
24	①	②	③	④
25	①	②	③	④
26	①	②	③	④
27	①	②	③	④
28	①	②	③	④
29	①	②	③	④
30	①	②	③	④

계산기　　　　다음 ▶　　　　안 푼 문제　답안 제출

02회 실전점검!
CBT 실전모의고사

수험번호 :
수험자명 :

제한 시간 : 60분
남은 시간 :

글자
크기 100% 150% 200%

화면
배치

전체 문제 수 :
안 푼 문제 수 :

답안 표기란

1	① ② ③ ④
2	① ② ③ ④
3	① ② ③ ④
4	① ② ③ ④
5	① ② ③ ④
6	① ② ③ ④
7	① ② ③ ④
8	① ② ③ ④
9	① ② ③ ④
10	① ② ③ ④
11	① ② ③ ④
12	① ② ③ ④
13	① ② ③ ④
14	① ② ③ ④
15	① ② ③ ④
16	① ② ③ ④
17	① ② ③ ④
18	① ② ③ ④
19	① ② ③ ④
20	① ② ③ ④
21	① ② ③ ④
22	① ② ③ ④
23	① ② ③ ④
24	① ② ③ ④
25	① ② ③ ④
26	① ② ③ ④
27	① ② ③ ④
28	① ② ③ ④
29	① ② ③ ④
30	① ② ③ ④

28 액 분리기에 관한 내용 중 옳은 것은?

① 증발기 흡입 배관에 설치한다.
② 액압축을 방지하며 압축기를 보호한다.
③ 냉각할 때 침입한 공기와 냉매를 혼합시킨다.
④ 증발기에 공급되는 냉매액을 냉각시킨다.

29 온도식 자동팽창밸브의 감온통 설치방법으로 잘못된 것은?

① 증발기 출구 측 압축기로 흡입되는 곳에 설치할 것
② 흡입 관경이 20A 이하인 경우에는 관 상부에 설치할 것
③ 외기의 영향을 받을 경우는 보온해 주거나 감온통 포켓을 설치할 것
④ 압축기 흡입관에 트랩이 있는 경우에는 트랩 부분에 부착할 것

30 어떤 냉동사이클을 압력 – 엔탈피 선도에 나타내었더니 그림과 같았다. 이 냉동사이클에서의 냉동순환량이 200kg/h라면 냉동장치의 냉동능력은 약 몇 RT인가? (단, 1RT는 3,320kcal/h로 한다.)

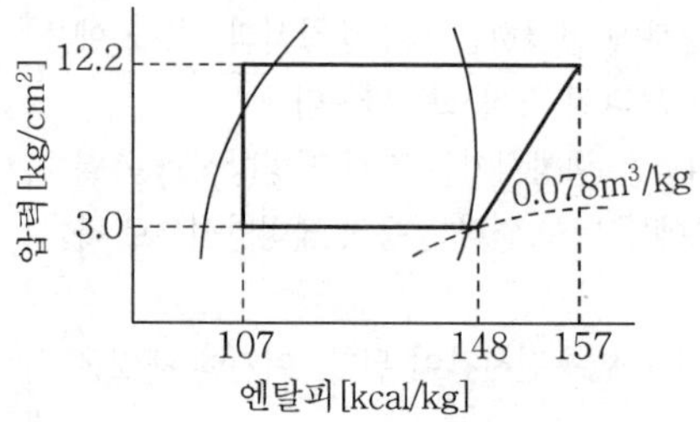

① 0.54
② 2.47
③ 3.01
④ 5.91

계산기
다음 ▶
안 푼 문제
답안 제출

실전점검!
02회 CBT 실전모의고사

수험번호 :

수험자명 :

제한 시간 : 60분
남은 시간 :

글자
크기 100% 150% 200%

화면
배치

전체 문제 수 :
안 푼 문제 수 :

답안 표기란

31	① ② ③ ④
32	① ② ③ ④
33	① ② ③ ④
34	① ② ③ ④
35	① ② ③ ④
36	① ② ③ ④
37	① ② ③ ④
38	① ② ③ ④
39	① ② ③ ④
40	① ② ③ ④
41	① ② ③ ④
42	① ② ③ ④
43	① ② ③ ④
44	① ② ③ ④
45	① ② ③ ④
46	① ② ③ ④
47	① ② ③ ④
48	① ② ③ ④
49	① ② ③ ④
50	① ② ③ ④
51	① ② ③ ④
52	① ② ③ ④
53	① ② ③ ④
54	① ② ③ ④
55	① ② ③ ④
56	① ② ③ ④
57	① ② ③ ④
58	① ② ③ ④
59	① ② ③ ④
60	① ② ③ ④

31 열펌프의 난방운전에 대한 설명 중 올바른 것은?

① 응축온도를 높게 유지할수록 냉매순환량이 감소한다.

② 응축압력를 높게 유지할수록 압축일량이 감소한다.

③ 응축온도를 높게 유지할수록 냉매순환량이 증가한다.

④ 응축압력을 높게 유지하여도 압축일량은 변하지 않는다.

32 냉동기에서 성적계수가 6.84일 때 증발온도가 −15℃이다. 이때 응축온도는 몇 ℃인가?

① 17.5

② 20.7

③ 22.7

④ 25.5

33 제빙능력은 원료수 온도 및 브라인 온도 등의 조건에 따라서 다르다. 다음 중 제빙에 필요한 냉동능력을 구하는 데 필요한 항목으로 거리가 먼 것은?

① 온도 t_W℃인 제빙용 원수를 0℃까지 냉각하는 데 필요한 열량

② 물의 동결잠열에 대한 열량(79.68kcal/kg)

③ 제빙장치 내의 발생열과 제빙용 원수의 수질상태

④ 브라인 온도 t_1℃ 부근까지 얼음을 냉각하는 데 필요한 열량

34 냉각탑과 관계가 가장 먼 것은?

① 엘리미네이터

② 쿨링어프로치

③ 쿨링레인지

④ 스월

계산기

다음 ▶

안 푼 문제

답안 제출

02회 실전점검!
CBT 실전모의고사

수험번호 :
수험자명 :

제한 시간 : 60분
남은 시간 :

글자
크기 100% 150% 200%

화면
배치

전체 문제 수 :
안 푼 문제 수 :

답안 표기란

31	① ② ③ ④
32	① ② ③ ④
33	① ② ③ ④
34	① ② ③ ④
35	① ② ③ ④
36	① ② ③ ④
37	① ② ③ ④
38	① ② ③ ④
39	① ② ③ ④
40	① ② ③ ④
41	① ② ③ ④
42	① ② ③ ④
43	① ② ③ ④
44	① ② ③ ④
45	① ② ③ ④
46	① ② ③ ④
47	① ② ③ ④
48	① ② ③ ④
49	① ② ③ ④
50	① ② ③ ④
51	① ② ③ ④
52	① ② ③ ④
53	① ② ③ ④
54	① ② ③ ④
55	① ② ③ ④
56	① ② ③ ④
57	① ② ③ ④
58	① ② ③ ④
59	① ② ③ ④
60	① ② ③ ④

35 다음 냉매 중 가연성이 있는 냉매는?

① R-717
② R-744
③ R-718
④ R-502

36 2단 압축 냉동장치에 관한 내용이다. 옳지 않은 것은?

① 2단 압축에서 중간 압력이란 저단 압축기의 토출압력과 고단 압축기의 흡입압력을 말한다.
② 중간 냉각기는 고압 측 흡입가스의 압력을 낮추어 압축비를 증가시킨다.
③ 중간 냉각기는 저압 측 토출가스의 온도를 내려 냉동장치의 성적계수를 높인다.
④ 압축비가 6 이상이면 2단 압축을 채택한다.

37 어떤 R-22 냉동장치에서 냉매 1kg이 팽창변을 통과하여 5℃의 포화증기로 될 때까지 약 40kcal의 열을 흡수하였다. 같은 조건에서 냉동능력이 25,000kcal/h이라면 증발냉매량은 얼마인가?

① 387kg/h
② 450kg/h
③ 525kg/h
④ 625kg/h

38 안전밸브의 점검사항이 아닌 것은?

① 분출 전개압력
② 가스분출 파이프의 지름
③ 분출 정지압력
④ 안전밸브의 누설

계산기

다음 ▶

안 푼 문제

답안 제출

실전점검!
02회 CBT 실전모의고사

수험번호 :
수험자명 :

제한 시간 : 60분
남은 시간 :

글자
크기 100% 150% 200%

화면
배치

전체 문제 수 :
안 푼 문제 수 :

39 냉동장치의 제어기기에 관한 설명 중 올바르게 서술된 것은?

① 만액식 증발기에 저압 측 프로트식 팽창밸브를 설치하여 증발온도를 거의 일정하게 제어할 수 있다.

② 냉장고용 냉동장치에서 겨울철에 응축온도가 낮아지면 팽창밸브 전후의 압력차가 커지기 때문에 팽창밸브가 작동하지 않는다.

③ 일반적인 증발압력조정밸브는 증발기 입구 측에 설치하여 냉매의 유량을 조절하고 증발기 내 냉매의 압력을 일정하게 유지하는 조정밸브이다.

④ R-22를 냉매로 하는 냉방기에서 증발기 출구의 과열도가 커지면 감온통 내의 가스압력이 높아져 온도식 자동팽창밸브가 닫힌다.

40 암모니아 입형 저속 압축기에 많이 사용되는 포핏 밸브에 관한 설명으로 틀린 것은?

① 구조가 튼튼하고 파손되는 일이 적다.

② 회전수가 높아지면 밸브의 관성 때문에 개폐가 자유롭지 못하다.

③ 흡입밸브는 피스톤 상부 스프링으로 가볍게 지지되어 있다.

④ 중량이 가벼워 밸브 개폐가 불확실하다.

답안 표기란

31	①	②	③	④
32	①	②	③	④
33	①	②	③	④
34	①	②	③	④
35	①	②	③	④
36	①	②	③	④
37	①	②	③	④
38	①	②	③	④
39	①	②	③	④
40	①	②	③	④
41	①	②	③	④
42	①	②	③	④
43	①	②	③	④
44	①	②	③	④
45	①	②	③	④
46	①	②	③	④
47	①	②	③	④
48	①	②	③	④
49	①	②	③	④
50	①	②	③	④
51	①	②	③	④
52	①	②	③	④
53	①	②	③	④
54	①	②	③	④
55	①	②	③	④
56	①	②	③	④
57	①	②	③	④
58	①	②	③	④
59	①	②	③	④
60	①	②	③	④

계산기   다음 ▶   안 푼 문제   답안 제출

실전점검!

02회

CBT 실전모의고사

수험번호 :

수험자명 :

제한 시간 : 60분
남은 시간 :

글자
크기 100% 150% 200%

화면
배치

전체 문제 수 :
안 푼 문제 수 :

답안 표기란

31	①	②	③	④
32	①	②	③	④
33	①	②	③	④
34	①	②	③	④
35	①	②	③	④
36	①	②	③	④
37	①	②	③	④
38	①	②	③	④
39	①	②	③	④
40	①	②	③	④
41	①	②	③	④
42	①	②	③	④
43	①	②	③	④
44	①	②	③	④
45	①	②	③	④
46	①	②	③	④
47	①	②	③	④
48	①	②	③	④
49	①	②	③	④
50	①	②	③	④
51	①	②	③	④
52	①	②	③	④
53	①	②	③	④
54	①	②	③	④
55	①	②	③	④
56	①	②	③	④
57	①	②	③	④
58	①	②	③	④
59	①	②	③	④
60	①	②	③	④

3과목 **공기조화**

41 열펌프에 대한 설명으로 올바르지 못한 것은?

① 열펌프의 성적계수(COP)는 냉동기의 성적계수보다는 1만큼 더 크게 얻을 수 있다.

② 공기-공기방식에서 냉매회로교체의 경우는 장치가 간단하나 축열이 불가능하다.

③ 공기-물방식에서 물회로교체의 경우 외기가 0℃ 이하에서는 브라인을 사용하여 채열한다.

④ 물-물방식에서 냉매회로교체의 경우는 축열조를 사용할 수 없으므로 대형에 적합하지 않다.

42 환기횟수를 나타낸 것으로 맞는 것은?

① 매시간 환기량×실용적

② 매시간 환기량+실용적

③ 매시간 환기량-실용적

④ 매시간 환기량÷실용적

43 에너지 절약의 효과 및 사무자동화(OA)에 의한 건물에서 내부발생열의 증가와 부하변동에 대한 제어성이 우수하기 때문에 대규모 사무실 건물에 적합한 공기조화 방식은?

① 정풍량(CAV) 단일덕트 방식

② 유인유닛 방식

③ 룸 쿨러 방식

④ 가변풍량(VAV) 단일덕트 방식

44 침입 외기에 의한 손실열량 중 현열부하율을 구하는 식은 어느 것인가?(단, 식에서 t는 온도, x는 절대습도, Q는 풍량을 나타내고 아래 첨자 r은 실내, o는 실외를 나타낸 것이다.)

① $q = 0.29Q(t_o - t_r)$

② $q = 717Q(t_o - t_r)$

③ $q = 0.29Q(x_o - x_r)$

④ $q = 0.24Q(x_o - x_r)$

계산기

다음 ▶

안 푼 문제

답안 제출

실전점검!
02회 CBT 실전모의고사

수험번호 :
수험자명 :

제한 시간 : 60분
남은 시간 :

글자 크기

화면 배치

전체 문제 수 :
안 푼 문제 수 :

답안 표기란

31	①	②	③	④
32	①	②	③	④
33	①	②	③	④
34	①	②	③	④
35	①	②	③	④
36	①	②	③	④
37	①	②	③	④
38	①	②	③	④
39	①	②	③	④
40	①	②	③	④
41	①	②	③	④
42	①	②	③	④
43	①	②	③	④
44	①	②	③	④
45	①	②	③	④
46	①	②	③	④
47	①	②	③	④
48	①	②	③	④
49	①	②	③	④
50	①	②	③	④
51	①	②	③	④
52	①	②	③	④
53	①	②	③	④
54	①	②	③	④
55	①	②	③	④
56	①	②	③	④
57	①	②	③	④
58	①	②	③	④
59	①	②	③	④
60	①	②	③	④

45 국부저항 상류의 풍속을 V_1, 하류의 풍속을 V_2라 하고 전압기준 국부저항계수를 ζ_T, 정압기준 국부저항계수를 ζ_S라 할 때 두 저항계수의 관계식은?

① $\zeta_T = \zeta_S + 1 - (V_1/V_2)^2$

② $\zeta_T = \zeta_S + 1 - (V_2/V_1)^2$

③ $\zeta_T = \zeta_S + 1 + (V_1/V_2)^2$

④ $\zeta_T = \zeta_S + 1 + (V_2/V_1)^2$

46 어떤 방의 실내온도 20℃, 외기온도 −5℃인 경우 온수방열기의 방열면적이 $5m^2$ EDR인 방의 방열량은?

① 2,000kcal/h

② 2,250kcal/h

③ 1,000kcal/h

④ 1,520kcal/h

47 냉난방 설계용 외기조건에서 난방 설계용 외기온도는 난방기간 2904시간 중 2831시간은 외기온도가 설정된 외기온도보다 높으므로 정해진 난방장치로 충분하지만 나머지 73시간은 설계 외기온도보다 낮아질 가능성이 있다는 뜻으로서 올바른 것은?

① TAC 1%

② TAC 1.5%

③ TAC 2.5%

④ TAC 97.5%

48 다음 설명 중 옳지 않은 것은?

① 건공기는 산소, 질소, 탄산가스, 아르곤 및 헬륨 등의 기체가 혼합된 가스이다.

② 습공기는 건공기와 수증기가 혼합된 것이다.

③ 포화공기의 온도를 습공기의 노점온도라 한다.

④ 현열비는 실내의 전체열량에 대한 잠열량의 비이다.

계산기   다음 ▶   안 푼 문제   답안 제출

실전점검!
02회
CBT 실전모의고사

수험번호 :
수험자명 :

제한 시간 : 60분
남은 시간 :

글자
크기
100%
150%
200%

화면
배치

전체 문제 수 :
안 푼 문제 수 :

답안 표기란

31	①	②	③	④
32	①	②	③	④
33	①	②	③	④
34	①	②	③	④
35	①	②	③	④
36	①	②	③	④
37	①	②	③	④
38	①	②	③	④
39	①	②	③	④
40	①	②	③	④
41	①	②	③	④
42	①	②	③	④
43	①	②	③	④
44	①	②	③	④
45	①	②	③	④
46	①	②	③	④
47	①	②	③	④
48	①	②	③	④
49	①	②	③	④
50	①	②	③	④
51	①	②	③	④
52	①	②	③	④
53	①	②	③	④
54	①	②	③	④
55	①	②	③	④
56	①	②	③	④
57	①	②	③	④
58	①	②	③	④
59	①	②	③	④
60	①	②	③	④

49 다음 습공기 선도의 공기조화과정을 나타낸 장치도는?(단, ①=외기, ②=환기, HC=가열기, CC=냉각기이다.)

50 온수난방에서 온수의 순환방식과 관계가 없는 것은?

① 중력순환 방식
② 강제순환 방식
③ 역귀환 방식
④ 진공환수 방식

51 진공환수식 증기난방에 대한 설명으로 틀린 것은?

① 중력환수식, 기계환수식보다 환수관경을 작게 할 수 있다.
② 방열량을 광범위하게 조정할 수 있다.
③ 환수관 도중 입상부를 만들 수 있다.
④ 증기의 순환이 다른 방식에 비해 느리다.

52 두께 30cm, 벽면의 면적이 30m²인 벽돌벽이 있다. 내면의 온도가 20℃, 외면의 온도가 32℃일 때, 이 벽을 통한 열전열량은 몇 kcal/h인가?(단, 벽돌의 열전도율 $\lambda=0.7$ kcal/mh℃이다.)

① 510
② 620
③ 730
④ 840

계산기
다음 ▶
안 푼 문제
답안 제출

실전점검!

02회 CBT 실전모의고사

수험번호:

수험자명:

제한 시간 : 60분
남은 시간 :

글자크기 🔍 100% 150% 200% 화면배치

전체 문제 수 :
안 푼 문제 수 :

	답안 표기란			
31	①	②	③	④
32	①	②	③	④
33	①	②	③	④
34	①	②	③	④
35	①	②	③	④
36	①	②	③	④
37	①	②	③	④
38	①	②	③	④
39	①	②	③	④
40	①	②	③	④
41	①	②	③	④
42	①	②	③	④
43	①	②	③	④
44	①	②	③	④
45	①	②	③	④
46	①	②	③	④
47	①	②	③	④
48	①	②	③	④
49	①	②	③	④
50	①	②	③	④
51	①	②	③	④
52	①	②	③	④
53	①	②	③	④
54	①	②	③	④
55	①	②	③	④
56	①	②	③	④
57	①	②	③	④
58	①	②	③	④
59	①	②	③	④
60	①	②	③	④

53 덕트의 설계 시 덕트치수 결정과 관계가 없는 것은?

① 공기의 온도(℃)
② 풍속(m/s)
③ 풍량(m^3/h)
④ 마찰손실(mmAq)

54 냉수코일의 설계에 대한 설명으로 맞는 것은?(단, g_s : 코일의 냉각부하, k : 코일 전열계수, FA : 코일의 정면면적, MTD : 대수평균온도차(℃), M : 젖은 면계수 이다.)

① 코일 내의 순환수량은 코일 출입구의 수온차가 약 5~9℃가 되도록 선정하고 입구온도는 출구 공기 온도보다 3~5℃ 낮게 취한다.
② 관내의 수속은 3m/s 내외가 되도록 한다.
③ 수량이 적어 관내의 수속이 늦게 될 때에는 더블 서킷(Double Circuit)을 사용한다.
④ 코일의 열수 N=(g_s×MTD)/(M×k×FA)이다.

55 두께 8mm 유리창의 열관류율($kcal/m^2h$℃)은 약 얼마인가?(단, 내측 열전달률 $4kcal/m^2h$℃, 외측 열전달률 $10kcal/m^2h$℃, 유리의 열전도율 0.65kcal/mh℃ 이다.)

① 0.36
② 1.2
③ 2.76
④ 3.25

56 외기온도가 −5℃이고, 실내 공급 공기온도를 18℃로 유지하는 히트 펌프가 있다. 실내 총 손실 열량이 50,000kcal/h일 때 외기로부터 침입되는 열량은 약 몇 kcal/h인가?

① 23,255kcal/h
② 33,500kcal/h
③ 46,047kcal/h
④ 50,000kcal/h

🖩 계산기   다음 ▶   🗔 안 푼 문제   📋 답안 제출

02 실전점검!
CBT 실전모의고사

수험번호 :
수험자명 :

제한 시간 : 60분
남은 시간 :

글자 크기 100% 150% 200%   화면 배치

전체 문제 수 :
안 푼 문제 수 :

답안 표기란

31	① ② ③ ④
32	① ② ③ ④
33	① ② ③ ④
34	① ② ③ ④
35	① ② ③ ④
36	① ② ③ ④
37	① ② ③ ④
38	① ② ③ ④
39	① ② ③ ④
40	① ② ③ ④
41	① ② ③ ④
42	① ② ③ ④
43	① ② ③ ④
44	① ② ③ ④
45	① ② ③ ④
46	① ② ③ ④
47	① ② ③ ④
48	① ② ③ ④
49	① ② ③ ④
50	① ② ③ ④
51	① ② ③ ④
52	① ② ③ ④
53	① ② ③ ④
54	① ② ③ ④
55	① ② ③ ④
56	① ② ③ ④
57	① ② ③ ④
58	① ② ③ ④
59	① ② ③ ④
60	① ② ③ ④

57 습공기를 단열 가습하는 경우에 열 수분비는 얼마인가?

① 0
② 0.5
③ 1
④ ∞

58 산업용 공기조화의 주요 목적이 아닌 것은?

① 제품의 품질을 보존하기 위하여
② 보관 중인 제품의 변형을 방지하기 위하여
③ 생산성 향상을 위하여
④ 작업자의 근로시간을 개선하기 위하여

59 외기의 공급은 없이 실내공기만이 계속 흡입되고, 다시 취출되어 부하를 처리하는 방식으로 주택, 호텔의 객실, 사무실 등에 많이 설치하는 공조기는?

① 패키지형 공조기
② 인덕션 유닛
③ 팬코일 유닛
④ 에어핸드링 유닛

60 공기조화기(AHU)에 내장된 전열교환기에 대한 설명으로 가장 알맞은 것은?

① 환기와 배기의 현열교환장치이다.
② 배기와 도입 외기와의 잠열교환장치이다.
③ 환기와 배기의 잠열교환장치이다.
④ 배기와 도입 외기와의 전열교환장치이다.

계산기   다음 ▶   안 푼 문제   답안 제출

실전점검!

02회 CBT 실전모의고사

수험번호 :

수험자명 :

제한 시간 : 60분
남은 시간 :

   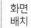

글자
크기 100% 150% 200%

화면
배치

전체 문제 수 :
안 푼 문제 수 :

4과목 **전기제어공학**

61 온도를 임피던스로 변환시키는 요소는?

① 측온 저항
② 광전지
③ 광전 다이오드
④ 전자석

62 다음 중 옴의 법칙에 대한 설명으로 옳지 않은 것은?

① 저항에 전류가 흐를 때 전압, 전류, 저항의 관계를 설명해준다.
② 옴의 법칙은 저항으로 전류의 크기를 조절할 수 있음을 보여준다.
③ 옴의 법칙은 저항에 의한 전압강하를 설명해준다.
④ 옴의 법칙을 이용하여 임피던스에 의한 전압강하는 설명할 수 없다.

63 그림에서 출력 Y는?

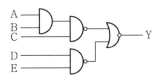

① $\overline{A} + \overline{B} + \overline{C} + \overline{D} + \overline{E}$
② $A + B + C + D$
③ $ABCDE$
④ $\overline{A}\,\overline{B}\,\overline{C}\,\overline{D}\,\overline{E}$

64 그림과 같은 피드백 제어시스템에서 단위 계단 함수를 입력으로 할 때 정상상태 오차가 0.01이 되도록 하는 a의 값은?

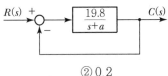

① 0.1
② 0.2
③ 0.3
④ 0.4

61	①	②	③	④
62	①	②	③	④
63	①	②	③	④
64	①	②	③	④
65	①	②	③	④
66	①	②	③	④
67	①	②	③	④
68	①	②	③	④
69	①	②	③	④
70	①	②	③	④
71	①	②	③	④
72	①	②	③	④
73	①	②	③	④
74	①	②	③	④
75	①	②	③	④
76	①	②	③	④
77	①	②	③	④
78	①	②	③	④
79	①	②	③	④
80	①	②	③	④
81	①	②	③	④
82	①	②	③	④
83	①	②	③	④
84	①	②	③	④
85	①	②	③	④
86	①	②	③	④
87	①	②	③	④
88	①	②	③	④
89	①	②	③	④
90	①	②	③	④

계산기

다음 ▶

 안 푼 문제

 답안 제출

02회 실전점검!
CBT 실전모의고사

수험번호 :

수험자명 :

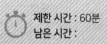

제한 시간 : 60분
남은 시간 :

글자
크기 100% 150% 200%

화면
배치

전체 문제 수 :
안 푼 문제 수 :

65 궤환제어계에 속하지 않는 신호로서 외부에서 제어량이 그 값에 맞도록 제어계에 주어지는 신호를 무엇이라 하는가?

① 동작신호
② 기준입력
③ 목표값
④ 궤환신호

66 변압기 절연내력시험이 아닌 것은?

① 가압시험
② 유도시험
③ 충격시험
④ 절연저항시험

67 시퀀스 제어의 장점이 아닌 것은?

① 구성하기 쉽다.
② 시스템의 구성비가 낮다.
③ 원하는 출력을 얻기 위해 보정이 필요 없다.
④ 유지 및 보수가 간단하다.

68 논리식 $A+AB$를 간단히 하면?

① 0
② 1
③ A
④ B

69 그림과 같은 브리지 정류회로는 어느 점에 교류입력을 연결하여야 하는가?

① $A-B$점
② $A-C$점
③ $B-C$점
④ $B-D$점

계산기

다음 ▶

안 푼 문제

답안 제출

02회 실전점검!
CBT 실전모의고사

수험번호 :

수험자명 :

제한 시간 : 60분
남은 시간 :

글자
크기 100% 150% 200% 화면 배치

전체 문제 수 :
안 푼 문제 수 :

70 $v=141\sin\left(377t-\dfrac{\pi}{6}\right)$ 인 파형의 주파수는 약 몇 [Hz]인가?

① 50

② 60

③ 100

④ 377

71 그림과 같은 다이오드 브리지 정류회로가 있다. 교류전원 v가 양일 때와 음일 때의 전류의 방향을 바로 적은 것은?(단, 화살표 방향을 양으로 한다.)

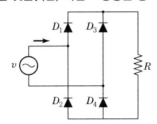

① $v>0 : v \rightarrow D_1 \rightarrow R \rightarrow D_2 \rightarrow v$
   $v<0 : v \rightarrow D_2 \rightarrow R \rightarrow D_1 \rightarrow v$

② $v>0 : v \rightarrow D_1 \rightarrow R \rightarrow D_2 \rightarrow v$
   $v<0 : v \rightarrow D_4 \rightarrow R \rightarrow D_1 \rightarrow v$

③ $v>0 : v \rightarrow D_1 \rightarrow R \rightarrow D_4 \rightarrow v$
   $v<0 : v \rightarrow D_3 \rightarrow R \rightarrow D_2 \rightarrow v$

④ $v>0 : v \rightarrow D_1 \rightarrow R \rightarrow D_2 \rightarrow v$
   $v<0 : v \rightarrow D_4 \rightarrow R \rightarrow D_3 \rightarrow v$

72 제동계수 중 최대 초과량이 가장 큰 것은?

① $\delta=0.5$

② $\delta=1$

③ $\delta=2$

④ $\delta=3$

답안 표기란

61	① ② ③ ④
62	① ② ③ ④
63	① ② ③ ④
64	① ② ③ ④
65	① ② ③ ④
66	① ② ③ ④
67	① ② ③ ④
68	① ② ③ ④
69	① ② ③ ④
70	① ② ③ ④
71	① ② ③ ④
72	① ② ③ ④
73	① ② ③ ④
74	① ② ③ ④
75	① ② ③ ④
76	① ② ③ ④
77	① ② ③ ④
78	① ② ③ ④
79	① ② ③ ④
80	① ② ③ ④
81	① ② ③ ④
82	① ② ③ ④
83	① ② ③ ④
84	① ② ③ ④
85	① ② ③ ④
86	① ② ③ ④
87	① ② ③ ④
88	① ② ③ ④
89	① ② ③ ④
90	① ② ③ ④

 계산기

다음 ▶

안 푼 문제

답안 제출

실전점검!
02회
CBT 실전모의고사

수험번호 :
수험자명 :

제한 시간 : 60분
남은 시간 :

글자
크기 100% 150% 200%

화면
배치

전체 문제 수 :
안 푼 문제 수 :

답안 표기란

61	①	②	③	④
62	①	②	③	④
63	①	②	③	④
64	①	②	③	④
65	①	②	③	④
66	①	②	③	④
67	①	②	③	④
68	①	②	③	④
69	①	②	③	④
70	①	②	③	④
71	①	②	③	④
72	①	②	③	④
73	①	②	③	④
74	①	②	③	④
75	①	②	③	④
76	①	②	③	④
77	①	②	③	④
78	①	②	③	④
79	①	②	③	④
80	①	②	③	④
81	①	②	③	④
82	①	②	③	④
83	①	②	③	④
84	①	②	③	④
85	①	②	③	④
86	①	②	③	④
87	①	②	③	④
88	①	②	③	④
89	①	②	③	④
90	①	②	③	④

73 그림과 같은 블록선도를 등가 변환한 것은?

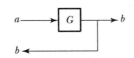

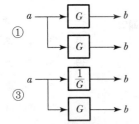

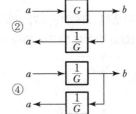

74 도체에 전하를 주었을 경우에 틀린 것은?

① 전하는 도체 외측의 표면에만 분포한다.

② 전하는 도체 내부에만 존재한다.

③ 도체 표면의 곡률 반경이 작은 곳에 전하가 많이 모인다.

④ 전기력선은 정(+)전하에서 시작하여 부전하(−)에서 끝난다.

75 제어동작에 대한 설명 중 옳지 않은 것은?

① 2위치동작 : ON−OFF 동작이라고도 하며, 편차의 정부(+, −)에 따라 조작부를 전폐 또는 전개하는 것이다.

② 비례동작 : 편차의 제곱에 비례한 조작신호를 낸다.

③ 적분동작 : 편차의 적분치에 비례한 조작신호를 낸다.

④ 미분동작 : 조작신호가 편차의 증가속도에 비례하는 동작을 한다.

76 불연속제어에 속하는 것은?

① 비율제어

② 비례제어

③ 미분제어

④ On−Off 제어

계산기

다음 ▶

안 푼 문제

답안 제출

실전점검!
02회 **CBT 실전모의고사**

수험번호 :
수험자명 :

제한 시간 : 60분
남은 시간 :

   글자 크기 100% 150% 200%

 화면 배치

전체 문제 수 :
안 푼 문제 수 :

77 순시전압 $e = E_m \sin(\omega t + \theta)$의 파형은?

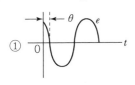

①

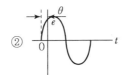

②

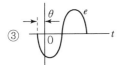

③

④

78 2차계 시스템의 응답형태를 결정하는 것은?

① 히스테리시스　　　　② 정밀도
③ 분해도　　　　　　　④ 제동계수

79 다음 중 직류 전동기의 규약효율을 나타내는 식으로 가장 알맞은 것은?

① $\eta = \dfrac{출력}{입력} \times 100\%$　　　② $\eta = \dfrac{출력}{출력+손실} \times 100\%$

③ $\eta = \dfrac{입력-손실}{입력} \times 100\%$　　④ $\eta = \dfrac{입력}{출력+손실} \times 100\%$

80 그림에서 스위치 S의 개폐에 관계없이 전전류 I가 항상 30A라면 저항 r_3와 r_4의 값은 몇 [Ω]인가?

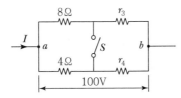

① $r_3 = 1$, $r_4 = 3$　　　　② $r_3 = 2$, $r_4 = 1$
③ $r_3 = 3$, $r_4 = 2$　　　　④ $r_3 = 4$, $r_4 = 4$

계산기　　　　다음 ▶　　　　안 푼 문제　　답안 제출

02회 실전점검!
CBT 실전모의고사

수험번호 :

수험자명 :

제한 시간 : 60분
남은 시간 :

글자
크기 100% 150% 200%

화면
배치

전체 문제 수 :
안 푼 문제 수 :

답안 표기란

61	① ② ③ ④
62	① ② ③ ④
63	① ② ③ ④
64	① ② ③ ④
65	① ② ③ ④
66	① ② ③ ④
67	① ② ③ ④
68	① ② ③ ④
69	① ② ③ ④
70	① ② ③ ④
71	① ② ③ ④
72	① ② ③ ④
73	① ② ③ ④
74	① ② ③ ④
75	① ② ③ ④
76	① ② ③ ④
77	① ② ③ ④
78	① ② ③ ④
79	① ② ③ ④
80	① ② ③ ④
81	① ② ③ ④
82	① ② ③ ④
83	① ② ③ ④
84	① ② ③ ④
85	① ② ③ ④
86	① ② ③ ④
87	① ② ③ ④
88	① ② ③ ④
89	① ② ③ ④
90	① ② ③ ④

5과목 배관일반

81 고무링과 가단 주철제의 칼라를 죄어서 이음하는 방법은?

① 플랜지 접합
② 빅토리 접합
③ 기계적 접합
④ 동관 접합

82 고온고압용 관 재료의 구비조건 중 틀린 것은?

① 유체에 대한 내식성이 클 것
② 고온에서 기계적 강도를 유지할 것
③ 가공이 용이하고 값이 쌀 것
④ 크리프 강도가 작을 것

83 통기관의 설치와 거리가 먼 것은?

① 배수의 흐름을 원활하게 하여 배수관의 부식을 방지한다.
② 봉수가 사이펀 작용으로 파괴되는 것을 방지한다.
③ 배수계통 내의 신선한 공기를 유입하기 위해 환기시킨다.
④ 배수계통 내의 배수 및 공기의 흐름을 원활하게 한다.

84 캐비테이션(Cavirarion)현상의 발생 조건이 아닌 것은?

① 흡입양정이 지나치게 클 경우
② 흡입관의 저항이 증대될 경우
③ 날개차의 모양이 적당하지 않을 경우
④ 관로 내의 온도가 감소될 경우

계산기

다음 ▶

안 푼 문제

02회 실전점검!
CBT 실전모의고사

수험번호 :
수험자명 :

제한 시간 : 60분
남은 시간 :

글자
크기 100% 150% 200%

화면
배치

전체 문제 수 :
안 푼 문제 수 :

답안 표기란

61	①	②	③	④
62	①	②	③	④
63	①	②	③	④
64	①	②	③	④
65	①	②	③	④
66	①	②	③	④
67	①	②	③	④
68	①	②	③	④
69	①	②	③	④
70	①	②	③	④
71	①	②	③	④
72	①	②	③	④
73	①	②	③	④
74	①	②	③	④
75	①	②	③	④
76	①	②	③	④
77	①	②	③	④
78	①	②	③	④
79	①	②	③	④
80	①	②	③	④
81	①	②	③	④
82	①	②	③	④
83	①	②	③	④
84	①	②	③	④
85	①	②	③	④
86	①	②	③	④
87	①	②	③	④
88	①	②	③	④
89	①	②	③	④
90	①	②	③	④

85 옥상탱크식 급수방식의 장점이 아닌 것은?

① 급수압력이 일정하다.
② 단수 시에도 일정량의 급수가 가능하다.
③ 급수 공급계통에서 물의 오염 가능성이 없다.
④ 대규모 급수에 대응이 가능하다.

86 밀폐배관계에서는 압력계획이 필요하다. 압력계획을 하는 이유로 적당하지 않은 것은?

① 운전 중 배관계 내에 대기압보다 낮은 개소가 있으면 접속부에서 공기를 흡입할 우려가 있기 때문에
② 운전 중 수온에 알맞은 최소압력 이상으로 유지하지 않으면 순환수 비등이나 플래시 현상 발생우려가 있기 때문에
③ 수온의 변화에 의한 체적의 팽창·수축으로 배관 각부에 악영향을 미치기 때문에
④ 펌프의 운전으로 배관계 각부의 압력이 감소하므로 수격작용, 공기정체 등의 문제가 생기기 때문에

87 냉동장치에서 압축기의 표시방법이 옳지 않은 것은?

① ⬭ : 밀폐형 일반

② ◯ : 로터리형

③ ⬭ : 원심형

④ ⬭ : 왕복동형

계산기   다음 ▶   안 푼 문제   📋 답안 제출

02회 실전점검!
CBT 실전모의고사

수험번호 :
수험자명 :

제한 시간 : 60분
남은 시간 :

글자 크기 100% 150% 200% 화면 배치

전체 문제 수 :
안 푼 문제 수 :

답안 표기란

61	① ② ③ ④
62	① ② ③ ④
63	① ② ③ ④
64	① ② ③ ④
65	① ② ③ ④
66	① ② ③ ④
67	① ② ③ ④
68	① ② ③ ④
69	① ② ③ ④
70	① ② ③ ④
71	① ② ③ ④
72	① ② ③ ④
73	① ② ③ ④
74	① ② ③ ④
75	① ② ③ ④
76	① ② ③ ④
77	① ② ③ ④
78	① ② ③ ④
79	① ② ③ ④
80	① ② ③ ④
81	① ② ③ ④
82	① ② ③ ④
83	① ② ③ ④
84	① ② ③ ④
85	① ② ③ ④
86	① ② ③ ④
87	① ② ③ ④
88	① ② ③ ④
89	① ② ③ ④
90	① ② ③ ④

88 배수관은 피복두께를 보통 10mm 정도를 표준으로 하여 피복하는데 피복의 주목적은?

① 충격방지

② 진동방지

③ 방로 및 방음

④ 부식방지

89 흡수식 냉동기에 대한 설명이다. 틀린 것은?

① 주요 부품은 응축기, 증발기, 발생기, 압축기이다.

② 운전 압력이 낮고 용량제어 특성이 좋고, 부하의 범위가 넓다.

③ 진동이나 소음이 적고 건물의 어느 위치에서도 용이하게 설치할 수 있다.

④ 흡수식 냉동기는 일반적으로 냉매를 물, 흡수액은 취화 리튬 수용액을 사용한다.

90 냉매의 토출관 관경을 결정하려고 한다. 틀린 것은?

① 냉매 가스 속에 용해하고 있는 기름이 확실히 운반될 수 있게 입상관에서는 6m/s 이상 되도록 할 것

② 냉매 가스 속에 용해하고 있는 기름이 확실히 운반될 수 있게 횡형관에서는 6m/s 이상 되도록 할 것

③ 속도의 압력 손실 및 소음이 일어나지 않을 정도로 속도를 25m/s로 제한한다.

④ 토출관에 의해 발생된 전 마찰 손실압력은 19.6kPa을 넘지 않도록 한다.

계산기   다음 ▶   안 푼 문제   📋 답안 제출

02회 실전점검!
CBT 실전모의고사

수험번호 :

수험자명 :

제한 시간 : 60분
남은 시간 :

글자
크기
100%
150%
200%

화면
배치

전체 문제 수 :
안 푼 문제 수 :

답안 표기란

91	①	②	③	④
92	①	②	③	④
93	①	②	③	④
94	①	②	③	④
95	①	②	③	④
96	①	②	③	④
97	①	②	③	④
98	①	②	③	④
99	①	②	③	④
100	①	②	③	④

91 덕트의 단위길이당 마찰저항이 일정하도록 치수를 결정하는 덕트 설계법은?

① 등마찰손실법
② 정속법
③ 등온법
④ 정압재취득법

92 복사난방에서 패널(Panel)코일의 배관방식이 아닌 것은?

① 그리드코일식
② 리버스리턴식
③ 벤드코일식
④ 벽면그리드코일식

93 진공환수식 증기난방 배관에 대한 설명으로 옳지 않은 것은?

① 배관 도중에 공기빼기밸브를 설치한다.
② 배관에는 적당한 구배를 준다.
③ 진공식에서는 리프트 피팅에 의해 응축수를 상부로 빨아올릴 수 있으므로 반드시 배관을 방열기 하부에 할 필요는 없다.
④ 응축수의 유속이 빠르게 되므로 환수관을 가늘게 할 수가 있다.

94 도시가스 입상배관의 관지름이 20mm일 때 움직이지 않도록 몇 m마다 고정장치를 부착해야 하는가?

① 1m
② 2m
③ 3m
④ 4m

95 압력계를 설치하지 않아도 되는 곳은?

① 감압밸브 입구 측과 출구 측
② 펌프 출구 측
③ 냉각탑 입구 측과 출구 측
④ 증기헤더 출구 측

계산기

다음 ▶

안 푼 문제

답안 제출

02회 실전점검!
CBT 실전모의고사

수험번호 :
수험자명 :

제한 시간 : 60분
남은 시간 :

글자 크기 Θ 100% ⊙ 150% ⊕ 200%   화면 배치

전체 문제 수 :
안 푼 문제 수 :

답안 표기란				
91	①	②	③	④
92	①	②	③	④
93	①	②	③	④
94	①	②	③	④
95	①	②	③	④
96	①	②	③	④
97	①	②	③	④
98	①	②	③	④
99	①	②	③	④
100	①	②	③	④

96 급수배관에 대한 설명으로 틀린 것은?

① 상향급수 배관 방식에서 상향수직관은 상층으로 올라갈수록 관경을 작게 한다.

② 하향급수 배관방식은 옥상탱크식의 경우에 흔히 사용되는 배관법으로 급수수압이 일정하다.

③ 상·하향 혼용배관 방식은 일반적으로 1, 2층은 상향식, 3층 이상은 하향식으로 한다.

④ 벽이나 바닥의 관통배관 시에는 슬리브(Sleeve)를 넣고 배관하여 교체나 수리가 가능하도록 하여야 한다.

97 급탕량이 300kg/h이고 급탕온도 80℃, 급수온도 20℃, 중유의 발열량이 10,000 kcal/kg, 가열기의 효율이 60%일 때 연료 소모량은 얼마인가?

① 2kg/h
② 2.5kg/h
③ 3kg/h
④ 3.5kg/h

98 분기관을 만들 때 사용되는 배관 부속품은?

① 유니언(Union)
② 엘보(Elbow)
③ 티(Tee)
④ 플랜지(Flange)

99 가스수요의 시간적 변화에 따라 일정한 가스량을 안정하게 공급하고 저장할 수 있는 가스홀더의 종류가 아닌 것은?

① 무수(無水)식
② 유수(有水)식
③ 주수(柱水)식
④ 구(球)형

100 체크밸브를 나타내는 것은?

① ② ③ ④

계산기   다음 ▶   안 푼 문제   답안 제출

CBT 정답 및 해설

01	02	03	04	05	06	07	08	09	10
③	④	③	①	②	①	②	②	②	④
11	12	13	14	15	16	17	18	19	20
②	①	②	②	③	③	①	③	②	③
21	22	23	24	25	26	27	28	29	30
④	④	②	③	①	④	①	②	④	②
31	32	33	34	35	36	37	38	39	40
①	③	③	④	①	②	④	②	④	④
41	42	43	44	45	46	47	48	49	50
④	④	④	①	②	②	③	④	②	④
51	52	53	54	55	56	57	58	59	60
④	④	①	①	③	③	①	④	③	④
61	62	63	64	65	66	67	68	69	70
①	④	③	②	③	④	③	④	④	②
71	72	73	74	75	76	77	78	79	80
③	①	①	②	②	④	②	④	③	②
81	82	83	84	85	86	87	88	89	90
②	④	①	④	④	②	④	②	①	②
91	92	93	94	95	96	97	98	99	100
①	②	①	②	③	①	③	③	③	①

01 정답 | ③
풀이 | $Q = G \times C_p \times \Delta t$
$= 10 \times 0.475 \times (80 - 20)$
$= 285\text{kJ}$

02 정답 | ④
풀이 | 포화상태에서 기체가 액체의 엔탈피 값보다 크다.

03 정답 | ③
풀이 | 이상기체에서 단열변화 시 엔트로피의 변화는 없다(교축 시 엔트로피는 증가, 압력은 감소).

04 정답 | ①
풀이 | 대기압 + 계기압 = 절대압력
$\therefore 150 + 100 = 250\text{kPa}$

05 정답 | ②
풀이 | $T-S$선도에서의 면적 : 열량의 표시

06 정답 | ①
풀이 | $T_2 = T_1 \times \left(\dfrac{P_2}{P_1}\right)^{\frac{k-1}{k}} = 300 \times \left(\dfrac{1,000}{100}\right)^{\frac{1.4-1}{1.4}}$

$= 579.2093\text{K}, \ 10 : 1 = 1,000 : 100\text{kPa}$
$\therefore W_t = 1.004 \times (579.2093 - 300) = 280.3\text{kJ/kg}$

07 정답 | ②
풀이 | $C_p = \dfrac{3,271.9 - 3,167.7}{(400 - 350)} = 2.084\text{kJ/kg} \cdot \text{K}$

08 정답 | ②
풀이 | $273 - 10 = 263\text{K}$,
$273 + 30 = 303\text{K}$
$\text{COP} = \dfrac{T_2}{T_1 - T_2} = \dfrac{263}{303 - 263} = 6.575$

09 정답 | ②
풀이 | 2-3과정
정압방열과정(응축기의 일)

10 정답 | ④
풀이 | $Q = G \displaystyle\int_{t_1}^{t_2} C_p dt = 5 \int_0^{100} (1.01 + 0.000079)$
$= 5 \times \left(1.01 \times 100 + 0.000079 \times \dfrac{100^2}{2}\right) = 507\text{kJ}$

11 정답 | ②
풀이 | 브레이턴 가스터빈 사이클(정압연소 사이클 = 등압연소 사이클) : 공기냉동 사이클의 역사이클

12 정답 | ①
풀이 | 열역학 제2법칙은 열을 일로 100% 변환은 불가능하나 일부는 가능하다.

13 정답 | ②
풀이 | $1\text{kgf} \cdot \text{m} = 9.81\text{N} \cdot \text{m} = 9.81\text{J} = 0.00981\text{kJ}$
$0.18 \times 1,000 = 180\text{N} \cdot \text{m}, \ 0.18\text{kN} \cdot \text{m} = 0.18\text{kJ}$
$\therefore \Delta u = 5 - 0.18 = 4.82\text{kJ}$

14 정답 | ②
풀이 | $T_2 = T_1 \times \left(\dfrac{P_2}{P_1}\right)^{\frac{K-1}{K}} = (20 + 273) \times \left(\dfrac{500}{100}\right)^{\frac{1.4-1}{1.4}}$
$= 464.059\text{K}$
$T_1 = 20 + 273 = 293\text{K}$
$\therefore W_t = C_V(T_2 - T_1) = 0.745 \times (464.059 - 293)$
$= 127.5\text{kJ/kg}$

15 정답 | ③

풀이 | $W_t = -\int VdP = P_1 V_1 \ln\left(\dfrac{P_1}{P_2}\right)$ = 등온압축

$\therefore\ 200 \times 0.02 \times \ln\left(\dfrac{200}{100}\right) = 2.8\text{kJ/kg}$

16 정답 | ③

풀이 | 플로트로픽지수(n)

　ㄱ 정압변화＝0

　ㄴ 등온변화＝1

　ㄷ 단열변화＝K

　ㄹ 정적변화＝∞

17 정답 | ①

풀이 | 내부에너지(Δu)

$\Delta u = C_v (T_2 - T_1) = 0.7315(433 - 283) = 109.7\text{kJ}$

18 정답 | ③

풀이 | 내부에너지(Δu)

$\Delta u = 700 - 250 = 450\text{kJ}$

$\therefore\ \Delta u' = 450 + 100 = 550\text{kJ}$

19 정답 | ②

풀이 | 증발기의 온도를 낮추면 성능계수가 낮아진다.

20 정답 | ③

풀이 | 내연기관 오토사이클 열효율(η_0)

$\eta_0 = 1 - \left(\dfrac{1}{\varepsilon}\right)^{k-1}$

$= 1 - \left(\dfrac{1}{7.5}\right)^{1.4-1}$

$= 0.553(55.3\%)$

21 정답 | ④

풀이 | 브라인 냉매 : 현열 이용

　※ 염화칼슘 : 제빙, 냉장, 공업용으로 사용하며 부식력은 있으나 염화나트륨보다는 부식성이 작다.

22 정답 | ④

풀이 | 냉동장치에 불응축가스가 발생하면 압력이 높아져서 응축기의 온도가 높아진다.

23 정답 | ②

풀이 | 압축기에서 냉동오일유 반송을 위해서 2중 수직관으로 압축기 흡입관을 배관한다.

24 정답 | ③

풀이 | 냉동효과＝$c - b = 143 - 95 = 48\text{kcal/kg}$

압축일량＝$(d - c) + (f - e)$

$= (154 - 143) + (158 - 149) = 20\text{kcal/kg}$

$\therefore\ 성적계수(\text{COP}) = \dfrac{48}{20} = 2.4$

25 정답 | ①

풀이 | 응축기에서는 대류와 전도에 의해 (기체 → 액화) 엔탈피가 감소한다.

26 정답 | ④

풀이 | 흡수제(LiBr)는 농도가 63% 정도로 높고 온도가 낮아야 흡수능력이 커진다.

27 정답 | ①

풀이 | 빙축열 방식은 냉동기의 성적계수는 다소 저하된다(축열조는 소형화가 가능).

28 정답 | ②

풀이 | 냉동기 냉매액 분리기는 액압축을 방지하며 압축기를 보호한다.

29 정답 | ④

풀이 | 압축기 흡입관에 트랩이 있으면 트랩을 피해 설치한다.

30 정답 | ②

풀이 | $200 \times (148 - 107) = 8{,}200\text{kcal/h}$

$\therefore\ \text{RT} = \dfrac{8{,}200}{3{,}320} = 2.47$

31 정답 | ①

풀이 | 히트펌프(열펌프)는 응축온도가 높을수록 난방능력이 증대하여 냉매순환량이 감소한다.

32 정답 | ③

풀이 | $273 + (-15) = 258\text{K}$

$\dfrac{258}{6.84} = 37.7$

$\therefore\ 응축온도 = 37.7 - 15 = 22.7℃$

33 정답 | ③

풀이 | 제빙은 원수의 온도에 따라 능력이 달라진다.

제빙 1톤(RT)＝$\dfrac{131{,}016}{79{,}680} = 1.65\text{RT}$

CBT 정답 및 해설

34 정답 | ④

풀이 | 입형 응축기에서 수실에 스월(Swirl)이 부착되어 냉각수가 관벽을 따라 흐른다.

※ Swirl : 소용돌이

35 정답 | ①

풀이 | R-717 냉매(암모니아)

폭발범위 : 15~28%(독성, 가연성 냉매)

36 정답 | ②

풀이 | 2단 압축은 2단으로 나누어 행함으로써 각 단의 압축비를 감소시켜 냉동능력의 저하, 실린더 과열을 방지한다.

37 정답 | ④

풀이 | 냉매량 $= \dfrac{25,000}{40} = 625 \text{kg/h}$

38 정답 | ②

풀이 | 안전밸브의 가스분출 파이프 지름은 점검사항이 아니고 가스능력에 따른 설비사항이다.

39 정답 | ④

풀이 | ㉠ 저압 측 플로트식 팽창밸브는 대용량 만액식 증발기용 응축기에 불응축가스나 하부에 오일이 괴면 응축온도가 상승한다.

㉡ 증발압력 조정밸브(E.P.R)는 입구 측에 설치한다.

40 정답 | ④

풀이 | 포핏 밸브(Poppet Valve)는 압축기 밸브로서 중량이 무거워서 밸브개폐가 확실하여 가스누설을 차단한다.

41 정답 | ④

풀이 | 히트펌프특징 : 물-물방식은 축열조가 커야 하므로 (증발기에서 냉수를 만들어 냉수에 의해 냉방을 한다) 대형이어야 한다. (냉매회로는 동절기에는 온수코일로 사용하여 온수코일에 의해 난방을 한다)

㉠ 방식 : 공기-공기방식, 공기-물방식, 물-공기방식, 물-물방식

㉡ 물-물방식의 응축기는 지하수에 의해 냉각한다. (물회로방식)

42 정답 | ④

풀이 | 환기횟수 $= \dfrac{\text{매시간 환기량}}{\text{실용적}}$

43 정답 | ④

풀이 | 가변풍량 단일덕트 방식

대규모 사무실 사무자동화에 편리하고 에너지 절약 효과가 있다(제어성이 우수하다).

44 정답 | ①

풀이 | 0.29 : 정압비열,

0.24kcal/kg℃×공기의 비중량 1.2kg/m³의 값

Q(q)현열부하 $= 0.29Q(t_o - t_r)(\text{kcal/h})$

45 정답 | ②

풀이 | 전압기준 국부저항계수

$$\zeta_T = \zeta_S + 1 - \left(\dfrac{V_2}{V_1}\right)^2$$

46 정답 | ②

풀이 | 온수표준방열량(EDR) : 450kcal/m²h

∴ 5×450 = 2,250kcal/h

47 정답 | ③

풀이 | 난방 설계용 외기온도(TAC)

∴ $\dfrac{2,904 - 2,831}{2,904} \times 100 = 2.5\%$

48 정답 | ④

풀이 | 현열비 $= \dfrac{\text{현열}}{\text{현열} + \text{잠열}}$

49 정답 | ②

풀이 | 혼합, 가열, 가습상태

① H/C : 가열코일

② I : 엔탈피

③ SHF : 현열비

④ C/C : 냉각코일

50 정답 | ④

풀이 | 증기난방

㉠ 중력환수식

㉡ 기계환수식

㉢ 진공환수식

51 정답 | ④

풀이 | 진공환수식 증기난방은 배관 내가 진공상태이며 순환이 매우 빠르다.

52 정답 | ④

풀이 | $Q = \lambda \times \dfrac{A(t_2 - t_1)}{b} = 0.7 \times \dfrac{30 \times (32 - 20)}{0.3}$
　　　$= 840 \text{kcal/h}$
　　　※ 30cm=0.3m

53 정답 | ①

풀이 | 덕트치수 결정 구성인자
　　　㉠ 풍속
　　　㉡ 풍량
　　　㉢ 마찰손실

54 정답 | ①

풀이 | 냉수코일의 특징
　　　㉠ 풍속 : 2.0∼3.0m/s(약 2.5m/s)
　　　㉡ 수속 : 1.0m/s 전후
　　　㉢ 수온 : 5℃ 정도(약 8∼10℃)
　　　㉣ 코일열수=(냉각부하(g_s)/FA · k · M×MTD)(열)

55 정답 | ③

풀이 | 관류율(k)$= \dfrac{1}{\dfrac{1}{a_1} + \dfrac{b}{\lambda} + \dfrac{1}{a_2}}$ (kcal/m^{2}h℃)
　　　$= \dfrac{1}{\dfrac{1}{4} + \dfrac{0.008}{0.65} + \dfrac{1}{10}}$
　　　$= \dfrac{1}{0.25 + 0.0123 + 0.1}$
　　　$= 2.76$(kcal/m^{2}h℃)

56 정답 | ③

풀이 | $T_1 = 273 + (-5) = 268$k
　　　$T_2 = 273 + 18 = 291$k
　　　$\therefore\ 50{,}000 \times \dfrac{268}{291} = 46{,}047$(kcal/h)

57 정답 | ①

풀이 | 열 수분비$(u) = \dfrac{\text{엔탈피 변화량}}{\text{수분의 변화량}} = \dfrac{h_3 - h_1}{x_3 - x_1}$
　　　단열가습에서 엔탈피 변화가 없으니 열 수분비=0이다.

58 정답 | ④

풀이 | 작업자의 근로시간과 산업용 공기조화 목적과는 관련성이 없다.

59 정답 | ③

풀이 | 팬코일 유닛 공조기
　　　㉠ 전수방식이며 실내공기만 계속 흡입되고 다시 취출되어 부하를 처리한다.
　　　㉡ 주택, 호텔의 객실, 사무실용이다.
　　　㉢ 구성 : 코일, 송풍기, 필터 등이다.

60 정답 | ④

풀이 | 전열교환기
　　　공기 대 공기의 열교환기로서 현열은 물론 잠열까지도 교환된다. 공조시스템에서 배기와 도입되는 외기와의 전열교환으로 공조기는 물론 보일러나 냉동기의 용량을 줄일 수 있고 에너지가 절약된다.

61 정답 | ①

풀이 | 임피던스 : 전기 회로에 교류를 흘렸을 때 전류의 흐름을 방해하는 정도를 나타내는 값
　　　Z(임피던스)$= \dfrac{\text{전압}}{\text{전류}}$ (Ω), 온도를 임피던스로 변환시키는 요소는 측온저항

62 정답 | ④

풀이 | 옴의 법칙
　　　전기회로에 흐르는 전류는 전압(전위차)에 비례하며, 도체의 저항에 반비례한다.
　　　전류$(I) = \dfrac{V}{R}$, 저항의 역수$(G) = \dfrac{1}{R}$(컨덕턴스)

63 정답 | ③

풀이 | $Y = \overline{\overline{(ABC} + \overline{DE})} = \overline{(\overline{ABC} + \overline{DE})}$
　　　$= ABCDE$

64 정답 | ②

풀이 | $0.01 = \dfrac{x}{19.8}$, $x = 19.8 \times 0.01 ≒ 0.2$

65 정답 | ③

풀이 | 목표값 : 제어량이 그 값에 맞도록 제어계에 주어지는 신호

66 정답 | ④

풀이 | 절연내력시험 : 가압시험, 유도시험, 충격시험
　　　※ 변압기 : 하나의 회로에서 교류전력을 받아 전자유도작용에 의해 다른 회로에 전력을 공급하는 정지기기

CBT 정답 및 해설

67 정답 | ③
풀이 | 시퀀스(Sequence) 제어는 독립된 다수의 출력 회로를 동시에 얻을 수 있다.

68 정답 | ③
풀이 | $A + AB = A(1 + B) = A \cdot 1 = A$

69 정답 | ④
풀이 | 브리지 정류회로 : 양파 정류회로의 일종으로 다이오드를 4개 브리지 모양으로 접속하여 정류하는 회로(중간 탭이 있는 트랜스를 사용하지 않아도 된다.)로서 교류입력은 $B{-}D$점에 연결한다.

70 정답 | ②
풀이 | $\pi(\text{rad}) = 180°$, $1\text{rad} = \dfrac{180°}{\pi}$

라디안(rad) $=$ 각도 $\times \dfrac{\pi}{180}$

$V = V_m \sin(\omega t + \theta)$

$\omega = \dfrac{377}{180} = 2\pi f$

$\therefore f = \dfrac{377}{2\pi} = \dfrac{377}{2 \times 3.14} = 60(\text{Hz})$

71 정답 | ③
풀이 | 교류전원(v)
(양) $v > 0 : v \rightarrow D_1 \rightarrow R \rightarrow D_4 \rightarrow v$
(음) $v < 0 : v \rightarrow D_3 \rightarrow R \rightarrow D_2 \rightarrow v$

72 정답 | ①
풀이 | 제동계수(DF)가 작을수록 최대 초과량이 크다.

73 정답 | ①
풀이 |

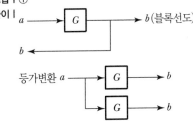

74 정답 | ②
풀이 | 전하(Charge)
음 또는 양의 전기를 일종의 양으로 다룬 것
㉠ 단위 : 쿨롱(C)

㉡ 1A의 불변 전류로 1초간 운반되는 전기량을 1쿨롱[C]이라 한다.
㉢ 전하는 도체 내부 · 외부에 존재한다.

75 정답 | ②
풀이 | 비례동작(P 연속동작)
편차(잔류편차 Off Set 발생)
$Y = k \cdot z(t)$

76 정답 | ④
풀이 | On$-$Off 제어 : 불연속제어로서 사이클링이 있다.

77 정답 | ②
풀이 | 순시값
교류는 시간에 따라 순간마다 파의 크기가 변화하므로 전류파형 또는 전압파형의 어떤 임의의 순간에서 전류 또는 전압의 크기를 나타내는 것

78 정답 | ④
풀이 | 제동계수 : 2차계 시스템의 응답형태를 결정하는 것

79 정답 | ③
풀이 | 직류전동기 규약효율(η) $= \dfrac{\text{입력} - \text{손실}}{\text{입력}} \times 100(\%)$

80 정답 | ②
풀이 | 8Ω의 전류(I) $= 30 \times \dfrac{4}{8+4} = 10\text{A}$

4Ω의 전류(I) $= 30 - 10 = 20\text{A}$

$\therefore r_3 = \dfrac{100 - (10 \times 8)}{10} = 2\Omega$

$r_4 = \dfrac{100 - (20 \times 4)}{20} = 1\Omega$

81 정답 | ②
풀이 | Victoric Joint : 고무링과 누름판(칼라)을 사용하여 주철관을 접합한다(가스배관용으로 우수하다).

82 정답 | ④
풀이 | 고온고압용 관 재료는 크리프 강도가 커야 한다.

83 정답 | ①
풀이 | 통기관의 설치목적 : 트랩의 봉수를 보호한다. 기타 ②, ③, ④항 등은 설치목적이다.

84 정답 | ④

풀이 | 관로 내 유체의 온도가 적정선을 상승하면 캐비테이션(공동현상)이 발생한다. 기타 ①, ②, ③항은 공동현상 발생 조건이다.

85 정답 | ③

풀이 | 옥상탱크식 급수계통에서, 저수조 등에서 물의 오염 가능성이 크다.

86 정답 | ④

풀이 | 밀폐배관에서는 펌프의 운전으로 배관계 각부의 압력이 증가한다.

87 정답 | ③

풀이 |  : 왕복동형 압축기

88 정답 | ③

풀이 | 배수관 피복의 설치 목적은 방로 및 방음이다.

89 정답 | ①

풀이 | 흡수식에서는 압축기 대신 재생기가 필요하다(고온, 저온 재생기).

90 정답 | ②

풀이 | 유분리기(냉매배관의 기름제거기)의 설치장소
ㄱ 암모니아 냉매 : 압축기에서 멀고 응축기에 가까이
ㄴ 프레온 냉매 : 압축기에 가까운 곳

91 정답 | ①

풀이 | 등마찰손실법
덕트의 단위길이당 마찰저항이 일정하도록 치수를 결정하는 덕트 설계법

92 정답 | ②

풀이 | 리버스리턴식(역귀환방식) : 온수난방시공법

93 정답 | ①

풀이 | ㄱ 단관중력식 증기난방 : 방열기 상부에 공기빼기밸브 설치
ㄴ 복관중력식 증기난방 : 에어리턴식, 에어벤트식으로 공기 배제
ㄷ 진공환수식 진공도 : 100~250mmHg

94 정답 | ②

풀이 | ㄱ 13mm 미만 : 1m
ㄴ 13mm 이상~33mm 미만 : 2m
ㄷ 33mm 이상 : 3m

95 정답 | ③

풀이 | 냉각탑 입구 측, 출구 측에는 온도계를 설치한다.

96 정답 | ①

풀이 | ①에서 급수관경이 작아지면 급수의 저항을 받는다.

97 정답 | ③

풀이 | 급탕부하 $= 300 \times 1 \times (80 - 20) = 18,000 \text{kcal/h}$

$\therefore$ 연료소모량 $= \dfrac{18,000}{10,000 \times 0.6} = 3 \text{kg/h}$

98 정답 | ③

풀이 | 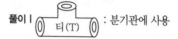 : 분기관에 사용

99 정답 | ③

풀이 | 주수식, 침지식, 투입식(가스발생기) : 아세틸렌 가스 제조용 발생기

100 정답 | ①

풀이 | ① ⟶⫷⟶ : 체크밸브

② ⟶⧓⟶ : 일반 게이트 밸브

③ ⟶◀▶⟶ : 글로브 유량조절 밸브

④ ⟶▷ : 앵글밸브

실전점검!

03회 **CBT 실전모의고사**

수험번호 :

수험자명 :

제한 시간 : 60분
남은 시간 :

글자
크기 100% 150% 200%

화면
배치

전체 문제 수 :
안 푼 문제 수 :

답안 표기란

1	①	②	③	④
2	①	②	③	④
3	①	②	③	④
4	①	②	③	④
5	①	②	③	④
6	①	②	③	④
7	①	②	③	④
8	①	②	③	④
9	①	②	③	④
10	①	②	③	④
11	①	②	③	④
12	①	②	③	④
13	①	②	③	④
14	①	②	③	④
15	①	②	③	④
16	①	②	③	④
17	①	②	③	④
18	①	②	③	④
19	①	②	③	④
20	①	②	③	④
21	①	②	③	④
22	①	②	③	④
23	①	②	③	④
24	①	②	③	④
25	①	②	③	④
26	①	②	③	④
27	①	②	③	④
28	①	②	③	④
29	①	②	③	④
30	①	②	③	④

1과목 **기계열역학**

01 $P-V$ 선도에서 그림과 같은 사이클 변화를 갖는 이상기체가 한 사이클 동안 행한 일은?

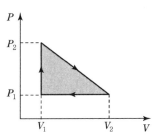

① $P_2(V_2 - V_1)$

② $P_1(V_2 - V_1)$

③ $\dfrac{(P_2 + P_1)(V_2 - V_1)}{2}$

④ $\dfrac{(P_2 - P_1)(V_2 - V_1)}{2}$

02 다음 중 Rankine 사이클에 대한 설명으로 틀린 것은?

① Carnot 사이클을 현실화한 사이클이다.

② 증기의 최고온도는 터빈 재료의 내열특성에 의하여 제한된다.

③ 팽창일에 비하여 압축일이 적은 편이다.

④ 터빈 출구에서 건도가 낮을수록 유지관리에 유리하다.

03 8℃의 이상기체를 가역단열 압축하여 그 체적을 $\dfrac{1}{5}$로 하였을 때 기체의 온도는 몇 ℃로 되겠는가?(단, $k=1.4$이다.)

① $-125℃$

② $294℃$

③ $222℃$

④ $262℃$

계산기

다음 ▶

안 푼 문제

답안 제출

03 실전점검!
CBT 실전모의고사

수험번호 :
수험자명 :

제한 시간 : 60분
남은 시간 :

글자
크기 🔍 100% Ⓜ 150% ⊕ 200% 화면 배치 ▨ ☐ ☐

전체 문제 수 :
안 푼 문제 수 :

답안 표기란

1	① ② ③ ④
2	① ② ③ ④
3	① ② ③ ④
4	① ② ③ ④
5	① ② ③ ④
6	① ② ③ ④
7	① ② ③ ④
8	① ② ③ ④
9	① ② ③ ④
10	① ② ③ ④
11	① ② ③ ④
12	① ② ③ ④
13	① ② ③ ④
14	① ② ③ ④
15	① ② ③ ④
16	① ② ③ ④
17	① ② ③ ④
18	① ② ③ ④
19	① ② ③ ④
20	① ② ③ ④
21	① ② ③ ④
22	① ② ③ ④
23	① ② ③ ④
24	① ② ③ ④
25	① ② ③ ④
26	① ② ③ ④
27	① ② ③ ④
28	① ② ③ ④
29	① ② ③ ④
30	① ② ③ ④

04 온도 15℃, 압력 100kPa 상태의 체적이 일정한 용기 안에 어떤 이상 기체 5kg이 들어 있다. 이 기체가 50℃가 될 때까지 가열되었다. 이 과정 동안의 엔트로피 변화는 약 얼마인가?(단, 이 기체의 정압비열과 정적비열은 1.001kJ/kg · K, 0.7171 kJ/kg · K이다.)

① 0.411kJ/K 증가
② 0.411kJ/K 감소
③ 0.575kJ/K 증가
④ 0.575kJ/K 감소

05 500℃의 고온부와 50℃의 저온부 사이에서 작동하는 Carnot 사이클 열기관의 열효율은 얼마인가?

① 10%
② 42%
③ 58%
④ 90%

06 이상적인 가역과정에서 열량 ΔQ가 전달될 때, 온도 T가 일정하면 엔트로피의 변화 ΔS는?

① $\Delta S = 1 - \dfrac{\Delta Q}{T}$
② $\Delta S = 1 - \dfrac{T}{\Delta Q}$
③ $\Delta S = \dfrac{\Delta Q}{T}$
④ $\Delta S = \dfrac{T}{\Delta Q}$

07 Carnot 냉동기로 25℃의 실내로부터 총 4kW의 열을 온도 36℃인 주위로 방출하여야 한다. 최소동력은 얼마인가?

① 0.148kW
② 1.44kW
③ 2.81kW
④ 4.00kW

⌨ 계산기

다음 ▶

🖱 안 푼 문제

📋 답안 제출

03 실전점검!
CBT 실전모의고사

수험번호 :
수험자명 :

제한 시간 : 60분
남은 시간 :

글자 크기 100% 150% 200%　화면 배치

전체 문제 수 :
안 푼 문제 수 :

답안 표기란

1	①	②	③	④
2	①	②	③	④
3	①	②	③	④
4	①	②	③	④
5	①	②	③	④
6	①	②	③	④
7	①	②	③	④
8	①	②	③	④
9	①	②	③	④
10	①	②	③	④
11	①	②	③	④
12	①	②	③	④
13	①	②	③	④
14	①	②	③	④
15	①	②	③	④
16	①	②	③	④
17	①	②	③	④
18	①	②	③	④
19	①	②	③	④
20	①	②	③	④
21	①	②	③	④
22	①	②	③	④
23	①	②	③	④
24	①	②	③	④
25	①	②	③	④
26	①	②	③	④
27	①	②	③	④
28	①	②	③	④
29	①	②	③	④
30	①	②	③	④

08 수은주에 의해 측정된 대기압이 753mmHg일 때 진공도 90%의 절대압력은?(단, 수은의 밀도는 $13,600kg/m^3$, 중력가속도는 $9.8m/s^2$이다.)

① 약 200.08kPa
② 약 190.08kPa
③ 약 100.04kPa
④ 약 10.04kPa

09 증기터빈으로 질량 유량 1kg/s, 엔탈피 $h_1 = 3,500kJ/kg$의 수증기가 들어온다. 중간 단에서 $h_2 = 3,100kJ/kg$의 수증기가 추출되며 나머지는 계속 팽창하여 $h_3 = 2,500kJ/kg$ 상태로 출구에서 나온다면, 중간 단에서 추출되는 수증기의 질량 유량은?(단, 열손실은 없으며, 위치 에너지 및 운동 에너지의 변화가 없고, 총 터빈 출력은 900kW이다.)

① 0.167kg/s
② 0.323kg/s
③ 0.714kg/s
④ 0.886kg/s

10 열병합발전시스템에 대한 설명으로 올바른 것은?

① 증기 동력 시스템에서 전기와 함께 공정용 또는 난방용 스팀을 생산하는 시스템이다.
② 증기 동력 사이클 상부에 고온에서 작동하는 수은 동력 사이클을 결합한 시스템이다.
③ 가스 터빈에서 방출되는 폐열을 증기 동력 사이클의 열원으로 사용하는 시스템이다.
④ 한 단의 재열사이클과 여러 단의 재생사이클을 복합한 시스템이다.

11 물 1kg이 압력 300kPa에서 증발할 때 증가한 체적이 $0.8m^3$이었다면 이때의 외부 일은?(단, 온도는 일정하다고 가정한다.)

① 140kJ
② 240kJ
③ 320kJ
④ 420kJ

계산기　　　다음 ▶　　　안 푼 문제　답안 제출

03회 실전점검!
CBT 실전모의고사

수험번호 :

수험자명 :

제한 시간 : 60분
남은 시간 :

글자
크기 100% 150% 200%

화면
배치

전체 문제 수 :
안 푼 문제 수 :

답안 표기란

12 열역학 제1법칙은 다음의 어떤 과정에서 성립하는가?

① 가역과정에서만 성립한다.

② 비가역과정에서만 성립한다.

③ 가역 등온과정에서만 성립한다.

④ 가역이나 비가역 과정을 막론하고 성립한다.

13 10^5Pa, 15℃의 공기가 $n=1.3$인 폴리트로픽 과정(Polytropic Process)으로 변환하여 7×10^5Pa로 압축되었다. 압축 후의 온도는 약 몇 ℃인가?

① 187℃

② 193℃

③ 165℃

④ 178℃

14 -3℃에서 열을 흡수하여 27℃에 방열하는 냉동기의 최대 성능계수는?

① 9.0

② 10.0

③ 11.3

④ 15.3

15 냉매 $R-134a$를 사용하는 증기 - 압축 냉동사이클에서 냉매의 엔트로피가 감소하는 구간은 어디인가?

① 증발구간

② 압축구간

③ 팽창구간

④ 응축구간

16 200m의 높이로부터 250kg의 물체가 땅으로 떨어질 경우 일을 열량으로 환산하면 약 몇 kJ인가?(단, 중력가속도는 $9.8m/s^2$이다.)

① 79

② 117

③ 203

④ 490

1	①	②	③	④
2	①	②	③	④
3	①	②	③	④
4	①	②	③	④
5	①	②	③	④
6	①	②	③	④
7	①	②	③	④
8	①	②	③	④
9	①	②	③	④
10	①	②	③	④
11	①	②	③	④
12	①	②	③	④
13	①	②	③	④
14	①	②	③	④
15	①	②	③	④
16	①	②	③	④
17	①	②	③	④
18	①	②	③	④
19	①	②	③	④
20	①	②	③	④
21	①	②	③	④
22	①	②	③	④
23	①	②	③	④
24	①	②	③	④
25	①	②	③	④
26	①	②	③	④
27	①	②	③	④
28	①	②	③	④
29	①	②	③	④
30	①	②	③	④

계산기

다음 ▶

안 푼 문제

답안 제출

03회 실전점검!
CBT 실전모의고사

수험번호 :

수험자명 :

제한 시간 : 60분
남은 시간 :

글자 크기 100% 150% 200%

화면 배치

전체 문제 수 :
안 푼 문제 수 :

17 100℃와 50℃ 사이에서 작동되는 가역열기관의 최대 열효율은 약 얼마인가?

① 55.0%
② 16.7%
③ 13.4%
④ 8.3%

18 27kPa의 압력차는 수은주로 어느 정도 높이가 되겠는가?(단, 수은의 밀도는 13,590kg/m³이다.)

① 약 158mm
② 약 203mm
③ 약 265mm
④ 약 557mm

19 이상오토사이클의 열효율이 56.5%라면 압축비는 약 얼마인가?(단, 작동 유체의 비열비는 1.4로 일정하다.)

① 7.5
② 8.0
③ 9.0
④ 9.5

20 계(系)가 한 상태에서 다른 상태로 변할 때 엔트로피 변화는?

① 증가하거나 불변이다.
② 항상 증가한다.
③ 감소하거나 불변이다.
④ 증가, 감소할 수도 있으며 불변일 경우도 있다.

1	①	②	③	④
2	①	②	③	④
3	①	②	③	④
4	①	②	③	④
5	①	②	③	④
6	①	②	③	④
7	①	②	③	④
8	①	②	③	④
9	①	②	③	④
10	①	②	③	④
11	①	②	③	④
12	①	②	③	④
13	①	②	③	④
14	①	②	③	④
15	①	②	③	④
16	①	②	③	④
17	①	②	③	④
18	①	②	③	④
19	①	②	③	④
20	①	②	③	④
21	①	②	③	④
22	①	②	③	④
23	①	②	③	④
24	①	②	③	④
25	①	②	③	④
26	①	②	③	④
27	①	②	③	④
28	①	②	③	④
29	①	②	③	④
30	①	②	③	④

계산기

다음 ▶

안 푼 문제

답안 제출

03 실전점검!
CBT 실전모의고사

수험번호 :
수험자명 :

제한 시간 : 60분
남은 시간 :

글자
크기 100% 150% 200%

화면
배치

전체 문제 수 :
안 푼 문제 수 :

2과목 **냉동공학**

21 증기분사식 냉동기에 대한 설명 중 옳지 못한 것은?

① 물의 증발잠열을 이용하여 냉동효과를 얻는다.
② 공급열원은 증기이다.
③ −10℃ 정도의 냉각에 이용된다.
④ 증기를 고속으로 분출시켜 증발기로부터 끌어올려서 저압을 형성한다.

22 냉각수 입구온도 25℃, 냉각수량 1,000L/min인 응축기의 냉각면적이 80m², 그 열통과율이 600kcal/m²h℃이고, 응축온도와 냉각수온의 평균 온도차가 6.5℃이면 냉각수 출구온도는 몇 ℃인가?

① 28.4℃
② 32.6℃
③ 29.6℃
④ 30.2℃

23 냉동장치 운전 중 팽창밸브의 열림이 적을 때 발생하는 현상이 아닌 것은?

① 증발압력은 저하한다.
② 순환 냉매량은 감소한다.
③ 압축비는 감소한다.
④ 체적효율은 저하한다.

1	①	②	③	④
2	①	②	③	④
3	①	②	③	④
4	①	②	③	④
5	①	②	③	④
6	①	②	③	④
7	①	②	③	④
8	①	②	③	④
9	①	②	③	④
10	①	②	③	④
11	①	②	③	④
12	①	②	③	④
13	①	②	③	④
14	①	②	③	④
15	①	②	③	④
16	①	②	③	④
17	①	②	③	④
18	①	②	③	④
19	①	②	③	④
20	①	②	③	④
21	①	②	③	④
22	①	②	③	④
23	①	②	③	④
24	①	②	③	④
25	①	②	③	④
26	①	②	③	④
27	①	②	③	④
28	①	②	③	④
29	①	②	③	④
30	①	②	③	④

계산기

다음 ▶

안 푼 문제

답안 제출

글자
크기 ⊖ 100% Ⓜ 150% ⊕ 200%　　화면
배치

전체 문제 수 :
안 푼 문제 수 :

답안 표기란

24 암모니아 냉동기의 배관재료로서 부적절한 것은 어느 것인가?

① 배관용 탄소강 강관

② 동합금관

③ 압력배관용 탄소강 강관

④ 스테인리스 강관

25 냉동기에 사용되는 냉매는 일반적으로 비체적이 적은 것이 요구된다. 그러나 냉매의 비체적이 어느 정도 큰 것을 사용하는 냉동기는 어느 것인가?

① 회전식

② 흡수식

③ 왕복동식

④ 터보(원심)식

26 제빙장치에서 브라인온도 $-10℃$, 결빙시간 48시간일 때 얼음의 두께는 약 얼마인가?(단, 결빙계수는 0.56이다.)

① 293mm

② 393mm

③ 29.3mm

④ 39.3mm

27 압축기에 대한 설명 중 옳지 못한 것은?

① 고속다기통 압축기는 입형압축기의 실린더수를 많이 한 것이다.

② 체적효율이란 압축기의 실제적인 흡입량과 이상적 흡입량의 비를 말한다.

③ 터보 압축기의 증속장치는 하이포이드 기어를 채용한다.

④ 압축비란 압축기의 토출 측과 흡입 측의 절대압력의 비를 말한다.

1	① ② ③ ④
2	① ② ③ ④
3	① ② ③ ④
4	① ② ③ ④
5	① ② ③ ④
6	① ② ③ ④
7	① ② ③ ④
8	① ② ③ ④
9	① ② ③ ④
10	① ② ③ ④
11	① ② ③ ④
12	① ② ③ ④
13	① ② ③ ④
14	① ② ③ ④
15	① ② ③ ④
16	① ② ③ ④
17	① ② ③ ④
18	① ② ③ ④
19	① ② ③ ④
20	① ② ③ ④
21	① ② ③ ④
22	① ② ③ ④
23	① ② ③ ④
24	① ② ③ ④
25	① ② ③ ④
26	① ② ③ ④
27	① ② ③ ④
28	① ② ③ ④
29	① ② ③ ④
30	① ② ③ ④

⌨ 계산기　　　　　다음 ▶　　　　　🗐 안 푼 문제　　📋 답안 제출

03 실전점검!
CBT 실전모의고사

수험번호 :

수험자명 :

제한 시간 : 60분
남은 시간 :

글자 크기 100% 150% 200%

화면 배치

전체 문제 수 :
안 푼 문제 수 :

답안 표기란

1	①	②	③	④
2	①	②	③	④
3	①	②	③	④
4	①	②	③	④
5	①	②	③	④
6	①	②	③	④
7	①	②	③	④
8	①	②	③	④
9	①	②	③	④
10	①	②	③	④
11	①	②	③	④
12	①	②	③	④
13	①	②	③	④
14	①	②	③	④
15	①	②	③	④
16	①	②	③	④
17	①	②	③	④
18	①	②	③	④
19	①	②	③	④
20	①	②	③	④
21	①	②	③	④
22	①	②	③	④
23	①	②	③	④
24	①	②	③	④
25	①	②	③	④
26	①	②	③	④
27	①	②	③	④
28	①	②	③	④
29	①	②	③	④
30	①	②	③	④

28 냉매의 구비조건 중 맞는 것은?

① 활성이며 부식성이 없을 것
② 전기저항이 적을 것
③ 점성이 크고 유동저항이 클 것
④ 열전달률이 양호할 것

29 흡수냉동기의 용량제어법으로 적당하지 않은 것은?

① 냉각수의 교축
② 냉수의 교축
③ 가열증기 드레인의 교축
④ 용액순환량의 교축

30 피스톤 압출량이 320m³/h인 압축기가 다음과 같은 조건으로 단열 압축 운전되고 있을 때 토출가스의 엔탈피는 446.8kcal/kg이었다. 이 압축기의 소요동력(kW)은 약 얼마인가?

흡입증기의 엔탈피	400(kcal/kg)
흡입증기의 비체적	0.38(m³/kg)
체적효율	0.72
기계효율	0.90
압축효율	0.80

① 32.9
② 37.4
③ 45.8
④ 48.6

계산기

다음 ▶

안 푼 문제

답안 제출

03 회 실전점검!
CBT 실전모의고사

수험번호 :

수험자명 :

제한 시간 : 60분
남은 시간 :

글자 크기 100% 150% 200% 화면 배치

전체 문제 수 :
안 푼 문제 수 :

답안 표기란

31	① ② ③ ④
32	① ② ③ ④
33	① ② ③ ④
34	① ② ③ ④
35	① ② ③ ④
36	① ② ③ ④
37	① ② ③ ④
38	① ② ③ ④
39	① ② ③ ④
40	① ② ③ ④
41	① ② ③ ④
42	① ② ③ ④
43	① ② ③ ④
44	① ② ③ ④
45	① ② ③ ④
46	① ② ③ ④
47	① ② ③ ④
48	① ② ③ ④
49	① ② ③ ④
50	① ② ③ ④
51	① ② ③ ④
52	① ② ③ ④
53	① ② ③ ④
54	① ② ③ ④
55	① ② ③ ④
56	① ② ③ ④
57	① ② ③ ④
58	① ② ③ ④
59	① ② ③ ④
60	① ② ③ ④

31 2단 압축 1단 팽창식과 2단 압축 2단 팽창식을 동일운전 조건하에서 비교한 설명 중 맞는 것은?

① 2단 팽창식의 경우가 성적계수가 조금 높다.

② 2단 팽창식의 경우가 운전이 용이하다.

③ 2단 팽창식은 중간냉각기를 필요로 하지 않는다.

④ 1단 팽창식의 팽창밸브는 1개가 좋다.

32 어떤 냉동시스템 고온부의 절대온도를 T_1, 저온부의 절대 온도를 T_2, 고온부로 배출하는 열량을 Q_1, 저온부로부터 흡수(취득)하는 열량을 Q_2라고 할 때 이 냉동시스템의 이론 성적계수(COP)를 구하는 식은 어느 것인가?

① $\dfrac{Q_1}{Q_1 - Q_2}$

② $\dfrac{Q_2}{Q_1 - Q_2}$

③ $\dfrac{T_1}{T_1 - T_2}$

④ $\dfrac{T_1 - T_2}{T_1}$

33 공랭식 응축기에서 열통과량을 증대시키기 위한 방법으로 적당하지 못한 것은?

① 전열면에 핀(Fin)을 부착한다.

② 관 두께를 얇게 한다.

③ 응축압력을 낮춘다.

④ 냉매와 공기와의 온도차를 증가시킨다.

계산기   다음 ▶   안 푼 문제   답안 제출

03회 실전점검!
CBT 실전모의고사

수험번호 :

수험자명 :

제한 시간 : 60분
남은 시간 :

글자
크기 100% 150% 200%

화면
배치

전체 문제 수 :
안 푼 문제 수 :

답안 표기란

31	①	②	③	④
32	①	②	③	④
33	①	②	③	④
34	①	②	③	④
35	①	②	③	④
36	①	②	③	④
37	①	②	③	④
38	①	②	③	④
39	①	②	③	④
40	①	②	③	④
41	①	②	③	④
42	①	②	③	④
43	①	②	③	④
44	①	②	③	④
45	①	②	③	④
46	①	②	③	④
47	①	②	③	④
48	①	②	③	④
49	①	②	③	④
50	①	②	③	④
51	①	②	③	④
52	①	②	③	④
53	①	②	③	④
54	①	②	③	④
55	①	②	③	④
56	①	②	③	④
57	①	②	③	④
58	①	②	③	④
59	①	②	③	④
60	①	②	③	④

34 전열면적 $4.5m^2$, 열통과율 $800kcal/m^2h℃$인 수냉식 응축기를 사용하는 냉각장치가 있다. 또한 응축기를 냉각수 입구온도 32℃로 운전하는 경우 응축온도가 40℃가 된다. 이 응축기의 냉각수량은 몇 L/min인가?(단, 냉매와 냉각수 간의 온도차는 산술평균 온도차 5℃를 사용한다.)

① 30(L/min)
② 50(L/min)
③ 60(L/min)
④ 80(L/min)

35 흡수식 냉동기에서의 냉각원리로 적당한 것은?

① 물이 증발할 때 주위에서 기화열을 빼앗고 열을 빼앗기는 쪽은 냉각되는 현상을 이용
② 물이 응축할 때 주위에서 액화열을 빼앗고 열을 빼앗기는 쪽은 냉각되는 현상을 이용
③ 물이 팽창할 때 주위에서 팽창열을 빼앗고 열을 빼앗기는 쪽은 냉각되는 현상을 이용
④ 물이 압축할 때 주위에서 압축열을 빼앗고 열을 빼앗기는 쪽은 냉각되는 현상을 이용

36 압축기가 과열되는 원인이 아닌 것은?

① 토출변의 누설
② 워터재킷 기능 불량
③ 냉매량 부족
④ 압축비 감소

계산기   다음 ▶   안 푼 문제   답안 제출

03회 실전점검!
CBT 실전모의고사

수험번호 :

수험자명 :

제한 시간 : 60분
남은 시간 :

글자
크기 100% 150% 200%

화면
배치

전체 문제 수 :
안 푼 문제 수 :

37 냉동기 중 폐열을 이용하기 적합한 냉동기는?

① 흡수식 냉동기

② 전자식 냉동기

③ 터보 냉동기

④ 회전식 냉동기

38 프레온계 냉매를 사용하는 압축기를 기동할 때 오일이 올라가지 않아 윤활불량을 일으키는 원인으로 맞는 것은?

① 오일포밍

② 전압강하

③ 고압상승

④ 응축기 냉각수 오염

39 열펌프의 특징에 대한 설명으로 틀린 것은?

① 성적계수가 1보다 작다.

② 하나의 장치로 난방 및 냉방으로 사용할 수 있다.

③ 증발온도가 높고 응축온도가 낮을수록 성적계수가 커진다.

④ 대기오염이 없고 설치공간을 절약할 수 있다.

40 축열시스템의 방식에 대한 설명 중 잘못된 것은?

① 수축열 방식 : 열용량이 큰 물을 축열제로 이용하는 방식

② 빙축열 방식 : 냉열을 얼음에 저장하여 작은 체적에 효율적으로 냉열을 저장하는 방식

③ 잠열축열 방식 : 물질의 융해 및 응고 시 상변화에 따른 잠열을 이용하는 방식

④ 토양축열 방식 : 심해의 해수온도 및 해양의 축열성을 이용하는 방식

31	① ② ③ ④
32	① ② ③ ④
33	① ② ③ ④
34	① ② ③ ④
35	① ② ③ ④
36	① ② ③ ④
37	① ② ③ ④
38	① ② ③ ④
39	① ② ③ ④
40	① ② ③ ④
41	① ② ③ ④
42	① ② ③ ④
43	① ② ③ ④
44	① ② ③ ④
45	① ② ③ ④
46	① ② ③ ④
47	① ② ③ ④
48	① ② ③ ④
49	① ② ③ ④
50	① ② ③ ④
51	① ② ③ ④
52	① ② ③ ④
53	① ② ③ ④
54	① ② ③ ④
55	① ② ③ ④
56	① ② ③ ④
57	① ② ③ ④
58	① ② ③ ④
59	① ② ③ ④
60	① ② ③ ④

계산기

다음 ▶

안 푼 문제

답안 제출

03회 실전점검!
CBT 실전모의고사

수험번호 :

수험자명 :

제한 시간 : 60분
남은 시간 :

글자
크기 100% 150% 200%

화면
배치

전체 문제 수 :
안 푼 문제 수 :

답안 표기란

31	① ② ③ ④
32	① ② ③ ④
33	① ② ③ ④
34	① ② ③ ④
35	① ② ③ ④
36	① ② ③ ④
37	① ② ③ ④
38	① ② ③ ④
39	① ② ③ ④
40	① ② ③ ④
41	① ② ③ ④
42	① ② ③ ④
43	① ② ③ ④
44	① ② ③ ④
45	① ② ③ ④
46	① ② ③ ④
47	① ② ③ ④
48	① ② ③ ④
49	① ② ③ ④
50	① ② ③ ④
51	① ② ③ ④
52	① ② ③ ④
53	① ② ③ ④
54	① ② ③ ④
55	① ② ③ ④
56	① ② ③ ④
57	① ② ③ ④
58	① ② ③ ④
59	① ② ③ ④
60	① ② ③ ④

3과목 **공기조화**

41 풍량 $Q(\mathrm{m^3/h})$, 팬의 전압 $P_T(\mathrm{mmAq})$, 팬의 정압 $P_s(\mathrm{mmAq})$, 토출풍속 V_D (m/s), 전압효율 η_T, 정압효율 η_S라 할 때 송풍기의 소요동력을 계산하는 식은?

① $\mathrm{kW} = \dfrac{Q \times P_T}{102\eta_S \times 3,600}$

② $\mathrm{kW} = \dfrac{Q \times V_D}{102\eta_T \times 3,600}$

③ $\mathrm{kW} = \dfrac{Q \times P_T}{102\eta_T \times 3,600}$

④ $\mathrm{kW} = \dfrac{Q \times P_S}{102\eta_T \times 3,600}$

42 환기방식에 관한 설명 중 옳은 것은?

① 제1종 환기는 자연급기와 자연배기 방식이다.

② 제2종 환기는 기계설비에 의한 급기와 자연배기 방식이다.

③ 제3종 환기는 기계설비에 의한 급기와 기계설비에 의한 배기방식이다.

④ 제4종 환기는 자연급기와 기계설비에 의한 배기방식이다.

43 열펌프에 대한 설명 중 옳은 것은?

① 열펌프는 펌프를 가동하여 열을 내는 기관이다.

② 난방용의 보일러를 냉방에 사용할 때 이를 열펌프라 한다.

③ 열펌프는 증발기에서 내는 열을 이용한다.

④ 열펌프는 응축기에서의 방열을 난방으로 이용하는 것이다.

44 공조부하 중 재열부하의 설명이 옳지 않은 것은?

① 현열 및 잠열부하에 속한다.

② 냉방부하에 속한다.

③ 냉각코일의 용량산출 시 포함시킨다.

④ 냉각된 공기를 가열하는 데 소요되는 열량이다.

계산기

다음 ▶

안 푼 문제

답안 제출

実戦점검!

03회

CBT 실전모의고사

수험번호 :

수험자명 :

제한 시간 : 60분
남은 시간 :

글자
크기 100% 150% 200%

화면
배치

전체 문제 수 :
안 푼 문제 수 :

답안 표기란				
31	①	②	③	④
32	①	②	③	④
33	①	②	③	④
34	①	②	③	④
35	①	②	③	④
36	①	②	③	④
37	①	②	③	④
38	①	②	③	④
39	①	②	③	④
40	①	②	③	④
41	①	②	③	④
42	①	②	③	④
43	①	②	③	④
44	①	②	③	④
45	①	②	③	④
46	①	②	③	④
47	①	②	③	④
48	①	②	③	④
49	①	②	③	④
50	①	②	③	④
51	①	②	③	④
52	①	②	③	④
53	①	②	③	④
54	①	②	③	④
55	①	②	③	④
56	①	②	③	④
57	①	②	③	④
58	①	②	③	④
59	①	②	③	④
60	①	②	③	④

45 공기조화 분류에 대한 설명으로 맞지 않는 것은?

① 공기조화는 대상에 따라 보건용 공조와 산업용 공조로 분류된다.

② 보건용 공조에는 사무실, 오락실, 전산실, 측정실 등이 해당된다.

③ 산업용 공조에는 차고, 공장 등이 해당된다.

④ 보건용 공조는 실내 거주자의 쾌적성을 목적으로 한다.

46 덕트의 배치방식에 관한 설명 중 틀린 것은?

① 간선덕트 방식은 주 덕트인 입상덕트로부터 각 층에서 분기되어 각 취출구로 취출관을 연결한다.

② 개별덕트 방식은 주 덕트에서 각개의 취출구로 각개의 덕트를 통해 분산하여 송풍하는 방식으로 각 실의 개별 제어성은 우수하다.

③ 환상덕트 방식은 2개의 덕트 말단을 루프(Loop) 상태로 연결함으로써 덕트 말단에 가까운 취출구에서 송풍량의 언밸런스가 발생될 수 있다.

④ 각개 입상 덕트 방식은 호텔, 오피스빌딩 등 공기 · 수방식인 덕트병용 팬코일 유닛방식이나 유인 유닛방식 등에 사용된다.

47 습구온도에 대한 설명 중 옳은 것은?

① 감열부에 습한 공기를 불어 넣어 측정한 온도이다.

② 습구온도는 주위의 공기가 포화증기에 가까우면 건구 온도와의 차는 작아지고, 건조하게 되면 그 차는 커진다.

③ 습구온도계의 감열부는 기류속도 3m/s 이상의 장소에 설치하는 것이 좋다.

④ 기류가 거의 없는 곳에서는 아스만통풍 건습계, 일정풍속을 강제적으로 공급하여 측정하는 경우는 오거스트 건습계가 사용된다.

48 태양으로부터의 일사량이 480kcal/m²h이고, 유리면의 차폐계수가 0.75일 때 유리의 전열면적 10m²을 통해 실내로 침입하는 열부하량은 얼마인가?

① 2,400kcal/h

② 3,600kcal/h

③ 4,800kcal/h

④ 6,400kcal/h

계산기

다음 ▶

안 푼 문제

답안 제출

03 실전점검!
CBT 실전모의고사

수험번호 :

수험자명 :

제한 시간 : 60분
남은 시간 :

글자
크기 100% 150% 200%

화면
배치

전체 문제 수 :
안 푼 문제 수 :

답안 표기란

31	①	②	③	④
32	①	②	③	④
33	①	②	③	④
34	①	②	③	④
35	①	②	③	④
36	①	②	③	④
37	①	②	③	④
38	①	②	③	④
39	①	②	③	④
40	①	②	③	④
41	①	②	③	④
42	①	②	③	④
43	①	②	③	④
44	①	②	③	④
45	①	②	③	④
46	①	②	③	④
47	①	②	③	④
48	①	②	③	④
49	①	②	③	④
50	①	②	③	④
51	①	②	③	④
52	①	②	③	④
53	①	②	③	④
54	①	②	③	④
55	①	②	③	④
56	①	②	③	④
57	①	②	③	④
58	①	②	③	④
59	①	②	③	④
60	①	②	③	④

49 복사패널의 시공법에 관한 설명으로 잘못된 것은?

① 코일의 직선 길이부가 방의 짧은 변 쪽에 위치하도록 코일을 배열한다.

② 콘크리트의 양생은 30℃ 이상의 온도에서 24시간 이상 건조시킨다.

③ 코일의 길이는 50m 이내가 좋다.

④ 코일 위의 모르타르 두께는 코일 외경의 1.5배 정도로 한다.

50 환수주관을 보일러 수면보다 높은 위치에 배관하는 환수배관방식은?

① 습식 환수방법

② 강제 환수방식

③ 건식 환수방식

④ 중력 환수방식

51 냉수 코일설계 기준을 설명한 것 중 옳지 않은 것은?

① 코일의 설치는 관이 수평으로 놓이게 한다.

② 수속(水速)의 기준 설계 값은 1m/s 전후이다.

③ 공기 냉각용 코일의 열 수는 4~8열이 많이 사용된다.

④ 냉수 입·출구 온도차는 10℃ 이상으로 한다.

52 다음 중 전공기방식의 특징이 아닌 것은?

① 송풍량이 충분하여 실내오염이 적다.

② 환기용 팬(Fan)을 설치하면 외기냉방이 가능하다.

③ 실내에 노출되는 기기가 없어 마감이 깨끗하다.

④ 천장의 여유공간이 작을 때 적합하다.

계산기

다음 ▶

안 푼 문제

답안 제출

03회

실전점검!
CBT 실전모의고사

수험번호 :
수험자명 :

제한 시간 : 60분
남은 시간 :

글자
크기 100% 150% 200%

화면
배치

전체 문제 수 :
안 푼 문제 수 :

답안 표기란

53 외기냉방에 대한 설명으로 적당하지 않은 것은?

① 외기온도가 실내공기온도 이하로 되는 때에 적용한다.

② 냉동기를 가동하지 않아도 냉방을 할 수 있다.

③ 외기온도가 실내공기온도보다 높을 때에는 외기만을 급기한다.

④ 급기용 및 환기용 송풍기를 설치한다.

54 500rpm으로 운전되는 송풍기가 풍량 300m³/min, 전압 40mmAq, 동력 3.5kW의 성능을 나타내고 있다. 회전수를 550rpm으로 상승시키면 동력은 약 몇 kW가 소요되는가?(단, 송풍기 효율은 변화되지 않는 것으로 가정한다.)

① 3.5kW

② 4.7kW

③ 5.5kW

④ 6.0kW

55 냉풍 및 온풍을 각 실에서 자동적으로 혼합하여 공급하는 송풍방식은?

① 복사 냉난방 방식

② 유인 유닛 방식

③ 팬코일 유닛 방식

④ 2중 덕트 방식

56 취출에 관한 용어 설명 중 옳은 것은?

① 내부유인이란 취출구의 내부에 실내 공기를 흡입해서 이것과 취출 1차 공기를 혼합해서 취출하는 작용이다.

② 강하도란 수평으로 취출된 공기가 어느 거리만큼 진행했을 때의 기류 중심선과 취출구 중심과의 수평거리이다.

③ 2차 공기란 취출구로부터 취출되는 공기를 말한다.

④ 도달거리란 수평으로 취출된 공기가 어느 거리만큼 진행했을 때의 기류 중심선과 취출구와의 수직거리이다.

31	① ② ③ ④
32	① ② ③ ④
33	① ② ③ ④
34	① ② ③ ④
35	① ② ③ ④
36	① ② ③ ④
37	① ② ③ ④
38	① ② ③ ④
39	① ② ③ ④
40	① ② ③ ④
41	① ② ③ ④
42	① ② ③ ④
43	① ② ③ ④
44	① ② ③ ④
45	① ② ③ ④
46	① ② ③ ④
47	① ② ③ ④
48	① ② ③ ④
49	① ② ③ ④
50	① ② ③ ④
51	① ② ③ ④
52	① ② ③ ④
53	① ② ③ ④
54	① ② ③ ④
55	① ② ③ ④
56	① ② ③ ④
57	① ② ③ ④
58	① ② ③ ④
59	① ② ③ ④
60	① ② ③ ④

계산기   다음 ▶   안 푼 문제   답안 제출

03 실전점검!
CBT 실전모의고사

수험번호 :
수험자명 :

제한 시간 : 60분
남은 시간 :

글자 크기 100% 150% 200%   화면 배치

전체 문제 수 :
안 푼 문제 수 :

답안 표기란

31	① ② ③ ④
32	① ② ③ ④
33	① ② ③ ④
34	① ② ③ ④
35	① ② ③ ④
36	① ② ③ ④
37	① ② ③ ④
38	① ② ③ ④
39	① ② ③ ④
40	① ② ③ ④
41	① ② ③ ④
42	① ② ③ ④
43	① ② ③ ④
44	① ② ③ ④
45	① ② ③ ④
46	① ② ③ ④
47	① ② ③ ④
48	① ② ③ ④
49	① ② ③ ④
50	① ② ③ ④
51	① ② ③ ④
52	① ② ③ ④
53	① ② ③ ④
54	① ② ③ ④
55	① ② ③ ④
56	① ② ③ ④
57	① ② ③ ④
58	① ② ③ ④
59	① ② ③ ④
60	① ② ③ ④

57 방직공장의 정방실에서 20kW의 전동기로서 구동되는 정방기가 10대 있을 때, 전력에 의하는 취득열량은 얼마인가?(단, 소요동력/정격동력 ϕ=0.85, 가동률 ϕ=0.9, 전동기 효율은 0.9이다.)

① 156,200kcal/h
② 146,200kcal/h
③ 166,200kcal/h
④ 176,200kcal/h

58 증기 사용압력이 가장 낮은 보일러는?

① 노통 연관 보일러
② 수관 보일러
③ 관류 보일러
④ 입형 보일러

59 보일러의 부속설비로서 연소실에서 연돌에 이르기까지 배치되는 순서로 맞는 것은?

① 과열기 → 절탄기 → 공기예열기
② 절탄기 → 과열기 → 공기예열기
③ 과열기 → 공기예열기 → 절탄기
④ 공기예열기 → 절탄기 → 과열기

60 습공기의 상태변화에 관한 설명 중 옳지 않은 것은?

① 습공기를 가열하면 엔탈피가 증가한다.
② 습공기를 가열하면 상대습도는 감소한다.
③ 습공기를 냉각하면 비체적은 감소한다.
④ 습공기를 냉각하면 절대습도는 증가한다.

계산기   다음 ▶   안 푼 문제   답안 제출

03회 실전점검!
CBT 실전모의고사

수험번호 :
수험자명 :

제한 시간 : 60분
남은 시간 :

글자 크기 100% 150% 200%   화면 배치

전체 문제 수 :
안 푼 문제 수 :

답안 표기란
61 ① ② ③ ④
62 ① ② ③ ④
63 ① ② ③ ④
64 ① ② ③ ④
65 ① ② ③ ④
66 ① ② ③ ④
67 ① ② ③ ④
68 ① ② ③ ④
69 ① ② ③ ④
70 ① ② ③ ④
71 ① ② ③ ④
72 ① ② ③ ④
73 ① ② ③ ④
74 ① ② ③ ④
75 ① ② ③ ④
76 ① ② ③ ④
77 ① ② ③ ④
78 ① ② ③ ④
79 ① ② ③ ④
80 ① ② ③ ④
81 ① ② ③ ④
82 ① ② ③ ④
83 ① ② ③ ④
84 ① ② ③ ④
85 ① ② ③ ④
86 ① ② ③ ④
87 ① ② ③ ④
88 ① ② ③ ④
89 ① ② ③ ④
90 ① ② ③ ④

4과목 전기제어공학

61 그림의 논리회로를 NAND 소자만으로 구성하려면 NAND 소자는 최소 몇 개가 필요한가?

① 1
② 2
③ 3
④ 5

62 어떤 회로에 정현파 전압을 가하니 90° 위상이 뒤진 전류가 흘렀다면 이 회로의 부하는?

① 저항
② 용량성
③ 무부하
④ 유도성

63 다음 중 불연속 제어에 해당되는 것은?

① 비례제어
② On-Off제어
③ 미분제어
④ 적분제어

64 정격 10[kW]의 3상 유도전동기가 기계손 200[W], 전부하 슬립 4%로 운전될 때 2차 동손은 약 몇 [W]인가?

① 400
② 408
③ 417
④ 425

계산기   다음 ▶   안 푼 문제   답안 제출

실전점검!
03 회 CBT 실전모의고사

수험번호 :
수험자명 :

제한 시간 : 60분
남은 시간 :

글자 크기 100% 150% 200% 화면 배치

전체 문제 수 :
안 푼 문제 수 :

답안 표기란

61	① ② ③ ④
62	① ② ③ ④
63	① ② ③ ④
64	① ② ③ ④
65	① ② ③ ④
66	① ② ③ ④
67	① ② ③ ④
68	① ② ③ ④
69	① ② ③ ④
70	① ② ③ ④
71	① ② ③ ④
72	① ② ③ ④
73	① ② ③ ④
74	① ② ③ ④
75	① ② ③ ④
76	① ② ③ ④
77	① ② ③ ④
78	① ② ③ ④
79	① ② ③ ④
80	① ② ③ ④
81	① ② ③ ④
82	① ② ③ ④
83	① ② ③ ④
84	① ② ③ ④
85	① ② ③ ④
86	① ② ③ ④
87	① ② ③ ④
88	① ② ③ ④
89	① ② ③ ④
90	① ② ③ ④

65 저항 4[Ω], 유도 리액턴스 3[Ω]을 직렬로 구성하였을 때 전류가 5[A] 흐른다면 이 회로에 인가한 전압은 몇 [V]인가?

① 15
② 20
③ 25
④ 35

66 다음 중 회로시험기로 측정할 수 없는 것은?

① 저항
② 교류전압
③ 고주파전류
④ 직류전류

67 피드백 제어시스템의 피드백 효과가 아닌 것은?

① 외부 조건의 변화에 대한 영향 감소
② 정확도 개선
③ 대역폭 증가
④ 시스템 간소화 및 비용 감소

68 유도전동기에서 극수가 일정할 때 동기속도(Ns)와 주파수(f)와의 관계는?

① 회전자계의 속도는 주파수에 비례한다.
② 회전자계의 속도는 주파수에 반비례한다.
③ 회전자계의 속도는 주파수의 제곱에 비례한다.
④ 회전자계의 속도는 주파수와 관계가 없다.

69 제어오차의 변화속도에 비례하여 조작량을 조절하는 제어동작은?

① P동작
② D동작
③ I동작
④ PI동작

계산기   다음 ▶   안 푼 문제   답안 제출

03회 실전점검!
CBT 실전모의고사

수험번호 :

수험자명 :

제한 시간 : 60분
남은 시간 :

글자
크기 100% 150% 200%

화면
배치

전체 문제 수 :
안 푼 문제 수 :

답안 표기란

61	① ② ③ ④
62	① ② ③ ④
63	① ② ③ ④
64	① ② ③ ④
65	① ② ③ ④
66	① ② ③ ④
67	① ② ③ ④
68	① ② ③ ④
69	① ② ③ ④
70	① ② ③ ④
71	① ② ③ ④
72	① ② ③ ④
73	① ② ③ ④
74	① ② ③ ④
75	① ② ③ ④
76	① ② ③ ④
77	① ② ③ ④
78	① ② ③ ④
79	① ② ③ ④
80	① ② ③ ④
81	① ② ③ ④
82	① ② ③ ④
83	① ② ③ ④
84	① ② ③ ④
85	① ② ③ ④
86	① ② ③ ④
87	① ② ③ ④
88	① ② ③ ④
89	① ② ③ ④
90	① ② ③ ④

70 플레밍의 왼손법칙에서 엄지손가락이 가리키는 것은?

① 기전력 방향

② 전류 방향

③ 힘의 방향

④ 자력선 방향

71 그림과 같은 블록선도로 표시되는 제어계의 전달함수는?

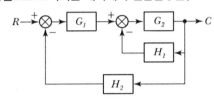

① $\dfrac{G_1(1+G_2H_1)}{1+G_1G_2+G_2H_1}$

② $\dfrac{G_1G_2}{1+G_2H_1+G_1G_2H_2}$

③ $\dfrac{G_1}{1+G_2H_1+G_1G_2H_2}$

④ $\dfrac{G_1G_2}{1+G_2H_1+G_1H_2}$

72 평행판 콘덴서에 100[V]의 전압이 걸려 있다. 이 전원을 제거한 후 평행판 간격을 처음의 2배로 증가할 경우 정전용량은 어떻게 되는가?

① 1/2로 된다.

② 2배로 된다.

③ 1/4로 된다.

④ 4배로 된다.

73 동일한 저항에 교류와 직류를 동일시간 동안 인가하였을 때 소비되는 전력량(발열량)이 같은 경우, 이때의 직류값을 정현파 교류의 무엇이라 하는가?

① 실효값

② 파고값

③ 평균값

④ 파형률

계산기

다음 ▶

안 푼 문제

답안 제출

03회 실전점검!
CBT 실전모의고사

수험번호 :

수험자명 :

제한 시간 : 60분
남은 시간 :

글자 크기 ⊖ 100% Ⓜ 150% ⊕ 200% 화면 배치

전체 문제 수 :
안 푼 문제 수 :

답안 표기란

61	① ② ③ ④
62	① ② ③ ④
63	① ② ③ ④
64	① ② ③ ④
65	① ② ③ ④
66	① ② ③ ④
67	① ② ③ ④
68	① ② ③ ④
69	① ② ③ ④
70	① ② ③ ④
71	① ② ③ ④
72	① ② ③ ④
73	① ② ③ ④
74	① ② ③ ④
75	① ② ③ ④
76	① ② ③ ④
77	① ② ③ ④
78	① ② ③ ④
79	① ② ③ ④
80	① ② ③ ④
81	① ② ③ ④
82	① ② ③ ④
83	① ② ③ ④
84	① ② ③ ④
85	① ② ③ ④
86	① ② ③ ④
87	① ② ③ ④
88	① ② ③ ④
89	① ② ③ ④
90	① ② ③ ④

74 와류 브레이크(Eddy Current Break)의 특징이나 특성에 대한 설명으로 옳은 것은?

① 전기적 제동으로 마모부분이 심하다.

② 제동토크는 코일의 여자전류에 반비례한다.

③ 정지 시에는 제동토크가 걸리지 않는다.

④ 제동 시에는 회전에너지가 냉각작용을 일으키므로 별도의 냉각방식이 필요 없다.

75 조작기기로 사용되는 서보전동기의 설명 중 옳지 않은 것은?

① 제어범위가 넓고 특성 변경이 쉬워야 한다.

② 시정수와 관성이 클수록 좋다.

③ 서보 전동기는 그다지 큰 회전력이 요구되지 않아도 된다.

④ 급 가·감속 및 정·역 운전이 쉬워야 한다.

76 그림과 같은 회로에서 자항 R을 E, V, r로 표시하면?

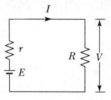

① $\dfrac{V}{E-V}r$

② $\dfrac{E}{E-V}r$

③ $\dfrac{E-V}{V}r$

④ $\dfrac{E-V}{E}r$

⌨ 계산기   다음 ▶   📋 안 푼 문제   📋 답안 제출

03회 실전점검!
CBT 실전모의고사

수험번호 :

수험자명 :

제한 시간 : 60분
남은 시간 :

글자 크기 100% 150% 200% 화면 배치

77 온도, 유량, 압력 등의 상태량을 제어량으로 하는 제어계로서 프로세스에 가해지는 외란의 억제를 주 목적으로 하는 것은?

① 자동조정
② 서보기구
③ 정치제어
④ 프로세스 제어

78 인가전압을 변화시켜서 전동기의 회전수를 900rpm으로 하고자 한다. 이 경우 회전수에 해당되는 것은?

① 목표값
② 조작량
③ 제어대상
④ 제어량

79 6극, 60[Hz]인 유도전동기가 1,164[rpm]으로 회전하며 토크 56[N · m]를 발생할 때의 동기와트는 약 얼마인가?

① 6,834[W]
② 6,934[W]
③ 7,034[W]
④ 7,134[W]

80 열차의 무인운전을 위한 제어는 어느 것에 속하는가?

① 정치제어
② 추종제어
③ 비율제어
④ 프로그램 제어

답안 표기란				
61	①	②	③	④
62	①	②	③	④
63	①	②	③	④
64	①	②	③	④
65	①	②	③	④
66	①	②	③	④
67	①	②	③	④
68	①	②	③	④
69	①	②	③	④
70	①	②	③	④
71	①	②	③	④
72	①	②	③	④
73	①	②	③	④
74	①	②	③	④
75	①	②	③	④
76	①	②	③	④
77	①	②	③	④
78	①	②	③	④
79	①	②	③	④
80	①	②	③	④
81	①	②	③	④
82	①	②	③	④
83	①	②	③	④
84	①	②	③	④
85	①	②	③	④
86	①	②	③	④
87	①	②	③	④
88	①	②	③	④
89	①	②	③	④
90	①	②	③	④

계산기
다음 ▶
안 푼 문제
답안 제출

03회 실전점검!
CBT 실전모의고사

수험번호 :

수험자명 :

제한 시간 : 60분
남은 시간 :

글자
크기 100% 150% 200%

화면
배치

전체 문제 수 :

안 푼 문제 수 :

5과목 **배관일반**

81 환수관의 누설로 인해 보일러가 안전수위 이하의 상태에서 연소되는 것을 방지할 수 있는 배관법은?

① 리프트 이음
② 하트포드 이음
③ 바이패스 이음
④ 스위블 이음

82 원심력 철근콘크리트관에 대한 설명으로 옳지 않은 것은?

① 흄(Hume)관이라고 한다.
② 보통압관과 압력관 2종류가 있다.
③ A형 이음재 형상은 칼라이음쇠를 말한다.
④ B형 이음재 형상은 삽입이음쇠를 말한다.

83 냉온수 배관법 중 역환수(Reverse Return)방식에 대한 특징이 아닌 것은?

① 유량 밸런스를 잡기 어렵다.
② 배관 스페이스가 많이 필요하다.
③ 배관계의 마찰저항이 거의 균등해진다.
④ 공급관과 환수관의 길이를 거의 같게 하는 배관방식이다.

84 급수에 사용되는 물은 탄산칼슘의 함유량에 따라 연수와 경수로 구분된다. 경수사용 시 발생될 수 있는 현상으로 틀린 것은?

① 비누거품의 발생이 좋다.
② 보일러용수로 사용 시 내면에 관석(스케일)이 발생한다.
③ 전열효율이 저하하고 과열의 원인이 된다.
④ 보일러의 수명이 단축된다.

61	①	②	③	④
62	①	②	③	④
63	①	②	③	④
64	①	②	③	④
65	①	②	③	④
66	①	②	③	④
67	①	②	③	④
68	①	②	③	④
69	①	②	③	④
70	①	②	③	④
71	①	②	③	④
72	①	②	③	④
73	①	②	③	④
74	①	②	③	④
75	①	②	③	④
76	①	②	③	④
77	①	②	③	④
78	①	②	③	④
79	①	②	③	④
80	①	②	③	④
81	①	②	③	④
82	①	②	③	④
83	①	②	③	④
84	①	②	③	④
85	①	②	③	④
86	①	②	③	④
87	①	②	③	④
88	①	②	③	④
89	①	②	③	④
90	①	②	③	④

계산기

다음 ▶

안 푼 문제

답안 제출

03회

실전점검!

CBT 실전모의고사

수험번호 :

수험자명 :

제한 시간 : 60분

남은 시간 :

글자 크기 100% 150% 200% 화면 배치

전체 문제 수 :

안 푼 문제 수 :

85 급탕온도를 85℃(밀도 0.96876kg/L), 복귀탕의 온도 70℃(밀도 0.97781kg/L)로 할 때 자연 순환수두는 얼마인가?(단, 가열기에서 최고위 급탕전까지의 높이는 10m로 한다.)

① 70.5mmAq

② 80.5mmAq

③ 90.5mmAq

④ 100.5mmAq

86 다음 중 무기질 보온재가 아닌 것은?

① 유리면

② 암면

③ 규조토

④ 코르크

87 관의 종류와 이음방법 연결이 잘못된 것은?

① 강관 – 나사이음

② 동관 – 압축이음

③ 주철관 – 칼라이음

④ 스테인리스강관 – 몰코이음

88 물의 정화방법에서 침전방법에 따라 일어나는 반응 중에 황산반토를 물에 혼합하면 생성되는 응집성이 풍부한 플록(Flock)형상의 물질로 맞는 것은?

① $3Ca(HCO_3)_2$

② CO_2

③ $Al(OH)_3$

④ $CsSO_4$

답안 표기란

61	①	②	③	④
62	①	②	③	④
63	①	②	③	④
64	①	②	③	④
65	①	②	③	④
66	①	②	③	④
67	①	②	③	④
68	①	②	③	④
69	①	②	③	④
70	①	②	③	④
71	①	②	③	④
72	①	②	③	④
73	①	②	③	④
74	①	②	③	④
75	①	②	③	④
76	①	②	③	④
77	①	②	③	④
78	①	②	③	④
79	①	②	③	④
80	①	②	③	④
81	①	②	③	④
82	①	②	③	④
83	①	②	③	④
84	①	②	③	④
85	①	②	③	④
86	①	②	③	④
87	①	②	③	④
88	①	②	③	④
89	①	②	③	④
90	①	②	③	④

계산기   다음 ▶   안 푼 문제   답안 제출

03회 실전점검!
CBT 실전모의고사

수험번호:

수험자명:

제한 시간 : 60분
남은 시간 :

글자
크기 100% 150% 200%

화면
배치

전체 문제 수 :
안 푼 문제 수 :

답안 표기란

61	① ② ③ ④
62	① ② ③ ④
63	① ② ③ ④
64	① ② ③ ④
65	① ② ③ ④
66	① ② ③ ④
67	① ② ③ ④
68	① ② ③ ④
69	① ② ③ ④
70	① ② ③ ④
71	① ② ③ ④
72	① ② ③ ④
73	① ② ③ ④
74	① ② ③ ④
75	① ② ③ ④
76	① ② ③ ④
77	① ② ③ ④
78	① ② ③ ④
79	① ② ③ ④
80	① ② ③ ④
81	① ② ③ ④
82	① ② ③ ④
83	① ② ③ ④
84	① ② ③ ④
85	① ② ③ ④
86	① ② ③ ④
87	① ② ③ ④
88	① ② ③ ④
89	① ② ③ ④
90	① ② ③ ④

89 우수배관 시공 시 고려할 사항으로 틀린 것은?

① 우수배관은 온도에 따른 관의 신축에 대응하기 위해 오프셋 부분을 둔다.

② 우수 수직관은 건물 내부에 배관하는 경우와 건물 외벽에 배관하는 경우가 있다.

③ 우수 수직관은 다른 기구의 배수관과 접속시켜 통기관으로 사용할 수 있다.

④ 우수 수평관을 다른 배수관과 접속할 때에는 우수배수관을 통해 하수가스가 발생되지 않도록 U자 트랩을 설치한다.

90 그림과 같은 룸쿨러의 (A), (B), (C)에 설치하는 장치는?

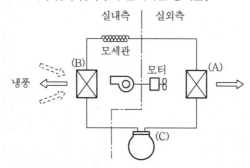

① (A) 응축기, (B) 증발기, (C) 압축기

② (A) 증발기, (B) 압축기, (C) 응축기

③ (A) 압축기, (B) 응축기, (C) 증발기

④ (A) 증발기, (B) 응축기, (C) 압축기

계산기   다음 ▶   안 푼 문제   답안 제출

03회 실전점검!

CBT 실전모의고사

수험번호 :
수험자명 :

제한 시간 : 60분
남은 시간 :

글자
크기 100% 150% 200%

화면
배치

전체 문제 수 :
안 푼 문제 수 :

답안 표기란

91	①	②	③	④
92	①	②	③	④
93	①	②	③	④
94	①	②	③	④
95	①	②	③	④
96	①	②	③	④
97	①	②	③	④
98	①	②	③	④
99	①	②	③	④
100	①	②	③	④

91 아래의 저압가스 배관의 직경을 구하는 식에서 S가 의미하는 것은?

$$D^5 = \frac{Q^2 \cdot S \cdot L}{K^2 \cdot H}$$

① 관의 내경
② 공급 압력차
③ 배관 길이
④ 가스 비중

92 냉매배관 시공 시 주의사항으로 틀린 것은?

① 배관 길이는 되도록 짧게 한다.
② 온도변화에 의한 신축을 고려한다.
③ 곡률 반지름은 가능한 한 작게 한다.
④ 수평배관은 냉매흐름방향으로 하향구배로 한다.

93 도시가스 제조소 및 공급소 밖의 배관설치 기준으로 틀린 것은?

① 배관은 환기가 잘 되거나 기계 환기 설비를 설치한 장소에 설치할 것
② 배관의 이음매(용접이음매는 제외)와 전기계량기 및 전기개폐기와의 거리는 60cm 이상의 거리를 유지할 것
③ 배관을 철도부지에 매설하는 경우에는 지표면으로부터 배관의 외면까지의 깊이를 1.2m 이상 유지한다.
④ 입상관의 밸브는 바닥으로부터 1.0m 이상 2.5m 이내에 설치할 것

94 공기조화설비 배관 시 지켜야 할 사항으로 틀린 것은?

① 배관이 보, 천장, 바닥을 관통하는 개소에는 슬리브를 삽입하여 배관한다.
② 수평주관은 공기 체류부가 생기지 않도록 배관한다.
③ 배관은 모두 관의 신축을 고려하여 시공한다.
④ 주관의 굽힘부는 벤드(곡관) 대신 엘보를 사용한다.

95 스트레이너의 형상에 따른 종류가 아닌 것은?

① Y형
② S형
③ U형
④ V형

계산기
다음 ▶
안 푼 문제
답안 제출

03 실전점검!
CBT 실전모의고사

수험번호 :

수험자명 :

제한 시간 : 60분
남은 시간 :

글자
크기 100% 150% 200%

화면
배치

전체 문제 수 :
안 푼 문제 수 :

답안 표기란

91	①	②	③	④
92	①	②	③	④
93	①	②	③	④
94	①	②	③	④
95	①	②	③	④
96	①	②	③	④
97	①	②	③	④
98	①	②	③	④
99	①	②	③	④
100	①	②	③	④

96 온수난방 배관시공 시 기울기에 관한 설명 중 틀린 것은?

① 배관의 기울기는 일반적으로 1/250 이상으로 한다.

② 단관 중력 순환식의 온수 주관은 하향 기울기를 준다.

③ 복관 중력 순환식의 상향 공급식에서는 공급관, 복귀관 모두 하향 기울기를 준다.

④ 강제 순환식은 상향 기울기나 하향 기울기 어느 쪽이든 자유로이 할 수 있다.

97 경질 염화비닐관의 설명으로 틀린 것은?

① 열팽창률이 크다.

② 관내 마찰손실이 적다.

③ 산, 알칼리 등에 대해 내식성이 적다.

④ 고온 또는 저온의 장소에 부적당하다.

98 배수설비에서 통기관을 사용하는 가장 중요한 목적은?

① 유해가스 제거를 위하여

② 트랩의 봉수를 보호하기 위하여

③ 급수의 역류를 방지하기 위하여

④ 공기의 흐름을 방지하기 위하여

99 열팽창에 의한 배관의 이동을 구속 또는 제한하기 위해 사용되는 관 지지장치는 무엇인가?

① 행거(Hanger)

② 서포트(Support)

③ 브레이스(Brace)

④ 레스트레인트(Restraint)

100 배관에서 금속의 산화부식 방지법 중 칼로라이징(Calorizing)법이란?

① 크롬(Cr)을 분말상태로 배관 외부에 가열하여 침투시키는 방법

② 규소(Si)를 분말상태로 배관 외부에 침투시키는 방법

③ 알루미늄(Al)을 분말상태로 배관 외부에 침투시키는 방법

④ 구리(Cu)를 분말상태로 배관 외부에 침투시키는 방법

계산기

다음 ▶

안 푼 문제

답안 제출

CBT 정답 및 해설

01	02	03	04	05	06	07	08	09	10
④	④	④	①	③	③	①	④	①	①
11	12	13	14	15	16	17	18	19	20
②	④	④	①	④	④	③	②	②	④
21	22	23	24	25	26	27	28	29	30
③	④	③	②	④	①	③	④	②	③
31	32	33	34	35	36	37	38	39	40
①	②	③	②	①	④	①	①	①	④
41	42	43	44	45	46	47	48	49	50
③	②	④	①	②	③	②	②	②	③
51	52	53	54	55	56	57	58	59	60
④	④	③	②	④	④	④	④	①	④
61	62	63	64	65	66	67	68	69	70
②	④	②	④	③	③	④	①	②	③
71	72	73	74	75	76	77	78	79	80
②	①	①	③	②	①	④	④	③	④
81	82	83	84	85	86	87	88	89	90
②	④	①	①	③	④	③	③	③	①
91	92	93	94	95	96	97	98	99	100
④	③	④	④	②	③	③	②	④	③

01 정답 | ④

풀이 | 일$(W_2) = \dfrac{(P_2 - P_1)(V_2 - V_1)}{2}$

02 정답 | ④

풀이 | 터빈 출구에서 압력이 낮을수록 열효율이 증가한다. 증기는 터빈 출구에서 건도가 높을수록 유리하다.

03 정답 | ④

풀이 | $T_2 = T_1 \times \left(\dfrac{V_1}{V_2}\right)^{k-1}$

$= (273 + 8) \times \left(\dfrac{5}{1}\right)^{1.4-1} = 535\text{K}$

$\therefore 535 - 273 = 262℃$

04 정답 | ①

풀이 | $K = \dfrac{1.001}{0.7171} = 1.396$ (비열비)

$P_2 = P_1 \times \left(\dfrac{323}{288}\right)^{\frac{k-1}{k}} = 100 \times \left(\dfrac{323}{288}\right)^{\frac{1.396-1}{1.396}} \text{kPa}$

$= 103.3$

$\Delta S = S_2 - S_1 = GC_P \ln \dfrac{T_2}{T_1} \times \dfrac{P_1}{P_2}$

$= 5 \times 0.717 \times \ln\left(\dfrac{323 \times 100}{288 \times 103.3}\right) = 0.411\text{kJ/K 증가}$

05 정답 | ③

풀이 | $500 + 273 = 773\text{K}, \ 50 + 273 = 323\text{K}$

$\eta = \dfrac{773 - 323}{773} = 0.58(58\%)$

06 정답 | ③

풀이 | 엔트로피 변화$(\Delta S) = \dfrac{\Delta Q}{T}$

07 정답 | ①

풀이 | $4 \times \left(\dfrac{273 + 36}{273 + 25} - 1\right) = 0.148\text{kW}$

08 정답 | ④

풀이 | $753 \times 0.1 = 75.3$(절대압),

$753 \times 0.9 = 677.7\text{mmHg}$(진공게이지압)

$1\text{atm} = 101.8\text{kPa}$

$\therefore \ 101.8 \times \dfrac{75.3}{760} = 10.04\text{kPa}$

09 정답 | ①

풀이 | $900\text{kW} = (3,500 - 3,100) \times 1 + (3,100 - 2,500) \times (1 - m)$

수증기질량(m)

$= \dfrac{\{(3,500 - 3,100) + (3,100 - 2,500)\} - 900}{3,100 - 2,500}$

$= 0.167\text{kg/s}$

10 정답 | ①

풀이 | 열병합발전시스템은 증기 동력 시스템에서 전기와 함께 공정용 또는 난방용 스팀을 생산하는 시스템이다.

11 정답 | ②

풀이 | $W_2 = 1 \times 300 \times 0.8 = 240\text{kJ}$

12 정답 | ④

풀이 | 열역학 제1법칙은 가역이나 비가역 과정을 막론하고 성립한다(에너지 보존의 법칙, 일과 열의 관계).

13 정답 | ④

풀이 | $10^5\text{Pa} = 100,000\text{Pa}, \ 7 \times 10^5 = 700,000\text{Pa}$

$$T_2 = T_1 \times \left(\frac{P_2}{P_1}\right)^{\frac{n-1}{n}}$$

$$= (273 + 15) \times \left(\frac{700,000}{100,000}\right)^{\frac{1.3-1}{1.3}}$$

$$= 451\text{K} = 178℃$$

14 정답 | ①

풀이 | $273 + (-3) = 270\text{K}$

$273 + 27 = 300\text{K}$

$(300 - 270 = 30)$

$$\text{COP} = \frac{T_2}{T_1 - T_2}$$

$$\therefore \text{성능계수(COP)} = \frac{270}{30} = 9.0$$

15 정답 | ④

풀이 | 응축구간은 냉매증기를 냉매액으로 변화하면서 열량 방출 과정에서 엔트로피가 감소한다.

16 정답 | ④

풀이 | $W_2 = 200 \times 250 \times \dfrac{1}{427}\text{kcal/kg} \cdot \text{m}$

$\qquad = 117.0960187\text{kcal}(1\text{kcal} = 4.18\text{kJ})$

$\therefore 117.0960187 \times 4.18\text{kJ} = 490\text{kJ}$

17 정답 | ③

풀이 | $100 + 273 = 373\text{K}, \ 50 + 273 = 323\text{K}$

$\therefore \eta = \left(1 - \dfrac{323}{373}\right) \times 100 = 13.4\%$

18 정답 | ②

풀이 | $1\text{atm} = 102\text{kPa} = 10.33\text{mH}_2\text{O}$

$\qquad = 103,330\text{mmH}_2\text{O} = 76\text{cmHg} = 760\text{mmHg}$

$\therefore 760 \times \dfrac{27}{102} = 202\text{mmHg}$

19 정답 | ②

풀이 | $\eta_o = 1 - \left(\dfrac{1}{\varepsilon}\right)^{k-1}$

$0.565 = 1 - \left(\dfrac{1}{\varepsilon}\right)^{1.4-1}$

$\therefore \varepsilon = {}^{1.4-1}\sqrt{\dfrac{1}{1-0.565}} = 8.0$

20 정답 | ④

풀이 | 계가 한 상태에서 다른 상태로 변할 때 엔트로피의 변화는 증가 또는 감소, 그리고 불변일 수도 있다.

21 정답 | ③

풀이 | 증기분사식 냉동기는 증기 이젝터 노즐을 이용하며 그 특징은 ①, ②, ④항 등이다.

22 정답 | ④

풀이 | $1,000 \times 1 \times (\text{t} - 25) \times 60$

$80 \times 600 \times 6.5 = 312,000\text{kcal/h}$

$\therefore \text{t} = \dfrac{312,000}{1,000 \times 1 \times 60} + 25 = 30.2℃$

23 정답 | ③

풀이 | 증발온도를 올리면 압축비가 감소한다.

24 정답 | ②

풀이 | 암모니아 냉매는 동 및 동합금과 만나면 부식이 발생한다.

25 정답 | ④

풀이 | 터보형 압축기는 냉매의 비체적이 어느 정도 큰 것을 허용하며 냉매는 비중이 커야 한다.

26 정답 | ①

풀이 | $\text{h(시간)} = \dfrac{0.56 \times t^2}{-(t_b)}$

$48 = \dfrac{0.56 \times t^2}{-(-10)}$

$\therefore t = \left(\sqrt{\dfrac{48 \times 10}{0.56}}\right) \times 10 = 293\text{mm}$

※ $1\text{cm} = 10\text{mm}$

27 정답 | ③

풀이 | 터보 압축기 증속장치 : 해리컬 기어 사용

28 정답 | ④

풀이 | 냉매는 열전달률이 양호할 것

29 정답 | ②

풀이 | 흡수식 냉동기 용량제어법은 ①, ③, ④항 등이다(흡수식 냉동기의 냉매는 물이다).

CBT 정답 및 해설

30 정답 | ③

풀이 | $\dfrac{320}{0.38}=842\text{kg/h}$

$1\text{kW}-\text{h}=860\text{kcal}$

$\dfrac{842\times(446.8-400)}{860}=45.8\text{kW}$

31 정답 | ①

풀이 | 2단 압축 1단 팽창식과 2단 압축 2단 팽창식을 비교하면 2단 팽창식의 경우가 성적계수가 조금 높다.

32 정답 | ②

풀이 | 냉동기 성적계수 $=\dfrac{Q_2}{Q_1-Q_2}=\dfrac{T_1}{T_2-T_1}=\dfrac{Q}{AW}$

$=\dfrac{냉동효과}{압축일의\ 열당량}$

③항 : 히트펌프 성적계수

33 정답 | ③

풀이 | 응축압력을 낮추면 성적계수가 좋아지고 압축비가 감소한다.

34 정답 | ②

풀이 | 응축부하 = 냉각수량×비열×(냉각수 출구온도 − 냉각수 입구온도)

$\text{GW}=\dfrac{Q_c}{C\times(t_2-t_1)}=,$

냉각수 출구온도 $=\dfrac{응축부하}{냉각수량\times1\times60}+$ 입구온도

출구수온 $=40-\dfrac{32+x}{2}=5,\ x=38℃$

$\therefore\ \text{GW}=\dfrac{4.5\times800\times5}{1\times(38-32)\times60}=50\text{L/min}$

35 정답 | ①

풀이 | ㉠ 증발기 : 냉매(물)를 기화시킨다.

㉡ 흡수기 : 냉매기화열을 냉각수로 응축시킨다.

36 정답 | ④

풀이 | 압축비 $=\left(\dfrac{응축압력}{증발압력}\right)$

압축비가 크면 압축기가 과열된다.

37 정답 | ①

풀이 | 흡수식 냉동기는 재생기에서 폐열을 이용하여 흡수용액을 증발시켜 분리한다(냉매 ↔ 용액).

38 정답 | ①

풀이 | 오일포밍현상 : 오일윤활불량

39 정답 | ①

풀이 | 열펌프(히트펌프) 성적계수(COP)

COP = 냉동기 성적계수 +1

40 정답 | ④

풀이 | 지열히트펌프시스템은 있으나 토양축열 방식은 존재하지 않는다.

41 정답 | ③

풀이 | $\text{kW}=\dfrac{Q\times P_T}{102\times\eta_T\times3,600}$

42 정답 | ②

풀이 | ① 제1종 환기 : 급기팬 + 배기팬

③ 제3종 환기 : 자연급기 + 배기팬

④ 제4종 환기 : 자연환기

43 정답 | ④

풀이 | 열펌프(히트펌프)

응축기에서 방열을 난방열로 이용한다.

44 정답 | ①

풀이 | 재열부하

공조기에 의해 냉각된 공기를 재열기로 가열하여 실내로 보낸다.

$0.24G(t_2-t_1)=0.29Q(t_2-t_1)$

45 정답 | ②

풀이 | 보건용 공기조화

주거공간, 사무소, 각종 점포, 오락실, 병원, 교통기관, 작업장용

46 정답 | ③

풀이 | 환상덕트 사용 목적

덕트 말단에 가까운 취출구에서 송풍량의 언밸런스를 개선할 수 있다.

47 정답 | ②

풀이 | 습구온도

감열부를 젖게 하며 물의 증발로 건구온도보다 낮은 온도를 나타낸다. 건조하면 건구온도와 그 차가 커지며, 일정한 풍속에서 측정한다.

48 정답 | ②
풀이 | $480 \times 0.75 \times 10 = 3,600 \text{kcal/h}$

49 정답 | ②
풀이 | 콘크리트 양생은 48시간 이상 건조시킨다.

50 정답 | ③
풀이 | 건식 환수방식(증기난방)은 보일러 수면보다 환수주관을 높게 배관한다.

51 정답 | ④
풀이 | 코일의 통과 수온의 차는 5℃ 전후로 한다.

52 정답 | ④
풀이 | 전공기방식은 천장의 여유공간이 클 때 적합하다.

53 정답 | ③
풀이 | 외기온도가 실내공기온도보다 높으면 외기와 실내공기를 혼합하여 급기한다(냉방기준에서).

54 정답 | ②
풀이 | 송풍기 동력 $= \left(\dfrac{N_2}{N_1}\right)^3 = 3.5 \times \left(\dfrac{550}{500}\right)^3 = 4.7 \text{kW}$

55 정답 | ④
풀이 | 2중 덕트 방식
냉풍 및 온풍을 각 실에서 자동적으로 혼합하여 공급하는 방식

56 정답 | ①
풀이 | ② 강하거리 : 최대도달거리에 상당하는 점까지의 높이
③ 2차 공기 : 1차 공기+실내공기
④ 도달거리 : 취출기류의 풍속에 비례한다.

57 정답 | ②
풀이 | $1 \text{kW} - \text{h} = 860 \text{kcal}$
$\dfrac{(20 \times 10 \times 860) \times 0.85 \times 0.9}{0.9(효율)} = 146,200 \text{kcal/h}$

58 정답 | ④
풀이 | 입형 보일러
10kg/cm^2 이하 저압 보일러

59 정답 | ①
풀이 | 폐열회수장치 설치순서
과열기 → 절탄기(급수가열기) → 공기예열기

60 정답 | ④
풀이 | 습공기를 냉각하면 상대습도는 감소한다.

61 정답 | ②
풀이 | NAND(gate)
AND 회로(논리곱회로)에 NOT 회로(논리부정회로)를 접속한 회로(논리식 $X = \overline{A \cdot B}$)

A ○───┐
B ○───┘□○─○X

$\therefore \ X = \overline{(A \cdot B)} + \overline{C}$(논리심벌)

62 정답 | ④
풀이 | 유도성
어떤 회로에 정현파 전압을 가하여 90° 위상이 뒤진 전류가 흐를 때의 부하

63 정답 | ②
풀이 | ON-OFF : 불연속 제어

64 정답 | ④
풀이 | $P_{C2} = SP_2 = S \cdot \dfrac{P_o}{1-S} = \dfrac{S}{1-S} \times P_S$
$= \dfrac{S}{1-S} \times (P + P_f)$
$= \dfrac{0.04}{1-0.04} \times (10 \times 1,000 + 200) = 425 \text{W}$

65 정답 | ③
풀이 | $\sqrt{4^2 + 3^2} = \sqrt{16+9} = \sqrt{25} = 5\Omega$
$\therefore \ 5\Omega \times 5A = 25V$
XL(유도 리액턴스) : 코일에 전류가 흐르는 것을 방해하는 요소이며 주파수에 비례한다.
$XL = \omega L = 2\pi f L (\Omega)$

66 정답 | ③
풀이 | 회로시험기(테스터기) : 직류전류, 직류전압, 교류전압, 저항 등을 측정
※ 고주파 : 상대적으로 높은 주파수

67 정답 | ④
풀이 | 피드백 제어는 시스템이 다소 복잡하다.

68 정답 | ①
풀이 | 유도전동기에서 극수가 일정할 때 동기속도는 주파수와의 관계에서 회전자계의 속도는 주파수에 비례한다.
※ 회전자계 : 전기자가 고정하고 계자가 회전하는 회전기(동기발전기형)

69 정답 | ②
풀이 | D(적분동작) : 제어오차의 변화속도에 비례하여 조작량을 조절한다.

70 정답 | ③
풀이 | 플레밍의 왼손법칙

71 정답 | ②
풀이 | 전달함수
모든 초기값을 0으로 했을 때 출력 신호의 라플라스 변환과 입력신호의 라플라스 변환의 비이다.
$$G(S) = \frac{C}{R} = \frac{G_1 \cdot G_2}{1 + G_2 H_1 + G_1 G_2 H_2}$$

72 정답 | ①
풀이 | 정전용량(커패시턴스) : 콘덴서가 전하를 축적할 수 있는 능력을 표시하는 양($\theta = CV$[C]), 단위는 패럿(F)
$$C = \frac{\theta}{V} = \frac{D \cdot A}{E \cdot l} = \frac{1}{2} = 0.5 \left(\frac{1}{2}\right)$$

73 정답 | ①
풀이 | 실효값 : 정현파 교류의 직류값

74 정답 | ③
풀이 | 와류 브레이크는 정지 시에는 제동토크가 걸리지 않는다.
※ 제동토크 : 지시계기의 응답을 양호하게 판독하기 쉽도록 하기 위해 필요한 힘이다(Retarding Torque).

75 정답 | ②
풀이 | 서보전동기
㉠ 서보 전동기는 시정수와 관성이 작을수록 좋다(서보기구에 사용하는 모터이다).

㉡ 직류, 교류전동기가 있다.
㉢ 정전, 역전이 가능하고 저속에서 운전이 가능하며 급가속·급감속을 할 수 있다.

76 정답 | ①
풀이 | $R = \dfrac{V}{E-V} r$

77 정답 | ④
풀이 | 프로세스 제어 : 외란의 억제를 주목적으로 한다.

78 정답 | ④
풀이 | 전동기 회전수 제어 : 제어량 제어

79 정답 | ③
풀이 | 동기와트$(P_o) = \omega r = 2\pi n \tau = 2\pi \dfrac{N}{60} \tau$(W)

$$\therefore P_o = 2 \times 3.14 \times \frac{1200}{60} \times 56 = 7,033.6 \text{W}$$

회전수(Ns) $= \dfrac{120f}{P} = \dfrac{120 \times 60(Hz)}{6} = 1,200$

※ 동기와트
㉠ 유도전동기의 미끄럼이 S일 때의 토크와 같은 토크로 동기속도가 회전한다고 가정했을 때의 발생동력
㉡ 동기속도 η_s에 해당하는 각속도를 ω_s로 하면 발생토크 T와 발생동력 P 사이에는 위의 공식이 성립된다.

80 정답 | ④
풀이 | 열차의 무인운전은 프로그램 제어이다.

81 정답 | ②
풀이 | 하트포드 이음
증기난방에서 보일러수가 안전수위 이하를 방지하기 위한 균형관 이음법

82 정답 | ④
풀이 | ㉠ B형 이음재 : 소켓이음쇠
㉡ C형 이음재 : 삽입이음쇠

83 정답 | ①
풀이 | 역환수방식은 유량이 밸런스를 잡기가 용이하다.

84 정답 | ①
풀이 | 경수 사용 시 비누거품의 발생이 어렵다.

85 정답 | ③
풀이 | $H = 1,000 \times (\rho_2 - \rho_1)h$
$= 1,000 \times (0.9778 - 0.96876) \times 10$
$= 90.5\text{mmAq}$

86 정답 | ④
풀이 | 코르크
유기질 저온용 보온재

87 정답 | ③
풀이 | 칼라이음 – 석면시멘트관 이음

88 정답 | ③
풀이 | $Al(OH)_3$은 황산반토를 물에 혼합하면 응집성이 풍부하다.

89 정답 | ③
풀이 | 우수 수직관과 배수관을 접속시키지 말고 통기관 사용은 금물이다.

90 정답 | ①
풀이 | A : 응축기, B : 증발기, C : 압축기

91 정답 | ④
풀이 | Q : 유량 K : 폴의 정수
S : 가스비중 H : 허용압력손실
L : 배관길이 D : 관의 내경

92 정답 | ③
풀이 | 곡률 반지름은 유체의 저항을 줄이기 위해 다소 크게 한다.

93 정답 | ④
풀이 | 입상관의 밸브는 바닥에서 1.6m 이상~2m 이내에 설치한다.

94 정답 | ④
풀이 | 주관의 굽힘부는 반드시 벤드를 사용한다.

95 정답 | ②
풀이 | 스트레이너(여과기) 종류 : Y형, U형, V형

96 정답 | ③
풀이 | 복관 중력 순환식(상향 공급식)
㉠ 온수공급관 : 상향 기울기
㉡ 복귀관 : 하향 기울기

97 정답 | ③
풀이 | 내식성이 크나(염산, 황산, 가성소다) 산, 알칼리 등의 부식성 약품에 거의 부식되지 않는다.

98 정답 | ②
풀이 | 통기관의 설치목적 : 트랩의 봉수 보호

99 정답 | ④
풀이 | 레스트레인트
열팽창에 의한 배관의 이동을 구속 또는 제한하는 관 지지장치

100 정답 | ③
풀이 | 칼로라이징법
배관 외부에 Al을 분말상태로 침투시켜 산화부식 방지

공조냉동기계기사 필기

과년도 문제풀이 10개년

발행일	2011. 1. 10	초판 발행
	2012. 2. 20	개정 1판1쇄
	2012. 8. 15	개정 2판1쇄
	2014. 1. 15	개정 3판1쇄
	2014. 9. 10	개정 4판1쇄
	2016. 1. 15	개정 5판1쇄
	2017. 1. 15	개정 6판1쇄
	2018. 2. 10	개정 7판1쇄
	2019. 1. 15	개정 8판1쇄
	2020. 1. 15	개정 9판1쇄
	2021. 1. 15	개정 10판1쇄
	2022. 1. 25	개정 11판1쇄

저   자 | 권오수
발행인 | 정용수
발행처 | 예문사

주 소 | 경기도 파주시 직지길 460(출판도시) 도서출판 예문사
TEL | 031) 955 - 0550
FAX | 031) 955 - 0660
등록번호 | 11 - 76호

정가 : 26,000원

ISBN 978-89-274-4383-4 13550